Applikationshandbuch Leistungshalbleiter

Dr.-Ing. Arendt Wintrich
Dr.-Ing. Ulrich Nicolai
Dr. techn. Werner Tursky
Univ.-Prof. Dr.-Ing. Tobias Reimann

Herausgeber

SEMIKRON International GmbH

Bibliografische Information der Deutschen Nationalbibliothek
Die Deutsche Nationalbibliothek verzeichnet diese Publikation in der Deutschen Nationalbibliografie; detaillierte bibliografische Daten sind im Internet über http://dnb.d-nb.de abrufbar

ISBN 978-3-938843-85-7
2. überarbeitete Auflage

ISLE Verlag 2015

Verlag: Verlag ISLE, Betriebsstätte des ISLE e.V.
Werner-von-Siemens-Str. 16, 98693 Ilmenau

Druck: Gutenberg Druck+Medien GmbH
Schleifweg 1b, D-91080 Uttenreuth-Erlangen, Germany

Herausgeber: SEMIKRON International GmbH
Sigmundstrasse 200, 90431 Nürnberg, Germany

Printed in Germany

Vorwort

Seit dem Erscheinen des ersten Applikationshandbuches zu IGBT- und MOSFET-Leistungsmodulen haben sich deren Einsatzgebiete drastisch erweitert, angetrieben vor allem durch wachsende Notwendigkeiten zur effizienten Nutzung fossiler Energieressourcen, zur Senkung der Umweltbelastungen und die daraus resultierende, rasant zunehmende Nutzung regenerativer Energien. Aus den allgemeinen Entwicklungstendenzen (Platzbedarf, Kosten, Energieeffizienz) und der Erweiterung der Einsatzfelder (z.B. dezentrale Anwendungen unter rauen Umweltbedingungen) resultieren immer neue, wachsende Anforderungen an Geräte mit modernen Leistungshalbleitern. Deshalb beschäftigt sich dieses Buch stärker als sein Vorgänger mit Aspekten des Einsatzes von Leistungshalbleitern und behandelt auch die letztmalig vor über 30 Jahren in einem SEMIKRON-Handbuch beschriebenen Netzdioden und -thyristoren.

Das Buch wendet sich in erster Linie an Anwender und soll Erfahrungen zusammenfassen, die bisher nur in einer Vielzahl von Einzelaufsätzen dargelegt wurden. Im Interesse eines überschaubaren Umfanges werden theoretische Grundlagen nur kurz umrissen, wo dies zum Verständnis unbedingt notwendig erscheint. Zur weiteren Vertiefung stehen heute eine Vielzahl exzellenter Hochschullehrbücher zur Verfügung, von denen einige im Quellenverzeichnis aufgeführt sind.

Aufbauend auf Erfahrungen und Kompetenz von SEMIKRON legen wir Ihnen ein erweitertes Applikationshandbuch vor, das sich – aus der Sicht des Anwenders – sowohl mit Leistungsmodulen mit IGBT, MOSFET und angepassten Dioden als auch mit Netzdioden und -thyristoren in Modul- und diskreten Bauformen befasst. Ausgehend von den Eigenschaften dieser Bauelemente werden Hinweise zum Umgang mit den Datenblättern und Applikationshinweise, z.B. zu Kühlung, Leistungslayout, Ansteuerung, Schutz, Parallel- und Reihenschaltung sowie dem Einsatz von Transistormodulen in Topologien mit weichem Schalten gegeben.

Das vorliegende Buch nutzt Beiträge der Autoren des „Applikationshandbuch IGBT- und MOSFET-Leistungsmodule“ von 1998, Prof. Dr.-Ing. Josef Lutz und Prof. Dr.-Ing. habil. Jürgen Petzoldt, deren Urheberschaft im Text nicht nochmals zitiert wird. Gleiches gilt für hier eingearbeitete Teile des „SEMIKRON Leistungshalbleiter-Handbuch“ von Dr.-Ing. Hans-Peter Hempel. Für die Einwilligung zur Verwendung der entsprechenden Abschnitte bedanken wir uns.

Auf das Herzlichste möchten wir uns an dieser Stelle für die uneigennützige, fachliche Unterstützung bei Rainer Weiß und Dr. Uwe Scheuermann bedanken. Unser Dank gilt weiterhin den Korrektoren Dr.-Ing. Thomas Stockmeier, Peter Beckedahl und Thomas Grasshoff sowie Elke Schöne und Gerlinde Stark für die redaktionelle Bearbeitung.

Wir wünschen uns, dass Sie dieses Buch interessant und nützlich finden. Kritische Anmerkungen sind uns jederzeit willkommen. Wenn dieses Buch Ihre Bauelementauswahl und Design-In-Arbeit erleichtert, sind unsere Erwartungen erfüllt.

Nürnberg, Dresden, Ilmenau im November 2010

Arendt Wintrich
Ulrich Nicolai
Tobias Reimann
Werner Tursky

Inhalt

1 Betriebsweise von Leistungshalbleitern

1.1 Grundlagen für den Betrieb von Leistungshalbleitern

Leistungshalbleiter arbeiten bis auf wenige Sonderanwendungen im Schalterbetrieb. Daraus resultieren grundlegende Prinzipien und Funktionstypen, die in allen leistungselektronischen Schaltungen vorzufinden sind. Zielstellung jeder Entwicklung und Applikation von Leistungshalbleitern ist die Annäherung an eine möglichst verlustarme Betriebsweise.

Ein Schalter in einem induktivitätsbehafteten Zweig kann aktiv, d.h. zu jedem beliebigen Zeitpunkt einschalten. Bei unendlich kurzer Schaltzeit treten keine Verluste im Schalter auf, weil die Differenzspannung sofort über der Zweiginduktivität abfallen kann. Bei fließendem Strom ist ein Ausschalten ohne Energieumsatz nicht möglich, da die in L gespeicherte Energie abgebaut werden muss. Der Schalter kann aus diesem Grund ohne Energieumsatz nur bei $i_S = 0$ ausschalten. Man spricht in diesem Fall von einem passiven Ausschalten, weil der Schaltzeitpunkt vom Stromverlauf im Schalterzweig bestimmt ist. Ein Schalter, der ausschließlich diesen Schaltbedingungen unterliegt, wird als ZCS (**Z**ero-**C**urrent-**S**witch) bzw. Nullstromschalter bezeichnet.

Eine eingeprägte Spannung direkt über den Klemmen eines Schalters führt dazu, dass ein Einschalten nur bei $v_S = 0$ ideal, d.h. verlustfrei erfolgen kann. In diesem Fall liegt ein passives Einschalten vor, da der Spannungsverlauf am Schalter und damit auch der Nulldurchgang der Schalterspannung durch das äußere Netzwerk bestimmt sind. Ein aktives Ausschalten ist dagegen zu jedem beliebigen Zeitpunkt möglich. Schalter, die nach diesen Schaltbedingungen arbeiten, werden ZVS (**Z**ero-**V**oltage-**S**witch) bzw. Nullspannungsschalter genannt.

Bild 1.1.1 zeigt den Spannungs- und Stromverlauf an den Schaltern während der genannten elementaren Schaltvorgänge. Unter Beachtung realer Leistungshalbleiter als Schalter ergeben sich folgende Verhältnisse. Beim aktiven Einschalten liegt zuvor über dem stromübernehmenden Halbleiter positive Spannung an. Damit die Spannung abnehmen kann, muss - über den Steueranschluss ausgelöst - der Strom mit einem von der Einschaltcharakteristik des Leistungshalbleiters vorgegebenen Anstieg fließen. Sowohl die Einschaltcharakteristik als auch die wirksame Reiheninduktivität begrenzen den Stromanstieg und damit auch die Spannungsaufteilung im Stromkreis zwischen Leistungshalbleiter und Induktivität. Bei vorgegebenem Leistungshalbleiter wird dieser mit steigendem Induktivitätswert von Einschaltverlusten bis auf einen nicht mehr zu unterschreitenden Grenzwert entlastet.

Während des passiven Ausschaltvorganges eines in positiver Richtung stromführenden Leistungshalbleiters sinkt der Strom aufgrund der Polarität der Spannung im äußeren Stromkreis auf den Wert Null ab. Die im Halbleiter zu diesem Zeitpunkt noch gespeicherten Ladungsträger lassen den Strom in negativer Richtung als Rückstrom weiterfließen, bis der Halbleiter seine Sperrfähigkeit wiedererlangt, um dann die negative Spannung des Stromkreises aufzunehmen (reverse recovery).

Ein aktiver Ausschaltvorgang eines stromführenden Leistungshalbleiters bewirkt zunächst einen über den Steueranschluss ausgelösten Spannungsanstieg in positiver Richtung (Ausschaltcharakteristik). Eine wirksame Parallelkapazität an den Schalterklemmen kann daraufhin den Strom in der Geschwindigkeit übernehmen, welche die Ausschaltcharakteristik des Leistungshalbleiters vorgibt. Bei vorgegebenem Leistungshalbleiter reduziert sich mit steigendem Kapazitätswert die während des Ausschaltvorganges umgesetzte Verlustenergie (Ausschaltentlastung).

Ein passiv einschaltender Leistungshalbleiter führt vor dem Schaltvorgang eine negative Spannung. Wird diese Spannung aufgrund der Vorgänge im äußeren Stromkreis positiv, übernimmt der Leistungshalbleiter in positiver Richtung Strom, der bei zu großem Anstieg zu einer Einschaltüberspannung (forward recovery) führen kann.

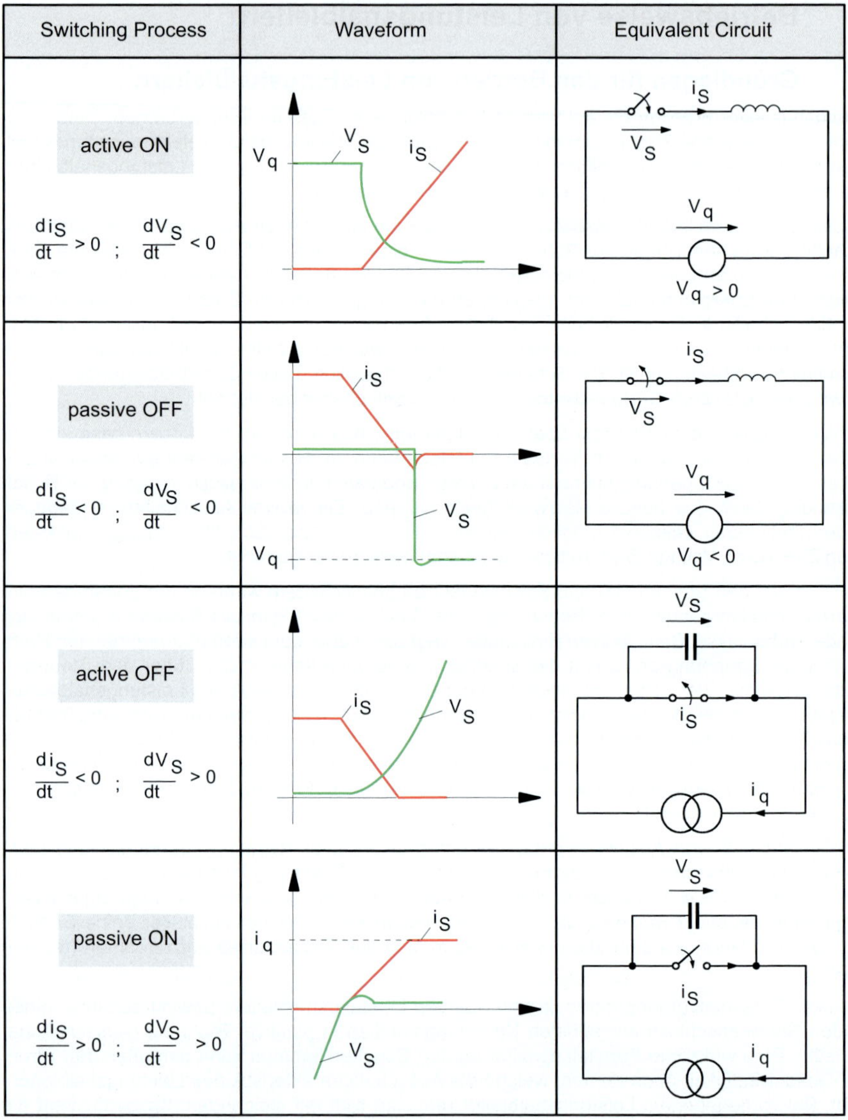

Bild 1.1.1 Elementare Schaltvorgänge

Die Betriebsweise von Leistungshalbleitern folgt eindeutig aus den genannten aktiven und passiven Schaltvorgängen während des zyklischen Schaltens von Einzelschaltern (Ein- und Ausschalten von Verbindungsleitungen zwischen energieaustauschenden Netzwerken) und der induktiven bzw. kapazitiven Kommutierung (abwechselndes Schalten von jeweils zwei Schaltern, die sich in der Strom- bzw. Spannungsführung ablösen). Bild 1.1.2 zeigt zusammenfassend die Strom-Spannungs-Verhältnisse während der möglichen Schaltvorgänge.

Hartes Schalten (HS, Bild 1.1.2 und Bild 1.2.3)

Der harte Einschaltvorgang ist dadurch gekennzeichnet, dass während der Stromkommutierungszeit nahezu die gesamte Kommutierungsspannung v_K über dem stromführenden Schalter S_1 abfällt, wodurch erhebliche Verlustleistungsspitzen im Leistungshalbleiter auftreten. Die Induktivität L_K im Kommutierungskreis hat dabei ihren Minimalwert, d.h. der Stromanstieg wird durch den einschaltenden Leistungshalbleiter bestimmt. Durch den passiven Ausschaltvorgang von Schalter S_2 endet die Stromkommutierung. Die Kommutierungszeit ist annähernd identisch mit der Gesamtschaltzeit.

Während des harten Ausschaltvorganges steigt die Spannung an S_1 bei weiterfließendem Strom i_{S1} bis über den Wert der Kommutierungsspannung v_K an. Erst ab diesem Zeitpunkt beginnt die Stromkommutierung durch passives Einschalten von Schalter S_2. Die Kapazität C_K im Kommutierungskreis ist dabei minimal, wodurch der Spannungsanstieg wesentlich durch die Eigenschaften der Leistungshalbleiter festgelegt ist. Gesamtschaltzeit und Kommutierungszeit sind deshalb annähernd gleich, verbunden mit hohen Verlustleistungsspitzen im Schalter.

Weiches Schalten (ZCS, ZVS, Bild 1.1.2, Bild 1.2.4 und Bild 1.2.5)

Während des weichen Einschaltvorganges eines Nullstromschalters (ZCS; S_1 aktiv ein) fällt bei ausreichend großem L_K die Schalterspannung relativ schnell auf den Wert des Durchlassspannungsabfalls ab, so dass während der Stromkommutierung keine bzw. geringe dynamische Verluste in den Schaltern auftreten. Die Kommutierungsinduktivität L_K bestimmt den Stromanstieg. Die Stromkommutierung endet mit dem passiven Ausschalten von Schalter S_2. Damit erhöht sich die Kommutierungszeit t_K gegenüber den Schaltzeiten der Einzelschalter.

Der weiche Ausschaltvorgang eines Nullspannungsschalters (ZVS) wird durch aktives Ausschalten von S_1 eingeleitet. Der abnehmende Schalterstrom kommutiert in die parallel zum Schalter angeordneten Beschaltungskapazitäten C_K und leitet die Spannungskommutierung ein. Die Größe von C_K bestimmt zusammen mit dem zu kommutierenden Strom den Spannungsanstieg. Durch den verzögerten Spannungsanstieg am Schalter reduziert sich dessen dynamische Verlustleistung.

Resonantes Schalten (ZCRS, ZVRS, Bild 1.1.2, Bild 1.2.6 und Bild 1.2.7)

Von resonantem Einschalten spricht man, wenn ein Nullstromschalter in dem Zeitpunkt einschaltet, in dem der zu kommutierende Strom i_L im Schaltmoment annähernd den Wert Null annimmt. Die Schaltverluste reduzieren sich damit weiter gegenüber dem weichen Einschalten des Nullstromschalters. Weil der Zeitpunkt des Stromnulldurchganges vom Schalter aus nicht aktiv bestimmt werden kann, geht ein Steuerfreiheitsgrad des Gesamtsystems verloren.

Ein resonantes Ausschalten eines Nullspannungsschalters liegt dann vor, wenn während des Ausschaltvorganges die Kommutierungsspannung annähernd Null ist. Auch dabei sind gegenüber dem weichen Ausschalten des Nullspannungsschalters die Schaltverluste nochmals reduziert bei Verlust eines Steuerfreiheitsgrades.

Neutrales Schalten (NS, Bild 1.1.2 und Bild 1.2.8)

Neutrales Schalten liegt vor, wenn sowohl die Schalterspannung als auch der Schalterstrom im Schaltaugenblick annähernd Null sind. Beim Einsatz von Dioden liegt dieser Fall natürlicherweise vor.

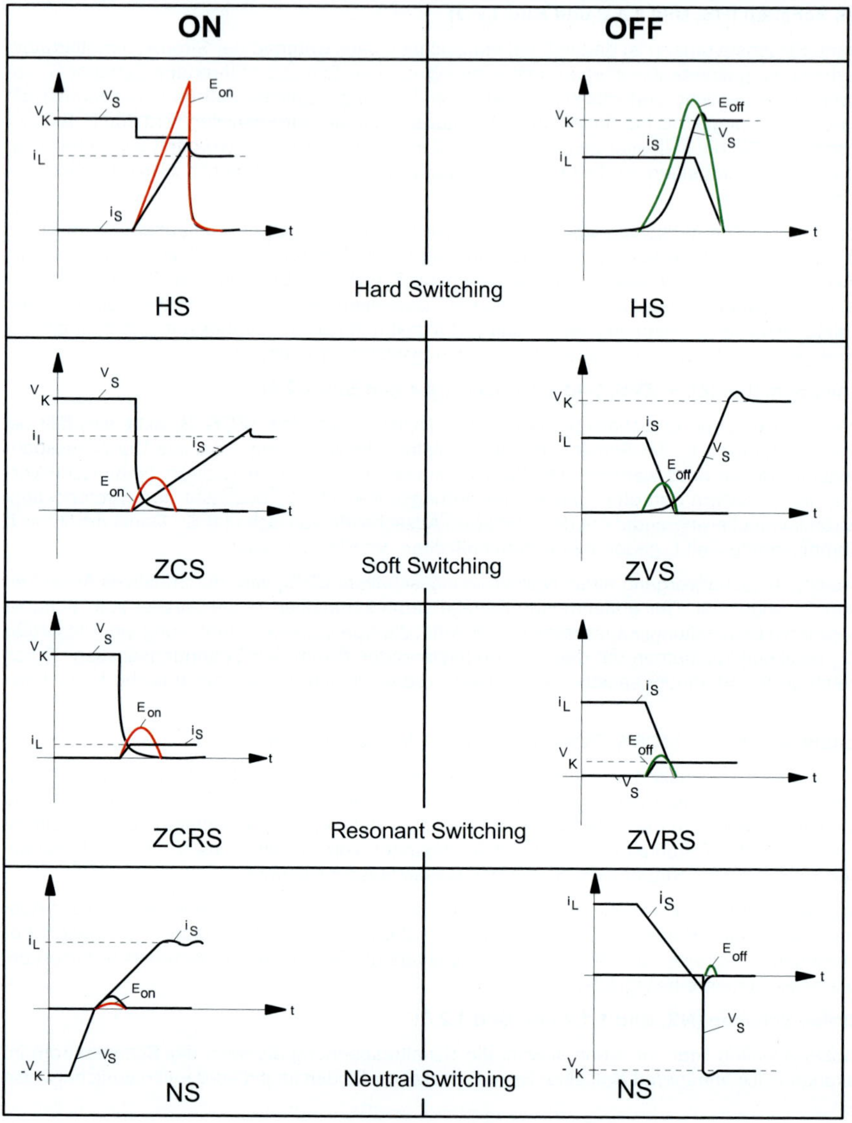

Bild 1.1.2 Arten von Schaltvorgängen (v_K = treibende Kommutierungsspannung, i_L = zu kommutierender Laststrom)

1.2 Leistungselektronische Schalter

Ein leistungselektronischer Schalter ist die Einheit aus einer Kombination von Leistungshalbleitern und der Ansteuerschaltung (Treiberstufe) für die aktiv schaltbaren Leistungshalbleiter. Aufgrund der internen funktionalen Zusammenhänge und Wechselwirkungen können dem Schalter erst in dieser Einheit und im Zusammenspiel mit der unmittelbaren Schalterumgebung bestimmte Eigenschaften zugeordnet werden.

Bild 1.2.1 kennzeichnet das System des leistungselektronischen Schalters mit seinen Schnittstellen zum umgebenden elektrischen Netzwerk (in der Regel auf hohem Potential) und zum Steuerungssystem (Informationsverarbeitung, Hilfsstromversorgung). Die notwendigen Potentialtrennstellen sind üblicherweise als optische oder induktive Übertrager ausgeführt. Die nach Schalterstrom- und -spannungsrichtung unterscheidbaren Kombinationen von Leistungshalbleitern zeigt das Bild 1.2.2.

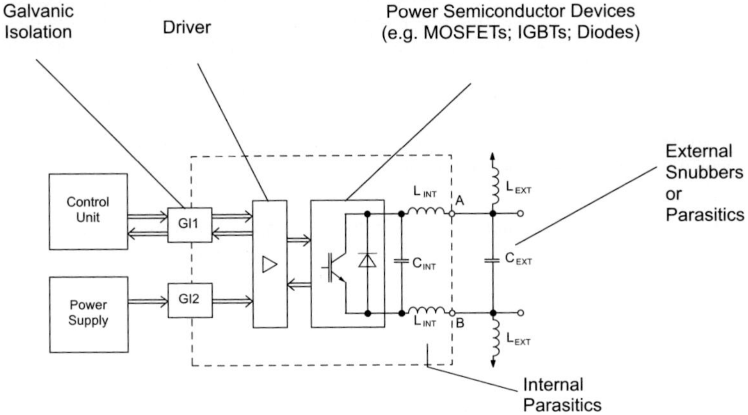

Bild 1.2.1 System „Leistungselektronischer Schalter“

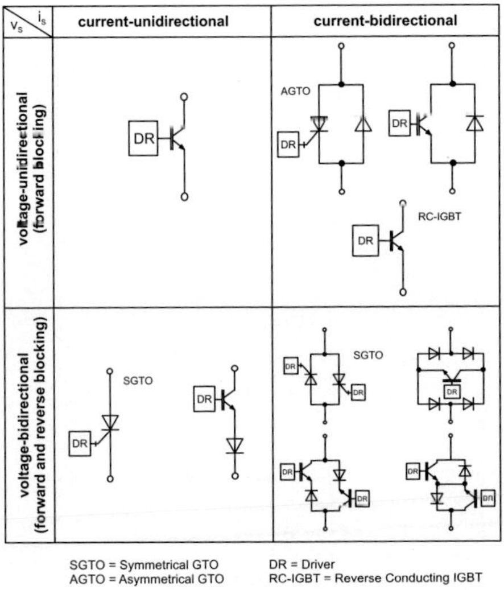

Bild 1.2.2 Mögliche Kombinationen von Leistungshalbleitern in leistungselektronischen Schaltern

Die Eigenschaften eines kompletten Schalters resultieren einerseits aus dem Verhalten der Leistungshalbleiter, welches durch das Design der Halbleiterchips auf die Betriebsweise des gesamten Schalters eingestellt werden muss. Andererseits verleiht die Ansteuerschaltung dem Gesamtschalter die Haupteigenschaften und übernimmt wesentliche Schutz- und Diagnosefunktionen.

Grundtypen leistungselektronischer Schalter

Die Betriebsweise der Leistungshalbleiter, die auch eindeutig die dominanten Eigenschaften der Schaltungen bestimmt, in denen sie arbeiten, führt zu den nachfolgend beschriebenen Grundtypen der leistungselektronischen Schalter. Deren Hauptrichtungen von Spannung und Strom resultieren eindeutig aus den Anforderungen in der konkreten Schaltung, insbesondere aus den eingeprägten Strömen und Spannungen an den Kommutierungskreisen.

Hartschalter (HS)

Ein Einzelschalter, der im Wechsel sowohl hart einschaltet als auch hart ausschaltet, ist bis auf den theoretischen Grenzfall rein ohmscher Last nur in einem Kommutierungskreis mit minimalen passiven Energiespeichern ($C_{K,min}$; $L_{K,min}$) gemeinsam mit einem neutral schaltenden Leistungshalbleiterschalter einsetzbar. Während der neutrale Schalter mit keinem Steuerfreiheitsgrad ausgestattet ist, können dem Hartschalter in Form der frei vorgegebenen Ein- und Ausschaltzeitpunkte zwei Steuerfreiheitsgrade zugeordnet werden. Daraus ergibt sich die Möglichkeit, die Gesamtschaltung mit dem Steuerverfahren „Pulsweitenmodulation (PWM; **p**ulse **w**idth **m**odulation)“ zu betreiben. Derartige Topologien dominieren die in der industriellen Praxis eingesetzten Stromrichterschaltungen.

Bild 1.2.3 zeigt die möglichen Schalterkonfigurationen (in IGBT-Technik) und Kommutierungskreise. Typische Schaltungsbeispiele sind der dreiphasige Spannungswechselrichter (VSI, voltage source inverter) bzw. Stromwechselrichter (CSI, **c**urrent **s**ource **i**nverter). Bei den symmetrischen Schalteranordnungen arbeitet jeweils nur einer der alternierend stromführenden Schalter aktiv mit zwei Freiheitsgraden während der andere neutral schaltet.

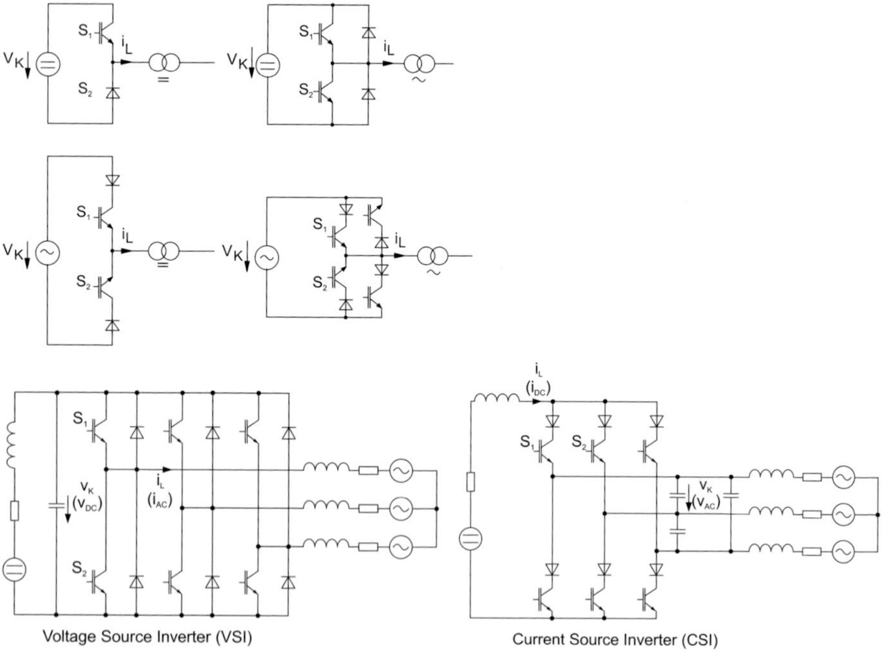

Bild 1.2.3 HS Kommutierungskreise und typische Schaltungsbeispiele

Nullstromschalter (ZCS, Zero Current Switch)

In Nullstromschaltern werden die Leistungshalbleiter ausschließlich aktiv einschaltbar und passiv ausschaltbar (bei i_S=0) betrieben. Durch den Verzicht auf einen Steuerfreiheitsgrad gegenüber dem HS ist man in der Lage, durch eine ausreichend große Reiheninduktivität L_K zum Schalter den aktiven Einschaltvorgang wesentlich verlustärmer ablaufen zu lassen. Das eröffnet die Möglichkeit, höhere Schaltfrequenzen im Vergleich zum harten Schalten zu realisieren.

Der nur noch vorhandene eine Schaltersteuerfreiheitsgrad erfordert den Einsatz des Steuerverfahrens „Pulsverschiebungsmodulation (PSM; **p**ulse **s**hift **m**odulation)". Im konkreten Fall der Schaltungen mit Nullstromschaltern nennt man das Steuerverfahren auch „Phasenanschnittsteuerung". Am Beispiel des Ersatzkommutierungskreises zeigt Bild 1.2.4 die möglichen Schalterkonfigurationen eines ZCS in IGBT-Technik, die sinngemäß auch für Schaltungen mit ausschließlich zyklischem Schalten ohne Kommutierung anwendbar sind. Ein typisches Schaltungsbeispiel ist der stromeingeprägte Parallel Resonant Converter. Der Widerstand R_{Load} symbolisiert eine Lastauskopplung parallel zum Schwingkreis. Eine weitere Gruppe von Schaltungstopologien, die aus-schließlich auf der Basis von Nullstromschaltern arbeiten, sind die netzgeführten Thyristorgleichrichterschaltungen.

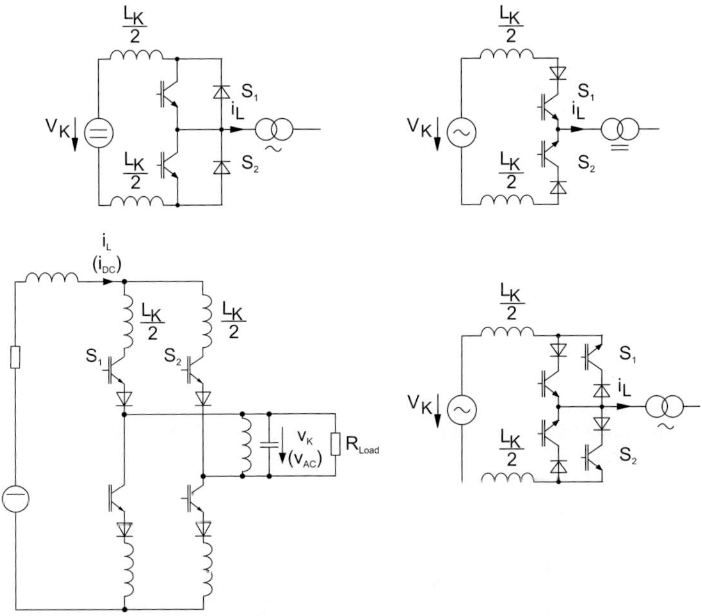

Parallel Resonant Converter

Bild 1.2.4 ZCS Kommutierungskreise und typisches Schaltungsbeispiel

Nullspannungsschalter (ZVS, Zero Voltage Switch)

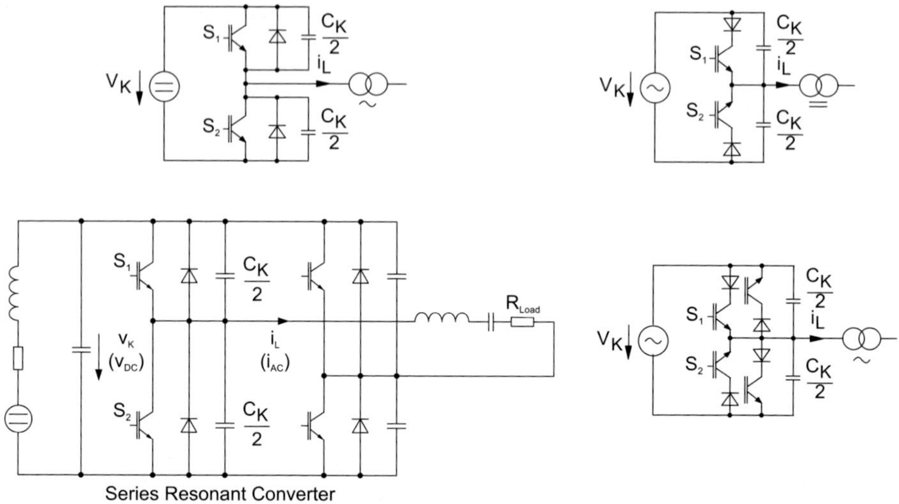

Bild 1.2.5 ZVS Kommutierungskreise und typisches Schaltungsbeispiel

Nullspannungsschalter werden so ausgelegt, dass sie aktiv ausschaltbar sind und passiv im Nulldurchgang der Schalterspannung (v_S=0) einschalten. Der aktive Ausschaltvorgang kann bei ausreichend großer Parallelkapazität sehr verlustarm ablaufen. Gegenüber dem HS wird die Verlustleistungsabnahme mit einem Verzicht auf einen Steuerfreiheitsgrad erkauft. Die reduzierten Schaltverluste ermöglichen jedoch höhere Schaltfrequenzen im Vergleich zum harten Schalten.

Der nur noch vorhandene eine Schaltersteuerfreiheitsgrad erfordert den Einsatz des Steuerverfahrens „Pulsverschiebungsmodulation (PSM; **p**ulse **s**hift **m**odulation)". Im konkreten Fall der Schaltungen mit Nullspannungsschaltern nennt man das Steuerverfahren auch „Phasenabschnittsteuerung". Bild 1.2.5 zeigt die Schaltungsmöglichkeiten von Nullspannungsschaltern in IGBT-Technik im Ersatzkommutierungskreis, die sinngemäß auch für Schaltungen mit ausschließlich zyklischem Schalten ohne Kommutierung anwendbar sind. Ein typisches Schaltungsbeispiel ist der spannungseingeprägte Series Resonant Converter. Der Widerstand R_{Load} symbolisiert eine Lastauskopplung in Reihe zum Schwingkreis.

Nullstromresonanzschalter (ZCRS, Zero Current Resonant Switch)

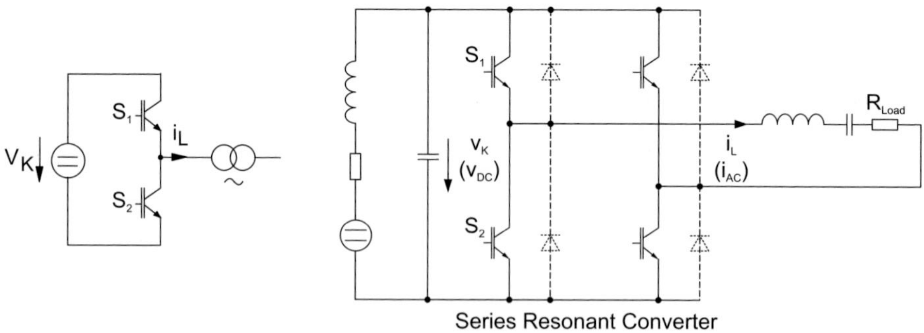

Bild 1.2.6 ZCRS Kommutierungskreis und typisches Schaltungsbeispiel

Ein Nullstromresonanzschalter wird so angesteuert, dass der aktive Einschaltvorgang genau in dem Zeitpunkt beginnt, zu dem der Strom i_L einen Nulldurchgang aufweist. Es findet somit keine Stromkommutierung im eigentlichen Sinne statt. Die Einschaltverluste sind demzufolge auch bei minimaler Induktivität L_K im Kommutierungskreis geringer als beim Nullstromschalter und werden durch die trotzdem notwendige Umladung der Sperrschichtkapazitäten der beteiligten Leistungshalbleiter verursacht. Die weitere Verlustreduzierung gegenüber dem ZCS bedeutet gleichzeitig den Verzicht auf einen weiteren Steuerfreiheitsgrad, weil die Einschaltzeitpunkte nicht mehr frei vorgebbar sind, sondern durch die vom äußeren Netzwerk diktierten Stromnulldurchgänge ausgelöst werden. In Schaltungen mit ZCRS ist nur eine indirekte Steuerung des Energieflusses möglich, indem die Schalter über mehrere Perioden des Wechselstromes leiten bzw. sperren. In diesem Fall spricht man vom Steuerverfahren „Pulsdichtemodulation (PDM; **p**ulse **d**ensity **m**odulation)“ oder auch „Pulspaketsteuerung“.

Bild 1.2.6 zeigt einen Kommutierungskreis mit ZCRS sowie ein Schaltungsbeispiel in IGBT-Technik. Bei idealer Umschaltung im Nulldurchgang des Wechselstromes würden die Schalter keine antiparallelen Schalterdioden für die zweite Stromrichtung benötigen. In der Praxis werden diese aufgrund des nichtidealen Verhaltens jedoch vorgesehen. Der Widerstand R_{Load} symbolisiert eine Lastauskopplung in Reihe zum Schwingkreis.

Nullspannungsresonanzschalter (ZVRS, Zero Voltage Resonant Switch)

Der Schaltergrundtyp ZVRS ist als Grenzfall des ZVS anzusehen. Wenn ein ZVS bei einer anliegenden Kommutierungswechselspannung V_K genau im Nulldurchgang dieser Spannung aktiv ausschaltet, sorgt die ansteigende Schalterspannung für die Stromkommutierung zwischen den Schaltern. Auch bei minimaler Kapazität C_K im Kommutierungskreis reduzieren sich die Schaltverluste gegenüber dem ZVS, verbunden mit dem Verlust eines weiteren Steuerfreiheitsgrades, weil die Ausschaltzeitpunkte nicht mehr frei vorgebbar sind, sondern durch die vom äußeren Netzwerk diktierten Spannungsnulldurchgänge ausgelöst werden. In Schaltungen mit ZVRS ist in Analogie zum ZCRS nur eine indirekte Steuerung des Energieflusses möglich, indem die Schalter über mehrere Perioden des Wechselstromes leiten bzw. sperren. In diesem Fall spricht man ebenfalls vom Steuerverfahren „Pulsdichtemodulation (PDM; **p**ulse **d**ensity **m**odulation)“ oder auch „Pulspaketsteuerung“.

Bild 1.2.7 zeigt einen Kommutierungskreis mit ZVRS sowie ein Schaltungsbeispiel in IGBT-Technik. Bei idealer Umschaltung im Nulldurchgang der Wechselspannung würden die Schalter keine seriellen Schalterdioden für die zweite Spannungsrichtung benötigen. In der Praxis werden diese aufgrund des nichtidealen Verhaltens jedoch vorgesehen. Der Widerstand R_{Load} symbolisiert eine Lastauskopplung parallel zum Schwingkreis.

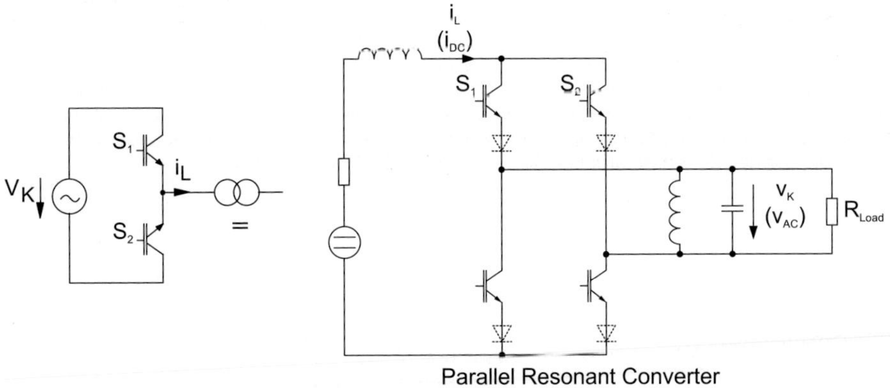

Bild 1.2.7 ZVRS Kommutierungskreis und typisches Schaltungsbeispiel

Neutralschalter (NS, Neutral Switch)

Ein Neutralschalter startet bzw. beendet durch neutrales Ein- bzw. Ausschalten einen Kommutierungsvorgang. Dabei sind im Schaltmoment sowohl Spannung als auch Strom am Schalter gemeinsam Null. Eine Diode weist durch ihr natürliches Schaltverhalten diese Eigenschaften auf. Neutralschalter können auch unter Einbindung aktiv schaltbarer Leistungshalbleiter (z.B. IGBT) realisiert werden, wenn diesen durch eine entsprechende intelligente Ansteuerung „Diodenverhalten“ verliehen wird.

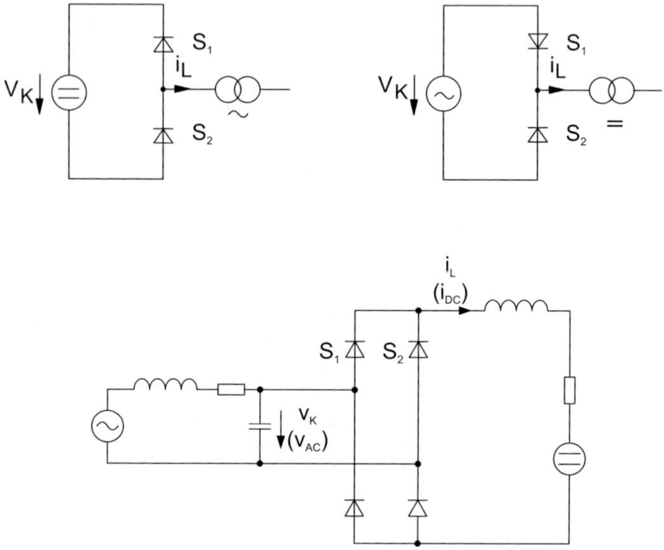

Bild 1.2.8 NS Kommutierungskreise und typisches Schaltungsbeispiel

Bild 1.2.8 zeigt Kommutierungskreise mit Neutralschaltern sowie eine Diodengleichrichtertopologie als typisches Schaltungsbeispiel für Neutralschalter. Tabelle 1.2.1 zeigt zusammenfassend die Grundtypen der leistungselektronischen Schalter mit den genannten Ein- und Ausschaltvorgängen. Die nicht besetzten Felder in dieser Darstellung sind Modifikationen dieser Grundtypen, die in nahezu allen Anwendungen notwendig sind. Werden in Schaltungen mit weich bzw. resonant arbeitenden Schaltern in bestimmten Arbeitspunkten die Resonanz- oder Kommutierungsbedingungen verletzt, müssen die Schalter abweichend von ihren Haupteigenschaften harte Schaltvorgänge realisieren (Modifizierter ZVS = MZVS; Modifizierter ZCS = MZCS), um die Gesamtschaltung in Betrieb zu halten. Diese vom Normalfall abweichende Betriebsweise wird dabei meist nur kurzzeitig eingenommen. Erfolgen der aktive Ausschaltvorgang des ZVS bzw. der aktive Einschaltvorgang des ZCS hart, arbeiten die Schalter als ZVHS bzw. ZCHS.

EIN / AUS	**hart**	**weich** **L_K in Reihe**	**resonant** **$i_L = 0$**	**neutral** **$V_s = 0$**
hart	HS	MZCS		ZVHS
weich C_K parallel	MZVS			ZVS
resonant $V_K = 0$				ZVRS
neutral $i_S = 0$	ZCHS	ZCS	ZCRS	NS

Tabelle 1.2.1 Grundtypen leistungselektronischer Schalter

2 Grundlagen

2.1 Einsatzgebiete und heutige Leistungsgrenzen von Leistungshalbleitern

Mit der Entwicklung der Leistungshalbleiter konnte die Leistungselektronik ihren Siegeszug durch alle Bereiche der Elektrotechnik antreten. Verbunden mit den wachsenden Notwendigkeiten zur Ressourcenschonung (z.B. Energiesparthematik), Nutzung erneuerbarer Energien (z.B. Windenergie und Photovoltaik) und Substitution fossiler Brennstoffe (z.B. elektrische- und Hybrid-Fahrzeugantriebe) gewinnt dieses Wachstum heute immer weiter an Dynamik.

Diese Entwicklung wird auch wesentlich von den Wechselwirkungen zwischen Systemkosten und Verbreitungsgrad sowie Energieeinsatz für die Fertigung und Energiesparpotential im Einsatz getrieben. Die Entwicklungsziele „niedriger Materialeinsatz/niedrige Kosten“ sowie „hoher Wirkungsgrad“ gewinnen neben dem allgemeinem Ziel der Leistungserweiterung immer weiter an Bedeutung.

Bild 2.1.1 zeigt Strom- und Spannungshöchstwerte heute am Markt erhältlicher steuerbarer Leistungshalbleiter. Durch Parallel- und Reihenschaltungen von Leistungshalbleitern oder halbleiterbestückten Stromrichtergeräten können heute praktisch beliebig große elektrische Leistungen umgeformt werden.

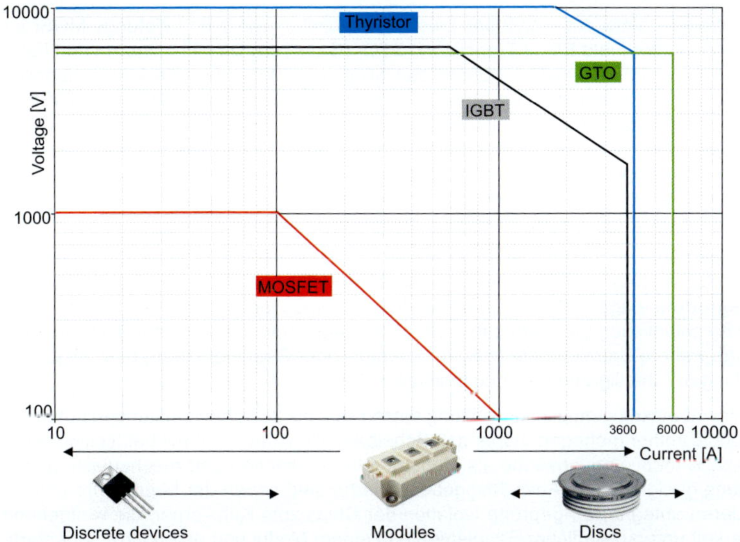

Bild 2.1.1 Heutige Strom- und Spannungsgrenzen steuerbarer Leistungshalbleiter

In Bild 2.1.2a) sind übliche Schaltfrequenzbereiche verschiedener Leistungshalbleiter aufgetragen. Bild 2.1.2b) verdeutlicht die wichtigsten Einsatzgebiete und -grenzen.

Besondere Bedeutung für die „Massenmärkte“ der Anlagen und Geräte mit Netzanschluss und mittleren bis hohen Schaltleistungen zwischen einigen kW und einigen MW haben die IGBT (**I**nsulated **G**ate **B**ipolar **T**ransistor) erreicht, vor allem in der Bauform als potentialfreie Leistungsmodule.

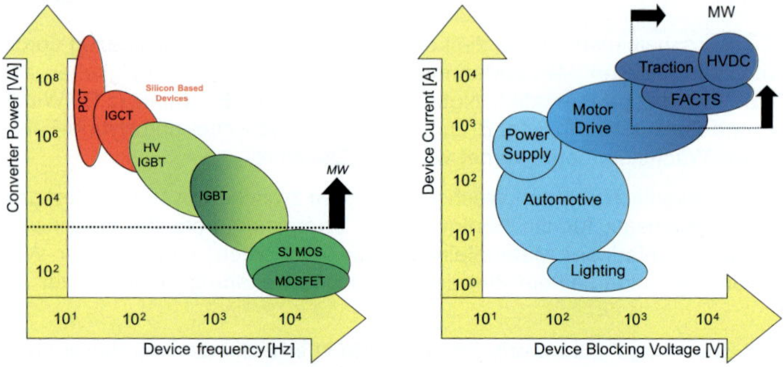

a) b)

Bild 2.1.2 a) Schaltfrequenzbereiche verschiedener Leistungshalbleiter;
b) heutige Einsatzgebiete und -grenzen [1]

Durch diese und weitere aktiv ausschaltbare Leistungshalbleiter, wie z.B. Leistungs-MOSFET (**M**etal **O**xide **S**emiconductor **F**ield **E**ffect **T**ransistor), GTO- (**G**ate **T**urn **O**ff-) Thyristoren und IGCT (**I**ntegrated **G**ate **C**ommutated **T**hyristor) wurden seit Mitte der 80er Jahre die konventionellen Thyristoren fast vollständig in netzgeführte Anwendungen zurückgedrängt. **IGBT** und **MOSFET** weisen gegenüber anderen schaltbaren Leistungshalbleitern, wie z.B. konventionellen und GTO-Thyristoren und IGCT eine Reihe von Anwendungsvorteilen auf, wie aktive Ausschaltbarkeit bis hin zum Kurzschlussfall, möglicher Betrieb ohne Beschaltungsnetzwerke, einfache Ansteuerung, kurze Schaltzeiten und somit relativ niedrige Schaltverluste. Ihre Fertigung mittels Technologien aus der Mikroelektronik ist vergleichsweise einfach und preisgünstig.

Für Ströme ab einigen 10 A werden heute in der Mehrzahl der Anwendungen Leistungshalbleiter eingesetzt, deren Siliziumchips in 1975 erstmals durch SEMIKRON am Markt eingeführte **potentialfreie Leistungsmodule** eingebaut sind. Diese Module enthalten meist mehrere Halbleiterchips gleicher oder unterschiedlicher Bauelemente (z.B. IGBT und Freilaufdiode oder Thyristor und Netzdiode) und ggf. weitere Bauelemente (z.B. Temperatur- oder Stromsensoren) bzw. Ansteuer- und Schutzschaltungen („intelligente Leistungshalbleiter“/IPM).

Trotz des Nachteils nur einseitig möglicher Kühlung setzen sich bis zu hohen Leistungen potentialfreie Leistungsmodule immer mehr gegenüber den Scheibenzellen durch, die mit beidseitiger Kühlung jedoch etwa 30% mehr Verlustwärme als Module abführen können und mechanisch besser zur Reihenschaltung geeignet sind. Ausschlaggebend hierfür sind neben der Montagefreundlichkeit der Module deren „integrierte“, geprüfte Isolation der Chips zum Kühlkörper, die weitgehend freie Kombinierbarkeit unterschiedlicher Bauelemente in einem Modul und durch Großserienfertigung vergleichsweise niedrigen Kosten.

Wichtigste Einsatzgebiete von **Leistungs-MOSFET** sind heute die Stromversorgungstechnik (Schaltnetzteile), Niederspannungs-Schalteranwendungen in der Automobilelektronik und Anwendungen mit sehr hoher Schaltfrequenz (50…500 kHz), in denen standardisierte Leistungsmodule eine eher geringe Bedeutung haben.

In den nachfolgenden Kapiteln wird ausführlich auf Aufbau, Funktion, Eigenschaften und Anwendungen von Netzdioden und Thyristoren, Leistungs-MOSFET und IGBT sowie der als Freilaufdioden notwendigen schnellen Dioden eingegangen und Entwicklungstendenzen werden aufgeführt. Hierzu lassen sich – resultierend aus den am Kapitelanfang genannten Forderungen – die allgemeinen Ziele und Richtungen der Weiterentwicklung von Leistungshalbleitern wie folgt zusammenfassen:

Wichtige **Ziele der Weiterentwicklung** sind:
- Erhöhung der Schaltleistungen (Strom, Spannung)
- Verringerung der Verluste in den Halbleitern sowie in Ansteuer- und Schutzschaltungen
- Erweiterung des Betriebstemperaturbereiches
- Erhöhung von Lebensdauer, Robustheit und Zuverlässigkeit
- Verringerung des Ansteuer- und Schutzaufwands, „Verbesserung" des Verhaltens im Fehlerfall
- Kostensenkung

Die **Richtungen der Weiterentwicklung** unterteilen sich grob wie folgt:

Halbleitermaterialien
- neue Halbleitermaterialien (z.B. wide bandgap materials)

Chiptechnologie
- höhere zulässige Chiptemperaturen bzw. Stromdichten (Flächenverkleinerung)
- feinere Strukturen (Flächenverkleinerung)
- neue Strukturen (Verbesserung von Eigenschaften)
- Funktionsintegration auf dem Chip (z.B. Gatewiderstand, Temperaturmessung, monolithische Systemintegration)
- neue monolithische Bauelemente durch Zusammenfassung von Funktionen (RC-IGBT, ESBT)
- Verbesserung der Stabilität von Chipeigenschaften unter klimatischen Einflüssen

Aufbau- und Verbindungstechnik (AVT)
- Erhöhung der Temperatur- und Lastwechselfestigkeit
- Verbesserung der Wärmeabführung (Isoliersubstrat, Bodenplatte, Kühler)
- Ausweitung der klimatischen Einsatzbereiche durch Verbesserung der Gehäuse- und Vergussmaterialien oder neue Packagingkonzepte
- Optimierung der inneren Verbindungen und Anschlusslayouts hinsichtlich parasitärer Elemente
- anwenderfreundliche Optimierung der Gehäuse zur Vereinfachung der Gerätekonstruktionen
- Senkung der Packagingkosten und Verbesserung der Umweltfreundlichkeit in Fertigung, Betrieb und Recycling

Integrationsgrad
- Erhöhung der Komplexität von Leistungsmodulen zur Systemkostensenkung
- Integration von Ansteuerungs-, Monitoring- und Schutzfunktionen
- Systemintegration

Bild 2.1.3 zeigt verschiedene Integrationsstufen von Leistungsmodulen

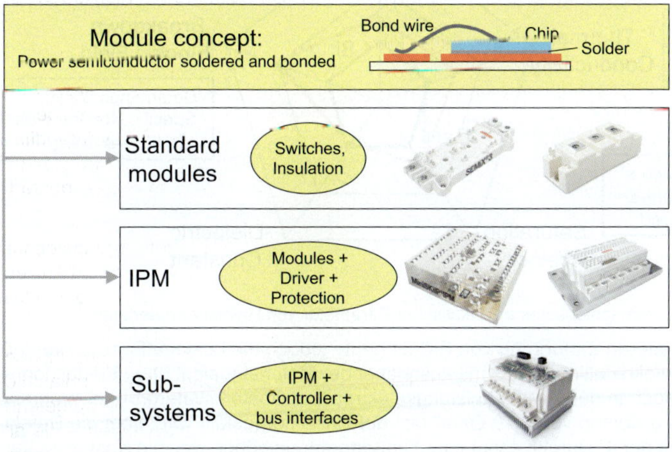

Bild 2.1.3 Integrationsstufen von Leistungsmodulen

Durch komplexere Technologien, kleinere Halbleiterstrukturen und exakte Beherrschung der Prozesse nähern sich heute die Eigenschaften moderner Leistungshalbleiter unaufhaltsam den physikalischen Grenzen des Halbleitermaterials Silizium. Deshalb wurden die bereits in den 50er Jahren begonnenen Forschungen an alternativen Materialien in den letzten Jahren forciert und haben inzwischen erste Großserienprodukte hervorgebracht.

Im Mittelpunkt der Entwicklung stehen heute die „**wide bandgap materials**“ Siliziumkarbid (SiC) und Galliumnitrid (GaN), die gegenüber Silizium einen deutlich höheren energetischen Abstand zwischen Valenz- und Leitungsband aufweisen, woraus vergleichweise niedrigere Durchlass- und Schaltverluste, höhere mögliche Chiptemperaturen und eine gegenüber Silizium bessere Wärmeleitfähigkeit resultieren.

Tabelle 2.1.1 enthält quantitative Angaben zu den wichtigsten Materialkenngrößen [2], Bild 2.1.4 zeigt die Konsequenzen auf die Materialeigenschaften.

Parameter			**Si**	**4H-SiC**	**GaN**
Bandgap Energie	E_g	eV	1,12	3,26	3,39
Eigenleitungsdichte	n_i	cm^{-3}	$1,4*10^{-10}$	$8,2*10^{-9}$	$1,9*10^{-10}$
Durchbruchfeldstärke	E_c	MV/cm	0,23	2,2	3,3
Elektronenbeweglichkeit	μ_n	cm^2/Vs	1400	950	1500
Driftgeschwindigkeit	ν_{sat}	cm/s	10^7	$2,7*10^7$	$2,5*10^7$
Dielektrizitätskonstante	ε_r	-	11,8	9,7	9,0
Wärmeleitfähigkeit	λ	W/cmK	1,5	3,8	1,3

Tabelle 2.1.1 Eigenschaften von Halbleitermaterialien mit weitem Bandabstand im Vergleich zu Silizium

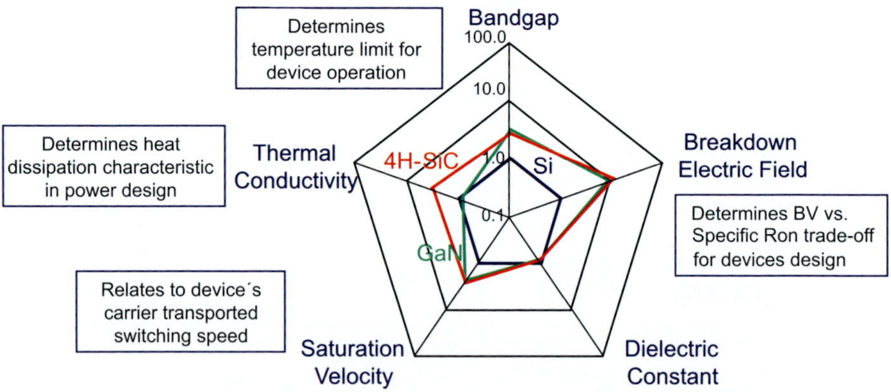

Bild 2.1.4 Konsequenzen unterschiedlicher physikalischer Parameter von Halbleitermaterialien [3]

Schlüsselfaktor einer breiteren Einführung von SiC ist heute jedoch die kosteneffiziente Herstellbarkeit entsprechender einkristalliner Chips mit ausreichender Materialqualität ohne Kristalldegradationen (Micropipes), auch in den für die Leistungselektronik optimalen Wafergrößen. Während Si heute auf 8“ Wafern zu Kosten von 0,10 €/cm² fast defektfrei hergestellt wird, liegt die Defektdichte bei SiC Wafern mit nur 4“ Durchmesser eine Größenordnung höher, was die Kosten im Vergleich zu Si vervielfacht. GaN mit gegenüber SiC etwas schlechteren Eigenschaften wurde bisher vor allem in optoelektronischen Bauelementen eingesetzt. Als Träger dient heute Saphirmaterial. Da dieses Material jedoch nichtleitend ist, müssen GaN-Bauelemente planare Strukturen besitzen. Am weitesten in den Markt eingeführt sind heute die SiC Schottkydioden.

Im Spannungsbereich < 1000 V besteht heute bei MOSFET und IGBT aufgrund des hohen Entwicklungsstandes der Si-Leistungshalbleiter keine technische Notwendigkeit zur Einführung anderer Halbleitermaterialien. Wide bandgap Halbleitermaterialien sind in diesem Spannungsbereich eher in sperrschichtgesteuerten Leistungshalbleitern wie JFET (Sperrschicht-Feldeffekttransistoren), Bipolartransistoren und Thyristoren wettbewerbsfähig, während für höhere Spannungen auch MOS-gesteuerte Transistoren Siliziumbauelementen deutlich überlegen sind.

Hauptschwerpunkte des Einsatzes von Leistungshalbleitern aus „wide bandgap materials" sind – aufgrund der hohen Materialkosten – heute zunächst Anwendungen, bei denen ein besonders hoher Wirkungsgrad oder minimale Absolutverluste erzielt werden müssen sowie solche, deren Anforderungen – z.B. Temperatur, Spannung oder Frequenz – mit Si-Leistungshalbleitern nicht erfüllt werden können.

Um die Hauptvorteile von Leistungshalbleitern aus SiC oder GaN gegenüber konventionellen Bauteilen, wie
- niedrigere Leit- und Schaltverluste
- höhere Sperrspannungen
- höhere mögliche Leistungsdichten
- höhere zulässige Arbeitstemperaturen
- kürzere Schaltzeiten, höhere Schaltfrequenzen

in gleicher Weise nutzen zu können, muss auch die Aufbau- und Verbindungstechnik entsprechend weiterentwickelt werden.

2.2 Netzgleichrichter

2.2.1 Netzdioden

Schaltzeichen

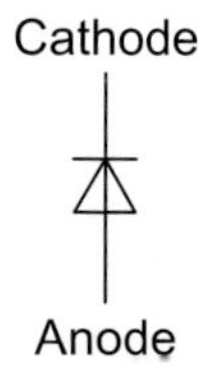

2.2.1.1 Allgemeine Begriffe

Durchlassrichtung (Vorwärtsrichtung)

Stromflussrichtung, bei der die Gleichrichterdiode den niedrigeren Widerstand hat.

Sperrrichtung (Rückwärtsrichtung)

Stromflussrichtung, bei der die Gleichrichterdiode den höheren Widerstand hat.

Anodenanschluss

Anschluss, in den der Vorwärtsstrom (Durchlassstrom) hinein fließt.

Kathodenanschluss

Anschluss, aus dem der Vorwärtsstrom (Durchlassstrom) heraus fließt.

Durchlassstrom (Vorwärtsstrom)

Strom, der in der Vorwärtsrichtung fließt.

Durchlassspannung (Vorwärtsspannung)

Spannung zwischen den Anschlüssen infolge des Vorwärtsstroms.

Sperrstrom (Rückwärtsstrom)

Strom, der in der Rückwärtsrichtung infolge der Sperrspannung (Rückwärtsspannung) fließt. Wird der Sperrstrom mit einem Kennlinienschreiber, einem Oszilloskop oder einem ähnlichen Messgerät mit Bildschirmdarstellung dargestellt, so ist die Messung wenn möglich mit Gleichspannung durchzuführen. Wird mit Wechselspannung gemessen, so ist zu beachten, dass die Kapazität des pn-Übergangs eine Kennlinienaufspaltung bewirkt. Je nach ansteigender oder abfallender Spannung ergibt sich ein positiver oder negativer Verschiebungsstrom, der die Kennlinie in zwei Äste aufspaltet. Der Punkt im Maximum der Messspannung ist nicht durch kapazitive Einflüsse verfälscht und zeigt den wahren Sperrstrom an (Bild 2.2.1).

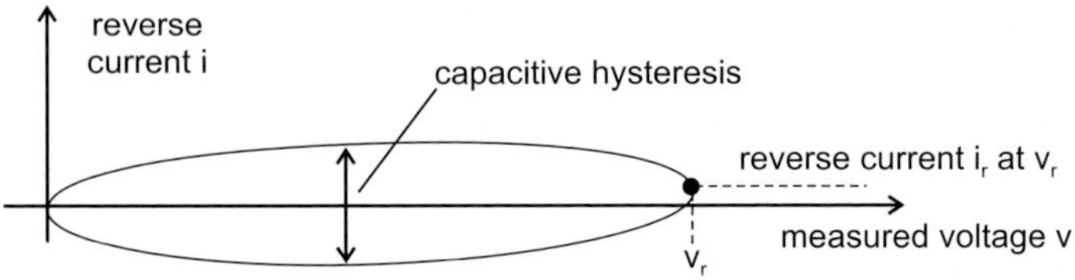

Bild 2.2.1 Sperrkennlinie mit der kapazitiven Aufspaltung durch die Messung mit Wechselspannung

Sperrspannung (Rückwärtsspannung)

Spannung zwischen den Anschlüssen in Rückwärtsrichtung

2.2.1.2 Aufbau und prinzipielle Funktion

Gleichrichterdioden sind Bauelemente mit zwei Anschlüssen und dienen zum Gleichrichten von Wechselströmen. Sie weisen eine asymmetrische Strom-Spannungs-Kennlinie auf (Bild 2.2.2).

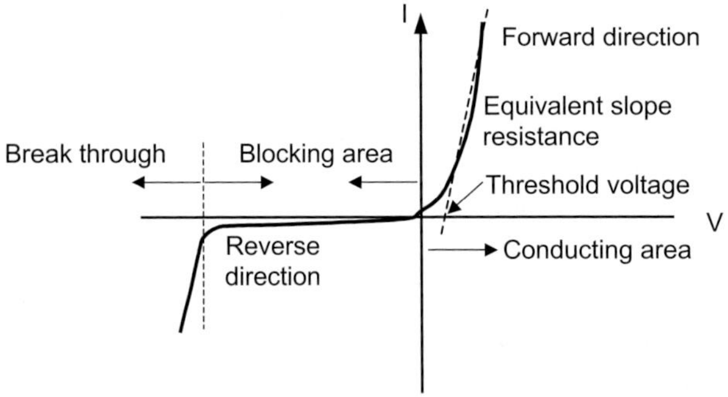

Bild 2.2.2 Strom-Spannungs-Kennlinie einer Gleichrichterdiode mit Spannungsrichtungen, Bereichen und der Ersatzwiderstandsgeraden

Die heute zum Gleichrichten von Netzspannungen eingesetzten Halbleiterdioden werden überwiegend auf der Basis von monokristallinem Silizium hergestellt. Man unterscheidet zwischen Dioden, deren gleichrichtende Wirkung durch den Übergang beweglicher Ladungsträger von einem n-dotierten zu einem p-dotierten Gebiet im Halbleiter bewirkt wird (**pn-Dioden**) und **Schottky-Dioden**, bei denen ein Metall-Halbleiter-Übergang die gleichrichtende Wirkung verursacht.

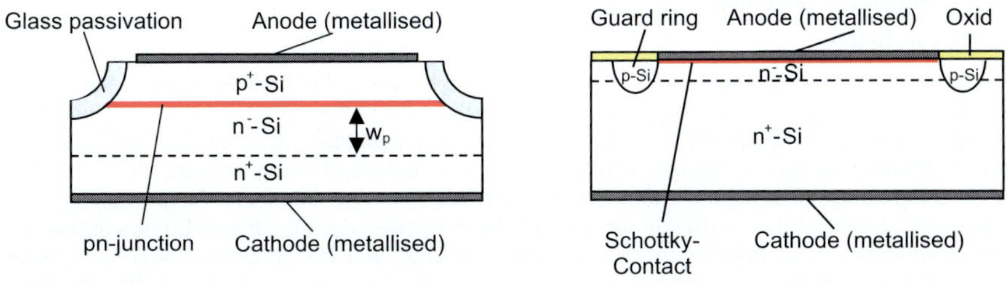

a) b)

Bild 2.2.3 Schematischer Aufbau einer pn-Diode (a) und einer Schottky-Diode (b); Die Glaspassivierung und der Schutzring mit Oxidabdeckung dienen zum Schutz vor Umwelteinflüssen und zur Stabilisierung der Sperrströme.

pn-Dioden (pin-Dioden)

Eine pn-Diode besteht aus einer stark p-dotierten p^+-Schicht mit vielen frei beweglichen Löchern, einer stark n-dotierten n^+-Schicht mit vielen frei beweglichen Elektronen und dazwischen einer nur schwach n-dotierten n^--Schicht (auch als i-Schicht bezeichnet, i für intrinsisch = eigenleitend), deren Breite w_p und deren Dotierung die maximale Sperrspannung bestimmen. Die in der Umgebung des pn-Überganges befindlichen Elektronen und Löcher rekombinieren miteinander und stehen daher nicht mehr zum Stromtransport zur Verfügung. Es entsteht also eine dünne Schicht ohne frei bewegliche Ladungsträger, die isolierend ist. Man nennt sie Raumladungszone, da in ihr durch die unbeweglichen Ladungen der ionisierten Dotieratome eine Potentialdifferenz zwischen p- und n-dotiertem Silizium aufgebaut wird. Das geschieht, ohne dass von außen eine Spannung angelegt wird.

Legt man eine negative Spannung an das p-Silizium und eine positive Spannung an das n-Silizium, so werden die freien Elektronen im n-Silizium zur Kathode gesaugt, die Löcher im p-Silizium zur Anode. Die isolierende Raumladungszone verbreitert sich dadurch und die elektrische Feldstärke in der Umgebung des pn-Übergangs steigt an. Die Diode ist in Sperrrichtung gepolt, es fließt (fast) kein Strom.
Auch bei einer in Sperrrichtung gepolten Diode fließt ein kleiner Strom, der Sperrstrom. Er entsteht dadurch, dass in der Raumladungszone durch thermische Energie oder im Ergebnis von Bestrahlung freie Ladungsträgerpaare generiert werden, die im Feld der Raumladungszone separiert werden und zu den Anschlüssen abfließen.

Legt man eine positive Spannung an das p-Silizium und eine negative Spannung an das n-Silizium, so werden die freien Elektronen im n-Silizium in die Raumladungszone gedrückt, die Löcher im p-Silizium ebenfalls. Die Raumladungszone wird durch bewegliche Ladungsträger überschwemmt und verschwindet. Es fließt ein Strom, weitere Ladungsträger werden durch den äußeren Stromkreis nachgeliefert. Die Diode ist in Durchlassrichtung gepolt (Bild 2.2.2).

Schottky-Dioden

Bei den Schottky-Dioden übernimmt der Metall-Halbleiterkontakt (Schottky-Kontakt) die Aufgaben des pn-Übergangs. Der wichtigste Unterschied zwischen pn- und Schottky-Dioden ist, dass bei den pn-Dioden sowohl Elektronen als auch Löcher zum Stromtransport beitragen (die pn-Diode ist ein bipolares Bauelement), während bei der Schottky-Diode nur eine Ladungsträgerart den Strom transportiert (unipolares Bauelement). Das hat vor allem großen Einfluss auf das dynamische Verhalten (siehe auch Kap. 2.2.1.4 und 2.3.1.1).

2.2.1.3 Statisches Verhalten

Durchlassverhalten

Mit der angelegten Vorwärtsspannung steigt der Strom steil an, sobald die **Schleusenspannung** (bei Silizium etwa 0,7 V) erreicht ist (Bild 2.2.2). Erst bei sehr hohen Strömen, die weit über dem zulässigen Dauerstrom liegen, flacht sich die Durchlasskurve wieder etwas ab. Bei niedrigen und mittleren Strömen ist der Temperaturkoeffizient der Durchlassspannung negativ, das heißt die Durchlassspannung ist bei konstantem Strom umso niedriger, je höher die Temperatur ist. Bei sehr hohen Strömen ist das Verhalten umgekehrt. Beim Fließen des Durchlassstromes entstehen Durchlassverluste (= Durchlassstrom * Durchlassspannung), welche die Diode erwärmen. Diese Erwärmung begrenzt den Vorwärtsstrom, da eine zu hohe Erwärmung die Diode beschädigen kann.

Sperrverhalten

Legt man Spannung in Sperrrichtung an eine Diode, so steigt der Sperrstrom zuerst an, um schon bei einer angelegten Spannung von wenigen Volt einen Wert zu erreichen, der mit steigender Spannung kaum mehr ansteigt. Der Sperrstrom ist stark temperaturabhängig und steigt mit der Temperatur an, besonders stark bei Schottky-Dioden. Die auftretenden Verluste (= Sperrspannung * Sperrstrom) sind aber unter normalen Betriebsbedingungen so klein, dass sie bei der Berechnung der Gesamtverluste vernachlässigt werden können (Ausnahme: Schottky-Dioden). Erhöht man die in Sperrrichtung angelegte Spannung in den Durchbruchbereich (Bild 2.2.2), so steigt der Sperrstrom mehr oder weniger steil an. Zwei Mechanismen können diesen Anstieg bewirken: Zener-Effekt und Avalanche-Effekt.

Zener-Effekt

In Dioden mit sehr hoch dotierter n^--Mittelzone kann die Feldstärke in der Raumladungszone so hoch werden, dass den Bindungen zwischen den Siliziumatomen Elektronen entrissen werden und dadurch freie Ladungsträgerpaare entstehen (Zener-Effekt). Der Sperrstrom steigt dadurch sehr steil an. Die Zener-Spannung, bei der dieser Anstieg eintritt, sinkt mit steigender Temperatur. Der Zener-Effekt tritt nur bei extrem hohen Feldstärken in der Raumladungszone auf. Solche Feldstärken kommen nur bei Dioden mit relativ niedriger Durchbruchspannung vor. Bei 5,7 V ist die Grenze. Bei höheren Durchbruchspannungen spricht man vom Avalanche-Effekt.

Avalanche-Effekt

Innerhalb der Raumladungszone werden durch thermische oder optische Energie freie Ladungsträger (Elektronen oder Löcher) erzeugt. Beim Avalanche-Effekt (Lawinen-Effekt) werden diese durch die elektrische Feldstärke in der Raumladungszone so stark beschleunigt, dass sie durch ihre kinetische Energie weitere Ladungsträgerpaare durch Stoß auf Valenzelektronen erzeugen können (Stoßionisation). Die Zahl der freien Ladungsträger steigt lawinenartig an, der Sperrstrom ebenfalls. Die Avalanche-Spannung, bei der dieser Effekt eintritt hat einen positiven Temperaturkoeffizienten, steigt also mit der Temperatur an. Alle Durchbruchspannungen größer als 5,7 V sind auf den Avalanche-Effekt zurück zu führen. Oft werden Avalanche-Dioden fälschlich als Zener-Dioden bezeichnet. Der Betrieb einer Diode im Avalanche-Durchbruch ist nur erlaubt, wenn er im Datenblatt spezifiziert ist.

2.2.1.4 Dynamisches Verhalten

Einschaltverhalten

Beim Übergang der Diode in den leitenden Zustand steigt die Spannung zunächst auf die Einschaltspannungsspitze V_{FRM} an. Erst wenn die n^--Zone vollständig durch Ladungsträger überschwemmt ist, sinkt die Durchlassspannung auf ihren statischen Wert V_F ab (Bild 2.2.4). Die Einschaltzeit t_{fr} (forward recovery time) liegt in der Größenordnung von 100 ns. Je steiler der Stromanstieg und je dicker die niedrigdotierte n^--Zone der Diode, umso höher ist V_{FRM}. Die Einschalt-Spannungsspitze kann 300 V und mehr betragen.

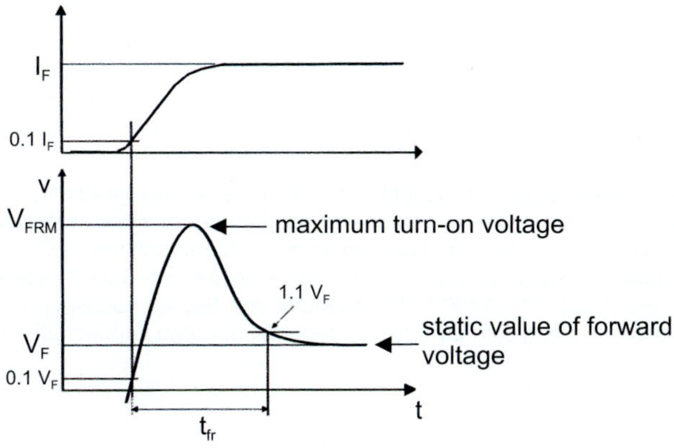

Bild 2.2.4 Einschaltverhalten einer Diode

Ausschaltverhalten

pn-Dioden

Im leitenden Zustand ist das gesamte Volumen der Diode mit Elektronen und Löchern überschwemmt. Wird die Spannung nun umgepolt, so leitet die Diode daher auch in Rückwärtsrichtung, es kann keine Sperrspannung aufgebaut werden. Durch den Rückstrom und durch die Rekombination von Elektronen und Löchern wird die Überschussladung in der Diode abgebaut. Sobald alle Überschussladungsträger am pn-Übergang abgebaut sind, kann die Diode wieder Sperrspannung aufnehmen, die Rückstromspitze I_{RRM} ist erreicht, der Rückwärtsstrom wird von da ab wieder kleiner (Bild 2.2.5).

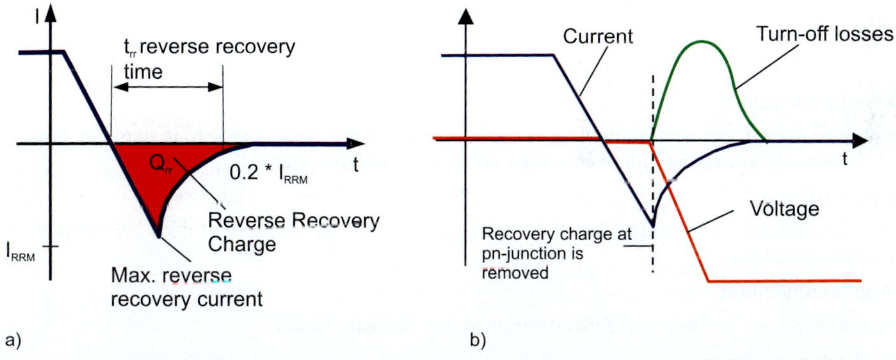

Bild 2.2.5 Ausschaltverhalten einer pn-Diode: Definitionen (a) und Verlauf von Strom, Spannung und Schaltverlusten (b)

Das rote Dreieck Q_{rr} ist die in der Diode gespeicherte Ladung. Nach der Rückstromspitze I_{RRM} liegt an der Diode Spannung an und es fließt durch sie ein Strom. Daraus ergeben sich Schaltverluste, die bei höheren Frequenzen beträchtliche Höhe erreichen können und bei den Gesamtverlusten berücksichtigt werden müssen. Schaltzeit t_{rr}, Speicherladung Q_{rr} und Rückstromspitze I_{RRM} nehmen bei höherer Temperatur stark zu. Dioden mit kurzer Schaltzeit t_{rr} (rr = reverse recovery), kleiner Speicherladung Q_{rr} und kleiner Rückstromspitze I_{RRM} bezeichnet man als schnelle Dioden (siehe Kap 2.3). Schnelle Dioden erhält man vor allem durch Reduzierung der Trägerlebensdauer.

Schottky-Dioden

Schottky-Dioden sind unipolare Bauelemente, nur eine Ladungsträgerart ist für den Stromtransport zuständig. Während der Durchlassstrom fließt, wird keine Überschussladung aufgebaut, die beim Ausschalten (Umpolen der Spannung) als Speicherladung in Erscheinung treten könnte. Schottky-Dioden haben also keinen Rückstrom I_{RRM}, abgesehen von einem sehr kleinen Strom zum Umladen der Sperrschichtkapazität. Eine Schaltzeit ist nicht definiert.

Wegen der sehr kleinen Schaltverluste eignen sich Schottky-Dioden für Anwendungen bei hohen Frequenzen. Allerdings sind die Sperrspannungen wegen der mit der Temperatur stark ansteigenden Sperrströme und dem unipolaren Durchlasscharakter begrenzt. Am Markt befinden sich derzeit Schottky-Dioden auf Siliziumbasis bis etwa 200 V Sperrspannung, solche aus Galliumarsenid (GaAs) bis 300 V und Siliziumcarbid (SiC) bis 1200 V. Die Eignung von SiC für hochsperrende Schottky-Dioden ergibt sich aus der im Vergleich zu Silizium neunmal höheren Durchbruchfeldstärke des Materials.

2.2.2 Thyristoren

Schaltzeichen

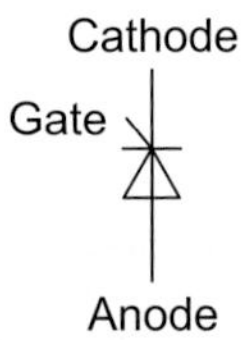

2.2.2.1 Allgemeine Begriffe

Vorwärtsrichtung, Schaltrichtung

Die Richtung des durch die Hauptanschlüsse fließenden Stromes, in der der Thyristor zwei stabile Betriebszustände, nämlich einen Sperrzustand und einen Durchlasszustand einnehmen kann.

Rückwärtsrichtung

Die der Schaltrichtung entgegengesetzte Richtung.

Durchlasszustand

Betriebszustand, bei einem Arbeitspunkt oder in einem Arbeitspunktbereich, in dem der Gleichstromwiderstand klein ist (gegenüber dem Widerstand im Sperrzustand).

Sperrzustand

Betriebszustand, in dem der Gleichstromwiderstand groß ist (gegenüber dem Widerstand im Durchlasszustand).

Anodenanschluss

Hauptanschluss, bei dem der Vorwärtsstrom in den Thyristor eintritt.

Kathodenanschluss

Hauptanschluss, bei dem der Vorwärtsstrom aus dem Thyristor austritt.

Steueranschluss, Gate

Anschluss, über den ausschließlich Steuerstrom fließt. Die zur Steuerung dienende Einrichtung wird mit dem Steueranschluss und dem Kathodenanschluss verbunden. Zu diesem Zweck haben größere Thyristoren einen zweiten Kathodenanschluss.

Vorwärtsstrom

Der über die Hauptanschlüsse fließende Strom in Vorwärtsrichtung.

Rückwärtsstrom

Der über die Hauptanschlüsse fließende Strom in Rückwärtsrichtung.

Durchlassstrom

Der im Durchlasszustand über die Hauptanschlüsse fließende Strom.

Sperrstrom

Der im Sperrzustand über die Hauptanschlüsse fließende Strom. Wird der Sperrstrom mit einem Kennlinienschreiber, einem Oszilloskop oder einem ähnlichen Messgerät mit Bildschirmdarstellung dargestellt, so ist die Messung wenn möglich mit Gleichspannung durchzuführen. Wird mit Wechselspannung gemessen, so ist zu beachten, dass die Kapazität des pn-Übergangs eine Kennlinienaufspaltung bewirkt. Je nach ansteigender oder abfallender Spannung ergibt sich ein positiver oder negativer Verschiebungsstrom, der die Kennlinie in zwei Äste aufspaltet. Der Punkt im Maximum der Messspannung ist nicht durch kapazitive Einflüsse verfälscht und zeigt den wahren Sperrstrom an (siehe Bild 2.2.1).

Vorwärts-Spannung

Spannung an den Hauptanschlüssen in Vorwärtsrichtung.

Rückwärts-Spannung

Spannung an den Hauptanschlüssen in Rückwärtsrichtung.

Durchlassspannung

Spannung an den Hauptanschlüssen im Durchlasszustand.

Sperrspannung

Spannung an den Hauptanschlüssen im Sperrzustand.

Kippspannung

Sperrspannung in Vorwärtsrichtung, bei der der Thyristor kippt, d.h. in den Durchlasszustand übergeht, ohne dass ein Steuerstrom fließt.

Steuerstrom

Der durch den Steueranschluss fließende Strom. Er wird als positiv bezeichnet, wenn er in den Steueranschluss hinein fließt.

Steuerspannung

Spannung zwischen Steueranschluss und Kathodenanschluss. Sie wird als positiv bezeichnet, wenn der Steueranschluss das höhere Potential hat.

2.2.2.2 Aufbau und prinzipielle Funktion

Der Thyristor ist ein Halbleiterbauelement mit mindestens drei pn-Übergängen, das von einem Sperrzustand in einen Durchlasszustand umgeschaltet werden kann. Meist wird mit „Thyristor" speziell die rückwärts sperrende Thyristortriode bezeichnet, die in der Rückwärtsrichtung nicht schaltbar ist, sondern sperrt. Zusätzlich zu den zwei Anschlüssen einer Diode hat ein Thyristor einen Steueranschluss (Gate), der zum Schalten des Thyristors in den Durchlasszustand dient (Bild 2.2.6).

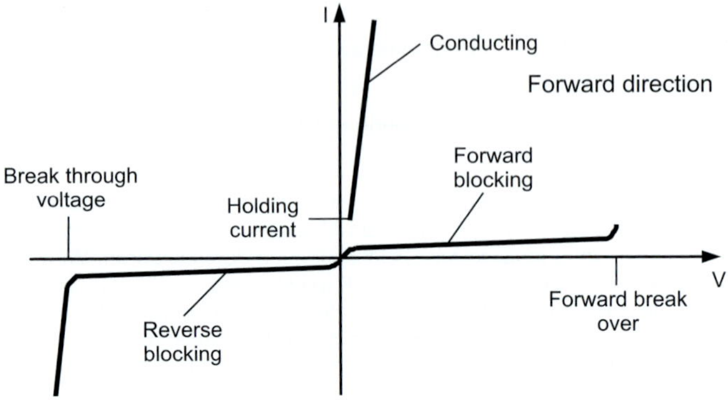

Bild 2.2.6 Strom-Spannungs-Kennlinie eines Thyristors mit Spannungsrichtungen und Betriebszuständen

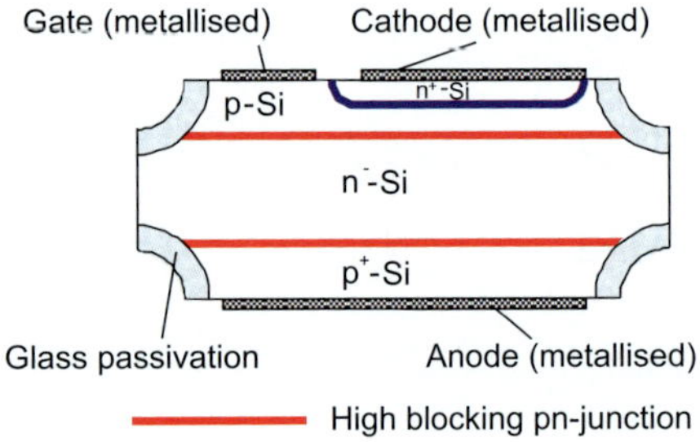

Bild 2.2.7 Schematischer Aufbau eines Thyristors (Die Glaspassivierung dient zum Schutz vor Umwelteinflüssen und zur Stabilisierung der Sperrströme.)

Ein Thyristor besteht aus vier abwechselnd n- und p-dotierten Zonen (Bild 2.2.7). Die mittlere n^--Zone bildet mit den angrenzenden p-dotierten Zonen die hochsperrenden pn-Übergänge für Vorwärts- und Rückwärtsrichtung. Die Passivierung (in diesem Beispiel: Glaspassivierung) muss für beide pn-Übergänge vorgenommen werden. Um die Funktionsweise des Thyristors zu verstehen, kann man ihn sich in einen npn- und einen pnp-Transistor zerlegt vorstellen (Bild 2.2.8)

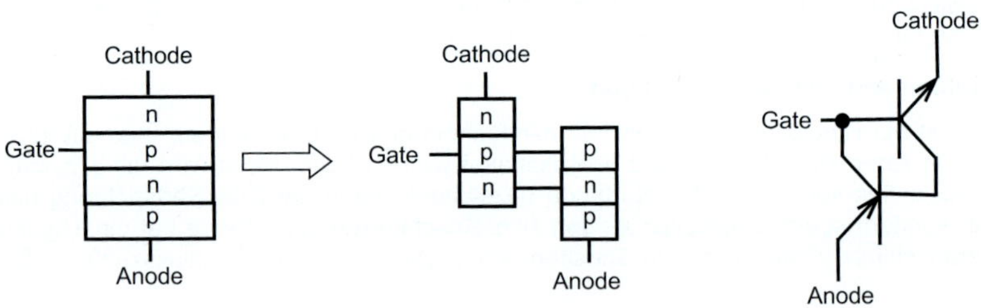

Bild 2.2.8 Zerlegung eines Thyristors in zwei miteinander gekoppelte npn- und pnp-Transistoren

Ist die Kathode negativ gegenüber der Anode gepolt und fließt ein Strom vom Steueranschluss (Gate) zur Kathode, so injiziert die Kathode, die ja der Emitter des npn-Transistors ist, Elektronen. Der Gatestrom wird vom npn-Transistor verstärkt. Ein Teil dieser Elektronen gelangt in die niedrigdotierte n-Zone, die zugleich Kollektor des npn-Transistors und Basis des pnp-Transistors ist. Im pnp-Transistor wird dieser Strom weiter verstärkt und zur Basis des npn-Transistors geleitet. Diese Mitkopplung der Teiltransistoren ist entscheidend für die Funktion des Thyristors.

Die Stromverstärkungen der Transistoren sind stromabhängig. Sobald der Strom in der Gatezone so hoch ist, dass die Summe der Stromverstärkungen (in Basisschaltung) $\alpha_{npn} + \alpha_{pnp} \geq 1$ wird, wird der Strom über alle Maßen verstärkt, der Thyristor zündet, das heißt, er geht in den Durchlasszustand. Es reicht schon ein kurzer Stromimpuls (beispielsweise 10 µs lang) ins Gate, um den Thyristor zu zünden. Hat am Ende des Zündimpulses der Hauptstrom den Einraststrom I_L überschritten, so bleibt der Thyristor im Durchlasszustand. Erst wenn der Hauptstrom den Haltestrom I_H unterschreitet, geht der Thyristor wieder in den Vorwärts-Sperrzustand (Blockierzustand) über (siehe Kap. 2.2.2.3). Jeder Strom, der über den pn-Übergang vom Gate zur Kathode fließt, wirkt, wenn er nur hoch genug ist, als Zündstrom:

- externer Zündstrom vom Gate zur Kathode
- Sperrstrom durch Überschreiten der maximalen Blockierspannung (Kippspannung) („Über Kopf Zünden“, Kippen)
- durch Lichteinstrahlung in der Raumladungszone generierter Strom (Lichtzündung)
- zu hohe Temperatur (thermisch generierter Sperrstrom)
- kapazitiver Verschiebungsstrom durch steil ansteigende Anodenspannung (dv/dt).

2.2.2.3 Statisches Verhalten

Durchlassverhalten

Das Durchlassverhalten von Thyristoren entspricht dem von Dioden. Mit der angelegten Vorwärtsspannung steigt der Strom steil an, sobald die Schleusenspannung erreicht ist (Bild 2.2.6). Erst bei sehr hohen Strömen, die weit über dem zulässigen Dauerstrom liegen, flacht sich die Durchlasskurve wieder etwas ab. Bei niedrigen und mittleren Strömen ist der Temperaturkoeffizient der Durchlassspannung negativ, das heißt, die Durchlassspannung ist bei konstantem Strom umso niedriger, je höher die Temperatur ist. Bei sehr hohen Strömen ist das Verhalten umgekehrt.
Beim Fließen des Durchlassstromes entstehen Durchlassverluste (= Durchlassstrom * Durchlassspannung), die den Thyristor erwärmen. Diese Erwärmung begrenzt den Vorwärtsstrom, da eine zu hohe Erwärmung den Thyristor beschädigen kann.

Sperrverhalten

Legt man **Spannung in Sperrrichtung** an einen Thyristor, so steigt der Sperrstrom zuerst an, um schon bei einer angelegten Spannung von wenigen Volt einen Wert zu erreichen, der mit steigender Spannung kaum mehr ansteigt. Der Sperrstrom ist stark temperaturabhängig und steigt mit der Temperatur an. Erhöht man die in Sperrrichtung angelegte Spannung in den Durchbruchbereich (Bild 2.2.6), so steigt der Sperrstrom durch den Avalanche-Effekt (siehe Kap. 2.2.1.3) steil an.

Legt man **Spannung in Vorwärtsrichtung** an einen Thyristor, so verhält er sich zuerst wie in Sperrrichtung. Wird die Kippspannung erreicht, so „kippt“ der Thyristor in den Durchlasszustand und bleibt in diesem, bis der Halterstrom unterschritten wird. Auch der Sperrstrom in Vorwärtsrichtung ist temperaturabhängig. Diese Abhängigkeit kann für die individuellen Thyristoren sehr unterschiedlich sein. Meist ist der Sperrstrom bei hohen Temperaturen in Vorwärtsrichtung höher als in Sperrrichtung. Ursache ist in der Regel die Verstärkung des Sperrstromes durch den npn-Transistor, für den der Sperrstrom einen Basisstrom darstellt. Hohe Sperrströme in Vorwärtsrichtung beeinträchtigen die Funktion und die Zuverlässigkeit des Thyristors nicht und sind kein qualitätsminderndes Merkmal. Die auftretenden Verluste (= Sperrspannung * Sperrstrom) sind unter normalen Betriebsbedingungen so klein, dass sie bei der Berechnung der Gesamtverluste vernachlässigt werden können.

2.2.2.4 Dynamisches Verhalten

Einschaltverhalten

Zünden durch einen externen Zündstrom vom Gate zur Kathode

Die Zündung setzt lokal dort ein, wo die höchste Zündstromdichte herrscht. Die Ausbreitung der gezündeten Fläche erfolgt relativ langsam (je nach Bedingungen mit nur 30 µm bis 100 µm pro µs), das heißt, bei einem Thyristor mit 100 mm Durchmesser dauert es einige 1000 Mikrosekunden, bis die ganze Thyristorfläche leitend ist (Bild 2.2.9).

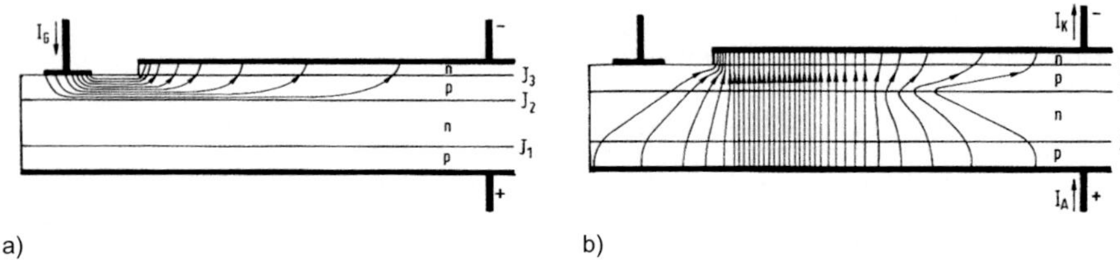

Bild 2.2.9 Stromverteilung im Thyristor nach dem Einschalten des Gatestroms (a) und unmittelbar nach der Zündung (b)

Nach dem Zünden fällt die Vorwärtsspannung nur langsam auf den statischen Wert V_F ab. Die Folge ist eine mit der Stromanstiegssteilheit wachsende Verlustleistungsspitze (Bild 2.2.10).

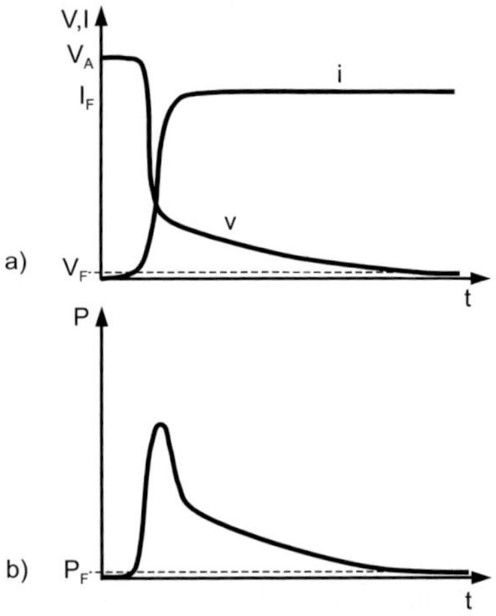

Bild 2.2.10 Verlauf von Strom, Spannung (a) und Verlustleistung (b) beim Einschalten eines Thyristors

Da anfangs die gezündete Fläche noch sehr klein ist, konzentrieren sich die Einschaltverluste, die durch das nur allmähliche Absinken der Durchlassspannung auf ihren statischen Wert V_F verursacht werden, auf eine kleine Fläche. Das führt zu einer lokalen Erhitzung des Siliziums. Um eine Schädigung des Thyristors zu vermeiden, muss die Stromanstiegsgeschwindigkeit auf die maximal zulässige **kritische Stromanstiegsgeschwindigkeit** $(di/dt)_{cr}$ begrenzt werden.

Bei größeren Thyristoren wird die kritische Stromanstiegsgeschwindigkeit $(di/dt)_{cr}$ durch Integration eines Hilfsthyristors (Pilotthyristor) erhöht. Dabei dient ein kleinerer Thyristor, dessen Kathode mit dem Gate des Haupttyristors verbunden ist zur Verstärkung des Zündstroms für den Hauptthyristor (Bild 2.2.11). Die Zündenergie für den Hauptthyristor wird dem Hauptstromkreis entnommen. Man spricht von innerer Zündverstärkung oder **Amplifying Gate-Thyristor**.

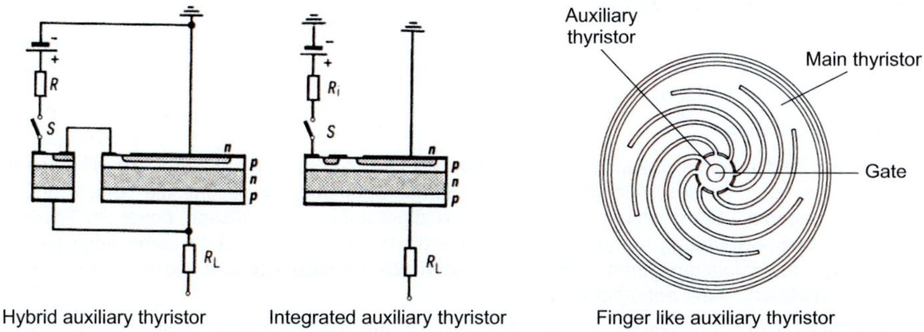

Bild 2.2.11 Verstärkung der Zündenergie durch die Integration eines Hilfsthyristors (Amplifying Gate)

Eine weitere Verbesserung des $(di/dt)_{cr}$ erzielt man durch fingerförmige Ausbildung des Amplifying Gates, die die Randlänge zwischen Hilfs- und Hauptthyristor verlängert. Allerdings verliert man dabei an aktiver Emitterfläche, die Strombelastbarkeit wird verringert.

Zünden durch den kapazitiven Verschiebungsstrom (dv/dt – Zünden)

Jeder pn-Übergang stellt eine spannungsabhängige Kapazität dar. Ohne anliegende Spannung ist diese am größten, und sie sinkt, je höher die angelegte Sperrspannung ist. Bei Änderungen der Spannung (hohem dv/dt) fließt ein kapazitiver Verschiebungsstrom über den pn-Übergang. Ist dieser hoch genug, so kann er wie jeder Strom über den p-Basis-Emitter-Übergang das Zünden des Thyristors bewirken.

Zünden durch Überschreiten der Kippspannung („Über Kopf“-Zünden)

Beim Überschreiten der Kippspannung (Bild 2.2.12) wird der Sperrstrom so hoch, dass er zum Zünden des Thyristors ausreicht. Da der Sperrstrom mit der Temperatur ansteigt und der erforderliche Zündstrom mit der Temperatur kleiner wird, sinkt die Kippspannung mit steigender Temperatur.

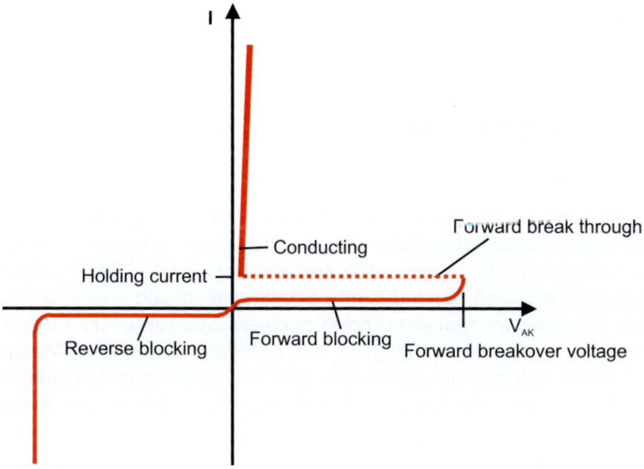

Bild 2.2.12 Zünden eines Thyristors durch das Überschreiten der Kippspannung

Zünden durch Licht oder zu hohe Temperatur

Lichteinstrahlung erzeugt Ladungsträgerpaare, die in der Raumladungszone getrennt werden und über den pn-Übergang zur Kathode fließen. Sie wirken daher als Zündstrom. Dasselbe gilt für thermisch erzeugte Ladungsträgerpaare.

Ausschaltverhalten

Ähnlich wie bei Netzdioden (Kap. 2.2.1.4) wird auch beim Thyristor beim Fließen eines Vorwärtsstromes das Volumen des Halbleiters durch Ladungsträger überschwemmt, die beim Umpolen der Spannung in die Sperrrichtung erst weitgehend abgebaut werden müssen, bevor der Thyristor Spannung in Sperrrichtung aufnehmen kann. Allerdings befinden sich auch dann noch Restladungsträger im Halbleitervolumen, die zum Zünden des Thyristors führen können, wenn Spannung in Vorwärtsrichtung angelegt wird.

Als **Freiwerdezeit t_q** bezeichnet man die Zeit vom Stromnulldurchgang bis wieder Blockierspannung angelegt werden kann, ohne dass der Thyristor erneut zündet (Bild 2.2.13). Die typische Freiwerdezeit t_q von Thyristoren beträgt etwa 100 bis 500 µs. **Schnelle Thyristoren (Frequenzthyristoren)** sind solche, bei denen die Freiwerdezeit durch Reduzierung der Trägerlebensdauer auf 10 bis 100 µs verkürzt wurde. Nähere Angaben über die Abhängigkeit der Freiwerdezeit von den Parametern erfolgen in Kap. 3.2.5.2. Die Kennwerte werden im Kap. 3 „Datenblattangaben" erläutert.

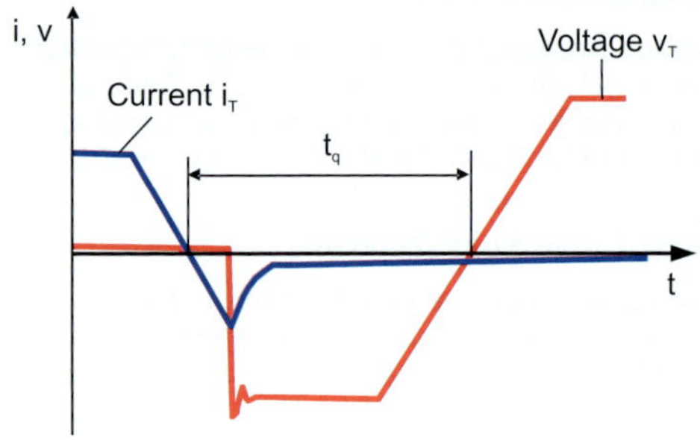

Bild 2.2.13 Verlauf von Strom i_T und Spannung v_T eines Thyristors beim Ausschalten und Freiwerdezeit t_q

2.3 Freilauf- und Beschaltungsdioden

2.3.1 Aufbau und prinzipielle Funktion

Moderne schnelle Schalter benötigen schnelle Dioden als Freilaufdioden im Leistungskreis. In den vorwiegend auftretenden Anwendungen mit induktiver Last wird die Freilaufdiode bei jedem Einschaltvorgang des Schalters vom leitenden in den sperrenden Zustand kommutiert. Das Ausräumen der Speicherladung soll dabei sanft erfolgen, um induzierte Spannungsspitzen und hochfrequente Oszillationen zu vermeiden. Deshalb werden die Dioden auch als Soft-Recovery-Dioden bezeichnet. Sie sind mitbestimmend für die Leistungsfähigkeit des Schalters. Bei ihrem Design müssen Kompromisse gegensätzlicher Anforderungen gefunden werden. Für schnelle Leistungsdioden sind zwei Haupttypen zu unterscheiden: die Schottky-Diode und pin-Dioden in epitaxialer oder diffundierter Bauform.

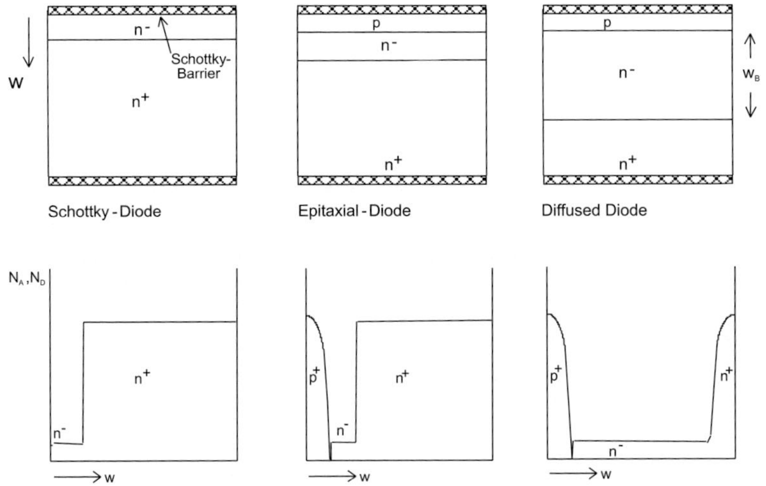

Bild 2.3.1 Aufbau der Schottky-, pin-Epitaxial- und pin-diffundierten Diode
a) Aufbau
b) Dotierungsprofil (schematisch)

2.3.1.1 Schottky-Dioden

Bei Schottky-Dioden bildet der Metall-Halbleiter-Übergang den sperrenden Übergang. Im Durchlasszustand muss nur die geringe Potentialbarriere zwischen Metall und Halbleitermaterial überwunden werden (ca. 0,3 V bei Si). Es entfällt die bei pin-Dioden auftretende Diffusionsspannung des pn-Überganges (ca. 0,7 V bei Si), damit wird bei dünner n^--Zone die Durchlassspannung niedriger als die jeder pin-Diode. Bei n-dotiertem Material sind nur Elektronen am Stromfluss beteiligt (unipolar). Im Betrieb nahe der Sperrspannung erhöht sich der Sperrstrom stark. Dies muss in der Verlustleistungsbilanz berücksichtigt werden, anderenfalls ist die thermische Stabilität nicht mehr gegeben.

Beim Übergang vom leitenden in den sperrenden Zustand ist im Idealfall nur die Raumladungszone mit einer geringen Kapazität zu laden. Das Bauelement besitzt daher eine um Zehnerpotenzen kleinere Speicherladung als die pin-Diode und verursacht damit auch sehr geringe Schaltverluste. Die Schottky-Diode kommt damit einer idealen Diode sehr nahe. Sie ist vor allem für den Einsatz bei sehr hohen Frequenzen und als Beschaltungsdiode mit besonders niedriger Durchlassspannung geeignet.

Für Silizium beschränken sich diese Vorteile auf Spannungen < 100 V. Für höhere Sperrspannungen muss die n^--Zone erweitert werden und die Durchlassspannung nimmt stark zu. In diesem Spannungsbereich werden Materialien mit höherer zulässiger elektrischer Feldstärke wie GaAs (<= 600 V) oder SiC (<=1700 V) eingesetzt. Sie haben ähnliche Durchlasseigenschaften wie die pin-Diode, die Vorteile bei den Schalteigenschaften bleiben aber erhalten. Die Kosten für das Basismaterial und die Herstellung von Dioden aus beiden letztgenannten Materialien sind aber so hoch, dass sich deren Einsatz bisher nur in Anwendungen mit besonders hohem Wirkungsgrad, hohen Schaltfrequenzen oder hohen Temperaturen lohnt.

2.3.1.2 pin-Dioden

Epitaxialdioden

Oberhalb 100 V beginnt der Vorteil der pin-Dioden. Bei den heute realisierten Dioden ist die Mittelzone eigentlich nicht „i" (intrinsisch), sondern vom n^--Typ und gegenüber den Außenzonen sehr viel niedriger dotiert. Bei pin-Dioden in Epitaxialtechnik (Bild 2.3.1 Mitte) wird zunächst eine n^--Zone auf dem hochdotierten n^+-Substrat abgeschieden (Epitaxie). Anschließend wird die p-Zone diffundiert. Damit können sehr niedrige Basisweiten w_B bis herunter zu einigen µm realisiert werden. Durch das Einbringen von Rekombinationszentren (zumeist Gold) kann man sehr schnelle Dioden realisieren. Wegen der geringen Basisweite w_B bleibt die Durchlassspannung trotz Rekombinationszentren niedrig. Sie ist aber immer größer der Diffusionsspannung des pn-Überganges von 0,6 bis 0,8 V. Der Haupteinsatzbereich der Epitaxial (Epi)-Dioden liegt bei Sperrspannungen zwischen 100 V und 600 V. Manche Hersteller realisieren auch 1200 V Epi-Dioden.

Controlled Axial Lifetime (CAL)-Konzept

Ab 1000 V wird die n^--Zone so breit, dass man eine diffundierte pin-Diode (Bild 2.3.1 rechts) realisieren kann. In das n^--Substrat (Wafer) werden die p- und die n^+-Zone diffundiert. Es werden ebenfalls Rekombinationszentren eingebracht. Durch Implantation von Protonen oder He^{++}-Ionen in Silizium entstehen Rekombinationszentrenprofile ähnlich Bild 2.3.2. Für die Implantation sind Teilchenbeschleuniger mit einer Energie im Bereich 10 MeV erforderlich.

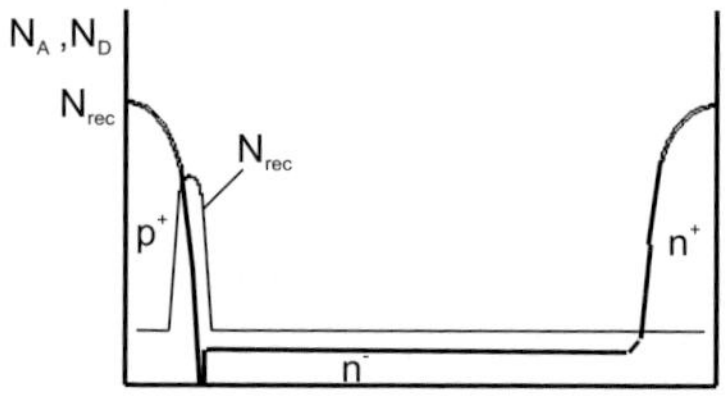

Bild 2.3.2 Schmale Zone hoher Konzentration von Rekombinationszentren am pn-Übergang, die durch Bestrahlung mit leichten Ionen erzeugt werden kann

Die Anordnung der Zone hoher Rekombinationszentrendichte am pn-Übergang (Bild 2.3.2) ist eine optimierte Variante [4], [5]. In [6] wird gezeigt, dass die Relation zwischen Rückstromspitze und Durchlassspannung umso besser wird, je näher die Anordnung der Rekombinationszentren am pn-Übergang ist. Man erhält im Durchlassfall eine invertierte Ladungsträgerverteilung mit höherer Ladungsträgerdichte am n^--n^+-Übergang. Bei der CAL-Diode wird wie in Bild 2.3.3 dargestellt, die Spitze strahlungsinduzierter Rekombinationszentren sogar in die p-Zone nahe dem pn-Übergang gelegt, da dies zu niedrigeren Sperrströmen führt. Die He^{++}-Implantation ist kombiniert mit einer Einstellung der Grund-Trägerlebensdauer vorzugsweise durch Elektronenbestrahlung.

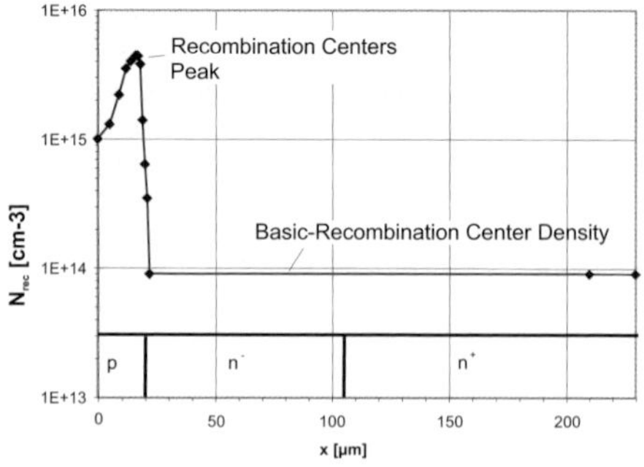

Bild 2.3.3 Profil der Rekombinationszentren in der CAL-Diode (schematisch)

Die Höhe der Rekombinationszentrenspitze kann über die Dosis der He^{++}-Implantation eingestellt werden: Je höher die Spitze, umso kleiner die Rückstromspitze. Der Hauptanteil der Speicherladung der CAL-Diode tritt im Tailstrom auf. Der Tailstrom selbst lässt sich durch die Basisdichte der Rekombinationszentren steuern. Ein Absenken der Grundlebensdauer verkürzt die Zeit des Tailstromes aber zu Lasten der Durchlassspannung der Diode. Mit den beiden Parametern Grundlebensdauer und Dosis der He^{++}-Implantation lässt sich das Recovery-Verhalten somit über weite Bereiche steuern. Es wird erreicht, dass die Diode unter allen Bedingungen, insbesondere auch bei kleinen Strömen, Soft-Recovery-Verhalten aufweist. Die so hergestellten CAL-Dioden haben eine hohe dynamische Robustheit. Unter Laborbedingungen wurden auf 1200 V und 1700 V dimensionierte CAL-Dioden mit Steilheiten bis zu 15 kA/cm²µs getestet, ohne dass die Zerstörung einer Diode erreicht wurde.

Bei der CAL-Diode kann die Basisweite w_B vergleichsweise niedrig gewählt werden in Richtung auf die in Kap. 2.3.2.2 beschriebene PT (punch through) Dimensionierung. Dadurch wird eine niedrige Durchlassspannung bzw. ein besserer Kompromiss zwischen Schalteigenschaften und Durchlassspannung erreicht. Insbesondere geht w_B auch in das Einschalten der Diode ein. Die Einschaltüberspannung V_{FR} wächst mit zunehmendem w_B. Bei 1700 V-CAL-Dioden konnte gezeigt werden, dass V_{FR} gegenüber einer konventionellen Diode mehr als halbiert wird [7].

Hochsperrende Freilaufdioden für IGCT sowie die Beschaltungsdioden [8] werden nach dem CAL-Konzept hergestellt, weil die dynamische Robustheit eine der wichtigsten Anforderungen ist. Die nun mögliche Optimierung in Richtung der PT-Dimensionierung hat eine höhere Festigkeit gegen Höhenstrahlung zur Folge. Mit derselben Maßnahme ist ein günstiger Trade-Off zwischen Durchlassspannung und Schalteigenschaften der Diode einstellbar. Bei Beschaltungsdioden wird damit die niedrigste Einschaltüberspannung V_{FR} erreicht. Im Vergleich zur bisher eingesetzten Diffusion von Gold ergibt sich außerdem ein niedrigerer Sperrstrom.

Emitter-Konzept

Bei der üblichen pin-Diode ist die Überschwemmung am pn^--Übergang stärker als am n^-n^+-Übergang (Bild 2.3.11). Das Emitter-Konzept besteht darin, diese Verteilung zu invertieren: Am n^-n^+-Übergang ist die Überschwemmung höher als am pn^--Übergang. Dies geschieht durch Herabsetzung der Injektion am p-Emitter.

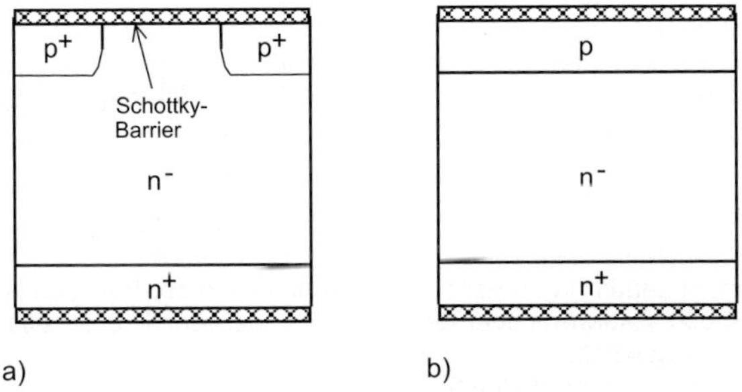

Bild 2.3.4 p-Emitter zur Verbesserung des Soft-Recovery-Verhaltens:
a) Emitterstrukturen, z.B. die Merged pin/Schottky-Diode
b) durchgehende reduzierte p-Dotierung

Es wurde eine Reihe Emitterstrukturen vorgeschlagen, deren Funktion zusammenfassend auf diese Wirkung hinausläuft. Ein Beispiel ist die „Merged pin/Schottky-Diode", die aus einer Folge von p^+-Zonen und Schottky-Regionen besteht [9] (Bild 2.3.4a). Es gibt weitere ähnliche Strukturen, darunter auch Strukturen eindiffundierter p- und n-Zonen.

Der Vorteil von Schottky- und Schottky-ähnlichen Zonen beschränkt sich aber auf Spannungen kleiner 600 V. Wenn man auf Sperrspannungen von 1000 V und darüber geht, überwiegt der ohmsche Spannungsabfall. Was bleibt, ist die Verringerung der Fläche injizierender Teilbereiche an der p-Zone. Dieselbe Wirkung wie die von Emitterstrukturen kann auch durch eine durchgehende p-Zone reduzierter Dotierung (Bild 2.3.4b) erreicht werden.

2.3.2 Statisches Verhalten

Im wesentlichen gelten die Aussagen über das statische Verhalten der Netzdioden aus Kap. 2.2.1.3 auch für schnelle Dioden.

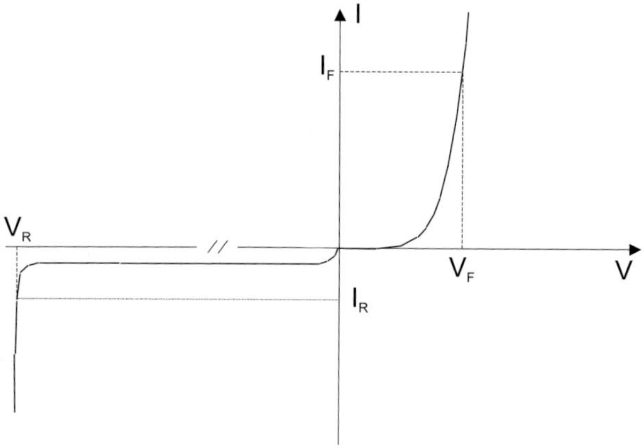

Bild 2.3.5 Definition von Sperr- und Durchlassspannung einer Diode

2.3.2.1 Durchlassverhalten

Die Angabe der maximalen Durchlassspannung V_F bedeutet, dass beim spezifizierten Strom die über der Diode in Durchlassrichtung abfallende Spannung kleiner dem spezifizierten Grenzwert sein muss. Die Spezifikation erfolgt bei Raumtemperatur und einer höheren Temperatur, in der Regel der maximal empfohlenen Betriebstemperatur. In Durchlassrichtung muss der Strom die Diffusionsspannung des pn-Überganges und den Widerstand der anschließenden n^--Zone überwinden. Der Spannungsabfall setzt sich zusammen aus

$$V_F = V_{diff} + V_{drift}$$

Die Diffusionsspannung am pn-Übergang hängt von der Höhe der Dotierung der beiden Seiten des pn-Überganges ab und liegt typisch zwischen 0,6...0,8 V. Der Driftzonen-Anteil hängt von der Basisweite w_B (proportional zur Sperrspannung) und der Ladungsträgerdichte ab. Bei schnellen Dioden ab einer Sperrspannung von 600 V aufwärts überwiegt der Driftzonen-Anteil. Bei Freilaufdioden wird die Trägerlebensdauer kurz gewählt.
Im klassischen Ansatz nach Hall [10] ist V_{drift} gegeben durch

$$V_{drift} = \frac{w_B^{\ 2}}{(\mu_n + \mu_p) \cdot \tau_{HL}}$$

Die Durchlassspannung hängt damit quadratisch von der Basisweite ab und ist invers proportional zur Hochinjektions-Ladungsträgerlebensdauer τ_{HL} (für nicht zu kurze τ_{HL}). Aufgrund dieses quadratischen Zusammenhanges ist es notwendig, w_B so dünn wie möglich zu wählen. Dabei sind μ_n und μ_p die Beweglichkeiten der Elektronen und Löcher unter der Bedingung einer mit freien Elektronen und Löchern überschwemmten n^--Zone. In dieser Gleichung ist keine direkte Stromabhängigkeit der V_{drift} enthalten, was im Gegensatz zu Messergebnissen steht. Die messbare Durchlassspannung ist deutlich höher und steigt stärker mit dem Strom als oben stehende Gleichung beschreibt. Der Grund ist, dass die Eigenschaften moderner Leistungshalbleiter inklusive Freilaufdioden stark von der Emitter-Rekombination bestimmt werden. Eine Möglichkeit ist es diesen Einfluss mit einer effektiven Ladungsträgerlebensdauer τ_{eff} auszudrücken [11]:

$$V_{drift} = \frac{w_B^2}{(\mu_n + \mu_p) \cdot \tau_{eff}}$$

τ_{eff} berücksichtigt die Emitter-Rekombination, ist stromabhängig und fällt mit der Stromdichte, weil die Emitter Effektivität mit steigendem Strom fällt. Sie kann auch ausgedrückt werden als:

$$V_{drift} = \frac{w_B^2}{(\mu_n + \mu_p)\tau_{HL}} \cdot \left(\frac{1}{2} + \sqrt{\frac{1}{4} + \frac{H}{q} \cdot \frac{\tau_{HL}^2}{w_B^2} j} \right)$$

Mit j als Stromdichte und H für den Einfluss der p-seitigen und n^+-seitigen Emitter der Diode (siehe Bild 2.3.4b). Ein kleines H bedeutet hohe Emitter-Effizienz und für sehr kleine H nähert sich die Gleichung dem klassischen Ansatz von Hall. Mit einer Parameteranpassung der letzten Gleichung lassen sich sehr gut gemessene Durchlasskennlinien von Freilaufdioden beschreiben. In den allermeisten Fällen ergibt sich eine Abhängigkeit der V_f mit einer Wurzelfunktion von j. Detaillierte Betrachtungen sind in [17] gegeben.

Die Diffusionsspannung V_{diff} hat einen negativen Temperaturkoeffizient, während μ_n und μ_p mit der Temperatur fallen, steigt τ_{HL} mit der Temperatur. In Abhängigkeit davon, welcher Anteil dominiert, entsteht der Schnittpunkt in der Durchlasscharakteristik „Heiß" und „Kalt" auf unterschiedlichem Stromniveau - typischerweise im Bereich des Nennstroms aber auch hinauf bis zu 3...4fachem Nennstrom.

2.3.2.2 Sperrverhalten

Die Angabe der Sperrspannung V_R bedeutet, dass der Sperrstrom beim spezifizierten Wert nicht höher als der Grenzwert I_R sein darf. Die Spezifikationen in den Datenbüchern erfolgen bei 25°C. Bei niedrigeren Temperaturen sinkt das Sperrvermögen, z.B. bei einer 1200 V Diode um ca. 1,5 V/K. Bei Bauelementen, die auch unterhalb der Raumtemperatur betrieben werden, ist das in der Auslegung der Schaltung zu berücksichtigen. Bei höheren Temperaturen steigt die Sperrspannung entsprechend. Gleichzeitig steigt auch der Sperrstrom, er verdoppelt sich ca. alle 10 K. Daher wird auch bei hoher Temperatur (125°C oder 150°C) ein Sperrstrom spezifiziert. Bei golddiffundierten Bauelementen ist dieser Sperrstromanstieg sehr stark und kann im Betrieb bei hohen Temperaturen zu Problemen mit thermischer Instabilität führen.

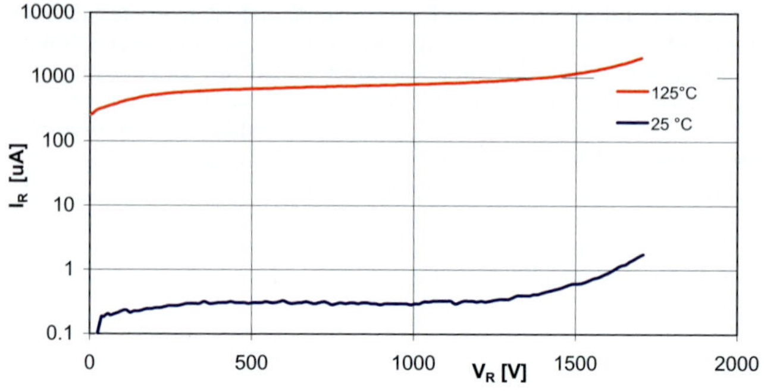

Bild 2.3.6 Beispiel für den Sperrstrom einer 1700 V CAL Diode, Parameter T_j

Die Basisweite w_B beeinflusst nicht nur die Durchlassspannung, sondern geht auch entscheidend in die Sperrspannung ein. Es können zwei Fälle unterschieden werden (Bild 2.3.7): Ist w_B so gewählt, dass die Raumladungszone nicht in das n^+-Gebiet eindringt (dreieckförmiger Feldverlauf), wird in Anlehnung an die Bezeichnung beim IGBT von Non-Punch-Through (NPT) Dimensionierung gesprochen [12]. Ist w_B so gewählt, dass die Raumladungszone in das n^+-Gebiet eindringt, ist der Feldverlauf trapezförmig, und die Diode wird als Punch-Through-Diode (PT) bezeichnet. Ein echter punch-through, wobei die Raumladungszone ein Gebiet vom anderen Leitungstyp erreicht, liegt in der Realität natürlich nicht vor. Dennoch hat sich diese Bezeichnung durchgesetzt.

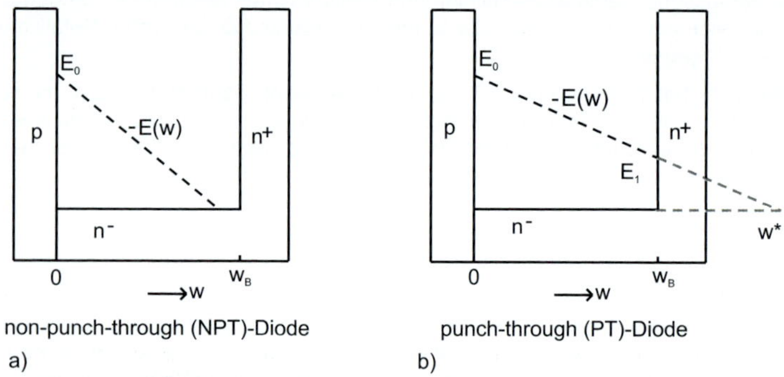

Bild 2.3.7 Dimensionierung der Diode für dreieckförmigen (a) und trapezförmigen (b) Feldverlauf für $0 \le w \le w_B$

Bei der idealen NPT-Dimensionierung wird w_B so gewählt, dass an dieser Stelle bei maximaler Sperrspannung das Ende des dreieckförmigen Feldverlaufes ist. Bei der optimalen Dotierung für diesen Fall beträgt dann die Mindestweite

$$w_{B(NPT)} = 2^{\frac{2}{3}} C^{\frac{1}{6}} V_{BD}^{\frac{7}{6}}$$

mit $C = 1{,}8 \cdot 10^{-35}\ \mathrm{cm^6 V^{-7}}$

Für die PT-Dimensionierung kann der Grenzfall für sehr niedrige Dotierung auf gleiche Weise abgeschätzt werden. Im Grenzfall wäre der Feldverlauf rechteckförmig, $E_1 = E_0$ (Bild 2.3.7). Man erhält dann

$$w_{B(PT,Minimum)} = C^{\frac{1}{6}} \cdot V_{BD}^{\frac{7}{6}}$$

Verglichen mit w_B der NPT-Dimensionierung ist:

$$w_{B(PT,Minimum)} = 2^{\frac{2}{3}} w_{B(NPT)} \cong 0{,}63 \cdot w_{B(NPT)}$$

Dieser Grenzfall lässt sich zwar nicht realisieren, kann aber mit der bestehenden Technologie bis auf

$$w_{B(PT)} \cong 0{,}66 \cdot w_{B(NPT)}$$

angenähert werden.

Der Unterschied zwischen der PT-Dimensionierung und der NPT-Dimensionierung macht in der Durchlassspannung bei den verwendeten Trägerlebensdauern ca. 0,8 V aus. Es sollte daher möglichst eine PT-Dimensionierung erreicht werden.

2.3.3 Dynamisches Verhalten

2.3.3.1 Einschaltverhalten

Beim Einschalten muss die Diode den Widerstand der niedrig dotierten Basis überwinden. Die Einschaltspannungsspitze wächst daher mit w_B. Die Einschaltspannungsspitze wird vor allem dann kritisch, wenn aufgrund der Sperrspannung über 1200 V eine signifikante Basisweite w_B zu wählen ist. Das optimale Einschaltverhalten wird daher wiederum die Diode mit PT-Dimensionierung aufweisen.

Freilaufdioden enthalten immer Rekombinationszentren um die Ladungsträgerlebensdauer zu reduzieren. Für Dioden mit hoher Sperrspannung sind solche Rekombinationszentren zu vermeiden (z.B. Gold), die eine Erhöhung des Widerstandes der Basis zur Folge haben. Rekombinationszentren aus der Platin-Diffusion, der Bestrahlungen mit Elektronen oder leichten Ionen erhöhen die Einschaltüberspannung nur unwesentlich gegenüber nicht mit Rekombinationszentren versehenen Dioden.

Beim Übergang der Diode in den leitenden Zustand steigt die Spannung zunächst auf die Einschalt-Spannungsspitze V_{FRM} an, bevor sie auf die Durchlassspannung absinkt (Bild 2.2.4). Beim aktiven Schalten des Stromes mit sehr hohen Steilheiten di/dt kann dass V_{FRM} z.B. bei einer ungeeigneten 1700 V-Diode 200 V bis 300 V betragen und damit mehr als das 100fache von V_F. Das Einschalten der Diode aus dem gesperrten Zustand verursacht ein wesentlich höheres V_{FRM} als das Einschalten aus dem neutralen Zustand. Für Beschaltungsdioden ist ein niedriges V_{FRM} eine der wichtigsten Anforderungen, da die Beschaltung erst wirkt, nachdem die Diode eingeschaltet hat.

Auch bei Freilaufdioden von IGBT, die auf > 1200 V Sperrspannung ausgelegt sind, spielt die Einschaltspannungsspitze eine Rolle. Beim Abschalten des IGBT tritt an den parasitären Induktivitäten eine Spannungsspitze auf, der sich V_{FRM} der Freilaufdiode noch überlagert. Die Summe beider Komponenten kann zu kritischen Spannungsspitzen führen. Die Messung ist aber nicht trivial, da in der anwendungsnahen Chopper-Schaltung die induktive Komponente und V_{FRM} nicht unterschieden werden können. Die Messung ist an einem offenen Aufbau direkt an den Bonddrähten der Diode möglich. Für die Verlustbilanz in der Diode spielt das Einschalten meist keine Rolle, da die Einschaltverluste nur wenige Prozent der Abschalt- und Durchlassverluste betragen und vernachlässigt werden können.

2.3.3.2 Ausschaltverhalten

Beim Übergang vom leitenden in den sperrenden Zustand muss die in der Diode gespeicherte Ladung abgebaut werden. Sie bewirkt einen Stromfluss in Rückwärtsrichtung der Diode. Das Reverse-Recovery-Verhalten charakterisiert, in welcher Form dieser Strom verläuft.

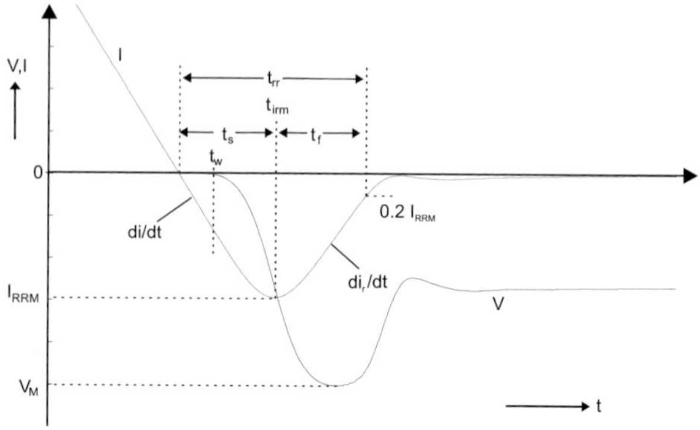

Bild 2.3.8 Strom- und Spannungsverlauf einer Soft-Recovery-Diode beim Reverse-Recovery-Prozess in einer Schaltung nach Bild 2.3.15 sowie Definition der Kenngrößen des Schaltverhaltens

Die Kommutierungsgeschwindigkeit di/dt (Bild 2.3.8) wird entweder durch die Schaltgeschwindigkeit eines aktiven Schalters (IGBT) oder durch die Kommutierungsinduktivität bestimmt. Bei t_0 erreicht der Strom seinen Nulldurchgang. Bei t_w beginnt die Diode, Spannung aufzunehmen. Zu diesem Zeitpunkt wird der pn-Übergang in der Diode frei. Im Stromverlauf spricht man zu diesem Zeitpunkt von einem Wendepunkt. Bei t_{irm} erreicht der Rückstrom sein Maximum. Nach t_{irm} klingt der Strom auf den Sperrstrom ab. Der Verlauf hängt allein von der Diode ab. Ist dieser Abfall steil, spricht man von einem snappigen Schaltverhalten. Ist dieser Abfall langsam, spricht man von einem soften Schaltverhalten. Das di_r/dt bestimmt die auftretende Überspannung, deshalb wird ein softes Schaltverhalten angestrebt. Die Schaltzeit t_{rr} ist definiert als Zeit zwischen t_0 und dem Zeitpunkt, wo der Strom auf 20 % des Maximums I_{RRM} abgefallen ist.

Soft-Recovery-Verhalten und Schaltüberspannung

Mit der in Bild 2.3.8 gezeigten Unterteilung von t_{rr} in t_f und t_s wird zunächst als quantitative Kenngröße für das Recovery-Verhalten definiert:

Softfaktor $$s = \frac{t_f}{t_s}$$

Der Softfaktor sollte größer 1 sein, um die Schaltüberspannungen zu minimieren. Diese Definition ist jedoch ungenau, denn nach ihr wäre ein Stromverlauf wie in Bild 2.3.9a als snappig, aber der Stromverlauf wie in Bild 2.3.9b als soft eingestuft. Obwohl s > 1 ist, existiert in einem Teil des Rückstromverlaufes eine steile Flanke. Besser wäre eine Definition mit Bezug auf das maximale di_f/dt während der Fallzeit t_f. Das di_f/dt liegt bei einer Soft-Recovery-Diode im Bereich von di/dt während t_s.

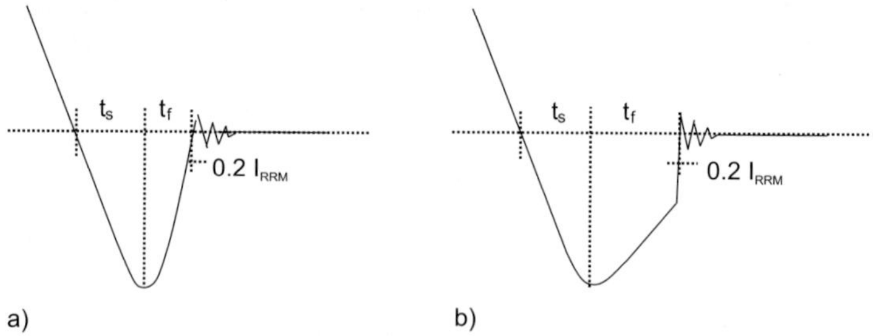

Bild 2.3.9 Stromverlauf für zwei verschiedene Möglichkeiten eines snappigen Reverse-Recovery-Verhaltens

Die Angabe des Recovery-Verhaltens am Nennarbeitspunkt allein ist auch nicht aussagekräftig. Es ändert sich in Abhängigkeit verschiedener Schaltungsparameter.

- Strom: Messungen bei weniger als 10 % und bei 200 % des spezifizierten Stromes sind durchzuführen. Man wird damit der Beobachtung gerecht, dass kleine Ströme besonders kritisch für das Reverse-Recovery-Verhalten sind.
- Temperatur: Meist sind hohe Temperaturen für das Recovery-Verhalten kritischer. Bei bestimmten schnellen Dioden wird aber bei Raumtemperatur und darunter das Recovery-Verhalten schlechter.
- angelegte Spannung: Höhere Spannung führt zu schlechterem Reverse-Recovery-Verhalten.
- Kommutierungssteilheit di/dt: Die di/dt-Abhängigkeit ist bei Dioden verschiedener Hersteller sehr unterschiedlich. Ein Diodentyp wird bei Erhöhung von di/dt mehr soft, ein anderer snappig.

Am besten lässt sich das Soft-Recovery-Verhalten durch Messung der Abschaltüberspannung unter verschiedenen Arbeitsbedingungen (I_F, T_j, V_{CC}, di/dt) charakterisieren. Bei einer typischen Anwendung, in welcher der Gleichstromsteller in einem Halbleitermodul aufgebaut ist, liegt die parasitäre Induktivität $L_{\sigma ges}$ im Bereich von einigen 10 nH. Dies reduziert die auftretende Überspannung. Da keine idealen Schalter existieren, fällt während der Reverse-Recovery-Phase der Diode noch ein Teil der Spannung am IGBT ab. Die gemessene Spannung wird zu

$$-V(t) = -V - L_{\sigma ges} \cdot \frac{di_R}{dt} + V_{CE}(t)$$

wobei $V_{CE}(t)$ die zum jeweiligen Zeitpunkt am IGBT noch anliegende Spannung ist. Für Soft-Recovery-Dioden ist typisch, dass bei moderaten Steilheiten bis 1500 A/µs für eine 100 A-Diode und minimierten parasitären Induktivitäten die Spannung V(t) zu jedem Zeitpunkt kleiner V_{CC} ist und keine Spannungsspitze auftritt.

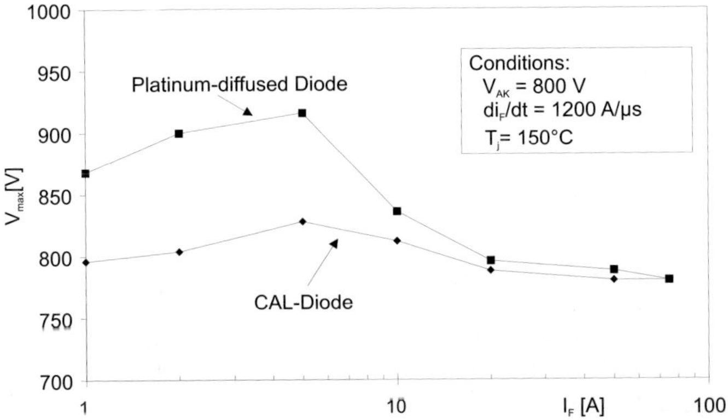

Bild 2.3.10 Bei Kommutierung auftretende Spannungsspitze an der Diode in Abhängigkeit vom Vorwärtsstrom als Kriterium für das Schaltverhalten von Dioden

In Bild 2.3.10 wird die auftretende Überspannung einer CAL-Diode mit der einer Platin-diffundierten Diode verglichen, die durch reduzierten p-Emitterwirkungsgrad ein Soft-Recovery-Verhalten aufweist. Bei Nennstrom (75 A) ist die Platin-diffundierte Diode genauso soft wie die CAL-Diode. Bei kleineren Strömen treten aber in ihr durch snappiges Schaltverhalten hervorgerufene Überspannungen auf, deren Maximum bei 10 % Nennstrom mehr als 100 V erreicht. Noch kleinere Ströme schaltet der verwendete IGBT langsamer, und die Überspannung geht zurück. Bei der CAL-Diode tritt dagegen unter allen Bedingungen keine wesentliche Überspannung auf. Halbleiterphysikalisch betrachtet zeigt Bild 2.3.11 die Ladungsträgerkonzentration im Querschnitt des Halbleitermaterials während eines Ausschaltvorgangs in einer snappigen und Bild 2.3.12 in einer Soft-Recovery-Diode.

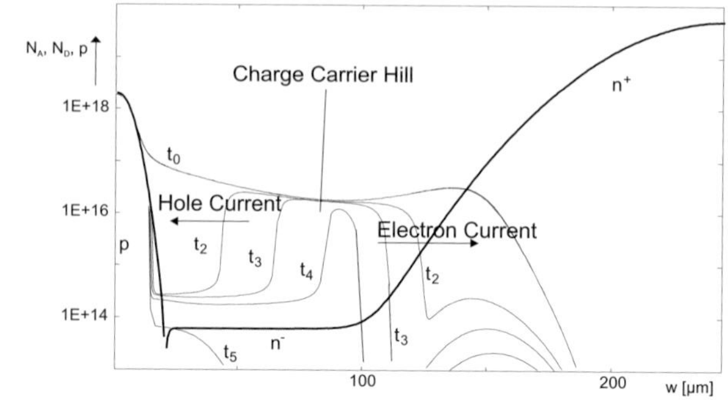

Bild 2.3.11 Diffusionsprofil und Simulation des Verlaufs des Abbaus der Ladungsträger (Löcherdichte) in einer snappigen Diode

Die n^--Zone der Diode ist bei Durchlassbelastung mit > 10^{16} cm^{-3} Elektronen und Löchern überschwemmt, die Konzentration der Elektronen n und der Löcher p kann als gleich angenommen werden. Während des Schaltvorgangs entsteht zwischen t_2 und t_4 der Ladungsträgerberg in der n^--Zone, in ihm ist ebenfalls $n \approx p$. Der Abbau der Ladungsträger erfolgt zur Kathode durch den Elektronenstrom und zur Anode durch den Löcherstrom, was im äußeren Kreis als Rückstrom auftritt. Im Fall der snappigen Diode in Bild 2.3.11 ist kurz nach t_4 der Ladungsträgerberg erschöpft. Zwischen t_4 und t_5 kommt es zu einem sprunghaften Übergang der Diode von einem Zustand mit Ladungsträgerberg zu einem Zustand ohne Ladungsträgerberg, der Rückstrom reißt abrupt ab.

Der Vorgang in einer Soft-Recovery-Diode ist in Bild 2.3.12 dargestellt. Es bleibt während des ganzen Vorganges ein Ladungsträgerberg erhalten, der den Rückstrom speist. Zum Zeitpunkt t_5 hat die Diode bereits die angelegte Spannung aufgenommen. Das beschriebene dynamische Verhalten führt zu einem Tailstrom, wie er in der Messung in Bild 2.3.17 dargestellt ist.

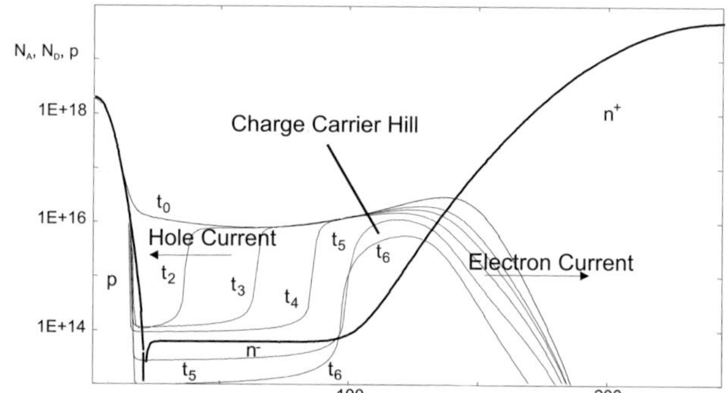

Bild 2.3.12 Diffusionsprofil und Simulation des Verlaufs des Abbaus der Ladungsträger (Löcherdichte) in einer Soft-Recovery-Diode

Ob Soft-Recovery-Verhalten erreicht wird, hängt davon ab, wie die Beherrschung dieses Abbaus der Ladungsträger gelingt. Folgende Maßnahmen bewirken ein mehr softes Recovery-Verhalten:

- Die Weite w_B der n^--Zone wird derart verbreitert, eine NPT-Dimensionierung wird angewandt, und zusätzlich wird eine Zone in der Diode eingebaut, die bei Nennspannung vom Feld nicht erreicht wird. Dies führt aber zu einem sehr starken Anstieg der Durchlassspannung bzw. der V_F/Q_{RR}-Relation.
- Um die Erhöhung von w_B etwas zu begrenzen, kann eine zweistufige n^--Zone eingesetzt werden [13] mit einem höher dotierten Bereich in der Nähe des n-n^+-Überganges. In Bild 2.3.11 und Bild 2.3.12 wird durch einen flachen Gradienten am n^--n^+-Übergang eine ähnliche Wirkung erzeugt.

Allerdings reicht diese Maßnahme allein für Soft-Recovery-Verhalten nicht aus.
- die Umkehr der Ladungsträgerverteilung durch einen p-Emitter niedrigen Wirkungsgrades (siehe „Emitterkonzept"),
- ein axiales Trägerlebensdauerprofil entsprechend dem CAL Konzept, das am pn-Übergang eine niedrige, am n^--n^+-Übergang eine höhere Trägerlebensdauer vorsieht.

Um Soft-Recovery-Verhalten unter allen Bedingungen zu erreichen, müssen in der Regel mehrere dieser Maßnahmen kombiniert werden. Der erreichte Fortschritt ist aber stets auch daran zu beurteilen, wieweit auch eine höhere Durchlassspannung oder ein höheres Q_{RR} in Kauf genommen wird.

Mindesteinschaltdauer

Damit die oben beschriebenen soften Schalteigenschaften auch tatsächlich erreicht werden, muss den Ladungsträgern ausreichend Zeit gewährt werden, die quasi statische Ladungsträgerverteilung zu erreichen. Bei sehr kurzen Leitdauern ist dies nicht der Fall.

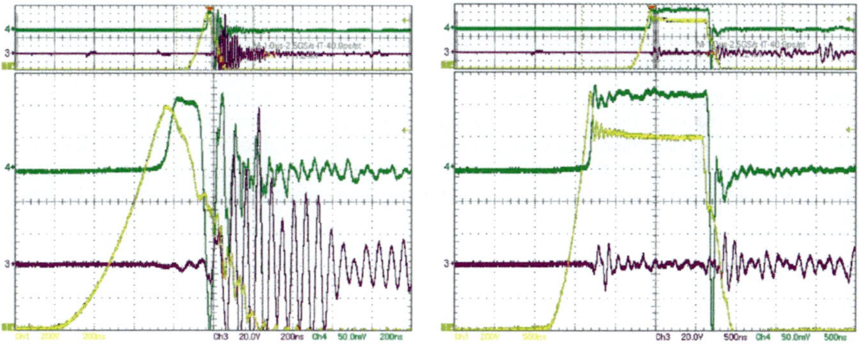

a) b)

Bild 2.3.13 a) Ausschalten mit hohem Störpegel (pink) bei V_{CC}=1200 V (V_{AK} -gelb) und I_F=400 A (grün) bei t_p=0,8 µs (200 ns/Div), b) Ausschalten mit „normalem" Störpegel (pink) bei t_p=2 µs (500 ns/Div)

In Bild 2.3.13 sind Schaltvorgänge bei sehr kurzer Einschaltdauer der Diode bei induktiver Last dargestellt. Es ist darin berücksichtigt, dass die tatsächliche Einschaltdauer der Diode um ca. 1 µs kürzer ist, da von der Zeitdauer $t_{p(off)\text{-}IGBT}$ noch die Kurzimpulsunterdrückung des Treibers und $t_{d(off)}$ des IGBT abgeht. Im Strom (grün) sind bei sehr kurzer Einschaltdauer Oszillationen mit hoher Amplitude zu erkennen. Der Störpegel (pink) ist nur ein relatives Maß, gemessen mit einer Leiterschleife oberhalb des Moduls. Diese hochfrequenten Oszillationen können Signale und Logikbauteile beeinflussen und den sicheren Betrieb stören. Empfohlen wird daher, Schaltsignale kürzer als 3 µs für 1200 V-IGBT und als 5 µs für 1700 V zu unterdrücken.

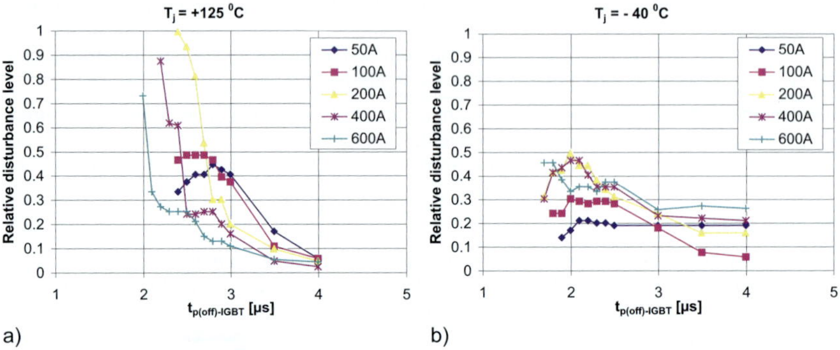

Bild 2.3.14 Relativer Störpegel bezogen auf den Höchstwert bei 200 A und 125°C für unterschiedlich lange IGBT-Ausschaltsignale in Abhängigkeit von Strom und Temperatur (a) T_j=125°C, b) T_j=-40°C)

Wegen der geringeren Ladungsträgerbeweglichkeit ist dieser Effekt besonders stark bei hohen Temperaturen ausgeprägt. Bei -40°C waren die gemessenen Störpegel nur noch ca. 50% von den Werten, die bei 125°C gemessen wurden. Der höchste Störpegel wurde bei ca. halbem Nennstrom (200 A) gemessen (Bild 2.3.14). Bei höheren Strömen und kürzeren Ausschaltsignalen als 2 µs waren die Verzugs- und Schaltzeiten so groß, dass die Diode nicht mehr komplett einschaltete.

Schaltverluste

Die einfachste Möglichkeit zur Charakterisierung des Schaltverhaltens bietet die Tiefsetzstellerschaltung nach Bild 2.3.15.

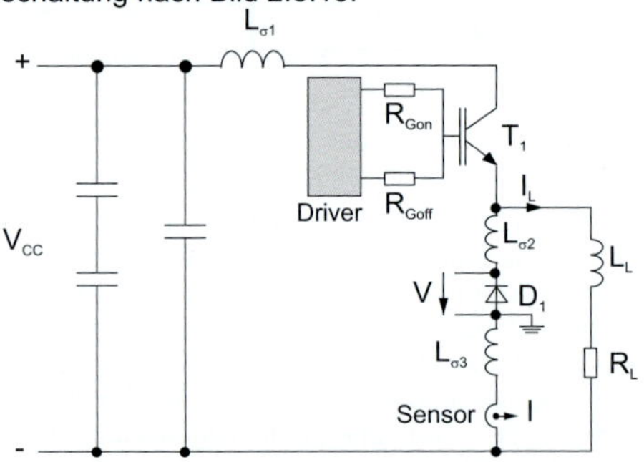

Bild 2.3.15 Schaltung zur Bestimmung des Reverse-Recovery-Verhaltens

Der IGBT T_1 wird mit einem Doppelpuls zweimal ein- und ausgeschaltet. Die Kommutierungssteilheit di/dt wird durch den Widerstand R_{Gon} eingestellt. V_{CC} ist die Zwischenkreisspannung. Die Leitungen zwischen den Kondensatoren, IGBT und Diode bilden die parasitären Induktivitäten $L_{\sigma 1...3}$. In Bild 2.3.16 sind im Doppelpulsbetrieb die Steuersignale am IGBT („Driver"), der Stromverlauf im IGBT und der Stromverlauf in der Diode dargestellt. Durch Abschalten des IGBT wird der Laststrom in der Induktivität L_L von der Freilaufdiode übernommen. Mit dem nächsten Einschalten des IGBT wird die Diode abkommutiert und an dieser Stelle das Recovery-Verhalten charakterisiert. Der IGBT übernimmt beim Einschalten zusätzlich den Rückstrom der Freilaufdiode. Dieser Vorgang ist in höherer Zeitauflösung in Bild 2.3.17 für eine Soft-Recovery-Diode dargestellt.

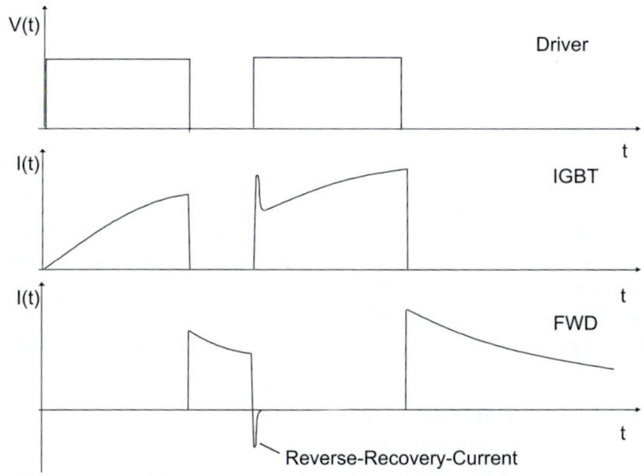

Bild 2.3.16 Steuersignalverlauf des Treibers, Stromverlauf in IGBT und Freilaufdiode im Doppelpuls-Betrieb

Während der IGBT die Rückstromspitze übernimmt, ist an ihm die Spannung noch im Bereich der Zwischenkreisspannung (Bild 2.3.17a). Zu diesem Zeitpunkt fällt das Maximum der Einschaltverluste im IGBT an. Der Rückstromverlauf in der Diode kann in zwei Phasen aufgeteilt werden. Der Verlauf bis zur Rückstromspitze und der anschließende Abfall des Rückstromes mit di_r/dt.

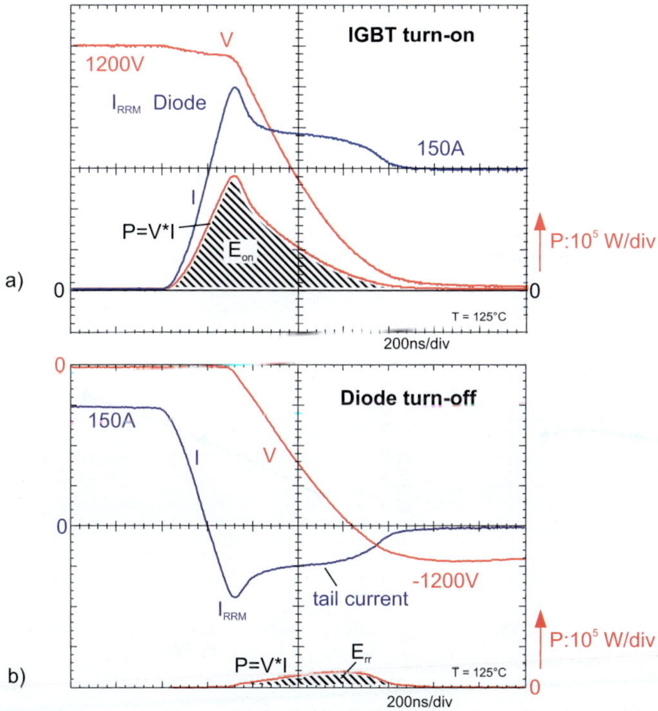

Bild 2.3.17 Strom, Spannung und Verlustleistung beim Einschalten eines 150 A/1700 V-IGBT (a) und beim Ausschalten der Diode (b) bei der Messung des Recovery-Verhaltens

Der zweite Abschnitt ist die Tailphase, in welcher der Rückstrom langsam ausläuft. Ein t_{rr} lässt sich nicht mehr sinnvoll definieren. Die Tailphase verursacht die Hauptverluste in der Diode, da hier bereits an der Diode Spannung anliegt. Eine snappige Diode ohne Tailstrom erzeugt weniger Schaltverluste in der Diode aber auch hohe Abschaltüberspannungen. Für den IGBT ist die Tailphase weniger belastend, da zu diesem Zeitpunkt die Spannung an ihm bereits zurückgegangen ist.

Die Dioden-Schaltverluste in Bild 2.3.17b sind in demselben Maßstab dargestellt wie für den IGBT in Bild 2.3.17a. Sie sind im Anwendungsfall klein gegenüber den Schaltverlusten im IGBT. Für die Verlustbilanz von IGBT und Diode zusammen ist es wichtig, die Rückstromspitze klein zu halten und dafür zu sorgen, dass der Großteil der Speicherladung in der Tailphase abgebaut wird. Der Trend immer schneller zu schalten und damit die Schaltverluste im IGBT zu reduzieren, führt zu einer immer stärkeren Belastung der Diode. Je nach Anwendung kann es mit Bezug auf die Gesamtverlustbilanz sinnvoll sein, langsamer zu schalten, als es für die Nennbedingungen des Datenblattes empfohlen wird.

Die Schaltverluste hängen im wesentlichen von 4 Parametern ab:

- der Kommutierungssteilheit di/dt bzw. dem Gatewiderstand des schaltenden IGBT (Bild 2.3.18 a): tendenziell sinken die Schaltverluste mit steigendem Widerstand, bei sehr kleinem Gatewiderstand begrenzt die vorhandene Streuinduktivität das di/dt. Der dargestellte Bereich entspricht einem Gatevorwiderstand von 0,5 Ω bis 8,2 Ω.
- der Sperrspannung (Zwischenkreisspannung V_{CC}; Bild 2.3.18 b), die sich nach dem Abschalten über dem Bauelement aufbaut: Die Abhängigkeit kann näherungsweise mit einem Exponenten von 0,6 berechnet werden:

$$E_{rr}(V_{CC}) = E_{rr}(V_{ref})\left(\frac{V_{CC}}{V_{ref}}\right)^{0,6}$$

- dem Vorwärtsstrom I_F (Bild 2.3.19 a): Je höher der Strom um so höher sind die Verluste. Allerdings ist auch hier die Abhängigkeit nicht linear und kann näherungsweise mit einem Exponenten von 0,5...0,6 berechnet werden:

$$E_{rr}(I_F) = E_{rr}(I_{ref})\left(\frac{I_F}{I_{ref}}\right)^{0,6}$$

- der Sperrschichttemperatur T_j (Bild 2.3.19 a): Die Schaltverluste steigen zunächst linear. Mit der Temperatur erst oberhalb von 125°C wird der Anstieg leicht überproportional. Mit einem Temperaturkoeffizient von 0,0055...0,0065 können die Schaltverluste temperaturabhängig berechnet werden:

$$E_{rr}(T_j) = E_{rr}(T_{ref}) \cdot (1 + TC_{Err} \cdot (T_j - T_{ref}))$$

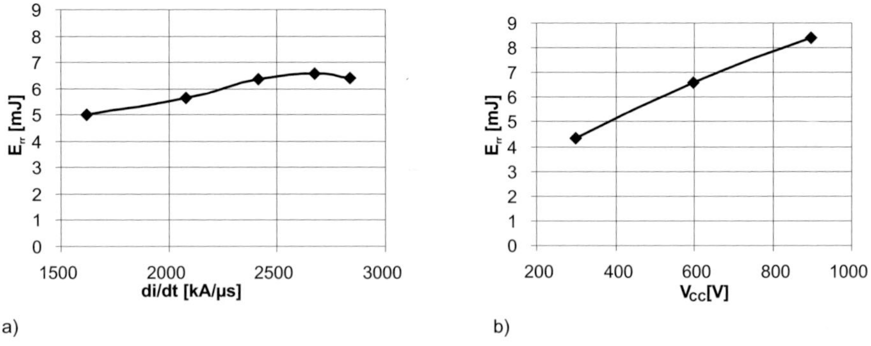

Bild 2.3.18 Abhängigkeiten der Schaltverluste einer 100 A/1200 V CAL-Diode;
a) von di/dt (@100 A, 600 V, 150 °C);
b) von der Zwischenkreisspannung (@100 A, R_G=1 Ω → 2700 A/µs, 150 °C)

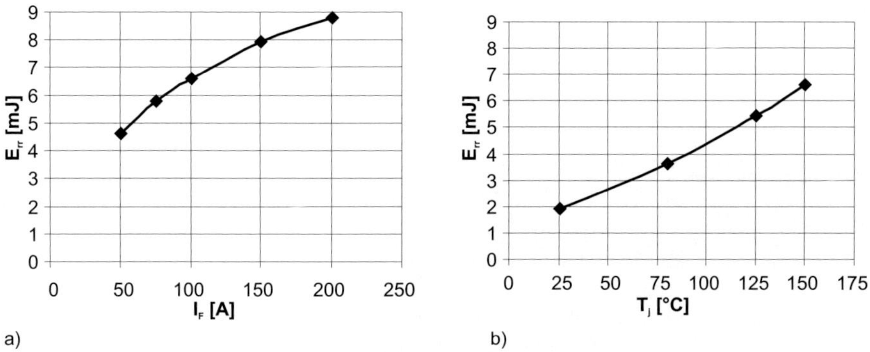

Bild 2.3.19 Abhängigkeiten der Schaltverluste einer 100 A/1200 V CAL-Diode;
a) von I_F (R_G=1 Ω, 600 V, 150 °C);
b) von der Sperrschichttemperatur (100 A, 600 V, R_G=1 Ω)

2.3.3.3 Dynamische Robustheit

Bei Freilaufdioden ab einer Spannung von 1000 V ist neben softem Schaltverhalten die dynamische Robustheit eine gleich wichtige Anforderung. Bild 2.3.17b zeigt, dass die Diode nahezu die volle Zwischenkreisspannung aufnimmt, während noch ein beträchtlicher Tailstrom in ihr fließt. Bei sehr steilem Schalten des IGBT (kleiner Gate-Widerstand R_G) steigen Rückstromspitze und Tailstrom, gleichzeitig sinkt V_{CE} am IGBT schneller ab und liegt entsprechend mit höherem dv/dt an der Diode an. Das elektrische Feld kann sich nur im bereits ausgeräumten Gebiet ausbreiten (t_2 – t_4 in Bild 2.3.11 und Bild 2.3.12) wobei extrem hohe Feldstärken auftreten und ein Lawinendurchbruch im Halbleiter bei Spannungen weit unter der Sperrspannung (dynamischer Avalanche) ist unvermeidlich. Dynamische Robustheit kennzeichnet die Fähigkeit der Diode, den hohen Kommutierungssteilheiten bei gleichzeitig hoher Zwischenkreisspannung standzuhalten. Alternative zur dynamischen Robustheit ist eine Begrenzung der Kommutierungssteilheit des IGBT bzw. der maximalen Rückstromspitze der Diode, was gleichbedeutend ist. Damit werden erhöhte Schaltverluste in Kauf genommen.

Während sich die Raumladungszone ausbreitet, fließt durch den freigewordenen Teil der n^--Zone ein Löcherstrom, der den Strom I_R trägt. Durch dynamischen Avalanche werden im Bereich des pn-Überganges Elektronen und Löcher generiert. Die Löcher bewegen sich durch die hochdotierte p-Zone. Die Elektronen aber bewegen sich durch die n^--Zone, und die effektive Dotierung ist jetzt

$$N_{eff} = N_D + p - n_{av}$$

Dabei ist n_{av} die Dichte der durch dynamischen Avalanche erzeugten Elektronen, die vom pn-Übergang durch die Raumladungszone laufen. Die Elektronen kompensieren die Löcherdichte teilweise und wirken somit der Avalanche-Generation entgegen. Bei kleinen Vorwärtsströmen nimmt auch der Rückstrom ab, und damit die Löcherdichte p. Da aber bei kleinen Strömen die schaltenden Bauelemente ein höheres dv/dt aufweisen, kann die Belastung durch dynamischen Avalanche gerade bei kleinen Strömen höher sein.

2.4 Leistungs-MOSFET und IGBT

2.4.1 Aufbau und prinzipielle Funktion

Leistungs-MOSFET- und IGBT-Chips besitzen bis zu 250.000 Zellen je mm^2 (50 V Leistungs-MOSFET) bzw. 50.000 Zellen je mm^2 (1200 V IGBT) mit Chipflächen von 0,1 bis 1,5 cm^2 (Bild 2.4.1).

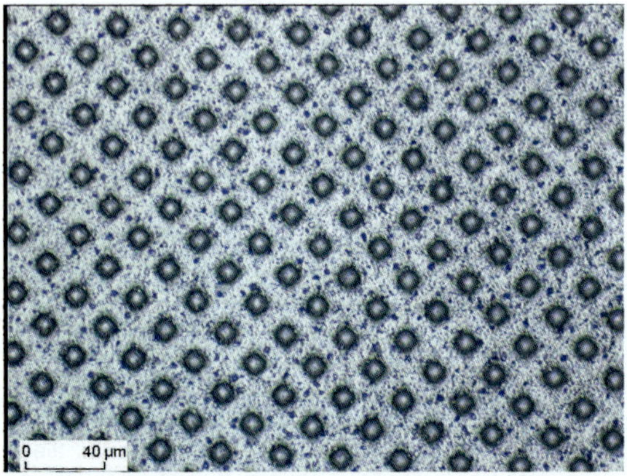

Bild 2.4.1 Zellstruktur (Emittermetallisierung) eines Trench-IGBT3

Die Steuerzonen von MOSFET- und IGBT-Zellen sind - bei Transistoren gleicher Technologiekonzepte - nahezu gleich strukturiert. Wie in Bild 2.4.2 und Bild 2.4.3 dargestellt, sind in eine n^--Zone, die im Sperrbetrieb die Raumladungszone aufnehmen muss, p-leitende Wannen eingebettet. Deren Dotierung ist in den Randbereichen niedrig (p^-), im Zentrum hoch (p^+). In diesen Wannen befinden sich Schichten aus n^+-Silizium, die mit der Aluminiummetallisierung der Sourceelektrode (MOSFET) bzw. Emitterelektrode (IGBT) verbunden sind. Eingebettet in eine dünne Isolierschicht aus SiO_2 ist oberhalb der n^+-Bereiche eine Steuerzone (Gate) angeordnet, die z.B. aus n^+-Polysilizium besteht.

In der Leistungselektronik kommen die in Bild 2.4.2 bzw. Bild 2.4.3 dargestellten Vertikalstrukturen zum Einsatz, in denen der Laststrom in jeder Zelle außerhalb des Kanals senkrecht durch den Chip fließt. In diesem Buch werden nur die fast ausschließlich genutzten Transistoren des *n-Kanal-Anreicherungstyps* beschrieben, in denen sich mit dem Anlegen einer *positiven Steuerspannung* in einem *p-leitenden Silizium-Material* ein *leitender Kanal mit Elektronen als Ladungsträger* (Majoritätsträger) bildet. Ohne Steuerspannung sperren diese Bauelemente (selbstsperrende Transistoren).
Andere Ausführungen von Leistungs-MOSFET sind *p-Kanal-Anreicherungstypen* (in p-Silizium durch negative Steuerspannung Influenz eines Kanals aus positiven Ladungsträgern/selbstsperrend) sowie *n- und p-Kanal Verarmungstypen (Depletion Transistors)*, die ohne Steuerspannung eingeschaltet sind (selbstleitend). Mit der Steuerspannung wird bei diesen Transistoren eine Raumladungszone erzeugt, die den Kanal abschnürt und den Hauptstromfluss unterbricht. Diese Typen werden in einigen Anwendungen genutzt, hier aber nicht näher diskutiert.

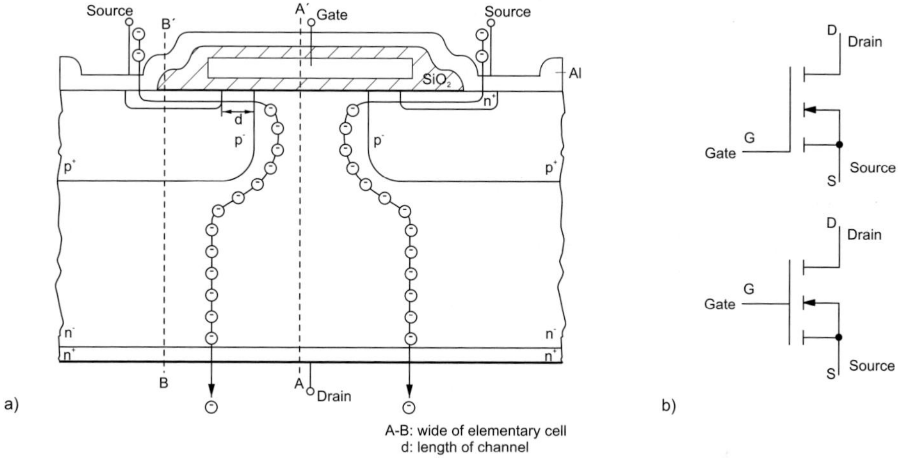

Bild 2.4.2 Leistungs-MOSFET mit Vertikalstruktur und Planargate;
a) Ladungsträgerfluss im Durchlasszustand; b) Schaltsymbole

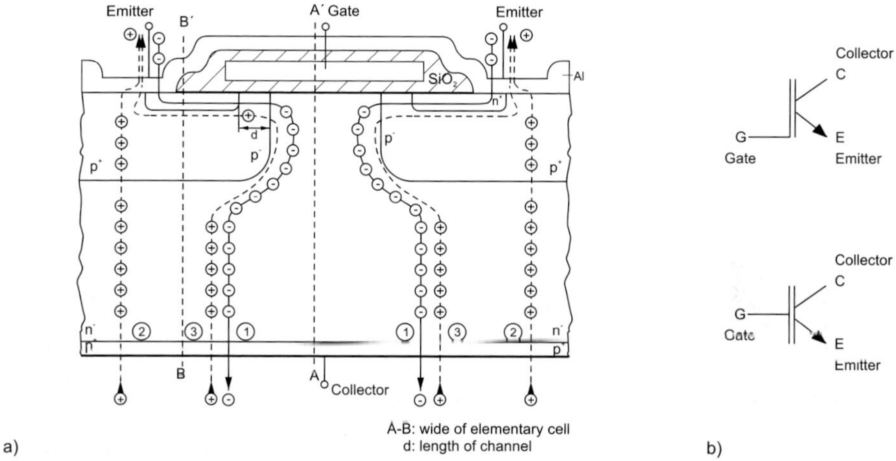

Bild 2.4.3 IGBT mit Vertikalstruktur und Planargate;
a) Ladungsträgerfluss im Durchlasszustand;
b) Schaltsymbole

Die letztendlich stark unterschiedlichen Eigenschaften von Leistungs-MOSFET und IGBT resultieren aus dem unterschiedlichen Aufbau im Bereich der dritten Elektrode (MOSFET: Drain/IGBT: Kollektor), aus der unterschiedliche Funktionsprinzipien resultieren. Mit dem Anlegen einer ausreichend hohen positiven Steuerspannung zwischen Gate und Source (MOSFET) bzw. Emitter (IGBT) kommt es zur Ausbildung eines n-leitenden Kanals im p-Gebiet unterhalb des Gateanschlusses. Über diesen Kanal können Elektronen vom Source bzw. Emitter aus durch das n^--Driftgebiet zum unterseitigen Anschluss fließen und die Raumladungszone abbauen. Beim Leistungs-MOSFET tragen allein diese Elektronen den Hauptstrom (Drainstrom). Da diese im n^--Driftgebiet Majoritätsträger sind, erfolgt keine bipolare Ladungsträgerüberschwemmung der hochohmigen n^--Zone; der MOSFET ist ein unipolares Bauelement.

Während der Aufbau des IGBT bis zur n⁻-Zone weitgehend dem Leistungs-MOSFET entspricht, besteht die Unterseite des IGBT aus einem p⁺-leitenden Gebiet, das den Kollektoranschluss trägt. Auf die Wirkung der zusätzlichen – bei den meisten IGBT-Konzepten – zwischen n⁻- und p⁺-Zone vorhandenen n⁺-Feldstoppschicht soll erst später eingegangen werden.

Mit Eintritt der Elektronen in das p⁺-Gebiet der Kollektorzone erfolgt eine Injektion von positiven Ladungsträgern (Löcher) aus dem p⁺-Gebiet in die n⁻-Zone. Die injizierten Löcher fließen sowohl vom Driftgebiet in den Emitter-p-Kontakt als auch lateral unterhalb des Kanals und der n⁺-Wanne seitlich zum Emitter. Somit wird das n⁻-Driftgebiet mit Löchern (Minoritätsträgern) überschwemmt; die Ladungsträgeranreicherung trägt den überwiegenden Teil des Hauptstroms (Kollektorstrom). Der Hauptstrom baut die Raumladungszone ab, was zum Absinken der Kollektor-Emitter-Spannung führt. Im Gegensatz zum MOSFET ist der IGBT somit ein bipolares Bauelement.

Aus der Minoritätsträgerüberschwemmung der hochohmigen n⁻-Zone resultiert eine niedrigere Durchlassspannung des IGBT gegenüber dem Leistungs-MOSFET. IGBT können somit bei vergleichbaren Chipflächen für wesentlich höhere Spannungen und Ströme ausgelegt werden. Andererseits müssen beim Ausschalten die Minoritätsträger wieder aus dem n⁻-Driftgebiet abgeführt werden oder dort rekombinieren (Schaltverluste).

2.4.2 IGBT

Die beim Ausschalten im n⁻-Gebiet rekombinierenden p-Speicherladungen Q_s nehmen bei kleinen Lastströmen nahezu linear und im Nenn- und Überstrombereich nach einem Wurzelgesetz mit dem Durchlassstrom zu [14].

$Qs \sim I^{0,8...1}$ im unteren Durchlassstrombereich
$Qs \sim I^{0,5}$ im Nenn- und Überstrombereich
$Qs \sim V_{(BR)CE}^{2...2,7}$.

Auf- und Abbau der Speicherladung verursachen Schaltverluste, Speichereffekte (Speicherzeit) und einen „Kollektorstromschweif" (Tailstrom) während des Ausschaltens. In der Praxis werden die Eigenschaften der IGBT nachhaltig von den parasitären Elementen in der realen IGBT-Struktur beeinflusst. Zum Verständnis der realen Eigenschaften und möglicher Ausfallmechanismen ist deshalb ein Blick auf dessen prinzipielles Ersatzschaltbild (Bild 2.4.4) unerlässlich.

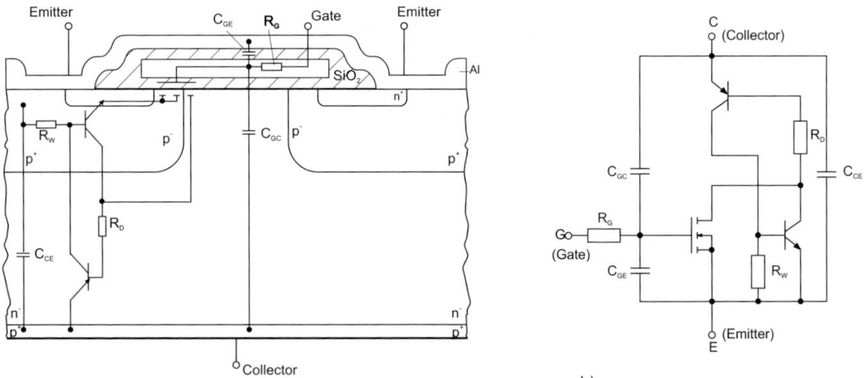

a) b)

Bild 2.4.4 IGBT-Zelle (NPT-Konzept, Planargate) mit den wichtigsten parasitären Elementen; a) parasitäre Elemente in der Zellstruktur; b) Ersatzschaltbild mit parasitären Elementen

Die physikalischen Ursachen sowie die Bezeichnungen der in Bild 2.4.4 eingezeichneten, parasitären Kapazitäten und Widerstände verdeutlicht Tabelle 2.4.1.

Symbol	Bezeichnung	physikalische Beschreibung
C_{GE}	Gate-Emitter-Kapazität	Überlappung von Gate und Sourcemetallisierung; abhängig von der Gate-Emitter-Spannung; unabhängig von der Kollektor-Emitter-Spannung
C_{CE}	Kollektor-Emitter-Kapazität	Sperrschichtkapazität zwischen n^--Driftzone und p-Wanne; abhängig von Zellfläche, Durchbruchspannung und Kollektor-Emitter-Spannung
G_{GC}	Gate-Kollektor-Kapazität	Millerkapazität: gebildet durch Überlappung von Gate und n^--Driftzone
R_G	Interner Gatewiderstand	Widerstand des Polysilizium-Gates; in Modulen mit mehreren Transistorchips oft zusätzliche Reihenwiderstände zur Dämpfung von Oszillationen zwischen den Chips
R_D	Driftwiderstand	Widerstand der n^--Zone (Basiswiderstand des pnp-Transistors)
R_W	lateraler Widerstand der p-Wanne	Basis-Emitter-Widerstand des parasitären npn-Bipolartransistors

Tabelle 2.4.1 Physikalische Ursachen und Bezeichnungen parasitärer Elemente eines IGBT

Neben internen Kapazitäten und Widerständen enthält das Ersatzschaltbild eines IGBT gateseitig einen „idealen" MOSFET, einen npn Transistor: n^+-Emitterzone (Emitter)/p^+-Wanne (Basis)/n-Driftzone (Kollektor) mit dem lateralen Widerstand der p^+-Wanne unterhalb der Emitter als Basis-Emitter-Widerstand R_W und - mit der Zonenfolge p^+-Kollektorzone (Emitter)/n Driftzone (Basis)/p^+-Wanne (Kollektor) - ein pnp-Transistor, der gemeinsam mit dem npn-Transistor eine Thyristorstruktur bildet. Das Einrasten (latch up) dieses parasitären Thyristors mit Erreichen der Einrastbedingung:

$$M \cdot (\alpha_{npn} + \alpha_{pnp}) = 1 \qquad \text{mit} \qquad \alpha_{pnp}, \alpha_{npn} = \alpha_T \cdot \gamma_E$$

M:	Multiplikationsfaktor
α_{npn}, α_{pnp}:	Stromverstärkungen der Teiltransistoren in Basisschaltung
α_T:	Basistransportfaktor
γ_E:	Emitterwirkungsgrad

würde den Verlust der Steuerfähigkeit des IGBT und damit dessen Zerstörung bedeuten und kann prinzipiell im stationären Betrieb (durch Überschreiten einer kritischen Stromdichte, die mit ansteigender Chiptemperatur sinkt) oder auch während des Ausschaltens (dynamisches latch-up aufgrund des gegenüber dem stationären Ein-Zustand höheren Löcherstromes) erfolgen. Bei allen modernen IGBT wird dieses Einrasten durch entsprechende Design-Maßnahmen unter allen zulässigen statischen und dynamischen Betriebsbedingungen zuverlässig verhindert und würde während des Ausschaltens erst bei einem Vielfachen der Nennstromdichte erfolgen.

Diese Maßnahmen bestehen z.B. darin, den Basis-Emitter-Widerstand R_W des npn-Teiltransistors durch hohe Dotierung der p^+-Wanne direkt unterhalb der n-Emitter, sowie durch Verringerung der n-Emitterlänge soweit zu verringern, dass die Schwellenspannung der Basis-Emitter-Diode des npn-Transistors in keinem zulässigen Betriebsfall erreicht wird. Weiterhin wird der Löcherstrom (Basisstrom des npn-Transistors) durch Einstellung einer niedrigen Stromverstärkung im pnp-Transistor sehr klein gehalten, wobei ein Kompromiss zwischen Schaltverhalten und Robustheit einerseits und den Durchlasseigenschaften andererseits getroffen werden muss.

In den Datenblättern sind meist die Kleinsignalkapazitäten C_{ies}, C_{res} und C_{oes} des ausgeschalteten Transistors aufgeführt (siehe Tabelle 2.4.2).

	IGBT
Eingangskapazität	$C_{ies} = C_{GE} + C_{GC}$
Rückwirkungskapazität (Millerkapazität)	$C_{res} = C_{GC}$
Ausgangskapazität	$C_{oes} = C_{GC} + C_{CE}$

Tabelle 2.4.2 Definition der Kleinsignalkapazitäten eines IGBT

Zur Berechnung des Schaltverhaltens sind diese Angaben nur sehr eingeschränkt nutzbar, da z.B. Eingangs- und Rückwirkungskapazität im durchgesteuerten Transistor ($V_{CE} < V_{GE}$) stark ansteigen. Zur näherungsweisen Bestimmung der Schaltzeiten und des Gateladungsbedarfes wird deshalb das in den Datenblättern enthaltene Gateladungsdiagramm entsprechend Bild 2.4.7 genutzt, Erklärungen hierzu s. Kap. 3.3.3.
Nachstehend wird das Schaltverhalten von IGBT beim harten Schalten ohmsch-induktiver Lasten mit nichtlückendem Laststrom qualitativ betrachtet, d.h. die Lastzeitkonstante L/R ist viel größer als die Periodendauer 1/f der Schaltfrequenz.

Bild 2.4.6a) zeigt die grundsätzlichen Verläufe von Kollektorstrom und Kollektor-Emitter-Spannung in Abhängigkeit von der Gate-Steuerspannung V_{GE}, Bild 2.4.6b) den prinzipiellen Arbeitspunktverlauf beim harten Ein- und Ausschalten als Graph $i_c = f(v_{CE})$. Da das Verhalten von Leistungs-MOSFET hier nur in wenigen Bereichen abweicht, bezieht sich Bild 2.4.6b) auf beide Bauelemente – die MOSFET-Besonderheiten werden in Kap. 2.4.3.2 erklärt.

Charakteristisch für das „**harte Schalten**“ ist, dass während des Ein- und Ausschaltens kurzzeitig sowohl Transistorstrom als auch Transistorspannung hoch sind, da eine im Lastkreis vorhandene Freilaufdiode ein Abreißen des Stromes durch die Lastinduktivität verhindert:
- Beim Einschalten des Transistors kann die Freilaufdiode erst Sperrspannung aufnehmen (ausschalten), wenn der volle Laststrom auf den Transistor kommutiert ist. Der Kollektorstrom muss deshalb die Höhe des Laststromes erreichen, bevor die Kollektor-Emitter-Spannung auf den Durchlasswert absinken kann.
- Beim Ausschalten des Transistors kann die Freilaufdiode den Laststrom erst dann übernehmen (einschalten), wenn sie in Durchlassrichtung gepolt ist. Hierzu muss die Kollektor-Emitter-Spannung über das Niveau der Kommutierungsspannung angestiegen sein, bevor der Kollektorstrom auf den Wert des Reststromes sinken kann.

Im Gegensatz zu allen Thyristoren sind Transistoren dieser Betriebsweise prinzipiell auch ohne Beschaltung mit passiven Kommutierungsnetzwerken gewachsen, da während des Schaltens in der Driftzone eine „dynamische“ Sperrschicht aufgebaut werden kann.

Im Transistor werden jedoch beträchtliche Schaltverlustenergien umgesetzt:

$$E_{on}, E_{off} = \int_{t_{on},\, t_{off}} u \cdot i\,dt$$

Durch (heute nur noch selten angewandte) Beschaltungen mit passiven (Schaltentlastungs-) Netzwerken kann der Arbeitspunktverlauf dichter an die Achsen angeschmiegt werden. Schaltverluste werden aus dem Transistor in die Beschaltung „verlagert“, der Gesamtwirkungsgrad sinkt zumeist ab.
Da – neben Strom-/Spannungseckwerten und Schaltzeit – noch andere (nichtideale) Effekte in den Transistoren die Form des „weitestmöglichen“ Arbeitspunktverlaufes bestimmen, wird dieser für unterschiedliche Betriebsfälle in den Datenblättern als SOA (**S**afe **O**perating **A**rea) angegeben, vgl. Kap. 3.3.4.

Außer den nichtidealen Eigenschaften der Transistoren und Dioden beeinflussen auch passive Stromkreiselemente die Schaltverluste und Arbeitspunktverläufe in hohem Maße. Deren Auswirkungen sollen in Kap. 5 näher beschrieben werden.

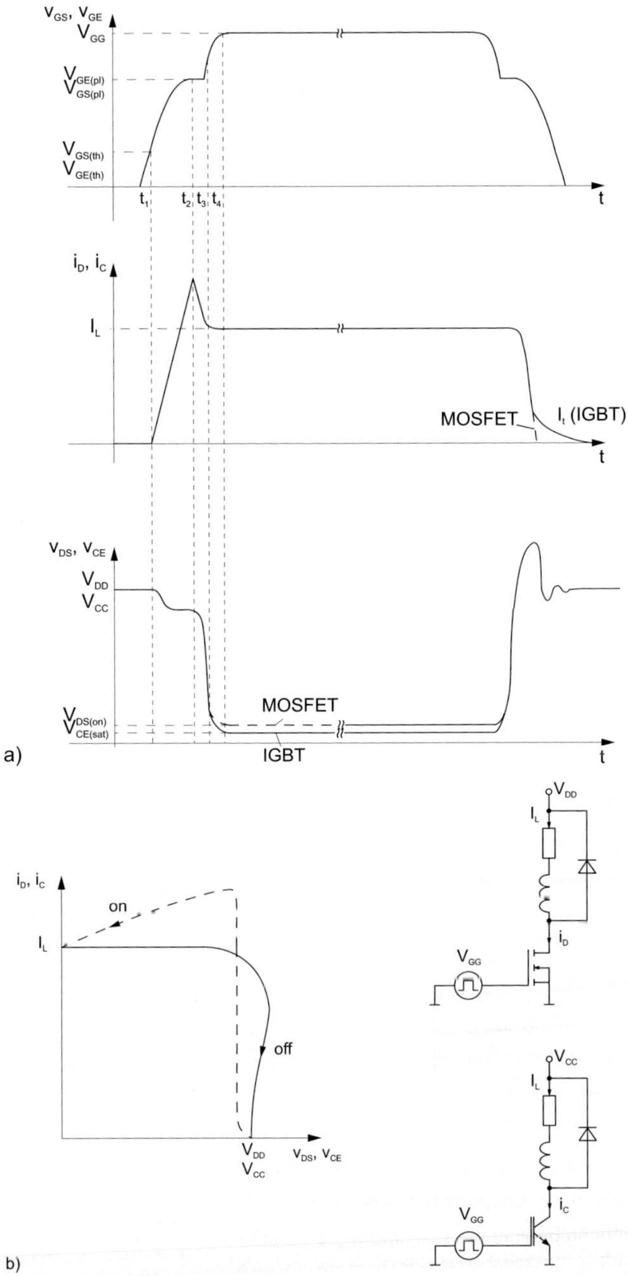

Bild 2.4.6 Typisches Schaltverhalten von Leistungs-MOSFET und IGBT beim „harten Schalten“ (ohmsch-induktive Last mit Freilaufkreis); a) Strom- und Spannungsverläufe; b) Arbeitspunktverläufe und Messschaltung

Wie Bild 2.4.6 qualitativ zeigt, sinkt beim Einschalten des IGBT die Kollektor-Emitter-Spannung innerhalb einiger zehn Nanosekunden bis auf einen Wert ab, der dem Spannungsabfall über dem n^--Bahngebiet entspricht. Anschließend wird das n^--Gebiet mit positiven Ladungsträgern aus der p-Kollektorzone überflutet; nach einigen hundert ns bis einigen µs ist die dynamische Sättigungsspannung $V_{CE(sat)dyn}$ auf den Wert der Durchlassspannung $V_{CE(sat)}$ abgefallen.

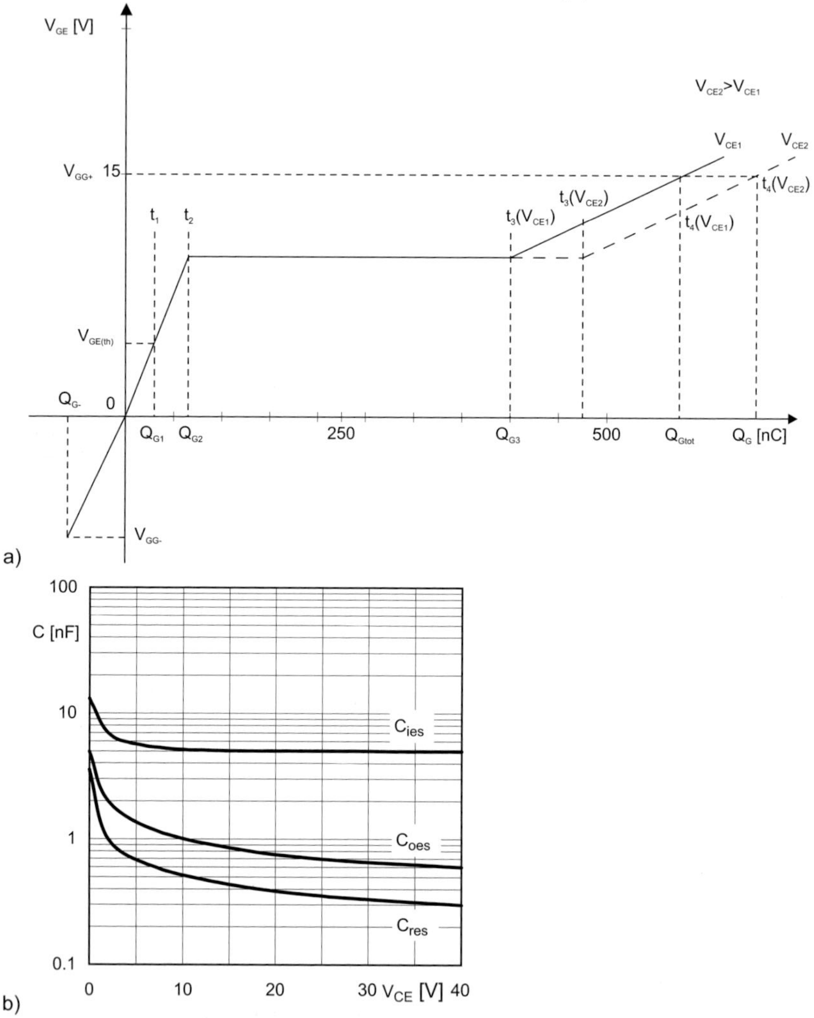

Bild 2.4.7 a) Gateladungsdiagramm eines IGBT; b) Kleinsignal-Kapazitäten eines IGBT

Einschalten: Schaltzeitintervall 0...t_1 (gesperrter Transistor)

Mit Zuschalten der Steuerspannung beginnt der Gatestrom i_G zu fließen.
Bis zur Ladungsmenge Q_{G1} lädt i_G zunächst ausschließlich die Gatekapazität C_{GE} auf; die Gate-Emitter-Spannung V_{GE} steigt mit der durch die Eingangskapazität des IGBT und den Widerstand des Gatesteuerkreises bestimmten Zeitkonstante an. Da V_{GE} noch kleiner als die Schwellenspannung $V_{GE(th)}$ ist, kann in diesem Zeitintervall noch kein Kollektorstrom fließen.

Einschalten: Schaltzeitintervall t_1...t_2 (Kollektorstromanstieg)

Nach Erreichen der Schwellenspannung $V_{GE(th)}$ (t_1) steigt der Kollektorstrom an. In gleicher Weise wächst V_{GE}, die im aktiven Arbeitsbereich des IGBT über die Steilheit g_{fs} mit $I_C = g_{fs} \cdot V_{GE}$ mit dem Kollektorstrom verkoppelt ist, bis auf $V_{GE1} = I_C/g_{fs}$ (Zeitpunkt t_2). Da die Freilaufdiode erst zu t_2 sperren kann, fällt V_{CE} vor t_2 nicht nennenswert ab. Zu $t = t_2$ ist die Ladungsmenge Q_{G2} in das Gate geflossen.

In diesem Zeitintervall entsteht der größte Teil der Einschaltverluste im IGBT, da, solange i_C noch kleiner als der Laststrom I_L ist, ein Teil von I_L weiterhin durch die Freilaufdiode fließen muss, weshalb die Kollektor-Emitter-Spannung v_{CE} in diesem Zeitbereich noch nicht nennenswert unter die Betriebsspannung V_{CC} absinken kann. Die in Bild 2.4.6 skizzierte Differenz zwischen V_{CC} und V_{CE} wird hauptsächlich durch die transienten Spannungsabfälle über den parasitären Induktivitäten des Kommutierungskreises verursacht.

Einschalten: Schaltzeitintervall t_2...t_3 (durchschaltender Transistor im aktiven Arbeitsbereich, Plateauphase)

Mit dem Ausschalten der Freilaufdiode sinkt V_{CE} bis zum Zeitpunkt t_3 soweit ab, dass ihr Durchlasswert $V_{CE(sat)}$ schon nahezu erreicht wird. Zwischen t_2 und t_3 sind Kollektorstrom und Gate-Emitter-Spannung weiterhin über die Steilheit verkoppelt; v_{GE} bleibt deshalb etwa konstant. Während des Abfallens von v_{CE} lädt der Gatestrom i_G mit der Ladungsmenge (Q_{G3}-Q_{G2}) die Millerkapazität C_{CG} um. Bis $t = t_3$ ist dann die Ladungsmenge Q_{G3} in das Gate geflossen.

Nach Kommutierung des gesamten Laststromes I_L auf den IGBT schaltet die Freilaufdiode in den Sperrbereich. Aufgrund der Sperrverzögerungszeit der Freilaufdiode steigt jedoch der Kollektorstrom i_C des IGBT während des Ausschaltens der Freilaufdiode zunächst noch weiter um den Betrag des Diodenrückstromes I_{RRM} über I_L an und führt die Sperrverzögerungsladung Q_{rr} der Freilaufdiode ab (s. Definitionen der Schaltzeiten und Erklärungen zu den Kennwerten I_{RRM}, Q_{rr} und E_{rr} der Inversdiode im Kap. 3.3).

Einschalten: Schaltzeitintervall t_3...t_4 (Sättigungsbereich)

Zum Zeitpunkt t_3 ist der IGBT eingeschaltet und sein Arbeitspunkt ist durch den aktiven Arbeitsbereich an den Beginn des Sättigungsbereich gelangt. V_{GE} und I_C sind nicht mehr über g_{fs} verkoppelt. Die nunmehr dem Gate zugeführte Ladungsmenge (Q_{Gtot} -Q_{G3}) bewirkt das weitere Ansteigen von V_{GE} bis zur Höhe der Gate-Steuerspannung V_{GG}. Die Kollektor-Emitter-Spannung v_{CE} hat unmittelbar nach dem Steilabfall noch nicht ihren statischen Durchlasswert V_{CEsat} erreicht. Abhängig von V_{GG} und I_C stellt sich dieser mit der einsetzenden Minoritätsträgerüberflutung der n^--Driftzone nach einigen hundert Nanosekunden bis wenigen Mikrosekunden ein. Diese „dynamische Sättigungsphase $V_{CE(sat)dyn} = f(t)$" ist die Zeit, welche für die (bipolare) Minoritätsträgerüberschwemmung (Leitwertmodulation) der breiten n^--Zone des IGBT benötigt wird.

Ausschalten

Während des Ausschaltvorganges verlaufen die beschriebenen Vorgänge in umgekehrter Richtung; die Ladung Q_{Gtot} muss mittels Steuerstrom wieder aus dem Gate abgeführt werden. Dabei werden zunächst die internen Kapazitäten soweit umgeladen, dass die Ladungsträgerinfluenz im Kanalgebiet versiegt. Damit wird die Neutralitätsstörung in diesem Bereich sehr schnell abgebaut, der Kollektorstrom fällt zunächst steil ab. Nach dem Erlöschen des Emitterstromes sind im n-Bahngebiet jedoch noch viele durch die Injektion aus dem IGBT Kollektorgebiet erzeugten p-Ladungsträger vorhanden. Diese müssen nun rekombinieren oder durch Rückinjektion abgebaut werden, was einen mehr oder weniger ausgeprägten Kollektorstromschweif hervorruft. Da dieser Stromschweif innerhalb von µs erst bei bereits angestiegener Kollektor-Emitter-Spannung abklingt, bestimmt dessen Form und Länge wesentlich die Ausschaltverluste des IGBT beim harten Schalten.

Das in Bild 2.4.6 angedeutete Überschwingen von v_{CE} über V_{CC} resultiert hauptsächlich aus den parasitären Induktivitäten im Kommutierungskreis und wächst mit steigender Ausschaltgeschwindigkeit $-di_C/dt$ des IGBT. Je weiter der Einsatzfall des Transistors vom hier betrachteten „idealen" Fall „Hartschalter" abweicht (z.B. durch parasitäre Elemente im Kommutierungskreis), um so mehr

„verwischt“ sich die Treppenform des Gate-Emitter-Spannungsverlaufs. Die beim harten Schalten durch das Verhalten der Freilaufdiode „entkoppelten“ Intervalle gehen dann stärker ineinander über und die Beschreibung des Schaltverhaltens wird komplexer.

2.4.2.3 IGBT – Konzepte und neue Entwicklungsrichtungen

Seit der Erfindung des IGBT wird dessen Grundprinzip in unterschiedlichen Konzepten genutzt. Die Weiterentwicklung der IGBT-Chips erfolgt somit auf unterschiedlichen Wegen mit den im Kap. 2.1 angegebenen Zielen und in die dort für die Chiptechnologie aufgeführten Richtungen. Sowohl aus Gründen der Kostenersparnis durch Chipflächenreduktion (shrinking) als auch um eine immer weitere Annäherung an die physikalischen Grenzen zu erreichen, werden bei der Weiterentwicklung der IGBT-Chips drei grundsätzliche Wege beschritten:

- Verfeinerung der Zellstrukturen/Verringerung der Chipflächen/Erhöhung der möglichen Stromdichte
- Reduzierung der Chipdicke
- Erhöhung der zulässigen Chiptemperatur.

Jedes IGBT-Konzept muss – angepasst an Hauptanwendungen – ein ausgewogenes Verhältniss zwischen verschiedenen konkurrierenden Bauelementeeigenschaften lösen, z.B. wie es Bild 2.4.8 an einem Beispiel verdeutlicht:

- a) zwischen Durchlassspannung $V_{CE(sat)}$ und Ausschaltverlustenegie E_{off},
- b) zwischen Durchlassspannung $V_{CE(sat)}$ und Kurzschlussverhalten (SCSOA, vgl. Kap. 3.3.4).

Die Grenzen für a) werden in den neuesten IGBT-Konzepten, z.B. SPT+ (ABB), IGBT4 (Infineon) und CSTBT (Mitsubishi), durch Anhebung der Konzentration freier Ladungsträger unter den n-Emitterzellen verschoben. Nachteilige Konsequenz ist jedoch meist ein sehr steiler Kollektorstromabfall beim Ausschalten mit seinen Nebenwirkungen hinsichtlich EMV u.a. Das trade off b) wird durch immer weitere Verringerung der Chipdicke sowie die Einführung schwach dotierter Feldstoppschichten verbessert.
Entscheidende Auswirkungen auf die IGBT-Eigenschaften hat die Feinheit seiner Zellstruktur (cellpitch). Diese bestimmt u.a. den Einfluss des MOS-Kanals auf die Leitfähigkeitsmodulation.

Bild 2.4.8 [15] verdeutlicht am Beispiel eines 1200 V-IGBT mit Trench-Gate die Abhängigkeit von $V_{CE(sat)}$ bzw. der Kollektorstromdichte $J_{C(sat)}$ bei T_j = 125°C vom cell pitch (Abstand zwischen benachbarten Gatezentren).

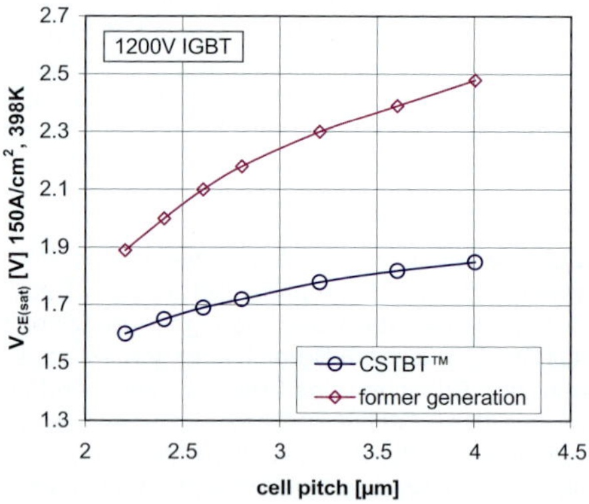

a)

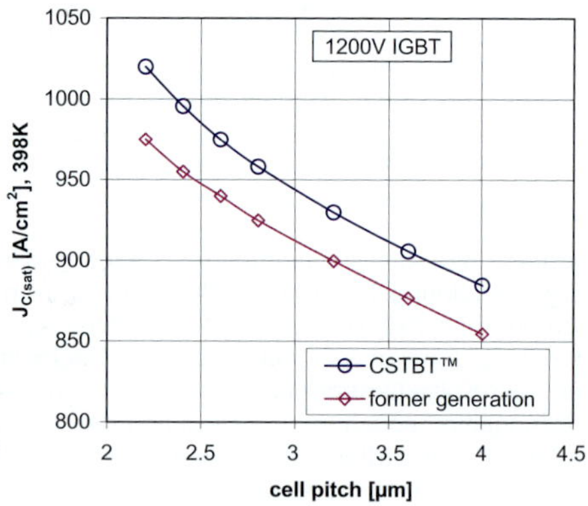

b)

Bild 2.4.8 a) Abhängigkeit der Durchlassspannung $V_{CE(sat)}$ eines 1200 V-IGBT vom cell pitch bei T_j = 125°C; b) Abhängigkeit der Kollektorstromdichte $J_{C(sat)}$ eines 1200 V-IGBT vom cell pitch bei T_j = 125°C [15]

Bild 2.4.9 zeigt am Beispiel von Infineon IGBT-Chips 1200 V/75 A die Entwicklung der Chipgröße und der Durchlassspannung unterschiedlicher Bauteilgenerationen.

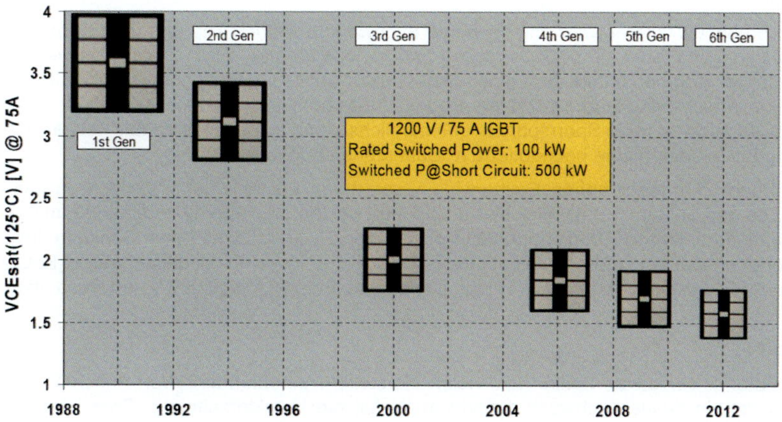

Bild 2.4.9 Entwicklung der Chipgröße und der Durchlassspannung von Infineon IGBT-Chips 1200 V/75 A [16]

Um eine Senkung der Systemkosten (Kühlung, Chipfläche) zu ermöglichen, ist ein wesentliches Entwicklungsziel die Erhöhung der zulässigen Chiptemperatur. Dies erfolgte z.B. durch Infineon für IGBT bis 1700 V mit der Chipgeneration IGBT4 von 150°C auf 175°C; 200°C sind für kommende Generationen angekündigt. Eine Erhöhung der IGBT-Betriebstemperatur bedeutet jedoch, dass auch die Freilaufdiode (Inversdiode) für diese Temperatur geeignet sein muss; weiterhin wachsen die Anforderungen an die Aufbau und Verbindungstechnik der IGBT-Module entsprechend, vgl. Kap. 2.5.

Die nachfolgenden Bilder zeigen die wichtigsten IGBT-Konzepte, die nachfolgend kurz beschrieben werden sollen. Detaillierte Erklärungen der physikalischen Zusammenhänge sind u.a. in [17] enthalten.

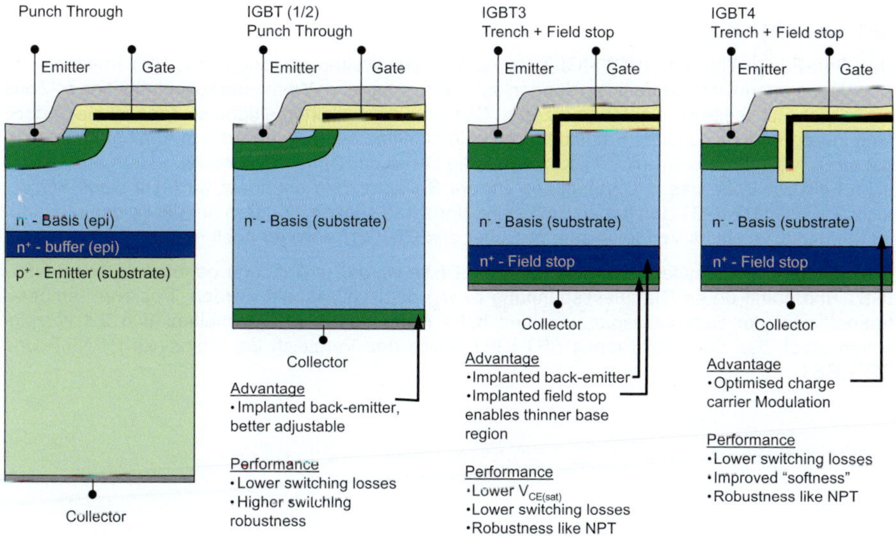

Bild 2.4.10 IGBT-Konzepte, Grundeigenschaften und Feldstärkeverläufe im Sperrzustand (nach [18])

PT-Konzept

Das erste und nach Weiterentwicklung bis heute angewandte „**P**unch-**T**hrough"(PT)-Konzept benutzt als Ausgangsmaterial ein p^+-Substrat, n^+- und n^--Zone werden durch Epitaxie aufgebracht. PT-IGBT können heute ebenfalls die Trench-Gatestruktur besitzen, wie rechts im Bild 2.4.10 gezeigt. Im Vorwärtssperrzustand erfasst die Raumladungszone das gesamte n^--Gebiet. Um die Epitaxieschicht auch für hohe Sperrspannungen möglichst dünn zu halten, wird das Feld am Ende des n^--Driftgebietes durch eine hochdotierte n^+-Bufferzone abgebaut.

PT-IGBT haben einen sehr hohen Emitterwirkungsgrad von Löchern der p^+-Schicht in das n^--Driftgebiet, da das Substrat relativ dick und hochdotiert ist. Die pnp-Stromverstärkung muss über den Basistransportfaktor (n^--Driftzone, n^+-Buffer) abgesenkt werden, was durch Senkung der Ladungsträgerlebensdauer in der n^+-Schicht mittels zusätzlicher Rekombinationszentren (z.B. Golddotierung oder Elektronenbestrahlung) erfolgt. Der Löcherstrom ist mit 40...45 % am Gesamtstrom beteiligt.

NPT-Konzept

Ausgangsmaterial der etwas später von vielen Herstellern eingeführten „**N**on-**P**unch-**T**hrough" (NPT)-IGBT, ist ein dünner, schwach dotierter n^--Wafer, die kollektorseitige p^+-Zone wird durch Rückseitenimplantation erzeugt. Das n^--Driftgebiet ist hier so breit, dass im Vorwärtssperrzustand bis zur höchstzulässigen Sperrspannung das elektrische Feld vollständig im n^--Driftgebiet abgebaut wird und sich – im Gegensatz zum PT-Konzept – nicht durch die gesamte n^--Zone ausbreiten kann.

NPT-IGBT besitzen eine sehr dünne kollektorseitige p^+-Emitterzone, wodurch ein niedriger Emitterwirkungsgrad (γ_E = 0,5) des pnp-Teiltransistors erreicht wird - eine Absenkung des Basistransportfaktors durch Reduzierung der Ladungsträgerlebensdauer ist nicht notwendig. Der Anteil des Löcherstromes am Gesamtstrom beträgt 20...25 %. Die Sättigungsspannung von NPT-IGBT weist – im Gegensatz zu PT-IGBT – einen positiven Temperaturkoeffizienten auf, was die Symmetrierung der Stromaufteilung sowohl zwischen den Zellen eines Chips als auch zwischen parallel geschalteten Chips verbessert. Die Schaltzeiten beim harten Schalten sind vergleichsweise kleiner und weniger von der Temperatur abhängig, Überströme aufgrund einer besseren internen Strombegrenzung leichter abschaltbar. SEMIKRON setzt zum Zeitpunkt der Manuskripterstellung in älteren Produktreihen NPT-IGBT der Generation IGBT2 ein.

SPT- und SPT+-Konzept

Der „**S**oft-**P**unch-**T**hrough" (SPT)-IGBT von ABB ist eine Weiterentwicklung des NPT-Konzepts. Ihr Ausgangsmaterial ist ebenfalls ein dünner, schwach dotierter n^--Wafer, die kollektorseitige p^+-Zone wird durch Rückseitenimplantation erzeugt. Oberhalb der kollektorseitigen p^+-Zone ist hier jedoch eine zusätzliche n^+-Zone als Feldstoppschicht implantiert. Hierdurch wird – in Analogie zur hochdotierten n^+-Buffer Layer beim PT-Konzept – die Dicke der Driftzone verkürzt, indem das elektrische Feld am Ende des n^--Driftgebietes vor der Kollektorzone abgebaut wird. Da diese Schicht nicht wie beim PT-IGBT den hohen Emitterwirkungsgrad senken, sondern nur die Feldstärke reduzieren muss, ist sie im Vergleich zum n^+-Buffer des PT-IGBT weniger hoch dotiert.

Bei gleicher Vorwärtssperrspannung kann die Dicke w_B der n^--Driftzone gegenüber einem NPT-IGBT und damit deren Durchlassspannung (~ w_B) deutlich gesenkt werden. Positiver Temperaturkoeffizient der Durchlassspannung und hohe Robustheit bleiben erhalten. Bild 2.4.11 zeigt schematisch das Schnittbild eines SPT-IGBT sowie den Vergleich der Chipdicke PT-NPT- und SPT-IGBT.

	Punch Through (PT)	Non - Punch Through (NPT)	Soft Punch Through (SPT)
Structure	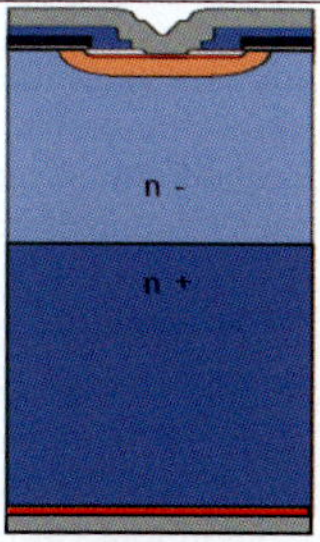	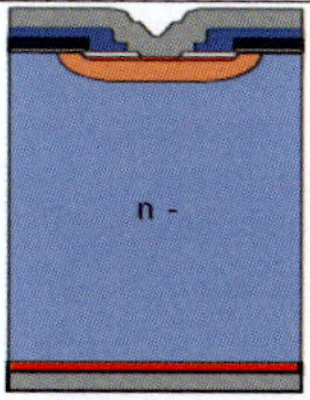	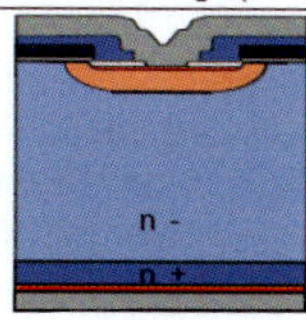
Features	Some devices show snappy turn-off at high V_{DC}	Positive temperature coefficient of on-state Extremely rugged	Positive temperature coefficient of on-state Extremely rugged Low losses
Material	Epitaxial	Float Zone	Float Zone

Bild 2.4.11 Struktur eines SPT-IGBT im Vergleich zum PT- und NPT-IGBT [19]

Die nächste Weiterentwicklung SPT+ (Bild 2.4.12) enthält zusätzliche n-Zonen, die im n^--Driftgebiet um die p-Kanalgebiete angeordnet sind, um den Abfluss von Minoritätsträgern im Durchlasszustand zu erschweren (Löcherbarriere). Hiermit wird im Durchlasszustand die Ladungsträgerdichte an den Emittern erhöht um damit – ohne wesentliche Verschlechterung des Schaltverhaltens – die Durchlassspannung abzusenken. Am n^--n-Übergang zwischen Driftzone und zusätzlicher n-Zone stellt sich eine Diffusionsspannung von etwa 0,17 V ein, die den Abfluss von Löchern verhindert (Löcherbarriere). Zur Herstellung der Neutralität werden Elektronen aus dem Kanalgebiet nachgeliefert, die Konzentration freier Ladungsträger steigt.

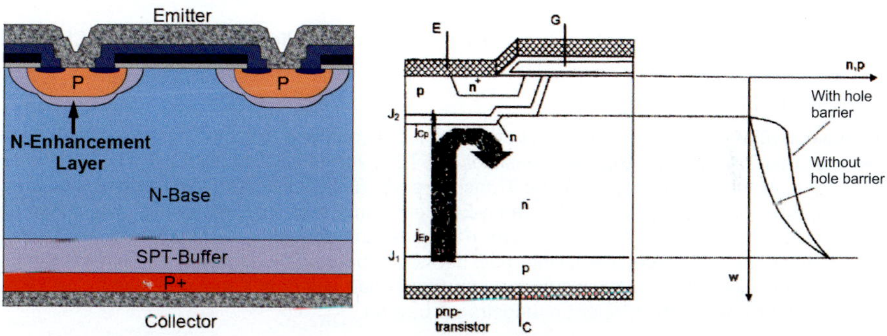

a) b)

Bild 2.4.12 a) Struktur eines SPT+ IGBT [20]; b) Wirkung der Löcherbarriere [17]

NPT-Konzept mit Feldstoppschicht und Trench-Gatestruktur

In diesen, heute am weitesten verbreiteten IGBT-Chips wurde das NPT-Konzept ebenfalls um eine Feldstoppschicht ergänzt und außerdem das planar angeordnete Gate durch eine senkrechte Trench-Gatestruktur ersetzt (Bild 2.4.10).

Ausgangsmaterial ist weiterhin ein dünner, schwach dotierter n^--Wafer, in den rückseitig oberhalb der kollektorseitigen p^+-Zone eine zusätzliche n^+-Zone als Feldstoppschicht implantiert ist. Hierdurch wird – in Analogie zum hochdotierten n^+-Buffer Layer beim PT-Konzept – die Dicke der Driftzone verkürzt, indem das elektrische Feld am Ende des n^--Driftgebietes vor der Kollektorzone abgebaut wird. Da diese Schicht nicht wie beim PT-IGBT den hohen Emitterwirkungsgrad senken, sondern nur die Feldstärke reduzieren muss, ist sie im Vergleich zum n^+-Buffer des PT-IGBT weniger hoch dotiert.

Bei gleicher Vorwärtssperrspannung können die Dicke w_B der n^--Driftzone gegenüber einem konventionellen NPT-IGBT und damit deren Spannungsabfall ($\sim w_B^2$) deutlich gesenkt werden. Positiver Temperaturkoeffizient der Durchlassspannung und hohe Robustheit bleiben erhalten. Während des Ausschaltens ist der Tailstrom gegenüber IGBT ohne Feldstoppschicht zunächst etwas höher, fällt dann aber schneller ab.

Die vertikale Anordnung des Gates in Form eines Grabens (Trench) innerhalb jeder IGBT-Zelle ermöglicht einen vertikalen Verlauf des Kanals in der p-Wanne. Da die aktive Siliziumfläche vergrößert wird, sind eine bessere Steuerung des Kanalquerschnittes möglich und ein kleinerer Kanalwiderstand erreichbar. Die Zellfläche kann bei gegebener Siliziumfläche weiter verkleinert werden, weshalb im Vergleich zu IGBT mit Planargate höhere Stromdichten, niedrigere Durchlassverluste, eine höhere Latch-up-Festigkeit, kleinere Schaltverluste und höhere Durchbruchspannungen erreicht werden können.

In der zum Manuskriptzeitpunkt neuesten Generation IGBT4 von Infineon wurde gegenüber der Vorläufergeneration IGBT3 der Zell-pitch (Abstand zwischen den Gates benachbarter Zellen) weiter verkleinert, d.h. die Chips wurden „geshrinkt". Durch Zelloptimierungen und Verringerung der Chipdicke konnten dabei die statischen und dynamischen Eigenschaften verbessert werden. Kleinere Chips bedeuten jedoch einen höheren thermischen Übergangswiderstand $R_{th(j-c)}$ bzw. $R_{th(j-s)}$. Die gegenüber IGBT3 erzielte Leistungssteigerung resultiert deshalb zum Großteil aus der höheren zulässigen Chiptemperatur von 175°C gegenüber 150°C beim IGBT3. Für unterschiedliche Anforderungen stehen Chips mit unterschiedlichen Einstellungen zwischen statischen und dynamischen Eigenschaften zur Verfügung:

- IGBT4 T4: mit besonders kurzen Schaltzeiten für Module mit 10 A bis 300 A Nennstrom
- IGBT4 E4: mit niedrigen Durchlass- und Schaltverlusten für Module 150 A bis 1000 A
- IGBT4 P4: mit „sanftem" Schaltverhalten und besonders niedrigen Durchlassverlusten für Hochstrom-IGBT-Module über 900 A Nennstrom.

SEMIKRON setzt zum Zeitpunkt der Manuskripterstellung in älteren Produktreihen Chips der IGBT3-Generation, in neuen Produktreihen IGBT4-Chips T4 und E4 ein.

CSTBT-Konzept

Eine Kombination von Löcherbarriere oberhalb der Driftzone und Trench-Gatestruktur erfolgt im **C**arrier **S**tored **T**rench Gate **B**ipolar **T**ransistor (CSTBT) von Mitsubishi (Bild 2.4.13). Bei diesen, früher auch als **I**njection **E**nhaced **G**ated **T**ransistors (IEGT) bezeichneten IGBT erfolgt eine Erhöhung der Ladungsträgerinjektion unter den n-Emittern durch eine „Löcherbarriere", wie schon am SPT^+-Konzept beschrieben. Die zusätzliche n dotierte Zone befindet sich innerhalb der Trench-Struktur unter den p-Basisgebieten. Unterhalb der Löcherbarrieren reichern sich positive Ladungsträger an, was eine effektive Nachlieferung von Elektronen aus dem Kanal und somit eine lokale Erhöhung der Konzentration freier Ladungsträger bewirkt.

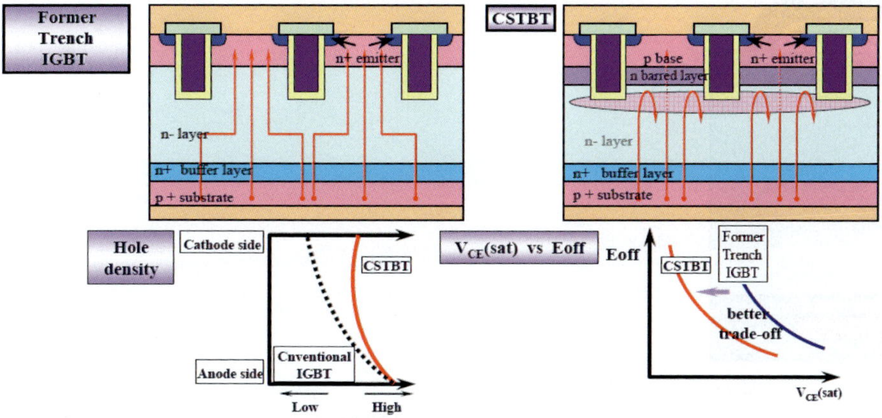

Bild 2.4.13 Prinzipieller Aufbau, Ladungsträgerverteilung im Durchlasszustand und trade off zwischen Durchlassspannung $V_{CE(sat)}$ und Ausschaltverlusten E_{off} von konventionellem Mitsubishi Trench-IGBT und CSTBT [21]

Inzwischen hat Mitsubishi das CSTBT-Konzept auch auf die NPT-Technologie übertragen, um statt des Epitaxiematerials preiswertere Dünnwafer aus homogenem n-Material einsetzen zu können.

Plugged Cells

Indem einzelne Trench-Zellen nicht kontaktiert werden, sondern das Poly-Silizium des Gatebereiches mit der Emittermetallisierung kurzgeschlossen wird (plugged cells: verstöpselte Zellen), lassen sich IGBT-Eigenschaften weiter verbessern. Die Erhöhung der Zellabstände und Verkleinerung der p-Gebiete bewirkt eine Anhebung der Ladungsträgerkonzentration an der Emitterseite, die sich auf die Durchlassspannung stärker auswirkt, als der durch diese Maßnahme erhöhte Spannungsabfall über dem Kanalgebiet [22]. Ein weiterer Vorteil der plugged cells besteht in der Reduktion des Kollektorstroms im Kurzschlussfall gegenüber konventionellen Trench-IGBT.

RC-IGBT

Unter der Bezeichnung **R**everse **C**onducting IGBT (RC-IGBT) werden von verschiedenen Herstellern rückwärts leitende IGBT-Chips entwickelt, die im IGBT- und Diodenmodus mit gleicher Stromdichte belastet werden können. Ziel ist die Einsparung der antiparallelen (im Modul hybrid verschalteten) Freilaufdiodenchips mit folgenden Vorteilen:
- Leistungserhöhung pro Modulfläche
- Erhöhung der Überlastbarkeit (Stoßstromfestigkeit)
- Verbesserung des Parallelschaltvermögens
- Vergrößerung des Verhältnisses $R_{th(j-c)}$ Diode/IGBT
- Reduzierung des Temperaturripples je Chip
- Erhöhung der Freiheitsgrade für optimales thermisches Moduldesign

Bild 2.4.14 zeigt die prinzipielle Struktur eines RC-IGBT mit SPT-Konzept von ABB. In die Grundstruktur des IGBT sind n^--Shorts in die p^+-Kollektorzone eingefügt. Damit kann die Rückwärtsleitfähigkeit des strukturinternen MOSFET für die Inversdiodenfunktion genutzt werden.

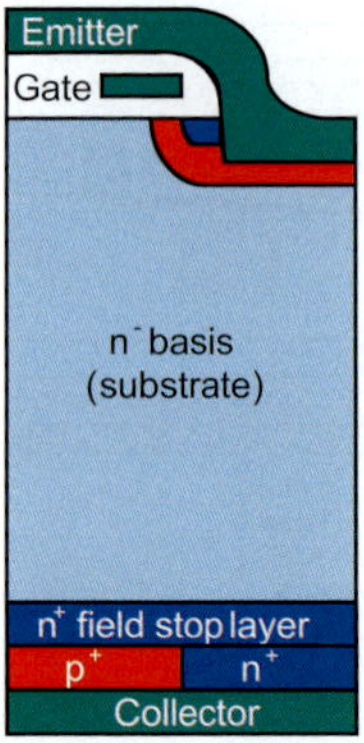

Bild 2.4.14 Struktur eines RC-IGBT von ABB [23]

Die Löcherinjektion aus der p^+-Kollektorregion in die IGBT-Sektion muss auch noch bei niedrigen Spannungen und Strömen erfolgen. Durch verschiedene strukturelle Maßnahmen werden niedrige Ausschaltverluste und Soft-Recovery-Verhalten der Diode über den gesamten Temperaturbereich erreicht und das Einrasten des IGBT verhindert. Hierzu ist eine sehr genaue Einstellung der Dotierungsprofile für die p-Emitterzonen sowie die p^+/n^+-Kollektorzonen erforderlich. Das Zelldesign enthält deshalb emitterseitig keine hochdotierten p^+-Gebiete, sondern eine feine Struktur von p-Zonen, um einen niedrigen Injektionswirkungsgrad zu erreichen. Mittels lokaler Steuerung der p-Ladungsträger durch Implantation oder Protonenbestrahlung können die Dioden-Ausschaltverluste ohne zu großen Einfluss auf die Sperrspannung und die IGBT-Verluste reduziert werden. Weitere Möglichkeiten zur Reduzierung der Dioden-Ausschaltverluste liegen in der Einführung einer MOS-gesteuerten Diode (**B**imode **I**nsulatet **G**ate **T**ransistor BIGT).
Heute stehen RC-IGBT mit Sperrspannungen zwischen 600 V und 3300 V vor der Fertigungseinführung. Verbesserungspotentiale liegen derzeit vor allem noch im Ausschaltverhalten der Dioden.

ESBT

Der hauptsächlich für Anwendungen mit hoher Schaltfrequenz bei hohen Betriebsspannungen entwickelte **E**mitter **S**witched **B**ipolar **T**ransistor (ESBT) ist kein IGBT, sondern eine monolithische Kaskodeschaltung aus npn-Bipolartransistor und Leistungs-MOSFET. Bild 2.4.15 zeigt den prinzipiellen Aufbau und die Ersatzschaltung.

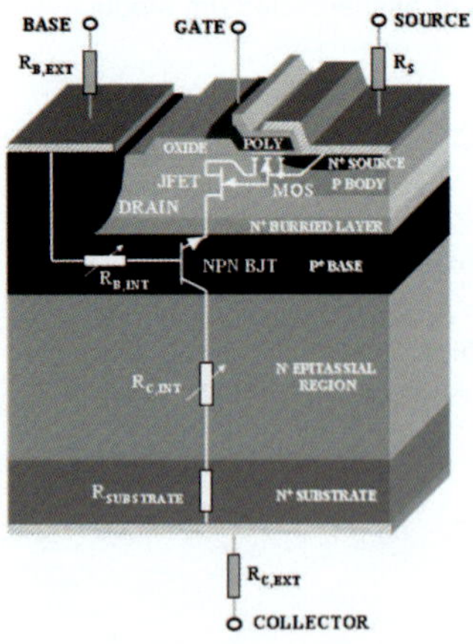

Bild 2.4.15 Aufbau und Ersatzschaltung eines ESBT [24]

Das Schaltungsprinzip der Kaskodeschaltung von Niedervolt-MOSFET und Hochvolt-Bipolartransistor wurde bereits in den 80er Jahren mit Einzelbauelementen oder hybrid integrierten Anordnungen genutzt: Der MOSFET ist im Emitterkreis des Bipolartransistors angeordnet (Reihenschaltung). Im EIN-Zustand sind Bipolartransistor und MOSFET durchgesteuert. Die Durchlassspannung des ESBT ist die Summe der Durchlassspannungen von Hochvolt-Bipolartransistor und Niedervolt-MOSFET.

Die Ansteuerung des ESBT erfolgt über das Gate des MOSFET, die Basis des Bipolartransistors ist permanent über Widerstände mit einer Spannungsquelle verbunden. Beim Ausschalten öffnet der MOSFET den Emitterkreis des Bipolartransistors, der Kollektorstrom fließt während des Ausschaltens über die Basis auf die Treiber-Spannungsquelle, bis alle Ladungsträger im Bipolartransistor abgeführt oder rekombiniert sind und der Kollektorstrom erlischt. Da der Emitter während des Ausschaltens durch den MOSFET abgetrennt ist, besteht die Gefahr des 2. Durchbruchs der Bipolarstruktur nicht, die Grenzen des RBSOA (vgl. Kap. 3.3.4) erweitern sich gegenüber dem regulären Schalten durch Basisstrom, das Ausschalten ist bis zum Grenzwert V_{CB0} der Kollektor-Basis-Diode möglich. Die Steuerung über das MOSFET-Gate ermöglicht eine vergleichsweise geringe Treiberleistung.

2.4.3 Leistungs-MOSFET

Während sich bei MOSFET für kleine Spannungen der Einschaltwiderstand $R_{DS(on)}$ mit Anteilen zwischen etwa 5 % und 30 % aus den Einzelwiderständen der Zellbestandteile zusammensetzt, entfielen noch vor einigen Jahren z.B. bei höher sperrenden MOSFET weit über 90 % des $R_{DS(on)}$ auf den Widerstand des n^--Epitaxiegebietes. Für die Abhängigkeit des $R_{DS(on)}$ von der Durchbruchspannung $V_{(BR)DSS}$ eines Leistungs-MOSFET galt die Beziehung

$$R_{DS(on)} = k \cdot V_{(BR)DSS}^{\;2,4...2,6}$$

mit k: Materialkonstante, z.B. $k = 8{,}3 \cdot 10^{-9}\ A^{-1}$ für 1 cm^2 Chipfläche

d.h. die Durchlassspannung

$$V_{DS(on)} = I_D \cdot R_{DS(on)} \qquad \text{mit } I_D\text{: Drainstrom}$$

war für Transistoren ab etwa 400 V Sperrspannung deutlich höher als die eines vergleichbaren IGBT.

Mit der Anwendung des Kompensationsprinzips in neuen MOSFET-Konzepten ab 1999 (Superjunction-MOSFET, vgl. Kap. 2.4.3.3) konnte die Kopplung der Sperrspannung an die Dotierung der n^--Zone aufgehoben und somit deren Widerstand drastisch gesenkt werden. Nach [25] gilt für solche Leistungs-MOSFET inzwischen mit

$$R_{DS(on)} = k \cdot V_{(BR)DSS}^{\;1,3}$$

eine wesentlich geringere Abhängigkeit der Durchlassspannung von der Sperrspannung.
Für die praktische Anwendung des MOSFET ist dessen rein ohmsche Ausgangskennlinie ohne die Schleusenspannung bipolarer Bauelemente vorteilhaft. Der wesentliche Vorteil des unipolaren MOSFET gegenüber bipolaren Bauelementen besteht jedoch darin, dass die für den Ladungstransport ausschließlich zuständigen Majoritätsträger im Schaltbetrieb keine Speichereffekte verursachen, es sind sehr kurze Schaltzeiten erreichbar.
In der Praxis werden die Eigenschaften der Leistungs-MOSFET nachhaltig von den parasitären Elementen in der realen Struktur beeinflusst. Zum Verständnis der realen Eigenschaften und möglicher Ausfallmechanismen ist deshalb ein Blick auf dessen prinzipielles Ersatzschaltbild (Bild 2.4.16) unerlässlich.

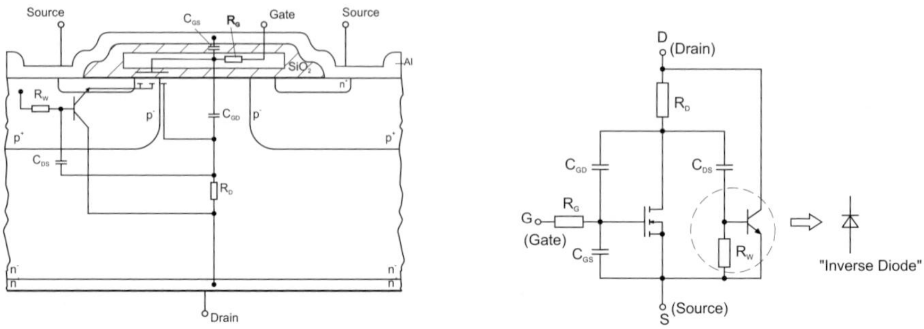

a) b)

Bild 2.4.16 Leistungs-MOSFET-Zelle mit den wichtigsten parasitären Elementen
a) parasitäre Elemente in der Zellstruktur; b) Ersatzschaltbild mit parasitären Elementen

Die physikalischen Ursachen sowie die Bezeichnungen der in Bild 2.4.16 eingezeichneten, parasitären Kapazitäten und Widerstände verdeutlicht Tabelle 2.4.3.

Symbol	**Bezeichnung**	**physikalische Beschreibung**
C_{GS}	Gate-Source-Kapazität	Überlappung von Gate und Sourcemetallisierung; abhängig von der Gate-Source-Spannung; unabhängig von der Drain-Source-Spannung
C_{DS}	Drain-Source-Kapazität	Sperrschichtkapazität zwischen n^--Driftzone und p-Wanne; abhängig von Zellfläche, Durchbruchspannung und Drain-Source-Spannung
C_{GD}	Gate-Drain-Kapazität	Millerkapazität; gebildet durch Überlappung von Gate und n^--Driftzone
R_G	interner Gatewiderstand	Widerstand des Polysilizium-Gates; in Modulen mit mehreren Transistorchips oft zusätzliche Reihenwiderstände zur Dämpfung von Oszillationen zwischen den Chips
R_D	Drainwiderstand	Widerstand der n^--Zone; oft Hauptteil des MOSFET-Einschaltwiderstandes
R_W	lateraler Widerstand der p-Wanne	Basis-Emitter-Widerstand des parasitären npn-Bipolartransistors

Tabelle 2.4.3 Physikalische Ursachen und Bezeichnungen parasitärer Elemente eines MOSFET

Neben internen Kapazitäten und Widerständen enthält das Ersatzschaltbild eines Leistungs-MOSFET gateseitig einen „idealen“ MOSFET, einen npn-Transistor: n^+-Sourcezone (Emitter)/p^+-Wanne (Basis)/n-Driftzone (Kollektor) mit dem lateralen Widerstand der p^+-Wanne unterhalb der Emitter als Basis-Emitter-Widerstand R_W. R_W und die Basis-Kollektor-Strecke des parasitären Bipolartransistors bilden die „Inversdiode“, durch die der Leistungs-MOSFET rückwärtsleitfähig ist.

2.4.3.1 Statisches Verhalten

Bild 2.4.17 zeigt qualitativ das Ausgangskennlinienfeld eines Leistungs-MOSFET mit strukturbedingter Rückwärtsleitfähigkeit („Inversdiode") und dessen Übertragungskennlinie.

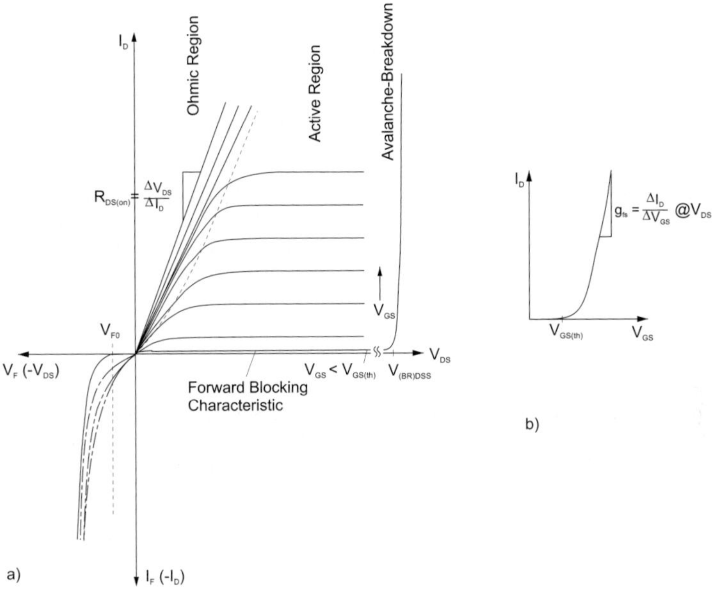

Bild 2.4.17 a) Ausgangskennlinienfeld eines Leistungs-MOSFET (n-Kanal-Anreicherungstyp)
b) Übertragungskennlinie $I_D = f(V_{GS})$

Die stationären Schaltzustände sind:

Vorwärtssperrzustand und Avalanchedurchbruch

Bei positiver Drain-Source-Spannung V_{DS} und einer Gate-Source-Spannung V_{GS} unterhalb der Gate-Source-Schwellenspannung $V_{GS(th)}$ fließt nur ein sehr kleiner Reststrom I_{DSS} zwischen Drain- und Sourceanschluss. Mit wachsender V_{DS} steigt I_{DSS} zunächst leicht an. Oberhalb einer spezifizierten, höchstzulässigen Drain-Source-Spannung V_{DSS} erfolgt ein Avalanchedurchbruch des pin-Übergangs p^+-Wanne/n^--Driftzone/n^+-Epitaxieschicht (Durchbruchspannung $V_{(BR)DSS}$). $V_{(BR)DSS}$ entspricht physikalisch etwa der Durchbruchspannung V_{CER} des parasitären npn-Bipolartransistors in der MOSFET-Struktur, gebildet durch die Schichtenfolge: n^+-Sourcezone (Emitter)/p^+-Wanne (Basis)/n^--Driftzone/n^+-Epitaxieschicht-Drainzone (Kollektor).

Der im Avalanchedurchbruch der Kollektor-Basis-Diode entstehende Multiplikationsstrom kann über das Einschalten des Bipolartransistors zur Zerstörung des MOSFET führen. Basis- und Emitterzone sind jedoch über die Sourcemetallisierung nahezu kurzgeschlossen; zwischen beiden Zonen liegt lediglich der laterale Widerstand der p^+-Wanne. Durch verschiedene Designmaßnahmen, wie kleine MOSFET-Zellen, homogenes Zellenfeld, niederohmige p^+-Wannen, optimierte Randstrukturen und sehr homogene Technologieprozesse kann bei modernen MOSFET ein sehr kleiner Durchbruchstrom je Zelle realisiert werden, der unter genau spezifizierten Bedingungen noch nicht zum Einschalten der Bipolartransistorstruktur führt. Für diese „avalanchefesten" MOSFET-Chips wird in den Datenblättern eine zulässige Avalancheenergie E_A für Einzelimpulse bzw. für periodische Belastung (begrenzt durch höchstzulässige Chiptemperatur) spezifiziert.

Da in Leistungsmodulen mit mehreren parallel geschalteten MOSFET-Chips keine absolute Symmetrie garantiert werden kann, ist stets nur die Nutzung des für einen Einzelchip garantierten E_A-Höchstwertes zulässig.

Durchlasszustand (1. Quadrant)

Der Durchlasszustand in Vorwärtsrichtung bei positiver Drain-Source-Spannung V_{DS} und positivem Drainstrom I_D umfasst zwei Kennlinienbereiche:

aktiver Arbeitsbereich (Abschnürbereich)

Bei einer Gate-Source-Spannung V_{GS}, die nur wenig die Schwellenspannung $V_{GS(th)}$ übersteigt, fällt infolge Stromsättigung über dem Kanal eine relativ hohe Spannung ab (waagerechter Bereich der Ausgangskennlinien). Der Drainstrom I_D wird über V_{GS} gesteuert. Als Maß für das in Bild 2.4.17b) skizzierte Übertragungsverhalten ist die Übertragungssteilheit g_{fs} definiert mit

$$g_{fs} = \Delta I_D/\Delta V_{GS} = I_D/(V_{GS}-V_{GS(th)}).$$

Die Übertragungssteilheit steigt mit dem Drainstrom I_D und der Drain-Source-Spannung V_{DS}, sie sinkt bei steigender Chiptemperatur. Im für Leistungsmodule mit mehreren parallel geschalteten MOSFET-Chips ausschließlich zulässigen Schaltbetrieb wird der Abschnürbereich lediglich während des Ein- und Ausschaltens durchfahren. Ein stationärer Betrieb dieser Module im Abschnürbereich ist unzulässig, da $V_{GS(th)}$ mit ansteigender Temperatur absinkt und somit bereits kleine Unterschiede zwischen den Einzelchips eine thermische Instabilität verursachen können.

ohmscher Kennlinienbereich

Der dem EIN-Zustand im Schaltbetrieb entsprechende ohmsche Kennlinienbereich (steiler Bereich der Ausgangskennlinien) ist erreicht, wenn I_D nur noch durch den äußeren Stromkreis bestimmt wird. Das Durchlassverhalten wird durch den Einschaltwiderstand $R_{DS(on)}$ als Quotient aus der Änderung der Drain-Source-Spannung V_{DS} und des Drainstroms I_D charakterisiert. Der Einschaltwiderstand $R_{DS(on)}$ ist abhängig von der Gate-Source-Spannung V_{GS} und der Chiptemperatur. Im Betriebstemperaturbereich eines MOSFET ergibt sich zwischen 25°C und 125°C etwa eine Verdopplung des $R_{DS(on)}$, vgl. Kap. 3.4.3.

Inversbetrieb (3. Quadrant)

Im Inversbetrieb zeigt der MOSFET bei $V_{GS} < V_{GS(th)}$ eine Diodenkennlinie (durchgezogener Kurvenverlauf in Bild 2.4.17). Dieses Verhalten wird durch die parasitäre Diode mit dem Source-Drain pn-Übergang in der MOSFET-Struktur hervorgerufen; die Flussspannung des Kollektor (Source) - Basis (Drain)- Übergangs („Inversdiode"). Der bipolare Stromfluss durch diese Diode bestimmt das Durchlassverhalten des MOSFET in Rückwärtsrichtung bei geschlossenem Kanal (Bild 2.4.18a).

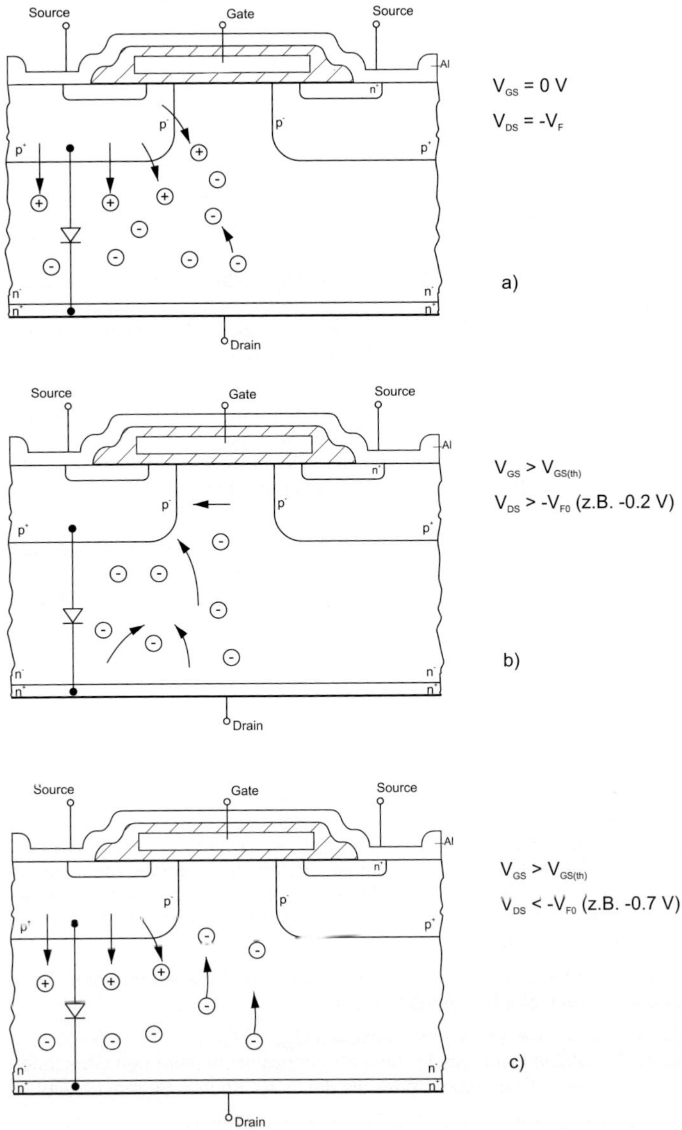

Bild 2.4.18 Inversbetrieb eines Leistungs-MOSFET [26] ; a) bei geschlossenem Kanal (bipolarer Stromfluss); b) bei aufgesteuertem Kanal und kleiner negativer V_{DS} (unipolarer Stromfluss); c) bei aufgesteuertem Kanal und großer negativer V_{DS} (kombinierter Stromfluss)

Die bipolare Inversdiode kann i.a. bis zu den für den MOSFET spezifizierten Stromgrenzwerten ausgenutzt werden. In der praktischen Anwendung zeigt sich jedoch meist, dass

- die Inversdiode relativ große Durchlassverluste verursacht, die mit den MOSFET-Verlusten abgeführt werden müssen und
- das schlechte Ausschaltverhalten und relativ niedrige dv/dt-Grenzwerte dieser pin-Diode in Anwendungen mit hartem Schalten eine praktische Einsatzgrenze für MOSFET-Brückenschaltungen bestimmt.

Wie in Bild 2.4.18 dargestellt, kann der MOSFET-Kanal auch bei negativer Drain-Source-Spannung leitfähig gesteuert werden, wenn eine Gate-Source-Spannung oberhalb der Schwellenspannung angelegt wird.

Wird die Drain-Source-Spannung dabei extern - z.B. durch Parallelschaltung einer Schottkydiode - auf Werte unterhalb der Inversdioden-Schleusenspannung begrenzt, bleibt der Inversstrom ein unipolarer Elektronenstrom (Majoritätsträgerstrom) vom Drain- zum Sourceanschluss. Ihr Ausschaltverhalten entspricht demnach dem des MOSFET. Der Inversstrom ist von $-V_{DS}$ und V_{GS} abhängig (Bild 2.4.18b).

Der Betriebsfall nach Bild 2.4.18c mit kombiniertem Stromfluss tritt ein, wenn der Kanal bei leitender bipolarer Inversdiode (Drain-Source-Spannung oberhalb Schleusenspannung) zusätzlich aufgesteuert wird. Es ergibt sich eine gegenüber der einfachen Parallelschaltung von Diode und MOSFET kleinere Durchlassspannung, da die injizierten Ladungsträger auch seitlich diffundieren und dadurch die Leitfähigkeit im MOSFET erhöhen.

Dieses Verhalten wird inzwischen in der Niederspannungs-Stromversorgungstechnik ausgenutzt, wo „Synchrongleichrichter" mit MOSFET herkömmliche Diodengleichrichter ersetzen können. Werden die MOSFET während der Leitphase ihrer Inversdiode angesteuert, lässt sich z.B. in Schaltnetzteilen mit < 15 V Ausgangsspannung aufgrund der sehr niedrigen Durchlassspannung (einige 10 mV) gegenüber einer konventionellen Diodengleichrichtung (Durchlassspannung mehrere 100 mV) ein deutlicher Wirkungsgradgewinn erzielen.

2.4.3.2 Schaltverhalten

Das Schaltverhalten (Schaltgeschwindigkeit, Schaltverluste) der MOSFET-Leistungsmodule wird durch deren strukturbedingte, interne Kapazitäten und die internen und Anschlusswiderstände bestimmt. Entgegen der Idealvorstellung einer leistungslosen Spannungssteuerung über das MOSFET-Gate resultiert aus den beim Schalten notwendigen Umladeströmen der internen Kapazitäten ein schaltfrequenzabhängiger Bedarf an Ansteuerleistung. Weiterhin beeinflussen die bei der Zusammenschaltung von Transistorchips in Leistungsmodulen entstehenden und in deren Zuleitungen vorhandenen parasitären Verbindungsinduktivitäten die Kommutierungsvorgänge, induzieren transiente Überspannungen und können mit den stromkreis- und transistorinternen Kapazitäten Schwingungen anregen, vgl. Kap. 5.

Das Schaltverhalten von Leistungs-MOSFET kann aus der Wirkung der transistorinternen Kapazitäten und Widerstände qualitativ wie folgt beschrieben werden:

Bei ausgeschaltetem MOSFET ist C_{GD} klein und entspricht etwa C_{DS}.
Im Durchlasszustand wächst C_{GD} infolge Inversion der Anreicherungsschicht unter den Gatezonen sprunghaft an, sobald die Gate-Source-Spannung größer als die Drain-Source-Spannung wird.

In den Datenblättern (vgl. Kap. 3.4.3) sind meist die Kleinsignal-Kapazitäten C_{iss}, C_{rss} und C_{oss} des ausgeschalteten Transistors aufgeführt, siehe Tabelle 2.4.4.

	Leistungs-MOSFET
Eingangskapazität	$C_{iss} = C_{GS} + C_{GD}$
Rückwirkungskapazität (Millerkapazität)	$C_{rss} = C_{GD}$
Ausgangskapazität	$C_{oss} = C_{GD} + C_{DS}$

Tabelle 2.4.4 Definition der Kleinsignalkapazitäten eines Leistungs-MOSFET

Zur Berechnung des Schaltverhaltens sind diese Angaben aus den bereits für den IGBT genannten Ursachen ebenfalls nur sehr eingeschränkt nutzbar. Nachstehend wird das Schaltverhalten von Leistungs-MOSFET beim harten Schalten ohmsch-induktiver Lasten mit nichtlückendem Laststrom qualitativ betrachtet, d.h. die Lastzeitkonstante L/R ist viel größer als die Periodendauer 1/f der Schaltfrequenz. Bild 2.4.19 zeigt die grundsätzlichen Verläufe von Drainstrom und Drain-Source-Spannung analog zum im vorigen Kap. beschriebenen IGBT.

Außer den nichtidealen Eigenschaften der Transistoren und Dioden beeinflussen auch passive Stromkreiselemente die Schaltverluste und Arbeitspunktverläufe in hohem Maße. Deren Auswirkungen werden später in Kap. 5. näher diskutiert.

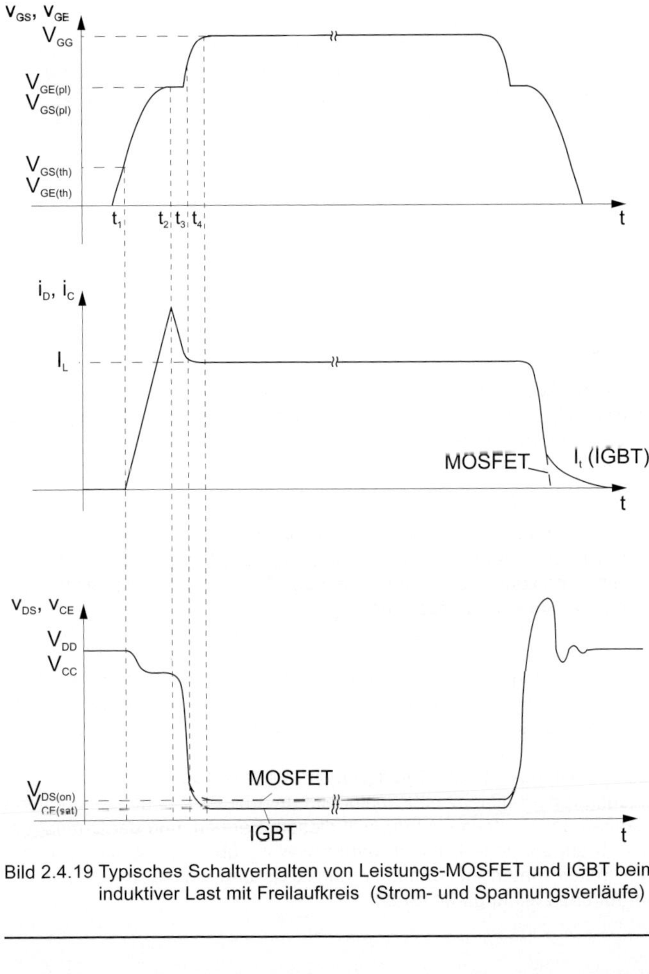

Bild 2.4.19 Typisches Schaltverhalten von Leistungs-MOSFET und IGBT beim „harten Schalten" ohmsch-induktiver Last mit Freilaufkreis (Strom- und Spannungsverläufe)

Einschalten

Wie Bild 2.4.19 zeigt, sinkt beim Einschalten des Leitungs-MOSFET dessen Drain-Source-Spannung vergleichbar zum IGBT innerhalb einiger zehn Nanosekunden bis auf die Durchlassspannung $V_{DS(on)} = I_D \cdot R_{DS(on)}$ ab.

Einschalten: Schaltzeitintervall 0...t_1 (gesperrter Transistor)

Mit Zuschalten der Steuerspannung beginnt der Gatestrom i_G zu fließen. Bis zur Ladungsmenge Q_{G1} lädt i_G zunächst ausschließlich die Gatekapazität C_{GS} auf; die Gate-Source-Spannung V_{GS} steigt mit der durch die Eingangskapazität des MOSFET und den Widerstand des Gatesteuerkreises bestimmten Zeitkonstante an. Da V_{GS} noch kleiner als die Schwellenspannung $V_{GS(th)}$ ist, kann in diesem Zeitintervall noch kein Kollektorstrom fließen.

Einschalten: Schaltzeitintervall t_1...t_2 (Drainstromanstieg)

Nach Erreichen der Schwellenspannung $V_{GS(th)}$ (t_1) steigt der Drainstrom an. In gleicher Weise wächst V_{GS}, die im Abschnürbereich des MOSFET über die Steilheit g_{fs} mit $I_D = g_{fs} \cdot V_{GS}$ mit dem Drainstrom verkoppelt ist, bis auf $V_{GS1} = I_D/g_{fs}$ (Zeitpunkt t_2). Da die Freilaufdiode erst zu t_2 sperren kann, fällt V_{DS} vor t_2 nicht nennenswert ab. Zu $t = t_2$ ist die Ladungsmenge Q_{G2} in das Gate geflossen.

In diesem Zeitintervall entsteht der größte Teil der Einschaltverluste im MOSFET. Solange i_D noch kleiner als der Laststrom I_L ist und ein Teil von I_L weiterhin durch die Freilaufdiode fließen muss, kann die Drain-Source-Spannung v_{DS} in diesem Zeitbereich noch nicht nennenswert unter die Betriebsspannung V_{DD} absinken. Die in Bild 2.4.19 skizzierte Differenz zwischen V_{DD} und V_{DS} wird hauptsächlich durch die transienten Spannungsabfälle über den parasitären Induktivitäten des Kommutierungskreises verursacht.

Einschalten: Schaltzeitintervall t_2...t_3 (durchschaltender Transistor im Abschnürbereich)

Mit dem Ausschalten der Freilaufdiode sinkt V_{DS} bis zum Zeitpunkt t_3 auf den Durchlasswert $V_{DS(on)} = I_D \cdot R_{DS(on)}$ ab. Zwischen t_2 und t_3 sind Drainstrom und Gate-Source-Spannung weiterhin über die Steilheit verkoppelt: V_{GS} bleibt deshalb etwa konstant. Während des Abfallens von v_{DS} lädt der Gatestrom i_G mit der Ladungsmenge (Q_{G3}-Q_{G2}) die Millerkapazität C_{DG} um. Bis $t = t_3$ ist dann die Ladungsmenge Q_{G3} in das Gate geflossen.
Nach Kommutierung des gesamten Laststromes I_L auf den MOSFET schaltet die Freilaufdiode in den Sperrbereich. Aufgrund der Sperrverzögerungszeit der Freilaufdiode steigt jedoch der Drainstrom i_D des MOSFET während des Ausschaltens der Freilaufdiode (t_{rr}) zunächst noch weiter um den Betrag des Diodenrückstromes I_{RRM} über I_L an und führt die Sperrverzögerungsladung Q_{rr} der Freilaufdiode ab, s. Erklärungen zu den Kennwerten I_{RRM}, Q_{rr} und E_{rr} einer Inversdiode in Kap. 3.4.2.

Einschalten: Schaltzeitintervall t_3...t_4 (ohmscher Arbeitsbereich)

Zum Zeitpunkt t_3 ist der MOSFET eingeschaltet, und sein Arbeitspunkt ist durch den Abschnürbereich an den Beginn des ohmschen Arbeitsbereiches gelangt. V_{GS} und I_D sind nicht mehr über g_{fs} verkoppelt. Die nunmehr dem Gate zugeführte Ladungsmenge (Q_{Gtot} -Q_{G3}) bewirkt das weitere Ansteigen von V_{GS} bis zur Höhe der Gate-Steuerspannung V_{GG}.

Ausschalten

Während des Ausschaltvorganges verlaufen die beschriebenen Vorgänge in umgekehrter Richtung. Die Ladung Q_{Gtot} muss mittels Steuerstrom wieder aus dem Gate abgeführt werden. Im Gegensatz zum IGBT erfolgt das beim Leistungs-MOSFET in der Regel nicht gegen eine negative Gatespannung, sondern gegen $V_{GS} = 0$ V, s. Kap. 5.
Beim *Ausschalten* müssen beim Leistungs-MOSFET lediglich die internen Kapazitäten soweit umgeladen werden, dass die Ladungsträgerinfluenz im Kanalgebiet unterbleibt. Nachfolgend kommt es zu einem sehr schnellen Abbau der Neutralitätsstörung in diesem Bereich, und der Drainstrom sinkt steil ab. Das in Bild 2.4.19 angedeutete Überschwingen von v_{DS} über V_{DD} resultiert hauptsächlich aus den parasitären Induktivitäten im Kommutierungskreis und wächst mit steigender Ausschaltgeschwindigkeit -di_D/dt des Leistungs-MOSFET.

Auch für Leistungs-MOSFET gilt, dass je weiter der Einsatzfall des Transistors vom hier betrachteten „idealen“ Fall „Hartschalter“ abweicht, sich die Treppenform des Gate-Source-Spannungsverlaufs zunehmend „verwischt“. Die beim harten Schalten durch das Verhalten der Freilaufdiode „entkoppelten“ Intervalle gehen dann stärker ineinander über und die Beschreibung des Schaltverhaltens wird komplexer.

2.4.3.3 Aktuelle Ausführungen und neue Entwicklungsrichtungen

In der Leistungselektronik kommt hauptsächlich die bereits in Bild 2.4.3 schematisch dargestellte Vertikalstruktur zum Einsatz, bei der sich Gate- und Sourceanschlüsse auf der Chipoberfläche befinden, während die Chipunterseite den Drainanschluss trägt. Der Laststrom fließt außerhalb des Kanals senkrecht durch den Chip. Die seit Anfang der 80er Jahre angewandte Ausführung **VD**MOSFET (**V**ertikaler **D**oppelt **D**iffundierter MOSFET) wird auch heute noch angewandt und laufend verbessert, z.B. in Richtung kleinerer Zellabmessungen. Abhängig vom Anwendungsschwerpunkt „niedrige“ oder „hohe“ Drain-Source-Spannung erfolgten die wesentlichen Innovationen bei Leistungs-MOSFET jedoch in 2 Richtungen mit deutlichen strukturellen Unterschieden.

Trench-Gate MOSFET

Bild 2.4.20 verdeutlicht an einem Beispiel die Weiterentwicklung zum Trench-MOSFET, der etwa 1997 eingeführt wurde.

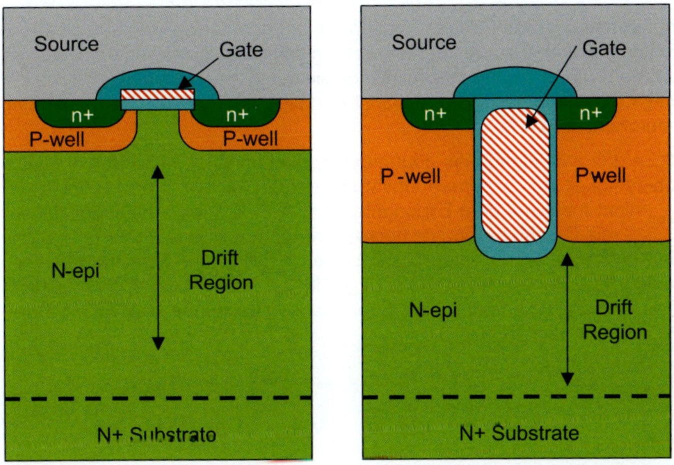

Bild 2.4.20 a) konventioneller VDMOSFET; b) MOSFET mit Trench-Gate (Trench-MOSFET) [27]

Analog zur Entwicklung beim Trench-IGBT sind hier die isolierten Gateplatten und damit das Kanalgebiet senkrecht angeordnet, die durch die Elektronen im n-Gebiet zu überwindende Strecke wird kürzer. Vor allem im unteren Spannungsbereich ist so gegenüber der konventionellen Struktur eine deutliche Verringerung des $R_{DS(on)}$ möglich.

Superjunction MOSFET

Der schon zu Beginn dieses Kapitels erwähnte „Durchbruch“ bei der Senkung des $R_{DS(on)}$ wurde 1999 durch Infineon mit der Entwicklung des CoolMOS als ersten „Superjunction“ Leistungs-MOSFET eingeleitet.

Das in Superjunction-Bauelementen angewandte Kompensationsprinzip wurde für MOSFET mit Sperrspannungen zwischen 500 V und 1000 V entwickelt. Bild 2.4.21 verdeutlicht Aufbau und Funktionsprinzip am Beispiel CoolMOS.

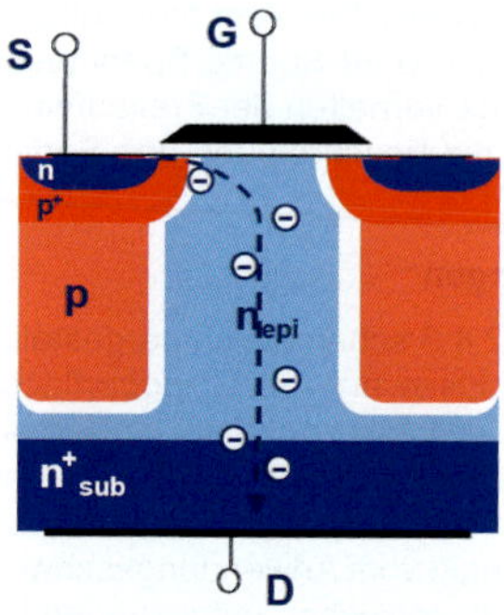

Bild 2.4.21 Schematischer Aufbau und Funktionsprinzip eines Superjunction-MOSFET (CoolMOS) [25]

Mittels mehrerer Epitaxieschritte oder einer Seitendiffusion aus Trench-Gräben werden in die niedrig dotierte n^--Driftzone hochdotierte p-leitende Säulen eingebracht, die mit den p-Wannen verbunden sind. Die Dotierung der Säulen ist so bemessen, dass die n-Dotierung der Driftzone kompensiert wird, woraus eine sehr niedrige effektive Dotierung resultiert.

Im Sperrzustand entsteht ein nahezu rechteckiger Feldverlauf, bei dem – bezogen auf die Dicke des n^--Gebietes – die höchste Spannung aufgenommen werden kann. Die Dotierung der Driftzone kann nun soweit erhöht werden, wie es technologisch gelingt, sie durch gleich große Dotierung der p-Säule zu kompensieren („Kompensationsprinzip"). Damit wird die Kopplung der Sperrspannung an die Dotierungsdichte durchbrochen [17].

Im Ergebnis kann die Dicke des n^--Driftgebietes gegenüber konventionellen MOSFET drastisch verringert und dessen Leitfähigkeit durch höhere Dotierung erhöht werden. Damit wächst der Einschaltwiderstand $R_{DS(on)}$ nicht mehr mit dem Exponenten 2,4...2,6, sondern fast linear mit der Durchbruchspannung $V_{(BR)DSS}$; die Durchlassverluste hochsperrender Leistungs-MOSFET können drastisch reduziert werden (auf 1/3 - 1/5). Entsprechend sinken – für gleiche Stromtragfähigkeit – Chipfläche, Schaltverluste und Gatekapazität/Gateladung. Bild 2.4.22 fasst die Unterschiede in Aufbau und Eigenschaften zwischen Standard- und Superjunction-Leistungs-MOSFET zusammen.

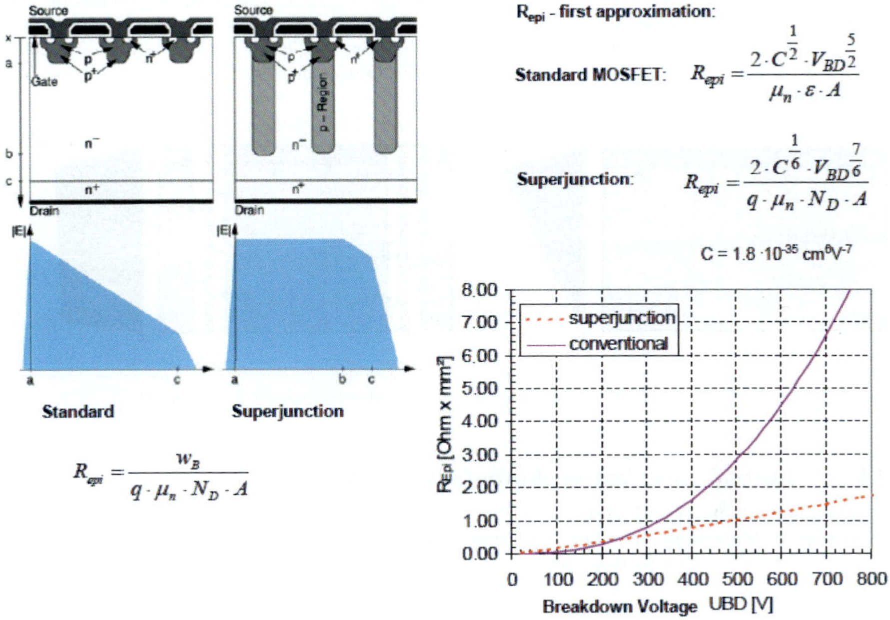

Bild 2.4.22 Gegenüberstellung von Standard- und Superjunction-MOSFET [28]

Einführung isolierter Feldplatten

Um das Superjunction-Prinzip auch auf MOSFET für kleine Spannungen übertragen zu können, mussten Technologien entwickelt werden, die gegenüber denen für Hochvoltbauelemente deutlich einfacher und preiswerter sind. Im Ergebnis entstand z.B. der „OptiMOS“ von Infineon für Sperrspannungen bis 300V [29]. Statt durch Epitaxieschritte aufgebaute p-Säulen enthalten OptiMOS-Transistoren isolierte Feldplatten. Diese sind in Gräben angeordnet, welche in das n^--Driftgebiet geätzt, durch eine Siliziumoxidschicht isoliert wurden und wechselweise mit der Sourcezone bzw. dem Polysilizium-Gate verbunden sind (Bild 2.4.23).

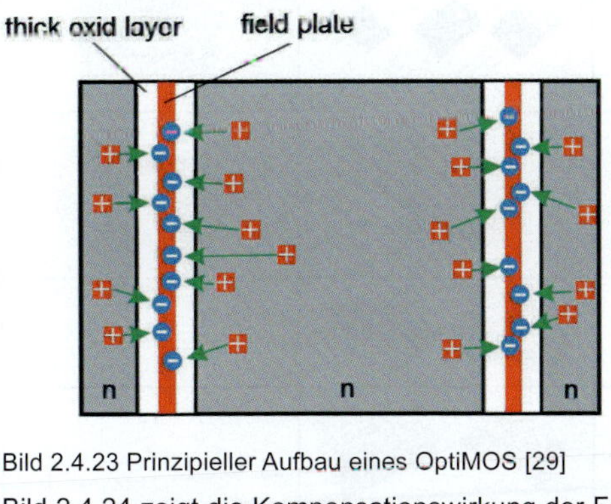

Bild 2.4.23 Prinzipieller Aufbau eines OptiMOS [29]

Bild 2.4.24 zeigt die Kompensationswirkung der Feldplatten und den Feldstärkeverlauf in y-Richtung im Vergleich zu einem gesperrten pn-Übergang konventioneller Ausführung. Die p-Ladung auf den Feldplatten kompensiert die Dotierung der n^--Zone, so dass diese – wie weiter oben beschrieben - erhöht werden kann. Im Sperrzustand ändert sich der dreieckige Feldverlauf der einfachen Struktur in einen nahezu rechteckigen Verlauf, der eine Reduzierung der n⁻-Dicke zulässt. Aus der höheren möglichen Dotierung und der niedrigeren möglichen Dicke des n⁻-Driftgebietes resultieren die bereits am Superjunction-MOSFET beschriebenen Vorteile gegenüber der konventionellen Struktur.

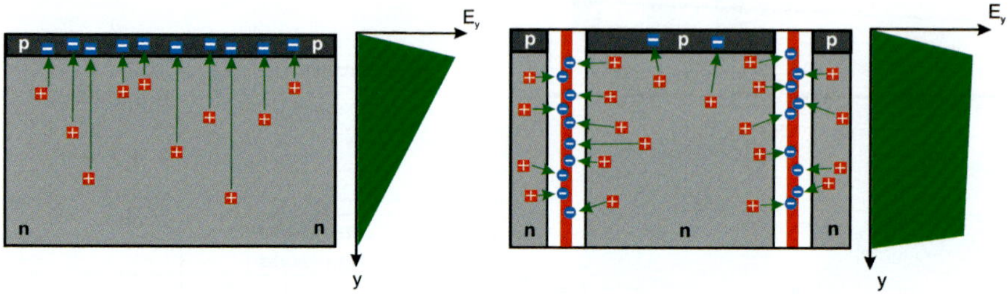

Bild 2.4.24 Feldverteilung in einem konventionellen pn-Übergang und einem pn-Übergang mit Feldplatten [29]

2.5 Aufbau- und Verbindungstechnik (AVT)

Die Hauptaufgaben der AVT sind:

- Elektrische Verbindung eines oder mehrerer Halbleiterchips mit dem Stromkreis
- Abführen der beim Betrieb des Halbleiters entstehenden Wärme an eine Kühlvorrichtung
- Schutz des/der Halbleiterchips vor schädlichen Umgebungseinflüssen
- Kennzeichnung des Bauelementtyps und der Anschlüsse.

Nach ihrer Aufbautechnologie kann man die Leistungshalbleiter gemäß folgender Tabelle einteilen. In manchen Bauelementen wird die Lötung durch eine Sinterverbindung ersetzt.

	Leistungshalbleiter beidseitig gelötet	**Leistungshalbleiter gelötet / gebondet**	**Leistungshalbleiter druckkontaktiert**
Technologie / Funktionen	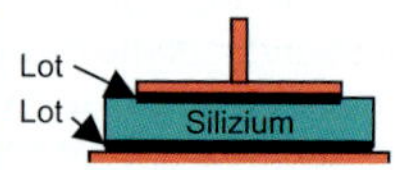	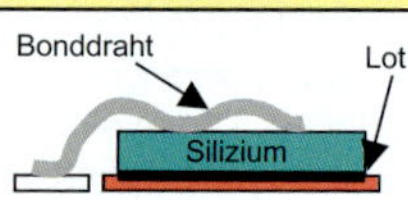	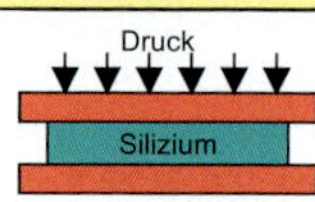
Diskrete Leistungshalbleiter (unisoliert)			
Isolierte Module mit Bodenplatte		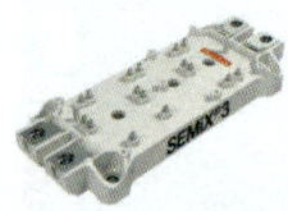	
Isolierte Module ohne Bodenplatte	-		-
IPM (Intelligente Leistungsmodule, isoliert)	-	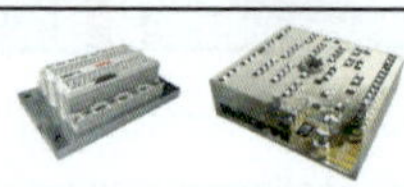	-

Tabelle 2.5.1 Klassifizierung der Leistungshalbleiter nach Gesichtspunkten der Aufbau- und Verbindungstechnik

Entwicklungsrichtungen bei neuen Packaging-Technologien sind heute u.a.:
- Verbesserung der Wärmeabführung und Temperaturwechselfestigkeit
- Minimierung der Induktivitäten im Modul und mittels geeigneter Modulkonstruktion auch in den Zuleitungen
- hochflexible Aufbau- und Verbindungstechnik, einfache Montage beim Anwender
- komplexere Integration (Stromrichterschaltungen)
- Integration von Überwachungs-, Schutz- und Treiberfunktionen.

2.5.1 Technologien

2.5.1.1 Löten

Löten ist das Verbinden zweier (metallischer) Werkstoffe durch ein flüssiges Metall oder eine flüssige Legierung. Einzelne Atome des Lots diffundieren dabei in die Metalloberfläche der zu lötenden Bauteile, es entsteht eine dünne Schicht einer Legierung aus Lot und Grundwerkstoff. Voraussetzung für eine lunkerfreie Qualität der Lötung sind saubere, oxidfreie Oberflächen aller beteiligten Verbindungspartner. Um dies zu erreichen, werden oft Flussmittel eingesetzt, die bei der Erwärmung zum Löten aktiviert werden und die Oberflächen reinigen. Sie schützen die Oberflächen auch während des Lötens vor einer neuerlichen Oxidation. Die meisten Flussmittel müssen nach dem Löten wieder entfernt werden. Auch reduzierende Gase, wie Formiergas, können als Flussmittel eingesetzt werden. Sehr vorteilhaft für lunkerfreie Verbindungen ist die Anwendung von Vakuum, sobald das Lot flüssig geworden ist. Die Lote müssen der RoHS-Richtlinie der EU entsprechen.

Es steht eine breite Palette von Lötverfahren zur Verfügung, die sich vor allem dadurch unterscheiden, wie die Wärme an das Lötgut gekoppelt wird. Eine interessante Verfahrensvariante ist der Einsatz von Lotpasten, die aus kleinen Lotkugeln und einem pastösen Flussmittel bestehen. Die Paste wird durch einen Dispenser, durch Sieb- oder Schablonendruck auf einen Verbindungspartner aufgebracht, der zweite Partner (zum Beispiel der Chip) in die Paste gedrückt und das Ganze erhitzt bis das Lot geschmolzen ist (Reflowlötung).

Kritisch sind großflächige Lotverbindungen von Materialien mit sehr unterschiedlichen thermischen Ausdehnungskoeffizienten (Tabelle 2.5.4). Durch den Bimetalleffekt kommt es zu Verbiegungen und bei wechselnden Temperaturen zur Lotermüdung bis zum Lotversagen. Daher können z.B. keine großflächigen Keramiken auf Kupferbodenplatten gelötet werden.

2.5.1.2 Diffusionssintern (NTV = Niedertemperaturverbindungstechnik)

Ein Verfahren, dass das Löten in vielen Fällen ersetzen kann und das in der Langzeitzuverlässigkeit dem Löten deutlich überlegen ist, ist das Diffusionssintern (NTV). Dabei wird ein feines Silberpulver zwischen den zu verbindenden Teilen bei einer Temperatur um 250°C unter hohem Druck zu einer Silberschicht mit nur geringer Porosität gesintert (Bild 2.5.1) und verbindet die Partner.

Bild 2.5.1 Silberpulver vor und nach dem Diffusionssinterprozess.

Die Sinterschicht ist stabil bis zum Schmelzpunkt des Silbers (962°C). Ein Flussmittel ist nicht erforderlich. Die Sinterschicht weist im Vergleich zu Loten bessere thermische, mechanische und elektrische Eigenschaften auf (Tabelle 2.5.2).

Eigenschaft		Lotschicht SnAg(3)	Ag Sinterschicht
Schmelzpunkt	°C	221	962
Wärmeleitfähigkeit	W/mK	70	240
Elektrische Leitfähigkeit	MS/m	8	41
Typische Schichtdicke	µm	90	20
Therm. Ausdehnungskoeffizient	ppm/K	28	19

Tabelle 2.5.2 Vergleich wichtiger Eigenschaften von SnAg(3)-Lot und diffusionsgesintertem Silber.

Hauptvorteil ist die hervorragende Beständigkeit der Sinterschicht gegenüber Temperaturzyklen, auch bei hohen Maximaltemperaturen. Im Gegensatz dazu neigen Lote bei zu starker Beanspruchung durch Temperaturzyklen zum Verlust ihrer Festigkeit. Das große Potential der Sintertechnologie kann am besten durch die Angabe der homologen Temperatur demonstriert werden. Die homologe Temperatur (in %) eines Materials ist definiert als das Verhältnis der Betriebstemperatur zum Schmelzpunkt, beide angegeben in Kelvin. Für homologe Temperaturen unter 40% werden die Materialien durch die Temperatur nicht oder nur wenig geschwächt. Zwischen 40% und 60% liegt der Kriechbereich, in dem die Materialeigenschaften gegen mechanische Spannungen empfindlich sind, oberhalb von 60% nimmt die Festigkeit stark ab, das Material wird als ungeeignet für diesen Einsatz angesehen (Tabelle 2.5.3). Nachteil des Diffusionssinterns ist, dass nur Materialien mit einer Edelmetalloberfläche miteinander verbunden werden können.

Homologe Temperatur für	Lot SnAg(3)	Ag Sinterschicht
Betriebstemperatur 100°C (373K)	76 %	30 %
Betriebstemperatur 150°C (423K)	86 %	34 %
Schmelztemperatur (100%)	221°C (494K)	962°C (1235K)

Tabelle 2.5.3 Homologe Temperatur in % für das Lot SnAg(3) und eine Silber-Diffusionssinterschicht bei zwei Betriebstemperaturen

Serienmäßig wird die Sintertechnologie erstmalig als Ersatz der Chiplötung auf der DCB eingesetzt. Die Module SKiM63/93 sind die ersten komplett lotfreien Module. Denkbar ist ein Einsatz auch, um die Schwachstellen der großflächigen Lötung der DCB auf die Grundplatte [30] oder der Bonddrahtverbindung zu eliminieren. Beispiele für letzteres sind in Bild 2.5.2 dargestellt.

Bild 2.5.2 Gesinterte Silberbänder [31] oder Kupferlitzen [32] als Ersatz für klassische Bonddrahtverbindungen

2.5.1.3 Drahtbonden

Bei Leistungshalbleitern wird für Verbindungen, zum Beispiel der Oberseite eines Chips mit anderen Chips oder Anschlusselementen, häufig Dickdrahtbonden eingesetzt. Das ist ein Kaltschweißverfahren, bei dem zum Verbinden eines Aluminiumdrahtes (etwa 100 µm bis 500 µm dick) mit einer Oberfläche aus Aluminium, Kupfer oder Gold Ultraschallenergie eingesetzt wird. Der Prozess findet bei Raumtemperatur statt. Da ein Bonddraht in seiner Stromtragfähigkeit beschränkt ist, werden für höhere Stromstärken mehrere Bonddrähte parallel verwendet. Zur besseren Stromverteilung auf einem Chip wird das „Stitchen", also das mehrfache Bonden eines Drahtes auf einer Fläche, eingesetzt (Bild 2.5.3).

Bild 2.5.3 Viele parallele, mehrfach „gestitchte" Bonddrähte auf einem Diodenchip mit 502 mm².

Da das Drahtbonden eine sehr flexible und kostengünstige Lösung ist, wird diese Technologie auch in den kommenden Jahren noch die dominierende Verbindung der Chipoberflächen herstellen.

2.5.1.4 Druckkontakt

Im Gegensatz zu Löten, Diffusionssintern und Drahtbonden, handelt es sich beim Druckkontakt nicht um eine stoffschlüssige, sondern eine formschlüssige Verbindung. Die durch Druckkontakt verbundenen Partner können sich also gegeneinander verschieben, sie können aufeinander gleiten. Spannungen, wie sie im Fall von stoffschlüssigen Verbindungen bei Temperaturzyklen durch die unterschiedlichen thermischen Ausdehnungskoeffizienten der Verbindungspartner entstehen, können daher beim Druckkontakt nicht oder nur stark vermindert auftreten. Ermüdungen der Verbindung durch Temperaturwechsel, wie sie von Lot- und Drahtbondverbindungen bekannt sind, gibt es beim Druckkontakt nicht. Das erklärt die hohe Zuverlässigkeit von druckkontaktierten Bauelementen. Bei geeigneter Bauform (Scheibenzellen) ist durch Einspannen zwischen zwei Kühlkörper eine beidseitige Kühlung und damit eine Halbierung des thermischen Widerstandes möglich. Sinnvoll ist eine Unterscheidung zwischen großflächigen und kleinflächigen („punktförmigen") Druckkontakten.

Großflächiger Druckkontakt

Sie verlangen saubere, ebene Flächen der Verbindungspartner, die mit hoher Kraft aufeinander gepresst werden. Außerdem dürfen die sich berührenden Flächen nicht dazu neigen kalt zu verschweißen, denn das würde das Gleiten verhindern. Durch Wahl geeigneter Oberflächenpaarungen kann das sichergestellt werden. Beispiele für großflächige Druckkontakte sind die Scheibenzellen oder die Verbindung von Modulen mit der Kühleinrichtung.

Kleinflächiger Druckkontakt

Hier ist die Kontaktfläche linienförmig oder nahezu punktförmig. Durch diese sehr kleine Kontaktfläche reicht schon eine kleine Kraft aus, um hohe Drücke im Kontaktbereich zu erzielen. Die Drücke sind so groß, dass Oxidschichten oder sonstige Verunreinigungen der Oberfläche vom kleinflächigen Kontaktpartner durchstoßen werden und so ein sicherer und zuverlässiger Kontakt entsteht. Solche Kontakte werden beispielsweise bei vielen Modulen in der Form von Spiralfedern für die Steueranschlüsse und bei MiniSKiiP eingesetzt.

SKiiP®-Technologie

SKiiP® ist eine spezielle Druckkontakttechnologie, die für alle Modul-Leistungsklassen Vorteile in Hinblick auf erzielbare Leistung, Lebensdauer, Zuverlässigkeit und Kosten bringt. Das wichtigste Kennzeichen von SKiiP® ist die Eliminierung der Lötverbindungen zur Grundplatte und der Anschlüsse. Dafür wird auf eine massive Grundplatte aus 2 bis 5 mm Kupfer verzichtet. Statt dessen wird das Isoliersubstrat (DCB) mit den aufgelöteten oder durch Sintern aufgebrachten Chips durch das Gehäuse, durch Druckelemente oder durch die Anschlüsse direkt auf die Kühleinrichtung gepresst.

Der Hauptvorteil dieser Aufbauart ist, dass keine stoffschlüssige Verbindung zwischen dem Keramiksubstrat (thermischer Ausdehnungskoeffizient etwa $4 - 7 \cdot 10^{-6}$/K) und der Grundplatte (thermischer Ausdehnungskoeffizient von Kupfer etwa $17{,}5 \cdot 10^{-6}$/K) besteht. Es gibt also keine großflächige Lötung. Dadurch werden auch die großen mechanischen Spannungen zwischen der Grundplatte und der Keramik vermieden, die bei Grundplattenmodulen bei Temperaturänderungen auftreten. Auch die Lötung der Anschlüsse kann bei einem Einsatz von Druckkontakten entfallen. Eine Reihe von Modulfamilien über einen großen Leistungsbereich ist in SKiiP®-Technologie aufgebaut. Neben der SKiiP®-Reihe sind dies auch alle SKiM, MiniSKiiP, SEMITOP und die meisten SEMIPONT.

2.5.1.5 Montage- und Anschlusstechnik

Heutige Leistungsmodule besitzen zumeist Gehäuse mit Schraub-, Steck-, Lötanschlüssen oder Federkontakten (Bild 2.5.4).

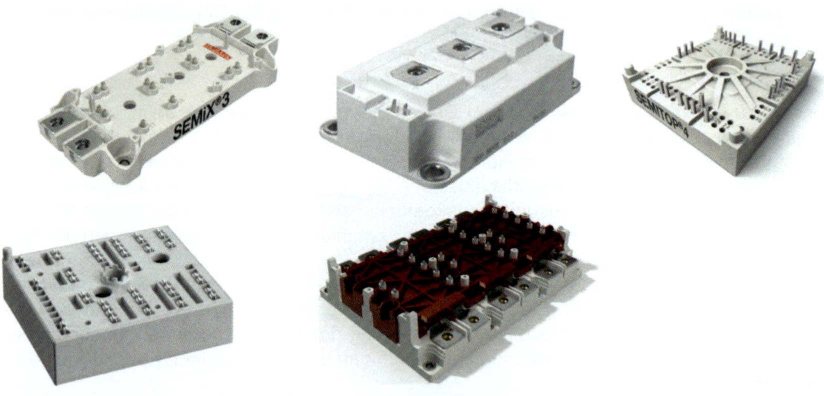

Bild 2.5.4 Bauformen von Transistormodulen (Auswahl)

Am weitgehendsten standardisiert sind die Modultypen mit schraubbaren Leistungsterminals. Die Hauptanschlüsse können durch Stromschienen oder Sandwichaufbauten kontaktiert werden. Für Steuer- und Sense-Anschlüsse (z.B. Steuer-Emitter, Sense-Kollektor) sind oft gesonderte Terminals vorgesehen, um die Beeinflussung dieser Stromkreise durch induktive Spannungsabfälle im Hauptstromkreis zu minimieren, die während des Schaltens entstehen. Die Hilfsterminals werden meist als 2,8 mm-Flachsteckanschlüsse für Drahtverbindungen oder mit Federn zur direkten Leiterplattenmontage von Treiberschaltungen ausgeführt.

Für Ströme bis etwa 100 A haben Bauelemente für die direkte Leiterplattenmontage eine hohe Bedeutung, da diese in der Fertigung und bei automatischer Bestückung Kostenvorteile ermöglichen. Optimierte Anschlusslayouts ermöglichen induktivitätsarme Aufbauten. Als Anschlüsse werden Lötstifte (z.B. SEMITOP, ECONOPACK), Pressstifte oder Federkontakte (z.B. MiniSKiiP) verwendet. Die Stromtragfähigkeit für hohe Lastströme wird durch Parallelschaltung mehrerer Anschlüsse realisiert. Problematisch sind die (bei großen Strömen) hohen notwendigen Leiterbahnquerschnitte und die Realisierung möglichst langer Kriechwege auf der Leiterplatte. Dadurch sind sowohl in der Leistung als auch für die Einsatzspannungen nach oben Grenzen gesetzt.

Besonderheiten von Federkontakten

MiniSKiiP®	
SEMiX®	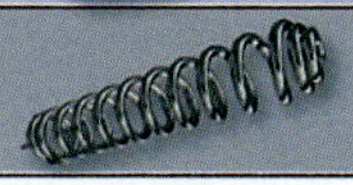

Bild 2.5.5 Federformen für Haupt- und Hilfskontakte

Federkontakte bieten bei der Leiterplattenmontage einige Vorteile gegenüber Löt- und Pressfitkontakten:

- bessere Auslastung der Leiterplattenfläche und einfacheres Routen, da keine „Via's" benötigt werden
- einfachere leicht zu automatisierende Montage, da keine großflächigen, toleranzbehafteten Bauelemente in Löcher eingepasst werden müssen
- Montage des (schweren und teuren) Leistungshalbleiters und Kühlkörpers nach Lötung und Vorprüfung der Leiterplatte
- höhere Temperaturwechselfestigkeit durch frei bewegliche Kontakte
- höhere Beständigkeit gegen Schock und Vibrationsbeanspruchung (keine Lotermüdung)
- quasi hermetisch abgeschlossener Kontakt ist resistent gegen Korrosion
- keine Elektromigration

Mechanische Eigenfrequenzen: Das Gewicht der Federn ist so gering, dass die Eigenfrequenzen (> 1 kHz) weit oberhalb der in „schweren" Leistungsmodulen auftretenden mechanischen Schwingungen liegen.

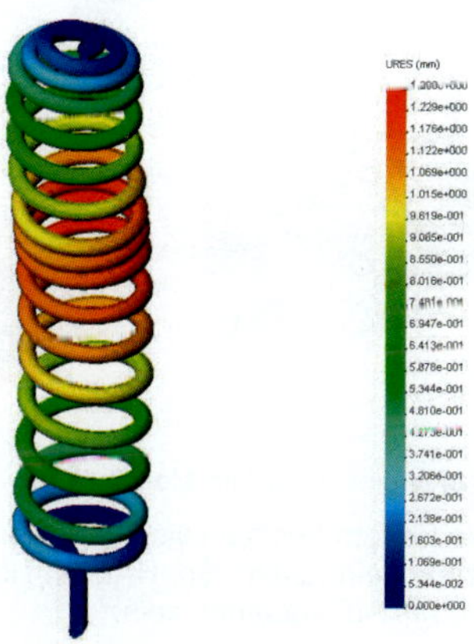

Bild 2.5.6 Eigenfrequenzanalyse einer ungespannten Feder mit einer Resonanzfrequenz in Z-Richtung von 1,1 kHz

Kontaktkraft: Die Anpresskraft der Federn liegt bei 2...10 kN/cm². Dies garantiert einen sicheren Kontakt auch bei Schockbeanspruchungen bis 100 G (SKiM63/93). Sie liegt damit im Bereich einer Schraubverbindung und ist deutlich höher als bei einem Steckkontakt.

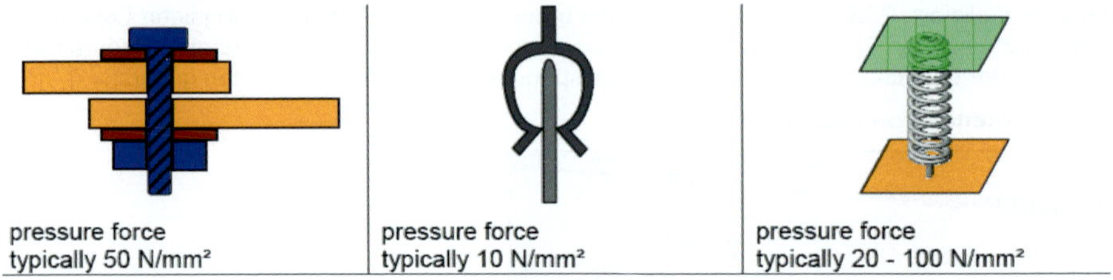

Bild 2.5.7 Vergleich der Anpresskraft verschiedener lösbarer elektrischer Verbindungen (von links nach rechts: Schraub-, Stecker-, Federkontakt)

Induktivitäten: Die Induktivitäten der MiniSKiiP-Feder (Bild 2.5.5) ist nur unbedeutend höher als die eines Lötstiftes. Die Spiralfedern, wie sie im Ansteuerkreis von SEMiX, SKiM und SKiiP verwendet werden, weisen dagegen eine höhere Induktivität auf. Sie liegt im Bereich von 100 nH.

$$L = \mu \cdot n^2 \cdot \frac{\pi \cdot D}{4\sqrt{l^2 + D^2}} = 112\,nH$$

$\mu = \mu_0 = 1{,}26\ \mu H/m$;
$l = 10$ mm (Länge, gedrückt);
$D = 2$ mm (innerer Durchmesser);
$n = 17$ (Anzahl Windungen);

Dies ist vergleichbar zu 10 cm langen Anschlussdrähten, wie sie bei Modulen mit Steckkontakten für die Hilfsanschlüsse ebenfalls üblich sind. Wenn die Treiberplatine direkt über die Spiralfedern kontaktiert wird, ist die Gesamtinduktivität aus innerer und äußerer Induktivität im Ansteuerkreis sogar deutlich niedriger als die drahtkontaktierte Anbindung von Standardmodulen.

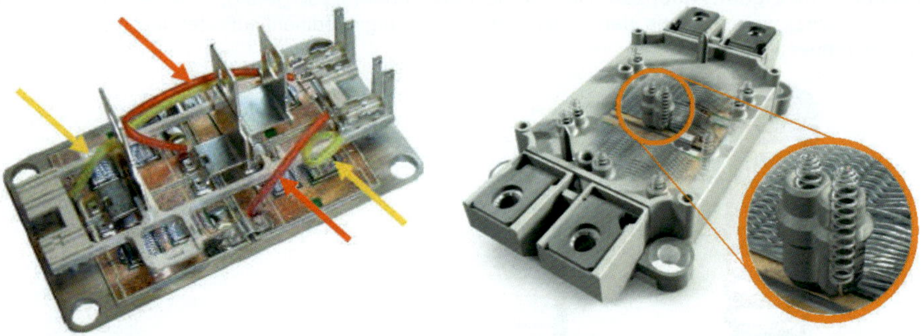

a) b)

Bild 2.5.8 Ansteueranschlüsse eines SEMITRANS Moduls (a) und eines SEMiX Moduls (b)

Anforderungen an Kontaktfläche (Landing Pad): Die Federn besitzen eine versilberte Oberfläche, die Kontaktflächen der Leiterplatten müssen verzinnt sein (chem. Sn, HAL-Sn Hot Air Leveling) oder mit einem Nickel/Gold-Flash (> 3 µm Ni, > 20 nm Au) versehen sein.

2.5.1.6 Module mit oder ohne Bodenplatte

Vergleiche mit unexakten Vergleichsbedingungen (z.B. [33]) vergleichen beide Technologien, indem als Ausgangsbasis ein Bodenplattenmodul untersucht wird und im Vergleich dazu einfach die Bodenplatte entfernt wird. Beide Aufbauvarianten müssen natürlich unter vollkommen unterschiedlichen Gesichtspunkten konstruiert werden. Semikron bietet beide Technologien an, da es für beide Technologien Vor- und Nachteile gibt.

Bodenplatte

Solche Module zeichnen sich durch den Einsatz weniger großer Chips mit einer guten Wärmespreizung durch die Bodenplatte aus.

Vorteile:
- mechanisch robuster bei Transport und Montage,
- größere thermische Masse, niedrigere thermische Impedanz im Bereich um 1 s

Nachteile der Module mit gelöteten und gebondeten Chips (IGBT-Module):
- größerer thermischer Widerstand Chip – Kühlkörper $R_{th(j-s)}$, da die Biegung der Bodenplatte eine dickere Wärmeleitpastenschicht erfordert
- geringere Langsam-Lastwechselfähigkeit, da die großflächige Bodenplattenlötung anfällig gegen Temperaturwechsel ist
- erhöhte interne Anschlusswiderstände ($r_{cc'-ee'}$), da aus thermo-mechanischen Gründen ein Aufbau mit kleinen Keramiksubstraten erfolgt, die zusätzliche interne Verbinder erfordern
- größeres Gewicht

Ohne Bodenplatte

Solche Module nutzen kleinere Chips und erreichen eine Wärmespreizung auf dem Kühlkörper durch besser verteilte Wärmequellen.

Vorteile:
- niedriger thermischer Widerstand durch Weglassen von Schichten und ebenmäßigen Kontakt zum Kühlkörper und dünnere Wärmeleitpastendicken
- höhere Temperaturwechselfestigkeit, da keine Lotermüdung der Bodenplattenlötung auftreten kann
- kleinere Chips, dadurch geringerer Temperaturgradient über dem Chip, bedeutet geringere Maximaltemperatur und weniger Stress unter Lastwechselbedingungen
- wenige, große Keramiksubstrate mit niedrigerem Anschlusswiderstand

Nachteile:
- fehlender Wärmespeicher
- Begrenzung der verarbeitbaren Chipgröße, dadurch mehr Parallelschaltungen
- höhere Anforderungen an Wärmeleitpastenauftrag

Die Eliminierung des thermo-mechanischen Stresses zwischen Bodenplatte und Keramik ermöglicht es, für bodenplattenlose Module sehr große Keramiksubstrate einzusetzen, anstatt mehrere kleine Substrate, auf eine gemeinsame Grundpatte gelötet, durch zusätzliche Verbindungselemente zusammen zu schalten (Bild 2.5.9).

Bild 2.5.9 Großes DCB-Substrat (115 mm x 80 mm), bestückt mit den Chips einer 350 A / 1200 V IGBT-Drehstrombrücke und Anschlusswinkeln

Von Bedeutung ist auch, dass die Keramiksubstrate nicht völlig starr sind, sondern sich etwas biegen lassen, ohne zu zerbrechen. Dadurch passen sich die Substrate unter Druck auch an nicht ideal ebene Kühlkörper gut an. Entscheidend ist, dass das Isoliersubstrat nicht nur in den Ecken, sondern an möglichst vielen Stellen, zum Beispiel zentral und längs des Umfanges, aber auch neben oder zwischen den Chips an den Kühlkörper gepresst wird. Dadurch ist eine gute Anpassung der DCB an die Oberfläche des Kühlkörpers sicher gestellt. Die Dicke der den thermischen Kontakt zum Kühlkörper vermittelnden Wärmeleitpaste kann daher viel geringer gewählt werden (etwa 20...30 µm) als bei konventionellen Modulen, die nur an den Ecken oder den Schmalseiten durch Schrauben an den Kühlkörper gepresst werden. Bei diesen Standardmodulen muss die Dicke der Wärmeleitpaste 70 µm bis 120 µm betragen, um Luftblasen zwischen den nie ideal ebenen Oberflächen von Modul und Kühlkörper zu vermeiden. Die deutlich dünnere Wärmeleitpaste führt zu einem kleineren statischen thermischen Widerstand von SKiiP®-Aufbauten verglichen mit Standardmodulen. Der transiente Widerstand von SKiiP®-Modulen ist allerdings im Zeitbereich von 0,1 s bis 1 s geringfügig höher.

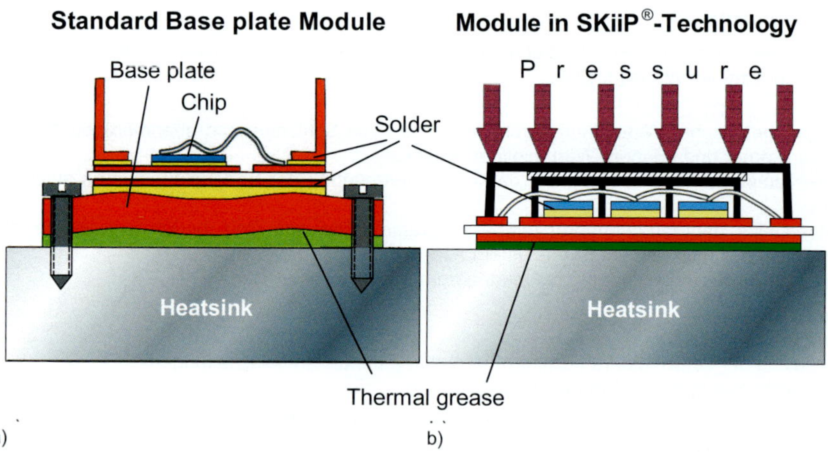

Bild 2.5.10 Durchbiegung der Bodenplatte und Erfordernis an Wärmeleitpastendicke bei einem konventionellen Modul (a) und bei einem Modul in SKiiP®-Technologie (b)

2.5.2 Aufgaben und Eigenschaften

2.5.2.1 Isolation

Bei Bauelementen mit elektrischer Isolation zwischen den stromführenden Teilen und der Bodenplatte (Halbleitermodulen) werden als isolierende Materialien Kunststoffe, für höhere Leistungen Isolatoren auf Keramikbasis eingesetzt. Kunststoffe, in der Regel dünne Schichten aus Polyimid oder Epoxid, haben einen wesentlich höheren thermischen Widerstand als Keramikisolatoren. Ein Beispiel für Kunststoffisolation sind die IMS-Substrate (**I**nsulated **M**etal **S**ubstrates, Bild 2.5.11). Vor allem im low cost/low power-Bereich wird IMS angewendet, bei der sich das Isoliermaterial direkt auf der Bodenplatte befindet. Die oberseitige Kupferschicht wird als Folie aufgeklebt und mittels Ätzung strukturiert. Vorteile der IMS-Technologie sind geringe Kosten, die feine Strukturierbarkeit der Leiterbahnen (Integrationsmöglichkeit für Ansteuer- und Schutzeinrichtungen) und eine hohe mechanische Robustheit des Substrates.

Die sehr dünne Isolation hat jedoch den Nachteil vergleichsweise hoher Koppelkapazitäten zur Montagefläche. Weiterhin ermöglicht die sehr dünne oberseitige Kupferschicht nur eine vergleichsweise geringe Wärmespreizung. Diese kann durch zusätzliche metallische Wärmespreizschichten unter den Chips oder eine mit Al-Partikeln versetzte Isolierschicht unterstützt werden.

Bei den keramischen Isolatoren dominieren die DCB-Substrate (**D**irect **C**opper **B**onding). Bei diesen besteht der Isolator meist aus Aluminiumdioxid Al_2O_3, die beidseitigen Metallschichten aus Kupfer. Die Verbindung von Metall und Keramik erfolgt bei Temperaturen von knapp über 1063°C durch ein dünnflüssiges Kupfer-Kupferoxid Eutektikum. Nahezu gleichwertig zu DCB-Substraten sind AMB-Keramiken (**A**ctive **M**etal **B**razing, Aktivlöten), bei denen Kupfer- oder Aluminiumfolien mittels eines titanhaltigen Hartlotes auf die Aluminiumoxid- oder Aluminiumnitrid(AlN)-Keramik gelötet werden. Die oberseitige Kupferschicht ist in die für die Modulverschaltung notwendigen Leiterbahnen strukturiert. Unterseitig wird die DCB-Keramik dann entweder mit der Modul-Bodenplatte verlötet oder mittels geeigneter Gehäusekonstruktionen direkt auf die Kühlkörperoberfläche gepresst.

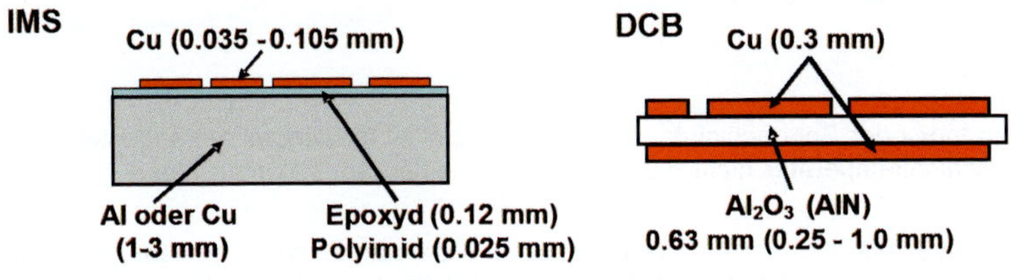

a) b)

Bild 2.5.11 Vergleich des Aufbaus von IMS (a) und DCB (b)

Vorteil der Keramiksubstrate ist, dass ihre thermischen Ausdehnungskoeffizienten sehr nahe an dem von Silizium liegen. Im Gegensatz dazu wird die Ausdehnung von IMS vom Material der Grundplatte (Kupfer oder Aluminium) bestimmt, was bei Temperaturänderung zu einer hohen Spannung zwischen Substrat und aufgelötetem Siliziumchip führt (Kap. 2.7). Mit dem Vordringen der IGBT-Module in immer höhere Spannungsbereiche verschärfen sich die Forderungen hinsichtlich hoher Isolationsspannungen und großer Teilentladungsfestigkeit. Die Isolations- und Teilentladungsfestigkeit ist von Dicke, Material und Homogenität der Bodenisolation, vom Gehäuse- und Füllmaterial und ggf. auch von der Chipanordnung abhängig. Heutige Transistormodule haben Isolationsprüfspannungen zwischen 2,5 kV_{eff} und 9 kV_{eff}, die in der Fertigung an jedem Modul nachgewiesen werden.

Bild 2.5.12 zeigt die mit den heute eingeführten Standard-Substratdicken d maximal erreichbaren Isolationsspannungen unterschiedlicher Isoliersubstrate.

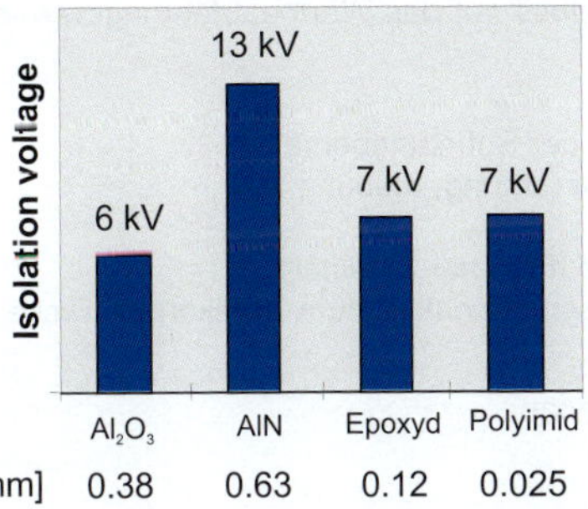

Bild 2.5.12 Isolationsspannungen unterschiedlicher Isoliersubstrate

2.5.2.2 Wärmeabführung und Thermischer Widerstand

Um die theoretische Stromtragfähigkeit der Chips möglichst weitgehend ausnutzen zu können, muss die entstehende Verlustleistung optimal durch die Verbindungsschichten und bei Modulen zusätzlich durch die Isolation zur Kühlfläche geleitet werden. Die Qualität der Abführung der während des Durchlass- und Sperrzustandes sowie beim Schalten entstehenden Verlustwärme P_{tot} äußert sich in einer möglichst geringen Temperaturdifferenz

$$\Delta T_{j\text{-}s} = T_j - T_s$$

zwischen Chip (Chiptemperatur T_j) und Kühlkörper (Kühlkörpertemperatur T_s). Sie wird als thermischer Widerstand $R_{th(j\text{-}s)}$ (stationär) oder thermische Impedanz $Z_{th(j\text{-}s)}$ (transient) quantifiziert.

$$R_{th(j-s)} = \frac{T_j - T_s}{P_v}$$

Früher wurde dem Index der Sperrschichttemperatur noch ein "v" für „virtuell" vorangestellt (T_{vj}), da es „die" Sperrschichttemperatur nicht gibt, sondern nur einen äquivalenten Mess- oder Rechenwert.

Für Module mit Bodenplatte wird der äußere thermische Widerstands- bzw. Impedanzanteil als $R_{th(c\text{-}s)}$ bzw. $Z_{th(c\text{-}s)}$ (Bodenplatte-Kühlkörper) getrennt vom „inneren" Anteil $R_{th(j\text{-}c)}$ bzw. $Z_{th(j\text{-}c)}$ (Chip-Bodenplatte) angegeben:

$$R_{th(j\text{-}s)} = R_{th(j\text{-}c)} + R_{th(c\text{-}s)}$$
$$Z_{th(j\text{-}s)} = Z_{th(j\text{-}c)} + Z_{th(c\text{-}s)}$$

Für Module ohne Bodenplatte ist die getrennte messtechnische Bestimmung der Anteile nicht möglich, ohne das thermische System massiv zu stören. Deshalb wird für diese Bauelemente nur der Gesamtwiderstand zwischen Chip und Kühlkörper angegeben. Bauelemente im kleinen Leistungsbereich werden auch mit Bezug auf die Umgebungstemperatur spezifiziert. Bild 2.5.13 zeigt den schematischen Aufbau eines Moduls mit Bodenplatte. Aus der Bemessungsgleichung des thermischen Widerstands:

$$R_{th} = \frac{d}{\lambda \cdot A}$$

(d = Materialstärke, λ = Wärmeleitfähigkeit, A = durchströmte Fläche)

lässt sich ableiten, welche modulinternen Größen Einfluss auf das Wärmeabführungsvermögen bzw. auf $R_{th(j\text{-}s)}$ und $Z_{th(j\text{-}s)}$ haben.

- Chip (Fläche, Dicke, Geometrie und Anordnung)
- DCB-Substrataufbau (Material, Dicke, Strukturierung der Substratoberseite)
- Material und Qualität der Verbindungen Chip-Substrat (Lötung, Klebung, ...)
- Existenz einer Bodenplatte (Material, Geometrie)
- Rückseitenlötung des Substrates auf der Bodenplatte (Material, Qualität)
- Montage des Moduls (Oberflächenqualitäten/thermischer Kontakt zum Kühlkörper, Dicke und Qualität der Wärmeleitpaste oder -folie.

Zusammen mit der Gleichung für die thermische Kapazität:

$$C_{th} = s \cdot V$$

können aus der Geometrie die Elemente der thermischen Ersatzschaltung Schicht für Schicht berechnet werden (s = Wärmespeicherzahl, V = Volumen). Bei der Berechnung der Flächen und Volumen ist die Wärmespreizung zu berücksichtigen. Entgegen wirkt in komplexen Leistungsmodulen noch die gegenseitige Erwärmung der Chips (thermische Verkopplung). Meist liegt der theoretisch berechnete thermische Widerstand unter dem gemessenen Wert. Ursache sind neben Unsicherheiten bei Wärmespreizung und -kopplung auch Störstellen an den Grenzschichten, die bei dieser Modellierung nicht berücksichtigt sind. Daher ist diese Art der Modellierung für komplexe leistungselektronische Systeme eher ungeeignet. Üblicherweise werden die berechneten R_{th} mit einem Wichtungsfaktor an den gemessenen Gesamtwert des R_{th} angepasst.

Material	Wärmeleitfähigkeit λ [W/m*K]	Wärmespeicherzahl s [kJ/m³*K]	Thermischer Ausdehnungskoeffizient α [10^{-6}/K]
Silizium	148	1650	4,1
Kupfer	394	3400	17,5
Aluminium	230	2480	22,5
Silber	407	2450	19
Molybdän	145	2575	5
Lote	~70	1670	15 – 30
Al_2O_3-DCB	24	3025	8,3
AlN-DCB, AlN-AMB	180	2435	5,7
AlSiC (75% SiC)	180	2223	7

Tabelle 2.5.4 Wärmeleitfähigkeit, Wärmespeicherzahl und thermischer Ausdehnungskoeffizient von Materialien, die in der Aufbau- und Verbindungstechnik häufig eingesetzt werden

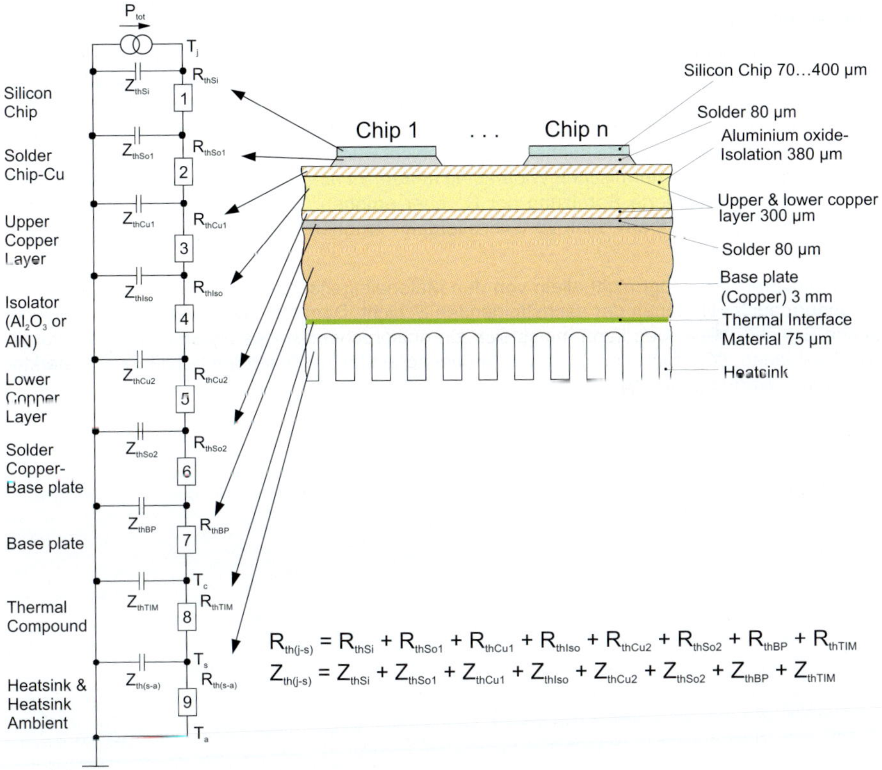

Bild 2.5.13 Prinzipieller Aufbau eines Leistungshalbleitermoduls und physikalische Modellierung der thermisch relevanten Schichten

Gemeinsam mit den Kühl- und Umgebungsbedingungen bestimmt der $R_{th(j-s)}$ die höchstzulässigen Modulverluste. Die Entwicklung der Leistungshalbleitermodule ist daher auch immer mit der Reduzierung der Anzahl der Schichten, Reduzierung der Dicken (0,63 mm → 0,38 mm Keramik) und dem Einsatz besser wärmeleitfähiger Materialen (AlN, Graphit) verbunden. Dieser Entwicklung sind durch Isolationsspannung und mechanische Festigkeit jedoch physikalische Grenzen gesetzt.

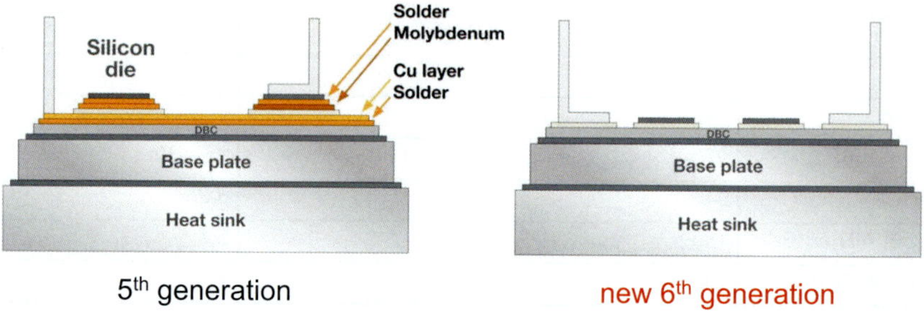

Bild 2.5.14 Entwicklung der Semipack Gleichrichterbrücken: Reduktion des thermischen Widerstandes durch Weglassen von Schichten

Wärmespreizung

Bild 2.5.15 zeigt einen berechneten Temperaturverlauf in den einzelnen Schichten eines bodenplattenlosen Moduls bei ungestörter Wärmespreizung. Berücksichtigt ist hierbei die Wärmeleitfähigkeit der einzelnen Schichten und die vom Wärmefluss durchströmte Fläche. Ein Vergrößerung der Fläche durch bessere Wärmespreizung reduziert folglich den thermischen Widerstand der nachfolgenden Schicht. Eine dünnere Kupferschicht würde in einem eindimensionalen Modell zwar zu einem kleineren thermischen Widerstand führen, im realen dreidimensionalen Raum würde sich durch die reduzierte Spreizung der R_{th} eher erhöhen. Dickere Metallschichten bei den DCB-Substraten bringen thermische Vorteile, allerdings erhöhen sie die thermischen Spannungen innerhalb der Substrate.

Die Wärmespreizung hängt nicht allein von den Materialeigenschaften der betreffenden Schicht ab, sondern auch von denen der nächstfolgenden Schicht. Damit der Wärmestrom eine schlecht leitende Schicht überwinden kann, muss sich ein entsprechend hohes Potential (Temperaturdifferenz) aufbauen. Dies führt dann in einer darüber liegenden gut leitenden Schicht zu verstärkter Querleitung (Wärmespreizung).

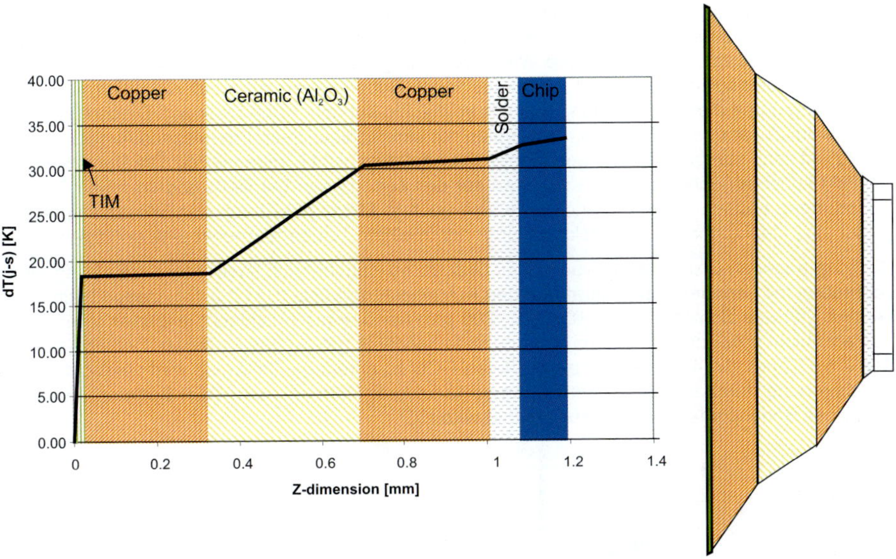

a) b)

Bild 2.5.15 Schichtaufbau mit Wärmespreizung (b) und typisches Temperaturprofil (a) bei einem Modul ohne Bodenplatte (0,38 mm Al_2O_3-Keramik, 25 µm-Wärmeleitpaste TIM)

Eine Verringerung des thermischen Widerstands könnte durch besonders gut querleitende Materialien erreicht werden. Lösungen wie „Silicon on Diamond SOD“ werden wohl auch zukünftig Nischenmärkten vorbehalten bleiben [34].

Anteile der Schichten im Aufbau am thermischen Widerstand

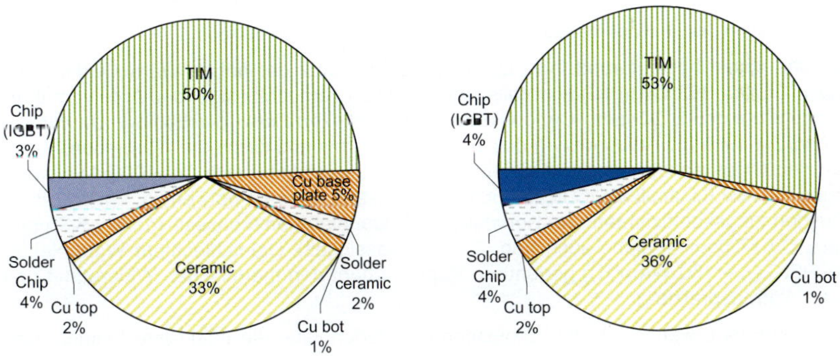

a) b)

Bild 2.5.16 Einflussgrößen auf den inneren thermischen Widerstand eines 1200 V-Leistungsmodules, Chipfläche 9 mm x 9 mm: a) für DCB-Substrate (Al_2O_3) auf Cu-Bodenplatte, 100 µm WLP; b) für DCB-Substrate (Al_2O_3) ohne Cu-Bodenplatte, 25 µm WLP

Bild 2.5.16 verdeutlicht zunächst die Anteile der o.g. Einflussgrößen an $R_{th(j-s)}$ für die im Kap. 2.5.4 beschriebenen und heute am weitesten verbreiteten Modulaufbauten mit Al_2O_3-Direct-Copper-Bonding (DCB)-Substraten mit und ohne Cu-Bodenplatte.

Den höchsten Anteil (ca. 50%) am thermischen Widerstand vom Chip zum Kühlkörper hat in beiden Fällen die Wärmeleitpaste (TIM – **t**hermal **i**nterface **m**aterial). Dies ist zunächst verwunderlich, da die Bodenplatte eine bessere Wärmespreizung und damit einen geringeren Einfluss der Wärmeleitpastenschicht verspricht. Allerdings liegen Bodenplatten aufgrund von unvermeidbarer Verbiegung durch die Keramiklötung niemals vollflächig auf dem Kühlkörper auf. Diesen Bimetall-Effekt beim Zusammenlöten zweier Materialen mit unterschiedlichem thermischen Ausdehnungskoeffizient kann man auch mit vorgebogenen Grundplatten nicht kompensieren. Die Durchbiegung ist nicht konstant, sondern ändert sich im Lauf der Zeit, da das Lot fließt und so einen Teil der Spannungen abbaut. Weiterhin ändert sie sich auch in Abhängigkeit von der Einsatztemperatur, selbst eine ideal geformte Bodenplatte würde nur in einem Temperaturpunkt glatt aufliegen.

Die so gebogenen Grundplatten werden nur über die im Randbereich angeordneten Befestigungsschrauben mit geringer Anpresskraft auf den Kühlkörper gedrückt (Bild 2.5.18). Dadurch sind wesentlich stärkere Schichten (typ. 100 µm...200 µm) der thermisch schlecht leitenden Wärmeleitpastenschicht notwendig [35]. Dies wird um so kritischer je größer das Modul ist. Deutlich sind im Bild 2.5.17 auch die 4 Nester der aufgelöteten DCB zu erkennen. Teilweise wird versucht, diese Durchbiegung durch geteilte Bodenplatten zu reduzieren, indem jedem DCB-Segment auch ein separates Bodenplattensegment zugeordnet wird [36].

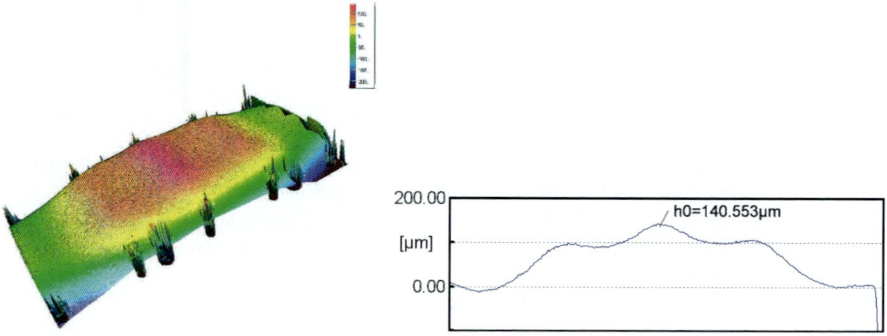

Bild 2.5.17 Vermessung der Bodenplatte eines PrimPack FF650R17IE4 von Infineon

Die Bodenplatte selbst hat aufgrund ihrer Dicke (2...5 mm) trotz der hohen Wärmeleitfähigkeit des Materials (Cu: λ = 393 W/(m*K)) ebenfalls einen nicht zu vernachlässigenden Anteil am thermischen Modulwiderstand. Dünnere Bodenplatten senken diesen Anteil nur bedingt, da mit der Bodenplattendicke auch die Aufspreizung des Temperaturfeldes und damit die Wärmedurchtrittsfläche unter den Chips abnehmen. In Modulen im oberen Leistungsbereich (>= 1000 A) werden in Verbindung mit AlN Keramik AlSiC Bodenplatten eingesetzt. Dies ist notwendig, um den thermischen Ausdehnungskoeffizienten von Keramik und Bodenplatte anzupassen (α: AlN 5,7 ppm, AlSiC 7 ppm, Cu 17 ppm $\rightarrow$ siehe auch Kap. 2.7 Zuverlässigkeit). Die schlechtere Wärmeleitfähigkeit von AlSiC (λ = 180 W/(m*K)) gegenüber Kupfer erhöht den thermischen Widerstand und verringert die Wärmespreizung.

Wie bereits mehrfach erwähnt, ist das Weglassen der Bodenplatte die effektivste Lösung, den thermo-mechanischen Stress zwischen Bodenplatte und Keramik und die Durchbiegung zu beseitigen. Das Fehlen der Wärmespreizung im Cu wird teilweise durch die wegfallenden thermischen Widerstände von Bodenplatte und Rückseitenlötung kompensiert. Viel wesentlicher ist aber, dass in derartigen Aufbauten ein dichteres Aufliegen der Chips auf dem Kühlkörper erreichbar ist. Dies erlaubt eine drastische Reduzierung der Wärmeleitpastenschicht auf 20...30 µm. Dazu wird die DCB durch Druckelemente an vielen Punkten chipnah an den Kühlkörper angedrückt.

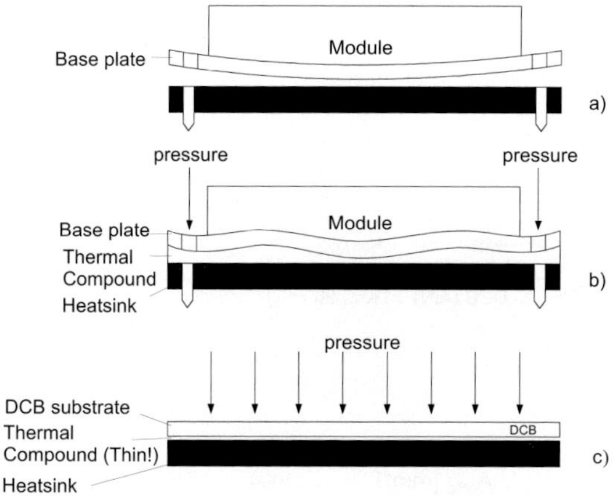

Bild 2.5.18 Auflageproblem von Leistungsmodulen auf dem Kühlkörper
a) Modul mit Bodenplatte vor Montage (Bodenplatte konvex vorgespannt)
b) Modul mit Bodenplatte nach Montage (stark übertriebene Darstellung!)
c) DCB-Modul ohne Bodenplatte (z.B. SEMITOP, SKiiP, MiniSKiiP)

Den höchsten Anteil am inneren thermischen Widerstand besitzt die Modulisolation. Eine externe Isolation mittels Folien o.Ä. als Alternativlösung wäre jedoch noch wesentlich schlechter. Gegen-über dem heute standardmäßig eingesetzten Al_2O_3 mit 96 %iger Reinheit (Wärmeleitfähigkeit λ = 24 W/(m*K)) sind Verbesserungen hier z.B. durch hochreines Al_2O_3 (λ = 28 W/(m*K)) oder Aluminiumnitrid (AlN, λ = 180...200 W/(m*K)) erreichbar. Durch die deutlich höhere Wärmeleitfähigkeit von AlN ist der thermische Widerstand der Module deutlich geringer, die zulässigen Stromstärken daher höher. Allerdings sind die Kosten ebenfalls höher. Dem Einsatz von besser wärmeleitenden Materialien stehen oft Kostengründe entgegen. Deshalb wird das AlN vor allem für Module mit hohen Isolationsspannungen (dickere Isolierkeramik) eingesetzt, da hier erhöhte Isolationsfestigkeit und Wärmeleitfähigkeit gleichzeitig ausgenutzt werden können.

Ein paar Prozent zum thermischen Widerstand tragen die Lotverbindungen Chip-Substrat und (wenn vorhanden) Substrat-Bodenplatte bei. Ein Verzicht auf die Bodenplatte oder der Ersatz dieser Schichten durch eine dünnere und thermisch besser leitfähige Silber-Sinterschicht kann diesen Anteil noch halbieren. Der Anteil der metallischen Substratflächen hängt wesentlich von der Strukturierung der oberen Kupferfläche ab, die als Chipträger und modulinternes, elektrisches Verbindungssystem genutzt wird. Während der Wärmefluss in der kühlkörperseitigen Cu-Substratschicht lateral praktisch ungehindert erfolgen kann, begrenzen die geometrischen Abmessungen der Kupferflächen unter den Chips die Wärmespreizung. So wurde in [37] ermittelt, dass für einen 42mm² Chip auf einer Al_2O_3-DCB-Keramik der $R_{th(j-c)}$ um etwa 15 % steigt, wenn die Kupferfläche gleich der Chipfläche ist im Vergleich zu einem Fall mit ungestörter Wärmespreizung.

Der Anteil der Siliziumchips am thermischen Widerstand nimmt mit der Chipdicke zu, die durch Vorwärtssperrspannung und Chiptechnologie vorgegeben ist. Weiterhin bestimmt die Größe der Chipflächen die Wärmedurchtrittsflächen zwischen Chip und Bodenplatte bzw. Kühlkörper.

Chipgrößen-Effekte

Gemäß der Gleichung für den thermischen Widerstand müsste der R_{th} linear umgekehrt proportional zur Fläche sinken. Im realen Aufbau wird über das Anwachsen des Verhältnisses Chipfläche/Chipumfang die relative Temperaturspreizung geringer. Teilt man einen 9 mm x 9 mm großen Chip in 9 Segmente, hat das innere Segment mit 3 mm x 3 mm Kantenlänge keinen Raum zur Wärmespreizung. Dieser Effekt führt zu der in Bild 2.5.19 dargestellten Abhängigkeit des thermischen Widerstandes $R_{th(j-c)}$ von der Chipfläche A_{Chip}.

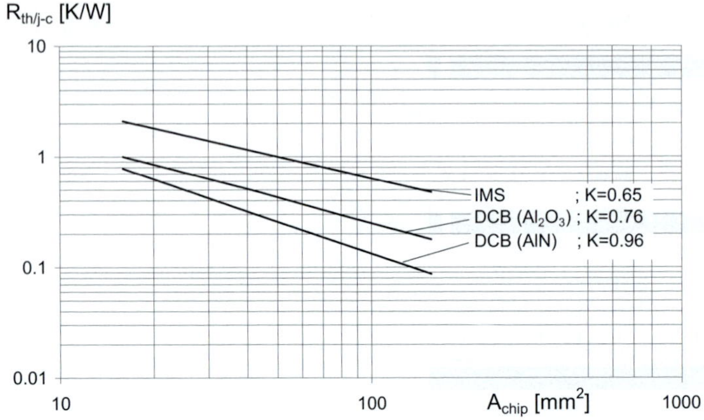

Bild 2.5.19 Abhängigkeit des thermischen Widerstandes $R_{th(j-c)}$ von der Chipfläche A_{Chip} [37]

Bei einer hohen Wärmeleitfähigkeit des Substrates (z.B. AlN-DCB) ist dieser Effekt geringer. Je schlechter die Wärmeleitfähigkeit der Keramik ist, um so nichtlinearer wird die $R_{th(j-c)}$-Abhängigkeit. Dieser Zusammenhang gilt ebenfalls für den Einfluss der Modulmontage auf den Kühlkörper, die mittels Wärmeleitpasten oder -folien erfolgt. Die mit λ = 0,8 W/m*K (Beispiel Wacker P12) relativ schlechte Wärmeleitung dieser Schicht verursacht den thermischen Übergangswiderstand $R_{th(c-s)}$ zwischen Modulboden und Kühlkörper. Außer mit der Dicke d der Wärmeleitpasten-Schicht wächst deshalb der relative Anteil von $R_{th(c-s)}$ am thermischen Übergangswiderstand $R_{th(j-s)}$ zwischen Chip und Kühlkörper auch bei Vergrößerung der Chipfläche.

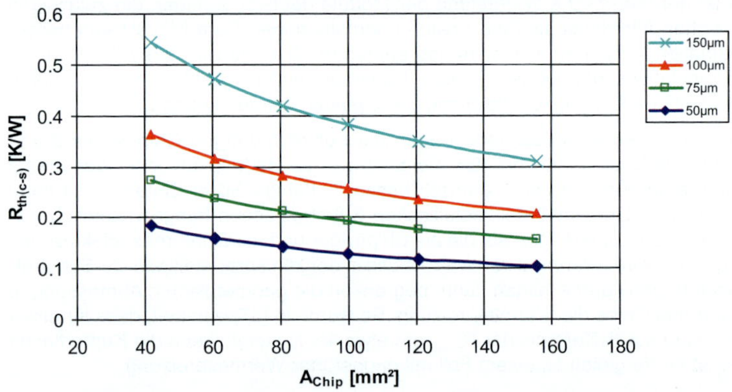

Bild 2.5.20 Auf den Einzelchip bezogener $R_{th(c-s)}$ eines Bodenplattenmoduls in Abhängigkeit der Chipfläche und der Wärmeleitpastendicke bei ungestörter Wärmespreizung

Durch den Effekt der Wärmespreizung reduziert eine Verdopplung der Chipfläche den thermischen Widerstand nur um 25% (100 µm: 120 mm² = 0,235 K/W; 60 mm² = 0,315 K/W), nach der Dimensionierungsgleichung des R_{th} wäre eine Halbierung zu erwarten. Bild 2.5.20 verdeutlicht zum einen den großen Einfluss einer optimierten Montagetechnologie (dünne Wärmeleitpasten-Schicht) auf die thermischen Eigenschaften. Zum anderen zeigt sich, dass auch dem Einsatz größerer Chips zur Leistungssteigerung thermische Grenzen gesetzt sind. Die derzeit maximal in Leistungsmodulen eingesetzten Chipgrößen liegen deshalb etwa zwischen 30 mm² (IMS) und 150 mm² (Al_2O_3-DCB). Das Erreichen höherer Leistungen muss durch Dezentralisierung der Wärmequellen (Parallelschaltung möglichst vieler Chips) erfolgen.

Wärmekopplung

Aufgrund der im Interesse geometrisch kleiner Module angestrebten engen Anordnung von Transistor- und Diodenchips muss eine mehr oder weniger starke thermische Verkopplung der Chips untereinander in Kauf genommen werden. Nach Berechnungen in [37] ist mit einer Erhöhung der Chiptemperatur durch Verkopplung der Wärmeströme z.B. auf einer Al_2O_3-DCB-Keramik immer dann zu rechnen, wenn für den Chipabstand a gilt:

$$a = 0{,}6 \cdot \sqrt{A_{Ch}}$$

Für das Beispiel mit 36 mm² Chips in Bild 2.5.21 würde das etwa ab 3,6 mm gelten. Diese Aussage kann als Richtwert dienen, ist aber im Einzelfall von den wärmespreizenden Schichten im Modul abhängig.

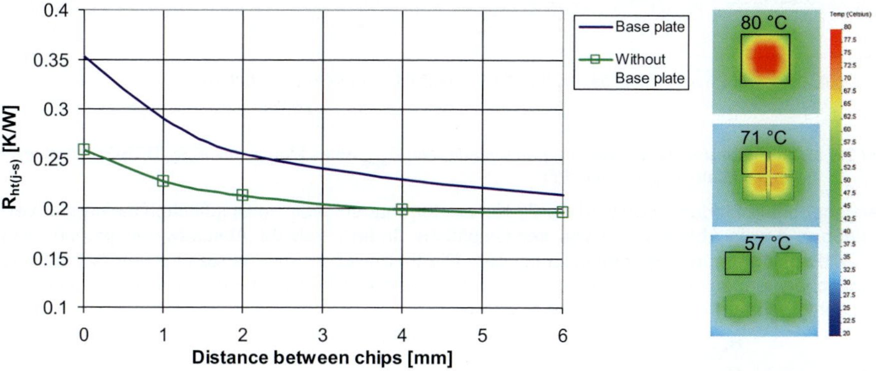

Bild 2.5.21 Thermischer Widerstand $R_{th(j-s)}$ von vier 36 mm² Chips in Abhängigkeit des Abstands zwischen den Chips; (Wärmeleitpaste: mit Bodenplatte 100 µm, ohne 25 µm), rechts Simulation der Chiptemperaturen bei gleicher Verlustleistung und Chipfläche aber zunehmendem Abstand (0 mm, 1 mm, 6 mm)

Je nach Nähe der Chips zueinander erfolgt die thermische Kopplung

- bereits auf der Oberseite der DCB-Metallisierung (z.B. voll bestückte Module mit maximalem Nennstrom der Gehäuseklasse)
- über die Bodenplatte (z.B. IGBT + Inversdiode von Standard IGBT Modulen)
- über den Kühlkörper

Thermische Impedanz

Wie bereits oben erwähnt, ist außer dem statischen auch das dynamische thermische Verhalten der Leistungsmodule von Bedeutung, das durch die thermische Impedanz Z_{th} charakterisiert ist. Bild 2.5.22 zeigt den zeitlichen Verlauf der thermischen Impedanzen $Z_{th(j-c)}$ eines Moduls mit Al_2O_3-DCB-Substrat für verschiedene Chipflächen.

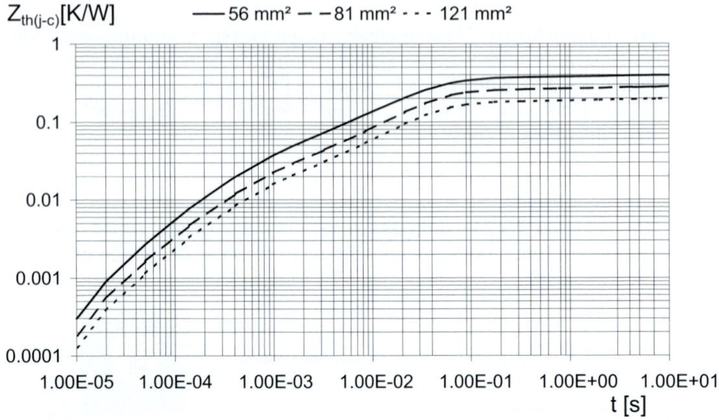

Bild 2.5.22 Zeitlicher Verlauf der thermischen Impedanzen $Z_{th(j-c)}$ eines Moduls mit Al_2O_3-DCB-Substrat für verschiedene Chipflächen [37]

Bei gegebenem Modulaufbau sind die Z_{th}-Kurven für unterschiedliche Chipflächen ineinander verschiebbar, d.h. in Abhängigkeit von der Chipfläche ändern sich die Absolutwerte, jedoch nicht die Zeitkonstanten der Exponentialfunktionen. Die thermischen Impedanzen für unterschiedliche Chipflächen können demnach wie auch die thermischen Widerstände für einen gegebenen Aufbau mit nachfolgender Beziehung berechnet werden:

$$Z_{th(j-c)2} = Z_{th(j-c)1} \cdot \frac{R_{th(j-c)2}}{R_{th(j-c)1}}$$

Die thermischen Impedanzen von Modulen mit und ohne Bodenplatte sind zunächst ähnlich, solange sich die Erwärmung noch im Chip und DCB Substrat abspielt (Bild 2.5.23). Für Zeiten > 100 ms unterscheiden sich beide im Zeitverlauf. Während das Bodenplattenmodul im Zeitbereich bis 1…2 s aufgrund der Wärmespeicherfähigkeit der Kupferplatte thermische Vorteile besitzt, hat das bodenplattenlose Modul für größere Zeiten aufgrund des geringeren R_{th} Vorteile.

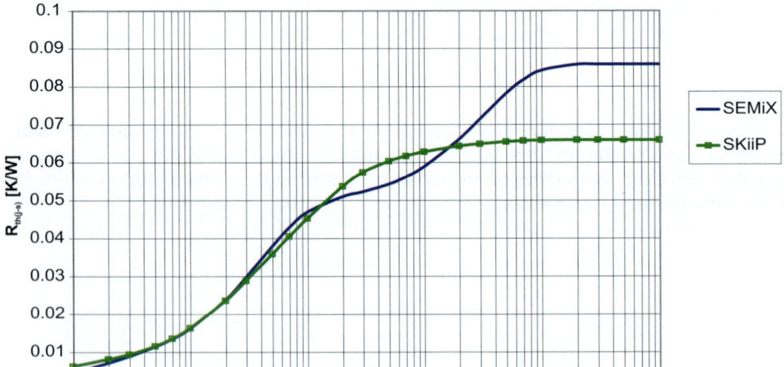

Bild 2.5.23 Vergleich der thermischen Impedanzen eines 600 A/1200 V Moduls mit Bodenplatten (SEMiX4) und ohne Bodenplatte (SKiiP4); Referenzpunkt: Bohrung im Kühlkörper 2 mm unter der Oberfläche

2.5.2.3 Lastwechselfestigkeit

Aus Lastwechseln vor allem bei intermittierendem Betrieb, wie er z.B. in Traktions-, Aufzugs- und Impulsanwendungen vorherrscht, resultiert eine Temperaturwechselbeanspruchung der modulinternen Verbindungen, d.h. der
- Bondverbindungen
- Rückseitenlötung der Chips
- Lötung DCB/Bodenplatte
- und der Substratlaminierung (Cu auf Al_2O_3 oder AlN).

Die unterschiedlichen Längenausdehnungskoeffizienten der einzelnen Schichten verursachen thermische Verspannungen während der Fertigung und im Betrieb, die letztlich zu Materialermüdung und Verschleiß führen; die Lebensdauer (Anzahl der möglichen Schaltzyklen) fällt mit steigender Amplitude der Chiptemperaturschwankung während dieser Zyklen.

Auf Ausfallmechanismen, die quantitative Abhängigkeit der Lebensdauer von der Temperatur, Strombelastung und Zeit sowie Maßnahmen zur Erhöhung der Lebensdauer soll im Kap. 2.7 eingegangen werden.

2.5.2.4 Stromzuführung der Hauptanschlüsse

Verbesserte Halbleitereigenschaften (Chip-shrink) führen zu immer höheren Nennströmen und Leistungsdichten bei gleicher Modulfläche. Besonders ältere Standard-IGBT-Gehäuse stoßen mit ihren Anschlüssen an die Grenze der Stromtragfähigkeit. Dies macht teilweise eine Limitierung des Stroms aufgrund der Erwärmung der Anschlüsse notwendig (Angabe eines $I_{t(RMS)}$ = maximaler Strom durch die Anschlüsse). Die Verluste in den Anschlüssen können über den Parameter $r_{cc'-ee'}$ berechnet werden. Sie treten zusätzlich zu den Chipverlusten auf und sind meist nicht zu vernachlässigen. So würde beispielsweise ein SEMITRANS 3 ($r_{cc'-ee'}$=0,5 mΩ) bei 400 A ca. 80 W Terminalverluste erzeugen.

$$P = {I_{rms}}^2 \cdot r_{cc'-ee'} = 400A^2 \cdot 0{,}5m\Omega = 80W$$

Besonders gering ist die Stromtragfähigkeit für hochgebondete und im Gehäuse vergossene Anschlüsse (Econopack), da hier nur eine schlechte thermische Anbindung zur DCB besteht. Ein Vorteil dieser Technologie ist die mechanische Fixierung im Gehäuse. Die Anschlüsse sind damit robuster gegen äußere Kräfte und Momente.

Gelötete Anschlusswinkel oder Lötpins haben einen direkten Kontakt zur DCB und damit eine bessere Wärmeabfuhr. Der Nachteil der gelöteten Winkel ist ein aufwendigerer Produktionsprozess („Preform löten" oder Zweitlötung mit besonderen Chipanforderungen an Lötfähigkeit). Für den Anwender macht sich eine höhere Anfälligkeit gegen mechanische und thermo-mechanische Beanspruchung negativ bemerkbar. Beispiele hierfür sind Standard-IGBT-Module im 63 mm und 34 mm Gehäuse (SEMITRANS) oder die SEMiX Familie.

Bei Federkontakten begrenzt der hohe spezifische Widerstand des Federmetalls die Stromhöhe, es sind Parallelschaltungen von Federn für höhere Ströme notwendig (z.B. MiniSKiiP mit ca. 20 A je Feder). Die Federn haben eine gute thermische und elektrische Kontaktierung durch einen praktisch hermetisch abgeschlossenen Metall/Metall-Kontakt.

Großflächige Druckkontakte wie sie in Scheibenzellen realisiert sind, stellen die ideale Kontaktierung her. Aber auch gedrückte Anschlusswinkel bieten eine hervorragende thermische und elektrische Kontaktierung durch eine Vielzahl von Druckpunkten. Sie sind verschleißfrei gegenüber thermo-mechanischer Beanspruchung. Nachteilig ist, dass äußere mechanische Kräfte vom Gehäuse aufgenommen werden müssen. Dies macht eine aufwendigere Konstruktion notwendig wie zum Beispiel im SKiiP oder SKiM63/93.

2.5.2.5 Induktivitätsarmer interner Aufbau

Bild 2.5.24 zeigt am Beispiel eines Halbbrückenmoduls die wichtigsten modulinternen, parasitären Induktivitäten, die aus den notwendigen Verbindungen der Chips untereinander und zu den Modulanschlüssen (Bonddrähte, interne Anschlussleitungen, -fahnen und -winkel) resultieren.

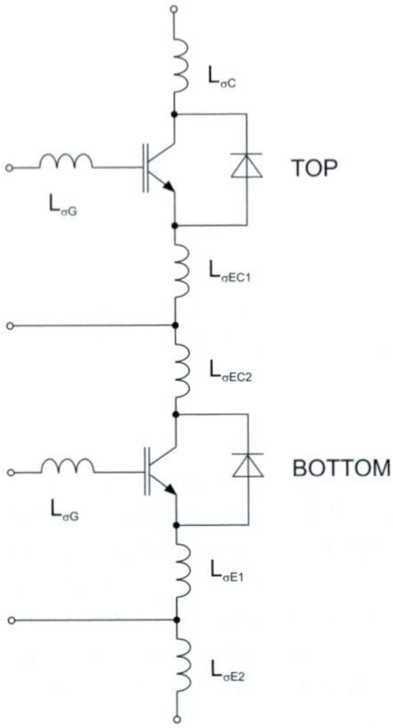

$L_{CE} = L_{\sigma C} + L_{\sigma EC1} + L_{\sigma EC2} + L_{\sigma E1} + L_{\sigma E2}$

Bild 2.5.24 Parasitäre Induktivitäten in einem IGBT-Zweigmodul
$L_{\sigma G}$: parasitäre Gatekreisinduktivitäten
$L_{\sigma C}$: parasitäre Induktivität des TOP-Kollektoranschlusses
$L_{\sigma EC}$: parasitäre Verbindungsinduktivität des TOP-Emitter-BOTTOM-Kollektor
$L_{\sigma E}$: parasitäre Induktivität des BOTTOM-Emitteranschlusses
L_{CE}: parasitäre Gesamt-Anschlussinduktivität zwischen TOP-Kollektor- und BOTTOM-Emitteranschluss

Da diese Induktivitäten beim Ausschalten Überspannungen induzieren, beim Einschalten Stromanstiege verlangsamen sowie eine induktive Kopplung von Steuer- und Leistungskreis verursachen, beeinflusst ihre Minimierung direkt die Auslastungsmöglichkeiten der Leistungsmodule. Des Weiteren können parasitäre Induktivitäten in Modulen mit intern parallelgeschalteten Chips ungleiche dynamische Auslastungen der Chips und Oszillationen zwischen den Chips hervorrufen. In Kap. 5.4 wird der Einfluss auf das elektrische Verhalten detaillierter betrachtet.

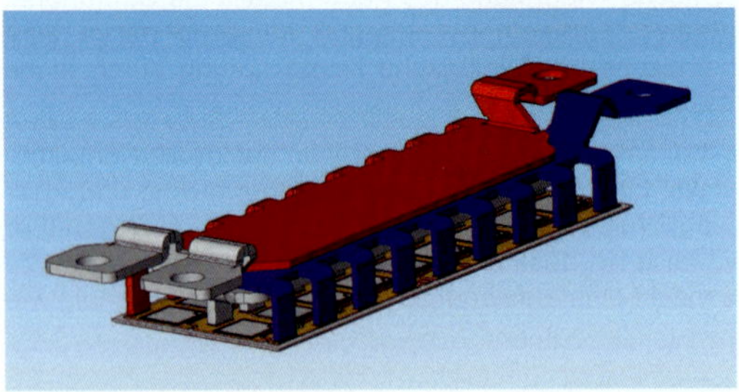

Bild 2.5.25 Inneres Anschlussschienensystem eines SKiM93 (rot :+DC, blau: –DC, grau: AC)

Konstruktive Maßnahmen zur Verringerung der internen Induktivität sind parallele Stromführung von +DC- und -DC-Terminal und eine Parallelisierung der Laststrompfade. Ein Beispiel für eine solche Konstruktion ist in Bild 2.5.25 dargestellt. Das Schienensystem sorgt für eine magnetische Kopplung der Hauptinduktivitäten $L_{\sigma C}$ und $L_{\sigma E2}$. Bei der Kommutierung des Stroms zwischen +DC und -DC muss sich das Magnetfeld nur wenig ändern, was gleichbedeutend mit einer geringen Induktivität ist. Die vielen parallelen Strompfade zu den einzelnen Chips reduzieren die Induktivität der Anschlussteile, die nicht als „Sandwich" ausgeführt werden können. Den Hauptanteil der verbleibenden Induktivität bilden die nach außen geführten Anschraubpunkte. Hier muss die überlappende Stromführung aufgegeben werden, um Luft- und Kriechstrecken an den äußeren Anschlüssen sicherzustellen. In Bild 2.5.26 ist ein Schaltvorgang mit den Spannungen über verschiedenen Chippositionen und an den DC Terminals dargestellt. Die interne Spannungsdifferenz beträgt 150 V aus der man bei der gemessenen Stromsteilheit eine Induktivität von +DC nach -DC von etwa 20 nH berechnen kann. Zu erkennen ist auch, dass es kaum Spannungsdifferenzen zwischen den einzelnen Chippositionen gibt, was auf die äußerst geringe Induktivität im Bereich des Sandwich-Busbarsystems hinweist.

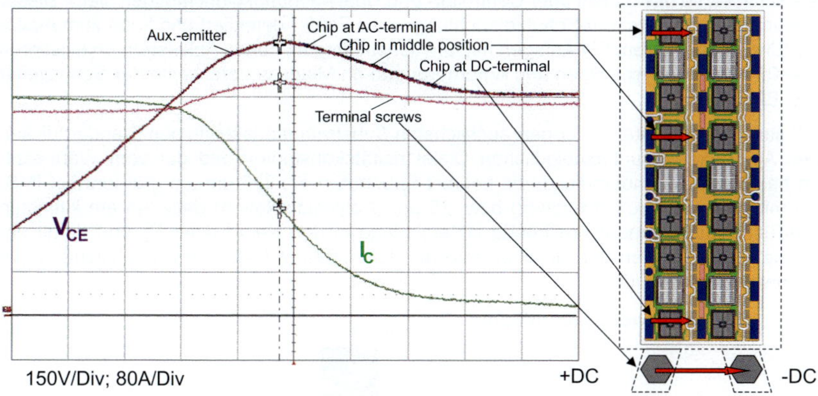

Bild 2.5.26 Messung der Abschaltüberspannung im SKiM93 an verschiedenen Chippositionen und den äußeren Klemmen bei 6,7 kA/µs, Zeitskala =20 ns/Div

Für den Anwender geht die interne Abschaltüberspannung an der maximal nutzbaren Spannung verloren. Er muss sicherstellen, dass die an den äußeren Klemmen gemessenen Abschaltspannungen plus der Spannungsabfall über die internen Induktivitäten stets kleiner als die Blockierspannung der Halbleiter ist. Für den „Bottom" Schalter kann der Hilfsemitteranschluss zur Spannungsmessung genutzt werden. Dieser liegt näher am Chip und gibt deshalb ein besseres Bild der Abschaltüberspannung als der Hauptemitteranschluss (siehe auch [AN1]).

2.5.2.6 Koppelkapazitäten

Die mit MOSFET- oder IGBT-Modulen erreichbaren Strom- und Spannungsanstiegszeiten im ns-Bereich verursachen elektromagnetische Störungen mit Frequenzspektren bis weit in den MHz-Bereich. Gravierenden Einfluss auf die entstehenden Funkstörspannungen haben deshalb die Ausbreitungswege im Modul und aus diesem heraus mit ihren parasitären Elementen. Durch geeignete Isoliermaterialien, kleine Koppelflächen oder leitfähige Schirme können z.B. die asymmetrischen Störungen vermindert werden [38]. Darüber hinaus müssen die modulinternen Verbindungen so strukturiert sein, dass Fehlfunktionen durch äußere Streufelder oder transformatorische Einkopplungen auf Steuerleitungen ausgeschlossen sind.

Ein weiterer Aspekt ist der „Erdstrom", d.h. der durch die Kapazität C_E des Isoliersubstrates aufgrund des dv_{CE}/dt in den IGBT beim Schalten über den i.a. geerdeten Kühlkörper in den Schutzleiteranschluss fließende Strom $i_E = C_E \cdot dv_{CE}/dt$. Die Kapazitäten können mit der Gleichung für Plattenkondensatoren berechnet werden:

$$C_E = \frac{\varepsilon \cdot A}{d}$$

d (Dicke) Al_2O_3: 0,38 mm oder 0,63 mm; AlN: 0,63 mm;

$\varepsilon = \varepsilon_0 \cdot \varepsilon_r = 9{,}1 \cdot 8{,}85e^{-12}$ F/m (Al_2O_3 und AlN);

Für ein Halbbrückenmodul könne folgende Flächenanteile der Substratfläche abgeschätzt werden:
- 40% „+DC“,
- 40% „AC“ und
- 15% „-DC“

Welches Anschlusspotential mit welcher Amplitude beim Schalten gegen Erde springt, hängt vom Erdungskonzept der angeschlossenen Last ab. Im Umrichter muss durch geeignete Maßnahmen (z.B. Y-Kondensatoren) ein Strompfad geschaffen werden, der nahe am Leistungshalbleiter einen Stromkreis schließt, so das i_E nicht über Controller- und Überwachungseinrichtungen fließt. Dieser Erdstrom würde von Fehlerstrom-Schutzeinrichtungen als Fehler detektiert und kann zum Auslösen dieser Einrichtung führen. Für Anlagen mit funktionsbedingten hohen Ableitströmen existieren besondere Kennzeichnungspflichten und Anforderungen an Mindestquerschnitte der Schutzleiter (EN 50178, EN 61800-5-1).

Bild 2.5.27 stellt die Kapazitäten der gebräuchlichsten Substratmaterialien in den Standarddicken gegenüber. Aufgrund der unterschiedlichen Dielektrizitätskonstanten und der vom Wärmeleitvermögen bestimmten Standarddicke, die bei AlN-Substraten mit 630 µm am größten, bei IMS-Aufbauten mit 120 µm (Epoxydisolation) bzw. 25 µm (Polyimidisolation) dagegen am kleinsten ist, ergeben sich auch dementsprechende Unterschiede in den Kapazitäten C_E und damit unterschiedliche Begrenzungen der für einen maximal tolerierbaren Erdstrom i_E höchstzulässigen Schaltgeschwindigkeit dv_{CE}/dt.

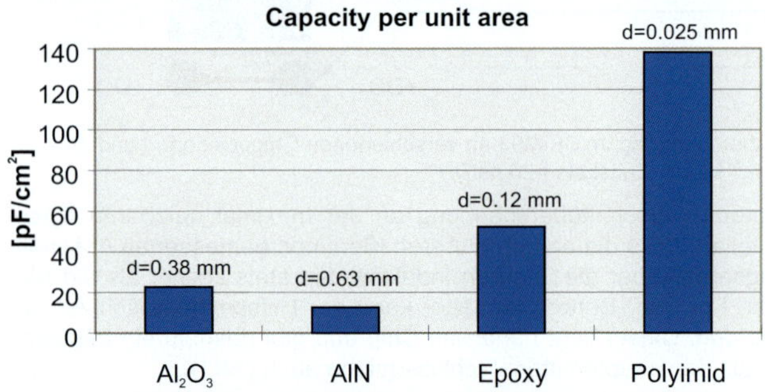

Bild 2.5.27 Kapazität je Flächeneinheit für unterschiedliche Isoliersubstrate

2.5.2.7 Schaltungskomplexität

Die optimale Komplexität kann allgemeingültig nicht definiert werden. Zum einen senken komplexe Module i.a. die Kosten eines Gerätes und minimieren Probleme der Zusammenschaltung unterschiedlicher Komponenten (parasitäre Induktivitäten, Störeinstreuungen, Verschaltungsfehler). Zum anderen sinkt mit steigender Komplexität die Universalität der Module (Fertigungsstückzahl). Prüfumfang und Kosten je Modul erhöhen sich. Mit zunehmender Komponenten- und Verbindungsanzahl im Modul steigt dessen Ausfallwahrscheinlichkeit und der im Fehlerfall auszutauschende Schaltungsanteil. An Ansteuer-, Mess- und Schutzbaugruppen in Modulen werden hohe thermische und EMV-Anforderungen gestellt.

Bei der Integration von Treibern hat sich noch kein „Weltstandard“ ähnlich der im folgenden dargestellten Modulkonfigurationen durchgesetzt. Durch wachsenden Integrationsumfang an Treiberfunktionen wird die Universalität der Leistungsmodule eingeschränkt, das Modul wird immer weitgehender zum Subsystem. Als Zielrichtungen „intelligenter“ Module stehen zum einen die ausgesprochenen Massenmärkte (Konsumgüter, Automotive), zum anderen jedoch auch Märkte, in denen viele ähnliche Anwendungen mit innovativen Modulsystemen aus gleichartigen Grundbausteinen bedient werden können. Trotz unvermeidbarer Redundanzen können auch im zweiten Fall die beim Modulhersteller eintretenden Synergien letztlich Senkungen der Systemkosten bei den Anwendern ermöglichen.

Betrachtet man die Anordnung von IGBT und Dioden in den am Markt verbreitetsten Leistungsmodulen, haben sich im wesentlichen die im Bild 2.5.28 aufgeführten Konfigurationen durchgesetzt, die den mehrheitlichen Anwendungen der Leistungselektronik und Antriebstechnik Rechnung tragen.

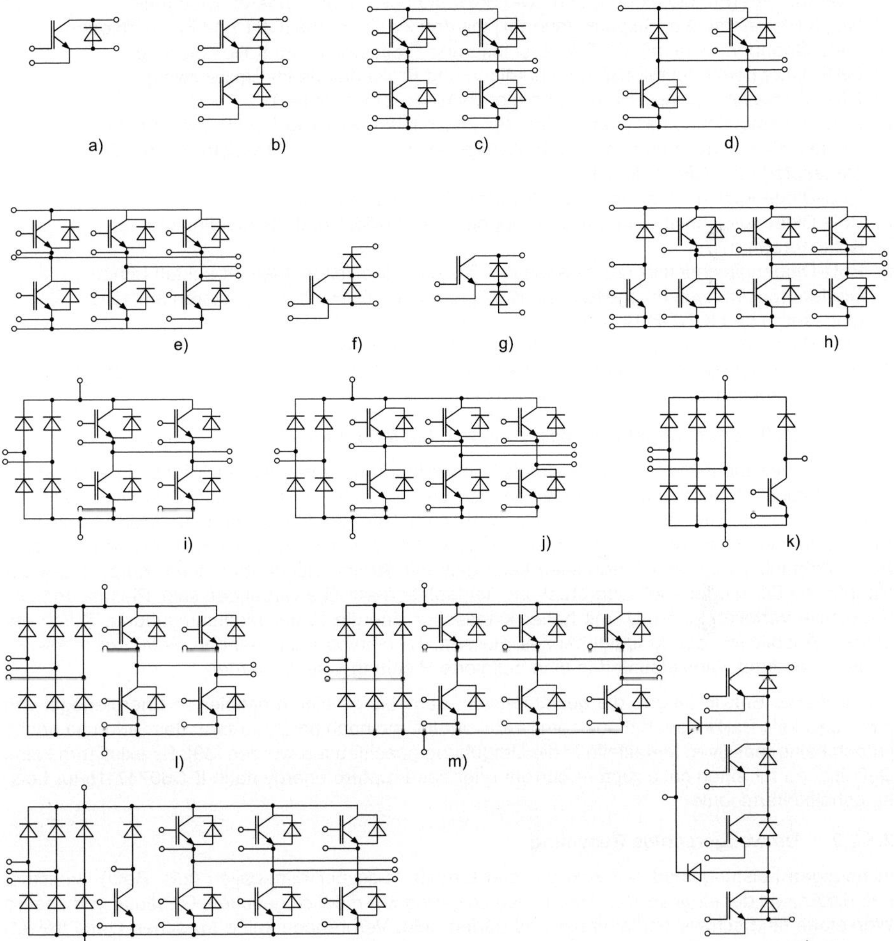

Bild 2.5.28 Wichtige Konfigurationen von Leistungsmodulen mit IGBT und Dioden

Die in Bild 2.5.28 dargestellten Schaltungstopologien werden bei SEMIKRON mit folgender Buchstabenkombination im Bauelementnamen verschlüsselt:

a) GA: Einzelschalter, bestehend aus IGBT und Inversdiode (beim MOSFET-Modul hier und in den anderen Konfigurationen meist nur die parasitäre Inversdiode). Bei externer Verschaltung zu Brückenzweigen wirken die Inversdioden wechselseitig als Freilaufdioden.
b) GB: Zweigmodul (Phasenmodul, Halbbrückenmodul) aus zwei IGBT und hybriden Dioden (Freilaufdioden)
c) GH: H-Brücke mit zwei Zweigen aus IGBT und Freilaufdioden
d) GAH: Asymmetrische H-Brücke mit zwei diagonal angeordneten IGBT mit hybriden Inversdioden (Freilaufdioden) und zwei Freilaufdioden in der anderen Diagonale
e) GD: 3-Phasenbrücke (Sixpack, Inverter) mit drei Zweigen aus IGBT und Freilaufdioden
f) GAL: Choppermodul mit IGBT, Inversdiode und Freilaufdiode im Kollektorzweig
g) GAR: Choppermodul mit IGBT, Inversdiode und Freilaufdiode im Emitterzweig
h) GDL: 3-Phasenbrücke „GD“ mit Chopper „GAL“ (Bremschopper)
i) B2U-Diodengleichrichter (zum Laden des Zwischenkreises werden oft anstatt reinen Diodenbrücken auch halbgesteuerte Konfigurationen B2H mit 2 Thyristoren am +DC eingesetzt) und IGBT-H-Brücke
j) B2U-Diodengleichrichter und IGBT-Inverter (Dreiphasenbrücke)
k) B6U-Diodengleichrichter und IGBT-Chopper „GAL“ (IGBT und Freilaufdiode im Kollektorzweig)
l) B6U-Diodengleichrichter (zum Laden des Zwischenkreises werden oft anstatt reinen Diodenbrücken auch halbgesteuerte Konfigurationen B6H mit 3 Thyristoren am +DC eingesetzt) und IGBT-H-Brücke
m) B6U-Diodengleichrichter und IGBT-Inverter (Dreiphasenbrücke)
n) B6U-Diodengleichrichter, IGBT-Chopper „GAL“ und IGBT-Inverter (Dreiphasenbrücke)
o) Phasenbaustein eines Drei-Punkt-Wechselrichters

2.5.2.8 Definiertes, ungefährliches Verhalten bei Moduldefekt

Im Falle eines Moduldefektes (ggf. durch Fehlansteuerung verursacht) wird z.B. in einer spannungsgespeisten Schaltung im Modulgehäuse die gesamte, in den Zwischenkreiskondensatoren gespeicherte Energie umgesetzt. Nach Abschmelzen der Bonddrähte ist deren Großteil als Energie im sich bildenden Plasma gespeichert, welches das Modul zur Explosion bringen kann. Bei herkömmlichen Transistormodulen kann dies mit Stromkreisunterbrechung, Kurzschluss der Hauptanschlüsse oder auch Überbrückung der Isolationsstrecke verbunden sein. Plasma und Gehäuseteile verteilen sich u.U. mit hoher kinetischer Energie in der Modulumgebung. Durch geeignete Ausbildung des Modulgehäuses müssen die hiervon ausgehenden Gefahren möglichst begrenzt und der Partikelaustritt in eine definierte Richtung gelenkt werden.

Es existieren Entwicklungen die gewährleisten, dass bis zu einem definierten Energiepegel von z.B. 15 kJ kein Partikelaustritt aus dem Modul erfolgt und noch bei 20 kJ zwar das Gehäuse bricht, jedoch keine massiven Metallteile in die Umgebung geschleudert werden [39]. Es existieren keine Definitionen für einen case rupture current oder case rupture energy nach IEC60747-15 für Leistungshalbleitermodule.

2.5.2.9 Umweltgerechtes Recycling

In heutigen Leistungsmodulen wird auf den Einsatz toxischer Materialien (z.B. BeO) verzichtet und die Anzahl der eingesetzten Materialien so gering wie möglich gehalten. Gehäuse und andere Werkstoffe sind schwer entflammbar und dürfen beim Verbrennen keine toxischen Gase freisetzen (UL-Zulassung). Beim Recycling muss das Modul möglichst einfach in seine metallischen und nichtmetallischen Bestandteile zerlegt werden. Deshalb sind neuere Module unter ausschließlicher Verwendung dauerelastischer Vergussmaterialien (Weichverguss) aufgebaut. Alle Semikron Halbleitermodule werden RoHS konform hergestellt.

2.5.3 Diskrete Bauelemente

2.5.3.1 Kleingleichrichter

Kleingleichrichter haben meist ein Kunststoffgehäuse und metallische, lötfähige Anschlusselemente. Der Halbleiter ist entweder durch beidseitiges Löten oder durch Löten der einen Seite und Drahtbonden der anderen Seite mit den Anschlüssen verbunden. Die Kühlung erfolgt hauptsächlich über die Anschlussdrähte oder -flächen, in einem geringeren Ausmaß durch Wärmeabgabe vom Gehäuse an die Luft. Man unterscheidet bedrahtete Bauelemente und SMD-Bauelemente.

Bedrahtete Bauelemente

Wie der Name schon sagt, erfolgt die Stromzuführung über Drähte. Außerdem kann eine meist mit der Anode elektrisch verbundene Kühlfahne die Kühlung verbessern. Die Montage erfolgt dadurch, dass die Anschlussdrähte durch innen metallisierte Löcher einer Leiterplatte gesteckt werden und auf der Rückseite mit Leiterbahnen verlötet werden (Bild 2.5.29).

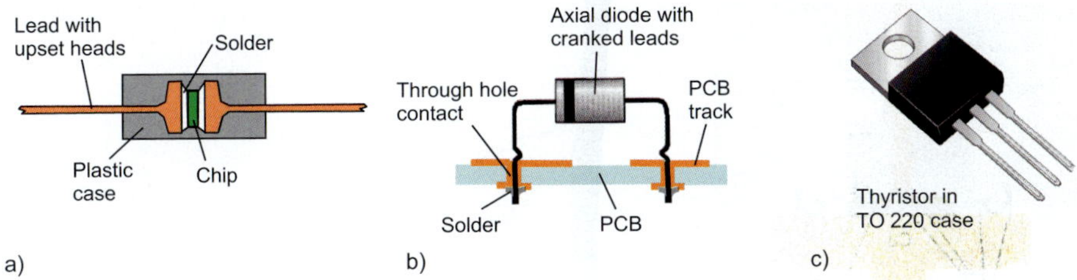

Bild 2.5.29 a) Aufbau einer Axialdiode (schematisch); b) Montage einer Axialdiode in eine Leiterplatte; c) Bedrahtetes Bauelement mit Kühl- und Montageblech

SMD-Bauelemente

SMD (**S**urface **M**ounted **D**evices = oberflächenmontierte Bauelemente) werden in vielen zylindrischen oder quaderförmigen Bauformen hergestellt. Bei der Verwendung von SMD-Bauelementen wird eine sehr dichte und vor allem beidseitige Bestückung der Leiterplatte möglich. Leiterplatten für SMD-Bauteile werden meist mit Lötpaste bedruckt und nach dem Bestücken im Reflow-Verfahren gelötet. SMD-Bauteile auf der Unterseite einer mischbestückten Leiterplatte werden zuerst auf die Unterseite geklebt, und danach zusammen mit den herkömmlich bestückten Bauteilen im Wellen- oder Schwallbad gelötet (Bild 2.5.30).

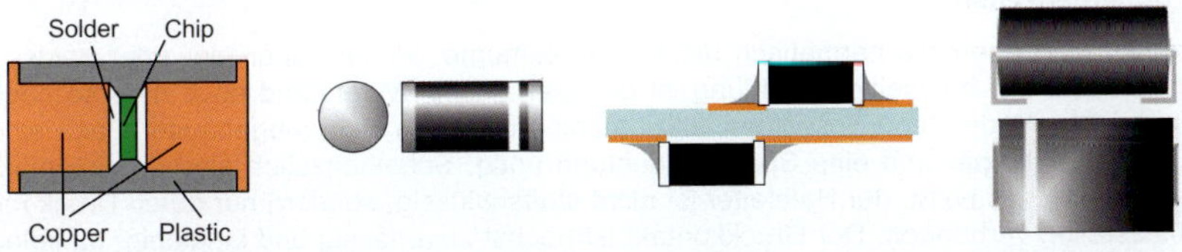

Bild 2.5.30 Von links nach rechts: Aufbau einer Metal Electrode Faces (MELF)-Diode, Ansicht einer MELF-Diode, beidseitige Leiterplattenmontage von MELFs, quaderförmige SMD-Diode.

Der thermische Widerstand von SMD-Bauelementen ist wegen der massiveren Anschlussteile deutlich niedriger als der von bedrahteten Bauelementen.

2.5.3.2 Schraubdioden und Schraubthyristoren

Diese Bauform ist gekennzeichnet durch einen massiven Kupfersechskant mit Gewindebolzen, der dazu dient, das Bauelement in einen Kühlkörper einzuschrauben und die im Chip entstehende Wärme abzuleiten. Eine Glas- oder Keramikkappe mit einer Durchführung für den Kathodenanschluss sorgt für eine hermetische Dichtigkeit des Gehäuses. Die Gehäuseteile sind durch Schweißen oder Hartlötung miteinander verbunden. Der Chip ist direkt auf das Kupfer gelötet, oder es wird zwischen Silizium und Kupfer eine Scheibe aus Molybdän (thermischer Ausdehnungskoeffizient $5 \cdot 10^{-6}$/K) gelötet, um zu verhindern, dass die großen Unterschiede im Ausdehnungskoeffizienten von Silizium ($4{,}1 \cdot 10^{-6}$/K) und Kupfer ($17{,}5 \cdot 10^{-6}$/K) im Halbleiter hohe mechanische Spannungen bewirken (Bild 2.5.31).

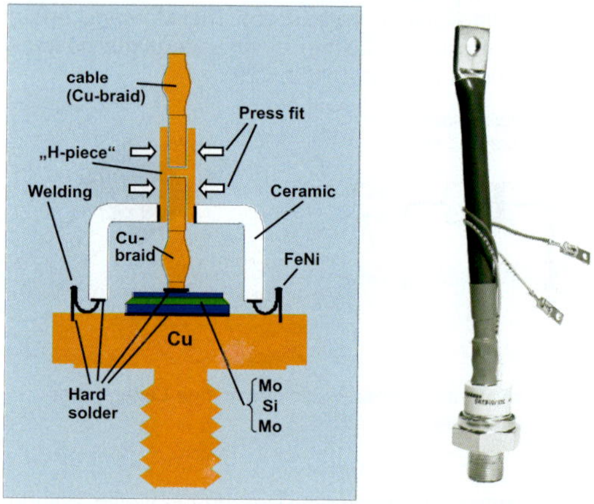

Bild 2.5.31 Schnitt durch eine Schraubdiode und Beispiel für einen Schraubthyristor

Schraubdioden und -thyristoren sind, nicht zuletzt wegen ihrer hermetisch dichten Gehäuse, sehr zuverlässig und robust. Durch die enge thermische Kopplung des aktiven Bauelementes mit einem massiven Kupferteil sind der transiente und der statische thermische Widerstand sehr gering. Nachteil ist, dass der Kühlkörper nicht isoliert ist, sondern auf Anodenpotential liegt.

2.5.3.3 Scheibenzellen

Scheibenzellen sind ebenfalls hermetisch dichte Bauelemente, können aber ein- oder beidseitig gekühlt werden. Bei beidseitiger Kühlung ist der thermische Widerstand etwa halb so hoch wie der thermische Widerstand desselben Siliziumchips in einem Schraubgehäuse. Dazu sind allerdings zwei Kühlkörper und eine Spannvorrichtung nötig. Scheibenzellen sind druckkontaktierte Bauelemente, das heißt, der Halbleiter ist nicht stoffschlüssig, sondern nur durch Druck mit den Anschlussteilen verbunden. Der Druckkontakt ist höchst zuverlässig und langlebig, da keine Lotschichten mit ihren Ermüdungserscheinungen bei häufigen Temperaturänderungen verwendet werden. Der Siliziumchip ist meistens durch Legieren mit Aluminium oder durch Sintern mit einer Molybdänscheibe verbunden (Bild 2.5.32), es gibt aber auch Aufbauten, bei denen der Halbleiterchip frei zwischen zwei Molybdänscheiben floatet. Der Gehäusering besteht aus Keramik, Glas, oder in seltenen Fällen aus Kunststoff. Scheibenzellengehäuse werden nur für Dioden und Thyristoren höherer Leistungen (einige 100 A bis kA) eingesetzt. Der Spannungsbereich reicht von wenigen 100 V (Schweißdioden) bis einige kV Sperrspannung.

Eine Besonderheit sind IGCT (**I**ntegrated **G**ate **C**ommutated **T**hyristor) mit abschaltbaren Thyristoren. Deren Ansteuereinheit muss besonders niederinduktiv angebunden und leistungsstark ausgeführt sein. Deshalb werden Scheibenzelle und Treiberplatine nur als Verbund ausgeliefert [40].

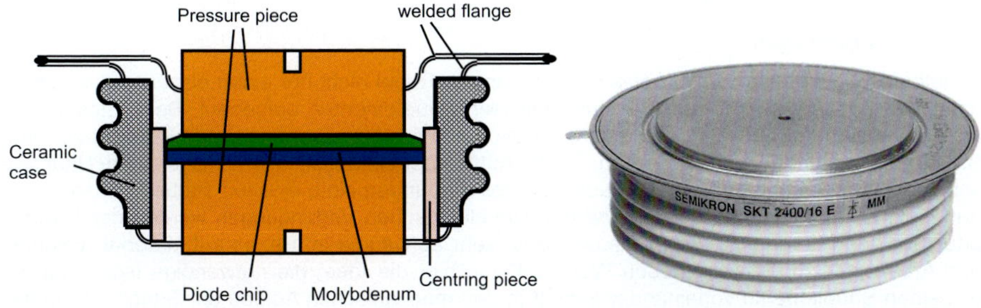

Bild 2.5.32 Schnitt durch eine Scheibenzelle und Ansicht einer Thyristorscheibenzelle.

2.5.3.4 SEMiSTART®

Bei SEMiSTART® sind zwei diskrete Thyristoren antiparallel zu einem Bauelement zusammengeschaltet. Die Kathode des einen Thyristors ist durch den ersten Kühlkörper mit der Anode des zweiten Thyristors verbunden. Die Anode des ersten Thyristors ist durch einen weiteren Kühlkörper mit der Kathode des zweiten Thyristors zusammengeschaltet. Der gesamte Aufbau ist druckkontaktiert, Tellerfedern dienen als Druckspeicher. Die Hilfskontakte werden durch Spiralfedern gebildet. Die Thyristoren sind nicht von den Kühlkörpern isoliert, sondern besitzen Gewindebohrungen zum Anschluss der Laststromverbindungen. SEMiSTART® wird wegen der hohen Kurzzeitüberlastbarkeit hauptsächlich in Sanftanlaufgeräten (Soft Starter) eingesetzt. Die Effektivwerte der für 20 Sekunden zulässigen Ströme betragen 560 A bis 3080 A, die Sperrspannungen 1800 V.

Bild 2.5.33 SEMiSTART®, zwei antiparallel geschaltete Thyristoren ohne Isolation in Druckkontakttechnologie

2.5.4 Leistungsmodule

2.5.4.1 Grundlagen

Schaltungen der Leistungselektronik enthalten in der Regel nicht nur einen einzelnen Leistungshalbleiter, sondern sind fast immer aus mehreren Bauelementen aufgebaut. Beim Einsatz diskreter Bauelemente müssen also mehrere davon samt ihren zugehörigen Kühlkörpern zu einer Baugruppe zusammengefasst werden. Da die Kühlkörper elektrisch leitend mit je einem Hauptanschluss des zugehörigen Halbleiterbauelementes verbunden sind, müssen sie beim Zusammenbau elektrisch voneinander isoliert werden. Die elektrischen Verbindungen werden durch Kabel oder Schienen hergestellt. Diese Bauweise ist sehr aufwändig im Bezug auf Material, Volumen und Arbeitszeit. Einen ganz neuen Weg eröffnete hier die Idee, die notwendige Isolierung der einzelnen Bauelemente voneinander anstatt in den mechanischen Aufbau der Baugruppe in das Bauelement selbst hineinzuverlegen. Solche Leistungsmodule sind gekennzeichnet durch die Trennung der Wege für Strom und Wärme. Eine interne Isolation mit guter Wärmeableitfähigkeit sorgt dafür, dass die metallische Grundfläche von dem mit den äußeren Anschlüssen verbundenem Stromkreis elektrisch getrennt ist und die Wärme mehrerer Bauelemente potentialfrei an eine gemeinsame Kühlvorrichtung abgegeben werden kann (Bild 2.5.34).

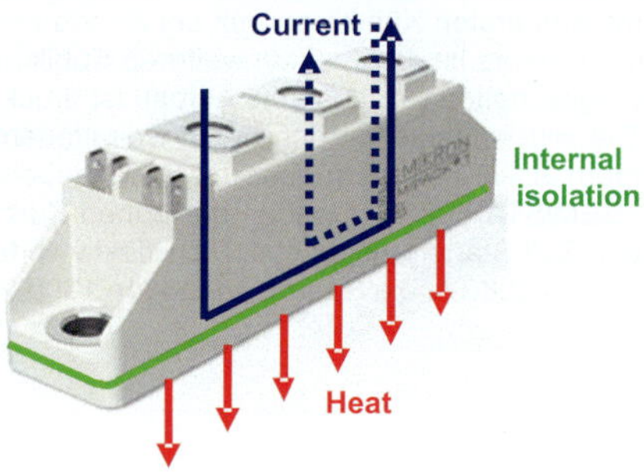

Bild 2.5.34 Prinzip der Leistungsmodule am Beispiel des SEMIPACK ® -Halbbrückenmoduls (Phasenmodul, Zweigmodul) mit zwei Dioden/Thyristoren in Reihenschaltung

Module können als Leistungshalbleiter Netzdioden, schnelle Dioden, Thyristoren, MOSFET oder IGBT enthalten. Die Komplexität der internen Verschaltung reicht von einem einzelnen Halbleiter bis zu 20 Halbleiterfunktionen (Kap. 2.5.2.7). Zusätzlich sind bei manchen Modulen passive Bauelemente wie Temperatursensoren, Widerstände oder Kondensatoren enthalten. Sind auch Treiberfunktionen integriert, spricht man von **I**ntelligenten **P**ower **M**odulen (IPM).

Weit verbreitet sind Halbbrückenmodule (Zweigmodule, Phasenmodule) mit der Anschlussfolge ~ / + / - für die Hauptanschlüsse. Diese Konfiguration ermöglicht es, aus mehreren dieser Module und einfachen Verbindungselementen alle üblichen Schaltungen der Leistungselektronik aufzubauen. Auch das weltweit erste Halbleiterleistungsmodul, der SEMIPACK® (1975) wies schon diese Anschlussgeometrie auf. Bild 2.5.35 zeigt in einer beispielhaften Skizze den Aufbau so eines Halbbrückenmoduls mit Thyristoren in Löttechnologie. Auf diesen Modultorso wird ein Kunststoffgehäuse aufgeklebt und soviel Silikon-Gel eingebracht, dass die Isolationsanforderungen dauerhaft sichergestellt werden. Zu beachten ist, dass die meisten Gehäusematerialien für Infrarotstrahlung nicht völlig undurchlässig sind. Das hat zur Folge, dass bei heller Umgebung, zum Beispiel Sonnenschein, der Sperrstrom einen höheren Wert hat als im Dunkeln. Auf Funktion oder Zuverlässigkeit hat das keinerlei Einfluss.

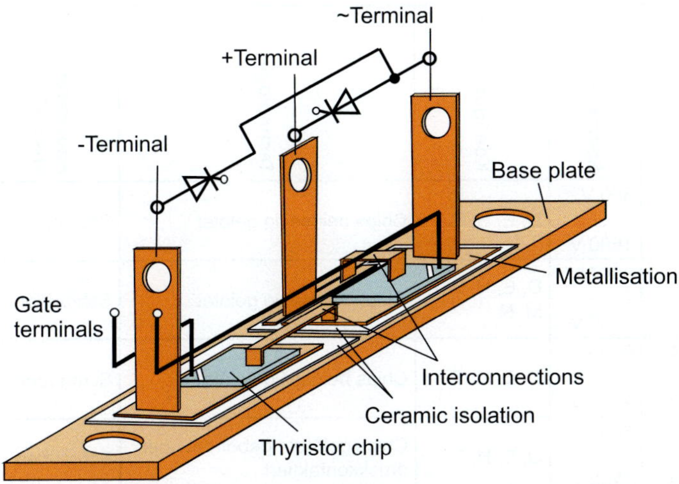

Bild 2.5.35 Schematischer Aufbau eines Thyristor-Halbbrückenmoduls

Neben den Halbbrückenschaltungen sind Module in 1- und 3-phasiger Brückenschaltung sowohl als Gleichrichter, als auch als Wechselrichter weit verbreitet. Als CIB-Module (**C**onverter-**I**nverter-**B**rake) bezeichnet man solche, die Gleichrichterbrücke, Wechselrichter und Bremssteller in einem Gehäuse enthalten. Für spezielle Anwendungen stehen auch andere Modulkonfigurationen zur Verfügung.

2.5.4.2 Modulfamilien mit Dioden und Thyristoren

SEMIPACK®

SEMIPACK® ist der „Urvater" aller Leistungshalbleitermodule. Er wurde 1975 von Semikron eingeführt und wurde seither zu einer Familie von Bauelementen mit Dauergrenzströmen von 15 A bis 1200 A ausgebaut und in mehreren Versionen laufend den Anforderungen des Marktes angepasst. Alle SEMIPACK® haben eine Kupferbodenplatte.

Konfiguration	**Kurzbezeichnung**	**Beschreibung**
SKET	ET	1 Thyristor
SKKD	D	Halbbrücke mit 2 Dioden in Serienschaltung
SKKE	E	1 Diode
SKKH	H	Halbbrücke mit Diode und Thyristor (Thyristor „oben")
SKKL	L	Halbbrücke mit Diode und Thyristor (Thyristor „unten")
SKKT	T	Halbbrücke mit 2 Thyristoren in Serienschaltung
SKMT	M	Mittelpunktschaltung von 2 Thyristoren, Kathoden verbunden
SKNH	N	Mittelpunktschaltung von Thyristor und Diode, Anoden verbunden

Tabelle 2.5.5 Übersicht über Schaltungsvarianten im SEMIPACK-Gehäuse

SEMIPACK®	Dauergrenz-strom	Sperrspannung	Konfigurationen	Technologie	Hauptstrom-anschlüsse
SEMIPACK®0	15 A	600 V – 1600 V	D, E, H, T	Chips beidseitig gelötet	Stecker
SEMIPACK®1	28 A – 119 A	800 V – 2200 V	D, E, H, L, T, M, N	Chips beidseitig gelötet	Schrauben
SEMIPACK®2	122 A – 212 A	800 V – 2200 V	D, E, H, T	Chips beidseitig gelötet	Schrauben
SEMIPACK®3	250 A – 380 A	800 V – 2200 V	D, E, H, T	Chips gelötet / gebondet oder druckkontaktiert	Schrauben
SEMIPACK®4	330 A – 600 A	800 V – 2200 V	E, ET	Chip druckkontaktiert	Schrauben
SEMIPACK®5	570 A – 701 A	800 V – 2200 V	D, H, T	Chips druckkontaktiert	Schrauben
SEMIPACK®6	740 A – 1180 A	1400 V – 2200 V	E, ET	Chip druckkontaktiert	Schrauben

Tabelle 2.5.6 Übersicht über SEMIPACK Gehäusebezeichnungen, Kontakt- und Anschlusstechnologie

a)

b)

Bild 2.5.36 a) SEMIPACK®1 (Chips gelötet, Oberseite gelötet/gebondet, Federhilfskontakte)
b) SEMIPACK®5 (druckkontaktierte Chips)

SEMIPACK®fast

Unter dieser Bezeichnung werden schnelle Dioden in den Konfigurationen D, E, M und N in den Gehäusen SEMIPACK®1 und 2, beziehungsweise SEMITRANS®4 angeboten. Die Sperrspannungen reichen von 200 V bis 1700 V.

SEMIPONT®

Ein- und Dreiphasen-Gleichrichtermodule mit einem Ausgangsgleichstrom von 2 A bis 210 A und Sperrspannungen von 200 V bis 1800 V bilden die Familie der SEMIPONT®. Neben reinen Diodenbrücken für ungesteuerte Gleichrichtung werden auch halb- und vollgesteuerte Thyristorbrücken mit und ohne Bremssteller oder Freilaufdiode angeboten. Mit 3 antiparallel geschalteten Thyristorpaaren in einem Gehäuse können Wechselstomsteller (W3C-Schaltungen) aufgebaut werden.

In vielen Gehäuseformen werden je nach Stromstärke Module zum Stecken, Löten oder Schrauben der Anschlüsse zur Verfügung gestellt. Ein Teil der Bauformen besitzt Kupferbodenplatten. Vor allem im kleineren Leistungsbereich sind die Chips auf eine DCB-Keramik gelötet, die mit Hilfe des Gehäuses und der Befestigungsschraube(n) auf die Kühlvorrichtung aufgepresst wird.

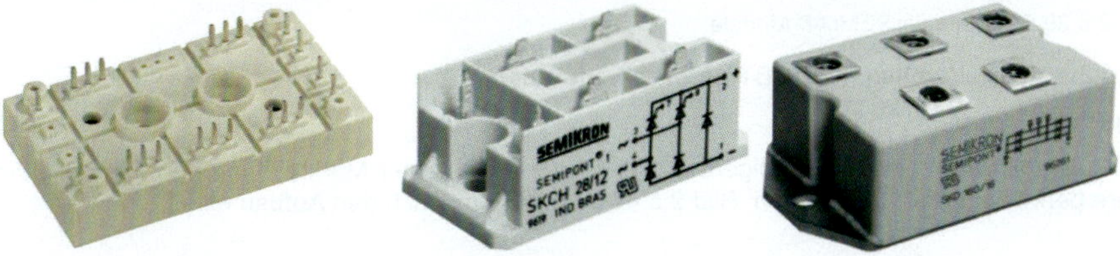

Bild 2.5.37 Beispiele für SEMIPONT® -Bauformen

SEMITOP®

Diese 4 Gehäusegrößen umfassende Modulfamilie besitzt keine Kupferbodenplatte. Mit nur einer Schraube wird das Modul auf den Kühlkörper gedrückt. Die Strom- und Steueranschlüsse sind als Lötstifte ausgebildet. Neben Schaltungen mit IGBT (Kap. 2.5.4.3) werden auch eine Reihe von Konfigurationen mit Dioden und Thyristoren angeboten, zum Beispiel ein- und dreiphasige ungesteuerte, halbgesteuerte und vollgesteuerte Brücken, ein-, zwei- und dreiphasige Wechselstromsteller und viele andere Varianten. Bei Sperrspannungen von 600 V bis 1600 V betragen die Effektivströme bzw. Gleichstrommittelwerte 25 A bis 210 A.

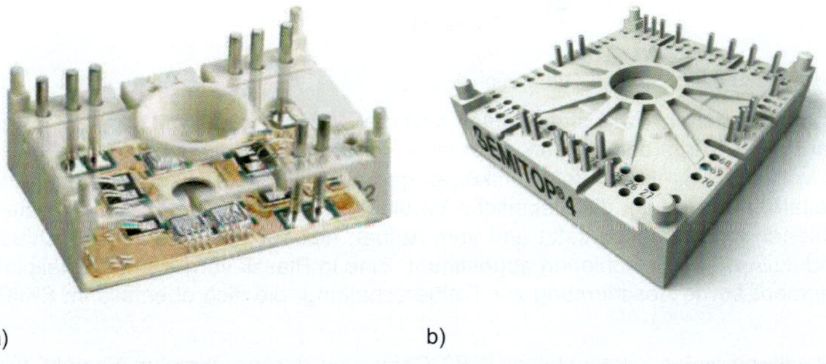

a) b)

Bild 2.5.38 SEMITOP®1, Gehäuse halbtransparent dargestellt (a) und SEMITOP®4 als halbgesteuerte Drehstrombrücke mit Bremssteller (b)

SEMiX®

Diese für höhere Leistungen konzipierten Module mit Kupferbodenplatte bieten Halbbrücken und Drehstrombrücken mit Dioden- und Thyristorschaltungen an. Sie sind mit einer Bauhöhe von 17 mm hauptsächlich für den Einsatz gemeinsam mit SEMiX®-IGBT-Modulen gedacht. Bei einer Sperrspannung von 1200 V bzw. 1600 V liegen die Stromstärken zwischen 170 A und 340 A. Erwähnenswert ist die sehr einfache Montage von Leiterplatten zur Thyristoransteuerung über dem Modul, wobei die Kontaktierung über Federkontakte erfolgt.

Bild 2.5.39 Beispiele für SEMiX®-Module

2.5.4.3 Modulfamilien mit IGBT und Freilaufdioden

SKiiP®

SKiiP (**S**emi**k**ron **i**ntegrated **i**ntelligent **P**ower) gibt es seit seiner Markteinführung Mitte der 90er Jahre bereits in der 4. Generation. Bild 2.5.40 zeigt schematisch den Aufbau eines SKiiP.

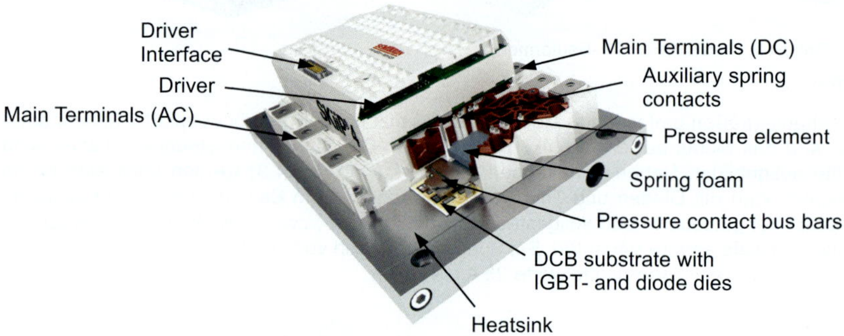

Bild 2.5.40 Prinzipieller Aufbau eines SKiiP 4. Generation

Im Unterschied zu herkömmlichen Transistormodulen sind die DCB-Substrate mit den IGBT- und Diodenchips nicht auf einer Kupferbodenplatte aufgelötet, sondern durch ein elastisches Federelement annähernd vollflächig direkt auf den Kühlkörper gedrückt. Über Druckkontakte und eine induktivitätsarme Leiterführung erfolgt die elektrische Verbindung der DCB zu den Anschlussterminals. Die DC-Schienen sind höhenversetzt und vom Aufbau her auf den externen Anschluss laminierter, niederinduktiver Sammelschienen abgestimmt. Eine in Plastik vergossene Metallplatte dient als Druckelement sowie Abschirmung zur Treiberschaltung, die sich ebenfalls im SKiiP-Gehäuse befindet.

Durch die Parallelschaltung vieler, relativ kleiner IGBT-Chips und deren optimalen Kontakt zum Kühlkörper ist gegenüber Standardmodulen ein deutlich kleinerer R_{th} erreichbar, da der Wärmeeintrag großflächig über den Kühlkörper verteilt ist. Außer den Transistor- und Diodenchips befinden sich auf den DCBs Temperatursensoren, deren Ausgangssignal sowohl in den Treiber eingreift (Grenztemperatur) als auch – im Treiber analog verstärkt – für eine externe Auswertung abgenommen werden kann. In den AC-Anschlüssen des SKiiP sind Stromsensoren als Messglieder für den Überstrom- und Kurzschlussschutz der IGBT angeordnet. Die Signalverarbeitung und -verknüpfung erfolgt im SKiiP-internen Treiber, der oberhalb der Druckplatte angeordnet ist. Die potentialfreien Stromsignale sind außerdem als Istwerte für externe Messglieder und Regelschleifen nutzbar.

Mit 4 Gehäusegrößen (2, 3, 4 und 6 IGBT-Halbbrücken) sowie den angepassten Treiberbausteinen sind mittels einfacher externer Verbindungen z.B. H-Brücken oder Drehstrombrücken in 1200 V und 1700 V-Technik realisierbar. Die Umrichterleistung deckt ohne externe Parallelschaltung einen Bereich von 100 kW bis 1,5 MW ab.

SKiiP weisen gegenüber konventionellen Modulen u.a. folgende Vorteile auf:
- etwa 2fach höhere Temperaturwechselfestigkeit im Langzeitbereich
- durch direkten Wärmeübergang Chip-DCB-Kühlkörper verringerter thermischer Widerstand
- Möglichkeit äußerst kompakter Konstruktionen und höchster Leistungsdichte
- aufgrund konsequent niederinduktiven Aufbaus geringe Schaltüberspannung, d.h. hohe zulässige Zwischenkreisspannung und verringerte Störungserzeugung
- optimale Abstimmung des SKiiP-internen, intelligenten Treibers
- Vormontage der Leistungsmodule auf Kühlkörper mit Wärmeleitpastenauftrag im optimalen Siebdruckverfahren
- niederinduktives Umrichterdesign durch Parallelisierung von Strompfaden (4 x 600 A Halbbrückenmodule anstatt 2 x 2400 A Einzelschalter)
- Prüfung der vollständigen Einheiten unter Last durch den Hersteller.

In Tabelle 2.5.7 sind die SKiiP-Gehäuse der 3. und 4. Generation aufgeführt. Außer auf dem dargestellten Kühler können alle SKiiP auch auf anderen Luft- oder Wasserkühlkörpern montiert werden.

SKiiP3 1200 V / 1700 V			
Halbbrücken	2	3	4
I_C	1000 A	1500 A	2000 A
SKiiP4 1200 A / 1700 V	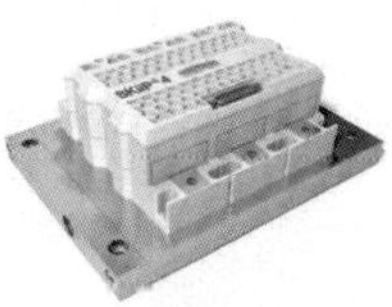	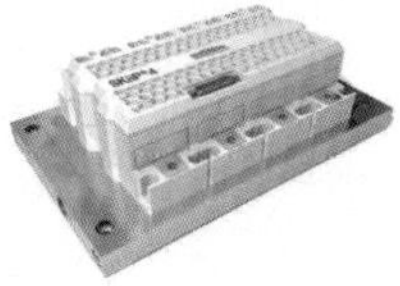	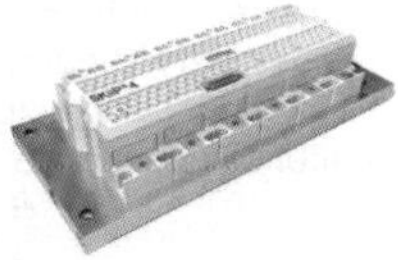
parallele IGBT Halbbrücken	3	4	6
$I_{C@TS=25°C}$	1800 A	2400 A	3600 A

Tabelle 2.5.7 Gehäusebauformen der 3. und 4. Generation SKiiP

SKiM

SKiM ist ein bodenplattenloses Modul für den mittleren Leistungsbereich zwischen SKiiP und MiniSKiiP. Im Modul erfolgte die konsequente Umsetzung der SKiiP-Technologie. In der Bauform SKiM63/93 ist es das erste komplett lotfreie IGBT-Modul. Durch die Eliminierung sämtlicher Lotverbindungen erreicht das Modul eine 5fach höhere Temperaturwechselfestigkeit im Vergleich zu gelöteten Standardmodulen mit Bodenplatte. Entworfen und qualifiziert für die Automobilindustrie ist dieses Modul wegen seiner Kompaktheit auch interessant für Standardantriebe im Leistungsbereich von 30 kW bis 150 kW. Die Hauptanschlüsse liegen an den Stirnseiten, so dass über dem Modul Platz für die Treiberplatine ist. Die Montage erfolgt lotfrei über Federkontakte.

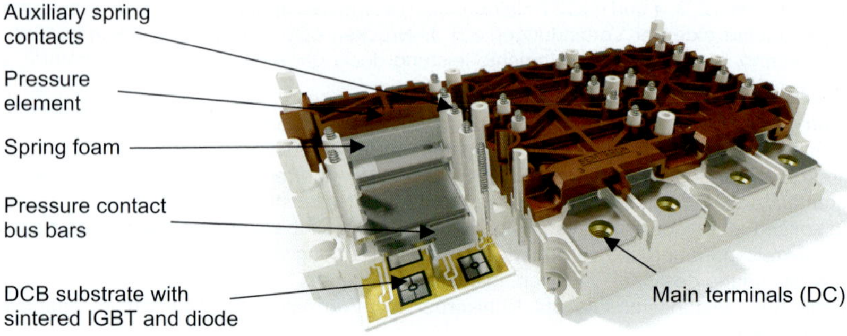

Bild 2.5.41 Schnitt durch ein SKiM63-Modul

Wie auch schon in den Vorgängermodulen SKiM4 und SKiM5 ist als Schaltung eine Drehstrombrücke realisiert (GD, 6-pack). Sonderbauformen existieren als Chopper (3phasig GAL/GAR für asymmetrische H-Brücken z.B. für Reluktanzmotoranwendungen) oder als Phasenbaustein für Drei-Punkt-Wechselrichter (**M**ulti-**L**evel-**I**nverter, MLI). SKiM ist in den Spannungsklassen 600 V, 1200 V und 1700 V verfügbar.

SEMITRANS®

Als SEMITRANS werden Transistor-Modulgehäuse bezeichnet, deren wesentliche Vertreter nach IEC 60191-2 in 34 mm und 61 mm Gehäusebreite standardisiert sind. Es handelt sich um Module mit Kupferbodenplatte, deren Hauptanschlüsse als Schraubkontakte (Ausnahme SEMITRANS 6) herausgeführt sind. Durch die Mittelposition der DC-Anschlüsse sind diese sehr symmetrisch in Bezug auf die Chip-Anbindung (sehr gute Stromaufteilung zwischen parallelen Chips), besonders niederohmig und niederinduktiv im Vergleich zu den 17 mm hohen Modulen mit seitlich herausgeführten Lastanschlüssen (SEMiX). Die Hilfsanschlüsse sind meist als „Fast-on" Steckkontakte (Ausnahme SEMITRANS 4) ausgeführt. Bis auf einige wenige MOSFET-Module werden IGBT und Soft-Recovery-Dioden in den Spannungsklassen 600 V, 1200 V und 1700 V verbaut. Die Module sind im mittleren Leistungsbereich mit Stromklassen von 20 A (GD, 6-pack) bis 800 A (GA, Einzelschalter) angesiedelt.

SEMITRANS M1

SEMITRANS 2 (34 mm)

SEMITRANS 3 (61 mm)

SEMITRANS 4 (61 mm)

SEMITRANS 5

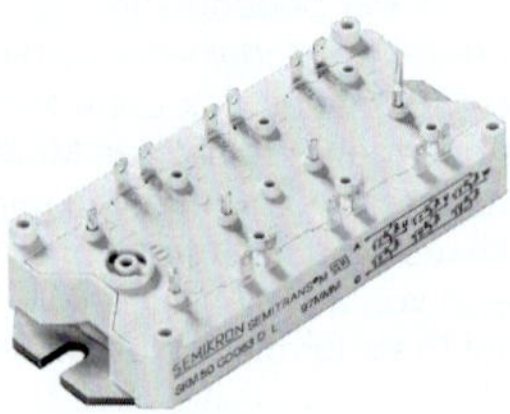

SEMITRANS 6

Bild 2.5.42 Gehäusebauformen der SEMITRANS Familie

SEMiX®

Diese im gleichen Leistungsbereich wie SEMITRANS angesiedelte Modulfamilie mit Bodenplatte zeichnet sich vor allem durch seine niedrige Bauform (17 mm Höhe), der Lage der Hauptanschlüsse an den Stirnseiten und durch die einfache Montage der Treiberplatine über Federkontakt direkt oberhalb des Moduls aus.

Bild 2.5.43 SEMiX3 mit einfacher und platzsparender Treibermontage (SKYPER) oberhalb des Moduls, Kontaktierung über Federn

Diese Gehäuseform hat sich wenigstens von den Hauptabmessungen und der Lage der Hauptanschlüsse als Quasistandard etabliert. SEMIKRON bietet 4 Gehäusegrößen als Halbbrückenmodule (SEMiX1 bis 4 - Bild 2.5.44) und in 2 Baugrößen auch 3phasige Brückenmodule (GD, 6-pack – SEMiX13 und SEMiX33) an. Insbesondere die Baugrößen SEMiX3 und SEMiX33 werden mit ähnlichen Leistungsmerkmalen von verschiedenen Herstellern angeboten. Die Baugrößen 1 und 4 bieten eine Ergänzung in den unteren und oberen Leistungsbereichen. Mit den Gleichrichterbrücken in derselben Bauhöhe können komplette Umrichterschaltungen in einer besonders flachen und platzsparenden Weise realisiert werden.

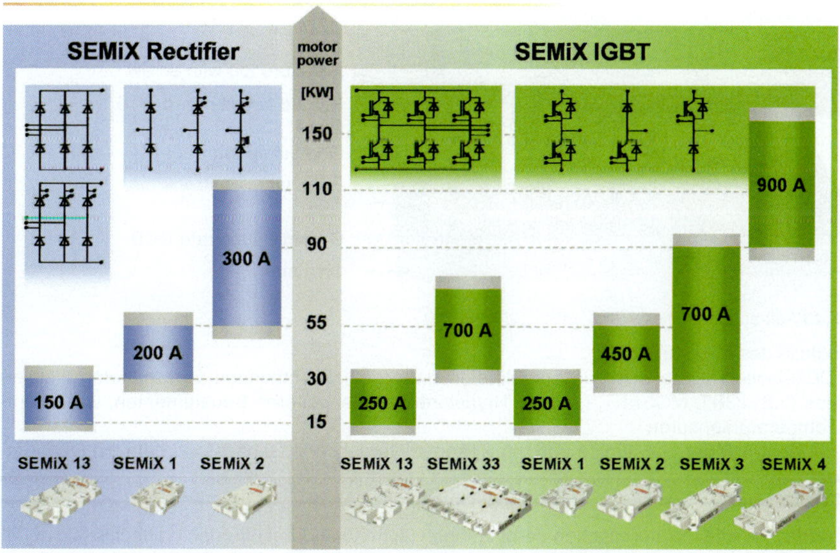

Bild 2.5.44 Übersicht über Gehäuseformen, Leistungsbereiche und integrierte Schaltungsvarianten im SEMiX-Gehäuse

Der interne Aufbau der SEMiX-Module ist in Bild 2.5.45 dargestellt. Je nach Baugröße werden gleichartige DCB parallel geschaltet. Jede DCB enthält ein IGBT-Paar und die dazugehörigen Inversdioden. SEMiX-Module entsprechen der klassischen Modulbauform mit Kupferbodenplatte, aufgelöteten Keramiksubstraten, gelöteten und gebondeten Chips und ebenfalls gelöteten Anschlussterminals und Zwischenverbindern. Besonderheiten sind die Federkontakte für die Hilfsanschlüsse und der integrierte Temperatursensor (NTC).

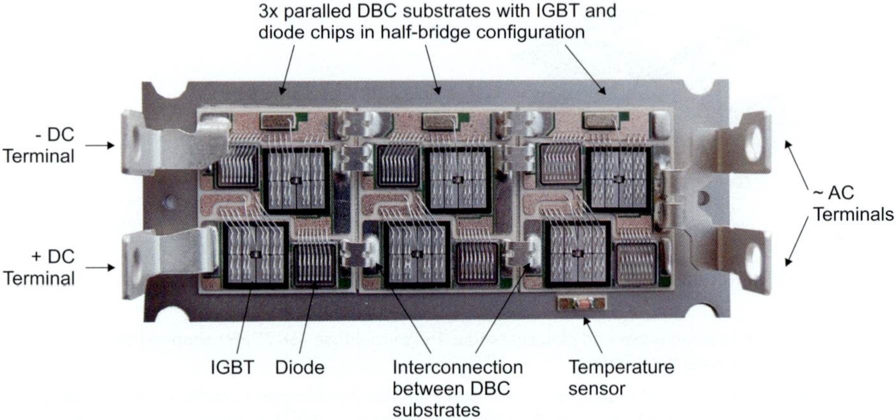

Bild 2.5.45 Interner Aufbau eines SEMiX3 Moduls

MiniSKiiP

IGBT Module in SKiiP-Technologie für den unteren Leistungsbereich mit besonderer Flexibilität und Montagefreundlichkeit sind die druckkontaktierten MiniSKiiP, deren prinzipiellen Aufbau Bild 2.5.46 zeigt.

Bild 2.5.46 Aufbau eines MiniSKiiP

Bestandteile des MiniSKiiP sind:
- das DCB-Isoliersubstrat mit den aufgelöteten und durch Drahtbonden verschalteten Halbleiterchips (z.B. IGBT, MOSFET, Dioden, Thyristoren) sowie weiteren Bauelementen, wie Strom- und Temperatursensoren
- das mit Kontaktfedern bestückte und mit Silikongel vergossene Gehäuse, in dem die DCB eingeklebt ist
- der Deckel aus formstabilem Kunststoff mit Druckplatte.

Alle elektrischen und die thermischen Verbindungen (zum Kühlkörper) werden kraftschlüssig durch eine oder zwei Schrauben hergestellt, durch die das Deckelelement, die Leiterplatte, der MiniSKiiP und der Kühlkörper lösbar miteinander verbunden sind. Hierbei erfüllen die Kontaktfedern mehrere Funktionen: Sie stellen die elektrischen Verbindungen zwischen der Leistungshalbleiterschaltung auf der DCB und der übrigen Schaltung auf der Basisleiterplatte her und bilden außerdem im montierten Zustand auch den Kraftspeicher für das Anpressen der DCB an den Kühlkörper.

Aufgrund der Vielzahl über die gesamte MiniSKiiP-Fläche verteilten Federn wird ein gleichmäßiger Druck zwischen Bauelement und Kühlkörper realisiert, was einen niedrigen thermischen Übergangswiderstand sichert. Für Ströme über 20 A erfolgt eine Parallelschaltung von Kontakten. Aus der großen Zahl der vorhandenen Federschächte resultiert eine hohe Flexibilität in der Realisierung unterschiedlichster Schaltungen für die Antriebs- und Stromversorgungstechnik oder andere Anwendungen.
Um unterschiedliche Leistungsbereiche zu bedienen, stehen in der 2. Generation 4 Gehäusegrößen vom MiniSKiiP0 (600 V-IGBT, Nennströme bis 20 A) bis zum MiniSKiiP3 (600 V und 1200 V-IGBT, Nennströme bis 150 A) zur Verfügung (Bild 2.5.47).

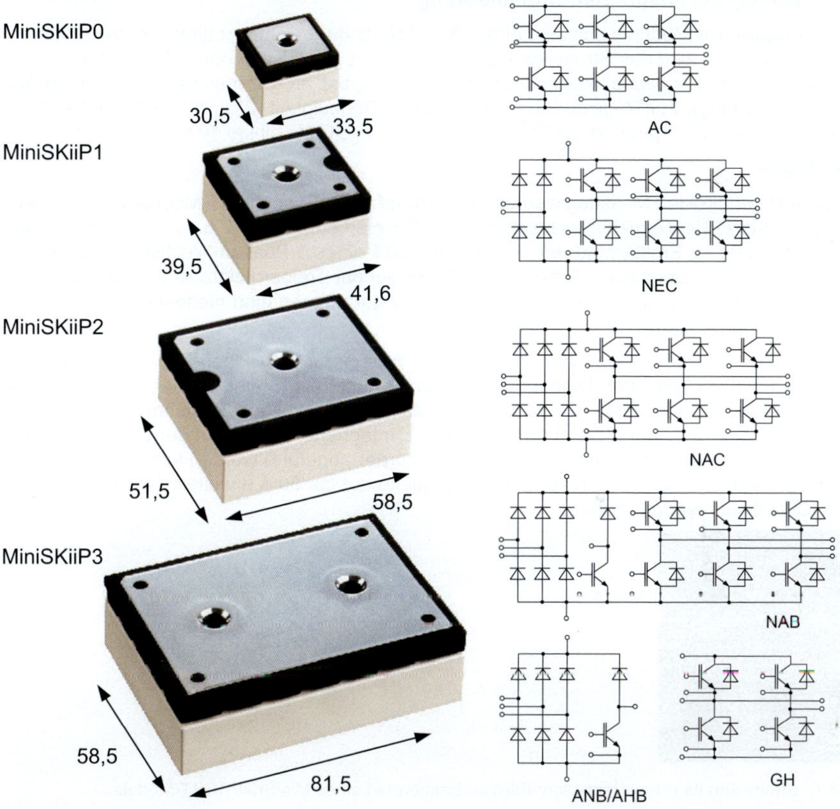

Bild 2.5.47 Bauformen (Abmessungen in mm) und Schaltungen der MiniSKiiP-Standardtypen

SEMITOP

Die bereits erwähnte Typenreihe SEMITOP umfasst 4 Gehäusebaugrößen (Bild 2.5.38). Wie SKiiP, SKiM und MiniSKiiP gehört auch SEMITOP zu den Konstruktionen ohne Kupferbodenplatte, d.h. der großflächige Andruck der DCB an den Kühlkörper wird durch eine spezielle Ausbildung des Kunststoffgehäuses erreicht. Über nur eine Schraube wird die kraftschlüssige Verbindung zwischen Modul und Kühlkörper hergestellt. Die Kontaktierung zur Leiterplatte erfolgt im Gegensatz zum MiniSKiiP beim SEMITOP durch lötbare Stiftanschlüsse.

Da bis zu 12 Leistungsbauelemente in einem derart kleinen Modul integrierbar sind, liegt das bevorzugte SEMITOP-Einsatzgebiet in Applikationen im kleinen Leistungsbereich mit geringem Platzbedarf. Der Bauraum zwischen den Lötanschlüssen ist uneingeschränkt für andere Leiterplattenbauelemente nutzbar.

2.6 Integration von Sensorik, Schutzeinrichtungen und Treiberelektronik

Nachstehend sollen - in der Reihenfolge zunehmenden Integrationsumfanges - einige Beispiele für die Integration peripherer Funktionen in Leistungsmodule beschrieben werden.

2.6.1 Module mit integrierter Strommessung

Die Strommessung in Modulen soll zum einen dem Schutz der Leistungshalbleiter vor Überstrom dienen, zum anderen wird das Stromsignal auch für Stromregelkreise benötigt. Für ersteres reicht eine grobe Überwachung und es kann der Halbleiter selbst als Stromsensor genutzt werden ($V_{CE(sat)}$-Überwachung). Für Regelungen wird eine hohe Genauigkeit (2%...5%), eine hohe Dynamik (Reaktionszeiten ~ 1 µs) und ein Frequenzbereich von DC bis einige 10 kHz benötigt.

Strom-Shunts

Strom-Shunts zur direkten Messung werden im Emitterpfad (-DC) von IGBT-Modulen oder am AC-Ausgang integriert. Die 3 dunklen rechteckförmigen Bauelemente in Bild 2.6.1 zeigen eine Lösung zur Strommessung im Emitterpfad der 3 Low-side IGBT eines 3-Phasen-Wechselrichtermoduls. Die Auswertung muss über einen Differenzverstärker auf der Treiberelektronik erfolgen. Die seitlich unter den Shunts herausgeführten Anschlusspads garantieren eine niederinduktive Ankopplung an den Hauptstrompfad.

Das Problem bei der Verwendung von Shunts ist der Widerspruch zwischen auswertbarem Spannungsbereich in einer gestörten Umgebung und den Verlusten im Shunt. So hat ein 5 mΩ Shunt bei 20 A einen Spannungsabfall von nur 100 mV aber 2 W Verluste. Bei dieser Verlustleistung ist die Grenze für eine Leiterplattenmontage erreicht. Integrierte Shunts auf der DCB haben den Vorteil, dass die Verlustwärme direkt über den Kühlkörper abgeführt werden kann. Dadurch wird der nutzbare Bereich von ca. 20 A auf einer Leiterplatte auf ca. 50 A erweitert. Nachteil ist, dass „teure“ DCB-Fläche verloren geht.

Bild 2.6.1 Strom-Shunts (Firma Isabellenhütte) im Emitterpfad eines MiniSKiiP-IGBT-Moduls

Stromsensoren

Für Ströme größer als 50 A werden galvanisch getrennte Übertrager nach verschiedensten Wirkprinzipien (Transformator, Hall-Effekt, Magnetoresistiver Effekt) eingesetzt. Im SKiiP kommen Kompensationswandler (Bild 2.6.2) zum Einsatz, die sich durch eine hohe Präzision, einen weiten Frequenzbereich und eine hohe Überlastfähigkeit auszeichnen. Die Sensorauswertung ist Bestandteil der IPM-Elektronik und des Schutzkonzeptes. Beim dargestellten Prinzip wird in einem Luftspalt des Übertragerkerns das Magnetfeld des Hauptstromes gemessen und über einen Verstärker ein Strom auf eine Hilfswicklung eingeprägt, welche das Magnetfeld zu Null kompensiert. Der Kompensationsstrom ist ein direktes Abbild des Hauptstroms. Es ist möglich, DC-Strom zu messen und die Stromrichtung zu detektieren.

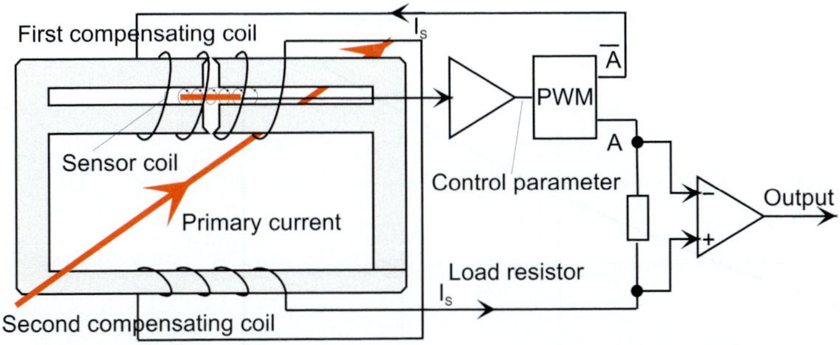

Bild 2.6.2 Wirkprinzip des Kompensations-Stromsensors der SKiiP-IGBT-Module

Sense-IGBT-Module

Sie enthalten spezielle Chiptypen, bei denen über eine kleine Anzahl separat kontaktierter Zellen ein Messstrom herausgeführt wird, der proportional zum Hauptstrom ist. Diese IGBT erfordern eine besondere Chipkontaktierung und Aufbereitung des Signals, welche in SEMIKRON-Modulen nicht zur Verfügung steht. Gegenüber Lösungen mit Shunt im Emitterkreis kann der Messwiderstand um Größenordnungen höher gewählt werden. Im Vergleich zum Überstromschutz durch V_{CE}-Überwachung sind keine bzw. kürzere Ausblendzeiten notwendig. Nachteil ist die Ungenauigkeit und Temperaturabhängigkeit der Messmethode, so dass sie nur zu Schutzzwecken einsetzbar ist.

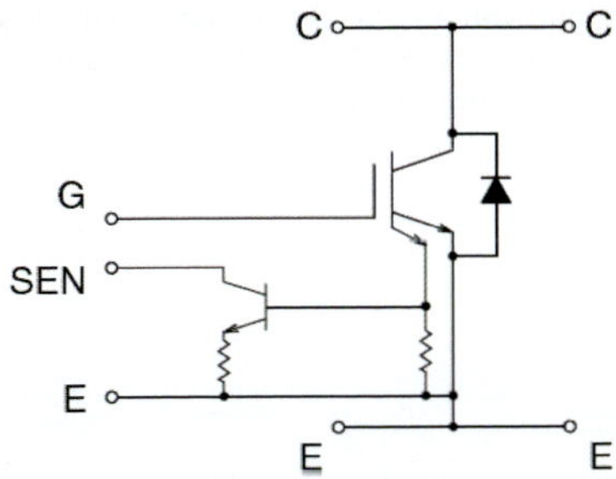

Bild 2.6.3 Sense IGBT [41]

2.6.2 Module mit integrierter Temperaturmessung

In höherintegrierten Modulen werden zunehmend einfache PTC- (**P**ositive **T**emperature **C**oefficient) oder NTC-Temperatursensoren (**N**egative **T**emperature **C**oefficient) in SMD-Bauweise oder als Chipsensor eingesetzt. Der PTC-Sensor vom Typ SKCS2Typ100 wird in MiniSKiiP, einigen SEMITRANS und SEMITOP sowie in SKiM4/5 und SKiiP2/3 eingesetzt. Der Sensor hat bei 25°C einen Widerstand von 1000 Ω und besitzt einen typischen Temperaturkoeffizienten von 0,76 %/K.

$$R(T) = 1000\Omega \cdot (1 + A \cdot (T - 25°C) + B \cdot (T - 25°C)^2)$$

mit $A = 7.635 \cdot 10^{-3}\ °C^{-1}$ und $B = 1.731 \cdot 10^{-5}\ °C^{-2}$

Die Messtoleranz des Sensors im Messstrombereich 1 mA … 3 mA beträgt bei 25°C max. ± 3 %, bei 100°C max. ± 2 %.

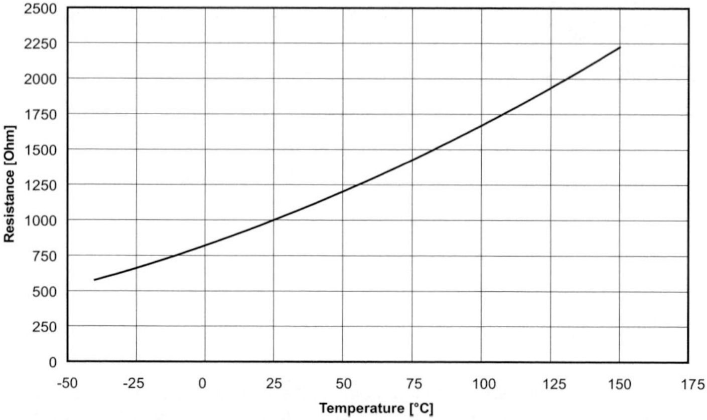

Bild 2.6.4 Kennlinie des PTC-Temperatursensors SKCS2Typ100

Ein NTC-Sensor z.B. vom Typ KG3B-35-5 wird in SEMiX-Bauelementen, einigen SEMITOP, sowie in SKiM63/93 und SKiiP4 eingesetzt. In den einzelnen Produktgruppen kommen Sensoren mit unterschiedlichen Kennlinien zum Einsatz. Details zu den Kennlinienparametern sind in den Datenblättern zu finden. Beispielsweise besitzt der Sensor in den SEMiX-IGBT-Modulen bei 25°C einen Widerstand von 5 kΩ und bei 100 °C einen Widerstand von 493 Ω. Die Messtoleranz des Sensors im Messstrombereich 1 mA ... 3 mA beträgt bei 100°C max. ± 5%. Durch die exponentielle Kennlinie ist der Sensor eher zum Schutz als zur Temperaturmessung geeignet.

$$R(T) = R_{100} \cdot e^{B_{100/125} \cdot \left(\frac{1}{T} - \frac{1}{T_{100}}\right)}$$

mit R_{100} = 0,493 kΩ (± 5%)
$B_{100/125}$ = 3550 K (± 2%)
T_{100} = 373,15 K [T -in Kelvin]

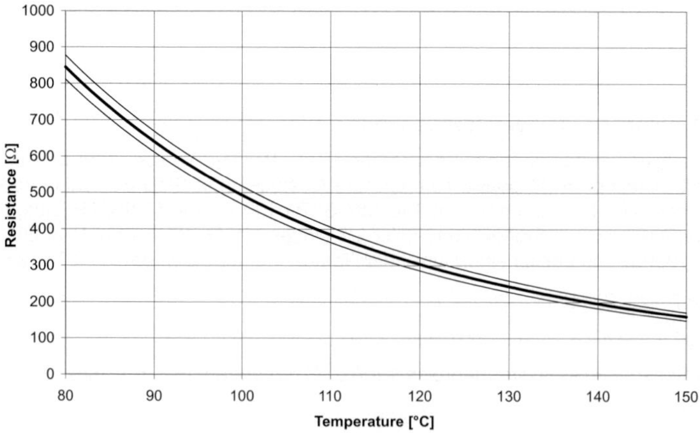

Bild 2.6.5 Kennlinie des NTC-Sensors im interessanten Temperaturbereich inkl. Toleranzband

Bei Modulen sind die Sensoren isoliert in Chipnähe auf der DCB-Keramik aufgelötet. Bei Modulen mit Bodenplatte geben die Sensoren näherungsweise die Bodenplatten- (case-) Temperatur wieder, bei Modulen ohne Bodenplatte wird näherungsweise die Kühlkörpertemperatur erfasst. Der vertikale Wärmefluss zwischen dem Messpunkt und den Kühlkörperbereichen unter den heißesten Chips ist statisch idealerweise vernachlässigbar. Eine geeignete Auswerteschaltung ermöglicht einen statischen Übertemperaturschutz durch Eingriff in die Ansteuerung oder Verarbeitung als Analogsignal. Dynamisch treten jedoch erhebliche Zeitverzögerungen auf, welche sich beispielsweise in den großen Zeitkonstanten der thermischen Impedanz $Z_{th(j-r)}$ im SKiiP3 äußern (Anteile mit t > 200 s für luftgekühlte Systeme, > 50 s für wassergekühlte Systeme). Ein isolierter Temperatursensor kann daher keinen Schutz gegen kurzzeitiges Überlasten darstellen.

Ein dynamisch hochwertiger Schutz ist in IPM-Lösungen möglich (siehe SKiiP4 im nachfolgenden Kapitel). Hier kann die Schutzfunktion auf der Sekundärseite des Treibers und damit auf hohem Potential erfolgen. Dadurch kann der Sensor auf derselben Kupferlage wie die Leistungshalbleiter direkt neben der Wärmequelle positioniert werden. Die Messung ist wesentlich näher an der Chiptemperatur, wenn auch noch nicht gleich. Wesentlicher Vorteil ist aber, dass die größte Zeitkonstante von $Z_{th(j-r)}$ nun im Bereich von 1 s ist und damit ein erheblich besserer Schutz gegen kurzzeitiges Überlasten ermöglicht wird. Eine digitale Signalübertragung stellt im Falle von SKiiP4 trotzdem ein analoges Temperatursensorsignal an der Treiberschnittstelle zur Verfügung, was den Anforderungen an eine verstärkte Isolierung genügt.

a) b) c)

Bild 2.6.6 Temperatursensoren in Leistungshalbleitermodulen, a) Isolierter PTC-Chip in einem MiniSKiiP (0,7 mm Abstand); b) isoliertes NTC-Bauelement in einem SEMiX (1,6 mm Abstand); c) auf Kollektorpotential liegender, unisolierter Chipsensor im SKiiP4

Mit Ausnahme des oben beschriebenen SKiiP4 haben die Temperatursensoren eine Basisisolierung, erfüllen aber nicht die Bedingungen für verstärkte Isolierung. Die Isolationsabstände liegen zwischen 0,7 mm und 1,6 mm, die geforderte Isolationsspannung wird durch Verguss der Module mit Silikongel erreicht. Die Isolationsabstände sind zu gering (Bild 2.6.6 Beispiel MiniSKiiP), so dass im Fehlerfall Plasma und damit hohes elektrisches Potential am Sensor anliegen könnte. Deshalb ist die Isolation des Temperatursensors nach EN 50178 lediglich eine Basisisolation. Für den Schutzgrad „Sichere elektrische Trennung“ sind zusätzliche Schaltungsmaßnahmen erforderlich, die in der Norm umfassend beschrieben sind.

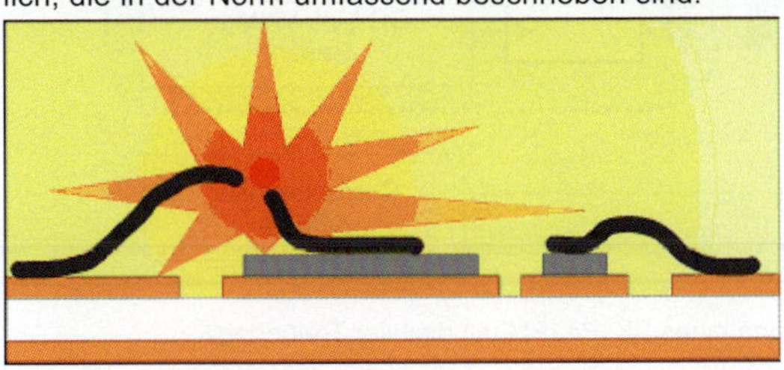

Bild 2.6.7 Möglichkeit des Spannungsüberschlags zum isolierten Temperatursensor beim Schmelzen eines Bonddrahtes im Fehlerfall

2.6.3 IPM (Intelligent Power Module)

In IPM sind zusätzlich zu den IGBT und Freilaufdioden weitere Komponenten für Treiber- und Schutzeinheiten (IPM-Minimalkonfiguration) bis hin zur vollständigen Wechselrichtersteuerung integriert. Vorteile sind der hohe Integrationsgrad und durch ASIC-Lösungen auch eine höhere Zuverlässigkeit als ein vergleichbarer diskreter Aufbau. Nachteilig ist für den Anwender, dass er in der Regel keinen Einfluss auf Schalteigenschaften und Logikfunktionen hat. IPM sind deshalb auch oft anwendungsspezifisch ausgelegt (ASIPM = **A**pplication **S**pecific **IPM**).

Die bereits im Kap. 2.5 unter dem Gesichtspunkt der AVT beschriebenen SKiiP enthalten eine Treibereinheit mit allen notwendigen Schutz- und Überwachungsfunktionen, die als SMD-Leiterplatte unmittelbar über den Leistungsmodulen angeordnet ist. Ansteuerung und Stromversorgung können auf Potential der übergeordneten Steuerung erfolgen. Alle notwendigen Potentialtrennungen, ein Schaltnetzteil und die Leistungstreiber sind im SKiiP-Treiber enthalten. Die SKiiP sind mit Stromsensoren in den AC-Ausgängen und Temperatursensoren sowie einer Überwachung der Zwischenkreisspannung ausgestattet (SKiiP3 optional). Der Treiber erfasst die Signale dieser Sensoren zum Schutz vor Überstrom bzw. Kurzschluss, Übertemperatur und Überspannung sowie den Fehlerfall bei zu geringer Eigenversorgungsspannung. Ein Fehlerstatussignal und normierte analoge Spannungssignale des AC-Ausgangsstrom-Istwertes, der aktuellen Sensortemperatur und der Zwischenkreisspannung stehen potentialgetrennt am Treibersteckverbinder zur Auswertung in der überlagerten Steuerung zur Verfügung. Der Überstromschutz erfolgt sowohl über die Stromsensoren als auch als Brückenkurzschlussschutz mit Hilfe einer V_{CE}-Überwachung. Die Logik für die Ansteuersignale besitzt eine Kurzimpulsunterdrückung und eine Verriegelung der Ansteuersignale eines Brückenzweiges.

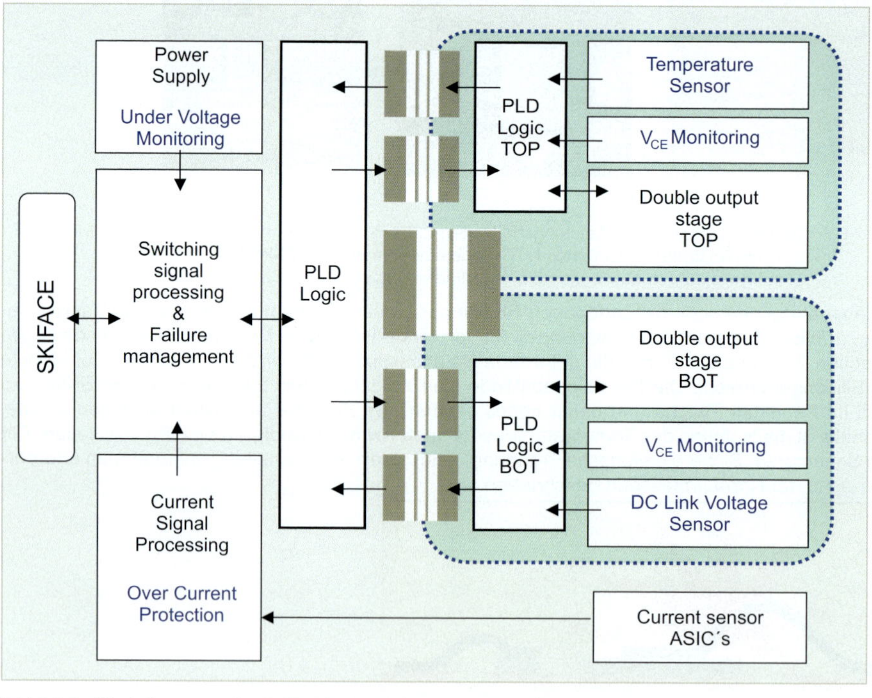

Bild 2.6.8 Blockdiagramm der Treiberfunktionen eines SKiiP4 IPM mit digitaler Treiberlogik

2.7 Zuverlässigkeit

Zuverlässigkeit, d.h. die Einhaltung von betriebsrelevanten Eigenschaften über einen bestimmten Zeitraum, ist für Leistungsmodule eines der wichtigsten Qualitätsmerkmale. Einerseits werden Leistungsmodule im allgemeinen elektrisch und thermisch hoch ausgenutzt; andererseits kann ein vorzeitiger Ausfall Gefährdungen, direkte und Folgeschäden und somit hohe Kosten verursachen. Die Gewinnung von Aussagen zur Zuverlässigkeit ist aufgrund verhältnismäßig kleiner Stückzahlen, oft extrem hoher Lebensdauerforderungen (10...30 Jahre) und komplexer Prüfanforderungen vergleichsweise schwierig. Sie wird ermöglicht durch

- genaueste Kontrolle aller Einflüsse auf die Fertigungsprozesse
- Zuverlässigkeitstests mit möglichst praxisnahen Anforderungen zur Ermittlung typischer Fehlermechanismen
- Tests der Bauelemente im System unter Beobachtung wesentlicher Parameter

Im Zusammenhang mit Zuverlässigkeit wird häufig mit dem Schlagwort „Design for Reliability" gearbeitet [42], was nichts anderes bedeutet, als dass bereits beim Entwurf einer leistungselektronischen Baugruppe die Alterungserscheinungen der Komponenten (in dem Fall der Leistungshalbleiter) mit berücksichtigt werden. Es ist genau soviel Sicherheit mit zu berücksichtigen, dass die Maximalwerte der Komponenten zum Ende der prognostizierten Lebensdauer die Mindestanforderungen der Baugruppe treffen. Dazu sind aber genaue Kenntnisse der Alterungserscheinungen notwendig [43].

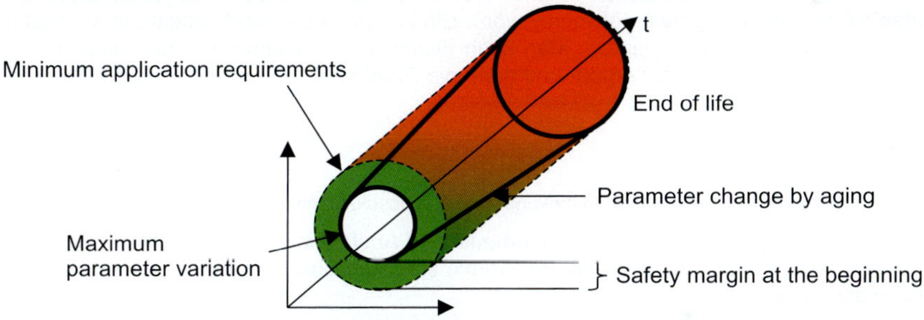

Bild 2.7.1 Designprozess für Zuverlässigkeit; Ziel: zu Beginn der Lebensdauer ausreichend Sicherheit berücksichtigen, so dass am Lebensdauerende noch die Produktanforderungen erfüllt werden.

Im folgenden Kapitel wird beispielhaft auf einige Prüfungen an Leistungsmodulen eingegangen. Es wird jedoch nicht näher auf das bei SEMIKRON ebenfalls erfolgreich zertifizierte Qualitätssicherungssystem nach ISO 9001 und VDA 6 – part1 eingegangen.

2.7.1 MTBF, MTTF und FIT-Rate

Die FIT-Rate (**F**ailure **i**n **t**ime) gibt die Anzahl von Ausfällen pro Betriebsstunde an. Normalerweise wird dieser Wert auf 10^{-9} h normiert.

$$\mathrm{FIT} = \lambda = \frac{n_f}{N \cdot t}$$

n_f = Anzahl der Fehler; N = Anzahl der Bauelemente im Betrieb; t = Beobachtungszeitraum

Bei der Auswertung der Fehler werden möglichst keine Frühausfälle und keine Ausfälle am Lebensdauerende herangezogen. Die Fehlerrate entspricht dem flachen Abschnitt der „Badenwannenkurve" mit idealer Weise konstanter Ausfallrate. Der MTBF-Wert (**M**ean **t**ime **b**etween **f**ailure) gibt die mittlere zu erwartende Zeit zwischen zwei Fehlern wieder. Der MTBF-Wert ist der Umkehrwert der FIT-Rate.

$$\mathrm{MTBF} = \mathrm{MTTF} = \frac{1}{\lambda}$$

Eigentlich ist im Zusammenhang mit Leistungshalbleitern besser der MTTF-Wert (**m**ean **t**ime **t**o **f**ailure) anzugeben, da sich der MTBF-Wert auf die Zeit zwischen zwei Reparaturen bezieht. Da die Reparaturzeit entfällt, sind beide Werte gleichzusetzen. Im Gegensatz zu Bauelementen der Signalverarbeitung, die 100 Mio-fach im Einsatz sind, existiert für Leistungshalbleiter nur eine schwache Datenbasis. Neben der wesentlich geringeren Stückzahl im Feld existieren bei Rückläufern nur selten Angaben zu Betriebszeiten und Betriebsbedingungen der Produkte in der Anwendung. Wikipedia (de.wikipedia.org/wiki/Failure_In_Time) gibt für Leistungstransistoren und -dioden eine FIT-Rate von $50...60 \cdot 10^{-9}$ Stunden an, was einem MTTF-Wert von $2 \cdot 10^{7}$ h entspricht. Dieser Wert gilt vorrangig für diskrete Bauelemente und Module mit nicht mehr als 2 integrierten Bauelementen (SEMIPACK, SEMITRANS). Höher integrierte Bauelemente weisen auch eine höhere Fehlerrate auf.

Oft wird im Zusammenhang mit FIT-Raten auf den Arrhenius-Effekt hingewiesen, was ausdrücken soll, dass die Fehlerrate exponentiell mit der Temperatur steigt (siehe auch folgendes Kapitel). Diese Aussage ist nur bedingt richtig, da sie nur temperaturabhängige Fehlermechanismen berücksichtigt.

2.7.2 Beschleunigte Tests nach Arrhenius

Bei beschleunigten Lebensdauertests geht man davon aus, dass ein Prozess der durch eine Aktivierungsenergie ausgelöst wird, gemäß der Arrheniusgleichung exponentiell von der Temperatur abhängt. In Bild 2.7.17 ist an der rechten Y-Achse die notwendige Prüfdauer angegeben, die für ein bestimmtes ΔT im Lastwechseltest notwendig wäre. Ein Langsam-Lastwechseltest mit $\Delta T = 30$ K würde demnach 30...100 Jahre dauern. Man kann diesen Prozess beschleunigen, indem man während des Tests die Temperatur erhöht und dann die Ergebnisse auf „normale“ Betriebsbedingungen rückrechnet.

$$N = B \cdot e^{\frac{-E_A}{k_b \cdot T}}$$

E_A = Aktivierungsenergie, k_b = Boltzmannkonstante, T = absolute Temperatur

Kennt man eine Fehlerrate N eines temperaturbedingten Ausfallmechanismus, kann man durch Anpassen des Faktors B und der Aktivierungsenergie eine Kennlinie für einen gesamten Temperaturbereich berechnen.

2.7.3 Standardtests für Qualifikation und Nachqualifikation von Produkten

Die Zielstellung der Zuverlässigkeitstests sind
- Sicherstellen der generellen Produktqualität und Zuverlässigkeit
- Ermitteln von Systemgrenzen durch Belastung mit verschiedenen Testbedingungen
- Sicherstellen der Prozessstabilität und Reproduzierbarkeit der Produktionsprozesse
- Bewertung des Einflusses von Produkt- und Prozessänderungen hinsichtlich der Zuverlässigkeit.

Die nachfolgenden Tests sind Mindestanforderungen für die Produktfreigabe von Leistungsmodulen. Nach Neu- und Weiterentwicklung und zur Requalifikation werden folgende Standardprüfungen angewandt, die produktabhängig durch weitere, individuelle Zuverlässigkeitstests ergänzt werden. Zuverlässigkeitstests sind zerstörende Tests und werden an einer Anzahl von Produktionsmustern durchgeführt.

Zuverlässigkeitstest	Standard-Testbedingungen für MOS / IGBT Produkte	Standard-Testbedingungen für Dioden / Thyristor Produkte
High Temperature Reverse Bias (HTRB) *IEC 60747*	1000 h, 95% $V_{DC(max)}/V_{CE(max)}$, $125°C \leq T_c \leq 145°C$	1000 h, DC, 66% of voltage class, $105°C \leq T_c \leq 120°C$
High Temperature Gate Bias (HTGB) *IEC 60747*	1000 h, $\pm V_{GS(max)}/V_{GE(max)}$, $T_{j(max)}$	not applicable
High Humidity High Temperature Reverse Bias (THB) *IEC 60068-2-67*	1000 h, 85°C, 85% RH, V_{DS}/V_{CE} = 80%, $V_{DC(max)}/V_{CE(max)}$, max. 80 V, V_{GE} = 0V	1000 h, 85°C, 85% RH, V_D/V_R = 80% V_{Dmax}/V_{Rmax}, max. 80 V
High Temperature Storage (HTS) *IEC 60068-2-2*	1000 h, $T_{stg(max)}$	1000 h, $T_{stg(max)}$
Low Temperature Storage (LTS) *IEC 60068-2-1*	1000 h, $T_{stg(min)}$	1000 h, $T_{stg(min)}$
Thermal Cycling (TC) *IEC 60068-2-14 Test Na*	100 cycles, $T_{stg(max)} - T_{stg(min)}$	25 cycles $T_{stg(max)} - T_{stg(min)}$
Power Cycling (PC) *IEC 60749-34*	20.000 load cycles, ΔT_j = 100 K	10.000 load cycles, ΔT_j = 100 K
Vibration *IEC 60068-2-6 Test Fc*	Sinusoidal sweep, 5g, 2 h per axis (x, y, z)	Sinusoidal sweep, 5g, 2 h per axis (x, y, z)
Mechanical Shock *IEC 60068-2-27 Test Ea*	Half sine pulse, 30g, 3 times each direction (±x, ±y, ±z)	Half sine pulse, 30g, 3 times each direction (±x, ±y, ±z)

Tabelle 2.7.1 Übersicht über SEMIKRON Zuverlässigkeitstests, Testbedingungen und normative Grundlagen

Vor, während und nach Abschluss der Tests werden relevante Bauelementparameter gemessen, um den Einfluss der Tests auf die Lebensdauer abzuschätzen. Als fehlerhaft gilt, wenn ein Bauelement folgende Änderung aufweist:

Thyristoren/Dioden

Sperrstrom/Blockierstrom I_{RD}/I_{DD}:	+ 100 % über oberem Grenzwert
Gate Trigger Spannung/Strom V_{GT} / I_{GT} :	+ 10 % über oberem Grenzwert
Durchlassspannung V_T / V_F :	+ 10 % über oberem Grenzwert

IGBT/MOS

Einschaltwiderstand/Durchlassspannung $R_{DS(on)}$, V_{CEsat}:	+ 20 % des Anfangswertes
max. Veränderung Schwellenspannung $V_{GS(th)}$, $V_{GE(th)}$:	± 20 % der Grenzwerte
Gateleckstrom I_{GSS} / I_{GES} :	+ 100 % über oberem Grenzwert
Sperrstrom I_{DSS} / I_{CES} :	+ 100 % über oberem Grenzwert

Alle Module

Innerer thermischer Widerstand $R_{th(j-c)}$:	+ 20 % des Anfangswertes
Isolationsprüfspannung V_{isol}:	spezifizierter Grenzwert

Ein Datenblatt beschreibt ein Produkt zum Zeitpunkt der Auslieferung an den Kunden. Veränderungen während der Lebensdauer sind dabei nicht abgedeckt. Dies steht im Gegensatz zu einigen Dokumenten der Halbleiternorm IEC-60747, welche in ihrer letzten Edition ein Einhalten der oberen Parametergrenzwerte auch nach Abschluss der Lebensdauertests verlangen.

2.7.3.1 Heißsperr-Dauertest (HTRB), Gatestress-Test (HTGB), Feuchte-Wärme-Test (THB)

Diese drei Tests dienen vorrangig der Qualifizierung der verwendeten Chips hinsichtlich ihrer Sperrfähigkeit, der Qualität der Passivierung und des Gateoxids. Sie werden in Klimakammern mit angelegter Spannung durchgeführt. Während des Tests werden die Leck- bzw. Sperrströme überwacht. Nach dem Ende werden die relevanten statischen elektrischen Parameter wie oben beschrieben abgeprüft.

2.7.3.2 Hoch- und Tieftemperaturlagerung (HTS, LTS)

Die Lagerung bei extremen Temperaturen stellt vor allem die Qualität des Gehäuses unter hohem thermischen Stress sicher. Am Ende des Tests dürfen die Gehäuse keine Beschädigungen (z.B. Risse) aufweisen.

2.7.3.3 Temperaturwechseltest (TC)

In diesem Test werden die Bauelemente periodisch zwischen einer Kühlkammer und einer Heizkammer mit Hilfe eines Fahrstuhlkorbes auf und ab bewegt (Bild 2.7.2). Das Bauelement wird passiv erwärmt. Die Testzeiten sind relativ lang, so dass alle Teile des Prüflings die Kammertemperatur angenommen haben. Mit diesem Test werden kritische mechanische Spannungen im Gehäuse selbst und zwischen Schichten mit verschiedenen thermischen Ausdehnungskoeffizienten abgeprüft. Gestresst werden insbesondere die großflächigen Lötungen zwischen DCB und Cu-Bodenplatte. Simuliert wird mit dem Test die passive Erwärmung, wie sie durch Tag- und Nachtwechsel oder durch Aufwärmkurven des Kühlmittels erfolgen. Für industrielle Anwendungen werden üblicherweise 100 Wechsel zwischen minimaler und maximaler Lagertemperatur gefordert (-40°C/+125°C). Moderne Bauelemente mit gesinterten Chips und ohne Bodenplatte erreichen 1500 Wechsel und mehr.

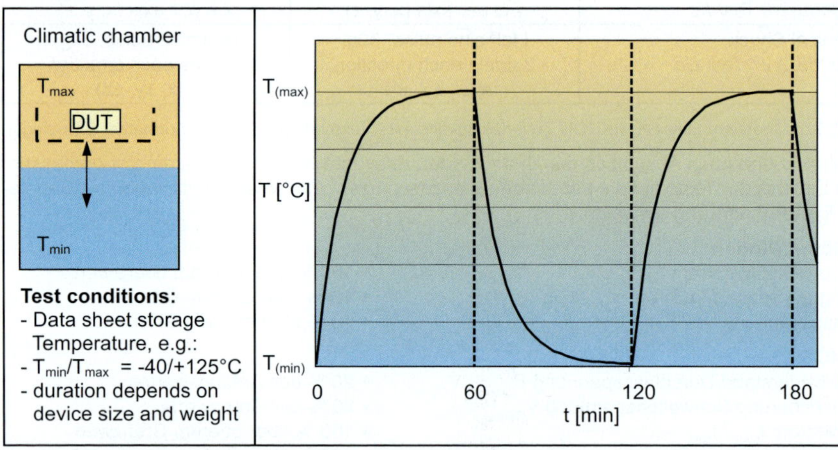

Bild 2.7.2 Temperaturwechseltest: Messaufbau und Messverfahren

2.7.3.4 Lastwechseltest (PC)

Im Lastwechseltest werden die Bauelemente aktiv durch Verluste im Halbleiter selbst periodisch erwärmt und mit Hilfe einer Kühleinrichtung wieder abgekühlt (Bild 2.7.3)

Zur Erwärmung wird ein konstanter Gleichstrom in Höhe des Nennstroms in das Bauelement eingeprägt. Die Zyklendauer sind einige Sekunden bis einige 10 s. Durch die aktive Erwärmung entsteht ein Temperaturgefälle vom Chip über das Gehäuse bis zum Kühlmedium.

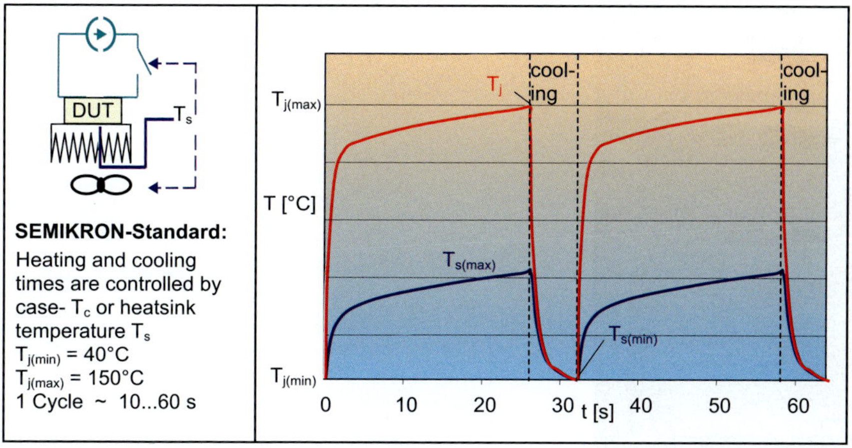

Bild 2.7.3 Lastwechseltest: Messaufbau und Messverfahren

Mit diesem Test werden thermo-mechanische Spannungen zwischen Schichten mit verschiedenen thermischen Ausdehnungskoeffizienten abgeprüft. Gestresst werden insbesondere die Verbindungen zwischen Chip und DCB und Bonddrahtverbindungen, da diese am heißesten werden. Simuliert wird mit dem Test die aktive Erwärmung wie sie durch unterschiedliche Belastungen der Halbleiter im Betrieb erfolgen. Als Ergebnis werden Kennlinien für erreichbare Zyklenzahlen in Abhängigkeit der Temperaturunterschiede gegeben. Die Kennlinien gehen vereinfachend von einheitlichen Ausfallmechanismen im gesamten Temperaturbereich aus. Zur Beschleunigung der Tests werden die Ergebnisse bei hohen ΔT Werten durchgeführt (z.B. bei ΔT = 80 K und ΔT = 110 K) und zur Abschätzung der Lebensdauer in der realen Anwendung auf kleine Temperaturhübe extrapoliert.

2.7.3.5 Vibrationstest

Vibrationstests werden im Frequenzbereich von 10 bis mindestens 1000 Hz mit einer Beschleunigung von 5g durchgeführt. Höhere Beschleunigungen sind möglich. Je nach Prüfequipment kann eine Begrenzung hinsichtlich der minimalen Frequenz bei gleichzeitiger hoher Beschleunigung vorliegen. Aufgabe des Test ist es, Schwachstellen in der mechanischen Konstruktion zu finden, z.B.:

- mechanische Alterung von Federkontakten
- Festigkeit von Lötkontakten bei schwingenden Massen
- Risse in Gehäusen/Konstruktionsteilen

Während der Tests wird durch einen kleinen Prüfstrom der sichere Kontakt aller Hilfs- und Hauptanschlüsse überwacht. An den Prüflingen sind keine zusätzlichen schwingenden Massen (Kabel, Zwischenkreiskondensatoren) angebracht, wie es später in der Applikation meist der Fall ist. Vergleichbare Tests im Aufbau der Endanwendung sind empfehlenswert und können zu anderen Maximalbeschleunigungen führen.

Bild 2.7.4 SKiiP-System auf Rüttelplatte

2.7.4 Zusätzliche Tests für Federkontakte

Zur Qualifizierung von Federkontakten werden ergänzende Tests zur Kontaktsicherheit auch unter extremen Bedingungen durchgeführt [44].

2.7.4.1 Mikrovibration (Fretting Corrosion)

Unter elektrischer Last und dem Einfluss von Mikrovibrationen können Kontaktoberflächen korrodieren. Es entsteht ein Materialabrieb, der zum Ausfall des Kontaktes führen kann. Aufgabe dieses Testes ist es zu überprüfen, ob für die Kombination aus Federmaterial und empfohlener Kontaktoberfläche der Leiterplatte ein guter elektrischer Kontakt bis zum Lebensende gegeben ist. Im Test werden über einen Piezo-Antrieb (Bild 2.7.5) Vibrationen simuliert (Frequenz: 1 Hz, Amplitude: 50 µm). Die Kontakte werden während des Tests überwacht. Um ein „freibrennen“ der Kontakte zu unterdrücken, sind der Strom auf 20 mA und die Spannung auf 20 mV limitiert.

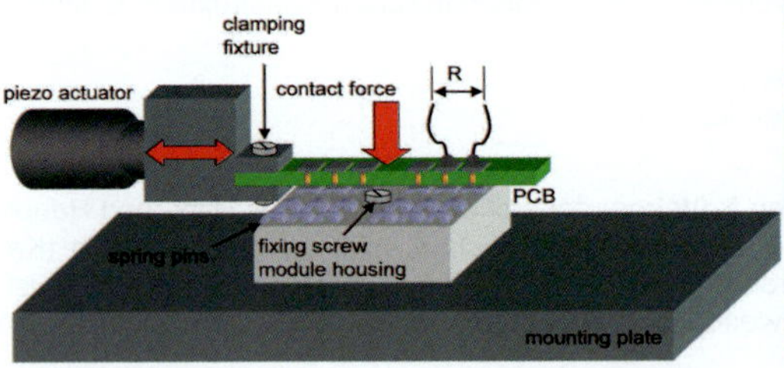

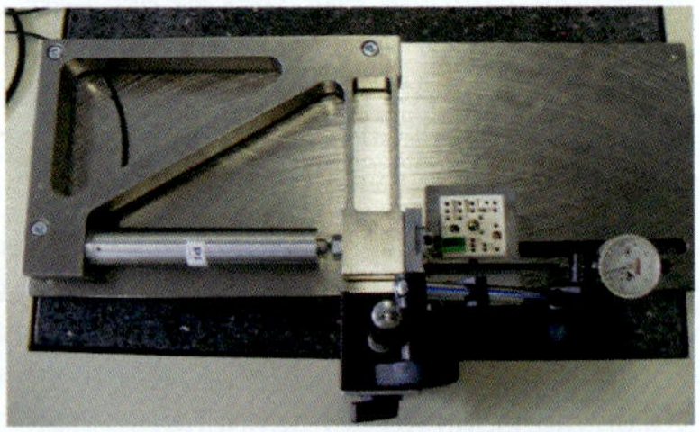

Bild 2.7.5 Prinzipzeichnung und Foto des Mikrovibrationstests; Beispiel: Test von MiniSKiiP-Federn

Nach [45] wird ein Federkontakt als gut eingestuft, wenn nach 100.000 Bewegungen der Kontaktwiderstand < 10 mΩ ist. Die Federn der 2. Generation MiniSKiiP überleben mehr als 4,5 Mio Bewegungen.

2.7.4.2 Korrosive Atmosphäre (Schadgastest)

In einer abgeschlossenen Kammer werden die Bauelemente einer aggressiven Atmosphäre für mehrere 100 Stunden ausgesetzt. Es handelt sich auch hier um einen beschleunigten Test, der mit extremen Bedingungen die korrosive Wirkung von Umwelteinflüssen simulieren soll.

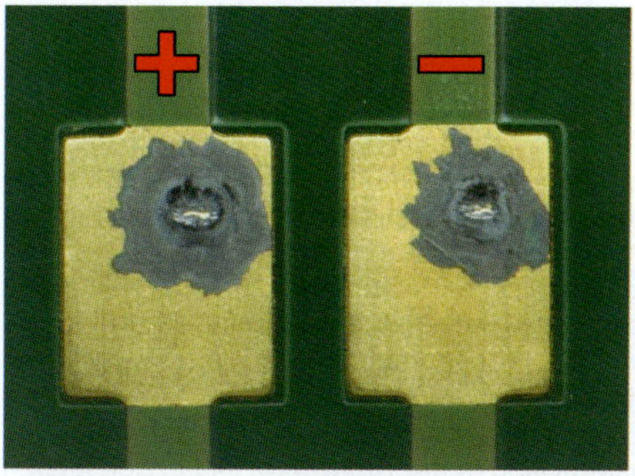

Bild 2.7.6 Schadgastest von MiniSKiiP-Federn auf Leiterplatte (3ppm H_2S, 40°C, 80% RH, 2000 h, 15 V)

Bild 2.7.6 zeigt die Kontaktflächen einer MiniSKiiP-Leiterplatte nach erfolgreichem Test. Zum gleichzeitigen Test, ob bei dieser Metallkombination (Leiterplatte/Federkontakt) die Gefahr von Elektromigration vorliegt, wurde an den Prüfling Spannung angelegt. Es sind keine Spuren von Elektromigration zu sehen (Wanderung von Ionen in Richtung des elektrischen Feldes). Sichtbar sind wegen der korrosiven Atmosphäre auf dem Ni/Gold-Flash der Leiterplatte graue Flecken, verursacht durch den Anlaufschutz der Federn sowie schwarze Oxidationsspuren. Diese sind aber weitestgehend symmetrisch um die Kontaktstelle. Klar sind aber auch die Metall/Metall-Kontaktflächen in der Mitte sichtbar. Durch den großen Anpressdruck der Federn sind die Kontaktflächen praktisch hermetisch gegen die äußere Atmosphäre abgedichtet. Der Kontakt ist auch nach dem Test sicher gewährleistet [46].

2.7.4.3 Temperaturwechsel des Kontakts zur Leiterplatte

In diesem Test wird der Kontakt eines Leistungshalbleitermoduls im montierten bzw. gelöteten Zustand starken Temperaturschwankungen unterworfen. Der Lötkontakt reißt bedingt durch die starre Verbindung bereits nach ca. der Hälfte der Testdauer, der freibewegliche Federkontakt übersteht den Test von 2000 Temperaturwechseln von -40°C auf +125°C.

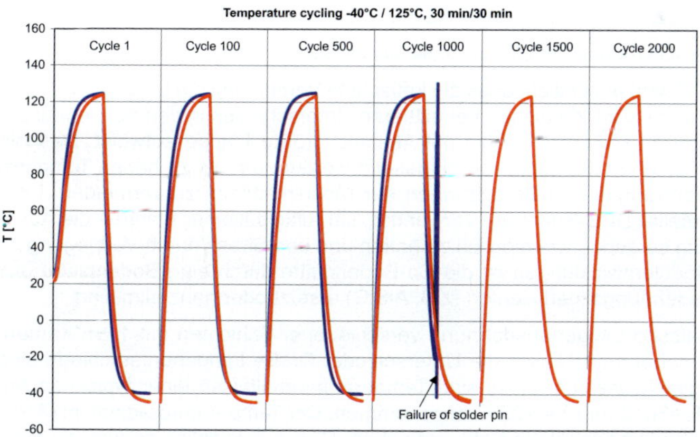

Bild 2.7.7 Vergleich der Kontaktsicherheit von Lotstift und Federkontakt (HAL-Sn PCB, Ag spring pin, Ni/Au-flash DCB) nach Montage auf einer Leiterplatte im Temperaturwechsel.

2.7.5 Ausfallmechanismen bei Lastwechsel

Der thermo-mechanische Stress zwischen Materialien mit verschiedenen Ausdehnungskoeffizienten CTE führt bei Temperaturänderungen zu einer Alterung der Verbindungen. Welche der Mechanismen letztendlich zum Ausfall der Bauelemente führt, hängt von Last und Kühlbedingungen ab. Je weiter die Verbindung vom Chip entfernt ist, umso länger benötigt sie für die vollständige Erwärmung. Je schlechter der Leistungshalbleiter gekühlt wird, um so mehr werden alle Schichten mit auf das Temperaturniveau des Chips angehoben. Für eine Erhöhung der Lastwechselfestigkeit ist es sinnvoll, an der äußersten Fehlerquelle (= am nächsten zur Wärmesenke) Verbesserungen vorzunehmen. Eine Schädigung hier wird das ΔT aller darüber liegenden Verbindungen vergrößern und diese auch zum Ausfall bringen. Die Entwicklung bodenplattenloser Module in den 90er Jahren eliminierte die Fehlerquelle „Bodenplattenlötung". Die Einführung der Sintertechnik als Ersatz für das Chiplot verschiebt die Ausfallgrenze für diese Verbindung deutlich nach oben und führt dazu, dass die Bondverbindung zum schwächsten Glied in der Kette wird. Die in den letzten Jahren eingeführten Verbesserungen der Bondverbindungen führen jetzt zu insgesamt deutlich höheren Lastwechselzahlen als es noch vor 10…15 Jahren möglich war. Bild 2.7.8 verdeutlicht die für die Lebensdauer relevanten Aufbaudetails eines IGBT-Moduls.

Bild 2.7.8 verdeutlicht die für die Lebensdauer relevanten Aufbaudetails eines IGBT-Moduls.

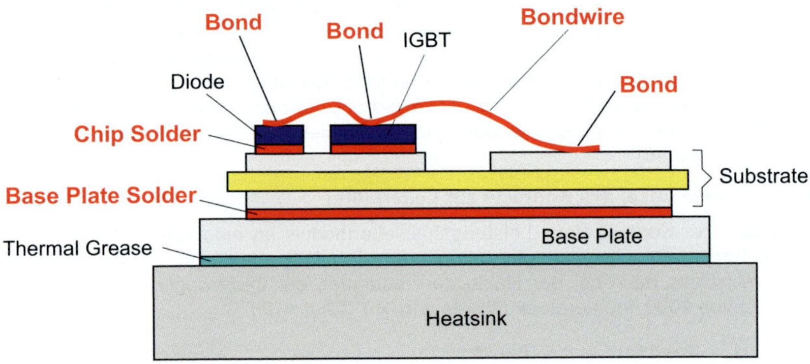

Bild 2.7.8 Schichtfolge eines IGBT-Modulaufbaus, in rot die lebensdauerrelevanten Verbindungen

Aus Bild 2.7.9 und Bild 2.7.8 wird ersichtlich, dass die kritischste Verbindung die Lötung des Substrates auf die Bodenplatte aus Cu ist, da diese - bei mittleren Unterschieden in den Ausdehnungskoeffizienten der benachbarten Materialien - die mit Abstand größte Fläche aufweist. Deshalb müssen sehr hochwertige Lote und Lötverfahren eingesetzt werden, um bis zu hohen Temperaturwechselamplituden Verzerrungen und Zerstörungen der Modulplättchen zu vermeiden. Desweiteren werden häufig geteilte DCB-Substrate verwendet, um mittels kleiner Flächen die Absolutdifferenz der Ausdehnung so gering wie möglich zu halten und den Stress durch Verbiegung zu reduzieren. In anderen Modulentwicklungen ist die Cu-Bodenplatte durch eine Bodenplatte aus Material mit kleinerem Ausdehnungskoeffizienten (z.B. AlSiC) ersetzt oder ganz eliminiert.

Bild 2.7.9 zeigt die theoretische Längenausdehnung verschiedener Schichten mit 1 cm Kantenlänge. Die Balken zeigen dabei maßstäblich die Unterschiede. Große Längenunterschiede sind dabei mit hohem Stress gleichzusetzen. Links sind Temperaturverhältnisse einer typischen Anwendungsbedingung mit T_C=80°C und T_j= 125°C angenommen. Der Temperaturgradient im Modul führt dazu, dass sich die Kupferbodenplatte trotz vierfachem CTE nur reichlich doppelt so stark ausdehnt wie der Chip. Wie auf der rechten Seite dargestellt führen dagegen passive Erwärmungen wie z.B. durch Kühlwasser im KFZ zu Unterschieden in den Längenausdehnungen entsprechend der CTE Verhältnisse. Die Tabelle zeigt auch, dass eine AlN-Keramik besser an Silizium angepasst ist. Dafür erhöht sich der Stress zwischen AlN-Keramik und Kupferbodenplatte, so dass diese Kombination nicht oder nur mit Einschränkungen verwendbar ist. Eine unter Lebensdauergesichtspunkten bessere Kombination ist die Kombination AlN-Keramik und AlSiC Bodenplatte.

Die Al_2O_3-Keramik liegt zwischen den Ausdehnungen von Si und Cu und bildet daher eine ideale Zwischenschicht für Module mit Cu-Bodenplatte. Bonddrähte sind nicht über großflächige Verbindungen angebunden. Die hier dargestellte Längenausdehnung führt zu Verbiegungen der Drähte. Der vergleichsweise kleine Bondfuß ist allerdings durch den großen Unterschied im CTE zwischen Silizium-Chip und Aluminium-Bonddraht besonderem Stress ausgesetzt.

Material	CTE 10^{-6}/K	T [°C]	ΔT [K]	Δl Power Cycling	T [°C]	ΔT [K]	Δl Temperature Cycling
Chip (IGBT) Si	3,5	125	100	3.5µm	125	100	3.5µm
AlN -DCB	8,2	105	80	6.6µm	125	100	8.2µm
Al_2O_3 - DCB	10,7	105	80	8.6µm	125	100	10.7µm
AlSiC base plate	7	80	55	3.8µm	125	100	7µm
Cu base plate	17	80	55	9.4µm	125	100	17µm
Bond wire Al	23	100	75	17.2µm	125	100	23µm

Bild 2.7.9 Längenausdehnung verschiedener Materialschichten eines Leistungshalbleitermoduls bei einer angenommenen Kantenlänge von 1 cm. Links bei einem Temperaturgefälle im Modul wie bei einem typischen Lastwechsel; Rechts bei Erwärmung des Gesamtmoduls wie bei einem Temperaturwechsel mit gleichem ΔT

Lotermüdung der Bodenplatte

Die großflächige Lötung einer Modulbodenplatte wird insbesondere bei langsamen Vorgängen und bei starken Erwärmungen gestresst. Zunächst beginnt die Lotverbindung an den Ecken zu reißen. Die Folge ist, dass der Wärmewiderstand des Moduls steigt. Dies kann zur Überhitzung der Chips führen oder andere Ausfallmechanismen soweit beschleunigen, dass diese dann zum Ausfall führen. Die Güte der Bodenplattenlötung wird mit Temperaturwechseltests abgesichert.

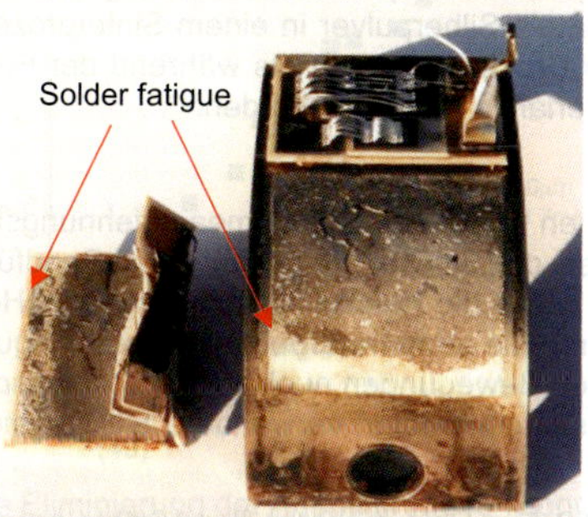

Bild 2.7.10 34 mm Modul mit abgerissener DCB (helle Flächen sind Lotermüdung)

Es liegt auf der Hand, dass mit Verzicht auf die Bodenplatte und die notwendige Lötung eine wesentliche Verschleißursache eliminiert werden kann, sofern auf andere Weise ein ausreichend guter Wärmeübergang vom Substrat zum Kühlkörper geschaffen wird und die Nachteile der verringerten Wärmespreizung kompensierbar sind. Dies konnte mit den Technologien von SKiiP, SKiM, MiniSKiiP und SEMITOP realisiert werden (vgl. Kap. 2.5).

Lotermüdung der Chiplötung

Die Lotermüdungen der Chips treten meist parallel zu Bonddrahtschädigungen auf. Je mehr sich das gesamte Modul mit erwärmt, um so mehr wird auch die Lötverbindung gestresst. Die Lotermüdung führt zum Anstieg des R_{th} und der Chiptemperatur, was bei IGBT wiederum zu höheren Verlusten und damit einem höheren Temperaturunterschied ΔT führt. Der Alterungsprozess beschleunigt sich am Ende.

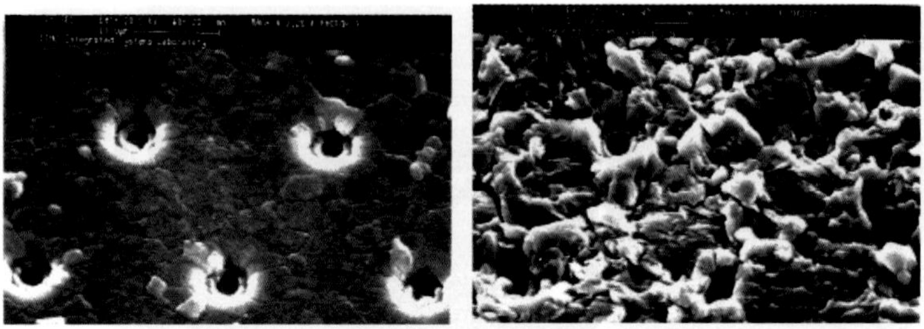

a) b)

Bild 2.7.14 Rekonstruktion der Chip-Metallisierung, a) vor und b) nach den Lastwechseln [51]

2.7.6 Bewertung der Temperaturverläufe hinsichtlich der Lebensdauer

Wie hier und in Kap. 2.5 (AVT) erwähnt, unterliegen alle internen Verbindungen der Leistungsmodule bei Temperaturwechselbeanspruchung einer Alterung. Ursache sind die unterschiedlichen Temperaturen und Ausdehnungskoeffizienten der miteinander verbundenen Materialien, die über thermische Spannungen Materialermüdung und Verschleiß bewirken. Die Lebensdauer bzw. die Anzahl der möglichen Temperaturzyklen sinkt mit steigenden ΔT_j.

Verlustleistungsänderungen mit einer Frequenz von einigen 100 Hz werden durch die transiente thermische Impedanz der Chips nicht mehr aufgefangen und führen zu einer geringen Temperaturschwankung im Modul (Kap. 5.2 Verlustleistungsbilanz). Bei dieser Frequenz ist das ΔT_j allerdings noch so klein und energiearm, dass es von elastischen Verformungen aufgefangen wird bzw. ist der Alterungseffekt so schwach, dass er für die Lebensdauerbetrachtung keine Rolle spielt. Bei Betrieb mit wenigen Hz und vor allem bei intermittierendem Betrieb mit Laständerungen im Sekundenbereich und hohen Temperaturhüben, wie er z.B. in Traktions-, Aufzugs- und Impulsanwendungen vorherrscht, entsteht dagegen eine Temperaturwechselbeanspruchung der modulinternen Verbindungen, d.h. der
- Bondverbindungen
- Rückseitenlötung der Chips
- Lötung DCB/Bodenplatte
- und der Substratlaminierung (Cu auf Al_2O_3 oder AlN).

Bei der thermischen Dimensionierung muss deshalb untersucht werden, ob das ΔT_j so groß ist, dass die projektierte Anzahl an Fahrspielen nicht erreicht wird. In diesem Fall ist dann die Temperaturdifferenz $\Delta T_j = T_{j(max)} - T_{j(min)}$ während der betrachteten Lastzyklen und nicht die höchstzulässige Chiptemperatur $T_{j(max)}$ das Auslegungskriterium für das Leistungsmodul.

Der Zusammenhang zwischen der möglichen Lastwechselanzahl N_f und der Temperaturwechselamplitude ΔT_j wird durch viele Einflussgrößen bestimmt. Messungen sind außerordentlich aufwendig. Erste umfassende Tests, in denen auch die Abhängigkeit der Temperaturwechsel von der mittleren Temperatur T_{jm} nachgewiesen wurden, sind in den 1990er Jahren mit den Ergebnissen der LESIT-Studie veröffentlicht worden [52]. Mit Hilfe einer Parameteranpassung für A, α und die Aktivierungsenergie E_a lassen sich die Ergebnisse der Studie an die Lebensdauerfunktion gemäß der folgenden Gleichung analytisch berechnen.

$$N_f = A \cdot \Delta T_j^{\alpha} \cdot e^{\left(\frac{E_a}{k_b \cdot T_{jm}}\right)}$$

angepasste Parameter für Punkte in Bild 2.7.15: $A=3{,}025 \cdot 10^5$, α = -5.039, $E_a=9{,}891 \cdot 10^{-20}$ J, k_b – Boltzmankonstante, ΔT_j & T_{jm} [K]

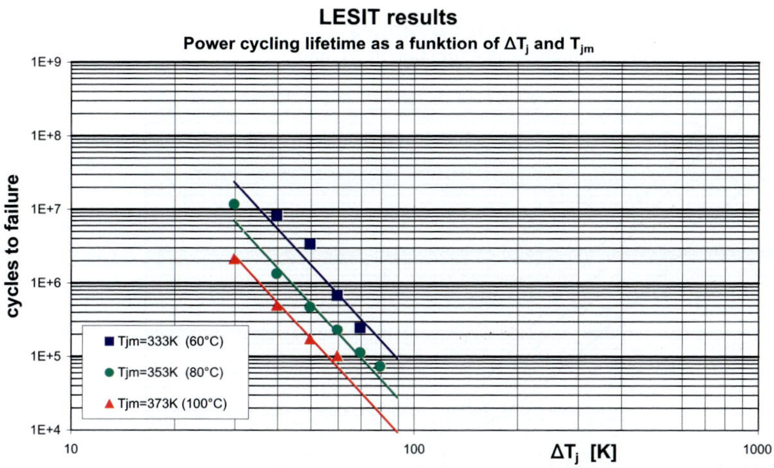

Bild 2.7.15 Lastwechselkurven wie sie für Leistungsmodule in Abhängigkeit verschiedener mittlerer Temperaturen in der LESIT Studie ermittelt wurden [52]

Wie Bild 2.7.15 zeigt, sinkt die Zahl der möglichen Lastwechsel für ΔT_j > 30 K um eine Zehnerpotenz je 20...30 K Zunahme der Temperaturwechselamplitude. Periodische Lastwechsel im Sekunden- bis Minutenbereich erfordern somit Temperaturwechselamplituden unter 30 K. Diese Kurven wurden mit Modulen verschiedener Hersteller ermittelt und stellen den damaligen Stand der Technik dar. Die Aufbau- und Verbindungstechnik hat sich verbessert, so dass mit heutigen Leistungshalbleitermodulen höhere Lastwechselzahlen erreichbar sind. Deshalb führte SEMIKRON 2009 die im folgenden dargestellten Kurven ein.

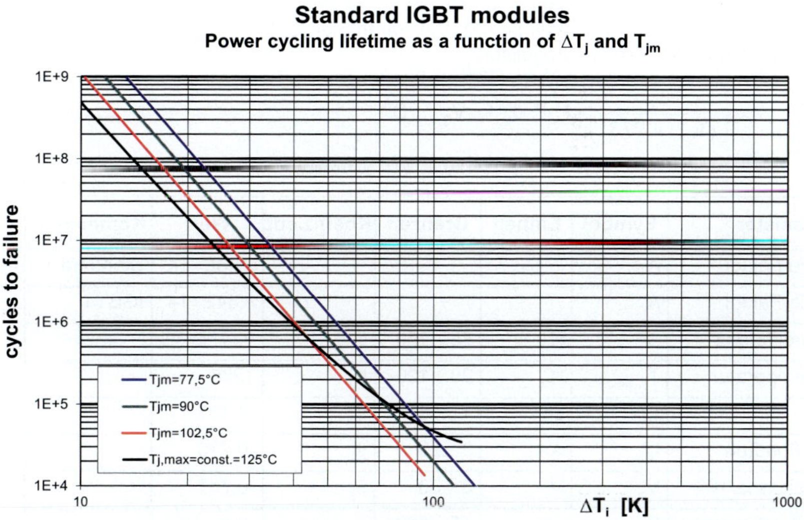

Bild 2.7.16 Abhängigkeit der Lastwechselanzahl N_f als Funktion der Temperaturwechselamplitude ΔT_j und der mittleren Temperatur T_{jm} für Standard IGBT-Module

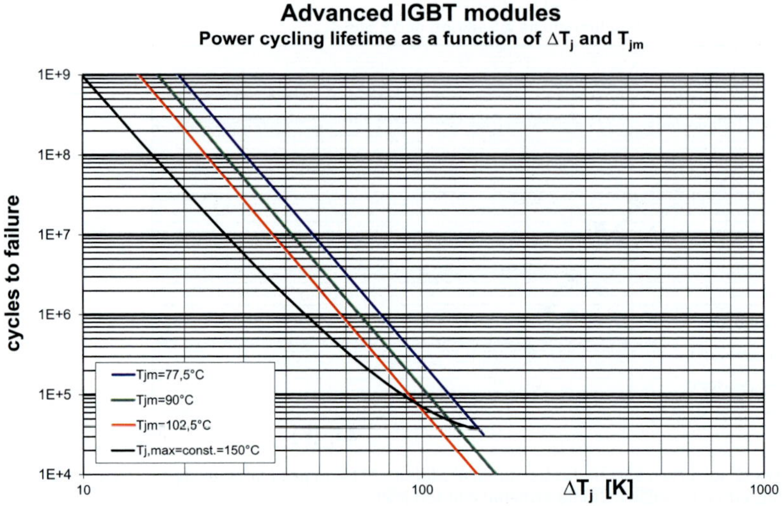

Bild 2.7.17 Abhängigkeit der Lastwechselanzahl N_f als Funktion der Temperaturwechselamplitude ΔT_j und der mittleren Temperatur T_{jm} für weiterentwickelte IGBT-Module mit verbesserter Bonddrahtverbindung und/oder verbesserter Chipverbindung (gesintert)

Die LESIT-Kurven berücksichtigen den Effekt der mittleren Temperatur bzw. das Temperaturniveau, auf dem der Temperaturwechsel erfolgt. Viele Testergebnisse deuten jedoch darauf hin, dass andere Parameter wie die Pulsdauer t_{on} und die Stromamplitude I_B genauso die Testergebnisse beeinflussen wie auch Parameter aus der AVT, wie z.B. Bonddrahtstärke und Bondloophöhe oder Chip und Lotschichtdicken. In [53] ist ein erweitertes Modell vorgestellt worden, welches auf der Auswertung einer Vielzahl von Tests beruht. Die Parameter, Gültigkeitsgrenzen und Koeffizienten sind in der folgenden Tabelle aufgelistet:

$$N_f = A \cdot \Delta T_j^{\beta_1} \cdot \exp\left(\frac{\beta_2}{(T_{j,min} + 273)}\right) \cdot t_{on}^{\beta_3} \cdot I_B^{\beta_4} \cdot V_C^{\beta_5} \cdot D^{\beta_6}$$

Parameter	Symbol	Einheit	Grenzen	Koeffizient	Wert	Kommentar
Technologie-Faktor	A				2,03E+14	Standard
Technologie-Faktor	A				9,34E+14	IGBT4
Temperaturdifferenz	ΔT	K	45…150	β_1	-4,416	
Min. Chiptemperatur	$T_{j(min)}$	°C	20…120	β_2	1285	
Pulsdauer	t_{on}	s	1…15	β_3	-0,463	
Strom per Bondfuß	I_B	A	3…23	β_4	-0,716	
Spannungsklasse/100	V_C	V	6…33	β_5	-0,761	
Bonddrahtdurchmesser	D	µm	75…500	β_6	-0,5	

Tabelle 2.7.2 Parameter und Grenzen für die Berechnung der Lastwechselzahlen nach oben stehender Gleichung

Beispiel: Würde ein Bauelement bei gegebener Lastwechselanzahl N_f und Testdauer $t_{on(Test)}$ in der Anwendung für eine andere Pulsdauer $t_{on(Anwendung)}$ eingesetzt, ergäbe sich

$$N_{application} = N_{test} \cdot \left(\frac{t_{on(application)}}{t_{on(test)}} \right)^{\beta_3}$$

Das heißt, wenn die Anwendungspulsdauer 1/10 der Testpulsdauer beträgt, würde sich die Lebensdauer ungefähr verdreifachen. Das Modell verschafft einen guten Eindruck über den Einfluss verschiedener Parameter auf die Lastwechselzahlen, es ist aber nur bedingt geeignet, um so losgelöst konkrete Lebensdauerwerte zu berechnen. Grund sind physikalische Einschränkungen, da nicht alle Parameter unabhängig voneinander sind. Zum Beispiel ist ein kleines ΔT_j bei großen Strömen und langen Impulsdauern nicht möglich. Oder wie im Beispiel für die Pulsdauer angenommen, wären für ein gleiches ΔT_j bei unterschiedlichen Pulsdauern t_{on} unterschiedlich hohe Ströme notwendig.

3 Datenblattangaben für MOSFET, IGBT, Dioden und Thyristoren

3.1 Normen, Symbole und Begriffe

3.1.1 Normen

Die Verwendung und Bedeutung von Symbolen und Begriffen ist in der Norm IEC 60747 „Discrete Semiconductors" beschrieben. In den Einzelnormen zur jeweiligen Halbleiterstruktur sind Details zu den Parametern, Mindestanforderungen für Datenblattangaben sowie deren Prüf- und Messmethoden gegeben:

- IEC 60747-1	Allgemeines (Symbole und Begriffe)
- IEC 60747-2	Dioden
- IEC 60747-3	Thyristoren
- IEC 60747-8	Feldeffekttransistoren
- IEC 60747-9	IGBT
- IEC 60747-15	Isolierte Power Module

Weitere wichtige Normen für Leistungshalbleiter sind:

- IEC 60191-2	Mechanische Standardisierung von Halbleiterbauelementen, Teil 2 Abmessungen (Gehäusezeichnungen zu genormten Gehäusen)
- DIN EN 50178	Ausrüstung von Starkstromanlagen mit elektronischen Betriebsmitteln (Isolationsprüfverfahren, Teilentladung)
- IEC 60664	Isolationskoordination für el. Betriebsmittel in Niederspannungsanlagen (Luft- und Kriechstrecken)
- IEC 60721	Klassifikation von Umwelteinflüssen
- IEC 60068	Umweltprüfungen (Spezifikation von Testbedingungen)
- IEC 60749	Mechanische und Klimatische Testmethoden

Vorschriften und Normen die nicht den gültigen internationalen Standards entsprechen, aber für bestimmte Märke Anwendung finden:

- UL94	Test für Entflammbarkeit von Plastikmaterialien (Tests for Flammability of Plastic Materials for Parts in Devices and Appliances)
- UL508C	Anlagen zur Energieumwandlung (Power Conversion Equipment)
- MIL-STD-750E	Testmethoden für Halbleiterbauelemente (Test Methods for Semiconductor Devices)

3.1.2 Symbole und Begriffe

Spannungen: Es werden zwei Indizes verwendet, um die Anschlüsse zu bezeichnen, zwischen denen die Spannung gemessen wird. Bei positivem Potential des mit dem ersten Index bezeichneten Anschlusses gegenüber dem mit dem zweiten Index bezeichneten Anschluss (Bezugspotential) ist die definierte Spannung positiv, z.B. V_{CE}.

- C Collector
- E Emitter
- G Gate
- D Drain
- S Source
- K Kathode
- A Anode

Bei Dioden wird anstatt „AK" als Index „F" für Durchlassspannungen („forward" Anodenpotential positiv gegenüber Kathodenpotential) und „R" für Sperrspannungen („reverse", Kathodenpotential positiv gegenüber Anodenpotential) verwendet. Bei Transistoren kann ein zusätzlicher dritter Index den Beschaltungszustand zwischen dem Anschluss mit Index 2 und dem nicht bezeichneten 3. Anschluss angeben, z.B. V_{CES} bedeutet für den IGBT „mit Kurzschluss zwischen Gate und Emitter". Folgende Abkürzungen sind zulässig:

- S: Kurzschluss;
- R: zu spezifizierende Widerstandsbeschaltung;
- V: zu spezifizierende, externe Spannung;
- X: zu spezifizierende Widerstandsbeschaltung und externe Spannung

Vor oder nach den Anschlussindizes (z.B. $V_{(BR)DS}$ bzw. $V_{GE(th)}$ oder V_{CEsat}) können weitere Indexkürzel zur Kennzeichnung von Parametern - mit oder ohne Einklammerung sowie in Groß- oder Kleinschreibung - angeordnet sein, z.B.:
- (BR): Durchbruchspannung („Break");
- sat: Sättigungsspannung („saturation");
- (th): Schwellenspannung („threshold");
- clamp: durch externe Beschaltungsmaßnahmen begrenzte Spannung.

Versorgungsspannungen erhalten den Index des Bezugsanschlusses in zweifacher Schreibweise, z.B. V_{GG} (Versorgungsspannung des Gate-Emitter-Stromkreises), V_{CC}, V_{DD}.

Ströme: Es wird als Index nur die Kurzbezeichnung des Bauelementeanschlusses verwendet (z.B. G=Gate, C=Collector), in den der Strom hineinfließt (z.B. I_G für Gatestrom). Positive Zahlenwerte kennzeichnen positive Ströme. Bei Dioden wird als Index „F" für Ströme in Durchlassrichtung (Anode-Kathode) und „R" für Ströme in Sperrrichtung (Kathode-Anode) verwendet. Ausnahmen sind Sperr- und Leckströme, bei denen mit einem zweiten Index der zweite Anschluss für die angelegte Sperrspannung bezeichnet wird. Hier kann dann mit den gleichen Abkürzungen wie für die Spannung ein zusätzlicher dritter Index den Beschaltungszustand zwischen dem Anschluss mit Index 2 und einem nicht bezeichneten 3. Anschluss angeben werden, z.B. I_{GES}. Vor oder nach den Anschlussindizes können weitere Kürzel - mit oder ohne Einklammerung sowie in Groß- oder Kleinschreibung - angeordnet sein, z.B.:
- av : Mittelwert (average value),
- rms: Effektivwert (root mean square),
- M: Spitzenwert (maximum),
- R: periodisch (repetitive),
- S: nichtperiodisch (spike),
- puls: gepulster (Gleichstrom).

Thermische Größen: Temperaturen werden immer mit einem großen T bezeichnet. Die meist verwendeten Indizes sind:
- j Sperrschicht (junction), alt auch „vj" für virtual junction
- c Gehäuse (case), hier ist die wärmeabführende Bodenplatte gemeint
- s Kühlkörper (sink), alt auch „h" für heatsink
- r Referenzpunkt (reference), in der Regel integrierter Temperatursensor
- a Umgebung (ambient), hier ist meist die Kühlmitteltemperatur gemeint

Temperaturdifferenzen wie auch thermische Widerstände (R_{th}) bzw. Impedanzen (Z_{th}) werden mit einem Bindestrich getrennt und mit den beiden Punkten bezeichnet, zwischen denen sie gelten, also z.B. $\Delta T_{(j-a)}$ oder $R_{th(c-s)}$.

Mechanische Größen: Diese Größen beziehen sich vor allem auf die Montage der Bauelemente. Wesentliche Größen sind Anzugsmomente M für Schraubanschlüsse und Kühlkörpermontage, Zugkräfte F an Anschlüssen und Oberflächenbeschaffenheiten von Montageflächen.

Weitere Symbole: Die Terminologie der weiteren zur Anwendung kommenden Symbole für elektrische Größen lehnt sich weitgehend an die der Spannungen und Ströme an. Als Indizes sind (meist eingeklammert) auch Bezeichnungen der Schaltzustände (on), (off) möglich.

3.1.3 Grenzwerte, Kennwerte

Grenzwerte und Kennwerte werden tabellarisch gegeben, sie können zusätzlich auch in Form von Diagrammen veröffentlicht werden.

Grenzwerte (Ratings)

Die in den Datenblättern aufgeführten Grenzwerte der Module bezeichnen Extremwerte der ohne Zerstörungsgefahr zulässigen elektrischen, thermischen und mechanischen Belastung. Eine „normale" Bauteilalterung tritt allerdings auch innerhalb dieser Grenzen auf. Jeder Grenzwert ist unter genau festgelegten Bedingungen spezifiziert, deren Angabe unverzichtbar ist. Andere Umgebungsbedingungen können zu anderen Grenzwerten führen, bei denen nur zu einigen Abhängigkeiten Kenntnisse existieren. Die Grenzwerte sind absolut, d.h. die Überschreitung auch nur eines der Grenzwerte kann zur Zerstörung des Bauelementes führen, auch wenn andere Grenzwerte nicht ausgenutzt werden. Zusätzlich zu den „statischen" Grenzwerten existieren „dynamische" Grenzwerte, d.h. Grenzen für den zulässigen Verlauf des Arbeitspunktes (Strom/Spannung) während des Schaltens. Wenn nicht anders angegeben, gelten die in den Datenblättern aufgeführten Grenzwerte bei einer Chip- oder Gehäusetemperatur von 25°C, d.h. bei höheren Temperaturen sind meist Deratings zu beachten.

Kennwerte (Characteristics)

Kennwerte beschreiben die unter bestimmten Messbedingungen (meist anwendungsnah) ermittelten Eigenschaften der Bauelemente. Auch hier trifft zu, dass jeder Kennwert unter genau festgelegten Randbedingungen gilt, deren Angabe unverzichtbar ist, da manche dieser Bedingungen nicht einheitlich festgelegt sind. Kennwerte werden oft als typische Werte mit einem Streubereich angegeben. Als Bezugstemperaturen (Chip- oder Gehäusetemperatur) sind 25°C und meist eine zweite hohe Temperatur z.B. 125°C oder 150°C üblich. Bei davon abweichenden Temperaturen müssen hier die Temperaturabhängigkeiten berücksichtigt werden (vgl. Kap. 2).

3.1.4 Bauteil-(Typen-) Bezeichnung

Gehäuseform	Stromklasse (& Gehäusegröße)	Schaltungs-kürzel	Blockierspan-nung (*100V)	Chip
SKM	200	GB	12	6
(Mini)SKiiP	39	AC	12	T4
SK	30	GD	06	5
SEMiX	453	GAL	12	E4
SKiM	606	GD	06	8
SKiiP	1814	GB	17	E4

Die Stromklasse ist meist (mit Ausnahme des MiniSKiiP) der Nennstrom für eine spezifizierte Gehäuse- oder Kühlkörpertemperatur in A. Die letzte Ziffer der Stromklasse wird als Gehäusekennzeichen genutzt. Beispiel: SEMiX453... ist ein 450 A Bauelement im SEMiX3-Gehäuse.

Wichtigste Schaltungskürzel für IGBT Module sind (vgl. Kap. 2.5.2.7):
- GB Halbrückenzweig
- GA Einzelschalter
- GD/AC Drehstrombrücke
- GAL/GAR Einzelschalter mit Freilaufdiode für Chopper- (DC/DC-Wandler) Schaltungen
- MLI Phasenbaustein eines 3-level Inverters mit Dioden zum „neutral point clamping"
- T-MLI Phasenbaustein eines 3-level Inverters mit Bidirektionalem Schalter für „neutral point clamping"

Weitere Details sind in den „Technical Explanations" für jede Gehäuseform gegeben.

3.2 Netzdioden und Thyristoren

Die in diesem Kapitel erklärten Datenblattangaben stehen nicht immer für jedes Bauelement zur Verfügung.

3.2.1 Temperaturen

Ersatzsperrschichttemperatur T_j

Es ist der Temperaturwert, der einem Gebiet im Inneren eines Halbleiterbauelements zugeschrieben wird, in dem eine gedachte Wärmequelle die von den elektrischen Verlusten herrührende Wärmeleistung liefert. Die Ersatzsperrschichttemperatur T_j ist eine virtuelle Größe, sie kann nicht direkt gemessen werden. Sie stellt einen theoretischen Mittelwert dar, die reelle Temperatur am pn-Übergang eines Chips kann davon lokal deutlich abweichen. Dieser Effekt verstärkt sich mit zunehmender Chipgröße.

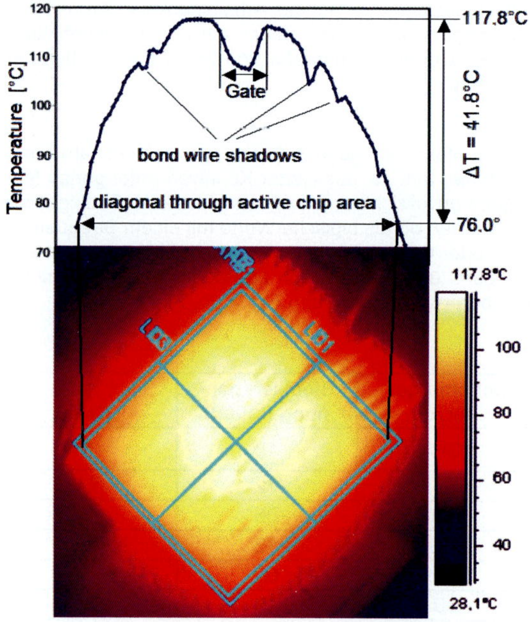

Bild 3.2.1 Der untere Teil zeigt die Infrarotaufnahme eines stromdurchflossenen, gebondeten Chips mit 12x12 mm² aktiver Fläche, rechts davon die den Falschfarben zugeordneten Temperaturen. Der obere Bildteil zeigt als Auswertung dieser Infrarotaufnahme die diagonal über den Chip gemessene Temperatur.

Bild 3.2.1 zeigt die Temperaturverteilung, gemessen in der Diagonale eines stromdurchflossenen Chips. Man erkennt die großen Temperaturunterschiede (ΔT = 41,8°C) zwischen den Ecken und der heißesten Stelle des Chips. Der keinen Strom führende Gatebereich und die Abschattung der Wärmestrahlen durch die Bonddrähte sind deutlich zu erkennen. Die nach der üblichen Messmethode, nämlich mittels des negativen Temperaturkoeffizienten der Durchlassspannung, gemessene Temperatur entspricht dem Mittelwert der über die aktive Fläche mit Infrarot gemessenen oder durch Simulation errechneten lokalen Chiptemperaturen.

Bild 3.2.2 beschreibt die Messmethode für die Ersatzsperrschichttemperatur T_j, die bei allen bipolaren Bauelementen zur Anwendung kommen kann. Bei niedrigen Strömen ist der Temperaturkoeffizient der Durchlassspannung negativ. Rechts ist der lineare Zusammenhang zwischen Durchlassspannung V_F bei konstantem Strom und der Temperatur demonstriert. Kennt man beispielsweise die Durchlassspannungen $V_F(1)$ bei 25°C und $V_F(3)$ bei 150°C, so kann man die Chiptemperatur X leicht aus der gemessenen Durchlassspannung $V_F(2)$ zurückrechnen (Bedingung ist gleicher Messstrom).

$$T_{j(X)} = 25°C + \frac{V_F(2) - V_F(1)}{V_F(3) - V_F(1)} \cdot (150°C - 25°C)$$

Die höchstzulässige Ersatzsperrschichttemperatur ist bei Leistungshalbleitern der wichtigste Grenzwert und zugleich Bezugstemperatur für die meisten Kennwerte. Die Ersatzsperrschichttemperatur T_j kann aus der (messbaren) Gehäusetemperatur, der Verlustleistung und dem (im Datenblatt angegebenen) Wärmewiderstand berechnet werden, um zu kontrollieren, ob der höchstzulässige Wert eingehalten wird (vgl. Kap. 4.1).

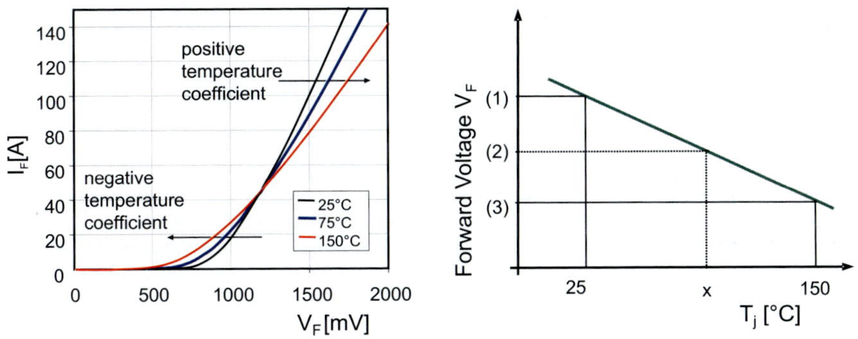

Bild 3.2.2 Temperaturabhängigkeit der Durchlassspannung V_{ce} eines bipolaren Bauelements

Gehäusetemperatur T_c, Bezugspunkttemperatur T_r

Temperatur an einer festgelegten Stelle des Gehäuses. Bei kunststoffgekapselten Kleinleistungsbauelementen unterscheidet man Gehäusetemperatur (gemessen an der Oberfläche des Kunststoffgehäuses) und Bezugspunkttemperatur T_r (gemessen an einem bestimmten Punkt eines Anschlusses). Bei Bauelementen mit Metallgehäusen werden beide Begriffe sinngleich verwendet. Bei Bauelementen mit integriertem Temperatursensor ist T_r die Temperatur des Sensors.

Kühlkörpertemperatur T_s

Temperatur des Kühlkörpers (heat sink). Die Temperatur T_s wird an einer festgelegten Stelle im Kühlkörper oder auf der Kühlkörperoberfläche neben einem Leistungshalbleiter gemessen.

Umgebungstemperatur T_a

Temperatur, mit der das Kühlmittel, zum Beispiel Luft, dem Halbleiterbauelement bzw. seiner Kühleinrichtung zuströmt. Die Strömung kann durch Konvektion bedingt sein (natürliche Kühlung) oder durch einen Lüfter / eine Pumpe bewirkt werden (forcierte Kühlung). Bei Flüssigkeitskühlung ist T_a die Temperatur der Kühlflüssigkeit und wird gelegentlich auch mit T_w bezeichnet.

Betriebstemperaturbereich

Bereich der Gehäuse-, Umgebungs-, Kühlmittel- oder Wärmeträgertemperaturen, innerhalb dessen ein Halbleiterbauelement elektrisch beansprucht werden darf. Die obere Grenze des Betriebstemperaturbereichs ist identisch mit der höchstzulässigen Ersatzsperrschichttemperatur. Hier erreicht die zulässige elektrische Beanspruchung den Wert Null, und alle eingangs genannten Temperaturwerte werden daher gleich der höchstzulässigen Ersatzsperrschichttemperatur.

Lagerungstemperaturbereich T_{stg}

Temperaturbereich, innerhalb dessen ein Halbleiterbauelement, das elektrisch nicht beansprucht wird, gelagert oder transportiert werden darf.

3.2.2 Thermische Impedanz und thermischer Widerstand

Die thermische Impedanz ist definiert als ein Quotient der Zeitfunktion einer Temperaturdifferenz dividiert durch die eingeprägte Verlustleistung. Sie wird als Diagramm in Abhängigkeit von der Zeit in den Datenblättern angegeben.

$$Z_{th}(t) = \frac{T_1(t) - T_2(t)}{P}$$

Der statische Endwert ist der thermische Widerstand. Dieser ist als Kennwert in den Datenblättern angegeben. Je nach Wahl der Messpunkte der beiden Temperaturwerte unterscheidet man z.B.:

- $Z_{th(j\text{-}c)}$ / $R_{th(j\text{-}c)}$ Sperrschicht-Gehäuse
- $Z_{th(c\text{-}s)}$ / $R_{th(c\text{-}s)}$ Gehäuse-Kühlkörper
- $Z_{th(s\text{-}a)}$ / $R_{th(s\text{-}a)}$ Kühlkörper-Umgebung
- $Z_{th(j\text{-}a)}$ / $R_{th(j\text{-}a)}$ Sperrschicht-Umgebung

Da T_c und T_s von der Lage des Messpunktes abhängig sind, können sich ihre Anteile am thermischen Gesamtwiderstand verschieben. In der Summe muss jedoch immer gelten (sinngemäß auch für Z_{th}):

$$R_{th(j\text{-}c)} + R_{th(c\text{-}s)} + R_{th(s\text{-}a)} = R_{th(j\text{-}a)}$$

Berechnungen mit dem thermischen Widerstand sind anwendbar bei reinen Gleichgrößen und für die Ermittlung von Temperaturmittelwerten periodischer Funktionen. Normalerweise sind jedoch der Strom im Halbleiterbauelement und damit auch die Verlustleistung zeitabhängige Größen. Bei Netzgleichrichtern schwanken die Verluste und Temperaturen mit der Netzfrequenz um einen Mittelwert. Im Maximum der Belastung ergibt sich eine höhere Ersatzsperrschichttemperatur T_j als sich bei Gleichstrombelastung oder bei Berechnung mit einer mittleren Verlustleistung P_{FAV}/P_{TAV} und R_{th} einstellen würde. Die Höhe der Temperaturschwankung ist abhängig von der Stromform und der Leitdauer innerhalb einer Netzperiode. Mit Hilfe der thermischen Impedanz kann für jeden beliebigen Zeitverlauf der Verlustleistung P(t) die aktuelle Sperrschichttemperatur $T_j(t)$ berechnet werden.
In Datenblättern älterer Bauelemente sind wegen der damals eingeschränkten Rechenmöglichkeiten noch Hilfsgrößen angegeben. Diese sollen dem Anwender ermöglichen, die von der Last bedingte Verlustleistungs- und Temperaturschwankung auf Grund der Betriebsfrequenz mit zu berücksichtigen. Physikalisch nicht korrekt, aber als mathematisches Hilfsmittel wird der statische R_{th} mit einem Korrekturfaktor multipliziert, um von der mittleren auf die Maximaltemperatur hochzurechen (Bild 3.2.3). Dieser als reine Rechengröße oder als Diagramm ausgegebene „R_{th}" gilt für die angegebene Stromform und den Leitwinkel bei Frequenzen von 40...60 Hz. Die Angabe „**Rec120**" bedeutet also „rechteckiger Strom mit einer Leitdauer von 120°".

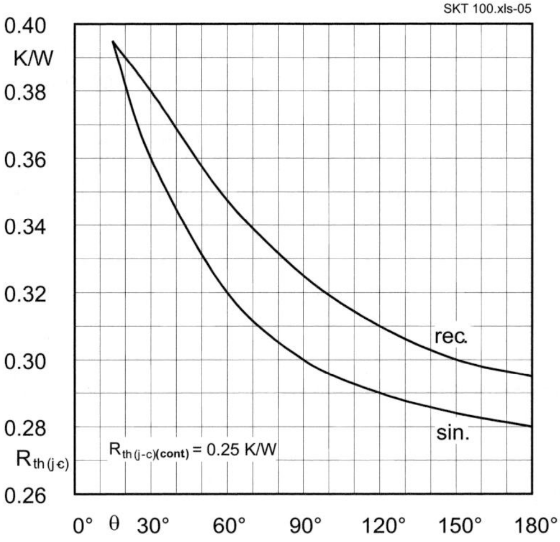

Bild 3.2.3 Mit einem Korrekturfaktor multiplizierter $R_{th(j-c)}$ eines diskreten 100 A – Thyristors zur Berechnung der Temperaturschwankung als Funktion des Stromflusswinkels Θ und der Stromform

Solche Hilfsmittel sind auch die thermische **Pulsimpedanz $Z_{th(p)}$** und die thermische **Zusatzimpedanz $Z_{th(z)}$**.

$Z_{th(p)} = Z_{th} + Z_{th(z)}$

Mit der thermischen Impedanz wird die Temperaturveränderung für eine Zeit nach dem Anlegen einer Verlustleistung berechnet. Hierfür wird in der Regel die über eine Periode der Netzfrequenz gemittelte Verlustleistung P_{TAV} herangezogen. Auch diesem Temperaturanstieg ist eine Schwankung mit der Betriebsfrequenz überlagert. Diese Schwankung kann analytisch mit Hilfe der thermischen Impedanz für Einzelpulse und Pulsfolgen berechnet werden (Kap. 5.2.2.3 „Sperrschichttemperatur bei Kurzzeitbetrieb"). Physikalisch nicht korrekt wird als mathematisches Hilfsmittel in älteren Datenblättern ein Zusatzwert für die thermische Impedanz angegeben, um von der mittleren Verlustleitung auf die Maximaltemperatur zurückzuschließen. Beispielhaft sind in Bild 3.2.4 solche Zusatzimpedanzen für verschiedene Stromflusswinkel und Stromformen angegeben.

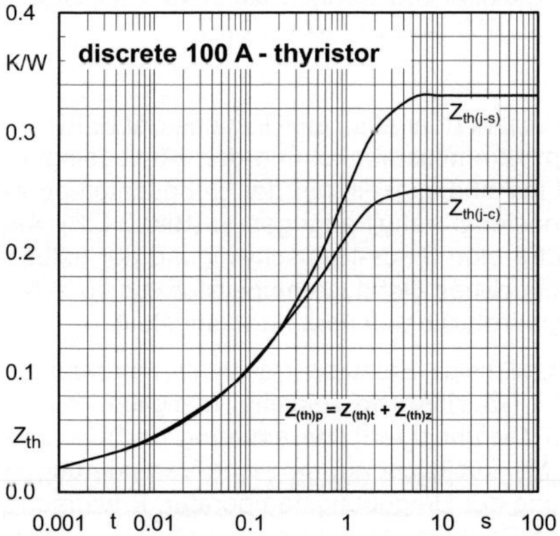

Θ	$Z_{(th)z}$ (K/W) sin.	rec.
360°	-	0
180°	0.03	0.04
120°	0.04	0.06
90°	0.05	0.075
60°	0.07	0.10
30°	0.11	0.13
15°	0.145	0.145

Bild 3.2.4 Z_{th} eines diskreten 100 A-Thyristors zum Gehäuse ($Z_{th(j-c)}$) und zum Kühlkörper $Z_{th(j-s)}$ und mathematisches Hilfsmittel $Z_{th(z)}$ zur Berechnung der Temperaturschwankung bei Netzfrequenz für verschiedene Stromwinkel und Stromformen

3.2.3 Mechanische Daten

In den Datenblättern sind auch Angaben zu den mechanischen Daten enthalten. In einer Maßskizze sind die Abmessungen eingetragen. Angegeben sind auch die internen und/oder genormten Gehäusebezeichnungen. Oft ist auch zusätzlich ein Foto des Bauelementes in den Datenblättern enthalten. Zu den weiteren Angaben gehören das Gewicht (w oder m) und die Maximal- und Minimalwerte der Anzugsdrehmomente für das Festschrauben des Bauelements am Kühlkörper M_s und für das Befestigen der Anschlüsse M_t. Die maximal zulässige Beschleunigung a ist ebenfalls in den Datenblättern enthalten.

3.2.4 Netzdioden

3.2.4.1 Grenzwerte

Stoßspitzenspannung V_{RSM}

Höchster Augenblickswert eines nichtperiodischen Sperrspannungsimpulses von weniger als etwa 1 ms Dauer (Bild 3.2.5).

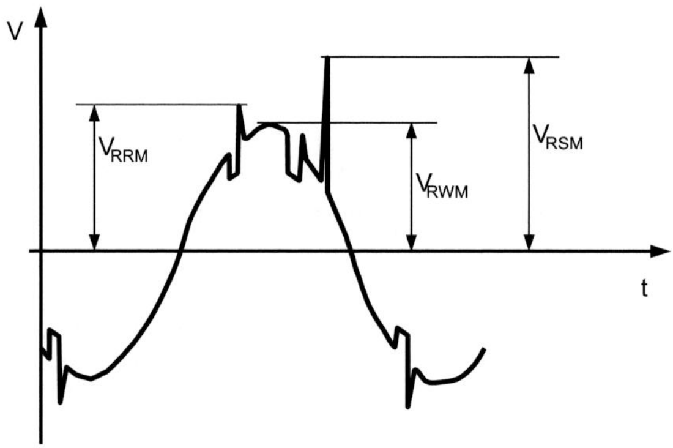

Bild 3.2.5 Beispiel für einen Spannungsverlauf mit Scheitelsperrspannung V_{RWM}, periodischer Spitzensperrspannung V_{RRM} und Stoßspitzensperrspannung V_{RSM}

Periodische Spitzensperrspannung V_{RRM}

Höchster Augenblickswert periodischer Sperrspannungspulse von weniger als etwa 1 ms Dauer (Bild 3.2.5). Alle Sperrspannungsgrenzwerte gelten von 25°C bis zur maximalen T_j.

Dauergrenzstrom I_{FAV}

Höchstzulässiger Mittelwert des Durchlassstromes, gemittelt über eine volle Periode der Betriebsfrequenz. Er hängt ab von der Stromkurvenform, dem Stromflusswinkel und den Kühlbedingungen. Er wird daher meist als eine Schar von Kurven in Abhängigkeit von der Gehäusetemperatur (bei Kleinleistungsdioden auch von der Umgebungstemperatur) angegeben (Bild 3.2.6). Als orientierender Zahlenwert wird der Dauergrenzstrom für eine Sinus-Halbschwingung der halben Periodendauer (Stromflusswinkel 180°) bei einer angegebenen Gehäusetemperatur von 80°C bis 100°C (bei Kleinleistungsdioden 45°C Umgebungstemperatur) besonders herausgestellt.

Bei Betrieb mit dem Dauergrenzstrom wird die höchstzulässige Ersatzsperrschichttemperatur erreicht. Daher ist aus diesem Betrieb heraus **keinerlei Überlastung** zulässig. Lediglich im Störungsfall (der nur selten während der Lebenszeit der Gleichrichterdiode eintreten darf) ist eine Überlastung bis zum Stoßstrom-Grenzwert zulässig. Mit Rücksicht auf mögliche Veränderungen der Kühlbedingungen (z.B. Staubablagerung), Erhöhung der Umgebungstemperatur, Erwärmung durch benachbarte Bauteile usw. wird empfohlen, den Dauergrenzstrom nur zu etwa 80% auszunutzen. Der Anstieg des Dauergrenzstroms mit abnehmender Gehäusetemperatur bricht bei Erreichen des höchstzulässigen Durchlassstrom-Effektivwertes (hier 150 A) ab, da dieser im Dauerbetrieb auch bei niedriger Gehäusetemperatur T_c nicht überschritten werden darf. Beispiel: Bei Sinus-Halbschwingungen ist

$$I_{FAV} = \frac{I_{FRMS}}{\pi/2} = \frac{150\text{ A}}{1{,}57} = 95{,}5\text{ A}$$

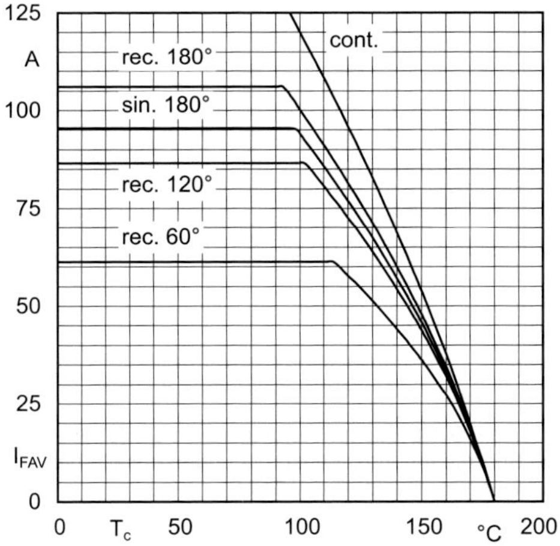

Bild 3.2.6 Dauergrenzstrom I_{FAV} einer 70 A-Gleichrichterdiode als Funktion der Gehäusetemperatur T_c Parameter: Stromkurvenform (reiner Gleichstrom: cont., Sinus-Halbschwingungen: sin. 180, Rechteckpulse 180°, 120°, 60°: rec. 180, rec. 120, rec. 60)

Durchlassstrom-Effektivwert I_{FRMS}

Effektivwert des Durchlassstromes, gemittelt über eine volle Periode der Betriebsfrequenz. Der höchstzulässige Wert gilt für beliebige Stromkurvenformen, Stromflusswinkel und Kühlbedingungen. Er ist bedingt durch die Strombelastbarkeit der Verbindungen im Inneren des Diodengehäuses und der äußeren Anschlüsse.

Stoßstrom-Grenzwert I_{FSM}

Scheitelwert eines Durchlassstromstoßes in Form einer Sinus-Halbschwingung von 10 ms oder 8,3 ms Dauer (50 oder 60 Hz), den die Diode im Störungsfall (Kurzschluss) ohne Schaden übersteht, wenn er nur selten während der Lebenszeit der Diode auftritt. Der Wert für 8,3 ms ist etwa um 10% höher als der 10 ms-Wert. Der Stoßstrom-Grenzwert wird ermittelt als höchster Strom, den alle Bauelemente einer Anzahl von Mustern während der Produktqualifizierung gerade noch überlebt haben. Darüber hinaus werden auch Werte für Halbschwingungsdauern unter 8,3 ms sowie für mehrere aufeinander folgende Halbschwingungen in Form von Kurven (Bild 3.2.7, sog. Grenzstromkennlinien) angegeben.

Bei der Beanspruchung einer Gleichrichterdiode mit dem Stoßstrom-Grenzwert werden kurzzeitig Sperrschichttemperaturen bis zu 400°C erreicht. Tritt daher unmittelbar im Anschluss an eine Beanspruchung mit dem Stoßstrom-Grenzwert eine Sperrspannung auf (selbstheilender Kurzschluss), so sind geringere Stoßstrom-Grenzwerte zulässig als ohne nachfolgende Spannungsbeanspruchung.

Die Werte oberhalb 10 ms gelten für Sinus-Halbschwingungen von 10 ms Dauer, die im Abstand von 20 ms aufeinander folgen.

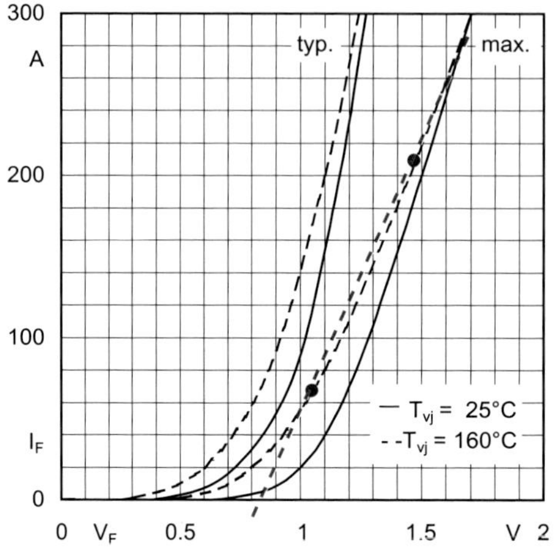

Bild 3.2.9 Durchlasskennlinien einer Gleichrichterdiode (typisch und maximal) bei zwei verschiedenen Ersatzsperrschichttemperaturen T_j; rot gepunktet: Ersatzwiderstandsgerade, aus der $V_{(T0)}$ und r_f bestimmt werden; r_f ergibt sich aus dem Neigungswinkel der Geraden

Durchlass-Verlustleistung P_F

Verlustleistung infolge des Durchlassstroms. In der Regel wird der Mittelwert P_{FAV}, gemittelt über eine volle Periode der Betriebsfrequenz, als Funktion des mittleren Durchlassstroms I_{FAV} angegeben, und zwar als Kurvenschar für Sinus-Halbschwingungen sowie für rechteckförmige Ströme mit verschiedenen Stromflusswinkeln (Bild 3.2.10). Der Augenblickswert P_F und der Mittelwert P_{FAV} der Durchlass-Verlustleistung werden aus der Schleusenspannung $V_{(T0)}$ und dem Ersatzwiderstand r_f nach folgenden Gleichungen berechnet:

$$P_F = V_{(T0)} \cdot i_f + r_f \cdot i_F^2$$

$$P_{FAV} = V_{(T0)} \cdot I_{FAV} + r_f \cdot I_{FRMS}^2$$

$$\frac{I_{FRMS}^2}{I_{FAV}^2} = \frac{360°}{\Theta} \quad \text{bei Rechteckpulsen}$$

$$\frac{I_{FRMS}^2}{I_{FAV}^2} = \frac{\pi^2}{4} \quad \text{bei Sinushalbschwingungen}$$

Dabei ist Θ der Stromflusswinkel; i_f, I_{FAV} und I_{FRMS} sind Augenblickswert, Mittelwert und Effektivwert des Durchlassstromes, für den die Verlustleistung berechnet werden soll.

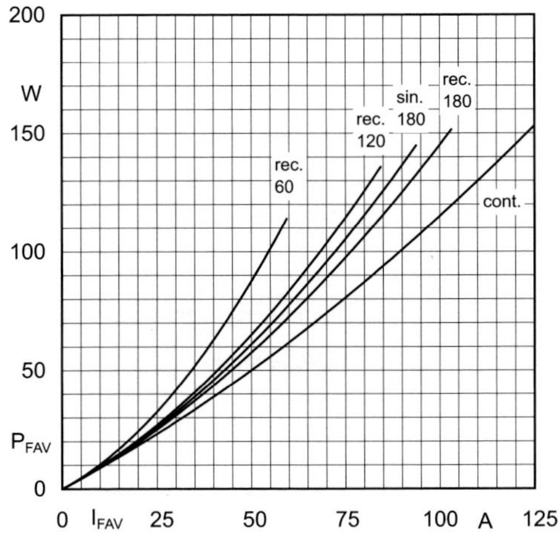

Bild 3.2.10 Durchlass-Verlustleistung P_{FAV} als Funktion des Durchlassstrom-Mittelwertes I_{FAV} einer 70 A-Diode bei reinem Gleichstrom (cont.), Sinus-Halbschwingungen 180° (sin. 180) und bei Rechteckstrompulsen 60° (rec. 60) bis 180° (rec. 180)

Sperrverzögerungsladung Q_{rr}

Gesamt-Ladungsmenge, die nach dem Umschalten von einer bestimmten Durchlassstrom-Belastung auf eine bestimmte Beanspruchung in Sperrrichtung aus der Diode in den äußeren Stromkreis abfließt. Sie hängt ab von der Steilheit des abklingenden Stroms $-di_F/dt$, dem Durchlassstrom I_{FM} unmittelbar vor dem Umschalten und der Ersatzsperrschichttemperatur (Bild 3.2.11).

Rückstromspitze I_{RRM}

Spitzenwert des Sperrstroms nach dem Umschalten von Durchlassstrombelastung auf Sperrbeanspruchung (bei Schaltungen, die ein freies Ausschwingen des Stromes gestatten) (Bild 3.2.11). Der höchstmögliche Wert der Rückstromspitze kann aus der Sperrverzögerungsladung Q_{rr} und der Abklingsteilheit des Stromes $-di_F/dt$ nach folgender Formel berechnet werden ($Q_f \rightarrow 0$):

$$I_{RRM} \leq \sqrt{2 \cdot Q_{rr} \cdot \left(- \frac{di_F}{dt} \right)}$$

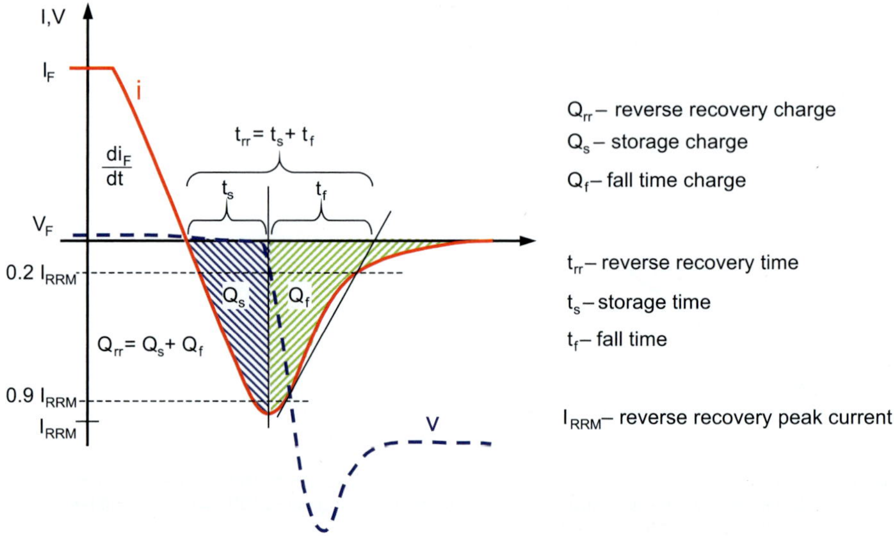

Bild 3.2.11 Strom- und Spannungsverlauf in einer Gleichrichterdiode beim Übergang vom Durchlass- in den Sperrzustand

Sperrverzögerungszeit t_{rr}

Zeit, die der Sperrstrom benötigt, um nach sprungartigem Umschalten von Durchlassstrom-Belastung auf Sperrbeanspruchung den stationären Wert zu erreichen (Bild 3.2.11). t_{rr} errechnet sich aus Q_{rr} und I_{RRM} nach der Formel:

$$t_{rr} \approx \frac{2 \cdot Q_{rr}}{I_{RRM}}$$

Rückstrom-Fallzeit t_f

Zeitspanne, während der der Sperrstrom von der Rückstromspitze I_{RRM} auf den stationären Wert abklingt.

$$t_f \approx \frac{2 \cdot Q_{rr}}{I_{RRM}} - \frac{I_{RRM}}{\left(-\frac{di_F}{dt}\right)}$$

Speicherzeit t_s

Zeitspanne zwischen Stromnulldurchgang und Erreichen der Rückstromspitze.

$$t_S \approx \frac{I_{RRM}}{\frac{di_F}{dt}}$$

Durchlassverzögerungszeit t_{fr}

Zeit, die die Durchlassspannung benötigt, um nach sprungartigem Einschalten eines bestimmten Durchlassstroms den stationären Wert zu erreichen.

Durchbruchspannung $V_{(BR)}$ bei Avalanche-Gleichrichterdioden

Spannung in Rückwärtsrichtung, bei welcher der steile Anstieg des Sperrstroms infolge des Lawineneffekts beginnt (Bild 2.2.2). Sie wird als Mindestwert für 25°C angegeben. Mit steigender Temperatur nimmt die Durchbruchspannung zu.

Sperrstrom I_R

Angegeben wird der Höchstwert bei 25°C und bei einer Spannung, die gleich der höchstzulässigen periodischen Spitzensperrspannung V_{RRM} ist.

3.2.4.3 Diagramme

Dieses Kapitel enthält einige Hinweise zu den in den Datenblättern enthaltenen Diagrammen. Wird das Diagramm an anderer Stelle ausführlicher erklärt, so erfolgt ein Verweis dahin.

Verlustleistung P_{FAV} und Gehäusetemperatur T_c

Bild 3.2.12 zeigt die im Bauelement entstehende Verlustleistung P_{FAV}, die bei den verschiedenen Stromformen in Abhängigkeit vom Durchlassstrom-Mittelwert I_{FAV} entsteht (vgl. Kap. 3.2.4.2 Kennwerte). Bei der links senkrecht aufgetragenen Verlustleistung P_{FAV} ist die rechts senkrecht aufgetragene Gehäusetemperatur T_c zulässig. Empfohlen wird ein Durchlassstrom-Mittelwert von $0.8 \cdot I_{FAV}$.

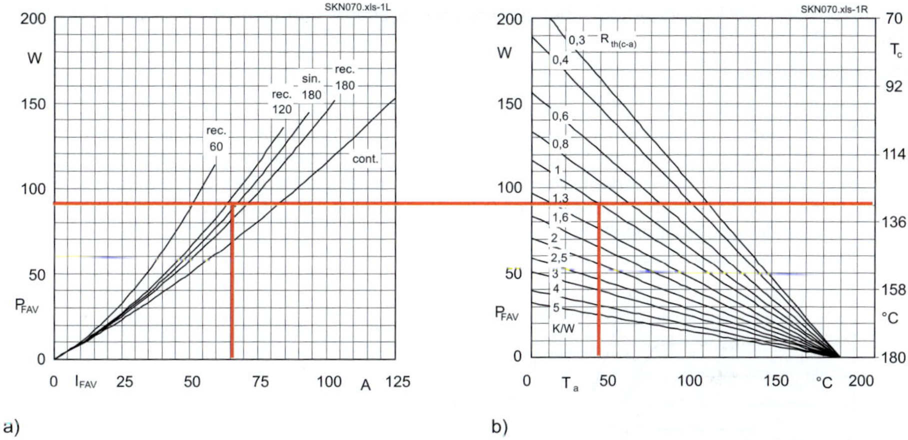

Bild 3.2.12 a) Verlustleistung P_{FAV} als Funktion des Durchlassstrom-Mittelwertes I_{FAV} bei verschiedenen Stromformen, b) Gehäusetemperatur T_c in Abhängigkeit von der Umgebungstemperatur T_a; Parameter ist der Wärmewiderstand Gehäuse-Luft $R_{th(c-a)}$ des Kühlkörpers einschließlich des Übergangswärmewiderstandes einer 70 A-Diode

Bei dem im Bild 3.2.12 rot eingezeichneten Beispiel kann man ablesen: bei einer Umgebungstemperatur T_a von 40°C und einem Wärmewiderstand vom Gehäuse zur Luft $R_{th(c-a)}$ = 1 K/W darf die Gehäusetemperatur höchstens 130,5°C betragen. Bei einer in dem Bauelement entstehenden Verlustleistung von P_{FAV} = 90 W wird der pn-Übergang der Diode auf die maximal zulässige Temperatur von 180°C erwärmt. Die Verlustleistung wird von einem Sinushalbwellenstrom mit dem Mittelwert von 67 A verursacht.

Dauergrenzstrom I_{FAV} als Funktion der Gehäusetemperatur T_c

Siehe Bild 3.2.6 im Kap. 3.2.4.1 Grenzwerte. Dort ist auch der Zusammenhang mit dem höchstzulässigen Durchlassstrom-Effektivwert I_{FRMS} erläutert, der unabhängig von Stromkurvenform, Stromflusswinkel und Kühlbedingungen nicht überschritten werden darf.

Durchlass-Kennlinien

Siehe Bild 3.2.9 im Kap. 3.2.4.2. Typische und Maximalwerte bei Raumtemperatur (25°C) und bei hoher Temperatur sind dargestellt.

Grenzstromkennlinien

Siehe Bild 3.2.7: Dargestellt ist der zulässige Überstrom $I_{F(OV)}$ (Scheitelwert) dividiert durch den Stoßstrom-Grenzwert für 10 ms I_{FSM} als Funktion der Belastungsdauer t bei Sinushalbschwingungen 50 Hz. Parameter: Spitzenwert der zwischen den Sinushalbschwingungen anliegenden Sperrspannung.

3.2.5 Thyristoren

3.2.5.1 Grenzwerte

Stoßspitzensperrspannung in Rückwärtsrichtung V_{RSM}

Höchster Augenblickswert eines nichtperiodischen Sperrspannungsimpulses von weniger als etwa 1 ms Dauer (Bild 3.2.5).

Periodische Spitzensperrspannung in Vorwärtsrichtung V_{DRM}
Periodische Spitzensperrspannung in Rückwärtsrichtung V_{RRM}

Höchster Augenblickswert periodischer Sperrspannungspulse von weniger als etwa 1 ms Dauer (Bild 3.2.5).

Dauergrenzstrom I_{TAV}

Höchstzulässiger Mittelwert des Durchlassstromes, gemittelt über eine volle Periode der Betriebsfrequenz. Er hängt ab von der Stromkurvenform, dem Stromflusswinkel und den Kühlbedingungen. Er wird daher meist als eine Schar von Kurven in Abhängigkeit von der Gehäusetemperatur angegeben (Bild 3.2.13). Als orientierender Zahlenwert wird der Dauergrenzstrom für eine Sinushalbschwingung der halben Periodendauer (Stromflusswinkel 180°) bei etwa 85°C Gehäusetemperatur besonders herausgestellt.

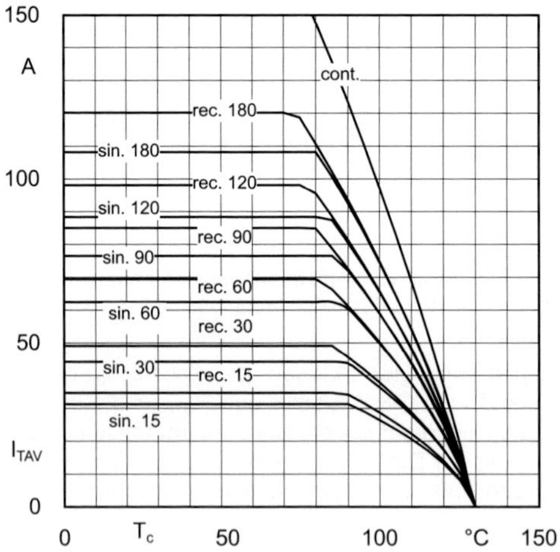

Bild 3.2.13 Dauergrenzströme I_{TAV} eines 100 A-Thyristors als Funktionen der Gehäusetemperatur T_c bei Gleichstrom (cont.), Rechteckpulsen (rec.) und (angeschnittenen) Sinus-Halbschwingungen (sin.) mit verschiedenen Stromflusswinkeln Θ

Bei Betrieb mit dem Dauergrenzstrom wird die höchstzulässige Ersatzsperrschichttemperatur erreicht. Daher ist aus diesem Betrieb heraus **keinerlei Überlastung** zulässig. Lediglich im Störungsfalle (der nur selten während der Lebenszeit des Thyristors eintreten darf) ist eine Überlastung bis zum Stoßstrom-Grenzwert zulässig. Mit Rücksicht auf mögliche Veränderungen der Kühlbedingungen (z.B. Staubablagerung), Erhöhung der Umgebungstemperatur, Erwärmung durch benachbarte Bauteile usw. wird empfohlen, den Dauergrenzstrom nur zu etwa 80% auszunutzen. Der Anstieg des Dauergrenzstroms mit abnehmender Gehäusetemperatur bricht bei Erreichen des höchstzulässigen Durchlassstrom-Effektivwertes (hier 150 A) ab, da dieser im Dauerbetrieb nicht überschritten werden darf.

Durchlassstrom-Effektivwert I_{TRMS}

Effektivwert des Durchlassstromes, gemittelt über eine volle Periode der Betriebsfrequenz. Der höchstzulässige Wert gilt für beliebige Stromkurvenformen, Stromflusswinkel und Kühlbedingungen. Er ist bedingt durch die Strombelastbarkeit der Verbindungen im Inneren des Thyristorgehäuses und der äußeren Anschlüsse.

Stoßstrom-Grenzwert I_{TSM}

Scheitelwert eines Durchlass-Stromstoßes in Form einer Sinus-Halbschwingung 10 ms oder 8,3 ms (50 oder 60 Hz), den der Thyristor im Störungsfall (Kurzschluss) ohne Schaden übersteht, wenn er nur selten während der Lebenszeit des Thyristors auftritt. Der Wert für 8.3 ms ist etwa 10% höher als der 10 ms-Wert. Der Stoßstrom-Grenzwert wird ermittelt als höchster Strom, den alle Bauelemente einer Anzahl von Mustern während der Produktqualifizierung gerade noch überlebt haben.

Darüber hinaus werden auch Werte für Halbschwingungsdauern unter 8,3 ms sowie für mehrere aufeinander folgende Halbschwingungen in Form von Kurven (sog. Grenzstromkennlinien) angegeben. Die Werte oberhalb 10 ms gelten für Sinus-Halbschwingungen von 10 ms Dauer, die im Abstand von 20 ms aufeinander folgen. Bei der Beanspruchung eines Thyristors mit dem Stoßstrom-Grenzwert treten kurzzeitig Sperrschichttemperaturen bis zu 400°C auf. Daher geht die Sperrfähigkeit in Vorwärtsrichtung vorübergehend verloren. Tritt unmittelbar im Anschluss an eine Beanspruchung mit dem Stoßstrom-Grenzwert eine Sperrspannung in Rückwärtsrichtung auf (selbstheilender Kurzschluss), so sind geringere Stoßstrom-Grenzwerte zulässig als ohne nachfolgende Spannungsbeanspruchung (Bild 3.2.14):

- $0 \cdot V_{RRM}$: Ohne Sperrspannungsbeanspruchung
- $½ \cdot V_{RRM}$: Beanspruchung mit der Hälfte der höchstzulässigen periodischen Spitzensperrspannung
- $1 \cdot V_{RRM}$: Beanspruchung mit dem vollen Wert.

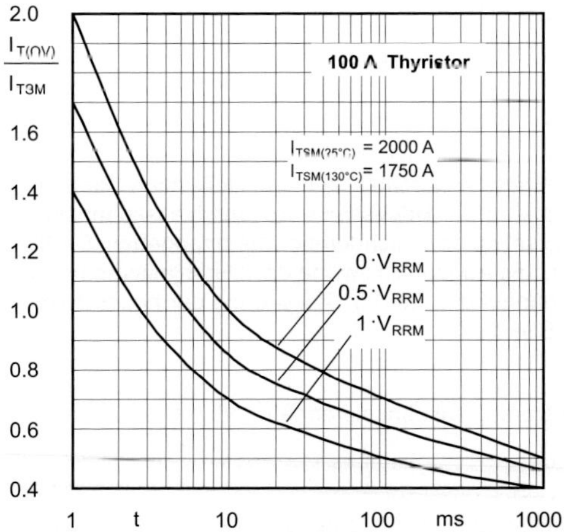

Bild 3.2.14 Im Störungsfall zulässige Überströme $I_{T(OV)}$ im Verhältnis zum Stoßstrom-Grenzwert für 10 ms I_{TSM} bei verschiedenen Sperrspannungsbeanspruchungen unmittelbar nach dem Ende der letzten Stromhalbschwingung als Funktion der Zeit t

Grenzlastintegral i^2t

Bezugsgröße für die Auswahl der für den Kurzschlussschutz erforderlichen Sicherung (vgl. Kap. 4.4). Das Grenzlastintegral errechnet sich aus dem Stoßstrom-Grenzwert I_{TSM} nach der Formel:

$$\int_0^{t_{hw}} i_{TS}^2 \, dt = I_{TSM}^2 \cdot \frac{t_{hw}}{2}$$

Darin bedeutet t_{hw} die Dauer der Sinus-Halbschwingung, für die I_{TSM} gilt. Bei 50 Hz ist also $t_{hw}/2 = 0{,}005$ s. i^2t hat bei 50 Hz und 60 Hz praktisch den gleichen Wert, da der um 10% höhere I_{TSM} durch die geringere t_{hw} ausgeglichen wird: $1{,}1^2 \cdot 8.3 \approx 10$.

Kritische Stromsteilheit $(di/dt)_{cr}$

Höchste Anstiegssteilheit des Durchlassstromes, die der Thyristor ohne Schaden verträgt. Sie hängt ab von der Betriebsfrequenz, dem Durchlassstrom-Spitzenwert, der Vorwärts-Sperrspannung unmittelbar vor dem Zünden und von der Größe und Anstiegssteilheit der Steuerstrompulse. Zu beachten ist ferner, dass ein zum Schutz gegen Überspannungen parallel zum Thyristor geschaltetes RC-Glied bei jedem Zünden des Thyristors einen steil ansteigenden Entladestrom durch den Thyristor treibt.

Die angegebenen Werte gelten für 50 bis 60 Hz, eine Stromamplitude gleich dem dreifachen Dauergrenzstrom (für Sinus-Halbschwingungen bei 85°C Gehäusetemperatur) sowie für Steuerstrompulse vom fünffachen Wert des Zündstroms und mit einer Anstiegsflanke von mindestens 1 A/µs Steilheit und ohne RC-Glied. Die kritische Stromsteilheit steigt mit kleinerer Stromamplitude und niedrigerer Temperatur, sie sinkt bei kleinerem oder flacher ansteigendem Zündstrom und höherer Wiederholfrequenz. Besonders hohe $(di/dt)_{cr}$-Werte werden von Thyristoren mit innerer Zündverstärkung (Amplifying Gate-Thyristoren) erreicht (vgl. Kap. 2.2.2.4).

Spitzen-Steuerverlustleistung P_{GM}

Höchstzulässiger Spitzenwert der durch den Steuerstrom im Thyristor verursachten Verlustleistung. Er hängt von der Dauer des Steuerstrompulses ab (Bild 3.2.21).

Mittlere Steuerverlustleistung P_{GAV}

Höchstzulässiger Mittelwert der durch den Steuerstrom im Thyristor verursachten Verlustleistung, gemittelt über eine volle Periode der Betriebsfrequenz.

Temperaturgrenzwerte siehe Kap. 3.2.1 „Temperaturen“.

3.2.5.2 Kennwerte

Durchlassspannung V_T

Spannung an den Hauptanschlüssen als Folge eines im Durchlasszustand fließenden Stromes I_T. Als Vergleichswert sowie für Kontrollmessungen wird der Höchstwert der Durchlassspannung V_T bei einem bestimmten Strom I_T sowie bei 25°C Ersatzsperrschichttemperatur angegeben. Darüber hinaus ist es üblich, die Durchlass-Kennlinie, d.h. die Augenblickswerte des Durchlassstroms i_T als Funktion der Augenblickswerte der Durchlassspannung v_T bei 25°C sowie bei der höchstzulässigen Ersatzsperrschichttemperatur anzugeben (Bild 3.2.15).

Schleusenspannung $V_{T(T0)}$

Spannung, die dem Schnittpunkt einer sich der Durchlasskennlinie annähernden Geraden mit der Spannungsachse entspricht (Bild 3.2.15).

Ersatzwiderstand r_T

Widerstandswert, der sich aus dem Neigungswinkel der sich der Durchlasskennlinie annähernden Geraden errechnet (Bild 3.2.15). Für die Berechnung der Durchlassverlustleistung ersetzt man die Durchlasskennlinie durch eine Gerade, die der Gleichung $v_T = V_{T(T0)} + r_T \cdot i_T$ genügt. Dabei werden in der Regel $V_{T(T0)}$ und r_T für diejenige Ersatzwiderstandsgerade angegeben, die der Durchlasskennlinie bei der höchstzulässigen Ersatzsperrschichttemperatur für einen solchen Thyristor entspricht, dessen Durchlassspannung V_T bei 25°C den für die Stückprüfung gültigen Höchstwert hat. Die Ersatzwiderstandsgerade schneidet die Durchlasskennlinie im Heißen bei 1 x I_{FAV} und 3 x I_{FAV} (blaue Kreise in Bild 3.2.15).

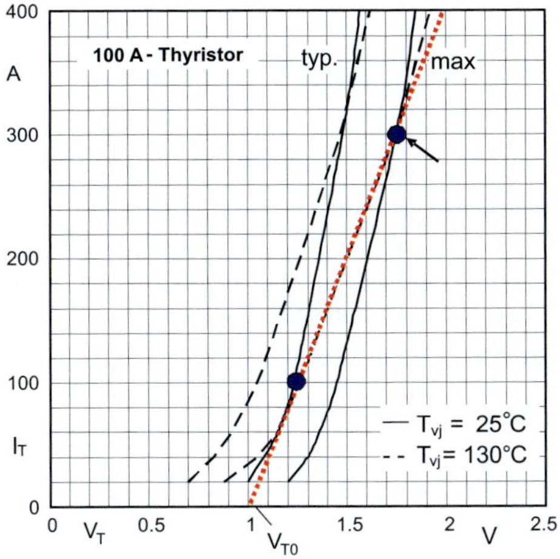

Bild 3.2.15 Durchlasskennlinien eines Thyristors (typisch und maximal) bei zwei verschiedenen Ersatzsperrschichttemperaturen T_{vj}; der Pfeil gibt die Prüfgrenze an; rote Punktlinie = Ersatzwiderstandsgerade, aus der V_{T0} und r_T bestimmt werden; r_T ergibt sich aus dem Neigungswinkel der Geraden

Durchlass-Verlustleistung P_T

Verlustleistung infolge des Durchlassstroms. In der Regel wird der Mittelwert P_{TAV}, gemittelt über eine volle Periode der Betriebsfrequenz, als Kurvenschar für (angeschnittene) Sinus-Halbschwingungen sowie für rechteckförmige Ströme mit verschiedenen Stromflusswinkeln als Funktion des mittleren Durchlassstroms I_{TAV} angegebenen (Bild 3.2.16).

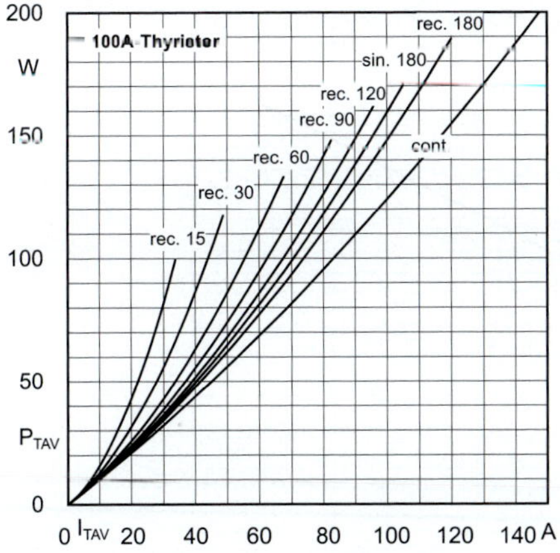

Bild 3.2.16 Durchlass-Verlustleistung P_{TAV} als Funktion des Durchlassstrom-Mittelwertes I_{TAV} bei reinem Gleichstrom (cont.), Sinus-Halbschwingungen 180° (sin.180) und bei Rechteckstrompulsen 15° bis 180° (rec. 15 bis 180)

Der Augenblickswert P_T und der Mittelwert P_{TAV} der Durchlass-Verlustleistung werden aus der Schleusenspannung $V_{T(T0)}$ und dem Ersatzwiderstand r_T nach folgenden Gleichungen berechnet:

$$P_T = V_{T(T0)} \cdot i_T + r_T \cdot i_T^2$$

$$P_{TAV} = V_{T(T0)} \cdot I_{TAV} + r_T \cdot I_{TRMS}^2$$

$$\frac{I_{TRMS}^2}{I_{TAV}^2} = \frac{360°}{\Theta}$$ bei Rechteckpulsen

$$\frac{I_{TRMS}^2}{I_{TAV}^2} \approx 2.5 \cdot \frac{180°}{\Theta}$$ bei angeschnittenen Sinus-Halbschwingungen.

Dabei ist Θ der Stromflusswinkel, I_T, I_{TAV} und I_{TRMS} sind Augenblickswert, Mittelwert und Effektivwert des Durchlassstromes, für den die Verlustleistung berechnet werden soll.

Die genauen Werte für angeschnittene Sinus-Halbschwingungen lauten:

Θ	180°	120°	90°	60°	30°	15°
$\frac{I_{TRMS}^2}{I_{TAV}^2}$	2,47	3.5	4.93	7,7	15,9	31,8

Sperrstrom I_{RD}, Blockierstrom I_{DD}

Angegeben wird der Höchstwert bei 125°C und bei einer Spannung, die gleich der höchstzulässigen periodischen Spitzensperrspannung V_{RRM} ist. Der Blockierstrom besitzt eine starke Temperaturabhängigkeit. Alle 10 K steigt der Wert auf das 2 bis 2,5 fache.

$$I_{DD}(T_j) = I_{DD\_25°C} \cdot 2...2{,}5^{\left(\frac{T_j - 25°C}{10K}\right)}$$

Der Sperrstrom steigt nahezu linear mit der Chipfläche.

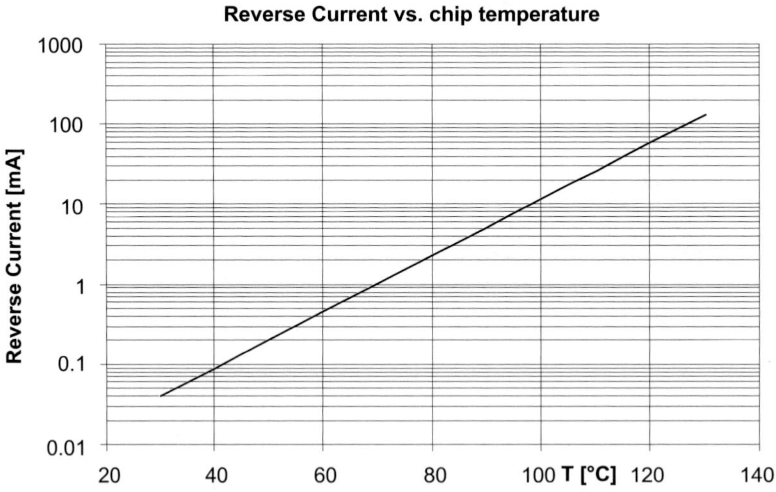

Bild 3.2.17 Sperrstrom als Funktion von T_j eines Thyristors

Haltestrom I_H

Niedrigster Hauptstrom, bei dem der Thyristor im Durchlasszustand bleibt. Er wird als 98%-Wert der typischen Verteilung angegeben und zwar unter folgenden Bedingungen:
- 6 V treibende Spannung im Hauptstromkreis
- ohmscher Hauptstromkreis
- 25°C Ersatzsperrschichttemperatur (bei höherer Temperatur sinkt I_H).

Einraststrom I_L

Niedrigster Hauptstrom, bei dem der Thyristor unmittelbar nach dem Einschalten am Ende des Zündimpulses im Durchlasszustand bleibt. Wird der Einraststrom am Ende des Zündpulses nicht erreicht, so verlöscht der Thyristor wieder. Der Einraststrom wird als 98%-Wert der typischen Verteilung angegeben, und zwar unter folgenden Bedingungen:
- 6 V treibende Spannung im Hauptstromkreis,
- ohmscher Hauptstromkreis
- rechteckförmiger Steuerstrom-Impuls von 10 µs Dauer und vom fünffachen Wert des oberen Zündstroms; ist der Zündstrom kleiner, so steigt I_L
- Steuerstromkreis-Widerstand R_G = 33 Ω, 25°C Ersatzsperrschichttemperatur; bei höherer Temperatur ist I_L kleiner.

Zündzeit t_{gt}

Zeitintervall innerhalb dessen der Thyristor infolge eines Zündimpulses am Steueranschluss vom Sperrzustand in den Durchlasszustand umschaltet. Es wird gemessen vom Beginn des Zündimpulses bis zu dem Zeitpunkt, bei dem die Vorwärtsspannung auf 6 V abgefallen ist (Bild 3.2.18).

Zündverzögerungszeit t_{gd}

Zeitintervall zwischen dem Beginn des Zündimpulses und dem Zeitpunkt, zu dem die Vorwärtsspannung v_F auf 90% ihres Anfangswertes V_D abgefallen ist (Bild 3.2.18). Die Höchstwerte sowie der typische Streubereich werden in einer Kurve (Bild 3.2.19) als Funktion der Höhe des Steuerstromimpulses unter folgenden Bedingungen angegeben:
- rechteckiger Steuerstromimpuls von 10 µs Dauer
- Anfangswert V_D der Vorwärtsspannung gleich der halben periodischen Spitzensperrspannung in Vorwärtsrichtung V_{DRM}
- nach dem Zünden fließt im Hauptstromkreis etwa ein Zehntel des bei 85°C Gehäusetemperatur zulässigen Dauergrenzstromes
- 25°C Ersatzsperrschichttemperatur.

Durchschaltzeit t_{gr}

Differenz zwischen Zündzeit und Zündverzögerungszeit: $t_{gt} = t_{gd} + t_{gr}$.

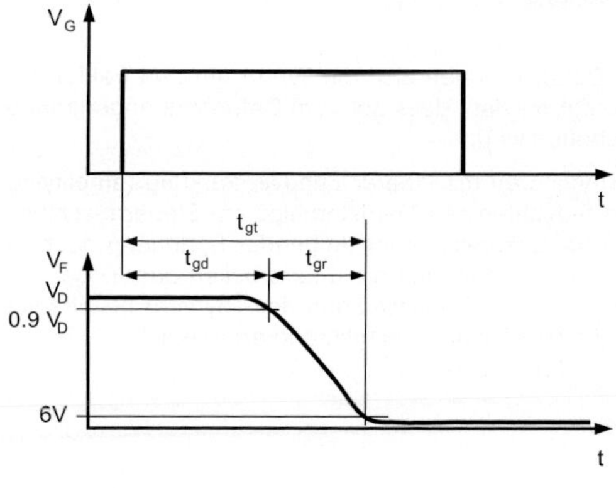

Bild 3.2.18 Zeitlicher Verlauf von Steuerspannung v_G und Vorwärtsspannung v_F eines Thyristors beim Zünden

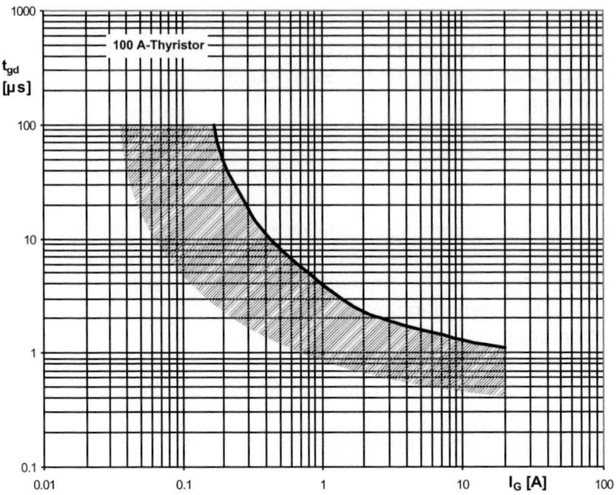

Bild 3.2.19 Typische Abhängigkeit der Zündverzögerungszeit t_{gd} eines Thyristors vom Steuerstrom I_G; die schraffierte Fläche stellt den Streubereich dar

Sperrverzögerungsladung Q_{rr}
Rückstromspitze I_{RRM}
Sperrverzögerungszeit t_{rr}
Rückstromfallzeit t_f

} siehe Kap. 3.2.4.2 Kennwerte (von Gleichrichterdioden) und Bild 3.2.11

Periodischer Vorwärts-Spitzensperrstrom I_{DRM}

Höchstwert bei der höchstzulässigen periodischen Spitzensperrspannung in Vorwärtsrichtung und 25°C.

Zündspannung V_{GT} und Zündstrom I_{GT}

Mindestwerte des Steuerstroms und der Steuerspannung, die erforderlich sind, um jeden Thyristor des betreffenden Typs mit Sicherheit zu zünden (Bild 3.2.21). Sie gelten unter folgenden Bedingungen:
- ≥ 6 V treibende Spannung im Hauptstromkreis
- ohmscher Hauptstromkreis
- rechteckförmiger Gatestromimpuls von mindestens 100 µs Dauer
- 25°C Ersatzsperrschichttemperatur.

Bei Steuerimpulsen von weniger als 100 µs Dauer erhöhen sich die Werte um den Faktor 1,4 bis 2. Die Ansteuereinrichtung sollte so ausgelegt werden, dass der vom Datenblatt angegebene Zündstrom um das Vier- bis Fünffache überschritten wird.

Bei steil ansteigendem Hauptstrom tritt bei Thyristoren mit innerer Zündverstärkung (amplifying gate) infolge der Spannungsverteilung an den Schichten des Thyristorchips am Steueranschluss vorübergehend eine Gegenspannung auf, die bei unzureichender treibender Spannung oder zu hohem Ausgangswiderstand des Ansteuergerätes den Steuerstrom unterdrücken oder sogar vorübergehend negativ werden lassen kann (Bild 3.2.20). Dadurch kann der Thyristor beschädigt werden. Es ist daher eine hinreichend leistungsfähige Ansteuereinrichtung erforderlich.

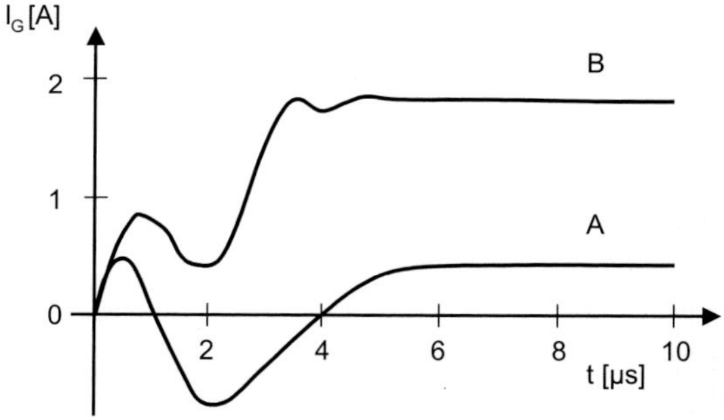

Bild 3.2.20 Zeitlicher Verlauf des Ansteuerstroms I_G bei einer unzureichenden (Kurve A) und einer angepassten (Kurve B) Ansteuereinrichtung

Höchster nichtzündender Steuerstrom I_{GD}, höchste nichtzündende Steuerspannung V_{GD}

Werte des Steuerstroms und der Steuerspannung, bei denen keiner der Thyristoren des betreffenden Typs gezündet wird (Bild 3.2.21). Sie gelten unter folgenden Bedingungen:

- ≤ 6 V treibende Spannung im Hauptstromkreis
- rechteckförmiger Gatestromimpuls von mindestens 100 µs Dauer
- höchstzulässige Ersatzsperrschichttemperatur.

Bei Vorwärts-Sperrspannungen über etwa 100 V nimmt der höchste nichtzündende Steuerstrom, wie in Bild 3.2.22 gezeigt, ab.

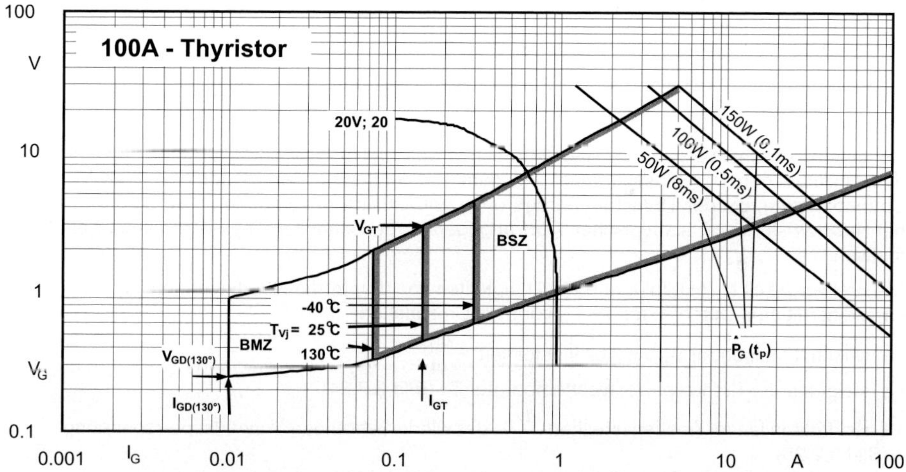

Bild 3.2.21 Zündstrom(I_G)-Zündspannungs(V_G)-Kennlinien eines 100 A-Thyristors (Streubereich) mit den Bereichen möglicher (BMZ) und sicherer (BSZ) Zündung. $\hat{P}_G(t_p)$ ist die höchstzulässige Spitzen-Steuerverlustleistung bei der Steuerstrom-Impulsdauer t_p; die Kurve bezeichnet mit „20 V; 20 Ω" ist die Kennlinie einer Zündvorrichtung mit 20 V Leerlaufspannung und 20 Ω Innenwiderstand

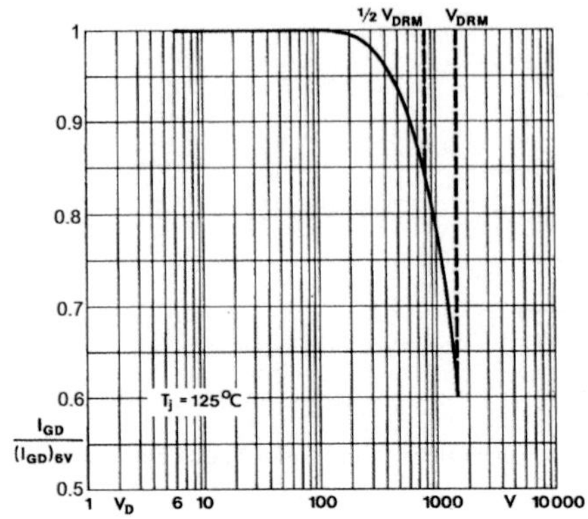

Bild 3.2.22 Höchster nichtzündender Steuerstrom I_{GD}, bezogen auf den Wert bei V_D = 6 V als Funktion der Vorwärts-Sperrspannung V_D; typischer Verlauf für einen Thyristor mit V_{DRM} = 1600 V höchstzulässiger periodischer Vorwärts-Spitzensperrspannung

Kritische Spannungssteilheit $(dv/dt)_{cr}$

Größte Anstiegssteilheit der Vorwärtsspannung, bei der der Thyristor nicht zündet. Sie wird meist unter folgenden Bedingungen angegeben:

- exponentieller Anstieg auf einen Spannungswert V_0 gleich ⅔ der höchstzulässigen periodischen Spitzensperrspannung in Vorwärtsrichtung V_{DRM}
- offener Steuerstromkreis
- höchstzulässige Ersatzsperrschichttemperatur T_j.

Ist die Temperatur T_j niedriger, so steigt die kritische Spannungssteilheit an.

Freiwerdezeit t_q

Bei einem Umschaltvorgang im Hauptstromkreis das Zeitintervall zwischen dem Nulldurchgang des abklingenden Durchlassstromes und dem Nulldurchgang der wiederkehrenden Vorwärts-Sperrspannung, die der Thyristor verträgt, ohne unbeabsichtigt zu zünden (Bild 3.2.23). Sie wird bei Netzthyristoren oft als typischer Wert angegeben, bei schnellen Thyristoren immer als Maximalwert.

Die Freiwerdezeit t_q zeigt folgende Abhängigkeiten von den Betriebsbedingungen:

- t_q steigt mit dem Durchlassstrom I_{TM} vor dem Umschalten
- t_q sinkt mit steigender Strom-Abklingsteilheit $-\frac{di_T}{dt}$
- t_q steigt mit der Ersatzsperrschichttemperatur T_{vj} (Bild 3.2.24)
- t_q sinkt mit fallender Anstiegssteilheit $\frac{dv_D}{dt}$ der wiederkehrenden Vorwärtssperrspannung (Bild 3.2.25)
- t_q steigt mit sinkender Rückwärtsspannung V_{RM} (Bild 3.2.26)

In Schaltungen, in denen dem Thyristor eine Rücklaufdiode unmittelbar parallel geschaltet ist, beträgt die Rückwärts-Sperrspannung nur wenige Volt, und die Freiwerdezeit erhöht sich gemäß Bild 3.2.26 etwa auf das 1,8fache. Dieser Faktor unterliegt jedoch einer beträchtlichen Exemplarstreuung.

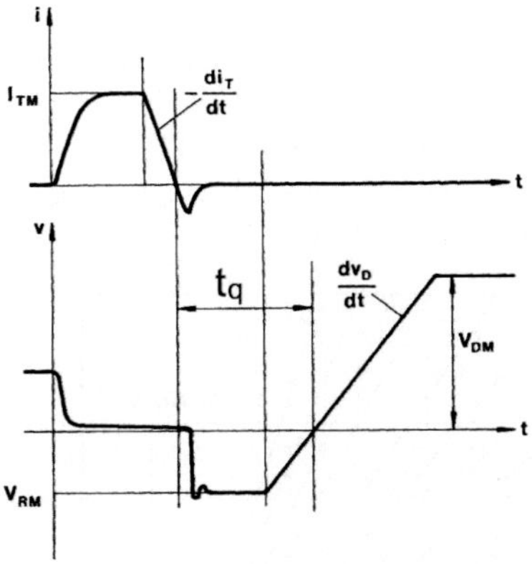

Bild 3.2.23 Zeitlicher Verlauf von Hauptstrom i und Hauptspannung v eines Thyristors beim Umschalten von Durchlass- auf Sperrbeanspruchung; die Freiwerdezeit t_q ist die kürzeste Zeit, bei der das Anlegen der Vorwärtssperrspannung nicht zum Zünden des Thyristors führt

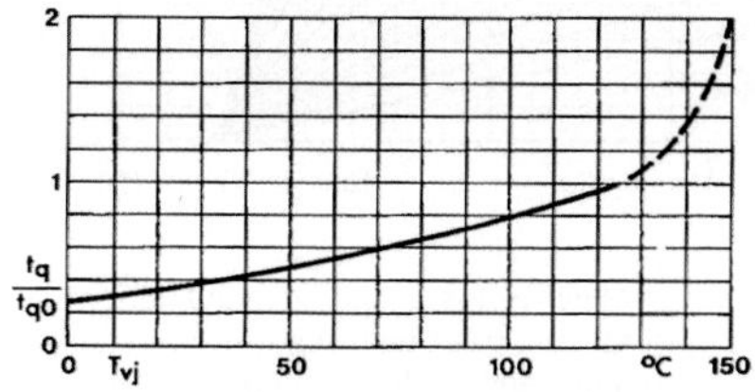

Bild 3.2.24 Typische Abhängigkeit der Freiwerdezeit t_q (bezogen auf den Wert t_{q0} bei T_j = 125°C) von der Ersatzsperrschichttemperatur T_j

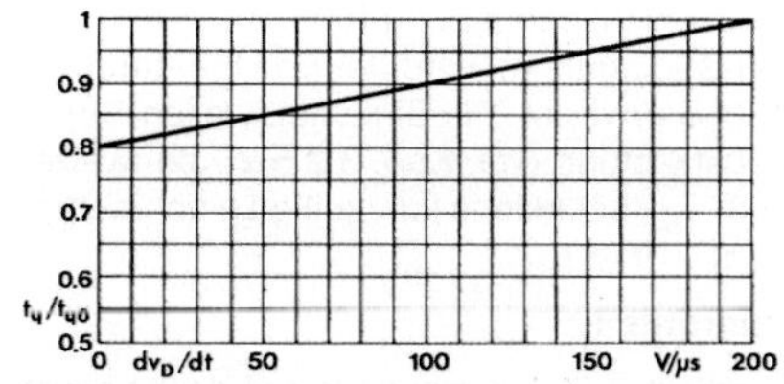

Bild 3.2.25 Typische Abhängigkeit der Freiwerdezeit t_q (bezogen auf den Wert bei dv_D/dt = 200 V/µs) von der Steilheit der wiederkehrenden Vorwärtsspannung dv_D/dt

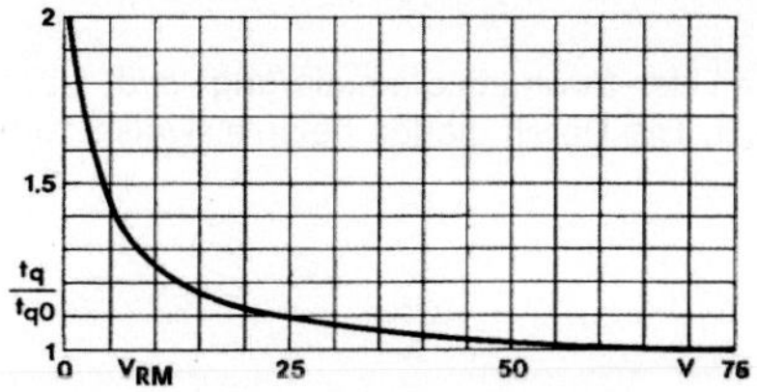

Bild 3.2.26 Typische Abhängigkeit der Freiwerdezeit t_q (bezogen auf den Wert t_{q0} bei V_{RM} ≥ 75 V) von der Rückwärtsspannung V_{RM}

3.2.5.3 Diagramme

Dieses Kapitel enthält einige Hinweise zu den in den Datenblättern enthaltenen Diagrammen. Wird das Diagramm an anderer Stelle ausführlicher erklärt, so erfolgt ein Verweis dahin.

Verlustleistung P_{TAV}, Umgebungstemperatur T_a und Durchlassstrom-Mittelwert I_{TAV}

Bild 3.2.27 zeigt die im Bauelement entstehende Verlustleistung P_{TAV}, die bei den verschiedenen Stromformen in Abhängigkeit vom Durchlassstrom-Mittelwert I_{TAV} entsteht.

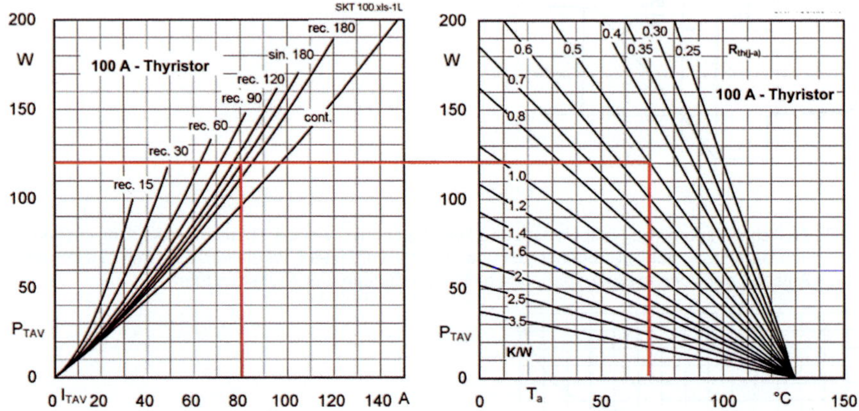

a) b)

Bild 3.2.27 a) Verlustleistung P_{TAV} als Funktion des Durchlassstrom-Mittelwertes I_{TAV} bei verschiedenen Stromformen; b) Zulässige Umgebungstemperatur T_a in Abhängigkeit vom Wärmewiderstand Sperrschicht-Umgebung $R_{th(j-a)}$ einschließlich des Übergangswärmewiderstandes vom Gehäuse zum Kühlkörper

Bei dem im Bild 3.2.27 rot eingezeichneten Beispiel kann man ablesen: bei einer Umgebungstemperatur T_a = 70°C und einem Wärmewiderstand Sperrschicht-Umgebung $R_{th(j-a)}$ = 0,5 K/W darf die Verlustleistung maximal 120 W betragen. Bei diesen Bedingungen wird der pn-Übergang des Thyristors auf die maximal zulässige Temperatur von 130°C erwärmt. Ein Sinushalbwellen-Strom, dessen Mittelwert I_{TAV} = 80 A beträgt, erzeugt diese Verlustleistung (vgl. Kap. 3.2.5.2 Kennwerte). Empfohlen wird, einen Durchlassstrom-Mittelwert von 0.8 · I_{TAV} höchstens kurzzeitig zu überschreiten.

Dauergrenzstrom I_{TAV} als Funktion der Gehäusetemperatur T_c

Siehe Bild 3.2.13 im Kap. 3.2.5.2 Kennwerte. Dort ist auch der Zusammenhang mit dem höchstzulässigen Durchlassstrom-Effektivwert I_{FRMS} erläutert, der unabhängig von Stromkurvenform, Stromflusswinkel und Kühlbedingungen nicht überschritten werden darf.

Speicherladung

Die Speicherladung Q_{rr} in Abhängigkeit von der Steilheit der Stromabkommutierung -di/dt ist in Bild 3.2.28 für unterschiedliche Vorströme I_{TM} dargestellt. Die Daten dienen beispielsweise zum Auslegen der Löschschaltung.

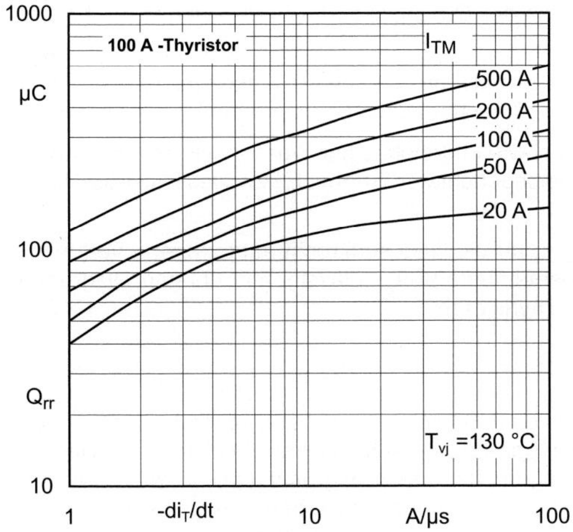

Bild 3.2.28 Speicherladung Q_{rr} in Abhängigkeit von der Steilheit der Stromabkommutierung -di/dt für unterschiedliche Vorströme I_{TM}.

3.2.6 Dioden- und Thyristormodule

3.2.6.1 Grenzwerte, Kennwerte

Die meisten Datenblattangaben entsprechen denen bei diskreten Dioden und Thyristoren. Bei Modulen, die einen Thyristor und eine Diode enthalten, sind oft nur die Durchlassspannung und die erlaubten Ströme für die Thyristoren angegeben, da die Werte für die Diode grundsätzlich besser sind. Zusätzlich wird angegeben:

Isolationsspannung V_{iso}

V_{iso} ist der Effektivwert der 50 Hz-Wechselspannung, mit der 100% der Module geprüft werden. Es wird der Wert für eine Prüfdauer von 1 Minute angegeben. Bei einer Prüfdauer von 1 s ist die Prüfspannung um 20% höher. Zu beachten ist, dass bei der Messung mit Wechselspannung ein kapazitiver Strom durch den Isolator fließt und einen Leckstrom vortäuscht. Bei Messung mit Gleichstrom tritt dieser Strom nicht auf (Details siehe Kap. 5.1.1.2).

Thermischer Widerstand $R_{th(j-c)}$

Dieser Wärmewiderstand vom Chip zum Gehäuseboden wird für verschiedene Stromkurvenformen (cont. = Gleichstrom, sin.180° = sinusförmiger Halbwellenstrom und rec.120° = rechteckiger Strom mit einem Stromflusswinkel von 120°) sowie für das gesamte Modul und für einen einzelnen Chip angegeben.

Thermischer Widerstand $R_{th(c-s)}$

Der Wärmewiderstand von der Gehäusebodenplatte zum Kühlkörper wird ebenfalls für das Modul und für einen Chip angegeben. Er gilt bei Verwendung von Wärmeleitpaste mit der empfohlenen Dicke.

3.2.6.2 Diagramme

Die Abhängigkeit der Verlustleistung vom Strom und die zulässige Umgebungstemperatur T_a in Abhängigkeit vom Wärmewiderstand Sperrschicht-Umgebung $R_{th(j-a)}$ einschließlich des Übergangswärmewiderstandes vom Gehäuse zum Kühlkörper sind in Doppeldiagrammen angegeben für:

1/2 Modul (einen einzelnen Chip), Verlustleistung P_{TAV} als Funktion des Durchlassstrom-Mittelwertes I_{TAV} bei verschiedenen Stromformen

1 Modul, Gesamtverlustleistung P_{Vtot} als Funktion des Durchlassstrom-Effektivwertes I_{RMS} bei Vollaussteuerung

2 Module in Zweipuls-Brückenschaltung(B2), Gesamtverlustleistung P_{Vtot} als Funktion des gleichgerichteten Stromes I_D bei Vollaussteuerung für Widerstandslast (R) und für induktive Last (L)

3 Module in Sechspulsbrückenschaltung (B6) sowie in dreiphasiger Wechselwegschaltung (W3), Gesamtverlustleistung P_{Vtot} als Funktion des gleichgerichteten Stroms I_D bzw. des Betriebsstromes für eine Phase (Effektivwert) I_{RMS}.

Bei den Diagrammen für 1, 2 und 3 Module gilt: für die links senkrecht aufgetragene Verlustleistung P_{Vtot} ist die rechts aufgetragene Gehäusetemperatur T_c zulässig. Die übrigen Diagramme entsprechen denen der diskreten Dioden und Thyristoren.

3.3 IGBT-Module

Bei Auswahl oder Vergleich der Eigenschaften von IGBT-Modulen anhand der Datenblattangaben muss beachtet werden, dass die Datenblattangaben unterschiedlicher Halbleiterhersteller aufgrund unterschiedlicher Spezifikationsbedingungen oft nur sehr begrenzt direkt vergleichbar sind. Wegen komplexer, applikationsabhängiger Wechselwirkungen zwischen den Bauteileigenschaften sind hierzu in vielen Fällen begleitende Messungen zwingend erforderlich.

Historisch gewachsen, weisen auch SEMIKRON-Datenblätter unterschiedlicher IGBT-Modulgenerationen und unterschiedliche Modulbauformen, Unterschiede in Struktur, Datenumfang und Spezifikationsbedingungen auf. Da im Rahmen der Produktpflege eine Vereinheitlichung erfolgen wird, soll nachfolgend im Wesentlichen auf die Datenblätter des neuesten Standes 01/2010 eingegangen werden, d.h. bei IGBT-Modulen für Bauteile der neuesten IGBT4 Chipgeneration, vgl. Bild 3.3.1. Wo erforderlich, wird ggf. auf abweichende Datenblattstrukturen noch in Fertigung befindlicher, älterer Module hingewiesen.

Viele wichtige, einheitlich für alle Typen einer Produktgruppe geltenden Grenz- und Kennwertangaben und Applikationshinweise für SEMIKRON IGBT-Module sind nicht in den typbezogenen Datenblättern, sondern in den „Technical Explanations“ der Produktgruppe enthalten, wie z.B. die in Kap. 3.3.4 erläuterten Angaben zu den höchstzulässigen sicheren Arbeitsbereichen.

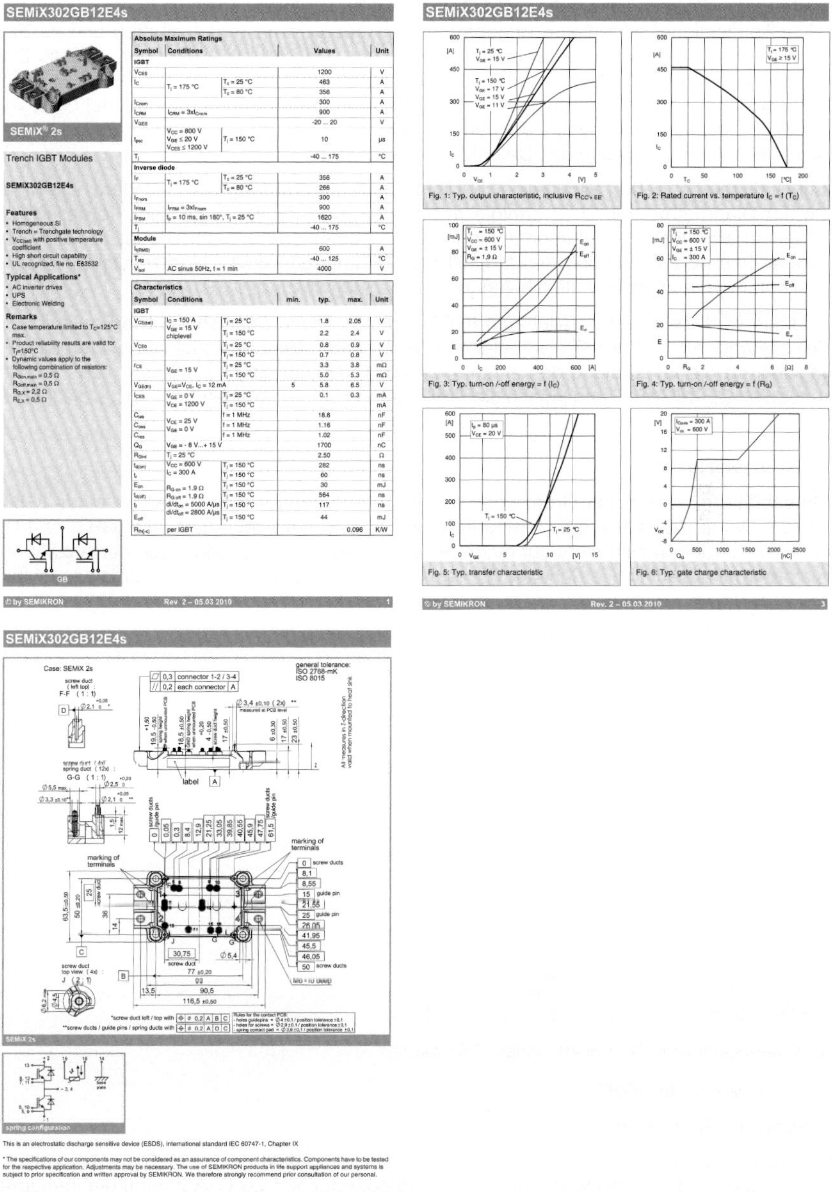

Bild 3.3.1 Datenblattstruktur von SEMIKRON IGBT-Modulen

Das Deckblatt enthält neben der Bezeichnung und einer Ansicht des Moduls tabellarisch die Grenzwerte und Kennwerte, meist fortgesetzt auf einem weiteren Blatt. Bei den Kennwerten sind die Angaben sofern sinnvoll in minimale, typische und maximale Kennwerte unterteilt.

Im grau unterlegten Bereich links neben den Grenz- und Kennwertangaben sind unter „Features" und „Typical Applications" allgemeine Angaben zu den besonderen Eigenschaften und zu Einsatzmöglichkeiten des Moduls aufgeführt. Unter „Remarks" sind wichtige Angaben, z.B. zu Einsatzbedingungen und Messbedingungen für die Datenblattangaben aufgeführt. Darunter befinden sich Prinzipschaltbilder der Innenschaltungen (z.B. Halbbrücke GB, Choppermodul GAL, vgl. Kap. 2.5.2.7) der im Datenblatt beschriebenen Topologien. In der grau unterlegten Fußzeile aller Seiten ist das Erscheinungsdatum des Datenblattes aufgeführt.

Auf die tabellarischen Angaben folgen die Diagramme, meist im Umfang von 2 Blättern. Die Nummerierung der Diagramme [Fig. 1...] erfolgte nach einem universellen Schlüssel, so dass nicht jedes Datenblatt eine lückenlos durchnummerierte Diagrammfolge enthält. Die letzte Seite des Datenblatts enthält eine Zeichnung des Moduls mit Maßangaben sowie eine Prinzipdarstellung der Innenschaltung mit allen Anschlussbelegungen.

Als Inversdiode wird die direkt parallel zum IGBT liegende Diode bezeichnet. Die Freilaufdiode liegt im jeweils anderen Teil des Brückenpfades wie der IGBT. Bei Halbbrückenmodulen ist dies bedeutungslos, da die Inversdiode des einen IGBT die Freilaufdiode des anderen IGBT ist. Bei Choppermodulen (GAL/GAR) kann jedoch die Freilaufdiode stärker ausgeführt sein als die Inversdiode.

3.3.1 Grenzwerte

In den Datenblättern werden die Grenzwerte für die verschiedenen Komponenten eines IGBT-Moduls (IGBT, Diode, Gehäuse, ggf. Temperatursensor) getrennt spezifiziert. Alle IGBT- und Diodengrenzwerte beziehen sich stets auf einen Schalter (Zweig), unabhängig von der Anzahl der im Transistormodul tatsächlich je Schalter (Zweig) parallel geschalteten IGBT- oder Diodenchips.

Absolute Maximum Ratings				
Symbol	**Conditions**		**Values**	**Unit**
IGBT				
V_{CES}			1200	V
I_C	$T_j = 175\ °C$	$T_c = 25\ °C$	463	A
		$T_c = 80\ °C$	356	A
I_{Cnom}			300	A
I_{CRM}	$I_{CRM} = 3xI_{Cnom}$		900	A
V_{GES}			-20 ... 20	V
t_{psc}	$V_{CC} = 800\ V$ $V_{GE} \leq 20\ V$ $V_{CES} \leq 1200\ V$	$T_j = 150\ °C$	10	µs
T_j			-40 ... 175	°C
Inverse diode				
I_F	$T_j = 175\ °C$	$T_c = 25\ °C$	356	A
		$T_c = 80\ °C$	266	A
I_{Fnom}			300	A
I_{FRM}	$I_{FRM} = 3xI_{Fnom}$		900	A
I_{FSM}	$t_p = 10$ ms, sin 180°, $T_j = 25\ °C$		1620	A
T_j			-40 ... 175	°C
Module				
$I_{t(RMS)}$			600	A
T_{stg}			-40 ... 125	°C
V_{isol}	AC sinus 50Hz, t = 1 min		4000	V

Bild 3.3.2 Datenblattauszug Grenzwerte eines IGBT-Moduls

3.3.1.1 Grenzwerte der IGBT

Kollektor-Emitter-Spannung V_{CES}

Höchstzulässige Spannung zwischen Kollektor- und Emitterkontakt der IGBT-Chips bei kurzgeschlossener Gate-Emitter-Strecke, Parameter: Chiptemperatur $T_j = 25°C$. Aufgrund der Temperaturabhängigkeit der Durchbruchspannung steigt die höchstzulässige Kollektor-Emitter-Spannung mit der Temperatur.
In allen Betriebsfällen darf die Summe aus Betriebsspannung V_{CC} und Schaltüberspannung $\Delta V_{CE} = L_\sigma \cdot di_C/dt$ die Spannung V_{CES} nicht überschreiten (L_σ: Summe der parasitären Induktivität im Kommutierungskreis), vgl. Kap. 5.1.

Kollektor-Gleichstrom I_C

Höchstzulässiger Dauergleichstrom durch den Kollektoranschluss, bei dem die höchstzulässige Chiptemperatur erreicht wird; Parameter: Gehäusetemperatur T_c = 25°C/80°C, bei bodenplattenlosen Modulen, Kühlkörpertemperatur T_s = 25°C/70°C; bei in PCBs einlötbaren Modulen (SEMITOP) zusätzlich maximale PCB-Temperatur an den Anschlussterminals; Chiptemperatur $T_j = T_{j(max)}$

I_C ergibt sich für IGBT-Module mit Bodenplatte aus

$I_C = P_{tot(max)}/V_{CE(sat)}$ mit $P_{tot(max)} = (T_{j(max)} - T_c)/R_{th(j-c)}$,

für Module ohne Bodenplatte aus

$I_C = P_{tot(max)}/V_{CE(sat)}$ mit $P_{tot(max)} = (T_{j(max)} - T_s)/R_{th(j-s)}$.

Da I_C ein statischer Maximalwert ist, kann dieser im Schaltbetrieb nicht ausgenutzt werden.

Chipstrom I_{Cnom}

Vom Hersteller der IGBT-Chips im Chipdatenblatt ausgewiesener Typenstrom („Kollektor-Gleichstrom, begrenzt durch $T_{j(max)}$"), multipliziert mit der Anzahl der im Modul parallel geschalteten IGBT-Chips je Schalter.

Periodischer Kollektorstrom-Spitzenwert I_{CRM}

Höchstzulässiger Scheitelwert des Stromes über dem Kollektoranschluss im Pulsbetrieb

I_{CRM} entspricht dem vom Hersteller der IGBT-Chips im Chipdatenblatt ausgewiesenen Spitzenstrom („Kollektor-Pulsstrom, begrenzt durch $T_{j(max)}$") der eingesetzten IGBT-Chips, multipliziert mit der Anzahl der im Modul parallel geschalteten IGBT-Chips je Schalter. Dieser Stromgrenzwert ist unabhängig von Pulsdauer und auch einzuhalten, wenn die maximale Chiptemperatur nicht erreicht wird, da ein permanentes Überschreiten zu Vorschädigungen der Chipmetallisierung und zu vorzeitiger Alterung führt. In vielen Datenblättern wird I_{CRM} mit $2 \cdot I_{Cnom}$ angegeben und entspricht somit dem früher spezifizierten Grenzwert I_{CM}.

Für die aktuell in SEMIKRON IGBT-Modulen eingesetzten IGBT4 Chips (T4, E4) lässt der Chiphersteller $I_{CRM} = 3 \times I_{Cnom}$ zu. Mit dem für den Nennarbeitspunkt gegebenen Gatewiderstand und gleichzeitig hoher Zwischenkreisspannung sind diese Ströme nicht in jedem Fall abzuschalten , ohne dass die Abschaltüberspannung V_{CES} überschreitet. Wie Untersuchungen zeigen, kann es beim periodischen Ausschalten solch hoher Ströme an den heißesten Chips bereits zur vorzeitigen Entsättigung mit starkem Anstieg der Verlustleistung kommen. Aus diesen Gründen empfiehlt SEMIKRON nur in Ausnahmefällen und mit besonderen Maßnahmen (z.B. reduzierte Zwischenkreisspannung, aktives Clamping, sehr langsames Ausschalten oder Ausschaltentlastung) höhere Ströme als den für die Vorgängergenerationen im RBSOA zulässigen Wert von $2 \cdot I_{Cnom}$ abzuschalten. Bei einigen dieser Maßnahmen ist mit erhöhten Verlusten zu rechnen, die bei der Halbleiterauslegung zu berücksichtigen sind.

Gate-Emitter-Spannung V_{GES}

Höchstzulässige Spannung zwischen Gate- und Emitterkontakt der IGBT-Chips, Parameter: Gehäusetemperatur T_c = 25°C

Zulässige Einschaltdauer im Kurzschluss t_{psc}

Höchstzulässige Dauer einer Entsättigung durch Überstrom oder Kurzschluss bei spezifizierter Betriebsspannung, Kollektor-Emitter-Spannung und Chiptemperatur; Parameter: Betriebsspannung V_{CC}, höchste zulässige Gate-Emitter-Spannung V_{GE}, höchste zulässige Kollektor-Emitter-Spannung V_{CES} , Chiptemperatur T_j (bei aktuellen Infineon-Chips < $T_{j(max)}$)

Betriebstemperaturbereich T_j ; $T_{j(min)} \ldots T_{j(max)}$

Bereich der zulässigen IGBT-Chiptemperatur, innerhalb dessen das IGBT-Modul betrieben werden darf; Vor allem für den Dauerbetrieb wird ein Mindestabstand der Chiptemperatur zu $T_{j(max)}$ von 25 K empfohlen.

3.3.1.2 Grenzwerte der integrierten Inversdioden (Freilaufdioden)

Inversdioden-Durchlassstrom I_F

Höchstzulässiger Wert des Gleichstromes durch den Kollektoranschluss in Rückwärtsrichtung; Parameter: Gehäusetemperatur T_c = 25°C/80°C, bei bodenplattenlosen Modulen Kühlkörpertemperatur T_s = 25°C/70°C; bei in PCBs einlötbaren Modulen (SEMITOP) zusätzlich maximale PCB-Temperatur an den Anschlussterminals; Chiptemperatur $T_j = T_{j(max)}$

Dioden-Chipstrom I_{Fnom}

Im Chipdatenblatt ausgewiesener Typenstrom (Dioden-Gleichstrom, begrenzt durch $T_{j(max)}$) der eingesetzten Diodenchips, multipliziert mit der Anzahl der im Modul parallel geschalteten Chips je Schalter

Periodischer Spitzenwert des Inversdioden-Duchlassstroms I_{FRM}

Höchstzulässiger Scheitelwert des Stromes in Rückwärtsrichtung durch den Kollektoranschluss im Pulsbetrieb; Für heutige SEMIKRON-Module ist $I_{FRM} = 3 \cdot I_{Fnom}$ mit I_{Fnom} als vom Hersteller der Diodenchips im Chipdatenblatt ausgewiesener Typenstrom („Durchlassstrom, begrenzt durch $T_{j(max)}$") der eingesetzten Diodenchips, multipliziert mit der Anzahl der im Modul parallel geschalteten Diodenchips je Schalter.

Stoßstrom Grenzwert I_{FSM}

Werden die CAL-Inversdioden als Netzgleichrichter betrieben, ist für die Selektivität von Schutzmaßnahmen deren nichtperiodische, kurzzeitige Überstrombelastbarkeit ausschlaggebend. Der Stoßstrom-Grenzwert I_{FSM} ist – wie bei konventionellen Netzdioden die zulässige Höhe eines Durchlassstromstoßes in Form einer 50 Hz Sinus-Halbschwingung, den die Diode im Störungsfall (Kurzschluss) ohne Schaden übersteht, wenn er nur selten während der Lebenszeit der Diode auftritt. Bei Beanspruchung einer Gleichrichterdiode mit dem Stoßstrom-Grenzwert werden kurzzeitig Chiptemperaturen bis zu 400°C erreicht. Tritt daher unmittelbar im Anschluss an eine Beanspruchung mit dem Stoßstrom-Grenzwert eine Sperrspannung auf, sind niedrigere Stoßstrom-Grenzwerte zulässig als ohne nachfolgende Spannungsbeanspruchung. Aus den - auch für konventionelle Dioden angegebenen - Stoßstromkennlinien (Bild 3.3.3) können Werte für unterschiedliche Halbschwingungsdauern sowie für mehrere Halbschwingungen ermittelt werden. Parameter: Chiptemperatur T_j

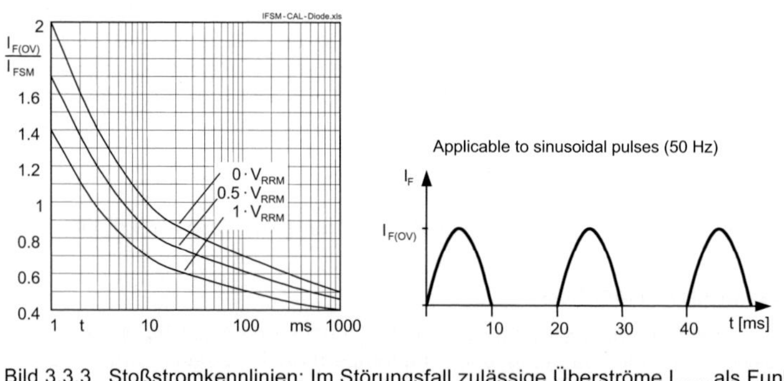

Bild 3.3.3 Stoßstromkennlinien: Im Störungsfall zulässige Überströme $I_{F(OV)}$ als Funktion der Zeit im Verhältnis zum Stoßstrom-Grenzwert I_{FSM} für 10 ms bei verschiedenen Sperrspannungsbeanspruchungen unmittelbar nach dem Ende der letzten Stromhalbschwingung t

Aus I_{FSM} lässt sich das zur Auswahl von Sicherungen notwendige Grenzlastintegral nach folgender Gleichung ermitteln, vgl. Kap. 3.2.4.1 oder 4.4.6.

$$\int_0^{t_{hw}} i_{FS}^2 \, dt = I_{FSM}^2 \cdot \frac{t_{hw}}{2}$$

t_{hw}: Dauer der Sinus-Halbschwingung, für die I_{FSM} gilt (z.B. 10 ms bei 50 Hz)

Betriebstemperaturbereich T_j ; $T_{j(min)}$...$T_{j(max)}$

Bereich der zulässigen Inversdioden-Chiptemperatur, innerhalb dessen das IGBT-Modul betrieben werden darf. Für den Dauerbetrieb wird eine Unterschreitung von $T_{j(max)}$ um min. 25 K empfohlen.

3.3.1.3 Grenzwerte des Modulaufbaus

Durchlassstrom-Effektivwert $I_{t(RMS)}$

Höchstzulässiger Effektivwert des Durchlassstromes, gemittelt über eine volle Periode der Betriebsfrequenz; Der höchstzulässige Wert gilt für beliebige Stromkurvenformen, Stromflusswinkel und Kühlbedingungen. Er ist begrenzt durch die Strombelastbarkeit der inneren Verbindungen und äußeren Terminals des IGBT-Moduls.

Lagertemperaturbereich T_{stg}; $T_{stg(min)}$...$T_{stg(max)}$

Temperaturbereich, innerhalb dessen das Bauelement ohne elektrische Beanspruchung gelagert oder transportiert werden darf; $T_{stg(max)}$ entspricht bei SEMIKRON-Modulen der höchstzulässigen Gehäusetemperatur im Betrieb.

Löttemperatur T_{sol} der Anschlussterminals (für Module mit Lötanschlüssen)

Höchstzulässige Temperatur der Anschlussterminals beim Einlöten in eine PCB; Parameter: Einwirkungsdauer, siehe Montagevorschriften im Kap. 6.3.4

Isolationsprüfspannung V_{isol}

Effektivwert der zulässigen Prüfspannung (Wechselspannung 50 Hz) zwischen den kurzgeschlossenen Anschlüssen und dem isolierten Modulboden; Parameter: Prüfzeit (1 min oder 1 s), Details siehe Kap. 5.1.1.2

3.3.2 Kennwerte

Auch die Kennwerte werden in den Datenblättern für die verschiedenen Komponenten eines IGBT-Moduls getrennt spezifiziert. Alle Kennwerte beziehen sich wiederum auf einen Schalter, unabhängig von der Anzahl der im Transistormodul tatsächlich je Schalter parallel geschaltete IGBT- oder Diodenchips.

3.3.2.1 Kennwerte der IGBT

Characteristics						
Symbol	Conditions		min.	typ.	max.	Unit
IGBT						
$V_{CE(sat)}$	I_C = 150 A, V_{GE} = 15 V, chiplevel	T_j = 25 °C		1.8	2.05	V
		T_j = 150 °C		2.2	2.4	V
V_{CE0}		T_j = 25 °C		0.8	0.9	V
		T_j = 150 °C		0.7	0.8	V
r_{CE}	V_{GE} = 15 V	T_j = 25 °C		3.3	3.8	mΩ
		T_j = 150 °C		5.0	5.3	mΩ
$V_{GE(th)}$	V_{GE}=V_{CE}, I_C = 12 mA		5	5.8	6.5	V
I_{CES}	V_{GE} = 0 V, V_{CE} = 1200 V	T_j = 25 °C		0.1	0.3	mA
		T_j = 150 °C				mA
C_{ies}	V_{CE} = 25 V, V_{GE} = 0 V	f = 1 MHz		18.6		nF
C_{oes}		f = 1 MHz		1.16		nF
C_{res}		f = 1 MHz		1.02		nF
Q_G	V_{GE} = - 8 V...+ 15 V			1700		nC
R_{Gint}	T_j = 25 °C			2.50		Ω
$t_{d(on)}$	V_{CC} = 600 V, I_C = 300 A	T_j = 150 °C		282		ns
t_r		T_j = 150 °C		60		ns
E_{on}	$R_{G\,on}$ = 1.9 Ω, $R_{G\,off}$ = 1.9 Ω, di/dt_{on} = 5000 A/µs, di/dt_{off} = 2800 A/µs	T_j = 150 °C		30		mJ
$t_{d(off)}$		T_j = 150 °C		564		ns
t_f		T_j = 150 °C		117		ns
E_{off}		T_j = 150 °C		44		mJ
$R_{th(j-c)}$	per IGBT				0.096	K/W

Bild 3.3.4 Datenblattauszug Kennwerte eines IGBT

Kollektor-Emitter-Sättigungsspannung $V_{CE(sat)}$

Sättigungswert der Kollektor-Emitter-Spannung (Durchlassspannung des eingeschalteten IGBT) bei spezifiziertem Kollektorstrom I_C (meist bei I_{Cnom}); Parameter: Kollektorstrom I_C, Gate-Emitter-Spannung V_{GE}, Chiptemperatur, z.B. T_j = 25°C/150°C

Bei den von SEMIKRON gefertigten IGBT-Modulen steigt $V_{CE(sat)}$ im Nennstrombereich mit der Temperatur an. $V_{CE(sat)}$ wird in neueren Datenblättern meist auf Chiplevel (s. entsprechenden Hinweis unter „Conditions") angegeben. In die Berechnung der Sättigungsspannung über den Modul-Hauptanschlüssen ist dann der Spannungsabfall über den modulinternen (Bonddrähte, Terminals, ...) Leitungswiderständen $R_{CC'+EE'}$ (aufgeführt unter Kennwerten des Modulaufbaus) einzubeziehen; bei der Berechnung der Verluste in den Chips kann dieser dagegen unberücksichtigt bleiben.

Schleusenspannung V_{CE0} und differenzieller Ersatzwiderstand r_{CE} der Durchlasskennlinien-Approximation

Zur Berechnung der Durchlassverluste werden in den Datenblättern die Elemente einer Ersatzgerade

$$V_{CE(sat)} = f(I_C) = V_{CE0} + r_{CE} \cdot I_C$$

angegeben, d.h. für die Berechnung wird der Sättigungsspannungsverlauf durch die Ersatzgerade einer Diodenkennlinie angenähert. Bild 3.3.5 verdeutlicht die Definition von V_{CE0} und r_{CE}: r_{CE} ist die Steigung der Geraden, die man erhält, wenn man die Punkte $V_{CE(sat)}$ bei 25% I_{Cnom} und $V_{CE(sat)}$ bei I_{Cnom} verbindet. V_{CE0} ist der Schnittpunkt dieser Geraden mit der Achse I_C = 0. Parameter: Kollektorstrom I_C, Gate-Emitter-Spannung V_{GE}, Chiptemperatur, z.B. T_j = 25°C/150°C

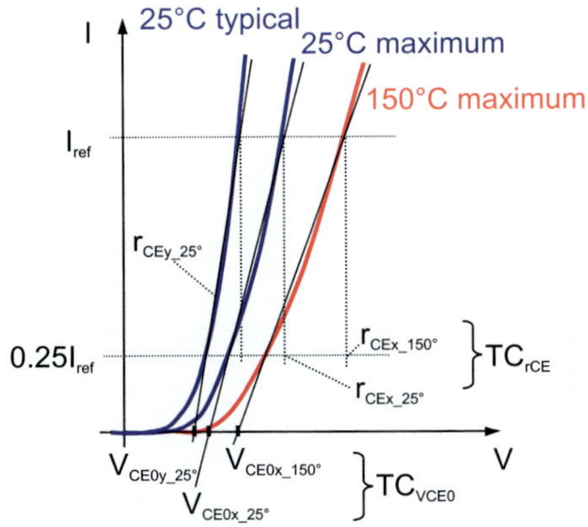

Bild 3.3.5 Durchlasskennlinien eines IGBT und Definition der Elemente der Ersatzgeraden

Gate-Emitter-Schwellenspannung (Einsetzspannung) $V_{GE(th)}$

Gate-Emitter-Spannung, oberhalb der nennenswerter Kollektorstrom fließen kann; Parameter: Kollektor-Emitter-Spannung $V_{CE} = V_{GE}$, Kollektorstrom I_C, Gehäusetemperatur T_c = 25°C

Kollektor-Reststrom I_{CES}

Sperrstrom zwischen Kollektor- und Emitteranschluss bei kurzgeschlossener Gate-Emitter-Strecke (V_{GE} = 0) und Kollektor-Emitter-Spannung $V_{CE} = V_{CES}$; Parameter: Chiptemperatur, z.B. T_j = 25°C/150°C; I_{CES} steigt von wenigen µA bei 25°C auf einige mA bei T_j= 125°C. In Abhängigkeit von V_{CES} steigt der Wert alle 10 K um das 1,5 bis 2 fache seines Wertes. In den Datenblättern von Modulen mit integrierter Inversdiode werden die Sperrströme beider Bauelemente als ein gemeinsamer Parameter I_{CES} angegeben.

Eingangskapazität C_{ies}

Kleinsignal-Kapazität zwischen Gate- und Emitteranschluss bei für Wechselstrom kurzgeschlossener Kollektor-Emitter-Strecke; Parameter: Kollektor-Emitter-Gleichspannung V_{CE}, Messfrequenz f = 1 MHz, Gehäusetemperatur T_c = 25°C

Ausgangskapazität C_{oes}

Kleinsignal-Kapazität zwischen Kollektor- und Emitteranschluss bei für Wechselstrom kurzgeschlossener Gate-Emitter-Strecke; Parameter: Kollektor-Emitter-Gleichspannung V_{CE}, Messfrequenz f = 1 MHz, Gehäusetemperatur T_c = 25°C

Rückwirkungskapazität (Miller-Kapazität) C_{res}

Kleinsignal-Kapazität zwischen Kollektor- und Gateanschluss; Parameter: Kollektor-Emitter-Gleichspannung V_{CE}, Messfrequenz f = 1 MHz, Gehäusetemperatur T_c = 25°C

Gateladung Q_G

Die Gateladung Q_G ist die insgesamt notwendige Ladungsmenge, um den IGBT vom Sperrzustand (Gate-Emitter-Spannung $V_{GE} = V_{GE(off)}$) in den Sättigungszustand ($V_{GE} = V_{GE(on)}$) zu steuern, siehe Bild 3.3.6. Parameter: Gehäusetemperatur T_c = 25°C, Betriebsspannung V_{CC}, Gate-Emitter-Spannungen $V_{GE(off)}$ und $V_{GE(on)}$. Die Gateladung ist weitestgehend unabhängig von der Chiptemperatur und in geringem Maße abhängig von der Betriebsspannung.

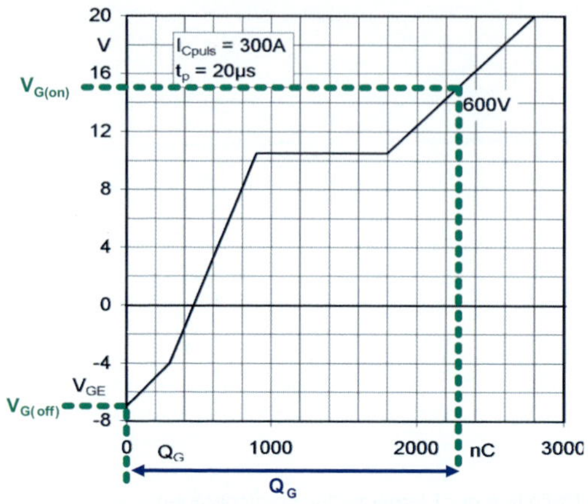

Bild 3.3.6 Gateladungsdiagramm eines IGBT

Aus Q_G ist über $I_{G(AV)} = Q_G \cdot f_s$ (f_s: Schaltfrequenz) der durch den Treiber zur Ansteuerung aufzubringende Ausgangsstrom-Mittelwert $I_{G(AV)}$ ermittelbar.

Interner Gatewiderstand R_{Gint}

Parameter: Chiptemperatur T_j = 25°C (R_{Gint} ist temperaturabhängig.)

Um Schwingungen zwischen parallel geschalteten Chips zu verhindern, enthalten heute viele IGBT-Chips integrierte Gatewiderstände. Tabelle 3.3.1 enthält die Widerstandswerte für IGBT4 Chips.

Chipstrom I_{Cnom}	Gatewiderstand R_{Gint}
75 A	10,0 Ω
100 A	7,5 Ω
150 A	5,0 Ω

Tabelle 3.3.1 Widerstandswerte integrierter Gatewiderstände in IGBT4 Chips (Infineon)

In IGBT-Modulen mit parallel geschalteten IGBT-Chips liegen somit auch deren interne Gatewiderstände parallel und R_{Gint} ist der aus der Parallelschaltung resultierende Gesamtwiderstand. Bei der Auswahl einer Treiberschaltung nach niedrigstzulässigem Gatewiderstand bzw. höchstzulässigem Gate-Spitzenstrom muss die Summe aus externem Gatewiderstand R_{Gon}, R_{Goff} und dem R_{Gint} lt. Datenblatt berücksichtigt werden.

Schaltzeiten $t_{d(on)}$, t_r, $t_{d(off)}$, t_f und Schaltverlustenergien E_{on}, E_{off}

Parameter: Betriebsspannung V_{CC}, Kollektorstrom I_C, Steuerspannungen V_{GG+}, V_{GG-} (bzw. V_{GE}), externe Gatewiderstände R_{Gon}, R_{Goff}, Kollektorstromsteilheit di/dt_{on} beim Einschalten bzw. di/dt_{off} beim Ausschalten, Chiptemperatur T_j (Schaltzeiten und Schaltverluste steigen mit der Temperatur an).

Zu berücksichtigen ist, dass Schaltzeiten, Strom-/Spannungsverläufe und Schaltverluste in der Praxis stark durch Wechselwirkungen zwischen modulinternen und äußeren Kapazitäten, Induktivitäten und Widerständen im Gate- und Kollektorkreis beeinflusst werden. In Anwendungen, die deutlich von den Messbedingungen abweichen (z.B. kapazitive Last von Motorkabeln, Schalten mit $V_{GG(off)}$ = 0) können die Datenblattangaben lediglich Grundlage einer Grobauswahl sein. Eigene Messungen in der finalen Schaltungsumgebung sind dann für eine sichere Schaltungsdimensionierung unumgänglich.

Die in den Datenblättern für IGBT angegebenen Schaltzeiten werden bei ohmsch-induktiver Last in einer Messschaltung nach Bild 3.3.7a ermittelt. Die Lastzeitkonstante L/R ist groß gegen die Periodendauer T = 1/f der Schaltfrequenz, so dass sich in der Lastinduktivität ein nichtlückender Laststrom einstellt. Der fließt bei gesperrtem IGBT durch die Freilaufdiode, kommutiert beim Einschalten auf den IGBT und beim Ausschalten zurück auf die Freilaufdiode (hartes Schalten). Die Schaltzeiten beziehen sich auf die Verläufe der Gate-Emitter-Spannung und des Kollektorstroms beim Ein- und Ausschalten, vgl. Erklärungen im Kap. 2.4.2.2. zum physikalischen Hintergrund der Strom- und Spannungsverläufe.

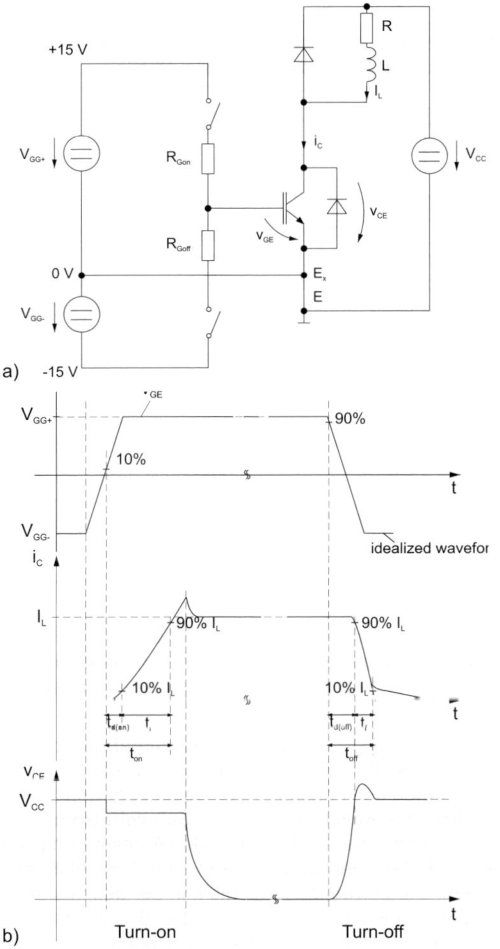

Bild 3.3.7 Schaltzeiten von IGBT: a) Messschaltung; b) Definition der Schaltzeiten bei ohmsch-induktiver Last

Die **Einschaltverzögerungszeit $t_{d(on)}$** ist das Zeitintervall zwischen dem Zeitpunkt, zu dem die Gate-Emitter-Spannung v_{GE} 10 % ihres Endwertes erreicht und dem, zu dem der Kollektorstrom i_C auf 10 % des Laststroms angestiegen ist. In der nachfolgenden **Anstiegszeit t_r** steigt der Kollektorstrom i_C von 10 % auf 90 % des Laststromes an. Die Summe aus Einschaltverzögerungszeit $t_{d(on)}$ und Anstiegszeit t_r wird als **Einschaltzeit t_{on}** bezeichnet.

IGBT-Schalter der thermische Widerstand $R_{th(j-s)}$ zwischen den Chips eines Schalters und dem Kühlkörper angegeben.

$R_{th(j-c)}$ und $R_{th(j-s)}$ sind vor allem von der Chipfläche je Schalter und den Wärmeübertragungseigenschaften der isolierenden DCB-Keramik abhängig. $R_{th(j-s)}$ wird außerdem von Dicke und Eigenschaften von Wärmeleitschichten zwischen Modul und Kühlkörper, der Kühlkörperoberfläche und dem Anzugsdrehmoment der Befestigungsschrauben bestimmt. Die Temperaturdifferenzen ΔT über den einzelnen thermischen Widerständen bei konstanter Verlustleistung P_T der im Modul enthaltenen IGBT-Schalter (unabhängig von der Anzahl parallel geschalteter Chips) ergeben sich wie folgt:

Chip – Bodenplatte (Module mit Bodenplatte): $\Delta T_{(j-c)} = T_j - T_c = P_T \cdot R_{th(j-c)}$/IGBT-Schalter
Chip – Kühlkörper (Module ohne Bodenplatte): $\Delta T_{(j-s)} = T_j - T_s = P_T \cdot R_{th(j-s)}$/IGBT-Schalter

Sind die Datenblattangaben auf die Temperatur eines modulinternen Temperatursensors bezogen, muss berücksichtigt werden, dass dessen Temperatur zwischen Chiptemperatur T_j und Gehäusetemperatur T_c (bei Bodenplattenmodulen) bzw. Kühlkörpertemperatur T_s (bei bodenplattenlosen Modulen) liegt. Das thermische Modell ist dann analog Bild 3.6.9 im Kap. 3.6.3 abzuwandeln.

3.3.2.2 Kennwerte der hybrid integrierten Inversdioden (Freilaufdioden)

Characteristics						
Symbol	Conditions		min.	typ.	max.	Unit
Inverse diode						
$V_F = V_{EC}$	$I_F = 300$ A, $V_{GE} = 0$ V, chip	$T_j = 25$ °C		2.1	2.46	V
		$T_j = 150$ °C		2.1	2.4	V
V_{F0}		$T_j = 25$ °C	1.1	1.3	1.5	V
		$T_j = 150$ °C	0.7	0.9	1.1	V
r_F		$T_j = 25$ °C	2.2	2.8	3.2	mΩ
		$T_j = 150$ °C	3.3	3.9	4.3	mΩ
I_{RRM}	$I_F = 300$ A, $di/dt_{off} = 4300$ A/µs, $V_{GE} = -15$ V, $V_{CC} = 600$ V	$T_j = 150$ °C		230		A
Q_{rr}		$T_j = 150$ °C		50		µC
E_{rr}		$T_j = 150$ °C		19		mJ
$R_{th(j-c)}$	per diode				0.17	K/W

Bild 3.3.11 Datenblattauszug Kennwerte einer hybriden Inversdiode (Freilaufdiode)

Durchlassspannung $V_F = V_{EC}$ einer Inversdiode

Kollektor-Emitter-Spannungsabfall in Rückwärtsrichtung; Parameter: $V_{GE} = 0$ V; Durchlassstrom I_F; Chiptemperatur T_j; Messung auf Chip- oder Terminallevel. An den Durchlasskennlinien in Bild 3.3.12 wird der im Nennstrombereich von negativ in positiv wechselnde Temperaturkoeffizient von V_F deutlich.

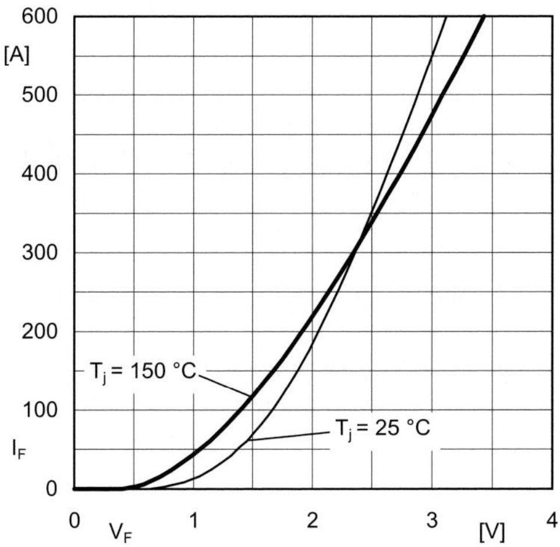

Bild 3.3.12 Durchlasskennlinien einer Inversdiode (CAL-Diode)

Schleusenspannung V_{F0} einer Inversdiode, Ersatzwiderstand r_F einer Inversdiode

Zur Berechnung der Inversdioden-Durchlassverluste werden in den Datenblättern die Elemente einer Ersatzgeraden angegeben, die Definitionen entsprechen denen für V_{CE0} und r_{CE} unter „Kennwerte des IGBT".

$V_F = f(I_F) = V_{F0} + r_F \cdot I_F$

Parameter: V_{GE} = 0 V, Durchlassstrom I_F; Chiptemperatur T_j; Messung auf Chip- oder Terminallevel

Rückstromspitze I_{RRM} einer Inversdiode

Spitzenwert des Rückwärtsstroms nach dem Umschalten von Durchlassstrombelastung der Inversdiode (Parameter I_F) auf Sperrbeanspruchung, vgl. Bild 2.3.8 und zugehörige Erklärungen;

Parameter für die dynamischen Diodenkennwerte I_{RRM}, Q_{rr} und E_{rr}: Betriebsspannung V_{CC}, Diodenstrom I_F, Steuerspannung V_{GG-} (bzw. V_{GE}), Abklingsteilheit des Diodenstroms $-di_F/dt$ = Kollektorstromsteilheit di_C/dt beim Einschalten, Chiptemperatur T_j)

Sperrverzögerungsladung Q_{rr} einer Inversdiode

Gesamtladungsmenge, die nach dem Umschalten von Durchlassstrombelastung auf Sperrspannung aus der Diode in den äußeren Stromkreis abfließt, d.h. vom einschaltenden IGBT übernommen werden muss; Sie hängt ab vom Durchlassstrom I_F vor dem Umschalten, von der Steilheit des abklingenden Stroms $-di_F/dt$, und Chiptemperatur T_j (Details s. Erklärungen zu Bild 2.3.9 in Kap. 2.3). Q_{rr} ist stark temperaturabhängig.

Ausschaltverlustenergie E_{rr} einer Inversdiode

Aus dem im Datenblatt enthaltenen Diagramm „Typische Ein- und Ausschalt-Verlustenergie E_{on}, E_{off}, E_{rr} als Funktion des Kollektorstromes I_C" ist hier E_{rr} für einen typischen IGBT-Arbeitspunkt angegeben. Durch Multiplikation mit der Schaltfrequenz f kann die jeweilige Schaltverlustleistung der Inversdioden im Betriebsfall Freilaufdiode bestimmt werden: $P_{off} = f \cdot E_{rr}$.

Thermische Widerstände $R_{th(j-c)}$ bzw. $R_{th(j-s)}$ je Inversdiode

Hier gelten sinngemäß die Ausführungen zum Kennwert „Thermische Widerstände $R_{th(j-c)}$ bzw. $R_{th(j-s)}$ je IGBT", wenn der Begriff „IGBT" durch „Inversdiode" und P_T durch P_D ersetzt werden. Sind die Datenblattangaben auf die Temperatur eines modulinternen Temperatursensors bezogen, muss berücksichtigt werden, dass dessen Temperatur zwischen Chiptemperatur T_j und Gehäusetemperatur T_c (bei Bodenplattenmodulen) bzw. Kühlkörpertemperatur T_s (bei bodenplattenlosen Modulen) liegt. Das thermische Modell ist dann analog Bild 3.6.9 im Kap. 3.6.3 abzuwandeln.

3.3.2.3 Kennwerte des Modulaufbaus

Parasitäre Kollektor-Emitter-Induktivität L_{CE}

Summe aller parasitären Induktivitäten zwischen TOP-Kollektor- und BOT-Emitter-Anschluss, berechnet aus dem bei einem Schaltvorgang gemessenen induktiven Spannungsabfall. Die in Bild 3.3.13 aufgeführten Teilinduktivitäten L_C und L_E repräsentieren bereits eine Zusammenfassung der Induktivitäten von Bondverbindungen und Terminals.

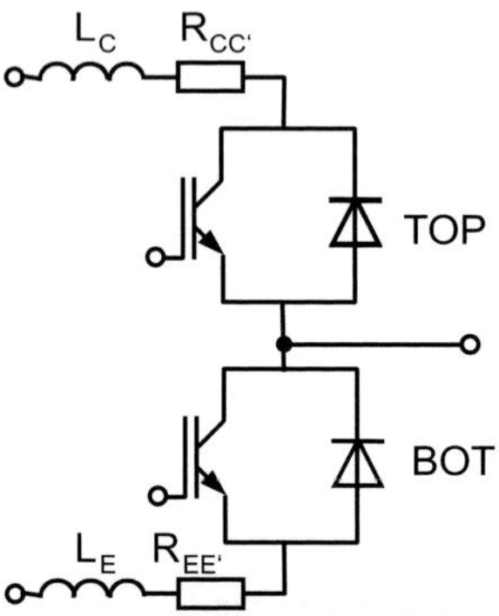

Bild 3.3.13 Schematische Darstellung der parasitären Induktivitäten und Widerstände in einem IGBT-Modul $L_C + L_E = L_{CE}$, und $R_{CC'} + R_{EE'} = R_{CC'+EE'}$

Parasitäre ohmsche Terminalwiderstände $R_{CC'+EE'}$

Da $V_{CE(sat)}$ in neueren Datenblättern meist auf Chiplevel (s. entsprechenden Hinweis unter „Conditions") angegeben wird, müssen in die Berechnung der Sättigungsspannung über den Modul-Hauptanschlüssen die Spannungsabfälle über den modulinternen (Bonddrähte, Terminals, ...) Leitungswiderständen getrennt ermittelt werden. Alle Teilwiderstände eines Halbbrückenmoduls sind hierzu im Datenblatt zum Terminalwiderstand $R_{CC'+EE'}$ zusammengefasst. Die in Bild 3.3.13 aufgeführten Teilwiderstände $R_{CC'}$ und $R_{EE'}$ repräsentieren ebenfalls bereits eine Zusammenfassung der Widerstände von Bondverbindungen und Terminals.

Thermischer Widerstand $R_{th(c-s)}$ je IGBT-Modul

Für IGBT-Module mit Bodenplatte beschreibt der thermische Widerstand $R_{th(c-s)}$ den Wärmeübergang zwischen Modulboden (Index c) und Kühlkörper (Index s – vgl. Bild 3.3.10, Case rated devices). Er kennzeichnet die statische Wärmeabführung eines IGBT-Moduls mit einem oder mehreren IGBT- und Freilaufdioden-Schaltern und ist von Modulgröße, den Oberflächen von Kühlkörper und Modulboden, Dicke und Eigenschaften von Wärmeleitschichten zwischen Modul und Kühlkörper, der Kühlkörperoberfläche und dem Anzugsdrehmoment der Befestigungsschrauben abhängig.
Die Temperaturdifferenz ΔT_{c-s} zwischen Gehäusetemperatur T_c und Kühlkörpertemperatur T_s bei konstanter Verlustleistung P_V der im Modul enthaltenen IGBT und Dioden ergeben sich zu $\Delta T_{c-s} = T_c - T_s = \Sigma P_V \cdot R_{th(c-s)}$

Bei Modulen ohne Bodenplatte (SEMITOP, SKiiP, SKiM, MiniSKiiP) ist eine getrennte Bestimmung von $R_{th(j-c)}$ und $R_{th(c-s)}$ nicht möglich. Hier kann nur $R_{th(j-s)}$ je IGBT-Schalter bzw. Diode (alle parallel geschalteten Chips jeweils zusammengefasst) angegeben werden (Bild 3.3.10 - Heatsink rated devices). Sind die Datenblattangaben auf die Temperatur eines modulinternen Temperatursensors bezogen, muss berücksichtigt werden, dass dessen Temperatur zwischen Chiptemperatur T_j und Gehäusetemperatur T_c (bei Bodenplattenmodulen) bzw. Kühlkörpertemperatur T_s (bei bodenplattenlosen Modulen) liegt. Das thermische Modell ist dann analog Bild 3.6.9 im Kap. 3.6.3 abzuwandeln.

Thermische Impedanzen $Z_{th(j-c)}$ bzw. $Z_{th(j-c)I}$ je IGBT und $Z_{th(j-c)D}$ je Inversdiode

Außer den thermischen Widerständen enthält das thermische Ersatzschaltbild (Bild 3.3.14) auch thermische Impedanzen, die das dynamische Wärmeabführungsverhalten beschreiben. In den Datenblättern sind die thermischen Impedanzen Z_{th} entweder numerisch als Parameter R_i und τ_i eines thermischen Modells mit 3 oder 4 Zeitkonstanten oder als Diagramm [Fig. 9] dargestellt (siehe Bild 3.3.23 und die Erklärungen hierzu).

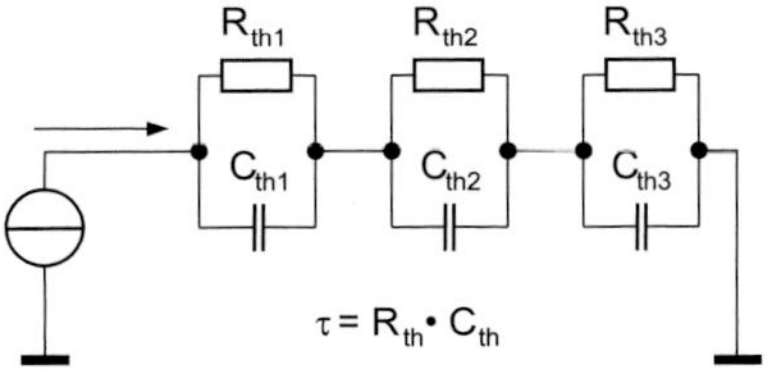

$$Z_{th} = \sum_{i=1}^{n} R_{thi} \cdot \left(1 - e^{\frac{-t}{\tau_i}}\right)$$

Bild 3.3.14 Dynamisches thermisches Modell mit $\tau_i = R_{thi} \cdot C_{thi}$

Parallel geschaltete IGBT- oder Diodenchips werden als ein Bauelement betrachtet. Für bodenplattenlose Module müssen anstelle des Modulkennwertes $Z_{th(j-c)}$ die $Z_{th(j-s)I}$ je IGBT und $Z_{th(j-s)D}$ je Inversdiode angegeben werden. Sind die Datenblattangaben auf die Temperatur eines modulinternen Temperatursensors bezogen, muss berücksichtigt werden, dass dessen Temperatur zwischen Chiptemperatur T_j und Gehäusetemperatur T_c (bei Bodenplattenmodulen) bzw. Kühlkörpertemperatur T_s (bei bodenplattenlosen Modulen) liegt. Das thermische Modell ist dann analog Bild 3.6.9 im Kap. 3.6.3 abzuwandeln.

Mechanische Kennwerte M_s, M_t, w

In den Datenblättern werden als mechanische Kennwerte angegeben:

Anzugsdrehmoment M_s der Befestigungsschrauben (Mindest- und Höchstwert)
Anzugsdrehmoment M_t der Anschlussterminals (Mindest- und Höchstwert)
Gewicht w des Moduls.

Kennwerte eines internen Temperatursensors R_{ts}, R_{100}, $B_{100/125}$, Toleranz

Module verschiedener SEMIKRON Produktfamilien (SEMiX, MiniSKiiP, SKiiP, SEMITOP, SKiM) enthalten Temperatursensoren, die in der Nähe der Chips auf dem DCB-Keramiksubstrat angeordnet sind. Diese Sensoren bilden in Abhängigkeit von ihrer Position eine Temperatur in der Nähe der Bodenplattentemperatur (für Module mit Bodenplatte) bzw. in der Nähe der Kühlkörpertemperatur (für Module ohne Bodenplatte) ab. Abhängig von der Produktfamilie kommen PTC (**P**ositive **T**emperature **C**oeffizient) oder NTC (**N**egative **T**emperature **C**oeffizient) Widerstände zum Einsatz, deren Widerstandswert mit wachsender Temperatur steigt bzw. fällt. Die Temperatursensoren werden im Datenblatt nach ihrem Widerstand R_{ts} oder R_{100} bei 25°C und 100°C, der Messtoleranz bei 100°C sowie teilweise zusätzlich durch den Koeffizienten $B_{100/125}$ spezifiziert. Näheres zu den in den einzelnen Produktgruppen eingesetzten Sensortypen und deren Eigenschaften enthält Kap. 2.6.

3.3.3 Diagramme

Der Reihenfolge in den Datenblättern folgend, enthält dieses Kapitel einige Hinweise zu den im Datensatz von IGBT-Modulen enthaltenen Diagrammen, die sich im Allgemeinen auf einen IGBT-Schalter/eine Freilaufdiode beziehen. Nicht alle der aufgeführten Diagramme sind in den Datenblättern aller Modulfamilien enthalten. Wird ein aufgeführtes Diagramm in anderen Kapiteln noch detaillierter erklärt, erfolgt ein Verweis dorthin.

[Fig. 1] Typische Ausgangskennlinien $I_C = f(V_{CE})$ in Vorwärtsrichtung einschließlich $R_{CC'+EE'}$

Ausgangskennlinienfelder für T_j = 25°C und 125°C/150°C im Sättigungsbereich mit V_{GE} als Parameter (Bild 3.3.15); Erkennbar sind der positive Temperaturkoeffizient der Kollektor-Emitter-Sättigungsspannung $V_{CE(sat)}$ und deren Absinken mit Erhöhung der Gate-Emitter-Spannung V_{GE}. Im Gegensatz zu den tabellarischen Kennwertangaben ist hier der Spannungsabfall über den Modulanschlüssen dargestellt, d.h. $V_{CE(sat)}$ einschließlich der Spannungsabfälle über den parasitären Terminalwiderständen $R_{CC'+EE'}$.

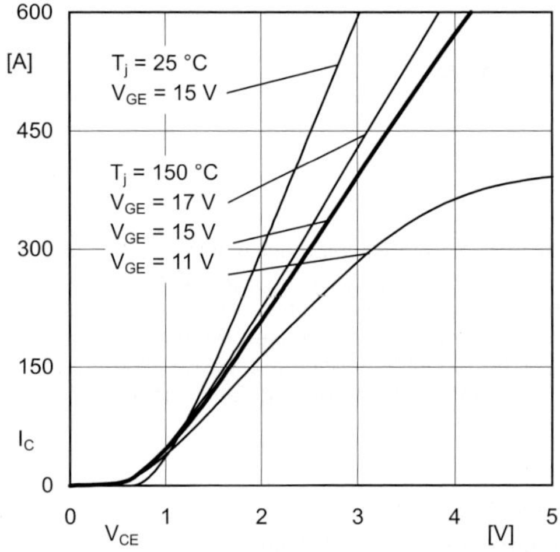

Bild 3.3.15 Typische Ausgangskennlinien eines IGBT

Die Durchlassspannung $V_{CE(sat)}$ weist bereits ab niedrigen Strömen einen positiven Temperaturkoeffizienten auf.

[Fig. 2] Kollektorstrom-Derating in Abhängigkeit von der Gehäusetemperatur

Bild 3.3.16 zeigt das notwendige Derating des Kollektor-Gleichstroms (ohne zusätzliche Schaltverluste) bei Gehäusetemperaturen abweichend von den im Datenblatt für den Grenzwert I_C als Parameter angegebenen Bezugstemperaturen T_c = 25°C oder 80°C. Oberhalb T_c = 25°C folgt die Abhängigkeit der Beziehung $I_C = (T_{j(max)} - T_c) / R_{th(j-c)} \cdot V_{CE(sat)}$, für Gehäusetemperaturen T_c < 25°C bleibt der höchstzulässige Kollektor-Gleichstrom auf den Datenblatt-Grenzwert I_C begrenzt.

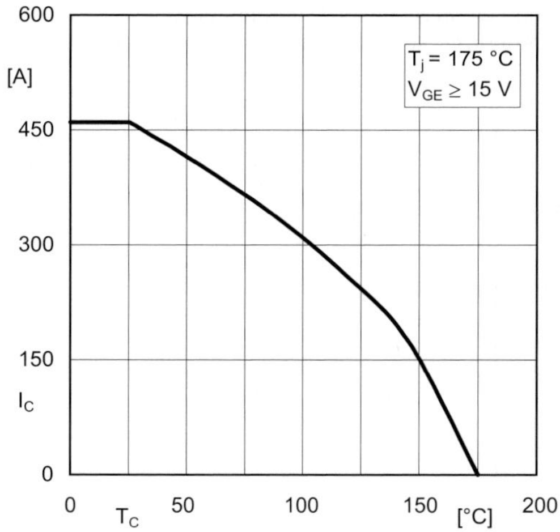

Bild 3.3.16 Kollektorstrom-Derating als Funktion der Gehäusetemperatur

[Fig. 3] Typische Ein- und Ausschaltverlustenergien E_{on}, E_{off} und E_{rr} in Abhängigkeit vom Kollektorstrom I_C

Für einen typischen Arbeitspunkt mit hoher IGBT-Auslastung zeigt Bild 3.3.17 die in der Messschaltung mit ohmsch-induktiver Last ermittelten Ein- und Ausschaltverlustenergien E_{on}, E_{off} des IGBT und der Ausschaltverlustenergie E_{rr} der Inversdiode in der Anwendung als Freilaufdiode in Abhängigkeit vom Kollektorstrom I_C. Durch Multiplikation mit der Schaltfrequenz f kann die jeweilige Schaltverlustleistung bestimmt werden.

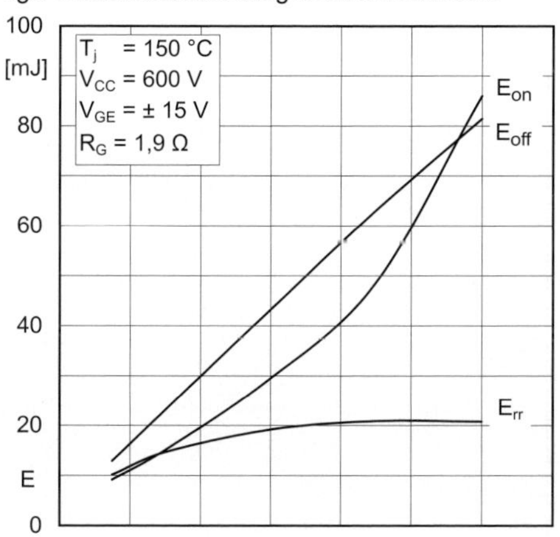

Bild 3.3.17 Ein- und Ausschaltverlustenergien von IGBT und Freilaufdiode als Funktion des Kollektorstroms

[Fig. 4] Typische Ein- und Ausschaltverlustenergien E_{on}, E_{off} und E_{rr} in Abhängigkeit der externen Gatevorwiderstände R_G (R_{Gon}, R_{Goff})

Für einen typischen Arbeitspunkt mit hoher IGBT-Auslastung zeigt Bild 3.3.18 für unterschiedliche externe Gatevorwiderstände R_G die in der Messschaltung mit ohmsch-induktiver Last ermittelten Ein- und Ausschaltverlustenergien E_{on}, E_{off} des IGBT und der Ausschaltverlustenergie E_{rr} der im

Modul enthaltenen Inversdiode in der Anwendung als Freilaufdiode in Abhängigkeit vom Gatewiderstand. Durch Multiplikation mit der Schaltfrequenz f kann die jeweilige Schaltverlustleistung bestimmt werden.

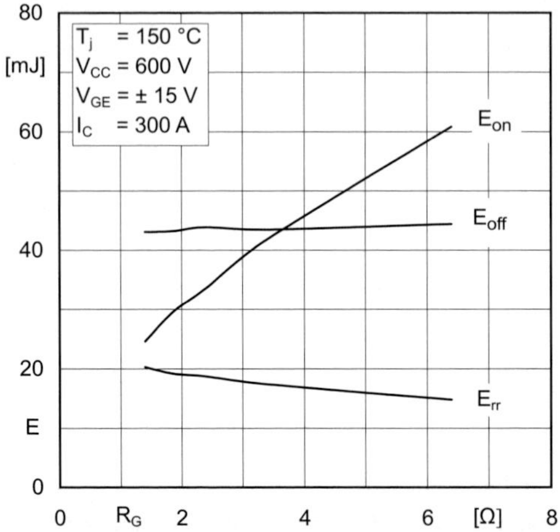

Bild 3.3.18 Ein- und Ausschaltverlustenergien von IGBT und Freilaufdiode als Funktion des Gatewiderstands

[Fig. 5] Typische Übertragungskennlinie $I_C = f(V_{GE})$

Die Übertragungskennlinie in Bild 3.3.19 beschreibt das Verhalten des IGBT im aktiven Bereich bei V_{CE} = 20 V (Linearbetrieb). Der Kollektorstrom ist hier über $I_C = g_{fs} \cdot (V_{GE}-V_{GE(th)})$ mit der Gate-Emitter-Spannung verkoppelt.

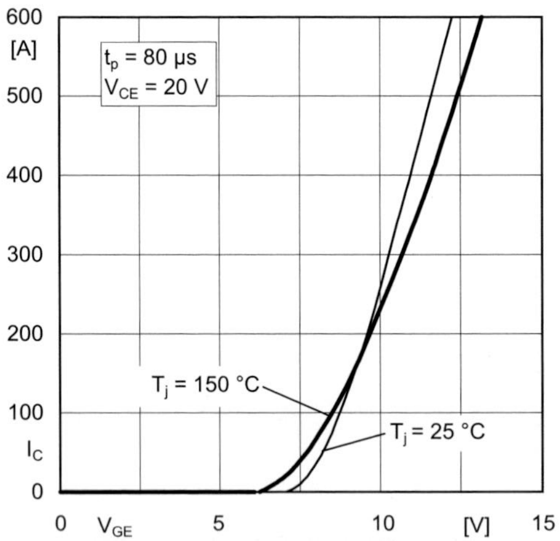

Bild 3.3.19 Übertragungskennlinie eines IGBT

[Fig. 6] Typisches Gateladungsdiagramm $V_{GE} = f(Q_G)$

Bild 3.3.20 zeigt die Gate-Emitter-Spannung V_{GE} des IGBT als Funktion der zugeführten Gateladung Q_G bei 50 % der höchstzulässigen Kollektor-Emitter-Spannung V_{CE}. Das Gateladungsdiagramm enthält den Verlauf von V_{GE} zwischen dem ausgeschalteten Zustand mit einer gebräuchlichen negativen Gate-Emitter-Spannung V_{GE} (z.B. -8 V) und dem vollständig eingeschalteten Zustand mit der höchstzulässigen V_{GE}. Mit diesem Diagramm kann die Ladungsmenge Q_G ermittelt werden, die dem Gate zugeführt werden muss, um den IGBT vom Sperrzustand in den Sättigungszustand zu steuern (s. auch Bild 3.3.6 und die zugehörigen Erklärungen).

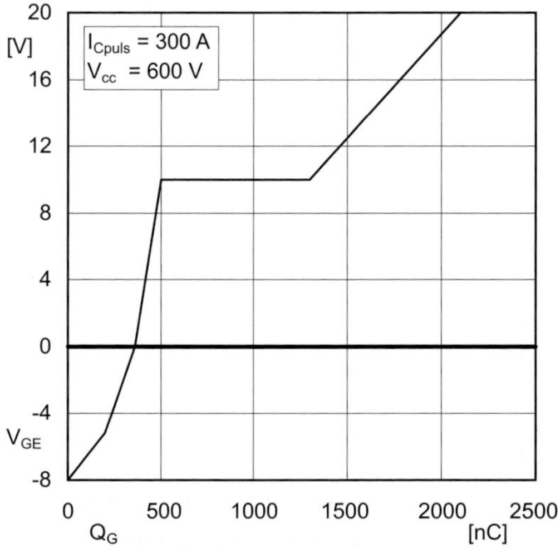

Bild 3.3.20 Gateladungsdiagramm eines IGBT

[Fig. 7] Typische Abhängigkeit der Schaltzeiten vom Kollektorstrom

Für einen typischen Arbeitspunkt zeigt Bild 3.3.21 die in der Messschaltung mit ohmsch-induktiver Last ermittelten Schaltzeiten $t_{d(on)}$ (Einschaltverzögerungszeit), t_r (Anstiegszeit), $t_{d(off)}$ (Ausschaltverzögerungzeit) und t_f (Fallzeit) in Abhängigkeit vom Kollektorstrom I_C.

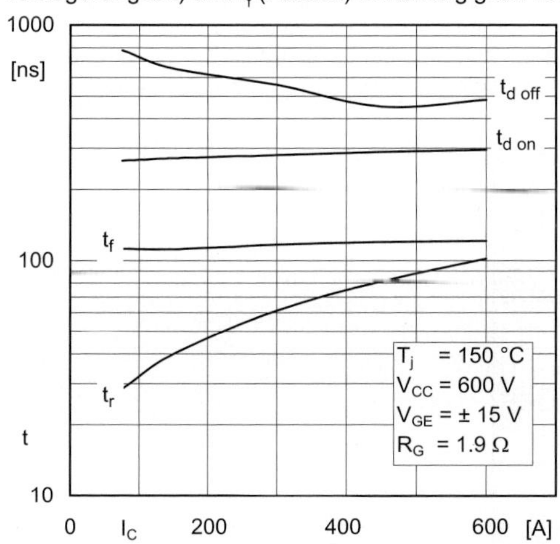

Bild 3.3.21 Ein- und Ausschaltzeiten eines IGBT als Funktion des Kollektorstroms

[Fig. 8] Typische Abhängigkeit der Schaltzeiten von der Größe der externen Gatevorwiderstände R_G (R_{Gon}, R_{Goff})

Für einen typischen Arbeitspunkt zeigt Bild 3.3.22 für unterschiedliche externe Gatevorwiderstände R_G die in der Messschaltung mit ohmsch-induktiver Last ermittelten Schaltzeiten $t_{d(on)}$ (Einschaltverzögerungszeit), t_r (Anstiegszeit), $t_{d(off)}$ (Ausschaltverzögerungzeit) und t_f (Fallzeit) in Abhängigkeit vom Kollektorstrom I_C.

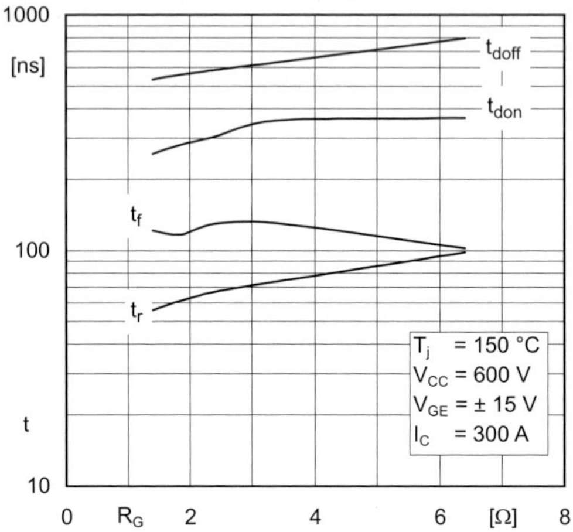

Bild 3.3.22 Ein- und Ausschaltzeiten eines IGBT und Freilaufdiode als Funktion des Gatewiderstands

[Fig. 9] Typische thermische Impedanzen $Z_{th(j-c)}$ oder $Z_{th(j-s)}$ von IGBT und Inversdiode

Bild 3.3.23 enthält eine doppelt logarithmische Darstellung der thermischen Impedanzen $Z_{th(j-c)}$ zwischen Chip und Gehäuse von IGBT und Inversdiode im Einzelimpulsbetrieb als Funktion der Pulsdauer t_p, vgl. auch Erklärungen zu den Kennwerten Z_{th}.

Bei Modulen ohne Bodenplatte (z.B. SEMITOP, SKiM, MiniSKiiP) ist die einzelne Bestimmung von $Z_{th(j-c)}$ nicht möglich. Stattdessen wird hier $Z_{th(j-s)}$ je IGBT bzw. Dioden (alle parallel geschalteten Chips jeweils zusammengefasst) angegeben. Die in Bild 3.3.23 dargestellten thermischen Impedanzen im Einzelpulsbetrieb charakterisieren den Anstieg der Chiptemperatur während eines definierten Verlustleistungspulses bei festgehaltener Bodenplattentemperatur ($Z_{th(j-c)}$) bzw. Kühlkörpertemperatur ($Z_{th(j-s)}$). Nach erfolgtem Temperaturausgleich erreichen $Z_{th(j-c)}$ bzw. $Z_{th(j-s)}$ als statischen Endwert $R_{th(j-c)}$ bzw. $R_{th(j-s)}$.

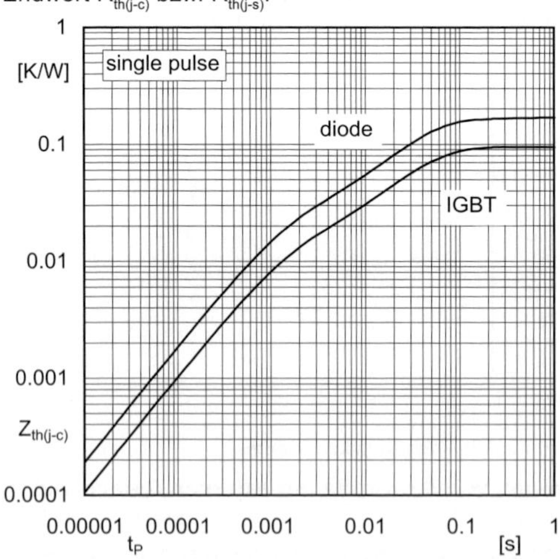

Bild 3.3.23 Thermische Impedanzen von IGBT und Inversdiode eines Bodenplattenmoduls

[Fig. 10] Typische Durchlasskennlinien einer Inversdiode I_F = -I_C = f(V_F) einschließlich $R_{CC'+EE'}$

Bild 3.3.24 zeigt Durchlasskennlinien einer Inversdiode für T_j = 25°C und 125/150°C (typische Werte). Im Gegensatz zu den tabellarischen Kennwertangaben ist hier der Spannungsabfall über den Modulanschlüssen dargestellt, d.h. V_F einschließlich der Spannungsabfälle über den parasitären Terminalwiderständen $R_{CC'+EE'}$. Erkennbar sind die unterschiedlichen Temperaturkoeffizienten der Durchlassspannung V_F : negativ bei niedrigen und positiv bei hohen Strömen.

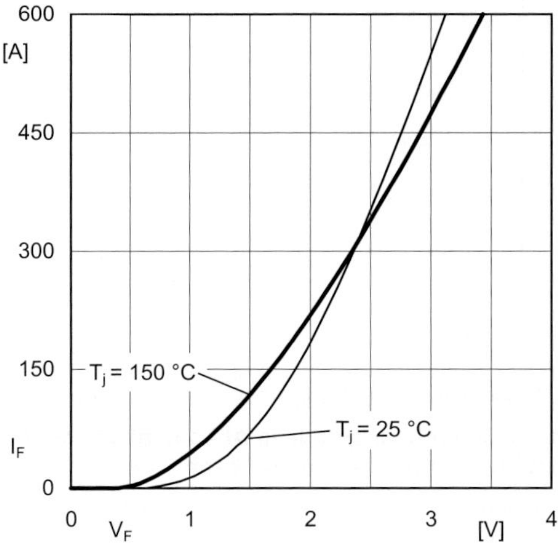

Bild 3.3.24 Durchlasskennlinien einer Inversdiode (CAL Diode)

[Fig. 11] Typische Rückstromspitze I_{RRM} einer Inversdiode in Abhängigkeit von der Kommutierungssteilheit –di_F/dt des Durchlassstroms I_F

Für einen typischen Arbeitspunkt mit hoher Dioden-Auslastung enthält Bild 3.3.25 typische Werte des Rückstromscheitelwertes I_{RRM} der Inversdiode in Abhängigkeit von der (Ab-) Kommutierungssteilheit –di_F/dt beim Ausschalten der Diode. Die Einschaltgeschwindigkeit des den Strom übernehmenden IGBT (di_C/dt) bestimmt abhängig von dessen Gatevorwiderstand R_g=R_{gon} das -di_F/dt der Diode. Als Dimensionierungshilfe sind in diesem Diagramm den di_F/dt-Werten Widerstandsangaben für R_G = R_{Gon} des einschaltenden IGBT zugeordnet. Die Rückstromspitze der Freilaufdiode wächst mit dem Kollektorstrom und der Kommutierungssteilheit.

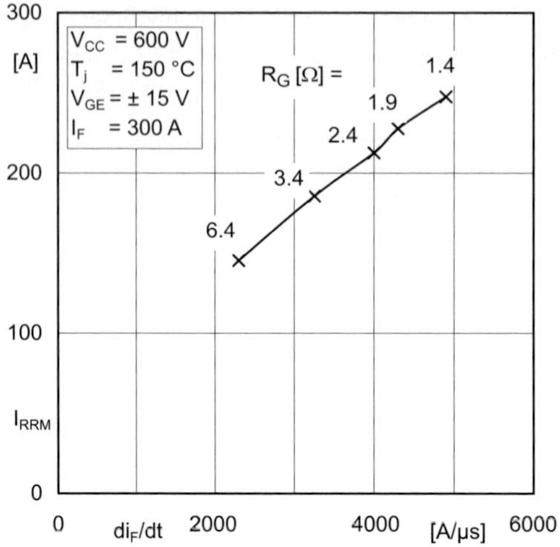

Bild 3.3.25 Rückstromspitze der Freilaufdiode (CAL-Diode) eines IGBT-Moduls

[Fig. 12] Typische Sperrverzögerungsladung Q_{rr} einer Inversdiode in Abhängigkeit von der Kommutierungssteilheit $-di_F/dt$ und dem Durchlassstrom I_F vor dem Abschalten

Für Arbeitspunkte mit hoher Dioden-Auslastung sind in Bild 3.3.26 typische Werte der Sperrverzögerungsladung Q_{rr} in Abhängigkeit von der (Ab-) Kommutierungssteilheit $-di_F/dt$ beim Ausschalten der Diode und vom vorher geflossenen Durchlassstrom I_F dargestellt. $-di_F/dt$ wird durch die Einschaltgeschwindigkeit des den Strom übernehmenden IGBT (di_C/dt) bestimmt, die abhängig von dessen Gatevorwiderstand $R_G = R_{Gon}$ ist. Als Dimensionierungshilfe sind in diesem Diagramm für eine spezifizierte Steuerspannung den di_F/dt – Werten Widerstandsangaben für $R_G = R_{Gon}$ des einschaltenden IGBT zugeordnet. Die Sperrverzögerungsladung der Freilaufdiode steigt mit dem Kollektorstrom und geringfügig mit der Kommutierungssteilheit.

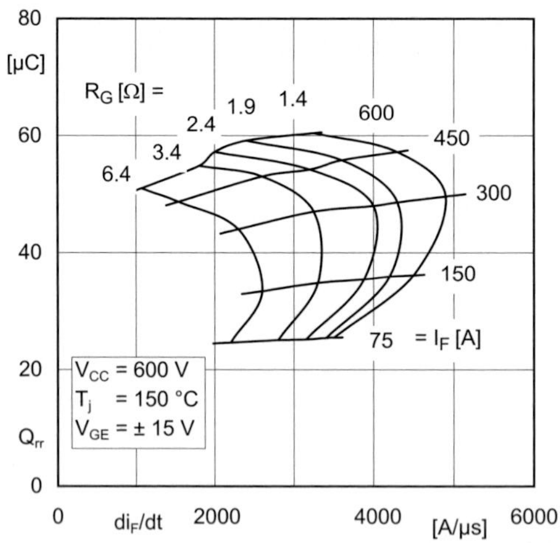

Bild 3.3.26 Sperrverzögerungsladung der Freilaufdiode (CAL-Diode) eines IGBT-Moduls

3.3.4 Höchstzulässige sichere Arbeitsbereiche im Schaltbetrieb

Für SEMIKRON IGBT-Module sind die Angaben zu den sicheren Arbeitsbereichen aus den Produktdatenblättern in den – zu jeder Produktgruppe unter www.semikron.com im entsprechenden Produktbereich auffindbaren – „Technical Explanations" enthalten. Wie schon im Kap. 2.4 dargestellt, muss der IGBT beim harten Schalten einen nahezu rechteckigen Arbeitspunktverlauf i = f(u) zwischen V_{CC} und I_L realisieren. Inwieweit er dies in den verschiedenen Betriebszuständen ohne Zerstörungsgefahr kann, wird in den SOA- (**S**afe **O**perating **A**rea-) Diagrammen beschrieben:

SOA für das Einschalten und Einzelpulsbetrieb
RBSOA (Reverse Biased SOA) für das periodische Ausschalten
SCSOA (Short Circuit SOA) für die nichtperiodische Abschaltung von Kurzschlüssen

Die meisten SOA-Diagramme beziehen sich auf Chiplevel, was bedeutet, dass die angegebene höchstzulässige Spannung V_{CES} während des Ausschaltens an den Modulanschlüssen um die an den parasitären Modulinduktivitäten L_{CE} induzierte Spannung unterschritten bleiben muss (RBSOA, SCSOA). Somit hängt die Einschränkung der RBSOA- und SCSOA-Grenzen an den Modulanschlüssen gegenüber den chipbezogenen Angaben auch von den Ansteuerbedingungen ab.

3.3.4.1 Höchstzulässiger sicherer Arbeitsbereich für Einzelpulse und periodisches Einschalten (SOA)

Bild 3.3.27 zeigt im doppelt logarithmischen Maßstab den höchstzulässigen Arbeitspunktverlauf $I_c = f(V_{CE})$ im Einzelpulsbetrieb. Die Darstellung in Bild 3.3.27 erfolgt auf die Grenzwerte V_{CES} und I_{CRM} bezogen, vgl. Kap. 3.3.1.

Die SOA-Begrenzungen sind:
- höchstzulässiger Kollektorstrom (waagerechte Begrenzung)
- höchstzulässige Kollektor-Emitter-Spannung (senkrechte Begrenzung)

Von Bedeutung ist, dass die aufgetragenen Grenzwerte für Ströme gelten, die den IGBT-Chip nicht über die höchstzulässige Chiptemperatur T_j = 150°C bzw. 175°C hinaus erwärmen. IGBT-Module dürfen nur als Schalter betrieben werden. Nur während der Schaltvorgänge ist das Durchfahren der linearen Kennlinienbereiche als aktiver Verstärker $I_C=f(V_{GE})$ zulässig. Längerer Analogbetrieb ist unzulässig, da hier aufgrund von Streuungen der Transferkennlinien (Plateauspannungen) zwischen einzelnen IGBT-Zellen oder auch parallelen Chips lokale Überlastungen entstehen würden. Daher sind frühere Darstellungen mit diagonalen Kennlinien mit max. Pulsdauern für verschiedene Pulsströme und DC-Betrieb bis zur maximalen Verlustleistung unzutreffend.

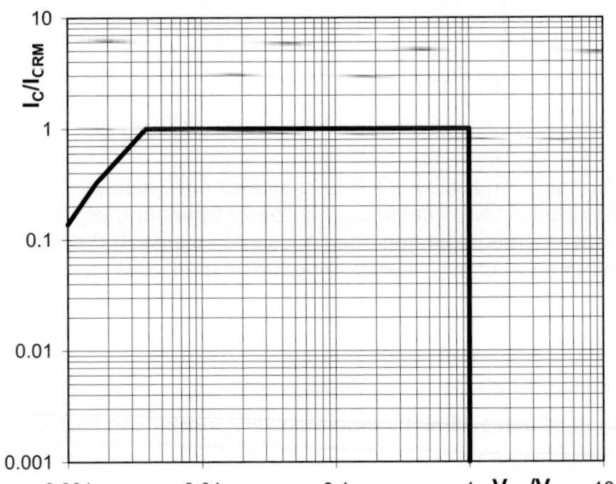

Bild 3.3.27 Höchstzulässiger sicherer Arbeitsbereich $I_C = f(V_{CE})$ für Einzelpulse und periodisches Einschalten (SOA); normiert auf die Grenzwerte V_{CES} und I_{CRM} bezogen

3.3.4.2 Höchstzulässiger sicherer Arbeitsbereich beim periodischen Ausschalten (RBSOA)

Beim periodischen Ausschalten ist der IGBT prinzipiell in der Lage, bis zum Erreichen von $T_{j(max)}$ und unter festgelegten Ansteuerbedingungen den Strom $I_{Cpuls} = I_{CRM}$ hart auszuschalten, sofern V_{CE} (direkt am Chip) maximal die Höhe von V_{CES} erreicht (Einfluss parasitärer Induktivitäten und der Ansteuerbedingungen vgl. Kap. 5.4 und 5.6). In vielen Datenblättern wird I_{CRM} mit $2 \cdot I_{Cnom}$ angegeben und entspricht somit dem früher spezifiziertem Grenzwert I_{CM}.

Für die aktuell in SEMIKRON IGBT-Modulen eingesetzten IGBT4 Chips (T4, E4) lässt der Chiphersteller $I_{CRM} = 3 \times I_{Cnom}$ zu. Mit dem für den Nennarbeitspunkt gegebenen Gatewiderstand und gleichzeitig hoher Zwischenkreisspannung sind diese Ströme nicht in jedem Fall abzuschalten ohne mit der Abschaltüberspannung V_{CES} zu überschreiten. Wie Untersuchungen zeigen, kann es beim periodischen Ausschalten solch hoher Ströme an den heißesten Chips bereits zur vorzeitigen Entsättigung mit starkem Anstieg der Verlustleistung kommen. Aus diesen Gründen empfiehlt SEMIKRON nur in Ausnahmefällen und mit besonderen Maßnahmen z.B. reduzierte Zwischenkreisspannung, aktives Clamping, sehr langsames Ausschalten oder Ausschaltentlastung höhere Ströme als die für die Vorgängergeneration im RBSOA zulässigen Wert von $2 \cdot I_{Cnom}$ abzuschalten. Bei wiederholtem Wirksamwerden der vorgenannten Punkte ist mit erhöhten Verlusten zu rechnen, die bei der Halbleiterauslegung zu berücksichtigen sind. Der beim periodischen Ausschalten eines IGBT höchstzulässige Arbeitsbereich ist in Bild 3.3.28 dargestellt.

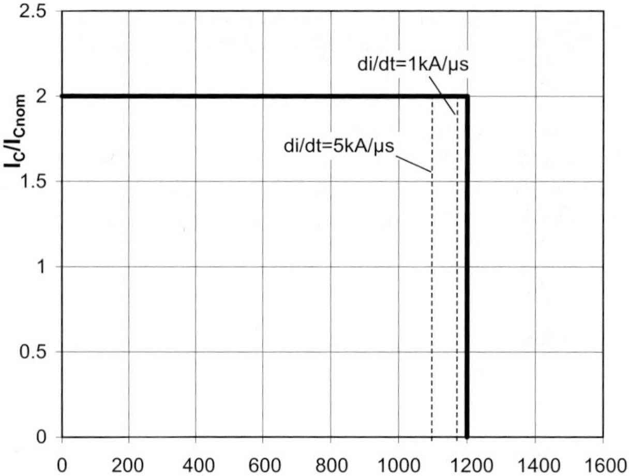

Bild 3.3.28 Höchstzulässiger sicherer Arbeitsbereich beim periodischen Ausschalten (RBSOA) eines 1200 V-IGBT; $T_j < T_{j(max)}$; V_{GE}=+-15 V; $R_G=R_{G(nom)}$

Der durchgezogene Verlauf in Bild 3.3.28 zeigt den zulässigen Arbeitsbereich auf Chiplevel. Durch die beim Ausschalten an den parasitären Modulinduktivitäten L_{CE} induzierte Spannung ergibt sich abhängig vom Kollektorstrom und den Ansteuerbedingungen beim Ausschalten eine Reduzierung des RBSOA, die sich mit der nachstehenden Gleichung überschlägig bestimmen lässt.

$$V_{CE\,max\,T} = V_{CES} - L_{CE} \cdot \frac{I_C \cdot 0{,}8}{t_f(I_C)}$$

$V_{CEmax\,T}$: Höchstzulässige Kollektor-Emitter-Spannung an den Modulterminals

Die maximale Spannung an den Klemmen ist beispielhaft für eine Modulinduktivität von 20 nH als gestrichelte Linie dargestellt.

3.3.4.3 Höchstzulässiger sicherer Arbeitsbereich im Kurzschluss

Unter bestimmten Bedingungen ist der IGBT prinzipiell in der Lage, Kurzschlüsse aktiv abzuschalten. Aufgrund des Betriebes im aktiven Arbeitsbereich entstehen dabei sehr hohe Verluste, die kurzzeitig zur Erhöhung der Chiptemperatur bis weit über $T_{j(max)}$ führen. Ein Stabilisierungseffekt wird dabei durch den positiven Temperaturkoeffizienten der Übertragungskennlinie erreicht, der den Kurzschlussstrom in der Praxis auf 4...6 * I_{Cnom} begrenzt.

Beim Abschalten eines Kurzschlusses muss verhindert werden, dass die durch den hohen abzuschaltenden Kurzschlussstrom an den parasitären Induktivitäten im Kommutierungskreis induzierte Spannung zu einer Überschreitung von V_{CES} führt. Um die von den IGBT-Chips aufzunehmende Energie zu begrenzen, sind die zulässigen Bedingungen für Kurzschlussabschaltung wie folgt begrenzt:
- Der Kurzschluss muss innerhalb von maximal 10 µs (bei 600 V Trench-IGBT 6 µs) erkannt und abgeschaltet werden.
- Die Zeit zwischen zwei Kurzschlüssen muss mindestens 1 Sekunde betragen.
- Es dürfen während der Gesamtbetriebsdauer des IGBT weniger als 1000 Kurzschlüsse auftreten.
- Die zulässige Chiptemperatur vor dem Kurzschlussfall ist auch bei IGBT4 ($T_{j(max)}$ = 175°C) auf 150°C begrenzt.
- Die höchstzulässige Spannung V_{CC} ist reduziert, z.B. bei 1200 V IGBT4 auf 800 V.
- Es gelten Grenzwerte für das $-di_c/dt$, die durch die Ansteuerbedingungen realisiert werden müssen und in Extremfällen nur mittels mehrstufigem Ausschalten („soft turn off", vgl. Kap. 5.1.1) zu realisieren sind.
- Ggf. muss mittels Clamping ein unzulässiges Ansteigen der Gate-Emitter-Spannung während der Kurzschlussabschaltung verhindert werden.

Bild 3.3.29 zeigt ein Beispiel für die Abhängigkeit des zulässigen Kurzschlussstroms I_{SC} (bezogen auf I_{Cnom}) vom Verhältnis V_{CE}/V_{CES} für ein bestimmtes di/dt beim Ausschalten. Auch hier muss berücksichtigt werden, dass die Spannung auf Chiplevel um den Betrag $L_S \cdot di/dt$ größer ist als an den Terminals, so dass die maximal außen auftretende Spannung um diesen Wert zu reduzieren ist.

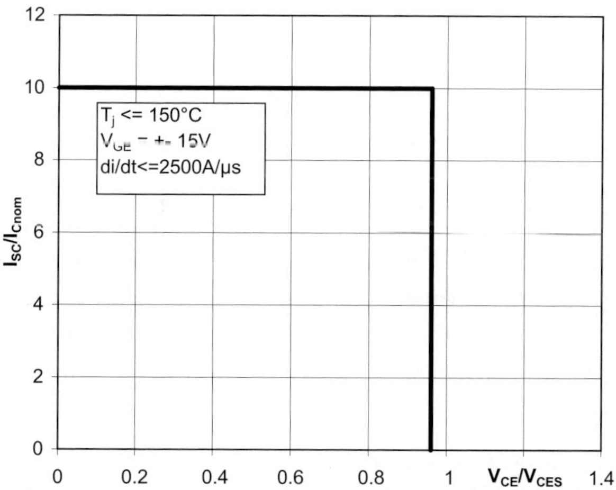

Bild 3.3.29 Höchstzulässiger sicherer Arbeitsbereich im Kurzschluss (SCSOA)

3.4 Leistungs-MOSFET-Module

Bei Auswahl oder Vergleich der Eigenschaften von MOSFET-Modulen anhand der Datenblattangaben muss beachtet werden, dass die Datenblattangaben unterschiedlicher Halbleiterhersteller aufgrund unterschiedlicher Spezifikationsbedingungen nur sehr begrenzt direkt vergleichbar sind. Aufgrund komplexer, applikationsabhängiger Wechselwirkungen zwischen den Bauteileigenschaften sind hierzu in vielen Fällen begleitende Messungen zwingend erforderlich.

Historisch gewachsen, weisen auch SEMIKRON-Datenblätter unterschiedliche MOSFET-Modulgenerationen und unterschiedliche Modulbauformen Unterschiede in Struktur, Datenumfang und Spezifikationsbedingungen auf. Da im Rahmen der Produktpflege eine Vereinheitlichung erfolgen wird, soll nachfolgend im Wesentlichen auf die Datenblätter des neuesten Standes 01/2010 eingegangen werden. Wo erforderlich, wird ggf. auf abweichende Datenblattstrukturen noch in Fertigung befindlicher, älterer Modultypen hingewiesen. Die grundsätzliche Datenblattstruktur entspricht dem zu Beginn des Kap. 3.3 für IGBT-Module dargestellten Aufbau.

Wichtige, einheitlich für alle Typen einer Produktgruppe geltende Grenz- und Kennwertangaben für SEMIKRON Leistungs-MOSFET-Module sind nicht in den typbezogenen Datenblättern, sondern in den „Technical Explanations“ der Produktgruppe enthalten.

3.4.1 Grenzwerte

In den Datenblättern werden die Grenzwerte für die verschiedenen Komponenten (oder „Funktionen“, wie Vorwärtsverhalten und Inversleitfähigkeit bei MOSFET) eines Moduls getrennt spezifiziert. Alle Grenzwerte beziehen sich stets auf einen Schalter, unabhängig von der Anzahl der im Transistormodul tatsächlich je Schalter parallel geschaltete MOSFET-Chips.

Absolute Maximum Ratings		T_s = 25 °C, unless otherwise specified	
Symbol	**Conditions**	**Values**	**Units**
MOSFET			
V_{DSS}		100	V
V_{GSS}		± 20	V
I_D	T_s = 25 (80) °C; 1)	80 (60)	A
I_{DM}	t_p < 1 ms; T_s = (80) °C; 1)	(120)	A
T_j		- 40 ... + 150	°C
Inverse diode			
$I_F = - I_D$	T_s = 25 (80) °C;	80 (60)	A
$I_{FM} = - I_{DM}$	t_p < 1 ms; T_s = (80) °C;	(120)	A
T_j		- 40 ... + 150	°C
T_{stg}		- 40 ... + 125	°C
T_{sol}	Terminals, 10 s	260	°C
V_{isol}	AC, 1 min (1s)	2500 / 3000	V

Bild 3.4.1 Datenblattauszug Grenzwerte eines MOSFET-Moduls

3.4.1.1 Grenzwerte der Leistungs-MOSFET in Vorwärtsrichtung

Drain-Source-Spannung V_{DSS}

Höchstzulässige Spannung zwischen Drain- und Sourcekontakt der MOSFET-Chips bei kurzgeschlossener Gate-Source-Strecke; Parameter: Gehäusetemperatur T_c = 25°C, bei bodenplattenlosen Modulen Kühlkörpertemperatur T_s = 25°C

Aufgrund der Temperaturabhängigkeit der Avalanche-Durchbruchspannung sinkt die höchstzulässige Drain-Source-Spannung mit der Temperatur. In allen Betriebsfällen darf die Summe aus Betriebsspannung V_{DD} und Schaltüberspannung $\Delta V_{DS} = L_\sigma \cdot di_D/dt$ die Spannung V_{DSS} nicht überschreiten (L_σ : Summe der parasitären Induktivität im Kommutierungskreis), vgl. Kap. 5.1.

Gate-Source-Spannung V_{GSS}

Höchstzulässige Spannung zwischen Gate- und Sourcekontakt der MOSFET-Chips; Parameter: Gehäusetemperatur T_c = 25°C

Drain-Gleichstrom I_D

Höchstzulässiger Dauergleichstrom über den Drainanschluss, bei dem die höchstzulässige Chiptemperatur erreicht wird; Parameter: Gehäusetemperatur, T_c = 25°C/80°C, bei bodenplattenlosen Modulen Kühlkörpertemperatur T_s = 25°C/80°C; bei in PCBs einlötbaren Modulen (SEMITOP) zusätzlich maximale PCB-Temperatur an den Anschlussterminals; Chiptemperatur $T_j = T_{j(max)}$

I_D ergibt sich für Module mit Bodenplatte aus

$I_D^2 = P_{tot(max)}/R_{DS(on)}$ mit $P_{tot(max)} = (T_{j(max)} - T_c)/R_{th(j-c)}$,

für Module ohne Bodenplatte aus

$I_D^2 = P_{tot(max)}/R_{DS(on)}$ mit $P_{tot(max)} = (T_{j(max)} - T_s)/R_{th(j-s)}$.

Da I_D ein rein statischer Maximalwert ist, kann dieser im Schaltbetrieb nicht ausgenutzt werden.

Periodischer Drainstrom-Spitzenwert I_{DM}

Höchstzulässiger Scheitelwert des Stromes über dem Drainanschluss im Pulsbetrieb; Parameter: Pulsbreite t_p, Gehäusetemperatur T_c = 25°C oder 80° und Puls-Pausen-Verhältnis

Betriebstemperaturbereich T_j ; $T_{j(min)}...T_{j(max)}$

Bereich der zulässigen Chiptemperatur, innerhalb dessen der Leistungs-MOSFET betrieben werden darf; Für den Dauerbetrieb wird ein Mindestabstand der Chiptemperatur zu $T_{j(max)}$ von 25 K empfohlen.

3.4.1.2 Grenzwerte der Inversdioden (Leistungs-MOSFET in Rückwärtsrichtung)

Inversdioden-Durchlassstrom (Drain-Gleichstrom in Rückwärtsrichtung) $I_F = -I_D$

Höchstzulässiger Wert des Gleichstromes über den Drainanschluss in Rückwärtsrichtung; Grenzwert und Parameter sind identisch mit den Angaben für Vorwärtsrichtung.

Periodischer Spitzenwert $I_{FM} = -I_{DM}$ des Inversdioden-Durchlassstroms

Höchstzulässiger Scheitelwert des Stromes über den Drainanschluss im Pulsbetrieb; Grenzwert und Parameter sind identisch mit den Angaben für Vorwärtsrichtung.

Betriebstemperaturbereich T_j ; $T_{j(min)}...T_{j(max)}$

Bereich der zulässigen Chiptemperatur, innerhalb dessen die Inversdiode betrieben werden darf; Für den Dauerbetrieb wird ein Mindestabstand der Chiptemperatur zu $T_{j(max)}$ von 25 K empfohlen. Grenzwert und Parameter sind identisch mit den Angaben für Vorwärtsrichtung.

3.4.1.3 Grenzwerte des Modulaufbaus

Lagertemperaturbereich T_{stg}; $T_{stg(min)}...T_{stg(max)}$)

Temperaturbereich, innerhalb dessen das Bauelement ohne elektrische Beanspruchung gelagert oder transportiert werden darf

Löttemperatur T_{sol} der Anschlussterminals (für Module mit Lötanschlüssen)

Höchstzulässige Temperatur der Anschlussterminals beim Einlöten in eine PCB; Parameter: Einwirkungsdauer, siehe Montagevorschriften im Kap. 6.3.4

Isolationsprüfspannung V_{isol}

Effektivwert der zulässigen Prüfspannung (Wechselspannung 50 Hz) zwischen den kurzgeschlossenen Anschlüssen und dem isolierten Modulboden; Parameter: Prüfzeit (1 min oder 1 s), Details siehe Kap. 5.1.1.2

3.4.2 Kennwerte

In den Datenblättern werden die Kennwerte für die verschiedenen Komponenten (oder „Funktionen", wie Vorwärtsverhalten und Inversleitfähigkeit bei MOSFET) eines Moduls getrennt spezifiziert. Alle Kennwerte beziehen sich stets auf einen Schalter, unabhängig von der Anzahl der im Transistormodul tatsächlich je Schalter parallel geschalteten Leistungs-MOSFET-Chips.

3.4.2.1 Kennwerte der Leistungs-MOSFET

Characteristics		T_s = 25 °C, unless otherwise specified			
Symbol	**Conditions**	**min.**	**typ.**	**max.**	**Units**
MOSFET					
$V_{(BR)DSS}$	V_{GS} = 0 V, I_D = 5,6 mA	100			V
$V_{GS(th)}$	V_{GS} = V_{DS}; I_D = 5,6 mA	2,5	3,3		V
I_{DSS}	V_{GS} = 0 V; V_{DS} = V_{DSS}; T_j = 25 °C			100	µA
I_{GSS}	V_{GS} = ± 20V ;V_{DS} = 0 V			100	nA
$R_{DS(on)}$	I_D = 80 A; V_{GS} = 10 V; T_j = 25 °C			7,5	mΩ
$R_{DS(on)}$	I_D = 80 A; V_{GS} = 10 V; T_j = 125 °C			13,5	mΩ
C_{CHC}	per MOSFET				pF
C_{iss}	under following conditions:		9,1		nF
C_{oss}	V_{GS} = 0 V; V_{DS} = 25 V; f = 1 MHz		1,8		nF
C_{rss}			1,6		nF
L_{DS}					nH
$t_{d(on)}$	under following conditions:		300		ns
t_r	V_{DD} = 50 V; V_{GS} = 10 V; I_D = 50 A		150		ns
$t_{d(off)}$	R_G = 56 Ω		1600		ns
t_f			160		ns
$R_{th(j-s)}$	per MOSFET (per module)			1,1	K/W
Inverse diode					
V_{SD}	I_F = 50 A; V_{GS} = 0 V; T_j = 50 °C		0,9		V
I_{RRM}	under following conditions:		24		A
Q_{rr}	I_F = 50 A; T_{vj} = 25 °C; R_G = 56 Ω		0,9		µC
t_{rr}	V_R = 65 A; di/dt = 100 A/µs		70		ns
Free-wheeling diode					
V_F	I_F = A; V_{GS} = V				V
I_{RRM}	under following conditions:				A
Q_{rr}	I_F = A; T_{vj} = °C				µC
t_{rr}	V_r = A; di/dt = A/µs				ns
Mechanical data					
M1	mounting torque			2,5	Nm
w			20		g
Case	SEMITOP® 3		T 16		

Bild 3.4.2 Datenblattauszug Kennwerte eines Leistungs-MOSFET

Drain-Source-Durchbruchspannung $V_{(BR)DSS}$

Durchbruchspannung zwischen Drain- und Source-Anschluss bei kurzgeschlossener Gate-Source-Strecke (V_{GS} = 0 V); Parameter: Drainsperrstrom I_{DSS}, Gehäusetemperatur T_c = 25°C

Gate-Source-Schwellenspannung (Einsetzspannung) $V_{GS(th)}$

Gate-Source-Spannung, oberhalb derer nennenswerter Drainstrom fließen kann; Parameter: Drain-Source-Spannung V_{DS} = V_{GS}, Drainstrom I_D, Gehäusetemperatur T_c = 25°C

Drain-Reststrom I_{DSS}

Sperrstrom zwischen Drain- und Source-Anschluss bei kurzgeschlossener Gate-Source-Strecke (V_{GS} = 0 V) und höchstzulässiger Drain-Source-Spannung V_{DS}; Parameter: Chiptemperatur, z.B. T_j = 25°C und 125°C; I_{DSS} steigt zwischen 25°C und 125°C um den Faktor 3...6 an.

Gate-Source-Leckstrom I_{GSS}

Leckstrom zwischen Gate- und Source-Anschluss bei kurzgeschlossener Drain-Source-Strecke (V_{DS} = 0) und höchstzulässiger Gate-Source-Spannung V_{GS}; Parameter: Gate-Source-Spannung V_{GS} = ±20 V

Einschaltwiderstand $R_{DS(on)}$

Quotient aus der Änderung der Drain-Source-Spannung V_{DS} und des Drainstromes I_D im vollständig durchgeschalteten MOSFET bei spezifizierter Gate-Source-Spannung V_{GS} und spezifiziertem Drainstrom I_D (i.a. bei „Nennstrom"); In diesem Durchlasszustand ist V_{DS} proportional I_D, im Großsignalverhalten gilt für die Durchlassspannung $V_{DS(on)} = R_{DS(on)} \cdot I_D$. Parameter: Gate-Source-Spannung V_{GS} = 20 V, Drainstrom I_D (i.a. „Nennstrom"), Chiptemperatur T_j = 25°C und 125°C ($R_{DS(on)}$ wächst sehr stark mit der Temperatur!)

Kapazität zwischen Chip und Gehäuseboden C_{CHC}

Kleinsignal-Kapazität zwischen einem MOSFET-Chip und dem Gehäuseboden bei kurzgeschlossener Gate-Source-Strecke; Parameter: Drain-Source-Gleichspannung V_{DS}, Messfrequenz f = 1 MHz, Gehäusetemperatur T_c = 25°C

Eingangskapazität C_{iss}, Ausgangskapazität C_{oss}, Rückwirkungskapazität (Miller-Kapazität) C_{rss}

Kleinsignal-Kapazitäten die analog zu den Kleinsignalkapazitäten des IGBT definiert sind, vgl. Kap. 3.3.2

Parasitäre Drain-Source-Induktivität L_{DS}

Induktivität zwischen Drain- und Source-Anschluss, vgl. Kap. 3.3.2; Parameter: Drain-Source-Gleichspannung V_{DS}, Gehäusetemperatur T_c = 25°C

Schaltzeiten $t_{d(on)}$, t_r, $t_{d(off)}$, t_f

Die in den Datenblättern für Leistungs-MOSFET angegebenen Schaltzeiten werden – im Gegensatz zum IGBT – praxisfremder bei ohmscher Last in einer Messschaltung nach Bild 3.4.3 ermittelt. Die Definition der Schaltzeiten bezieht sich auf die Verläufe der Gate-Source-Spannung, vgl. Bild 3.4.3b) und Bild 2.4.19 im Kap. 2.4.3.2 sowie die dortigen Erklärungen zum physikalischen Hintergrund der Strom- und Spannungsverläufe beim Schalten. Parameter: Betriebsspannung V_{DD}, Drainstrom I_D, Steuerspannungen V_{GG+}, V_{GG-} (bzw. V_{GS}), externe Gatewiderstände R_{Gon}, R_{Goff}, Drainstromsteilheit $+di_D/dt$ beim Einschalten bzw. $-di_D/dt$ beim Ausschalten und Chiptemperatur T_j (Schaltzeiten und Schaltverluste steigen mit der Temperatur)

Zu berücksichtigen ist, dass Schaltzeiten, Strom-/Spannungsverläufe und Schaltverluste in der Praxis stark durch Wechselwirkungen zwischen modulinternen und äußeren Kapazitäten, Induktivitäten und Widerständen im Gate- und Kollektorkreis beeinflusst werden, weshalb die Datenblattangaben für viele Anwendungen lediglich Grundlage einer Grobauswahl sein können und eigene Messungen für eine sichere Schaltungsdimensionierung unumgänglich sind.

a)

b)

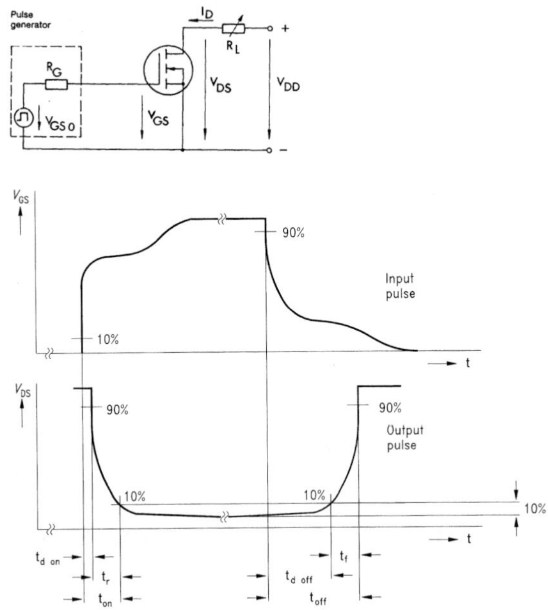

Bild 3.4.3 Schaltzeiten von MOSFET;
a) Messschaltung; b) Definition der MOSFET-Schaltzeiten bei ohmscher Last

Die **Einschaltverzögerungszeit $t_{d(on)}$** ist das Zeitintervall zwischen dem Zeitpunkt, zu dem die Gate-Source-Spannung v_{GS} 10 % ihres Endwertes erreicht und dem, zu dem die Drain-Source-Spannung V_{DS} auf 90 % der Betriebsspannung V_{DD} abgefallen ist. In der nachfolgenden **Anstiegszeit t_r** fällt V_{DS} von 90 % auf 10 % der Betriebsspannung V_{DD} ab. Die Summe aus **Einschaltverzögerungszeit $t_{d(on)}$** und **Anstiegszeit t_r** wird als **Einschaltzeit t_{on}** bezeichnet. Die **Ausschaltverzögerungszeit $t_{d(off)}$** ist das Zeitintervall zwischen dem Zeitpunkt, zu dem die Gate-Source-Spannung v_{GS} wieder auf 90 % ihres Endwertes abgefallen ist und demjenigen, zu dem die Drain-Source-Spannung V_{DS} auf 10 % der Betriebsspannung V_{DD} angestiegen ist.

Die **Abfallzeit t_f** ist das Zeitintervall, in dem die Drain-Source-Spannung V_{DS} von 10 % auf 90 % der Betriebsspannung V_{DD} ansteigt. Als **Ausschaltzeit t_{off}** wird die Summe aus Ausschaltverzögerungszeit $t_{d(off)}$ und Abfallzeit t_f bezeichnet.

Thermische Widerstände $R_{th(j-c)}$ bzw. $R_{th(j-s)}$ je MOSFET und $R_{th(c-s)}$ je MOSFET-Modul

Die thermischen Widerstände kennzeichnen die statische Wärmeabführung eines MOSFET-Schalters in einem Modul, unabhängig davon, aus wie viel parallel geschalteten Chips der Schalter besteht. Normalerweise sind mehrere MOSFET-Schalter in einem Modul angeordnet, so dass bereits hier kurz auf das gesamte Modul eingegangen werden soll. Bild 3.3.10 zeigt die unterschiedlichen thermischen Modelle für Module mit Bodenplatte (Case rated devices) und ohne Bodenplatte (Heatsink ratet devices). Die im Modul entstehenden Verlustleistungen verursachen eine Erwärmung aller Chips auf $T_j = T_a + P_V \cdot \Sigma R_{th}$.

$R_{th(j-c)}$ beschreibt den Wärmeübergang zwischen den MOSFET eines Schalters (Index j) und dem Modulboden (Index c). Bei Modulen mit Bodenplatte beschreibt $R_{th(c-s)}$ den Wärmeübergang zwischen Modulboden und Kühlkörper (Index s). Da für Module ohne Bodenplatte (SEMITOP) eine getrennte Bestimmung nicht möglich ist, wird hier für jeden MOSFET-Schalter der thermische Widerstand $R_{th(j-s)}$ zwischen den Chips eines Schalters und dem Kühlkörper angegeben.

$R_{th(j-c)}$ und $R_{th(j-s)}$ sind vor allem von der Chipfläche je Schalter und den Wärmeübertragungseigenschaften der isolierenden DCB-Keramik abhängig. $R_{th(j-s)}$ wird außerdem wie $R_{th(c-s)}$ von Dicke und Eigenschaften von Wärmeleitschichten zwischen Modul und Kühlkörper, der Kühlkörperoberfläche und dem Anzugsdrehmoment der Befestigungsschrauben bestimmt.

Die Temperaturdifferenzen ΔT über den einzelnen thermischen Widerständen bei konstanter Verlustleistung P_V der im Modul enthaltenen MOSFET-Schalter (unabhängig von der Anzahl im Modul ggf. parallel geschalteter Chips) ergeben sich wie folgt:
- Chip – Bodenplatte (Module mit Bodenplatte): $\Delta T_{(j-c)} = T_j - T_c = P_V \cdot R_{th(j-c)}$ je MOSFET
- Bodenplatte-Kühlkörper (Module m. Bodenpl.): $\Delta T_{(c-s)} = T_c - T_s = \Sigma P_V \cdot R_{th(c-s)}$ je Modul
- Chip – Kühlkörper (Module ohne Bodenplatte): $\Delta T_{(j-s)} = T_j - T_s = P_V \cdot R_{th(j-s)}$ je MOSFET

3.4.2.2 Kennwerte der Inversdioden (Leistungs-MOSFET in Rückwärtsrichtung)

Das Durchlass- und Schaltverhalten der Inversdiode ist dann von Bedeutung, wenn diese an Kommutierungsvorgängen beteiligt ist, z.B. als Freilaufdiode in Brückenschaltungen. Wie bereits im Kap. 2.4 erklärt, erfolgt die Kommutierung in beiden Richtungen stets zwischen ein- oder ausschaltendem MOSFET und Diode im Kommutierungskreis (Freilaufdiode), welche die Inversdiode eines anderen MOSFET ist.

Gemeinsame Parameter für die nachfolgenden Kennwerte: kurzgeschlossene Gate-Source-Strecke (V_{GS} = 0 V), Durchlassstrom I_F der Inversdiode, Chiptemperatur T_j sowie für die dynamischen Kennwerte die wiederkehrende Sperrspannung V_R an der Inversdiode (= Betriebsspannung V_{DD} des MOSFET), Abklingsteilheit des Diodenstroms $-di_F/dt$ (Stromsteilheit des einschaltenden MOSFET) und den externen Gatewiderstand des MOSFET R_G.

Durchlassspannung $V_F = V_{SD}$ einer Inversdiode

Drain-Source-Spannungsabfall in Rückwärtsrichtung, Messung auf Terminallevel

Rückstromspitze I_{RRM} einer Inversdiode

Spitzenwert des Rückwärtsstroms nach dem Umschalten von Durchlassstrombelastung der Inversdiode (Parameter I_F) auf Sperrbeanspruchung, vgl. Bild 2.3.8 und zugehörige Erklärungen

Parameter für die dynamischen Diodenkennwerte I_{RRM}, Q_{rr} und E_{rr}: Betriebsspannung V_{DD}, Diodenstrom I_F, Steuerspannung V_{GS}, Abklingsteilheit des Diodenstroms $-di_F/dt$ = Drainstromsteilheit di_D/dt beim Einschalten, Chiptemperatur T_j)

Sperrverzögerungsladung Q_{rr} einer Inversdiode

Gesamt-Ladungsmenge, die nach dem Umschalten von Durchlassstrom-Belastung auf Sperrspannung aus der Diode in den äußeren Stromkreis abfließt, d.h. vom einschaltenden MOSFET übernommen werden muss. Sie hängt ab vom Durchlassstrom I_F vor dem Umschalten, von der Steilheit des abklingenden Stroms $-di_F/dt$ und Chiptemperatur T_j; Details s. Erklärungen zu Bild 2.3.8 in Kap. 2.3. Q_{rr} ist stark temperaturabhängig (Verdopplung bis Verachtfachung zwischen 25°C und 150°C).

Sperrverzögerungszeit t_{rr}

Zeit, die der Inversdiodensperrstrom benötigt, um nach Umschalten mit $-di_F/dt$ von Durchlassstrom-Belastung auf Sperrbeanspruchung den stationären Wert zu erreichen; Details s. Erklärungen zu Bild 2.3.8 in Kap. 2.3. t_{rr} ergibt sich aus Q_{rr} und I_{RRM} nach der Gleichung

$t_{rr} \approx 2 \cdot Q_{rr}/I_{RRM}$

t_{rr} ist stark temperaturabhängig (etwa Verdopplung zwischen 25°C und 150°C).

3.4.2.3 Mechanische Kennwerte des Moduls

In den Datenblättern werden als mechanische Kennwerte angegeben:

Anzugsdrehmoment M_1, M_s der Befestigungsschrauben (Mindest- und Höchstwert),
Anzugsdrehmoment M_2, M_t der Anschlussterminals (Mindest- und Höchstwert),
Gewicht w des Moduls.

3.4.3 Diagramme

Der Reihenfolge in den Datenblättern folgend, enthält dieses Kapitel einige Hinweise zu den im Datensatz von MOSFET-Modulen enthaltenen Diagrammen, die sich im Allgemeinen auf einen Teil-MOSFET/eine Freilaufdiode beziehen. Nicht alle der aufgeführten Diagramme sind in den Datenblättern aller Modulfamilien enthalten. Wird ein aufgeführtes Diagramm in anderen Kapiteln noch detaillierter erklärt, erfolgt ein Verweis dorthin.

[Fig. 1] Höchstzulässige Gesamtverlustleistung P_D als Funktion der Gehäusetemperatur T_c

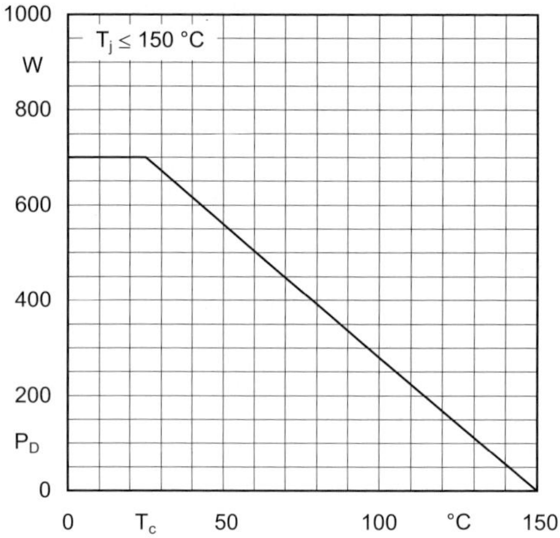

Bild 3.4.4 Höchstzulässige Gesamtverlustleistung P_D als Funktion der Gehäusetemperatur T_c

Ausgehend von der definitionsgemäß bei T_c = 25°C als Grenzwert aufgeführten, höchstzulässigen Verlustleistung $P_D(25°C) = (T_{j(max)} - 25K)/R_{th(j-c)}$ je MOSFET, enthält Bild 3.4.4 das Derating der Verlustleistung in Abhängigkeit von der Gehäusetemperatur.

[Fig. 2] Höchstzulässiger sicherer Arbeitsbereich im Einzelpulsbetrieb (SOA)

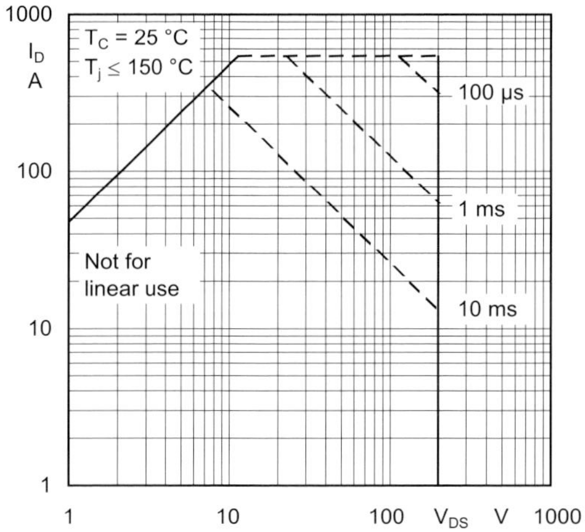

Bild 3.4.5 Höchstzulässiger sicherer Arbeitsbereich im Einzelpulsbetrieb (SOA)

Beim harten Schalten muss der MOSFET einen nahezu rechteckigen Arbeitspunktverlauf i= f(v) zwischen V_{DD} und I_L realisieren. Inwieweit er dies in den verschiedenen Betriebszuständen ohne Zerstörungsgefahr kann, wird in den SOA- (Safe Operating Area-) Diagrammen beschrieben. Für die Erklärung des Diagramms und der einzelnen Begrenzungen gelten die Aussagen aus Kap. 3.3.4 analog. MOSFET-Module dürfen nur im Schaltbetrieb den linearen Kennlinienbereich durchfahren. Längerer Analogbetrieb ist unzulässig, da hier aufgrund von Streuungen zwischen den Chips vorhandene Unsymmetrien und negative Temperaturkoeffizienten der Schwellenspannungen thermische Instabilitäten verursacht werden können.

[Fig. 3] Typische Ausgangskennlinien I_D = f(V_{DS}) in Vorwärtsrichtung

Bild 3.4.6 zeigt das Ausgangskennlinienfeld (typische Werte) mit V_{GS} als Parameter (vgl. Kap. 2.4.3)

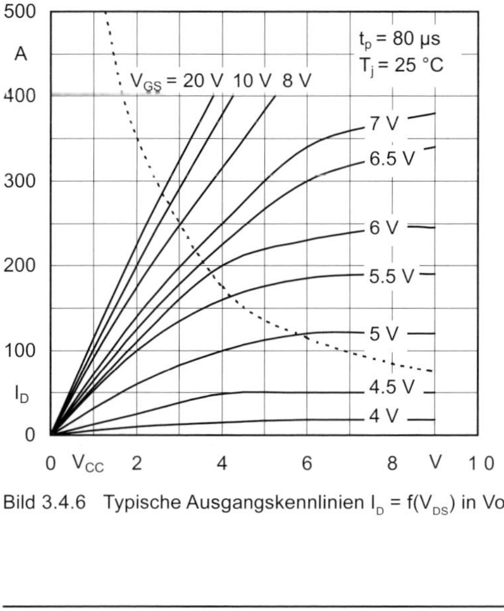

Bild 3.4.6 Typische Ausgangskennlinien I_D = f(V_{DS}) in Vorwärtsrichtung

[Fig. 8] Derating der zulässigen Drain-Source-Spannung in Abhängigkeit von der Abkommutierungssteilheit des Drainstroms

Mit Verkürzung der Ausschaltzeit (Erhöhung des $-i_\Delta/dt$) steigt die an den modulinternen Induktivitäten (Terminals, Bondung, ...) entstehende Überspannung, d.h., die mögliche Betriebsspannung V_{DD}, an welcher der MOSFET schalten darf, sinkt (vgl. Kap. 5.1.1). Bild 3.4.11 zeigt diese Abhängigkeit $V_{DD} = f\ (-di_D/dt \approx I_D/t_f)$.

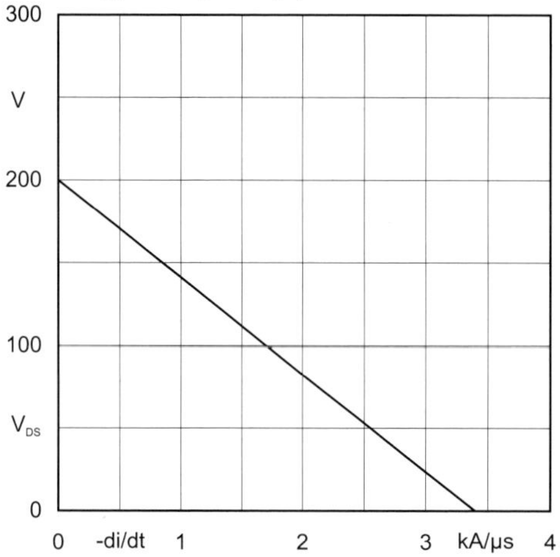

Bild 3.4.11 Derating der Drain-Source-Spannung in Abhängigkeit von der Abkommutierungssteilheit des Drainstroms

[Fig. 9] Typische Abhängigkeit der internen Kapazitäten von der Drain-Source-Spannung

In Kap. 2.4 wurde ausführlich auf die Ursachen und das Verhalten der internen Kapazitäten von Leistungs-MOSFET eingegangen. Die Angaben in den Kennwerten (siehe auch Parameter/Messbedingungen) und in Bild 3.4.12 zeigen die Spannungsabhängigkeit der Kleinsignal-Kapazitäten des ausgeschalteten MOSFET und sind für die Auslegung von Leistungsschaltern nur von sehr untergeordneter Bedeutung – diese kann besser anhand des Gateladungsdiagramms aus Bild 3.4.13 erfolgen.

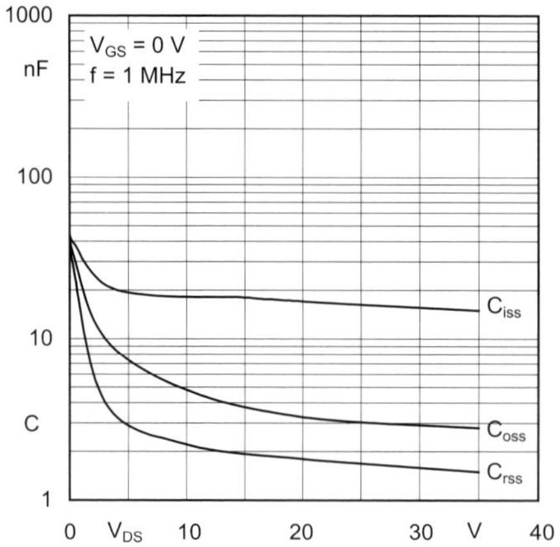

Bild 3.4.12 Typische Abhängigkeit der internen Kapazitäten von der Drain-Source-Spannung

[Fig. 10] Typische Gateladungsdiagramm $V_{GS} = f(Q_G)$

Bild 3.4.13 zeigt den Verlauf der Gate-Source-Spannung V_{GS} des MOSFET als Funktion der zugeführten Gateladung Q_G mit der Betriebsspannung V_{DS} als Parameter. Das Gateladungsdiagramm enthält den Verlauf von V_{GS} zwischen dem ausgeschalteten Zustand mit V_{GS} = 0 V und dem vollständig eingeschalteten Zustand mit der höchstzulässigen V_{GS}. Über dieses Diagramm kann die Ladungsmenge Q_G ermittelt werden, die dem Gate zugeführt werden muss, um den MOSFET vom Sperrzustand in den Sättigungszustand zu steuern.

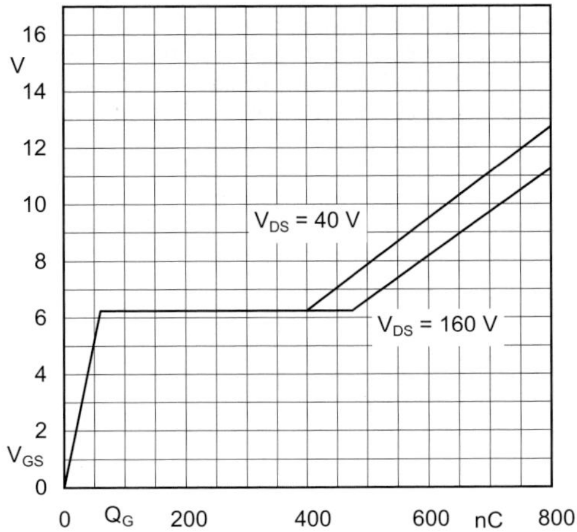

Bild 3.4.13 Typisches Gateladungsdiagramm $V_{GS} = f(Q_G)$

[Fig. 14] Abhängigkeit der Gate-Source-Schwellenspannung von der Temperatur

Das Diagramm in Bild 3.4.14 enthält drei Kurven mit typischen und Eckwerten für die Abhängigkeit der Gate-Source-Schwellenspannung $V_{GS(th)}$ von der Chiptemperatur T_j des MOSFET.

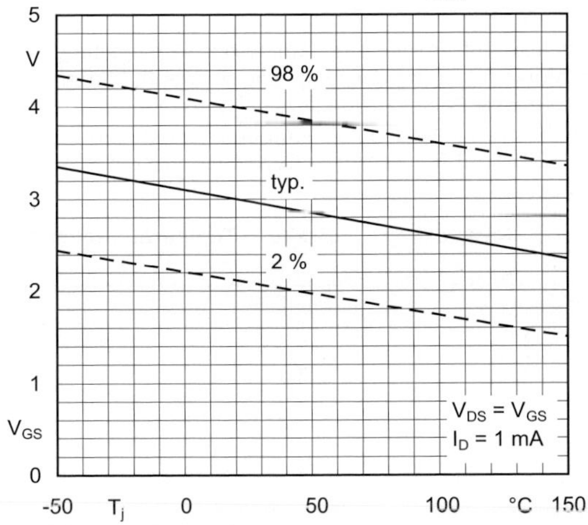

Bild 3.4.14 Abhängigkeit der Gate-Source-Schwellenspannung von der Temperatur

Mit Erhöhung von T_j sinkt $V_{GS(th)}$ linear ab. Der Temperaturkoeffizient der Schwellenspannung beträgt im Bereich -50...+150°C etwa –10 mV/K. Hier liegt eine der Ursachen, dass Module mit Leistungs-MOSFET (bestehend aus parallelgeschalteten Chips mit jeweils vielen Einzelzellen) nicht im aktiven Arbeitsbereich betrieben werden dürfen, da dann der negative Temperaturkoeffizient von $V_{GS(th)}$ einer Symmetrierung der Stromaufteilung zwischen den Chips entgegenwirkt.

3.5 Zusätzliche Angaben für CI, CB und CIB Leistungsmodule

Höher integrierte, anwendungsfreundliche Modultopologien sind CI (**C**onverter **I**nverter) und CIB (**C**onverter **I**nverter **B**rake) Strukturen, die in den Produktgruppen MiniSKiiP und SEMITOP realisiert werden. Diese Module enthalten einen ungesteuerten oder halbgesteuerten Ein- oder Dreiphasen-Netzgleichrichter (**C**), einen dreiphasigen Wechselrichter (**I**) und - als CIB Modul - einen IGBT mit Freilaufdiode für die Funktion als Bremschopper (**B**). Eine weitere Topologie – realisiert in den Produktgruppen MiniSKiiP, SEMITOP und SEMIPONT - beinhaltet die Integration eines Ein- oder Dreiphasengleichrichters (**C**) und eines Bremschoppers (**B**) zum CB Leistungsmodul. Beispiele für diese Topologien zeigt Bild 3.5.1.

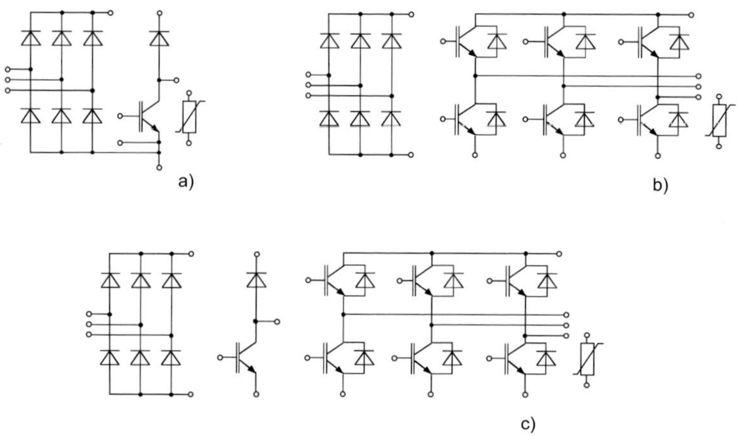

Bild 3.5.1 Beispiele für Leistungsmodultopologien a) CB, b) CI, c) CIB

Innerhalb dieser Topologien unterscheiden sich Module im Umfang der internen Verschaltung und in der Integration von Sensorik zur Temperatur- und Strommessung. Eng verwandt hierzu sind Leistungsmodule mit Hochsetzsteller für PFC (**P**ower **F**actor **C**orrection) mit entgegengesetzt verschalteter Diode. Statt des Bremschopper-IGBT wird aufgrund der höheren notwendigen Schaltfrequenzen hier oft ein MOSFET eingesetzt. Tabelle 3.5.1 zeigt den Bezeichnungsschlüssel von SEMIKRON CI, CIB und CB Leistungsmodulen.

Bezeichnung	**Converter**		**Inverter**	**Brake**	**Temperatursensor**
	1-p	3-p			
MiniSKiiP					
SKiiPxxNABxxx		x	x	x	x
SKiiPxxNEBxxx	x		x	x	x
SKiiPxxNECxxx	x		x		x
SKiiPxxAHBxxx		x*		x	x
SKiiPxxANBxxx		x		x	x
SEMITOP					
SKxxBGDxxx	x		x		
SKxxBGDxxxT	x		x		

Bezeichnung	**Converter**		**Inverter**	**Brake**	**Temperatursensor**
	1-p	3-p			
SKxxDGDxxxT		x	x		x
SKxxDGDLxxxT		x	x	x	x
SKxxDGLxxx	x	x		x	
SKxxDHLxxx	x*			x	
SEMIPONT					
SKDxxx/xxLxx		x		x	x
SKDHxxx/xxLxx	x*				

* halbgesteuerte Gleichrichterbrücke

Tabelle 3.5.1 Bezeichnungsschlüssel von SEMIKRON CI, CIB und CB Leistungsmodulen

Für CI, CIB und CB Leistungsmodule entsprechen die Datenblattangaben zu den IGBT und Dioden von Inverter und Bremschopper, des Temperatursensors sowie zu den Eigenschaften des Leistungsmoduls den im Kap. 3.3 aufgeführten Angaben für IGBT-Module. Für Inverter und Bremschopper werden gleiche Freilaufdioden eingesetzt, während der IGBT des Bremschoppers in einigen CIB-Modulen kleiner ist als die Inverter-IGBT und deshalb im entsprechenden Datenblatt ggf. auf das Datenblatt einer anderen Type verwiesen wird (Bild 3.5.2).

Absolute Maximum Ratings — Ts = 25 °C, unless otherwise specified

Symbol	Conditions	Values	Units
IGBT - Inverter.For IGBT chopper maximum ratings, please refer to SK35DGDL12T4T			
V_{CES}		1200	V
I_C	T_s = 25 (70) °C	75 (60)	A
I_{CRM}	I_{CRM} = 3 x I_{Cnom}, t_p = 1 ms	150	A
V_{GES}		± 20	V
T_j		-40 ... +175	°C
Diode - Inverter,Chopper			
I_F	T_s = 25 (70) °C	60 (45)	A
I_{FRM}	I_{FRM} = 2xI_{Fnom}, t_p = 1 ms	150	A
T_j		-40 ... +150	°C
Rectifier			
V_{RRM}		1600	V
I_F	T_s = 70 °C	61	A
I_{FSM} / I_{TSM}	t_p = 10 ms , sin 180 ° ,T_j = 25 °C	700	A
I^2t	t_p = 10 ms , sin 180 ° ,T_j = 25 °C	2400	A²s
T_j		-40 ... +175	°C
T_{sol}	Terminals, 10 s	260	°C
T_{stg}		-40 ... +125	°C
V_{isol}	AC, 1 min. / 1 s	2500 / 3000	V

Characteristics — Ts = 25 °C, unless otherwise specified

Symbol	Conditions	min.	typ.	max.	Units
IGBT - Inverter.For IGBT chopper electrical characteristics, please refer to SK35DGDL12T4T					
V_{CEsat}	I_C = 50 A, T_j = 25 (150) °C		1,85 (2,2)	2,05 (2,45)	V
$V_{GE(th)}$	V_{GE} = V_{CE}, I_C = 1,7 mA	5	5,8	6,5	V
$V_{CE(TO)}$	T_j = 25 °C (150) °C		1,1 (1)	1,3 (1,2)	V
r_T	T_j = 25 °C (150) °C		15 (24)		mΩ
C_{ies}	V_{CE} = 25 V_{GE} = 0 V, f = 1 MHz		2,77		nF
C_{oes}	V_{CE} = 25 V_{GE} = 0 V, f = 1 MHz		0,2		nF
C_{res}	V_{CE} = 25 V_{GE} = 0 V, f = 1 MHz		0,16		nF
$R_{th(j-s)}$	per IGBT		0,65		K/W
$t_{d(on)}$	under following conditions		03		ns
t_r	V_{CC} = 600 V, V_{GE} = ± 15 V		65		ns
$t_{d(off)}$	I_C = 50 A, T_j = 150 °C		521		ns
t_f	R_{Gon} = R_{Goff} = 32 Ω		80		ns
E_{on}	inductive load		8,3		mJ
E_{off}			5		mJ
Diode - Inverter,Chopper					
V_F = V_{EC}	I_F = 50 A, T_j = 25(150) °C		2,22 (2,18)	2,54 (2,5)	V
$V_{(TO)}$	T_j = 25 °C (150) °C		1,3 (0,9)	1,5 (1,1)	V
r_T	T_j = 25 °C (150) °C		18,4 (25,6)	20,8 (28)	mΩ
$R_{th(j-s)}$	per diode		0,97		K/W
I_{RRM}	under following conditions		00		A
Q_{rr}	I_F = 50 A, V_R = 300 V		7,2		µC
E_{rr}	V_{GE} = 0 V, T_j = 150 °C		2,15		mJ
	$dI_{F/dt}$ = 020 A/µs				
Diode - Rectifier					
V_F	I_F = 50 A, T_j = 25(150) °C		1,1		V
$V_{(TO)}$	T_j = 150 °C		0,8		V
r_T	T_j = 150 °C		6		mΩ
$R_{th(j-s)}$	per diode		0,9		K/W
Temperatur sensor					
R_{ts}	5 %, T_r = 25 (100) °C		5000(493)		Ω
Mechanical data					
w			60		g
M_s	Mounting torque		3,5		Nm

Bild 3.5.2 Datenblattauszug mit Grenz- und Kennwerten für ein CIB Modul SK50DGDL12T4

Zusätzlich werden in den Tabellen und Diagrammen die Eigenschaften der Dioden oder Thyristoren des Gleichrichters spezifiziert, Erklärungen zu den Grenzwerten, Kennwerten und Diagrammen enthalten die Kap. 3.1...3.4.

3.6 Zusätzliche Angaben für IPM

In IPM (**I**ntelligent **P**ower **M**odules) ist zusätzlich zu den Leistungshalbleitern die Ansteuerung (Treiber oder ein Großteil davon) mit Schutz- und Sensorfunktionalität integriert. Der SKiiP als IPM für den Hochleistungsbereich umfasst zusätzlich die Kühlung, d.h. IGBT-Modul und Ansteuerung sind untrennbar auf einem Kühlkörper integriert. Somit kommen für IPM gegenüber anderen Leistungsmodulen Datenblattangaben hinzu; andere Angaben können entfallen, da der Anwender ohnehin keinen Zugriff auf verschiedene Parameter hat.

SKiiP als Hochleistungs-IPM sind als Phasenmodule, H-Brückenmodule, Invertermodule und Invertermodule mit Bremschopper verfügbar. Bild 3.6.1 zeigt die Grundstruktur der SKiiP IPM, Bild 3.6.2 das Blockschaltbild einer Phase mit Treiber und Schutz.

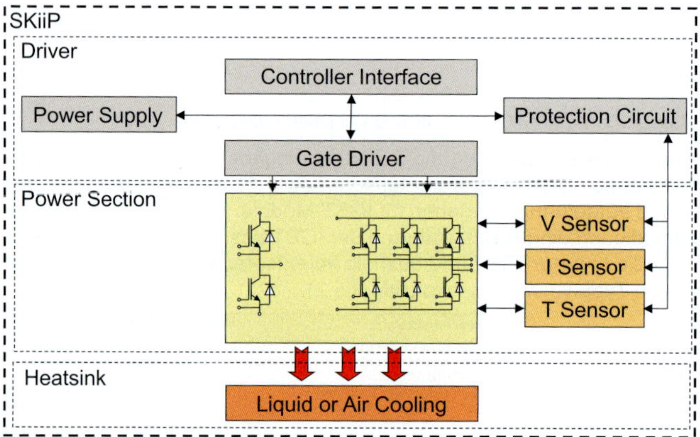

Bild 3.6.1 Grundstruktur eines SKiiP IPM (links: „GB"-, rechts „GD"-Topologie)

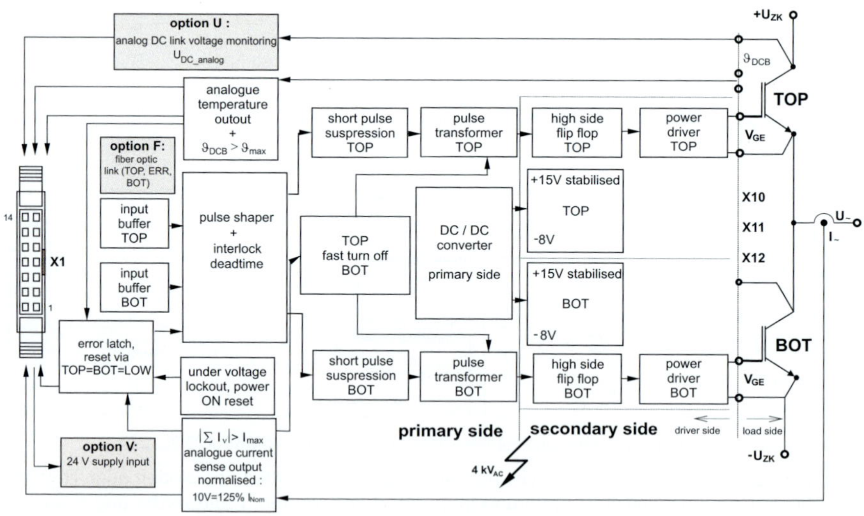

Bild 3.6.2 Blockschaltbild einer SKiiP-Phase mit Treiber und Schutz

Derzeit werden 3 Generationen SKiiP gefertigt, SKiiP2 mit NPT-IGBT, SKiiP3 mit Trench-IGBT3 und SKiiP4 mit Trench-IGBT4. Alle SKiiP enthalten 2 bis 4 (bei SKiiP4 auch 6) auf einem Kühlkörper aneinander gereihte, gleichartige Halbbrücken („folds") mit IGBT und Dioden für 1200 V oder

1700 V Sperrspannung. Bild 3.6.3 zeigt hierzu die unterschiedlichen Schaltungstopologien „GB" (Halbbrücke), „GH" (2-Phasen H-Brücke), „GD" (3-Phasen Inverter) und „GDL" (3-Phasen-Inverter mit Bremschopper).

SKiiP: 2-fold "GB" (Case S2; S23)

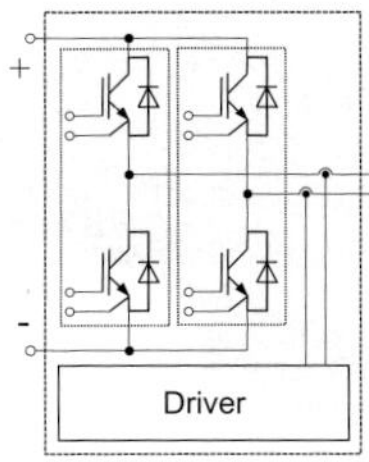

SKiiP: 3-fold "GB" (Case S3; S33)

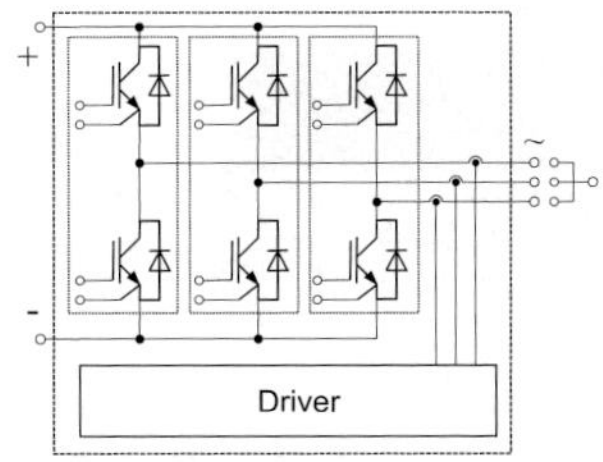

SKiiP: 4-fold "GB" (Case S4; S43)

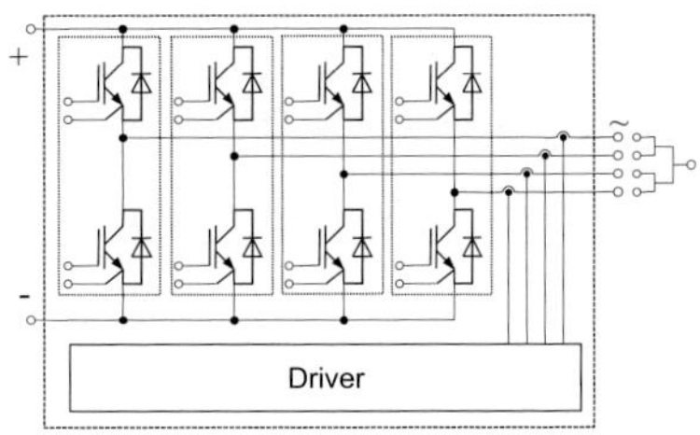

SKiiP: 3-fold "GD" (Case S3; S33)

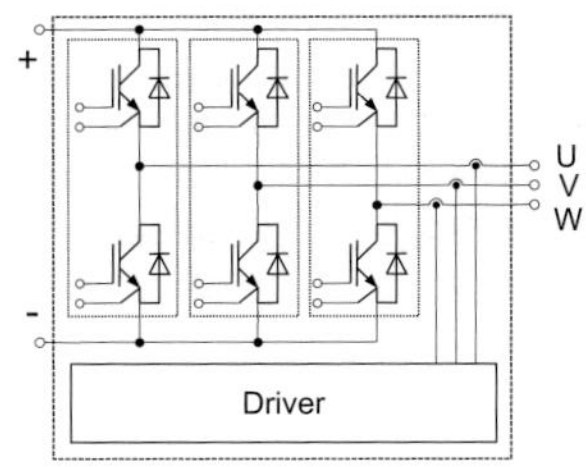

only SKiiP2: 4-fold "GH" (Case S5GH)

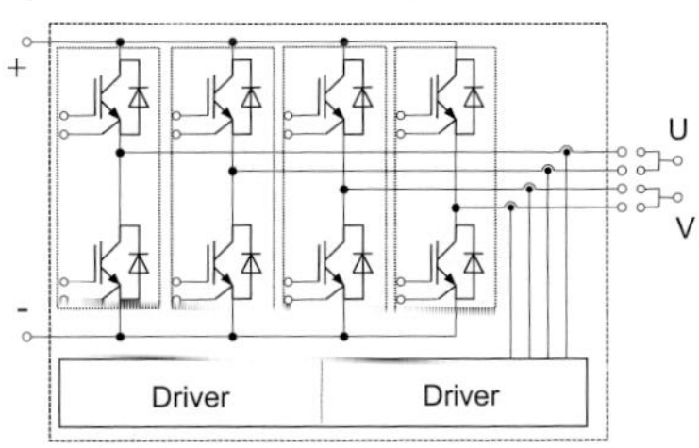

only SKiiP2: 4-fold "GDL" (Case S5GDL)

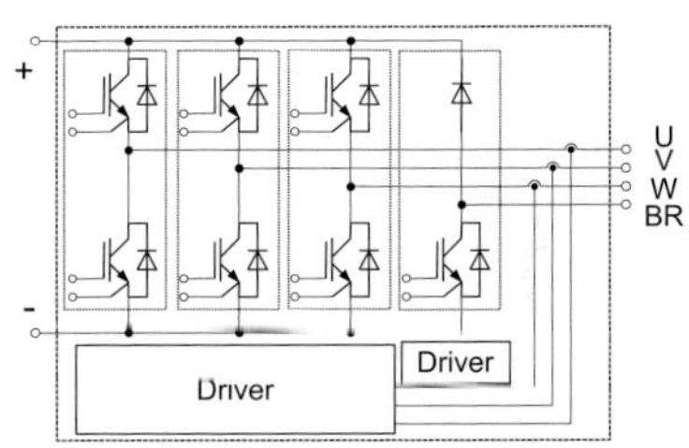

only SKiiP4: 6-fold "GB"

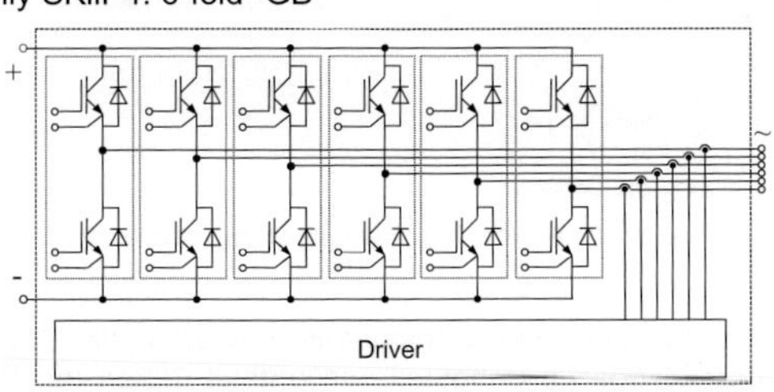

Bild 3.6.3 SKiiP-Topologien

Die Halbbrücken werden durch einen gemeinsamen Treiber angesteuert, besitzen jedoch jeweils separat herausgeführte Leistungsanschlüsse (DC+, AC, DC-), die kundenseitig entsprechend verschaltet werden müssen (Beispiel Bild 3.6.4).

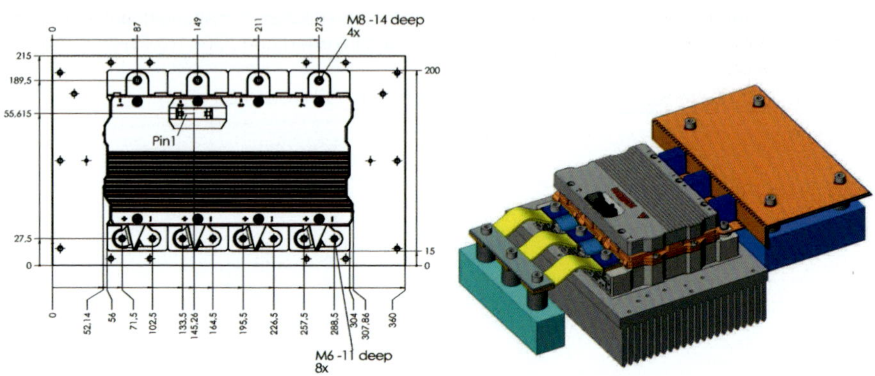

Bild 3.6.4 Leistungsanschlüsse eines SKiiP3

Für den erfolgreichen Einsatz der SKiiP-Module müssen außer den typenspezifischen Datenblättern die für alle Typen der Produktgruppe SKiiP geltenden „Technical Explanations" beachtet werden, die unter www.semikron.com eingesehen werden können. Bild 3.6.5 zeigt die grundsätzliche Datenblattstruktur eines SKiiP-Moduls.

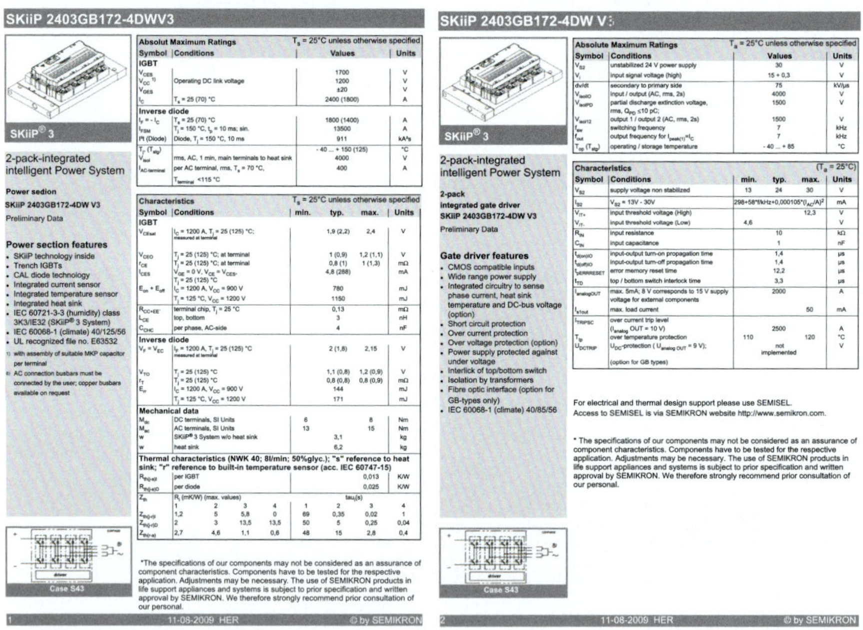

SKiiP 2403GB172-4DWV3

SKiiP® 3

2-pack-integrated intelligent Power System

Power sedion

SKiiP 2403GB172-4DW V3

Preliminary Data

Power section features

- SKiiP technology inside
- Trench IGBTs
- CAL diode technology
- Integrated current sensor
- Integrated temperature sensor
- Integrated heat sink
- IEC 60721-3-3 (humidity) class 3K3/IE32 (SKiiP® 3 System)
- IEC 60068-1 (climate) 40/125/56
- UL recognized file no. E63532

1) with assembly of suitable MKP capacitor per terminal

8) AC connection busbars must be connected by the user; copper busbars available on request

Absolut Maximum Ratings	T_s = 25°C unless otherwise specified		
Symbol	**Conditions**	**Values**	**Units**
IGBT			
V_{CES}		1700	V
V_{CC} 1)	Operating DC link voltage	1200	V
V_{GES}		±20	V
I_C	T_s = 25 (70) °C	2400 (1800)	A
Inverse diode			
$I_F = -I_C$	T_s = 25 (70) °C	1800 (1400)	A
I_{FSM}	T_j = 150 °C, t_p = 10 ms; sin.	13500	A
I^2t (Diode)	Diode, T_j = 150 °C, 10 ms	911	kA²s
T_j, (T_{stg})		- 40 ... + 150 (125)	°C
V_{isol}	rms, AC, 1 min, main terminals to heat sink	4000	V
$I_{AC-terminal}$	per AC terminal, rms, T_s = 70 °C, $T_{terminal}$ <115 °C	400	A

Characteristics	T_s = 25°C unless otherwise specified				
Symbol	**Conditions**	**min.**	**typ.**	**max.**	**Units**
IGBT					
V_{CEsat}	I_C = 1200 A, T_j = 25 (125) °C; measured at terminal		1,9 (2,2)	2,4	V
V_{CEO}	T_j = 25 (125) °C; at terminal		1 (0,9)	1,2 (1,1)	V
r_{CE}	T_j = 25 (125) °C; at terminal		0,8 (1)	1 (1,3)	mΩ
I_{CES}	V_{GE} = 0 V, V_{CE} = V_{CES}, T_j = 25 (125) °C		4,8 (288)		mA
$E_{on} + E_{off}$	I_C = 1200 A, V_{CC} = 900 V		780		mJ
	T_j = 125 °C, V_{CC} = 1200 V		1150		mJ
$R_{CC'+EE'}$	terminal chip, T_j = 25 °C		0,13		mΩ
L_{CE}	top, bottom		3		nH
C_{CHC}	per phase, AC-side		4		nF
Inverse diode					
$V_F = V_{EC}$	I_F = 1200 A, T_j = 25 (125) °C measured at terminal		2 (1,8)	2,15	V
V_{TO}	T_j = 25 (125) °C		1,1 (0,8)	1,2 (0,9)	V
r_T	T_j = 25 (125) °C		0,8 (0,8)	0,8 (0,9)	mΩ
E_{rr}	I_C = 1200 A, V_{CC} = 900 V		144		mJ
	T_j = 125 °C, V_{CC} = 1200 V		171		mJ
Mechanical data					
M_{dc}	DC terminals, SI Units	6		8	Nm
M_{ac}	AC terminals, SI Units	13		15	Nm
w	SKiiP® 3 System w/o heat sink		3,1		kg
w	heat sink		6,2		kg
Thermal characteristics (NWK 40; 8l/min; 50%glyc.); "s" reference to heat sink; "r" reference to built-in temperature sensor (acc. IEC 60747-15)					
$R_{th(j-s)I}$	per IGBT			0,013	K/W
$R_{th(j-s)D}$	per diode			0,025	K/W

Z_{th}	R_i (mK/W) (max. values)				tau_i(s)			
	1	2	3	4	1	2	3	4
$Z_{th(j-r)I}$	1,2	5	5,8	0	69	0,35	0,02	1
$Z_{th(j-r)D}$	2	3	13,5	13,5	50	5	0,25	0,04
$Z_{th(r-a)}$	2,7	4,6	1,1	0,6	48	15	2,8	0,4

*The specifications of our components may not be considered as an assurance of component characteristics. Components have to be tested for the respective application. Adjustments may be necessary. The use of SEMIKRON products in life support appliances and systems is subject to prior specification and written approval by SEMIKRON. We therefore strongly recommend prior consultation of our personal.

Case S43

1 11-08-2009 HER © by SEMIKRON

SKiiP 2403GB172-4DW V3

SKiiP® 3

2-pack-integrated intelligent Power System

2-pack

integrated gate driver

SKiiP 2403GB172-4DW V3

Preliminary Data

Gate driver features

- CMOS compatible inputs
- Wide range power supply
- Integrated circuitry to sense phase current, heat sink temperature and DC-bus voltage (option)
- Short circuit protection
- Over current protection
- Over voltage protection (option)
- Power supply protected against under voltage
- Interlick of top/bottom switch
- Isolation by transformers
- Fibre optic interface (option for GB-types only)
- IEC 60068-1 (climate) 40/85/56

Absolute Maximum Ratings	T_a = 25°C unless otherwise specified		
Symbol	**Conditions**	**Values**	**Units**
V_{S2}	unstabilized 24 V power supply	30	V
V_i	input signal voltage (high)	15 + 0,3	V
dv/dt	secondary to primary side	75	kV/µs
V_{isolIO}	input / output (AC, rms, 2s)	4000	V
V_{isolPD}	partial discharge extinction voltage, rms, Q_{PD} ≤10 pC;	1500	V
V_{isol12}	output 1 / output 2 (AC, rms, 2s)	1500	V
f_{sw}	switching frequency	7	kHz
f_{out}	output frequency for $I_{peak(1)}=I_C$	7	kHz
T_{op} (T_{stg})	operating / storage temperature	- 40 ... + 85	°C

Characteristics	(T_a = 25°C)				
Symbol	**Conditions**	**min.**	**typ.**	**max.**	**Units**
V_{S2}	supply voltage non stabilized	13	24	30	V
I_{S2}	V_{S2} = 13V - 30V	298+58*f/kHz+0,000105*(I_{AC}/A)²			mA
V_{iT+}	input threshold voltage (High)			12,3	V
V_{iT-}	input threshold voltage (Low)	4,6			V
R_{IN}	input resistance		10		kΩ
C_{IN}	input capacitance		1		nF
$t_{d(on)IO}$	input-output turn-on propagation time		1,4		µs
$t_{d(off)IO}$	input-output turn-off propagation time		1,4		µs
$t_{pERRRESET}$	error memory reset time		12,2		µs
t_{TD}	top / bottom switch interlock time		3,3		µs
$I_{analogOUT}$	max. 5mA; 8 V corresponds to 15 V supply voltage for external components		2000		A
I_{s1out}	max. load current			50	mA
I_{TRIPSC}	over current trip level (I_{analog} OUT = 10 V)		2500		A
T_{tp}	over temperature protection	110		120	°C
U_{DCTRIP}	U_{DC}-protection ($U_{analog\ OUT}$ = 9 V); (option for GB types)		not implemented		V

For electrical and thermal design support please use SEMISEL.
Access to SEMISEL is via SEMIKRON website http://www.semikron.com.

* The specifications of our components may not be considered as an assurance of component characteristics. Components have to be tested for the respective application. Adjustments may be necessary. The use of SEMIKRON products in life support appliances and systems is subject to prior specification and written approval by SEMIKRON. We therefore strongly recommend prior consultation of our personal.

Case S43

2 11-08-2009 HER © by SEMIKRON

Bild 3.6.5 Datenblattstruktur von SKiiP-Modulen

Im Gegensatz zu den Datenblättern der konventionellen Leistungsmodule enthalten die SKiiP-Datenblätter keine Diagramme. Blatt 1 beschreibt das Leistungsteil und enthält neben der Bezeichnung und einer Ansicht des Moduls tabellarisch dessen Grenzwerte und Kennwerte. Die Kennwerte sind in minimale, typische und maximale Angaben unterteilt. Im grau unterlegten Bereich links neben den Grenz- und Kennwertangaben sind allgemeine Angaben zur eingesetzten Chiptechnologie und zu den integrierten Komponenten aufgeführt. Weiterhin enthält dieses Feld Angaben zu den Klimaklassen, der UL Listung, Erläuterungen zu Fußnoten des Datensatzes und ein Prinzipschaltbild des SKiiP-Moduls. In der grau unterlegten Fußzeile aller Datenblattseiten ist das Erscheinungsdatum des Datenblattes aufgeführt. Blatt 2 enthält die Grenz- und Kennwerte der Treiberschaltung. Im grau unterlegten Bereich sind zusätzlich treiberspezifische Features und mögliche Optionen aufgeführt.

3.6.1 Grenzwerte des Leistungsteils

In den Datenblättern werden die Grenzwerte für das Leistungsteil und den Treiber eines SKiiP getrennt voneinander spezifiziert. Alle Grenzwerte des Leistungsteils beziehen sich stets auf einen Schalter (Zweig), unabhängig von der Anzahl der im Transistormodul tatsächlich je Schalter (Zweig) parallel geschaltete IGBT- oder Diodenchips. Für die Grenzwerte des IGBT und der Dioden gilt Kap. 3.3.

DC Link Betriebsspannung V_{CC}

Parameter: Kühlkörpertemperatur T_s = 25°C; Höchstzulässige Betriebsgleichspannung zwischen den DC-Anschlüssen eines SKiiP. Dieser Grenzwert gilt unter der Bedingung, dass die DC-Anschlüsse mit geeigneten, hochfrequenztüchtigen (MKP) Snubberkondensatoren beschaltet sind (Auswahl s. Technical Explanations und [AN1]).

Bis zur angegebenen Betriebsgleichspannung kann der SKiiP bei einer ausreichend niederinduktiven DC- und AC-Verschienung auch Kurzschlüsse abschalten, ohne dass an den Chips V_{CES} überschritten wird. Hinweise zu den notwendigen Eigenschaften und zum Aufbau dieser Verschienungen sind ebenfalls in den Technical Explanations sowie in weiteren Applikationshinweisen zu finden, die über www.semikron.com zugänglich sind. V_{CC} darf auch bei gesperrten IGBT nur kurzzeitig und bis maximal V_{CES} überschritten werden.

Durchlassstrom-Effektivwert $I_{AC\text{-}terminal}$, $I_{t(RMS)}$

Grenzwert für die Strombelastung der Leistungsterminals einer Halbbrücke (fold) $I_{AC\text{-}terminal}$, entsprechend $I_{t(RMS)}$ eines IGBT-Moduls (Kap. 3.3.1); Parameter Kühlkörpertemperatur T_s = 70°C. Aufgrund der Rückwirkung der Terminaltemperatur auf die Betriebstemperatur des SKiiP-Treibers ist als Parameter eine maximale Terminaltemperatur $T_{terminal}$ (< 115°C) angegeben.

3.6.2 Grenzwerte des SKiiP Treibers

Absolute Maximum Ratings		T_a = 25°C unless otherwise specified	
Symbol	**Conditions**	**Values**	**Units**
V_{S2}	unstabilized 24 V power supply	30	V
V_i	input signal voltage (high)	15 + 0,3	V
dv/dt	secondary to primary side	75	kV/µs
V_{isolIO}	input / output (AC, rms, 2s)	4000	V
V_{isolPD}	partial discharge extinction voltage, rms, $Q_{PD} \leq 10$ pC;	1500	V
V_{isol12}	output 1 / output 2 (AC, rms, 2s)	1500	V
f_{sw}	switching frequency	7	kHz
f_{out}	output frequency for $I_{peak(1)}=I_C$	7	kHz
T_{op} (T_{stg})	operating / storage temperature	- 40 ... + 85	°C

Bild 3.6.6 Datenblattauszug SKiiP-Grenzwerte des Treibers

Treiber-Betriebsspannung V_{s2}

absoluter Höchstwert der unstabilisierten Versorgungsspannung für den SKiiP-Treiber

Eingangssteuerspannung (High-Pegel) V_i

Die Eingangsspannungsgrenze ergibt sich aus der Spezifikation des High-Pegels der im Treiber zur Eingangssignalformung eingesetzten Logikbausteine.

Spannungsanstiegsgeschwindigkeit auf der Sekundärseite dv/dt

Höchstzulässige Spannungsanstiegsgeschwindigkeit auf der Sekundärseite (Leistungsseite) beim Schalten der IGBT, bei der noch ein störungsfreier Betrieb des Treibers möglich ist

Isolationsprüfspannung V_{isolIO}

Effektivwert der zulässigen Prüfspannung (Wechselspannung 50 Hz) zwischen den kurzgeschlossenen Ein- und Ausgangsanschlüssen des Treibers; Parameter: Prüfzeit, z.B. t = 2 s

Teilentladungs-Aussetzspannung V_{isolPD}

Effektivwert der Teilentladungs-Aussetzspannung (Wechselspannung 50 Hz) zwischen den kurzgeschlossenen Ein- und Ausgangsanschlüssen des Treibers; Parameter: Teilentladungs-Grenzwert, z.B. $Q_{PD} \leq 10$ pC

Isolationsprüfspannung V_{isol12}

Effektivwert der zulässigen Prüfspannung (Wechselspannung 50 Hz) zwischen den BOT- und TOP-Ausgangsanschlüssen des Treibers; Parameter: Prüfzeit, z.B. t = 2 s

Schaltfrequenz f_{sw}

Höchstzulässige Pulsfrequenz bei Pulsweitenmodulation, begrenzt durch den höchstzulässigen Ausgangsstrom $I_{G(AV)}$ der Treiber-Spannungsversorgung bzw. die Treiberverlustleistung. Parameter: Umgebungstemperatur (Datenblattangabe für T_a = 25°C), Derating bei höheren Umgebungstemperaturen entsprechend der Angaben in den „Technical Explanations“, (Bild 3.6.7).

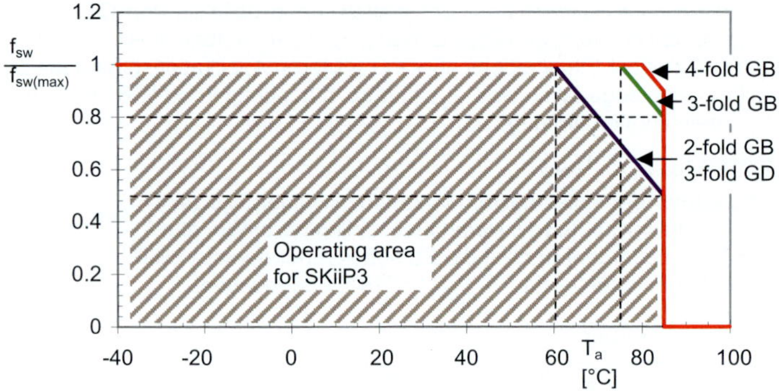

Bild 3.6.7 Derating der höchstzulässigen Schaltfrequenz von SKiiP3 bei T_a > 25°C

Betriebstemperaturbereich T_{op} und Lagertemperaturbereich T_{stg}

Vgl. Kap. 3.3.1 und 6.2; höchstzulässige Betriebs- und Lagertemperatur des Treibers sind mit 85°C niedriger als der Grenzwert T_{jmax} des SKiiP-Leistungsteiles.

Grundwellenfrequenz des Ausgangsstroms f_{out}

Höchstzulässige Grundwellenfrequenz des Ausgangsstroms, begrenzt durch die Eigenschaften der SKiiP-internen Stromsensoren und deren Auswerteelektronik

Beim SKiiP3 und PWM ist dieser Grenzwert für die Pulsfrequenz f_{sw} nutzbar, sofern die Amplitude $I_{peak(1)}$ der ersten Harmonischen des Sensorstromes maximal den Nennstrom I_C erreicht. Für ein Rechtecksignal kann diese wie folgt berechnet werden:

$$I_{peak(1)} = \frac{\pi}{\sqrt{3} \cdot \sqrt{2}} \cdot I_{rms}$$

Zusätzlich muss berücksichtigt werden, dass $I_{AC\text{-}terminal}$ auf 400 A RMS je Halbbrücke (fold) begrenzt ist und der höchstzulässige Kollektorstrom I_C temperaturabhängig ist. Eine weitere Begrenzung existiert für den Stromanstieg di/dt des Stromsensorausgangsstromes des SKiiP (Tabelle 3.6.1).

SKiiP Typ	di/dt [A/µs] pro AC-Terminal	di/dt [A/µs] für verbundene AC-Terminals
GD	150	----
2fold	150	300
3fold	150	450
4fold	150	600

Tabelle 3.6.1 Höchstzulässige Stromanstiegsgeschwindigkeiten der SKiiP3

Für die ältere Baureihe SKiiP2 gilt – abweichend hiervon - eine Begrenzung $f_{out} \leq 1$ kHz, da deren Stromsensorelektronik nicht für höhere Frequenzen geeignet ist.

3.6.3 Kennwerte des SKiiP-Leistungsteils

Auch die Kennwerte werden für das Leistungsteil und den Treiber getrennt voneinander spezifiziert. Umfang und tabellarischer Aufbau der Kennwertangaben entsprechen im Wesentlichen den Angaben für die IGBT-Module, wobei dem Anwender beim SKiiP nicht zugängliche Parameter entfallen und einige „Systemparameter“ zusätzlich aufgenommen sind.

Characteristics		T_s = 25°C unless otherwise specified			
Symbol	**Conditions**	**min.**	**typ.**	**max.**	**Units**
IGBT					
V_{CEsat}	I_C = 1200 A, T_j = 25 (125) °C; measured at terminal		1,9 (2,2)	2,4	V
V_{CEO}	T_j = 25 (125) °C; at terminal		1 (0,9)	1,2 (1,1)	V
r_{CE}	T_j = 25 (125) °C; at terminal		0,8 (1)	1 (1,3)	mΩ
I_{CES}	V_{GE} = 0 V, V_{CE} = V_{CES}, T_j = 25 (125) °C		4,8 (288)		mA
$E_{on} + E_{off}$	I_C = 1200 A, V_{CC} = 900 V		780		mJ
	T_j = 125 °C, V_{CC} = 1200 V		1150		mJ
$R_{CC'+EE'}$	terminal chip, T_j = 25 °C		0,13		mΩ
L_{CE}	top, bottom		3		nH
C_{CHC}	per phase, AC-side		4		nF
Inverse diode					
$V_F = V_{EC}$	I_F = 1200 A, T_j = 25 (125) °C measured at terminal		2 (1,8)	2,15	V
V_{TO}	T_j = 25 (125) °C		1,1 (0,8)	1,2 (0,9)	V
r_T	T_j = 25 (125) °C		0,8 (0,8)	0,8 (0,9)	mΩ
E_{rr}	I_C = 1200 A, V_{CC} = 900 V		144		mJ
	T_j = 125 °C, V_{CC} = 1200 V		171		mJ
Mechanical data					
M_{dc}	DC terminals, SI Units	6		8	Nm
M_{ac}	AC terminals, SI Units	13		15	Nm
w	SKiiP® 3 System w/o heat sink		3,1		kg
w	heat sink		6,2		kg
Thermal characteristics (NWK 40; 8l/min; 50%glyc.); "s" reference to heat sink; "r" reference to built-in temperature sensor (acc. IEC 60747-15)					
$R_{th(j-s)I}$	per IGBT			0,013	K/W
$R_{th(j-s)D}$	per diode			0,025	K/W

Z_{th}	R_i (mK/W) (max. values)				tau_i(s)			
	1	2	3	4	1	2	3	4
$Z_{th(j-r)I}$	1,2	5	5,8	0	69	0,35	0,02	1
$Z_{th(j-r)D}$	2	3	13,5	13,5	50	5	0,25	0,04
$Z_{th(r-a)}$	2,7	4,6	1,1	0,6	48	15	2,8	0,4

Bild 3.6.8 Datenblattauszug SKiiP-Kennwerte

Kollektor-Emitter-Sättigungsspannung $V_{CE(sat)}$

vgl. Kap. 3.3.2.1

Die Angabe bezieht sich für SKiiP auf die an den Leistungsterminals gemessene Sättigungsspannung, d.h. Spannungsabfälle über den modulinternen Leitungswiderständen $R_{CC'+EE'}$ (Bonddrähte, Terminals, ...) sind in $V_{CE(sat)}$ enthalten. Parameter: I_C, T_j = 25°C/125°C

Schleusenspannung V_{CE0} und differenzieller Ersatzwiderstand r_{CE} der Durchlasskennlinien-Approximation

vgl. Kap. 3.3.2

Die Angabe bezieht sich für SKiiP auf die an den Leistungsterminals gemessene Sättigungsspannung, d.h. Spannungsabfälle über den modulinternen Leitungswiderständen $R_{CC'+EE'}$ sind enthalten. Parameter: T_j = 25°C/125°C

Kapazität zwischen SKiiP und Kühlkörper C_{CHC}

Kapazität zwischen einer SKiiP-Phase und dem Kühlkörper, gemessen zwischen AC-Ausgang und Kühlkörperpotential; Parameter: Gehäusetemperatur T_c = 25°C

Durchlassspannung einer Inversdiode $V_F = V_{EC}$

Kollektor-Emitter-Spannung in Rückwärtsrichtung, vgl. Kap. 3.3.2

Mechanische Kennwerte M_{dc}, M_{ac}, w

M_{dc}: Anzugsdrehmoment der DC-Anschlussterminals (Mindest- und Höchstwert)
M_{ac}: Anzugsdrehmoment der AC-Anschlussterminals (Mindest- und Höchstwert)
w: Gewichte des SKiiP ohne Kühlkörper und des SEMIKRON Standardkühlkörpers

Thermische Impedanzen $Z_{th(j-r)I}$ je IGBT und $Z_{th(j-r)D}$ je Inversdiode sowie $Z_{th(r-a)}$

In den SKiiP-Datenblättern sind die thermischen Impedanzen numerisch als Parameter R_i und τ_i eines 4 Zeitkonstanten-Modells dargestellt (vgl. Kap. 3.3.2). Als Bezugspunkt für die Temperaturen und Wärmeströme im SKiiP-Modul ist der integrierte Temperatursensor „r" festgelegt, dessen Temperatur zwischen Chiptemperatur und Kühlkörpertemperatur liegt (Bild 3.6.9). Mit $Z_{th(j-r)I}$ und $Z_{th(j-r)D}$ sind die thermischen Impedanzen zwischen IGBT- bzw. Diodenchips und Bezugspunkt Temperatursensor bezeichnet, mit $Z_{th(r-a)}$ die thermische Impedanz zwischen Temperatursensor und Kühlmedium.

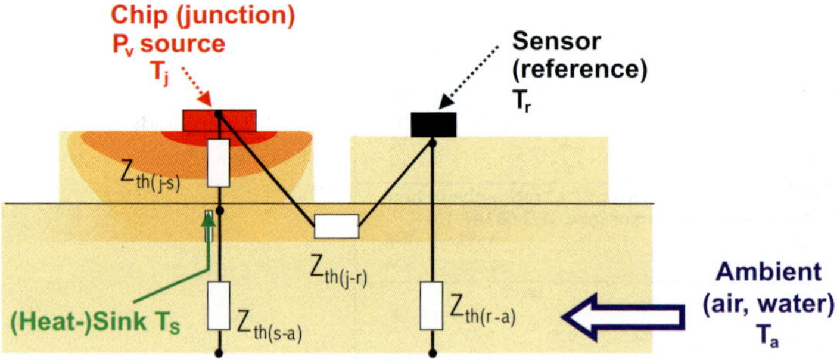

$$Z_{th\,(x-y)} = \frac{T_x(t) - T_y(t)}{P_v}$$

Bild 3.6.9 Thermisches Modell eines SKiiP mit Temperatursensor

3.6.4 Kennwerte des SKiiP-Treibers

Characteristics					(T_a = 25°C)
Symbol	**Conditions**	**min.**	**typ.**	**max.**	**Units**
V_{S2}	supply voltage non stabilized	13	24	30	V
I_{S2}	V_{S2} = 13V - 30V	298+58*f/kHz+0,000105*(I_{AC}/A)^2			mA
V_{iT+}	input threshold voltage (High)			12,3	V
V_{iT-}	input threshold voltage (Low)	4,6			V
R_{IN}	input resistance		10		kΩ
C_{IN}	input capacitance		1		nF
$t_{d(on)IO}$	input-output turn-on propagation time		1,4		µs
$t_{d(off)IO}$	input-output turn-off propagation time		1,4		µs
$t_{pERRRESET}$	error memory reset time		12,2		µs
t_{TD}	top / bottom switch interlock time		3,3		µs
$I_{analogOUT}$	max. 5mA; 8 V corresponds to 15 V supply voltage for external components		2000		A
I_{s1out}	max. load current			50	mA
I_{TRIPSC}	over current trip level (I_{analog} OUT = 10 V)		2500		A
T_{tp}	over temperature protection	110		120	°C
U_{DCTRIP}	U_{DC}-protection ($U_{analog\ OUT}$ = 9 V); (option for GB types)		not implemented		V

Bild 3.6.10 Datenblattauszug SKiiP-Kennwerte des Treibers

Bereich der zulässigen Treiber-Versorgungsspannung V_{S2}

Das in den aktuellen SKiiP-Generationen implementierte Schaltnetzteil kann an einer unstabilisierten Versorgungsspannung in den hier angegebenen Grenzen arbeiten. Bei Unterschreitung des unteren Grenzwertes wird der Fehlerspeicher gesetzt, der Ausgang ERROR OUT schaltet auf HIGH und die IGBT werden ausgeschaltet. Ein Rücksetzen des Fehlerspeichers erfolgt erst, wenn intern keine Fehlersignale mehr anstehen und beide Steuersignale für eine Dauer von mindestens $t_{pERRRESET}$ im Low-Pegel haben oder ein power on reset erfolgt. Die 24 V Spannungsquelle muss eine minimale Spitzenstrombelastbarkeit von 1,5 A besitzen, beim Einschalten muss ein plateaufreier Spannungsanstieg innerhalb < 2 s erfolgen (gilt für SKiiP3, SKiiP2 ≤ 50 ms). Hierbei erfolgt im SKiiP3 für max. 150 ms ein power on reset, währenddessen keine Schaltsignale am SKiiP-Eingang anliegen dürfen. Parameter: Umgebungstemperatur T_a = 25°C

Bereich der zulässigen Treiber-Versorgungsspannung V_{S1} (nur für SKiiP2)

Die älteren SKiiP2 können alternativ über einen weiteren Eingang mit 15 V stabilisierter Spannung in den angegebenen Grenzen versorgt werden. Auch hier ist ein Unterspannungsschutz analog zum 24 V-Eingang vorhanden. Die 15 V-Spannungsquelle muss eine minimale Spitzenstrombelastbarkeit von 1,5 A besitzen, beim Einschalten muss ein plateaufreier Spannungsanstieg innerhalb ≤ 50 ms erfolgen. Hierbei erfolgt für max. 130 ms ein power on reset, währenddessen keine Schaltsignale am SKiiP-Eingang anliegen dürfen. Parameter: Umgebungstemperatur T_a = 25°C.

Stromaufnahme des Treibers I_{S2} und I_{S1} (I_{S1} nur für SKiiP2)

Die Stromaufnahme des SKiiP-Treibers hängt von der Höhe der Versorgungsspannung, der Schaltfrequenz, der Gatekapazität der IGBT und dem durch die kompensierenden Stromsensoren erfassten AC-Strom ab. In den Datenblättern ist deshalb jeweils eine zugeschnittene Größengleichung mit Schaltfrequenz und AC-Strom als Variable angegeben. Die Spannungsquelle sollte gegenüber den ermittelten Stromwerten um mindestens 20% überdimensioniert sein. Parameter: Umgebungstemperatur T_a = 25°C.

High- und Low-Pegel Eingangs-Sättigungsspannungen V_{it+}, V_{it-}

Low-Höchstspannung bzw. High-Mindestspannung der Steuersignale an den Treibereingängen entsprechend der gültigen Normen; Parameter: Umgebungstemperatur T_a = 25°C.

Eingangswiderstand R_{IN} und Eingangskapazität C_{IN}

Eigenschaften der Treibereingänge; Parameter: Umgebungstemperatur T_a = 25°C.

Verzögerungszeit im Treiber $t_{d(on)IO}$ beim Einschalten und $t_{d(off)IO}$ beim Ausschalten

Durch die Signallaufzeiten im Treiber verursachte Verzögerungszeiten zwischen Umschalten des Treibereinganges und Schalten des IGBT-Leistungsteils. Die Verzögerungszeiten ermöglichen die Unterdrückung kurzer Störimpulse am SKiiP-Eingang. Ein- oder Ausschaltsignale mit Impulslängen < 625 ns werden zuverlässig unterdrückt, Signale mit Impulslängen > 750 ns zuverlässig verarbeitet (Bild 3.6.11). Parameter: Umgebungstemperatur T_a = 25°C

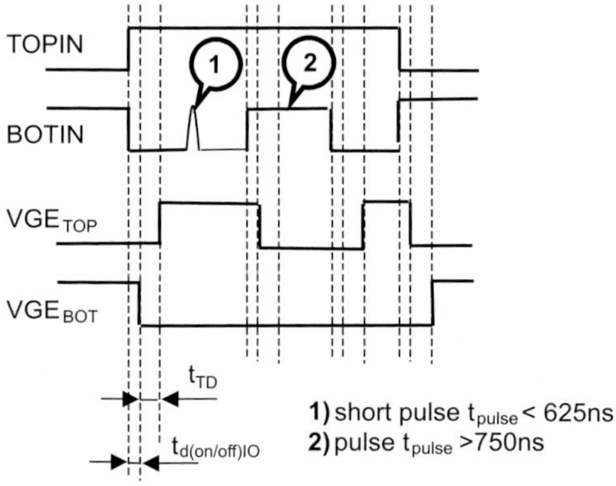

Bild 3.6.11 Funktion der Kurzimpulsunterdrückung im SKiiP-Treiber

Rücksetzzeit des gesetzten Fehlerspeichers $t_{pERRRESET}$

Der Fehlerspeicher im SKiiP kann durch unterschiedliche Fehlersignale gesetzt werden (z.B. Überstrom, Übertemperatur, Treiber-Unterspannung und optional DC-Überspannung), siehe „Technical Explanations SKiiP". Daraufhin werden die IGBT durch den Treiber ausgeschaltet. Ein Rücksetzen des Fehlerspeichers erfolgt erst, wenn intern keine Fehlersignale mehr anstehen und beide Steuersignale für eine Dauer von mindestens $t_{pERRRESET}$ einen Low-Pegel haben oder ein power on reset erfolgt. Parameter: Umgebungstemperatur T_a = 25°C

Totzeit t_{TD} („TOP/BOTTOM interlock") zwischen dem Einschalten der IGBT

Aufgrund unterschiedlicher Längen von Ein- und Ausschaltvorgang muss bei jeder Kommutierung eine Totzeit von wenigen µs erzeugt werden, in der beide Treiberausgänge gesperrt sind. Im Datenblatt ist die vom Treiber des SKiiP generierte Totzeit t_{TD} angegeben. Parameter: Umgebungstemperatur T_a = 25°C

Da die Totzeit mit dem Ausschalten eines IGBT startet, addiert sie sich nicht zu einer ggf. vom Controller generierten Totzeit. Wie Bild 3.6.12 verdeutlicht, entspricht die gesamte Verzögerungszeit beim Einschalten eines IGBT der Summe von Totzeit t_{TD} und Verzögerungszeit im Treiber $t_{d(on)IO}/t_{d(off)IO}$.

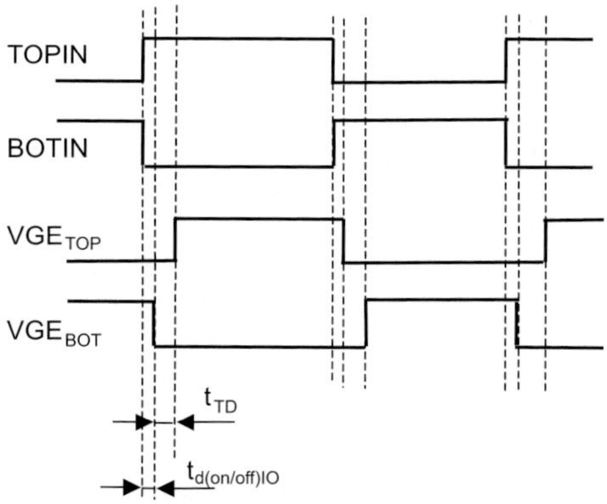

Bild 3.6.12 Verzögerungszeiten der SKiiP-Steuersignale

SKiiP-AC-Ausgangsstrom für 8 V-Ausgangssignal am Pin $I_{analogOUT}$

Mit den im SKiiP integrierten Stromsensoren wird der über die AC-Anschlüsse fließende Ausgangsstrom gemessen. Jede Halbbrücke (fold) besitzt einen eigenen Stromsensor. Im Treiber werden die Ausgangssignale dieser Stromsensoren zum Summensignal $I_{analogOUT}$ verknüpft. Bei 100% des im Datenblatt unter $I_{analogOUT}$ angegebenen Stroms beträgt die Ausgangsspannung am entsprechenden Pin 8 V. Da die Treiber für SKiiP3 mit gleicher Chipbestückung, jedoch mit unterschiedlicher DCB-Keramik (Al_2O_3: SKiiP xx1x... bzw. AlN: SKiiP xx0x...) identisch sind, ist auch die Stromnormierung von $I_{analogOUT}$ zum AC-Ausgangsstrom gleich, was jedoch bedeutet, dass die jeweilige Relation des Kennwertes $I_{analogOUT}$ zum Grenzwert I_C unterschiedlich ist. Parameter: Umgebungstemperatur T_a = 25°C, maximale Belastung des Ausgangs mit 5 mA

Höchstzulässiger Ausgangsstrom des 15 V-Ausgangs I_{s1out}

Zur Hilfsspannungsversorgung externer Komponenten mit 15 V besitzen SKiiP2 und SKiiP3 einen Ausgang, der beim SKiiP2 identisch mit dem Anschluss für die alternative 15 V-Versorgungsspannung V_{S1} ist. I_{s1out} ist der höchstzulässige Strom, der diesem Anschluss bei 24 V Spannungsversorgung (V_{S2}) entnommen werden kann. Parameter: Umgebungstemperatur T_a = 25°C

OCP Trip Level I_{TRIPSC}

Das Schutzkonzept der SKiiP beinhaltet eine Over Current Protection (OCP) auf Basis des durch die integrierten Stromsensoren gemessenen AC-Ausgangsstroms bei einem Trip Level von 125% des unter $I_{analogOUT}$ angegebenen Stroms. Der OCP Triplevel entspricht damit - unabhängig vom SKiiP-Typ - einer Spannung von 10 V am Anschluss $I_{analogOUT}$ und ist somit für SKiiP mit gleicher Chipbestückung und mit unterschiedlicher DCB-Keramik (Al_2O_3 bzw. AlN) identisch. Hieraus resultiert eine unterschiedliche Relation zwischen I_{TRIPSC} und Grenzwert I_C in Abhängigkeit von der eingesetzten DCB-Keramik, s. oben. Bei Erreichen des Trip Levels wird der Fehlerspeicher gesetzt, der Ausgang ERROR OUT schaltet auf HIGH und die IGBT werden ausgeschaltet.

Ein Rücksetzen des Fehlerspeichers erfolgt erst, wenn intern keine Fehlersignale mehr anstehen und beide Steuersignale für eine Dauer von mindestens $t_{pERRRESET}$ einen Low-Pegel haben oder ein power on reset erfolgt. Parameter: Umgebungstemperatur T_a = 25°C

Erdschlussschutz Trip Level $I_{TRIPSLG}$

Diese Funktion ist nur in den GD- und GDL-Typen der Baureihe SKiiP2 vorhanden. Überschreitet der Wert eines AC-Ausgangsstroms den Trip Level $I_{TRIPSLG}$ = 30% von I_C lt. Datenblatt, wird der Fehlerspeicher gesetzt, der Ausgang ERROR OUT schaltet auf HIGH und die IGBT werden ausgeschaltet. Ein Rücksetzen des Fehlerspeichers erfolgt erst, wenn intern keine Fehlersignale mehr anstehen und beide Steuersignale für eine Dauer von mindestens $t_{pERRRESET}$ einen Low-Pegel haben oder ein power on reset erfolgt.

Ansprechwert des Übertemperaturschutzes T_{tp}

Der im SKiiP integrierte Temperatursensor erfasst die Temperatur T_r, die bei SKiiP2 und SKiiP3 näherungsweise der Kühlkörpertemperatur entspricht. Erreicht T_r den im Datenblatt angegebenen Wert T_{tp}, wird der Fehlerspeicher gesetzt, die Ausgänge OVERTEMP OUT und ERROR OUT schalten auf HIGH und die IGBT werden ausgeschaltet. Ein Rücksetzen des Fehlerspeichers erfolgt erst, wenn intern keine Fehlersignale mehr anstehen und beide Steuersignale für eine Dauer von mindestens $t_{pERRRESET}$ einen Low-Pegel haben oder ein power on reset erfolgt.

Aufgrund des geringen Abstandes von T_{tp} (110...115...120°C) zur höchstzulässigen Chiptemperatur, ist bei hocheffizienten Kühlsystemen in vielen Fällen kein sicherer thermischer Schutz allein durch die Übertemperaturabschaltung möglich.

Messung der Zwischenkreisspannung $U_{analogOUT}$ und Ansprechwert der Zwischenkreisspannungsüberwachung (Überspannungsschutz) U_{DCTRIP}

Mit Ausnahme der SKiiP3 2GB ist für die SKiiP eine Zwischenkreisspannungsüberwachung als Option erhältlich, die über eine hochohmsche Differenzmessung (≥ 5 MW, qualifiziert nach EN 50178) den Istwert der Zwischenkreisspannung auf Niederspannungsniveau zur Verfügung stellt. Bei SKiiP mit V_{CES} = 1200 V entspricht $U_{analogOUT}$ = 9 V ± 2% einer Zwischenkreisspannung von 900 V. Erreicht die Zwischenkreisspannung den Grenzwert von nominal 930 V ± 4 %, wird der Fehlerspeicher gesetzt, der Ausgang ERROR OUT schaltet auf HIGH und die IGBT werden ausgeschaltet. Bei SKiiP mit V_{CES} = 1700 V entspricht $U_{analogOUT}$ = 9 V ± 2% einer Zwischenkreisspannung von 1167 V. Erreicht die Zwischenkreisspannung den Grenzwert von nominal 1206 V ± 4% wird der Fehlerspeicher gesetzt, der Ausgang ERROR OUT schaltet auf HIGH und die IGBT werden ausgeschaltet. Ein Rücksetzen des Fehlerspeichers erfolgt erst, wenn intern keine Fehlersignale mehr anstehen und beide Steuersignale für eine Dauer von mindestens $t_{pERRRESET}$ einen Low-Pegel haben oder ein power on reset erfolgt.

Über einen Tiefpassfilter wird zur Störausblendung eine Zeitkonstante von 500 µs realisiert. Diese Überwachungsfunktion kann deshalb nicht zur Erfassung sehr steiler Spannungssprünge genutzt werden.

4 Applikationshinweise für Thyristoren und Netzdioden

4.1 Bemessung und Auswahl von Thyristoren und Gleichrichterdioden

Die in Kap. 5.1 angeführten allgemeinen Richtlinien sind auch auf die Auswahl von Thyristoren, Netzdioden und Thyristor-/Diodenmodule sinngemäß anzuwenden. Die zusätzlichen Belastungen durch Schaltverluste können bei dem Betrieb mit 50/60 Hz Netzfrequenz vernachlässigt werden. Die Auswahl der Leistungsbauelemente für eine konkrete Anwendung muss unter Berücksichtigung ihrer

- Spannungsbelastbarkeit,
- Strombelastbarkeit unter den realisierbaren Kühlbedingungen und
- zulässigen Arbeitsbereiche

in allen möglichen stationären und kurzzeitigen Betriebsfällen (Überlast) betrachtet werden.

In keinem statischen oder dynamischen Fall darf die Beanspruchung dazu führen, dass die in den Datenblättern aufgeführten Grenzwerte für Sperrspannung, Spitzenstrom und Sperrschichttemperatur überschritten werden. Gleiches gilt für die Grenzen des Gehäuses, z.B. Schwingungs- und Schockfestigkeit, Klimabeständigkeit, Isolationsspannung bei Modulen und Montagevorschriften. Eine Ausnahme hinsichtlich der Sperrspannung bilden avalanchefeste Dioden bis zur maximalen Avalancheverlustleistung P_{RSM}, hinsichtlich der Sperrschichttemperatur bildet die Stossstrombelastung eine Ausnahme. Im Interesse hoher Zuverlässigkeit und ausreichender Lebensdauer muss die Auslastung der Module auch der vorgesehenen Anzahl von Lastwechseln Rechnung tragen, bei denen nennenswerte Temperaturwechsel auftreten (Kap. 2.7). Des Weiteren wird eine „seriöse“ Dimensionierung im Allgemeinen nicht von der thermischen Auslastung der Halbleiter bis zum Grenzwert $T_{j(max)}$ ausgehen, um eine Sicherheitsmarge für theoretisch nicht erfasste Fälle und für die Alterung des Moduls zu erhalten.

4.1.1 Sperrspannung

Bei Dioden und Thyristoren ist die Abhängigkeit der Durchlassverluste weniger stark von der Spannungsbelastbarkeit abhängig als bei MOSFET und IGBT. Bei der Auswahl der Bauelement-Spannungsklasse sollte daher ein nicht zu geringer Sicherheitsabstand zwischen den im Regelfall auftretenden und den für die Bauelemente zulässigen Sperrspannungen eingehalten werden. Üblicherweise werden für die Netzspannungen V_N folgende Sperrspannungen der eingesetzten Dioden und Thyristoren gewählt:

Netzspannung V_N	Gleichrichtung	Leerlaufgleichspannung V_{di}	Sperrspannung V_{RRM}
110 – 125 V	B2	97 - 110 V	600 V
200 – 240 V	B2	180 – 220 V	800 V
400 – 460 V	B6	540 – 621 V	1200 – 1400 V
575 – 690 V	B6	770 – 932 V	1800 – 2200 V

Tabelle 4.1.1 Empfohlene Sperrspannungsklassen für Thyristoren und Gleichrichterdioden in Abhängigkeit von der Nennspannung des Netzes

Es ist sicherzustellen, dass im Falle der höchsten Spannungsbeanspruchung die maximal zulässige Modulspannung nicht überschritten wird. Dies gilt bei höchster stationärer Eingangsspannung (Nennspannung + Toleranz, z.B. +10 %) und transienten Überspannung, soweit diese nicht von Netzfiltern, Zwischenkreiskondensatoren und gleichspannungsseitigen Beschaltungen (Suppressordioden, Snubber, Varistoren) abgebaut werden. Für transiente Spannungsspitzen ist oft eine etwas höhere Spitzenspannung (V_{RSM}) zulässig. Es ist zu beachten, dass die für 25°C gegebene Sperrspannung temperaturabhängig ist und einen positiven Temperaturkoeffizienten besitzt. Der Wert ist von der Sperrspannung des Bauelementes selbst abhängig und kann einige wenige V/K betragen.

4.1.2 Gleichrichterdioden

4.1.2.1 Thermische Belastung bei Dauerbetrieb

Die Durchlassstrom-Belastung im Dauerbetrieb ergibt sich aus der mittleren Verlustleistung P_{FAV} multipliziert mit dem Gesamt-Wärmewiderstand $R_{th(j-a)}$. Dieses Produkt darf nicht größer sein als die Differenz zwischen Umgebungstemperatur T_a und höchstzulässiger Ersatzsperrschichttemperatur T_j:

$$P_{FAV} \cdot R_{th(j-a)} \leq T_j - T_a$$

Für die Verlustleistungsberechung gilt die allgemeine Formel

$$P_{FAV} = V_{F0}(T_j) \cdot I_{FAV} + r_F(T_j) \cdot I_{FRMS}^2$$

Für die typischen Diodenstromformen (180°-sinusförmig, 120°-rechteckförmig) lässt sich einfach der Formfaktor des Stromes berechnen:

$$F_I = \frac{I_{FRMS}}{I_{FAV}}$$

damit hängt P_{FAV} nur noch von einer Unbekannten ab, meist wird die Darstellung mit I_{FAV} gewählt:

$$P_{FAV} = V_{F0}(T_j) \cdot I_{FAV} + r_F(T_j) \cdot F_I^2 \cdot I_{FAV}^2$$

Diese Formeln bilden die Grundlage für fast alle Softwaretools zur Bauelementauslegung (vgl. Kap. 4.1.6). Dennoch finden sich in den Datenblättern eine Menge von Grafiken und Kennlinien, um dem Anwender die Produktauswahl zu erleichtern. Im folgenden soll die Handhabung dieser Kennlinien beschrieben werden.

Kleingleichrichterdioden

Für diese Bauelemente sind in den Datenblättern oft Diagramme enthalten, die den zulässigen I_{FAV} in Prozent vom Nenndurchlassstrom in Abhängigkeit von der Umgebungstemperatur T_a darstellen (Bild 4.1.1).

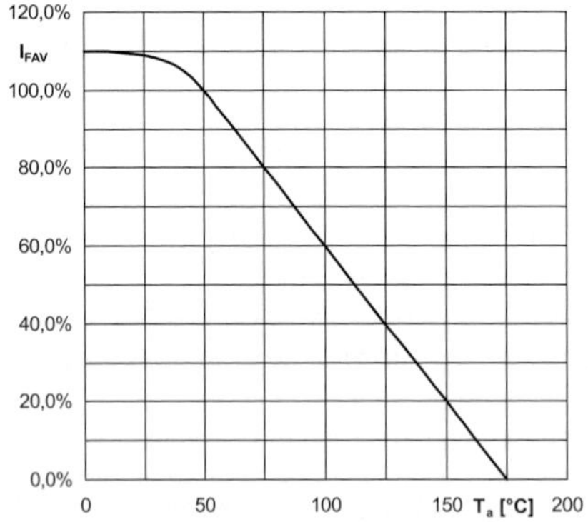

Bild 4.1.1 Zulässiger mittlerer Durchlassstrom I_{FAV} (in Prozent des I_{FAV} bei T_a = 50°C) als Funktion der Umgebungstemperatur T_a unter im Datenblatt angegebenen Kühlbedingungen.

Leistungsdioden

Hier dienen Diagramme wie im Bild 4.1.2 zur Ermittlung des zulässigen Dauergrenzstroms bei bestimmten Kühlbedingungen und umgekehrt zur Bestimmung der nötigen Kühlbedingungen bei einem vorgegebenen Strom. Die Kurven auf der linken Hälfte von Bild 4.1.2 enden bei den Stromstärken, die dem höchstzulässigen Durchlassstrom Effektivwert I_{FRMS} entsprechen, der auch bei bester Kühlung der zulässigen Dauerbelastung eine Grenze setzt.

Beispiel für die Benutzung von Bild 4.1.2: Eine 130 A-Diode wird in einer Sechspuls-Brückenschaltung (B6) eingesetzt. Geforderter Gleichstrom 300 A im Dauerbetrieb, dies entspricht I_{FAV} = 100 A je Diode. Der Strom in jedem Zweig hat angenähert die Form eines Rechtecks mit 120° Stromflusswinkel (rec.120). Für I_{FAV} = 100 A erhält man P_{FAV} = 122 W und eine maximale zulässige Gehäusetemperatur von T_c = 137°C (blaue Linie).

Mit einer Sicherheitsreserve von 25% (rote Linie mit I_{FAV} = 125 A) erhält man T_c = 120°C und P_{FAV} = 170 W. Bei einer Kühllufttemperatur T_a = 35°C ist für diesen Fall der maximale thermische Widerstand Diodengehäuse-Luft $R_{th(c-a)}$ = 0,50 K/W. Davon entfallen auf den $R_{th(c-s)}$ = 0,08 K/W. Es verbleiben für den Kühlkörper $R_{th(s-a)}$ = 0,42 K/W.

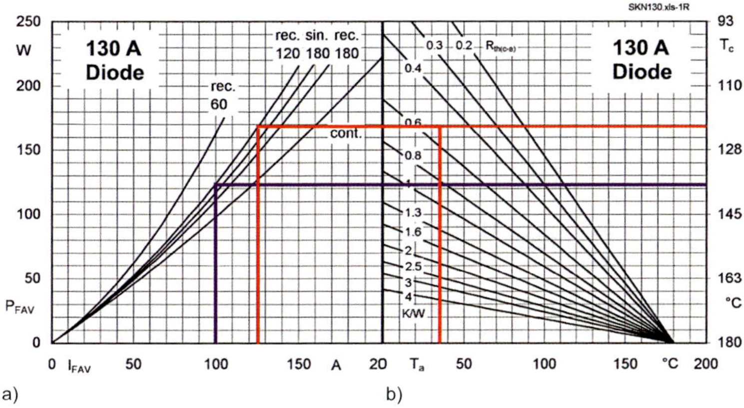

Bild 4.1.2 a) Verlustleistung P_{FAV} als Funktion des I_{FAV} bei verschiedenen Stromformen; b) Gehäusetemperatur T_c in Abhängigkeit von der Umgebungstemperatur T_a. Parameter $R_{th(c-a)}$

4.1.2.2 Belastung bei Kurzzeit und Aussetzbetrieb

Für die Berechnung der zulässigen Strombelastung bei Kurzzeit- und Aussetzbetrieb wird die Kurve des transienten Wärmewiderstands als Funktion der Zeit angegeben und zwar für die Diode ($Z_{th(j-c)}$ + $Z_{th(c-s)}$) und für den Kühlkörper ($Z_{th(s-a)}$). Addiert man die Werte des transienten Wärmewiderstandes für Diode und Kühlkörper, so erhält man den gesamten transienten Wärmewiderstand $Z_{th(j-a)}$ für die betrachtete Zeit.

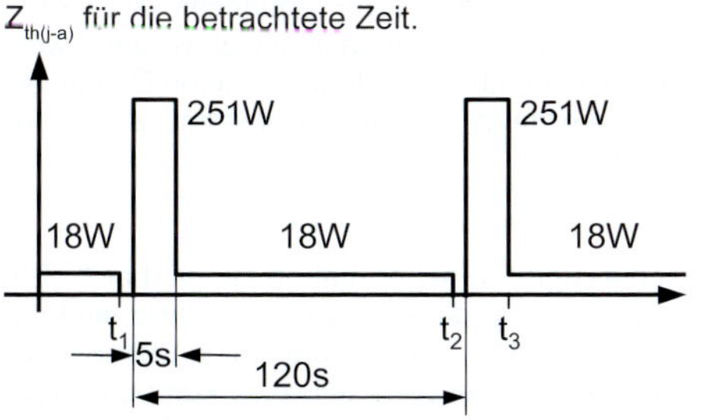

Bild 4.1.3 Zeitlicher Verlauf der Verlustleistung P_{FAV} bei dem gewählten Beispiel. Zu den Zeiten t_1 und t_2 wird aus- und sofort wieder eingeschaltet.

Die Berechnung der Sperrschichttemperatur bei Kurzzeitbetrieb sei ebenfalls an einem Beispiel erläutert: Eine **Sechspuls-Brückenschaltung** aus Dioden SKN 130 auf Kühlkörpern K 0,55 soll nach dem Einschalten zunächst 5 s lang 500 A liefern. Danach geht der Strom auf einen niedrige-

Verlusten P_{TAV} berechneten mittleren Sperrschichttemperatur $T_{j(av)}$ Rechnung getragen. $R_{th(j\text{-}c)(cont.)}$ gilt für reinen Gleichstrom. Die Tabelle gibt die Wärmewiderstände Gehäuse - Luft $R_{th(c\text{-}a)}$ der in Frage kommenden Kühlkörper an. Wenn die Steuerverlustleistung bei Thyristoren nicht vernachlässigbar gering ist, muss diese in der Gesamtverlustbilanz mit berücksichtigt werden.

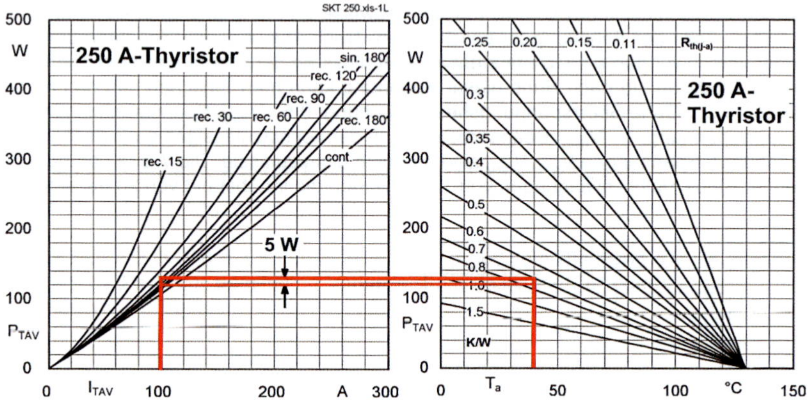

a) b)

Bild 4.1.5 a) Mittlere Verlustleistung P_{TAV} als Funktion des Dauergrenzstroms I_{TAV} bei verschiedenen Stromflusswinkeln; b) Zulässige Verlustleistung P_{TAV} als Funktion der Umgebungstemperatur T_a und verschiedenen $R_{th(j\text{-}a)}$.

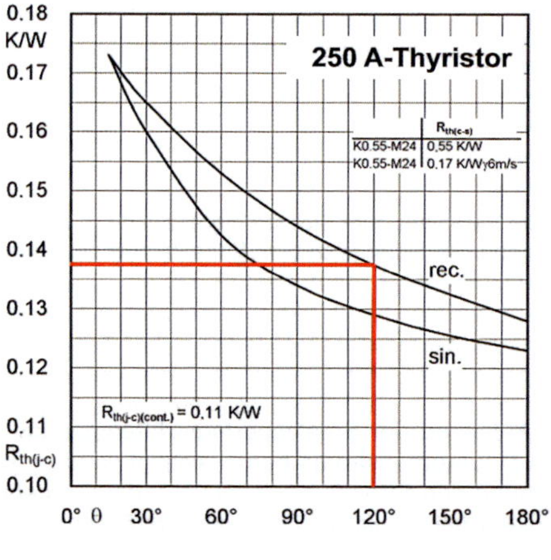

Bild 4.1.6 $R_{th(j\text{-}c)}$ als Funktion des Stromflusswinkels Θ bei angeschnittenen Sinushalbschwingungen (sin.) und bei Rechteckpulsen (rec.)

Die Bemessung mit Hilfe von Bild 4.1.5 wird im folgenden an einem einfachen Beispiel erläutert. Eine Sechspuls-Brückenschaltung soll bei Vollaussteuerung 300 A liefern. Es ist Luftselbstkühlung vorgesehen. Zur Verfügung stehen Kühlkörper mit $R_{th(s\text{-}a)}$ = 0,5 K/W Wärmewiderstand bei 100 W Verlustleistung. Welcher Thyristor ist geeignet? Angenommen, die Angabe 300 A enthält bereits eine ausreichende Sicherheit, so dass kein weiterer Zuschlag notwendig ist, dann beträgt der Dauergrenzstrom je Thyristor 100 A. Gemäß Bild 4.1.5a ist bei Rechteckströmen von Θ = 120° Stromflusswinkel bei I_{TAV} = 100 A eine Verlustleistung von maximal 110 W zu erwarten. Dazu möge eine mittlere Steuerverlustleistung von 5 W kommen. Mit 115 W gehen wir in das rechte Diagramm. Bei T_a = 45 °C Umgebungstemperatur darf der Gesamtwärmewiderstand höchstens $R_{th(j-a)}$ = 0,70 K/W betragen (rote Linie). Aus Bild 4.1.6 folgt für Rechteckströme von Θ =120° ein Wärmewiderstand $R_{th(j-c)}$ = 0,137 K/W. Dazu kommt der Übergangs-Wärmewiderstand $R_{th(c-s)}$ = 0,015 K/W und der Kühlkörper-Wärmewiderstand $R_{th(s-a)}$ von 0,5 K/W. Das ergibt zusammen $R_{th(j-a)}$ = 0,652 K/W, liegt also unter 0,70 K/W.

Mit diesem Thyristor wird also die geforderte Strombelastung erreicht. Aus Bild 4.1.7 ergibt sich für 100 A bei Rechteckstrom Θ = 120° eine maximale Gehäusetemperatur T_c = 115°C (zur Kontrolle). Während Bild 4.1.5 unabhängig von der Betriebsfrequenz gültig ist, gilt Bild 4.1.6 und damit auch Bild 4.1.7 nur für 40 bis 60 Hz. Bei höheren Frequenzen nähern sich die Wechselstrom-Wärmewiderstände dem Gleichstrom-Wärmewiderstand, der bei 500 Hz praktisch erreicht ist. Wenn man Bild 4.1.6 bis zu etwa 120 Hz unverändert anwendet, geht man also sicher.

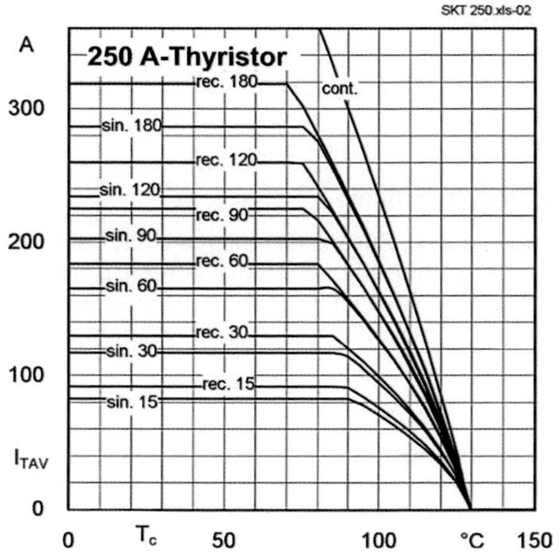

Bild 4.1.7 Dauergrenzstrom I_{TAV} als Funktion der Gehäusetemperatur T_c bei reinem Gleichstrom (cont.), angeschnittenen Sinusschwingungen (sin.) und Rechteckpulsen (rec.). Parameter: Stromflusswinkel Θ

Thyristoren mit Scheibengehäusen können einseitig oder beidseitig gekühlt werden. Demgemäß haben bei diesen Thyristoren die Diagramme des Wärmewiderstandes als Funktion des Stromflusswinkels (analog zu Bild 4.1.6) zwei Kurvenpaare für einseitige (SSC) und doppelseitige (DSC) Kühlung.
Bild 4.1.5 hingegen bleibt hiervon unberührt. Je nach der Kühlung werden lediglich für $R_{th(j-a)}$ verschiedene Werte eingesetzt, die sich aus den Wärmewiderstands-Diagrammen ergeben.

4.1.3.2 Belastung bei Kurzzeit- und Aussetzbetrieb

Die bei Kurzzeit- oder Aussetzbetrieb zulässige Belastung wird für Thyristoren genauso berechnet wie für Gleichrichterdioden (vgl. Kap 4.1.2). Den für die Berechnung maßgebenden transienten Pulswärmewiderstand $Z_{(th)p}$ erhält man durch die Addition des aus den Kurven (Beispiel Bild 4.1.8) ermittelten $Z_{(th)t}$ mit dem tabellarisch angegebenen Zusatzwärmewiderstand $Z_{(th)z}$. Dieser Zusatzanteil berücksichtigt das Pulsieren der Sperrschichttemperatur im Takt der Betriebsfrequenz.

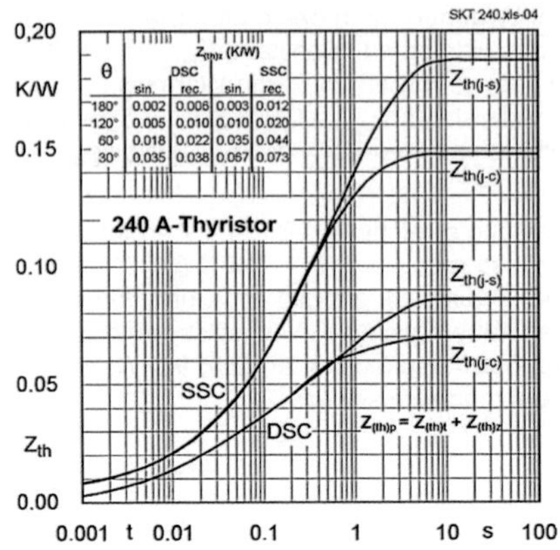

Bild 4.1.8 Z_{th} eines Thyristors für einseitige- (SSC) und zweiseitige Kühlung (DSC)

4.1.3.3 Stoßstrom-Grenzwerte für Zeiten unter und über 10 ms

Bei Thyristoren gilt dasselbe wie für Dioden (vgl. Kap. 4.1.2.4). Zusätzlich muss beachtet werden, dass bei der hohen Ersatzsperrschichttemperatur, die während der Stoßstrom-Beanspruchung auftritt, die Steuerbarkeit des Thyristors vorübergehend verloren geht. Er verhält sich also wie eine Gleichrichterdiode, d.h. bei Spannungsbeanspruchung in Vorwärtsrichtung geht er sofort in den Durchlasszustand über.

4.1.3.4 Kritische Strom- und Spannungssteilheit

Außer der rein thermischen Bemessung ist bei Thyristoren auch darauf zu achten, dass die kritische Stromsteilheit $(di/dt)_{cr}$ und die kritische Spannungssteilheit $(dv/dt)_{cr}$ eingehalten werden. Das in den meisten Fällen parallel zum Thyristor geschaltete RC-Glied verursacht bereits eine erhebliche di/dt-Beanspruchung. Deshalb sollte die von der übrigen Schaltung verursachte Stromsteilheit weit unter dem kritischen Wert liegen. Bei Gleichrichtern kann die Spannungssteilheit bereits durch verhältnismäßig kleine RC-Glieder auf sehr niedrige Werte reduziert werden, welche die Thyristoren ohne weiteres vertragen. Dasselbe gilt auch für Wechselstromsteller und -schalter. Bei Wechselrichtern sowie insbesondere bei Vierquadrant-Stromrichtern treten dagegen die infolge des raschen Zusammenbruchs der Spannung beim Zünden eines Thyristors entstehenden steilen Spannungsspitzen an den Thyristoren der anderen Zweige in Vorwärtsrichtung auf. Sie werden durch die RC-Beschaltung kaum gedämpft, weil als Vorwiderstand nur die Schaltinduktivität zur Verfügung steht. Für solche Anwendungen müssen deshalb Thyristoren mit hoher kritischer Spannungssteilheit (1000 V/µs) verwendet werden.

4.1.3.5 Zündeigenschaften

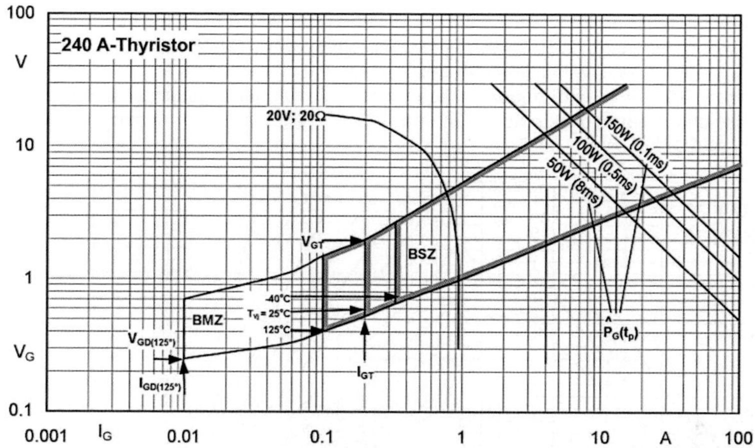

Bild 4.1.9 Steuerspannung V_G als Funktion des Steuerstromes I_G (Streubereich) mit eingetragenen Bereichen möglicher (BMZ) und sicherer (BSZ) Zündung bei verschiedenen Ersatzsperrschichttemperaturen T_j.

Bild 4.1.9 zeigt die obere und untere Begrenzung des Bereichs, in dem die Strom-Spannungskennlinien zwischen Steueranschluss und Kathodenanschluss des betreffenden Thyristortyps liegen. Strom und Spannung des Zündimpulses müssen im Bereich sicherer Zündung (BSZ) liegen, dürfen aber die für verschiedene Impulsdauern t_p angegebenen zulässigen Leistungen P_{GM} nicht überschreiten. Ferner sind Zündstrom und Zündspannung bei -40°C, +25 °C und der höchstzulässigen Ersatzsperrschichttemperatur sowie die höchstzulässigen Spitzen-Steuerverlustleistungen P_{GM} für 0,1 ms, 0,5 ms und 8 ms Dauer der Zündstromimpulse eingetragen.

Der tatsächlich angewandte Zündstrom sollte möglichst weit oberhalb der eingetragenen I_{GT}- Werte liegen, so dass auch noch bei kalten Temperaturen sicher gezündet wird. Jedoch dürfen die P_{GM}-Werte natürlich nicht überschritten werden. Ferner sollten die Zündstromimpulse möglichst steile Anstiegsflanken haben. Empfohlen werden der 5fache Wert von I_{GT} und eine Anstiegssteilheit von mindestens 1 A/µs. Bei Zündimpulsen, die unter diesen Werten liegen, verringert sich die kritische Stromsteilheit $(di/dt)_{cr}$ drastisch!

Die erforderliche Dauer der Zündimpulse hängt von der Last im Hauptstromkreis ab. Bei ohmscher Last genügt ein einmaliger, kurzer Impuls von mindestens 10 µs, denn der Strom im Hauptstromkreis steigt rasch an. Bei induktiver Last kann der Strom nur langsam zunehmen. Es ist jedoch in der Regel ein RC-Glied parallel zum Thyristor geschaltet, dessen Entladestrom das Zünden des Thyristors erleichtert. Ist das nicht der Fall, so müssen lange Zündimpulse oder noch besser Folgen von kurzzeitigen Impulsen vorgesehen werden. Weitere Empfehlungen für die Auslegung von Zündschaltungen enthält Kap. 4.3.

4.1.4 Thyristor-Diodenmodule

Für Thyristor-Diodenmodule (SEMIPACK®-Bausteine) gelten die Kap. 4.1.1 (Sperrspannung), 4.1.2 (Gleichrichterdioden) und 4.1.3 (Thyristoren) sinngemäß. Fast alle in den Katalogen enthaltenen Daten und Kurven gelten für einen Thyristor beziehungsweise eine Gleichrichterdiode allein. Abweichungen gibt es lediglich bei der Bestimmung des erforderlichen Kühlkörpers, weil im Gegensatz zu Einzelbauelementen mindestens die zwei in einem Gehäuse vereinigten Thyristoren und/oder Dioden, meist aber sogar mehrere Semipacks, also vier, sechs oder noch mehr Bauelemente, auf einem gemeinsamen Kühlkörper montiert werden. Das Vorgehen bei der Ermittlung des erforderlichen Kühlkörpers wird in den beiden folgenden Beispielen erläutert.

Beispiel Wechselstromsteller

Ein SEMIPACK SKKT 72 soll als Wechselstromsteller einen Strom von 120 A bei Vollaussteuerung führen. Rechnerisch ergibt sich I_{Tav} =120 A · Wurzel(2)/Pi = 52 A je Thyristor. Ein Sicherheitsaufschlag von mindestens 10% (= 60 A) ist empfehlenswert. Aus Bild 4.1.10 (rote Linie) ergibt sich für I_{TAV} = 60 A eine Verlustleistung des einzelnen Thyristors von P_{TAV} = 85 W (Sinus-Halbschwingungen 180°). Für eine angenommene maximale Umgebungstemperatur T_a = 40°C und einer zulässigen Sperrschichttemperatur von 125°C ergibt sich der maximal zulässige $R_{th(j-a)}$ = (125°C – 40°C) / 85 W = 1,0 K/W.

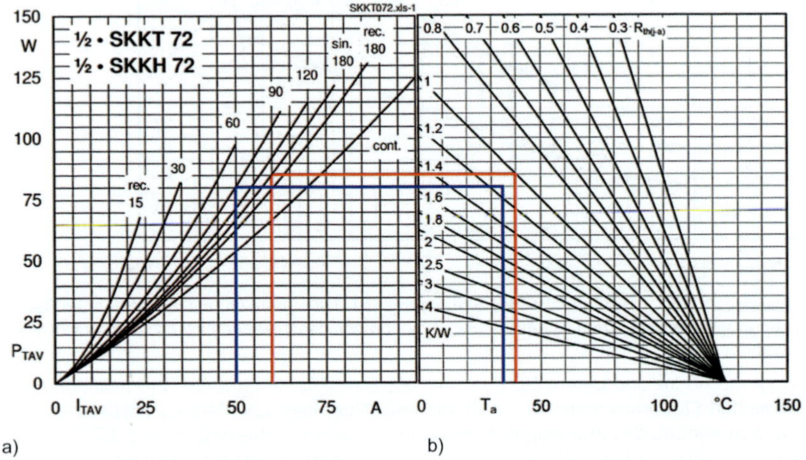

Bild 4.1.10 a) P_{TAV} als Funktion des Dauergrenzstroms I_{TAV} bei Sinus-Halbschwingungen (sin. 180), reinem Gleichstrom (cont.) und bei Rechteckpulsen (rec. 15 bis 180); b) zulässige P_{TAV} als Funktion der Umgebungstemperatur T_a bei verschiedenen $R_{th(j-a)}$; Alle Angaben gelten für einen Thyristor allein.

Entsprechend dem Datenblatt hat ein einzelner Thyristor bei sinusförmigem Strom und Θ = 180° einen $R_{th(j-s)}$ = $R_{th(j-c)}$ + $R_{th(c-s)}$ = 0,37 K/W + 0,20 K/W = 0,57 K/W. Für den Kühlkörper bleiben je Thyristor $R_{th(s-a)}$ = 1,0 K/W - 0,57 K/W = 0,43 K/W. Für 2 Thyristoren halbiert sich der Widerstand zu 0,215 K/W. Erforderlich ist also ein Kühlkörper, der bestückt mit einem SEMIPACK (n = 1) sowie bei P_{tot} = 2 · 85 W = 170 W einen Wärmewiderstand von ≤ 0,215 K/W besitzt. Hinsichtlich des $R_{th(s-a)}$ zählt ein SEMIPACK ebenso wie ein Brückengleichrichter als eine Wärmequelle (vgl. Kap. 5.3.2.1 Anzahl von Wärmequellen), obwohl er mehrere Dioden oder Thyristoren enthält. Die einzelnen Bauelemente liegen im Gehäuse so nahe beisammen, dass man von einer gleichmäßigen Verteilung der Verlustwärme auf die ganze Länge des Kühlkörpers nicht sprechen kann.

Beispiel Vollgesteuerte Sechspuls-Brückenschaltung

Drei SKKT 72 sollen in B6C-Schaltung bei 90° Stromflusswinkel 135 A liefern. Dies gibt je Thyristor 45 A. Aus Sicherheitsgründen rechnen wir mit 50 A. Bild 4.1.10 (blaue Linie) ergibt bei 50 A für Rechteckstrom mit Θ = 90° eine P_{TAV} = 80 W. Bei T_a = 35°C Umgebungstemperatur ist der für einen Thyristor notwendige $R_{th(j-a)}$ = 1,15 K/W. Davon sind jetzt R_{th} = 0,41° K/W sowie wieder $R_{th(c-s)}$ = 0,2 K/W abzuziehen. Es verbleiben für den Kühlkörper $R_{th(s-a)}$ = (1,15 - 0,41 - 0,20) / 6 =0,09 K/W. Geeignet ist also ein Kühlkörper, der bestückt mit n = 3 Wärmequellen einen $R_{th(s-a)}$ = 0,09 K/W hat. Das ist bei verstärkter Luftkühlung leicht zu realisieren. In Frage käme das Profil P 3/300 F mit einem Lüfter, der 120 m³/h fördert.

4.1.5 Brückengleichrichter

Als Brückengleichrichter bezeichnet man Bauelemente, die alle Zweige einer Gleichrichterschaltung in einem einzigen, kompakten Gehäuse enthalten. Es gibt diese von einigen wenigen Ampere bis zu einigen 100 A in verschiedenen Gehäuseformen.

Die Verlustwärme wird bis auf bei wenigen Ausnahmen über eine Bodenplatte oder die DCB an ein Kühlblech oder einen Kühlkörper abgeführt. Der erforderliche $R_{th(s-a)}$ dieser Kühleinrichtung plus dem $R_{th(c-s)}$ wird als Parameter $R_{th(c-a)}$ in Bild 4.1.11 angegeben. Dieser Wert kann für einen gegebenen Ausgangsgleichstrom I_D und eine bestimmte Umgebungstemperatur T_a direkt aus einem Kurvenblatt wie Bild 4.1.11 bestimmt werden. Bild 4.1.11a zeigt die Gesamtverlustleistung P_{Vtot} (Mittelwert) eines Brückengleichrichters als Funktion des Ausgangsgleichstroms I_D. Die Kurve R gilt für Widerstandslast, L für induktive Last und die Kurve C für kapazitive Last bei der im Datenblatt angegebenen Kapazität C_{max} des Ladekondensators. Der Vorgang ist derselbe wie in Kap. 4.1.2.1 für Leistungsdioden beschrieben, nur gelten alle Werte im Diagramm für den Kompaktgleichrichter insgesamt.

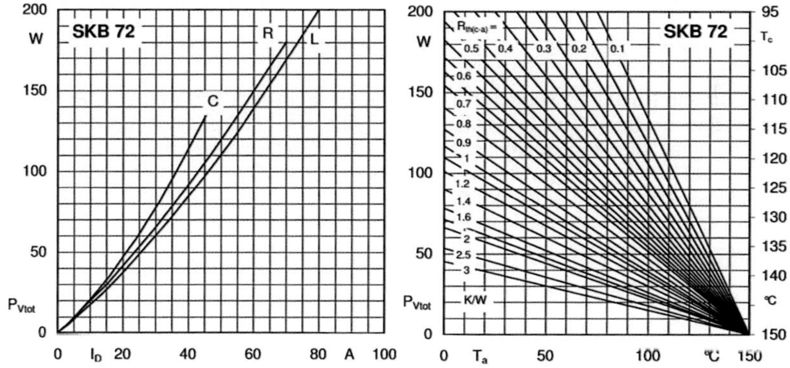

a) b)

Bild 4.1.11 a) Verlustleistung P_V eines Silizium-Kompaktgleichrichters als Funktion des Grenzgleichstroms I_D bei C-, R- und L-Last.; b) Gehäusetemperatur T_c als Funktion der Umgebungstemperatur T_a bei verschiedenen $R_{th(c-a)}$

Bei der links senkrecht aufgetragenen Verlustleistung P_{Vtot} ist die rechts senkrecht aufgetragene Gehäusetemperatur T_c zulässig. Empfohlen wird eine Reduktion des Gleichstroms auf $I_N = 0.8 \cdot I_D$.

4.1.6 SemiSel Software als Dimensionierungshilfe

Allgemeines zur Bedienung der Software wird im Kap. 5.2.3 erläutert. Für die Verlustleistungsberechnung für Dioden und Thyristoren nutzt SemiSel die Gleichungen aus Kap. 4.1.2. Die Durchlasskennlinie der Bauelemente wird mit Hilfe einer Ersatzgeraden nachgebildet. Charakteristisch für Gleichrichterbauelemente ist, dass diese Werte zwischen den Punkten Nennstrom und 3fachem Nennstrom ermittelt werden. Im Gegensatz zu IGBT werden Dioden und Thyristoren in Brückenschaltungen weit oberhalb ihres DC-Nennstromes (I_{TAV}/I_{FAV}) eingesetzt und es ist deshalb eine genaue Nachbildung in diesem Bereich interessant. Für die Berechnung wird empfohlen Maximalwerte zu verwenden. Das Ergebnis sind die mittleren Verluste für das Bauelement (analog für Thyristoren mit dem Index „T").

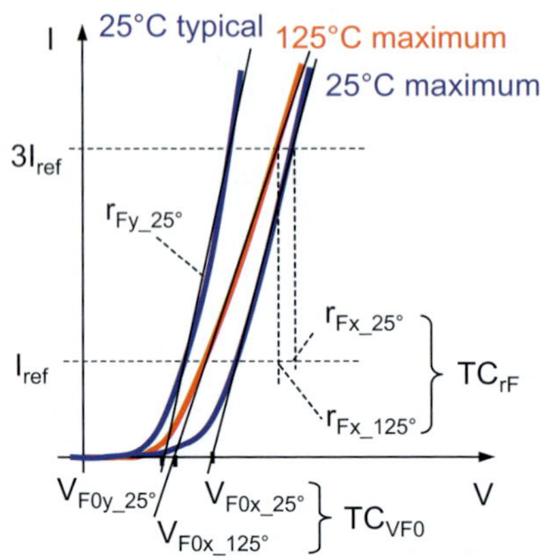

Bild 4.1.12 Nachbildung der Durchlasskennlinie mit Hilfe von Ersatzgeraden für typische (y) und maximale (x) Werte

Die Eingabe der Ströme (Bild 4.1.13) erfolgt als Schaltungsstrom (I_{out}) und wird vom Programm anteilig auf die Einzelbauelemente umgerechnet. Als Vorgabe wird bei Gleichrichtern ideal geglätteter Strom angenommen, dies kann aber durch Erhöhen des Effektivwertes oder des Formfaktors geändert werden. Der Formfaktor bezieht sich auf den Bauteilstrom. Die für die Verlustberechnung verwendete Durchlasskennlinie ist temperaturabhängig, deshalb werden von der Software iterativ die tatsächlichen Verluste unter Berücksichtigung der Eigenerwärmung bestimmt.

circuit parameter			
input voltage	V_{in}	400	V
output current	$I_{out\ av}$	200	A
	$I_{out\ rms}$	200	A
form factor of device current	F_I	1.7321	
input frequency	f_{in}	50	Hz
overload parameter			
overload factor		1.5	
duration		10	s
user defined load cycle		☐	

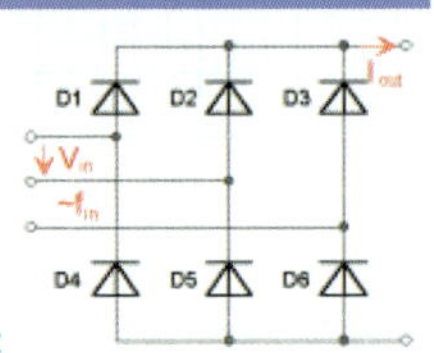

Bild 4.1.13 Beispiel einer Parametereingabe für eine Gleichrichterbrücke in SemiSel

Mit Hilfe der thermischen Widerstände wird die mittlere Sperrschichttemperatur T_j berechnet:

$$T_j = P_{FAV} \cdot R_{th(j-s)} + R_{th(s-a)} \cdot \sum_n P_n + T_a$$

Hierbei steht P_n für die Verluste der einzelnen Bauelemente auf einem gemeinsamen Kühlkörper. Eine Berechnung des Temperaturrippels mit der Netzfrequenz erfolgt nicht. Dieser ist für Diodengleichrichter in der empfohlenen Reserve von mindestens T_j=$T_{j(max)}$-10 K berücksichtigt. Bei Thyristorschaltungen mit sehr kurzen Stromleitdauern und sehr hoher Amplitude sollte eine zusätzliche Überprüfung stattfinden, dass $T_{j(max)}$ nicht überschritten wird.

Von besonderem Interesse ist die Berechnung der Verluste und Maximaltemperaturen für einen Überstrom (bezogen auf den Nennstrom) für eine bestimmte Zeit. Die höhere Belastung ergibt sich einfach aus der erhöhten Verlustleistung und damit auch höheren Sperrschichttemperatur.

Bei der Berechnung ändert sich im Vergleich zu Nennbedingungen nur, dass anstatt mit thermischen Widerständen mit einer thermischen Impedanz gerechnet wird:

$$T_j(t) = P_v(t) \cdot Z_{th(j-s)}(t) + Z_{th(s-a)}(t) \cdot \sum_n P_{v\_n}(t) + T_a$$

Der Überlastpuls wird vom Programm in zeitdiskrete Punkte zerlegt und in einer zweiten, äußeren Iterationsschleife jeweils von t = 0 beginnend der Temperaturverlauf bis zum n-ten Punkt berechnet. Das Ergebnis sind dann zeitabhängige Temperaturverläufe für das Bauelement. Für komplizierte Lastverhältnisse kann auch ein Lastzyklus in Tabellenform vorgegeben werden („user defined load cycle“).

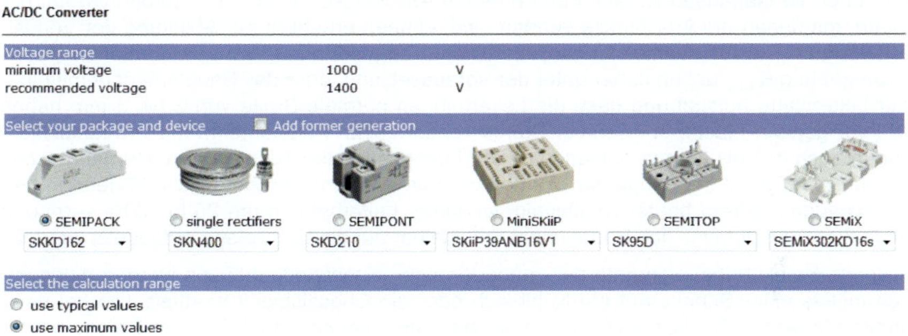

Bild 4.1.14 Auswahl von Gehäuseform und Stromklasse der verfügbaren Bauelemente (Filter: Spannungsklasse)

Nach Auswahl eines geeigneten Bauelementes und Spezifikation der Kühlbedingungen erhält der Benutzer die Einzelverluste pro Bauelement und die Summe aller auf dem Kühlkörper montierten Bauelemente, sowie die Chip- und Kühlkörpertemperaturen.

Losses And Temperatures:

	Steady State	Overload
$Losses_{device}$	75 W	122 W
$Losses_{tot}$	448 W	733 W
Heat Sink Temperature	79 °C	82 °C
Junction Temperature	100 °C	116 °C

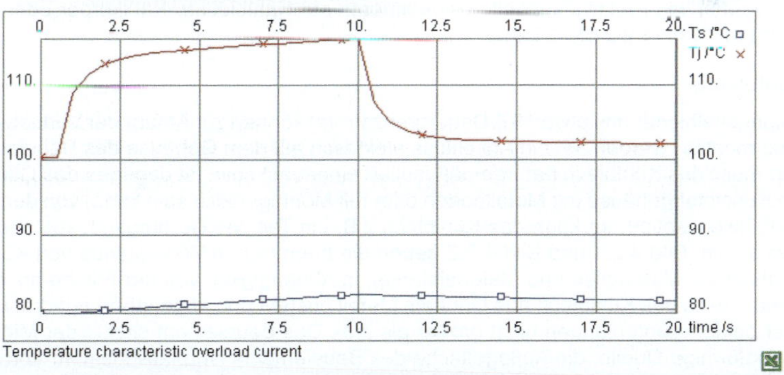

Evaluation:

This configuration works fine.

Bild 4.1.15 Ergebnisse der Verlustleistungs- und Temperaturberechnung

4.2 Kühlung von Gleichrichterbauelementen

In diesem Abschnitt soll auf Besonderheiten im Zusammenhang mit der Kühlung von Gleichrichterbauelementen eingegangen werden. Dies betrifft vor allem nichtisolierte diskrete Bauelemente. Für Gleichrichtermodule mit forcierter Luftkühlung bzw. Wasserkühlung gelten sinngemäß die Aussagen aus Kap. 5.3 für IGBT-Module.

4.2.1 Kühlung bei Kleinleistungs-Bauelementen

Bei Halbleiterbauelementen für geringe Leistungen, also insbesondere bei all denjenigen Typen, die zum freitragenden Einlöten in eine Leiterplatte geeignet sind, genügt im Allgemeinen die Wärmeabfuhr über die Gehäuseoberfläche und über die Anschlüsse. Auch die Leiterbahnen auf der Leiterplatte, mit denen die Anschlüsse verlötet sind, können erheblich zur Ableitung der Verlustwärme beitragen. Die für Kleinleistungs-Bauelemente angegebenen Wärmewiderstände Sperrschicht-Umgebung $R_{th(j-a)}$ gelten daher unter der Voraussetzung, dass das Bauelement unmittelbar auf einer Leiterplatte aufsitzt und dass die Leiterbahnen normale Breite von 2 bis 3 mm haben und auf ihrer ganzen Fläche in normaler Stärke verzinnt sind. Bauelemente mit Drahtanschlüssen können auch in 3 bis 25 mm Abstand von der Leiterplatte eingebaut werden. Der thermische Widerstand R_{th} steigt mit der Länge der Drähte. Andererseits kann der thermische Widerstand R_{th} durch Verwendung extrem breiter, vollflächig verzinnter Leiterbahnen um 25 bis 30% verringert werden. In diesem Fall muss das Bauelement unmittelbar auf die Leiterplatte aufgesetzt werden.

Kleinleistungs-Halbleiterbauelemente mit quaderförmigen Kunststoffgehäusen werden gelegentlich auch mittels einer Schelle auf ein Kühlblech oder ein Chassisblech montiert. Die bei einer bestimmten Mindestgröße dieses Bleches zulässige Strombelastung ist dann im Datenblatt angegeben. Gelegentlich wird der Wärmewiderstand $R_{th(j-r)}$ zwischen der Sperrschicht und einem Bezugspunkt r an einem der Anschlüsse angegeben. Man kann dann im Betrieb durch Messen der Temperatur T_r an diesem Punkt sowie der im Bauelement umgesetzten Verlustleistung P kontrollieren, ob die Ersatzsperrschichttemperatur T_j den höchstzulässigen Wert nicht überschreitet. Es gilt ja $T_j - T_r = P \cdot R_{th(j-r)}$. Auch kann man solche Bauelemente mit einem oder beiden Anschlüssen an kleine, nach Kap. 4.2.2 berechnete Kupferkühlbleche anlöten (die naturgemäß isoliert eingebaut sein müssen) und dadurch eine besonders wirksame Kühlung erreichen, wie sie sonst nur bei metallgekapselten Bauelementen möglich ist. Schließlich werden manche Kleinleistungsbauelemente auch mit fest angebrachten Montagelaschen oder mit Metallböden versehen (z.B. TO220), die mit einem der Anschlüsse verbunden oder auch im Inneren isoliert sein können. Bei solchen Bauelementen wird der Wärmewiderstand Sperrschicht - „Gehäuse“ $R_{th(j-c)}$ im Datenblatt angegeben, wobei ,,Gehäuse“ eben diese Montagelasche oder dieser Metallboden ist. Solche Bauelemente werden wie metallgekapselte Bauelemente auf Kühlbleche, Kühlkörper oder Kühlprofile montiert (vgl. Kap. 4.2.2 bis 4.2.4).

4.2.2 Kühlbleche

Kleinere Leistungshalbleiter (bis etwa 15 A Dauergrenzstrom) können zur Abfuhr der Verlustwärme auf Kühlbleche montiert werden. Ist ein Anschluss elektrisch mit dem Gehäuse des Bauelements verbunden, so muss das Kühlblech naturgemäß isoliert eingebaut sein. Ist dagegen das Gehäuse (das auch ein Kunststoffgehäuse mit Metallboden oder mit Montageblech sein kann) von den elektrischen Anschlüssen isoliert, so kann das Kühlblech z.B. ein Teil des Gerätegehäuses oder des Montagechassis sein. Bild 4.2.1 und Bild 4.2.2 geben die thermischen Widerstände von Kühlblechen für verschiedene Materialien und Materialstärken in Abhängigkeit von der Fläche an. Dabei ist vorausgesetzt, dass das Kühlblech aus blankem Metall besteht und angenähert quadratisch ist (Verhältnis der beiden Kantenlängen nicht größer als 2:3). Das Bauelement sitzt in der Mitte des Blechs als punktförmige Quelle, die Auflagefläche des Bauelements ist relativ klein im Verhältnis zur Kühlblechfläche. Bei größeren Abweichungen von der quadratischen Form ist Bild 4.2.2a zu berücksichtigen. Die Einbaulage des Bleches spielt eine geringe Rolle, solange sich nur eine Luftströmung am Blech entlang ausbilden kann. Tendenziell hat eine senkrechte Einbaulage einen geringeren R_{th}, eine waagerechte Lage behindert den Luftzug und erhöht damit den Widerstand.

Ist das Blech schwarz lackiert, so verringert sich der R_{th} wegen der besseren Wärmeabstrahlung um etwa 15%.

Zu dem $R_{th(s-a)}$ des Kühlblechs sind für die Ermittlung der zulässigen Verlustleistung P der $R_{th(c-s)}$ zwischen Bauelement und Kühlblech und der innere $R_{th(j-c)}$ des Bauelements zu addieren. Dann gilt

$$P = \frac{T_{vj} - T_a}{R_{th(j-c)} + R_{th(c-s)} + R_{th(s-a)}}$$

T_{vj} ist die höchstzulässige Ersatzsperrschichttemperatur,
T_a die höchste zu erwartende Temperatur der dem Kühlblech zuströmenden Luft.

Dabei ist vorausgesetzt, dass auf dem Kühlblech nicht noch weitere Wärme erzeugende Bauelemente befestigt sind (andernfalls sind deren Verlustleistungen in P einzubeziehen) und dass das Kühlblech nicht durch Wärmestrahlung benachbarter Wärmequellen zusätzlich erwärmt wird.

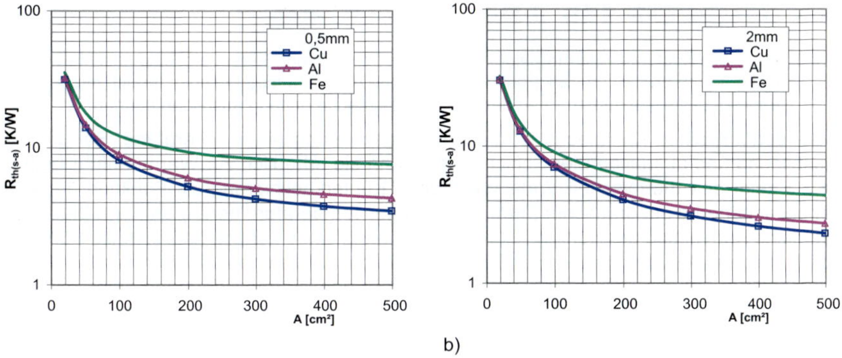

Bild 4.2.1 $R_{th(s-a)}$ für quadratisch blanke Kühlbleche aus Stahl (Fe), Aluminium (Al) und Kupfer (Cu) in Abhängigkeit der Fläche A für 0,5 mm Blechdicke (a) und 2 mm Blechdicke (b) bei ungehindertem Luftstrom an der Oberfläche und ca. 40 K Temperaturdifferenz $\Delta T_{(s-a)}$

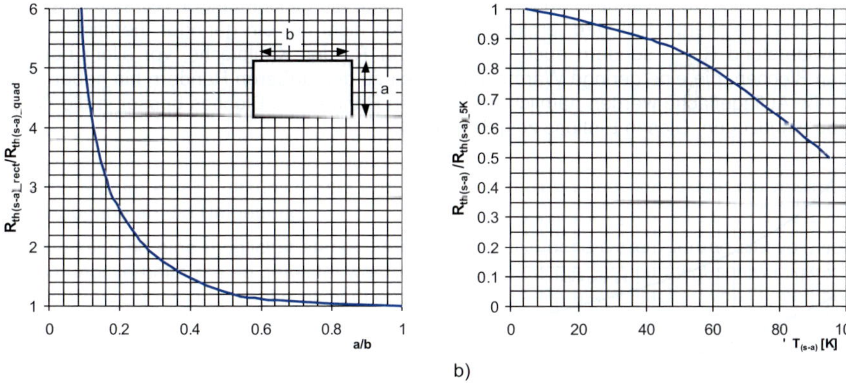

Bild 4.2.2 a) Relative Änderung des $R_{th(s-a)}$ für nicht quadratische Kühlbleche (r) in Abhängigkeit des Seitenlängenverhältnisses a/b; b) Relative Änderung des $R_{th(s-a)}$ eines Kühlblechs als Funktion der Temperaturdifferenz zwischen Kühlblech (T_s) und der zuströmenden Luft (T_a) bezogen auf einen Wert bei $T_s - T_a = 5$ K

Bild 4.2.2b zeigt den Einfluss der Temperaturdifferenz Kühlblech-Luft auf den R_{th} des Kühlblechs. Mit zunehmender Temperaturdifferenz wird die Wärmeabgabe des Kühlblechs an die Luft intensiver, das heißt, der thermische Widerstand des Kühlblechs $R_{th(s-a)}$ wird geringer.

4.2.5 Wasserkühlung von Scheibenzellen

Als Wärmeübertragungsmedium wird bei der Flüssigkeitskühlung meist Wasser oder eine Mischung von Wasser und Frostschutzmittel eingesetzt, seltener Isolieröl. Das Wasser kann entweder einen geschlossenen Kreislauf bilden und durch einen Wärmeaustauscher mit Luft gekühlt werden oder es wird Frischwasser benutzt, das nach Durchströmen der Kühleinrichtung abläuft. Beim geschlossenen Kreislauf kann entionisiertes Wasser verwendet werden, das nur geringe elektrische Leitfähigkeit besitzt (vgl. Kap. 5.3.5.2). Frischwasser hat von vornherein eine merkliche Leitfähigkeit. Daher müssen bei Frischwasserkühlung für nicht isolierte Bauelemente zwischen dem auf Erdpotential liegenden Zu- und Ablauf und den spannungsführenden Kühldosen sowie zwischen den Kühldosen genügend lange Wassersäulen sein, um die Leckströme klein zu halten. Trotzdem lassen sich hierbei elektrolytische Abtragungs- und Anlagerungserscheinungen nicht vermeiden. Unter Umständen kann man eine ,,Opferelektrode“ vorsehen, die anstelle der Kühldosen abgetragen wird und in bestimmten Zeitabständen erneuert werden muss.

4.3 Ansteuereinrichtungen für Thyristoren

Das Zwischenglied zwischen der Steuer- oder Regelelektronik eines Stromrichters und den Thyristoren ist die Ansteuereinrichtung (Treiberschaltung). Ihre Aufgabe ist es, zum Ansteuern der Thyristoren geeignete Stromimpulse zu erzeugen, deren Frequenz, Phasenlage, Reihenfolge usw. durch die von der Steuer- oder Regelelektronik gelieferten Signale beeinflusst werden. Da die Thyristoren einer Stromrichterschaltung in der Regel auf unterschiedlichen Potentialen (mit Differenzen von mehreren hundert Volt) liegen, müssen die Ausgänge der Ansteuereinrichtung meist voneinander hoch isoliert sein. Man erreicht das durch kleine Ansteuerübertrager, eine Prinzipschaltung mit Übertrager ist in Bild 4.3.1a dargestellt, eine Ersatzschaltung in Bild 4.3.1b und ein typischer Ansteuerimpuls in Bild 4.3.1c.

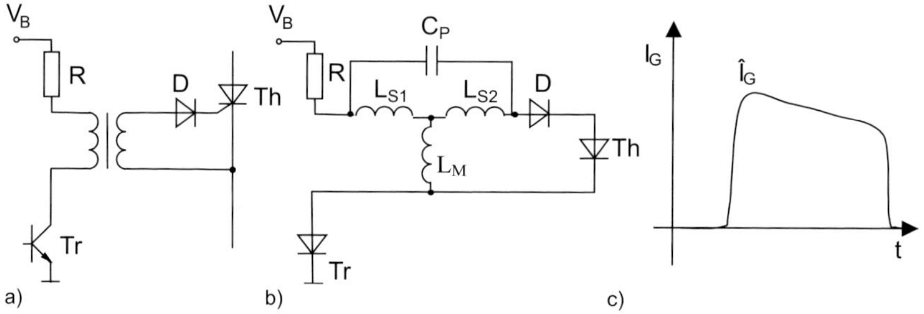

Bild 4.3.1 a) Prinzip einer Ansteuerschaltung; b) Ersatzschaltung; c) Zeitverlauf des Ansteuerimpulses

Wichtig ist, positive Zündimpulse auszuschließen während der Thyristor in Sperrrichtung gepolt ist (Kathodenpotential positiver als das Anodenpotential). Solche Impulse erhöhen den Sperrstrom i_R und damit auch die Sperrverluste im Thyristor und können zur Überhitzung des Bauelements führen.

4.3.1 Form der Ansteuerimpulse

Um bei steil ansteigendem Hauptstrom (vgl. ,,kritische Stromsteilheit“ in Kap. 3.2.5) ein sicheres Zünden eines Thyristors zu gewährleisten, ist ein Steuerimpuls ausreichender Stromamplitude ($\geq 5 \cdot I_{GT}$) und Anstiegssteilheit ($\geq$ 1 A/µs) erforderlich. Auch wenn der Strom im Kommutierungs-Stromkreis nur relativ langsam ansteigt, so wird doch meist durch das zum Überspannungsschutz parallel geschaltete RC-Glied bei jedem Zünden ein steil ansteigender Entladestrom durch den Thyristor getrieben. Es ist deshalb stets empfehlenswert, mit ausreichend hohen und steilen Ansteuerimpulsen zu arbeiten. Besonders wichtig ist dies bei der Parallel- oder Reihenschaltung von Thyristoren, weil die Gleichzeitigkeit des Zündens durch hohe und steile Ansteuerimpulse stark verbessert wird. Der exponentielle Stromanstieg wird durch die Streuinduktivität des Impulsübertragers L_S bestimmt.

$$\frac{di}{dt_0} = \frac{V_B}{L_{S1} + L_{S2}}$$

mit V_B als Versorgungsspannung des Treibers

Um den bei einer Ansteuereinrichtung mit bekannten Werten von Kurzschlussstrom ($I_K \sim V_B/R$) und Leerlaufspannung ($V_0 \sim V_B$) sich einstellenden Spitzenstrom zu ermitteln, trägt man die durch diese Werte bestimmte Ausgangskennlinie in das Zündstrom-Zündspannungsdiagramm des betreffenden Thyristors (z.B. Bild 3.2.21) ein. In Bild 4.3.2 ist dasselbe Diagramm der besseren Anschaulichkeit wegen in linearem Maßstab dargestellt.

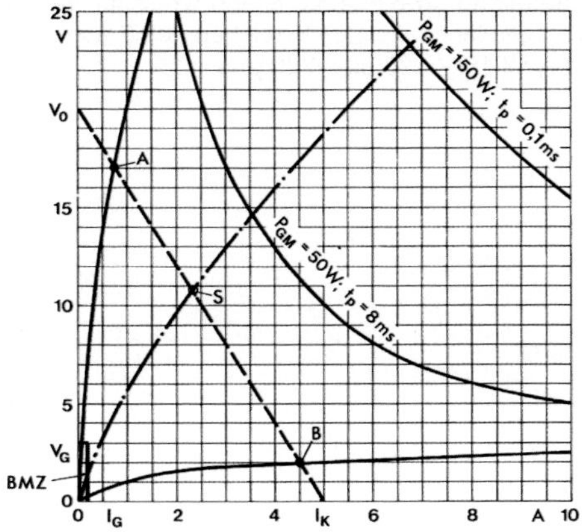

Bild 4.3.2 Zündstrom (I_G) – Zündspannungs (V_G) – Kennlinienfeld eines Thyristors in linearem Maßstab; gestrichelt Ausgangskennlinie, V_0 – Leerlaufspannung und I_K – Kurzschlussstrom der Ansteuereinrichtung; Strich-punktiert Eingangs-Kennlinie des Steueranschlusses – Kathode eines typischen Thyristors

Die tatsächlichen Eingangs-Kennlinien der einzelnen Thyristoren des betreffenden Typs liegen zwischen den Grenzkennlinien des Diagramms (Strich-Punkt Linie). Dementsprechend liegen die möglichen Schnittpunkte mit der Ausgangskennlinie der Ansteuereinrichtung zwischen den Punkten A und B. Der Schnittpunkt S mit der Ausgangskennlinie der Ansteuereinrichtung ergibt die sich einstellenden Daten des Ansteuerimpulses, hier z.B.: 2,3 A; 10,7 V. Die Mindestdauer der Ansteuerimpulse beträgt 10 µs. Meist gilt der in den Datenblättern angegebene Einraststrom ebenfalls für diese Impulsdauer. Bei längeren Ansteuerimpulsen verringern sich der Mindestzündstrom und der Einraststrom.

Bei Gleichrichtern mit Gegenspannung kann jeder Thyristor erst dann zünden, wenn der Augenblickswert der Anschlussspannung höher ist als derjenige der Gegenspannung. Um sicheres Kommutieren zu erreichen, sind deshalb verhältnismäßig lang dauernde Ansteuerimpulse notwendig. Ein Extremfall ist der Wechselstromsteller mit induktiver Last. Infolge der Phasenverschiebung zwischen Strom und Spannung ist hier eine Impulsdauer von 180°- α erforderlich, also bei 50 Hz bis zu 10 ms. Natürlich wird man die Dauer der Ansteuerimpulse nicht unnötig lang machen, denn zusammen mit der erforderlichen Amplitude ergeben sich beträchtliche Steuerverlustleistungen, die in der Verlustleistungsbilanz des Thyristors berücksichtigt werden müssen. Darüber hinaus dürfen selbstverständlich die in den Bildern 3.2.22 und 4.3.2 eingetragenen Grenzverlustleistungen P_{GM} auf keinen Fall überschritten werden, sonst kann der Thyristor zerstört werden. Aber schon weit unter diesen Maximalwerten liegende Leistungen müssen bei der Bemessung des Thyristors berücksichtigt werden, wie in Kap. 4.1.3.1 erläutert. Im oben genannten Beispiel wäre P_v = 2,3 A · 10,7 V = 24,6 W.

Hinzu kommt, dass auch die Ansteuereinrichtung mit zunehmendem Leistungsbedarf aufwendiger wird. Lange Impulsdauer bedeutet für den Ansteuerübertrager größere Spannungs-Zeit-Fläche, d.h. eine größere (und teurere) Bauform. Die Impulslänge des nutzbaren Ansteuersignals wird durch die Hauptinduktivität des Übertragers bestimmt.

$$i = \hat{I}_G \cdot e^{\frac{-t}{L_H/R}}$$

Die Hauptinduktivität des Übertragers wird von der Permeabilität des Kernmaterials bestimmt und ist temperaturabhängig. Üblich ist auch die Angabe einer Spannungs-Zeitfläche Vdt [µVs] aus der ebenfalls die maximale Pulslänge berechnet werden kann. In Bild 4.3.3 ist ein typischer Verlauf der Übertragerspannung dargestellt. Die Spannungszeitfläche bis zum Erreichen des Sättigungspunktes ist $Vdt = t_p * V_{p(av)}$ und im dargestellten Beispiel 16 V · 20 µs = 320 µVs.

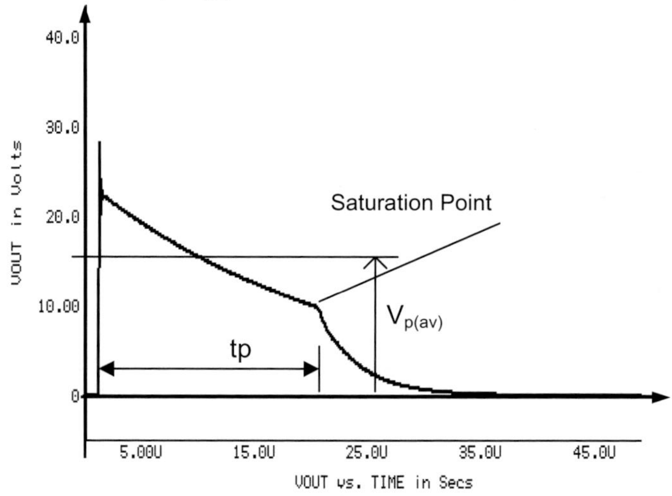

Bild 4.3.3 Typischer Ausgangsspannungsverlauf eines Impulsübertragers (24 V-Versorgungsspannung)

Ansteuerimpulse > 1 ms sind praktisch kaum realisierbar. Aus diesen Gründen wählt man gern in solchen Fällen anstelle eines einzigen langen Impulses eine Kette von kurzen Impulsen (Frequenz 5...10 kHz). Falls die Lücken zwischen den Impulsen stören, kann man eine zweite Impulskette so überlagern, dass sich ein lückenloser Langimpuls ergibt. In jedem Falle braucht der Übertrager nur für die kurze Dauer eines Impulses der Kette (bei 7 kHz z.B. etwa 70 µs) bemessen zu werden.

Bild 4.3.4 zeigt einige Endstufen-Schaltungen von Ansteuereinrichtungen mit den zugehörigen Impulsformen. Wie man sieht, wird zwischen Übertrager und Thyristor stets eine Diode eingeschaltet. Diese soll durch Umschwingvorgänge erzeugte negative Ansteuerimpulse unterdrücken, die der Thyristor nicht verträgt.

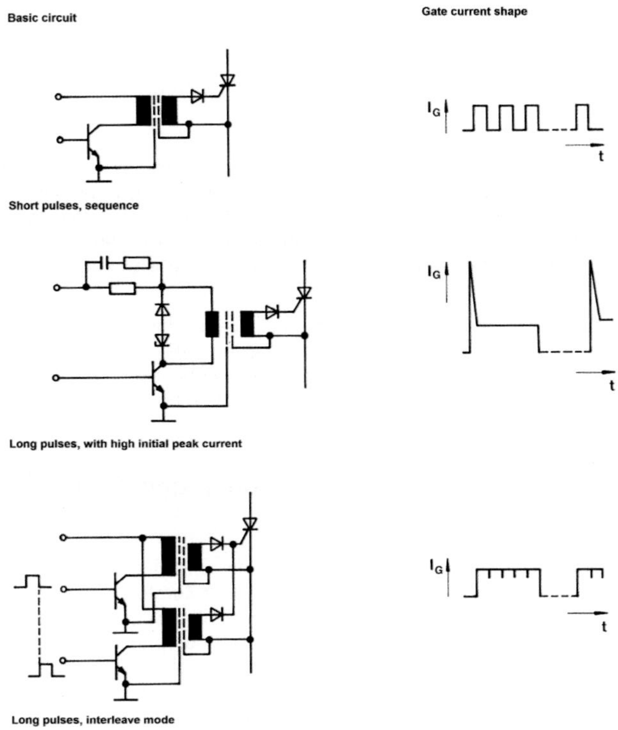

Bild 4.3.4 Endstufen-Schaltungen von Ansteuereinrichtungen und typische Impulsformen.

4.3.2 Ansteuern von Sechspuls-Brückenschaltungen

Die Thyristoren in (vollgesteuerten) Sechspuls-Brückenschaltungen haben bei nicht lückendem Strom Stromflusswinkel von 120°. Bei lückendem Strom oder bei indirekter Kommutierung über eine Freilaufdiode zerfällt jedoch jeder Stromblock in zwei Blöcke mit 60° Abstand der Anfangszeitpunkte. Außerdem müssen auf jeden Fall beim Einschalten des Gerätes zwei Zweige gleichzeitig gezündet werden. Aus diesen Gründen müssen Ansteuereinrichtungen für vollgesteuerte Sechspuls-Brückenschaltungen Doppelimpulse von 60° Abstand liefern.

4.3.3 Ansteuerübertrager

Zusätzlich zu den im Kap. 4.3.1 diskutierten Überlegungen bezüglich Impulsdauer und -amplitude sind noch einige zusätzliche Forderungen an die Ansteuerübertrager zu stellen. Vor allem in Brückenschaltungen sind die Kathodenpotentiale der einzelnen Thyristoren nicht nur unterschiedlich, sondern sie ändern sich sprunghaft im Takt der Betriebsfrequenz. Durch die Wicklungskapazitäten C_P der Übertrager entstehen dabei Umladeströme, die über die Steuerstromkreise der Thyristoren fließen und diese zur Unzeit zünden können. Das ist vor allem im Wechselrichterbetrieb gefährlich. Um dies zu vermeiden, müssen Ansteuerübertrager sehr kapazitätsarm aufgebaut sein und eine doppelte Schirmung benutzen. Ein Schirm wird mit dem Massepotential der Ansteuereinrichtung, der andere mit dem Kathodenanschluss des Thyristors verbunden (vgl. Bild 4.3.4).

Die Impulsübertrager müssen eine zur betriebsmäßigen Einsatzspannung entsprechende Isolationsspannung besitzen. Für 400 V-Netze sind 2,5 kV und für 690 V-Netze sind 4 kV üblich (siehe

EN50178). Entsprechend der Isolationsspannung müssen die Übertrager zwischen den Anschlüsse entsprechende Luft und Kriechstrecken aufweisen (IEC 60664).

Über andere Windungsverhältnisse als 1:1 können Pegelanpassungen zwischen Primär- und Sekundärseite vorgenommen werden. Weitere gebräuchliche Verhältnisse sind 2:1 oder 3:1.

4.3.4 Impulserzeugung

Für die Erzeugung der Ansteuerimpulse, den Phasenvergleich mit der Anschlussspannung, die Synchronisierung usw. werden integrierte Schaltungen angeboten, die den Aufbau einer Ansteuereinrichtung sehr erleichtern. Aus Gründen der Verlustleistung, die eine integrierte Schaltung abführen kann, ist es jedoch nicht möglich, direkt aus ihr einen Ansteuerimpuls ausreichender Leistung zu entnehmen. Vielmehr muss zwischen IC-Ausgang und Ansteuerübertrager eine Endverstärkerstufe eingefügt werden.

Eine wichtige Forderung ist die Symmetrie der Ansteuerimpulse. Jede Unsymmetrie erzeugt zusätzliche Oberschwingungen und Gleichstromkomponenten. Andererseits dürfen die vom arbeitenden Stromrichter selbst erzeugten Oberschwingungen und Spannungsspitzen (Kommutierungseinbrüche und Abschaltüberspannungen) die Funktion der Ansteuereinrichtung nicht beeinflussen. Es ist daher für eine ausreichende Entkopplung zu sorgen.

4.4 Verhalten im Fehlerfall und Schutz von Dioden und Thyristoren

4.4.1 Schutz gegen Überspannungen allgemein

Halbleiterbauelemente sind bekanntlich gegen Überspannungen sehr empfindlich. Jedes Überschreiten der im Datenblatt angegebenen Spannungsgrenzwerte kann zur Zerstörung des Bauelementes führen. Daher müssen die Bauelemente gegen die in jedem Stromkreis aus verschiedenen Ursachen auftretenden Überspannungen geschützt werden, d.h. die Überspannungen müssen auf Werte reduziert werden, die unterhalb der Grenzwerte für das betreffende Bauelement liegen. Hierfür haben sich Widerstände und Kondensatoren (RC-Glieder), aber auch spezielle Halbleiterbauelemente, wie Varistoren und Silizium-Avalanche-Dioden bewährt.

Durch die Beschaltung mit RC-Gliedern werden die im Stromkreis vorhandenen Induktivitäten zu Reihenschwingkreisen ergänzt, so dass die steil ansteigenden Spannungsspitzen in gedämpfte Schwingungen geringerer Amplitude verwandelt werden. Die Energie der Überspannung wird dabei gezwungen, sich nicht kurzzeitig mit hoher Leistung, sondern mit niedriger Leistung über einen längeren Zeitraum abzubauen.

Alle übrigen genannten Beschaltungsbauelemente machen von einem nichtlinearen Widerstandsverhalten Gebrauch. Ihre Innenwiderstände nehmen mit zunehmender Spannung ab, so dass sie zusammen mit den Widerständen und Induktivitäten des Stromkreises nichtlineare Spannungsteiler bilden, die niedrige Spannungen nahezu ungeschwächt durchlassen, höhere Spannungen von einem bestimmten Pegel ab jedoch stark dämpfen. Die Energie der Überspannungen wird auch hier über einen längeren Zeitraum verteilt; sie wird fast voll ständig von den bedämpfenden Bauelementen allein absorbiert.

Die Überspannungsschutz-Bauelemente können auf der Wechselstromseite der Ventilbaugruppe, auf der Gleichstromseite oder parallel zu den einzelnen Ventilen angeordnet werden. Auf die Vor- und Nachteile der verschiedenen Anordnungen soll im Zusammenhang mit jedem einzelnen Beschaltungsbauelement gesondert eingegangen werden.

4.4.2 Überspannungsschutzbeschaltung mit Widerständen und Kondensatoren

4.4.2.1 Beschaltung der einzelnen Ventile

Die naheliegendste Art, die Halbleiterbauelemente gegen Überspannungen zu schützen, ist die Anordnung der Widerstände und Kondensatoren unmittelbar parallel zu den einzelnen Ventilen (Bild 4.4.1). Hierdurch wird das Bauelement auf jeden Fall geschützt, ganz gleich woher die Überspannungen kommen. Trotzdem ist diese Art der Beschaltung nicht immer optimal; in bestimmten Fällen ist sie andererseits allein nicht ausreichend.

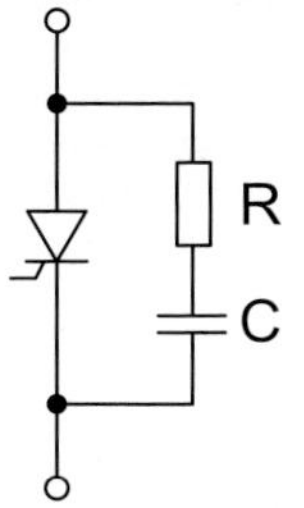

Bild 4.4.1 Einzelbeschaltung eines Thyristors

Ungesteuerte Gleichrichterschaltungen

Bei ungesteuerten Gleichrichterschaltungen ist eine Einzelbeschaltung der Ventile in der Regel unwirtschaftlich. Man wählt stattdessen eine Beschaltung auf der Wechselstromseite (Bild 4.4.2a) und, falls erforderlich, eine zusätzliche Beschaltung auf der Gleichstromseite (Bild 4.4.2b), weil man dabei mit weniger Bauelementen auskommt. Bei ungesteuerten Brückenschaltungen genügt sogar in der Regel eine Beschaltung nur auf der Gleichstromseite, weil ständig zwei Brückenzweige leitend sind und die Wechselstromseite mit der Gleichstromseite verbinden.

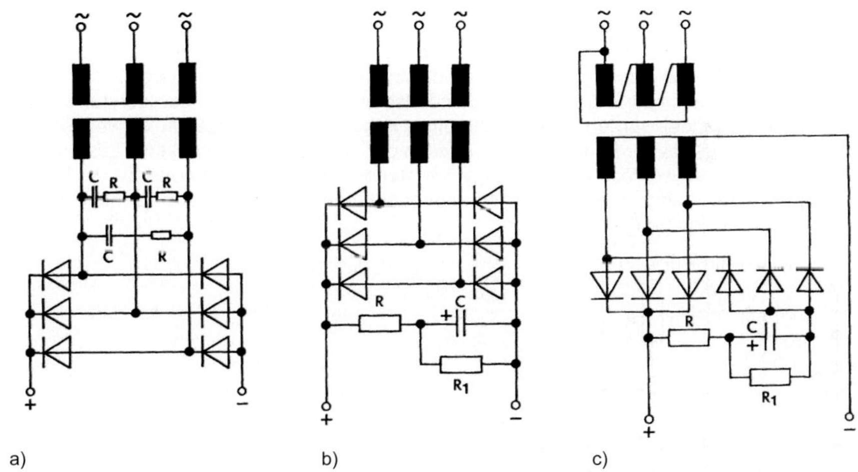

Bild 4.4.2 Beschaltung einer Diodenbaugruppe: a) auf der Wechselstromseite; b) auf der Gleichstromseite; c) in Mittelpunktschaltung durch Ergänzen zur Brückenschaltung mittels Hilfsdioden

Bei Einwegschaltungen (Mittelpunktschaltungen) ist es oft günstig, eine zweite gleichartige Einwegschaltung mit kleinen Hilfsdioden zu benutzen, so dass zusammen mit den Hauptzweigen eine Brückenschaltung entsteht, auf deren Gleichstromseite die Beschaltungsbauelemente angeordnet werden können (Bild 4.4.2c).

Steuerbare Ventile (Thyristoren)

Während bei nichtsteuerbaren Gleichrichterschaltungen die Beschaltung der Einzelventile die Ausnahme bildet, ist sie bei steuerbaren Stromrichterschaltungen die Regel. Das kommt daher, dass Thyristoren nicht nur gegen die unzulässig hohen Spitzenwerte der Überspannungen geschützt werden müssen, sondern vor allem auch gegen deren steilen Anstieg. Eine sehr steil ansteigende Spannung kann einen Thyristor ungewollt zünden.

Außerdem kann eine Ventilbeschaltung bei Thyristoren auch notwendig sein, um bei induktiver Last und lückendem Strom das Zünden der Thyristoren zu erleichtern. Diese Aufgabe kann allerdings auch von einer gleichstromseitigen Beschaltung übernommen werden. Der Einzelbeschaltung der Thyristoren sind aber Grenzen gesetzt, weil die Kondensatoren sich beim Zünden der Thyristoren über diese entladen und dadurch eine unerwünschte Beanspruchung mit steil ansteigendem Strom (di/dt-Beanspruchung) verursachen. Bei Thyristorbaugruppen für kleine Stromstärken und hohe Spannungen, bei denen man mit verhältnismäßig kleinen Kapazitäten und hochohmigen Widerständen auskommt, ist diese di/dt-Beanspruchung noch verhältnismäßig gering, so dass hier oft eine Beschaltung der Einzelventile allein genügt. Diese ist dann so zu bemessen wie eine wechselstromseitige Beschaltung (vgl. Kap. 4.4.2.2/Bemessungsrichtlinien).

Bei Thyristorbaugruppen für höhere Stromstärken werden jedoch die für einen Schutz gegen energiereiche Überspannungen erforderlichen Kapazitätswerte so groß und die optimalen Widerstandswerte so klein, dass sich eine unzulässig hohe di/dt-Beanspruchung des Thyristors durch die Kondensatorentladung beim Zünden ergeben würde. Daher kann ein ausreichender Schutz durch eine Ventilbeschaltung allein nicht erreicht werden. Man muss dann zur wechselstromseitigen Beschaltung (unter Umständen mit zusätzlicher gleichstromseitiger Beschaltung) übergehen.

Ob in solchen Fällen zusätzlich eine nach diesem Abschnitt zu bemessende Einzelbeschaltung erforderlich ist, hängt von den Eigenschaften der Schaltung und der verwendeten Thyristoren ab. Werden Thyristoren mit großer kritischer Spannungssteilheit eingesetzt, so kann häufig auf eine zusätzliche Einzelbeschaltung der Ventile verzichtet werden, wenn eine wechselstromseitige – und falls erforderlich gleichstromseitige – Beschaltung vorhanden ist.

Bei Baugruppen für sehr große Leistungen schließlich, insbesondere auch bei Parallelschaltungen von Thyristoren, kann es vorteilhaft sein, die RC-Beschaltung über eine Hilfsbrücke anzuschließen (Bild 4.4.3). Die zusätzlichen Kosten dieser Hilfsbrücke werden teilweise dadurch ausgeglichen, dass ein preisgünstiger Elektrolytkondensator und ein Dämpfungswiderstand geringer Belastbarkeit verwendet werden können. Allerdings ist zu beachten, dass bei Verwendung einer Hilfsbrücke andererseits der für das sichere Zünden der Thyristoren bei induktiver Last notwendige Entladestromstoss wegfällt. Empfohlene Widerstands- und Kapazitätswerte für die Einzelbeschaltung der Ventile sind in den Katalogen angegeben oder können gemäß der nachfolgenden Bemessungsrichtlinien berechnet werden.

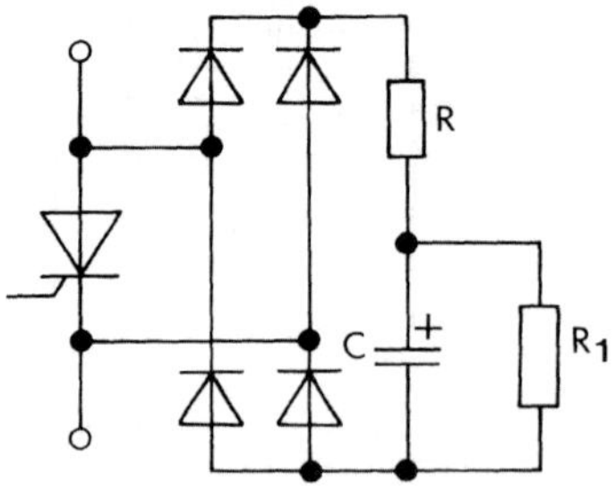

Bild 4.4.3 Einzelbeschaltung eines Thyristors mit Hilfsbrücke

Parallelgeschaltete Thyristoren

Wegen der unvermeidlichen Streuung der Zündverzögerungszeiten, die sich auch durch kräftige Zündimpulse mit steiler Anstiegsflanke nicht unter einen bestimmten Wert reduzieren lässt, zünden parallelgeschaltete Thyristoren niemals gleichzeitig. Man muss deshalb bei parallelgeschalteten Thyristoren durch geeignete Maßnahmen verhindern, dass sich über den zuerst durchzündenden Thyristor außer seinem eigenen auch sämtliche Beschaltungskondensatoren der übrigen Thyristoren entladen, was zur Zerstörung führen könnte. Hinweise hierzu sind in den nachfolgenden Abschnitten „Ventilbeschaltung über Hilfsdioden“ und „Ventilbeschaltung mit Schaltdrosseln“ zu finden.

Halbgesteuerte Gleichrichtersätze

Die Beschaltung der Ventile in halbgesteuerten Schaltungen wird nach den gleichen Grundsätzen vorgenommen wie bei vollgesteuerten. Insbesondere sind zur Beschaltung der Dioden die gleichen Widerstände und Kondensatoren wie für die Beschaltung der Thyristoren zu verwenden. Die für reine Diodenbaugruppen vorgesehenen Beschaltungselemente sind auf keinen Fall ausreichend.

Freilaufzweige

Freilaufdioden bzw. Siliziumdioden in Freilaufzweigen von steuerbaren Stromrichterschaltungen sind ebenso zu beschalten wie die Thyristoren in den Hauptzweigen.

Bemessungsrichtlinien für Einzelbeschaltungen

Die folgenden Richtlinien für die Bemessung der Ventilbeschaltung gelten unter der Voraussetzung, dass die Beschaltung nur vor den durch den Trägerspeichereffekt (TSE) hervorgerufenen Überspannungen schützen soll. Müssen darüber hinaus auch energiereichere Überspannungen bedämpft werden, wie sie z.B. beim Abschalten des leer laufenden Transformators entstehen, so sind die Widerstände und Kondensatoren nach dem in Kap. 4.4.2.2 „Beschaltung auf der Wechselstromseite/Bemessungsrichtlinien“ angegebenen Verfahren zu berechnen.

Unter der Annahme, dass etwa die Hälfte der von der Sperrverzögerungsladung Q_{rr} repräsentierten Energie in Form einer Überspannung an die Schaltung abgegeben wird, errechnen sich die günstigsten Werte für die Kapazität und den Dämpfungswiderstand R zu

$$C = \frac{Q_{rr}}{V_v \cdot \sqrt{2}} \qquad R = \sqrt{\frac{L_s}{C}}$$

C:	Kapazität (in µF);	L_S:	Gesamtinduktivität im Stromkreis (in µH);
R:	Widerstand (in Ω);	V_v:	Effektivwert der Anschlussspannung (in V);
Q_{rr}:	Sperrverzögerungsladung (in µC).		

Zusätzlich ist zu beachten, dass die Stromamplitude beim Entladen von C über R und den Thyristor, die sich aus der Spannung am Thyristor zum Zündzeitpunkt und dem Widerstandswert von R ergibt, nicht größer als 50 A sein soll. Unter Umständen muss daher R etwas größer gewählt werden als sich aus obiger Gleichung ergibt. Die Dämpfung der Überspannungen ist dann naturgemäß etwas ungünstiger.
Die Verlustleistung P_R im Dämpfungswiderstand R ergibt sich aus der Formel

$$P_R = \sqrt{2} \cdot V_V \cdot Q_{rr} \cdot f + k_1 \cdot C \cdot V_V^2 \cdot f$$

$k_1 = 0$	für Ventile in ungesteuerten Gleichrichterschaltungen
$k_1 = 2 \cdot 10^{-6}$	für Ventile in gesteuerten Ein- und Zweipuls-Mittelpunktschaltungen sowie halbgesteuerten Zweipuls-Brückenschaltungen und Wechselwegschaltungen
$k_1 = 3 \cdot 10^{-6}$	für Ventile in gesteuerten Drei- und Sechspuls-Mittelpunktschaltungen sowie vollgesteuerten Zweipuls-Brückenschaltungen und Wechselwegschaltungen
$k_1 = 4 \cdot 10^{-6}$	für Ventile in gesteuerten Sechspuls-Brückenschaltungen
Q_{rr}:	Sperrverzögerungsladung (in C; nicht µC!)
V_v:	Effektivwert der Anschlussspannung (in V)
f:	Betriebsfrequenz (in Hz)
C:	Kapazität (in µF)

Zu beachten ist bei der Auswahl des Widerstandes, dass sich die vom Hersteller angegebene zulässige Belastung auf unterschiedliche Oberflächentemperaturen beziehen kann. Es ist ratsam, eine Oberflächentemperatur von höchstens 200°C vorzusehen.

Ventilbeschaltung über Hilfsdioden

In manchen Fällen ist es möglich oder sogar notwendig, bei der Beschaltung von Thyristoren mit RC-Gliedern Hilfsdioden zu verwenden. So kann beispielsweise durch die in Bild 4.4.4 links gezeigte Schaltung die Anstiegssteilheit der Vorwärts-Sperrspannung durch die Bauelemente R und C optimal bedämpft werden, während für die Entladung des Kondensators C beim Zünden des Thyristors ein Zusatzwiderstand R_z wirksam ist, der den Stromstoß auf einen ungefährlichen Wert begrenzt. Nachteil dieser Schaltung: In Rückwärtsrichtung ist R_z ebenfalls wirksam, so dass die Bedämpfung von Überspannungen in dieser Richtung nicht optimal ist.

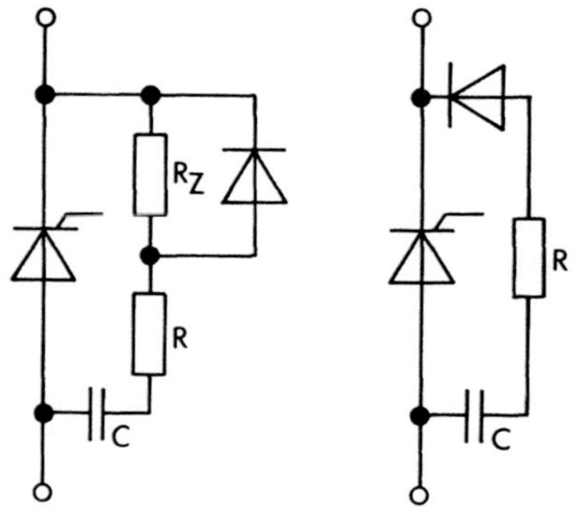

a) b)

Bild 4.4.4 Einzelbeschaltung von Thyristoren mit Hilfsdioden

Bei selbstgeführten Stromrichtern kann häufig auf eine Dämpfung von Überspannungen in Rückwärtsrichtung ganz verzichtet werden, weil diese von den Rücklaufzweigen ohnehin unterdrückt werden. In solchen Fällen ist die Schaltung nach Bild 4.4.4b anwendbar, bei der die Beschaltung nur in Vorwärtsrichtung wirksam ist und optimal ausgelegt werden kann. Eine Entladung des Kondensators beim Zünden des Thyristors findet hier überhaupt nicht statt.

Werden Thyristoren parallel geschaltet, so würden sich wegen der Streuung der Zündverzögerungszeiten über den zuerst zündenden Thyristor die Beschaltungskondensatoren aller übrigen Thyristoren entladen. Das muss unter allen Umständen vermieden werden. Daher wird bei Parallelschaltung von Thyristoren, aber auch in manchen Fällen bei Einzelthyristoren großer Leistung häufig die in Bild 4.4.3 gezeigte Ventilbeschaltung über eine Hilfsbrücke angewandt. Sie ist zwar relativ aufwendig, bietet aber einen optimalen Schutz in beiden Spannungsrichtungen und vermeidet zugleich die Nachteile der einfachen RC-Beschaltung. Richtlinien für die Bemessung der einzelnen Bauelemente bei Beschaltung über eine Hilfsbrücke sind in Kap. 4.4.2.2 „Beschaltung über Hilfsbrücke" angegeben.

Ventilbeschaltung mit Schaltdrossel

Bei der Parallelschaltung von Thyristoren werden häufig zur gleichmäßigen Stromaufteilung sowohl im stationären Zustand als auch bei kurzzeitiger Überlastung und im Kurzschlussfall in Serie mit den Thyristoren Schaltdrosseln verwendet (Bild 4.4.5). Diese Schaltdrosseln bewirken gleichzeitig auch im Zusammenwirken mit der RC-Beschaltung eine besonders wirksame Begrenzung der Spitzenwerte sowie auch der Anstiegssteilheit von Überspannungen. Dies ist insbesondere bei Wechselrichtern in Sechspuls-Brückenschaltungen sehr wichtig. Zugleich verhindern diese Seriendrosseln auch, dass sich über den zuerst zündenden Thyristor die Beschaltungskondensatoren der übrigen parallelgeschalteten Thyristoren entladen. Daher ist bei Verwendung von Schaltdrosseln meist keine Hilfsbrücke erforderlich. Zur Dämpfung von Schwingungen wird häufig der Schaltdrossel ein Widerstand parallelgeschaltet.

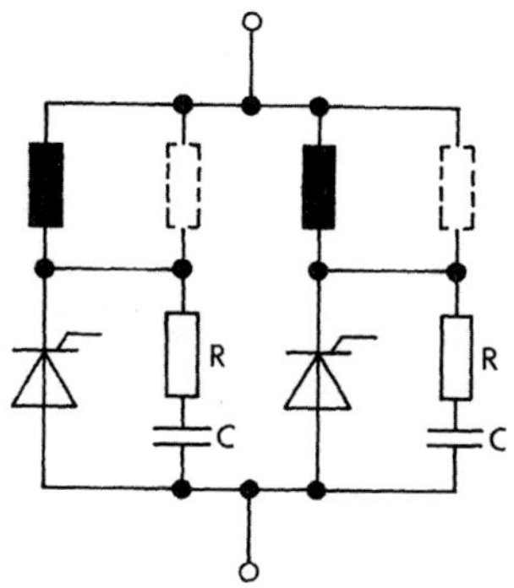

Bild 4.4.5 Einzelbeschaltung von parallelgeschalteten Thyristoren mit Vorschaltdrosseln

Reihenschaltung von Thyristoren oder Gleichrichterdioden

Bei der Reihenschaltung von Silizium-Gleichrichterdioden oder Thyristoren hat die Beschaltung der einzelnen Ventile mit RC-Gliedern außer den bereits besprochenen Wirkungen eine zusätzliche Funktion. Wegen der Streuung der Sperrverzögerungszeiten besteht nämlich die Gefahr, dass dasjenige Einzelventil, das zuerst sperrt, eine für ein Ventil allein unzulässig hohe Spannung aufnehmen muss. Bei der Reihenschaltung von Thyristoren besteht darüber hinaus die Gefahr, dass derjenige Thyristor, der zuletzt in den Durchlasszustand übergeht, unmittelbar vor dem Zünden eine unzulässig hohe Vorwärtssperrspannung aufnehmen muss, die zu einem unkontrollierten Kippen und damit möglicherweise zur Beschädigung des Thyristors führen würde.

Beides muss durch eine Beschaltung mit RC-Gliedern verhindert werden. Die Dimensionierung dieser RC-Glieder kann nach vorstehenden Bemessungsrichtlinien für Einzelbeschaltung berechnet werden. Es wird jedoch empfohlen, die Kapazität der Kondensatoren gegenüber dem so berechneten Wert zu verdoppeln. Selbstverständlich ist zusätzlich zu dieser so genannten „dynamischen Spannungsaufteilung" eine statische Spannungsaufteilung durch Parallelwiderstände erforderlich. Diese sollen etwa so gewählt werden, dass durch jeden Widerstand ein Strom etwa in der Größe des im Datenblatt für den Thyristor oder die Diode angegebenen maximalen Sperrstromes fließt. Die beim Zünden des letzten Thyristors bzw. beim Sperren des ersten Ventils gegenüber der stationären Spannung auftretende Spannungsüberhöhung zeigt Bild 4.4.6.

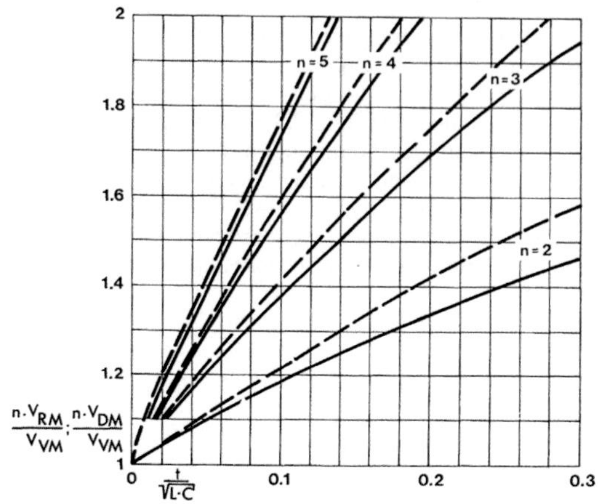

Bild 4.4.6 Zeitlicher Verlauf der Spannungen V_{DM} bzw. V_{RM} am zuletzt gezündeten (___) und am zuerst löschenden (- - - -) Thyristor bei Reihenschaltung von n Thyristoren (V_{VM}: Scheitelwert der Gesamtanschlussspannung, L: Induktivität im Kommutierungskreis, C: Beschaltungskapazität des Thyristors).

4.4.2.2 Beschaltung auf der Wechselstromseite

Sehr energiereiche Überspannungen entstehen, wenn Transformatoren bei geringer Belastung oder gar im Leerlauf ein- und ausgeschaltet werden. Bei steuerbaren Stromrichterschaltungen kommen zu diesen gelegentlichen nichtperiodischen Schaltvorgängen noch die durch das Zünden der Thyristoren bedingten periodischen Schaltvorgänge hinzu. Dies gilt insbesondere auch für Diodenbaugruppen, die in Verbindung mit einem Wechselstromsteller auf der Primärseite des Gleichrichtertransformators arbeiten müssen. Aus diesen Gründen ist der Beschaltung auf der Wechselstromseite stets besondere Aufmerksamkeit zu widmen (Bild 4.4.2a).

Wie schon im Kap. 4.4.2.1 erwähnt, ist es bei Thyristorbaugruppen kleiner Stromstärke und hoher Spannung unter Umständen möglich, die Einzelbeschaltung der Ventile so zu bemessen, dass sie auch gegen die energiereichen Überspannungen, die an der Induktivität des Transformators oder der Vorschaltdrosseln entstehen, einen ausreichenden Schutz bietet. In der Regel ist jedoch auch bei Thyristorbaugruppen mit einzeln beschalteten Ventilen eine zusätzliche Beschaltung auf der Wechselstromseite erforderlich.

Die Beschaltung der einzelnen Ventile kann dann nach Kap. 4.4.2.1 bemessen werden, vorausgesetzt, dass zwischen den Thyristoren und der wechselstromseitigen Beschaltung keine Induktivitäten vorhanden sind. Bei Diodenbaugruppen wird man dagegen oft mit einer Beschaltung auf der Gleichstromseite auskommen.

Beschaltung auf der Primärseite des Hochspannungstransformators

Bei Gleichrichtern für die Erzeugung hoher Spannungen wird die wechselstromseitige Beschaltung häufig auf der Primärseite des Transformators angeordnet (Bild 4.4.7). In diesem Fall sind die gemäß nachfolgender Bemessungsrichtlinien berechneten Kapazitäts- und Widerstandswerte entsprechend dem Übersetzungsverhältnis des Transformators umzurechnen.

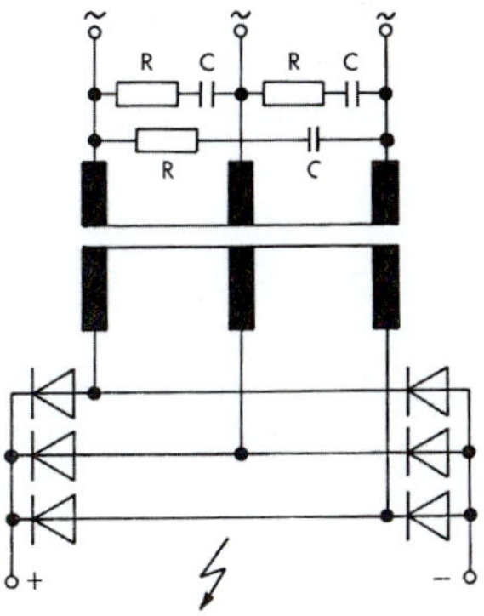

Bild 4.4.7 Primärseitige Beschaltung eines Hochspannunngstransformators

Bemessungsrichtlinien für Beschaltung auf der Wechselstromseite

Die günstigsten Werte der Kapazität C und des Dämpfungswiderstandes R können nach den folgenden Formeln angenähert berechnet werden:

$$C = 170 \cdot \frac{\varepsilon \cdot P_T}{k_2 \cdot f \cdot V_V^2}$$

$$R = \frac{k_3}{C \cdot f} \cdot 10^3$$

Die Verlustleistung P_v im Widerstand R beträgt angenähert

$$P_V = 1{,}2 \cdot k_2 \cdot V_V^2 \cdot f^2 \cdot C^2 \cdot R \cdot 10^{-10} \quad [W]$$

P_T [VA]: Typenleistung des Transformators; ε [%]: relativer Magnetisierungsstrom des Transformators; V_v [V]: effektive Wechselspannung am RC-Glied; C [µF]: Kapazität; R [Ω]: Widerstand;

f [Hz]: Frequenz, für k_2 sind folgende Werte einzusetzen:

- $k_2 = 1$ bei allen Einphasen-Schaltungen
- $k_2 = 2$ bei Drehstromschaltungen und Beschaltung auf der Gleichstromseite bzw. über eine Hilfsbrücke
- $k_2 = 3$ bei Drehstromschaltungen und Beschaltung auf der Wechselstromseite

Der Faktor k_3 ist in Bild 4.4.8a als Funktion der Typenleistung P_T des Transformators dargestellt. Ist der Magnetisierungsstrom ε des Transformators nicht bekannt, so können Nährungswerte als Funktion von P_T aus Bild 4.4.8b entnommen werden.

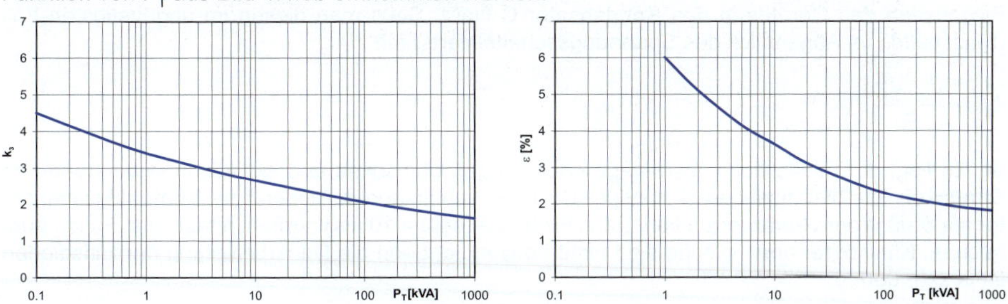

a) b)

Bild 4.4.8 a) Faktor k_3 als Funktion der Typenleistung P_T des Stromrichtertransformators; b) Magnetisierungsstrom ε (in Prozent des Nennstroms) eines Stromrichtertransformators als Funktion seiner Typenleistung P_T.

Beschaltung über Hilfsbrücke

Vor allem bei Drehstromschaltungen ist es häufig günstig, anstelle der sonst erforderlichen drei RC-Glieder ein einziges zu verwenden, das über eine Hilfsbrücke angeschlossen wird. Eine solche Schaltung zeigt Bild 4.4.9.

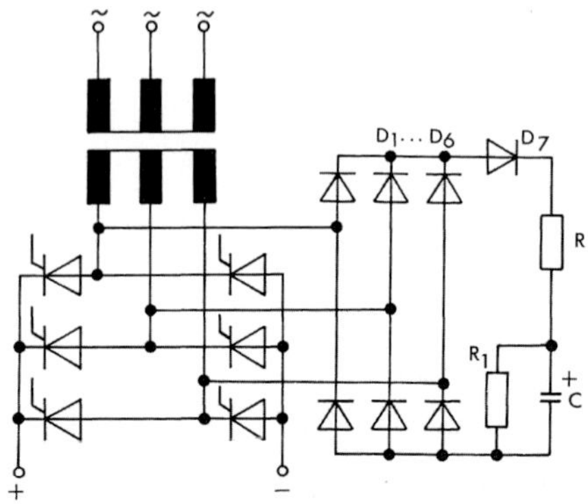

Bild 4.4.9 Wechselstromseitige Beschaltung mit Hilfsbrücke und Hilfsdiode

Kapazität C und Widerstand R können nach den vorstehenden Gleichungen für die Primärseitenbeschaltung berechnet werden. Die Belastbarkeit des Widerstandes R braucht jedoch nur etwa 2 W zu betragen. Die zusätzliche Diode D_7 ist nicht in allen Fällen notwendig. Sie dient dazu, die Belastung von R und C durch Oberschwingungen zu verringern (besonders bei Schaltungen mit Phasenanschnitt-Steuerung). Der Entladewiderstand R_1 sorgt dafür, dass sich der Kondensator nach Abschalten des Gerätes rasch entlädt. Er wird ungefähr zu

$$R_1 \approx \frac{1}{C \cdot f} \cdot 10^7$$

gewählt. Seine Verlustleistung $P_{V(R1)}$ ist etwa

$$P_{V(R_1)} = \frac{2 \cdot V_V^2}{R_1}$$

Die Kapazität C ist in µF einzusetzen.

Die Hilfsdioden $D_1 \ldots D_7$ sind so auszuwählen, dass ihr Stoßstrom-Grenzwert (für die zugehörige Stromflusszeit $t \approx R \cdot C$) etwa doppelt so groß ist wie der Spitzenwert I_{LM} des Ladestroms, der beim Einschalten des Gerätes in den Kondensator C fließt. Setzt man diesen im ungünstigsten Fall (Einschalten im Augenblick des Spannungsscheitelwerts) mit

$$I_{LM} = \frac{V_V \cdot \sqrt{2}}{R}$$

an, so liegt der tatsächliche Wert wegen der übrigen ohmschen und induktiven Widerstände im Stromkreis, die hier nicht berücksichtigt sind, erheblich niedriger. Dioden bzw. Kompaktgleichrichter mit Stoßstrom-Grenzwerten von 150 A bis 300 A (bei t = 10 ms) dürften in fast allen Fällen ausreichen. Kühlkörper oder -bleche sind nicht notwendig, denn die Dauerbelastung der Hilfsdioden ist ja sehr gering.

Gleichrichterschaltungen ohne galvanische Trennung vom Wechselstromnetz

Oft werden Gleichrichterschaltungen so ausgeführt, dass zwischen der Dioden- oder Thyristorbaugruppe und dem Wechselstromnetz nur ein Spartransformator und/oder eine Drossel liegen. In diesem Fall muss die Drossel einige Aufgaben übernehmen, die sonst der Transformator gewissermaßen „nebenher“, d.h. neben der galvanischen Trennung vom Netz und der Änderung der Betriebsspannung, erfüllt:

- Begrenzen des Kurzschlussstroms während der Ausschaltzeit der Sicherung(en)
- Vermeiden von Spannungseinbrüchen im Netz bei der Kommutierung
- Verringern von Spitzenwert und Anstiegssteilheit von Netz-Überspannungen im Zusammenwirken mit den Überspannungsschutz-Bauelementen

Um diese Aufgaben erfüllen zu können, muss die Induktivität L der Drossel so groß sein, dass sich eine Kurzschlussspannung von mindestens 4% der Betriebsspannung V_V ergibt.

Es gilt also

$$L \geq \frac{4}{100} \cdot \frac{V_V}{2\pi f \cdot I_V}$$

Dabei ist I_V der Effektivwert des Strangstroms. Bei Drehstromschaltungen ist naturgemäß für jeden Strang eine solche Drossel notwendig. Bei Schaltungen mit Spartransformator kann auf die Drossel verzichtet werden, wenn der Schleifer nicht bis zum Wicklungsende verstellt werden kann, so dass stets ein ausreichend großer Teil der Wicklung zwischen Netz und Gleichrichtersatz liegt.

Die wechselstromseitige Beschaltung transformatorloser Gleichrichter kann nach denselben Regeln bemessen werden wie bei Schaltungen mit Transformatoren. Als Typenleistung P_T ist dabei der Wert einzusetzen, der sich aus der Strangspannung V_V und den Strangströmen I_V für einen gedachten Transformator errechnet. Ebenso ist für ε der Wert einzusetzen, der der Typenleistung P_T des gedachten Transformators entspricht.

Beschaltung von Wechselspannungsstellern (W1C)

W1C-Schaltungen bestehen aus zwei antiparallel geschalteten Thyristoren, nachfolgendes gilt aber auch für eine Schaltung aus einem Thyristor mit antiparalleler Diode. Sie erhalten stets eine Ventilbeschaltung, die im einfachsten Fall aus einem gemeinsamen RC-Glied besteht (Bild 4.4.10). Hat jedes der antiparallelen Bauelemente eine eigene Sicherung, so muss auch jedes ein eigenes RC-Glied erhalten (Bild 4.4.10b), d.h. das nach den nachfolgenden Gleichungen berechnete RC-Glied wird gleichmäßig auf beide Ventile aufgeteilt. RC-Glieder mit einem Kondensator, der größer ist als 1 µF, müssen über eine Hilfsbrücke angeschlossen werden.

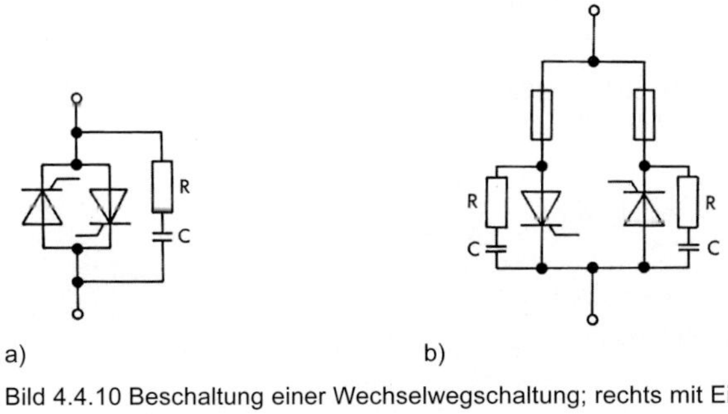

Bild 4.4.10 Beschaltung einer Wechselwegschaltung; rechts mit Einzelsicherungen

Die Werte von Kapazität C und Widerstand R können mit Hilfe der Formeln

$$C \approx 700 \cdot \frac{I_V}{V_V^2} \qquad R \approx \frac{9000}{C \cdot V_V}$$

bestimmt werden. Die Verlustleistung P_R im Widerstand R beträgt etwa

$$P_R \approx 3 \cdot 10^{-6} \cdot C \cdot V_V^2 \cdot f$$

4.4.2.3 Beschaltung auf der Gleichstromseite

Diodenbaugruppen

Wie bereits mehrfach erwähnt, ist es bei Diodenbaugruppen in Brückenschaltungen meist ausreichend, nur die Gleichstromseite zu beschalten, wenn diese nicht ohnehin niederinduktiv an einen Spannungszwischenkreis angeschlossen sind. Die Widerstände und Kondensatoren werden entweder nach den Bemessungsrichtlinien im Kap. 4.4.2.2 oder in diesem Kapitel bemessen, je nachdem ob vorwiegend Überspannungen von der Wechselstromseite oder von der Gleichstromseite gedämpft werden sollen. Falls die Möglichkeit besteht, dass der Gleichrichter auch bei abgeschalteter oder sogar abgetrennter Last unter Strom steht, muss ein Entladewiderstand vorgesehen werden.
Bei Gleichrichtern mit ständig angeschlossener kapazitiver Last übernimmt diese Last die Rolle der Überspannungsschutzbeschaltung, so dass keine zusätzlichen Beschaltungsmaßnahmen erforderlich sind. Liegt allerdings zwischen dem Gleichrichter und der kapazitiven Last eine Glättungsdrossel oder eine Sicherung, so muss eine Überspannungsschutzbeschaltung direkt am Gleichrichter zusätzlich eingebaut werden.
Bei Diodenbaugruppen in Einwegschaltungen (Mittelpunktschaltungen) ist es oft zweckmäßig, die Beschaltung ähnlich anzuordnen wie eine wechselstromseitige Beschaltung mit Hilfsbrücke, wobei eine Hälfte der Hilfsbrücke durch die Hauptzweige des Gleichrichters gebildet wird. Die andere Hälfte der Hilfsbrücke wird durch kleine Hilfsdioden hinzugefügt. Die Bemessung der Widerstände und Kondensatoren sowie der Hilfsdioden erfolgt dabei genauso wie diejenige einer wechselstromseitigen Beschaltung. Allerdings ist zu beachten, dass eine solche Beschaltung nicht gegen Überspannungen schützt, die von der Gleichstromseite her auf den Gleichrichter einwirken.

Thyristorbaugruppen

Bei Thyristorbaugruppen werden in der Regel eine wechselstromseitige Beschaltung und eine Beschaltung der Einzelventile vorhanden sein, so dass häufig auf eine gleichstromseitige Beschaltung verzichtet werden kann. In Einzelfällen kann diese jedoch trotzdem erforderlich sein. Manchmal kann man auch auf die Einzelbeschaltung der Ventile verzichten und stattdessen nur eine wechselstromseitige und eine gleichstromseitige Beschaltung vorsehen. Die letztere dient dann auch zugleich als kapazitive Grundlast, die ein einwandfreies Zünden der Thyristoren bei ungünstigsten Betriebsbedingungen sicherstellt. Die Kapazitäts- und Widerstandswerte können nach nachfolgenden „Bemessungsrichtlinien“ berechnet werden.

Wechselrichter

Bei Wechselrichtern ist auf der Gleichstromseite häufig eine Batterie oder ein Pufferkondensator angeschlossen, so dass eine gleichstromseitige Beschaltung nicht notwendig ist.

Bemessungsrichtlinien

Die günstigste Wirkung wird auch hier erreicht, wenn

$$R + R_L = 2 \cdot \sqrt{\frac{L_L}{C}}$$

eingehalten wird (Bild 4.4.2b). Wählt man ferner

$R = R_L$,

so ergibt sich

$$C = \frac{L_L}{R_L^2}$$

L_L:	Induktivität der Last (in µH);
R_L:	Ohmscher Widerstand der Last (in Ω);
C:	Beschaltungskapazität (in µF);
R:	Dämpfungswiderstand (in Ω).

In vielen Fällen wird man sich mit einem kleineren Kondensator begnügen. Dann sollte R so gewählt werden, dass obenstehende Gleichung zumindest angenähert erfüllt ist.

Die Verlustleistung P_V im Dämpfungswiderstand R beträgt

$$P_V = \frac{V_{ALT}^2 \cdot R}{R^2 + \left(\frac{10^6}{2\pi \cdot f_{ALT} \cdot C}\right)^2}$$

V_{ALT}: Effektivwert der Ausgangsgleichspannung überlagerten Wechselspannung [V]
f_{ALT}: Frequenz dieser Wechselspannung [Hz]. Alle übrigen Größen wie oben.

Falls ein Entladewiderstand R_1 (Bild 4.4.10) erforderlich ist (Entladen von C über die Last ist nicht in allen Fällen sichergestellt), soll dieser zu

$$R_1 \approx \frac{1}{C \cdot f} \cdot 10^7 \quad [\Omega]$$

bemessen werden. f [Hz] ist die Betriebsfrequenz. Seine Belastbarkeit muss mindestens

$$P_{V(R_1)} = \frac{V_D^2}{R_1}$$

betragen. V_D [V] ist die Gleichspannung.

4.4.3 Überspannungsschutzbeschaltung mit Varistoren

Varistoren sind spannungsabhängige Widerstände. Sie bestehen aus einem halbleitenden Material, das ähnlich wie eine Keramik in Pulverform gepresst und anschließend durch Erhitzen zu einer festen Scheibe gesintert wird. Ihre Wirkungsweise beruht auf dem Vorhandensein zahlreicher ungeordneter pn-Übergänge an den Berührungsstellen zwischen den Körnchen. Die Varistoren werden meist aus Zinkoxid ZnO hergestellt und daher auch als MOV (Metall-Oxid-Varistor) bezeichnet.

Der Widerstand eines Varistors wird mit zunehmender Spannung geringer. Zusammen mit einem konstanten Vorwiderstand bildet er also einen Spannungsteiler, dessen Teilerverhältnis (Abschwächungsfaktor) mit zunehmender Eingangsspannung zunimmt. Es ist klar, dass eine solche Anordnung geeignet ist, Überspannungen zu dämpfen. Für kurzzeitige Spannungsspitzen kann der Vorwiderstand durch eine Induktivität ersetzt werden. Bei Stromrichtern mit Transformator ist dies die Streuinduktivität der zugehörigen Transformatorwicklung, bei direktem Anschluss ans Netz die Induktivität der Vorschaltdrossel nach Kap. 4.4.2.2, die selbstverständlich auch hier erfordorlich ist. Varistoren können zur Beschaltung auf der Wechselstromseite oder auf der Gleichstromseite sowie auch zur Einzelbeschaltung der Ventile verwendet werden.

In Bild 4.4.11 ist eine typische Kennlinie eines ZnO-Varistors abgebildet, wie sie vom Hersteller angegeben wird. Aus ihr kann man für einen gegebenen Spitzenstrom die zugehörige Spitzenspannung ablesen. Darüber hinaus wird vom Hersteller eine höchstzulässige Spitzenstrom-Belastbarkeit angegeben, die auch bei sehr kurzer Impulsdauer nicht überschritten werden darf. Die Bemessung geschieht in folgenden Schritten:

- Auswahl eines Varistors mit geeigneter Betriebsspannung (wird vom Hersteller als Effektivwert angegeben). Bei nicht sinusförmiger Betriebsspannung darf der Scheitelwert denjenigen einer sinusförmigen Spannung mit dem angegebenen Effektivwert nicht überschreiten. Dies gilt auch für pulsierende Gleichspannung. Bei geglätteter Gleichspannung ist der im Datenblatt angegebene Höchstwert zu beachten.
- Bestimmen der Begrenzungsspannung aus der Strom-Spannungs-Kennlinie des ausgewählten ZnO-Varistors. Hierfür muss der Spitzenwert des höchsten zu erwartenden Stromstoßes ermittelt werden. Bei Transformatoren ist dies der entsprechend dem Verhältnis der Windungszahlen umgerechnete Magnetisierungsstrom, bei Induktivitäten allgemein der Höchstwert des Stromes unmittelbar vor einer plötzlichen Unterbrechung. Die periodische Spitzensperrspannung des zu

schützenden Halbleiterbauelements muss höher sein als die so bestimmte Begrenzungsspannung.
- Ermittlung der mittleren Gesamt-Verlustleistung und Vergleich mit dem im Datenblatt des Herstellers angegebenen höchstzulässigen Wert (bei der jeweiligen Umgebungstemperatur).

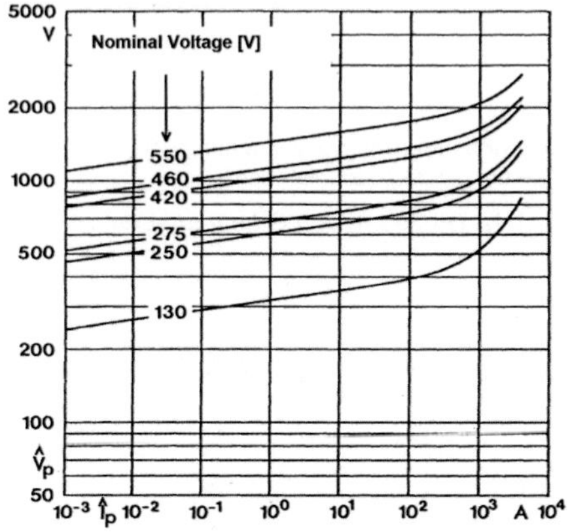

Bild 4.4.11 Strom-Spannungskennlinie eines ZnO-Varistors (gepulst)

Die Grundschwingungs-Verlustleistung ist bei ZnO-Varistoren meist vernachlässigbar gering.

Varistoren haben den Nachteil, dass sie die Spannungssteilheit nicht dämpfen. Bei Thyristoren mit geringen dv/dt-Werten ist daher eine zusätzliche RC-Beschaltung erforderlich.

4.4.4 Überspannungsschutzbeschaltung mit Silizium-Avalanche-Dioden

Silizium-Avalanche-Dioden (Bild 4.4.12) unterscheiden sich von gewöhnlichen Silizium-Gleichrichterdioden darin, dass der steile Anstieg des Sperrstroms oberhalb einer bestimmten Spannung (Durchbruchspannung) nicht von Durchbruchserscheinungen an der Oberfläche des Siliziumelements herrührt, sondern durch Ladungsträgervervielfachung (Lawineneffekt, Avalanche-Effekt) in der gesamten Raumladungszone des pn-Übergangs verursacht wird. Während normale Gleichrichterdioden infolge der Konzentration des Sperrstroms an einzelnen Punkten der Oberfläche von Sperrstromimpulsen verhältnismäßig geringer Stromstärke und Dauer zerstört werden können, vertragen Avalanche-Dioden Sperrstromimpulse, deren Leistungen im Kilowatt-Bereich liegen.

a) b)

Bild 4.4.12 Schaltzeichen einer Avalanche-Diode (a) und einer bipolaren Suppressordiode (b)

4.4.4.1 Avalanche-Gleichrichterdioden mit Eigenschutz

Avalanche-Gleichrichterdioden können ebenso wie normale Gleichrichterdioden in den verschiedensten Schaltungen eingesetzt werden, wobei wegen ihrer Unempfindlichkeit gegen kurzzeitige Beanspruchungen in Sperrrichtung häufig auf eine Überspannungsschutz-Beschaltung verzichtet werden kann. Insbesondere können Avalanche-Gleichrichterdioden in Hochspannungs-Anwendungen ohne die sonst erforderliche Beschaltung zur statischen und dynamischen Spannungsaufteilung in Reihe geschaltet werden.

Der Hersteller gibt die Durchbruchspannung $V_{(BR)}$ sowie die höchstzulässige Stoßspitzen-Sperrverlustleistung P_{RSM} - gewöhnlich als Funktion der Impulsdauer - an. Die Bemessung soll so vorgenommen werden, dass die Durchbruchspannung deutlich oberhalb des Spitzenwertes der Betriebsspannung zuzüglich überlagerter periodischer Spannungsspitzen liegt. Die Leistungen der nichtperiodisch auftretenden Überspannungsimpulse müssen, sofern sie die Durchbruchspannung überschreiten, unterhalb der für die jeweilige Impulsdauer zulässigen Stoßspitzen-Sperrverlustleistung liegen. Die Durchbruchspannung steigt mit der Ersatzsperrschichttemperatur T_j an gemäß der Gleichung:

$$V_{(BR)1} = V_{(BR)0} \cdot [1+1{,}2 \cdot 10^{-3} \cdot (T_1 - T_0)]$$

Darin bedeuten $V_{(BR)0}$ die Durchbruchspannung bei der Temperatur T_0 und $V_{(BR)1}$ diejenige bei der Temperatur T_1.

4.4.4.2 Avalanche-Dioden zum Schutz anderer Bauelemente

Sollen Avalanche-Dioden zum Schutz anderer Halbleiterbauelemente, also insbesondere normaler Gleichrichterdioden, Thyristoren, IGBT oder MOSFET eingesetzt werden, so muss nicht nur ein bestimmter Mindestwert der Durchbruchspannung, sondern auch ein Höchstwert eingehalten werden. Außerdem muss auch eine bestimmte Steilheit der Sperrkennlinie im Durchbruchbereich garantiert werden. Solche Dioden bezeichnet man als Controlled-Avalanche-Dioden, fälschlicherweise werden sie auch als Hochspannungs-Z-Dioden bezeichnet.

Controlled-Avalanche-Dioden werden in verschiedenen Ausführungen angeboten, nämlich als Controlled-Avalanche-Gleichrichterdioden, als Controlled-Avalanche-Begrenzerdioden oder als (Transient Voltage) Suppressor Dioden. Während die Ersteren neben ihrer Funktion als Schutz für andere Bauelemente wahlweise oder gleichzeitig als normale Gleichrichterdioden wirken können, sind Begrenzerdioden ausschließlich zum Schutz anderer Bauelemente vorgesehen und können in Durchlassrichtung nicht beansprucht werden. Zum Einsatz in Wechselspannungskreisen gibt es auch bipolare Suppressordioden (Bild 4.4.12), die aus gegeneinander in Reihe geschalteten Dioden bestehen, die sich unabhängig von ihrer Polung gleich verhalten. Werden Controlled-Avalanche-Gleichrichterdioden in der Schaltung auch in Durchlassrichtung beansprucht, so ist zu beachten, dass sich der Mittelwert der periodisch zulässigen Sperrverlustleistung naturgemäß um die von der Durchlassstrombeanspruchung herrührende mittlere Durchlassverlustleistung verringert. Beispiele für Schutzschaltungen mit Controlled-Avalanche-Dioden zeigt Bild 4.4.13.

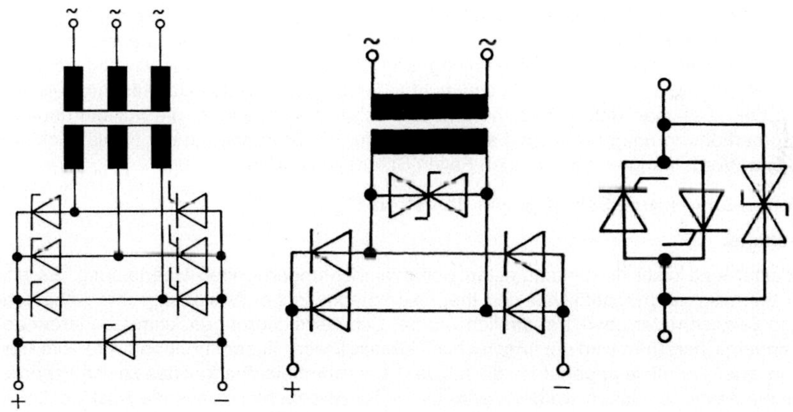

Bild 4.4.13 a) Halbgesteuerte Sechspuls-Brückenschaltung mit Controlled-Avalanche-Gleichrichterdioden, die zugleich die Thyristoren vor Überspannung schützen; b) Wechselstromseitige Beschaltung einer Zweipuls-Brückenschaltung durch eine bipolare Suppressordiode; c) Beschaltung eines Wechselspannungsstellers mit einer bipolaren Suppressordiode

Begrenzerdioden (Transient Voltage Suppressor) werden vor allem zum Schutz von Thyristoren und IGBT eingesetzt, und zwar insbesondere in Geräten für hohe Spannungen und große Leistungen, wo sie gegenüber einer RC-Beschaltung den Vorteil geringerer Abmessungen und eines geringeren Energieverbrauchs haben. Insbesondere bei der Reihenschaltung von Bauelementen kann man sie anstelle der für die dynamische Spannungsaufteilung erforderlichen RC-Glieder verwenden. Zu beachten ist, dass Avalanche-Dioden die Spannungssteilheit nicht beeinflussen. Bei der Beschaltung von Thyristoren kann daher unter Umständen ein zusätzliches RC-Glied nach den Bemessungshinweisen des Kap. 4.4.2.1 erforderlich sein.

4.4.4.3 Grenzen des Anwendungsbereichs

Sehr energiereiche Überspannungen, wie sie z.B. beim Abschalten von Transformatoren im Leerlauf auftreten, können in der Regel von Silizium-Avalanche-Dioden nicht verarbeitet werden. In solchen Fällen müssen daher entweder anstelle der oder zusätzlich zu den Avalanche-Dioden RC-Beschaltungsglieder eingesetzt werden.

4.4.4.4 Gehäuseformen

Kleine Silizium-Avalanche-Dioden haben Gehäuse mit Drahtanschlüssen, oder sind für das Löten auf Leiterplatten vorgesehen (SMD). Größere Dioden haben die üblichen Gehäuse mit Schraubstutzen. Sie werden auch als Brückenschaltungen angeboten. Begrenzerdioden werden auch in symmetrischen Gehäusen ähnlich wie Sicherungen angeboten, die zwei mit entgegengesetzter Polarität in Reihe geschaltete pn-Übergänge enthalten. Solche bipolaren Suppressordioden haben symmetrische Kennlinien, es genügt also eine einzige derartige Diode für den Schutz eines Thyristors.

4.4.5 Schutz von Dioden und Thyristoren gegen Überstrom

Unter Überstrom wird hier eine Strombelastung des Leistungshalbleiters verstanden, die unter den gegebenen Kühlbedingungen zu dessen Zerstörung führt, wenn der Strom nicht durch geeignete Vorrichtungen rechtzeitig abgeschaltet wird. Im Gegensatz zum Kurzschluss, der im nächsten Kapitel behandelt wird, soll es sich nicht um einen innerhalb weniger Millisekunden steil ansteigenden Strom handeln.

Ein solche Überlastung kann nicht allein durch eine betriebsmäßig nicht vorgesehene Stromerhöhung (Überstrom), sondern auch durch eine unbeabsichtigte Veränderung der Kühlbedingungen hervorgerufen werden. Die Folge ist, dass ein bei funktionierender Kühlung zulässiger Strom nun das Bauelement ebenfalls überlastet. Als Beispiele seien die Blockierung von Lüftungsschlitzen, der Ausfall eines Lüfters oder bei Wasserkühlung eine Störung der Kühlwasserzufuhr genannt. Im folgenden werden einige bewährte Schutzeinrichtungen gegen derartige Überlastungsfälle beschrieben. Dabei muss man unterscheiden zwischen Schutzeinrichtungen, die nur bei unbeabsichtigter Stromerhöhung ansprechen und solchen, die nur bei Störungen in der Kühleinrichtung ansprechen bzw. Vorrichtungen die in beiden Fällen Schutz gewähren.

4.4.5.1 Vorrichtungen zum Schutz gegen Überströme

Leistungsschalter

Leistungsschalter sind wohl die bekanntesten Schutzeinrichtungen gegen Überlastung. Es gibt Schalter mit thermischer, magnetischer und thermisch-magnetischer Auslösung. Ihre Ansprechzeiten sind im Bereich unter etwa 1 s, ähnlich wie bei Schmelzsicherungen, vom Überstrom abhängig: Bei hohem Überstrom wird die Ansprechzeit kürzer. Dieser Zusammenhang wird vom Hersteller in Form einer Kennlinie angegeben, die mit der Überstrombelastbarkeit des zu schützenden Halbleiterbauelements verglichen werden kann. Dabei ist zu beachten, dass die Auslöseströme von Leistungsschaltern ebenso wie die Ströme in den Strom-Zeit-Kennlinien der Sicherungen als Effektivwerte angegeben werden, die Stoßstrom-Grenzwerte der Halbleiterbauelemente dagegen Scheitelwerte von Sinus-Halbschwingungen sind. Diese müssen daher für den Vergleich in Effektivwerte umgerechnet werden.

Im gesamten in Frage kommenden Zeitbereich muss der Auslösestrom des Leistungsschalters niedriger sein als der für das Halbleiterbauelement im Störungsfall zulässige Überstrom. Ist dies nicht für den gesamten Zeitbereich realisierbar, so muss eine zusätzliche Schutzeinrichtung, in der Regel eine Halbleiter-Sicherung, für den nicht abgedeckten Zeitbereich vorgesehen werden.

Schmelzsicherungen

Schmelzsicherungen dienen in erster Linie zum Schutz gegen Kurzschluss (Kap. 4.4.6). Unter bestimmten Umständen kann jedoch die Sicherung zugleich auch Schutz gegen Überlastung im oben definierten Sinne bieten. Dies kann man feststellen, indem man die Strom-Zeit-Kennlinie der Sicherung für den in Frage kommenden Zeitbereich mit den für das zu schützende Halbleiterbauelement bei Störungen zulässigen Überströmen vergleicht. Unter Umständen muss ein verbleibender, mit der betreffenden Sicherung nicht zu schützender Zeitbereich durch eine weitere Schutzvorrichtung abgedeckt werden.

Ansteuersperrung

Bei steuerbaren Schaltungen bietet es sich an, den Schutz gegen Überströme durch Beeinflussen der Ansteuereinrichtung zu bewirken. Man unterdrückt bei Auftreten betriebsmäßig nicht vorgesehener Überströme die Zündimpulse entweder vollständig, oder man legt die Ansteuereinrichtung so aus, dass der Strom unter allen Umständen auf einen zulässigen Wert begrenzt wird. Voraussetzung für die Anwendung der Ansteuersperrung ist natürlich, dass die Steuerbarkeit der Thyristoren so lange erhalten bleibt (d.h. die höchstzulässige Ersatzsperrschichttemperatur nicht überschritten wird), bis die Ansteuersperrung wirksam wird. Bei Kurzschlussströmen, die innerhalb einer Halbschwingung steil ansteigen, ist also ein Schutz durch Ansteuersperrung nicht möglich.

4.4.5.2 Vorrichtungen zum Schutz bei Störungen in der Kühleinrichtung

Windfahnen-Relais

Bei verstärkter Luftkühlung können zum Schutz gegen Überlastung der Leistungshalbleiter bei Ausfall des Lüfters oder Blockierung der Lüftungsschlitze Windfahnen-Relais eingesetzt werden, die im Störungsfall ein Schütz betätigen oder auf die Ansteuereinrichtung einwirken.

Wasserströmungswächter

Bei Wasserkühlung können Strömungswächter oder Durchfluss-Messgeräte zur Überwachung der Kühlwasserströmung eingesetzt werden.

4.4.5.3 Vorrichtungen, die sowohl bei Überstrom als auch bei Störung der Kühleinrichtung ansprechen

Die Zerstörung von Leistungshalbleitern bei Überlastung erfolgt stets durch unzulässig hohe Temperatur, ganz gleich, ob die Überlastung durch Überstrom oder durch eine Störung in der Kühleinrichtung verursacht ist. Daher liegt es nahe, zum Schutz der Halbleiterbauelemente Vorrichtungen zu verwenden, die direkt auf diese Temperaturerhöhung ansprechen.

Bimetall-Thermostate

Bimetall-Thermostate enthalten Bimetallscheiben, die bei einer bestimmten, vom Hersteller fest eingestellten Temperatur von einer Stellung in die andere schnappen und dabei einen Kontakt öffnen oder schließen (Bild 4.4.14). Sie haben in der Regel Schraubstutzen, mit denen sie in möglichst engem thermischen Kontakt zu den zu schützenden Bauelementen in den Kühlkörper eingeschraubt werden. Sind mehrere Halbleiterbauelemente mit getrennten Kühlkörpern zu schützen, so muss in manchen Fällen jeder Kühlkörper einen eigenen Thermostaten erhalten. Je nachdem, ob die Kontakte öffnen oder schließen, werden sie in Reihe oder parallel geschaltet.

Bimetall-Thermostate können sowohl bei natürlicher oder verstärkter Luftkühlung als auch bei Wasserkühlung verwendet werden. Im letzteren Fall ist es zweckmäßig, einen zusätzlichen Thermostaten einzusetzen, der bei Unterschreiten einer bestimmten Kühlkörper-Temperatur den Kühlwasserzulauf drosselt oder völlig sperrt. Auf diese Weise wird verhindert, dass sich auf den Isolierteilen der Halbleiterbauelemente Kondenswasser niederschlägt.

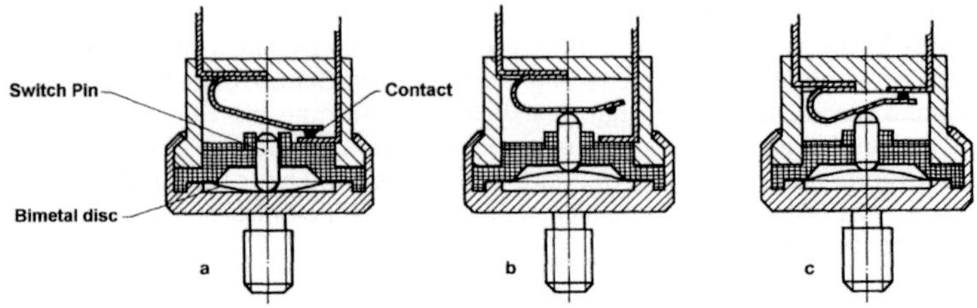

Bild 4.4.14 Bimetall-Thermostat zum Aufschrauben auf einem Halbleiter-Kühlkörper; a) Ausführung mit öffnendem Kontakt in Ruhestellung; b) dieselbe Ausführung nach Überschreiten der Ansprechtemperatur; Die Mitte der Bimetallscheibe ist nach oben geschnappt und hat den Kontakt geöffnet; c) Ausführung mit schließendem Kontakt nach Überschreiten der Ansprechtemperatur

Temperaturabhängige Widerstände

Temperaturabhängige Widerstände haben gegenüber den Bimetall-Thermostaten den Vorteil, dass sie rascher auf Temperaturänderungen ansprechen, so dass sich ein geringerer Sicherheitsabstand zwischen dem Betriebsstrom und dem Mindeststrom für das Auslösen der Schutzeinrichtung ergibt. Zur Umwandlung der Widerstandsänderung in ein Signal, das beispielsweise ein Schütz betätigen kann, ist eine zusätzliche elektronische Schaltung erforderlich.

Temperaturabhängige Widerstände können auch in Module integriert werden und dort beispielsweise auf dem Isoliersubstrat aufgelötet sein. Die Reaktion solcher integrierter Temperatursensoren ist deutlich schneller als die von auf dem Kühlkörper angebrachten Sensoren, reicht aber auf keinen Fall aus, um Anstiege der Chiptemperatur durch steile Überströme immer rechtzeitig vor einer Schädigung des Chips zu erkennen. Eingesetzt werden Widerstände auf Siliziumbasis mit positivem Temperaturkoeffizienten (PTC), bei denen der Widerstand mit der Temperatur ansteigt, aber auch Widerstände mit negativem Temperaturkoeffizienten (NTC), bei denen der Widerstand mit steigender Temperatur sinkt.

4.4.6 Schutz von Dioden und Thyristoren bei Kurzschluss

IGBT und MOSFET begrenzen den Strom im Kurzschlussfall auf etwa das 6 - 8fache des Nennstromes und werden durch den Kurzschlussstrom nicht geschädigt, wenn das Bauelement innerhalb von 6 bis 10 µs über das Gate abgeschaltet wird. Im Gegensatz dazu begrenzen Dioden und Thyristoren den Kurzschlussstrom nicht. Sie müssen daher beim Auftreten eines Kurzschlusses durch externe Maßnahmen geschützt werden.

Die Siliziumtablette in einem Thyristor oder einer Gleichrichterdiode hat eine sehr geringe Wärmekapazität und kann deshalb von starken, rasch ansteigenden Überströmen, wie sie vor allem bei Kurzschlüssen auftreten, innerhalb weniger Millisekunden zerstört werden. Die üblichen Niederspannungssicherungen, selbst in ihrer flinken Ausführung, sind daher nicht geeignet, Gleichrichterdioden und Thyristoren vor der Zerstörung bei Kurzschlüssen zu schützen. Es müssen vielmehr spezielle Sicherungen verwendet werden, die als überflinke, superflinke, ultraflinke Sicherungen oder einfach Halbleitersicherungen angeboten werden.

Die häufigsten Kurzschlussursachen bei Stromrichtern sind:
- Kurzschluss der Last oder der Verbindungsleitungen zwischen Stromrichtergerät und Last
- Kurzschluss in einer Gleichrichterdiode oder in einem Thyristor durch Verlust der Sperrfähigkeit (Spontanausfall)
- bei Wechselrichtern oder Umrichtern Kippen infolge eines Zündfehlers

Schaltet man in Reihe zu jeder Gleichrichterdiode und jedem Thyristor, soweit sie in den Hauptzweigen der Stromrichterschaltung eingesetzt sind, eine Halbleitersicherung, so kann man diese Halbleiterbauelemente in allen genannten Kurzschlussfällen vor der Zerstörung schützen. Zugleich sind damit auch alle übrigen im Hauptstromkreis liegenden Teile der Anlage geschützt, denn

Drosseln, Transformatoren, Widerstände usw. sind ja gegen Überströme weit weniger empfindlich als die Halbleiterbauelemente.

Bei Brückenschaltungen haben jeweils zwei Leistungshalbleiter einen gemeinsamen Wechselstromanschluss. Man kann sie deshalb durch eine gemeinsame Sicherung in der Wechselstromzuleitung schützen (Bild 4.4.15b), die man Strangsicherung nennt. Das hat den Vorteil, dass man weniger Sicherungen braucht und dass die beim Abschmelzen des Schmelzleiters auftretende Schaltspannung die Halbleiterbauelemente nicht beansprucht. Bei hoher Strombelastung der Thyristoren oder Gleichrichterdioden, wie sie mit verstärkter Kühlung möglich ist, und bei gleichzeitig hoher Betriebsspannung kann jedoch der Fall eintreten, dass man keine Sicherung findet, die einerseits einen ausreichend hohen Nennstrom hat (der Effektivstrom im Strang ist $\sqrt{2}$ mal höher als in jedem der beiden Zweige) und deren Ausschalt-i^2t-Wert andererseits niedriger ist als der eines jeden der beiden Halbleiterbauelemente. Dann muss man jedem Brückenzweig eine eigene Sicherung zuordnen: Zweigsicherung (Bild 4.4.15a). Auch bei Wechselwegschaltungen kann man meist mit einer gemeinsamen Sicherung auskommen (Bild 4.4.15b2).

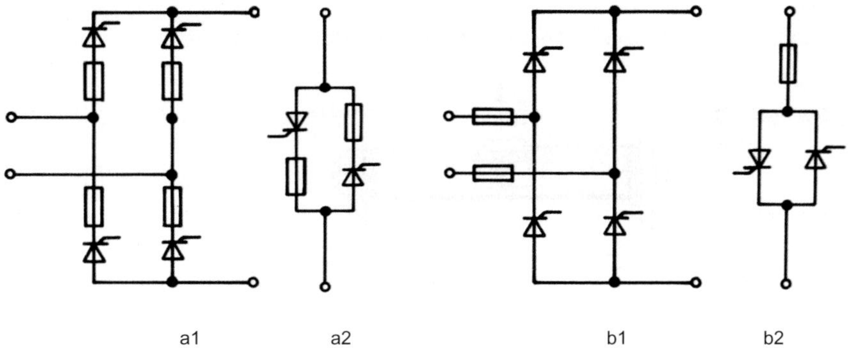

Bild 4.4.15 Mögliche Anordnungen der Halbleitersicherungen bei einem Stromrichter in Brückenschaltung (a1 und b1) und bei der Wechselwegschaltung (a2 und b2); a) als Zweigsicherungen bzw. b) als Strangsicherungen

Werden in Geräten für hohe Leistungen Gleichrichterdioden oder Thyristoren parallel geschaltet, so erhält jedes Halbleiterbauelement eine Sicherung. Das hat u.a. den Vorteil, dass bei Spontanausfall eines Bauelements oder einer Sicherung das Gerät – mit entsprechend verringerter Leistung – betriebsfähig bleibt. Auch werden durch die Innenwiderstände der Sicherungen die Kennlinienunterschiede der Halbleiterbauelemente zum Teil ausgeglichen, so dass die Stromaufteilung - auch im Kurzschlussfall - gleichmäßiger wird.

Kurzschlussschutz durch Schmelzsicherungen setzt voraus, dass Kurzschlüsse nur sehr selten auftreten. Es gibt jedoch Anwendungen, in denen der Kurzschluss der Last häufiger vorkommt. Dann muss man zusätzlich zu den Schmelzsicherungen, die zum Schutz gegen die vorher erwähnten anderen Kurzschlussursachen auch hier erforderlich sind, auf der Lastseite einen Gleichstrom-Schnellschalter, einen Leistungsschalter oder eine Vorrichtung vorsehen, welche die Steuerimpulse der Thyristoren sperrt (Ansteuersperrung). Selbstverständlich muss dann die Stromrichterschaltung so bemessen sein, dass bei Kurzschluss der Last während der Ansprechzeit des Schalters der für die Halbleiterbauelemente zulässige Überstrom nicht überschritten werden kann. Im Falle der Ansteuersperrung muss während der längstmöglichen Zeitspanne bis zum Nulldurchgang des Stromes durch die Thyristoren deren Steuerfähigkeit erhalten bleiben. Ferner muss die Schutzeinrichtung auf der Lastseite so bemessen sein, dass sie rascher anspricht als die Schmelzsicherungen an den Thyristoren bzw. Gleichrichterdioden. Man bezeichnet das als Selektivität.

4.4.6.1 Begriffe und Erläuterungen bei Halbleitersicherungen

Sicherung

Schutzorgan, das durch Abschmelzen eines Schmelzleiters den Stromkreis öffnet, wenn der Strom während einer bestimmten Zeit einen bestimmten Wert überschreitet.

Sicherungsunterteil

Teil einer Sicherung, das fest in das Gerät eingebaut wird und das Kontaktstücke zur Aufnahme eines Sicherungseinsatzes enthält.

Sicherungseinsatz

Teil der Sicherung, das den Schmelzleiter enthält und das nach Ausschalten der Sicherung zur Wiederinbetriebnahme ersetzt werden muss (Bild 4.4.16). Bei Halbleitersicherungen verzichtet man häufig auf die Verwendung eines besonderen Sicherungsunterteils. In diesem Fall sind Sicherungseinsatz und Sicherung identisch.

Anzeiger

Vorrichtung, die den Schaltzustand eines Sicherungseinsatzes anzeigt.

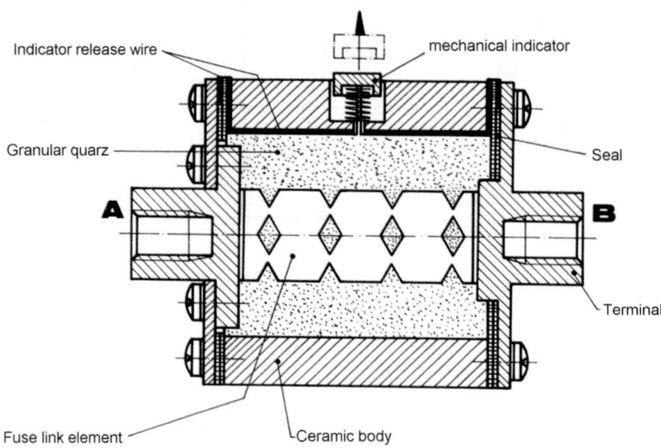

Bild 4.4.16 Schnitt durch einen Halbleitersicherungseinsatz

Schlagvorrichtung

Vorrichtung, die beim Abschmelzen des Schmelzleiters freigegeben wird, um eine Signaleinrichtung o.ä. zu betätigen. Sie kann zugleich auch Anzeiger sein. Für Parallelschaltung von Gleichrichterdioden oder Thyristoren muss die Ansprechspannung der Schlagvorrichtung kleiner als 1 V sein.

Nennspannung V_N

Höchstzulässige Betriebsspannung, wobei kurzzeitige Erhöhung um höchstens 10% zulässig ist. Ist die Nennspannung eine Wechselspannung, so wird der Effektivwert angegeben. Er gilt für sinusförmige Spannung 50 bis 60 Hz. Bei nicht sinusförmiger Spannung sollen weder Effektivwert noch Scheitelwert der Betriebsspannung die Nennspannung bzw. ihren $\sqrt{2}$ fachen Wert überschreiten.

Nennstrom I_N

Höchstzulässiger Betriebsstrom, mit dem der Sicherungseinsatz ohne nachteilige, die Funktion beeinträchtigende Veränderungen dauernd beansprucht werden darf.

Nennausschaltvermögen I_{PM}

Höchstwert des unbeeinflussten Stromes, den eine Sicherung unter bestimmten Bedingungen (z.B. wiederkehrende Spannung) ausschalten kann.

Durchlassstrom (einer Sicherung) $I_{(LT)}$

Höchster Augenblickswert des Stromes, der während des Ausschaltens einer Sicherung erreicht wird, wenn durch dieses Ausschalten vermieden wird, dass der unbeeinflusste Strom seinen Höchstwert erreicht (Bild 4.4.17). Dieser Stromwert hat nichts mit dem Durchlassstrom einer Gleichrichterdiode oder eines Thyristors zu tun!

Unbeeinflusster Strom I_p (prospektiver Strom)

Strom, der auftritt, wenn man sich die Sicherung durch eine impedanzfreie leitende Verbindung ersetzt denkt (gestrichelte Linie in Bild 4.4.17).

Unbeeinflusster (prospektiver) Kurzschlussstrom I_{PS}

Effektivwert des unbeeinflussten Stromes bei Kurzschluss unmittelbar hinter der Sicherung. Dieser Wert kann zur genauen Bestimmung des Lösch-i²t-Wertes erforderlich sein.

Schmelzzeit t_{pa}

Zeit zwischen dem Einsetzen eines Stromes, der groß genug ist, den Schmelzleiter zu schmelzen und dem Entstehen des Lichtbogens (Bild 4.4.17).

Lichtbogenzeit t_a

Zeit zwischen dem Entstehen des Lichtbogens und seinem (endgültigen) Erlöschen.

Ausschaltzeit t_{op}

Summe aus Schmelzzeit und Lichtbogenzeit.

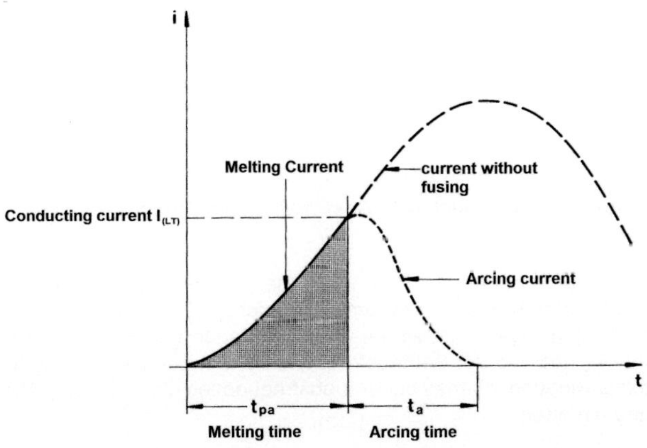

Bild 4.4.17 Stromverlauf beim Ausschalten eines Kurzschlusses durch eine Halbleitersicherung mit Strombegrenzung (Durchlassstrom geringer als der Scheitelwert des unbeeinflussten Stromes); Schmelzzeit + Lichtbogenzeit = Ausschaltzeit

Zeit-Strom-Kennlinie

Kurve der virtuellen Schmelzzeit oder Ausschaltzeit als Funktion des Effektivwertes des unbeeinflussten Stromes unter bestimmten Bedingungen. Sie gilt in der Regel für 20°C Ausgangstemperatur.

Schmelz-i²t-Wert $(i^2t)_{pa}$

Integral des Quadrates des unbeeinflussten Stromes über die Schmelzzeit:

$$(i^2t)_{pa} = \int_{t_0}^{t_{pa}} I_P^2 \, dt$$

Es hängt von der Ausgangstemperatur und dem unbeeinflussten Kurzschlussstrom ab. Bei Schmelzzeiten unter 10 ms ist es zeitunabhängig.

Lösch-I²t-Wert $(i^2t)_a$

Integral des Quadrates des unbeeinflussten Stromes über die Lichtbogenzeit:

$$(i^2t)_a = \int_{t_{pa}}^{t_a} I_P^2 \, dt$$

Es hängt ab von der wiederkehrenden Spannung, dem unbeeinflussten Kurzschlussstrom und dem Leistungsfaktor.

Ausschalt-i²t-Wert$(i^2t)_{op}$

Summe aus Schmelz-i²t-Wert und Lösch-i²t-Wert.

Virtuelle Zeit t_{vpa}, t_{va}, t_{vop}

Zeit, die man erhält, wenn man einen i²t-Wert durch das Quadrat des unbeeinflussten (prospektiven) Stromes dividiert, z.B.:

$$t_{va} = \frac{(i^2t)_a}{I_P^2}$$

Entsprechend den verschiedenen i²t-Werten erhält man die virtuelle Schmelzzeit, Lichtbogenzeit (Löschzeit) und Ausschaltzeit.

Schaltspannung V_{aM}

Scheitelwert der Spannung, die während des Ausschaltens an den Klemmen der Sicherung auftritt. Sie hängt von der Betriebsspannung und vom Leistungsfaktor des Stromkreises ab. Je rascher eine Sicherung ausschaltet, desto höher ist ihre Schaltspannung.

Wiederkehrende Spannung V_{WRMS}

Spannung, die an den Klemmen einer Sicherung nach dem Ausschalten des Stromes auftritt.

Strombegrenzung

Abschalten eines Kurzschlussstroms durch eine Sicherung, wobei der Durchlassstrom geringer ist als der Scheitelwert des unbeeinflussten Kurzschlussstroms (Beispiel Bild 4.4.17). Ob Strombegrenzung eintritt, hängt außer von den Eigenschaften der Sicherung auch von der Höhe des unbeeinflussten Kurzschlussstroms I_{PS} und von der Betriebsfrequenz ab. Bei geringem I_{PS} ist die Schmelzzeit länger als eine Viertelschwingung, ebenso bei Betriebsfrequenzen über etwa 100 Hz. Dann kann keine Strombegrenzung eintreten.

4.4.6.2 Bemessen von Halbleitersicherungen

Für das richtige Bemessen von Halbleitersicherungen sind folgende Daten der Sicherung zu beachten:
- Nennstrom
- Nennspannung
- Ausschalt-i²t-Wert
- Schaltspannung

Der Einfluss dieser Daten auf die Auswahl der geeigneten Sicherung wird in den folgenden Abschnitten in der oben gewählten Reihenfolge besprochen.

Bemessen nach dem Nennstrom

Mit dem Nennstrom kann ein Sicherungseinsatz unter bestimmten Bedingungen, nämlich bei 20°C Umgebungstemperatur, ungehinderter Konvektion der Luft und höchstens 1,6 A/mm² Stromdichte in den angeschlossenen Leitungen dauernd belastet werden. Bei höheren Umgebungstemperaturen und geringeren Leitungsquerschnitten, wie sie in Stromrichtergeräten die Regel sind, ist der Strom zu reduzieren. Eine Reduktion auf 90% des Nennstroms reicht in fast allen Fällen aus. Bei verstärkter Luftkühlung können Sicherungen höher als mit dem Nennstrom belastet werden. Einige Hersteller geben hierfür Umrechnungsgleichungen oder Diagramme an.

Zur Kontrolle, ob unter den im Gerät vorliegenden Belastungs- und Kühlbedingungen die Sicherung nicht überlastet wird, empfehlen die Hersteller, die Spannung an der Sicherung bei voller Belastung des Gerätes einmal genau 5 Sekunden nach dem Einschalten (V_{5s}) und nochmals 2 Stunden nach dem Einschalten (V_{2h}) zu messen, natürlich jeweils bei exakt gleichem Strom. Diese Spannungswerte geben wegen der Temperaturabhängigkeit des Schmelzleiter-Widerstandes Auskunft über die Temperatur, die der Schmelzleiter im Betrieb annimmt. Die Sicherung ist nicht überlastet, wenn

$$\frac{V_{2h}}{V_{5h}} \cdot \frac{1+0{,}004 \cdot T_a}{1{,}14} \leq N$$

ist. Dabei ist T_a wie immer die Zuluft-Temperatur in °C, N eine Konstante der betreffenden Sicherung, die der Hersteller angibt. Auch die Formel kann von Hersteller zu Hersteller etwas variieren.

Der Nennstrom ist der Effektivwert eines sinusförmigen Wechselstroms. Auch bei nicht sinusförmigem Strom, wie er bei Halbleitersicherungen meist vorliegt, wird in der Regel der gleiche Effektivwert zulässig sein. In Fällen, in denen man gezwungen ist, den Nennstrom voll auszunutzen, wobei der Strom von der Sinusform stark abweicht, sollte man aber vorsichtshalber den Hersteller befragen.

Halbleitersicherungen werden für Nennströme bis etwa 630 A, in Sonderfällen bis etwa 1600 A hergestellt. Bei höheren Betriebsströmen müssen zwei Sicherungen parallelgeschaltet werden. In diesem Fall müssen entweder dafür vom Hersteller selektierte Sicherungseinsätze mit eng tolerierten Schmelzleiter-Widerständen benutzt werden, oder bei Verwendung nicht selektierter Sicherungseinsätze darf der Nennstrom nur zu 80% ausgenutzt werden. Außerdem ist auf symmetrische Leitungsführung zu achten, da bereits geringe Unterschiede in den Abständen zum Einspeisepunkt oder den Leitungslängen zu ungleichmäßiger Stromaufteilung führen. In Zweifelsfällen ist eine Rückfrage beim Hersteller zu empfehlen.

Naturgemäß verdoppelt sich beim Parallelschalten von Sicherungen nicht nur der Nennstrom, sondern auch der Durchlassstrom, d.h. der zum Ausschalten innerhalb einer bestimmten Zeit erforderliche Strom. Damit wächst der i²t-Wert auf das Vierfache. Dies gilt für den Schmelz-i²t-Wert ebenso wie für den Ausschalt-i²t-Wert.

Weiterhin gilt der Nennstrom für Frequenzen von 40 bis 60 Hz. Unterhalb dieses Bereichs kann eine Reduktion des Stromes erforderlich sein. Man erkundige sich beim Hersteller. Ein schwieriges Problem ist die Bemessung von Sicherungen für **Kurzzeit-** oder **Aussetz-Belastung** (mit oder ohne Grundlast). Ist die Spieldauer t_s (Summe aller Stromflusszeiten $t_1 + t_2 + \ldots$ plus etwaige Pausenzeiten) kürzer als eine Minute und der höchste auftretende Überstrom nicht größer als der 2,5fache Nennstrom, so kann mit einem mittleren Belastungsstrom I_{RMS} gerechnet werden, der sich aus folgender Gleichung ergibt:

$$I_{RMS} = \frac{I_{RMS1} \cdot t_1 + I_{RMS2} \cdot t_2 + \ldots}{t_s}$$

Darin bedeutet I_{RMS1} den Effektivwert des Stromes während der Zeit t_1 usw.

Ist die Spieldauer länger als 1 min, so nähert man sich dem Bereich, in dem der höchste auftretende Strom als Dauerstrom anzusehen ist. Dies ist je nach Größe der Sicherung bei Stromflussdauern länger als 10 bis 20 min der Fall. In Bild 4.4.18 ist ein Nomogramm zur graphischen Ermittlung des zulässigen Überstroms bei Aussetzbetrieb wiedergegeben.

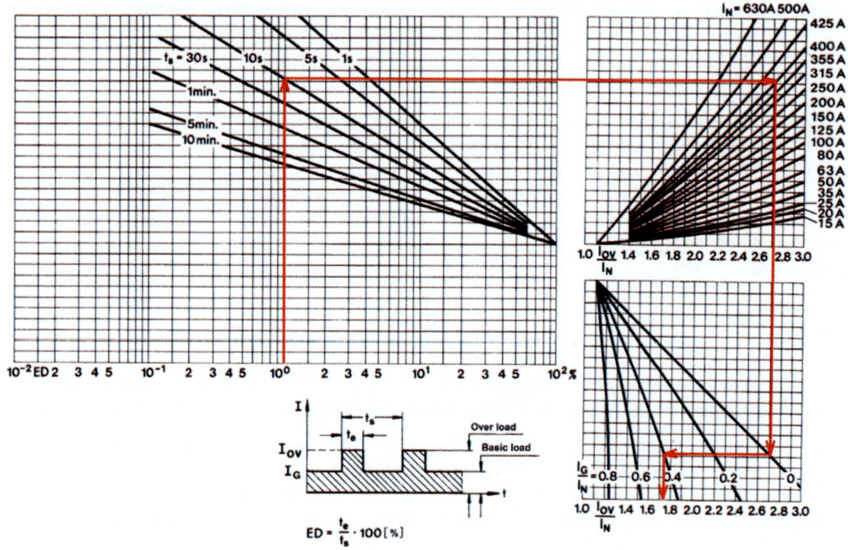

Bild 4.4.18 Nomogramm zur Ermittlung des zulässigen Überstroms von Halbleitersicherungen bei Aussetzbetrieb mit und ohne Grundlast

Ablesebeispiel: Es seien Einschaltdauer ED = 10%, Spieldauer t_s = 10 s, Sicherungs-Nennstrom I_N = 400 A, Grundlaststrom I_G = 0,4 · I_N: Vom Schnittpunkt der Kurve für t_s = 10 s mit ED = 10% im linken Diagramm geht man waagrecht nach rechts bis zum Schnittpunkt mit der Kurve für I_N = 400 A. Von dort senkrecht nach unten bis zum Schnittpunkt mit der Kurve für I_G/I_N = 0. Von dort waagerecht bis zum Schnittpunkt mit der Kurve für I_G/I_N = 0,4. Der zugehörige Abszissenwert ist das gesuchte Ergebnis: T_{OV} = 1.75 · I_N ist der zulässige Überstrom.

Bei Überströmen die größer sind als der 2,5 fache Nennstrom ist zu unterscheiden zwischen gelegentlich (selten) und periodisch oder zumindest häufig auftretenden Belastungen. Bei gelegentlich auftretenden Strömen genügt es, anhand der Schmelzzeit-Kennlinie zu prüfen, ob der Überstrom mit Sicherheit noch nicht zum Schmelzen des Schmelzleiters führt. Dabei ist zu beachten, dass diese Kennlinie für 20°C Ausgangstemperatur gilt. Es müssen also die erhöhte Umgebungstemperatur sowie die Grundlast, aus der heraus der Überstrom auftritt, gegebenenfalls berücksichtigt werden. Bei häufig oder gar periodisch auftretenden Überströmen größer als der 2,5fache Nennstrom muss man die Stromtragfähigkeit der Sicherung durch Dauerversuche ermitteln. In allen Zweifelsfällen ziehe man den Hersteller zu Rate.

Bemessen nach der Nennspannung

Halbleitersicherungen sind in der Regel für Wechselspannung vorgesehen. Die Nennspannung ist dann stets der Effektivwert einer sinusförmigen Wechselspannung 50 bis 60 Hz. Wird ein für Wechselspannung bestimmter Sicherungseinsatz für Gleichspannung verwendet, so ist je nach Sicherungstyp nur die 0,5 - 0,8fache Nennspannung als Betriebsgleichspannung zulässig. Im Zweifel sollte der Hersteller zu Rate gezogen werden. Halbleitersicherungen werden für Nennspannungen bis zu 2000 V, vereinzelt bis 3000 V angeboten. Lässt es sich trotzdem nicht vermeiden, zwei oder mehr Sicherungen in Reihe zu schalten, so ist auf folgendes zu achten:

- Der Kurzschlussstrom muss so hoch sein, dass die Schmelzzeit kürzer als 10 ms wird.
- Die Summe der Nennspannungen aller Sicherungen darf nur zu höchstens 90% ausgenutzt werden.
- Es dürfen stets nur Sicherungen gleichen Typs und Fabrikats in Reihe geschaltet werden.
- Muss ein Sicherungseinsatz ausgewechselt werden, so sind auch alle übrigen in der Reihenschaltung zu erneuern, auch wenn sie noch funktionsfähig sind.

Bemessen nach dem Ausschalt-i²t-Wert

Der Ausschalt-i²t-Wert eines Sicherungseinsatzes wird vom Hersteller für 20°C Ausgangstemperatur als Funktion der wiederkehrenden Spannung und für bestimmte Werte des unbeeinflussten Kurzschlussstroms und des Leistungsfaktors angegeben (Bild 4.4.19). Er erreicht seinen Höchstwert bei einer wiederkehrenden Spannung gleich der vollen Nennspannung. Bei Gleichstrom hängt der Ausschalt-Ist-Wert auch von der Zeitkonstanten $\tau = L/R$ des Kurzschlusskreises ab.

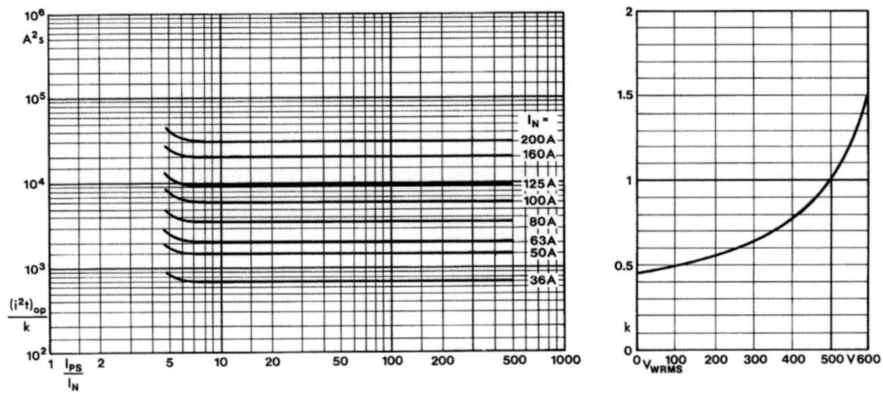

a) b)

Bild 4.4.19 a) Ausschalt-i²t-Werte $(i^2t)_{op}$ dividiert durch den Faktor k, als Funktion des unbeeinflussten Kurzschlussstroms I_{PS}, bezogen auf den Sicherungs-Nennstrom I_N für Halbleitersicherungen von 35 A bis 200 A; b) Faktor k als Funktion der wiederkehrenden Spannung V_{WRMS}

Die Kurven in Bild 4.4.19 gelten für einen Leistungsfaktor $\cos\varphi = 0{,}15$. Ablesebeispiel: Der Sicherungs-Nennstrom betrage $I_N = 125$ A, der unbeeinflusste Kurzschlussstrom $I_{PS} = 20\ I_N$, die wiederkehrende Spannung $V_{WRMS} = 410$ V. Diagramm a) ergibt

$$\frac{(i^2t)_{OP}}{k} = 1 \cdot 10^4\,A^2s$$

,

Diagramm b) liefert k = 0,8. Das Ergebnis lautet also: $(i^2t)_{OP} = 0{,}8 \cdot 10^4\ A^2s = 8000\ A^2s$ ist der gesuchte Ausschalt-i²t-Wert der Sicherung.

Der Ausschalt-i²t-Wert ist zusammen mit Nennstrom und Nennspannung das wichtigste Kriterium für die Auswahl einer Halbleitersicherung. Er muss unter den gegebenen Bedingungen kleiner sein als der i²t-Wert des zu schützenden Halbleiterbauelements. Dabei genügt es in der Regel, den Wert für die „kalte" Sicherung (Ausgangstemperatur 20°C), wie er stets angegeben wird, mit dem des „kalten" Halbleiterbauelements (Ersatzsperrschichttemperatur $T_j = 25$°C) zu vergleichen, denn der i²t-Wert der Sicherung nimmt mit zunehmender Vorbelastung stärker ab als der des Halbleiterbauelements.

Halbleitersicherungen haben im Kurzschlussbereich, d.h. bei mindestens zehnfachem Nennstrom, Ausschaltzeiten von 5 bis 10 ms. Die i²t-Werte für Gleichrichterdioden und Thyristoren gelten für 8 bis 10 ms. Liegt die Ausschaltzeit der Sicherung unter 8 ms, so ist es ratsam, mit einem um 10 bis 20% verringerten i²t-Wert des Halbleiterbauelements zu rechnen. Der Ausschalt-i²t-Wert der Sicherung ist hingegen in diesem Zeitbereich zeitunabhängig. Zu beachten ist ferner die starke

Abhängigkeit des Ausschalt-i^2t-Wertes vom Leistungsfaktor des jeweiligen Kurzschluss-Stromkreises. Bild 4.4.20 zeigt ein typisches Beispiel. Kurzschluss-Stromkreise in Stromrichterschaltungen haben häufig Leistungsfaktoren von etwa 0,3 bis 0,35. Gilt der Ausschalt-i^2t-Wert der Sicherung beispielsweise für cos $\varphi \geq 0{,}2$, so sind fast alle praktischen Einsatzfälle eingeschlossen.

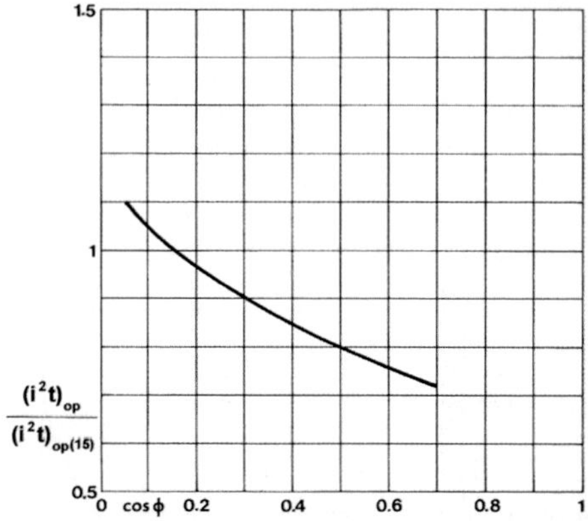

Bild 4.4.20 Ausschalt-(i^2t)-Wert einer Halbleitersicherung als Funktion des Leistungsfaktors cos φ bezogen auf den Wert bei cos φ = 0,15

Wie bereits erwähnt, wird der Ausschalt-i^2t-Wert als Funktion der wiederkehrenden Spannung angegeben (Bild 4.4.19). Dabei ist zu beachten, dass in Stromrichterschaltungen häufig zwei Sicherungen im Kurzschlusskreis in Reihe liegen (Bild 4.4.21). Die wiederkehrende Spannung ist dann nur etwa halb so hoch wie die den Kurzschluss treibende Spannung. Wegen der möglicherweise etwas ungleichmäßigen Spannungsaufteilung ist es ratsam, für jede Sicherung 60% der Spannung anzusetzen.

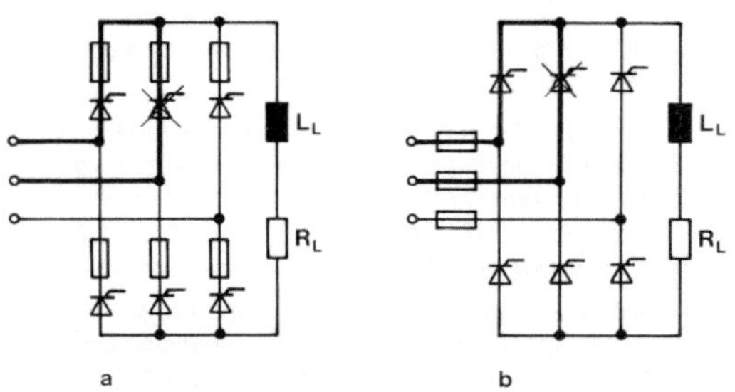

Bild 4.4.21 Kurzschlussstromkreis bei Sperrversagen eines Thyristors in einer Sechspuls-Brückenschaltung mit Zweigsicherungen (a) und mit Strangsicherungen (b). In beiden Fällen liegen im Kurzschluss-Stromkreis zwei Sicherungen in Reihe. Das gilt, wie man sieht, auch bei Kurzschluss der Last.

Wegen der Abhängigkeit des Ausschalt-i^2t-Wertes von der wiederkehrenden Spannung in Relation zur Nennspannung kann man meist einen besonders niedrigen i^2t-Wert bei vorgegebenem Nennstrom erzielen, wenn man einen Sicherungseinsatz mit höherer Nennspannung verwendet als eigentlich erforderlich wäre. Die wiederkehrende Spannung ist dann nur ein Bruchteil der Nennspannung und der Ausschalt-i^2t-Wert entsprechend niedrig. Dabei ist jedoch zu beachten, dass mit der Nennspannung der Sicherung zugleich auch die Schaltspannung zunimmt. In den Fällen, in denen die Schaltspannung die Halbleiterbauelemente in Sperrrichtung beansprucht (siehe „Bemessen nach der Schaltspannung"), sind daher der Anwendung dieses Kunstgriffes Grenzen gesetzt.

Beim Kippen eines Wechselrichters infolge eines Zündfehlers addieren sich Eingangs- und Ausgangsspannung. Die den Kurzschluss treibende Spannung ist daher in diesem Fall etwa gleich der 1.8fachen Betriebswechselspannung. Es müssen also Sicherungen mit entsprechend erhöhten Nennspannungen ausgewählt und bei der Ermittlung des Ausschalt-i^2t-Wertes die erhöhte wiederkehrende Spannung berücksichtigt werden.

Soll bei parallelgeschalteten Gleichrichterdioden oder Thyristoren die Sicherung lediglich dazu dienen, ein spontan ausfallendes Halbleiterbauelement aus der Schaltung „herauszutrennen", so kann ihr i^2t-Wert auch größer sein als der des Halbleiterbauelements, das ja ohnehin unbrauchbar geworden ist. Er sollte aber trotzdem so gering wie möglich gewählt werden, um zu verhindern, dass ein zu hoher Kurzschlussstrom das ausgefallene Bauelement auch äußerlich zerstört und der heraustretende Lichtbogen auf benachbarte Teile des Gerätes überspringt.

Bemessen nach der Schaltspannung

Beim Ausschalten einer Sicherung tritt an dieser eine Überspannung auf, die Schaltspannung. Sie hängt ab von der Höhe der wiederkehrenden Spannung und vom Leistungsfaktor (Beispiel Bild 4.4.23). Wie Bild 4.4.22 an zwei Beispielen zeigt, gibt es Schaltungen, bei denen die Schaltspannung der ausschaltenden Sicherung einzelne Thyristoren oder Dioden beansprucht und solche, bei denen das nicht der Fall ist. Liegen zwei Sicherungen im Kurzschluss-Stromkreis in Reihe, so können sich im ungünstigsten Fall ihre Schaltspannungen addieren. Es muss also zunächst geprüft werden, ob Halbleiterbauelemente durch die Schaltspannung beansprucht werden können und ob unter Umständen sogar eine Beanspruchung mit der doppelten Schaltspannung möglich ist. In Bild 4.4.22 ist beispielhaft ein Versagen des Thyristors 2 angenommen. Im Augenblick des Kurzschlusses seien die Thyristoren 1 und 5 leitend. Bei Zweigsicherungen (a) wird der Thyristor 4 mit der Summe der Schaltspannungen der Sicherungen 1 und 2 beansprucht, die Thyristoren 3 und 6 nur mit der Schaltspannung der Sicherung 2. Bei Strangsicherungen (b) werden die Schaltspannungen der Sicherungen durch den leitenden Thyristor 1 und den kurzgeschlossenen Thyristor 2 gegenüber den übrigen Thyristoren kurzgeschlossen.

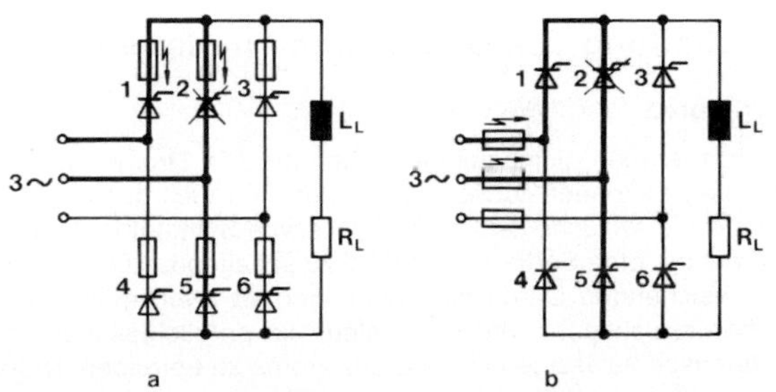

Bild 4.4.22 Schaltspannungen an den ausschaltenden Sicherungen bei Kurzschluss durch Sperrversagen des Thyristors 2

Bei Brückenschaltungen gilt allgemein, dass die an Strangsicherungen auftretenden Schaltspannungen die Halbleiterbauelemente nicht beanspruchen, während bei Zweigsicherungen die funktionsfähig gebliebenen Thyristoren oder Dioden mit den Schaltspannungen von zwei Sicherungen in Reihe beansprucht werden. Es müssen also in diesem Fall Halbleiterbauelemente mit ausreichend hohen Stoßspitzenspannungen verwendet werden, wobei natürlich die Wirkung der – meist vorhandenen – Überspannungsschutzbeschaltung mit zu berücksichtigen ist.

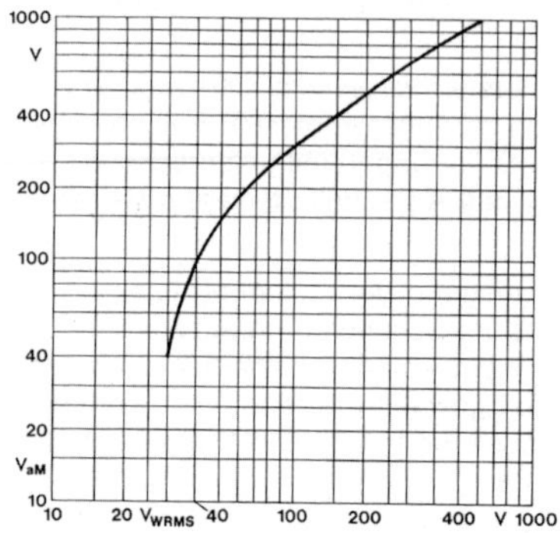

Bild 4.4.23 Spitzenwert V_{aM} der Schaltspannung einer Halbleitersicherung mit 500 V Nennspannung als Funktion der wiederkehrenden Spannung (Effektivwert) V_{WRMS}

Gleichstrom-Schnellschalter

Ist bei Gleichrichtern mit häufigen Kurzschlüssen der Last zu rechnen, so sollte auf der Lastseite ein Gleichstrom-Schnellschalter vorgesehen werden, denn das häufige Auswechseln von Sicherungen ist zeitaufwendig und kostspielig. Ersatzsicherungen des richtigen Typs müssen stets bereitgehalten werden, usw. Natürlich müssen die zusätzlich zum Schutz bei Ausfall eines Halbleiterbauelements erforderlichen Halbleitersicherungen einerseits und der Gleichstrom-Schnellschalter andererseits so gewählt werden, dass bei Last-Kurzschluss der Schalter anspricht, bevor eine Halbleitersicherung schmilzt. Dies bezeichnet man als Selektivität der verschiedenen Kurzschlussschutz-Vorrichtungen. Im vorliegenden Fall ist Selektivität dann gegeben, wenn die Zeit-Strom-Kennlinie des Gleichstromschnellschalters im gesamten in Frage kommenden Bereich unterhalb der Schmelzzeit-Strom-Kennlinie (nicht Ausschaltzeit-Strom-Kennlinie!) der Sicherung verläuft.

4.5 Reihen- und Parallelschaltung von Dioden und Thyristoren

4.5.1 Parallelschaltung von Thyristoren

Bei der Parallelschaltung von Thyristoren ist eine gleichmäßige Aufteilung des Stroms ab dem Zündzeitpunkt und während der gesamten Leitdauer notwendig. Hierfür sind steil ansteigende Zündimpulse ausreichender Amplitude (siehe „kritische Stromsteilheit") sowie Symmetrie der Leitungsimpedanzen im Hauptstromkreis wichtig. Eine Sortierung parallel zu schaltender Thyristoren nach möglichst gering voneinander abweichenden Durchlassspannungen ist zweckmäßig. Um die verbleibenden Unsymmetrien zu berücksichtigen, wird empfohlen, die parallelgeschalteten Thyristoren nur mit max. 80% des rechnerisch zulässigen Dauergrenzstroms zu betreiben. Unter Umständen ist eine Begrenzung der Stromanstiegssteilheit im einzelnen Thyristor durch Drosseln erforderlich.

4.5.2 Reihenschaltung von Thyristoren

Zur Erhöhung von Sperr- bzw. Blockierspannung ist eine Reihenschaltung von Thyristoren möglich. Hierbei ist eine gleichmäßige Spannungsaufteilung im Blockier- und Sperrzustand durch Parallelwiderstände, sowie während der Kommutierung durch parallelgeschaltete RC-Glieder (vgl. Kap. 4.4.2 „Reihenschaltung") zu gewährleisten. Die Parallelwiderstände müssen so bemessen sein, dass durch die Widerstände ein Strom fließt, der dem 5...10fachen des Thyristorsperrstromes im heißen Zustand entspricht. Um möglichst gleichzeitige Zündung zu gewährleisten, ist eine Ansteuerung mit ausreichend hohen, steil ansteigenden Zündimpulsen erforderlich. Die Spannungsbeanspruchung jedes Thyristors soll gegenüber dem Einzelbetrieb um mindestens 10% geringer sein.

4.5.3 Parallelschaltung von Gleichrichterdioden

Bei der Parallelschaltung von Dioden ist zur gleichmäßigen Stromaufteilung der Stromkreis (Anschlusspunkte, Leitungsführung und -länge) möglichst symmetrisch zu gestalten, um größere Unterschiede in den Leitungsimpedanzen zu vermeiden. Eine Sortierung parallel zu schaltender Dioden nach möglichst gering voneinander abweichenden Durchlassspannungen ist zweckmäßig. Um verbleibende Unsymmetrien zu berücksichtigen, wird empfohlen, die parallel geschalteten Gleichrichterdioden nur mit max. 80 % des rechnerisch zulässigen Dauergrenzstroms zu betreiben.

4.5.4 Reihenschaltung von Gleichrichterdioden

Zur Erhöhung der Sperrspannung ist eine Reihenschaltung von Dioden möglich. Vor allem bei der Reihenschaltung „vieler" Dioden muss meist eine gleichmäßige Spannungsaufteilung im Sperrzustand durch Parallelwiderstände sowie während der Kommutierung durch parallelgeschaltete RC-Glieder erzwungen werden (vgl. Kap. 4.4.2 „Reihenschaltung"). Die Parallelwiderstände müssen so bemessen sein, dass durch die Widerstände ein Strom fließt, der dem 5...10fachen des Diodensperrstromes im heißen Zustand entspricht. Diese Maßnahmen können bei Reihenschaltung von Avalanche-Dioden oft entfallen. Die Spannungsbeanspruchung jeder Diode soll gegenüber dem Einzelbetrieb um mindestens 10% geringer sein.

5 Applikationshinweise für IGBT- und MOSFET-Module

5.1 Auswahl von IGBT- und MOSFET-Modulen

In den folgenden Abschnitten werden ausgewählte Fragen behandelt, deren Beantwortung für eine erfolgreiche Auswahl von Leistungsmodulen mit IGBT oder MOSFET notwendig ist. Entsprechende Hinweise für Dioden und Thyristoren sind bereits in Kap. 4.1 und 4.2 enthalten. Die Auswahl der Leistungsmodule für eine konkrete Anwendung muss unter Berücksichtigung ihrer

- Spannungsbelastbarkeit
- Strombelastbarkeit von Transistoren und Freilaufdioden unter den realisierbaren Kühlbedingungen und in Zusammenhang mit der Schaltfrequenz
- durch Normen vorgegebene Anforderungen an die Isolation zwischen Modulboden und Anschlüssen sowie (wenn vorhanden) modulinternen Sensoren (Strom, Spannung, Temperatur),

in allen stationären und kurzzeitigen Betriebsfällen (z.B. Überlast) betrachtet werden. In keinem statischen oder dynamischen Fall darf die Beanspruchung dazu führen, dass die in den Datenblättern aufgeführten Grenzwerte für Sperrspannung, Spitzenstrom, Chiptemperatur und höchstzulässigen Arbeitspunktverlauf (vgl. Kap. 3.3.4 „SOA") überschritten werden. Gleiches gilt für die Grenzen des Modulgehäuses (z.B. Isolationsspannung, Schwingungsfestigkeit, Klimabeständigkeit, Montagevorschriften). Im Interesse hoher Zuverlässigkeit und ausreichender Lebensdauer muss die Auslastung der Module auch der vorgesehenen Anzahl von Schaltspielen Rechnung tragen, bei denen nennenswerte Temperaturwechsel auftreten (vgl. Kap. 5.2 und 2.7).

Wie bereits in den vorigen Abschnitten ausgeführt, verändern sich viele Eigenschaften der Leistungsmodule mit steigender Temperatur. Des Weiteren wird eine Dimensionierung für „normale Betriebsfälle" nicht von der thermischen Auslastung der Halbleiter bis zum Grenzwert $T_{j(max)}$ ausgehen, um eine Marge für Überlastfälle zu behalten und um auf die in den Datenblättern für $T_{j(max)}$ - 25 K zugesicherten statischen und dynamischen Kennwerte zurückgreifen zu können.

5.1.1 Betriebsspannung

5.1.1.1 Sperrspannung

Da der überwiegende Anteil der Leistungsmodule an einem Gleichspannungszwischenkreis arbeitet, der über ein- oder dreiphasige Gleichrichterbrücken aus einem Wechselspannungsnetz gespeist wird, sind die Sperrspannungen der IGBT- und MOSFET-Module für universellen Einsatz (z.B. 600 V, 1200 V, 1700 V) auf gebräuchliche Netzspannungsebenen abgestimmt.

Im ersten Auswahlschritt wird deshalb zunächst aus Netzspannung (Steuerwinkel 0° bei gesteuerten Gleichrichtern) V_N bzw. Leerlaufgleichspannung V_{CC} (V_{DD}) im Zwischenkreis eine Grobauswahl entsprechend Tabelle 5.1.1 folgendermaßen getroffen:

V_N/V	Gleichrichtung	V_{CC},V_{DD}/V	V_{DSS}, V_{CES}/V
24	B2	22	50
48	B2	44	100
125	B2	110	200
200...246	B2	180...221	500, 600
400...480	B6	540...648	1200
575...690	B6	777...932	1700

Tabelle 5.1.1 Netzspannungsebenen, ideelle Leerlaufgleichspannungen und Empfehlungen für die Auswahl von IGBT- oder MOSFET-Modulen

Anschließend muss überprüft werden, ob im Falle der höchsten Spannungsbeanspruchung, d.h.

- Gleichrichtwert der höchsten stationäre Eingangsspannung (Nennspannung + Netzspannungstoleranz) oder Ausgangsspannung eines aktiven Netzgleichrichters (vgl. Kap. 5.1.3) oder PFC-Hochsetzstellers
- transiente Netzüberspannung, soweit nicht in Netzfiltern, Zwischenkreiskondensatoren und gleichspannungsseitigen Beschaltungen (Suppressordioden, Snubber, Varistoren) abgebaut
- Zwischenkreisspannungsspitzen infolge Schwingungen zwischen den Induktivitäten und Kapazitäten der Spannungsversorgung, z.B. Netzfiltern, Drosseln, Kondensatoren) in bestimmten Betriebsfällen
- Begrenzungsspannung eines Zwischenkreischoppers, wenn vorhanden,
- Ausschaltüberspannung (am Beispiel IGBT) $V_{CC} + \Delta V$ mit

$$\Delta V \approx L_\sigma \cdot 0{,}8\, I_{max} / t_f\,(I_{Cmax})$$

mit

L_σ: Summe aller parasitären Induktivitäten im Kommutierungskreis

I_{max}: höchster abzuschaltender Kollektorstrom (meist bei aktiver Kurzschlussabschaltung)

$t_f\,(I_{Cmax})$: Fallzeit des Kollektorstroms bei I_{Cmax}

die Sperrspannung nicht überschritten wird.

In den meisten Datenblättern werden die Grenzwerte V_{CES} bzw. V_{DSS} als Chip- und nicht als Modulgrenzwerte angegeben. Die, ebenfalls in den meisten Datenblättern enthaltene, interne Modulinduktivität L_{CE} bzw. L_{DS} (z.B. 20...30 nH) ist Bestandteil von L_σ. Somit muss die höchste an den Modulterminals auftretende Spannung $V_{CEmax,T}$ bzw. $V_{DSmax,T}$ auf z.B.

$$V_{CEmax,T} \leq V_{CES} - L_{CE} \cdot 0{,}8\, I_{Cmax} / t_f\,(I_{Cmax})$$

begrenzt sein, d.h. für die Zwischenkreisspannung einschließlich aller möglichen stationären oder transienten Überspannungen muss z.B.

$$V_{CCmax} \leq V_{CES} - L_\sigma \cdot 0{,}8\, I_{Cmax} / t_f\,(I_{Cmax})$$

eingehalten werden, vgl. Kap. 3.3 und 3.4.

Eine messtechnische Überprüfung der Spannung über den Chips ist bei IGBT-Modulen näherungsweise zwischen den Anschlüssen C_x und E_x möglich.

Eine solche Messung während des aktiven Überstrom-/Kurzschlussabschaltens – wie in Bild 5.1.1 beispielhaft dargestellt – zeigt, dass bei IGBT4-Chips im Falle hoher Zwischenkreisspannungen (z.B. im Bremsbetrieb oder bei Speisung durch gepulsten Gleichrichter/Hochsetzsteller) und kleinem externen Gatewiderstand R_{Goff} nur relativ niedrige Überströme abgeschaltet werden können, ohne V_{CEmax} zu überschreiten. Für die Kurzschlussabschaltung (z.B. bei $I_C \geq 2 \cdot I_{Cnom}$) von IGBT4 wird deshalb beim IGBT4 für „soft turn off" ein relativ großer R_{Goff}, z.B. > 20 Ω für ein 300 A-Modul, empfohlen, wenn der abzuschaltende Kurzschlussstrom deutlich höher als I_{Cnom} des Moduls ist, Details hierzu vgl. Kap. 3.3.1.

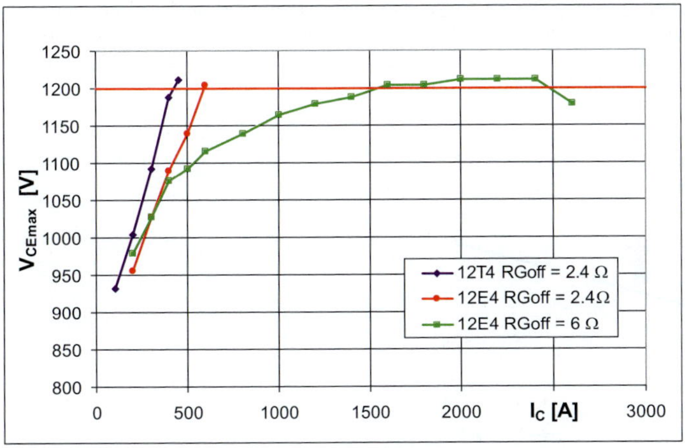

Bild 5.1.1 Spannungsbelastung auf Chiplevel von 450 A-IGBT-Modulen mit T4 bzw. E4 Chips bei V_{CC} = 800 V und T_C = 25°C bei Kurzschlussabschaltung

Bei Modulen mit IGBT4 ist zusätzlich zu beachten, dass die Ausschaltüberspannung bei moderater Vergrößerung des externen Gatewiderstands R_{Goff} gegenüber dem im Datenblatt empfohlenen Wert nicht wie bei früheren IGBT-Generationen absinkt, sondern zunächst ansteigt, obwohl t_f praktisch nicht ansteigt. Erst bei sehr großen R_{Goff} („soft turn off“, s. oben) kehrt sich diese Tendenz um. Bild 5.1.2 zeigt die Spannungsbeanspruchung V_{CEmax} auf Chiplevel eines 1200 V/400 A-IGBT-Moduls mit T4 Chips bei Kurzschlussabschaltung in Abhängigkeit vom externen Gatewiderstand R_{Goff} bei 2 unterschiedlichen Gehäusetemperaturen.

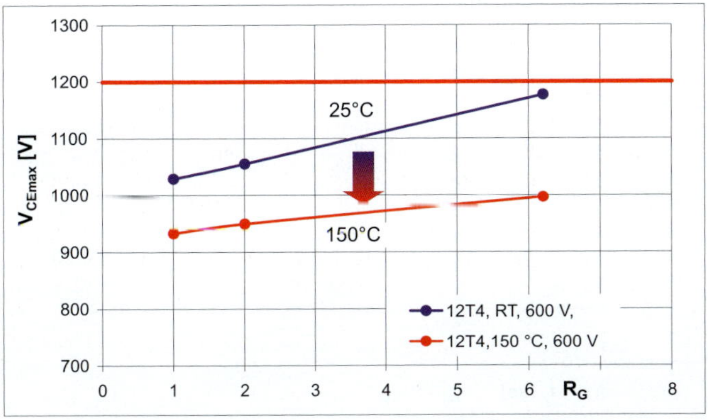

Bild 5.1.2 Spannungsbelastung V_{CEmax} auf Chiplevel eines 1200 V/400 A-IGBT-Moduls mit T4 Chips bei V_{CC} = 600 V und Abschaltung von $I_C = 2 \cdot I_{Cnom}$ = 800 A und unterschiedlichen externen Gatewiderständen und Temperaturen

Da die Schaltzeiten der Transistoren und Dioden mit der Temperatur ansteigen, wachsen die di/dt und somit die Überspannungen an allen parasitären Induktivitäten bei sinkender Temperatur. Zusätzlich sinkt – aufgrund der Temperaturabhängigkeit der Avalanche-Durchbruchspannung – die Sperrspannung von IGBT, MOSFET und Freilaufdioden mit der Temperatur. Da V_{CES} und V_{DSS} im Datenblatt für T_C = 25°C angegeben sind, müssen für den Einsatz bei deutlich tieferen Temperaturen somit ggf. zusätzliche Margen berücksichtigt werden.

Eine weitere Eigenschaft der aktuellen IGBT4 ist die Abhängigkeit der Schaltüberspannung dV_{CE} von der Zwischenkreisspannung V_{CC}. Wie Bild 5.1.3 an einem Beispiel zeigt, wächst dV_{CE} mit V_{CC}, was erforderlich macht, die Dimensionierung einer Schaltung mit IGBT4 bei der höchsten möglichen Zwischenkreisspannung messtechnisch zu überprüfen.

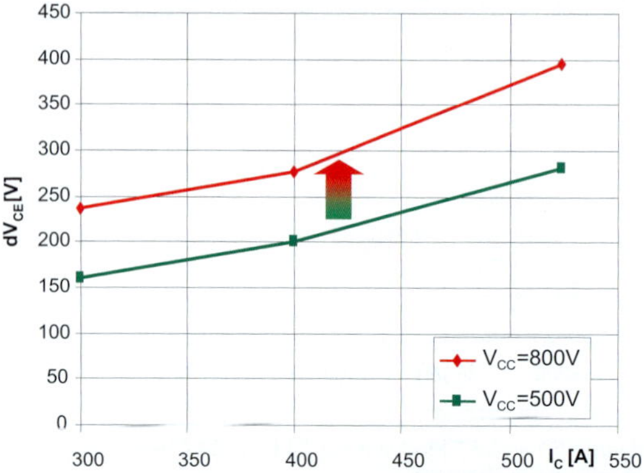

Bild 5.1.3 Einfluss der Zwischenkreisspannung auf die Ausschaltüberspannung eines 1200 V/450 A-IGBT-Moduls mit IGBT-Chips „T4“ in Abhängigkeit vom Kollektorstrom bei T_C = 25°C

Werden IGBT – z.B. bei Aufschalten auf einen Kurzschluss – noch vor Erreichen ihres statischen Sättigungszustandes ausgeschaltet, fällt der Kollektorstrom besonders steil ab, da kaum Minoritätsträger rekombinieren müssen. Das führt – vor allem bei Trench-IGBT – zu erhöhten Ausschaltüberspannungen. Am Beispiel eines 1200 V-IGBT4 zeigt Bild 5.1.4, dass im Extremfall (hohe Zwischenkreisspannung, niedrige Temperatur) ggf. Stromderatings erforderlich sind, wenn sehr kurze Einschaltdauern (t_p < 5µs) auftreten können.

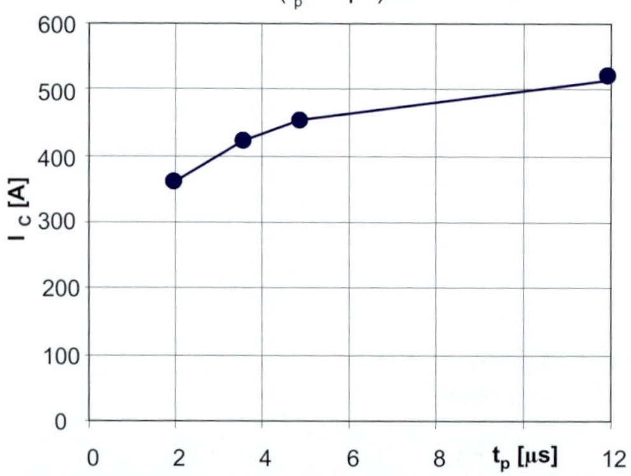

Bild 5.1.4 Notwendiges Stromderating zur Einhaltung von $V_{CE(max)}$ bei sehr kurzen Einschaltdauern t_p eines 1200 V-IGBT4 bei V_{CC} = 800 V und T_C = 25°C

Wie hier gezeigt, haben sich mit der Einführung der IGBT4 die Anforderungen an eine durch Messungen gestützte Dimensionierung für alle auftretenden Betriebsfälle weiter erhöht, da die Wechselwirkungen von Einsatzbedingungen auf die IGBT-Eigenschaften heute deutlich komplexer sind als bei älteren IGBT-Generationen.

Als zusätzliche Maßnahme zur Bedämpfung von Überspannungen wird – vor allem bei möglichen Zwischenkreisspannungen > 700 V (für 1200 V-IGBT) und Kollektorströmen von einigen 100 A – die Anordnung geeigneter Folienkondensatoren als Snubber nahe der Gleichspannungsanschlüsse (+DC: Kollektor TOP IGBT, -DC: Emitter BOT IGBT) des Moduls empfohlen. Einzelheiten zu deren Wirkung und Dimensionierung sind in [AN1] enthalten.

5.1.1.2 Isolationskoordination

Mittels Isolationskoordination werden die Anforderungen an die Spannungsbeanspruchung der elektrischen Isolierung mit dem dazu erforderlichen Stehvermögen in Einklang gebracht. Erfahrungswerte dieser Abstimmung sind in Normen festgehalten und bei der Gerätekonstruktion zu beachten.

Hierzu wird zunächst zwischen Hochspannungs- (> 1000 V) und Niederspannungsanlagen (< 1000 V) unterschieden. Für Spannungen < 1000 V ist vor allem die (Grund-) Norm EN60664 (Isolationskoordination für elektrische Betriebsmittel in Niederspannungsanlagen) entscheidend, deren Anforderungen sich dann auch in Produktgruppennormen wie der EN50178 (Ausrüstung von Starkstromanlagen mit elektronischen Betriebsmitteln) oder Produktnormen wie der EN 61800-5-1 (Elektrische Leistungsantriebssysteme mit einstellbarer Drehzahl, Anforderungen an die Sicherheit) widerspiegeln. Weitere Normen, z.B. EN 50124-1 (Bahnanwendungen - Isolationsanforderungen) legen für bestimmte Einsatzgebiete schärfere Forderungen fest. Die aus EN-Normen abgeleiteten Anforderungen unterscheiden sich erheblich von denen in UL-Normen, wie der UL508C (power conversion equipment).

Für die Isolationskoordination wird zwischen drei abgestuften Anforderungen unterschieden:
- Die Funktionsisolierung trennt unterschiedliche Potentiale innerhalb eines Stromkreises und berücksichtigt nur rein funktionale, nicht sicherheitsrelevante Aspekte.
- Die Basisisolierung trennt Netzstromkreise von geerdeten berührbaren Teilen und ist somit für die Sicherheit entscheidend.
- Verstärkte oder doppelte (= 2x Basis-)Isolierung trennt Netzstromkreise von ungeerdeten berührbaren Teilen einerseits und von Stromkreisen der Informationstechnik andererseits. Somit ist kein weiterer Schutz für Geräteanwender vorhanden, weshalb strengere Anforderungen an die Isolation gestellt werden.

Für Bauelemente der Leistungselektronik, wie z.B. Leistungsmodule, bedeutet diese Einteilung:
- Funktionsisolierung zwischen den Modulterminals
- Basisisolierung zwischen dem (im Gerät über den Kühlkörper geerdeten) Modulboden und den Modulterminals
- Verstärkte oder doppelte Isolierung zwischen Modulterminals und modulinternen, isolierten Sensoren (z.B. für Strom, Spannung oder Temperatur), deren Ausgänge vom Anwender ohne zusätzliche Maßnahmen mit dem Potential der Informationselektronik verbunden werden

Bereits bei der Auswahl eines Leistungsmoduls – d.h. am Beginn der Geräteentwicklung – muss beim Anwender Klarheit über die zu erwartenden elektrischen und Umweltbedingungen entsprechend Kap. 6.2 bestehen, da diese wesentlich in die Isolationskoordination eingehen.

Deshalb sind – zusätzlich zur Auswahl der Sperrspannungsklasse von IGBT bzw. MOSFET nach der höchsten auftretenden Spitzenspannung – die folgenden Anforderungen zu analysieren:

Netz-Überspannungskategorie nach EN60664
- Zuordnung zu Spannungsebenen und Einsatzgebieten, vgl. Bild 5.1.5
- Standard: 3 bei Stromkreisen am Netzanschluss
- Verschmutzungsgrad am Leistungsmodul nach EN60664 bzw. EN 50178
- abhängig z.B. von Einsatzbedingungen und Kühlungskonzept des Gerätes
- Standard: 2 wenn Betauung nur im stromlosen Zustand möglich ist, sonst 3

maximale Einsatzhöhe
- mit steigender Aufstellhöhe (sinkendem Luftdruck) nimmt die Durchschlagfestigkeit der Luft ab → Minderung des Isolationsvermögens der Luftstrecken am Modul, vgl. Kap. 6.2.6.
- Standard: bis 2000 m

Erdung des Versorgungsnetzes
- Die Erdungsart des versorgenden Netzes legt die maximale Spannung zwischen Erdpotential

und den Anschlussklemmen fest.
- Standard: sternpunktgeerdetes TN-Netz

maximale Leiter-Leiter-Spannung oder höchste DC Versorgungsspannung
- entscheidend für die Auswahl der relevanten Bemessungsspannung
- vgl. Bild 5.1.5

maximale Zwischenkreisgleichspannung
- Berücksichtigung, wenn die Zwischenkreisspannung die gleichgerichtete Netzspannung oder DC-Versorgungsspannung übersteigen kann, z.B. durch Rückspeisung, Pulsgleichrichter oder Stellerbetrieb (Beispiel 4Q-Umrichter)

Isolationsanforderung an Sensoren und Potentialtrennstellen zu Steuerstromkreisen
- abhängig von Stromkreisanforderungen, an die der Sensor angeschlossen ist
- Wenn der Sensor an einen Netzstromkreis angeschlossen wird, ist Funktionsisolierung ausreichend.
- Bei Anschluss an einen SELV- oder PELV-Stromkreis muss die Isolation zwischen den Lastanschlüssen des Moduls und dem Sensor „verstärkt“ oder „doppelt“ ausgeführt sein.

maximale Steuerspannung
- Maximale Spannung des Steuerstromkreises gegen Erdpotential
- Standard: < 50 V

Anforderungen an die Isolation müssen für Luftstrecken, Kriechstrecken und feste Isolierung separat betrachtet werden. Die Luftstrecken müssen so groß sein, dass ein Überschlag jederzeit verhindert wird. Entscheidend dafür ist die höchste auftretende Spitzenspannung. Deshalb müssen hier vor allem die Überspannungskategorie des Stromkreises und die Aufstellhöhe berücksichtigt werden. Wenn diese > 2000 m über NN ist, muss die erforderliche Luftstrecke um einen Höhenkorrekturfaktor vergrößert werden, vgl. Tabelle 6.2.1 im Kap. 6.2.6. Für verstärkte oder doppelte Isolierung ist die Luftstrecke der nächst höheren Spannungsklasse erforderlich.

Für die Dimensionierung der Kriechstrecken sind der Verschmutzungsgrad und die Beständigkeit des verwendeten Materials gegen Oberflächenströme entscheidend, die mit der CTI (Comperative Tracking Index)-Zahl beschrieben wird. Je resistenter ein Material ist, umso kleiner darf die Kriechstrecke sein. Entscheidend ist hier der Effektivwert der anliegenden Spannung und nicht der Spitzenwert. Dennoch muss die Kriechstrecke immer mindestens so groß sein wie die Luftstrecke. Die in Normen geforderten Mindestkriechstrecken wurden im allgemeinen empirisch bestimmt, lediglich die Kriechstrombeständigkeit von Leiterplatten wurde bis 1000 V und bei Verschmutzungsgrad 1 und 2 im Versuch ermittelt und das Ergebnis als Forderung übernommen. Die geforderten Strecken sind hier deshalb wesentlich kleiner, als es für die CTI-Zahl des Leiterplattenmaterials eigentlich erforderlich wäre. Für doppelte oder verstärkte Isolierung ist die der Spannung zugeordnete Kriechstrecke zu verdoppeln.

Feste Isolierung liegt immer dann vor, wenn die Isolationsstrecke nicht allein durch Luft oder Gas gebildet wird. Der Nachweis, dass feste Isolierung der Spannungsbeanspruchung standhält, wird mit einer Stehstoßspannungs- und Teilentladungsprüfung nachgewiesen. Im Idealfall ist dabei die Teilentladungseinsetzspannung größer als die maximal zu erwartende Spitzenspannung (denn dann setzt nie Teilentladung ein) und die Teilentladungsaussetzspannung größer als die dauernd anstehende Spannung (Falls die maximale Spitzenspannung einmal überschritten wird, muss die einsetzende Teilentladung sicher wieder unterbrochen werden.). In manchen Normen wird die Teilentladungsprüfung nur für verstärkte oder doppelte Isolierung gefordert.

Um sicherzustellen, dass bei der Montage des Moduls oder Gerätes kein Fehler unterlaufen ist, wird in vielen Produkt- oder Produktgruppennormen eine Isolationsprüfung zwingend vorgeschrieben. Diese Prüfung dient nicht dem Nachweis, dass die Isolation des Prüflings richtig konzipiert wurde.

Maximum value of rated operational voltage to earth(V)a.c. r.m.s. or d.c.	Nominal voltage of the supply system (≤ rated insulation voltage of the equipment)				Preferred values of rated impulse withstand voltages, kV (1.2/50) at 2000 m			
					Overvoltage Category			
					IV	III	II	I
	a.c. r.m.s. (V)	a.c. r.m.s. (V)	a.c. r.m.s. or d.c. (V)	a.c. r.m.s. or d.c. (V)	Origin of installation (service entrance) level	Distribution circuit level	Load (appliance, equipment) level	Specially protected level
50	---	---	12.5, 24, 25, 30, 42, 48	60–30	1.5	0.8	0.5	0.33
100	66/115	66	60	---	2.5	1.5	0.8	0.5
150	120/208 127/220	115, 120, 127	110, 120	220–110, 240–120	4	2.5	1.5	0.8
300	220/380, 230/400, 240/415, 260/440, 277/480	220, 230, 240, 260, 277	220	440–220	6	4	2.5	1.5
600	347/600, 380/660 400/690, 415/720, 480/830	347, 380, 400, 415, 440, 480, 500, 577, 600	480	960–480	8	6	4	2.5
1000	---	660, 690, 720, 830, 1000	1000	---	12	8	6	4

Bild 5.1.5 Isolationsprüfspannungen für ausgewählte Netztypen, Netzspannungen und Überspannungskategorien [54]

Die o.g. Normen enthalten unterschiedliche Bemessungsrichtlinien für die notwendigen Isolationsprüfspannungen. Beispiel: Isolationsprüfspannungen für Basisisolation bei 690 V Netzspannung für Prüfung mit AC oder DC nach verschiedenen Normen.

nach EN 50178

Prüfzeit: Typprüfung 5 s; Stückprüfung 1 s

a) geerdeter Sternpunkt

Außenleiter-Erde-Spannung: 690 V/√3 = 398 V: V_{isol} = 398 V · 1,5 + 750 V = 1,35 kV_{rms}

b) geerdete Dreieckschaltung

Außenleiter-Erde-Spannung: 690 V V_{isol} = 690 V · 1,5 + 750 V = 1,79 kV_{rms}

nach EN 61800-5-1

Prüfzeit: Typprüfung 5 s; Stückprüfung 1 s

a) geerdeter Sternpunkt

Außenleiter-Erde-Spannung: 690 V/√3 = 398 V V_{isol} = 398 V + 1200 V = 1,6 kV_{rms}

b) geerdete Dreieckschaltung

Außenleiter-Erde-Spannung: 690 V V_{isol} = 690 V + 1200 V = 1,89 kV_{rms}

nach UL 508C

Prüfzeit: 1 min

$V_{isol} = 2 \cdot V_{nenn} + 1000$ V V_{isol} = 2 · 690 V + 1000 V = 2,38 kV_{rms}

In den Datenblättern der Leistungsmodule (vgl. z.B. Kap. 3.3.1 und 3.4.1, Grenzwerte des Moduls) ist die mittels Stückprüfung bei der Fertigung der Module überprüfte **Isolationsprüfspannung V_{isol}** als Effektivwert (Wechselspannung 50 Hz) zwischen den Eingangsklemmen/Steueranschlüssen (alle Anschlüsse miteinander verbunden) und dem isolierten Modulboden angegeben. Die Prüfzeit variiert zwischen 1 s und 1 min. Alternativ kann eine Isolationsprüfung auch als Gleichspannungsprüfung erfolgen, wobei $V_{isol}(DC) = \sqrt{2} \cdot V_{isol}(AC)$ ist. Die Überprüfung der Isolation zwischen im Modul vorhandenen Sensoren und deren Umgebung sowie von Potentialtrennstellen in intelligenten Modulen erfolgt analog.

Um Leistungsmodule universell in verschiedenen Anwendungen einsetzen zu können, werden vom Hersteller die Prüfspannungen möglichst hoch (im Rahmen der technischen Möglichkeiten) festgelegt, z.B. 2,5 kVac/1 min...4 kVac/1 min....4,5 kVac/1 s bei 1200 V-IGBT, 4 kVac/1 min...5,6 kV/1 s bei 1700 V-IGBT, 6 kV / 1 min bei 3.300 V-IGBT und 10,2 kV / 1 min bei 6.500 V-IGBT. Von SEMIKRON werden entsprechend spezieller Anwenderforderungen auch IGBT- und Diodenmodule mit 9,5 kV/1 min geprüft.

Alle Isolationsspannungsprüfungen sind bei 15...35°C Umgebungstemperatur, 45...75% relative Luftfeuchte und einem Luftdruck von 860...1060 hPa durchzuführen. Die Isolationsprüfung gilt als bestanden, wenn kein Durchschlag erfolgt ist, d.h. ein ggf. während der Prüfung gemessener, kleiner Leckstrom ist irrelevant. Da jede Isolationsprüfung aufgrund von Teilentladungen Vorschädigungen am Modul hervorrufen kann, sollte die Anzahl der Prüfungen klein und die Prüfspannung nicht höher sein als von den Internationalen oder Applikationsspezifischen Normen gefordert. Falls eine wiederholte Isolationsprüfung nicht vermieden werden kann, ist eine Regenerationszeit von minimum 10 Minuten zwischen 2 Tests einzuhalten. Die Testbedingungen sollten auf eine Dauer von 1s und eine Spannung von 85% der Isolationstestspannung aus dem Datenblatt begrenzt sein.

5.1.2 Durchlassstrom

Die als Grenzwerte in den Datenblättern aufgeführten, höchstzulässigen Durchlassgleichströme I_C (Kollektor-Gleichstrom) bzw. I_D (Drain-Gleichstrom), bei denen die höchstzulässige Chiptemperatur erreicht wird, sind formal für den stationär vollständig durchgesteuerten Transistor nach

$$I_C = \frac{T_{j(max)} - T_c}{V_{CE(sat)} \cdot R_{th(j-c)}} \qquad \text{(IGBT-Modul)}$$

$$I_D = \sqrt{\frac{T_{j(max)} - T_c}{r_{DS(on)} \cdot R_{th(j-c)}}} \qquad \text{(MOSFET-Modul)}$$

für Gehäusetemperaturen T_c = 25°C und 80°C bei Modulen mit Bodenplatte bzw. T_s = 25°C und 70°C bei bodenplattenlosen Modulen berechnet, siehe auch Erklärung der Datenblattangaben in den Kap. 3.3.1 und 3.4. Bei Modulen ohne Bodenplatte tritt T_s anstelle von T_c und $R_{th(j-s)}$ anstelle von $R_{th(j-c)}$. Für $R_{DS(on)}$ und $V_{CE(sat)}$ sind die Maximalwerte bei höchstzulässiger Chiptemperatur $T_{j(max)}$ eingesetzt. Diese Angaben sind lediglich zur Groborientierung geeignet, da im realen Betrieb außer den Durchlassverlusten auch Schalt- und (niedrige) Sperrverluste entstehen, die Gehäusetemperatur andere Werte annimmt und auch nicht während der gesamten Einschaltdauer die statischen Endwerte von $R_{DS(on)}$ bzw. $V_{CE(sat)}$ erreicht werden.

Ebenfalls nur Orientierungswert besitzt der in neueren Datenblättern ausgewiesene IGBT-**Chipstrom** I_{Cnom} (vom Hersteller der IGBT-Chips im Chipdatenblatt ausgewiesener Typenstrom, multipliziert mit der Anzahl der im Modul parallel geschalteten IGBT-Chips), der ebenfalls ein Gleichstrom ist (vgl. Kap. 3.4.1).

Der **Periodische Kollektorstrom-Spitzenwert** I_{CRM} ist der höchstzulässige Scheitelwert des Stromes über den Kollektoranschluss im Pulsbetrieb und somit Grenzwert der Spitzenstrombelastung im periodischen Schaltbetrieb (vgl. Kap. 3.3.1). I_{CRM} ist temperaturunabhängig und wird durch die zulässige Stromdichte der Chips begrenzt. In vielen Datenblättern wird I_{CRM} mit $2 \cdot I_{Cnom}$ angegeben und entspricht somit dem früher spezifiziertem Grenzwert I_{CM}. Für die aktuell in SEMIKRON-IGBT-Modulen eingesetzten IGBT4-Chips (T4, E4) lässt der Chiphersteller $I_{CRM} = 3 \cdot I_{Cnom}$ zu, jedoch ohne Angabe einer zulässigen Pulsbreite. Wie Untersuchungen zeigen, kann es beim periodischen Ausschalten solch hoher Ströme jedoch an den heißesten Chips bereits zur vorzeitigen Entsättigung mit starkem Anstieg der Verlustleistung kommen. Deshalb empfiehlt SEMIKRON weiterhin, nur in Ausnahmefällen (z.B. reduzierte Zwischenkreisspannung, aktives Clamping, sehr langsames Ausschalten, Ausschaltentlastung) höhere Ströme aus dem im RBSOA zulässigen Wert $2 \cdot I_{Cnom}$ abzuschalten und behält die bisherige RBSOA-Grenze von $I_{CRM} = 2 \cdot I_{Cnom}$ bei.

Ein weiterer Durchlassstrom-Grenzwert ist der höchstzulässige **Durchlassstrom-Effektivwert** $I_{t(RMS)}$ des Modulaufbaus, gemittelt über eine volle Periode der Betriebsfrequenz und gültig für beliebige Stromkurvenformen, Stromflusswinkel und Kühlbedingungen. Er ist begrenzt durch die Strombelastbarkeit der inneren Verbindungen und äußeren Terminals des Moduls, vgl. Kap. 3.3.1.

Analog zu den Transistorgrenzwerten sind die Stromgrenzwerte der Freilaufdioden **Inversdioden-Durchlassstrom I_F**, **Dioden-Chipstrom I_{Fnom}** und **Periodischer Spitzenwert des Inversdioden-Durchlassstroms I_{FRM}** definiert. Für die Auswahl von Schutzmaßnahmen im Betrieb der Inversdioden als Netzgleichrichter ist der (nichtperiodische) Stoßstrom-Grenzwert I_{FSM} von Bedeutung. Er definiert die zulässige Höhe eines Durchlassstromstoßes in Form einer 50 Hz Sinus-Halbschwingung, den die Diode im Störungsfall (Kurzschluss) ohne Schaden übersteht, wenn er nur selten während der Lebenszeit der Diode auftritt. Aus den Grenzstromkennlinien können Werte für unterschiedliche Halbschwingungsdauern sowie für mehrere aufeinander folgende Halbschwingungen ermittelt werden (vgl. Kap. 3.3.1).

Der in der Praxis erzielbare Ausgangsstrom einer leistungselektronischen Schaltung wird grundsätzlich durch die gesamte Verlustleistungsbilanz (Durchlass-, Sperr- und Schaltverluste) der Transistoren und Freilaufdioden in den Leistungsmodulen und die mögliche Wärmeabführung von den Chips über das Modul und die Kühleinrichtung bis in das Kühlmedium begrenzt:
- In keinem stationären oder dynamischen Betriebsfall (mit Ausnahme der nur begrenzt oft zulässigen Kurzschlussabschaltung, vgl. Kap. 3.3.4 „SCSOA") darf die höchstzulässige Chiptemperatur der IGBT, Dioden oder MOSFET überschritten werden.
- Die durch Last- und Temperaturwechsel auftretenden Temperaturgradienten dürfen nicht zur verschleißbedingten Zerstörung des Moduls vor Ablauf der projektierten Lebensdauer führen, vgl. Kap. 2.7.

Weitere Grenzen bestehen z.B. in
- der Schaltbelastbarkeit der Transistoren im Betrieb und bei möglichen Überlastungen bis zum höchsten abzuschaltenden Strom, d.h. in den Grenzen der zulässigen Arbeitsbereiche der Transistoren, vgl. Kap. 3.3.4
- notwendiger Selektivität von aktiven und passiven Überstrom-Schutzmaßnahmen
- vom abzuschaltenden Strom abhängigen Schaltüberspannungen (vgl. Kap. 5.1.1)

5.1.3 Beanspruchung von Freilaufdioden im Gleich- und Wechselrichterbetrieb

Um Energie ins Netz zurückspeisen zu können, sind Antriebsumrichter häufig für den 4 Quadranten Betrieb ausgelegt, d.h. sie bestehen aus 2 topologisch gleichen Invertern auf der Netzseite (LSC: **L**ine **S**ide **C**onverter) und der Maschinenseite (MSC: **M**achine **S**ide **C**onverter). In Abhängigkeit von der Stromrichtung (Gleich- oder Wechselrichterbetrieb) werden die Freilaufdioden der beiden Inverter bei gleicher übertragener Leistung in Bezug auf die auftretenden Verlustleistungen unterschiedlich beansprucht.

Im Wechselrichterbetrieb ist der mittlere Energiefluss vom Gleichspannungszwischenkreis zur Wechselstromseite gerichtet, d.h. die Wechselstromseite speist einen Verbraucher, z.B. eine Drehstrommaschine oder auch ein Energienetz. Dagegen ist im Gleichrichterbetrieb der mittlere Energiefluss von der Wechselstromseite zum Gleichspannungszwischenkreis hin gerichtet. In diesem Fall arbeitet der Umrichter als gepulster Gleichrichter an einem Netz oder einem Generator. Bei gleicher übertragener Leistung wird eine unterschiedliche Verlustleistungsbeanspruchung der Leistungshalbleiter im Wesentlichen durch die im Gleich- und Wechselrichterbetrieb entgegengesetzt auftretende Phasenverschiebung zwischen Spannungs- und Stromgrundschwingung auf der AC-Seite verursacht. Der Sachverhalt lässt sich an der in Bild 5.1.6 dargestellten Grundanordnung verdeutlichen.

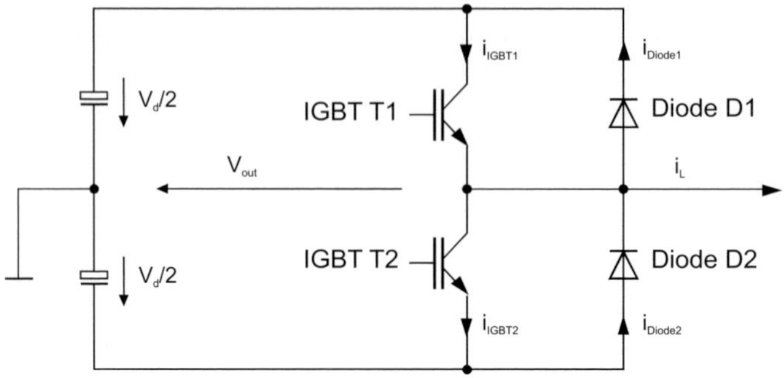

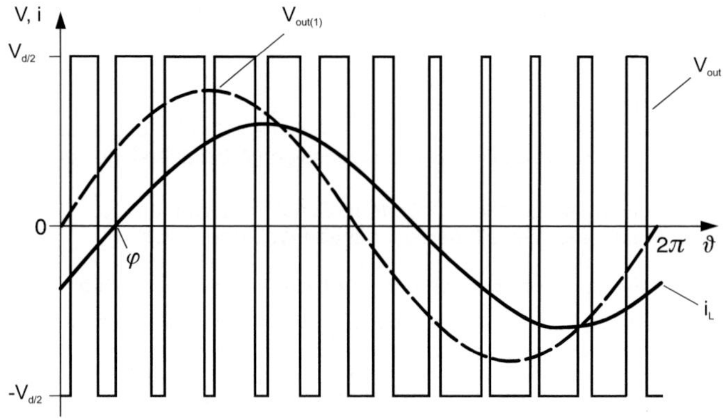

Bild 5.1.6 Grundanordnung einer Umrichterphase mit IGBT und Freilaufdioden
Es ist zu sehen:
wenn v_{out} = positiv und $i_L > 0$: Stromfluss über IGBT 1
wenn v_{out} = negativ und $i_L > 0$: Stromfluss über Diode 2
wenn v_{out} = positiv und $i_L < 0$: Stromfluss über Diode 1
wenn v_{out} = negativ und $i_L < 0$: Stromfluss über IGBT 2

Somit hängen die bei einem vorgegebenen Stromeffektivwert auftretenden Durchlassverluste in IGBT und Freilaufdiode vom cos φ zwischen Spannungs- und Stromgrundschwingung sowie der Aussteuerung m des Umrichters (gibt Tastverhältnisse vor) ab.

Im Wechselrichterbetrieb ist $0 \leq m \cdot \cos\varphi \leq 1$. Ein Grenzfall der Verlustleistungsbeanspruchung der Leistungshalbleiter liegt hier bei $m \cdot \cos\varphi = 1$ vor. In diesem Fall erreichen die Durchlassverluste und somit auch die Gesamtverluste der IGBT ihr Maximum und die der Freilaufdioden ihr Minimum.

Im Gleichrichterbetrieb ist $0 \geq m \cdot \cos\varphi \geq -1$. Ein Grenzfall der Verlustleistungsbeanspruchung der Leistungshalbleiter liegt hier bei $m \cdot \cos\varphi = -1$ vor. In diesem Fall erreichen die Durchlassverluste und somit auch die Gesamtverluste der IGBT ihr Minimum und die der Freilaufdioden ihr Maximum. Übertragen auf die Verläufe in Bild 5.1.6 läge dieser Fall vor, wenn der gepulste Gleichrichter – bezogen auf die Grundschwingung – reinen Wirkleistungsbezug aus dem Netz realisiert und der Sternpunkt des Netzes mit dem Mittelpunkt der Zwischenkreisspannung verbunden ist. Bild 5.1.7 veranschaulicht grafisch die Zusammenhänge an einem Beispiel.

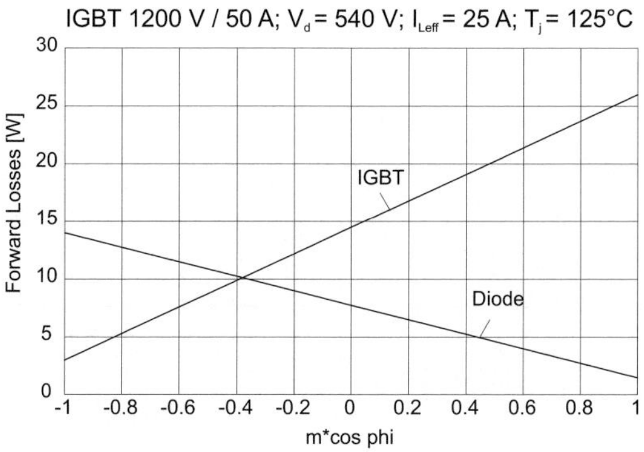

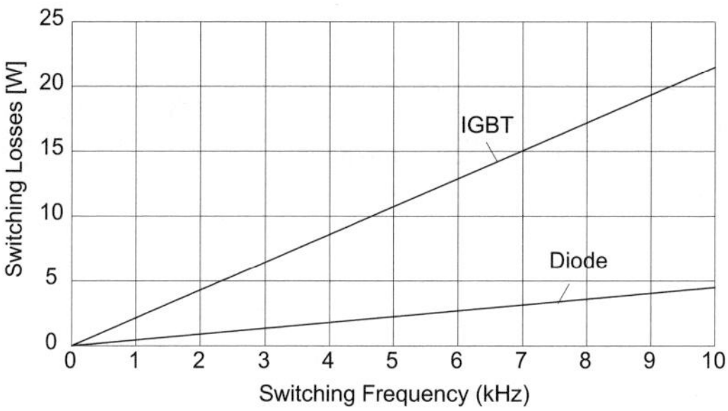

Bild 5.1.7 Schalt- und Durchlassverluste von IGBT und Freilaufdiode im Frequenzumrichter

Bei vorgegebenen Werten für Zwischenkreisspannung und Wechselstromeffektivwert hängen die Schaltverluste der Bauelemente lediglich linear von der Schaltfrequenz ab (Bild 5.1.7). Die meisten am Markt verfügbaren IGBT- und MOSFET-Module mit integrierten Freilaufdioden („Standardmodule") sind bezogen auf die abführbaren Verlustleistungen bei Nennstrom für den Einsatz im Wechselrichterbetrieb dimensioniert (z.B. cos φ = 0,6...1). Aufgrund der niedrigeren Durchlassverluste und auch Gesamtverluste sind die Dioden flächenmäßig im Vergleich zu den IGBT auf deutlich geringere abführbare Verlustleistungen ausgelegt (Verhältnis IGBT : Diode ≈ 2...3:1). Bei der Dimensionierung eines Inverters für den Betrieb als gepulster Gleichrichter muss deshalb die Diodenbelastung besonders berücksichtigt werden.

5.1.4 Schaltfrequenz

Bild 5.1.8 zeigt für einen Arbeitspunkt das Ein- und Ausschaltverhalten eines Leistungs-MOSFET- und eines IGBT-Moduls. Außer den Verläufen von v_{DS} bzw. v_{CE} und i_D bzw. i_C sind die durch Multiplikation von Strom- und Spannungsaugenblickwerten ermittelten Augenblicksverlustleistungen p(t) dargestellt, deren Integral über die Periodendauer die Gesamtverluste des MOSFET bzw. IGBT widerspiegelt. Die Gesamtverluste im Leistungsmodul setzen sich aus den Verlusten aller im Modul enthaltenen Transistoren und Freilaufdioden zusammen.

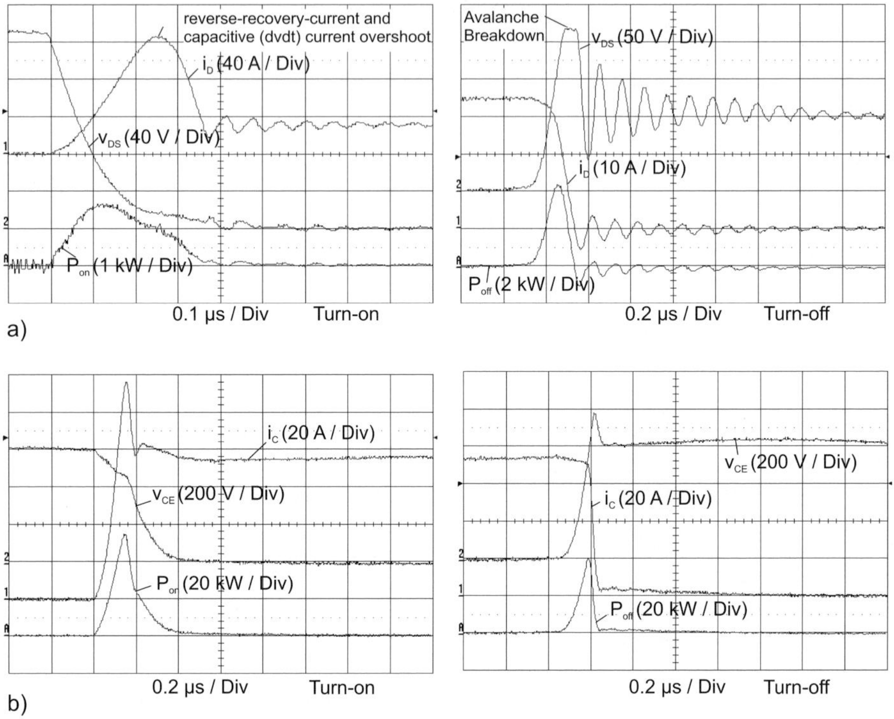

Bild 5.1.8 Schaltvorgänge (hartes Ein- und Ausschalten bei ohmsch-induktiver Last)
a) Leistungs-MOSFET-Modul; b) IGBT-Modul

Die qualitative Erklärung der Strom- und Spannungsverläufe erfolgte in den Kap. 2.4, 3.3 und 3.4. Da die Schaltverluste frequenzproportional anwachsen, stellen diese eine Grenze für die Schaltfrequenz dar, die jedoch durch Überdimensionierung des Leistungsmoduls nach oben verschoben werden kann.

Weitere Begrenzungen können auch aus den Ein- und Ausschaltverzögerungszeiten $t_{d(on)}$, $t_{d(off)}$ der Transistoren, den Rückstromzeiten der Freilaufdioden, der frequenzproportional ansteigenden Ansteuerleistung oder den für Ansteuerung, Verriegelungs-, Mess-, Schutz- und Überwachungsfunktionen notwendigen Mindestein- und -auszeiten bzw. Totzeiten resultieren. Sollen Schaltverluste in passive Beschaltungsnetzwerke (Snubber) verlagert oder Überspannungen mittels Snubbern begrenzt werden, ist auch deren Umladezeit nach dem entlasteten Schaltvorgang als Totzeit zu beachten.

Die Schaltzeiten der MOSFET- und IGBT-Leistungsmodule liegen zwischen wenigen ns und einigen 100 ns. Während die Schaltzeiten von MOSFET und älteren IGBT in relativ weiten Grenzen durch die Ansteuerparameter beeinflussbar sind, ist dies bei vielen neuen IGBT in Trench-Technologie für das Einschalten nur in geringem Maße, für das Ausschalten kaum noch möglich (vgl. Bild 5.1.9), wenn nicht – infolge sehr großer Gatewiderstände – drastische Schaltverlustleistungssteigerungen in Kauf genommen werden.

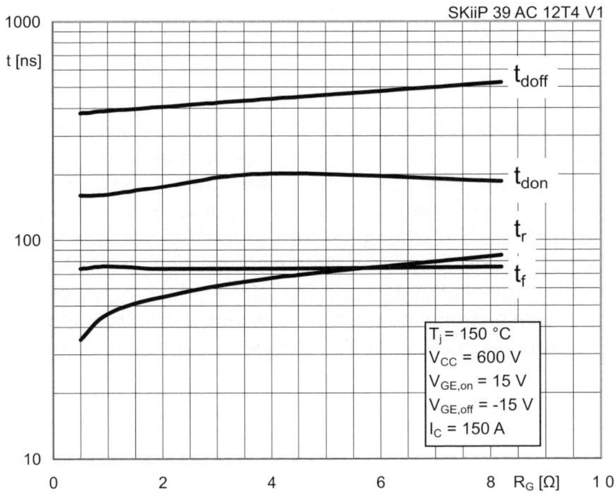

Bild 5.1.9 Schaltzeiten eines IGBT4 in Abhängigkeit vom externen Gatewiderstand R_G

Mit sinkender Schaltzeit der Transistoren werden die Einflüsse parasitärer Induktivitäten und der dynamischen Eigenschaften der Freilaufdioden (t_{rr}, Q_{rr}) beim harten Schalten und höheren Betriebsspannungen immer mehr zu schaltfrequenzbegrenzenden Faktoren, da z.B.

- die Ausschaltgeschwindigkeit, begrenzt durch die zulässige Schaltüberspannung und
- die Einschaltgeschwindigkeit, begrenzt durch den zulässigen Spitzenstrom (Laststrom + di/dt-abhängiger Sperrerholstrom der Freilaufdiode)

oft die Höchstwerte der möglichen Schaltgeschwindigkeit bestimmen.

Desweiteren können die bereits heute für den oberen Leistungsbereich eher zu steilen dv/dt und di/dt der Transistoren EMV-Störungen und dv/dt-abhängige Isolationsprobleme in bestimmten Lasten (Maschinen) verursachen. Bei der Wahl von Schaltfrequenz und (soweit möglich) Einstellung von Schaltzeiten muss deshalb in jedem Fall ein optimaler Kompromiss zwischen den aus der Aufgabe resultierenden Forderungen (z.B. Frequenz außerhalb des Hörbereiches), den Schaltzeiten/ Schaltverlusten und der Verlustabführung sowie den EMV-Eigenschaften gesucht werden.

Richtwerte für Schaltfrequenzen mit Standardmodulen sind heute:

beim harten Schalten:	MOSFET-Module	niedersperrend	bis 250 kHz
		hochsperrend	bis 100 kHz
	IGBT-Module	600 V	bis 30 kHz
		1200 V	bis 20 kHz
		1700 V	bis 10 kHz
		3300 V	bis 3 kHz
beim weichen Schalten:	MOSFET-Module	niedersperrend	bis 500 kHz
		hochsperrend	bis 250 kHz
	IGBT-Module		bis 150 kHz

5.2 Thermische Auslegung von Leistungstransistormodulen

Die Erläuterungen in diesem Kapitel beziehen sich auf IGBT-Module. Die Betrachtungen bzw. Berechnungen können bei Austausch der entsprechenden Bezeichnungsindizes in analoger Weise für MOSFET-Module durchgeführt werden. MOSFET haben keine Schwellspannung der Durchlasskennlinie, so dass diese Terme in den Formeln entfallen ($V_{CE0} \rightarrow V_{DS0} = 0$). Im Rückwärtsbetrieb (Freilaufdiode) muss unterschieden werden ob nur die Bodydiode leitet oder ob der MOSFET auch für den Freilaufbetrieb in Rückwärtsrichtung aktiv eingeschaltet ist. Die Ausführungen konzentrieren sich auf hart schaltende Umrichter am Gleichspannungszwischenkreis. Im Kap. 4.1 wird auf die thermische Auslegung der Gleichrichterbauelemente eingegangen.

5.2.1 Einzel- und Gesamtverluste

IGBT und Dioden arbeiten in der Leistungselektronik im Schalterbetrieb, in dem sie zyklisch verschiedene statische und dynamische Zustände einnehmen. In jedem dieser Zustände entsteht eine Verlustleistungs- bzw. Verlustenergiekomponente, die sich zu den Gesamtverlusten des Schalters aufsummieren und den Leistungshalbleiter erwärmen. Durch entsprechende Auslegung der Leistungshalbleiter und deren Kühlung ist die Einhaltung der vom Hersteller vorgegebenen, maximal erlaubten Sperrschichttemperatur in jedem regulären Betriebspunkt des Umrichters sicherzustellen. Ausnahmen bilden Kurzschlussabschaltungen und Stoßstrombelastungen, bei denen $T_{j(max)}$ in der Regel überschritten wird. Diese Ereignisse dürfen aber nur selten während der Gesamtbetriebsdauer auftreten. Den Bauelementen muss im Anschluss an ein solches Ereignis Zeit zum Abkühlen gewährt werden.

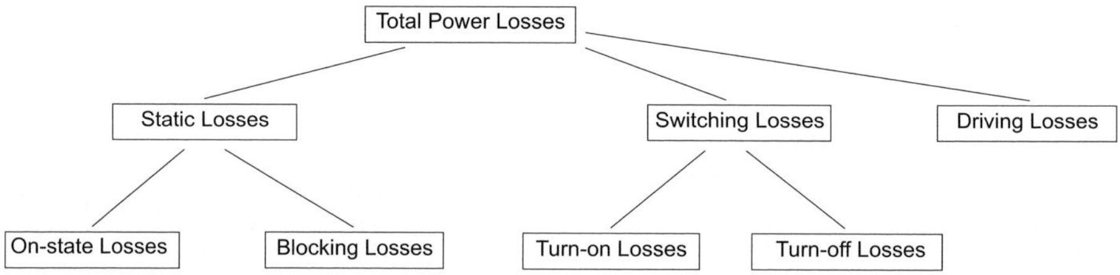

Bild 5.2.1 Einzelverlustkomponenten von Leistungsmodulen im Schalterbetrieb

IGBT

Wegen des geringen Anteils an den Gesamtverlusten können die Vorwärtssperr- und Ansteuerverluste in der Regel vernachlässigt werden. Bei hohen Sperrspannungen (> 1 kV) und/oder hohen Einsatztemperaturen (>= 150°C) können wegen der exponentiell steigenden Sperrströme die Sperrverluste an Bedeutung gewinnen und sogar zum thermischen Weglaufen führen. Ansteuerverluste sind meist nur bei sehr hochfrequenten Niedervolt-MOSFET Anwendungen zu berücksichtigen.

Die Durchlassverluste ($P_{cond(T)}$) sind abhängig von:
- dem Laststrom (über Ausgangskennlinie $V_{CE(sat)} = f(I_C, V_{GE})$)
- der Sperrschichttemperatur
- dem Tastverhältnis

Bei gegebenen Ansteuerparametern (R_G, V_{GG}) und unter Vernachlässigung parasitärer Effekte (L_S, C_{load}) sind die Ein- und Ausschaltverluste (P_{on}, P_{off}) abhängig von:
- dem Laststrom und dem elektrischen Charakter der Last (ohmsch, induktiv, kapazitiv)
- der Zwischenkreisspannung
- der Sperrschichttemperatur
- der Schaltfrequenz

Die Gesamtverluste ergeben sich zu:

$$P_{tot(T)} = P_{cond(T)} + P_{on} + P_{off}$$

Freilaufdiode

Wegen des geringen Anteils an den Gesamtverlusten können die Sperrverluste auch hier vernachlässigt werden. Es gelten die selben Einschränkungen wie für den IGBT. Ausnahmen können Schottkydioden mit hohen Heißsperrströmen bilden. Die Einschaltverluste entstehen durch den Forward-Recovery-Prozess. Bei schnellen Dioden ist auch dieser Verlustanteil vernachlässigbar.

Die Durchlassverluste ($P_{cond(D)}$) sind abhängig von:

- dem Laststrom (über Durchlasskennlinie $V_F = f(I_F)$),
- der Sperrschichttemperatur,
- dem Tastverhältnis.

Bei gegebenen Ansteuerparametern des mit der Diode kommutierenden IGBT und unter Vernachlässigung parasitärer Effekte (L_S) sind die Ausschaltverluste (P_{rr}) abhängig von:
- dem Laststrom,
- der Zwischenkreisspannung,
- der Sperrschichttemperatur,
- der Schaltfrequenz.

Die Gesamtverluste ergeben sich zu:

$$P_{tot(D)} = P_{cond(D)} + P_{rr}$$

Die Gesamtverluste eines Moduls $P_{tot(M)}$ ergeben sich dann durch Multiplikation der Einzelverluste mit der Anzahl der Schalter n im Modul

$$P_{tot(M)} = n \cdot (P_{tot(T)} + P_{tot(D)})$$

5.2.1.1 Gleichspannungssteller

Die Verluste für DC/DC-Wandler lassen sich unter stationären Bedingungen wegen des konstanten Tastverhältnisses relativ leicht berechnen. Werte für die Schaltverlustenergien bei Nennbedingungen/Referenzwerten sowie die Durchlassspannungsabfälle von IGBT und Diode sind in den Datenblättern angegeben. Diese müssen auf den Arbeitspunkt in der Schaltung umgerechnet werden. Die beiden Grundschaltungen Tief- und Hochsetzsteller sind Basiselemente vieler komplexerer Anwendungen.

Tiefsetzsteller

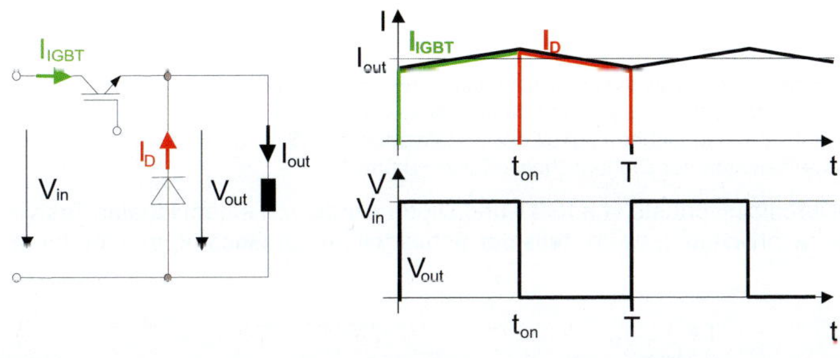

a) b)

Bild 5.2.2 Tiefsetzsteller mit ohmsch-induktiver Last, a) Schaltung; b) Strom- und Spannungsverlauf

Bild 5.2.2 zeigt die Schaltung eines Tiefsetzstellers (Chopper, step-down-converter) mit charakteristischen Verläufen bei ohmsch-induktiver Last. Eine hohe Eingangsspannung V_{in} wird in eine niedrigere mittlere Ausgangsspannung V_{out} umgewandelt. Für den eingeschwungenen Zustand der Schaltung lassen sich im Arbeitspunkt die Verluste des IGBT wie folgt berechnen:

Durchlassverluste: $$P_{cond(T)} = \frac{1}{T}\int_0^{t_1} i_C(t) \cdot v_{CE}(t)\,dt$$

Bei Vernachlässigung der Laststromwelligkeit und Nachbildung der Durchlasskennlinie mit einer Ersatzgerade aus V_{CE0} und r_{CE} ergibt sich:

$$P_{cond(T)} = (I_{out} \cdot (V_{CE0(25°C)} + TC_V \cdot (T_j - 25°C)) + I_{out}^{\ 2} \cdot (r_{CE(25°C)} + TC_r \cdot (T_j - 25°C)))\,DC_{(T)}$$

Schaltverluste: $$P_{sw} = f_{sw} \cdot (E_{on}(V_{in}, I_{out}, T_j) + E_{off}(V_{in}, I_{out}, T_j))$$

$$P_{sw(T)} = f_{sw} \cdot E_{on+off} \cdot \left(\frac{I_{out}}{I_{ref}}\right)^{Ki} \cdot \left(\frac{V_{in}}{V_{ref}}\right)^{Kv} \cdot (1 + TC_{Esw} \cdot (T_j - T_{ref}))$$

mit

I_{out}:	Laststrom-Mittelwert
$DC_{(T)}$:	Tastverhältnis des Transistors (duty cycle = $t_{on}/T = V_{out}/V_{in}$);
f_{sw}:	Schaltfrequenz
TC_V, TC_r	Temperaturkoeffizienten der Durchlasskennlinie
I_{ref}, V_{ref}, T_{ref}:	Referenzwerte der Schaltverlustmessung aus dem Datenblatt
K_i:	Exponenten für Stromabhängigkeit der Schaltverluste ~1
K_v:	Exponenten für Spannungsabhängigkeit der Schaltverluste ~1,3…1,4
TC_{Esw}:	Temperaturkoeffizienten der Schaltverluste ~ 0,003 1/K.

Die Temperaturkoeffizienten der Durchlasskennlinie können aus den 25°C und den Heißwerten der Datenblattkennlinie berechnet werden, beispielsweise gilt für TC_V :

$$TC_V = \frac{V_{CE0(125°C)} - V_{CE0(25°C)}}{125°C - 25°C}$$

Für die Diode gilt dann analog:

Durchlassverluste: $P_{cond(D)} = \frac{1}{T}\int_{t_1}^{T} v_F(t) \cdot i_F(t)\,dt$

$$P_{cond(D)} = (I_{out} \cdot (V_{F0(25°C)} + TC_v \cdot (T_j - 25°C)) + I_{out}{}^2 \cdot (r_{F(25°C)} + TC_r \cdot (T_j - 25°C)))DC_{(D)}$$

Ausschaltverluste: $P_{rr} = f_{sw} \cdot E_{rr}\,(V_{in}, I_{out}, T_j)$

$$P_{sw(D)} = f_{sw} \cdot E_{rr} \cdot \left(\frac{I_{out}}{I_{ref}}\right)^{Ki} \cdot \left(\frac{V_{in}}{V_{ref}}\right)^{Kv} \cdot (1 + TC_{Err} \cdot (T_j - T_{ref}))$$

mit

$DC_{(D)}$:	Tastverhältnis der Diode (duty cycle für kontinuierlichen Strom = $(T-t_{on})/T$)
K_i:	Exponenten für Stromabhängigkeit der Schaltverluste ~0,6
K_v:	Exponenten für Spannungsabhängigkeit der Schaltverluste ~0,6
TC_{Err}:	Temperaturkoeffizienten der Diodenschaltverluste ~0,006 1/K

Bei der Berechnung der Durchlassverluste von IGBT und Diode wurde von einem idealen Tastverhältnis ausgegangen (Vernachlässigung des Anteils der Schaltzeit an der Gesamtperiodendauer).

Hochsetzsteller

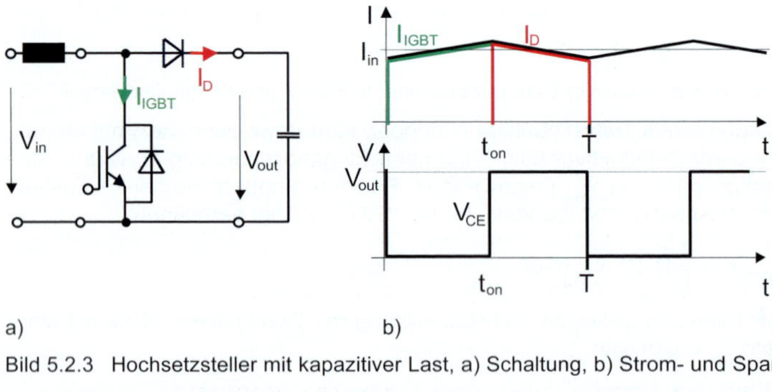

Bild 5.2.3 Hochsetzsteller mit kapazitiver Last, a) Schaltung, b) Strom- und Spannungsverlauf

Mit dem Hochsetzsteller (Bild 5.2.3, Booster) wird eine niedrige Eingangsspannung V_{in} in eine höhere Ausgangsspannung V_{out} gewandelt. Analog zum Tiefsetzsteller lassen sich die entsprechenden Verlustleistungen berechnen. Der Strom durch die Bauelemente ist jetzt der Eingangsstrom der Schaltung und beim Schalten wird gegen die hohe Ausgangsspannung V_{out} geschaltet.

$$P_{cond(T)} = (I_{in} \cdot (V_{CE0(25°C)} + TC_v \cdot (T_j - 25°C)) + I_{in}^2 \cdot (r_{CE(25°C)} + TC_r \cdot (T_j - 25°C)))DC_{(T)}$$

$$P_{sw(T)} = f_{sw} \cdot E_{on+off} \cdot \left(\frac{I_{in}}{I_{ref}}\right)^{Ki} \cdot \left(\frac{V_{out}}{V_{ref}}\right)^{Kv} \cdot (1 + TC_{Esw} \cdot (T_j - T_{ref}))$$

$$P_{cond(D)} = (I_{in} \cdot (V_{F0(25°C)} + TC_v \cdot (T_j - 25°C)) + I_{on}^2 \cdot (r_{F(25°C)} + TC_r \cdot (T_j - 25°C)))DC_{(D)}$$

$$P_{sw(D)} = f_{sw} \cdot E_{rr} \cdot \left(\frac{I_{in}}{I_{ref}}\right)^{Ki} \cdot \left(\frac{V_{out}}{V_{ref}}\right)^{Kv} \cdot (1 + TC_{Err} \cdot (T_j - T_{ref}))$$

mit
$DC_{(T)}$: Tastverhältnis des Transistors (duty cycle = $t_{on}/T = 1 - V_{in}/V_{out}$);
$DC_{(D)}$: $1 - DC_{(T)}$

5.2.1.2 PWM-Spannungswechselrichter

Das Bild 5.2.4 zeigt eine Umrichterphase mit idealisierten charakteristischen Verläufen für eine sinusförmige Puls-Weiten-Modulation (PWM).

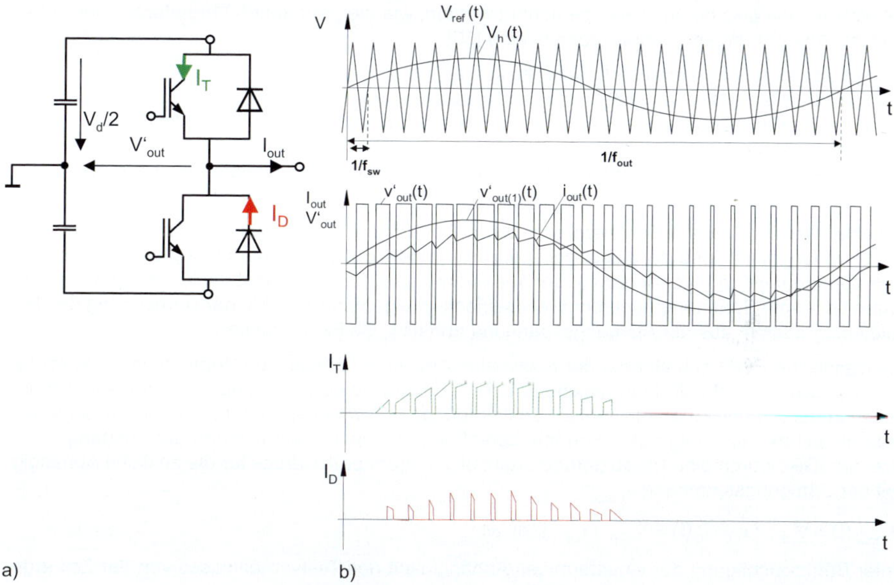

Bild 5.2.4 a) Phasenbaustein eines PWM Wechselrichters, b) Pulsmustererzeugung durch Sinus-Dreieck-vergleich, Ausgangsspannungen und Ströme

Die Pulsmustergenerierung erfolgt dem klassischen Verständnis nach durch den Vergleich einer sinusförmigen Referenzspannung V_{ref} mit einer dreieckförmigen Hilfssteuerspannung V_h (Bild 5.2.4). Durch die Referenzspannung wird die Grundschwingungsfrequenz der AC-Größen f_{out} und durch die Hilfssteuerspannung die Schalt- bzw. Pulsfrequenz der Schalter f_{sw} vorgegeben. Die Schnittpunkte von Referenz- und Hilfssteuerspannung liefern die Schaltzeitpunkte in der Umrichterphase. Die Amplitude V_{ref} gibt die Spannungsausnutzung bzw. den Modulationsgrad des Umrichters vor. Bis zu einem Verhältnis $V_{ref} = V_h$ spricht man vom linearen Aussteuergrad, der Modulationsgrad m <= 1. Der Modulationsgrad wird auf den virtuellen Sternpunkt der Last (Phase-N) und einen virtuellen Mittelpunkt der Zwischenkreisspannung bezogen. Er gibt das Verhältnis der Grundschwingungsamplitude der AC-Spannung zur halben Zwischenkreisspannung an.

$$m = \frac{\hat{V}_{out(1)}}{\frac{V_d}{2}}$$

$\hat{V}_{out(1)}$ ist die Amplitude der Grundharmonischen der Phasenspannung gegen N

Die Phasenverschiebung zwischen den Grundschwingungen von Wechselspannung und -strom wird durch den Winkel φ beschrieben. Für Wechselrichterbetrieb (Energiefluss von DC zu AC) ist der $\cos(\varphi) > 0$, für Gleichrichterbetrieb (Energiefluss von AC zu DC) ist der $\cos(\varphi) < 0$, also negativ.

Durch die symmetrische Struktur stellen sich jeweils für die IGBT und Dioden eines Umrichters zeitverschoben identische Strom- und Spannungsverläufe ein. Somit können die Verlustleistungsbetrachtungen auf einen IGBT und eine Diode reduziert werden. Die Umrichterverluste können anschließend durch Multiplikation entsprechend der IGBT-/Diodenanzahl (4 - einphasig bzw. 6 - dreiphasig) bestimmt werden. Der Unterschied zu den Berechnungen im Kap. 5.2.1.1 besteht darin, dass auch im stationären Zustand der Schaltung Tastverhältnis, Laststrom und Sperrschichttemperatur nicht konstant sind, sondern mit der Grundschwingungsfrequenz der AC-Seite (z.B. 50/60 Hz) variieren. Das bedeutet zeitlich veränderliche Schalt- und Durchlassverluste für IGBT und Dioden und verlangt eine umfangreiche Erweiterung der Verlustbetrachtung. Mit exakten Ergebnissen kann also nur in soweit gerechnet werden, wie die getroffenen Vereinfachungen zutreffen bzw. Abweichungen noch akzeptabel sind [55].

Es wird von folgenden Vereinfachungen ausgegangen:
- Vernachlässigung der Transistor- und Diodenschaltzeiten
- Annahme zeitlich konstanter Sperrschichttemperaturen (ist bei f_{out} = ~ 50 Hz zulässig)
- lineare Aussteuerung
- Vernachlässigung der Schaltfrequenzwelligkeit im Wechselstrom (sinusförmiger Strom)
- $f_{sw} >> f_{out}$

Bei einem reinen Sinus/Dreieckvergleich würde die Schaltverriegelungszeit t_d mit $f_{sw} \cdot t_d{}^*V_{CC}/2$ an der Spannungszeitfläche der Ausgangsspannung fehlen. Ein vorgelagerter Regler würde die fehlende Spannung durch Verlängerung der Ansteuerpulse ausregeln, damit die für den gewünschten Strom benötigte Spannung auch am Wechselrichterausgang anliegt. Mit der Berechnung des Modulationsgrades m aus der Ausgangsspannung entfällt t_d als Fehlerquelle.

Die klassische PWM schaltet bei der maximalen Anzahl von möglichen Kommutierungszeitpunkten und verursacht damit auch maximale Schaltverluste. Andere Ansteuerverfahren wie z.B. die Vektorsteuerung lassen ausgewählte Schaltvorgänge aus und haben damit geringere Schaltverluste als mit den nachfolgenden Formeln berechnet. Mit einer Linearisierung der Ausgangskennlinie des IGBT durch eine Ersatzgerade ergibt sich folgender Ausdruck für die zeitliche Abhängigkeit der Sättigungsspannung v_{CEsat}:

$$v_{CEsat}(t) = V_{CE0} + r_{CE} \cdot i_C(t) = V_{CE0} + r_{CE} \cdot \hat{I}_1 \sin \omega t$$

Unter Berücksichtigung der sinusförmigen Abhängigkeit des Tastverhältnisses von der Zeit ergeben sich die Durchlassverluste des IGBT nach

$$P_{cond(T)} = \left(\frac{1}{2\pi} + \frac{m \cdot \cos(\varphi)}{8}\right) \cdot V_{CE0}(T_j) \cdot \hat{I}_1 + \left(\frac{1}{8} + \frac{m \cdot \cos(\varphi)}{3\pi}\right) \cdot r_{CE}(T_j) \cdot \hat{I}_1^{\,2}$$

Mit der Vereinfachung, dass die Schaltverlustenergien linear vom Kollektorstrom abhängen, lässt sich die Gesamtschaltverlustleistung eines IGBT berechnen aus

$$P_{sw(T)} = f_{sw} \cdot E_{on+off} \cdot \frac{\sqrt{2}}{\pi} \cdot \frac{I_{out}}{I_{ref}} \cdot \left(\frac{V_{cc}}{V_{ref}}\right)^{K_V} \cdot \left(1 + TC_{Esw} \cdot (T_j - T_{ref})\right)$$

mit

$\hat{I}_1$:	Amplitudes des Umrichterausgangsstromes $=1{,}41 \times I_{out}$
$V_{ce0}(T_j)$:	temperaturabhängige Schwellspannung der Durchlasskennlinie
$r_{ce}(T_j)$:	temperaturabhängiger Bahnwiderstand der Durchlasskennlinie
I_{ref}, V_{ref}, T_{ref}:	Referenzwerte der Schaltverlustmessung aus dem Datenblatt
K_v:	Exponenten für Spannungsabhängigkeit der Schaltverluste ~1,3...1,4
TC_{Esw}:	Temperaturkoeffizienten der Schaltverluste ~ 0,003 1/K.

Dabei wird praktisch davon ausgegangen, dass die Schaltverluste des IGBT während einer Sinushalbwelle des Stromes etwa identisch sind mit den Schaltverlusten bei einem äquivalenten Gleichstrom, der dem Mittelwert der Sinushalbwelle entspricht.

Für die Diode gilt entsprechend:

$$v_F(t) = V_{F0} + r_F \cdot i_F(t) = V_{F0} + r_F \cdot \hat{i}_1 \sin \omega t$$

Unter Berücksichtigung der sinusförmigen Abhängigkeit des Tastverhältnisses von der Zeit ergeben sich die Durchlassverluste der Diode D2 nach:

$$P_{cond(D)} = \left(\frac{1}{2\pi} - \frac{m \cdot \cos(\varphi)}{8}\right) \cdot V_{F0}(T_j) \cdot \hat{I}_1 + \left(\frac{1}{8} - \frac{m \cdot \cos(\varphi)}{3\pi}\right) \cdot r_F(T_j) \cdot \hat{I}_1^{\,2}$$

Für die Schaltverluste der Diode gilt nur näherungsweise:

$$P_{sw(D)} = f_{sw} \cdot E_{rr} \cdot \frac{\sqrt{2}}{\pi} \cdot \left(\frac{I_1}{I_{ref}}\right)^{K_i} \cdot \left(\frac{V_{cc}}{V_{ref}}\right)^{K_V} \cdot \left(1 + TC_{Err}(T_j - T_{ref})\right)$$

$V_{F0}(T_j)$:	temperaturabhängige Schwellspannung der Durchlasskennlinie
$r_F(T_j)$:	temperaturabhängiger Bahnwiderstand der Durchlasskennlinie
K_v:	Exponenten für Spannungsabhängigkeit der Schaltverluste ~ 0,6
K_i:	Exponenten für Stromabhängigkeit der Schaltverluste ~ 0,6
TC_{Err}:	Temperaturkoeffizienten der Schaltverluste ~ 0,006 1/K.

Die Schaltverlustformel der Diode gilt nur näherungsweise, da die Stromabhängigkeit der Schaltverluste nicht linear ($K_i \neq 1$) ist. Dadurch sind die Schaltverluste der Diode während einer Sinushalbwelle nicht mehr identisch mit den Schaltverlusten eines äquivalenten Gleichstroms, der dem Mittelwert der Sinushalbwelle entspricht. Das erläuterte einfache Berechnungsverfahren liefert für eine praktische Abschätzung der zu erwartenden Verluste im Umrichterbetrieb ausreichend genaue Ergebnisse. Der Vorteil des Verfahrens besteht darin, dass der Anwender alle dafür notwendigen Parameter den Datenblättern der Module entnehmen kann.

5.2.2 Berechnung der Sperrschichttemperatur

5.2.2.1 Thermische Ersatzschaltbilder

Auf die Begriffe thermischer Widerstand bzw. thermische Impedanz und deren physikalische Bedeutung wurde bereits im Kap. 2.5.2.2 eingegangen, hier geht es nur um die Arten der Modellierung. Die Berechnung der Sperrschichttemperaturen basiert auf vereinfachten thermischen Ersatzschaltbildern (Bild 5.2.5), bei denen dreidimensionale Gebilde auf eindimensionale Modelle abgebildet werden. Dabei entstehen zwangsweise Fehler, da thermische Kopplungen zwischen verschiedenen Bauelementen innerhalb eines Gehäuses oder auf einem Kühlkörper zeitabhängig sind und vom elektrischen Arbeitspunkt (z.B. Aufteilung der Verluste zwischen Diode und IGBT) der Bauelemente abhängig sind. Komplexere Modelle mit einer Matrix aus Kopplungselementen sind unhandlich und schwer zu parametrisieren [37]. Müssen solche Effekte genauer berücksichtigt werden, sind FEM Simulationen den hier vorgestellten analytischen Ansätzen vorzuziehen.

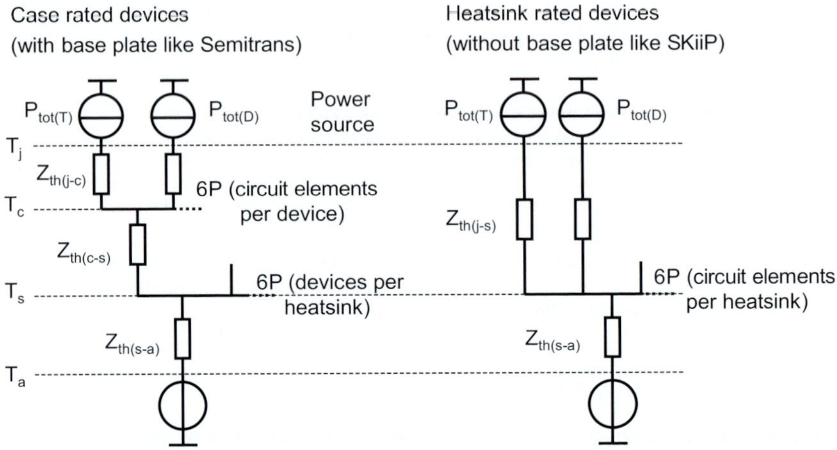

Bild 5.2.5 Vereinfachtes thermisches Ersatzschaltbild von IGBT und Freilaufdiode im Leistungsmodul; Links für ein Modul mit Kupferbodenplatte, Rechts für ein Modul ohne Bodenplatte.

Für die thermischen Ersatzschaltbilder werden elektrische Analogien zu thermischen Größen herangezogen. Die Verlustleistungsquellen $P_{tot(T/D)}$ entsprechen Stromquellen, konstante Temperaturniveaus werden durch Spannungsquellen repräsentiert und für die thermischen Impedanzen $Z_{th(x-y)}$ werden RC-Glieder verwendet. In Leistungsmodulen mit Bodenplatte sind Transistor und Inversdiode auf eine gemeinsame Kupferfläche gelötet und damit thermisch gekoppelt. Man kann vereinfachend von einer gemeinsamen Gehäusetemperatur ausgehen. Über die thermische Impedanz $Z_{th(c-s)}$ des Moduls muss die Verlustenergie aller modulinternen Bauelemente abgeführt werden (Bild 5.2.5, links). Verluste des IGBT erwärmen die Bodenplatte und damit auch die Diode, auch wenn diese selbst gar keine Verluste verursacht. Mehrere Module auf einem Kühlkörper erwärmen diesen gemeinsam, es wird auch hier von einer einheitlichen Kühlkörpertemperatur ausgegangen.

Bei Modulen ohne Bodenplatte ist die thermische Kopplung im Modul nur gering und nur bei sehr geringen Abständen zwischen den Wärmequellen vorhanden. Vereinfachend wird hier von einer gemeinsamen Kühlkörpertemperatur ausgegangen (Bild 5.2.5, rechts). Die Verlustleistungen der einzelnen Bauelemente werden direkt zum Kühlkörper abgeführt, so dass alle Bauelemente gemeinsam den Kühlkörper erwärmen.

Zur Nachbildung der thermischen Impedanz sind 2 Ersatzschaltbilder gebräuchlich, das leiterförmige „physikalische“ Ersatzschaltbild (Bild 5.2.7, links, „Cauer Netzwerk“) und das kettenförmige „mathematische“ Ersatzschaltbild (Bild 5.2.7, rechts, „Foster Netzwerk“). Beide sind zunächst gleichwertig einsetzbar. Beim „messen“ der Sprungantwort an einer Blackbox würde man nicht feststellen können, welche der Ersatzschaltungen verwendet wurden (Bild 5.2.6).

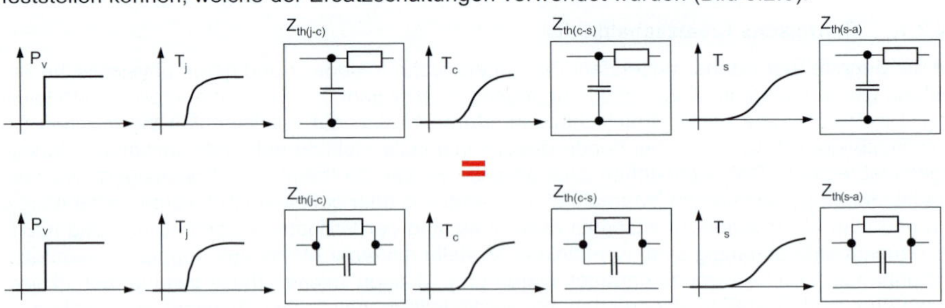

Bild 5.2.6 Nachbildung der thermischen Impedanz mit elektrischen Ersatzschaltbildern

Der geringste Fehler bei späteren Berechnungen entsteht, wenn das Gesamtsystem geschlossen vermessen wird. Aus den zeitabhängigen Temperaturdifferenzen von T_j, T_c, T_s und T_a können die als Vierpol dargestellten Blöcke für die thermischen Impedanzen $Z_{th(j-c)}$, $Z_{th(c-s)}$ und $Z_{th(s-a)}$ bestimmt werden. Dabei werden für das leiterförmige Ersatzschaltbild geometrische Abmessungen und Materialeigenschaften herangezogen. Es ist für jede Schicht im Aufbau mindestens eine „Sprosse" notwendig. Meist sind nachträgliche Anpassungen notwendig, um die berechneten an die gemessenen Funktionen anzupassen. Dabei geht ein Teil des physikalischen Bezugs verloren. Für das kettenförmige Ersatzschaltbild werden durch Formelmanipulation die Faktoren und Zeitkonstanten für die Exponentialfunktion ermittelt.

$$Z_{th(x-y)} = R_{th1} \cdot \left(1 - e^{\frac{-t}{\tau_{th1}}}\right) + R_{th2} \cdot \left(1 - e^{\frac{-t}{\tau_{th2}}}\right) + \cdots = \sum_{v=1}^{n} R_{thv} \cdot \left(1 - e^{\frac{-t}{\tau_{thv}}}\right)$$

Meist reichen 2...3 Exponentialglieder für die Nachbildung aus. Der Hauptvorteil der Exponentialfunktionen ist die leichte Anwendung für die spätere Temperaturberechnung. Für die rechnergestützte Simulation des zeitlichen Verlaufes der Sperrschichttemperatur gibt SEMIKRON die Parameter für $Z_{th(j-c)} \backslash Z_{th(j-s)}$ von Leistungsmodulen in Form von 2...6 RC-Gliedern im Datenbuch an.

Eine Aneinanderreihung der im Gesamtsystem bestimmten Teilblöcke und das Ermitteln der Zwischentemperaturen T_c, T_s ist für beide Ersatzschaltungen möglich. Fehlerhaft wird es, wenn ein Block aus der Kette der thermischen Impedanzen durch einen anderen ersetzt werden soll. Hier gibt es über die Wärmespreizung eine Rückkopplung auf die Vorgängerblöcke. Dies ist zum Beispiel der Fall, wenn die Parametrisierung auf einem sehr guten Wasserkühler erfolgte und in der Anwendung das Bauteil auf einem schlechten Luftkühler montiert ist. Der Einfachheit halber wird trotzdem meist nur $Z_{th(s-a)}$ ausgetauscht.

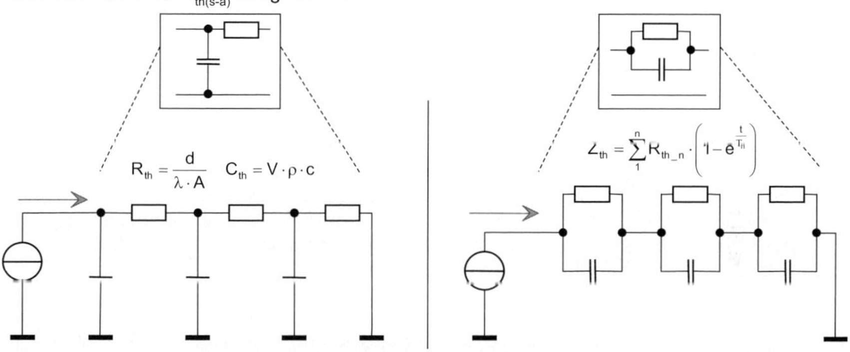

Bild 5.2.7 Nachbildung der Z_{th}-Vierpol-Blöcke durch thermische Ersatzschaltbilder; Links: leiterförmiges „physikalisches" Ersatzschaltbild (Cauer network); Rechts: kettenförmiges „mathematisches" Ersatzschaltbild (Foster network)

Hinweise für die Verwendung des Foster Netzwerks:
- Die Zwischenpunkte innerhalb eines Blockes (Bild 5.2.7, rechts) stellen keine Systemtemperaturen dar.
- Die R- und C-Elemente können keinen physikalischen Komponenten zugeordnet werden.
- Die Reihenfolge der RC-Elemente innerhalb eines Blockes ist beliebig austauschbar.
- Es ist keine Reihenschaltung mit einem Widerstand möglich.

Bei der thermischen Auslegung von Umrichtern sind oft nur die Mittelwerte und Schwankungen der Sperrschichttemperatur interessant. Berechnungsbeispiele für typische Belastungsfälle zeigen die nachfolgenden Kapitel.

5.2.2.2 Sperrschichttemperatur bei stationärem Betrieb (Mittelwertbetrachtung)

Nach der Berechnung der Verluste können die Temperaturen im stationären Betrieb mit Hilfe der thermischen Widerstände R_{th} (= Endwert der Z_{th}-Kurven) berechnet werden. Die Temperaturberechnung erfolgt beginnend mit der Umgebungstemperatur von außen nach innen (vgl. Beispiel Bild 5.2.8).

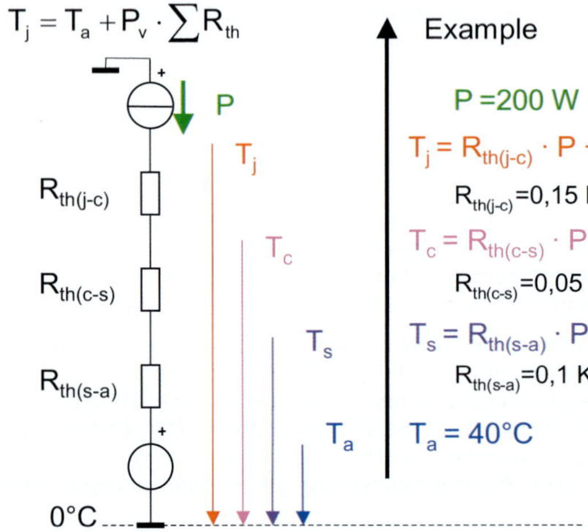

Bild 5.2.8 Temperaturberechnung unter stationären Bedingungen

Bei mehreren Verlustleistungsquellen auf einem Kühlkörper werden die Einzelverluste aller n_1 Bauelemente zusammenaddiert (z.B. 6 IGBT und 6 Freilaufdioden eines 3-phasigen Wechselrichters) und mit der Gesamtverlustleistung die Kühlkörpertemperatur berechnet.

$$T_s = n_1 \cdot \left(P_{tot(T)} + P_{tot(D)}\right) \cdot R_{th(s-a)} + T_a$$

Bei Modulen mit Bodenplatte besteht eine gute thermische Kopplung zwischen den Bauelementen eines Moduls, der thermische Widerstand $R_{th(c-s)}$ ist für das gesamte Modul angegeben, deshalb werden zur Berechnung der Gehäusetemperatur alle m Verlustleistungsquellen im Modul zusammenaddiert (z.B. 2 IGBT und 2 Freilaufdioden in einem Halbbrückenmodul):

$$T_c = n_2 \cdot \left(P_{tot(T)} + P_{tot(D)}\right) \cdot R_{th(c-s)} + T_s$$

Diese Modellierung führt in einigen Beispielen zu einer überhöhten Temperatur, wenn z.B. von einem Halbbrückenmodul nur ein IGBT und dessen räumlich entfernte Freilaufdiode verwendet wird oder im Wechselrichterbetrieb IGBT und parallele Inversdiode zeitlich versetzt Verluste verursachen. Ist der $R_{th(c-s)}$ nur für ein einzelnes Bauelement (z.B. den IGBT) gegeben, wird die thermische Kopplung der Kupferbodenplatte zur Inversdiode vernachlässigt. Hier führt die Modellierung bei gleichzeitigen Verlusten in IGBT und Diode zu einem Fehler mit zu geringen Temperaturen.

Die Sperrschichttemperatur wird schließlich aus den Verlusten des Einzelbauelementes und dessen thermischem Widerstand zum Gehäuse für Bodenplattenmodule oder zum Kühlkörper für bodenplattenlose Module berechnet. Für IGBT ergibt sich damit beispielsweise

$$T_{j(T)} = P_{tot(T)} \cdot R_{th(j-c)} + T_c$$

bzw.

$$T_{j(T)} = P_{tot(T)} \cdot R_{th(j-s)} + T_s$$

Die Halbleiterverluste sind alle temperaturabhängig, so dass hier zwischen Chiptemperatur und Verlusten eine Kopplung besteht. Im einfachsten Fall berechnet man die Verluste bei maximaler

Sperrschichttemperatur. Damit ist man auf der sicheren Seite, da die meisten Verluste mit der Temperatur steigen. In einem verbesserten Verfahren werden iterativ die Verluste bei der berechneten Sperrschichttemperatur bestimmt. Für diese leicht zu programmierende Schleife ist der Startwert die Verlustleistung bei Umgebungstemperatur (Bild 5.2.9). Daraus kann eine erste Näherung der Sperrschichttemperatur berechnet werden. Bei dieser Temperatur ergibt sich ein neuer bereits präziserer Wert für die Verluste, usw. Nach 3 bis 4 Iterationsschleifen ist der Endwert meist erreicht.

For k=1 to 10 ($T_{j(0)} = T_a$)

Heatsink temperature

$$T_s = R_{th(s-a)} \cdot \sum_{x=1}^{n} P_x(T_{j(k-1)}) + T_a$$

n = number of switches per heatsink

↓

Junction temperature

$$T_{j(k)} = R_{th(j-s)} \cdot P(T_{j(k-1)}) + T_s$$

↓

Power dissipation with $T_{j(k)}$

$$P(T_{j(k)}) = P_{cond}(T_{j(k)}) + P_{sw}(T_{j(k)})$$

↓

$$k = k + 1$$

Bild 5.2.9 Schleife zur Berechnung der temperaturabhängigen Halbleiterverluste für ein Modul ohne Bodenplatte

5.2.2.3 Sperrschichttemperatur bei Kurzzeitbetrieb

Bei Kurzzeitbetrieb sind höhere Strombelastungen der Leistungshalbleiter zulässig, als die in den Datenblättern für den Dauerbetrieb angegebenen Werte. Dabei muss jedoch sichergestellt werden, dass die höchste unter den gegebenen Bedingungen auftretende Sperrschichttemperatur den Grenzwert von $T_{j(max)}$ nicht überschreitet. Die Berechnung von T_j erfolgt mit Hilfe der thermischen Impedanz Z_{th}. Für Impulse im Millisekundenbereich braucht nur $Z_{th(j-c)}$ mit einer konstanten Gehäusetemperatur T_c berücksichtigt werden. Im Bereich bis 1 s kann mit der Modulimpedanz $Z_{th(j-s)} = Z_{th(j-c)} + Z_{th(c-s)}$ und konstanter Kühlkörpertemperatur gearbeitet werden. Für längere Pulsfolgen sollte die Gesamtimpedanz $Z_{th(j-a)} = Z_{th(j-s)} + Z_{th(s-a)}$ verwendet werden.

Einzolimpuls

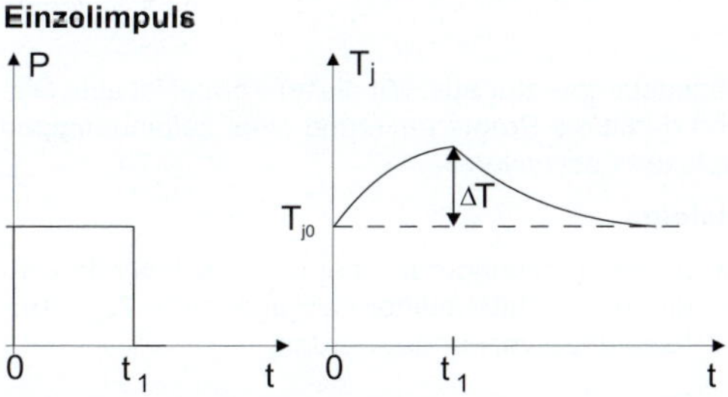

Bild 5.2.10 Zeitlicher Verlauf der Verlustleistung und der Sperrschichttemperatur beim Einzelverlustleistungsimpuls

Die Änderung der Sperrschichttemperatur zum Zeitpunkt t_1 nach einem Einzelverlustleistungsimpuls berechnet sich aus:

$$\Delta T_j = P \cdot \sum_{\nu=1}^{n} R_{th\nu} \cdot \left(1 - e^{\frac{-t_1}{\tau_{th\nu}}}\right)$$

Für den Sperrschichttemperaturverlauf während der Abkühlungsphase gilt:

$$\Delta T_j (t > t_1) = P \cdot \sum_{\nu=1}^{n} R_{th\nu} \cdot \left(1 - e^{\frac{-t}{\tau_{th\nu}}}\right) - P \cdot \sum_{\nu=1}^{n} R_{th\nu} \cdot \left(1 - e^{\frac{-(t-t_1)}{\tau_{th\nu}}}\right)$$

Die Formeln gehen von einer festen Bezugstemperatur aus.

Einmalige Folge von m Verlustleistungsimpulsen

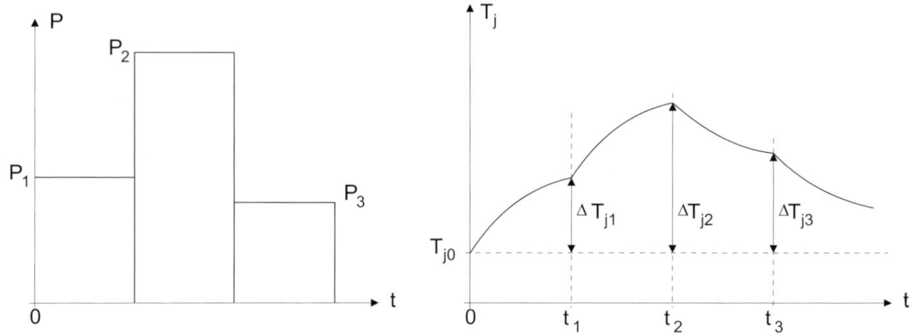

Bild 5.2.11 Zeitlicher Verlauf der Verlustleistung und der Sperrschichttemperatur bei einmaliger Folge von m Verlustleistungsimpulsen

Die Sperrschichttemperaturänderung zum Zeitpunkt t_1 ist wie für den Einzelimpuls zu berechnen. Für die Sperrschichttemperaturänderung zum Zeitpunkt t_2 gilt:

$$\Delta T_j(t_2) = P_1 \cdot \sum_{\nu=1}^{n} R_{th\nu} \cdot \left(1 - e^{\frac{-t_2}{\tau_{th\nu}}}\right) + (P_2 - P_1) \cdot \sum_{\nu=1}^{n} R_{th\nu} \cdot \left(1 - e^{\frac{-(t_2-t_1)}{\tau_{th\nu}}}\right)$$

Sperrschichttemperaturänderung zum Zeitpunkt t_m:

$$\Delta T_j(t_m) = \sum_{\mu=1}^{m} (P_\mu - P_{\mu-1}) \cdot \sum_{\nu=1}^{n} R_{th\nu} \cdot \left(1 - e^{\frac{-(t_m - t_{\mu-1})}{\tau_{th\nu}}}\right)$$

Auch diese Formeln gehen von einer festen Bezugstemperatur aus. Mit dieser Formel ist eine Diskretisierung beliebiger Zeitverläufe möglich und damit die Programmierung einer zeitabhängigen Berechnung des Temperaturverlaufs von komplexen Lastzyklen.

Sperrschichttemperatur bei konstanter Pulsfolge

Zur Berechnung der mittleren und maximalen Sperrschichttemperatur bei periodisch wiederkehrender Verlustleistungsbeanspruchung können die in den Datenblättern angegebenen $Z_{th(j-c)}$-Kurven für Transistor und Diode bei periodischem Pulsbetrieb verwendet werden.

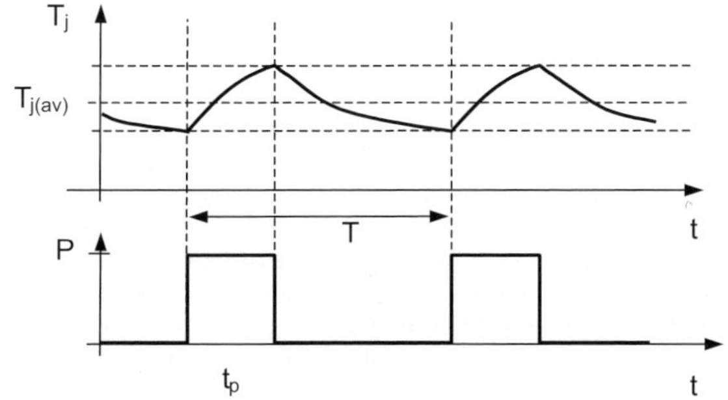

Bild 5.2.12 Temperaturverlauf bei periodischer Pulslast

Die mittlere Sperrschichttemperatur $T_{j(av)}$ ergibt sich aus dem Produkt von stationärem Wärmewiderstand R_{th} und der mittleren Gesamtverlustleistung P_{av}. Diese erhält man durch die Mittelung der Verlustenergien pro Puls über die gesamte Periodendauer T. Die maximale Sperrschichttemperatur am Ende des Verlustleistungspulses $P(t_p)$ ergibt sich aus

$$\Delta T_j(t_p) = P \cdot \sum_{\nu=1}^{n} R_{th\nu} \cdot \left(\frac{1 - e^{\frac{-t_p}{\tau_{th\nu}}}}{1 - e^{\frac{-T}{\tau_{th\nu}}}} \right)$$

Bei Pulsdauern im Millisekundenbereich treten bereits merkliche Temperaturhübe auf. Ab einigen 100 ms hat sich bereits eine stationäre Temperaturdifferenz zwischen Chip und Gehäuse eingestellt.

5.2.2.4 Sperrschichttemperatur bei Grundschwingungsfrequenz

Die Berechnung der mit der Grundschwingungsfrequenz des Umrichterausgangsstromes zeitlich verlaufenden Sperrschichttemperatur ist nur mit PC-Unterstützung sinnvoll durchführbar. Dabei müssen sowohl das thermische System als auch das elektrische System pro Pulsperiode durchgerechnet werden, um die Sperrschichttemperatur von IGBT und Freilaufdiode über eine Sinushalbwelle aufzuintegrieren. Das thermische Modell entspricht im wesentlichen dem Bild 5.2.5 mit der Nachbildung der thermischen Impedanzen durch Exponentialfunktionen.

Mit Vorgabe der aktuellen Wechselrichterparameter wie Zwischenkreisspannung- und Laststrommomentanwert können die Schaltverlustenergien pro Puls aus abgespeicherten Kurven ermittelt werden. Der Momentanwert der Sperrschichttemperatur geht über die Temperaturkoeffizienten in die laufenden Berechnungen ein. Bild 5.2.13 zeigt den simulierten zeitlichen Verlauf und den Mittelwert der Verlustleistung in einem IGBT sowie die daraus resultierenden Verläufe der Sperrschichttemperatur bei verschiedenen Ausgangsgrundschwingungsfrequenzen.

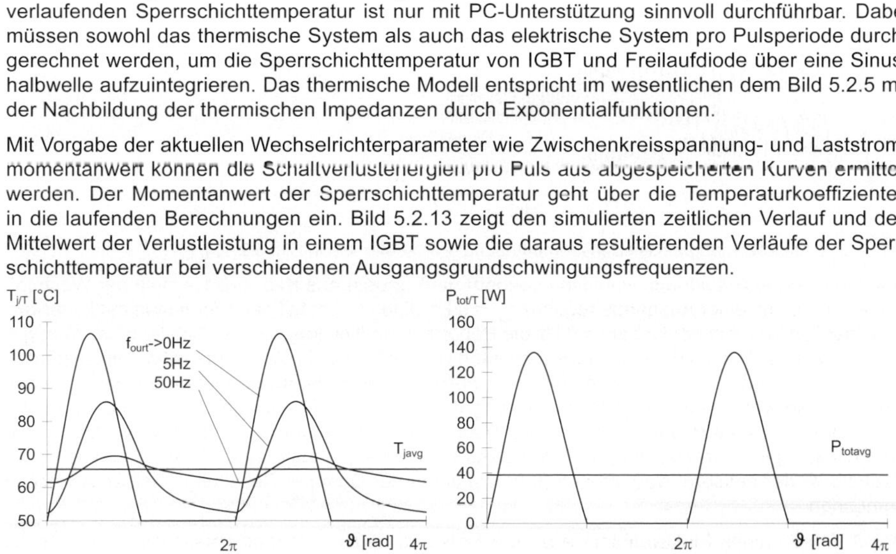

Bild 5.2.13 Simulierte Sperrschichttemperatur- und Verlustleistungsverläufe eines 1200 V/50 A-IGBT im Wechselrichterbetrieb bei unterschiedlichen Ausgangsgrundschwingungsfrequenzen; [37] v_d = 540 V; i_{1eff} = 25 A, f_s = 8 kHz; cos φ = 0,8; m = 0,8; T_h = 50°C

Bei einer Frequenz von 50 Hz liegt bei diesem Beispiel die maximale Sperrschichttemperatur nur ca. 4-5 K über dem Mittelwert. Bei niedrigen Frequenzen ist die thermische Auslegung des Systems nach dem Mittelwert der Sperrschichttemperatur wegen der deutlich höheren Maximaltemperatur nicht mehr zulässig. Für Wechselrichter ist daher neben dem Überstrom die Minimalfrequenz bei Nennleistung ein kritischer Parameter. Mit abnehmender Frequenz ergibt sich trotz konstanter mittlerer Verluste eine steigende Maximaltemperatur. Erklärbar ist dies damit, dass die thermischen Zeitkonstanten der Leistungshalbleiter unter einer Sekunde liegen und damit im Bereich üblicher Ausgangsfrequenzen von Wechselrichtern sind. Bei hohen Frequenzen mitteln die thermischen Kapazitäten der Halbleiter(-gehäuse) noch den Temperaturverlauf. Bei niedrigen Frequenzen (<2...5 Hz) folgt die Sperrschichttemperatur der Verlustleistung. Dies führt zu einer hohen Temperaturschwankung um die mittlere Temperatur herum. Bei vorgegebener Kühlkörpertemperatur und Schaltfrequenz sinkt infolgedessen der zulässige Ausgangsstromeffektivwert für ein bestimmtes Leistungsmodul.

Ein besonders kritischer Fall für die thermische Beanspruchung von Leistungsmodulen ist der spannungs- und frequenzgesteuerte Anlaufvorgang von umrichtergespeisten Drehstromantrieben. Bild 5.2.14 zeigt dafür ein entsprechendes Simulationsbeispiel.

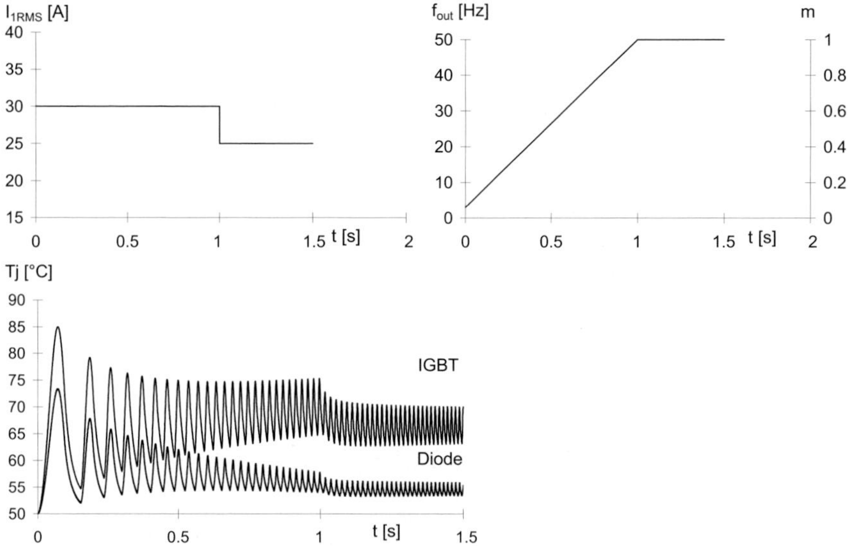

Bild 5.2.14 Anlaufvorgang eines Drehstromantriebes (Parameter wie in Bild 5.2.13), [37]

Nutzt man keine Schaltungssimulation sondern die Formeln aus Kap. 5.2.1.2 stellt der Wechselrichterbetrieb mit einer Ausgangsfrequenz f_{out} = 0 Hz einen Grenzfall dar. Wenn man mit Mittelwerten einer Periode rechnet ist bei f = 0 Hz die Periode unendlich lang. „Unendlich lang" ist dann gegeben, wenn die Verweildauer in diesem Zustand viel größer ist als die thermischen Zeitkonstanten des Systems. Neben der Grenzwertigkeit der Formeldefinition ist außerdem problematisch, dass man normalerweise von einer Gleichverteilung der Verluste auf dem Kühlkörper ausgeht, in diesem Fall aber nur einer der 6 Schalter den Hauptanteil der Verluste erzeugt. Theoretisch könnte ein Schalter genau im Maximalpunkt des Stromes und der Verluste einen Gleichstrom schalten. Deshalb ist der bessere Weg, diesen Betriebsfall mit der Chopper-Schaltung (Tiefsetzsteller) zu berechnen.

Das Anfahren eines Elektromotors aus dem Stillstand beginnt im mathematischen Sinne der in Kap. 5.2.1.2 verwendeten Formeln nicht mit 0 Hz. Die erste Halbwelle endet nach endlicher Zeit, im Beispiel von Bild 5.2.15 bereits nach 200 ms, was rein rechnerisch im Sinne der Halbleiterverluste einer Startfrequenz von 2,5 Hz entspricht.

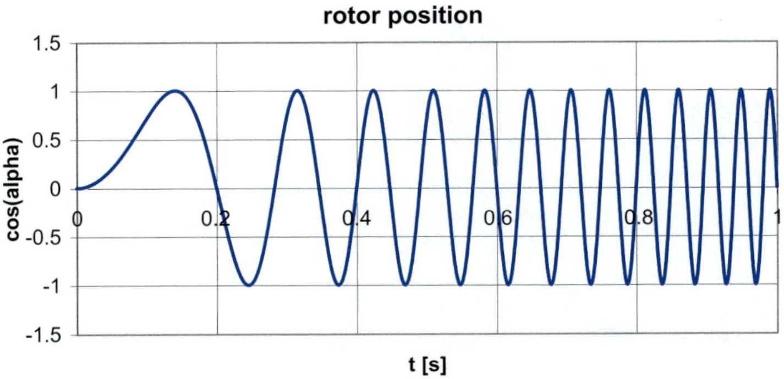

Bild 5.2.15 Rotorposition beim Motoranlauf

5.2.3 Verlustleistungs- und Temperaturberechnung mit SemiSel

Allgemeine Angaben zu Einsatzgebieten und Möglichkeiten sind im Kap. 7 angegeben. Die hier im Buch zugrunde liegende Version ist Semisel 3.1.

5.2.3.1 Lösungsansatz für die Temperatur- und Verlustleistungsberechnung

Wie arbeitet ein solches Tool, um so schnell Ergebnisse zu liefern? Zunächst werden vom Programm die eingegebenen Schaltungsparameter auf Werte für die einzelnen Bauelemente umgerechnet. Die Bauelemente sind durch einfache Zusammenhänge, wie z.B. eine Geradengleichung für die Durchlasskennlinie (V_0 – Nullpunktspannung + r_f – Bahnwiderstand) oder einfache exponentielle Zusammenhänge für Schaltverlustabhängigkeiten charakterisiert. Für die Verlustleistungsberechnung nutzt SemiSel einen analytischen Lösungsansatz der sich aus der Lösung des Integrals von Spannung und Strom über dem Bauelement ergibt. Es werden die Gleichungen aus Kap. 5.2.1 verwendet. Das Ergebnis sind die mittleren Verluste für das Bauelement. Mit Hilfe der thermischen Widerstände, die für die einzelnen Referenzpunkte definiert sind (j- junction, c- case, s – heatsink oder a – ambient), wird die mittlere Sperrschichttemperatur T_j berechnet:

$$T_j = P_{(av)} \cdot R_{th(j-s)} + R_{th(s-a)} \cdot \sum_n P_n + T_a$$

Hierbei steht P_n für die Verluste der einzelnen Bauelemente auf einem gemeinsamen Kühlkörper. Die meisten der für die Verlustberechnung verwendeten Bauelementparameter sind temperaturabhängig, deshalb werden von der Software iterativ die tatsächlichen Verluste unter Berücksichtigung der Eigenerwärmung bestimmt.

Von besonderem Interesse ist die Berechnung der Verluste und Maximaltemperaturen unter besonderen Lastbedingungen. Für die meisten Schaltungen ist der wichtigste zu definierende Überlastparameter ein Überstrom (bezogen auf den Nennstrom) für eine bestimmte Zeit. Die höhere Belastung ergibt sich einfach aus der erhöhten Verlustleistung und damit auch höheren Sperrschichttemperatur. Bei der Berechnung im Vergleich zu Nennbedingungen ändert sich nur, dass anstatt mit thermischen Widerständen mit einer thermischen Impedanz gerechnet wird:

$$T_j(t) = P_v(t) \cdot Z_{th(j-s)}(t) + Z_{th(s-a)}(t) \cdot \sum_n P_{v\_n}(t) + T_a$$

Der Überlastpuls wird vom Programm in zeitdiskrete Punkte zerlegt und in einer zweiten, äußeren Iterationsschleife jeweils von t = 0 beginnend der Temperaturverlauf bis zum n-ten Punkt berechnet. Das Ergebnis sind dann zeitabhängige Temperaturverläufe für das Bauelement. Wie bereits oben angesprochen ist für Wechselrichter neben dem Überstrom auch die Minimalfrequenz ein kritischer Parameter (Kap. 5.2.2.4). Hier rechnet SemiSel die ermittelten mittleren Verluste in eine sinusförmige Halbwelle um und berechnet mit dieser Verlustleistungsquelle und der thermischen Impedanz den Maximalwert von T_j.

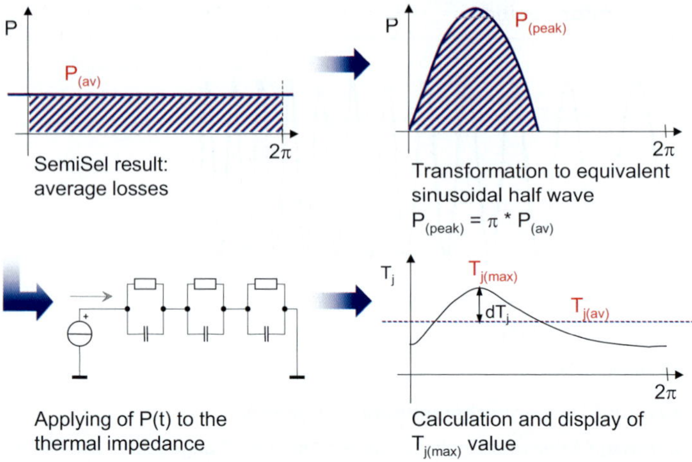

Bild 5.2.16 Berechnung des Sperrschichttemperaturschwankung als Funktion der Umrichter-Ausgangsfrequenz mit SemiSel

5.2.3.2 Schaltungsauswahl

Die folgende Beschreibung bezieht sich auf das meistgenutzte Programmteil „Step by Step“. Hier, aber auch im Programmteil „Device proposal“, ist im ersten Schritt die Schaltungsauswahl zu treffen. Damit werden die schaltungsspezifischen Vorlagen und Formeln geladen. Für Transistorbauelemente stehen Gleichspannungssteller (DC/DC) und Wechselrichterschaltungen (AC/DC) zur Auswahl.

5.2.3.3 Elektrische Einsatzbedingungen

Als erster Teil der Eingangsgrößen für die Berechnung müssen die elektrischen Parameter spezifiziert werden. Der Anwender muss neben den Nennbedingungen die für die Bauelementdimensionierung wesentlichen Überlastfälle definieren. Dies kann ein Überlaststrom für eine begrenzte Zeit oder im Fall des Wechselrichters ein Betrieb mit niedriger Ausgangsfrequenz sein. Das gewählte Bauelement muss für diese Fälle mit ausreichender Reserve zur Maximaltemperatur $T_{j(max)}$ bemessen werden.

circuit parameter			
input voltage	$V_{(d)}$	600	V
output voltage	V_{out}	400	V
cosinus phi	$\cos_{phi}$	0.85	
output power	P_{out}	80	kW
output current	I_{out}	136	A
switching frequency	f_{sw}	8	kHz
output frequency	f_{out}	50	Hz
load and overload parameter			
factor		2	
duration		10	s
user defined load cycle		☑	
min. output frequency	$f_{min\ out}$	2	Hz
min. output voltage	$V_{min\ out}$	54	V

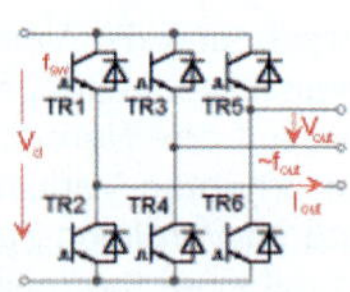

Bild 5.2.17 Eingabe der elektrischen Nenn- und Überlastbedingungen

Ein weiterer Lebensdauer begrenzender Aspekt sind Lastwechsel bzw. Temperaturwechsel. Hierfür bietet SemiSel mit dem Markieren der entsprechenden Option die Möglichkeit der Eingabe und Berechnung typischer Lastzyklen. Für diese Belastung interessiert weniger die Maximaltemperatur sondern mehr die Temperaturdifferenz zwischen Volllastbetrieb und Leerlauf. Diese führt zu Alterungserscheinungen im Leistungshalbleitermodul (vgl. Kap. 2.7) und ist deshalb in die Lebensdauerbetrachtung des Umrichters mit einzubeziehen. In Bild 5.2.18 ist beispielhaft ein Fahrzyklus eines Antriebes mit den 4 Betriebszuständen: Anfahren, konstante Geschwindigkeit, Abbremsen, Stillstand dargestellt. Die Werte des Lastzyklus werden in eine Tabelle mit Stützpunkten eingegeben. Zwischen den Punkten wird vom Programm linear interpoliert. Die Temperatur und Verlustleistungsberechnung erfolgt in vergleichbarer Weise wie beim Überlaststrom. Während der Beschleunigung und Abbremsphase fließt ein Überstrom und die Schaltfrequenz wurde reduziert. Besonderheit beim Abbremsen ist der Wechsel der Energieflussrichtung. Der Phasenwinkel cos(φ) wird negativ – der Wechselrichter arbeitet als Gleichrichter und speist Energie zurück.

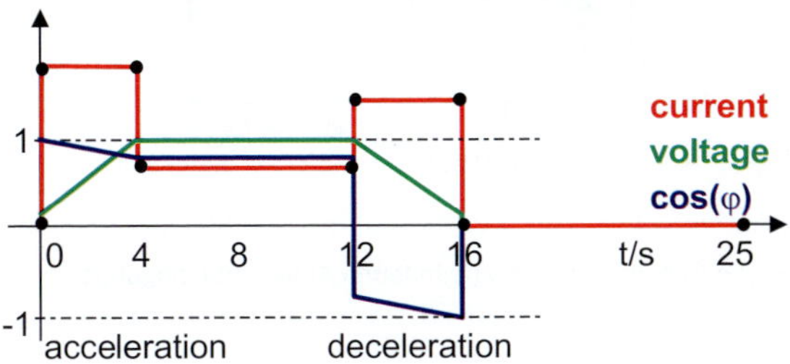

t [s]	I/Iout	V/ Vout	cos (φ)	fout [Hz]	fsw [kHz]
0	0	0	0	0	6
0.1	2	0,1	1	5	4
4	2	1	0.85	50	4
4.1	0.7	1	0.85	50	6
12	0.7	1	0.85	50	6
12.1	1.5	1	-0.85	50	4
16	1.5	0.1	-1	5	4
16.1	0	0	0	5	6
25	0	0	0	0	6

Bild 5.2.18 Definition eines Lastzyklus in SemiSel

5.2.3.4 Bauelementauswahl

Als zweiter Satz von Eingangsgrößen werden die Bauelementparameter benötigt. Diese werden über die Auswahl des Bauelementnamen aus einer Datenbank geladen (Bild 5.2.19). Hier benötigt der Anwender bereits eine Vorstellung welches Produkt er eventuell einsetzen könnte. Dies betrifft sowohl die Gehäuseform als auch die verschiedenen Chiptechnologien. Als einen ersten Anhaltspunkt ohne Überlast kann man sich einen Produktvorschlag im Programmteil „Device proposal" machen lassen.

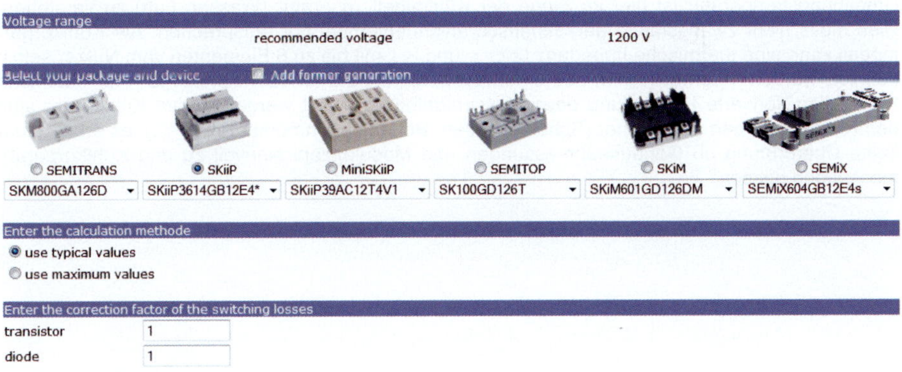

Bild 5.2.19 Bauteilauswahl

Als Einflussmöglichkeiten auf die Bauteilparameter hat der Anwender die Möglichkeit, zwischen typischen und maximalen Durchlassparametern zu wählen. Außerdem können die Schaltverluste mit Hilfe eines Korrekturfaktors geändert werden. Dies kann zum Beispiel notwendig sein, wenn die Ansteuerbedingungen von den Nennbedingungen im Datenblatt abweichen oder wenn „Weiches Schalten" erfolgt. Der Korrekturfaktor wird ermittelt, in dem die Schaltverluste am Nennarbeitspunkt zu den Schaltverlusten in der Anwendung ins Verhältnis gesetzt werden (Bild 5.2.20). Dazu ist im Falle geänderter Ansteuerbedingungen die Kennlinie $E_{sw} = f(R_G)$ aus dem Datenblatt heranzuziehen.

$$K_{E_{sw}} = \frac{E_{on+off}(R_g)}{E_{on+off}(R_{g\_ref})}$$

Data sheet value at $R_{g\_ref} = 7\ \Omega$:

$E_{on+off} = 33$ mJ

$E_{rr} = 8$ mJ

Switching losses at $R_g = 20\ \Omega$:

$E_{on+off} = 57$ mJ

$E_{rr} = 5{,}5$ mJ

Correction factor:

transistor $K_{E_{sw}\_IGBT} = 1{,}72$

diode $K_{E_{sw}\_D} = 0{,}69$

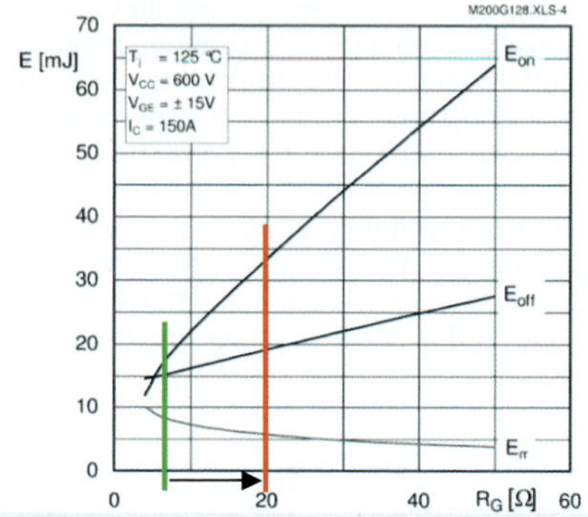

Fig. 4 Typ. turn-on /-off energy = f (R_G)

Bild 5.2.20 Ermitteln des Korrekturfaktors für die Schaltverluste bei geänderten Ansteuerbedingungen

5.2.3.5 Thermische Einsatzbedingungen

Als letzter Parametersatz sind die Kühlbedingungen zu spezifizieren. Im einfachsten Fall kann die Berechnung von Verlusten und Chiptemperatur mit konstanter Kühlkörpertemperatur erfolgen. Im Nachhinein kann dann aus max. Umgebungstemperatur, vorgegebener Kühlkörpertemperatur und berechneten Gesamtverlusten der benötigte thermische Widerstand des Kühlkörpers berechnet werden

$$R_{th(s-a)} = \frac{T_s - T_a}{P_{tot}}$$

In dem Fall, dass ein Kühlkörper bereits spezifiziert ist, ist die Umgebungstemperatur einzugeben. Umgebungstemperatur ist hier im Sinne der Kühlmitteltemperatur (Wasser, Luft) zu verstehen. Dies muss nicht zwangsläufig der Schaltschrankinnentemperatur entsprechen. Als Kühlkörpermodell kann eine thermische Impedanz über τ_v und R_{thv} mit bis zu 6 Elementen vom Nutzer selbst definiert werden. Alternativ kann aus einer Auswahl von SEMIKRON-Kühlkörpern für natürliche Konvektion, forcierte Luftkühlung oder Wasserkühlung gewählt werden. Diese Kühlkörper sind den Produktgruppen zugeordnet (Scheibenzellen, Bodenplattenmodule, SKiiP...), es erfolgt aber keine Überprüfung ob Gehäuseabmessungen und Modulanzahl sinnvoll zu den Kühlkörperabmessungen passen.

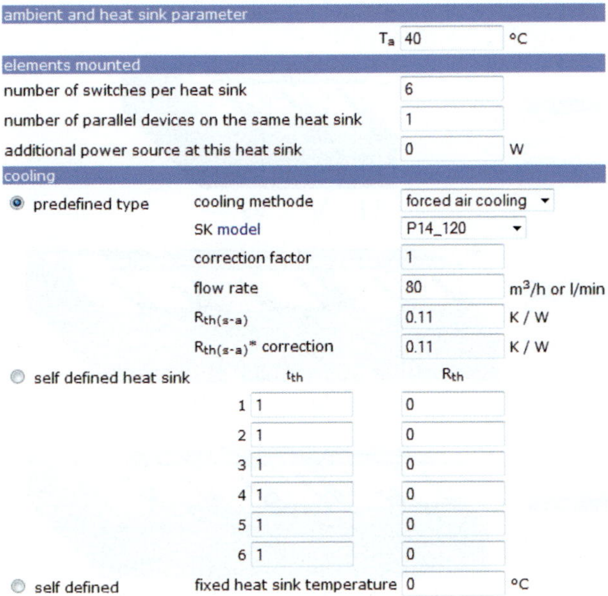

Bild 5.2.21 Festlegung der Kühlbedingung in SemiSel

Bei der Spezifikation der Kühlbedingungen ist Ingenieurwissen gefragt, welches die Software nicht bieten kann. Der Einfluss der Bauteilgröße, deren Anzahl und die Verteilung der Wärmequellen auf den thermischen Widerstand des Kühlkörpers $R_{th(s-a)}$ muss berücksichtigt werden. Oft sind thermische Widerstände von den Kühlkörperherstellern für eine gleichmäßig verteilte Wärmeeinprägung gegeben. Bei punktueller Einprägung wird der R_{th} höher. Einige Richtgrößen sind in Kap. 5.3 gegeben, für einige SEMIKRON-Kühlkörper sind auch in den Datenblättern Abhängigkeiten von Bauteilgröße und Anzahl gegeben. Als Einflussmöglichkeit auf den $R_{th(s-a)}$ steht dem Nutzer ein Korrekturfaktor zur Verfügung. Mit diesem wird der Datenbankwert des gewählten Kühlkörpers multipliziert, um eine Anpassung an die oben genannten Einflüsse zu ermöglichen. Der Korrekturfaktor kann auch genutzt werden, um den R_{th} eines eigenen Kühlkörpers an den Wert eines im Programm verfügbaren Kühlkörpers anzupassen. Größe und Gewicht sollten allerdings ähnlich sein. Der neu berechnete Wert wird als $R_{th(s-a)*}$ angezeigt. Der $R_{th(s-a)}$ ist auch abhängig vom Volumenstrom des Kühlmediums, dieser kann in Grenzen für die vordefinierten Kühlkörper variiert werden.

Wichtig für die Berechnung von T_s ist die Vorgabe der Anzahl der Wärmequellen n. Diese werden allgemeingültig als Schalter definiert. Ein dreiphasiger IGBT-Wechselrichter besteht aus 6 Schaltern, 1 IGBT und dessen Inversdiode bilden einen Schalter. Außerdem kann ein Schalter aus einer Parallelschaltung von mehreren der ausgewählten Bauelemente bestehen. Dies ist ebenfalls vorzugeben. In Bild 5.2.22 oben ist ein dreiphasiger Wechselrichter bestehend aus 3 Halbbrückenmodulen (GB) dargestellt. Auf dem Kühlkörper sind 6 Schalter, es erfolgt keine Parallelschaltung. In den beiden anderen Beispielen gibt es eine Parallelschaltung. Im mittleren Beispiel ist jeweils eine Phase mit 2 Schaltern je Kühlkörper und im unteren Beispiel sind wieder alle 6 Schalter auf einem Kühlkörper, jeder Schalter besteht aber aus einer Parallelschaltung von 2 Modulen. Die Gesamtverlustleistung auf dem Kühlkörper ergibt sich zu

$$P_{tot} = n_s \cdot n_p \cdot \left(P_{tot(T)} + P_{tot(D)}\right)$$

n_s = Anzahl der Schalter auf dem Kühlkörper
n_p = Anzahl parallel geschalteter Bauelemente, aus denen der Schalter aufgebaut ist

Bei einer Parallelschaltung wird der Umrichterstrom ideal auf die Anzahl der parallelen Bauelemente aufgeteilt.

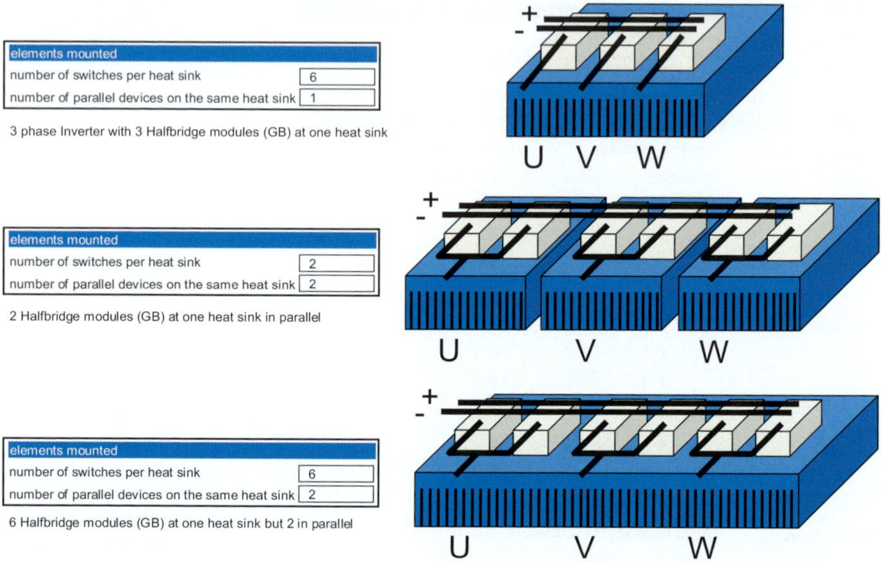

Bild 5.2.22 Beispiele für die Definition von Schaltern und parallelen Bauelementen pro Kühlkörper

Als letzte Eingabemöglichkeit vor der Ergebnisberechnung besteht die Möglichkeit, zusätzliche Verluste in den Kühlkörper einzuprägen. Dies ist zum Beispiel notwendig, wenn gleichzeitig Eingangsgleichrichter und Wechselrichter den Kühlkörper erwärmen. Hier kann man in einer zweiten Berechnung die Gleichrichterverluste ermitteln und diese dann als zusätzliche Verlustleistungsquelle mit berücksichtigen.

5.2.3.6 Ergebnisse

Auf der Ergebnisseite findet man zuerst eine Zusammenfassung der eingegebenen Parameter des elektrischen Arbeitspunktes und der Kühlbedingung sowie eine Auflistung der für die Berechnung verwendeten Halbleiterparameter. Es folgt eine Auflistung der Schalt- und Leitverluste von IGBT und Diode für die Nennbedingungen, für den Überlaststrom und für den Betrieb mit minimaler Frequenz. Die Chiptemperaturen $T_{j(T)}$ und $T_{j(D)}$ sowie die Gehäuse- und Kühlkörpertemperatur T_c und T_s werden für den Nennstrom und den Überlaststrom als Mittelwerte ausgegeben und für den Betriebspunkt „Minimale Frequenz + Überlast" als Spitzenwert. Alle Angaben zu Verlusten und Temperaturen werden in Tabellenform dargestellt und für den Betriebspunkt mit der höchsten Temperatur erfolgt die Ausgabe des Temperaturverlaufs von $T_{j(T)}$, $T_{j(D)}$, T_c und T_s als Graph (Bild 5.2.23). Abschließend erfolgt eine Bewertung der Temperaturen. Für IGBT-Module wird eine Sicherheitsmarge von 25°C zu $T_{j(max)}$ empfohlen.

Calculated losses and temperatures with rated current, at overload and at f_{min} out:

	Rated Current	Overload	f_{min} and Overload
$P_{cond\ tr}$	43 W	117 W	73 W
$P_{sw\ tr}$	52 W	118 W	118 W
P_{tr}	95 W	234 W	191 W
$P_{cond\ d}$	8.32 W	19 W	66 W
$P_{sw\ d}$	26 W	51 W	55 W
P_{d}	34 W	69 W	122 W
P_{tot}	774 W	1824 W	1876 W
	Average Values	Average Values	Maximum Values
T_s	64 °C	72 °C	72 °C
T_c	74 °C	94 °C	95 °C
T_{tr}	81 °C	111 °C	137 °C
T_d	79 °C	104 °C	144 °C

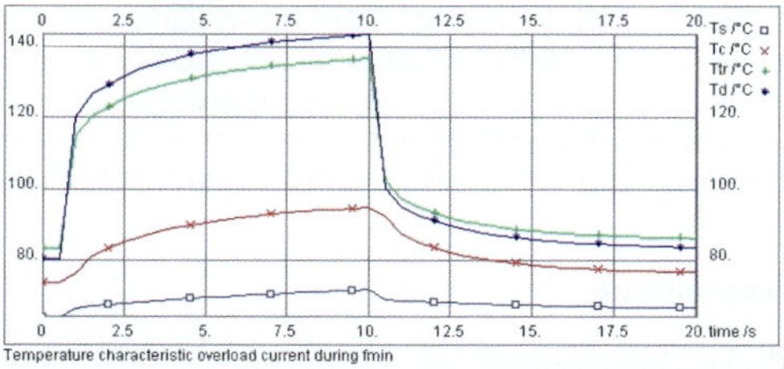

Evaluation:
This configuration works fine.

Bild 5.2.23 Ergebnisausgabe zu Verlusten und Temperaturen in SemiSel

Mit den Ergebnissen aus dem Überlastfall können zur Kostenoptimierung im Designprozess gegebenenfalls bestimmte Einschränkungen definiert werden (z.B. maximale Umgebungstemperatur, reduzierte Vorbelastung oder reduzierte Überlast), um die benötigten Anforderungen mit der gewünschten Baugruppe zu erzielen. Die Bedienerfreundlichkeit und die Rechengeschwindigkeit erlauben hier das „Spielen" mit freien Parametern, um einen optimalen Kompromiss zwischen den Designzielen zu finden. Es besteht die Möglichkeit auf alle Eingabeseiten zurückzuspringen und mit geänderten Bedingungen die Rechnung zu wiederholen. Wurde ein detaillierter Lastzyklus definiert, erfolgt hierfür auch die Ausgabe als Zahlenwerte für Minimum und Maximum der Verluste und Temperaturen, sowie als Graphen der Zeitfunktionen aller Größen (Bild 5.2.24). Eine ausführliche Hilfe unterstützt die Programmbedienung.

Calculated losses and temperatures with user defined load cycle:

Temperatures			
$T_{h\ max}$	82 °C	$T_{h\ min}$	77 °C
$T_{c\ max}$	97 °C	$T_{c\ min}$	86 °C
$T_{tr\ max}$	122 °C	$T_{tr\ min}$	95 °C
$T_{d\ max}$	122 °C	$T_{d\ min}$	91 °C

Power Losses			
$P_{tr\ av}$	113 W	$P_{d\ av}$	38 W
$Pv_{Tr\ max}$	138 W	$Pv_{Tr\ min}$	99 W
$Pv_{D\ max}$	64 W	$Pv_{D\ min}$	23 W

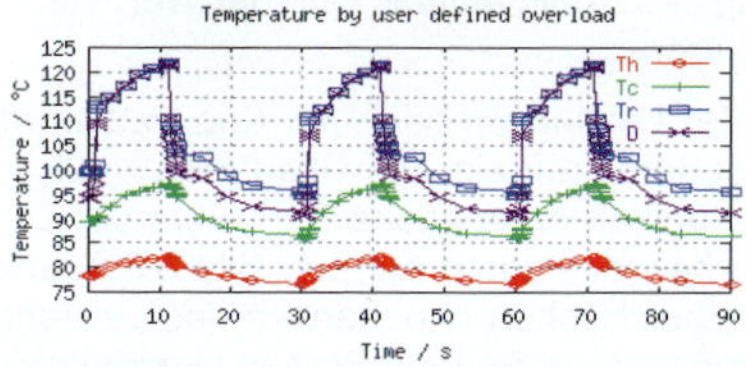

Bild 5.2.24 Ausgabe von Temperaturen und Verlusten für einen vom Nutzer definierten Lastzyklus

5.3 Kühlung von Leistungsmodulen

An dieser Stelle soll vorwiegend auf forcierte Luftkühlung sowie Wasserkühlung eingegangen werden, da diese Kühlungsarten 95% der Anwendungen mit Leistungsmodulen abdecken. Andere Kühlverfahren, wie Siedekühlung, Sprühkühlung und auch die natürliche Luftkühlung werden erwähnt, besitzen aber für IGBT- und MOSFET-Leistungsmodule noch geringe Bedeutung. Einzelheiten zur natürlichen Luftkühlung und Kühlblechen werden im Kap. 4.2 bei den (diskreten) Gleichrichtern erläutert.

Die in Leistungsmodulen erzeugten Durchlass-, Schalt- und Sperrverluste müssen aufgrund ihrer Höhe über Kühlkörper abgeführt werden, die eine Flächenvergrößerung für Konvektion und Strahlung, eine Spreizung des Wärmeflusses sowie eine Dämpfung transienter thermischer Vorgänge bewirken. Aufgrund ihrer internen Isolation sind alle Leistungsmodule eines Gerätes auf einem gemeinsamen Kühlkörper montierbar, der auch weitere konstruktive Aufgaben (Gehäuse, Chassis usw.) übernehmen kann. Die Wärmeabführung eines Kühlkörpers erfolgt, indem die Wärme unmittelbar, durch Wärmeleitung, oder mittels eines Wärmeträgers an das Kühlmittel abgegeben wird. Als Kühlmittel kommen Luft, Wasser bzw. wasserhaltige Kühlgemische oder seltener Isolieröl zum Einsatz, deren Umlauf durch Schwerkraftwirkung erfolgt oder mittels Lüftern bzw. Pumpen erzwungen wird.

5.3.1 Thermisches Modell der Kühleinrichtung

Aus der Wärmegleichung des Kühlkörpers:

$$Q = \alpha \cdot A \cdot \Delta T = P_{tot}$$

folgt die Definition des thermischen Widerstandes:

$$R_{th(s-a)} = \frac{\Delta T_{(s-a)}}{P_{tot}} = \frac{1}{\alpha \cdot A}$$

(Q - abgeführte Wärmemenge, α - Wärmeübergangszahl, A - Wärmeübertragungsfläche)

Da T_s zur Bestimmung von $\Delta T_{(s-a)}$ an einem bestimmten Punkt gemessen wurde, gilt der Wert des $R_{th(s-a)}$ auch nur für diesen Messpunkt zur Umgebungstemperatur (siehe Kap. 5.3.2.4). Andere Messpunkte führen zu anderen Werten. Bei Aufbauten mit mehreren Modulen wird zur Vereinfachung meist von einer einheitlichen Kühlkörpertemperatur für alle Bauelemente ausgegangen. Die Verlustleistung aller Wärmequellen auf dem Kühlkörper wird über den gemeinsamen $R_{th(s-a)}$ abgeführt.

Aus obiger Gleichung für den R_{th} ergibt sich, dass eine Flächenvergrößerung durch möglichst starke „Verrippung" sinnvoll ist, sofern die Strömungsverhältnisse so gestaltet werden können, dass die Strömungsgeschwindigkeit und damit die Wärmeübergangszahl α nicht übermäßig absinkt. Aus dieser Feststellung resultieren u.a. die unterschiedlichen Optimierungskriterien für Kühlkörper bei natürlicher und forcierter Luftkühlung. Mit einer besseren Durchwärmung der Kühlkörper durch höhere Verlustleistung, gleichmäßige Wärmeverteilung oder bessere Wärmespreizung vergrößert sich die wirksame Wärmeaustauschfläche A_{eff}, die Effektivität des Kühlkörpers steigt bzw. der $R_{th(s-a)}$ sinkt. Durch eine möglichst starke Verwirbelung des Kühlmediums wird der Wert von α stark erhöht, was ebenso dazu beiträgt den $R_{th(s-a)}$ zu verringern.

Bei der Erklärung der thermischen Eigenschaften der Leistungsmodule im Kap. 5.2 wurde der Kühlkörper im thermischen Ersatzschaltbild zunächst durch nur ein „RC-Glied" ($R_{th/(s-a)}$, $Z_{th(s-a)}$) beschrieben. Der Verlauf der transienten thermischen Kühlkörperimpedanz $Z_{th(s-a)}$ über der Zeit t bei einem Verlustleistungssprung weist jedoch mehrere Zeitkonstanten auf, wie Bild 5.3.6 an einem Beispiel zeigt. Durch Addition mit den Verläufen der thermischen Impedanzen des Leistungsmoduls und des Wärmeüberganges zum Kühlkörper kann hieraus die thermischen Gesamtimpedanz $Z_{th(j-a)}$ ermittelt werden. Mittels nachstehender Gleichungen lassen sich die Z_{th}-Kurven analytisch als eine Summe von n Exponentialfunktionen darstellen:

$$\Delta T_{(s-a)}(t) = P_m \cdot \sum_{v=1}^{n} R_{thv} \cdot \left(1 - e^{\frac{-t}{\tau_{thv}}}\right)$$

$$Z_{th(s-a)}(t) = \frac{\Delta T_{(s-a)}(t)}{P_m}$$

daraus folgt:

$$Z_{th(s-a)}(t) = \sum_{v=1}^{n} R_{thv} \cdot \left(1 - e^{\frac{-t}{\tau_{thv}}}\right)$$

Die Anzahl v der Summanden sowie die Werte von R_{thv} und τ_v werden dabei unabhängig von der physikalischen Struktur so gewählt, dass mit vertretbarem Rechenaufwand eine ausreichend gute Approximation des Kurvenverlaufes erfolgt. Ausgangsbasis für die Ermittlung der R_{th}- und τ_{th}-Werte ist die vorhandene Z_{th}-Kurve. Mathematik- und Tabellenkalkulationsprogramme wie z.B. Excel (→ Solver) sind in der Lage Gleichungssysteme mit einer großen Anzahl unbekannter Elemente zu lösen, in dem für eine große Anzahl Stützstellen (n) die Summe der Fehlerquadrate gemäß nachfolgender Gleichung gleich „0" gesetzt wird.

$$\left(Z_{th(s-a)}(t_n) - \sum R_{thv} \cdot \left(1 - e^{\frac{-t_n}{\tau_{thv}}}\right)\right)^2 = 0$$

Um unsinnige Lösungen auszuschließen, sollte über eine Nebenbedingung festgelegt werden, dass R_{th} und $\tau_{th} > 0$ sind. Man kann die Anzahl der R_{th}/τ_{th} Paare erhöhen bis die gewünschte Genauigkeit erreicht ist. Meist sind 3...5 Paare ausreichend.

5.3.2 Einflussfaktoren auf den thermischen Widerstand

5.3.2.1 Anzahl der Wärmequellen

Die Anzahl der auf dem Kühlkörper verteilten Wärmequellen hat einen entscheidenden Einfluss auf den $R_{th(s-a)}$. Von Kühlkörperherstellern gegebene Werte gelten, wenn nicht explizit anders spezifiziert, für eine großflächige Wärmeeinprägung über die gesamte Montagefläche. Je näher man diesem Idealfall mit einer großen Anzahl verteilter Wärmequellen kommt, desto eher lässt sich auch dieser theoretische R_{th}-Wert erreichen. Messungen sind aufwendig und Herstellerangaben für verschiedene Konfigurationen sind schwer zu bekommen. Abhilfe können FEM-Simulationen schaffen; diese sind immer dann besonders aussagekräftig, wenn relative Vergleiche mit bekannten Größen gemacht werden sollen. In Bild 5.3.1 sind Simulationen [56] desselben Kühlkörpers mit 1 x (rechts) und mit 3 x 62 mm IGBT-Modulen (links) dargestellt. Bei 3 Modulen ist der

$$R_{th(s-a)} = \frac{102°C - 40°C}{1800\ W} = 0{,}034\ K/W$$

Der R_{th} des gleichen Kühlers unter gleichen Umgebungsbedingungen erhöht sich für die Montage nur eines Moduls auf

$$R_{th(s-a)} = \frac{74°C - 40°C}{600\ W} = 0{,}0566\ K/W$$

was einer Erhöhung von 65% entspricht. SEMIKRON gibt für einige seiner Kühlkörper R_{th} in Abhängigkeit von Modulanzahl und Größe an (Bild 5.3.2). Sofern die thermischen Impedanzen nicht auch für verschiedene Aufbauten gegeben sind, können diese durch Wichtung der R_{thv} mit einem Korrekturfaktor aus dem Verhältnis der thermischen Widerstände angepasst werden. Die Zeitkonstanten der thermischen Impedanz bleiben gleich.

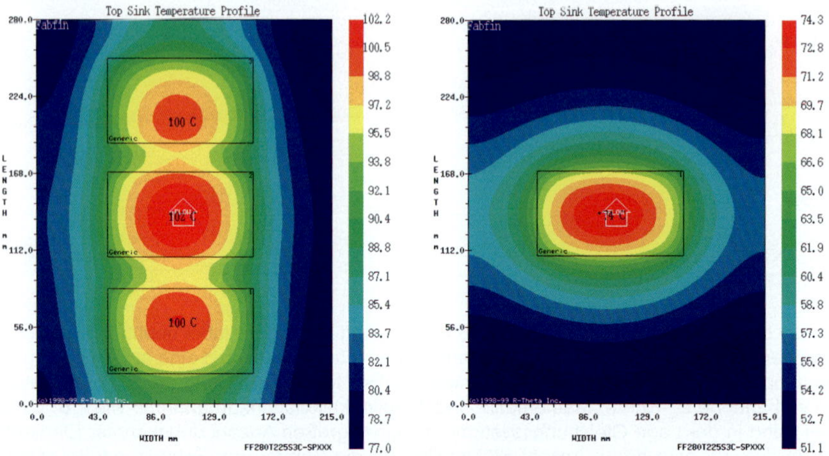

Bild 5.3.1 Simulation der Kühlkörperperformance bei unterschiedlicher Anzahl von Bauelementen

P 16

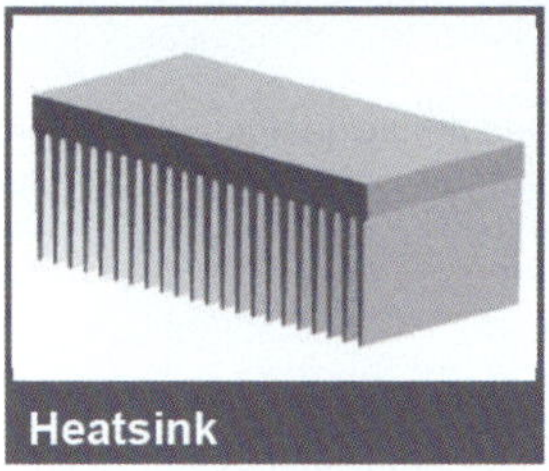

Standard lengths	n	b / d Ø mm	R_{thha} K/W	R_{thha} with fan SKF 16B-230-01 K/W	w kg
P 16/170	3	20		0,05	4
P 16/200	3	20		0,046	4,7
	6	20		0,039	
	3	34		0,038	
	2	50		0,04	
	3	50		0,033	
P 16/300	6	34		0,036	7
	6	50		0,024	

Bild 5.3.2 Beispiel für die Angabe des $R_{th(s-a)}$ in Abhängigkeit von Anzahl n und Größe b der Wärmequellen für einen Luftkühler

5.3.2.2 Wärmespreizung

Wärmespreizung kann durch gute Wärmeleitfähigkeit des Materials, dicke Schichten oder durch Einbringen von Heatpipes (siehe Kap. 5.3.6) im Kühlkörper selbst erfolgen. Sie kann aber auch durch die gute Verteilung der Wärmequellen über die gesamte Montagefläche verbessert werden. Hierbei ist ein Kompromiss zwischen kompaktem Aufbau und guter Wärmeverteilung zu finden. In der in Bild 5.3.3 dargestellten thermischen Simulation reduziert sich der $R_{th(s-a)}$ bei einer Vergrößerung des Abstandes zwischen den Modulen von 0 mm auf nur 18 mm um 9%. Anzahl und Größe der Verlustleistungsquellen ist gleich. Die Verlustleistung ist 600 W je Modul, die Umgebungstemperatur $T_a = 40°C$.

$$R_{th(s-a)} = \frac{101°C - 40°C}{1800\ W} = 0{,}034\ K/W$$

$$R_{th(s-a)} = \frac{96°C - 40°C}{1800\ W} = 0{,}031\ K/W$$

Aus thermischer Sicht wäre ein Abstand von bis zu 3 cm auf einem Luftkühler wünschenswert, allerdings wäre im Beispiel dazu ein größerer KK notwendig ($\rightarrow R_{th(s-a)} = 0{,}266$ (-17%)). Auf einem Wasserkühler ist wegen der besseren Wärmeableitung der Effekt geringer, hier ist bereits nach 1..2 cm Abstand kaum noch eine Verbesserung zu erreichen.

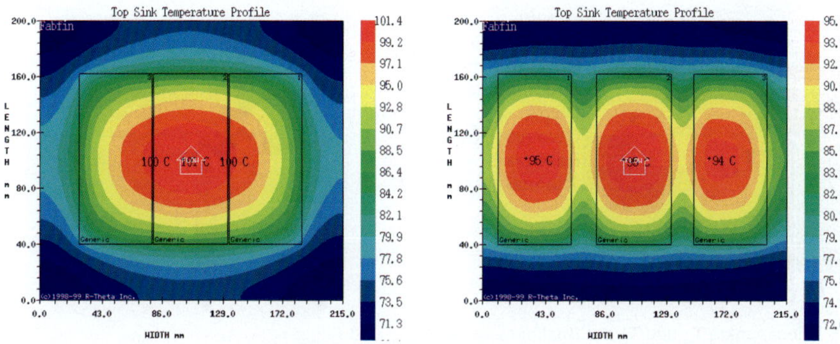

Bild 5.3.3 Effekt der besseren Verteilung der Wärmequellen auf der Kühlkörperoberfläche, Simulation der Temperatur auf der Kühlkörperoberfläche

5.3.2.3 Lage der Wärmequellen zur Kühlrichtung

Der $R_{th(s-a)}$ hängt neben Anzahl und Verteilung auch von der Lage der Wärmequellen in Bezug auf die Richtung des Kühlmittelflusses auf dem Kühlkörper ab. Bild 5.3.4 soll diese Zusammenhänge am Beispiel eines ausgewählten Aufbaus verdeutlichen. Die Lage am Ende des Kühlkörpers ist besonders ungünstig, da eine stärkere Wärmespreizung in Richtung des Kühlmittelflusses erfolgt als entgegen der Kühlrichtung.

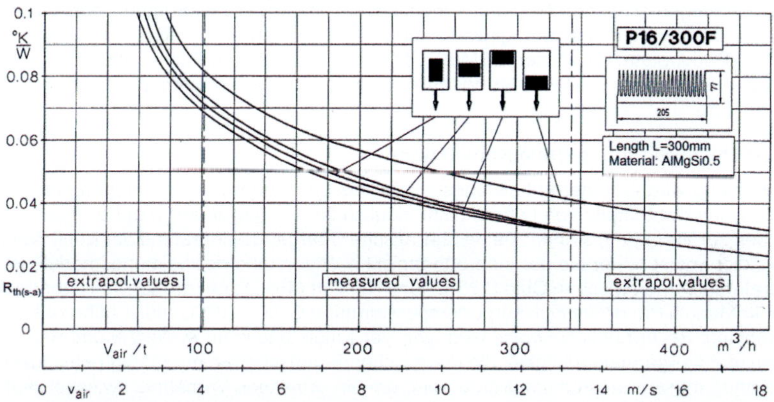

Bild 5.3.4 Thermischer Kühlkörperwiderstand $R_{th(s-a)}$ eines SKiiP-Aufbaus in Abhängigkeit von Luftdurchsatz und Lage des SKiiP auf dem Kühlkörper

5.3.2.4 Messpunkte zur R_{th}-Bestimmung

Neben all den konstruktiven Einflüssen hängt der $R_{th(s-a)}$ auch vom Messpunkt der Kühlkörpertemperatur ab. Wie man z.B. in Bild 5.3.3 sieht, sind Temperaturdifferenzen von 30 K auf der Kühlkörperoberfläche leicht möglich. Prinzipiell muss T_s an dem Punkt gemessen werden, zu dem auch der Wert des $R_{th(c-s)}$ bzw. $R_{th(j-s)}$ der Halbleitermodule spezifiziert wurde, anderenfalls ist die Kette von der Sperrschicht zur Umgebung unterbrochen. Leider sind die Bezugspunkte von (Halbleiter-) Hersteller zu Hersteller verschieden (Bild 5.3.5) und auch für die unterschiedlichen SEMIKRON Produktgruppen gibt es unterschiedliche Bezugspunkte. Die häufigst verwendeten Messpunkte sind neben dem Modul auf Höhe der Chipposition oder unter dem Modul in einer Bohrung bis 2 mm unter die Oberfläche des Kühlkörpers.

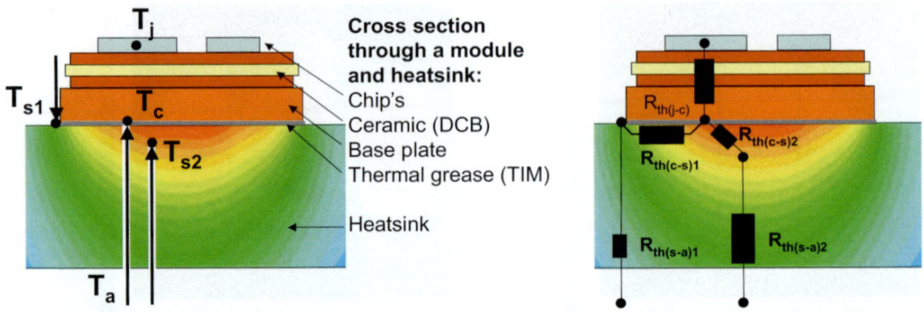

Bild 5.3.5 Messpunkte T_{s1} und T_{s2} zur Bestimmung des $R_{th(c-s)}$ und $R_{th(s-a)}$

SEMIKRON spezifiziert bei Modulen mit Bodenplatte den $R_{th(c-s)}$ zu einem Messpunkt neben dem Modul an der Längsseite (ca. 1/3 von der Modulecke). An diesem Punkt T_{s1} ist der Kühlkörper deutlich kühler als unter dem Modul, mit der Konsequenz, dass die Temperaturdifferenz $\Delta T_{(c-s)}$ groß und $\Delta T_{(s-a)}$ klein ist. Daraus folgt ein größerer Widerstand $R_{th(c-s)1}$ und ein kleinerer $R_{th(s-a)1}$ im Vergleich zur anderen Methode, bei der die Kühlkörpertemperatur T_{s2} unter dem Modul gemessen wird ($R_{th(c-s)2}$; $R_{th(s-a)2}$). Der Unterschied wird um so größer, je besser der Kühlkörper die Wärme abführt (Wasserkühlung ↔ Luftkühlung). Der Vorteil der Methode 1 „neben dem Modul" ist die leichtere Zugänglichkeit des Messpunktes im Aufbau. Es wird kein besonders präparierter Kühlkörper benötigt. Der Nachteil ist die Abhängigkeit des $R_{th(c-s)}$ von der Wärmespreizung im Kühlkörper. Für Vergleichsrechnungen zwischen Modulen verschiedener Hersteller sollte immer der gleiche Bezugspunkt verwendet werden. Näherungsweise kann angenommen werden $R_{th(c-s)1} \approx 2 \cdot R_{th(c-s)2}$. Bei Modulen ohne Bodenplatte spezifiziert SEMIKRON den $R_{th(j-s)}$ zu einem Punkt unter dem Chip. Bei der Kühlkörpervermessung ist daher für bodenplattenlose Module die Methode 2 „unter dem Modul" zu verwenden.

5.3.3 Natürliche Luftkühlung (freie Konvektion)

Natürliche Luftkühlung wird im unteren Leistungsbereich bis 50 W oder auch bei hohen Leistungen angewandt, wenn der Einsatz von Lüftern nicht möglich ist oder geräteseitig außerordentlich große Kühlflächen zur Verfügung stehen. Da der thermische Übergangswiderstand der Kühlkörper bei freier Konvektion meist höher als der innere thermische Widerstand der Leistungsmodule ist, fällt die Temperaturdifferenz zwischen Chip (125°C) und Kühlluft (45°C) zum großen Teil über dem Kühlkörper ab. In Modulnähe ist die Kühlkörpertemperatur mit z.B. 90...100°C meist höher als bei forcierter Luftkühlung. Bei der üblicherweise niedrigen Verlustleistung können Wurzel und Rippen relativ dünn sein, da die Wärmeleitfähigkeit die thermischen Eigenschaften nur mäßig beeinflusst. Die Rippenabstände müssen ausreichend groß sein, um ein günstiges Verhältnis zwischen Auftrieb (Temperatur-/Dichtegefälle) und Reibung der Luft zu erzielen. Eine Schwärzung des Kühlkörpers verbessert die Strahlungseigenschaften und damit den $R_{th(s-a)}$ um bis zu 25% in Abhängigkeit der Temperaturdifferenz zwischen Montagefläche und Umgebungsluft (zu weiteren Details siehe Kap. 4.2).

5.3.4 Forcierte Luftkühlung

Gegenüber natürlicher Kühlung kann der thermische Kühlkörperwiderstand durch forcierte Belüftung auf 1/5...1/15 verringert werden. Eine Gegenüberstellung der Verläufe von $Z_{th(s-a)}$ bis zum Erreichen des Endwertes $R_{th(s-a)}$ zeigt Bild 5.3.6 am Beispiel des SEMIKRON-Kühlkörpers P16 für verschiedene Kühlkörperlängen.

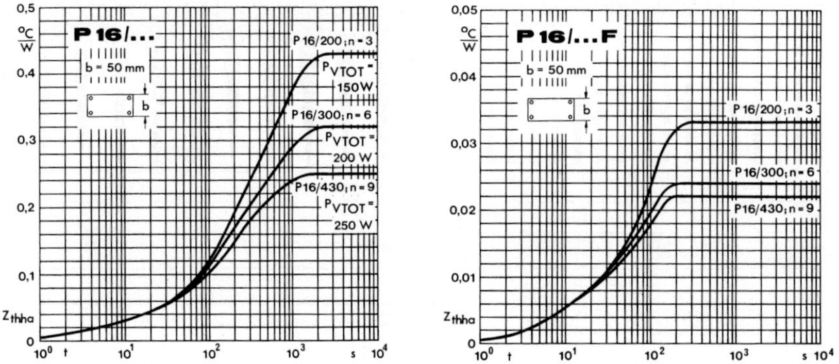

a) b)

Bild 5.3.6 Verläufe von $Z_{th(s-a)}(t)$ für Kühlkörper P16/Länge[mm] mit unterschiedlicher Länge, Anzahl von Wärmequellen n; a) bei freier Konvektion mit unterschiedlichen Verlustleistungen; b) bei forcierter Kühlung

Gegenüber freier Konvektion ist α bei forcierter Kühlung wesentlich größer. Die Oberflächentemperatur forciert belüfteter Kühlkörper sollte bei 35°C Zulufttemperatur (Nennbedingung für Datenblattangaben) im Nennbetrieb 80...90°C nicht übersteigen. Aufgrund des überwiegenden Anteiles der Konvektion an der Wärmeabgabe hat eine Schwärzung des Kühlkörpers bei forcierter Luftkühlung wenig Sinn.

5.3.4.1 Kühlprofile

Das Kühlkörpermaterial muss – bei vertretbaren Material- und Bearbeitungskosten – eine möglichst gute Wärmeleitung und Wärmespreizung (= hohe Wärmeleitzahl λ) aufweisen. Bevorzugtes Material ist deshalb Aluminium (λ = 247 W/K·m für reines Al), bei besonders hohen Anforderungen auch Kupfer (λ = 398 W/K·m). Bemerkenswert ist die Abhängigkeit der Wärmespreizung vom Herstellungsverfahren und hierzu notwendiger Legierung; praktische Kühlkörper haben λ-Werte zwischen 150 W/K·m (Al-Druckgusslegierung) und 220 W/K·m (AlMgSi-Strangpressmaterial). Die Wärmespreizung im Material hat großen Einfluss auf die thermische Effizienz des Kühlkörpers. Somit ist die Optimierung der Wurzeldicke und ein ausgewogenes Verhältnis von Rippenanzahl, Rippenhöhe und Rippendicke bedeutsam:

- Die *Wurzel (Root)* eines Kühlkörpers ist der unverrippte Bereich der Montagefläche für die Leistungsbauelemente, in dem die Wärmespreizung erfolgt.
- Über die *Rippen* (Lamelle, Finne) eines Luftkühlkörpers erfolgt durch Konvektion die wesentliche Wärmeabgabe an die Umgebung.

Zur Ermittlung der Optimierungskriterien für forciert belüftete Kühlkörperprofile können Wärmeleitung und Konvektion über die Rippenhöhe integriert werden, woraus sich unter einigen vereinfachenden Annahmen ergibt:

$$R_{th(s-a)} = \frac{1}{n \cdot \sqrt{\alpha \cdot U \cdot \lambda \cdot A} \cdot \left[\frac{1}{1+e^{-2\kappa}} - \frac{1}{1+e^{2\kappa}} \right]}$$

mit $\kappa = h \cdot \sqrt{\frac{\alpha \cdot U}{\lambda \cdot A}}$

(α: Wärmeübergangszahl, U: Rippenumfang, λ: Wärmeleitzahl des Kühlkörpermaterials, A: Rippenquerschnitt, h: Rippenhöhe)

Tabelle 5.3.1 gibt einen groben Überblick über Eigenschaften verschiedener Kühlkörperausführungen.

	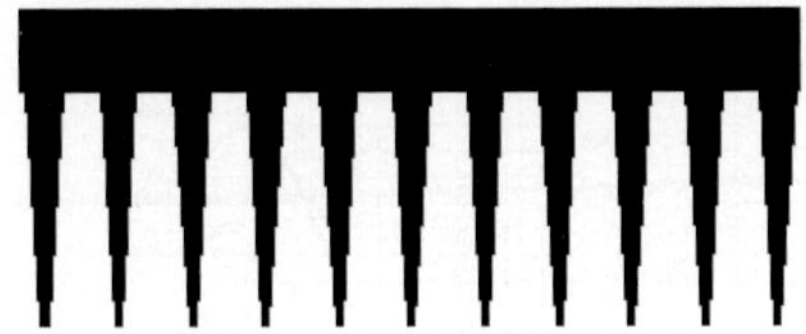
Dünne Wurzel	Dicke Wurzel
Viele Rippen	Wenig Rippen
Niedrigerer $R_{th(s-a)}$	Höherer $R_{th(s-a)}$
Aber:	
Niedrige Überlastkapazität (z.B. für Pumpen)	Hohe Überlastkapazität (z.B. für Aufzüge)
Kleine Zeitkonstanten	Große Zeitkonstanten
Wenig Wärmespreizung	Gute Wärmespreizung
Hoher Druckabfall – weniger Luft	Niedriger Druckabfall – mehr Luft
Empfindlich gegen Schmutz	Wenig empfindlich gegen Schmutz

Tabelle 5.3.1 Eigenschaften und Auswahlkriterien für verschiedene Kühlkörperprofile

5.3.4.2 Druckabfall und Luftvolumen

Der $R_{th(s-a)}$ wird weiterhin wesentlich durch das je Zeiteinheit durchströmende Luftvolumen V_{air}/t bestimmt, das von mittlerer Kühlluftgeschwindigkeit v_{air} und Durchtrittsquerschnitt A abhängt:

$$V_{air}/t = v_{air} \cdot A$$

Statt der hierbei vorausgesetzten laminaren Strömung bewirken Luftverwirbelungen an den Rippenoberflächen turbulente Strömungsverhältnisse, wodurch – bei entsprechender Oberflächengestaltung der Rippen – die Wärmeübertragung an die Luft verbessert wird. Natürlich wird nicht nur der statische, sondern ebenso der transiente thermische Widerstand (thermische Impedanz) Z_{th} durch die forcierte Kühlung verringert. In Bild 5.3.6 sind die Verläufe von $Z_{th(s-a)}$ bis zum Erreichen des Endwertes $R_{th(s-a)}$ des SEMIKRON-Kühlkörpers P16 bei natürlicher und bei forcierter Kühlung dargestellt. Weiterhin ändert sich auch das Zeitverhalten um eine Zehnerpotenz. Während bei natürlicher Luftkühlung der statische Endwert erst nach 2000...3000 s erreicht wird, ist dieser Vorgang bei forcierter Luftkühlung bereits nach 200...300 s abgeschlossen.

Mit Vergrößerung von Rippenanzahl und Rippenbreite sinkt der Durchtrittsquerschnitt des Kühlkörpers. Wie auch bei Vergrößerung der Kühlkörperlänge steigt damit der Kühlluft-Druckabfall Δp, und der Volumenstrom sinkt. Dies ist ein gegenläufiger Effekt zur Vergrößerung der Kühloberfläche. Für einen gegebenen Lüfter gibt es daher ein Optimum für Strömungsquerschnitt, Kühlkörperlänge und Volumenstrom. Die Wärmeabführung ist von den Eigenschaften des Lüfters abhängig, die durch die Lüfterkennlinie $\Delta p = f(V_{air}/t)$ (Bild 5.3.7) beschrieben werden.

Aus dem Schnittpunkt der Lüfterkennlinie und den Druckabfallkurven der Kühlkörper $\Delta p = f(V_{air}/t, L)$ kann der Volumenstrom am Arbeitspunkt gemäß Bild 5.3.7 bestimmt werden. Bei der Aufnahme der Lüfterkennlinie ist die erlaubte Betriebsspannungsschwankung (z.B. 230 V +/- 10%) mit zu berücksichtigen. Es muss auch bei minimaler Spannung und damit geringerer Luftmenge noch eine ausreichende Kühlung gewährleistet sein. Von dem ermittelten Volumenstrom hängt der thermische Übergangswiderstand $R_{th(s-a)}$ der Kühlkörperanordnung ab (Bild 5.3.8).

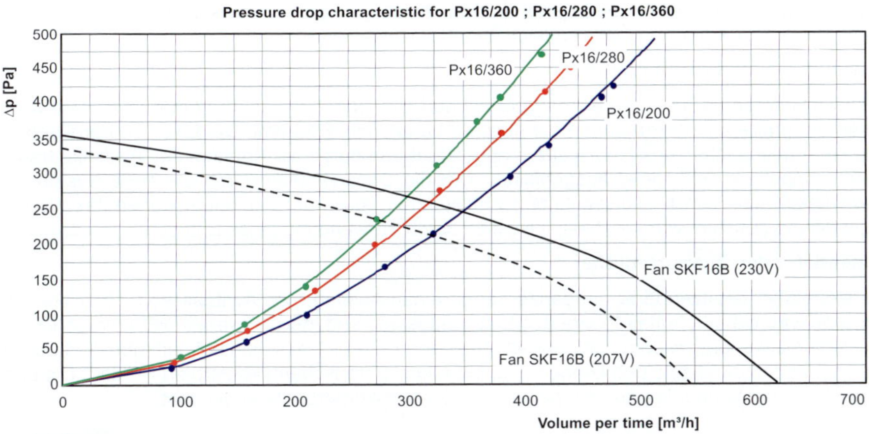

Bild 5.3.7 Kühlluftdurchsatz des Kühlkörperprofils Px16/... bei unterschiedlichen Kühlkörperlängen und Lüfterkennlinie

In der Nähe eines bekannten Arbeitspunktes kann der $R_{th(s-a)}$ in Abhängigkeit vom Volumenstrom gemäß folgender Gleichung berechnet werden.

$$R_{th(s-a)2} = R_{th(s-a)1} \cdot \left(\frac{\dot{V}_1}{\dot{V}_2} \right)^K$$

mit K = 0,7...0,9

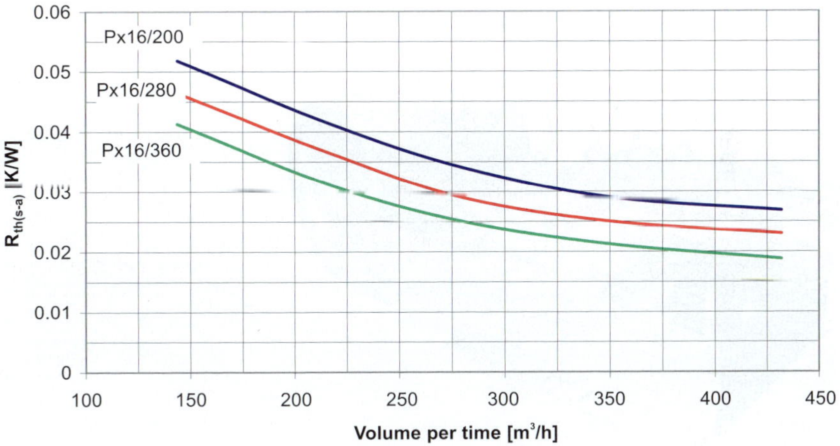

Bild 5.3.8 Kennlinie des Px16 Kühlkörpers als Funktion des Volumenstroms

5.3.4.3 Lüfter (Ventilatoren, Gebläse)

Lüfter dienen dazu, den für die forcierte Luftkühlung erforderlichen Luftstrom zu erzeugen. Je nach Kühlkörper und Anwendung kommen verschiedene Typen von Lüftern zum Einsatz (Bild 5.3.9):

Axiallüfter

Die Drehachse des Axiallaufrades verläuft parallel zum Luftstrom. Die Luft wird durch das Axiallaufrad, ähnlich wie bei einem Flugzeugpropeller, bewegt. Die Vorteile von Axialventilatoren sind die im Verhältnis zum hohen geförderten Luftdurchsatz geringen Abmessungen. Der Nachteil ist die geringere Druckerhöhung im Vergleich zum Radialventilator.

Radiallüfter oder Zentrifugallüfter

Radialventilatoren (Bild 5.3.10) werden überall dort verwendet, wo es im Vergleich zu Axialventilatoren auf größere Druckerhöhung bei gleicher Luftmenge ankommt. Die Luft wird parallel bzw. axial zur Antriebsachse des Radiallüfters angesaugt und durch die Rotation des Radiallaufrades um 90° umgelenkt und radial ausgeblasen. Um die Druckverluste durch die hohe Austrittsgeschwindigkeit aus dem Radialventilator zu minimieren, muss auf geeignete weiterführende Kanalgestaltung geachtet werden, beispielsweise durch Verwendung eines Diffusors.

Tangential- oder Querstromlüfter

Querstromlüfter besitzen über die ganze Länge einen Ansaug- und Ausblasspalt. Über den Ansaugspalt wird die Luft in das Innere des Lüfterrades gesaugt, dort verwirbelt und umgelenkt und dann sehr gleichmäßig wieder nach außen abgegeben. Sie liefern schon bei geringen Drehzahlen einen hohen Luftdurchsatz und können deshalb relativ geräuscharm konstruiert werden. Die Länge des Lüfterrades und des Austrittspaltes wird der Kühlkörperbreite angepasst.

a) b) c)

Bild 5.3.9 Axiallüfter (a), Radiallüfter (b) und Querstromlüfter (c)

Bild 5.3.10 Gleichrichteraufbau mit 3 Dioden-Halbbrückenmodulen auf einem Kühlprofil mit einem Radiallüfter

5.3.4.4 Einsatzhöhe

Die abführbare Wärmemenge hängt vom Luftdruck und der Dichte der Kühlluft ab. Mit zunehmender Einsatzhöhe nimmt die Luftdichte und damit auch die Kühlleistung ab. Die sinkende Luftdichte führt zu einem schlechteren Wärmeabtransport, die Kühlkörpereffektivität verschlechtert sich. Um dies zu berücksichtigen ist eine Reduktion der Umrichterleistung notwendig, bzw. ist der R_{th} für die thermische Auslegung mit einem Korrekturfaktor gemäß Tabelle 5.3.2 zu multiplizieren [57].

Höhe [m / ft]	Leistungsreduktion	Korrekturfaktor für $R_{th(s-a)}$
0 / sea level	1	1
1000 / 3000	0,95	1,05
1500 / 5000	0,90	1,11
2000 / 7000	0,86	1,16
3000 / 10000	0,8	1,25
3500 / 12000	0,75	1,33

Tabelle 5.3.2 Einfluss des Betriebshöhe über NN auf den Wärmewiderstand

Diese Leistungsbeschränkungen gelten auch für Wasserkühler, wenn die Regelung der Kühlwassertemperatur über einen Wärmetauscher mit Luftkühlung realisiert ist.

5.3.5 Wasserkühlung

Wasserkühlung von Leistungsmodulen kommt sowohl für Stromrichter besonders hoher Leistung (MW-Bereich) als auch für Anlagen kleinerer Leistung in Frage, in denen prozessbedingt bereits ein Wasserkreislauf vorhanden ist (z.B. Fahrzeugantriebe, Galvanikanlagen, Induktionserwärmung). Bei direkter Abgabe der Wärme des Kühlmittels an die Umgebungsluft wird meist mit Zulauftemperaturen des Kühlmittels von 50...70°C, in Industrieanlagen mit aktiven Rückkühlern bei 15...25°C gearbeitet. Das gegenüber Luftkühlung kleinere Temperaturgefälle zwischen Kühlkörperoberfläche und Kühlmittel kann in zwei Richtungen ausgenutzt werden:

- höherer Leistungsumsatz, dabei großer dynamischer Hub ΔT_j der Chiptemperatur je Lastwechsel (Grenzen hinsichtlich Lebensdauer vgl. Kap. 2.7) oder
- niedrigere Chiptemperatur, hohe Lebensdauer.

Bild 5.3.11 zeigt beispielhaft für Wasserkühlung einen Aufbau mit 6-fach SKiiP auf Wasserkühlplatte.

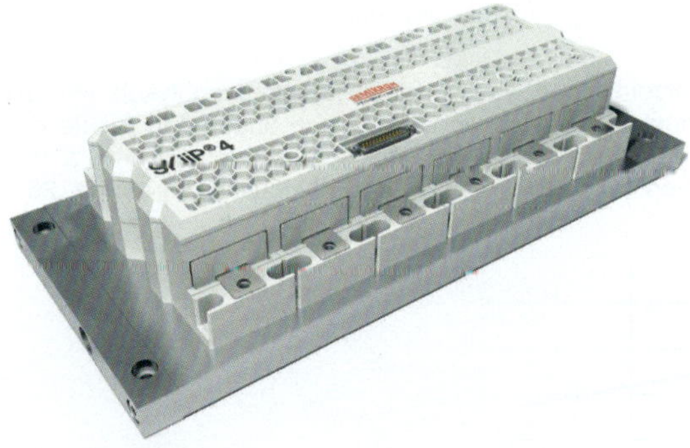

Bild 5.3.11 SKiiP4-Aufbau mit Wasserkühlplatte

Einflussfaktoren für den thermischen Widerstand eines Flüssigkeitskühlers sind:

- die Kontaktfläche zur Kühlflüssigkeit (z.B. Anzahl der Kanäle)
- der Volumenstrom in Abhängigkeit vom Druckabfall (Kap. 5.3.5.1)
- das Wärmespeichervermögen der Kühlflüssigkeit (Kap. 5.3.5.2)
- Turbulenzen in der Strömung
- Wärmeleitung und -spreizung im Kühlkörper (Kühlkörpermaterial)
- die Kühlmitteltemperatur (Abhängigkeit von Viskosität und Dichte)

Eine Vergrößerung der Grenzfläche Kühlkörper – Kühlmedium bewirkt einen verbesserten Wärmeübergang. Der Anzahl von Kühlkanälen beim klassischen Kühler sind Grenzen gesetzt. Beim Pin Fin-Kühler ragen kleine Säulen in die Kühlflüssigkeit, vergrößern die Kontaktfläche und sorgen außerdem für ausreichend Turbulenzen (Bild 5.3.12).

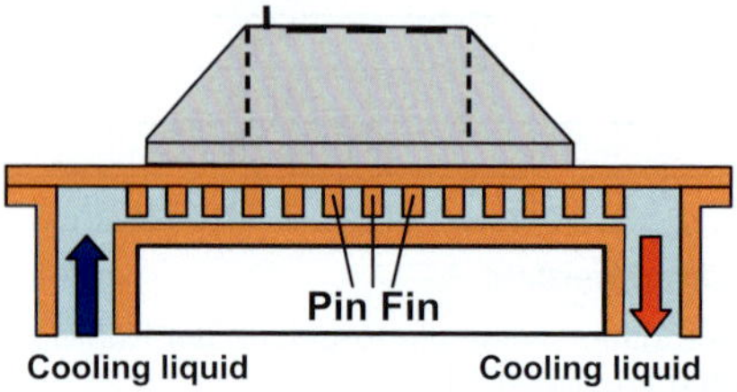

a)

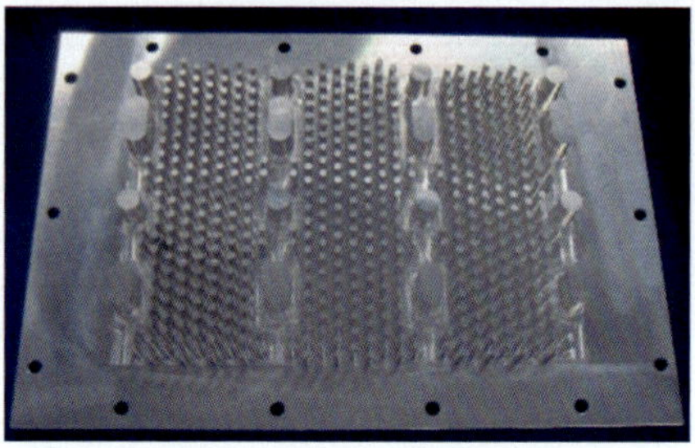

b)

Bild 5.3.12 Pin Fin-Flüssigkeitskühler zur Vergrößerung der Wärmeübergangsfläche; a) Prinzipzeichnung; b) Foto der Kühlseite

Durch besondere Formgebung des Flüssigkeitskühlkörpers und eine genügend hohe Strömungsgeschwindigkeit der Flüssigkeit wird eine turbulente Strömung erzeugt, die den Übergangswärmewiderstand zwischen Kühlkörper und Flüssigkeit drastisch reduziert (siehe z.B. auch Spiraleinsätze in Bild 5.3.16). Ohne Turbulenzen bildet sich ein Flüssigkeitsfilm an der Kühlwandoberfläche, welche den Wärmeübergang behindert.

Noch mehr als beim Luftkühler ist eine gleichmäßige Verteilung der Wärmequellen auf der Kühlkörperfläche entscheidend für einen geringen Wärmewiderstand. Wegen des hohen Wärmeübergangswertes von einigen 1000 W/(m²*K) wird der Wärmestrom ohne große Querleitung zur Kühlflüssigkeit abgeleitet. Es wird also im wesentlichen nur die Fläche zur Kühlung genutzt, auf der Leistungshalbleitermodule montiert sind. Kupfer anstatt Aluminium als Kühlkörpermaterial reduziert den Durchgangswiderstand, erhöht die Querleitung und vergrößert damit auch die effektive Kühlfläche. Mit einem Kupferkühler kann der $R_{th(j-a)}$ für ein Standard IGBT Modul um ca. 20% verringert werden.

Der $R_{th(s-a)}$ ist vor allem bei Wasser/Glykolgemischen wegen der Viskosität des Glykols von der Kühlmitteltemperatur abhängig, zum geringen Teil auch wegen der sich ändernden Dichte des Kühlmediums. So wurde für ein Gemisch von 50% Glykol / 50%Wasser im Bereich von 10°C und 70°C eine Verringerung des $R_{th(r-a)}$ zwischen Temperatursensor und Kühlflüssigkeit um ca. 25% ermittelt (Bild 5.3.13).

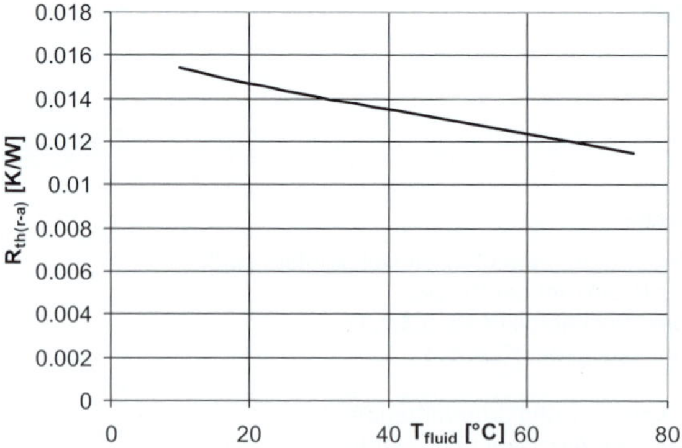

Bild 5.3.13 Abhängigkeit des Kühlkörperwiderstandes von der Einlasstemperatur der Kühlflüssigkeit (NHC152 + SKiM459GD12E4 Temperatursensor)

5.3.5.1 Druckabfall und Wasservolumen, Prüfdruck

In einem geschlossenen Kreislauf kann die Strömung der Flüssigkeit von der Wärmequelle und wieder zurück durch die Schwerkraft verursacht werden (die erwärmte Flüssigkeit hat eine geringere Dichte und steigt daher nach oben zum Wärmetauscher, das abgekühlte Wasser sinkt wieder zur Wärmequelle ab; Thermosyphonkühlung). Meist wälzt aber eine Pumpe die Flüssigkeit um. Damit kann mit der verfügbaren Pumpenleistung die notwendige Wassermenge eingestellt werden. Mit der Wassermenge sinkt der thermische Widerstand aber es steigt auch der Druckabfall über der Kühleinrichtung.

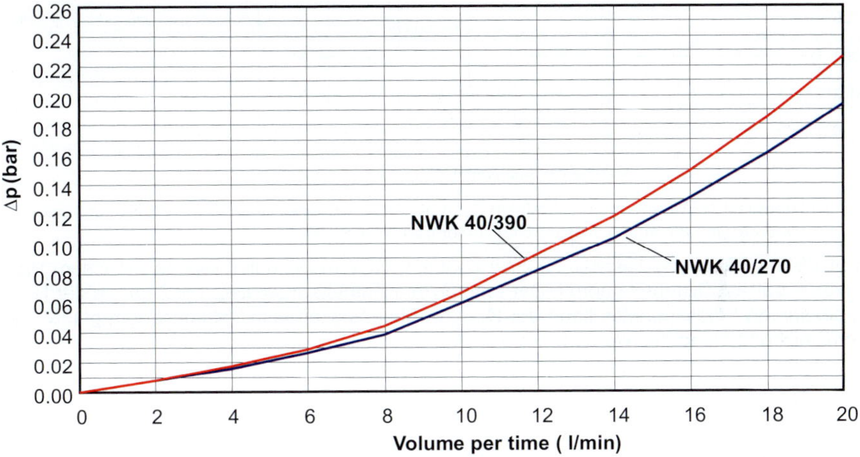

Bild 5.3.14 Druckabfall über einem SEMIKRON-Wasserkühler (SKiiP3 – NWK40) für 2 unterschiedliche Längen (inkl. 90 mm Endstücke) in Abhängigkeit des Volumenstroms (Wasser/Glykol-Gemisch 50%:50%, diagonal gegenüberliegender Ein- und Auslass, T_a=55°C)

Die Längenangaben in Bild 5.3.14 sind für ein Wasserkühlkörperprofil inklusive 90 mm Endstücken, z.B. .../390 bedeutet 300 mm Kühlkörperprofil + 90 mm Endstück. Aus diesem Bild wird auch ersichtlich das die Verlängerung des Profils um 66% von 180 mm auf 300 mm den Druckabfall nur um ca. 15% erhöht. Im Umkehrschluss lässt sich daraus ableiten, dass der Großteil des Druckabfalls von den Endstücken verursacht wird. Dies ist nicht verwunderlich, gibt es dort doch Querschnittsverengungen an den Anschlussstücken, eine Prallfläche zur Wasserverteilung und 4 Richtungsänderungen, welche für den Druckabfall verantwortlich sind. Soll eine größere Wassermenge mit vertretbarer Pumpenleistung durch den Kühlkreislauf gepumpt werden, ist neben großen Rohrquerschnitten darauf zu achten, dass - soweit möglich -

- keine Querschnittverengungen,
- keine Schnellverschlüsse,
- so wenig Richtungsänderungen (Winkel) wie möglich

im Kühlkreislauf eingebaut werden.

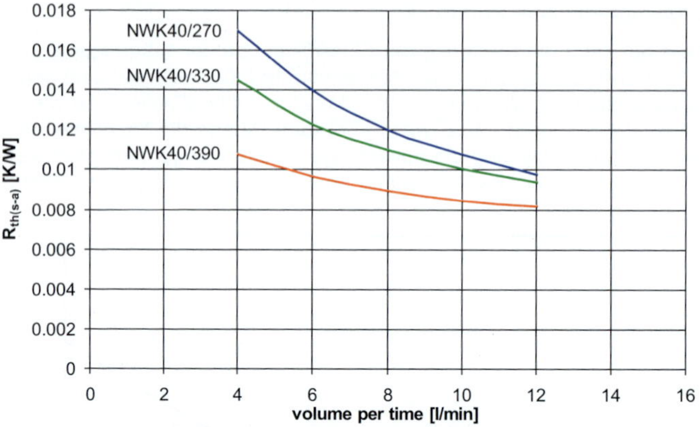

Bild 5.3.15 Thermischer Widerstand als Funktion des Volumenstroms des NWK40 mit SKiiP3 für verschiedene Längen bei einem Wasser/Glykol-Gemisch von 50:50

Die von SEMIKRON ausgelieferten SKiiP-Aufbauten mit Wasserkühler werden mit einem Prüfdruck von 6 bar auf Dichtheit geprüft. Der empfohlene Betriebsdruck liegt bei 2 bar. In der Nähe eines bekannten Arbeitspunktes kann der $R_{th(s-a)}$ in Abhängigkeit vom Volumenstrom gemäß folgender Gleichung berechnet werden:

$$R_{th(s-a)2} = R_{th(s-a)1} \cdot \left(\frac{\dot{V}_1}{\dot{V}_2} \right)^K$$

mit K = 0.3...0.5

5.3.5.2 Kühlflüssigkeit, Kühlkreislauf und chemische Anforderungen

Als Wärmeübertragungsmedium werden bei der Flüssigkeitskühlung meist Wasser oder Glykol-/ Wasserlösungen (Frostschutzmittel) eingesetzt. Seltener kommen entionisiertes Wasser oder Isolieröl (Fluorkohlenstoffe und PAO = synthet. Kohlenwasserstoff) zum Einsatz. Mit seinem großen Wärmespeichervermögen (spezifische Wärme c_p = 4,187 kJ/kg·K) ist Wasser prinzipiell besser als andere Medien wie Öl oder Glykolgemische zur Wärmeabführung geeignet. Das Wasser kann z.B. einen geschlossenen Kreislauf bilden und durch einen Wärmeaustauscher mit Luft gekühlt werden. Beim geschlossenen Kreislauf kann entionisiertes Wasser verwendet werden, das nur geringe elektrische Leitfähigkeit besitzt (vgl. Kap. 5.3.5.2). Frischwasser hat von vornherein eine merkliche Leitfähigkeit, dies hat aber für Halbleiterbauelemente mit innerer Isolierung geringe Bedeutung, da das Kühlwasser im Gegensatz zu nichtisolierten Bauelementen spannungsfrei bleibt.

Es ist wichtig eine Flüssigkeit auszuwählen, die mit dem Kühlkreislauf kompatibel ist und Korrosionsschutz bzw. ein minimales Korrosionsrisiko mit sich bringt. Für den Korrosionsschutz in SEMIKRON-Wasserkühlkörpern aus Aluminium wird ein Mindestglykolanteil von 10% gefordert. Hersteller verschiedener Frostschutzlösungen fordern auch höhere Mindestkonzentrationen, um die für den Korrosionsschutz notwendige Konzentration von Buntmetallkorrosionsinhibitoren nicht zu unterschreiten. Der Härtegrad des Kühlwassers darf maximal 6 betragen. Zumindest bei Kühlmitteltemperaturen ab 60°C wird ein geschlossener Kühlkreislauf empfohlen. Nachfolgende Ausführungen und Tabellen zu den Kühlflüssigkeiten entstammen teilweise einer Applikationsschrift der Firma Lytron [58]. Tabelle 5.3.3 gibt Empfehlungen welche Metalle im Kühlkreislauf mit welcher Flüssigkeit kompatibel sind.

	Wasser	Glykolgemische	Entionisiertes Wasser	Nichtleitende Flüssigkeiten (Fluorinert, PAO)
Kupfer	X	X		X
Aluminium		X		X
Edelstahl	X	X	X	X

Tabelle 5.3.3 Materialien und Flüssigkeitskompatibilität [58]

Frischwasser

Wasser ist aufgrund seiner hohen Wärmekapazität die effektivste Kühlflüssigkeit. Es ist zu empfehlen einen geschlossenen Kreislauf zu verwenden. Frischwasser bzw. Leitungswasser kann abhängig von seiner chemischen Zusammensetzung Metalle zum Rosten zu bringen. Chlorid beispielsweise, das sich in der Regel in Leitungswasser findet, ist korrosiv. Frischwasser sollte nicht für einen Flüssigkeitskühlungskreislauf verwendet werden, wenn es mehr als 25 PPM Chlorid oder Sulfate enthält. Der Anteil von Kalzium und Magnesium im Wasser ist ebenfalls zu beachten, da beide Kalkablagerungen auf metallenen Oberflächen verursachen und damit die thermische Leistung der Kühlkörper reduzieren (Bild 5.3.16).

Mineralien	Empfohlene Grenze
Kalzium	< 50 ppm
Magnesium	< 50 ppm
Chlorid	< 25 ppm
Sulfate	< 25 ppm

Tabelle 5.3.4 Empfohlene Obergrenzen für Ionen im Kühlwasser [58]

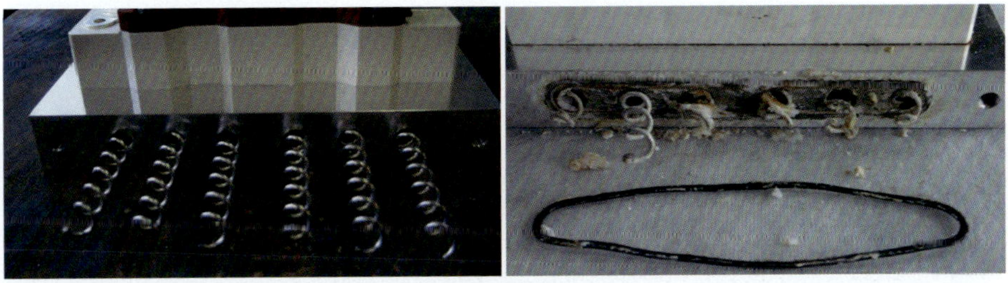

a) b)

Bild 5.3.16 Kühlkanäle und Turbulatoren (Spiralen); a) neu; b) nach längerem Betrieb mit ungeeigneter Kühlflüssigkeit und starken Kalkablagerungen

Entionisiertes Wasser

Entionisiertem Wasser wurden Ionen wie Natrium, Kalzium, Eisen, Kupfer, Chlorid und Bromid entzogen. Der Entionisierungsprozess entfernt schädliche Mineralien, Salze und andere Unreinheiten, die Korrosion oder Kalkbildung verursachen können. Mit Leitungswasser und den meisten anderen Flüssigkeiten verglichen, hat entionisiertes Wasser einen hohen elektrischen Widerstand und ist ein ausgezeichnetes Isoliermittel. Es wird aber schnell sauer, wenn es mit Luft in Berührung kommt. Das Kohlendioxid in der Luft löst sich im Wasser und führt somit zu einem sauren pH-Wert von etwa 5,0. Druckausgleichsbehälter müssen daher durch eine Membran von der Luft getrennt sein. Dies begrenzt die maximale Schwankung des Temperaturbereichs für die Kühlflüssigkeit. Es kann bei der Verwendung von entionisiertem Wasser nötig sein, ein Korrosionsschutzmittel zu verwenden. Die Anschlüsse sollten nickelbeschichtet sein. Bei der Nutzung von entionisiertem Wasser für Kühlplatten oder Wärmetauscher sind Kupferleitungen inkompatibel. Es empfehlen sich Leitungen aus rostfreiem Stahl.

Inhibiertes Glykol und wässrige Lösungen

Aufgrund der Korrosionseigenschaften von Wasser und der meist geforderten Frostsicherheit werden offene oder geschlossene Kreisläufe mit reinem Wasser kaum angewandt. **E**thylen-**G**lykol-**W**asser (EWG) und **P**ropylen-**G**lykol-**W**asser (PWG) sind die beiden am häufigsten genutzten Lösungen für Flüssigkeitskühlungsanwendungen. Ethylenglykol hat positive thermische Eigenschaften, wie zum Beispiel einen hohen Siedepunkt, niedrigen Gefrierpunkt, Stabilität über einen großen Temperaturbereich hinweg, eine relativ hohe spezifische Wärme und thermische Leitfähigkeit. Es hat außerdem eine niedrige Viskosität und damit reduzierte Anforderungen an die Rohre. PGW wird für Anwendungen verwendet, wo Toxizität ein Problem sein könnte. Das in Autos verwendete Glykol sollte möglichst nicht in einem Kühlsystem oder Wärmetauscher benutzt werden, da es ein auf Silikaten basiertes Rostschutzmittel enthält. Diese Schutzmittel können fest werden und sich auf der Oberfläche von Wärmetauschern ablagern und damit deren Effizienz senken. Die Glykollösungen sollten mit einem Korrosionsschutzmittel versehen sein.

Durch Beimischung von Glykol sinkt das Wärmespeichervermögen der Kühlflüssigkeit ab (z.B. 3,4 kJ/(kg·K) bei 50% Glykolzusatz und 40°C Kühlflüssigkeitstemperatur). Da auch Viskosität und spezifisches Gewicht der Kühlflüssigkeit zunehmen, wächst mit steigendem Glykolanteil der thermische Widerstand $R_{th(s-a)}$ zwischen Kühlkörper und Kühlflüssigkeit beträchtlich. So muss z.B. gegenüber reinem Wasser bei 10% Glykolzusatz mit einem Anstieg um etwa 15%, bei 50% Glykol um 50...60 % und bei 90 % Glykolzusatz mit einer Verdoppelung des R_{th} gerechnet werden. Diese Aussagen sind allerdings auch abhängig von den Strömungsverhältnissen im Kühlkörper und der Temperatur der Kühlflüssigkeit.

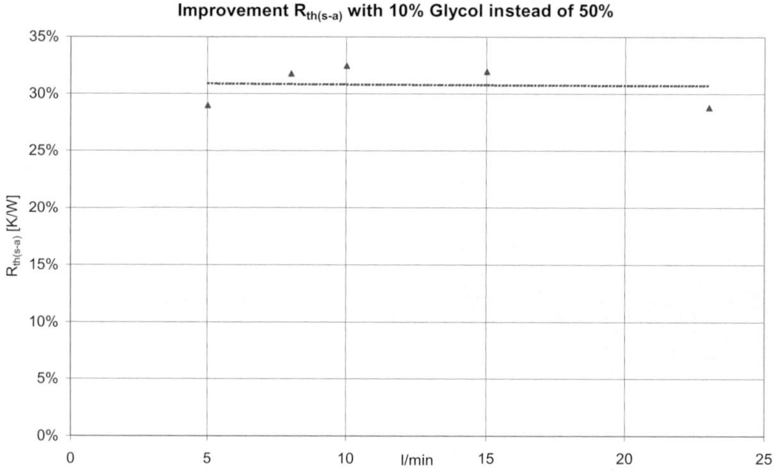

Bild 5.3.17 Untersuchung des Einflusses des Wasser-Glykol-Mischungsverhältnisses auf den $R_{th(s-a)}$ bei verschiedenen Strömungsgeschwindigkeiten

5.3.5.3 Montagerichtung und Entlüftung

Bei der Einrichtung des Kühlkreislaufes muss darauf geachtet werden, dass keine Ansammlungen von Luftblasen die Kühlung lokal unterbinden. Die beste Montagerichtung sind deshalb senkrechte Kanäle, die schlechteste Montagerichtung sind übereinander liegende waagerechte Kanäle, da der obere Kanal die Luftblasen sammelt (Bild 5.3.18).

Die bevorzugte Flussrichtung ist aufwärts mit dem Zufluss unten und dem Abfluss oben im Schaltschrank. Schleifen im Wasserfluss, d.h. eine „auf und ab" Konstruktion im Schrank, sind ungünstig. In diesem Fall sind im Kühlkreislauf Entlüftungsventile oberhalb der Leistungshalbleiter notwendig. Nach Befüllen der Kühlanlage sollte zunächst für längere Zeit (> 0,5 h) ein Testlauf mit höchster Flussrate ohne elektrischen Betrieb erfolgen. Ein hohes Strömungsvolumen (l/min) entfernt eventuell bei Neueinrichtung vorhandene Luftblasen.

Bei der Konstruktion von parallelen Kühlkreisläufen ist für gleichen Druckabfall in den parallelen Pfaden zu sorgen (gleiche Anzahl und Länge der Kühlkörper, Schläuche, Anzahl von Richtungsänderungen). Die Masseträgheit des Wassers in Flussrichtung muss beachtet werden, da diese dafür sorgt, dass das Wasser geradeaus weiterfließt, auch wenn gleich lange parallele Pfade seitlich abzweigen. Prallflächen zur Verteilung in abzweigende Kanäle sind vorzusehen.

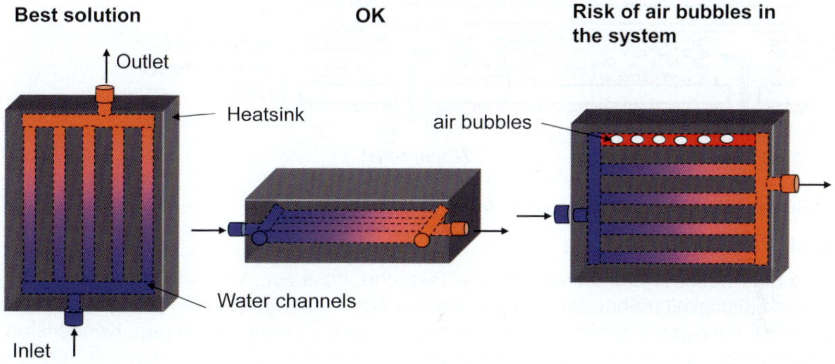

Bild 5.3.18 Hinweise zu Anordnung von Wasserkühlern

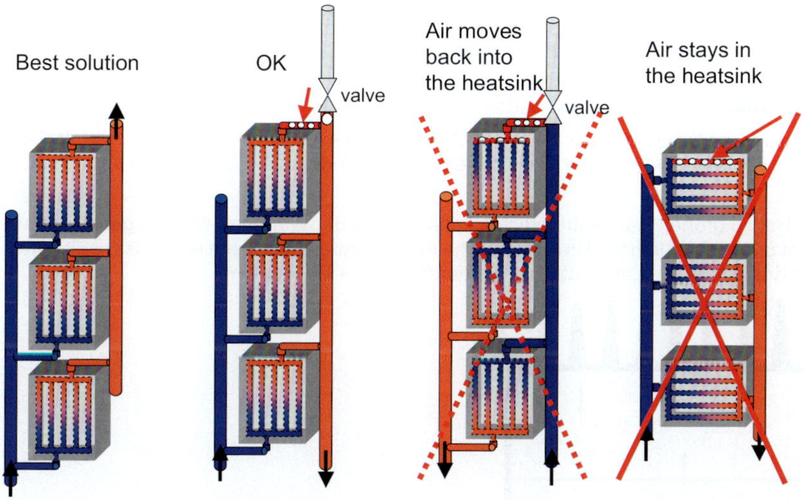

Bild 5.3.19 Einrichtung des Wasserkreislaufes

5.3.5.4 Weitere Möglichkeiten der Flüssigkeitskühlung

Mikrokanäle

Eine besondere Form der Flüssigkeitskühler ist der Mikrokanalkühler (Bild 5.3.20). Im DCB-Verfahren werden bei ihm zwischen zwei DCB mehrere Kupferfolien eingefügt. Diese Folien sind gelocht und zwar so, dass die Löcher gegeneinander versetzt sind. In der Keramik der unteren DCB sind ein Flüssigkeitsein- und ein Flüssigkeitsauslauf. Durch die versetzten Bohrungen im Kupferblechstapel bildet sich schon bei geringer Durchflussmenge des Kühlmittels eine turbulente

Strömung aus, die für einen guten Übergang der Wärme vom zu kühlenden Bauteil zur Kühlflüssigkeit sorgt. So kann man bei relativ geringem Druckabfall und Kühlmittelbedarf eine sehr gute Kühlwirkung erzielen. Nachteilig ist das hohe Risiko, dass sich durch Verschmutzung oder Ablagerungen Kanäle zusetzen können und der starke Temperaturgradient innerhalb eines Moduls aufgrund der geringen Wassermenge.

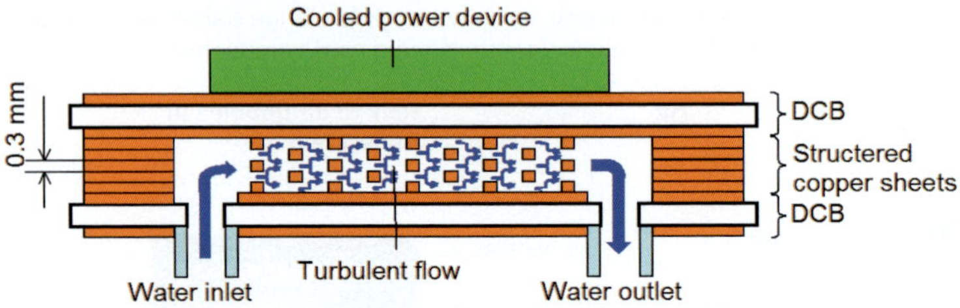

Bild 5.3.20 Schematischer Schnitt durch einen Mikrokanalkühler

Kühlung mit Phasenumwandlung

Die Kühlung mit Phasenumwandlung nutzt die Tatsache, dass zum Verdampfen einer Flüssigkeit eine – je nach Flüssigkeit mehr oder weniger große – Wärmemenge (Verdampfungswärme) benötigt wird, um den flüssigen Wärmeträger in den gasförmigen Zustand zu bringen. Kondensiert das Gas, so wird diese Wärmemenge wieder abgegeben. Gelingt es, diesen Zyklus von Verdampfen und Kondensieren in einem geschlossenen Behälter in Gang zu halten, so können große Wärmemengen vom Verdampfungsort zur Kondensationsstelle transportiert werden. Die Schwerkraft und/oder Kapillarkräfte reichen aus, um den Wärmeträger in Bewegung zu halten, Pumpen sind nicht erforderlich. Verschiedene Kühlvorrichtungen verwenden die Phasenumwandlung zum Wärmetransport.

Siedebadkühlung

Das Kühlmedium verdampft an den heißen Stellen, zum Beispiel einem Leistungsmodul, Gasblasen steigen auf und kondensieren am kühleren Gehäuse oder in einem eigenem Kondensator (Bild 5.3.21).

VORSICHT: Bei zu großer Wärmestromdichte kann sich an der Wärmequelle eine geschlossene Dampfschicht bilden. Dadurch wird der thermische Kontakt zwischen Quelle und Flüssigkeit unterbrochen, die Kühlung setzt schlagartig aus (Leidenfrostsches Phänomen) .

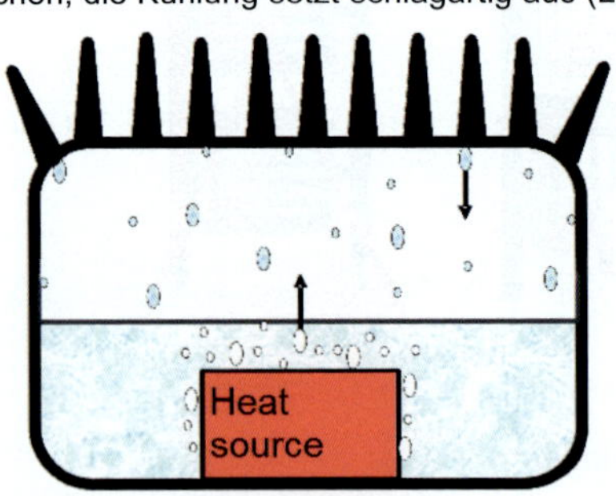

Bild 5.3.21 Schema der Siedebadkühlung

Sprühkühlung, Strahlkühlung

Bei diesen Kühlarten wird das flüssige Kühlmedium als Tröpfchen oder als Strahl auf die zu kühlende Fläche gesprüht (Bild 5.3.22). Teilweise wird auch hier Verdunstungswärme genutzt. Die Kühlung kann ein- oder beidseitig erfolgen. Die Kühlflüssigkeit verdampft an der Auftrittsstelle und kondensiert an kühleren Stellen. Als Kühlflüssigkeit werden meist inerte Flüssigkeiten wie fluorierte Kohlenwasserstoffe verwendet, die mit einem weiten Bereich von Siedepunkten erhältlich sind. Wasser kann nicht zum direkten Besprühen von Chips verwendet werden, da seine elektrische Leitfähigkeit schon nach kurzem Einsatz zu hoch wird und einen Kurzschluss über die Randstruktur bewirken würde.

Es ist vorteilhaft wenn das Kühlmittel direkt auf den zu kühlenden Chip auftrifft, denn so tritt die beste Kühlwirkung direkt am Entstehungsort der Wärme auf und der Wechsel der Kühlflüssigkeit an der zu kühlenden Stelle erfolgt sehr rasch. Nachteile der Sprüh- und Strahlkühlung sind die geringe Verdampfungswärme der fluorierten Kohlenwasserstoffe, der hohe Aufwand für die Kühlanordnung, der hohe Druck von 3 bis 15 bar im gesamten Kühlsystem und die Gefahr der Düsenverstopfung (Ø einige 0,1 mm). Auch stören die oft sehr eng nebeneinander liegenden Bonddrähte, die ein direktes Besprühen des Chips behindern.

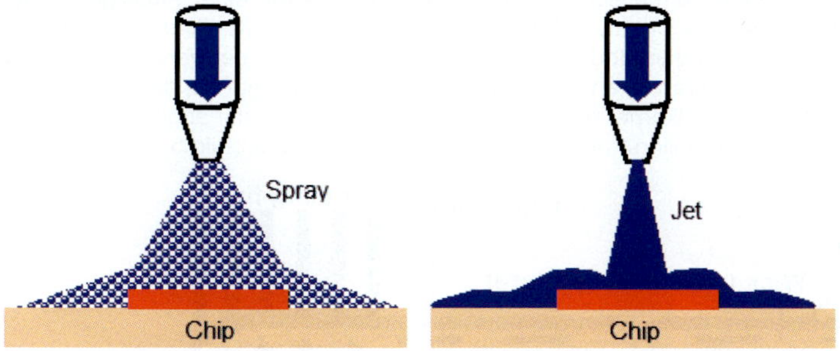

a) b)

Bild 5.3.22 Prinzip der Sprühkühlung (a) und Strahlkühlung (b)

Direkte Bodenplattenkühlung

Bei dieser Variante der Kühlung wird der thermische Widerstand von Kühlkörper und Wärmeleitpastenschicht zwischen Modul und Kühlflüssigkeit eliminiert, indem das Modul mit seiner Grundplatte direkt über eine Öffnung im Kühlkörper montiert wird. Für die notwendige Abdichtung sorgt ein O-Ring. Der $R_{th(j-a)}$ kann mit diesen Methode um ca. 25% reduziert werden. Realisiert werden 2 verschiedene Varianten. In Variante 1 besitzt die Modulgrundplatte eine strukturierte Oberfläche (Pin Fins), die in einer Wanne in die Kühlflüssigkeit eingetaucht werden. Für die zweite Variante ist durch die Firma Danfoss der Begriff „ShowerPower®" geprägt worden [59]. Hier sorgt ein Plastikeinsatz mit vielen parallelen Öffnungen in der Kühlkörperöffnung für eine turbulente und vertikale Strömung, die für eine gute und gleichmäßige Kühlung sorgt (Bild 5.3.23). Der Vorteil letztgenannter Lösung ist die preiswerte Fertigung der Plastikeinsätze gegenüber strukturierten Bodenplatten, Nachteil ist die reduzierte Kontaktfläche und der hohe Druckabfall.

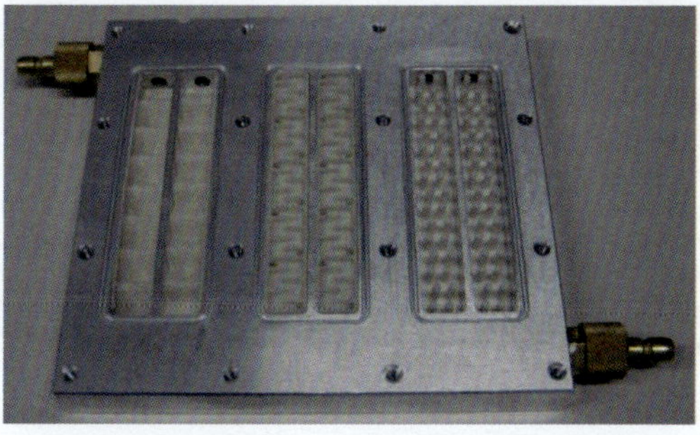

Bild 5.3.23 Test-Kühlplatte mit verschiedenen Einsätzen zur direkten Bodenplattenkühlung

5.3.6 Heatpipe

Die Vorteile der Heatpipes sind:
- extrem hohe Wärmetransportfähigkeit (100 mal, nach anderen Quellen mehrere 1000 mal höher als die von Kupfer) bei kleinem Temperaturgradienten
- keine mechanisch bewegten Teile, daher wartungsfrei
- in fast jeder beliebigen Form herstellbar.

Heatpipes werden eingesetzt, um Wärme effektiv von der Wärmequelle an eine räumlich entfernte Stelle zu transportieren, wo die Wärme an eine Kühlvorrichtung (Kühlprofil, Wärmetauscher) abgegeben wird. Alternativ werden Heatpipes in die Wurzel des Kühlprofils integriert, um die Wärmespreizung innerhalb eines Kühlkörpers zu erhöhen und damit den Wärmewiderstand $R_{th(s-a)}$ zu verringern.

Heatpipes bestehen aus einem hermetisch dichten Rohr (Cu), das mit einer Flüssigkeit unter vermindertem Druck gefüllt ist. Die Innenwand der Heatpipe ist mit einer Kapillarstruktur (Docht) ausgekleidet. Am heißen Ende verdampft die Flüssigkeit unter Aufnahme der Verdampfungswärme, der Dampf transportiert die Wärme an das kühle Ende, wo der Dampf kondensiert und die Verdampfungswärme an einen Kühlkörper oder einen Wärmetauscher wieder abgibt. Die Flüssigkeit fließt, unterstützt durch die Kapillarstruktur, an das heiße Ende zurück (Bild 5.3.24).

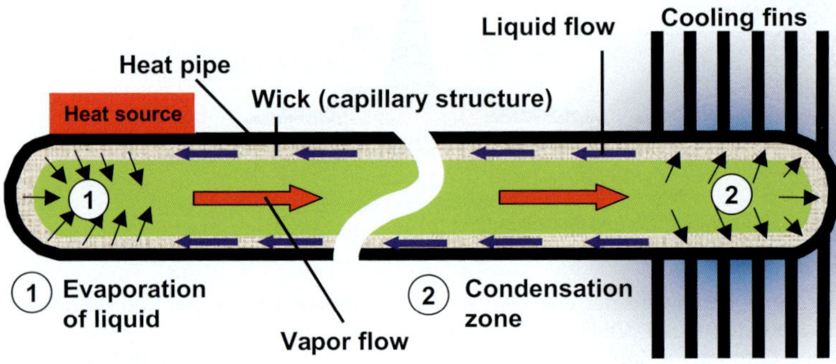

Bild 5.3.24 Prinzip einer Heatpipe. Da in (1) und (2) Gas und Flüssigkeit annähernd im Gleichgewicht sind und derselbe Druck herrscht, sind die Temperaturen in (1) und (2) fast gleich.

Die Kapillarstruktur an der Rohrinnenwand (Docht) ist eine poröse Struktur, die den Kapillareffekt unterstützt. Sie wird beispielsweise aus Metallschäumen oder Kohlenstofffasern hergestellt. Verschiedene Ausführungen sind üblich:
- gesintertes Pulver (höchste Kühlleistung)
- vergrößerte Oberfläche der Rohrinnenwand (nur schwache Kapillarwirkung)
- Gitter- oder Maschenstruktur (am häufigsten verwendet).

Die Funktion der Heatpipe ist lageabhängig. Ein Arbeiten der Heatpipe gegen die Gravitation (also Verdampfung am oberen Ende, Kondensation unten) ist nur mit gesinterter Kapillarstruktur möglich. Als Wärmetransportmedien werden je vorgesehenem Arbeitstemperaturbereich unterschiedliche Medien eingesetzt. Der Temperaturbereich ist grundsätzlich eingeschränkt, zu den tiefen Temperaturen hin durch den Gefrierpunkt des Wärmetransportmediums, nach oben durch den kritischen Punkt, bei dem nicht mehr zwischen flüssigem und gasförmigem Aggregatzustand unterschieden werden kann. Häufig verwendete Arbeitsmedien in Heatpipes sind Wasser (nicht unter 0°C einsetzbar), Aceton, Alkohol, Ammoniak und fluorierte Kohlenwasserstoffe.

5.3.7 Thermische Reihenschaltung (Thermal Stacking)

Bei der thermischen Reihenschaltung von mehreren Kühlkörpern speziell bei größeren leistungselektronischen Einheiten müssen die aus dem größeren Druckabfall resultierende Absenkung des Kühlmitteldurchsatzes und die Vorerwärmung des Kühlmittels für die hinteren Einheiten in die Berechnungen einbezogen werden (Bild 5.3.25b).

a)

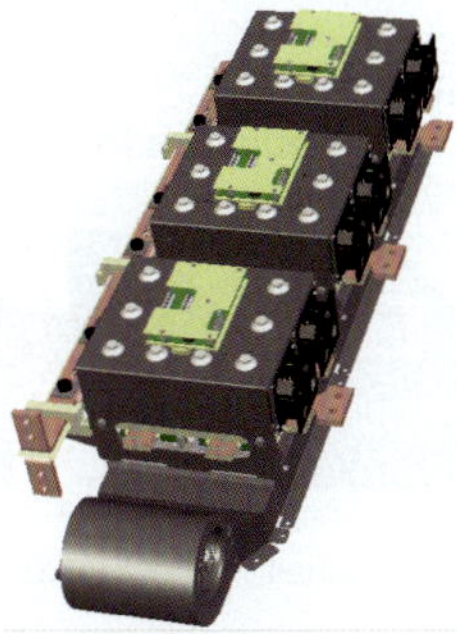

b)

Bild 5.3.25 a) Einzelkühlung; b) „Thermal Stacking“ von 3 SEMIKUBE bei forcierter Luftkühlung

Die folgenden beiden Methoden sind zur Berechnung der Vorerwärmung geeignet.

a) Bestimmung einer thermischen Impedanz $Z_{th(a-a')}$ zwischen Messpunkten am Kühlkörper 1, 2 und 3

b) Berechnung der Vorerwärmung des Kühlmittels, die Austrittstemperatur des ersten Modules ist die Eintrittstemperatur des 2. usw.

5.3.7.1 Bestimmen einer zusätzlichen thermischen Impedanz

Die Vorerwärmung wird aus den Verlustleistungen $P_{tot(n)}$ der Wärmequelle, dem stationären thermischen Widerstand $R_{th(a-a^*)}$ bzw. der transienten thermischen Impedanz $Z_{th(a-a^*)}$ zwischen zwei benachbarten Kühlkörpern ermittelt (Bild 5.3.25b). Dazu sind bei bekannter Verlustleistung die Temperaturdifferenzen zwischen den Kühlkörpertemperaturen zu ermitteln. Mit der Zeit wird der 2. und jeder weitere Kühlkörper wärmer werden als das vor im liegende Teil. Die Temperaturdifferenz dividiert durch die Verlustleistung des Bauelementes ergibt $Z_{th(a-a^*)}$. Für diesen Teil der transienten thermischen Impedanzen ist meist 1 R/Tau-Element ausreichend. Für Bauteil 1 in Flussrichtung des Kühlmediums gilt die bekannte Beziehung:

$$Z_{th(s-a)1} = \sum_{v=1}^{n} R_v \cdot \left(1 - e^{\frac{-t}{\tau_{thv}}}\right)$$

Für Bauteil 2 wird ein zusätzliches Element für die Temperaturdifferenz zwischen Kühlkörper 1 („a“) und 2 („a*“) eingeführt. Diese Vorerwärmung ist abhängig von den Verlusten des Bauelementes 1, deshalb ist eine Wichtung über die Verlustleistungen notwendig. Wenn die Verlustleistungen aller Quellen gleich sind kann dieser entfallen:

$$Z_{th(s-a)2} = \sum_{v=1}^{4} R_v \cdot \left(1 - e^{\frac{-t}{\tau_{thv}}}\right) + \frac{P_{tot1}}{P_{tot2}} \cdot R_{th(a-a^*)} \cdot \left(1 - e^{\frac{-t}{\tau_{th(a-a^*)}}}\right)$$

Für Bauteil 3 und jedes weitere dann analog gilt:

$$Z_{th(s-a)3} = \sum_{v=1}^{4} R_v \cdot \left(1 - e^{\frac{-t}{\tau_{thv}}}\right) + \frac{P_{tot1} + P_{tot2}}{P_{tot3}} \cdot R_{th(a-a^{**})} \cdot \left(1 - e^{\frac{-t}{\tau_{th(a-a^{**})}}}\right)$$

5.3.7.2 Berechnung der Vorerwärmung bei Luftkühlung

Grundgedanke dieser Methode ist es, die bewährten Grundgleichungen der Temperaturberechnung beizubehalten und nur die Einlasstemperatur des Kühlmittels für das „n-te“ Element neu zu bestimmen. Dies ist leicht über das Wärmespeichervermögen des Kühlmittels möglich, wenn man eine gleichmäßige Durchwärmung annimmt. Sowohl das spezifische Gewicht als auch das Wärmespeichervermögen sind temperaturabhängig, daher ergibt sich ein Temperaturkoeffizient für die Vorerwärmung.

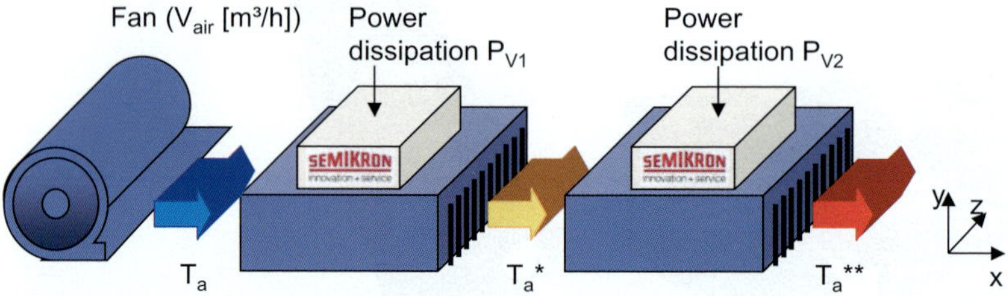

Bild 5.3.26 Thermische Reihenschaltung bei Luftkühlung und Aufspalten in Sektoren mit unterschiedlich vorerwärmter Luft

Die allgemeingültige Formel lautet:

$$T_a{}^* = T_a + \left(\frac{1}{c_p \cdot \rho} + TC_c \cdot T_a \right) \cdot \frac{P_{tot1}}{V_{air}}$$

- c_p: spezifische Wärmekapazität von Luft [kJ/K/kg]
- ρ: spezifische Dichte von Luft [kg/m³]
- TC_c: Temperaturkoeffizient der spezifische Wärmekapazität
- $T_a{}^*$: Kühlmitteltemperatur für die zweiten Wärmequelle
- P_{tot1}: Verlustleistung der ersten Wärmequelle

Zugeschnitten auf einen durchschnittlichen Luftdruck von 1 bar, einer Basistemperatur von 0°C und der Umrechnung auf eine Volumenstromangabe in [m³/h] ergibt sich:

$$T_a{}^* = T_a + \left(\frac{3{,}6}{1{,}006 \cdot 1{,}275} + 0{,}01\,°C^{-1} \cdot T_a \right) \frac{°C \cdot m^3}{W \cdot h} \cdot \frac{P_{tot1}}{V_{air}} \cdot K_{Ing}$$

- P_{tot1} [W]: Verlustleistung der ersten Wärmequelle
- V_{air} [m³/h]: Volumenstrom durch den Kühlkörper
- K_{ing}: Korrekturfaktor für ungleichmäßiges Wärmeprofil am Ausgang des Kühlkörper 1

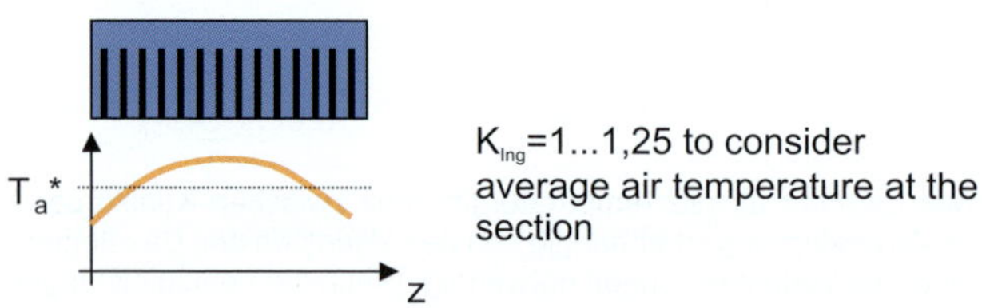

Bild 5.3.27 Ungleichmäßiges Temperaturprofil der Austrittsluft über den Lüfterquerschnitt bei zentraler Anordnung der Wärmequellen

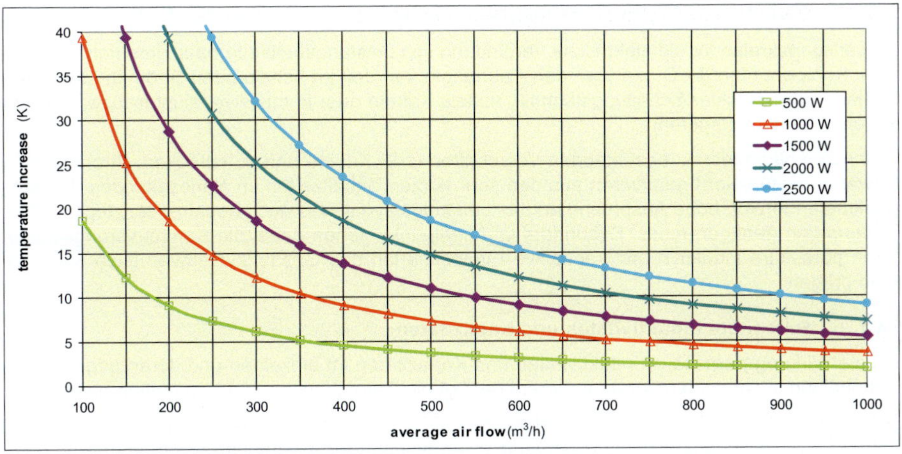

Bild 5.3.28 Temperaturdifferenz zwischen ein- und ausströmender Luft als Funktion der Verlustleistung P_{V1} (W) und des Volumenstroms, T_a = 40°C

5.3.7.3 Berechnung der Vorerwärmung bei Wasserkühlung

Für die thermische Reihenschaltung bei Flüssigkeitskühlung gilt prinzipiell die gleiche Grundgleichung wie für Luftkühlung. Zu beachten ist allerdings, dass sich die dynamische Viskosität mit der Temperatur ändert. Mit der Wärmespeicherzahl für 50% Wasser + 50% Glykol und einer Umrechnung auf die Volumenstromangabe in [l/min] ergibt sich:

$$T_a^* = T_a + (0{,}0174 - 0{,}000013 \cdot °C^{-1} \cdot T_a) \cdot \frac{°C \cdot l}{W \cdot min} \cdot \frac{P_{tot1}}{V_{Liquid}}$$

für reines Wasser ändert sich die spezifische Wärmekapazität und der Temperaturkoeffizient zu:

$$T_a^* = T_a + (0{,}0133 - 0{,}000008 \cdot °C^{-1} \cdot T_a) \cdot \frac{°C \cdot l}{W \cdot min} \cdot \frac{P_{tot1}}{V_{H2O}}$$

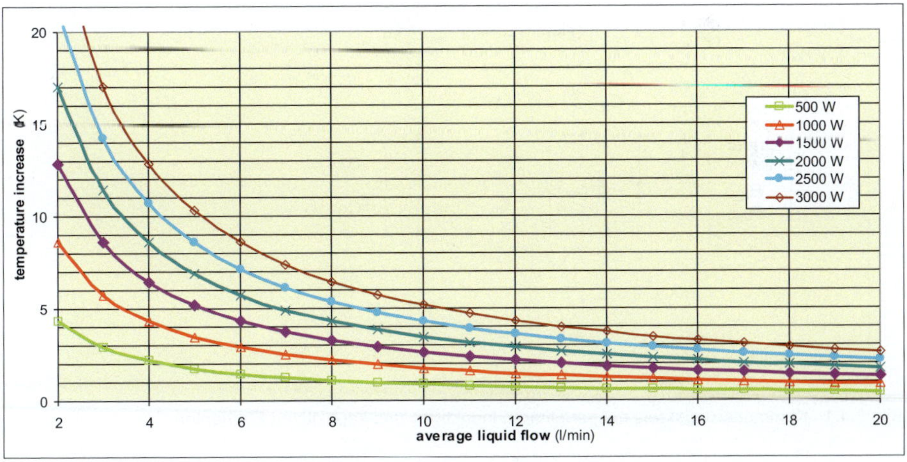

Bild 5.3.29 Temperaturdifferenz zwischen ein- und ausströmendem Wasser/Glykolgemisch als Funktion der Verlustleistung und des Volumenstroms, T_a = 25°C, 50% Glykol

5.4 Leistungslayout, parasitäre Schaltungselemente, EMV

Die Leistungskreise für die elektrische Verbindung von Leistungshalbleiterbauelementen und passiven Komponenten (L, C, u.a.) werden - abhängig von den zu schaltenden Strömen und Spannungen - in gedruckter Schaltungstechnik, mittels Kabeln oder in massiver Kupfer- bzw. Aluminiumverschienung ausgeführt.

Neben den allgemein zu beachtenden Vorschriften (z.B. Kriech- und Luftstrecken, Stromdichten, Entwärmungsfunktion) resultieren aus den sehr kurzen Schaltzeiten im Nanosekunden- bis Mikrosekundenbereich hohe Ansprüche an das Leistungslayout, das auch hochfrequenztechnischen Forderungen genügen muss. Besonders im Mittelpunkt stehen dabei die Kommutierungskreise, deren parasitäre induktive und kapazitive Eigenschaften das Gesamtsystemverhalten entscheidend prägen.

5.4.1 Parasitäre Induktivitäten und Kapazitäten

Um die Wirkung parasitärer Induktivitäten und Kapazitäten im einzelnen und deren gegenseitige Verkopplung in Umrichtern zu analysieren, genügt die Betrachtung eines Kommutierungskreises.

Bild 5.4.1 zeigt einen Kommutierungskreis eines IGBT-Umrichters mit parasitären Elementen, bestehend aus Zwischenkreisgleichspannung V_d (entspricht der Kommutierungsspannung V_K) und zwei IGBT-Schaltern mit Ansteuerung und antiparallelen Freilaufdioden. Die Kommutierungsspannung wird durch die Zwischenkreiskapazität C_d eingeprägt. Aus dem Kommutierungskreis fließt der eingeprägte Strom i_L.

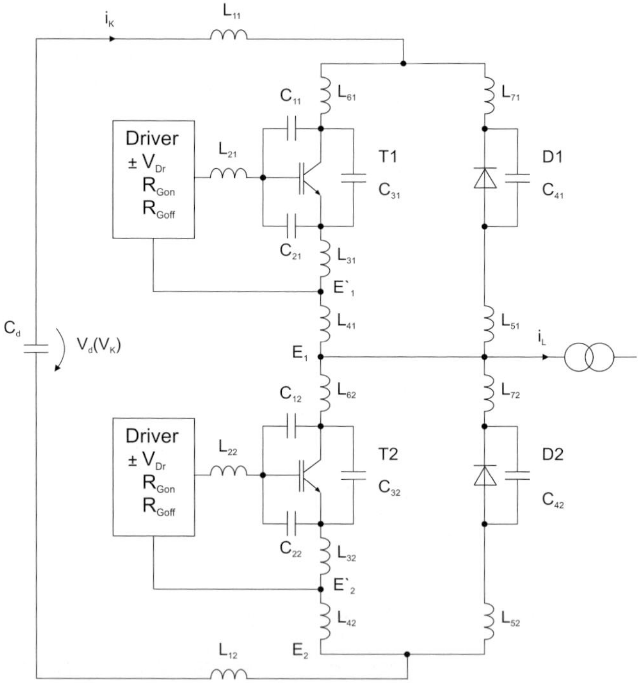

Bild 5.4.1 Kommutierungskreis mit parasitären induktiven und kapazitiven Elementen

Wirkung der parasitären Elemente/Gegenmaßnahmen

Gesamtkommutierungskreisinduktivität

Im Kommutierungskreis mit T1 und D2 wirkt als Gesamtkommutierungskreisinduktivität die Summe aus L_{11}, L_{61}, L_{31}, L_{41}, L_{72}, L_{52} und L_{12}. In gleicher Weise ist im Kommutierungskreis mit D1 und T2 die Summe aus L_{11}, L_{71}, L_{51}, L_{62}, L_{32}, L_{42} und L_{12} wirksam.
Beim aktiven Einschalten von T1 bzw. T2 wirkt die Gesamtkommutierungskreisinduktivität als Einschaltentlastung und reduziert die Einschaltverluste in T1 bzw. T2 (vgl. Kap. 5.9).
Beim aktiven Ausschalten von T1 und T2 sowie beim Rückstromabriss von D1 und D2 werden jedoch aufgrund hoher Stromänderungsgeschwindigkeiten durch die Kommutierungskreisinduktivität Schaltüberspannungen an den Transistoren und Dioden verursacht. Das erhöht die Ausschaltverluste und die Spannungsbeanspruchung der Leistungshalbleiter.
Besonders kritisch ist dieser Effekt bei der Beherrschung von Kurzschluss- und Überlastfällen (vgl. Kap. 5.7). Außerdem können in Verbindung mit den parasitären Kapazitäten unerwünschte hochfrequente Schwingungen im Frequenzbereich von einigen MHz generiert werden.
Deshalb muss in hart schaltenden Umrichtern die Gesamtinduktivität im Kommutierungskreis unbedingt minimiert werden. Mit Ausnahme der Komponenten L_{11} und L_{12} handelt es sich um modulinterne Induktivitäten, auf die der Anwender keinen Einfluss hat. Hier liegt die Verantwortung bei den Herstellern von Leistungsmodulen, die durch Verbesserung der Modulaufbautechnik ständig an der Minimierung der internen Induktivitäten arbeiten (vgl. Kap. 2.4.).

SEMIKRON gibt in den Datenblättern Werte für die an den Modulanschlussklemmen wirksamen internen Induktivitäten an (Bsp.: SKM300GB12T4: L_{CE} = typ. 15 nH; Bsp.: SEMiX252GB126HDs: L_{CE} = typ. 18 nH).

Handelt es sich bei Modulen um Einzelschaltermodule (1 IGBT/MOSFET + 1 Inversdiode), so müssen bei der Realisierung einer Umrichterphase bzw. eines Kommutierungskreises die beiden Module so induktivitätsarm wie möglich verbunden werden.

Besonders wichtig ist eine induktivitätsarme Zwischenkreisleistungsverschienung. Das betrifft sowohl die Verschienung der Zwischenkreiskondensatoren untereinander als auch die Ankopplung der Leistungsmodule an den Zwischenkreis. Hier haben sich in der Praxis auf die Umrichterkonstruktion angepasste laminierte Bus-Bar-Systeme (eng parallelgeführte Plattensysteme) durchgesetzt, mit denen Verschienungsinduktivitäten bis in den 20...50 nH-Bereich realisierbar sind.

Die Wirkung der verbleibenden Restinduktivität $L_{11}+L_{12}$ auf die Leistungshalbleiter kann durch den Anschluss von C-, RC- oder RCD-Beschaltungen direkt an den Zwischenkreisklemmen der Leistungsmodule weiter vermindert werden [AN1]. In den meisten Fällen wird eine einfache C-Beschaltung mit MKP-Kondensatoren im Bereich von 0,1...2 µF vorgenommen. In Niedervolt Hochstrom-Anwendungen stellt eine gedämpfte RC-Beschaltung häufig die optimale Lösung dar.

emitter-/sourceseitige Induktivitäten

Die Komponenten L_{31} bzw. L_{32} der emitter-/sourceseitigen Induktivitäten liegen sowohl im Leistungskreis als auch im Ansteuerkreis der Transistoren. Bei schnellen Änderungen des Transistorstromes werden Spannungen induziert, die als Gegenkopplung im Ansteuerkreis wirken (Emitter-/Sourcegegenkopplung). Dadurch kommt es zu einer verlangsamten Aufladung der Gate-Emitter-Kapazität beim Einschalten bzw. einer verlangsamten Entladung der Gate-Emitter-Kapazität beim Ausschalten, wodurch die Schaltzeiten und -verluste steigen.
Die Emittergegenkopplung kann vorteilhaft zur Begrenzung der Kollektorstromanstiegsgeschwindigkeit bei modulnahen Lastkurzschlüssen ausgenutzt werden. Um die Induktivitäten L_{31} und L_{32} zu minimieren, sind bei Leistungsmodulen gesonderte Steueremitteranschlüsse herausgeführt. Werden mehrere BOTTOM-Treiberstufen eines Umrichters aus einer gemeinsamen auf Zwischenkreisminus bezogenen Betriebsspannung versorgt, können die zwischen den Masseanschlüssen der Treiber und dem Minuspotential des Zwischenkreises liegenden parasitären Induktivitäten unerwünschte Schwingungen in den Masseschleifen verursachen. An dieser Stelle bietet sich eine HF-Abstützung der Treiberbetriebsspannungen in Endstufennähe oder bei Umrichtern höherer Leistung die separate potentialgetrennte Betriebsspannungsversorgung der BOTTOM-Treiberstufen an.

Induktivitäten L_{21} und L_{22}

L_{21} bzw. L_{22} stehen für die Zuleitungsinduktivität zwischen Treiberstufe und Transistor. Neben der Erhöhung der Impedanz im Ansteuerkreis kann sie unerwünschte Schwingungen mit der Eingangskapazität des Transistors verursachen. Abhilfe schafft eine kurze und induktivitätsarm ausgeführte Verbindung zwischen Treiberstufe und Transistor. Eine Dämpfung der Schwingungen durch die Erhöhung des Gatevorwiderstandes ist möglich, verursacht aber gleichzeitig eine ungewollte Erhöhung der Transistorschaltverluste. Für weiterführende Hinweise vgl. [AN3].

Kapazitäten

Die im Bild 5.4.1 eingezeichneten Kapazitäten C_{xx} stellen die Eigenkapazitäten (spannungsabhängig, nichtlinear) der Leistungshalbleiter dar und sind vom Anwender nicht beeinflussbar. Sie bilden den Minimalwert der Kommutierungskapazität C_K und wirken prinzipiell ausschaltentlastend (vgl. Kap. 1 und Kap. 5.9.).
Beim aktiven Einschalten entstehen zusätzliche Verluste durch das Umladen der Kommutierungskapazitäten, die besonders in MOSFET-Applikationen bei hohen Schaltfrequenzen (...> 100 kHz...) zu beachten sind. C_{11} und C_{12} bewirken eine den Schaltvorgang verlangsamende dynamische dv/dt-Gegenkopplung auf das Gate sowie den Millereffekt. Eine starke kapazitive Verkopplung zwischen den induktivitätsbehafteten Zuleitungen zum Gate und zum Kollektor/Drain bzw. den Zuleitungen zum Gate und zum Emitter/Source außerhalb des Moduls ist durch entsprechende Layoutmaßnahmen zu vermeiden, da sie eine Quelle zusätzlicher hochfrequenter parasitärer Schwingungen darstellt. Dieser Aspekt gewinnt insbesondere bei der Applikation sehr schneller Hochvolt-Leistungs-MOSFET zunehmend an Bedeutung.

5.4.2 EMV und Netzrückwirkungen

5.4.2.1 energetische Prozesse in Stomrichtern

Betrachtet man die Prozesse in einem Stromrichter, so ergeben sich, einerseits durch die schaltende Arbeitsweise der Leistungshalbleiter bedingt, unerwünschte Störungen (Bild 5.4.2) und andererseits die erwünschte Energieübertragung und die dazu notwendige Signalverarbeitung.

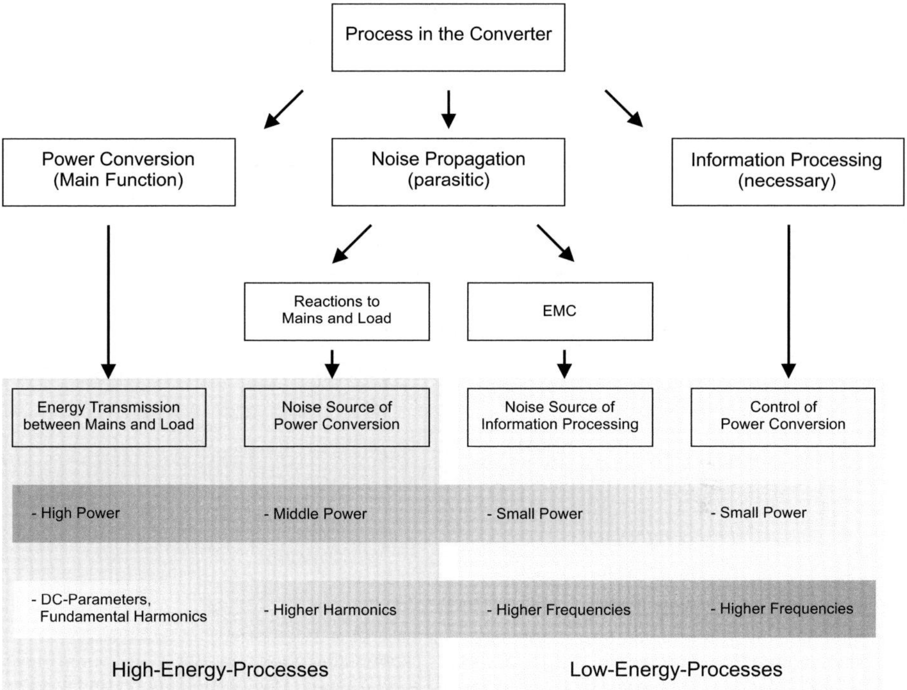

Bild 5.4.2 Energetische Prozesse in Stromrichtern [60]

Dabei wird unterschieden in energiereichere Störungen auf Netz und Verbraucher im Frequenzbereich zwischen der Grundschwingung und ca. 9 kHz und energieärmere Prozesse oberhalb von 9 kHz bis zu einem Frequenzbereich von ca. 30 MHz, ab dem eine Störabstrahlung und damit ein nicht mehr leitungsgebundener Stromfluss einsetzt. Im unteren Frequenzbereich spricht man von Stromrichternetzrückwirkungen, die bis ca. 2 kHz durch frequenzdiskrete Stromoberschwingungen charakterisiert werden. Im Frequenzbereich darüber spricht man von Funkstörspannungen bzw. Funkstörungen, die aufgrund der selektiven Messung als Störspannungsspektren in dB/mV angegeben werden. Der Unterschied zwischen Begriffen wie Nullstrom, Ableitstrom oder asymmetrische Funkstörspannung liegt lediglich in zugeordneten Frequenzbereichen und der Frequenzabhängigkeit aller Schaltungsparameter. Da diese Frequenzabhängigkeit ebenso stetig ist wie der Übergang zur Störungsabstrahlung, ergeben sich zwangsläufig relativ breite Übergangsbereiche.

5.4.2.2 Ursache der Störströme

Hauptursache für die elektromagnetischen Störungen ist die schaltende Arbeitsweise der Leistungshalbleiter. Anhand des Ersatzkommutierungskreises im Bild 5.4.3 lassen sich die Ursachen der Störungen erläutern.

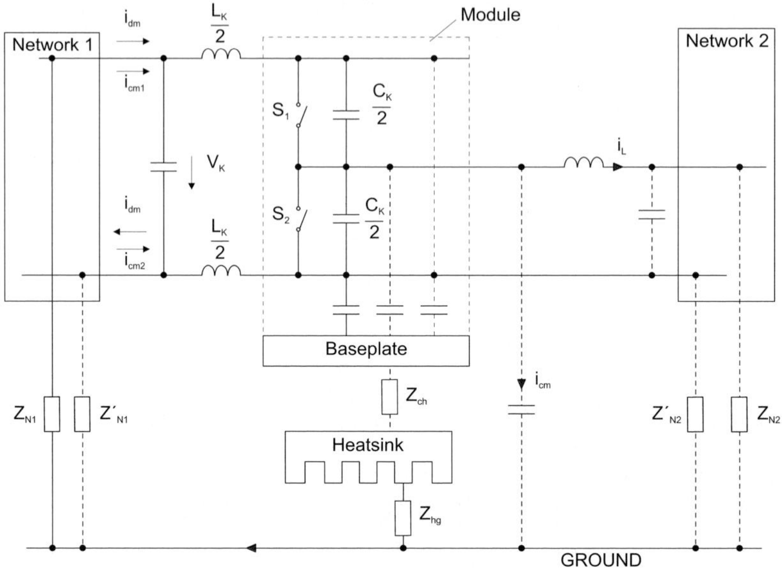

Bild 5.4.3 Ersatzkommutierungskreis mit Störausbreitungswegen [60]

Bei einer induktiven Kommutierung schaltet der Schalter S1 auf den leitenden Schalter S2.
Bei einem harten Schaltvorgang ($L_K = L_{Kmin}$, $C_K = C_{Kmin}$) kommutiert zuerst der Strom mit einem durch die Halbleitereigenschaften von Schalter 1 vorgegebenen Anstieg. Die Kommutierung endet durch den Rückstromabriss von Schalter 2, dessen Verlauf gemeinsam mit der den Strom weiterführenden Induktivität und den wirksamen Kapazitäten C_K die Spannungskommutierung und somit die Spannungsanstiege bestimmt. In die wirksamen Kapazitäten müssen dabei alle gegenüber dem neutralen Potential wirksamen Kapazitäten C_Σ mit einbezogen werden. Gemeinsam mit den Impedanzen der Anschlusspunkte der Kommutierungsspannung gegenüber dem neutralen Potential wirken damit Parallelimpedanzen zu den Kommutierungskapazitäten. Der Stromanstieg von Schalter 1 zu Beginn der Kommutierung verursacht in der Kapazität der abgestützten Kommutierungsspannung und in dem parallelen Netzwerk 1 symmetrisch fließende Ströme i_{dm} (differential mode). Der durch den Rückstromabriss von Schalter 2 und der als Stromquelle wirkenden Induktivität L verursachte Spannungsanstieg am Ende der Kommutierung treibt durch die Parallelzweige zu den Kommutierungskapazitäten C_K asymmetrisch über die Erdleitung fließende Ströme i_{cm} (common mode).
Ein Übergang zu weichen Einschaltvorgängen durch Vergrößerung von L_K (ZCS-Schalter, Kap. 5.9) verringert den Stromanstieg und damit den symmetrischen Störstrom. Gleichzeitig wirken die vergrößerten L_K in dem Stromkreis des asymmetrischen Störstromes. Die Steilheit des zu Beginn der Kommutierung wirksamen Spannungsanstieges wird durch die Einschalteigenschaften von Schalter S1 bestimmt. Den am Ende der Kommutierung einsetzenden Spannungssprung bestimmt das Rückstromverhalten von Schalter S2. Der Übergang zum weichen Schalten im ZCS-Mode verringert symmetrische Störströme und verändert das Frequenzspektrum der asymmetrischen Ströme, ohne dass für letztere eine wesentliche Verringerung zu erwarten ist, vgl. Kap. 5.9.

Die kapazitive Kommutierung beginnt mit dem aktiven Ausschalten von Schalter S1.
Bei hartem Schalten ($C_K = C_{Kmin}$) bestimmen die parallel zu den Kommutierungskapazitäten wirksamen Impedanzen zu dem neutralen Potential gemeinsam mit den Halbleitereigenschaften von S1 die Höhe des asymmetrischen Störstromes. Die nach der Spannungskommutierung einsetzende Stromkommutierung und damit auch der symmetrische Störstrom werden sowohl durch das Ausschaltverhalten von S1 als auch durch das Einschaltverhalten von S2 bestimmt.

Eine Vergrößerung von C_K führt zum Einsatz von ZVS mit weichem Ausschalten (Kap. 5.9). Der Ausschaltvorgang beginnt mit dem ersten Teil der Stromkommutierung mit einem di/dt, das durch den Schalter S1 bei jetzt verringerter Spannung festgelegt ist. Der verzögerte Spannungsanstieg reduziert die asymmetrischen Ströme während der Spannungskommutierung. Das passive Einschaltverhalten von S2 bestimmt das di/dt im zweiten Teil der Stromkommutierung. Das weiche Schalten im ZVS-Mode verringert die asymmetrischen Störströme, ohne die symmetrischen Ströme wesentlich zu verändern. Die vergrößerten C_K verringern trotzdem im Verhältnis des kapazitiven Stromteilers den symmetrischen Störstrom im Netzwerk 1. Weich schaltende Stromrichterschaltungen (resonant, quasi-resonant) mit Phasenan- bzw. -abschnittsteuerung verringern im Fall von ZVS-Topologien die asymmetrischen und im Fall von ZCS-Topologien die symmetrischen Störströme. In Stromrichterschaltungen mit Hilfskommutierungszweigen, in denen abwechselnd ZVS und ZCS schalten, ist keine wesentliche Reduzierung der Störströme gegenüber hart schaltenden Anordnungen zu erwarten, da im Gesamtsystem innerhalb eines Schaltzyklus sowohl hohe di/dt als auch dv/dt auftreten, vgl. Kap. 5.9.

5.4.2.3 Ausbreitungswege

Bei der Messung von leitungsgebundenen Funkstörspannungen werden die Spannungsschwankungen der Netzanschlusspunkte der Stromrichter gegenüber Erde selektiv gemessen. Die Potentialschwankungen beziehen sich dabei auf einen definierten Erdpunkt, der bei Normmessungen durch den Anschluss einer Netznachbildung vorgegeben ist. Bei der Betrachtung der symmetrischen und asymmetrischen Störströme im Frequenzbereich der EMV werden alle einfachen Schaltungselemente des niederen Frequenzbereiches durch zusätzliche Induktivitäten, Widerstände und Kapazitäten ergänzt, die deren Frequenzabhängigkeit besser nachbilden.

Ein Beispiel einer einfachen Tiefsetzstellerschaltung zeigt Bild 5.4.4, bei der gegenüber Bild 5.4.3 das Netzwerk 1 durch die Netznachbildung und Netzwerk 2 durch die Last repräsentiert wird.

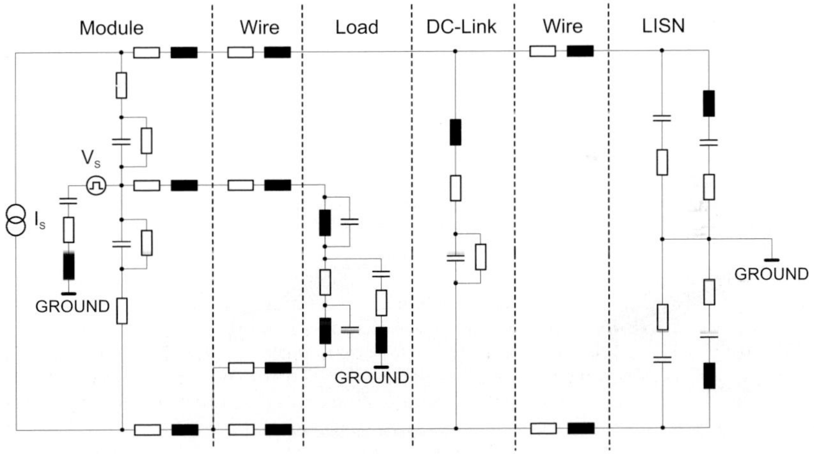

Bild 5.4.4 EMI-Ersatzschaltbild eines Tiefsetzstellers [38]

Das Modul bildet die beiden Schalter S1 und S2 einschließlich der Kommutierungskreisinduktivitäten und -kapazitäten nach. Die zuvor beschriebenen Ursachen der Störströme erscheinen jetzt vereinfacht als eine Stromquelle I_S als Ursache für symmetrische und eine Spannungsquelle V_S als Ursache für asymmetrische Störströme. In den beiden Quellen sind die gemessenen Halbleitereigenschaften als Zeitfunktionen abgebildet (Bild 5.4.5).

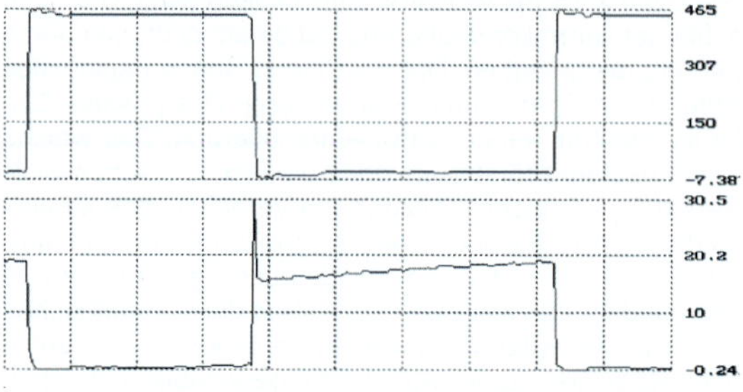

Bild 5.4.5 Typische Verläufe von Schalterspannung (oben in V) und Schalterstrom (unten in A) eines IGBT-Schalters [38]

Bild 5.4.6 zeigt am Beispiel aus [38] simulierte Ergebnisse auf Basis des Modells in Bild 5.4.4, die eine sehr gute Übereinstimmung mit der Messung aufweisen.

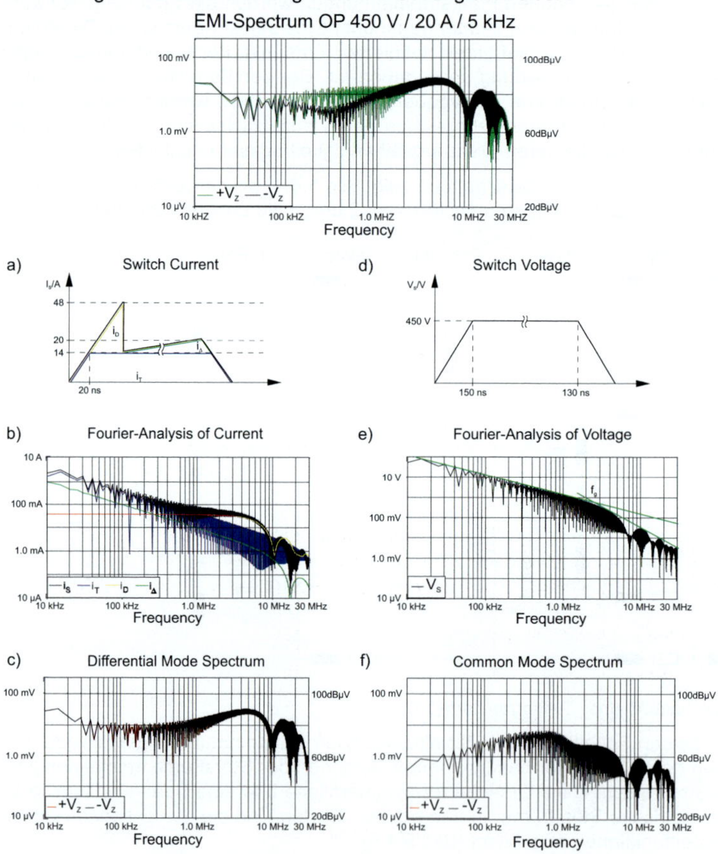

Bild 5.4.6 Simulationsergebnisse mit 1200 V/50 A NPT-IGBT Zweigmodul
Arbeitspunkt: Zwischenkreisspannung V_Z = 450 V; Laststrom = 20 A
Pulsfrequenz = 5 kHz

Der Einfluss zusätzlicher Ausbreitungswege über die Energie- und Informationsübertragungsstrecken der Ansteuerschaltungen ist u.a. in [60] untersucht worden.

5.4.2.4 Weitere Ursachen elektromagnetischer Störungen

Im Kap. 5.4.2.2 wird die getaktete Betriebsweise leistungselektronischer Halbleiterschalter mit steilen Schaltflanken und die darin enthaltenen Frequenzanteile von Strom und Spannung als eine der Hauptursachen elektromagnetischer Störungen diskutiert. Für eine umfassendere Beschreibung des EMV-Verhaltens leistungselektronischer Systeme ist diese Betrachtung jedoch keineswegs ausreichend.
Beispielsweise in [17] werden neben den schaltungsprinzipbedingten Ursachen (Störfrequenzen im Bereich von 100 Hz - 30 MHz) weitere bauelementebedingte Schwingungseffekte als Ursachen elektromagnetischer Störungen beschrieben, die wie folgt zusammengefasst werden können:

LC-Oszillationen

(1) Schwingungen beim Schalten einzelner Leistungshalbleiter (IGBT, MOSFET, Diode)
Ursache: Anregung von Schwingkreisen, bestehend aus den nichtlinearen Eigenkapazitäten der Leistungshalbleiter und der parasitären Schaltungsumgebung (L,C)
Störfrequenzbereich: 10 - 100 MHz
Gegenmaßnahme: konstruktive Layoutoptimierung, Reduzierung der Schaltgeschwindigkeit, Beschaltungsmaßnahmen

(2) Schalt-Oszillationen bei parallel/seriell geschalteten IGBT/MOSFET/Dioden-Chips in Modulen oder Press-Packs:
Ursache: Parametertoleranzen zwischen den Chips; Unsymmetrien im Layout der Parallel-/Seriellschaltung; gilt auch für die Parallel-/Seriellschaltung diskreter Einzelbauelemente und Module
Störfrequenzbereich: 10 - 30 MHz
Gegenmaßnahme: konstruktive Layoutoptimierung (Symmetrierung), angepasste Gatevorwiderstände, Chipoptimierung, Reduzierung der Schaltgeschwindigkeit, Beschaltungsmaßnahmen

Ladungsträgerlaufzeit-Oszillationen

(1) PETT-Schwingungen (**Pl**asma **E**xtraction **T**ransit **T**ime)
Ursache: Treten beim Abschalten eines bipolaren Bauelementes (IGBT, Soft-Recovery-Diode) während der Tailstromphase auf; Raumladungszone trifft auf den Ladungsträgerberg (freie Ladungsträger) auf, der den Tailstrom bildet; PETT-Schwingung tritt als abgestrahlte elektromagnetische Störung auf
Störfrequenzbereich: 200 - 800 MHz
Gegenmaßnahme: im Moduldesign LC-Kreise vermeiden, deren Resonanzfrequenz im Bereich der PETT-Schwingung liegt

(2) IMPATT-Schwingungen (**Imp**act Ionisation (**A**valanche) **T**ransit **T**ime)
Ursache: dynamischer Vorgang beim Abschalten einer Diode; das elektrische Feld trifft auf den verbliebenen Ladungsträgerberg (freie Ladungsträger); Diode geht dynamisch in den Avalanche (Stoßionisation), IMPATT-Schwingung tritt als energiereiche, abgestrahlte elektromagnetische Störung auf
Störfrequenzbereich: 200 - 900 MHz
Gegenmaßnahme: Optimierung des Chip-Designs

5.4.2.5 Entstörmaßnahmen

Die übliche Praxis zur leitungsgebundenen Funkentstörung stützt sich auf den Einsatz handelsüblicher Filtersätze bzw. Standard-Filtertopologien, die an den netz- und lastseitigen Geräteanschlusspunkten angeordnet werden. Entsprechend der für eine bestimmte Produkt- und Anwendungsgruppe vorgeschriebenen Grenzwertkurven (in nationalen und internationalen Standards sowohl für leitungsgebundene als auch für strahlungsgebundene EMV bzgl. Aussendung und Immunität definiert) werden mittels Netznachbildung und normgerechtem Versuchsaufbau verschiedenartige Filter eingesetzt, bis in allen Frequenzbereichen die Grenzwerte eingehalten werden.

Bei dieser meist empirischen Vorgehensweise werden häufig aufwendige und kostenmäßig nicht optimale Filter zum Einsatz gebracht. Der Einsatz von Simulationstools zur Auslegung und Optimierung des gesamten EMV-Systems ist im Einzelfall zu entscheiden und zu bewerten, da der

zeitliche Aufwand für Modellbildung und Parametrierung nicht unerheblich ist. Grundsätzlich zielführend ist ein Schaltungsentwurf einschließlich der konstruktiven Umsetzung, bei dem von Beginn der Entwicklungsarbeiten an die Optimierung von Ausbreitungswegen von der Entstehungsursache bis zu möglichen Messpunkten berücksichtigt wird. Optimierung bedeutet dabei entweder durch den Einsatz selektiver Sperrkreise die Ausbreitungswege hochohmig für die Störströme auszuführen oder durch den Einsatz von selektiven Saugkreisen niederohmige Kurzschlusspfade für die Störströme zu schaffen.
Anhand von Bild 5.4.3 werden nachfolgend einzelne Maßnahmen erläutert.

Symmetrische Störströme schließen sich über die Kapazität der eingeprägten Kommutierungsspannung. Bei einer idealen Kapazität, die ohne Leitungsimpedanzen an die Anschlusspunkte von Schalter 1 und Schalter 2 angeschlossen ist, wäre ein Kurzschlusspfad für die Störströme vorhanden. Messbare Funkstörspannungen entstehen dann über die Spannungsschwankungen an der Kapazität, die über den parallel zu ihr wirksamen Stromkreisen einen Stromfluss bewirken. Alle Maßnahmen zur Reduzierung symmetrischer Störströme zielen aus diesem Grunde darauf ab, parallel zu den Anschlussleitungen der Kommutierungsspannung entsprechend gestaffelte Saugkreise anzuordnen. Der Aufwand reduziert sich in dem Maße, wie es gelingt, möglichst ideale Kapazitäten (geringe Eigeninduktivitäten und ohmsche Anteile) bzw. aktive Filter als Saugkreis so dicht wie möglich an die Anschlusspunkte der Schalter zu bringen.

Asymmetrische Störströme breiten sich grundsätzlich über die Erdleitung aus. Es kommt bei der Entstörung darauf an, die Impedanzen aller Schaltungspunkte mit steilen Potentialsprüngen gegenüber Erdpotential sehr hochohmig auszuführen und gleichzeitig das springende Potential auf die nicht vermeidbaren Anschlusspunkte zu begrenzen. Am Beispiel der Ersatzschaltung nach Bild 5.4.3 kommen als Entstörmaßnahmen deshalb zunächst die Verminderung der parasitären Koppelkapazitäten der potentialtrennenden Schaltungsteile der Treiberstufen und der über die Modulbodenplatte und den Kühlkörper wirksamen Kapazitäten in Betracht. Werden die Treiberstufen sowohl mit der Schaltinformation als auch mit Hilfsenergie nicht vom neutralen Potential aus versorgt, fließen die Verschiebungsströme nicht über die Erdleitung, d.h. der Stromkreis schließt sich im Gerät. Es fließen keine asymmetrischen Störströme. Im Ausbreitungsweg über die Bodenplatte lassen sich durch optimierte Modulkonstruktionen und -materialien die Störströme reduzieren [38]. Mit den genannten Maßnahmen in räumlicher Nähe der Leistungshalbleiterchips kann man erheblich reduzierte Störströme erzielen, wie Bild 5.4.7 anhand eines speziell modifizierten IGBT-Moduls belegt [38].

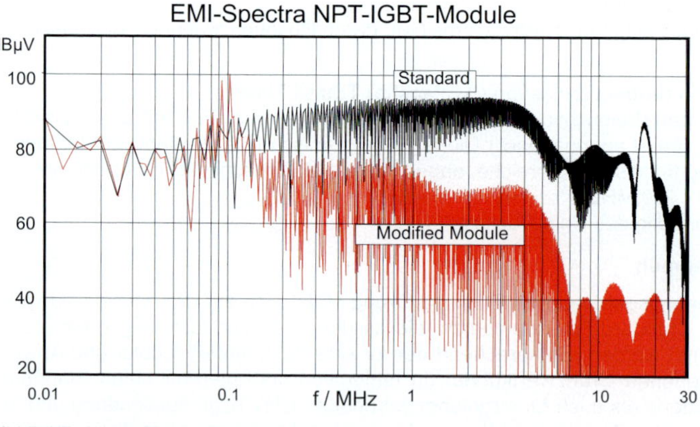

Bild 5.4.7 Vergleich der Funkstörspektren eines Standard-IGBT-Moduls und eines EMI-optimierten IGBT-Moduls [38];
Arbeitspunkt: Zwischenkreisspannung = 450 V; Laststrom = 20 A
Pulsfrequenz = 5 kHz

Unbeeinflusst von diesen Maßnahmen ist der Anschlusspunkt zu Netzwerk 2 über die in Bild 5.4.3 dargestellte Drossel. Die Koppelkapazität dieser Anschlussleitung lässt sich nur reduzieren, wenn die Länge der Anschlussleitung auf ein Minimum gebracht wird. Der Idealfall ist dann gegeben, wenn unmittelbar am Anschlusspunkt des springenden Potentials ein L/C-Filter angeordnet ist, bei dem nach der Filterinduktivität die Potentialsprünge bereits soweit gedämpft sind, dass alle weiteren Koppelkapazitäten im Netzwerk 2 keinen wesentlichen Beitrag zum asymmetrischen Störstrom mehr leisten können. Falls Netzwerk 2 der Einspeisepunkt des Netzes ist, an dem die Normmessung mit Netznachbildung stattfindet, ist diese Maßnahme unerlässlich, bzw. ist das L/C-Filter Bestandteil des EMV-Filters.

Neben dem Einsatz von Filtertopologien finden in der Praxis gezielte Erdungs- und Schirmungsmaßnahmen zur Verbesserung des EMV-Verhaltens breite Anwendung.

5.5 STACK

5.5.1 Definition

Mit dem Begriffen „STACK" oder „SEMISTACK" werden montierte Stromrichter-Leistungsteile bezeichnet, z.B.

- netzgeführte Stromrichterschaltungen, wie B2...B6U/HK/C/CF, W1...W3C, EU
- Leistungsendstufen mit IGBT-Modulen, z.B. SEMITRANS, SEMiX, SKiM, SKiiP in „beliebigen" Schaltungskonfigurationen, z.B. B2CI, B6CI, 2xB6CI, Hoch- und Tiefsetzsteller und deren Kombinationen.

Im Funktionsumfang sind immer die in einer Tragekonstruktion oder einem Gehäuse verschalteten Leistungshalbleiter auf Kühlkörpern und die Kundenschnittstellen (Steuer- und Leistungsanschlüsse) sowie bei IGBT-STACK Zwischenkreis- und Snubberkondensatoren sowie Treiberschaltungen mit allen Potentialtrennungen enthalten. Optional können Lüfter, Temperatur- und Stromsensoren, Schutzbeschaltungen und Halbleitersicherungen montiert werden. Alle Solutions werden nach der Montage endgeprüft, teilweise auch mit Prüfprotokoll.

5.5.2 Plattformen

Nur eine kostengünstige Fertigung von Solutions schafft die Grundlage für eine Wettbewerbsfähigkeit des Kunden. Um das zu ermöglichen, hat SEMIKRON unterschiedliche Plattformen für Solutions entwickelt, die sich intern durch höchstmögliche Gleichteiligkeit und Modularität auszeichnen. Mit dieser Strategie können kurze Entwicklungs- und Qualifizierungszeiten erreicht und Kompetenzen optimal genutzt werden. Volumeneffekte bei den Komponenten schaffen für das Seriengeschäft deutliche Kostenvorteile gegenüber allein kundenspezifisch konstruierten Solutions und ermöglichen kürzere Lieferzeiten und rationelle Ersatzteilhaltung für den Service. Kundenprojekte sollten deshalb möglichst auf die Nutzung von Plattformen orientiert sein.

SEMIKRON-Plattformen sind heute:

Plattform	Topologie	Basiskomponenten		
		Leistungshalbleiter	Zwischen-kreis	Kühlung
SEMIKUBE	B6CI, B6U+B6CI	SEMITRANS, SEMIPACK	Folie, Elyt	forcierte Luft
SEMISTACK RE	B6CI	SKiiP	Folie	forcierte Luft Wasser
SKiiPRack	B6CI	SKiiP	Folie	Wasser
SEMISTACK Classics	B6U, B6C, ...	SEMIPACK, diskrete Thyristor, Diode	-	natürliche & forcierte Luft Wasser
SEMITEACH	B6U+B6CI	SEMITRANS, SEMIPONT	Elyt	natürliche Luft

Tabelle 5.5.1 SEMIKRON STACK-Plattformen

Unter www.semikron.com/products ist im Internet das aktuelle STACK/SEMISTACK-Produktspektrum mit Datenblättern für die wichtigsten Plattformprodukte verfügbar. Ausführliche Erklärungen zum Bezeichnungsschlüssel und zum Inhalt der Datenblätter enthalten die ebenfalls dort zugänglichen „Technical Explanations".

5.5.2.1 Plattform SEMIKUBE mit IGBT-Standardmodulen

SEMIKUBE B6CI ist eine flexible Plattform für Inverter 90...900 kW in den Schaltungen B2CI (H-Brücke) oder B6CI (dreiphasiger Inverter) – optional mit Eingangsgleichrichter – unter Verwendung von 62 mm Standard-IGBT-Modulen. Bild 5.5.1 zeigt Funktionsumfang und Aufbauprinzip eines SEMIKUBE Bausteins.

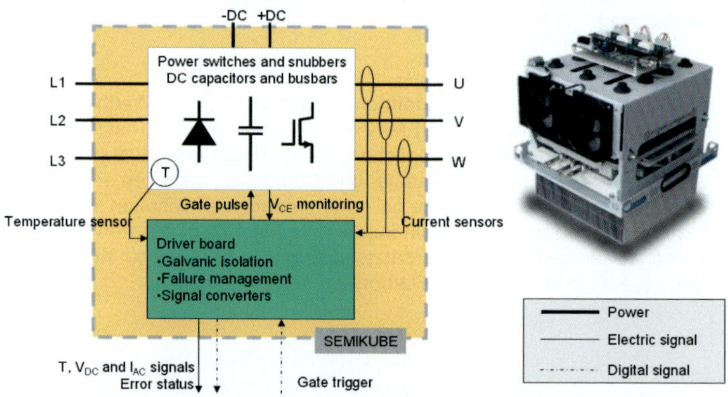

Bild 5.5.1 Funktionsumfang und Aufbauprinzip eines SEMIKUBE Bausteins

Die gezeigten SEMIKUBE werden als Inverter, als Inverter + Gleichrichter und als Inverter-Brückenzweige gefertigt, aus denen durch unterschiedliche Zusammenschaltung leistungsstärkere Inverter konfigurierbar sind (Bild 5.5.2).

	Size ½	Size 1	Size 2V	Size 2H	Size 3V	Size 3H
400 V **Ovl 110%, 60s**	110 kW 200A	220 kW 385A	375 kW 655A	400 kW 760A	560 kW 1040A	900 kW 1500A
400 V **Ovl 150%, 60s**	90 kW 160A	160 kW 305A	300 kW 525A	355 kW 600A	500 kW 850A	710 kW 1200A
690 V **Ovl 110%, 60s**	150 kW 150A	270 kW 270A	450 kW 450A	520 kW 520A	700 kW 700A	1100 kW 1090A
690 V **Ovl 150%, 60s**	120 kW 120A	220 kW 220 A	370 kW 380 A	400 kW 400A	600 kW 600A	860 kW 860A

Bild 5.5.2 SEMIKUBE Bausteinsystem

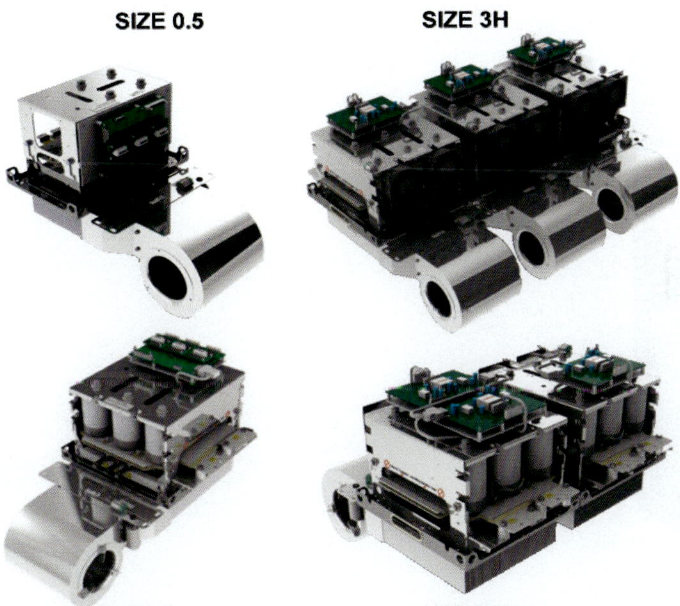

Bild 5.5.3 SEMIKUBE mit optionalen Radiallüftern

Detailliertere Informationen zur Applikation von SEMIKUBE sowie Datenblätter sind unter www. semikron.com/products downloadbar, z.B. [AN2].

5.5.2.2 STACK-Plattformen mit SKiiP-IPM Modulen

Die leistungsstärksten IGBT-SEMISTACK sind auf Basis SKiiP ausgeführt und decken den Leistungsbereich zwischen 100 kW und etwa 1 MW ab, mittels Parallelschaltung auch größere Leistungen.

Vor allem für den Einsatz im Bereich der erneuerbaren Energien Wind und Photovoltaik wird die SKiiP bestückte STACK-Plattform derzeit um neue Konstruktionen für die Netzspannungsebenen 400/480 V (SKiiP 1200 V) und 690 V (SKiiP 1700 V) ergänzt. Mit diesen optimal an die Forderungen in Wind- und Solarumrichtern angepassten Leistungsendstufen können niedrigere Kosten und höhere Kompaktheit erzielt werden.

Luft- und wassergekühlte SKiiPSTACK-RE dieser Konstruktion haben das gleiche grundsätzliche Design. Mit SKiiP kann derzeit (einschließlich Parallelschaltung) der Leistungsbereich 450 kW...2,5 MW abgedeckt werden. Die Grundeinheiten besitzen die Topologie B6CI (3-phasiger Inverter) und forcierte Luft- oder Wasserkühlung. Bild 5.5.4 zeigt einen flüssigkeitsgekühlten B6CI 2Q-Inverter aus 2 Grundeinheiten mit SKiiP4, geeignet für den Einbau in einen Standardschaltschrank mit 600 mm Breite und 600 mm Tiefe.

Bild 5.5.4 4Q-Inverter mit Flüssigkeitskühlung

Bestückt mit 4-fach SKiiP beträgt die Einbauhöhe 1400 mm, so dass z.B. in einem 2000 mm hohen Schrank noch weitere Bauteile angeordnet werden können, z.B. Filterdrosseln. Die Grundeinheiten können auch mit 3-fach oder 2-fach SKiiP bestückt werden. Bild 5.5.5 zeigt beispielhaft auf Basis SKiiP3 die mit den unterschiedlichen Bestückungen und Parallelschaltungen möglichen Ströme und Anlagenleistungen.

Wind generator	Air-cooled solution				Water-cooled solution			
	1.5 MW		2.5 MW		1.5 MW		2.5 MW	
DFIG Double-Fed Induction Generator			+					
	N' SKiiPs in //	I_{out} (A)	N' SKiiPs in //	I_{out} (A)	N' SKiiPs in //	I_{out} (A)	N' SKiiPs in //	I_{out} (A)
Rectifier	1	600	2	1100	1	470	1	950
Inverter	1	420	1	720	1	525	1	820
SG Synchronous Generator	+		+ +				+	
Rectifier	2	1440	3	2160	1	1350	2	2400
Inverter	2	1500	3	2250	1	1350	2	2400
T_a 40°C, T_w 40°C DFIG 1.5 overload 20 s, Inverter: 1100 V_{dc} / 690 V_{ac} / 2 kHz / 50 Hz / cos Φ 1, Rectifier: 1100 V_{dc} / 690 V_{ac} / 2 kHz / 50 Hz / cos Φ 0,95 f_{min} 3Hz								

Solar	450 kW		900 kW		650 kW		1,3 MW	
Inverter								
	N' SKiiPs in //	I_{out} (A)	N' SKiiPs in //	I_{out} (A)	N' SKiiPs in //	I_{out} (A)	N' SKiiPs in //	I_{out} (A)
1200 V SKiiP®	1	1100	2	2200	1	1350	2	2700
1700 V SKiiP®	1	650	2	1300	1	950	2	1900
T_a 40°C, T_w 40°C 3 kHz / 50 Hz / cos Φ 1, 1200 V: 600 V_{dc} / 300 V_{ac} 1700 V: 1100 V_{dc} / 600 V_{ac}								

Bild 5.5.5 Mögliche Ausgangsströme und Anlagenleistungen von SEMISTACK-RE mit SKiiP3

SKiiPRack

Diese Plattform verwendet auch SKiiP und ist modular in einem Würfel mit 2 Halbbrücken aufgebaut, siehe Bild 5.5.6.

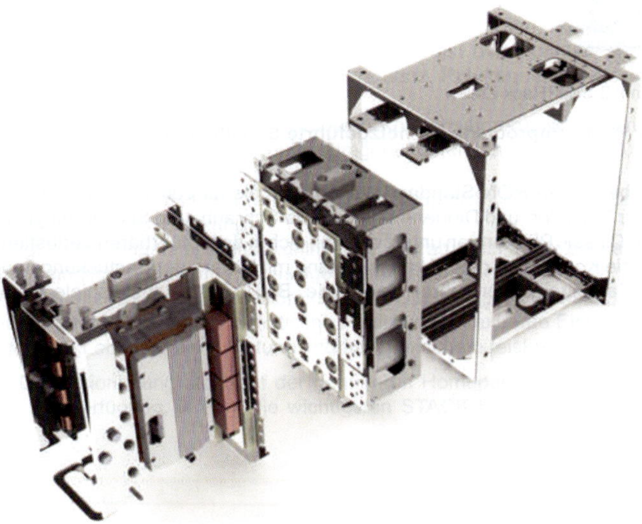

Bild 5.5.6 SKiiPRack Zellen-Aufbau

5.5.3 SKAI: Systembaugruppen für den automotiven Einsatz

Ein zu Komponenten und STACK nächsthöherer Integrationsschritt sind Systembaugruppen mit einem implementierten Controller, die dem Anwender die Möglichkeit geben ein System zu steueren. SEMIKRON hat verschiedene derartige Baugruppenfamilien als Leistungsmodule entwickelt, deren Aufbautechnologie vor allem auf automotive Anwendungen abgestimmt ist. Eine dieser Familien ist **SKAI** (**S**EMIKRON **A**dvanced **I**ntegration), ein entsprechendes Blockschaltbild zeigt Bild 5.5.9.

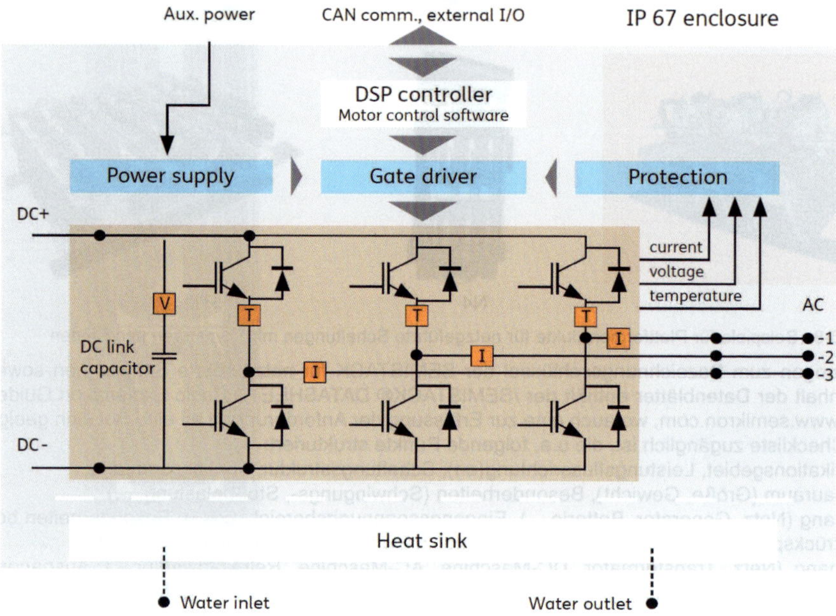

Bild 5.5.9 SKAI-HV (High Voltage) System

Hochvolt-SKAI sind mit 600 V- oder 1200 V-IGBT bestückt und für Motorleistungen von 100 kW bzw. 150 kW ausgelegt. In den Niedervolt-SKAI für Motorleistungen bis zu einigen 10 kW werden Leistungs-MOSFET eingesetzt. Durch ihre Konstruktion sowie Aufbau- und Verbindungstechnik sind SKAI den vielfältigen Anforderungen des automotiven Einsatzes gewachsen, wie z.B. Temperaturwechselfestigkeit, Vibrationsfestigkeit, lange Lebensdauer und kompakter Aufbau.
Bild 5.5.10 zeigt Beispiele heute von SEMIKRON gefertigter Systeme.

	MOSFET-System	IGBT - System	Multi-Converter Box
		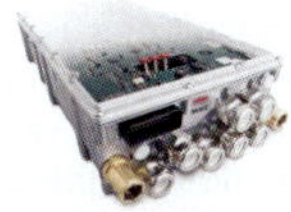	
Application	Fork lifts, Electric vehicle	Full electric cars, Hybrid cars	Auxiliary drives for Industrial trucks
Typical output power	< 55kVA	< 250kVA	< 40kVA
DC-link voltage	24V - 160V	150V - 850V	450V - 850V
Topology	3-Phase Single/Dual-Inverter	3-Phase-Inverter	Active Front End, Inverter and DC/DC-Converter

Bild 5.5.10 Beispiele für SKAI-Systeme

5.6 Ansteuerung

5.6.1 Verläufe von Gatestrom und Gatespannung

Ansteuerverfahren

Wie in Kap. 2.4.2.2 und 2.4.3.2 dargestellt, kann das Schaltverhalten von MOSFET- und IGBT-Modulen über die Umladegeschwindigkeit der Gatekapazität (hier gemeint: Gatekapazität = Eingangskapazität $C_{GE}+C_{CG}$) beeinflusst werden.

Das Umladen der Gatekapazität kann durch Widerstandssteuerung, Spannungssteuerung oder Stromsteuerung als theoretische Grenzfälle erfolgen (Bild 5.6.1).

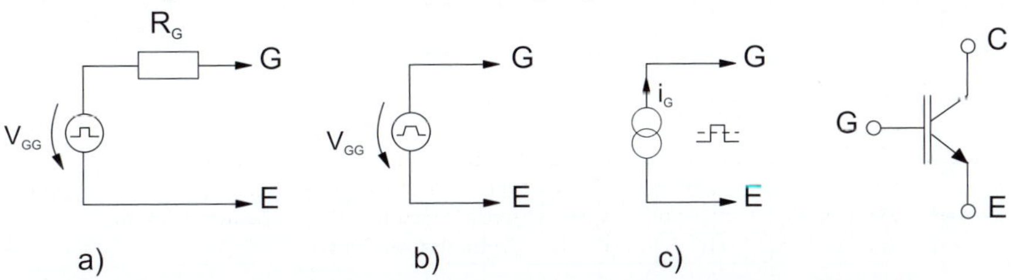

Bild 5.6.1 Verfahren zur Gateansteuerung von IGBT [37] (für MOSFET analog)
a) Widerstandssteuerung, b) Spannungssteuerung, c) Stromsteuerung

Die Ansteuerung über einen Gatewiderstand (oder zwei getrennte Widerstände für Ein- und Ausschalten) nach Bild 5.6.1a ist die am häufigsten angewandte Variante, da sie schaltungstechnisch sehr einfach zu realisieren ist. Charakteristisches Merkmal ist die Ausbildung der Millerplateaus in der Gate-Source- bzw. Gate-Emitter-Spannung (Bild 5.6.2). Die Schaltgeschwindigkeit und -zeit wird bei konstanter Spannung V_{GG} durch R_G eingestellt; je kleiner R_G, um so kürzer die Schaltzeiten. Beim Einsatz moderner IGBT-Technologien (z.B. IGBT4) ist in bestimmten Wertebereichen des Gatevorwiderstandes zu beobachten, dass mit steigendem R_G das di/dt beim Ausschalten des IGBT entgegen den Erwartungen steigt. Dieser Aspekt ist bei der Auslegung der Ansteuerung zu überprüfen (vgl. [AN4]). Nachteil der Widerstandssteuerung ist der unmittelbare Einfluss von Toleranzen der Gatekapazität des MOSFET oder IGBT auf Schaltzeiten und Schaltverluste sowie die eingeschränkte Einflussnahme auf das maximale di/dt und maximale du/dt beim Schalten moderner IGBT-Technologien.

Bei Spannungseinprägung am Gate des anzusteuernden Transistors nach Bild 5.6.1b ist dieser Einfluss eliminiert; die Schaltgeschwindigkeit des Transistors wird unmittelbar durch den definiert eingeprägten Gatespannungsverlauf festgelegt. Aufgrund der Spannungseinprägung entstehen keine bzw. deutlich reduzierte Millerplateaus im Gatespannungsverlauf. Das setzt eine ausreichende Strom- und Spannungsreserve des Treibers zu allen Zeitpunkten des Schaltvorgangs voraus. Die für das Verfahren der Spannungseinprägung anzuwendenden Treiberschaltungstopologien sind deutlich komplexer und aufwendiger im Vergleich zur Widerstandssteuerung. Kompromisslösungen aus Widerstandssteuerung und Spannungssteuerung sind zum Beispiel das schaltzustandsabhängige Umschalten von Gatevorwiderständen oder die unter der Bezeichnung „Dynamic Gate Control" bekannten Treibertechnologien.

Die Stromsteuerung durch einen „positiven" und einen „negativen" Gatestromgenerator nach Bild 5.6.1c liegt der Bestimmung der Gateladungsdiagramme (vgl. Bild 2.4.7) zugrunde und ist hinsichtlich der Gatespannungsverläufe mit der Widerstandssteuerung vergleichbar. In der Praxis wird die Stromsteuerung auch für die gezielte, einmalige Langsamabschaltung aus einem Überstrom- oder Kurzschlussfehlerfall heraus eingesetzt.

Höhe der Steuerspannungen

Bild 5.6.2 zeigt die Verläufe von Gatestrom i_G und Gate-Emitter-Spannung v_{GE} bei Widerstandssteuerung.

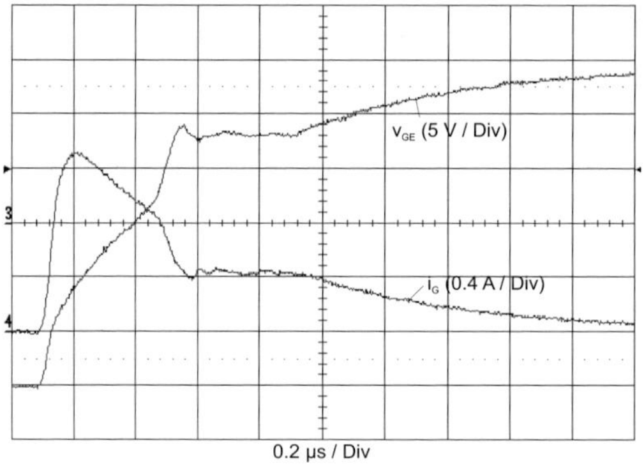

a)

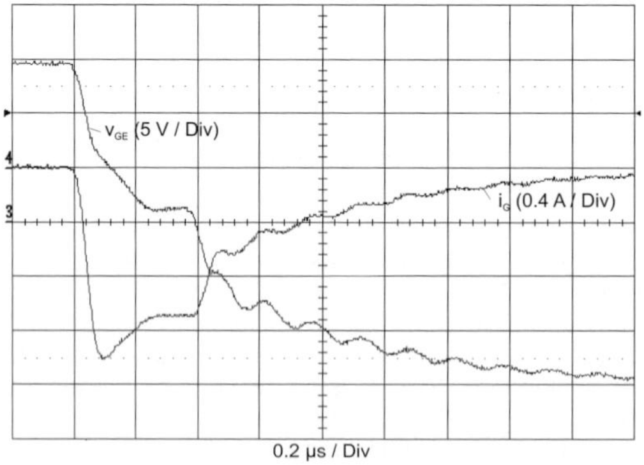

b)

Bild 5.6.2 Gatestrom- und Spannungsverläufe beim Ein- und Ausschalten
a) Einschalten, b) Ausschalten

Der absolute Maximalwert der Steuerspannung V_{GG} für beide Polaritäten ist entsprechend der Spannungsfestigkeit der Gateisolation zu dimensionieren, die für heutige Leistungs-MOSFET- und IGBT-Module meist mit 20 V im Datenblatt spezifiziert ist. Diese Spannung darf – auch transient – nicht überschritten werden, was während des Ausschaltens u.U. besondere Maßnahmen erfordert, vgl. Kap. 5.6.2 und Kap. 5.7.3.

Da andererseits $R_{DS(on)}$ bzw. V_{CEsat} mit steigender Gatespannung sinken, wird eine positive Steuerspannung empfohlen, die im stationären EIN-Zustand eine Gatespannung von

$V_{GS} = +10$ V bei Leistungs-MOSFET-Modulen bzw.
$V_{GE} = +15$ V bei IGBT-Modulen

sicherstellt. Diese Werte sind als Messbedingung auch den meisten Datenblattangaben zugrunde gelegt. Bei sogenannten Niedervolt-Logic-Level-MOSFET ist eine positive Steuerspannung von +5 V ausreichend.

Wie in Bild 5.6.2 zu sehen ist, sollte die Gatespannung für IGBT-Module beim Ausschalten und im Aus-Zustand negativ gegenüber Emitterpotential sein; empfohlene Werte sind -5...-8...-15 V.

Während des gesamten Ausschaltvorganges (auch bei V_{GE} nahe $V_{GE(th)}$) wird so ein ausreichend hoher negativer Gatestrom aufrechterhalten, um kurze Schaltzeiten zu erzielen.

Ein noch schwerwiegenderer Nachteil beim Sperren von IGBT in einer Brückenschaltung mit $V_{GE} = 0$ V zeigt sich während der dv_{CE}/dt-Beanspruchung des ausgeschalteten Transistors zum Zeitpunkt des Rückstromabrisses in seiner parallelen Inversdiode (Bild 5.6.3).

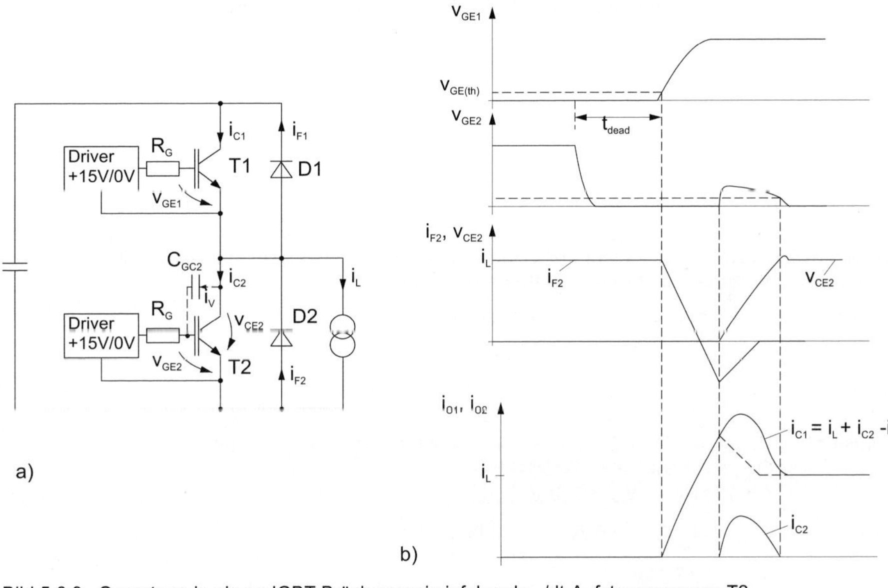

Bild 5.6.3 Querstrom in einem IGBT-Brückenzweig infolge dv_{CE}/dt-Aufsteuerung von T2
a) Prinzipschaltung, b) Strom- und Spannungsverläufe

Der steile Anstieg der Kollektor-Emitter-Spannung v_{CE2} beim Rückstromabriss von D_2 bewirkt einen Verschiebestrom i_V durch dessen Gate-Kollektor-Kapazität C_{GC2}, vgl. Kap. 2.4.2.2.

$i_V = C_{GC} \cdot dv_{CE}/dt$,

der über dem Widerstand R_G (bzw. $R_{GE/RG}$) einen Spannungsabfall verursacht. Wird v_{GE} dadurch höher als die Schwellenspannung $V_{GE(th)}$, wird T2 während des Rückstromabrisses in den aktiven Bereich gesteuert (Querstrom, Zusatzverluste in T1 und T2).

Im Gegensatz zum IGBT muss für die Ansteuerung von Leistungs-MOSFET vom Anlegen einer stationären negativen Gate-Source-Spannung im Aus-Zustand abgeraten werden. Das beschriebene parasitäre Aufsteuern erfolgt zwar hier ebenfalls und mit den aufgeführten Konsequenzen, schützt beim MOSFET jedoch gleichzeitig die nur begrenzt dv/dt-feste parasitäre Transistor-/Diodenstruktur. Anhand der Ersatzschaltung des Leistungs-MOSFET (Bild 2.4.16) ist zu ersehen, dass aus dem dv_{DS}/dt ein Verschiebestrom durch C_{DS} in die Basis des parasitären npn-Bipolartransistors resultiert. Erreicht der Spannungsabfall am lateralen p-Wannen-Widerstand R_W die Höhe der Schwellenspannung, steuert der Bipolartransistor auf, was im periodischen Betrieb zur verlustleistungsbedingten Zerstörung des MOSFET führen kann.

Das parasitäre Aufsteuern des MOSFET-Kanals bei V_{GS} = 0 V über C_{GD} im Sperrzustand bremst den dv_{DS}/dt-Anstieg und schwächt den unerwünschten Effekt der bipolaren Aufsteuerung ab (vgl. Bild 5.6.3).

Darüberhinaus reduziert das parasitäre Aufsteuern des MOSFET-Kanals das dv/dt beim Ausschalten der body diode während des reverse recovery und vermeidet den Ausfall der Diodenstruktur aufgrund der limitierten dynamischen Robustheit.

Aus der Praxis sind MOSFET-Treiberschaltungen bekannt, die während der Kommutierung der body diode das Gate des Transistors gegen 0 V schalten und im statischen Aus-Zustand des Schalters eine negative Spannung an das Gate anlegen.

Höhe der Steuerströme, Steuerleistung

Die von der Treiberschaltung aufzubringende Gesamtsteuerleistung P_{Gavg} kann aus der zu- und abzuführenden Gesamt-Gateladung Q_{Gtot} (vgl. Bild 2.4.7) berechnet werden:

$$P_{Gavg} = (V_{GG+} + |V_{GG-}|) \cdot Q_{Gtot} \cdot f_s \qquad \text{mit} \quad Q_{Gtot} = C_{ERSATZ} \cdot (V_{GG+} + |V_{GG-}|)$$

Die Spitzenwerte der Gateströme ergeben sich aus:

$$I_{GMon} = (V_{GG+} + |V_{GG-}|) / R_{Gon} \qquad \text{(ideal)}$$

$$I_{GMoff} = (V_{GG+} + |V_{GG-}|) / R_{Goff} \qquad \text{(ideal)}$$

Der ideale Ansatz berücksichtigt nicht den wirksamen Innenwiderstand der Treiberendstufe sowie den dynamisch wirksamen Wellenwiderstand aus Induktivität im Treiberkreis und Eingangskapazität des IGBT/MOSFET. Je kleiner der externe Gatevorwiderstand ist, umso größer ist die Abweichung zwischen idealem und realem Gatespitzenstrom.

Die Leistungen der Treiberstufen ergeben sich aus:

$$P(V_{GG+}) = V_{GG+} \cdot Q_{Gtot} \cdot f_s \qquad f_s = \text{Schaltfrequenz}$$

$$P(V_{GG-}) = |V_{GG-}| \cdot Q_{Gtot} \cdot f_s$$

Beispiel: V_{GG+} = 15 V, V_{GG-} = -15 V, R_{Gint} = 2,5 Ω, R_{Gon} = R_{Goff} = 1,5 Ω
Q_{Gtot} = 2,4 µC (SKM300GB12E4)
f_s = 10 kHz, V_{DC} = 600 V

Es sind:

$$I_{GMon} = |I_{GMoff}| = 7{,}5\ \text{A} \qquad \text{(ideal)}$$

$$P_{Gav} = 0{,}72\ \text{W}$$

$$P(V_{GG+}) = P(V_{GG-}) = 0{,}36\ \text{W}$$

$$I(V_{GG+}) = I(V_{GG-}) = 24\ \text{mA} \qquad \text{(Mittelwert)}$$

5.6.2 Ansteuerparameter und Schaltereigenschaften

Wie schon erwähnt, hängen wesentliche Eigenschaften der angesteuerten Leistungs-MOSFET- oder IGBT-Module von der Bemessung von V_{GG+}, V_{GG-} und R_G ab, wozu die nachstehende Tabelle zunächst einen Überblick verschaffen soll (<: steigt an, >: sinkt, -: bleibt unbeeinflusst):

Kennwert/Eigenschaft	V_{GG+} <	$\|V_{GG-}\|$ <	R_G <
$R_{DS(on)}$, V_{CEsat}	>	-	-
t_{on}	>	<	<
E_{on}	>	-	<
t_{off}	<	>	<
E_{off}	-	>	<
Einschaltspitzenstrom Transistor*)	<	-	>
Ausschaltspitzenstrom Diode*)	<	-	>
Ausschaltspitzenspannung Transistor*)	-	<	>
di/dt	<	<	>**)
dv/dt	<	<	>
aktiv begrenzter I_D, I_C	<	-	-
Robustheit bei Lastkurzschluß	>	-	<

*) beim harten Schalten mit ohmsch-induktiver Last

**) beim Ausschalten nicht durchgängig stetig im Gesamten R_G-Bereich

Durchlasseigenschaften ($R_{DS(on)}$, V_{CEsat})

Die Abhängigkeit der Durchlasseigenschaften von Leistungs-MOSFET und IGBT geht aus deren Ausgangskennlinienfeldern hervor (vgl. Kap. 2.4.2.1 und 2.4.3.1). Bild 5.6.4 verdeutlicht dies an je einem Beispiel aus den Datenblattangaben zu SEMITRANS-MOSFET- bzw. IGBT-Modulen.

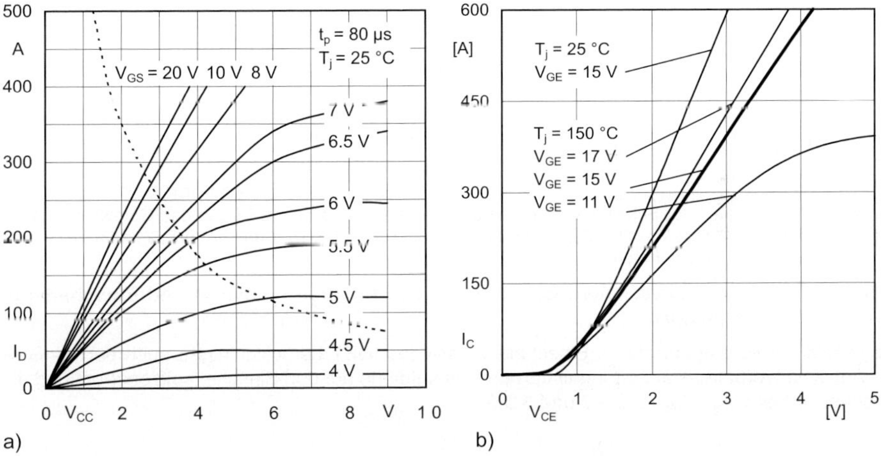

Bild 5.6.4 Abhängigkeit der Durchlasseigenschaften von der Ansteuerspannung V_{GG+}
a) Leistungs-MOSFET-Modul b) IGBT-Modul

In den Datenblättern der SEMIKRON-Leistungsmodule sind als Empfehlung und als Messbedingung für Grenz- und Kennwerte die unter Kap. 5.6.1 genannten Werte V_{GG+} = 10 V für Leistungs-MOSFET-Module und V_{GG+} = 15 V für IGBT-Module angegeben, womit in üblichen Anwendungen ein akzeptabler Kompromiss zwischen Verlusten, Einschaltspitzenstrom und Kurzschlussverhalten erreicht wird.

Schaltzeiten, Schaltverlustenergien (t_{on}, t_{off}, E_{on}, E_{off})

Steuerspannungen und Gatewiderstände beeinflussen die verschiedenen Anteile der Schaltzeiten Einschaltzeit $t_{on} = t_{d(on)} + t_r$ und Ausschaltzeit $t_{off} = t_{d(off)} + t_f$ sowie die Tailstromzeit t_t des IGBT.

Da die Gatekapazität vor den Schaltvorgängen auf die Absolutwerte der gewählten Steuerspannungen V_{GG+}, V_{GG-} aufgeladen ist, sinkt die Umladezeit bis zur Strom- oder Spannungsänderung (Einschaltverzögerungszeit $t_{d(on)}$, Ausschaltverzögerungszeit $t_{d(off)}$) mit der Verringerung des Gatewiderstandes.

Auf die Schaltzeiten t_r und t_f und somit auf einen Großteil der Schaltverluste E_{on} und E_{off} haben die den jeweiligen Schaltvorgang steuernden Spannungen V_{GG+} oder V_{GG-} und der Gatewiderstand R_G entscheidenden Einfluss.

Die Datenblätter von IGBT-Modulen enthalten Diagramme mit den Abhängigkeiten der Schaltzeiten und Schaltverlustenergien von R_G, meist angegeben für den Nennstrom und für das harte Schalten mit ohmsch-induktiver Last (Bild 5.6.5).

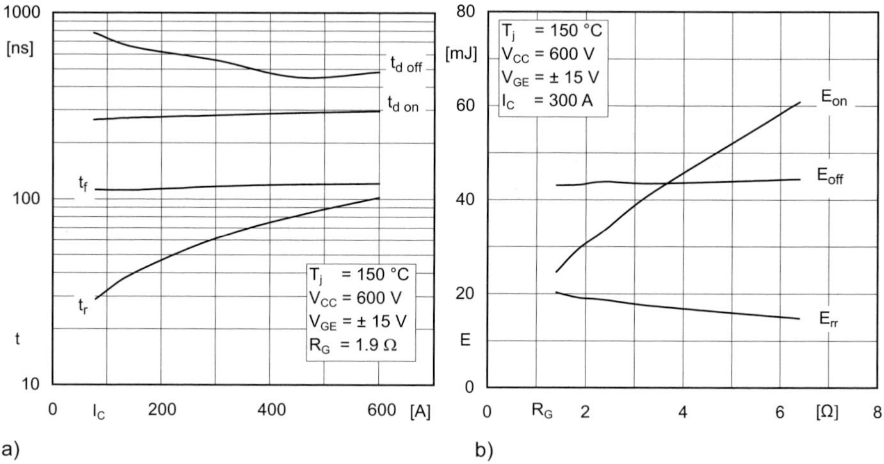

Bild 5.6.5 Abhängigkeit der Schaltzeiten (a) und Schaltverluste (b) eines IGBT von den Gatewiderständen R_G; hier bei T_j = 125°C, V_{CE} = 600 V, I_C = 75 A, V_{GE} = ± 15 V und hartem Schalten mit ohmsch-induktiver Last

Dynamisches Ausschaltverhalten der Freilaufdiode (reverse recovery) und Einschaltspitzenstrom des Transistors

Die in Bild 5.6.5b aufgetragenen Einschaltverluste des IGBT berücksichtigen auch den Einfluss des Ausschaltverhaltens einer modulinternen Freilaufdiode auf den Einschaltspitzenstrom und die Einschaltverluste, vgl. Kap. 2.3.3.2 und 3.3.3.

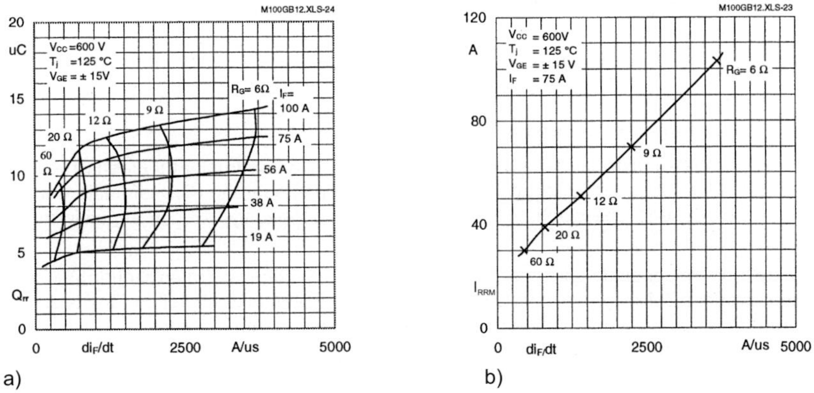

Bild 5.6.6 Abhängigkeit der Sperrverzögerungsladung Q_{rr} (a) und des Rückstromes I_{RRM} (b) der Freilaufdioden eines IGBT-Moduls (Bsp. SKM100GB123D) von der Abkommutierungsgeschwindigkeit $-di_F/dt$ des Diodenstromes

Mit größerem Gatestrom (höhere V_{GG+} oder kleinerer R_G) sinkt die Anstiegszeit t_r des Drain- bzw. Kollektorstromes i_D, i_C. Damit steigt die Stromabkommutierungsgeschwindigkeit $-di_F/dt$ in der Freilaufdiode, von der ihre Sperrverzögerungsladung Q_{rr} und ihr Rückstrom I_{RRM} abhängen.

Für die in den IGBT-Modulen eingesetzten, schnellen Freilaufdioden sind diese Abhängigkeiten in den Datenblättern dargestellt (Bild 5.6.6 und Bild 5.6.7).

Mit der Erhöhung von Q_{rr} und I_{RRM} wachsen die Ausschaltverluste der modulinternen Freilaufdiode.

Da mit Erhöhung von $-di_F/dt$ Q_{rr} und I_{RRM} zunehmen und I_{RRM} sich im Kollektor- bzw. Drainstrom des einschaltenden Transistors zum Laststrom addiert, steigen auch Einschaltspitzenstrom und Einschaltspitzenverlustleistung des Transistors mit dessen Einschaltgeschwindigkeit (Bild 5.6.5).

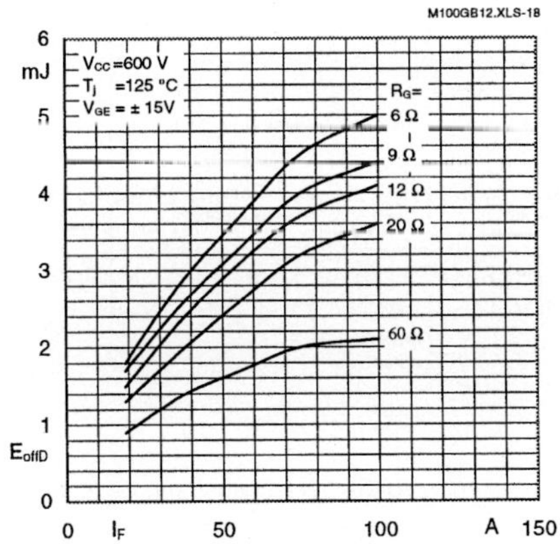

Bild 5.6.7 Abhängigkeit der Freilaufdioden-Ausschaltverluste E_{offD} vom R_G des einschaltenden Transistors

Ausschaltspitzenspannung

Mit Erhöhung von V_{GG-} bzw. Verringerung von R_G steigt der Ausschalt-Gatestrom des angesteuerten Transistors. Wie in Bild 5.6.5a dargestellt, sinkt die Drain- bzw. Kollektorstromfallzeit t_f, d.h. das $-di_D/dt$ bzw. $-di_C/dt$ steigt. Die während des Stromabfalls über der parasitären Kommutierungskreisinduktivität L_σ induzierte Spannung $\Delta u = -L_\sigma \cdot di/dt$ wächst proportional mit der Stromänderung di/dt.

Weiterführende technische Informationen zur Auslegung von IGBT-Treibern und des Gatewiderstandes sind in [AN3], [AN5], [AN6] zusammengefaßt.

5.6.3 Strukturen von Treiberschaltungen

Bild 5.6.8 zeigt die Grundstruktur einer „high performance"-Treiberstruktur für einen Brückenzweig aus MOSFET oder IGBT, die außer der eigentlichen Gateansteuerung (Grundfunktion) auch Verriegelungs-, Schutz- und Überwachungsfunktionen sowie Schaltungsteile zur Impulsformung enthält.

Im dargestellten Treiber sind TOP- und BOTTOM-Schalter von den zentralen Steuerungs- und Regelungsbaugruppen (Mikroprozessor, DSP, FPGA) durch Potentialtrennstellen für Steuersignale, Ansteuerenergie und Rückmeldung von Status- und Fehlersignalen getrennt. In weniger komplexen Treiberschaltungen, die in low cost-Applikationen zum Einsatz kommen, können diese Potentialtrennstellen auch zusammengefaßt sein (gemeinsame Energie- und Signalübertragung) oder als nicht galvanisch trennend ausgeführt werden (z.B. Bootstrap-Schaltungen zur Spannungsversorgung des TOP-Schalters; level shifter zur Signalübertragung zum TOP-Schalter). Insbesondere für Schalter in Anwendungen bei niedrigen Umrichterspannungen oder low-side-chopper (nur Bottom-Schalter aktiv) vereinfacht sich die dargestellte Struktur wesentlich, da Einzelfunktionen im Treiber mit wenig Aufwand realisierbar oder nicht erforderlich sind (z.B. Verriegelungs- und Totzeitfunktionen).

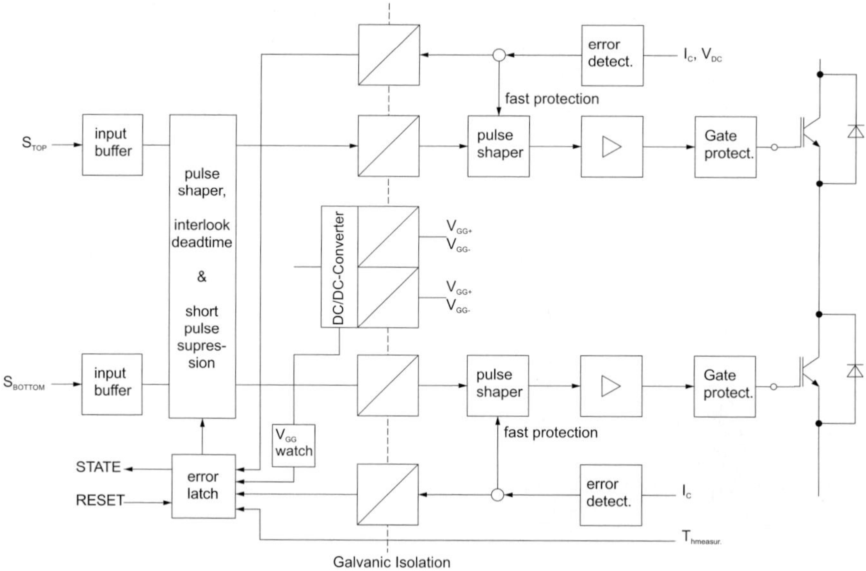

Bild 5.6.8 Blockschaltbild einer „high performance" IGBT-Brückenzweig-Treiberschaltung mit Verriegelungs-, Schutz- und Überwachungsfunktionen

Die Gateansteuerung als Kernstück der Treiberschaltung besteht aus (meist) primärseitig angeordneten Zeitgliedern für Verzögerungs-, Verriegelungs- sowie Mindestein- und Auszeiten (vgl. Kap. 5.6.4), den Potentialtrennstellen (ggf. mit vor- und nachgeschalteter Impulsformung) und dem Generator für die positive/negative Gatesteuerspannung. Unmittelbar am Gate des Leistungstransistors kann außerdem ein Gate-Überspannungsschutz, auch in Verbindung mit einem „active clamping" für v_{DS} bzw. v_{CE} angeordnet sein (vgl. Kap. 5.7).

Bild 5.6.9 zeigt den prinzipiellen Aufbau einer Treiberendstufe für das Schalten der positiven und negativen Gatesteuerspannung.

Neben der hier dargestellten Komplementärstufe mit Kleinleistungs-MOSFET (auch Ausführung mit Bipolartransistoren üblich) sind auch Totem-Pole-Treiber (Gegentakt-Ausgangsstufe) mit MOSFET oder Bipolartransistoren sowie Emitterfolger gebräuchlich.

Auf weitere Realisierungsvarianten wird im Kap. 5.6.6 eingegangen.

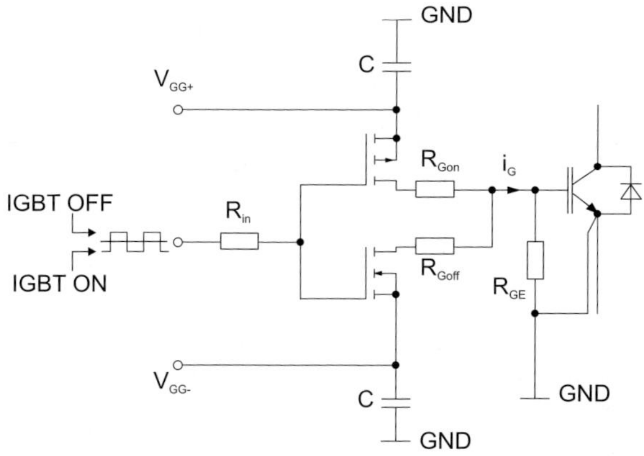

Bild 5.6.9 Treiberendstufe für das Schalten der Gatesteuerspannungen

Bei der Schaltung nach Bild 5.6.9 ist der Gatewiderstand R_G in zwei getrennte Widerstände R_{Gon} und R_{Goff} für das Ein- bzw. Ausschalten aufgeteilt. Hierdurch wird zunächst der beim Umschalten der Treiber-MOSFET häufig unvermeidbare Querstrom von V_{GG+} nach V_{GG-} begrenzt. Hauptvorteil dieser Lösung ist jedoch die getrennte Optimierungsmöglichkeit von Ein- und Ausschaltvorgang hinsichtlich aller dynamischen Parameter (vgl. Kap. 5.6.2) sowie die optimale Beeinflussung des Schalters in Fehlerfällen (Kap. 5.7.3). Steht nur ein Ausgangsanschluss für R_G zur Verfügung, kann diese Funktion auch durch die Parallelschaltung von R_{Gon} in Reihe mit einer Diode (Kathode in Richtung IGBT-Gate) und R_{Goff} in Reihe mit einer weiteren Diode (Anode in Richtung IGBT-Gate) oder ähnlichen Schaltungen erzielt werden (vgl. [AN5]).

In keiner Anwendung sollte auf den Gate-Emitter-Widerstand R_{GE} (10... 100 kΩ) verzichtet werden, da dieser auch in Betriebszuständen mit hochohmiger Ausgangsstufe (Aus-Zustand und Treiber-Betriebsspannungsausfall) eine ungewollte Aufladung der Gatekapazität verhindert. Dieser Widerstand muss in räumlicher Nähe der Transistorsteueranschlüsse angeordnet werden.

Die niederinduktiven Kondensatoren C puffern V_{GG+} und V_{GG-} in der Nähe des Treiberausganges und müssen – in Zusammenhang mit einer ausreichend niederohmig dimensionierten Treiberschaltung – einen möglichst kleinen dynamischen Innenwiderstand des Treibers gewährleisten. Die Kondensatoren liefern die für das schnelle Schalten erforderlichen Gatespitzenströme. Darüber hinaus sind sie für das passive Gate-Spannungs-Clamping (Gate-Überspannungsbegrenzung) mit Schottkydioden gegen die Treiberbetriebsspannungen von Bedeutung.

Beim Layout der Treiberendstufen ist außerdem zu beachten:
- minimale parasitäre Induktivitäten im Gatekreis, z.B. kurze (<< 10 cm), verdrillte Anschlussleitungen Treiber-Gate/Treiber-Emitter(Source); minimale Flächenausdehnung des Schaltungsumfanges nach Bild 5.6.9
- Eliminierung von Gegenkopplungen des Laststromes auf die Gatespannung infolge der parasitären Emitter/Source-Induktivität im Leistungsmodul: Verbindung der Treibermasse mit dem Steueremitter/-source des Leistungsmodules

- Vermeidung von Masseschleifen
- Vermeidung transformatorischer und kapazitiver Kopplungen zwischen Gate- und Kollektor-/ Drain-Kreis (Schwingungsneigung)

In die Signalwege zur Störunterdrückung eingefügte Tiefpassfilter, Impulsformer und pulsbreitengetriggerte Flip-Flops müssen in ihren Verzögerungszeiten den höchstzulässigen Mindestimpulsdauern und den im Fehlerfall notwendigen Reaktionszeiten Rechnung tragen.

Für ergänzende Informationen vgl. [AN3].

5.6.4 Schutz- und Überwachungsfunktionen

Um in Fehlerfällen die betroffenen MOSFET- oder IGBT-Module schnell und wirkungsvoll zu schützen, ist die Implementierung verschiedener Schutzfunktionen in den Treiber sinnvoll, z.B. Überstrom- und Kurzschlussschutz, Schutz vor zu hoher Drain-Source- bzw. Kollektor-Emitter-Spannung, Gate-Überspannungsschutz, Übertemperaturschutz und eine Überwachung der Gatesteuerspannungen V_{GG+} und V_{GG-}.

An dieser Stelle soll anhand Bild 5.6.8 die Einbindung der Schutzeinrichtungen in den Treiber beschrieben werden. Auf die Realisierung und Dimensionierung wird im Kap. 5.7 eingegangen.

Überstrom- und Kurzschlussschutz

Das Stromsignal kann als analoge Größe (Messung z.B. über Shunt, Stromwandler, $R_{DS(on)}$ des angesteuerten Leistungs-MOSFET oder Sense-Source- bzw. Emitteranschluss) oder als Überschreitung eines Grenzwertes (Entsättigung des IGBT) generiert werden. Durch Soll-Istwert-Vergleich mit einem festgelegten Grenzwert wird der Fehlerfall detektiert und entweder bereits auf Schalterpotential oder – bei potentialtrennenden Messgliedern – im Primärkreis des Treibers zum Setzen eines Fehlerspeichers (ERROR-Status) benutzt, der die Leistungstransistoren bis zum Anlegen eines RESET-Signales sperrt.

Bei sekundärseitigem Fehlerspeicher wird dessen Statussignal über ein Potentialtrennglied auf die Primärseite übertragen. Werden potentialtrennende, genaue Stromsensoren (z.B. bei SKiiP) benutzt, kann deren Ausgangssignal außerdem als Istwert einer übergeordneten Regelung dienen.

Gate-Überspannungsschutz

Im Gegensatz zu den bisher beschriebenen Schutzeinrichtungen muss der Gateschutz u.U. periodisch die Gatespannung begrenzen, ohne dass ein unmittelbarer Fehlerfall vorliegt, der ein Ausschalten der Leistungstransistoren erfordert. Es besteht deshalb keine Verbindung zum Fehlerspeicher. Weitere Details sind in den Kap. 5.7.3 beschrieben.

Schutz vor zu hoher Drain-Source- bzw. Kollektor-Emitter-Spannung

Eine Spannungsbegrenzung über den Hauptanschlüssen des Leistungstransistors kann durch diesen selbst (avalanchefeste MOSFET), durch passive Netzwerke oder eine aktive Schaltung erfolgen, die bei zu hoher Spannung für ein definiertes Aufsteuern des Transistors sorgt (vgl. Kap. 5.7.3).

Eine einfache Schutzeinrichtung, die jedoch keine Schalt- und anderen schnellen Überspannungsspitzen erfasst, ist optional (Option „U") in den Treibern der SKiiP in Form einer statischen Überwachung der Zwischenkreisspannung implementiert. Ein Messglied mit „Quasi"-Potentialtrennung erfasst den Zwischenkreisspannungs-Istwert, stellt diesen als analogen Istwert einer übergeordneten Regelung zur Verfügung und setzt bei Überschreitung eines Grenzwertes ebenfalls den Fehlerspeicher in den ERROR-Status. Bei rückspeisenden Lasten können durch Ansteuerung eines Bremschoppers auch die Zwischenkreiskondensatoren geschützt werden.

Übertemperaturschutz

Durch die – in Kap. 5.7.3 beschriebenen – Methoden ist die Ermittlung der Chiptemperatur der Leistungstransistoren, der Temperatur in Chipnähe oder der Kühlkörpertemperatur möglich. Bei isoliertem Messglied kann das Temperatursignal (z.B. Spannung) ebenfalls einer übergeordneten Regelung zur Verfügung gestellt werden. Ein primärseitiger Schwellenwertkomparator setzt bei Überschreitung eines Grenzwertes den Fehlerspeicher in den ERROR-Status.

Unterspannungsschutz der Gatesteuerspannung V_{GG+} und V_{GG-}

Im Falle eines wesentlichen Absinkens der Gatesteuerspannung besteht die Gefahr des Versagens der sekundärseitigen Steuer-, Schutz- und Übertragungsfunktionen. Des Weiteren werden die Leistungstransistoren nicht mehr vollständig durchgesteuert bzw. gesperrt.

Zur rechtzeitigen Erkennung dieses Zustandes wird entweder eine der Steuerspannungen oder die Arbeitsweise der internen Treiberstromversorgung überwacht. Im Fehlerfall erfolgt ein Setzen des Fehlerspeichers in den ERROR-Zustand.

5.6.5 Zeitkonstanten und Verriegelungsfunktionen

Kurzimpulsunterdrückung

Vor allem beim Einsatz von Impulsübertragern und Optokopplern zur Potentialtrennung der Steuersignale muss sichergestellt werden, dass zu niedrige und zu kurze Steuerimpulse (Störimpulse) keine Fehlschaltungen des Treibers verursachen.

Vor den Potentialtrenngliedern werden z.B. Schmitt-Trigger angeordnet, die Ein- oder Ausschaltimpulse außerhalb der logischen Pegel (CMOS, TTL) oder < 0,2...0,5 µs unterdrücken. Ähnliches ist auf der Sekundärseite von Optokopplern realisierbar.

Totzeit für Brückenzweigansteuerung und Verriegelung gegen Brückenquerkurzschluss

Die MOSFET oder IGBT eines Brückenzweiges dürfen in spannungseingeprägten Schaltungen nicht gleichzeitig eingeschaltet sein, um Brückenquerkurzschluss zu vermeiden.

Stationär kann dies durch eine hardwareseitige Verriegelung beider Treiber gegeneinander auch bei Störungen der Treiber-Eingangssignale vermieden werden (nicht geeignet für stromgespeiste Schaltungen, da hier überlappender Betrieb notwendig ist).
Je nach Transistor, Anwendungsfall und Ansteuerung muss die Totzeit t_{dead} etwa 2...8 µs betragen.

Ausblendzeit eines Kurzschlussschutzes mit Messung des Drain- oder Kollektorstromes bzw. der Drain-Source- oder Kollektor-Emitter-Spannung

Soll über die Messung der aufgeführten Größen bei Grenzwertüberschreitung eine Abschaltung der Transistoren erfolgen, muss der Bereich des Einschaltspitzenstromes aus der Messung ausgeblendet werden. Bei Entsättigungsüberwachung von IGBT ist zusätzlich der dynamische Sättigungsspannungsverlauf zu berücksichtigen. In den ersten Mikrosekunden nach dem Einschalten ist $V_{CEsatdyn}$ wesentlich gegenüber dem Endwert V_{CEsat} (stationär entsprechend der statischen Durchlasskennlinie) überhöht (Bild 5.6.10). Deshalb muss der Kurzschlussschutz beim Einschalten des Transistors für eine Mindestausblendzeit t_{min} (auch: blanking time t_{bl} genannt) deaktiviert werden (vgl. Bild 5.6.10).

Im Interesse eines sicheren Kurzschlussschutzes (SCSOA) darf die Ausblendzeit maximal den Wert der für den Transistor erlaubten Kurzschlusszeit (typ. 5...10 µs) betragen (vgl. Kap. 5.7).

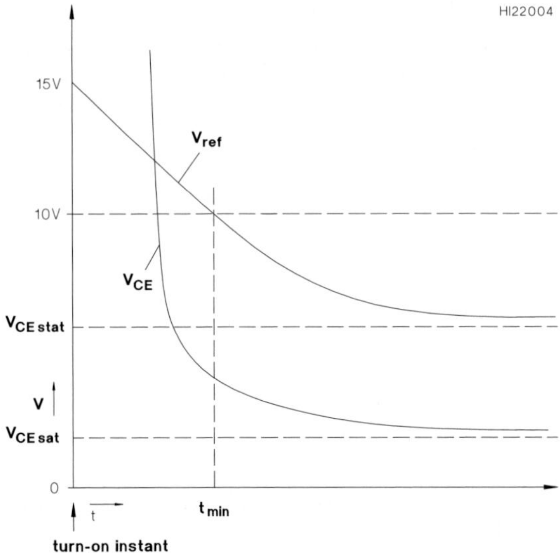

Bild 5.6.10 Dynamischer Sättigungsspannungsverlauf eines IGBT und mögliche Schutzschwelle

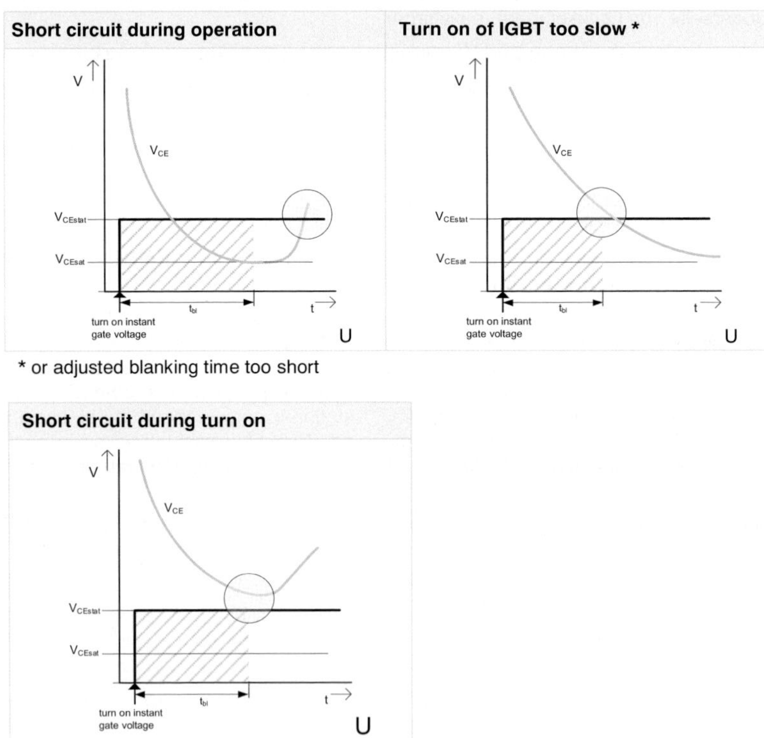

Bild 5.6.11 Mögliche Ansprechszenarien der Sättigungsspannungsüberwachung

5.6.6 Übertragung von Ansteuerinformation und -energie

Die von der Informationsverarbeitungsbaugruppe kommenden Steuersignale, in der Gegenrichtung zu übermittelnden Status- und Fehlermeldungen, ggf. analoge Messwerte (Strom, Temperatur, evt. Zwischenkreisspannung) sowie die Ansteuerleistung müssen potentialgetrennt zum Treiber übertragen werden.

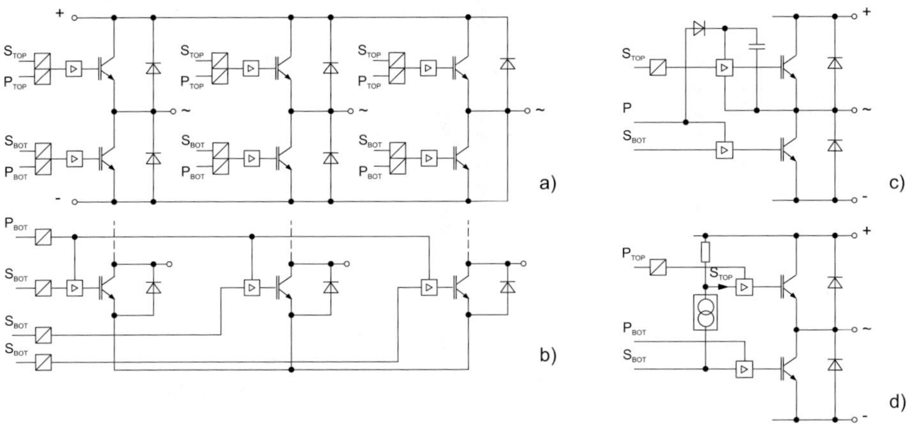

Bild 5.6.12 Prinzipien der Signal- und Energieübertragung (Auswahl)
STOP, SBOT: Steuersignal für TOP-/BOTTOM-Schalter
PTOP, PBOT: Ansteuerleistung für TOP-/BOTTOM-Schalter
a) Maximalvariante, b) gemeinsame Energieversorgung der BOTTOM-Treiber
c) Bootstrap-Prinzip, d) Level-Shifter-Prinzip

In den meisten Anwendungen erfolgt dies über optisch oder transformatorisch (magnetisch) arbeitende Potentialtrennstellen bzw. durch „Quasi"-Potentialtrennglieder, wie die Bootstrap-Schaltung (für die Ansteuerleistung) oder der Level-Shifter (für das Ansteuersignal).

Bild 5.6.12 zeigt schematisch die wichtigsten Grundkonfigurationen der Signal- und Energieübertragung.

In Bild 5.6.12a ist die zumeist angewandte Anordnung dargestellt, bei der jede Treiberschaltung eigene Potentialtrennungen für Steuersignal (S) und Ansteuerleistung (P) besitzt. Aufgrund der hohen Störsicherheit und der minimalen gegenseitigen Beeinflussung der Schalter wird diese Anordnung bevorzugt angewendet (mit Ausnahme des low-cost-Bereiches).

Variante b), die für alle Treiber der BOTTOM-Transistoren eigene Potentialtrennungen für das Steuersignal, jedoch nur eine gemeinsame Potentialtrennung für die Ansteuerleistung enthält, wird vor allem im unteren Leistungsbereich angewandt und ist die bevorzugte Lösung in einer Vielzahl von IPM.

Das Prinzip einer Bootstrapschaltung zur Leistungsversorgung des TOP-Schalters ohne „echtes" Potentialtrennglied zeigt Bild 5.6.12c. In Bild 5.6.12d ist schematisch das Prinzip eines Level-Shifters dargestellt, bei dem das Steuersignal S_{TOP} ohne galvanische Trennung über eine Hochvolt-Stromquelle übertragen wird. Level-Shifter werden üblicherweise in monolithisch integrierten Treiber-IC verwendet.

Wichtigste Anforderungen an Potentialtrennstellen sind eine ausreichend hohe statische Isolationsfestigkeit (2,5...4,5... kV_{eff}, in entsprechenden Normen definiert; ggf. Teilentladungsprüfung) und eine an die Applikation angepasste, ausreichend hohe dv/dt-Festigkeit (15...100 kV/µs).

Eine hohe dv/dt-Festigkeit wird über kleine Koppelkapazitäten (1..10 pF-Bereich) zwischen Primär- zu Sekundärseite der Potentialtrennstelle erreicht. Damit werden Störungen der Signalübertragung durch Verschiebeströme während des Schaltens minimiert bzw. vermieden (Bild 5.6.12).

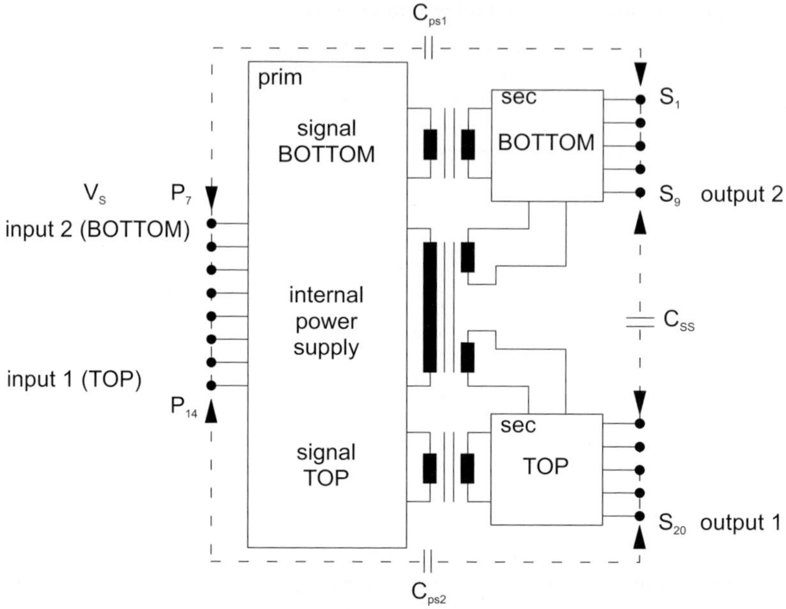

Bild 5.6.13 Äquivalente wirksame Gesamtkoppelkapazitäten in einem Halbbrückentreiber mit Potentialtrennung (schematische Darstellung)

C_{ps1}: Kapazität zwischen Primär- und BOTTOM-Sekundärseite

C_{ps2}: Kapazität zwischen Primär- und TOP-Sekundärseite

C_{ss}: Kapazität zwischen TOP- und BOTTOM-Sekundärseite

5.6.6.1 Ansteuer- und Statusrückmeldesignale

Tabelle 5.6.1 enthält die heute am häufigsten angewandten Übertragungsprinzipien für Ansteuer- und Statusrückmeldesignale mit und ohne galvanischer Potentialtrennung und deren wichtigste Eigenschaften.

Ausführung	Impulsübertrager mit Magnetkern (konventionell) Impulsübertrager ohne Magnetkern (coreless transformer)	Optokoppler	Lichtwellenleiter
Prinzip der Potentialtrennung	magnetisch	optisch/ Optokoppler	optisch/ Lichtwellenleiter
Galvanische Trennung	ja	ja	ja
Übertragungsrichtungen	bidirektional	unidirektional	unidirektional
Toleranz der Eigenverzögerungszeiten	klein	groß	groß
Beeinflussbarkeit durch magnetisches Feld	+	-	-
Beeinflussbarkeit durch elektrisches Feld	-	-	-
dv/dt-Festigkeit (Angaben aus Datenblattbeispielen)	35..50..100 kV/µs	15..25 kV/µs	n.a.
Ausführung	GMR-Übertrager (Giant Magnetic Resistance)	kapazitiver Übertrager	Level-Shifter
Prinzip der Potentialtrennung	magnetisch	kapazitiv	Stromquelle
Galvanische Trennung	ja	ja	nein
Übertragungsrichtungen	unidirektional	unidirektional	unidirektional
Toleranz der Eigenverzögerungszeiten	klein	klein	klein
Beeinflussbarkeit durch magnetisches Feld	+	-	-
Beeinflussbarkeit durch elektrisches Feld	-	+	-
dv/dt-Festigkeit (Angaben aus Datenblattbeispielen)	..30.. kV/µs	25..50 kV/µs	35..50 kV/µs

Tabelle 5.6.1 Übertragungsprinzipien für Ansteuer- und Statusrückmeldesignale

Analoge Messwerte können pulsweitenmoduliert über Potentialtrennstellen vom Treiber zur übergeordneten Steuerung zurückübertragen werden.

5.6.6.2 Ansteuerleistung

Die häufig angewandten Lösungen zur potentialgetrennten Übertragung der Ansteuerleistung zum Treiber fasst Tabelle 5.6.2 zusammen:

Ausführung	Netztrafo 50 Hz-Versorgung	aus Primärseite	aus Zwischenkreis	Bootstrap
		Schaltnetzteil		
Prinzip der Potentialtrennung	transformatorisch (magnetisch)			sperrender pn-Übergang
Galvanische Trennung	ja	ja	ja	nein
Versorgung aus	Hilfsspannung oder Netzspannung	Hilfsspannung	Zwischenkreis	BOTTOM-seitige Betriebsspannung
AC-Frequenz	niedrig	sehr hoch	mittel	mittel (Pulsfrequ.)
Glättungsaufwand	groß	sehr klein	klein	klein
Ausgangs-spannung	positiv und negativ	positiv und negativ		nur positiv
Tastverhältnis-begrenzung	nein	nein	nein	ja
Kosten	-	-	+	- -

Tabelle 5.6.2 Prinzipien der potentialgetrennten Übertragung der Ansteuerleistung

5.6.7 Monolithisch und hybrid integrierte Treiberschaltungen

Bestandteil moderner Treiberschaltungen sind heute in den meisten Fällen monolithisch integrierte Treiberschaltkreise, die als Einzeltreiber sowie Halb-, Voll- und Dreiphasenbrückentreiber in großer Vielfalt am Markt erhältlich sind.

Zum Funktionsumfang dieser Schaltkreise gehören in der Regel:
- Gatespannungsgenerator;
- Eingang für V_{CEsat}- oder $V_{DS(on)}$-Überwachung, ggf. auch Eingang für Shunt oder Sense-Emitter;
- Unterspannungsüberwachung;
- Fehlerspeicher und Ausgang zur Fehlerrückmeldung;
- einstellbare Totzeitgenerierung;
- Steuerimpulsformung
- Bootstrap-Stromversorgung des TOP-Treibers;
- shut down – Eingang;
- integrierte Level-Shifter für die Übertragung der TOP-Ansteuersignale.

Moderne monolithisch integrierte Treiberschaltkreise werden in latch-up-freier SOI-Technologie hergestellt und verfügen über robuste Level-Shifter-Strukturen.
Dadurch wird zum einen eine deutliche Verbesserung der dv/dt-Festigkeit erreicht.
Zum anderen steigt die Robustheit in Bezug auf transiente negative Spannungen an den TOP- und BOTTOM-Treiber-Ground-Ausgängen (insbesondere am TOP-seitigen Emitter/Source-Anschluss.

Eine weitere Möglichkeit der einfachen Realisierung von IGBT/MOSFET-Treibern besteht in der Verwendung von schnellen Optokopplern, die nachgeschaltete Leistungs-Treiberendstufen im selben package enthalten. Für low cost-Treiberstufen sind hier lediglich noch die Ergänzung eines DC/DC-Wandlers (oder einer Bootstrap-Schaltung) für die Bereitstellung der Treiberleistung sowie einige wenige passive Bauelemente notwendig.

Mit wachsendem Funktions- und Schutzumfang von Treiberschaltungen steigt auch der Aufwand an Bauelementen für die primärseitig zu realisierenden Baugruppen, z.B. Eingangssignalverknüpfung, Kurzimpulsunterdrückung, Totzeitgenerierung, Fehlerspeicher und -auswertung, DC/DC-Wandler-Steuerung und Ansteuerung der Impulsübertrager.

Im Interesse einer kostengünstigen Realisierung von zuverlässigen Treiberschaltungen sind diese Funktionen beispielsweise in von SEMIKRON entwickelten Steuer-ASICs zusammengefasst.

5.6.8 SEMIDRIVER

SEMIDRIVER sind komfortable, anschlussfertige Treiberstufen für IGBT- und MOSFET-Leistungsmodule mit unterschiedlicher Anzahl von Treiberkanälen (1,2,3,6,7-Kanäle).

Durch die Dimensionierung der Außenbeschaltung kann der Anwender die Treiberparameter, die Signalschnittstellen und die Schutzschwellen optimal an den verwendeten Leistungstransistor in einer Applikation anpassen.

Tabelle 5.6.3 fasst die wesentlichen Hauptparameter der verfügbaren Treiberstufen zusammen.

Typ	V_{CE} [V]	$V_{G(on)}$ [V]	$V_{G(off)}$ [V]	$I_{outpeak}$ [A]	$Q_{out/pulse}$ [µC]
SKHI10/12 R	1200	15	-8	8	9,6
SKHI10/17 R	1700	15	-8	8	9,6
SKHI21 A R	1200	15	0	8	4
SKHI22 A/B H4 R	1700	15	-7	8	4
SKHI22 A/B R	1200	15	-7	8	4
SKHI23/12 R	1200	15	-8	8	4,8
SKHI23/17 R	1700	15	-8	8	4,8
SKHI24 R	1700	15	-8	15	5
SKYPER 32 PRO R	1700	15	-7	15	6,3
SKYPER 32 R	1700	15	-7	15	2,5
SKYPER 52 R	1700	15	-15	50	100
SKHI61 R	900	14,9	-6,5	2	1
SKHI71 R	900	14,9	-6,5	2	1

Typ	f_{max} [kHz]	V_{iso} [V]	dv/dt [kV/µs]	Anzahl Kanäle	Versorgungsspannung [V]	Eingangs-Logik-Pegel [V]
SKHI10/12 R	100	2500	75	1	15	5 oder 15
SKHI10/17 R	100	4000	75	1	15	5 oder 15
SKHI21 A R	50	2500	50	2	15	15
SKHI22 A/B H4 R	50	4000	50	2	15	15(A), 5(B)
SKHI22 A/B R	50	2500	50	2	15	15(A), 5(B)
SKHI23/12 R	100	2500	75	2	15	5 oder 15
SKHI23/17 R	100	4000	75	2	15	5 oder 15
SKHI24 R	50	4000	50	2	15	5
SKYPER 32 PRO R	50	4000	50	2	15	15
SKYPER 32 R	50	4000	50	2	15	15
SKYPER 52 R	100	4000	100	2	24	3,3 oder 5
SKHI61 R	50	2500	15	6	15	5 oder 15
SKHI71 R	50	2500	15	7	15	5 oder 15

Tabelle 5.6.3 Hauptparameter von SEMIDRIVER

Alle SEMIDRIVER weisen u.a. folgende Eigenschaften und Funktionalitäten auf:
- Stromversorgung +15 V auf Potential der Eingangssteuersignale; internes Schaltnetzteil mit Potentialtrennung
- 15 V-CMOS-kompatible und/oder 5 V-TTL-kompatible Steuersignaleingänge; interne magnetische Impulsübertrager für die Potentialtrennung

- Kurzschlussschutz auf Basis einer V_{CEsat}-Überwachung (Referenzwert bei 13 V)
- Überwachung der Treiberversorgungsspannung
- Fehlerspeicher mit Fehlerrückmeldung und RESET-Funktion
- Einstellbare Totzeit (Zweigverriegelungszeit) zwischen TOP- und BOTTOM-Ansteuerung bei den Treibern mit 2 oder mehr Kanälen
- Kurzimpulsunterdrückung

Bild 5.6.14 Platinenansicht der Treiberstufe SKHI10

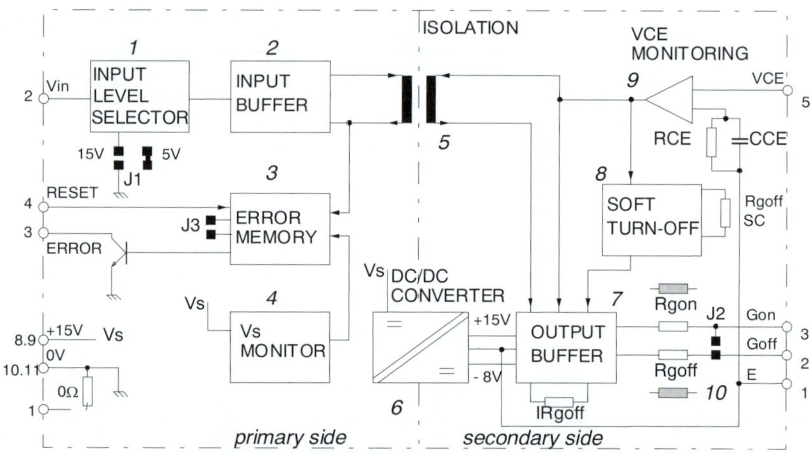

Bild 5.6.15 Blockschaltbild der Treiberstufe SKHI10

In den IGBT-Treibern SKYPER 32, SKYPER 32 PRO und SKYPER 52 sind u.a. folgende Funktionalitäten integriert:

- interne magnetische Impulsübertrager für die Potentialtrennung der Steuer- und Statussignale
- internes Schaltnetzteil mit Potentialtrennung für die Treiberversorgung
- Kurzschlussschutz auf Basis einer V_{CEsat}-Überwachung
- Überwachung der Treiberversorgungsspannung
- Totzeit (Zweigverriegelungszeit) zwischen TOP- und BOTTOM-Ansteuerung (bei SKYPER 32 nicht veränderbar)
- Kurzimpulsunterdrückung
- Fehlermanagement, Fehlerein- und -ausgänge

Spezielle Funktionalitäten des Treibers SKYPER 32 PRO sind u.a.:
- Treiber-Unterspannungsüberwachung auf der Primär- und Sekundärseite
- HALT Logiksignal
- digitale Parametrierung der Zweigverriegelungszeit
- externer Fehlereingang
- parametrierbares Soft Turn-off im Fehlerfall
- lackierte PCB

Spezielle Funktionalitäten des Treibers SKYPER 52 sind u.a.:
- vollständig digitale Signalverarbeitung
- Treiber-Unterspannungsüberwachung auf der Primär- und Sekundärseite
- HALT Logiksignal
- gemeinsames shut-down-Signal
- potentialfreie Übertragung eines Temperatursignals von der TOP-Seite auf die Primärseite
- Gate-Spannungs-Clamping
- Unterdrückung von Eingangssteuersignalfrequenzen > 100 kHz
- mehrstufiges/gestaffeltes Ausschalten zur Optimierung von Schaltzeit und Schaltüberspannung
- Soft Turn-off im Fehlerfall
- Status-LEDs
- lackierte PCB

Bild 5.6.16 Platinenansicht der Treiberstufe SKYPER 52 R

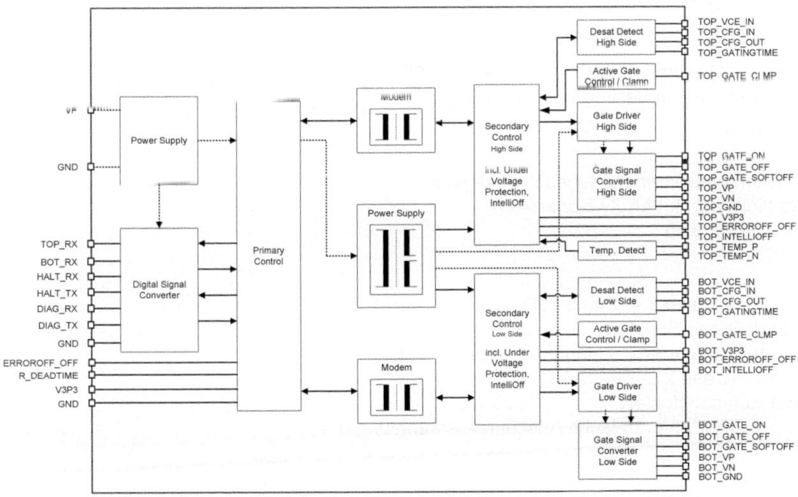

Bild 5.6.17 Blockschaltbild der Treiberstufe SKYPER 52 R

Mit dem „Driver Select Tool" der Simulations- und Auslegungssoftware „Semisel" (www.semikron.com) steht dem Anwender eine komfortable Hilfe bei der Auswahl des optimalen Treibers zur Verfügung.

5.7 Verhalten im Fehlerfall und Schutz

5.7.1 Fehlerarten

Leistungshalbleiter müssen in jedem Betriebszustand vor unzulässigen Beanspruchungen geschützt werden.
Ein Verlassen dieser Bereiche führt zu Schädigungen und damit zur Reduzierung der Lebensdauer. Im Grenzfall kann eine Sofortzerstörung eintreten.
Deshalb sind einerseits die Erkennung von kritischen Zuständen und Fehlerfällen und andererseits die richtige Reaktion darauf erforderlich.
Die Ausführungen in diesem Kapitel beziehen sich vor allem auf die IGBT-Applikation und sind in ähnlicher Weise bei Leistungs-MOSFET anwendbar. Auf Besonderheiten, die speziell den MOSFET betreffen, wird hingewiesen.

Fehlerströme

Fehlerströme sind Kollektor-/Drainströme, die aufgrund von Fehlern in der Steuerung oder der Last die in den Arbeitspunkten auftretenden betriebsbedingten Werte überschreiten.
Sie können zur Beschädigung der Leistungshalbleiter durch folgende Mechanismen führen:
- thermische Zerstörung durch hohe Verlustleistungen
- dynamischer Avalanche
- statisches oder dynamisches Latch-Up
- in Verbindung mit Fehlerströmen auftretende Überspannungen

Es können folgende Fehlerströme unterschieden werden:

Überstrom
Merkmale:
- in der Regel relativ geringe Kollektorstromanstiegsgeschwindigkeiten (hängen von Lastinduktivität und treibender Spannung ab)
- Fehlerstrom fließt durch den Zwischenkreis
- Transistor entsättigt sich nicht

Ursachen:
- Verminderung der Lastimpedanz
- Fehler in der Umrichtersteuerung und -regelung

Kurzschlussstrom
Merkmale:
- sehr hohe Kollektorstromanstiegsgeschwindigkeit
- Fehlerstrom fließt durch den Zwischenkreis
- Transistor entsättigt sich

Ursachen:
- Zweigkurzschluss (Case 1 in Bild 5.7.1)
    + durch defekten Schalter
    + durch fehlerhafte Ansteuerimpulse der Schalter
- Lastkurzschluss (Case 2 in Bild 5.7.1)
    + durch Isolationsfehler
    + „man-made"-Fehler (falsche Anschlussverkabelung o.ä.)

Erdschlussstrom (Case 3 in Bild 5.7.1)

Merkmale:

- Kollektorstromanstiegsgeschwindigkeit hängt von Erdschlussinduktivität und treibender Spannung ab
- Erdschlussstromkreis schließt sich nicht über dem Zwischenkreis
- Entsättigung des Transistors in Abhängigkeit von der Fehlerstromhöhe

Ursachen:

- Verbindung zwischen einem spannungsführenden Leiter und Erdpotential (durch Isolationsfehler oder „man-made"-Fehler)

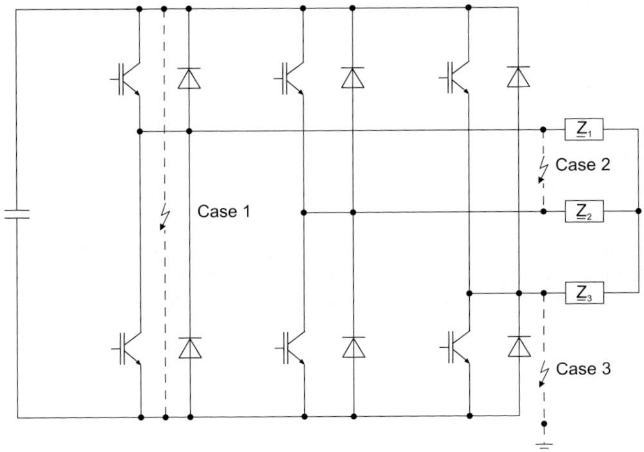

Bild 5.7.1 Ursachen für Fehlerströme

Überspannungen

Gefährliche Überspannungen liegen dann vor, wenn die Durchbruchspannungen von Leistungshalbleitern überschritten werden. Das betrifft Transistoren und Dioden in gleicher Weise.
Im Fall von IGBT und MOSFET können Überspannungen sowohl zwischen Kollektor und Emitter (bzw. Drain und Source) – d.h. zwischen den Hauptanschlüssen – als auch zwischen Gate und Emitter (bzw. Gate und Source) – d.h. zwischen den Steueranschlüssen – auftreten.

Ursachen für Überspannungen zwischen Hauptanschlüssen

Bild 5.7.2 zeigt am Beispiel eines Kommutierungskreises grundsätzliche Arten von Überspannungen zwischen den Hauptanschlüssen von Leistungshalbleiterschaltern.

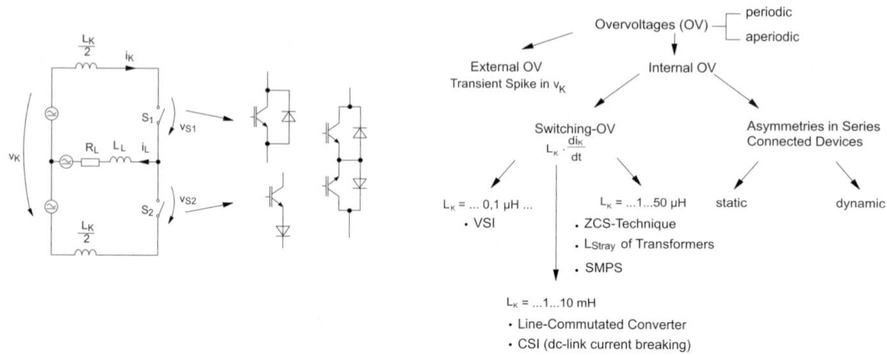

Bild 5.7.2 Arten von Überspannungen

Bezogen auf den Kommutierungskreis können Überspannungen prinzipiell in extern und intern verursachte unterschieden werden.

Unter einer „externen Überspannung" soll in diesem Zusammenhang eine transiente Überhöhung der eingeprägten Kommutierungsspannung v_K verstanden werden. Derartige Vorgänge können beispielsweise in Gleichspannungsnetzen elektrischer Bahnen aber auch in jedem Energieversorgungsnetz auftreten. In gleicher Weise sind hier transiente Überhöhungen der Zwischenkreisspannung einzuordnen (z.B. durch rückspeisende aktive Lasten oder Regelungsfehler in Pulsumrichtern).
„Interne Überspannungen" entstehen u.a. durch das Ausschalten der leistungselektronischen Schalter gegen die Induktivität L_K des Kommutierungskreises ($\Delta v = L_K \cdot di_K/dt$) oder durch von Schaltvorgängen verursachte Schwingungsvorgänge.
Die folgenden Fälle sind charakteristische Beispiele für das Entstehen von Schaltüberspannungen:
- aktives Ausschalten des Laststromes i_L durch die aktiven Elemente der Schalter S_1 und S_2 im Normalbetrieb eines Umrichters:
  In vielen Schaltnetzteilapplikationen wird beispielsweise die Induktivität L_K durch die Streuinduktivität von Transformatoren gebildet, die durchaus in der 1-100 µH - Größenordnung liegen kann.
- Rückstromabriss während des passiven Ausschaltens (reverse recovery) von schnellen Dioden in hart schaltenden Umrichtern und Umrichtern mit Nullstromschaltern (ZCS):
  Im letzteren Fall kann ebenfalls eine prinzipbedingt vergrößerte Kommutierungsinduktivität im 10 µH - Bereich vorhanden sein (vgl. Kap. 5.9).
- hohe Stromänderungsgeschwindigkeiten (...10 kA/µs...) beim Eintritt von Kurzschlüssen sowie beim Abschalten von Kurzschlussströmen in Umrichtern mit Spannungszwischenkreis,
- aktive Unterbrechung von durch große Induktivitäten eingeprägten Strömen in Umrichtern mit Stromzwischenkreis (Fehlerfall).

Des Weiteren können Überspannungen an leistungselektronischen Bauelementen durch statische oder dynamische Unsymmetrien bei der Reihenschaltung von Schaltern generiert werden (vgl. Kap. 5.8).

Überspannungen können sowohl periodisch (...Hz...kHz...) als auch aperiodisch im Normalbetrieb und Fehlerfall von Umrichtern auftreten.

Ursachen für Überspannungen zwischen Steueranschlüssen

Zwischen den Steueranschlüssen von IGBT und MOSFET können Überspannungen entstehen durch:
- Fehler in der Versorgungsspannung der Treiberstufe,
- dv/dt-Rückkopplung über Millerkapazität (z.B. im Kurzschluss II, vgl. Kap. 5.7.2),
- di/dt-Emitter-/Source-Gegenkopplung (vgl. Kap. 5.4.1),

- Gatespannungsanhebung beim active clamping (vgl. Kap. 5.7.3.2),
- parasitäre Oszillationen im Gatekreis (z.B. Verkopplung mit Kollektor/Drain, Ausgleichsschwingungen zwischen Gatekreisen parallel geschalteter Transistoren, u.a.).

Übertemperatur

Gefährliche Übertemperaturen treten auf, wenn die vom Bauelementehersteller vorgegebene maximal zulässige Sperrschichttemperatur (z.B. T_{jmax} = 150°C...175 °C für Siliziumbauelemente) überschritten wird.

Während des Betriebes eines Umrichters können Übertemperaturen auftreten durch:
- Zunahme der Verlustenergie infolge von Fehlerströmen
- Zunahme der Verlustenergie infolge defekter Treiberstufen
- Ausfall oder Funktionsbeeinträchtigung des Kühlsystems

5.7.2 Überlast- und Kurzschlussverhalten

Überlast

Prinzipiell unterscheiden sich das Schalt- und Durchlassverhalten bei Überlast nicht vom „Normalbetrieb“ unter Nennbedingungen. Da aufgrund des höheren Laststromes höhere Verluste im Bauelement auftreten oder beispielsweise Dioden durch dynamische Ausfalleffekte zerstört werden können, muss zur Einhaltung der maximal zulässigen Sperrschichttemperatur und der Gewährleistung des sicheren Betriebs der Überlastbereich eingeschränkt werden.
Nicht nur der Absolutwert der Sperrschichttemperatur sondern auch die bei Überlast auftretenden Temperaturwechsel wirken hier begrenzend.
Die Einschränkungen werden in SOA-Diagrammen (Safe Operating Area) in den Datenblättern angegeben.
Bild 5.7.3 zeigt ein Beispiel eines IGBT.

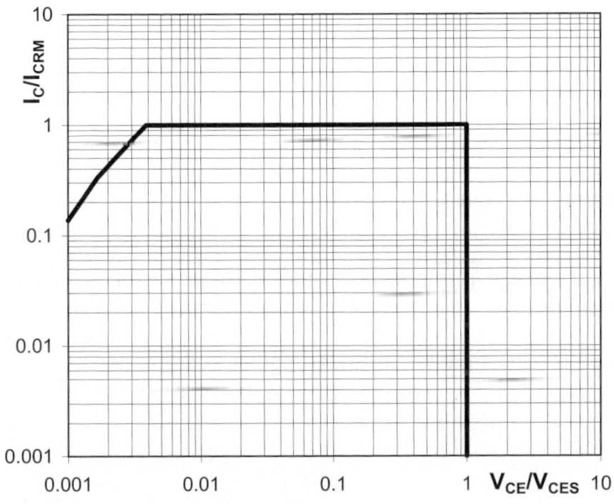

Bild 5.7.3 SOA-Diagramm für einen IGBT

Kurzschluss

Grundsätzlich sind IGBT und MOSFET kurzschlussfeste Bauelemente, d.h. sie können unter Einhaltung von Randbedingungen Kurzschlüssen ausgesetzt werden und diese abschalten, ohne das dabei Beschädigungen der Leistungshalbleiter auftreten.

Bei der Betrachtung des Kurzschlusses (am Beispiel des IGBT) müssen zunächst zwei Fälle unterschieden werden.

Kurzschluss I (KS I)

Beim KS I schaltet der Transistor auf einen bereits bestehenden Last- oder Brückenkurzschluss ein, d.h. bereits vor dem Eintritt des Kurzschlusses liegt die volle Zwischenkreisspannung über dem Transistor an. Der Anstieg des Kurzschlussstromes wird durch die Ansteuerparameter (Treiberspannung, Gate-Vorwiderstand) sowie der Transfercharakteristik des Transistors bestimmt. Dieser Anstieg des Transistorstromes induziert über der parasitären Induktivität des Kurzschlusskreises einen Spannungsabfall, der als Spannungseinbruch in der Kollektor-Emitter-Spannung zu sehen ist (Bild 5.7.4).

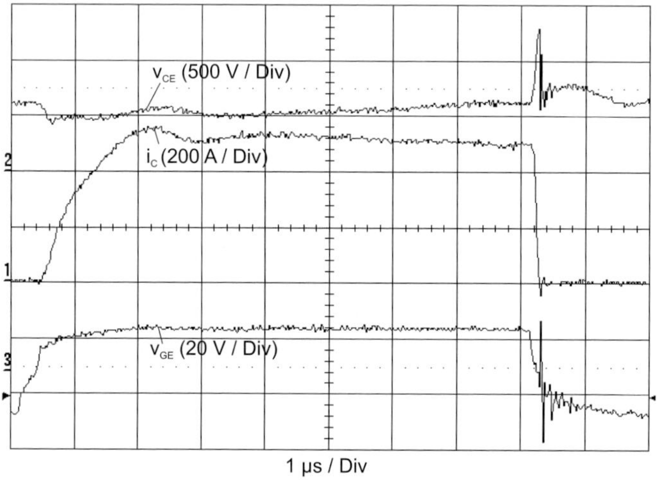

Bild 5.7.4 Verläufe beim KS I eines IGBT

Der stationäre Kurzschlussstrom stellt sich auf einen Wert ein, der durch das Ausgangskennlinienfeld des Transistors bestimmt wird. Typische Werte liegen bei IGBT unterschiedlicher Technologien im Bereich des 6...10 fachen Nennstroms (vgl. Bild 5.7.7b).

Kurzschluss II (KS II)

In diesem Fall befindet sich der Transistor bereits im eingeschalteten Zustand, bevor der Kurzschluss eintritt. Im Vergleich zum Kurzschluss I ist das bezüglich der Transistorbelastungen der weit kritischere Fall.

Bild 5.7.5 zeigt eine Ersatzschaltung sowie Prinzipverläufe zur Erklärung der auftretenden Vorgänge.

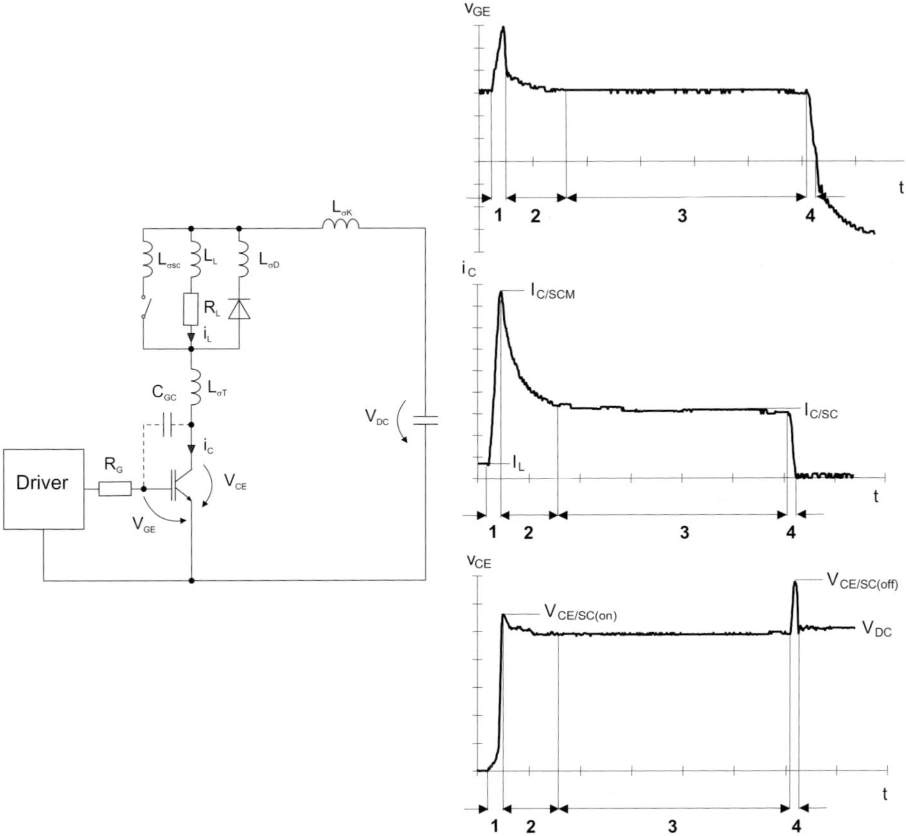

Bild 5.7.5 Ersatzschaltung und Prinzipverläufe des KS II, [37]

Mit Eintritt des Kurzschlusses steigt der Kollektorstrom sehr schnell an, wobei die Anstiegsgeschwindigkeit hauptsächlich von der Höhe der Zwischenkreisspannung V_{DC} und der Induktivität im Kurzschlusskreis bestimmt wird.

Im Zeitintervall 1 kommt es zur Entsättigung des IGBT. Die damit einhergehende hohe Änderungsgeschwindigkeit der Kollektor-Emitter-Spannung bewirkt einen Verschiebestrom durch die Gate-Kollektor-Kapazität, der die Gate-Emitter-Spannung anhebt. Die Folge ist eine dynamische Kurzschlussstromüberhöhung $I_{C/SCM}$.

Nach Beendigung der Entsättigungsphase fällt der Kurzschlussstrom auf seinen stationären Wert $I_{C/SC}$ ab (Zeitintervall 2). Dabei wird über den parasitären Induktivitäten des Kurzschlusskreises eine Spannung induziert, die als Überspannung am IGBT wirkt.

Nach Ablauf der stationären Kurzschlussphase (Zeitintervall 3) erfolgt die Abschaltung des Kurzschlussstromes gegen die Induktivität L_K des Kommutierungskreises, die wiederum eine Überspannung am IGBT induziert (Zeitintervall 4).
Die während eines Kurzschlusses induzierten Transistorüberspannungen können im Vergleich zum Normalbetrieb um ein Vielfaches höher sein.

Die Vorgänge während der stationären Kurzschlussphase und während des Abschaltens unterscheiden sich zwischen den Kurzschlussfällen I und II nicht.

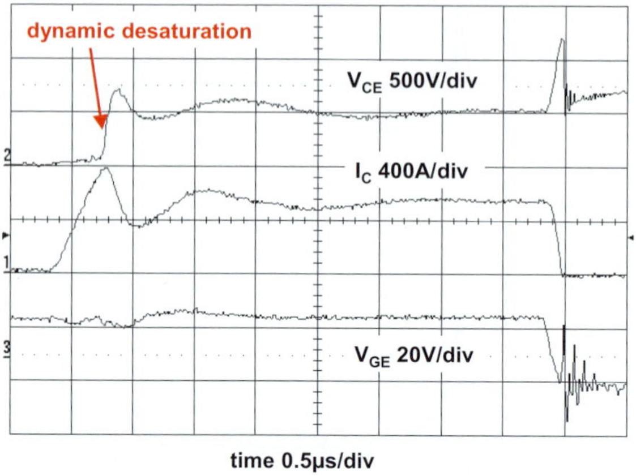

Bild 5.7.6 Verläufe beim KS II eines IGBT mit externer dynamischer Gatespannungsbegrenzung

Das SCSOA-Diagramm (SC=Short Circuit) für den Kurzschlussfall, das in den Datenblättern oder technischen Erläuterungen von IGBT angegeben ist, zeigt die Grenzen für die sichere Beherrschung des Kurzschlusses (Bild 5.7.7a).

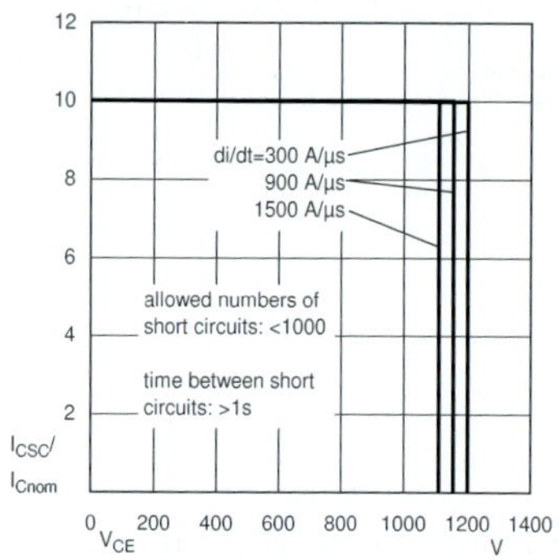

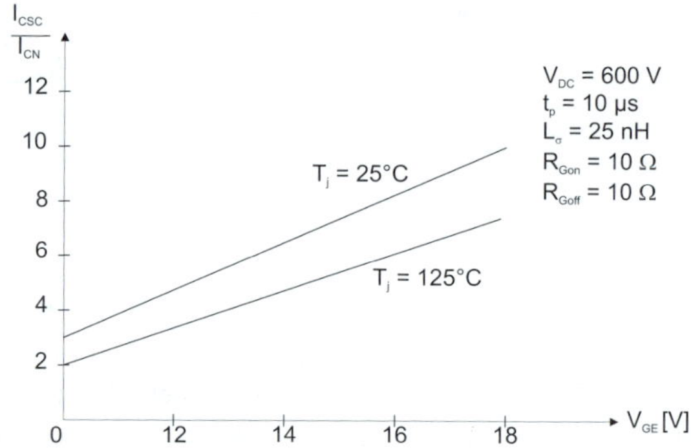

Bild 5.7.7 Kurzschlussspezifikationen eines IGBT
a) SCSOA; non-periodic, Parameter: t_{sc_max}, Induktivität im Kommutierungskreis, V_{GE}, T_{jmax}
b) auf den Nennstrom normierter Kurzschlussstrom als Funktion der Gate-Emitter-Spannung

Für den SCSOA gelten die folgenden wichtigen Randbedingungen:
- Der Kurzschluss muss innerhalb einer spezifizierter Maximalzeit (für viele Technologien typisch t_{sc_max}= 10 µs) erkannt und abgeschaltet werden.
- Die Zeit zwischen zwei Kurzschlüssen muss einen Mindestwert betragen (für viele Technologien typisch 1 s).
- Es dürfen während der Gesamtbetriebsdauer des IGBT nur eine bestimmte maximale Anzahl von Kurzschlüssen auftreten (für viele Technologien typisch 1000).

Bild 5.7.7b zeigt den Einfluss der Gate-Emitter-Spannung und der Sperrschichttemperatur auf den sich einstellenden stationären Kurzschlussstrom.
Beim Kurzschluss I und II entstehen im Transistor hohe Verluste, die die Sperrschichttemperatur deutlich erhöhen. An dieser Stelle ist der negative Temperaturkoeffizient des stationären Kurzschlussstromes (auch abgebildet in der Ausgangskennlinie von IGBT und MOSFET) vorteilhaft (vgl. Bild 5.7.7b).

Bezüglich der auftretenden Abschaltüberspannungen ist der stationäre Kurzschluss insbesondere bei modernen IGBT-Technologien häufig nicht der kritischste Fall. Untersuchungen haben gezeigt, dass ein Abschalten des IGBT genau an der Entsättigungsgrenze zu den höchsten Überspannungen führt. Dieser Fall ist bei der Überprüfung des gewählten Ansteuer- und Schutzkonzeptes immer zu berücksichtigen.

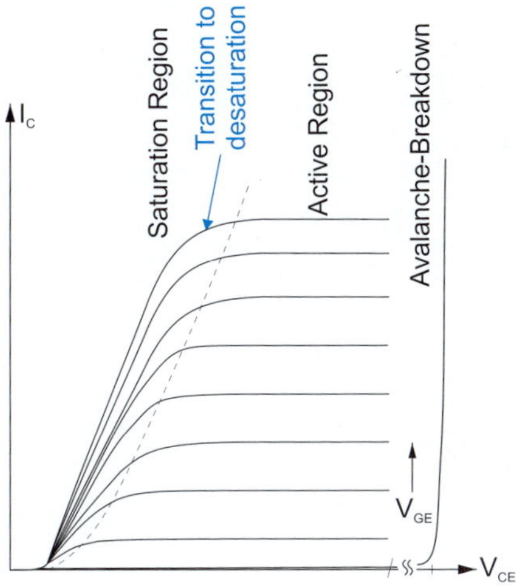

Bild 5.7.8 Entsättigungsgrenze eines IGBT

Möglichkeiten zur sicheren Erkennung hoher Fehlerströme und Begrenzung der auftretenden Überspannungen sind im Kap. 5.7.3 zusammengefasst.

5.7.3 Fehlererkennung und Schutz

Fehler können in Umrichterschaltungen an verschiedenen Stellen detektiert werden, wobei die Reaktion auf erkannte Fehlerzustände sehr unterschiedlich sein kann.
Man spricht von einem schnellen Schutz, wenn Fehler im Schalter oder in unmittelbarer Schalternähe erkannt und die betreffenden Schalter unmittelbar durch die Treiberstufe ausgeschaltet werden. Die Gesamtreaktionszeit des Schalters kann dabei durchaus nur einige zehn Nanosekunden betragen.

Wird bei der Erfassung von Fehlerzuständen außerhalb der Schalter zunächst ein Fehlersignal an die Stromrichtersteuerung gesendet und dann von dort aus eine Reaktion ausgelöst, kann man von einem langsamen Schutz sprechen oder die ablaufenden Prozesse der Stromrichtersteuerung und -regelung zuordnen (z.B. die Reaktion des Systems auf Überlast).
In modernen Stromrichtern sind meist Verfahren des langsamen und schnellen Schutzes miteinander kombiniert, wobei das Gesamtschutzkonzept von der Applikation und der Designphilosophie abhängt.

5.7.3.1 Fehlerstromerkennung und -absenkung

Fehlerstromerkennung

Bild 5.7.9 zeigt die Schaltung eines U-Umrichters. Darin sind zunächst allgemein die Messpunkte gekennzeichnet, an denen Fehlerströme erfasst werden können.

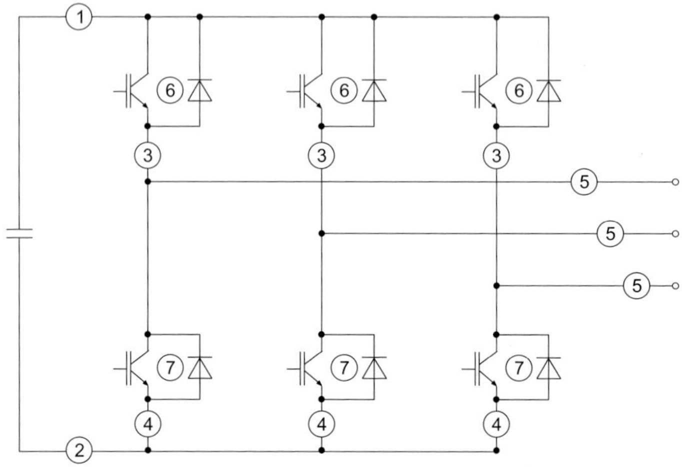

Bild 5.7.9 U-Umrichter mit Messpunkten für Fehlerströme

Es läßt sich folgende Zuordnung treffen:

Überstrom:	erkennbar an Messpunkten 1-7
ZweigKurzschluss:	erkennbar an Messpunkten 1-4 und 6-7
LastKurzschluss:	erkennbar an Messpunkten 1-7
Erdschluss:	erkennbar an Messpunkten 1, 3, 5, 6 oder durch Differenzbildung aus 1 und 2

Für die Beherrschung von Kurzschlussströmen ist grundsätzlich ein schneller Schutz, der direkt auf der Treiberendstufe eingreift, notwendig, da der Transistorschalter innerhalb von t_{sc_max} (typ. 10 µs) nach Eintritt des Kurzschlusses ausschalten (ggf. mit aktiv gesteuerter reduzierter Schaltgeschwindigkeit) muss. Hierfür kann die Erkennung an den Messpunkten 3, 4, 5, 6, 7 erfolgen.

Die Messung an den Punkten 1-5 kann mittels Messshunt oder induktiv arbeitender Messstromwandler (häufig an Punkt 5) realisiert werden.

Messshunt:
- einfaches Messverfahren
- niederohmige (1...100 mΩ), induktivitätsarme Leistungsshunts erforderlich
- hohe Störanfälligkeit des Messsignales
- Messwerte stehen nicht potentialfrei zur Verfügung

Stromsensoren:
- deutlich höherer Aufwand (Kosten) im Vergleich zum Messshunt
- geringere Störanfälligkeit des Messsignales im Vergleich zum Messshunt
- Messwerte stehen potentialfrei zur Verfügung

Die Messpunkte 6 und 7 stehen für die Fehlerstromerfassung direkt an den Klemmen des IGBT/ MOSFET. Die hierfür bekannten Verfahren sind die v_{CEsat} bzw. $v_{DS(on)}$-Überwachung (indirekte Messmethode) und die Stromspiegelung bei Verwendung eines Sense-IGBT / Sense-MOSFET (direkte Messmethode). Bild 5.7.10 zeigt das Grundprinzip.

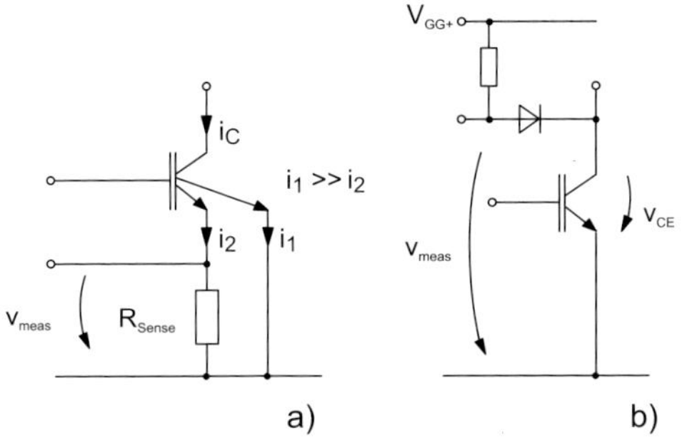

Bild 5.7.10 Fehlerstromerkennung durch a) Stromspiegelung und b) v_{CEsat}-Überwachung

Stromspiegelung mit Sense-IGBT

Bei einem Sense-IGBT sind einige wenige Zellen zu einem Sense-Emitter zusammengefaßt, so dass zwei parallele Stromzweige entstehen. Über den Messwiderstand R_{Sense} kann die Information über den fließenden Kollektorstrom gewonnen werden. Bei R_{Sense} = 0 ergibt sich eine ideale Stromaufteilung zwischen den beiden Emittern entsprechend dem Verhältnis der Anzahl der Sense-Zellen zur Gesamtzellenzahl. Mit Erhöhung von R_{Sense} verringert sich der durch den Messkreis fließende Strom durch die Gegenkopplung des Messsignales.
Deshalb sollte für eine hinreichend genaue Messung des Kollektorstromes der Widerstand R_{Sense} im Bereich von 1...5 Ω liegen.
Wird die Abschaltstromschwelle nur geringfügig über den Nennstrom des Transistors gelegt, so muss die Stromüberwachung während der Rückstromspitze beim Einschalten auf eine stromführende Freilaufdiode ausgeblendet werden.
Bei sehr großen Sense-Widerständen ($R_{Sense} \rightarrow \infty$) entspricht die Messspannung der Kollektor-Emitter-Sättigungsspannung, so dass die Stromspiegelung in eine v_{CEsat}-Überwachung überführt wird.

v_{CEsat}-Überwachung

Die v_{CEsat}-Überwachung nutzt den im Transistordatenblatt angegebenen Zusammenhang zwischen Kollektorstrom und Kollektor-Emitter-Spannung (Durchlassspannung, Ausgangskennlinienfeld). Dazu wird die Kollektor-Emitter-Spannung mit einer hochsperrenden schnellen Diode erfasst und mit einem Referenzwert verglichen. Bei Überschreitung des Referenzwertes erfolgt die Fehlermeldung und das Ausschalten des Transistors. Durch die schnelle Entsättigung des Transistors können Kurzschlüsse sehr gut erfasst werden. Tritt im Fehlerfall keine Entsättigung des Transistors ein (z.B. bei langsam ansteigenden Erdschluss- und Überströmen), kann die v_{CEsat}-Überwachung zur Fehlererkennung nur begrenzt eingesetzt werden.
Um den IGBT im Normalbetrieb sicher Einschalten zu können, muss die v_{CEsat}-Überwachung so lange ausgeblendet werden, bis die Kollektor-Emitter-Spannung den Wert der Referenzspannung unterschritten hat (vgl. Kap. 5.6.4). Da während dieser Zeit kein Kurzschlussschutz besteht, muss die Ausblendzeit kleiner als t_{sc_max} sein.
Die Temperaturabhängigkeit der Ausgangskennlinie sowie Parametertoleranzen wirken sich ungünstig auf das Verfahren der v_{CEsat}-Überwachung aus. Der wesentliche Vorteil gegenüber der Stromspiegelung mit Sense-IGBT ist jedoch, dass das Schutzkonzept auf jeden Standard-IGBT/ MOSFET angewendet werden kann.

Fehlerstromabsenkung

Der Schutz des Transistorschalters wird durch Absenkung bzw. Begrenzung hoher Fehlerströme insbesondere bei Kurzschlüssen und niederimpedanten Erdschlüssen verbessert.

Wie im Kap. 5.7.2 erläutert, kommt es beim Eintritt des Kurzschlusses II zu einer dynamischen Kurzschlussstromüberhöhung aufgrund der Anhebung der Gate-Emitter-Spannung durch hohe dv_{CE}/dt-Werte.
Die Amplitude des Kurzschlussstromes kann durch die Begrenzung der Gate-Emitter-Spannung

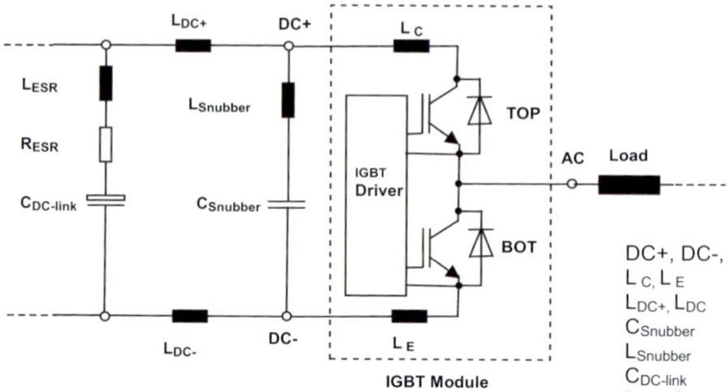

DC+, DC-, AC	IGBT module terminals
L_C, L_E	IGBT module parasitic inductance
L_{DC+}, L_{DC}	Bus bar parasitic inductance
$C_{Snubber}$	Snubber capacitor capacitance
$L_{Snubber}$	Snubber capacitor series inductance
$C_{DC\text{-}link}$	DC-link capacitor capacitance
L_{ESR}, R_{ESR}	DC-link capacitor parasitics

Bild 5.7.13 Vereinfachtes Zwischenkreisersatzschaltbild mit typischen, konzentrierten parasitären Induktivitäten

Bild 5.7.14 zeigt am Beispiel eines IGBT-Ausschaltvorgangs charakteristische Spannungsverläufe mit und ohne Snubber und stellt vereinfachte Auslegungsgleichungen für die Größe der Snubberkapazität zusammen.

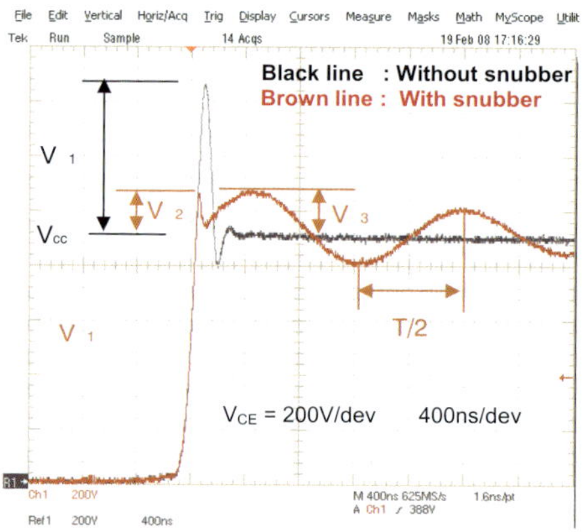

$$\Delta V_1 = \Sigma L \cdot di_c / dt$$

$$\Delta V_2 = (L_C + L_E + L_{Snubber}) \cdot di_c / dt$$

$$\Delta V_3 \leq \sqrt{\frac{L_{DC\text{-}Link} \cdot i_c^2}{C_{Snubber}}}$$

$$f = \frac{1}{T} = \frac{1}{2 \cdot \pi \cdot \sqrt{L_{DC\text{-}Link} \cdot C_{Snubber}}}$$

$$\Sigma L = L_C + L_E + L_{DC+} + L_{DC-} + L_{ESR}$$

$$L_{DC\text{-}Link} = L_{DC+} + L_{DC-} + L_{ESR}$$

Bild 5.7.14 IGBT-Ausschaltvorgang: charakteristische Spannungsverläufe mit und ohne Snubber; vereinfachte Auslegungsgleichungen für die Größe der Snubberkapazität

Weiterführende technische Hinweise werden in [AN1] gegeben.

Um parasitäre Schwingungen zwischen C und L zu dämpfen, kann die Spannungsabstützung mit einem RC-Glied realisiert werden (Bild 5.7.12b). Diese Maßnahme wird häufig bei Niedervolt-Hochstrom-Applikationen (z.B. MOSFET-Umrichter) angewendet, um das parasitäre Durchschwingen der Zwischenkreisspannung an den Modulanschlussklemmen beim Schalten hoher Ströme zu vermeiden.

Bild 5.7.12c und d zeigen RCD-Beschaltungen. Die darin enthaltenen schnellen Beschaltungsdioden sollten eine niedrige Vorwärtseinschaltüberspannung und Soft-Reverse-Recovery-Verhalten haben.

Das Beschaltungsnetzwerk selbst sowie der Anschluss an das Leistungsmodul (Klemmen A,B,C) muss konstruktiv so niederinduktiv wie möglich ausgeführt werden.

Der Vorteil passiver Netzwerke besteht neben den einfachen Topologien darin, dass keine aktiven Bauelemente benötigt werden.

Nachteilig ist dagegen, dass sich der Wert der begrenzten Überspannung in Abhängigkeit vom Betriebsarbeitspunkt des Umrichters verändert. Deshalb ist bei der Dimensionierung der „worst case“ anzusetzen (Überstrom, Kurzschluss, hohe di/dt).

Active Clamping [37], [73]

Unter dem Begriff „active clamping“ MOS-gesteuerter Transistoren versteht man die direkte Rückkopplung des Kollektor-/Drain-Potentials auf das Gate über ein Element mit Zener-Charakteristik. Bild 5.7.15 zeigt das Grundprinzip und Realisierungsvarianten am Beispiel eines IGBT-Schalters.

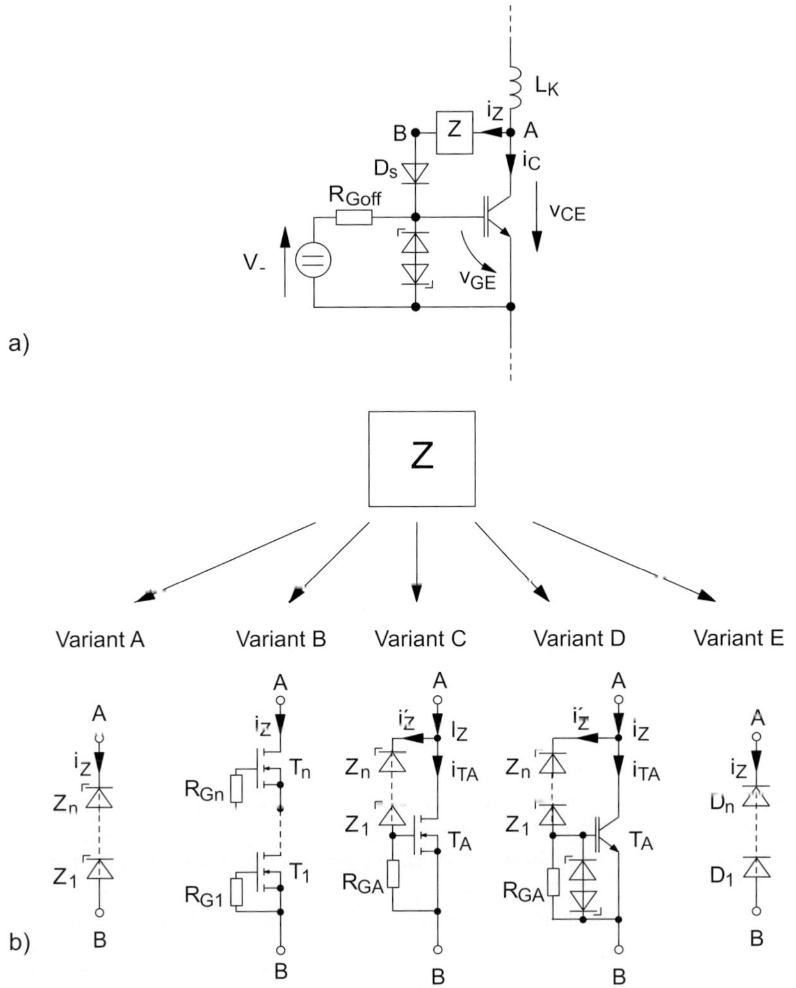

Bild 5.7.15 Grundprinzip und Varianten des Active Clamping

Der Rückkoppelzweig besteht aus einem Zenerelement Z und einer in Reihe dazu angeordneten Diode D_s, die im eingeschalteten Zustand des IGBT einen Stromfluss von der Treiberstufe in den Kollektor verhindert.

Überschreitet die Kollektor-Emitter-Spannung die Durchbruchspannung des Zenerelementes, fließt ein Strom über die Rückkopplung in das Gate des IGBT und hebt dessen Potential auf einen Wert

an, der durch die Transfer- und Ausgangscharakteristik des IGBT ($i_c = f(v_{CE}, v_{GE})$) vorgegeben ist (Bild 5.7.16).
Solange durch die in Reihe liegende Induktivität Strom eingeprägt wird, dauert der Clampingvorgang an. Die Spannung über dem Transistor wird dabei von der Strom-Spannungs-Charakteristik des Zenerelementes bestimmt. Der Transistor arbeitet im aktiven Bereich seiner Ausgangskennlinie (!!SOA-Bereich!!) und setzt dabei die in L_K (häufig auch Streuinduktivität L_S genannt) gespeicherte Energie in Wärme um (Bild 5.7.16). Bild 5.7.16 zeigt die Zusammenhänge anhand eines vereinfachten Ersatzschaltbildes und typischer Verläufe.

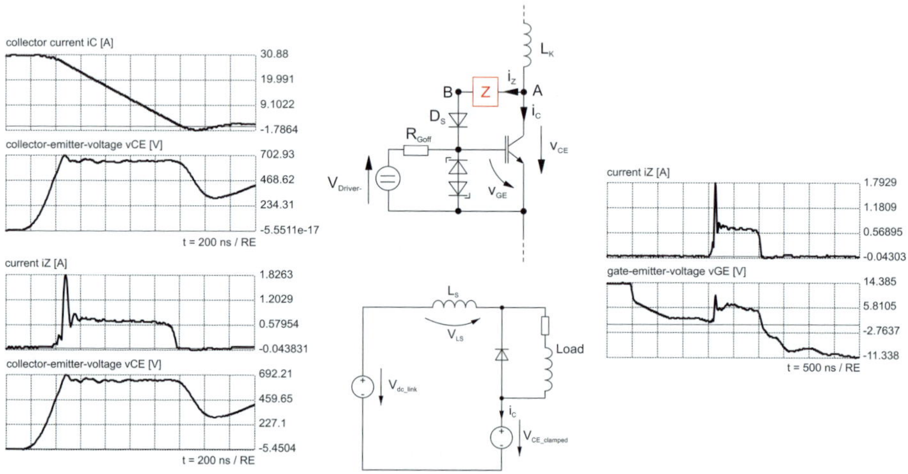

$$\frac{di_C}{dt} = \frac{V_{LS}}{L_S} = \frac{V_{dc\_link} - V_{CE\_clamped}}{L_S} \qquad |V_{CE\_clamped}| > |V_{DC\_link}|$$

Bild 5.7.16 Vereinfachtes Ersatzschaltbild und typische Strom- und Spannungsverläufe beim actice clamping eines IGBT (Variante A),
Beispiel: $V_{dc\_link} = 400$ V, $V_{CE\_clamped} = 640$ V, $i_{C0} = 30$ A, $L_S = 10$ mH, $T_{j0} = 30°C$, $V_{GE\_off} = -15$ V

Die im Transistorschalter während des active clamping umgesetzte Schaltenergie berechnet sich vereinfacht nach der Gleichung:

$$E_{clamp} = \frac{L_S}{2} \cdot i_{C0}^{\ 2} \cdot \frac{V_{CE\_clamped}}{V_{CE\_clamped} - V_{DC\_link}}$$

Die für die Anhebung der Gate-Emitter-Spannung zu Beginn des Clampingvorganges notwendige Gateladestromspitze ist im Bild 5.7.16 deutlich zu erkennen.

Die Clampingschaltung kann entweder direkt am Gate oder in die Endstufe der Treiberschaltung eingreifen.

Die Auswahl der Realisierungsvariante richtet sich nach der im Mittel im Zenerelement umgesetzten Verlustleistung. Es gilt grundsätzlich: je höher die Spannungsdifferenz zwischen der Kommutierungsspannung (Zwischenkreisspannung) und der Clampingspannung eingestellt wird, um so geringer sind die Verluste in den Elementen der Clampingschaltung.
Als weitere Auswahlkriterien können unter Umständen die Ansprechdynamik der Schaltung und die Steilheit der Zenercharakteristik hinzukommen (Bild 5.7.17).

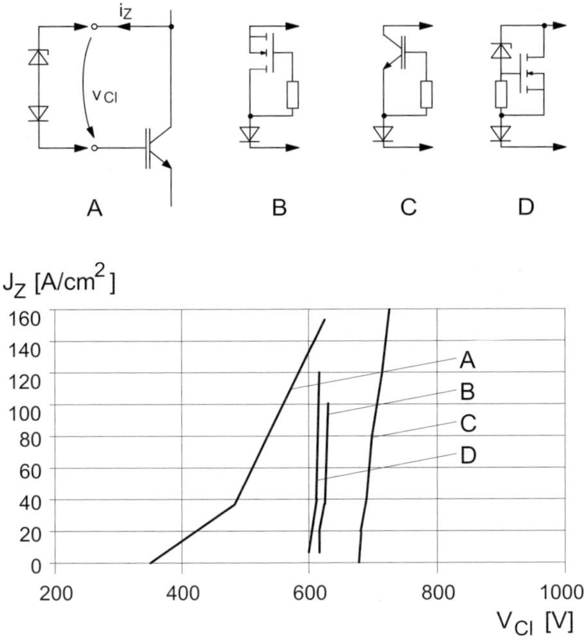

Bild 5.7.17 Statische Charakteristika ausgewählter Zenerelemente
A: Suppressordiode, B: MOSFET im Avalanche-Durchbruch
C: IGBT im Avalanche-Durchbruch, D: Suppressordiode + MOSFET als Verstärker

Die Variante A in Bild 5.7.17 ist sehr einfach zu realisieren und kann bei niedrigen umzusetzenden Energien eingesetzt werden (z.B. in U-Umrichtern bei nichtperiodischen Vorgängen).
In den Varianten B und E werden MOSFET bzw. Dioden im Avalanche betrieben. Diese Betriebsart muss im Datenblatt ausdrücklich spezifiziert und durch den Hersteller freigegeben werden.
In den Varianten C und D fungiert der MOSFET/IGBT als Verstärker für den Zenerstrom, wobei sich die Variante D durch besonders hohe Robustheit auszeichnet.

Die Eigenschaften des active clamping können wie folgt zusammengefaßt werden:
- einfache Schaltungsanordnung,
- der zu schützende Transistor ist selbst Bestandteil des Schutzprinzips und setzt den Hauptteil der in der Induktivität gespeicherten Energie während des Clampingvorganges um,
- es sind keine Leistungswiderstände und Beschaltungskondensatoren notwendig,
- steile Clampingcharakteristik,
- die begrenzte Schalterspannung ist unabhängig vom Arbeitspunkt des Umrichters,
- das Prinzip benötigt keine eigene Stromversorgung,
- es können konventionelle Treiberstufen eingesetzt werden,
- Überspannungen beim Rückstromabriss der Inversdioden werden mit begrenzt,
- es kann entweder jeder Transistorschalter mit einer Clampingschaltung versehen oder ein zentraler Clamper für ein oder mehrere Schalterpaare angeordnet werden.

Das Prinzip des active clamping kann sowohl für nicht-periodische (z.B. Kurzschlussabschaltung) als auch für periodische (z.B. in bestimmten ZCS-Topologien) Clampingvorgänge ausgelegt und eingesetzt werden.

Dynamische Gatesteuerung [74], [75]

Bei der dynamischen Gatesteuerung werden die Strom- und Spannungsänderungsgeschwindigkeiten von MOSFET und IGBT und damit auch die induzierten Schaltüberspannungen durch die Treiberstufe direkt beeinflusst.
Zu den einfachen Verfahren zählen die Langsamabschaltung (soft turn-off) von IGBT und MOSFET im Überstrom- und Kurzschlussfall durch größere Gatevorwiderstände (z.B. Treiber SKHI23, SKYPER52) oder durch Ausschalten mit definiertem kleinen Gatestrom (Stromquellensteuerung). (Bild 5.7.18).

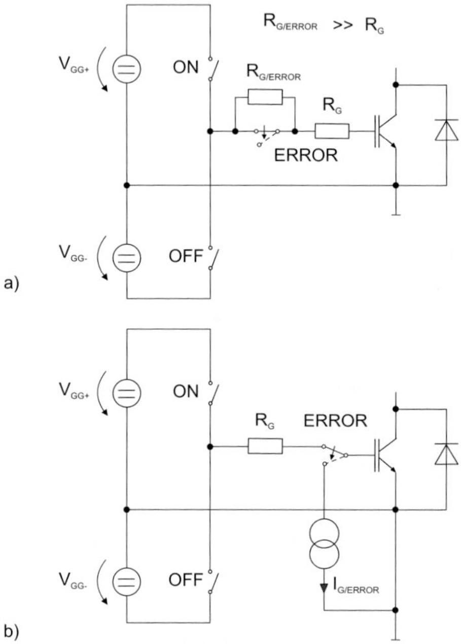

Bild 5.7.18 Möglichkeiten der Langsamabschaltung eines IGBT im Fehlerfall (stark vereinfachte Prinzipdarstellung)
a) vergrößerter R_{Goff}, b) Stromquellensteuerung

Bei komplexeren Treiberschaltungen werden auch im Normalbetrieb des Umrichters während der Schaltvorgänge die Gatevorwiderstände zeitlich gestaffelt umgeschaltet, um ein Optimum in Bezug auf Schaltzeiten, Schaltverluste und Schaltüberspannungen einzustellen (z.B. Funktion „intelligent turn-off" des Treibers SKYPER52).

Bei einer Reihe aus der Literatur und der Schaltungspraxis bekannten Treiberstufen werden die Strom- und Spannungsänderungsgeschwindigkeiten des IGBT/MOSFET passiv erfasst und dynamisch direkt auf das Gate oder in die Treiberendstufe rück- bzw. gegengekoppelt (Bild 5.7.19).

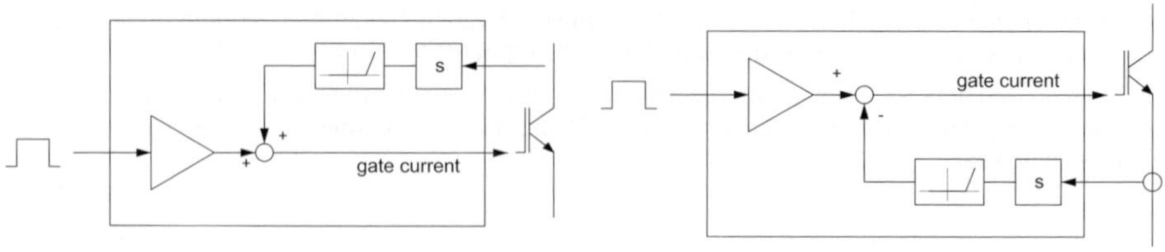

Bild 5.7.19 Direkte dynamische dv/dt- und di/dt-Gegenkopplung (stark vereinfachte Prinzipdarstellung)

Dabei wird die di/dt-Information emitter-/sourceseitig induktiv und die dv/dt-Information kollektor-/drainseitig kapazitiv ausgekoppelt.

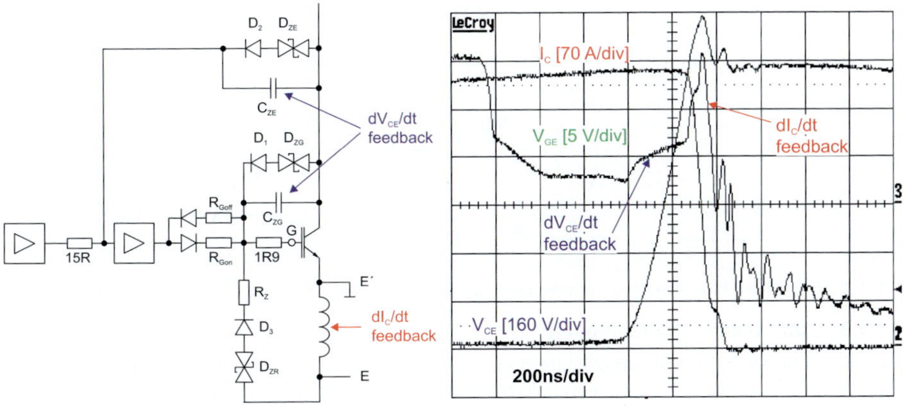

a) b)

Bild 5.7.20 a) Überspannungsschutzbeschaltung als Kombination aus active clamping und dynamischer Gegenkopplung
b) Ausschaltoszillogramm eines 1200 V-Trench-Field-Stop-IGBT aus dem Überstrombereich bei hoher Zwischenkreisspannung mit optimal wirksamer dynamischer Gegenkopplung (V_D=900 V, I_C=400 A, V_{CE_peak}=1100 V)

Die in Bild 5.7.20 dargestellte Schutzschaltung ist eine Kombination aus active clamping und dynamischer Gegenkopplung. Das active clamping und die dv/dt-Gegenkopplung sind gestaffelt ausgeführt, d.h. sie wirken sowohl direkt auf das Gate als auch auf die Treiberendstufe. Durch die Auslegung von D_{ZE}, D_{ZG}, C_{ZE} und C_{ZG} lässt sich das dynamische Verhalten optimal einstellen. Die di/dt-Gegenkopplung wird durch eine kleine Induktivität (...nH...) im Emitterzweig realisiert, wobei mit D_{ZR} die Ansprechschwelle parametriert werden kann.

Überspannungsbegrenzung zwischen den Steueranschlüssen

Eine Überspannungsbegrenzung zwischen den Steueranschlüssen von Leistungsmodulen dient der Einhaltung der maximal zulässigen Gate-Emitter/Gate-Source-Spannung und begrenzt dynamische Kurzschlussstromamplituden.
Bild 5.7.21 fasst einfache passive Schaltungsvarianten zusammen. Im Interesse einer optimalen Wirksamkeit sollten die Begrenzungsschaltungen niederinduktiv in unmittelbarer Nähe des Gateanschlusses angebracht werden.
Insbesondere das gate clamping mit schnellen Schottky-Dioden gegen die Versorgungsspannungen der Treiberstufe hat sich in der Schaltungspraxis als sehr wirksam erwiesen.

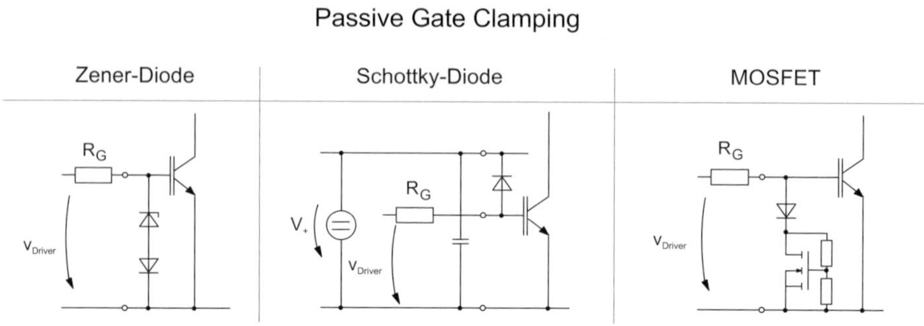

Bild 5.7.21 Einfache Möglichkeiten der passiven Gatespannungsbegrenzung (passive gate clamping)

5.7.3.3 Übertemperaturerkennung

Die direkte Messung der Sperrschichttemperatur ist nur möglich, wenn Leistungshalbleiterbauelement und Temperatursensor in unmittelbare Nähe zueinander gebracht werden (z.B. monolithische Integration oder Aufkleben des Temperatursensors auf das Leistungschip).
Als Temperatursensor kommt häufig eine Diodenstruktur zum Einsatz, deren temperaturabhängiger Sperrstrom ausgewertet wird. Solche Technologien finden u.a. in Smart-Power-Bauelementen Anwendung.

Beim Einsatz von Transistor-Leistungsmodulen werden Temperaturen entweder modulextern auf dem Kühlkörper oder modulintern auf dem Trägersubstrat in der Nähe der Leistungshalbleiterchips mittels temperaturabhängiger Widerstände gemessen.
Aufgrund der vorhandenen thermischen Zeitkonstanten liefert die Messung nur eine Information über die Änderung der mittleren Temperatur (keine hochdynamische Temperaturmessung möglich).

5.8 Parallel- und Reihenschaltung

Die nachfolgenden Kapitel sind auf den IGBT mit Freilaufdiode zugeschnitten, können aber mit entsprechenden Änderungen für die Anschlussbezeichnungen auch auf MOSFET übertragen werden.

5.8.1 Parallelschaltung

Parallelschaltungen sind immer dann notwendig, wenn die Leistungsfähigkeit eines Einzelbauelementes unzureichend ist. Sie beginnt mikroskopisch auf Chipebene mit mehreren 100.000 Einzelzellen von IGBT, geht weiter im Modul durch Parallelschaltung von Chips und setzt sich auf Schaltungsebene durch Parallelschaltung von Modulen und ganzen Umrichtereinheiten fort.

5.8.1.1 Probleme der Stromsymmetrierung

Eine maximale Ausnutzbarkeit des durch Parallelschaltung entstehenden Schalters wird nur bei idealer statischer (d.h. im Durchlassbereich) und dynamischer (d.h. im Schaltaugenblick) Symmetrierung des Stromes erreicht. Ursache für eine unterschiedliche Aufteilung ist entweder eine unterschiedliche Ausgangsspannung der parallelen Umrichterzweige oder eine unterschiedliche Zweigimpedanz. Dafür verantwortlich sind wiederum Unterschiede in:
- der Durchlassspannung der Leistungshalbleiter;
- den Schaltzeiten und Schaltgeschwindigkeiten der Leistungshalbleiter;
- der Signallaufzeiten der Treiberausgänge;
- den Zwischenkreisspannungen;
- den Kühlbedingungen (z.B. durch thermische Reihenschaltung bei luftgekühlten Anwendungen);

- der AC-Impedanz (Kabellänge und -lage) oder
- der DC-Impedanz (Zwischenkreisanbindung).

Die Symmetrierung wird um so schwieriger, je größer die Module und Aufbauten werden. Größere Leistung und räumliche Ausdehnung sorgt für

- Unsymmetrien im Strompfad
- für größere und vor allem auch ungleiche parasitäre Elemente (Streuinduktivitäten)
- zu größeren Störfeldern
- steileren Strom und Spannungsflanken (vor allem di/dt) und
- zu unterschiedlichen Temperaturen der Halbleiterbauelemente.

Deshalb ist bei der praktischen Parallelschaltung von Modulen große Sorgfalt in der Konstruktion und bei der Optimierung der Symmetrieverhältnisse notwendig.

	statische Symmetrie	**dynamische Symmetrie**
Halbleiter		
Durchlassspannung $V_{CEsat} = f(i_C, V_{GE}, T_j)$; $V_F = f(i_F, T_j)$;	x	
Transferkennlinie $I_C = f(V_{GE}, T_j)\ g_{fs}$; $V_{GE(th)}$		x
Strompfad		
Impedanz des Ausgangsstromkreises	(x)	x
Streuinduktivität des Kommutierungskreises L_s(modulintern + modulextern)		x
Zwischenkreisspannung $V_{out} = f(V_{CC})$	(x)	
Ansteuerkreis		
Ausgangsimpedanz-Treiber (einschließlich Gate-Vorwiderstände)		x
Gatespannungsverlauf $i_C = f(V_{GE}(t))$		x
vom Emitterstrom durchflossene Induktivität im Ansteuerkreis L_E		x

Tabelle 5.8.1 Wesentliche Einflussfaktoren auf die Stromaufteilung zwischen parallelen Modulen; (x) = quasi statisch

Statische Stromaufteilung: Einfluss der Durchlassspannung

Im eingeschalteten, stationären Durchlasszustand stellt sich über den parallelgeschalteten Bauelementen dieselbe Durchlassspannung ein. Die Stromaufteilung richtet sich nach den Toleranzen in den Ausgangskennlinien. Bild 5.8.1 zeigt die Aufteilung des Gesamtlaststromes auf zwei parallelgeschaltete IGBT mit unterschiedlichen Ausgangskennlinien.

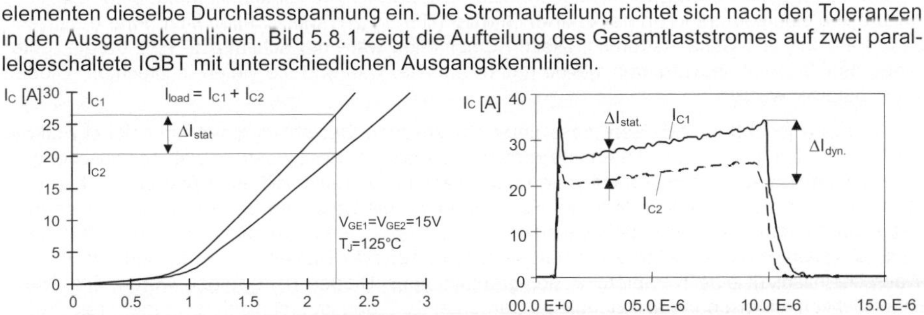

Bild 5.8.1 Stationäre Stromaufteilung in zwei parallelgeschalteten IGBT mit unterschiedlichen Ausgangskennlinien

Der Transistor mit der niedrigeren Durchlassspannung führt zunächst den größeren Teil des Gesamtstromes und wird dadurch mit höheren Leitverlusten beansprucht, wodurch die Sperrschichttemperatur schneller ansteigt. An dieser Stelle spielt der Temperaturkoeffizient (TK) der Sättigungsspannung eine entscheidende Rolle. Ist der TK positiv, d.h. steigt die Sättigungsspannung mit steigender Temperatur, verschiebt sich die Stromaufteilung in Richtung des Transistors mit dem zunächst niedrigeren Stromanteil. Im Ergebnis stellt sich ein Gleichgewicht (Idealfall) der Stromaufteilung zwischen den parallelgeschalteten Transistoren ein. Leistungshalbleiter mit positiven TK der Durchlassspannung sind daher sehr gut für die Parallelschaltung geeignet. Mit wenigen Ausnahmen weisen alle heutigen IGBT-Technologien (NPT, SPT, Trench) oberhalb von ca. 10...15% des Nennstrombereichs einen positiven TK auf. Gleiches gilt für den R_{DSon} von MOSFET, der grundsätzlich einen hohen positiven TK hat.

Im Gegensatz dazu haben Freilaufdioden über nahezu den gesamten Bereich bis zum Nennstrom einen negativen TK (Bild 5.8.2). Ein stark negativer Temperaturkoeffizient (> 2 mV/K) führt zur Gefahr thermischer Überlastung bei Parallelschaltung von Dioden, da diese herstellungsbedingt eine gewisse Streubreite in ihrer Durchlassspannung aufweisen. Es ist darauf zu achten, dass die Streuung in der Durchlassspannung möglichst gering ist. Bei breiter Streuung kann eine Selektierung notwendig sein. Für die Parallelschaltung ist keine Beschaltung erforderlich.

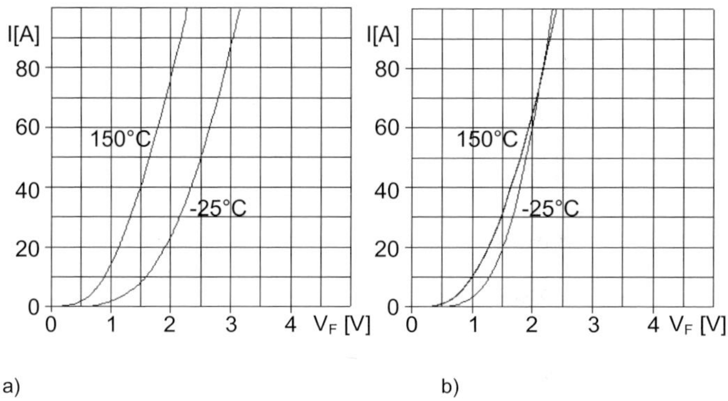

Bild 5.8.2 Temperaturabhängigkeit der Durchlassspannung für Dioden unterschiedlicher Bauart
a) stark negativer Temperaturkoeffizient; b) positiver Temperaturkoeffizient ab Nennstrom (75 A)

Leistungshalbleiter besitzen von ihren Datenblattparametern eine relativ große Streubreite in der Durchlasscharakteristik. Bezogen auf diese Werte ergäbe sich für die Parallelschaltung eines Bauelementes an der unteren Spezifikationsgrenze (LSL lower Specification limit) mit einer größeren Anzahl von Bauelementen an der oberen Grenze (USL upper specification limit) eine drastische Beschränkung des Gesamtstromes. Diese Kombination wäre der schlimmste Fall, da die „gute" Diode den Großteil des Stromes alleine führen müsste, während die vielen „schlechten" Dioden kaum belastet würden.

Es lässt sich jedoch nachweisen, dass unter statistischen Gesichtspunkten ein solcher Fall nie eintreten wird [61]. Je größer die Anzahl paralleler Bauelemente ist, desto unwahrscheinlicher wird die Kombination eines Bauelementes von der unteren Prüfgrenze mit einer Anzahl von n-1 Bauelementen von der oberen Prüfgrenze. Kombinationen mit typischen Bauelementen entschärfen das Problem und entlasten das Bauelement mit der niedrigeren Durchlassspannung. Bild 5.8.3 zeigt beispielhaft die statistische V_F-Verteilung von 125.000 Dioden-Chips (a) und mit welcher Wahrscheinlichkeit eine Kombination der grenzwertigen Dioden (b) erfolgen würde. Die Wahrscheinlichkeit sinkt schon bei 4 Bauelementen unter 10^{-20} und ist technisch nicht mehr relevant.

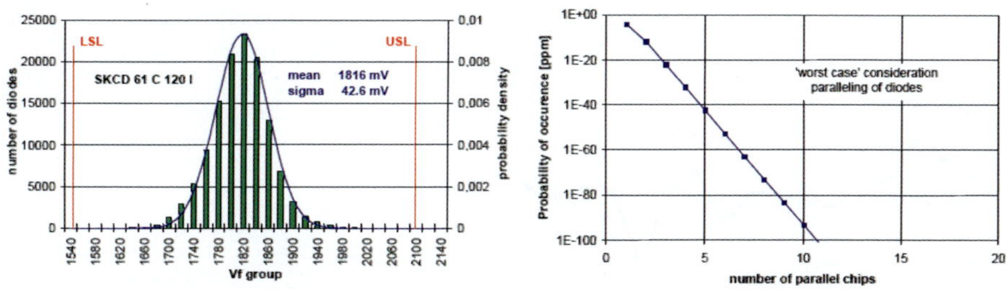

a) b)

Bild 5.8.3 a) Statistische Verteilung der Diodenspannung Vf @ 50 A von 125.000 Diodenchips; b) Wahrscheinlichkeit dass bei einer Anzahl n paralleler Chips 1-mal LSL mit (n-1)-mal USL-chips kombiniert werden

Damit ist die Parallelschaltung kein reines technisches Problem mehr, sondern ein statistisches und kommerzielles Problem mit der Frage „Welche Fehlerwahrscheinlichkeit ist noch akzeptabel?". Unter der Annahme einer akzeptablen Wahrscheinlichkeit von 1:1 Mio (1 ppm) lassen sich V_F Grenzen nach dem Motto berechnen: Welche Diodenkombinationen von 1-mal vom unteren und (n-1)-mal vom oberen V_F-Spektrum treten mit der Wahrscheinlichkeit von 1 ppm auf? Während für 2 Dioden mit obiger Verteilung die Streubreite noch 270 mV beträgt sind es für 5 Dioden nur noch 130 mV (Bild 5.8.4a). Mit dieser Aussage kann ebenfalls berechnet werden, dass zur Berücksichtigung der Maximalbelastung durch die vom Halbleiter verursachte statische Stromunsymmetrie eine Stromreduzierung von 10% ausreichend ist (rote Kurve im Bild 5.8.4b). Ausgehend vom Maximalstrom, den eine Einzeldiode vom USL leiten kann, sind bei einer größeren Anzahl von parallelen Dioden sogar größere Ströme möglich, da sich die Durchlassspannung der Dioden immer mehr dem statistischen Mittelwert annähern wird.

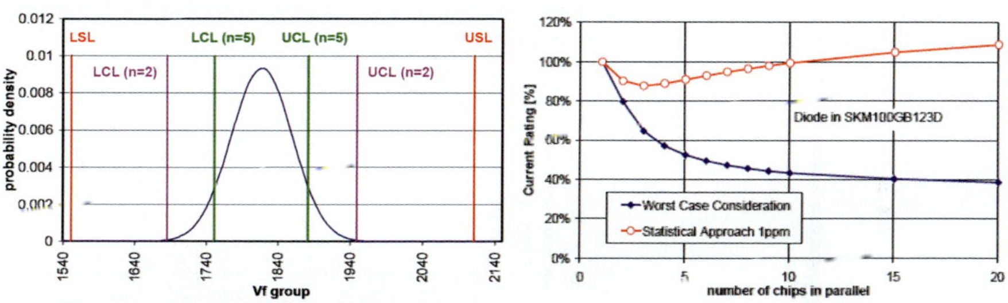

a) b)

Bild 5.8.4 a) Auftreten von Diodenkombinationen eines Exemplars von der untere Rechengrenze (LCL) mit n-1 Exemplaren von der obere Rechengrenze (UCL) mit einer Wahrscheinlichkeit von 1 ppm; b) Vergleich von möglicher Stromausnutzung unter „Worst case"-Betrachtung mit oberer und unter Spezifikationsgrenze (USL/LSL) zu Stromauslastung unter statistischen Gesichtspunkten

Dynamische Stromaufteilung 1: Kapazitäten und Transfer Charakteristik

In einem Parallelschaltungstest wurde der Einfluss der Halbleiterkapazitäten untersucht. Die Streuung ist in Bild 5.8.5a für eine willkürliche Auswahl von Bauelementen zu sehen. Statistische Verteilungen aus Produktionstests existieren nicht. Die maximale Abweichung beträgt +/- 5%. Unterschiede im Schaltverhalten der parallelen Bauelemente konnten nicht festgestellt werden. Deshalb wurde in einem weiteren Versuch eine Kapazität von 4,7 nF extern zwischen Gate und Emitter eines der parallelen IGBT geschaltet (=C_{GE} + 20%). Trotzdem waren nur minimale Unterschiede zu messen. Dies lässt den Rückschluss zu, dass Unterschiede in den Kleinsignalkapazitäten auf die Stromsymmetrie beim Schalten nur einen untergeordneten Einfluss haben.

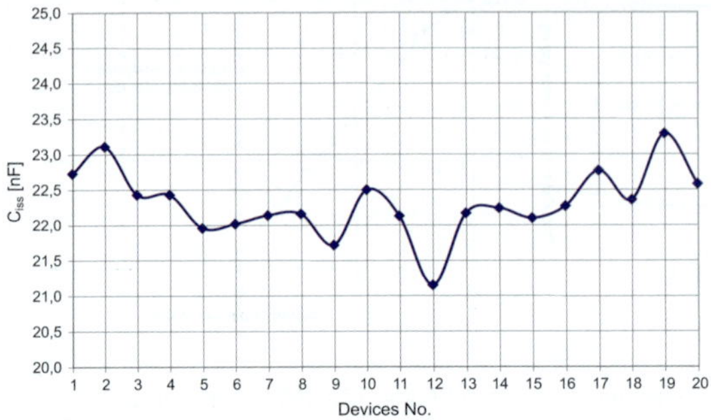

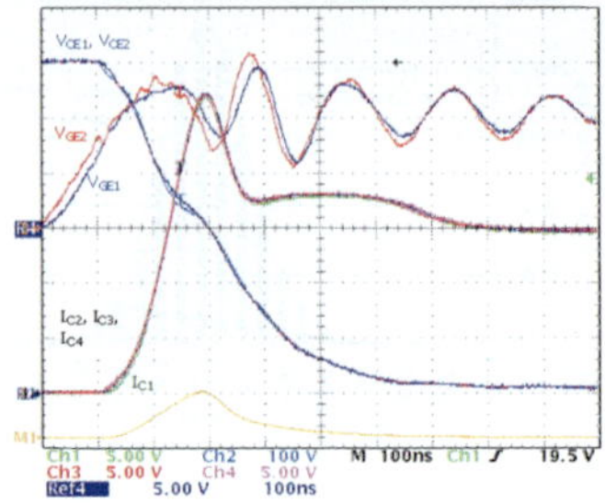

a) b)

Bild 5.8.5 a) Gemessene Streuung der Eingangskapazität C_{ies} einer Auswahl von 450 A IGBT-Modulen; b) Schaltversuch mit 4 parallelen Modulen (Einschalten) mit einer zusätzlichen 4,7 nF externen Kapazität zwischen Gate-Emitter am Modul

Unterschiede in der Transfer-Charakteristik führen dagegen zu dynamischen Unsymmetrien im Schaltaugenblick und somit zu unterschiedlichen Schaltverlusten. IGBT heutiger Generationen weisen nur relativ geringe Streuungen in der Transfercharakteristik auf (Bild 5.8.6). Bei harter Parallelschaltung der Gates und der dann gemeinsamen Gate-Spannung führen verbleibende Unterschiede dazu, dass der IGBT mit der steileren Transfer-Charakteristik während der Millerphase den größeren Strom übernimmt und damit die höheren Schaltverluste hat. Die Schwellspannung $V_{GE(th)}$ besitzt einen negativen Temperaturkoeffizient TK, während die Steigung der Kennlinie g_{fs} einen positiven TK besitzt. Abhängig vom Arbeitspunkt kann es also zu einem Mitkopplungs- oder Gegenkopplungseffekt mit der Sperrschichttemperatur kommen. Entscheidend für die Stromunsymmetrie während des Schaltens ist die Plateauspannung $V_{GE(pl)}$ die sich während des Schaltvorganges als horizontale Linie der Gatespannung einstellt.

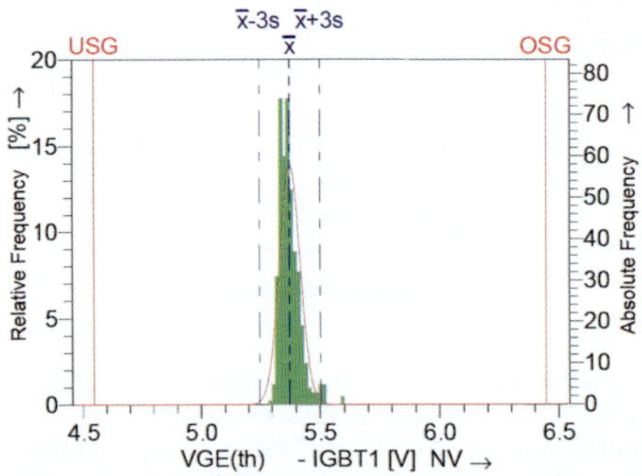

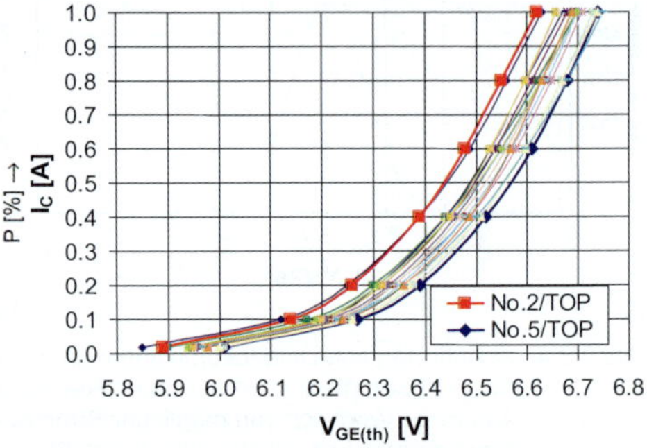

a) b)

Bild 5.8.6 a) Verteilung der Schwellspannung von 800 Chips (@ 4 mA, 25°C) mit den Spezifikationsgrenzen (USG und OSG); b) Messung der Transferkennlinie verschiedener Module im Bereich der Schwellspannung zur Auswahl von Extrempaaren für Parallelschaltversuche

In einem Schaltversuch [62] mit 6 parallelen SEMIX-Modulen wurde der Einfluss der unterschiedlichen Transferkennlinien untersucht. Dazu sind die beiden Bauelemente mit der größten Streuung der Plateauspannung an den Außenseiten des Aufbaus platziert worden (Bild 5.8.7: Pos. 1 + Pos. 6; $V_{GE(pl)}$ +/- 100 mV) und in der Mitte eher typische Bauelemente (Pos. 2-5). Die Ansteuerung erfolgt durch einen gemeinsamen Treiber, im Bild rechts im Vordergrund. Alle IGBT-Module sind durch eigene Gate- und Hilfsemitterwiderstände dynamisch entkoppelt, wie im folgenden Abschnitt unter Maßnahmen erläutert. Dadurch können sich an den Modulen die Werte für $V_{GE(pl)}$

relativ unabhängig voneinander einstellen. Für diesen Versuch ist der AC-Anschluss symmetrisch, zentral zwischen Modul 3 und 4 (grüner Pfeil) und mittig unter dem Aufbau zum DC-Kreis zurückgeführt. Im Vergleich dazu soll im folgenden Abschnitt der Einfluss einer asymmetrischen AC-Kabelanbindung untersucht werden.

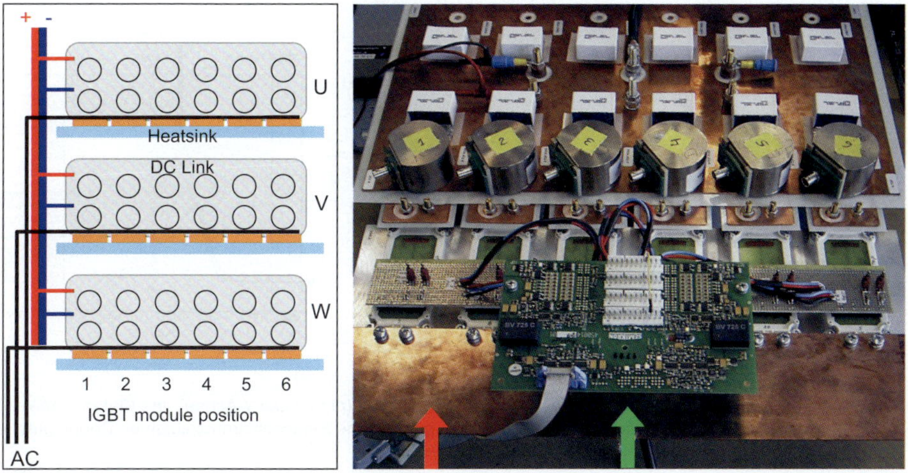

a) b)

Bild 5.8.7 a) Skizze eines Umrichteraufbaus mit 6 parallelen Modulen je Phase und unsymmetrischer AC-Anbindung; b) Testaufbau mit 6x 450 A SEMiX-Modulen (im Vordergrund Treibereinheit, im Hintergrund Zwischenkreis mit Pearson Wandlern zur Strommessung und Snubber-Kondensatoren)

Im Schaltversuch werden die gemessenen Spitzenströme beim Einschalten als ein Maß für die prozentualen Unterschiede in den Einschaltverlusten verglichen. Theoretisch müssten die IGBT in Mittelposition den höchsten Strom führen, da sie die niedrigste Impedanz zum AC-Knotenpunkt (grüner Pfeil) aufweisen. Dennoch hat das Bauelement in Position 1 mit der niedrigsten Plateauspannung den höchsten Strom. Die maximale Abweichung beträgt +10%-12% vom Mittelwert. Eine ähnliche Belastung entsteht auch beim Ausschalten, das Bauelement mit der niedrigsten Plateauspannung schaltet als letztes und übernimmt von den anderen Bauelementen den Strom. Dadurch sind auch hier für dieses Bauelement die Schaltverluste am höchsten.

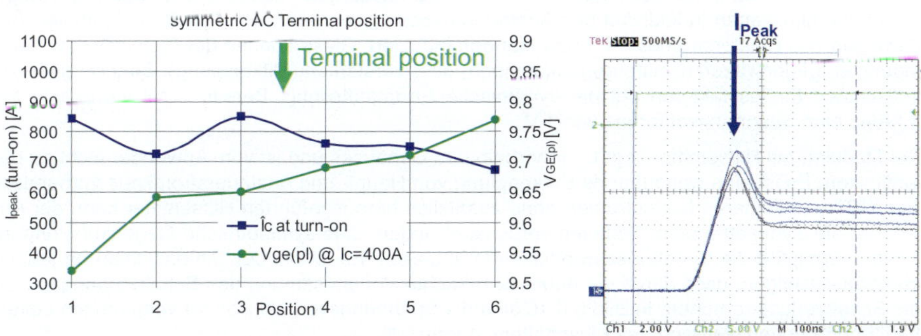

a) b)

Bild 5.8.8 a) Stromspitzen bei symmetrischem AC-Anschluss (blau, linke Y-Achse) und Plateauspannung der Module (grün, rechte Y Achse); b) gemessene Einschaltstromspitzen im Doppelpuls mit induktiver Last und 400 A je Modul (200 A/Div)

Dynamische Stromaufteilung 2: Schleifen- bzw. Zweigimpedanz

Der bereits oben erwähnte Versuch zur Untersuchung der Einflüsse der Plateauspannung wurde dahingehend geändert, dass die AC-Anbindung nun unsymmetrisch, seitlich angebracht wurde (Bild 5.8.7 roter Pfeil). Der restliche Aufbau blieb gleich.

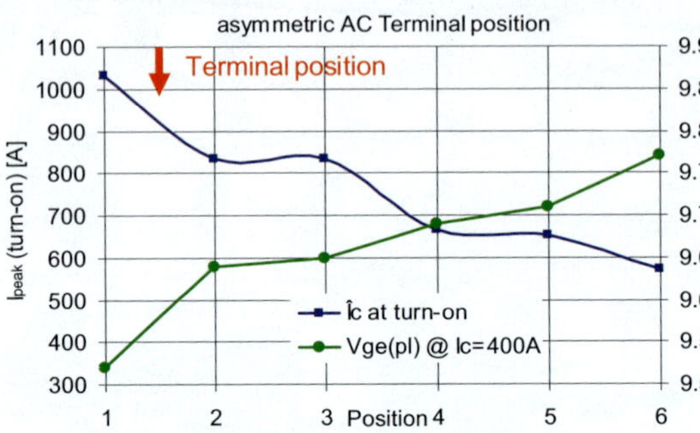

a)

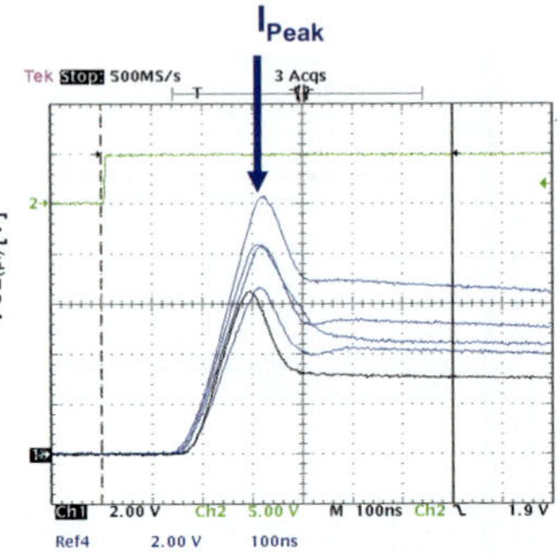

b)

Bild 5.8.9 a) Stromspitzen bei unsymmetrischem AC-Anschluss (blau, linke Y-Achse) und Plateauspannung der Module (grün, rechte Y-Achse); b) gemessene Einschaltstromspitzen im Doppelpuls mit induktiver Last und 400 A je Modul (200 A/Div)

Die Unterschiede in den Einschaltstromspitzen nehmen stark zu. Die Abweichungen vom Mittelwert beträgt +34% / - 24%. Sie ist damit 3 mal so hoch wie durch die unterschiedlichen Transferkennlinien begründet. Der Einfluss der Anschlussposition dominiert. Das Problem für den Anwender ist, dass auch ein mittig angeschlossenes Kabel, welches aber vor den Modulen seitlich weggeführt wird, den gleichen Effekt hat, wie ein seitlich angeschlossenes Kabel. Einem mittigen Wegführen der Kabel steht oft der Wartungs- und Servicegedanke entgegen. Unterschiede in der Zweigimpedanz führen auch quasistatisch zu unterschiedlichen Ausgangströmen der Umrichterzweige.

Dynamische Stromaufteilung 3: Impedanz des Ansteuerkreises

Vorhandene Abweichungen führen zu unterschiedlichen Schaltzeitpunkten und liefern damit einen Anteil an einer ungleichmäßigen Schaltverlustaufteilung. Die Schleifeninduktivität des Ansteuerkreises kann zusammen mit den Transistoreingangskapazitäten Schwingungen generieren, die sich auch zwischen parallelgeschalteten Transistoren ausbreiten können. Über der vom Hauptstrom durchflossenen Induktivität des Ansteuerkreises L_{E1} werden beim Schalten (schnellen Änderungen des Emitterstromes ~ I_C) Spannungen induziert. Diese können der Gateauf- bzw. -entladung entgegenwirken (Emittergegenkopplung) oder verstärken (Mitkopplung). Dies ist einer der kritischsten Einflussfaktoren auf die dynamische Stromaufteilung. Bereits 1 nH verursacht bei 1 kA/µs eine Spannungsdifferenz von 1 V.

Bei Modulen mit Hilfsemitter liegt L_{E1} innerhalb des Gehäuses und ist vom Anwender nicht zu beeinflussen. Es ist eine weitgehende Entkopplung von Haupt- und Ansteuerstromkreis vorhanden. Bei IGBT mit kleineren Nennströmen ohne zusätzlich herausgeführten Hilfsemitter kann der Anwender die Symmetrie beim Schalten verbessern, indem eine symmetrische Gegenkopplung im Emitterstrompfad die Schaltgeschwindigkeiten angleicht. Es ist bei der Dimensionierung jedoch zu berücksichtigen, dass durch die damit verursachte Verlangsamung des Schaltvorganges sich die Schaltverluste erhöhen. In Bild 5.8.10 sind die Spannungsverhältnisse für verschieden Leiterbahnanordnungen während des Einschaltens dargestellt.

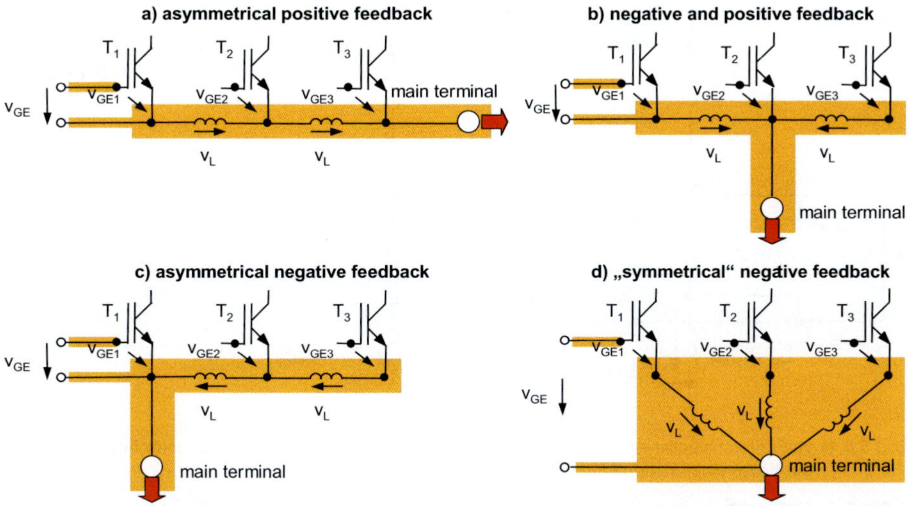

Bild 5.8.10 Beispiele für Mit- und Gegenkopplung des Hauptstroms im Ansteuerkreis

Im Beispiel a) ergibt sich eine unterschiedlich starke Mitkopplung, der Transistor T_3 wird demnach **schneller** einschalten als $T_1 \cdot v_{GE3} = v_{GE} + 2 \cdot v_L > v_{GE1} = v_{GE}$. Im Beispiel b) hat T_2 eine Mitkopplung und T_3 eine Gegenkopplung $v_{GE2} = v_{GE} + v_L > v_{GE1} = v_{GE} > v_{GE3} = v_{GE} - v_L$. Im Beispiel c) ergibt sich eine unterschiedlich starke Gegenkopplung, der Transistor T_3 wird demnach **langsamer** einschalten als $T_1 \cdot v_{GE3} = v_{GE} - 2 \cdot v_L < v_{GE1} = v_{GE}$. Im Beispiel d) haben alle Transistoren eine etwa gleich große Gegenkopplung $v_{GE1} = v_{GE2} = v_{GE3} = v_{GE} - v_L$, sie werden weitestgehend **synchron** schalten.

Dynamische Stromaufteilung 4: Kommutierungsinduktivität

Wie in Kap. 5.4 (Leistungslayout) erläutert wird, beeinflusst die Induktivität L_s des Kommutierungskreises die Einschaltverluste (wirkt entlastend) und Ausschaltverluste (generiert Schaltüberspannung) der Leistungshalbleiter. Der Kommutierungskreis umfasst im wesentlichen die Induktivitäten zwischen den Halbleitern und den Zwischenkreiskondensatoren. Weisen parallelgeschaltete Kommutierungskreise unterschiedliche Schleifeninduktivitäten auf, kommt es bei schnellen Halbleiterschaltern zu unterschiedlichen Schaltgeschwindigkeiten und damit zu dynamischen Unsymmetrien mit wesentlich größerer Auswirkung als die Parameterstreuung der Halbleiter. Schon geringfügig unterschiedliche Werte bei dieser Induktivität führen zu stark ungleichmäßigen Schaltverlustaufteilungen und Oszillationen zwischen den Halbleitern. Deshalb ist ein streng symmetrischer Aufbau zwingend notwendig (gleiche Längen aber auch gleiche umspannte Flächen der Strompfade).

Unterschiedliche Schaltgeschwindigkeiten verursachen Kreisströme in der Leiterschleifen von kurzgeschlossenem Hilfsemitter und Hauptemitter. Sie führen zum Verriss des Emitterpotentials einzelner Schalter und können u.U. den dünnen Hilfsemitteranschluss überlasten.

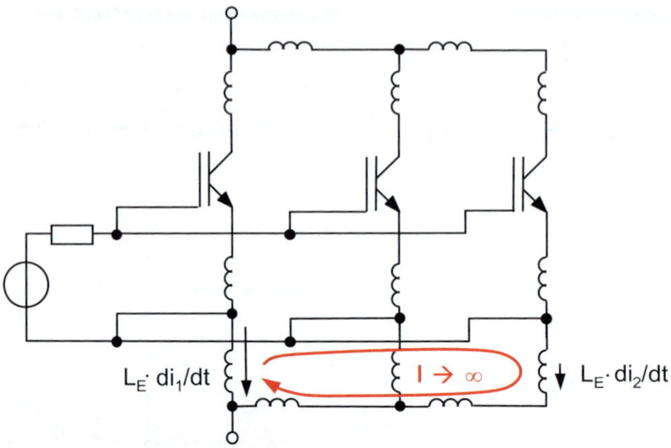

Bild 5.8.11 von unterschiedlichen Kommutierungsinduktivitäten verursachtes unterschiedliches di/dt mit der Folge eines hohen induzierten Schleifenstroms

5.8.1.2 Maßnahmen zur Verbesserung der Stromsymmetrie

Aus Kap. 5.8.1.1 lassen sich folgende Hinweise für die Ansteuerung und das Layout bei der Parallelschaltung von IGBT und MOSFET ableiten:

Ansteuerung

Das Bild 5.8.12 zeigt einen Vorschlag für die Gestaltung der Ansteuerung bei der Parallelschaltung von IGBT. Die Ansteuerung erfolgt aus einer gemeinsamen Treiberstufe. Gleiche Längen von paarweise verdrillten Drähten bzw. gleich lange Leiterzüge auf Leiterplatten und eng tolerierte Gatewiderstände (1%) sind notwendig.

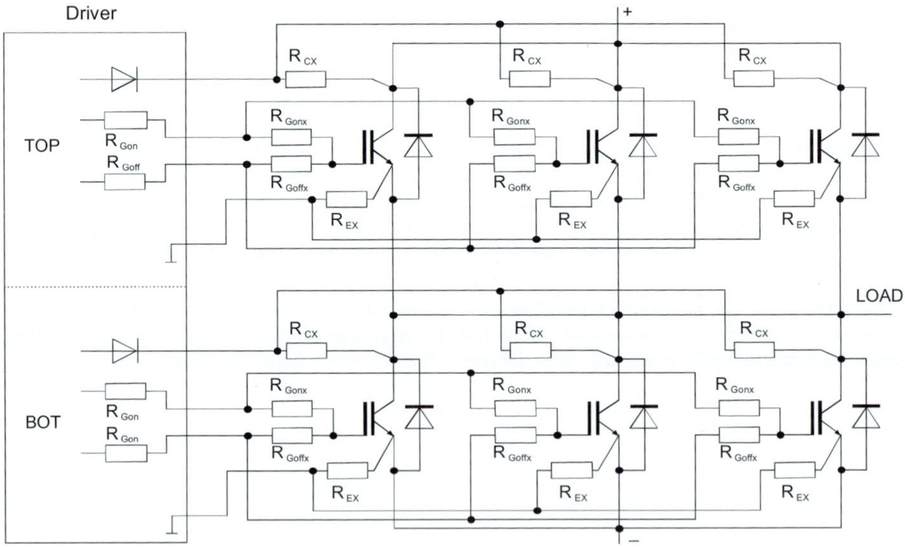

Bild 5.8.12 Parallelschaltung von IGBT-Modulen

Neben den gemeinsamen Gate-Vorwiderständen R_{Gon} und R_{Goff} auf der Treiberstufe dient die Einzelbeschaltung je Transistor/Modul mit den Widerständen R_{Gonx} und R_{Goffx} der Dämpfung von parasitären Schwingungen zwischen den Gate-Emitter-Kreisen. Vor allem reduzieren sie aber die Wirkung unterschiedlicher Steilheiten in der Transfer-Charakteristik. Durch die individuellen Gatewiderstände können sich im Schaltaugenblick unterschiedliche Plateauspannungen einstellen (Bild 5.8.13). Dadurch schaltet ein Bauelement mit einer flacheren Transferkennlinie nur um die kurze Zeit Δt_1 verzögert ein. Bei einem hart geklemmten Gate müsste das Bauelement mit der niedrigeren $V_{GE(pl)}$ erst vollständig einschalten bis V_{GE} soweit ansteigen kann, dass auch das Bauelement mit der höheren Plateauspannung einschalten kann (Δt_2).

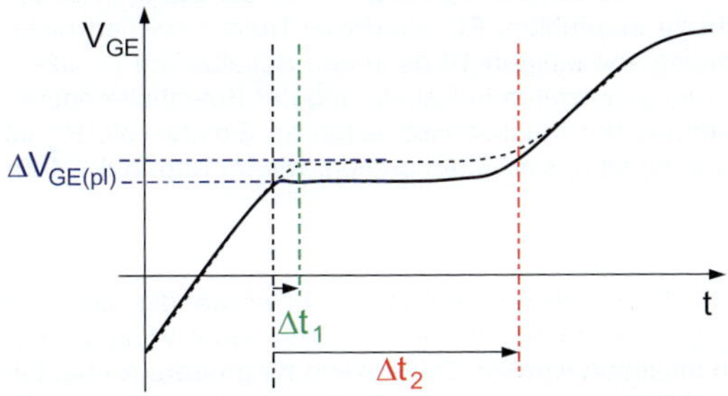

Bild 5.8.13 Gatespannungsverlauf bei parallelen Bauelementen mit individuellen Gatevorwiderständen

Die Widerstände R_{Gonx} und R_{Goffx} sollten mindestens 50% des Gatewiderstandes ausmachen. Die Widerstände R_{Ex} unterdrücken Kreisströme über die Hilfsemitter. Sie sind mit ca. 0,5 Ω zu dimensionieren. Der Spannungsabfall über den Widerständen wirkt unterschiedlich steilen Stromflanken entgegen (Bild 5.8.14). Eine höhere induzierte Spannung (schwarz) über der Emitterinduktivität des schnellen IGBT sorgt für einen Kreisstrom über die Hilfs- und Hauptemitter-Verbindung. Der Spannungsabfall V_{Rex1} (grün) sorgt beim Einschalten für eine Verringerung der Gatespannung am schnellen IGBT $v_{GE1}=v_{GE}-v_{Rex1}$. Am langsamen IGBT wird die Gatespannung (blau) erhöht $v_{GE2}=v_{GE}+v_{Rex2}$. Dadurch gleichen sich die Schaltgeschwindigkeiten beider IGBT an. Diese Maßnahme symmetriert nur die Flanken aber nicht das Auseinanderlaufen der Ströme während der Plateauphase.

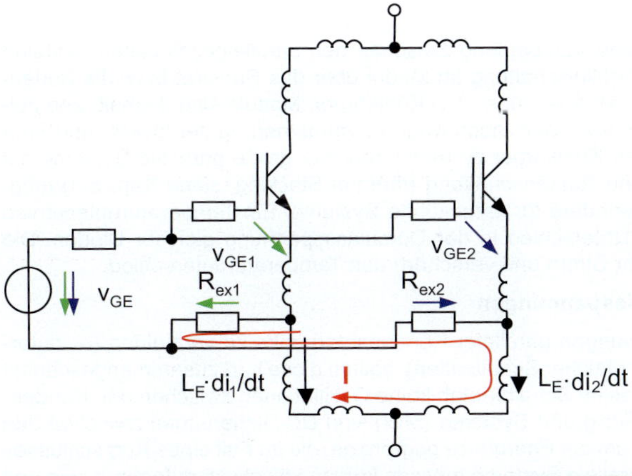

Bild 5.8.14 symmetrierende Wirkung des R_{ex}; Spannungsabfall über der Emitterinduktivität L_E verursacht Schleifenstrom

Der wirksame Gesamt-Gatewiderstand des Einzelschalters berechnet sich dann z.B. für das Einschalten mit:

$$R_G = n \cdot R_{Gon} + R_{Gonx} + R_{Gint} + R_{ex}$$

n: Anzahl paralleler Bauelemente; R_{Gint}: interner Gatewiderstand

Die Widerstände R_{Cx} dienen der Mittelung eines V_{CE}-Ist-Wertes für den Fall, dass der Überstrom- und Kurzschlussschutz auf der Basis einer V_{CEsat}-Auswertung erfolgt. Sie sind mit ca. 47 Ω zu dimensionieren. Oft ist aber auch die Messung an einem Schalter ausreichend.

Eine Ansteuerung von parallelgeschalteten Transistoren aus separaten Treiberschaltungen ist wegen unterschiedlicher Signallaufzeiten nicht zu empfehlen. Ein jitterfreier Treiber existiert nicht, da bereits Endstufentransistoren eine Streuung von einigen 10 ns in den Schaltzeiten besitzen. Hierzu kommen noch Unterschiede in den Signallaufzeiten in Kabeln und der Potentialtrennung. Vorteil einer solchen Lösung ist die Auftrennung der Induktionsschleifen am Emitter, ein R_{ex} ist nicht mehr nötig. Sollte dies dennoch notwendig sein, sind Maßnahmen, wie im Kap. 5.8.1.4 für SKiiP beschrieben, vorzusehen.

Modulauswahl

Eine Selektierung der Module ist aus Sicht der Halbleiterparameter nicht notwendig. Da aber immer mehrere Einflussfaktoren die Stromsymmetrie beeinflussen und sich deren Wirkung aufaddiert, sollte jeder einzelne Faktor für sich minimiert werden. Daher kann für größere Aufbauten doch eine Selektierung in Bezug auf die Durchlassspannung der Freilaufdioden sinnvoll sein, z.B. durch Sondertypen mit speziell selektierten Dioden mit einer V_F-Streuung von 150...200 mV.

Schaltungslayout

Alle Leistungs- und Ansteuerkreise innerhalb der Parallelschaltung sind mit minimaler parasitärer Schleifeninduktivität sowie streng symmetrischer Leitungsführung zu gestalten. Die Forderung nach Symmetrie gilt nicht nur für die gleiche Länge der Verbindung zum gemeinsamen AC-Knotenpunkt (Zweigimpedanz) sondern auch für den Strompfad vom Halbleiter zu den Zwischenkreiskondensatoren (Kommutierungsinduktivität). Kleine Kondensatoren mit gleicher Anzahl je Modul und gleichen Abständen vom Modul- zum Kondensatoranschluss sind dafür notwendig. Die Emitterinduktivitäten sind klein zu halten, da sie beim Schalten für einen Potentialverriss der Treiberspannungen sorgen.

Kühlbedingungen

In jedem Fall ist eine gute thermische Verkopplung zwischen den parallelgeschalteten Modulen wichtig. Die Kopplung erfolgt bei Parallelschaltung im Modul über das Substrat bzw. die Bodenplatte und bei Parallelschaltung von Modulen über den Kühlkörper. Module sind deshalb eng beieinander liegend und thermisch gut gekoppelt (auch wegen Symmetrierung der Invers- und Freilaufdioden) auf einem gemeinsamen Kühlkörper zu montieren. Für große parallele Systeme mit mehreren Kühlkörpern ist thermische Reihenschaltung (thermal Stacking, siehe Kap. 5.3) möglichst zu vermeiden, dies gilt insbesondere für luftgekühlte Systeme. Ein Temperaturunterschied von 10°C bedeutet bis zu 20 mV Unterschied in der Durchlassspannung gleicher Dioden. Die heißere Diode übernimmt noch mehr Strom und verschärft den Temperaturunterschied.

Symmetrierung der Zwischenkreisspannungen

Um Unterschiede in den DC-Spannungen paralleler Kondensatorbänke zu vermeiden (→ unterschiedliche Ausgangspannung trotz gleicher Schaltzeiten), sollten diese hart zusammengeschaltet werden. Es ist darauf zu achten, dass im Schaltbetrieb keine Oszillationen zwischen den Kondensatorbänken auftreten (LC-Kreis). Für große Systeme (MW) sind DC-Sicherungen zwischen den Kondensatorbänken zu empfehlen, um die Energie zu begrenzen, die im Fall eines Kurzschlusses in die Kurzschlussstelle abfließt. Parallele Systeme müssen konstruktiv gleich aufgebaut sein und den gleichen Typ und Kapazitätswert der Kondensatoren verwenden.

5.8.1.3 Derating

Selbst bei optimaler Modulauswahl, Ansteuerung und Layoutgestaltung ist keine ideale statische und dynamische Symmetrierung erreichbar. Deshalb ist bezüglich der Gesamtnennstrombelastung der Schalter eine Stromreduzierung (Derating) zu berücksichtigen. Aus den praktischen Erfahrungen in einer Vielzahl von Applikationen und den oben erläuterten Einflüssen von statischen und dynamischen Halbleiterparametern wird ein Derating von min. 10 % empfohlen. Ein Halbleiter der als Einzelbaustein 100 A führen kann, sollte also nur für einen Strom von 90 A in der Parallelschaltung ausgelegt werden. Bei unsymmetrischen Aufbauten können die Abweichungen in den Strömen der parallelen Bauelemente wesentlich höher ausfallen. Gegebenenfalls sind Symmetrierungsinduktivitäten notwendig (siehe folgenden Abschnitt für SKiiP).

5.8.1.4 Besonderheiten bei der Parallelschaltung von SKiiP

In Bezug auf Symmetrie, Kühlbedingungen und Derating gilt vorhergesagtes auch für SKiiP. Im Gegensatz dazu enthalten SKiiP Leistungshalbleiter und Ansteuerschaltungen in einem Gehäuse. Ein synchrones Schalten mit einem gemeinsamen Gatesignal kann durch die unterschiedlichen Signallaufzeiten der Treiber nicht mehr garantiert werden. Um SKiiP parallel schalten zu können, müssen auf der Ansteuerseite folgende Grundvoraussetzungen getroffen werden:

- synchrones Setzen der Schaltsignale inklusive externer Verriegelungszeit, gegebenenfalls gezieltes Verzögern der Schaltbefehle zur aktiven Stromsymmetrierung;
- gemeinsames Fehlermanagement für alle angeschlossenen Systeme mit einem gemeinsamen "Aus" Signal;
- getrennte Überwachung der Sensorsignale von Strom und Temperatur;
- gemeinsame Hilfsstromversorgung für alle angeschlossenen Systeme.

Der Anwender kann über das Leistungslayout (Induktivitäten, Kühlsystem) Einfluss auf die Symmetrieverhältnisse nehmen. Zusätzlich ist eine aktive Stromsymmetrierung über die Schaltsignale empfehlenswert. Um die parallelen SKiiP nicht thermisch zu überlasten, können die Auswirkungen der vorhandenen Unterschiede durch ausreichend große externe Induktivitäten zwischen den AC-Anschlüssen der parallelen SKiiP minimiert werden. Trotz aller Maßnahmen ist wegen der nicht zu vermeidenden Stromunsymmetrie eine Reduzierung der theoretisch möglichen Umrichterleistung zu empfehlen. Die oben erwähnten 10% sind ein Richtwert, der durch Auswertung der Stromsensorsignale zu überwachen ist.

Signallaufzeiten und Schaltgeschwindigkeiten

Mit Hilfe der externen Induktivität werden hier im Schaltmoment das Auseinanderlaufen der Ströme und extrem unterschiedliche Schaltverluste verhindert (Bild 5.8.15). Sobald einer der beiden IGBT schaltet liegt für einen Moment die Zwischenkreisspannung (Zeitraum t_1-t_2) über der Parallelverbindung an, bis auch der andere IGBT geschaltet hat. Die externe Induktivität verhindert das Kommutieren des gesamten Ausgangsstromes I_{out} in den „langsameren" SKiiP, außerdem auch Oszillationen zwischen den SKiiP. Beim Jitter der Treiber kann man über ein Periode der Ausgangsfrequenz von einer Gleichverteilung der Schaltzeitpunkte ausgehen. Damit ist wenigstens längerfristig kein Einfluss auf den Effektivwert des Ausgangsstromes zu befürchten. Kreisströme werden durch permanent verschobene Ansteuersignale oder Halbleiterschaltzeiten verursacht (Phasenverschiebung der Grundfrequenz der Ausgangsspannungen). Die Begrenzung erfolgt ebenfalls mit Hilfe der Induktivität. Zum Begrenzen des Auseinanderlaufens der Ströme auf beispielsweise 50 A beim max. Jitter von 125 ns (SKiiP3) und einer Zwischenkreisspannung von 1200 V wäre folgende Induktivität notwendig:

$$2 \cdot L_{min} = \frac{1200\,V \cdot 125\,ns}{50\,A} = 3\,\mu H,$$

d.h. je SKiiP ca. 1,5 µH.

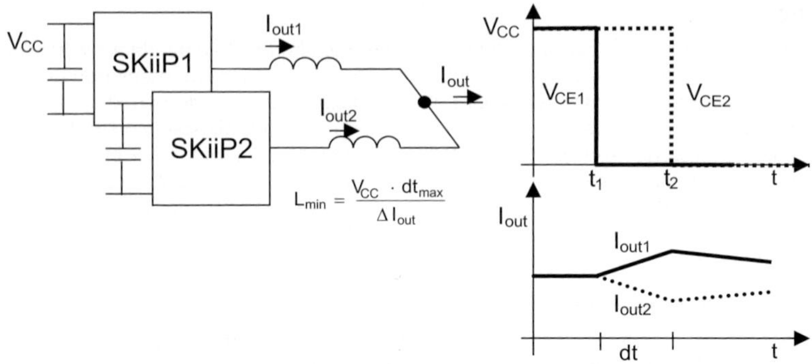

Bild 5.8.15 Dynamische Entkopplung parallelgeschalteter Einzelmodule durch Induktivitäten in den Lastanschlusspfaden

Zweigimpedanz und Durchlassspannung der Halbleiter

Unterschiede im Strom-Effektivwert werden hauptsächlich durch die Zweigimpedanz der Umrichterzweige verursacht. Bei gleicher Ausgangsspannung (Spannungszeitfläche) teilen sich die Ströme im umgekehrten Verhältnis der Zweigimpedanzen auf (Bild 5.8.16). Bei typischen Durchlasswiderständen der SKiiP-IGBT von 1 mΩ bedeuten 100 µΩ Unterschied in der Zweigimpedanz eine 10%ige Stromverschiebung. Alle in SKiiP eingesetzten IGBT haben einen positiven Temperaturkoeffizient der Durchlassspannung, wodurch über die Kopplung der Chiptemperatur Stromunsymmetrien „automatisch" begrenzt werden. Die verwendeten Dioden haben einen negativen Temperaturkoeffizient, werden aber besonders eng toleriert produziert, um die Stromunsymmetrie zu begrenzen. Für SKiiP3 und SKiiP4 ist keine Selektion in Durchlassspannungsgruppen notwendig. Vorhandene Stromunsymmetrien können durch eine Drossel im AC-Zweig (AC choke) und deren ohmsche Anteile (Drossel- und Kabelwiderstand) reduziert werden. Problematisch sind vor allem niederfrequente Anwendungen (< 5 Hz), da hier der induktive Anteil praktisch unwirksam ist.

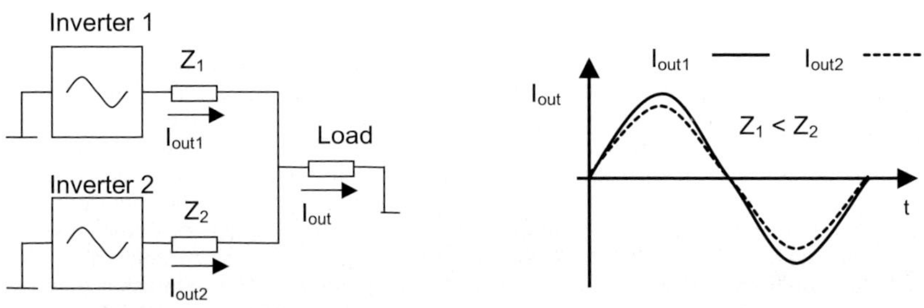

Bild 5.8.16 Abstrahiertes, einphasiges Schaltungsdiagramm von 2 parallelen Umrichterzweigen als Spannungsquelle mit Zweigimpedanz $Z_{1/2}$ und Strom-Unsymmetrie in Folge von Impedanzdifferenzen

5.8.2 Reihenschaltung

Eine direkte Reihenschaltung von Leistungshalbleitern ohne Avalanchefestigkeit ist eher selten. Aufgrund der
- zusätzlichen Verluste wegen der n-fachen Diffusionsspannung (Durchlassspannung);
- Verluste im Parallelwiderstand;
- der erhöhten Ladung, die vom Transistor beim Schalten übernommen werden muss;
- des Aufwandes an Bauelementen für die Beschaltung

ist die Reihenschaltung von Leistungshalbleitern im allgemeinen nicht üblich, wenn ein auf die höhere Spannung spezifiziertes Bauelement verfügbar ist. Eine Ausnahme kann sein, wenn die Durchlassverluste nur eine geringe Rolle spielen und man auf die kurze Schaltzeit und niedrigere Schaltverluste von Halbleitern der niedrigeren Spannungsklasse angewiesen ist. Wesentlich gebräuchlicher sind Schaltungen, die für sich gesehen jede auf einem Spannungsniveau betrieben werden, das für den Einzelhalbleiter unkritisch ist. Beispiele sind Multilevel Inverter mit geklemmten Zwischenkreisspannungen (Clamping diodes), Kondensatoren mit schwebenden Potentialen (Flying capacitors) oder mit kaskadierten Einzelumrichtern (Cascaded Inverter). Diese können unter Beachtung der Luft- und Kriechstrecken und der Isolationsfestigkeit gegenüber Erde wie Einzelschalter ohne Reihenschaltung betrachtet werden.

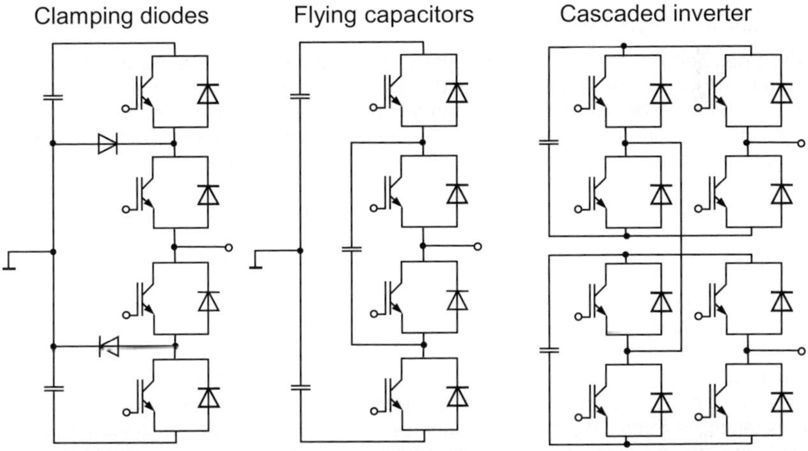

Bild 5.8.17 Beispiele für Reihenschaltungen von IGBT ohne kritische Spannungsaufteilung

5.8.2.1 Probleme der Spannungssymmetrierung

Um die Sperrspannung leistungselektronischer Schalter zu erhöhen, können IGBT-Module in Reihe geschaltet werden. Beim Einsatz von Modulen betrifft die Reihenschaltung sowohl die Transistoren als auch die dazugehörigen Inversdioden bzw. Freilaufdioden.

Eine maximale Spannungsausnutzung des durch Reihenschaltung entstehenden Schalters wird nur bei idealer statischer (d.h. im Sperrbetrieb) und dynamischer (d.h. im Schaltaugenblick) Spannungssymmetrierung der Einzelmodule erreicht. Deshalb ist für die praktische Realisierung der Reihenschaltung die Optimierung der Symmetrieverhältnisse von großer Bedeutung.

	statische Symmetrie	dynamische Symmetrie
Halbleiter		
Sperrstrom $i_{CES} = f(V_{CE}, T_j)$	x	
Transferkennline $I_C = f(V_{GE}, T_j)\ g_{fs}; V_{GE(th)}$		x
Strompfad		
Gesamtschleifeninduktivität (modulintern + modulextern)		x
Ansteuerkreis		
Ausgangsimpedanz Treiber (einschließlich Gate-Vorwiderstände)		x
Gatespannungsverlauf $V_{CE} = f(V_{GE}(t), T_j)$		x
vom Emitterstrom durchflossene Induktivität im Ansteuerkreis L_E		x

Tabelle 5.8.2 wesentliche Einflussfaktoren auf die Spannungssymmetrie von IGBT in Reihenschaltung

Ursache für statische Unsymmetrie

Im stationären Sperrzustand werden die Symmetrieverhältnisse von den Sperrkennlinien der in Reihe geschalteten Halbleiter bestimmt. Je höher der Sperrstrom bzw. je niedriger der Sperrwiderstand ist, um so geringer ist der von ihm aufgenommene Spannungsanteil in der Reihenschaltung. Der Sperrstrom steigt exponentiell mit steigender Temperatur. Im statischen Fall wirken sich herstellungsbedingte Streuungen im Sperrstrom so aus, dass die Bauelemente mit niedrigem Sperrstrom im Abbruch belastet werden. Sofern man sich auf die Avalanche-Festigkeit der Bauelemente verlassen kann, ist keine Beschaltung mit einem Widerstand erforderlich. Bei Serienschaltung von Bauelementen mit > 1200 V Sperrvermögen ist jedoch ein Parallelwiderstand üblich.

Ursachen für dynamische Unsymmetrie

Die in Tabelle 5.8.2 aufgeführten Einflussfaktoren auf die dynamische Symmetrierung führen letztlich alle zu unterschiedlichen Schaltzeiten der in Reihe angeordneten Bauelemente. Dabei werden der zuerst ausschaltende und der zuletzt einschaltende Transistor mit der höchsten Spannung und somit den höchsten Schaltverlusten belastet. Ein Überschreiten der maximal zulässigen Halbleiterspannung muss durch die im folgenden Kapitel erläuterten Gegenmaßnahmen verhindert werden. Die dynamische Spannungsaufteilung kann sich von der statischen grundsätzlich unterscheiden. Wird einer der in Reihe geschalteten pn-Übergänge früher frei als die anderen, so wird dieser früher die Spannung aufnehmen.

5.8.2.2 Maßnahmen zur Verbesserung der Spannungssymmetrie

Grundvoraussetzung für gute Symmetrieverhältnisse sind geringe Parameterstreuungen der in Reihe geschalteten Module und für die dynamische Symmetrierung sind es minimale Abweichungen in den Signallaufzeiten der Treiberstufen. Module verschiedenen Typs bzw. verschiedener Hersteller sollten nicht in Reihe geschaltet werden. Das Layout der Leistungs- und Ansteuerkreise ist grundsätzlich auf minimale parasitäre Induktivität und strenge Symmetrie zu optimieren.

Statische Symmetrierung

Bei der statischen Symmetrierung ist der Einfluss der Sperrstromdifferenzen durch Parallelwiderstände zu reduzieren. Für die Dimensionierung dieses Widerstandes ist davon auszugehen, dass immer der Parallelwiderstand die Spannungsaufteilung bestimmt. Nimmt man den Sperrstrom als spannungsunabhängig an und vernachlässigt Toleranzen der Widerstände, so ist die vereinfachte Dimensionierungsregel für den Widerstand bei Reihenschaltung von n Dioden:

$$R < \frac{n \cdot V_r - V_m}{(n-1) \cdot \Delta I_r}$$

mit

V_m: maximal auftretende Spannung über der gesamte Reihenschaltung

V_r: maximale Spannung, die über einen Einzelhalbleiter abfallen soll

ΔI_r: die maximale Streuung im Sperr- bzw. Leckstrom

Dabei ist von der maximalen Betriebstemperatur auszugehen. V_r ist mit ausreichender Sicherheit zur maximalen Sperrspannung des Bauelementes zu wählen (z.B. < 66% V_{CES}). Bezüglich ΔI_r kann mit ausreichender Sicherheit angenommen werden:

$\Delta I_r = 0.85\ I_{rm}$

wobei I_{rm} im Datenblatt spezifiziert wird. Die Reihenschaltung kann jetzt bezüglich n und R optimiert werden. Nach vorliegenden Erfahrungen ist es bei modernen Leistungshalbleitern ausreichend, wenn man den Widerstand so auslegt, dass bei der höchsten auftretenden Spannung der dreifache Wert des maximalen Sperrstromes über den Widerstand fließt. Im Widerstand treten aber auch dann beträchtliche Verlustleistungen auf. Für IGBT-Module mit integrierter antiparalleler Diode ist der Gesamtsperrstrom beider Bauelemente als I_{CES} angegeben. Auch hier kann angesetzt werden, dass sich im Parallelwiderstand der etwa 3...5fache Wert des Transistorsperrstroms einstellen soll.

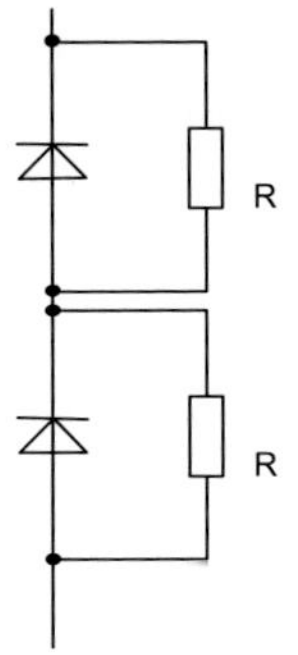

Bild 5.8.18 Widerstandsbeschaltung für die statische Spannungssymetrierung von Dioden in Reihenschaltung

Kühlbedingungen

Die Halbleiter sind eng beieinander liegend und thermisch gut gekoppelt auf einem gemeinsamen Kühlkörper zu montieren. Für große Systeme mit mehreren Kühlkörpern ist thermische Reihenschaltung (thermal Stacking, siehe Kap. 5.3) möglichst zu vermeiden, dies gilt insbesondere für luftgekühlte Systeme. Ein Temperaturunterschied von 10°C bedeutet das 1,5...2,5fache im Sperrstrom gleicher IGBT, Dioden oder Thyristoren. Der heißere Halbleiter übernimmt dadurch aber weniger Spannung und entschärft den Temperaturunterschied etwas.

Dynamische Symmetrierung durch passive Beschaltungsnetzwerke

Zur dynamischen Symmetrierung können RC- oder RCD-Netzwerke eingesetzt werden (vgl. Bild 5.8.19). Die Wirkungsweise beruht auf der Verringerung und damit Vergleichmäßigung der Spannungsanstiegsgeschwindigkeiten (Kompensation nichtlinearer Bauelementesperrschichtkapazitäten) beim Ein- und Ausschalten. Der hohen Zuverlässigkeit steht jedoch der Mehraufwand an passiven Leistungsbauelementen gegenüber, die für hohe Spannung ausgelegt sein müssen. Im Beschaltungsnetzwerk werden zum Teil erhebliche Zusatzverluste umgesetzt. Weiterhin ist nachteilig, dass die quantitative Wirkung vom Arbeitspunkt der Schaltung abhängt. Vorteilhaft ist jedoch, dass der steuerungstechnische Aufwand unverändert bleibt und Standardtreiberstufen verwendet werden können. Vernachlässigt man Toleranzen der Kondensatoren, so kann man eine einfache Dimensionierungsregel für diesen Kondensator bei Reihenschaltung von n Dioden der spezifizierten Sperrspannung V_r angeben

$$C > \frac{(n-1) \cdot \Delta Q_{RR}}{n \cdot V_r - V_m}$$

Dabei ist ΔQ_{RR} die maximale Streuung der Speicherladung der Dioden. Man kann mit einiger Sicherheit annehmen

$$\Delta Q_{RR} = 0{,}3\ Q_{RR}$$

wenn man Dioden aus einer Fertigungscharge benutzt. Q_{RR} wird vom Halbleiterhersteller spezifiziert. Die in dieser Kapazität gespeicherte Ladung tritt beim Abschalten der Freilaufdiode zusätzlich zur Speicherladung auf und muss ebenfalls vom IGBT beim Einschalten übernommen werden. Man kommt mit der genannten Dimensionierung schnell auf eine Ladung, die ein zweifaches der Speicherladung der Einzeldiode beträgt.

Werden passive Netzwerke in Verbindung mit aktiven Symmetrierungstechniken eingesetzt, können sie von den Parametern her kleiner ausgelegt werden. In [63] und [64] wird eine Kombination aus aktiver Symmetrierung und passivem RC-Netzwerk vorgestellt. Darin sind bei einer Reihenschaltung von vier 1200 V/600 A-IGBT-Schaltern an einer Zwischenkreisspannung von 2,4 kV die RC-Beschaltungen mit R = 3,3 Ω und C = 15 nF ausgelegt.

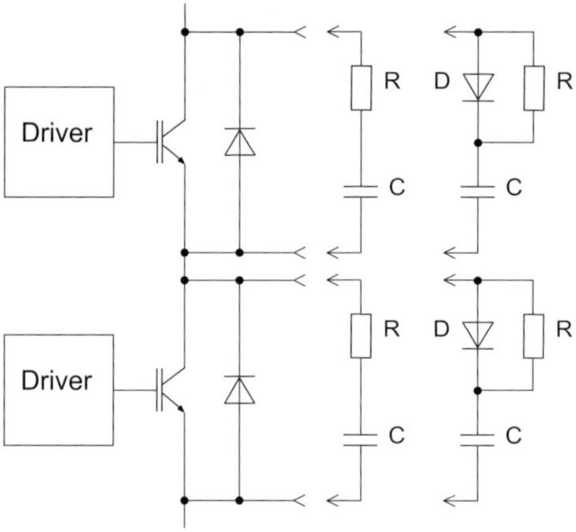

Bild 5.8.19 Passive Beschaltungsnetzwerke zur dynamischen Spannungssymetrierung

Aktive Symmetrierungsmaßnahmen; Schaltzeitenkorrektur

Das Bild 5.8.20 zeigt eine Möglichkeit der dynamischen Spannungssymmetrierung nach dem Prinzip der Schaltzeitenkorrektur über Delayzeiten [65]. Für dieses Verfahren werden keine zusätzlichen passiven Leistungsbauelemente benötigt. Auch in den IGBT/MOSFET entstehen keine zusätzlichen Verluste. Demgegenüber steht ein hoher Aufwand für die Ansteuerung und Regelung.

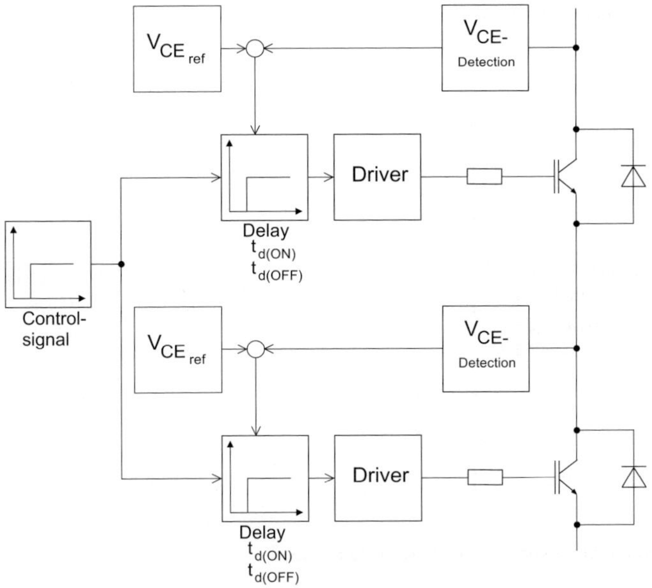

Bild 5.8.20 Prinzip der Schaltzeitenkorrektur

Dynamische Symmetrierung durch dv/dt, di/dt – Regelung

Bei der dv/dt-Regelung (Bild 5.8.21) wird in der Ansteuerung ein Referenzwert für die Spannungsänderungsgeschwindigkeit der Einzelmodule beim Ein- und Ausschalten mit den Ist-Werten verglichen und die Differenz auf die Treiberendstufe geführt. Ein Problem dabei ist die genaue und reproduzierbare kapazitive Aus- bzw. Rückkopplung der dv/dt-Istwerte. Ist der dv/dt-Referenzwert kleiner als die „natürliche" Spannungsänderungsgeschwindigkeit beim harten Schalten, entstehen Zusatzverluste in den Leistungstransistoren. Ein erhöhter Treiberaufwand ist notwendig, wobei kein Standardtreiber verwendet werden kann. Nach ähnlichem Prinzip ist auch eine di/dt-Regelung mit induktiver Auskopplung der Stromänderungsgeschwindigkeit der IGBT/MOSFET realisierbar [66], [67].

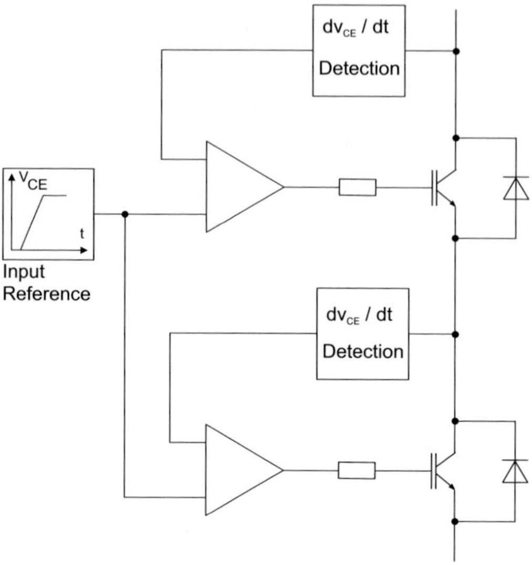

Bild 5.8.21 Dynamische Spannungssymmetrierung durch dv/dt-Regelung

Aktive Spannungsbegrenzung/active clamping

Beim active clamping [64], [68], [69], [70] wird die Kollektor-Emitter-Spannung bzw. Drain-Source-Spannung erfasst und über ein Element mit Zenercharakteristik auf das Gate zurückgekoppelt (vgl. Kap. 5.7 „Active Clamping“, Bild 5.8.22). Überschreitet die Transistorspannung den Wert der vorgegebenen Maximalspannung, wird die Gatespannung soweit angehoben, dass sich entsprechend dem fließenden Kollektor-/Drainstrom ein Arbeitspunkt im aktiven Bereich der Ausgangskennlinie einstellt.

Es entstehen relativ geringe zusätzliche Verluste während der Spannungsbegrenzung im Transistor. Das active clamping symmetriert nicht die Schaltflanken. Das Verfahren arbeitet verzögerungsfrei, wobei der Wert der begrenzten Spannung unabhängig vom Arbeitspunkt des Umrichters ist. Weitere Vorteile bestehen darin, dass die Clampingeinrichtung zu nahezu allen Standardtreiberstufen ergänzt werden kann und die Spannungsbegrenzung beim Ausschalten der antiparallelen Dioden automatisch mit übernommen wird. Der Schutz ist selbst bei Ausfall der Treiberbetriebsspannung wirksam.

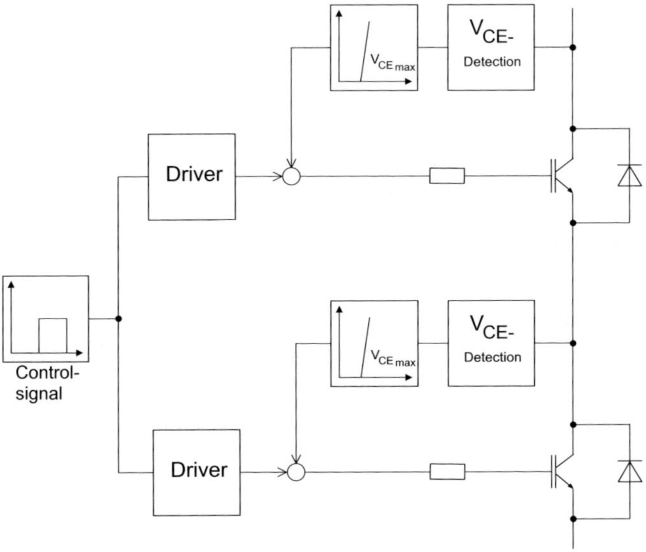

Bild 5.8.22 Aktive Spannungsbegrenzung/active clamping

Master-Slave-Konzepte

Eine Abwandlung des bereits seit langem aus der Thyristortechnik bekannten Master-Slave-Prinzips [71] kann ebenfalls zur dynamischen Spannungssymmetrierung eingesetzt werden (Bild 5.8.23). Nur der untere Schalter (Master) besitzt eine komplette Ansteuerschaltung mit Hilfsenergieversorgung und potentialgetrenntem Steuerimpulseingang. Darin liegt der wesentliche Vorteil dieser Technik. Die Ansteuerschaltung der oberen Schalter (Slave) besteht im Prinzip lediglich aus der Endstufe. Die Entkopplung zwischen Master und Slave übernimmt eine hochsperrende Diode. Der Slave schaltet ein, sobald sein Emitterpotential soweit abgesunken ist, dass die Entkopplungsdiode einschalten kann, d.h. zeitlich etwas versetzt. Das Ausschalten des Slave erfolgt mit dem Sperren der Entkopplungsdiode. Es können prinzipiell mehrere Slaves übereinander kaskadiert werden. Während die Ausschaltsymmetrierung durch dieses Prinzip sehr gut gewährleistet werden kann, bestehen starke Einschränkungen in der Einschaltsymmetrie. Deshalb ist es sinnvoll, das Master-Slave-Konzept mit dem active clamping zu kombinieren. Der Nachteil der eingeschränkten Einschaltsymmetrie tritt bei ZVS-Anwendungen in den Hintergrund.

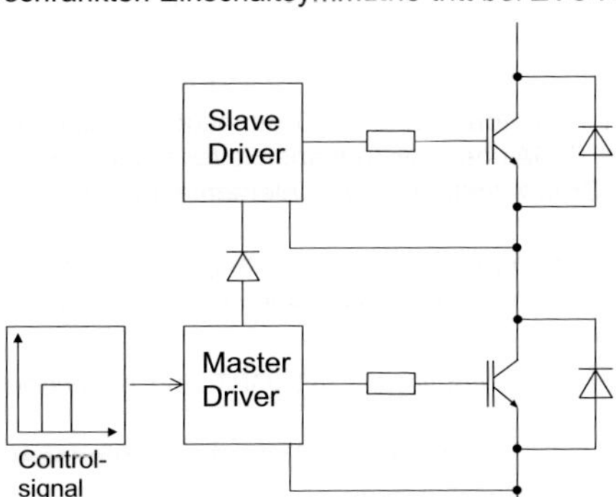

Bild 5.8.23 Grundprinzip des Master-Slave-Konzeptes

Der Laststrom kann schnell vom IGBT in den parallelen D-C-Zweig kommutieren, wodurch der Kollektorstrom bei gleichzeitig reduzierter Anstiegsgeschwindigkeit der Kollektor-Emitter-Spannung sinkt.
Das führt zur Absenkung der Ausschaltverluste im IGBT. Die Verläufe von Kollektorstrom und Kollektor-Emitter-Spannung entsprechen dann der Darstellung für das weiche Schalten im Kap. 1.
In Kap. 5.9.3 wird gezeigt, dass der mit einem bestimmten Kapazitätswert erreichbare Entlastungseffekt stark von der konkreten Transistortechnologie abhängt.
Am Ende der Spannungskommutierung schaltet die Freilaufdiode verlustarm ein und übernimmt den Strom von der Beschaltungskapazität.
Ab dem nächsten Einschalten des IGBT wird die in der Beschaltungskapazität gespeicherte Energie vorwiegend im Widerstand R in Wärme umgesetzt.

Auslegungshinweise:
1. Beschaltungskapazität nicht größer als für Entlastung notwendig dimensionieren
2. schnelle Beschaltungsdiode mit niedriger Einschaltüberspannung (forward recovery) verwenden
3. impulsfeste Kondensatoren (MKP o.ä.) mit niedriger Eigeninduktivität einsetzen
4. Schleifeninduktivität im Beschaltungsnetzwerk minimieren
5. R und C bilden die Zeitkonstante (t = R*C) für den Energieabbau in der Kapazität. Daraus ergibt sich eine minimale Einzeit für den IGBT (Tastverhältnisbegrenzung), um eine voll wirksame Ausschaltentlastung zu realisieren (keine Restspannung mehr in C). Eine Verkleinerung von R bedeutet zwar zum einen eine Verkürzung der Mindest-Einzeit des IGBT, führt aber zum anderen zu einer höheren Strombelastung und damit höheren Verlusten beim Einschalten des Transistors.

Eine Vergrößerung der induktiven und kapazitiven Beschaltungselemente führt in jedem Fall zur Verlängerung der Kommutierungszeit!

Bei Anwendung der oben beschriebenen einfachen Beschaltungsnetzwerke wird die gesamte gespeicherte Energie hauptsächlich im Beschaltungswiderstand aber auch zu einem Teil im Transistor in Wärme umgesetzt (dissipative snubber). Damit ist trotz Schalterentlastung keine Verbesserung des Gesamtwirkungsgrades der Schaltung zu erzielen. Die Maßnahme führt lediglich zu einer Verlagerung der Verluste vom Leistungshalbleiter zum Beschaltungswiderstand und ermöglicht damit höhere Schaltfrequenzen.
Daneben sind aus der Literatur eine Vielzahl verlustarmer Beschaltungsnetzwerke bekannt (non- oder low-dissipative snubber), bei denen die Energie in Schwingkreisen gespeichert oder in den Zwischenkreis zurückgespeist wird. Derartige Schaltungen sind allerdings oft kompliziert in der Dimensionierung sowie schaltungstechnisch und konstruktiv aufwendig. [72].

5.9.3 Weiches Schalten / Soft Switching

5.9.3.1 Beanspruchung der Leistungshalbleiter

Das weiche Schalten ist eine weitere Möglichkeit der Verlustreduzierung in leistungselektronischen Schaltern.
Unter dem Begriff „weiches Schalten, soft switching" wird im eigentlichen Sinne der Betrieb leistungselektronischer Schalter als Zero-Voltage-Switch (ZVS, Nullspannungsschalter) bzw. Zero-Current-Switch (ZCS, Nullstromschalter) verstanden (s. Kap. 1).
Die nach diesen Prinzipien arbeitende Vielzahl von Stromrichterschaltungen wird allgemein der Resonanz- bzw. Quasiresonanztechnik zugeordnet.

ZVS (Bild 5.9.3):
- Kommutierung beginnt mit einem aktiven Ausschaltvorgang, entlastbar durch parallel zum Schalter angeordnete Entlastungs-/Kommutierungskapazität C_K,
- Kommutierung endet mit einem passiven, verlustarmen Einschaltvorgang bei einer Schalterspannung $v_s \approx 0$,
- vor dem nächsten Kommutierungsvorgang polt sich die Stromrichtung im eingeschalteten Schal-

ter mit eingeprägtem di/dt um,
- Induktivität im Kommutierungskreis L_K sollte auf minimalem Wert sein.

ZCS (Bild 5.9.5):
- Kommutierung beginnt mit einem aktiven Einschaltvorgang, entlastbar durch seriell zum Schalter angeordnete Entlastungs-/Kommutierungsinduktivität L_K,
- Kommutierung endet mit einem passiven, verlustarmen Ausschaltvorgang bei einem Schalterstrom $i_s \approx 0$,
- vor dem nächsten Kommutierungsvorgang polt sich die Spannungsrichtung im eingeschalteten Schalter mit eingeprägtem dv/dt um,
- Kapazität im Kommutierungskreis C_K sollte auf minimalem Wert sein.

Voraussetzung für das fortlaufend weiche Schalten ist, dass in einem Kommutierungskreis eines Umrichters nur eine Art der Kommutierung – induktive Kommutierung/ZCS oder kapazitive Kommutierung/ZVS – abläuft. Durch diese Einschränkung geht gegenüber dem harten Schalten ein Steuerfreiheitsgrad für die Schaltung verloren.
Das wird nur erreicht, wenn zwischen zwei gleichartigen Kommutierungsvorgängen eine Umpolung der treibenden Kommutierungsspannung v_K oder des aus dem Kommutierungskreis fließenden Stromes i_L erfolgt.

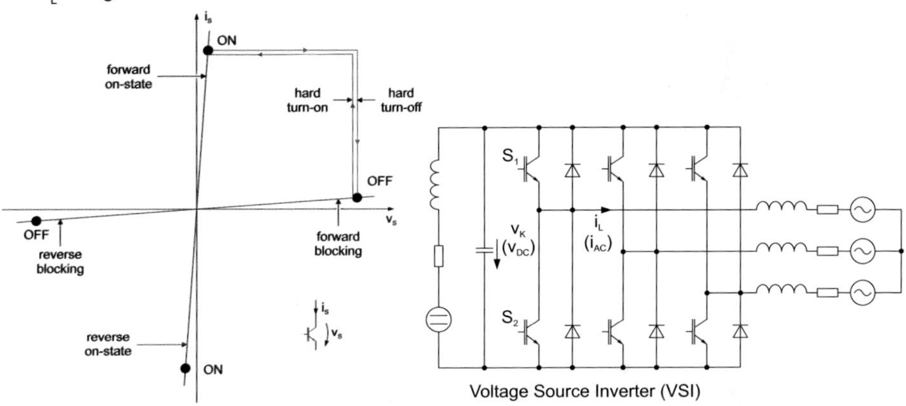

Bild 5.9.2 Arbeitspunktverlauf von Schalterstrom und -spannung beim harten Schalten (IGBT, MOSFET) und dreiphasiger Spannungswechselrichter als typisches Schaltungsbeispiel

Heute am Markt verfügbare IGBT, MOSFET und Dioden sind nahezu ausschließlich für hart schaltende Anwendungen entwickelt und optimiert und weisen für diesen Einsatzfall qualitativ vergleichbare Eigenschaften auf (Bild 5.9.2).
Umfangreiche Untersuchungen ([74], [76], [77]) haben in den vergangenen Jahren gezeigt, dass sich das Verhalten verschiedener Bauelementestrukturen bzw. -technologien unter den Bedingungen des weichen Schaltens deutlich voneinander unterscheidet (vgl. Kap. 5.9.3.3.).

Diese Unterschiede sind jedoch für den Anwender aus den verfügbaren Standarddatenblattangaben nicht erkennbar.

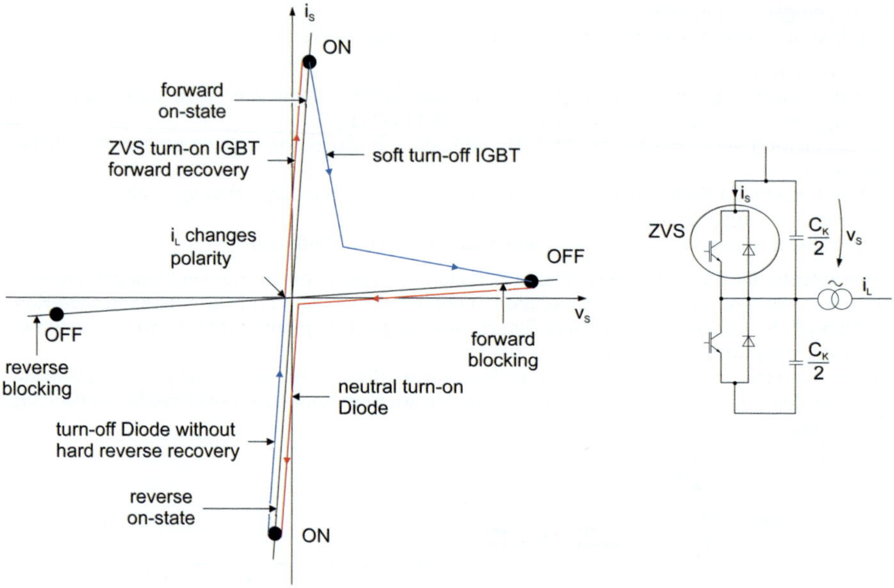

Bild 5.9.3 Arbeitspunktverlauf von Schalterstrom und -spannung beim weichen/resonanten Schalten als ZVS

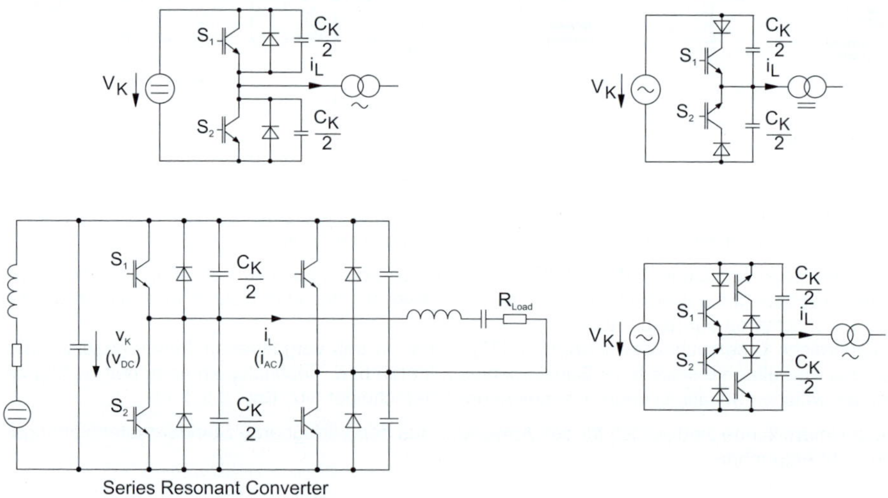

Bild 5.9.4 Kommutierungskreise mit ZVS und Reihenresonanz-Konverter als Schaltungsbeispiel

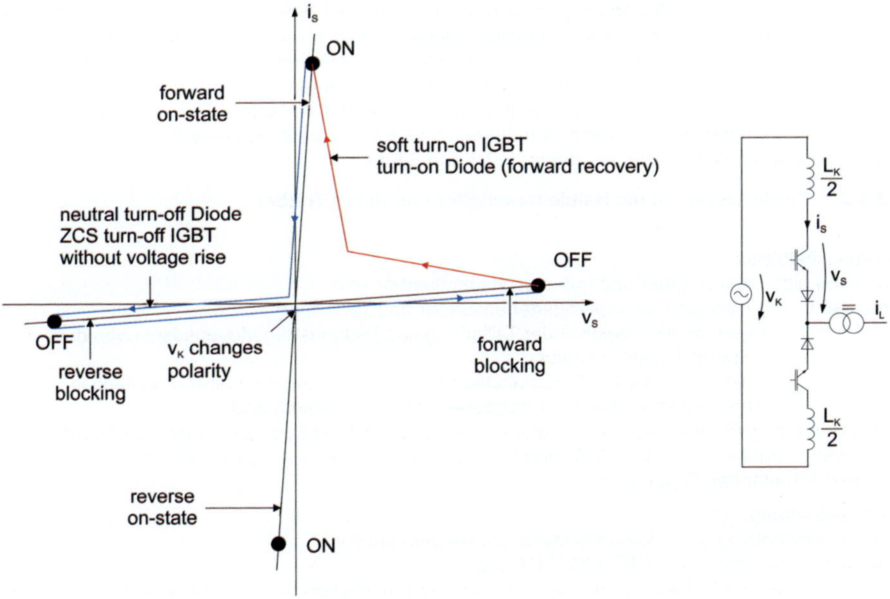

Bild 5.9.5 Arbeitspunktverlauf von Schalterstrom und -spannung beim weichen/resonanten Schalten als ZCS

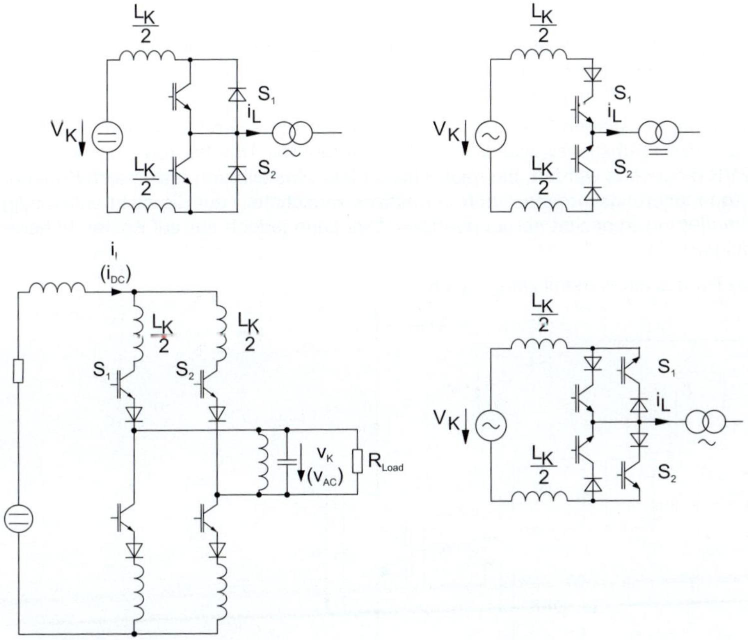

Bild 5.9.6 Kommutierungskreise mit ZCS und Parallelresonanz-Konverter als Schaltungsbeispiel

Vergleicht man die Bahn der Arbeitspunkte in den Bildern 5.9.2, 5.9.3, 5.9.5 so erkennt man, dass die unter der Bahn eingeschlossene Fläche unterschiedlich groß ist. Der Flächeninhalt ist ein relatives Maß für die im Schaltvorgang auftretende Verlustenergie. Beim harten Schalten (Bild 5.9.2) hat die Fläche ihr Maximum. Im Fall des idealen resonanten Schaltens würde die Bahn des Arbeitspunktes entlang der Achsen des Koordinatensystems verlaufen. Bei realen resonanten oder quasiresonanten Schalt- und Kommutierungsvorgängen stellt sich eine Bahn zwischen den beiden genannten Grenzfällen ein (Bilder 5.9.3 und 5.9.5).

5.9.3.2 Forderungen an die Halbleiterschalter und deren Treiber

ZVS:

Leistungshalbleiter:
- müssen aktiv ausschaltbar und gut ausschaltentlastbar sein
- bei IGBT: + niedrige Ladungsträgerlebensdauer und Tailladung
  + geringe Abhängigkeit der Tailladung und Ladungsträgerlebensdauer von der Sperrschichttemperatur
  + niedrige Vorwärts-Einschaltüberspannung während der Leitwertmodulation beim spannungslosen Einschalten mit eingeprägtem di/dt
- Da Dioden in ZVS nicht mit Rückstromabriss bei gleichzeitiger Sperrspannungsübernahme ausschalten, bestehen geringere Anforderungen an das Reverse-Recovery-Verhalten im Vergleich zu hart schaltenden Topologien.

Treiberschaltung:
Die Treiberschaltung muss folgende Mindestfunktionen erfüllen:
- aktives Ausschalten des IGBT/MOSFET und
- Überwachung der Schalterspannung und passives Einschalten des ZVS bei $v_S \approx 0$ V.

Modifizierter ZVS-Betrieb:
Die Zeit für eine kapazitive Kommutierung errechnet sich näherungsweise aus
$t_{Kc} \approx (C_K \cdot v_K)/i_L$

Darin sind:
C_K: umzuladende Kommutierungskapazität (Entlastungskapazität)
v_K: Kommutierungsspannung
i_L: zu kommutierender Laststrom

In Stromrichtern kann es bei kleinen Lastströmen zu unerwünscht langen Kommutierungszeiten kommen, die die fehlerfreie Funktionsweise der Schaltung gefährden. Um das zu vermeiden, können modifizierte ZVS eingesetzt werden, die nach Ablauf einer einstellbaren maximalen Kommutierungszeit den Kommutierungsvorgang durch ein aktives Einschalten auf die nicht vollständig umgeladene Kommutierungskapazität abrupt beenden. Das kann jedoch nur auf Kosten höherer Schaltverluste erfolgen.

Bild 5.9.7 zeigt das Prinzip eines modifizierten ZVS.

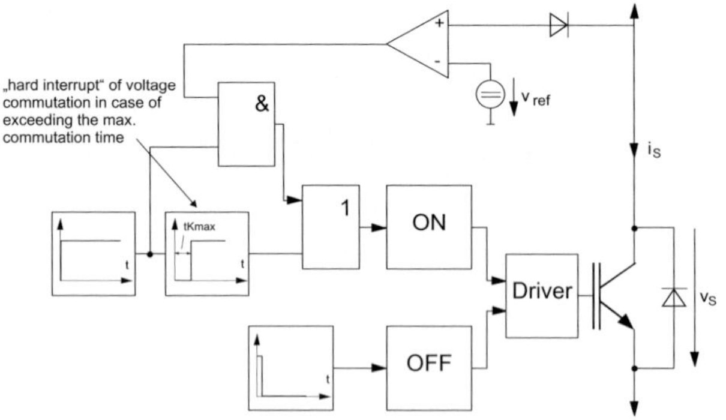

Bild 5.9.7 Prinzip des modifizierten ZVS

ZCS:

Leistungshalbleiter:

- müssen aktiv einschaltbar und gut einschaltentlastbar sein,
- sollten geringe Eigenkapazität besitzen,
- bei IGBT: + niedrige Ladungsträgerlebensdauer
  + geringe Abhängigkeit der Speicherladung und Trägerlebensdauer von der Sperrschichttemperatur
  + kurze dynamische Sättigungsphase beim Einschalten
- Dioden: kleine Sperrerholladungen (Q_{RR}, t_{RR})

Treiberschaltung:

Die Treiberschaltung muss folgende Mindestfunktionen erfüllen:

- aktives Einschalten des IGBT/MOSFET und
- Überwachung des Schalterstromes und passives Ausschalten des ZCS bei $i_S \approx 0$ A.

Modifizierter ZCS-Betrieb:

Die Zeit für eine induktive Kommutierung errechnet sich näherungsweise aus

$t_{Ki} \approx (L_K \cdot i_L)/v_K$.

Darin sind: L_K: Induktivität im Kommutierungskreis (Entlastungsinduktivität)

v_K: Kommutierungsspannung

i_L: zu kommutierender Laststrom

In Stromrichtern kann es bei kleinen Kommutierungsspannungen oder großen Lastströmen zu unerwünscht langen Kommutierungszeiten kommen, die die fehlerfreie Funktionsweise der Schaltung gefährden. Um das zu vermeiden, können modifizierte ZCS eingesetzt werden, die nach Ablauf einer einstellbaren maximalen Kommutierungszeit den Kommutierungsvorgang durch ein aktives Ausschalten gegen die nicht stromlose Kommutierungsinduktivität abrupt beenden. Das kann jedoch nur auf Kosten höherer Schaltverluste erfolgen. Es ist in diesem Zusammenhang zu beachten, dass ZCS in vielen Anwendungen mit Überspannungsbegrenzern ausgestattet werden müssen.

Bild 5.9.8 zeigt das Prinzip eines modifizierten ZCS.

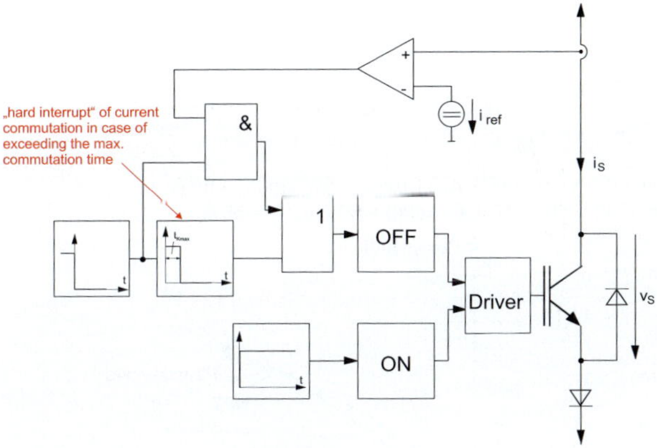

Bild 5.9.8 Prinzip des modifizierten ZCS

5.9.3.3 Schaltereigenschaften

ZVS mit PT- und NPT-IGBT [74], [76], [78]

spannungsloses Einschalten mit eingeprägtem di/dt

Vor der Stromübernahme muss sich der IGBT im angesteuerten Zustand befinden. Da vor der Stromübernahme noch keine Leitwertmodulation in der n⁻-Basis erfolgt ist, reagiert der IGBT auf die di/dt-Einprägung mit einer transienten Überhöhung der Durchlassspannung und damit mit erhöhten Durchlassverlusten in diesem Zeitbereich (forward-recovery). Die Höhe der dynamischen Überspannung, die Dauer der Leitwertmodulation und damit die Verluste hängen vor allem von der Grunddotierung der n⁻-Basis, dem Emitterwirkungsgrad, der Trägerlebensdauer, dem di/dt, dem Schalterstromendwert (Laststrom) und der Temperatur ab.
NPT-IGBT, die durch einen niedrigen Emitterwirkungsgrad und eine hohe Trägerlebensdauer gekennzeichnet sind, reagieren mit relativ geringen Vorwärtsspannungsspitzen (Bild 5.9.9a). Jedoch kann der Vorgang mehr als 10 µs dauern. Dagegen liegen die Werte der transienten Durchlassspannungsspitzen von PT-Strukturen (hoher Emitterwirkungsgrad, niedrige Trägerlebensdauer) bis um den Faktor 30...40 über den stationären Durchlasswerten. Allerdings ist der Vorgang bereits nach wenigen 100 ns abgeschlossen (Bild 5.9.9b). Die gegenläufige Tendenz zwischen Höhe der Spannung und Dauer des Vorganges führen zu einer gewissen Angleichung der Verluste von NPT- und PT-IGBT-ZVS, die insbesondere bei hohen Schaltfrequenzen einen nicht vernachlässigbaren Anteil an den Gesamtverlusten ausmachen können (Bild 5.9.10a und b).

Arbeitet der Kurzschlussschutz von ZVS auf der Basis einer v_{CE}-Erfassung und Auswertung, muss dieser während der di/dt-Einprägung ausgeblendet werden, um Fehlabschaltungen des Umrichters aus dem ordnungsgemäßen Normalbetrieb heraus zu vermeiden.

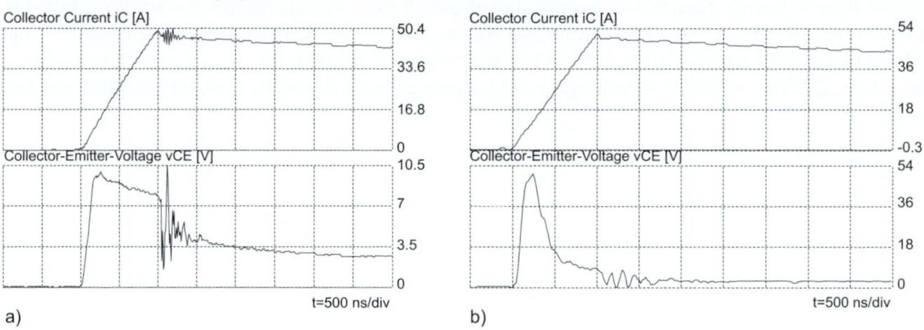

Bild 5.9.9 a) di/dt-Einprägung in einen 1200 V/50 A-NPT-IGBT (di/dt = 50 A/µs; i_L = 50 A)
b) di/dt-Einprägung in einen 1200 V/50 A-PT-IGBT (di/dt = 50 A/µs; i_L = 50 A)

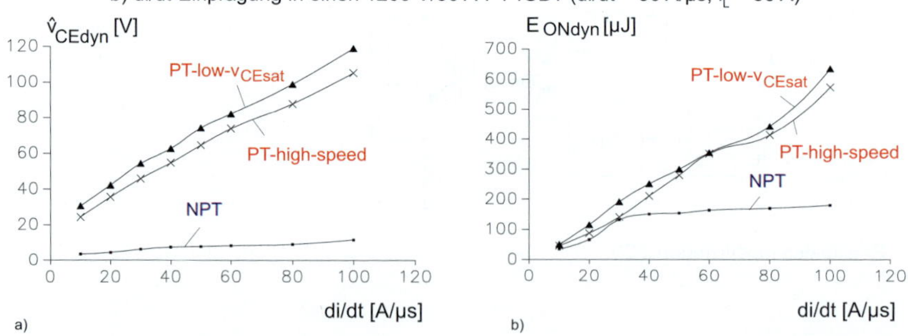

Bild 5.9.10 a) Dynamische Durchlassspannungsamplitude von 1200 V/50 A-NPT- und PT-IGBT als Funktion vom eingeprägten di/dt (i_L = 30 A)
b) Verluste während der di/dt-Einprägung von 1200 V/50 A-NPT- und PT-IGBT als Funktion vom eingeprägten di/dt (i_L = 30 A)

Aktives, entlastetes Ausschalten (vgl. Bild 1.1.2 in Kap. 1.1)

Beim aktiven entlasteten Ausschalten kann der IGBT-Strom unmittelbar in die parallel angeordnete Kapazität C_K kommutieren, wobei der Anstieg der Kollektor-Emitter-Spannung verzögert und somit die Schaltentlastung ermöglicht wird. Der Verlauf des Tailstromes, d.h. das Ausräumen der gespeicherten Ladung im IGBT nach dem Sperren des MOSFET-Kanals wird dabei wesentlich vom Anstieg der Kollektor-Emitter-Spannung beeinflusst. Mit der Vergrößerung der Kommutierungskapazität sinkt der Ansatzwert des Tailstromes (vergleichbar mit einem kapazitiven Stromteiler zwischen IGBT und Entlastungskapazität). Gleichzeitig kommt es zu einer Verlängerung des Tailstromes, was der Ausschaltentlastung entgegenwirkt. Bei NPT-Strukturen mit hoher Trägerlebensdauer führt dieser Sachverhalt zu einer unbefriedigenden Ausschaltentlastbarkeit (Bild 5.9.11a, Bild 5.9.12). Das Oszillogramm im Bild 5.9.11b zeigt dagegen, dass der Tailstrom bei PT-Strukturen bereits zu Null gehen kann, bevor die Kollektor-Emitter-Spannung den Wert der äußeren Kommutierungsspannung erreicht hat. Die Folge ist, dass bei untersuchten 1200 V/50 A-PT-IGBT-Modulklassen die Ausschaltverluste mit C_K = 30 nF bereits um 50 % gegenüber dem harten Schalten reduziert werden können (Bild 5.9.12). Die Verlustreduzierung betrug bei NPT-IGBT der gleichen Klasse lediglich ca. 20 %.

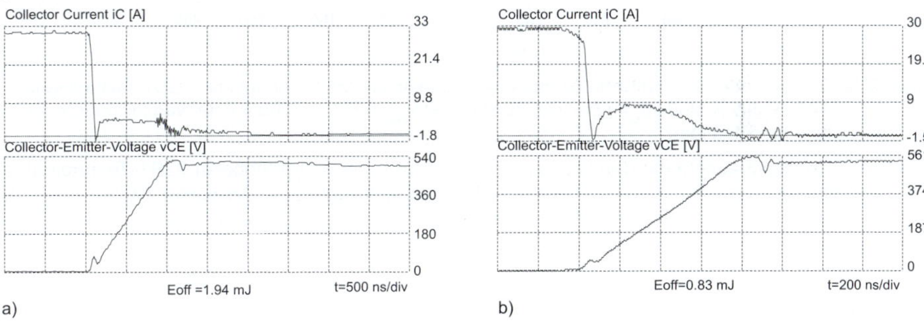

Bild 5.9.11 a) Entlasteter Ausschaltvorgang eines 1200 V/50 A NPT-IGBT mit C_K = 47 nF
b) Entlasteter Ausschaltvorgang eines 1200 V/50 A PT-IGBT mit C_K = 30 nF

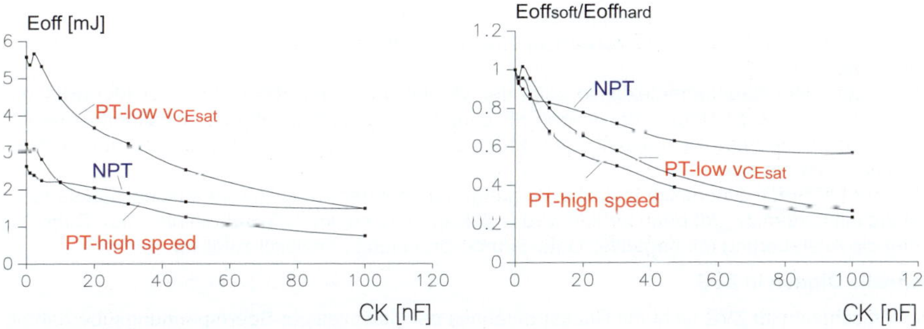

Bild 5.9.12 a) Ausschaltverluste von 1200 V/50 A-IGBT in Abhängigkeit von der Kommutierungskapazität C_K (v_K = 500 V; i_L = 50 A)
b) Ausschaltverluste bezogen auf das harte Schalten von 1200 V/50 A-IGBT in Abhängigkeit von der Kommutierungskapazität C_K (v_K = 500 V; i_L = 50 A)

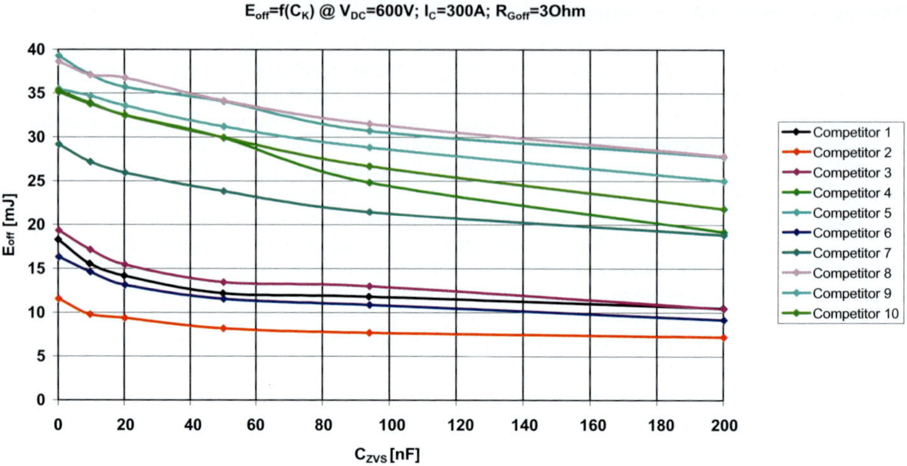

Bild 5.9.13 Vergleich der Ausschaltverluste und -entlastbarkeit am Markt verfügbaren IGBT-Technologien (1200 V/300 A-Module) im Beispielarbeitspunkt V_{DC}=600 V, I_C=300 A unter vergleichbaren Ansteuerbedingungen

Bild 5.9.13 veranschaulicht die deutlich unterschiedliche Eignung verfügbarer IGBT-Technologien für das entlastete Ausschalten als ZVS bei hohen Schaltfrequenzen. An dieser Stelle muss für jede Applikation vor dem Hintergrund der Wirkungsgradoptimierung eine sorgfältige Auswahl getroffen werden.

In [75] wird gezeigt, dass in ZVS-Anwendungen moderne Field-Stop-Technologien mit schnellen NPT- und PT-Technologien konkurrieren können.

ZVS mit MOSFET [77]

MOSFET sind unipolare Bauelemente, in denen keine Speicherladungen auf- und abgebaut werden müssen. Hieraus ergeben sich für den Einsatz in ZVS folgende Besonderheiten:
- Es existiert keine dynamische Vorwärtsüberspannung bei spannungslosem Einschalten mit eingeprägtem di/dt.
- Innerhalb einer Bauelementeklasse zeigt der Vergleich mit dem IGBT, dass der MOSFET mit Kommutierungskapazitäten von einigen nF bereits nahezu vollständig ausschaltentlastbar ist. Die relativ hohe Ausgangskapazität von MOSFET wirkt sich hierbei unterstützend auf die Ausschaltentlastung aus.
- Der für MOSFET dynamisch kritische Vorgang, bei dem der Transistor im ausgeschalteten Zustand mit hohem dv_{DS}/dt beansprucht wird (vgl. Kap. 5.6), tritt im ZVS-Betrieb nicht auf. Daher ist hier die Ansteuerung mit negativer Gate-Source-Spannung prinzipiell zulässig.

Schnelle Dioden in ZVS

Dioden schalten im ZVS nicht mit Rückstromabriss bei gleichzeitiger Sperrspannungsübernahme aus. Es bestehen daher geringere Anforderungen an das Reverse-Recovery-Verhalten im Vergleich zum harten Schalten.

Die Forderung nach sehr gutem dynamischen Einschaltverhalten bleibt beim Einsatz in ZVS bestehen. Hier weisen insbesondere CAL-Dioden spezifische Vorteile auf.

ZCS mit PT- und NPT-IGBT [75], [78], [79]

aktives, entlastetes Einschalten (vgl. Bild 1.1.2 in Kap. 1.1)

Bild 5.9.14 zeigt das Oszillogramm eines entlasteten Einschaltvorganges eines 1200 V/50 A-NPT-IGBT sowie die Abhängigkeit der Einschaltverluste verschiedener IGBT-Technologien von der Kommutierungsinduktivität L_K.

Es ist eine sehr gute Einschaltentlastbarkeit festzustellen. Bereits ab einer seriellen Entlastungs-/ Kommutierungsinduktivität von 3 µH sind die Verluste der hier verglichenen IGBT identisch und betragen im Fall der IGBT nur noch ca. 15 % der Werte des harten Schaltens.
Im Gegensatz zum Ausschaltvorgang im ZVS-Betrieb trifft hier die sehr gute Einschaltentlastbarkeit für PT- und NPT-IGBT gleichermaßen zu.

In [75] wird anhand experimenteller Untersuchungen nachgewiesen, dass die Kombination aus moderner Field-Stop-Technologie und schnellen Dioden zu verlustminimalen ZCS-Lösungen führt. Der sorgfältigen Auswahl der Schalterdioden kommt in ZCS besondere Bedeutung zu.

Die beim Einschalten der IGBT im ZCS-Mode auftretenden Verluste sind auf die Vorgänge während der dynamischen Sättigungsphase zurückzuführen.

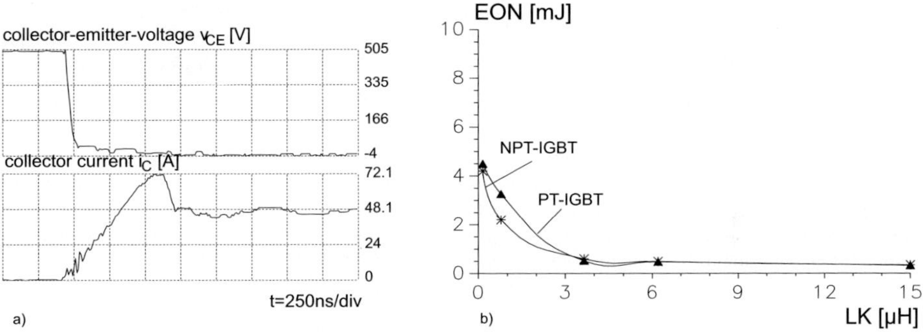

Bild 5.9.14 a) Entlasteter Einschaltvorgang eines NPT-IGBT (L_K = 3,6 µH)
b) Einschaltverluste von ZCS als Funktion der Kommutierungsinduktivität L_K (v_K = 500 V, i_L = 30 A)

Bei ZCS-Schaltungen mit hohen Schaltfrequenzen, d.h. kurzer Schaltperiodendauer können die Verluste während der dynamischen Sättigungsphase (conductivity modulation) dominant werden, da der stationäre Durchlasszustand des IGBT nicht erreicht wird.
In [79] wird ein Treiberkonzept vorgestellt, das während der dynamischen Sättigungsphase einen zusätzlichen Gatestrom in den IGBT einspeist und dadurch die Verlustenergie in diesem Zeitabschnitt um ca. 50% reduziert. Der Zeitpunkt der Gatestromeinspeisung wird über die Erkennung des Miller-Plateaus gesteuert.

Spannungsumkehr im ausgeschalteten ZCS mit Ausräumung der IGBT-Restspeicherladung

Bild 5.9.15 zeigt die Vorgänge des passiven Ausschaltens von IGBT-ZCS (IGBT mit serieller und antiparalleler Diode) mit anschließender Schalterspannungsumpolung.
Es ist deutlich zu erkennen, dass zum Zeitpunkt der Vorwärtsblockierspannungsaufnahme durch den IGBT nach Ablauf der Schonzeit t_H im Fall der PT-Struktur eine geringere Restladung Q_S ausgeräumt werden muss (niedrigere Trägerlebensdauer), was zu geringeren Verlusten während dieses dynamischen Vorgangs führt.

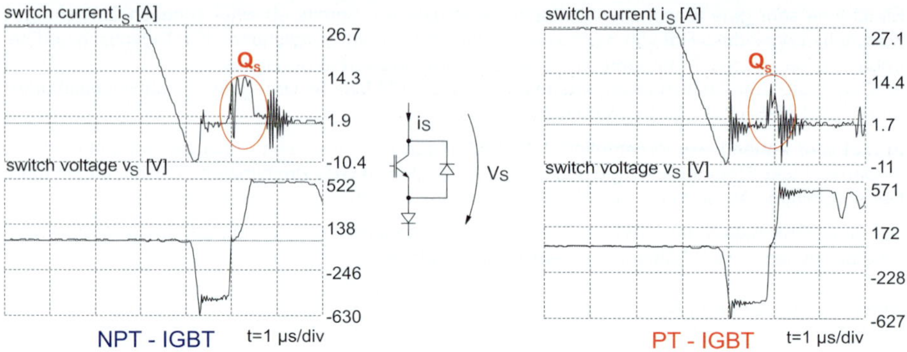

Bild 5.9.15 Ausschaltverläufe von 1200 V/50 A-NPT- und PT-IGBT im selben Arbeitspunkt (t_H = 1,3 µs, L_K = 10 µH)

Die Abhängigkeit der Restspeicherladung von der Schonzeit zeigt Bild 5.9.16a. Darin werden die Vorzüge der PT-Struktur sehr anschaulich dargestellt. Nachteilig wirkt sich dagegen die für PT-Strukturen stärkere Temperaturabhängigkeit der Speicherladung aus, die aufgrund der damit verbundenen Gefahr der thermischen Mitkopplung (thermal runaway) insbesondere bei kleinen Schonzeiten die maximal zulässige Schaltfrequenz einschränkt (Bild 5.9.16b).

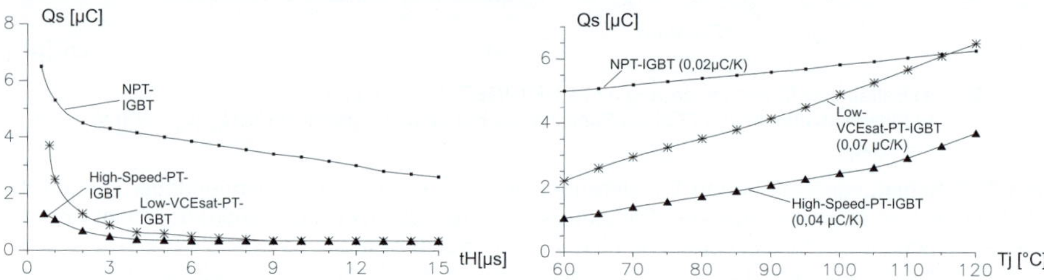

a) b)

Bild 5.9.16 a) Restspeicherladung von PT- und NPT-IGBT-ZCS als Funktion der Schonzeit (v_K = 400 V, i_L = 30 A, L_K = 10µH)
b) Speicherladung von PT- und NPT-IGBT-ZCS als Funktion der Sperrschichttemperatur des Transistors (v_K = 400 V, i_L = 30 A, L_K = 10 µH, t_H = 1,3 µs)

In [78] wird eine IGBT-ZCS-Treiberstufe vorgestellt, bei der während der Schonzeit ein zusätzlicher Kollektorstrom über den Treiber in den IGBT eingespeist wird, um die Speicherladung auszuräumen. Mit dieser Maßnahme konnten die Verluste während der Blockierspannungsübernahme insbesondere bei Schonzeiten t_H > 2 µs drastisch gesenkt werden.

ZCS mit MOSFET

Durch die nicht vorhandene dynamische Sättigungsphase können MOSFET mit sehr kleinen (...1 µH...) seriellen Entlastungsinduktivitäten nahezu vollständig einschaltentlastet werden.
Die hohe Ausgangskapazität von MOSFET wirkt sich allerdings nachteilig auf die Einschaltverluste aus. Bei hohen Schaltfrequenzen (> 50 kHz) muss der hierdurch resultierende Verlustanteil an den Gesamtverlusten berücksichtigt werden.
Aufgrund des unipolaren Charakters erfolgt keine Ausräumung von Restspeicherladung bei Umpolung der Schalterspannung am Ende der Schonzeit. Allerdings muss die relativ hohe Ausgangskapazität umgeladen werden.

Schnelle Dioden in ZCS

Dioden schalten in ZCS mit Rückstromabriss bei gleichzeitiger Sperrspannungsübernahme aus. Aufgrund vorhandener Kommutierungsinduktivitäten erfolgt die Abkommutierung der Dioden jedoch mit geringerer Geschwindigkeit als in hart schaltenden Umrichtern (niedrigere Rückstromspitze, geringere Ausschaltverluste). Trotzdem besteht die Forderung nach hoher Ausschaltdynamik, verbunden mit niedrigen Ausschaltverlusten.

Werden schnelle Dioden in ZCS als Reihendioden von IGBT oder MOSFET eingesetzt, besteht zudem die Forderung nach sehr gutem dynamischen Einschaltverhalten (forward recovery).

5.9.3.4 Schlussfolgerungen

Die Bewertung von Leistungshalbleitern beim harten Schalten ist nicht auf das weiche Schalten übertragbar. Unter den Bedingungen des weichen Schaltens sind aufgrund der erläuterten dynamischen Prozesse Bauelemente mit niedrigerer Ladungsträgerlebensdauer besser geeignet. Verfügbare Datenblattangaben zu leistungselektronischen Bauelementen sind in der Regel nicht für die Bewertung des dynamischen Verhaltens in ZVS- und ZCS-Topologien geeignet.

Aufgrund der Vielzahl entlastet schaltender Stromrichtertopologien mit ihren spezifischen Schalterbeanspruchungen ist eine Pauschalaussage zu Frequenzgrenzen von Schaltern mit IGBT und MOSFET nicht möglich.

6 Handhabung und Umweltbedingungen

Nachfolgend sind die wichtigsten Anforderungen zusammengefasst, die an Transport, Lagerung, Montage und Betrieb von diskreten Leistungshalbleitern und Leistungsmodulen bestehen. Die Transport- und Lagerungsanforderungen sind sinngemäß auch für in Geräten eingebaute Module zu erfüllen, um einen zuverlässigen Betrieb über die gesamte Gerätelebensdauer sicherzustellen.

6.1 ESD-Empfindlichkeit und Schutzmaßnahmen

Alle Leistungsmodule mit IGBT oder MOSFET sind aufgrund ihrer nur wenige zehn Nanometer dicken Gateisolierung (Gateoxidschicht) empfindlich gegenüber ESD (**E**lectro **S**tatic **D**ischarge) und werden deshalb gemäß EN 61340-5-1 und EN 61340-2-3 als EGB (**E**lektrostatisch **G**efährdete **B**auelemente) – d.h. Bauelemente, die durch elektrostatische Felder oder elektrostatische Entladung während routinemäßiger Handhabung, Prüfung und Transport beschädigt werden können – eingestuft. IGBT und Leistungs-MOSFET mit großen Chipflächen weisen hohe Eingangskapazitäten auf und gelten deshalb im Sinne der MIL-STD 883C, Methode 3015.6 als weniger empfindlich im Vergleich zu Kleinsignalbauelementen.

Bei der Handhabung von Leistungsmodulen mit IGBT oder MOSFET sind die Vorschriften der o.g. MIL-Norm sowie der DIN VDE 0843 T2, identisch mit IEC 801-2, zu beachten. Eingangsprüfung und Weiterverarbeitung dürfen nur an speziell eingerichteten Arbeitsplätzen mit leitfähigen Ablagen, Masseverbindungen usw. von geeignet bekleideten Mitarbeitern (antistatische Kittel, evt. Handgelenkband) durchgeführt werden. Transport- und Montageeinheiten sowie Leiterplatten müssen vor der Verarbeitung ESD-gefährdeter Bauelemente auf gleiches Potential gebracht und ein Aufladen verhindert werden. Verpackungen von EGB sind mit dem Warnlabel nach IEC 60417, Reg.-Nr. 5134 als EGB gekennzeichnet (Bild 6.1.1).

Bild 6.1.1 Warnlabel für Verpackungen von EGB

Im Anlieferungszustand der Leistungsmodule sind Gate- und Emitter- bzw. Sourceanschlüsse durch ein geeignetes, leitfähiges Verpackungssystem, in die Verpackung eingelegten leitfähigen Schaumstoff oder Gummimatten, selbstklebende Metallfolien, auf die Anschlüsse aufgeschobene Ringniete oder auf Steckerleisten aufgesetzte Kappen kurzgeschlossen. Soweit möglich, sollte dieser Kurzschluss erst beim Verschalten des Gateanschlusses aufgehoben werden.

6.2 Umweltbedingungen für Lagerung, Transport und Betrieb

Die Ausführungen dieses Abschnitts beziehen sich auf die Klassifizierung und Beschreibung der Umweltbedingungen nach EN 50178 und EN 60721-3 (IEC 721-3) mit den Teilen EN 60721-3-1 (Lagerungsbedingungen), EN 60721-3-2 (Transportbedingungen) und EN60721-3-3 (Betriebsbedingungen von Einrichtungen für ortsfesten, wettergeschützten Einsatz). Weitere Teile, auf die hier nicht eingegangen wird, beschreiben Betriebsbedingungen von Einrichtungen für ortsfesten, nicht wettergeschützten Einsatz (EN60721-3-4), Fahrzeuge (EN60721-3-5), Schiffsausrüstung (EN60721-3-6) und von Einrichtungen für portablen, nicht ortsfesten Gebrauch.

Wie in Bild 6.2.1 dargestellt, muss mit dem Auftreten unterschiedlicher Belastungsarten gerechnet werden, die nach EN60721-3 in entsprechenden Umweltbedingungen zusammengefasst werden. Bereits bei der Entwicklung/Konstruktion eines elektronischen Gerätes müssen diese später zu erwartenden Umweltbedingungen berücksichtigt werden – einschließlich der Auswahl der Leistungshalbleiter, deren Kühlverfahren und des Einbaus.

Dies bedeutet letztlich, dass – um durch die Applikation, den Einsatzort und die Bedingungen der Lagerung/des Transportes bis zum endgültigen Einsatz sowie die Verhältnisse während Einsatzunterbrechungen vorgegebene Umweltbedingungen erfüllen zu können – im Entwicklungs-

und Konstruktionsprozess die Bauelementeauswahl nach Umwelteigenschaften und konstruktive Maßnahmen zum Schutz vor Umwelteinflüssen iterativ verknüpft werden müssen.

Bei der Geräteentwicklung muss der bestmögliche Kompromiss zwischen Bauelemente-, Schaltungs- und konstruktivem Aufwand gesucht werden, da eine Vielzahl bauelementeseitiger Grenzen halbleiterphysikalisch oder bauelementetechnologisch bedingt sind, wie z.B. die Feuchtigkeitsaufnahme des Vergussmaterials eines IGBT- Moduls.

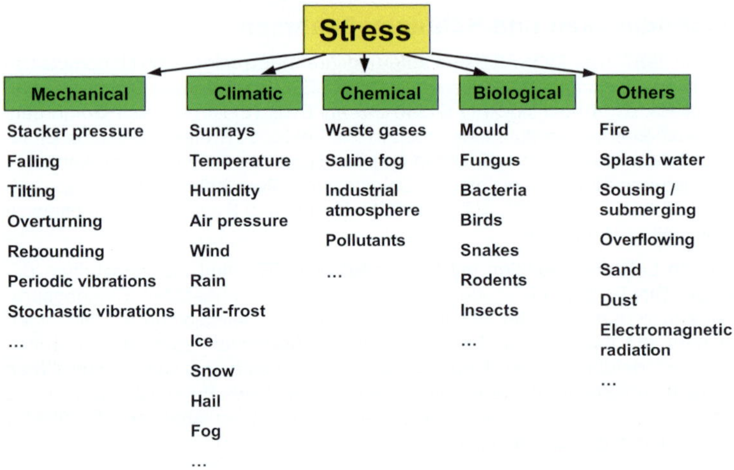

Bild 6.2.1 Belastungen aus den Umweltbedingungen nach DIN-EN 60721-3 während Transport, Lagerung und Betrieb

Die Umweltbedingungen werden in EN 60721-3 durch Umweltklassen „nAxY" beschrieben:

Die erste Zahl (n) legt dabei immer den Anwendungsbereich fest, für den die Anforderungen, die in der weiteren Ziffernfolge festgelegt ist, gilt.

n: 1: Lagerung 2: Transport 3: Betrieb

Der erste Buchstabe (A) bestimmt die Umweltgröße, für die die Einschränkungen gelten sollen.

A: K: klimatisch; M: mechanisch; B: biologisch; C: chemisch aktive Stoffe;
S: mechanisch aktive Stoffe; Z: weitere klimatische Umweltbedingungen

Die dritte Ziffer (x) bestimmt die Grenzwerte der unter A genannten Umweltgröße

x: Nummerierung (aufsteigend mit zunehmender Belastung)
Y: zusätzlicher Buchstabe für weitere Spezifikationen

Höhere Klassen schließen dabei meist die Anforderungen der niederen Klassen mit ein. Zu berücksichtigen sind auch Bedingungen während Montage, Wartung und Reparatur, wenn diese von denen für Lagerung und Betrieb abweichen können. In der genannten EN sind außerdem 7 standardisierte Kombinationen (Satzbenennungen „IExx") der oben genannten Umweltbedingungen definiert, in denen Beschreibungen der vollständigen Klassifikation für 4 genormte Fälle von Umweltbedingungen mit entsprechenden Anwendungsbeispielen aufgeführt sind.

Der Nachweis, dass ein Erzeugnis den spezifizierten Umweltbeanspruchungen genügt, erfolgt durch Prüfung von Mustern unter simulierten Umweltbedingungen. Dabei wird auf Umweltprüfungen zurückgegriffen, die in der Normenreihe IEC 60068-x-x oder IEC 60749 detailliert beschrieben sind. Für die Auswahl der Prüfungen und deren Schärfegrad kann auf den „Leitfaden für die Korrelation und Umsetzung der Klassen von Umweltbedingungen nach IEC 60721-x in Umgebungsverfahren nach IEC 60068" (Normentwurf DIN 40046-721-x, separate Dokumente für Lagerung (-1), Transport (-2), ortsfesten wettergeschützten Betrieb (-3), usw.) zurückgegriffen werden.

Am Beispiel der Betriebsbedingungen für elektrische Einrichtungen bei ortsfestem, wettergeschütztem Einsatz sollen nachfolgend die wichtigsten Einsatzklassen nach EN 60721-3-3 stichwortartig charakterisiert werden. Zum vollen Verständnis sei jedoch unbedingt auf die EN 60721-3-3 verwiesen, welche jeweils konkrete Grenzwerte enthält.

6.2.1 Klimatische Umweltbedingungen

Die klimatischen Umweltbedingungen sind Lufttemperatur, absolute und relative Luftfeuchte, Betauung, Temperaturänderungsgeschwindigkeit, Luftdruck, Sonnen- und Wärmestrahlung, Luftbewegung, windgetriebener Niederschlag, Wasser (außer Regen) und Eisbildung.

Sie werden durch 11 Klimaklassen 3K1...3K11 entsprechend zunehmender klimatischer Belastung beschrieben. Die wichtigsten Klimaklassen sind:
- 3K1: Einsatzorte sind vollklimatisiert. Luftfeuchte und Lufttemperatur werden ständig geregelt.
- 3K2: Geschlossene Einsatzorte mit ständiger Lufttemperaturregelung, Luftfeuchte wird nicht geregelt, Betauung wird verhindert.
- 3K3: Geschlossene Einsatzorte mit Lufttemperaturregelung, Luftfeuchte wird nicht geregelt, Betauung wird verhindert.
- 3K4: Geschlossene Einsatzorte mit Lufttemperaturregelung und einem weiten Bereich möglicher relativer Luftfeuchte, Luftfeuchte wird nicht geregelt. Auf die Erzeugnisse dürfen Kondenswasser und Wasser (außer Regen) einwirken.
- 3K5: Geschlossene Einsatzorte, an denen weder Lufttemperatur noch Luftfeuchte geregelt werden. Heizung kann angewandt werden, wenn große Unterschiede zwischen den Bedingungen dieser Klasse und dem Freiluftklima bestehen. An den Erzeugnissen darf sich Eis bilden.
- 3K6, 3K7, 3K8: wettergeschützte Einsatzorte, die durch Öffnungen ständig direkte Verbindung zum Freiluftklima haben dürfen, d.h. nur teilweise geschlossen zu sein brauchen.

Die Erzeugnisse (ausgenommen Klasse 3K7L) dürfen mit unterschiedlicher Intensität der Sonnenstrahlung ausgesetzt sein. Windgetriebener Niederschlag (einschließlich Schnee) darf im begrenzten Maße einwirken. Bis auf die Klasse 3K1 korrelieren die Klimaklassen auch mit den Freiluftklimaten nach EN 60721-2-1:
- extrem kaltes Klima (ausgenommen Antarktis)
- kaltes Klima
- gemäßigtes Klima
- mäßigtrockenes Klima
- warmtrockenes Klima
- extrem warmtrockenes Klima
- warmfeuchtes Klima
- ausgeglichenes warmfeuchtes Klima.

Eine Festlegung der für die jeweiligen Freiluftklimate und Einsatzbedingungen erforderlichen Klimaklassen kann damit anhand Anhang A der EN 60721-3-3 und der in der EN enthaltenen Klimatogramme (vgl. auch Beispiel unter Kap. 6.2.7) erfolgen.

6.2.2 Mechanische Umweltbedingungen

Bild 6.2.2 verdeutlicht die vielfältigen möglichen mechanischen Belastungen, die in den Umweltbedingungen nach EN 60721-3-3 erfasst sind.

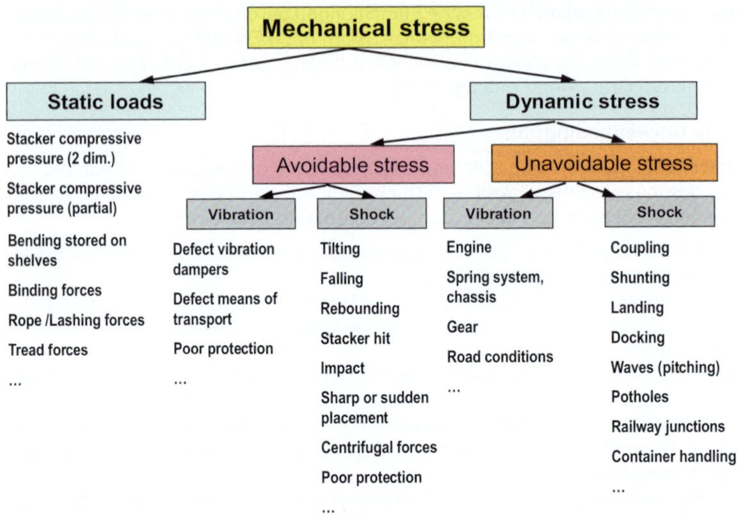

Bild 6.2.2 In den Umweltbedingungen nach EN 60721-3-3 erfasste mechanische Belastungen

Die Spezifikation der mechanischen Umweltbedingungen erfolgt über Grenzwerte folgender Messgrößen:

- Schwingungen: Amplitude der Auslenkung oder Beschleunigung und Frequenzbereich sinusförmiger Schwingungsbelastung, spektrale Beschleunigungsdichte, roll off und Frequenzbereich rauschförmiger Schwingungsbelastung
- Stöße: Gesamt-Schock-Antwortspektrum, Spitzenbeschleunigung, Dauer, Stoßrichtungen und Zahl der Stöße je Richtung

Die mechanischen Umweltbedingungen werden durch 8 Klassen-Kennzeichnungen entsprechend zunehmender Belastung beschrieben:

- 3M1: Einsatzorte, an denen keine wirksamen Schwingungen und Stöße auftreten
- 3M2: Einsatzorte, an denen nur geringfügige Schwingungen auftreten
- 3M3: Einsatzorte ohne oder mit nur geringfügigen Schwingungen, an denen auch Stöße mit geringem Energiegehalt auftreten, z.B. ausgelöst durch örtlich beschränkte Sprengungen oder Rammarbeiten, Zuschlagen von Türen usw.
- 3M4: Einsatzorte, an denen merkliche Schwingungen und Stöße auftreten, z.B. hervorgerufen durch Maschinen oder vorbeifahrende Fahrzeuge
- 3M5: Einsatzorte, an denen merkliche Schwingungen und Stöße mit hohem Energieinhalt auftreten, z.B. hervorgerufen durch Schwermaschinen, Förderbänder usw.
- 3M6: Einsatzorte, an denen hohe Schwingungspegel und Stöße mit hohem Energieinhalt auftreten, z.B. in unmittelbarer Nähe von Schwermaschinen
- 3M7: Einsatzorte, an denen sehr hohe Schwingungspegel und Stöße mit hohem Energieinhalt auftreten, z.B. bei direkt an Maschinen angebauten Erzeugnissen
- 3M8: Einsatzorte, an denen extrem hohe Schwingungspegel und Stöße mit hohem Energieinhalt auftreten, z.B. bei Erzeugnissen an Hammerwerken

Die Auswahl der geeigneten Klasse ist – neben dem Schwingungspegel und dem Energiegehalt der Stöße – von der Art und Befestigung (starr, flexibel, auf Schwingungsdämpfern) abhängig.

Eine Festlegung der erforderlichen mechanischen Einsatzklassen kann anhand der Grenzwerttabellen in Anhang A der EN 60721-3-3 erfolgen.

6.2.3 Biologische Umweltbedingungen

Die biologischen Umweltbedingungen werden durch 3 Klassen-Kennzeichnungen entsprechend zunehmender Belastung mit Schimmel-/Schwammwachstum, Nagetieren und anderen tierischen Schädlingen beschrieben:

- 3B1: Einsatzorte ohne besondere Gefahr der Einwirkung biologischer Umwelteinflussgrößen; z.B. sind Schimmelwachstum oder Einwirkung tierischer Schädlinge unwahrscheinlich
- 3B2: Einsatzorte, an denen auch Schimmelwachstum auftreten und tierische Schädlinge – mit Ausnahme von Termiten – einwirken können
- 3B3: Einsatzorte, an denen auch Schimmelwachstum auftreten und tierische Schädlinge einschließlich Termiten einwirken können

Eine Festlegung der erforderlichen biologischen Einsatzklassen kann anhand der Grenzwerttabellen in Anhang A der EN 60721-3-3 erfolgen.

6.2.4 Umwelteinflüsse durch chemisch aktive Stoffe

Die Einwirkungsmöglichkeiten der chemisch aktiven Stoffe Meersalz/Streusalz, Schwefeldioxid, Schwefelwasserstoff, Chlor, Chlorwasserstoff, Fluorwasserstoff, Ammoniak, Ozon und Stickoxide werden durch 6 Klassen-Kennzeichnungen entsprechend zunehmender Belastung beschrieben.

- 3C1R: Einsatzorte, an denen die Atmosphäre sorgfältig überwacht und geregelt wird (Kategorie saubere Räume)
- 3C1L: Einsatzorte, an denen die Atmosphäre kontinuierlich geregelt wird
- 3C1: Einsatzorte mit geringem Industrieanteil und mäßiger Verkehrsdichte; Möglichkeit erhöhter Luftverunreinigung innerhalb dichter besiedelter Gebiete im Winter durch Heizung, Salznebel im Küstenbereich und auf dem Meer an nicht allseits geschlossenen Einsatzorten möglich
- 3C2: Einsatzorte mit heute üblicher Luftverschmutzung, wie sie in dichter besiedelten Gebieten mit industriellen Einrichtungen oder hoher Verkehrsdichte auftritt
- 3C3: Einsatzorte in unmittelbarer Nachbarschaft industrieller Anlagen mit chemischen Emissionen
- 3C4: Einsatzorte innerhalb industrieller Anlagen, es dürfen Emissionen chemischer Schadstoffe in hoher Konzentration auftreten.

Chemisch aktive Flüssigkeiten und weitere chemisch aktive Feststoffe bleiben in der Norm unberücksichtigt. Eine Festlegung der erforderlichen chemischen Einsatzklassen kann anhand der Grenzwerttabellen in Anhang A der EN 60721-3-3 erfolgen.

6.2.5 Umwelteinflüsse durch mechanisch aktive Stoffe

Die Einwirkungsmöglichkeiten der mechanisch aktiven Stoffe Sand in Luft sowie Staub als Schwebstoffgehalt bzw. Niederschlag werden durch 4 Klassen-Kennzeichnungen entsprechend zunehmender Belastung beschrieben:

- 3S1: Einsatzorte, an denen der Staubanfall auf einem Kleinstmaß gehalten wird; das Eindringen von Sand wird verhindert.
- 3S2: Einsatzorte, an denen keine besonderen Maßnahmen zur Verringerung des Staub- oder Sandanfalls getroffen werden, die jedoch nicht in der Nähe von Staub- oder Sandquellen liegen
- 3S3: Einsatzorte, die in der Nähe von Staub- oder Sandquellen liegen und an denen keine besonderen Maßnahmen zur Verringerung des Staub- oder Sandanfalls getroffen werden
- 3S4: Einsatzorte, an denen durch technische Verfahren Sand oder Staub anfällt oder die in geographischen Gebieten liegen, in denen ein hoher Sand- oder Staubanteil in der Luft auftreten darf

Eine Festlegung der erforderlichen Einsatzklassen kann anhand der Grenzwerttabellen in Anhang A der EN 60721-3-3 erfolgen.

6.2.6 Besonderheiten beim Betrieb in großen Höhen

Bei Betrieb in Höhen > 2000 m über NN können – abhängig von der Auslegung – Einschränkungen des Arbeitsbereichs notwendig sein.
- bei Luftkühlung Minderung der Ausgangsleistung oder der höchstzulässigen Betriebstemperatur aufgrund der niedrigeren Luftdichte/des niedrigeren Luftdrucks, wodurch die Kühlung beeinträchtigt wird, vgl. Kap. 5.3
- Minderung des Isolationsvermögens aufgrund der mit steigender Aufstellhöhe (sinkendem Luftdruck) absinkenden Durchschlagsfestigkeit der Luft

Die meisten SEMIKRON-Leistungsmodule sind hinsichtlich ihrer Isolationsabstände (Luft- und Kriechstrecken) nach EN 50178 ausgelegt. Für Aufstellhöhen > 2000 m über NN gelten jedoch erhöhte Anforderungen an die Luftstrecken. Diese sind um einen Korrekturfaktor zu vergrößern oder, wenn das nicht möglich ist, die Netzspannung zu reduzieren, z.B. durch Vorschaltung von Transformatoren. Die Korrekturfaktoren sind in der nachstehenden Tabelle nach IEC 60664-1, Tabelle A.2 festgelegt.

Einsatzhöhe über NN in m	Luftdruck in kPa	Korrekturfaktor
2.000	82	1,000
2.500	76	1,075
3.000	70	1,140
4.000	62	1,290
5.000	50	1,480

Tabelle 6.2.1 Einfluss der Einsatzhöhe auf Isolationsabstände

Beispiel SKiiP3, 1700 V:

Für Geräte an Netzen mit V_N = 690 V_{eff} Leiter/Leiter-Spannung mit geerdetem Sternpunkt beträgt die Mindestluftstrecke bis 2000 m über NN für sichere Trennung 8 mm (EN50178, Tabelle 3). Für größere Aufstellhöhen muss diese Luftstrecke mit dem entsprechenden Korrekturfaktor multipliziert werden. Da beim SKiiP 3 die Luftstrecke 9 mm beträgt (= 1,125 x 8 mm) ist die Verwendung des Bauteils bis 2880 m zulässig (Korrekturfaktor approximiert zwischen 2500 m und 3000 m).

Auswirkung der Höhenstrahlung auf die Ausfallrate

Höhen- bzw. kosmische Strahlung (cosmic rays) ist eine hochenergetische Teilchenstrahlung aus dem Weltall. Die Primärstrahlung besteht vorwiegend aus Protonen, außerdem aus Elektronen und vollständig ionisierten Atomen und durchdringt die Erdatmosphäre. Sie wird vor allem durch Supernovas, aber auch von der Sonne emittiert. Auf die äußere Erdatmosphäre treffen etwa 1000 Teilchen je Quadratmeter und Sekunde auf, von denen nur ein sehr kleiner Teil die Erdoberfläche direkt erreicht, da die meisten Primärteilchen mit Gasmolekülen der Erdatmosphäre (O_2, N_2) kollidieren. Die hierdurch entstehenden, energiereichen Sekundärteilchen kollidieren mit weiteren Gasmolekülen der Atmosphäre und zerfallen dabei in eine Vielzahl kleinerer Teile (Pions, Muons und Neutronen), den Teilchenschauer (cosmic ray shower, vgl. Bild 6.2.3).

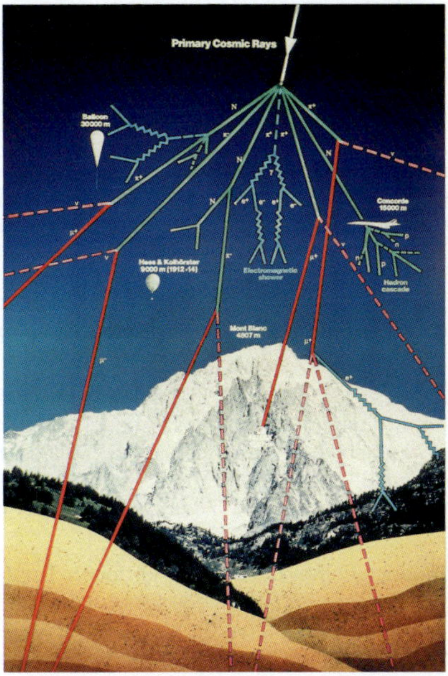

Bild 6.2.3 Schematische Darstellung der Höhenstrahlung [80]

Während die meisten dieser Teilchen unschädlich für Halbleiter sind, können einige Teile – hauptsächlich Neutronen – Leistungshalbleiter über einem lokalen Durchbruch im Volumen des Halbleiters zerstören, der ohne vorherige Anzeichen für Fehler oder Verschleiß innerhalb von Nanosekunden erfolgt. Die Ausfallraten sind abhängig von Betriebshöhe, Spannung und Chiptemperatur und können in gewissem Umfang durch besondere Designmaßnahmen des Leistungshalbleiters beeinflusst werden, vgl. [80]. Hier wird von ABB folgende, für deren HIPak IGBT-Leistungsmodule mit V_{CES} = 1700 V....6500 V parametrierte Modellgleichung angegeben:

$$\lambda(V_{DC}, T_{vj}, h) = \underbrace{C_3 \cdot \exp\left(\frac{C_2}{C_1 - V_{DC}}\right)}_{1} \cdot \underbrace{\exp\left(\frac{25 - T_{vj}}{47.6}\right)}_{2} \cdot \underbrace{\exp\left(\frac{1 - \left(1 - \frac{h}{44300}\right)^{5.26}}{0.143}\right)}_{3}$$

λ: FIT-Rate (Ausfälle in 10^9 h)
C_1, C_2, C_3: typspezifische Modellparameter
h: Betriebshöhe in m
Term 1 dieser Gleichung repräsentiert die Spannungsabhängigkeit der FIT-Rate,
Term 2 deren Temperaturabhängigkeit und
Term 3 die Abhängigkeit der FIT-Rate von der Betriebshöhe.

Als Faustregel ist mit einer Verdopplung der FIT-Rate je 1.000 m Höhe zu rechnen. Die Spannung V_{DC} in Term 1 repräsentiert die tatsächlich zwischen Kollektor und Emitter anliegende Spannung, d.h. die FIT-Rate sollte für die in den unterschiedlichen Betriebszuständen (inkl. dem Ausschalten) getrennt ermittelt und – nach deren Zeitanteilen gewichtet – aus den Einzelwerten addiert werden.

6.2.7 Grenzwerte der Luftfeuchte und Schutz gegen Betauung

Aus unterschiedlichen Gründen (z.B. Umweltbelastung bei der Fertigung, Recyclingfähigkeit, Minimierung thermisch mechanischer Belastungen, Gewichtssenkung) haben sich heute einschichtige Verguss- oder Coatingsysteme auf Basis von Silikongels zur elektrischen Isolierung auf der Oberfläche der DCB-Substrate durchgesetzt.

Feuchteunterschiede werden innerhalb dieser Vergusssysteme in beiden Richtungen ausgeglichen. So erfolgt die Diffusion von Wasserionen im Silikongel mit 0,04 mm/s bei 18°C bis 1 mm/s bei 100°C. Sättigungszustände werden z.B. bei Silikonschichtdicken von ca. 5 mm innerhalb von 5 Stunden erreicht.

Beispiel SKiiP3:

Mit einer Zeitkonstante von τ = 8 h sind nach 4 h Trocknungszeit noch 40% der Restfeuchte im Silikongel vorhanden.

Prinzipiell verursacht die Einlagerung von Wasserionen Veränderungen der Feldlinienverläufe in den Grenzschichten zwischen Halbleiter und Verguss, aber auch in der Fotoimid-Abdeckung der Chips. Elektrolytische Vorgänge sind ebenfalls nicht auszuschließen. Die meisten SEMIKRON Leistungsmodule sind gemäß EN 50178 für die Klimaklasse 3K3 nach EN 60721-3-3 und bezüglich der Luft- und Kriechstrecken für den Verschmutzungsgrad 2 nach EN50178 und EN 61800-5-1 dimensioniert.

Hiernach ist z.B. der Betrieb unter Einsatz- und Einbaubedingungen unzulässig, in denen Tropf- oder Kondenswasser auf das Leistungsmodul einwirkt. Betauung ist nur gelegentlich und außer Funktion, d.h. ohne anliegende Spannung, zulässig. Aus einer gelegentlichen Betauung resultierende Kondensatrückstände dürfen sich keinesfalls auf Grund häufiger Betauungs-/Trocknungszyklen unzulässig kumulieren.

Um Ausfälle der Leistungshalbleiter durch Betauung zu vermeiden, muss jeder Einsatzfall den klimatischen Bauteilspezifikationen Rechnung tragen. Betauung muss im Betrieb durch zusätzliche Maßnahmen, wie z.B. Stillstandsheizung, Klimaanlage, Durchlaufbetrieb, Kühlwassertemperaturregelung o.a. vermieden werden. Für Klimaklasse 3K3 hat der Betrieb an geschützten, keinesfalls der Witterung ausgesetzten Orten bei max. 85% relativer und 26 g/m³ absoluter Luftfeuchte zu erfolgen. Lt. dem Klimatogramm Bild 6.2.4 bedeutet dies, dass z.B. bei 40°C Umgebungstemperatur die relative Luftfeuchte kleiner als 50% sein muss.

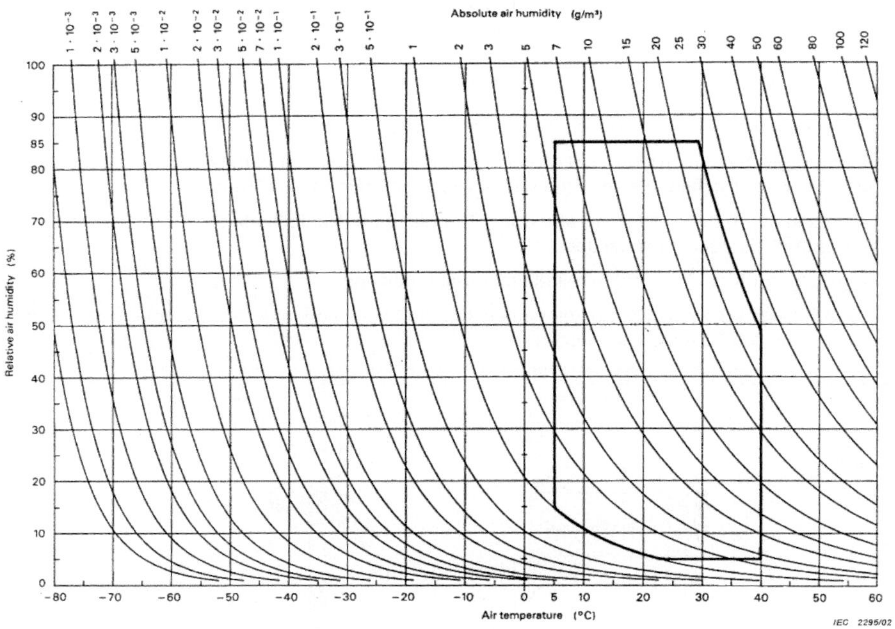

Bild 6.2.4 Klimatogramm mit den Größen Temperatur, relative und absolute Luftfeuchte; der dick umrahmte Bereich entspricht Klimaklasse 3K3 (Bild B.3 der EN 60721-3-3, ähnlich Bild A.7 der EN50178)

Die absolute Luftfeuchte verändert sich kaum mehr als um 1 g/m³ innerhalb von 24 Stunden (größere Änderungen sind nur nach Regen festzustellen). Wenn Geräte nicht dicht verschlossen sind findet Luftaustausch mit der Umgebung statt. Folglich ist „überall" die gleiche Luft mit der gleichen absoluten Luftfeuchte. Aufgrund unterschiedlicher lokaler Temperaturen variiert jedoch dort die relative Luftfeuchte, da die drei Größen Temperatur, absolute und relative Feuchte über das Klimatogramm miteinander verknüpft sind.

Beispiel:

Die absolute Feuchte beträgt bei 40°C Umgebungstemperatur und 20% relativer Luftfeuchte 10 g/m³ (der Graph durch den Punkt 40°C und 20% rel. Feuchte ist an der Oberseite des Diagramms entspechend beschriftet). Wird die Luft lokal auf 20°C abgekühlt, so steigt die relative Feuchte auf 58% an (Schnittpunkt des 10 g/m³-Graphen mit der 20°C-Linie). Um die zulässigen Klimabedingungen der Klasse 3K3 nicht zu verlassen, darf die Temperatur am spezifizierten Modul, z.B. durch Kühlung, nicht unter 13°C absinken (Schnittpunkt des 10 g/m³-Graphen mit der 85%-Feuchtelinie). Betauung setzt ein, sobald die Temperatur unter 11°C abkühlt (Schnittpunkt des 10 g/m³-Graphen mit der 100%-Feuchtelinie).

6.2.8 Schlussfolgerungen für die Gerätekonstruktion

An allen Geräteteilen kann bei entsprechenden Temperaturunterschieden zur Umgebungsluft Luftfeuchtigkeit kondensieren (Betauung); im Extremfall verbunden mit der Entstehung, Sammlung und Leitung von Tropfwasser zu feuchteempfindlichen Gerätekomponenten, wie z.B. den Leistungshalbleitern. Der notwendige konstruktive Aufwand zur Verhinderung feuchtebedingter Ausfälle ist abhängig von den klimatischen Einsatzbedingungen, für die das Gerät entwickelt wird. Möglichkeiten hierfür sind z.B.:

a) Gehäuse mit abgeschlossener, interner Luftzirkulation
- geschlossenes System (Schutzgrad mindestens IP65) mit Luft/Luft oder Wasser/Luft Wärmetauscher
- geschlossenes System mit Innenraumklimatisierung (Regelung von Lufttemperatur und Luftfeuchte)
- offenes System mit Zwangsbelüftung innerhalb des Gehäuses

In derartigen Systemen werden die Leistungshalbleiter entweder durch Flüssigkeit gekühlt oder ihre Kühlkörper befinden sich – durch eine Dichtung getrennt – außerhalb des Gehäuses.

b) Regelung der Kühlkörpertemperatur durch Regelung der Kühlluftzufuhr (Lüfterdrehzahl oder -einschaltdauer

c) Regelung der Innentemperatur mittels Innenraumheizung

Bild 6.2.5 zeigt schematisch die relevanten Konstruktionsmerkmale am Beispiel eines Schaltschrankes mit SKiiP-Leistungsmodulen.

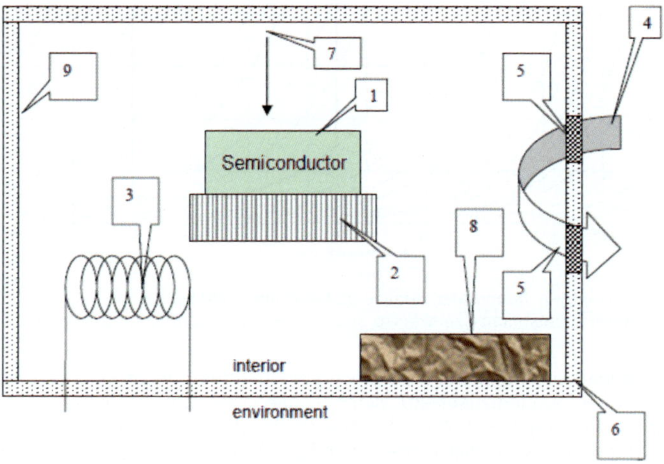

Bild 6.2.5 Konstruktionsdetails eines leistungselektronischen Schaltschrankes
1. vor Feuchte zu schützendes Leistungsmodul
2. kritische Zone: Kühlkörper, Kühlkörpertemperatur T1, z.B. mittels Zweipunktregler auf T1 ≥ T2 geregelt → Kondensationsgefahr wenn T1 < T2
3. Heizung: regelt Innenraumtemperatur auf T2 im zulässigen Betriebstemperaturbereich der Komponenten
4. Kühlluftzufuhr in den Schaltschrank (Regelung des Volumenstroms und der Luftfeuchte)
5. Luftein- und -auslass: Durch Luftleitmaßnahmen muss ggf. die Kaminwirkung abgeschwächt werden, um eine gleichmäßige Kühlluftverteilung zu sichern.
6. Gehäuse mit Schutzgrad min. IP54
7. von der Gehäusedecke tropfendes Tauwasser ableiten
8. optional: wasseraufnehmendes Granulat zur passiven Luftfeuchtessteuerung
9. kritische Zonen: Gehäusewände

In einem geschlossenen Gehäuse kann es an Oberflächen, die kälter als die Innenraumluft sind, zur Betauung bis hin zur Eisbildung kommen. Eine typische Situation, die Betauung hervorruft, ist der Abfall der Innenraumtemperatur, in dessen Konsequenz die relative Luftfeuchte im Innenraum 100% erreicht. An noch kälteren Oberflächen (z.B. Luftein- und -auslass, Gehäusewände, Kühlkörper) kondensiert dann die Luftfeuchte. Kriterium für den Aufwand zur inneren Ventilation sind die klimatischen Bedingungen für den Einsatz des Gerätes.

In Systemen mit geschlossenem Innenraum ohne aktive Luftfeuchteregelung kann die Innenluft bis zur Sättigung Wasser aufnehmen. Die absorbierbare Flüssigkeitsmenge wird durch das Innenluftvolumen begrenzt. Bei Temperaturänderungen setzt sich der Prozess fort oder kehrt sich um – die Feuchtigkeit kondensiert aus der Luft. Für solche Systeme ist u.U. der Einsatz von wasseraufnehmenden Granulaten zur Vermeidung von Betauung geeignet.

Die Temperaturänderung verursacht einen Druckausgleich. Um zu vermeiden, dass hierdurch weitere Luftfeuchte in das abgeschlossene System gelangt, können Lüftungsventile mit definiertem Feuchterückhaltevermögen (z.B. Gore-Prevent) eingesetzt werden.

Für geschlossene Systeme wird eine Temperaturregelung der Kühlkörper empfohlen. Um Schäden nach einem evt. Ausfall des Dichtsystems zu verhindern, sollte eine Überwachung der Innenraum-Feuchte erfolgen. Für den Einsatz unter tropischen oder anderen Bedingungen mit hoher Luftfeuchte werden Systeme mit aktiver Luftfeuchteregelung empfohlen.

Innerhalb von Schaltschränken ohne geschlossenem Innenvolumen entstehen durch die permanente Frischluftzufuhr Kondensationsbereiche. Diese müssen gezielt an Stellen verlagert werden, an denen Betauung, ggf. Eisbildung und Tropfwasser, keine schädlichen Auswirkungen haben. Die Temperatur kritischer Komponenten (Kühlkörper, Leistungshalbleiter, Leiterplatten, ...) muss bei Spannungsbeanspruchung stets höher als deren Umgebungstemperatur sein, was z.B. durch geeignete Vorheizmaßnahmen sowie eine geeignete Innenraumbelüftung und Luftverteilung erreichbar ist. Kondenswasser muss auf geeignete Weise geführt und abgeleitet werden.

Bei der Temperaturregelung von Kühlkörpern sind auch Übergangszustände, wie Schwachlast und der Wechsel von Standby- und Betriebszustand zu berücksichtigen, in denen die o.g. Forderung ggf. nur durch Verminderung der Kühlung erfüllbar ist. Während des Standby-Zustandes kann es sinnvoll sein, durch weitere Einspeisung der Hilfsspannungen und ggf. auch durch zusätzliche Heizung von Kühlkörpern und Innenraum das Temperaturniveau nicht zu weit absinken zu lassen.

6.3 Montage von Leistungsmodulen

6.3.1 Beschaffenheit der Montagefläche auf dem Kühlkörper

Um den notwendigen thermischen Kontakt zu gewährleisten und die in den Datenblättern angegebenen thermischen Übergangswiderstände zu realisieren, muss die Montagefläche des Kühlkörpers sauber und staubfrei sein sowie die an Bild 6.3.1 an einem Beispiel verdeutlichten Spezifikationen erfüllen:

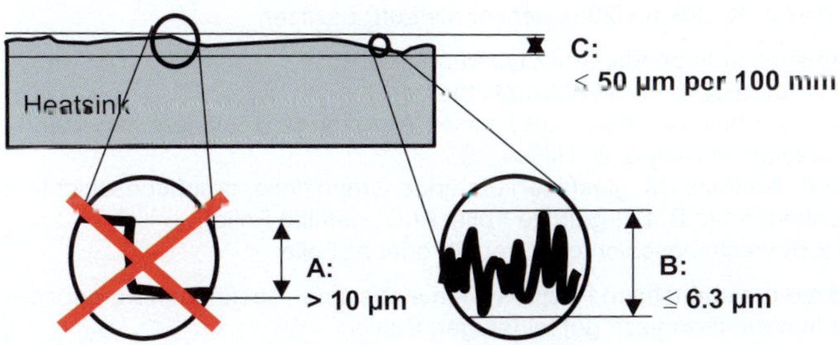

Bild 6.3.1 Mechanische Spezifikation der Montagefläche für Leistungsmodule (Beispiel)

	Unebenheit auf 10 cm	Rauhtiefe R_z	Absätze
	(DIN EN ISO 1101) A	(DIN EN ISO 4287) B	(DIN EN ISO 4287) C
Module mit Bodenplatte			
SEMITRANS	≤ 50 µm	≤ 10 µm	≤ 10 µm
SEMIPACK, SEMiX, SEMIPONT...4	≤ 50 µm	≤ 10 µm	≤ 10 µm
Module ohne Bodenplatte			
MiniSKiiP, SEMIPONT 5/6, SKiM4/5	≤ 50 µm	≤ 6,3 µm	≤ 10 µm
SKiM63/93	≤ 50 µm	≤ 10 µm	≤ 10 µm
SEMITOP	≤ 50 µm	≤ 6,3 µm	absatzfrei

Tabelle 6.3.1 Anforderung an die Kühlkörper/Montageoberfläche für SEMIKRON-Bauelemente

6.3.2 Thermische Kopplung Modul – Kühlkörper durch Wärmeleitmedien

Bei der Montage eines Leistungsmoduls auf eine Kühlfläche verbleibt aufgrund der Unebenheiten der beiden Montageflächen ein Spalt zwischen Modul und Kühlkörper. Da Luft mit einer spezifischen Wärmeleitfähigkeit $\lambda_{air} \approx 0{,}03$ W/m·K ein schlechter Wärmeleiter ist, muss dieser Spalt mit einem besseren Wärmeleiter gefüllt werden, vgl. Bild 6.3.2.

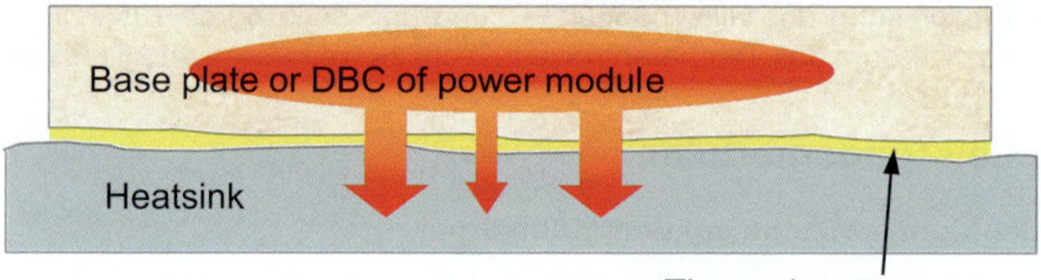

Bild 6.3.2 Wärmeübertragung Leistungsmodul - Kühlkörper mit Wärmeleitmedium

Hierzu sind unterschiedliche Koppelmaterialien verfügbar, die eine spezifische Wärmeleitfähigkeit im Bereich von $\lambda_{paste} \approx 0{,}5$ - 6 W/m·K (20x bis 200x besser als Luft) besitzen.

Grob lassen sich diese Materialien in folgende Grundtypen unterteilen:
- Pasten, z.B. Al_2O_3- oder Bornitrid(BN)-gefüllte Wärmeleitpasten,
- Übergangssysteme (phase changer), beruhend auf Phasenübergang (z.B. niederschmelzende Metallverbindung) oder Viskositätssprung (z.B. HiFlow™),
- Folien, elektrisch leitend (z.B. SoftfaceTM, glasfaserverstärkte Graphitfolie, graphitbeschichtete Al-Folie) und elektrisch nichtleitend (z.B. BN-gefüllte Folie, Al_2O_3-gefüllte Folie),
- kombinierte Systeme, wie z.B. wachsbeschichtete Graphit- oder Al-Folie.

Am weitesten verbreitet sind die preisgünstigen Pastensysteme aus einer fliesfähigen Komponente (z.B. Silikonöl), gefüllt mit feinem, thermisch gut leitfähigen Pulver.

Zur Einordnung der Wärmeleitfähigkeiten der Wärmeleitpaste in das Gesamtsystem sind in der nachstehenden Tabelle die spezifischen Wärmeleitfähigkeiten von Materialien aufgeführt, aus denen ein Leistungsmodul aufgebaut ist. Es wurde beispielhaft die Wärmeleitpaste P12 von Wacker-Chemie angenommen. Die aufgeführten R_{th} -Werte ergeben sich in Abhängigkeit von der modultypischen Wärmespreizung.

Material	Spezifische thermische Leitfähigkeit λ [W/(m·K)]	Dicke [µm]	Prozentualer Anteil am R_{th} eines SKiM-Moduls
Chip	106	120	2,92%
Chip Lot	57	70	3,65%
DCB (Kupfer)	394	300	1,94%
DCB (Al_2O_3)	24	380	32,91%
DCB (Kupfer)	394	300	1,31%
Wärmeleitpaste (WACKER P12)	0,81	30	57,26%

Tabelle 6.3.2 Materialeigenschaften und Anteil am Wärmewiderstand für Schichten eines SKiM-Modulaufbaus

Wie die Tabelle 6.3.2 zeigt, ist die Wärmeleitfähigkeit der Wärmeleitpaste recht schlecht im Vergleich zur Wärmeleitfähigkeit der anderen Bestandteile eines Leistungsmoduls. Der Anteil der Wärmeleitpaste am thermischen Widerstand $R_{th(j-s)}$ beträgt je nach Aufbau ca. 20-65%, deshalb sollte die Wärmeleitpastenschicht so dünn wie möglich und so dick wie nötig sein (Bild 6.3.3).

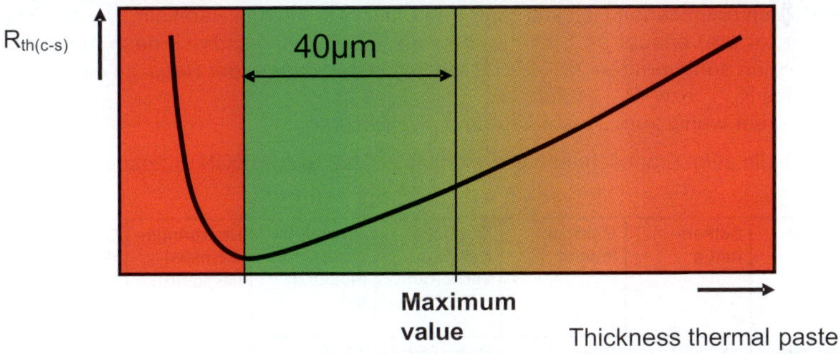

Bild 6.3.3 Abhängigkeit des thermischen Widerstands von der Wärmeleitpastenschichtdicke

Zu geringe Wärmeleitpastenschichtstärken führen zu verbleibenden Lufteinschlüssen zwischen der Modulunterseite und der Kühlkörperoberfläche und damit zu einem hohen thermischen Widerstand $R_{th(c-s)}$ bzw. $R_{th(j-s)}$. Nach Erreichen des Optimums steigt der thermische Widerstand $R_{th(c-s)}$ bzw. $R_{th(j-s)}$ mit zunehmender Wärmeleitpastenschichtstärke wieder an, da die spezifische Wärmeleitfähigkeit λ der Wärmeleitmedien – verglichen mit anderen Materialien eines Leistungshalbleitermoduls – sehr gering ist. Der Minimalwert ist bei jedem System (Modul auf Kühlkörper) unterschiedlich und muss in Tests definiert werden.

Je nach Modultyp sind in der jeweiligen „Mounting Instruction“ die Wärmeleitpastenschichtstärken und die Qualität der Oberflächenbeschaffenheit des Kühlkörpers beschrieben.

Empfohlene Wärmeleitpastendicken für SEMIKRON-Module mit Wärmeleitpaste (P12, Wacker-Chemie, silikonhaltig) und HTC (ELECTROLUBE, silikonfrei):

Module mit Bodenplatte					
SEMIPACK ca. 50 µm	SEMITRANS ca. 50 µm	SEMiX50... ca. 100 µm	SEMIPONT4 ca. 50 µm		
Module ohne Bodenplatte					
MiniSKiiP0 25...40 µm	MiniSKiiP1 35...50 µm	MiniSKiiP2 65...85 µm	MiniSKiiP3 45...65 µm	SEMIPONT5/6 50...55 µm	
SKiM4/5 40...60 µm	SKiM63/93 30...50 µm	SEMITOP1 20...25 µm	SEMITOP1 30...35 µm	SEMITOP3 50...55 µm	SEMITOP4 50...55 µm

Tabelle 6.3.3 Empfohlene Dicken der Wärmeleitpastenschicht für SEMIKRON-Module

Die von SEMIKRON empfohlene Wärmeleitpaste P12 liegt bezüglich der spezifischen Wärmeleitfähigkeit λ im unteren Bereich. Für die Verwendung dieser Wärmeleitpaste sprechen folgende Aspekte:

- R_{th}-Tests haben ergeben, dass die sich im Anwendungsfall einstellende Wärmeleitfähigkeit einer Wärmeleitpaste nicht nur von ihrer spezifischen Wärmeleitfähigkeit λ, sondern auch von ihrem inneren Aufbau abhängt. Je größer die in einer Wärmeleitpaste enthaltenen Füllstoffpartikel sind, desto höher ist die spezifische Wärmeleitfähigkeit. Die Partikelgröße der Füllstoffe gibt die Mindestschichtstärke vor, d.h. die Wärmeleitpastenschicht kann nicht dünner aufgetragen werden als die größten enthaltenen Partikel. Eine Paste mit sehr kleinen Partikeln, wie die P12 (Partikelgröße 0,04...4 µm) erlaubt an Stellen mit einem hohen Anpressdruck nach mehreren Temperaturzyklen einen annähernden „Metall-zu-Metall-Kontakt", was in der Regel zu einer starken Verringerung des $R_{th(c-s)}$ bzw. $R_{th(j-s)}$ führt.
- Die Paste neigt nur sehr wenig zum „Ausbluten" und „Austrocknen".

Die nachfolgende Tabelle zeigt Eigenschaften der wichtigsten, bei SEMIKRON untersuchten Wärmeleitmedien.

Bezeichnung; Hersteller	**Beschreibung**	**Silikonhaltig**	**elektrisch leitend**	**Mögliche Auftragsverfahren**	**Anwendbare Schichtdicken in µm**	**Übergangswärmewiderstand**	**Spezifische Wärmeleitfähigkeit λ W/(m*K) (Datenblatt)**
P12, Wacker	Paste, Füllstoff Al_2O_3	Ja	Nein	Rolle, Sieb-/Schablonendruck	10-100	+	0,81
HTC, Electrolube	Paste, Füllstoff AL_2O_3	Nein	Nein	Rolle, Sieb-/Schablonendruck	10-100	+	0,9
PSX-P8, Hala Contec GmbH	Phase-Change-Material, Aluminiumpulver	Nein	Nein	Rolle, Sieb-/Schablonendruck	10-100	+	3,4
Keratherm 86/50; Kerafoil	Folie, Füllstoff Bornitrid	Ja	Nein	Manuell (Hand)	120	-	2,9
Q2-Pad; Bergquist	Aluminiumfolie mit Graphitbeschichtung	Ja	Ja	Manuell (Hand)	152	-	2,5
TIC 1000 A, Bergquist	Paste, Füllstoff Al_2O_3	Ja	Ja	Rolle, Sieb-/Schablonendruck	15-100	O	1,5
TIC 4000, Bergquist	Paste, Füllstoff Flüssigmetall	Ja	ja	Rolle, Sieb-/Schablonendruck	ca. 100	+	4,0

Bezeichnung; Hersteller	**Beschreibung**	**Silikonhaltig**	**elektrisch leitend**	**Mögliche Auftragsverfahren**	**Anwendbare Schichtdicken in µm**	**Übergangswärmewiderstand**	**Spezifische Wärmeleitfähigkeit λ W/(m*K) (Datenblatt)**
KU ALC-5, Kunze	Phase-Change-Material Aluminiumfolie mit Wachsbeschichtung	Nein	Ja	Manuell (Hand)	ca. 76	O	220
KU ALF; Kunze	Phase-Change-Material Aluminiumfolie mit Wachsgrafitbeschichtung	Nein	Ja	Manuell (Hand)	ca. 76	+	220

Tabelle 6.3.4 Arten und Eigenschaften von Wärmeleitmedien (Wärmeleitpasten u.ä.)

Auftragen von Wärmeleitpaste

Neben der Einhaltung der empfohlenen Schichtstärken ist beim Aufbringen der Wärmeleitpaste darauf zu achten, dass die Wärmeleitpastenschicht gleichmäßig und homogen auf die Modulunterseite oder die Kühlkörperoberfläche auftragen wird. Inhomogenität der Wärmeleitpastenschicht (Extremfall: Auftragen eines oder mehrerer Wärmeleitpastenkleckse) kann zu Brüchen der DCB-Keramik oder lokalen Überhitzungen führen, wenn Bereiche mit Lufteinschlüssen zwischen Modulunterseite und Kühlkörperoberfläche verbleiben. Das gilt im besonderen für die Montage bodenplattenloser Module, da hier für transiente thermische Belastungen fast ausschließlich der Kühlkörper als thermische Kapazität wirksam ist.

Auftragen mittels Gummiroller

Der Auftrag von Wärmeleitpaste mittels Gummiroller kann zu ausreichenden Ergebnissen führen, wenn dieser Montageschritt von erfahrenen und für diesen Prozess sensibilisierten Mitarbeitern durchgeführt wird. Dieser Prozess bringt jedoch Nachteile wie Inhomogenität, mangelnde Reproduzierbarkeit und Verschmutzungsgefahr mit sich. Mittels eines harten Gummirollers ist der Modulboden oder die Kühlkörper-Auflagefläche vor der Montage des Leistungsmoduls auf den Kühlkörper homogen und möglichst dünn mit Wärmeleitpaste zu bestreichen, s. obenstehende Tabelle für SEMIKRON-Produktgruppen.

Schablonen- und Siebdruckverfahren

Beim Schablonendruckverfahren wird meist mit einer Edelstahlschablone und einer Edelstahlrakel auf das Modul oder den Kühlkörper gedruckt. Die „effektive" Wärmeleitpastenschichtstärke ergibt sich über das Verhältnis der gefüllten Fläche zur nicht gefüllten Fläche und der Höhe der aufgetragenen Dots, die über die Schablonendicke bestimmt wird.

Beim Siebdruckverfahren kommt meist das technische Gewebe „Monolen-PET" und eine Rakel aus Polyurethan mit einer Härte von 75 Shore zum Einsatz. Die Dicke des Garns und die Anzahl der Garne pro Längeneinheit bestimmen dabei die Wärmeleitpastenschichtstärke.

Im Schablonen- und Siebdruckprozess können bei automatischer Durchführung wesentlich bessere Ergebnisse als im Aufrollprozess erzielt werden. Erfolgt die Prozessdurchführung manuell, können jedoch auch hier größere Prozessschwankungen entstehen.

Messung der Wärmeleitpastenschichtdicke

Wärmeleitpastenschichtstärken können direkt oder indirekt ermittelt werden. Ein indirektes Verfahren ist beispielsweise eine Messung des Gewichtes der Wärmeleitpaste über eine Tara-Wägung mit einer geeigneten Waage. Direkte berührungslose Messungen der Wärmeleitpastenschicht können beispielsweise mit einem optischen Profilometer, wie z.B. den „µSCAN" von Nano Focus durchgeführt werden. Einfache Messgeräte, die die Wärmeleitpastenschicht direkt messen, jedoch teilweise zerstören sind z.B. Nassfilmmesskämme oder Nassfilmprüfräder.

Ein „Nassfilmmesskamm" (z.B. ZND 2050-2054 von Zehntner) verfügt am Rand über „Stützzähne" und „Messzähne", die von der Oberfläche definierte Abstände haben. Beim Ziehen des Kamms in horizontaler Richtung bei gleichzeitiger orthogonaler Ausrichtung des Kamms zur Oberfläche (Bild 6.3.4) verbleiben Pastenspuren an jenen Zähnen, die unterhalb der Oberfläche der aufgetragenen Pastenschicht liegen.

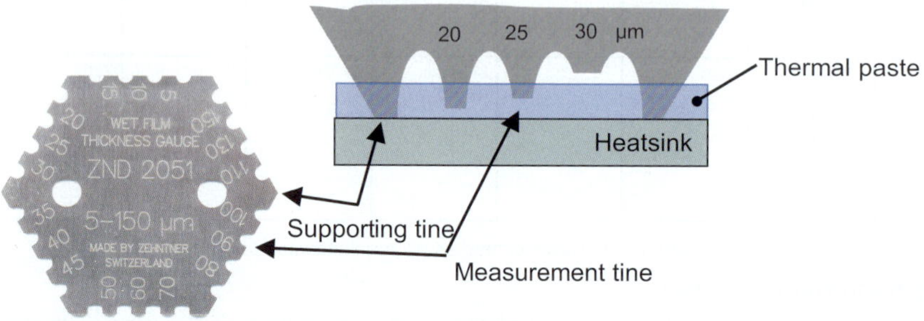

Bild 6.3.4 Prüfung der Wärmeleitpastenschicht mit einem Nassfilmmesskamm ZND 2050 – 2054

Bei Verwendung eines Nassfilmprüfrades (z.B. ZWW 2100-2108 von Zehntner, siehe Bild 6.3.5) können genauere Ergebnisse als bei Verwendung eines Nassfilmmesskammes erzielt werden. Das Messrad besteht aus zwei Stützscheiben, die an den Außenseiten sitzen, und einer Messscheibe, die sich zwischen den Stützscheiben befindet. Das Messrad wird über die mit Wärmeleitpaste bedruckte Oberfläche gerollt. Aus den Abdrücken auf der inneren Messscheibe lässt sich die Wärmeleitpastenschichtstärke ablesen.

Bild 6.3.5 Nassfilmprüfrad ZWW 2100-2108

Wärmeleitpastenaufdruck vom Herstellerwerk

Beginnend mit der Produktgruppe MiniSKiiP bietet SEMIKRON für ausgewählte Produkte ab Werk optional einen Wärmeleitpastenaufdruck an (Bild 6.3.6). Derzeit ist dieser Prozess für die Pasten P12 (Wacker-Chemie, silikonhaltig) und HTC (ELECTROLUBE, silikonfrei) qualifiziert.

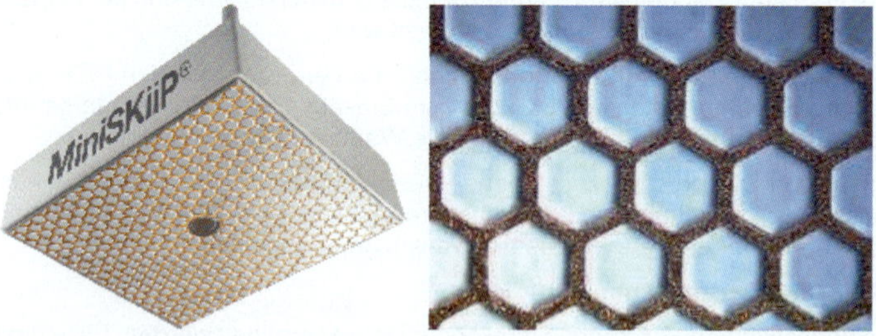

Bild 6.3.6 Ab Werk mit Wärmeleitpaste beschichteter MiniSKiiP

Mittels spezieller Blister (Bild 6.3.7) können die beschichteten Bauteile ESD-konform und ohne Beschädigung des Wärmeleitpastendrucks transportiert und bis zu 18 Monaten bei -25...+60°C und 10...95% Luftfeuchte gelagert werden; die Verarbeitung der MiniSKiiPs kann direkt aus den Blistern erfolgen.

Bild 6.3.7 Transport- und Lagerverpackung für beschichtete MiniSKiiP

6.3.3 Montage der Leistungsmodule auf der Kühlfläche

Zur Befestigung der Module sollen vorzugsweise DIN-Schrauben aus Stahl (Festigkeits-Klasse 4.8) sowie Unterleg- und Federscheiben oder komplette Kombischrauben verwendet werden, wobei die in den Produktdatenblättern angegebenen Drehmomentbereiche M_s einzuhalten sind. Das Anziehen der Schrauben muss gleichmäßig diagonal in mehreren Schritten bis zum vorgegebenen Drehmoment M_s erfolgen. Vorteilhaft ist es, wenn bei Modulen mit Bodenplatte die Schrauben nach einer Wartezeit von mehreren Stunden nochmals mit dem angegebenen Drehmoment nachgezogen werden, da z.B. ein Teil der Wärmeleitpaste durch den Auflagedruck herausquillt.

Nähere Angaben zu den mechanischen Dimensionen aller Befestigungselemente, Anzugsreihenfolgen und Anzugsmomenten sind in den jeweiligen, produktgruppenspezifischen „Mounting Instructions“ und „Technical Explanations“ enthalten, die z.B. unter www.semikron.com im Datenblattmenü der jeweiligen Produktgruppe zugänglich sind.

Bodenplattenlose Leistungsmodule sind gegenüber Modulen mit Bodenplatte deutlich sensibler gegenüber einer Verletzung der Montagevorschriften. Für einen Teil dieser Module wird deshalb in den „Mounting Instructions“ ein Anziehen der Befestigungsschrauben in 2 Schritten vorgeschrieben. Beim Einsatz automatischer Schrauber sollten diese eine maximale Umdrehungsgeschwindigkeit 250 min^{-1} haben und das vorgeschriebene Drehmoment sanft begrenzen (keine Drehmomentstöße, wie z.B. bei pneumatischen Schraubern). Nach der Montage sinkt aufgrund der Gehäuserelaxation und des Fließens des Koppelmediums das (Löse-) Drehmoment deutlich unter das Anzugsmoment ab. Ein nochmaliges Nachziehen ist bei bodenplattenlosen Modulen jedoch nicht zulässig.

6.3.4 Elektrische Anschlüsse

Bei den kundenseitig montierbaren, bodenplattenlosen Leistungsmodulen mit Druckkontakt (MiniSKiiP, SKiM) ist – wie auch bei Scheibenzellen – die elektrische Kontaktierung erst bei ordnungsgemäßer mechanischer Befestigung mit den vorgeschriebenen Anzugsmomenten gewährleistet. Weiterhin dürfen die elektrischen Anschlüsse erst nach der Montage (SKiM) bzw. mit der Montage (MiniSKiiP) auf die Kühlfläche mechanisch belastet werden.

Für Leistungsmodule mit Schraubanschlüssen sind die aus den Modulzeichnungen in den Datenblättern ersichtlichen, minimalen und maximalen Einschraubtiefen und die zulässigen Anzugsmomente M_t einzuhalten. Nähere Angaben zu den Anschlusselementen und weitere Vorschriften sind in den jeweiligen, produktgruppenspezifischen „Mounting Instructions“ und „Technical Explanations“ enthalten, die unter www.semikron,com im Datenblattmenü der jeweiligen Produktgruppe zugänglich sind. Hier sind auch produktgruppenspezifische Grenzwerte der zulässigen Krafteinwirkungen auf die elektrischen Anschlüsse in den 3 Richtungen des Koordinatensystems aufgeführt (Bild 6.3.8).

Bei den druckkontaktierten IGBT-Modulen SKiiP und SKiM besteht außerdem die Gefahr der unzulässigen Entlastung des Druckkontaktsystems, wenn es durch ungeeignete Anschlüsse zur Überschreitung der aufgeführten Kraftkomponenten kommt.

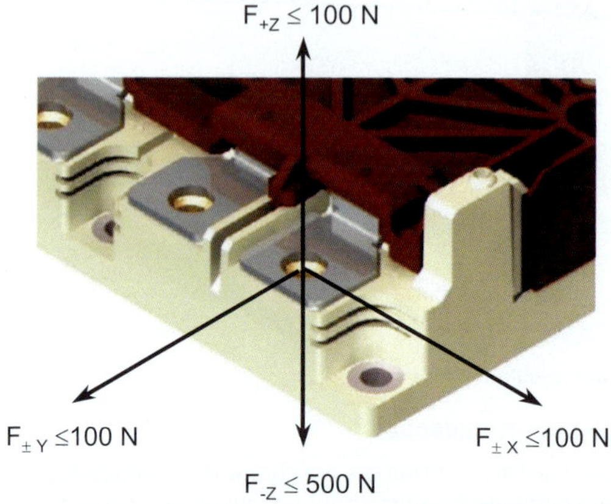

Bild 6.3.8 Zulässige Krafteinwirkungen auf die Anschlüsse eines Moduls SKiM63/93

Die DC-seitige Leistungsverschienung von IGBT- und MOSFET-Modulen sollte symmetrisch über laminare Zwischenkreise (busbars) erfolgen, um durch minimale Streuinduktivität eine geringe Belastung mit Schaltüberspannungen zu gewährleisten. Zur Verhinderung parasitärer Oszillationen ist es in den meisten Anwendungen vorteilhaft, an den DC-Anschlüssen (z.B. Kollektor TOP-IGBT/ Emitter BOT-IGBT) schaltfeste, induktivitätsarme Folienkondensatoren anzuordnen, vgl. Kap. 5.4.

Ansteueranschlüsse müssen prinzipiell – und im Besonderen bei IGBT- und MOSFET-Modulen – auf kürzestem Wege mit der Ansteuerschaltung verbunden werden, um Streuinduktivitäten zu minimieren sowie elektromagnetische Einkopplungen und Oszillationen zu vermeiden. Kabelverbindungen sind möglichst zu verdrillen (z.B. Gate- und Emitter-Anschlussleitung); eine parallele Führung von Ansteuerleitungen und Leistungsverschienung ist unbedingt zu vermeiden.

Kontaktierung der Federkontakte von MiniSKiiP, SEMiX und SKiM

Die Kontaktierung aller Anschlüsse (MiniSKiiP) oder der Steueranschlüsse (SEMiX, SKiM) erfolgt über Federkontakte auf eine Leiterplatte. Diese Leistungsmodule dürfen somit erst nach ordnungsgemäßer Verbindung von Leiterplatte und Modul elektrisch belastet werden (auch zu Prüfzwecken). Detaillierte Vorgaben zur Montage dieser Leiterplatten und dem Montagematerial sind in den „Mounting Instructions“ enthalten, Vorgaben zu Schraubendurchmessern, Einschraubtiefen und Anzugsmomenten auch in den Produktdatenblättern.

An die Leiterplatten zur Kontaktierung bestehen hauptsächlich folgende Anforderungen, s. auch jeweilige „Technical Explanations“ und „Mounting Instructions“:
- Leiterplattenmaterial z.B. FR4
- Leiterzugdicke entsprechend IEC 326-3
- Erprobte Leiterplattenoberflächen für die Kontaktpads sind z.B. Nickel Gold Flash (Ni Au) mit > 5 µm Ni, Hot Air Levelling Zinn (HAL Sn), Chemisch Zinn (Chem.I Sn), Zinn Blei (Sn Pb)
- Aufgrund der Unbeständigkeit der Passivierung wird der Einsatz von Leiterplatten mit OSP- (organic solderability preservatives) Passivierung zur Kontaktierung durch SEMIKRON nicht empfohlen.
- konsequent niederinduktives Layout (+/- Leiterzüge möglichst coplanar und mit größtmöglicher

Cu-Fläche, Gate- und Emitterleiterzüge möglichst parallel und eng aneinander
- Kontaktpads frei von Durchkontaktierungen („VIA"s)
- keine unzulässigen Zinnerhöhungen, welche die Federwirkung aufheben können (ggf. Abdeckung während des Schwalllötens)
- Kontaktpads frei von Rückständen an Lötstopplack, Flussmittel, Verschmutzung, Öl oder anderen Substanzen (Wird ein no-clean-flux Flussmittel verwendet, kann auf ein Waschen der Leiterplatte verzichtet werden.)
- entsprechend EN 50178 - A7.1.8.5 z.B. Einsatz von Einpresshülsen für Verbindungen von Leistungsanschlüssen mit der Leiterplatte, um Kontaktprobleme aufgrund des Fliesens des Leiterplattenmaterials zu vermeiden

Ausführung von Lötanschlüssen

Alle SEMIKRON-Leistungsmodule mit Lötanschlüssen sind schwalllötfähig.

Für die Lötanschlüsse sind die in den Datenblättern bzw. den „Mounting Instructions" enthaltenen Lötvorschriften zu beachten. Bei der Handlötung von Flachsteckanschlüssen (geerdetes Lötwerkzeug verwenden!) ist eine Löttemperatur

T_{solder} = 235 ± 5°C / ≤ 5 s einzuhalten.

Für die Anschlüsse der Leistungsmodule SEMIPONT 5 und 6 sowie SEMITOP und die Hilfsanschlüsse des SEMiX 33c ist eine maximale Löttemperatur T_{solder} = 260°C / ≤ 10 s zulässig. Für Maschinenlötung gibt SEMIKRON das in Bild 6.3.9 dargestellte Lötprofil vor. Während der Vorheizphase darf die höchstzulässige Lagertemperatur des Leistungsmoduls nicht überschritten werden. Die höchstzulässige Löttemperatur beträgt 260°C für max. 10 s.

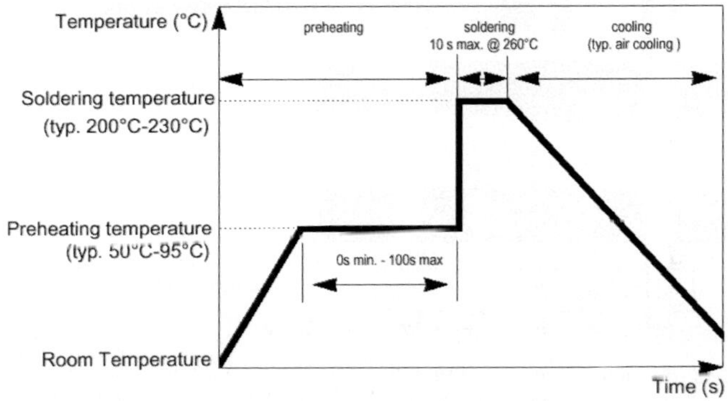

Bild 6.3.9 Lötprofil für SEMIKRON-Leistungsmodule

6.4 Montage von Scheibenzellen

Scheibengehäuse haben zwei Wärmeübertragungsflächen. Um die volle Strombelastbarkeit auszunutzen, werden sie normalerweise beidseitig gekühlt. Zu diesem Zweck werden sie mit Hilfe einer nachstehend beschriebenen Spannvorrichtung zwischen zwei meist gleichartige Kühlkörper eingespannt; bei geringerer Belastung ist auch einseitige Kühlung üblich.

Bei Scheibenzellen – wie auch bei Bauelementen in Schraubgehäuse – dient die Wärmeübertragungsfläche zugleich als elektrischer Kontakt zwischen Bauelement und Kühlkörper. Neben den thermischen müssen daher auch elektrische Anforderungen an die Kontaktflächen gestellt werden. Sie müssen eben und glatt sein (maximale Unebenheit 10 µm, maximale Rauhtiefe 6,3 µm). Einzelne Kerben oder Kratzer schaden nicht, solange keine Grate überstehen. Die Oberflächen müssen sauber und staubfrei sein.

Aluminium überzieht sich an Luft schon innerhalb weniger Minuten mit einer Oxidschicht. Diese Oxidhaut erhöht den elektrischen Kontaktwiderstand auf ein Mehrfaches und kann bei längerem Stromdurchgang zur Kontaktkorrosion führen. Daher müssen nicht galvanisch geschützte Aluminiumoberflächen des Kühlkörpers im Kontaktbereich direkt vor der Montage der Scheibenzelle mechanisch gereinigt werden. Dafür eignet sich eine in Wärmeleitpaste getauchte feine Drahtbürste oder ein Schmirgelschwamm (zum Beispiel „Scotchbrite" der 3MCompany). Die geschmirgelten Oberflächen werden sorgfältig von Schmirgelrückständen gereinigt und sofort hauchdünn mit Wärmeleitpaste ohne (isolierende) Pulverfüllung bestrichen, z.B. ELECTROLUBE GX.

Die Spannvorrichtung muss so ausgebildet sein, dass einer der beiden Kühlkörper sich beim Aufspannen frei bewegen kann. Zweckmäßigerweise wird daher eines der beiden Spannjoche als Kipplager (Berührung zwischen Kugel und Ebene) ausgebildet. Das zweite Spannjoch ist so an den zugehörigen Kühlkörper anzulegen, dass dieser sich beim Anziehen der Schrauben nicht durchbiegt.

Derjenige Kühlkörper, der mit der Spannvorrichtung das Kipplager bildet, muss frei beweglich sein. An ihm dürfen also keine starren mechanischen Verbindungen zu anderen Kühlkörpern oder Tragevorrichtungen befestigt sein. Als elektrische Verbindung dieses Kühlkörpers zur zugehörigen Stromschiene muss ein flexibles Kabel benutzt werden.
Bild 6.4.1 zeigt schematisch ein Ausführungsbeispiel für die Spannvorrichtung.

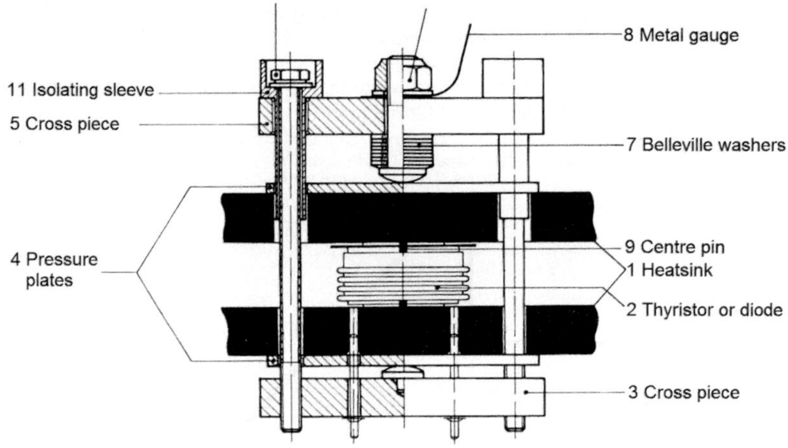

Bild 6.4.1 Montierte Scheibenzelle mit Spannvorrichtung MC

Für die als Zubehör zu einigen SEMIKRON-Scheibenzellen angebotenen Spannvorrichtungen MC gilt folgende Montagevorschrift:

Die Spannvorrichtung ist entsprechend der lt. Scheibenzellen-Datenblatt geforderten Anpresskraft auszuwählen. Zunächst müssen die Auflageflächen der Kühlkörper für das Bauelement und die Stromzuführung – wie bereits beschrieben - sorgfältig vorbehandelt werden. Bei galvanisch metallisierten Oberflächen genügt eine gründliche Reinigung mit einem Lösungsmittel. Anschließend wird auf beide Oberflächen eine dünne Schicht Wärmeleitpaste aufgetragen, ggf. mittels Gummiwalze. Jede Kontaktfläche wird nun auf der Auflagefläche der zugehörigen Kühlkörperhälfte mit der Hand unter gleichzeitigem Andrücken hin- und hergedreht. Dazu werden die Zentrierstifte (9) eingesetzt. Nach dem Abheben vom Kühlkörper müssen die Oberflächen gleichmäßig mit Paste bedeckt sein. Andernfalls muss leicht nachgefettet werden.

Danach wird die Spannvorrichtung so aufgesetzt, dass der Spannbalken (5) mit der Druckplatte (4) und den Spannschrauben (10) oben liegt. Von unten wird der Spannbalken (3) mit seiner Druckplatte (4) eingesetzt, und die beiden Spannschrauben (10) werden gleichmäßig so weit angezogen, bis sich ein leichter Widerstand bemerkbar macht. Jetzt wird kontrolliert, ob beide Spannbalken (3) und (5) parallel sind. Hierfür genügt es, die Längen der beiden, durch den Spannbalken (3) ragenden Schraubenenden zu messen. Sie müssen gleich lang sein. Nun werden die beiden Spannschrauben (10) wechselweise angezogen, bis sich das Kontrollblech (8) leicht bewegen lässt. Stärker dürfen die Spannschrauben auf keinen Fall angezogen werden, um nicht die zulässige Anpresskraft zu überschreiten. Aus demselben Grund darf die Vorspannmutter (6) des Tellerfedernpakets (7) niemals verdreht werden. Das Kontrollblech (8) ist gegen Herausfallen gesichert.

Alternativ zu solchen – kundenseitig montierbaren – Spannvorrichtungen werden innerhalb der Produktgruppe SEMISTACK (s. Kap. 5.5) mechanisch einfachere Spannsysteme eingesetzt, die nur unter einer Presse mit Kraftmesseinrichtung montierbar sind. Diese Spannsysteme sind nicht für einen Wechsel der Scheibenzelle durch den Kunden geeignet.

7.1.1 Programmteile

Dem Nutzer stehen 4 verschiedene Werkzeuge rund um die Halbleiterauslegung zur Verfügung, eine Übersicht ist in folgender Tabelle gegeben.

Im „Step by Step“ design wird durch Nutzervorgaben Schritt für Schritt die leistungselektronische Schaltung spezifiziert und anschließend thermisch berechnet. Dies ist das Tool mit den meisten Freiheitsgraden und Einflussmöglichkeiten zur Berechnung.	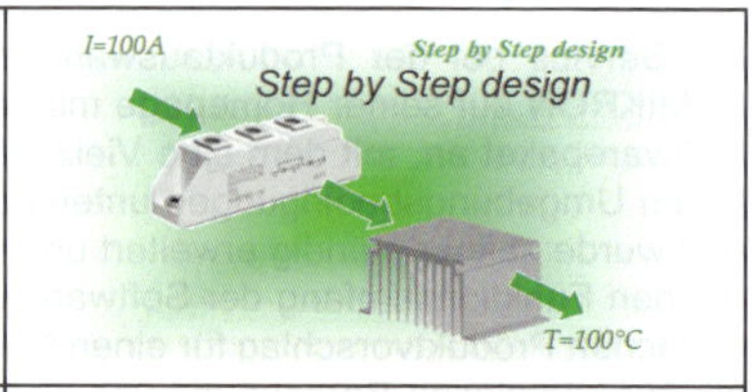
Mit dem “Device Proposal” kann man sich eine Anzahl geeigneter Bauelemente für einen gewählten Nennarbeitspunkt vorgeben lassen.	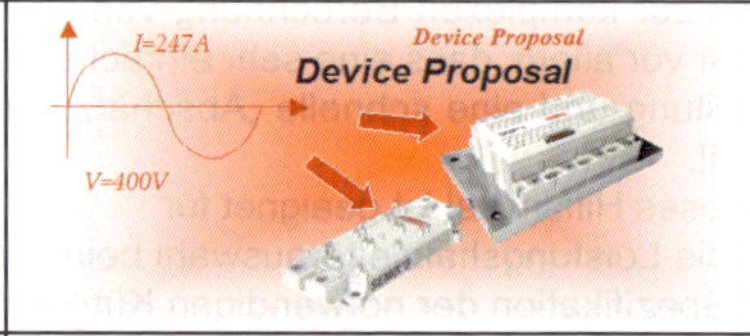
„DriverSel“ ist ein Auswahltool für einen geeigneten SEMIKRON IGBT-Treiber. Bei der Auswahl werden Schaltfrequenz, Gateladung, Spitzen- und Mittelwert des Treiberstroms sowie die IGBT-Sperrspannung berücksichtigt.	
Mit dem Programmteil „Stacksel“ kann die Eignung vorgefertigter Aufbauten aus Leistungshalbleitern und Kühleinrichtung (Stacks) aus den SEMIKRON Solution Centres untersucht werden.	

Tabelle 7.1.2 Programmteile des Softwarepakets SemiSel

7.1.2 Bedienung

Ein Programmablaufplan für das meistgenutzte Programmteil zur schrittweisen Schaltungsbeschreibung ist in Bild 7.1.1 dargestellt.

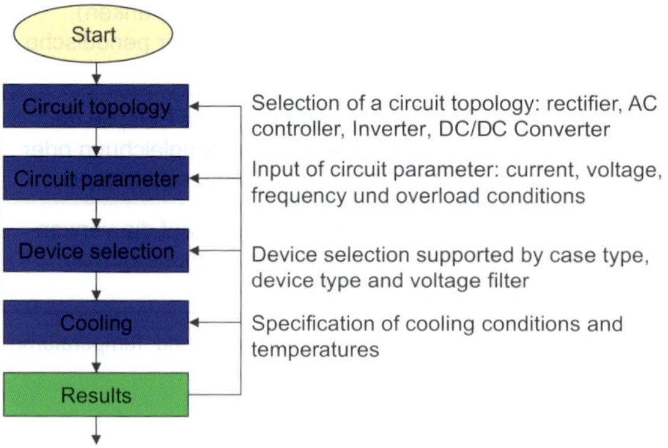

Bild 7.1.1 Programmablaufplan des Programmteils „Step by Step“

Der Nutzer kann zwischen 14 verschiedene Topologien die für seine Anwendung zutreffende Schaltung wählen. Skizzen der Schaltungstopologie unterstützen die Auswahl. In den nächsten Schritten sind die elektrischen Parameter der Schaltung einzugeben, ein geeignetes Bauelement zu selektieren und Kühlbedingungen zu spezifizieren. Für diese Bedingungen werden die Verluste und Chiptemperaturen für das gewählte Bauelement berechnet. Bei Änderungswünschen kann wieder auf die Eingabeseiten zurückgesprungen werden und eine Neuberechnung durchgeführt werden.

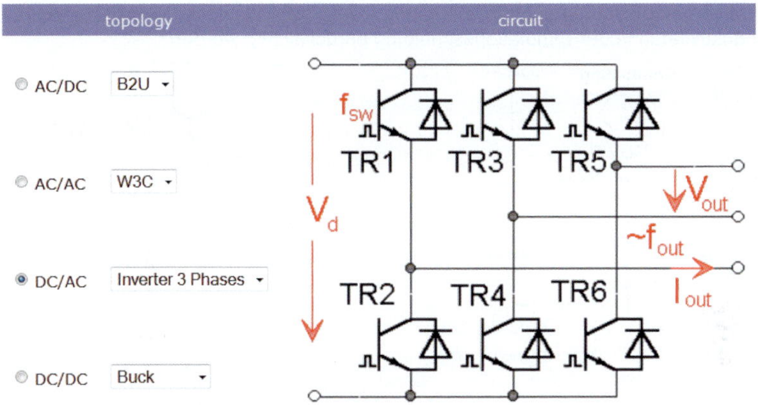

Bild 7.1.2 Auswahl der Schaltungstopologie – hier dreiphasiger Wechselrichter

Mit Ausnahme der Treiberauswahl sind die anderen Programmteile ähnlich aufgebaut, nur entfallen bei diesen durch Vordefinitionen und Vereinfachungen Eingabemasken und es kann gleich zur Berechnung übergegangen werden. Dem Anwender steht eine umfangreiche Hilfedatei zur Verfügung, die ihn bei der Bedienung unterstützt. Weitere Einsatzhinweise und Details zur Verlustleistungs- und Temperaturberechnung für einzelne Schaltungen wurden in den Kapiteln zur Auslegung von Leistungstransistoren (Kap. 5.2) und Gleichrichterbauelementen (Kap. 4.1) gegeben.

7.2 Halbleitermodelle

Dieses Kapitel befasst sich mit Halbleitermodellen für die elektrische Schaltungssimulation. Vor der Suche nach geeigneten Modellen ist immer die Frage zu beantworten: Welche Eigenschaften muss mein Modell besitzen, um die gestellte Simulationsaufgabe zu erfüllen?

- Analyse der Funktionsweise einer Schaltung: ideale Schaltermodelle
- Bestimmen von Verlusten und Temperaturen: statische Modelle und Zustandsmodelle
- Untersuchung von einzelnen Schaltvorgangen: halbleiterphysikalisches Modell und Verhaltensmodelle

7.2.1 Statische Modelle

Dies sind Schaltermodelle, denen eine statische Kennlinie zugeordnet werden kann. Die Ansteuerung erfolgt über logische Signale. Diese Modelle sind zur Analyse der Schaltungsfunktionsweise und zur Verlustleistungsberechnung in niederfrequenten Schaltungen (z.B. Netzgleichrichter) geeignet. Typische Kennlinienformen für die Durchlasskennlinien der Halbleiter sind:

- Ersatzgerade
- Exponentialfunktion (mit Serienwiderstand)
- Quadratische Funktion
- Tabellen mit abgelegten Messpunkten

7.2.2 Zustandsmodelle

Für einfache Verlustleistungs- und Temperaturberechnungen kann das Online-Simulationstool SemiSel genutzt werden. Bei Notwendigkeit können aber auch einfach aus Datenblattangaben Zustandsmodelle erstellt werden. Diese Modelle nutzen statische Kennlinien und Gleichungen bzw. „Look-up tables“ für Schaltverluste und Schaltzeiten. Sie sind für alle Simulatoren geeignet, welche Zustandsgraphen unterstützen [81], [82], [83]. Auf Anfrage unterstützt SEMIKRON die Anwender gern bei der Zusammenstellung der Datensätze für die Modelle. Die Modelle sind nicht geeignet um Schaltvorgänge zu untersuchen, sie haben ideale Schaltflanken, deshalb dürfen keine parasitären Induktivitäten in der Simulationsschaltung berücksichtig werden.

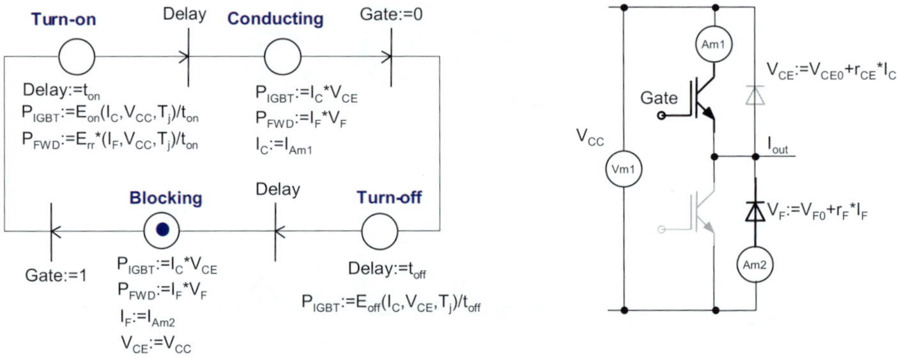

Bild 7.2.1 Halbleitermodellierung mit Zustandsmodellen; a) Zustandsbeschreibung; b) Elektrische Ersatzschaltung

Ein solches Modell besteht aus einem „idealen“ Schalter mit einem logischen Ansteuersignal („Gate=1/0“ in Bild 7.2.1), für den in 4 verschiedenen Zuständen die Verlustleistungen berechnet werden. Im dargestellten Beispiel haben die Zustände (Kreise) die Namen der IGBT-Schaltzustände. Wird eine Übergangsbedingung (Strich) wahr, z.B. wenn das Signal „Gate=1“ gesetzt wird, wandert der markierte, aktive Zustand zum nächsten. Im Beispiel würde der Marker vom Zustand „Blocking“ zum Zustand „Turn-on“ wandern. Während dieses Zustandes werden Schaltverluste verursacht, in dem Fall Einschaltverluste für den IGBT und Ausschaltverluste für die Diode. Nach einer Verzögerungszeit „t_{on}“ wandert der Marker in den nächsten Zustand „Conducting“ in dem Leitverluste entstehen. Diese werden fortlaufend aus dem Schaltungsstrom und der Durchlassspannung des IGBT berechnet. Die Durchlassspannung kann in Form einer Kennlinie oder mit Hilfe einer Ersatzgerade abgelegt oder dem Bauelement zugeordnet werden. Wird das Ansteuersignal auf „0“ gesetzt, geht das Bauelement in den Zustand „Turn-off“ über, in dem Ausschaltverluste entstehen. Nach einer Verzögerungszeit t_{off} geht der IGBT wieder in den Ausgangszustand „Blocking“ über, in dem die Leitverluste der Diode berechnet werden. Damit ist der Schaltzyklus abgeschlossen. Die Schaltverluste können ebenfalls als Kennlinie abgelegt werden und für die aktuellen Schaltungsparameter ausgelesen werden. Im einfachen Fall werden die Gleichungen der Schaltenergien aus Kapitel 5.2.1 verwendet, da die Abhängigkeiten von der Sperrschichttemperatur und der Zwischenkreisspannung nicht als Kennlinien im Datenblatt verfügbar sind.

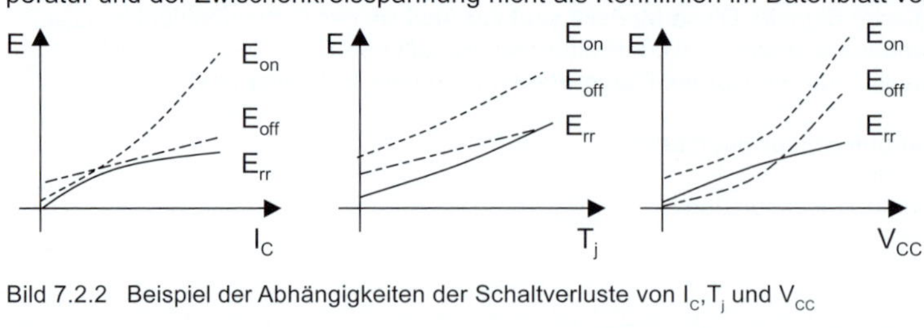

Bild 7.2.2 Beispiel der Abhängigkeiten der Schaltverluste von I_C, T_j und V_{CC}

Mit den berechneten Verlusten können dann Stromquellen der thermischen Ersatzschaltungen gespeist werden (Bild 7.2.3). Die Widerstände entsprechen den R_{th}-Werten der thermischen Impedanzen. Die Kapazitäten werden aus $C_{th} = \tau/R_{th}$ berechnet. Die Temperatur wird wiederum auf die Schaltungsparameter zurückgekoppelt und beeinflusst Schaltverluste und Durchlassspannung der Modelle. Für den PWM-Wechselrichter ist die Berechnung der Verluste und Temperaturen für einen IGBT und eine Diode wegen der symmetrischen Verhältnisse ausreichend.

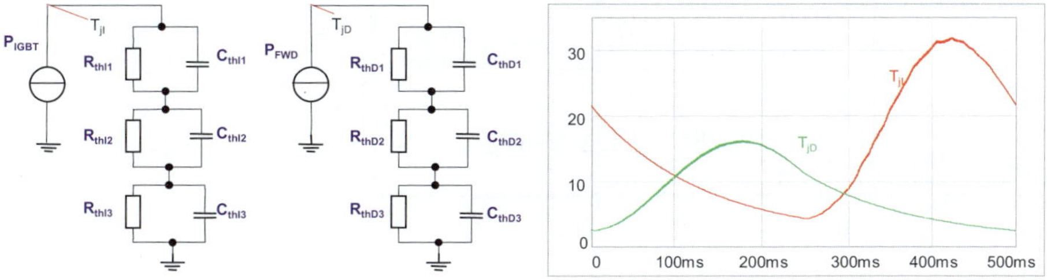

Bild 7.2.3 Thermische Ersatzschaltung und Beispiel für den berechneten Temperaturverlauf eines PWM-Wechselrichters bei 2 Hz Ausgangsfrequenz

7.2.3 Physikalisch-basierte und Verhaltensmodelle

Beide Modellvarianten erheben den Anspruch, das Schaltverhalten in Abhängigkeit der Ansteuer- und Lastbedingungen wirklichkeitsnah wiederzugeben. Sie sind vor allem geeignet, einzelne Schaltvorgänge zu untersuchen. Wegen der Unterschiede in den Zeitdomänen (einige 10^{-9} s für einen Schaltvorgang ↔ Erwärmung in 100 s) sind diese Modelle nicht geeignet um Erwärmungsvorgänge zu simulieren. Selbst einige Perioden einer Umrichterausgangsfrequenz erfordern schon erhebliche Rechenzeiten.

Während physikalische Modelle auf Gleichungen der Halbleiterphysik zurückgreifen, beschreiben die Verhaltensmodelle die Halbleiter eher in Form einer Blackbox. Mischformen in allen Ausbaustufen sind auch denkbar. Für die halbleiterphysikalischen Modelle ist das Hauptproblem die Parametergewinnung, so dass sie für den Anwender meist recht unhandlich sind. Sie bieten den Vorteil, dass sie über einen großen Arbeitsbereich gültige Ergebnisse liefern. Verhaltensmodelle sind leichter mit Datenblattwerten und gemessenen Schaltvorgängen zu parametrisieren, aber dafür meist nur für einen beschränkten Gültigkeitsbereich. Für beide Modelle gilt, dass das Schaltverhalten wesentlich durch parasitäre Elemente (L_S) aus der Umgebung der Halbleiter mitbestimmt wird. Die Güte der Modelle ist deshalb nur so gut wie es gelingt auch die (Gehäuse)-Elemente mit zu modellieren.

Ein Beispiel für ein Verhaltensmodell ist in Bild 7.2.4 dargestellt [84]. Das statische Verhalten wird mit Hilfe zweier Kennlinien, der Sättigungskennlinie und der Transferkennlinie nachgebildet. Die Sättigungskennlinie ist der Diode D1 zugeordnet und verursacht den Spannungsabfall V_{CE}–f(I_C). Die Transferkennlinie steuert die Stromquelle parallel zu D2 in Abhängigkeit der angelegten Gatespannung. In dem Maße wie die Gate-Emitterkapazität C_{GE} über das Gate geladen oder entladen wird, steigt und sinkt auch der Strom im IGBT. Wichtigstes Element für die Modellierung des dynamischen Verhaltens ist die nichtlineare Millerkapazität, die für die Rückkopplung der Kollektor-Emitterspannung auf das Gate sorgt.

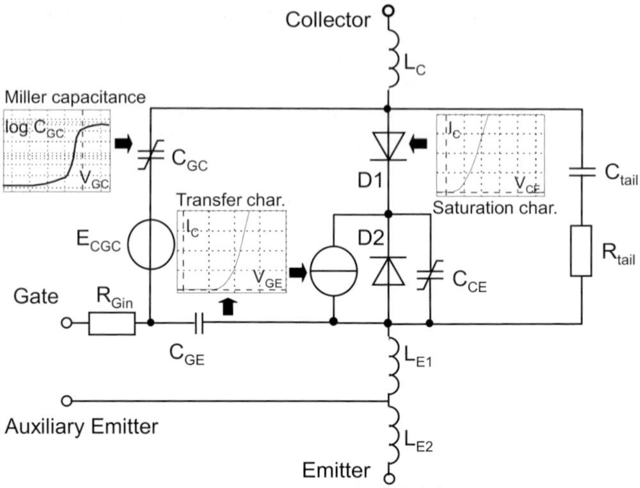

Bild 7.2.4 Beispiel für ein IGBT-Verhaltensmodell mit Ersatzschaltelementen [84]

Die Modelle lassen sich immer für bestimmte Arbeitspunkte optimieren, so dass sie Schaltzeiten und Schaltverluste richtig wiedergeben. Sie beschreiben aber nicht in ausreichender Güte das Schaltverhalten unter beliebigen Schaltungsbedingungen bis hin zu Störfällen, so dass der hohe Modellierungsaufwand nicht gerechtfertigt ist. Hinzu kommt, dass für die aktuellen Trench-IGBT-Generationen noch keine speziell angepassten Modelle existieren, sich aber das Schaltverhalten doch erheblich von der Vorgängergeneration der NPT-IGBT unterscheidet. Aus diesem Grund bietet SEMIKRON gegenwärtig keine derartigen Halbleitermodelle für Schaltungssimulatoren an.

Literaturverzeichnis

[AN1] AN-7006: IGBT Peak Voltage Measurement and Snubber Capacitor Specification; www.semikron.com

[AN2] AN-8003: SEMIKUBE B6CI USER MANUAL, SEMIKUBE selection guide; www.semikron.com

[AN3] AN-7002: Connection of Gate Drivers; www.semikron.com

[AN4] AN-9001: IGBT4 and free wheeling diode CAL4 in IGBT modules; www.semikron.com

[AN5] AN-7003: Gate Resistor; www.semikron.com

[AN6] AN-7004: IGBT Driver Calculation; www.semikron.com

[1] Backlund, B.; Rahimo, M.: „High Voltage Bipolar Semiconductor Technologies“, Bodo's Power Systems, 12/2009, pp. 34-36

[2] Kaminski, N.: „State of the Art and the Future of Wide Band-Gap Devices“, EPE 2009, Conference Proceedings

[3] Majumdar, G.; Oomori, T.: „Some key researches on SiC device technologies and their predicted advantages“, EPE 2009, Conference Proceedings

[4] Silber, D.; Novak, W.-D.; Wondrak, W.; Thomas, B.; Berg, H.: „Improved Dynamic Properities of GTO-Thyristors and Diodes by Proton Implantation“, Electron Device Meeting, 1985

[5] Lutz, J.; Scheuermann, U.: „Advantages of the New Controlled Axial Lifetime Diode“, PCIM Europe 1994, Conference Proceedings

[6] Lutz, J.: „Axial Recombination Center Technology for Freewheeling Diodes“, EPE 1997, Conference Proceedings

[7] Lutz, J.: „The Freewheeling Diode -No Longer the Weak Component“, PCIM Europe 1997, Conference Proceedings

[8] Weber, A.; Galsterer, N.; Tsyplakow, E.: „A New Generation of Asymetric and Reverse Conducting GTOs and Their Snubber Diodes”, PCIM Europe 1997, Conference Proceedings

[9] Baliga, B.J.: „Analysis of a High Voltage Merged p-i-n/Schottky (MPS) Rectifier“, IEEE El. Dev. Letters Vol. Edl.-8, No.9 (1987)

[10] Hall RN, “Power rectifiers and transistors”, Proc IRE 40, 1512-1518 (1952)

[11] Schlangenotto H, Gerlach W: „On the effective carrier lifetime in psn-rectifiers at high Injection levels”, Solid-State-Electronics Vol 12, pp 267-275 (1969)

[12] Baliga, B.J.: „Modern Power Devices“, John Wiley & Sons, Inc., New York, 1987

[13] Wolley, E.D.; Bevaqua, S.F.: „High speed, soft recovery epitaxial diodes for power inverter circuits“, IEEE IAS Meeting Digest; 1981

[14] Silber, D.: „Leistungsbauelemente: Funktionsprinzipien und Entwicklungstendenzen“, ETG-Fachtagung „Bauelemente der Leistungselektronik und ihre Anwendungen“, Bad Nauheim 1998, Proceedings, pp. 9-25

[15] Satoh,K.; Takahashi, T.; Fujii, H.; Yoshino, M.; Donlon, J.F.: „New chip design technology for next generation power module“, PCIM Europe 2007, Conference Proceedings

[16] Bayerer, R.: „Higher Junction Temperature in Power Modules – a demand from hybrid cars, a potential for the next step increase in power density for various Variable Speed Drives“, PCIM Europe 2008, Conference Proceedings

[17] Lutz, J.; Schlangenotto, H.; Scheuermann. U.; DeDoncker, R.: „Semiconductor Power Devices“, Springer Verlag Berlin Heidelberg 2011, ISBN 978-3-642-11124-2

[18] Rusche, W.: „Die vierte IGBT-Generation. Moderne IGBT ermöglichen Energieeinsparungen bei industriellen Anwendungen", www.elektroniknet.de

[19] Dewar, S.; Linder, S.; von Arx, C.; Mukhitinov, A.; Debled, G.: „Soft Punch Through (SPT) – Setting new Standards in 1200V IGBT", PCIM Europe 2006, Conference Proceedings

[20] Cammarata, M.; Kopta, A.; Rahimo, M.; Klaka, S.; Richter, F.; Geissman, S.: „1200V SPT+ IGBT and Diode chip-set for high DC-link Voltage applications", PCIM Europe 2009, Conference Proceedings

[21] IGBT Modules Application Note: The 5th Generation IGBT Chip, Mitsubishi 12/2007

[22] Takeda, T.; Kuwahara, M.; Kamata, S.; Tsunoda, T.; Imamura, K.; Nakao, S.: „1200V trench gate NPT-IGBT (IEGT) with ecxellent low on-state voltage", ISPSD 1998, Conference proceedings

[23] Eckel, H.-G.: „Potential of Reverse Conducting IGBT in Voltage Source Inverters", PCIM Europe 2009, Conference Proceedings

[24] Buonomo, S.; Crisafulli, V.; VItale, G.; Nania, M.; Scollo, R.: „ESBT® Technology in Industrial Converters: the best way to cut your losses", PCIM Europe 2008, Conference Proceedings

[25] Kapels, H.; Schmitt, M.; Kirchner, U.; Aloise, G.; Bjoerk, F.: „New 900V Voltage Class for Junction Devices – A New Horizon for SMPS and renewable energy applications", PCIM Europe 2008, Conference Proceedings

[26] Stengl, J.P.; Tihanyi, J.: „Leistungs-MOS-FET-Praxis", Pflaum Verlag München, 2. Auflage, 1992

[27] Gillberg, J.: „Mixed Signal and Power Integration Packaging Solutions", Bodo´s Power Systems, 10/2009, pp. 32-34

[28] Lutz, J.; Reimann, T.: „Advanced Design with MOSFET and IGBT Power Modules", Tutorial, PCIM Europe 2007, Conference Proceedings

[29] Siemieniec, R.; Hirler, F.; Geissler, D.: „Space-saving edge-termination structures for vertical charge compensation devices", EPE 2009, Conference Proceedings

[30] Eisele, R.; Rudzki, J.; Kock, M.: „Pressure Sintering for Thermal Stack Assembly", PCIM Europe 2007, Conference Proceedings

[31] Rudzki, J.: „Aufbaukonzepte für die Leistungselektronik mit der Niedertemperatur-Verbindungstechnik", Diss., VDI Verlag, Düsseldorf, 2006, ISBN 3-18-337621-0

[32] Eisele, Migdalek, Rabsch, Rudzki: „Reliable Chip Contact Joining", PCIM Europe 2009, Conference Proceedings

[33] Sleven, M.; Luniewski, P.: „Wind Turbine Inverter Technology – the Quest for increased reliability", Power Systems Design Europe, 09/2009

[34] Chandler, G.; Zimmer, J.: „SOD substrates: The next Stepp in electronics thermal managment", Workshop on thermal managment, Palo Alto USA, 09/2006

[35] Mitsubishi IGBT manual 2009, http://www.mitsubishichips.com/Global/files/manuals/igbt_note_e.pdf

[36] Maruta, A.; Tabata, M.: „2500A/1200V Dual IGBT Module", PCIM Europe 2009, Conference Proceedings

[37] Konrad, S.: „Ein Beitrag zur Auslegung und Integration spannungsgespeister IGBT-Wechselrichter", Diss. TU Ilmenau 1997, Verlag ISLE, ISBN 3-932633-09-1

[38] Klotz, F.: „Leitungsgebundene elektrische Störemissionen von Leistungshalbleitertopologien", Diss. TU Ilmenau 1997; Verlag ISLE, ISBN 3-932633-00-8

[39] Zeller, H.: „High power Components", PCIM Europe 1998, Conference Proceedings

[40] Setz, T.; Lüscher, M.: Application note „Applying IGCT", www.abb.com/semiconductors

[41] Mitsubishi Datasheet MG400V1US51A, http://www.mitsubishichips.com/Global/

[42] Wolfgang, E.: ECPE Workshop „Semiconductor Robustness -What Kills Power devices", Munich, 06/2009

[43] ZVEI, Handbook for Robustness Validation of Semiconductor Devices in Automotive Applications, http://www.zvei.org/

[44] Lang, F.; Scheuermann, U.: „Reliability of spring pressure contacts under environmental stress", European Symposium on Reliability of Electron Devices, Failure Physics and Analysis 2007, Proceedings Microelectronics Reliability

[45] Slade, P. G.: „Electrical contacts: principles and application", Marcel Dekker, Inc. 1999, pp. 343-345

[46] Lang, F.; Scheuermann, U.: „Spring Pressure Contacts for Flexible Reliable Interconnections in Power Modules", PCIM China 2009, Conference Proceedings

[47] Lutz, J. u.a.: „Power cycling induced failure mechanisms in the viewpoint of rough temperature environment", CIPS 2008, Conference Proceedings

[48] Amro; Lutz; Lindemann: „Power Cycling with High Temperature Swing of Discrete Components based on Different Technologies", Power Electronics Specialists Conference 2004 (PESC04), Aachen, Conference Proceedings

[49] Ramminger, S.; Seliger, N.; Wachutka, G.: „Reliability Model for Al Wire Bonds subjected to Heel Crack Failures", Microelectronics Reliability 40 (2000)

[50] Eicher, S.; Rahimo, M.; Tsyplakov, E.; Schneider, D.; Kopta, A.; Schlapbach, U.; Carroll, E.: „4.5kV Press Pack IGBT Designed for Ruggedness and Reliability", IAS Annual Meeting 2004, Seattle, Conference Proceedings

[51] Hamidi, A.; Kaufmann, S.; Herr, E.: „Increased Lifetime of Wire Bond Connections for IGBT Power Modules", IEEE Applied Power Electronic Conference and Exhibition (APEC), Anaheim, 2001, Conference Proceedings

[52] Held, M.; Jacob, P.; Nicoletti, G.; Scacco, P.; Poech, M.H.: „Fast Power Cycling Test for IGBT Modules in Traction Application", Power Electronics and Drive Systems 1997, Conference Proceedings

[53] Bayerer, R.; Herrmann, T.; Licht, T.; Lutz, J.; Feller, M.: „Model for Power Cycling lifetime of IGBT Modules – various factors influencing lifetime", CIPS 2008, Conference Proceedings

[54] Pfeiffer, W. (Hrsg.): „Isolationskoordination in Niederspannungsanlagen", VDE 0110, expert-Verlag Böblingen, 1990

[55] Srajber, D. Lukasch, W.: „The calculation of the power dissipation for the IGBT and the inverse diode in circuits with sinusoidal output voltage", electronica'92, Conference Proceedings

[56] „Simulation tool R-theta", www.r-theta.com

[57] Seri Lee: Electronics Cooling Magazine, Aavid Thermal Technologies

[58] Lytron: „Die besten Wärmeübertragungsflüssigkeiten für Flüssigkeitskühlung", http://www.lytron.de/tools-technical/notes/

[59] Eisele, R.; Olesen, K.K.; Osterwald, F.: „ShowerPower — Brausestrahl versus traditionelle Flüssigkeitskühlung", Elektronik Praxis 10/2008

[60] Zverev, I.: „Untersuchungen energiearmer Prozesse in Stromrichtern", Diss., Universität Rostock, 1999, Verlag ISLE, Ilmenau, 1999, ISBN 3-932633-39-3

[61] Scheuermann, U.: „Paralleling of Chips – From the Classical 'Worst Case' Consideration to a Statistical Approach", PCIM Europe 2005, Conference Proceedings

[62] Wintrich, A.; Nascimento, J.; Leipenat, M.: „Influence of parameter distribution and mechanical construction on switching behaviour of parallel IGBT“, PCIM Europe 2006, Conference Proceedings

[63] Bruckmann, M.; Sigg, J.; Türkes, P.: „Reihenschaltung von IGBT's in Experiment und Simulation“, 24. Kolloquium Halbleiter-Leistungsbauelemente und Materialgüte von Silizium, Freiburg, 1995, Tagungsband, Vortrag 6

[64] Bruckmann, M.: „Einsatz von IGBT für Hochleistungsstromrichter“ ETG-Fachtagung „Bauelemente der Leistungselektronik und ihre Anwendungen“, Bad Nauheim, 1998, Proc. pp. 221-234

[65] Gerster, Ch.; Hofer, P.; Karrer, N.: „Gate-control Strategies for Snubberless Operation of Series Connected IGBTs", PESC'96, Baveno, Proc. Vol. II, pp. 1739-1742

[66] Ruedi, H.; Köhli, P.; u.a.: „Dynamic Gate Controller (DGC) – A new IGBT Gate Unit for High Current / High Voltage IGBT Modules“, PCIM Europe 1995, Conference Proceedings

[67] Helsper; Fuchs: „Adaptation of IGBT Switching Behaviour by Means of Active Gate Drive Control for Low and Medium power“, EPE 2003, Conference Proceedings

[68] Palmer, P.R.; Githiari, A.N.: „The Series Connection of IGBTs with Optimized Voltage Sharing in the Switching Transient“, PESC 1995, Atlanta, USA, Proc. Vol. I, pp. 44-49

[69] Reimann, T.; Krümmer, R.; Petzoldt, J.: „Active Voltage Clamping Techniques for Overvoltage Protection of MOS-Controlled Power Transistors“, EPE 1997, Conference Proceedings

[70] Reimann, T.; Krümmer, R.; Petzoldt, J.: „Experimental and Simulative Investigations of Power Losses in Active Voltage Clamping Circuits“, PEMC'98, Prague, Vol. 1, pp. 1-1 – 1-6

[71] Eckel, H.G.: „Series Connection of IGBTs in Zero Voltage Switching Inverters“ PCIM Europe 1997, Conference Proceedings

[72] Teigelkötter, J.: „Schaltverhalten und Schutzbeschaltungen von Hochleistungshalbleitern“, Diss., Ruhr-Universität Bochum, 1996, VDI-Verlag, 1996, ISBN 3-18-320621-8

[73] Krümmer, R.: „Beitrag zur Verbesserung der elektrischen und thermischen Ausnutzung von Leistungshalbleiterschaltern“, Diss., TU Ilmenau, 2005, Verlag ISLE, Ilmenau, 2005, ISBN 3-938843-04-7

[74] Helsper, M.: „Analyse und Verbesserung des Verhaltens von Planar- und Trench-IGBT-Modulen in hart bzw. weich schaltenden Applikationen“, Diss., Christian-Albrechts-Universität Kiel, 2003, Shaker Verlag, Aachen, 2004, ISBN 3-8322-2621-4

[75] Dörlemann, Ch.: „Geregelte Ansteuerung von Insulated Gate Bipolar Transistoren (IGBT)“, Diss., Ruhr-Universität Bochum, 2002, Shaker Verlag, Aachen, 2002, ISBN 3-8322-0701-5

[76] Reimann, T.: „Verhalten abschaltbarer Leistungshalbleiterbauelemente im ZVS-Mode“, Diss., TU Ilmenau, 1994, Verlag Shaker, Aachen, 1995, ISBN 3-8265-0538-7

[77] Bernet, S.: „Leistungshalbleiter als Nullstromschalter in Stromrichtern mit weichen Schaltvorgängen“, Diss., TU Ilmenau, 1995, Verlag Shaker, Aachen, 1995, ISBN 3-8265-0762-2

[78] Dehmlow, M.: „Vergleichende Betrachtung unterschiedlicher resonanter Umrichtertopologien“, Diss., TU Berlin, 1995

[79] Hoffmann, K.F.; Kärst, J.P.; Rexhausen, W.: „Reduced IGBT Conducting Power Losses by Miller Effect Triggered Gate Current Injection", PCIM Europe 2006, Conferece Proceedings

[80] „Failure Rates of HiPak Modules Due to Cosmic Rays“, Application Note 5SYA 2042-03. Nando Kaminski, Arnost Kopta ABB Switzerland Ltd, Semiconductors, July 2009

[81] PORTUNUS® www.adapted-solutions.com

[82] SIMPLORER® www.ansoft.com

[83] PLECS® www.plexim.com

[84] Wintrich, A.: „Verhaltensmodellierung von Leistungshalbleitern für den rechnergestützten Entwurf leistungselektronischer Schaltungen“, Diss., TU Chemnitz, 1996; http://archiv.tu-chemnitz.de/pub/1998/0023/data/inhalt.htm

Abkürzungsverzeichnis für SEMIKRON-Datenblätter

Kurzzeichen	Englisch	Deutsch
$(di/dt)_{cr}$	Critical rate of rise of on-state current	Kritische Stromsteilheit
$(dv/dt)_{cr}$	Critical rate of rise of off-state voltage	Kritische Spannungssteilheit
$\int vdt$	Voltage-time integral at no load	Spannungs-Zeit-Fläche bei Leerlauf
a	Maximum acceleration under vibration	Zulässige Beschleunigung beim Schalten
b	Width of the module base	Breite des Modulbodens
B2	Two-pulse bridge connection	Zweipuls-Brückenschaltung
B25/85	Exponent of temperature sensor equation	Exponent für Temperatursensor Gleichung
B6	Six-pulse bridge connection	Sechspuls-Brückenschaltung
$BW_{Ioutsens}$	Bandwith of output current sensing	Bandbreite der Strommessung
BW_{TBsens}	Bandwith of temperatur sensing on driver board	Bandbreite der Temperatur-Messelektronik
$BW_{TCSsens}$	Bandwith of temperatur sensing on ceramic-substrate	Bandbreite des Temperatursensors
$BW_{VDCsens}$	Bandwith of DC-link-voltage sensing	Bandbreite der Zwischenkreisspannungserfassung
C_{CHC}	Capacitance chip-case (baseplate)	Kapazität Chip-Gehäuse (Grundplatte)
C_{DC}	Capacitance of DC-link capacitor bank	Kapazität des Zwischenkreiskondensators
C_{eqvl}	Equivalent capacitance of a DC-link capacitor bank	Ersatzkapazität einer Zwischenkreiskondensatorbank
C_{ies}	Input capacitance, output short-circuited (IGBT)	Eingangskapazität, Ausgang kurzgeschlossen (IGBT)
C_{IN}	Input capacitance	Eingangskapazität
C_{iss}	Input capacitance, output short-circuited (MOS)	Eingangskapazität, Ausgang kurzgeschlossen (MOSFET)
C_j	Junction capacitance	Sperrschichtkapazität
C_L	Load capacitor	Lastkondensator
C_{max}	Maximum value of reservoir capacitor	Größter Ladekondensator (bei größerem C Strom verringern)
C_{oes}	Output capacitance, input short-circuited (IGBT)	Ausgangskapazität, Eingang kurzgeschlossen (IGBT)
C_{oss}	Output capacitance, input short-circuited (MOSFET)	Ausgangskapazität, Eingang kurzgeschlossen (MOSFET)
C_{ps}	Coupling capacitance, primary to secondary winding	Koppelkapazität zwischen Primär- und Sekundärwicklung

C_{res}	Reverse transfer capacitance (Miller capacitance) (IGBT)	Rückwirkkapazität (Miller-Kapazität) (IGBT)
C_{rss}	Reverse transfer capacitance (Miller capacitance) (MOSFET)	Rückwirkkapazität (Miller-Kapazität) (MOSFET)
D	Duty cycle. D =f · tp	Tastverhältnis D=f · tp
di/dt	change of current per time	Stromänderung pro Zeiteinheit
di_D/dt	Rate of fall ot the drain current (MOSFET)	Abklingsteilheit des Drainstroms (MOSFET)
di_F/dt	Rate of rise of the forward current (Diode)	Anstiegssteilheit des Durchlassstromes (Diode)
di_F/dt	Rate of fall of the forward current (Diode)	Abklingsteilheit des Durchlassstromes (Diode)
di_G/dt	Rate of rise of gate current	Anstiegssteilheit des Durchlassstromes (Thyr.)
di_T/dt	Rate of rise of Thyristor current	Anstiegssteilheit des Steuerstroms
di_T/dt	Rate of fall of Thyristor current	Abklingsteilheit des Durchlassstromes (Thyr.)
DSC	Double sided cooling	Beidseitige Kühlung
d_{tp}	thickness of thermal paste	Dicke der Wärmeleitpaste
dv/dt	change of voltage per time	Spannungsänderung pro Zeiteinheit
dV/dt	Volume flow	Volumenstrom
E_{cond}	Energy dissipation during conduction time	Verlustenergie während der Stromflusszeit
ED	Intermittend duty	Relative Einschaltdauer (Aussetzbetrieb) = te/tsp
E_{off}	Energy dissipation during turn-off	Verlustenergie während der Abschaltzeit
E_{on}	Energy dissipation during turn-on	Verlustenergie während der Einschaltzeit
E_P	Maximum permissible non-repetitive peak pulse energy (rectangular pulse 2 ms)	Höchstzulässiger nichtperiodischer Impulsenergie Spitzenwert (Rechteckpuls 2 ms)
E_{rr}	Energy dissipation during reverse recovery (diode)	Verlustenergie während der Sperrverzögerungszeit
E_{RSM}	Non repetitive peak reverse avalanche energy	Einmalig zulässige Avalanche Energie
E_{tp}	dielectric strength of thermal paste	Durchschlagsfestigkeit der Wärmeleitpaste
f	Operating frequency	Betriebsfrequenz
F	Mounting force	Montagekraft
f_{Fan}	AC voltage frequency for fan operation	Frequenz der Lüfterspannung
f_{max}	Maximum frequency	Maximale Frequenz
f_{out}	Output requency of a circuit	Ausgangsfrequenz einer Schaltung

f_{sw}	Switching frequency	Puls-, Schaltfrequenz
Fu	Recommended fuse (fast acting)	Empfohlene Sicherung (flink bzw. überflink)
g_{fs}	Forward transconductance	Übertragungssteilheit
g_{tp} (γ)	specific gravity of thermal paste	Spezifisches Gewicht der Wärmeleitpaste
HIN	PWM signal input high side switch	Eingang PWM Signal TOP Schalter
l	Length of the heatsink profile	Länge des Kühlprofils
i^2t	i2t value	Grenzlastintegral
$I_{AC\text{-}terminal}$	AC-Terminal current	Wechselstrom-Anschluss Strom
$I_{analogOUT}$	Current sensor refference value (SKiiP)	Nennstrom der Stromsensorauswertung (SKiiP)
I_C	Continuous collector current	Kollektor-Gleichstrom
I_{CES}	Collector-emitter cut-off current with gate-emitter short-circuited	Kollektor-Emitter-Leckstrom, Gate-Emitter kurzgeschlossen
I_{Cnom}	Nominal collector current	Kollektor Nennstrom
I_{CRM}	Repetitive peak collector current	Periodischer Kollektor Spitzenstrom
I_{CSM}	Non-repetitive peak collector current	Nichtperiodischer Kollektor-Spitzenstrom
I_D	Direct output current (of a rectifier connection)	Ausgangsgleichstrom (einer Gleichrichterschaltung)
I_D	Continuous drain current (MOSFET)	Drain-Dauergleichstrom (MOSFET)
$I_{D(CL)}$	Direct output current with capacitive load (limiting value)	Ausgangsgleichstrom bei C-Last (Grenzwert)
I_{DD}	Forward off-state current (Thyristor)	Gleichsperrstrom (in Vorwärtsrichtung)
I_{DM}	Peak value drain current	Spitzenwert Drainstrom
I_{DR}	Continuous reverse drain current (inverse diode forward current)	Drain-Gleichstrom in Rückwärtsrichtung (Durchlassstrom der Inversdiode)
I_{DRM}	Peak value of reverse drain current, (inverse diode forward current)	Spitzenwert des Drainstroms in Rückwärtsrichtung (Durchlassstrom der Inversdiode)
I_{DSS}	Drain-Source cut-off current with gate source short-circuited	Drain-Source-Leckstrom, Gate-Source kurzgeschlossen
I_E	Continuous emitter current	Emitter-Gleichstrom
i_F	Forward current (actual value)	Durchlassstrom (Augenblickswert)
$I_{F(CL)}$	Mean forward current with capacitive load	Dauergrenzstrom bei kapazitiver Last
$I_{F(OV)}$	Overload forward current	Überlast-Durchlassstrom

I_{Fan}	Current for fan operation	Lüfterstrom
I_{FAV}	Mean forward current	Dauergrenzstrom
I_{FM}	Peak forward current	Durchlassstrom-Spitzenwert
I_{FN}	Recommended mean forward current	Empfohlener Durchlassstrom-Mittelwert
I_{FRM}	Repetitive peak forward current	Periodischer Spitzenstrom
I_{FRMS}	RMS forward current	Durchlassstrom-Effektivwert
I_{FSM}	Surge forward current	Stoßstrom-Grenzwert
I_{G}	Gate current	Gatestrom
I_{GD}	Gate non-trigger current	höchster nichtzündender Gatestrom
I_{GES}	Gate-emitter leakage current, collector emitter short-circuited	Gate-Emitter-Leckstrom, Kollektor-Emitter kurzgeschlossen
I_{Goff}	max. turn-off output current (driver)	Max. Ausgangs-Abschaltspitzenstrom (Treiber)
I_{Gon}	max. turn-on output current (driver)	Max. Ausgangs-Einschaltspitzenstrom (Treiber)
I_{GSS}	Gate-source leakage current, drain-source short-circuited	Gate-Source-Leckstrom, Kollektor-Emittler kurzgeschlossen
I_{GT}	Minimum gate trigger current	Mindestzündstrom für sicheres Einschalten
I_{H}	Hold current	Haltestrom
I_{iH}	Input signal current (High)	Eingangssignalstrom (High)
I_{L}	Latching current	Einraststrom
I_{M}	Highest peak current obtainable at a rise time lower than 1 ųs (pulse transformers)	Höchster bei einer Anstiegszeit unter 1µs erreichbarer Spitzenstrom (Impulsübertrager)
$I_{max(EO)}$	Maximum Error Output Current	Maximaler Strom des Fehlerausgangs
I_{N}	Nominal direct current	Empfohlener Gleichstrom
$I_{N(CL)}$	Recommended direct output current with capacitive load	Empfohlener Gleichstrom bei C-Last
I_{nom}	Nominal current	Nennstrom
I_{Omax}	Max. output current (driver)	Max. Ausgangsstrom (Treiber)
I_{out}	Output current of a circuit	Ausgangsstrom einer Schaltung
I_{outAV}	Output average current (driver)	Ausgangsstrommittelwert (Treiber)
$I_{outPEAK}$	Output peak current (driver)	Ausgangsstromspitzenwert (Treiber)
$I_{outsens}$	AC sensing range	Wechselstrom Messbereich
$I_{outtrip}$	AC over current trip level	Überstrom-Fehler Grenzwert
$I_{overload}$	Overload current for a specified time	Überlaststrom für eine bestimmte Zeit

$I_{peak(1)}$	magnitude of the first hamonic of a current	Amplitude der ersten Harmonischen eines Stromes
I_R	Reverse current	Sperrstrom
I_{RD}	Direct reverse current (Thyristor)	Gleichsperrstrom in Rückwärtsrichtung (Thyristor)
I_{RMS}	Maximum r.m.s current of a complete AC-controller circuit	Maximaler Effektivstrom eines Wechselspannungsstellers
I_{rr}	Reverse recovery current (measuring condition for t_f and t_{rr})	Sperrverzögerungsstrom (Messbedingung für t_f und t_{rr})
I_{RRM}	Peak reverse recovery current	Rückstromspitze
I_{RSM}	Maximum non-repetitive peak reverse current (avalanche diodes)	Höchstzulässiger nichtperiodischer Stoßspitzensperrstrom (Avalanche-Dioden)
I_S	Supply current primary side	Versorgungsstrom primärseitig (Treiber)
I_{S0}	Supply current primary side (driver) at no load	Versorgungsstrom prim. Leerlauf (Treiber)
i_T	On-State current (instantaneous value)	Durchlassstrom (Augenblickswert)
I_T	(Direct) on-state current	Durchlass(gleich)strom
$I_{T(OV)}$	Overload on-state current	Durchlass-Überstrom
I_{TAV}	Mean on-state current	Dauergrenzstrom
I_{TM}	Peak on-state current	Durchlassstrom-Spitzenwert
ITRIP	Comperator input for current measurement	Komperatorschwellwert für Strommess-Eingang
I_{TRIPLG}	Ground fault current trip level (SKiiP)	Erdschlussfehler Stromgrenzwert (SKiiP)
I_{TRIPSC}	Over current trip level (SKiiP)	Überstrom-Fehler Grenzwert (SKiiP)
I_{TRMS}	RMS on-state current	Durchlassstrom-Effektivwert
I_{TSM}	Surge on-state current	Stoßstrom-Grenzwert
I_z	Tail current (IGBT)	Schweifstrom (IGBT)
L	inductance	Induktivität
L_{CE}	Parasitic collector-emitter inductance	Parasitäre Kollektor-Emitter-Induktivität
L_{DS}	Parasitic drain-source inductance	Parasitäre Drain-Source-Induktivität
L_{ext}	External circuit inductance (short circuit)	Externe Schaltungsinduktivität (im Kurzschluss)
LIN	PWM singnal input low side switch	Eingang PWM Signal BOTTOM Schalter
L_p	Inductance of the primary winding at 1 kHz	Induktivität der Primärwicklung bei 1 kHz
L_s	Stray inductance	Streuinduktivität

L_{ss}	Parasitic stray inductance (Transformer secundary side)	Streuinduktivität (Sekundärseite Übertrager)
l_{tp} (λ)	thermal conductivity of thermal paste	Wärmeleitfähigkeit der Wärmeleitpaste
M	Mounting torque	Anzugsdrehmoment bei der Montage
M_1	Torque for mounting the semiconductor to the heatsink	Anzugsdrehmoment für die Montage des Bauelements auf dem Kühlkörper
M_2	Torque for mounting the busbars to the semiconductor	Anzugsdrehmoment für die Montage der Stromschienen auf dem Bauelement
M_{ac}	Mounting torque for AC terminals	Anzugsdrehmoment für AC - Anschluss
M_{dc}	Mounting torque for DC terminals	Anzugsdrehmoment für DC - Anschluss
M_s	Mounting torque on heat sink	Anzugsdrehmoment für Montage auf Kühlkörper
M_t	Mounting torque for terminals	Anzugsdrehmoment für Anschlüsse
n	specified number	Anzahl von...
N	Maximum number of serie connected silicon elements	Höchstzahl der Siliziumelemente in Reihenschaltung
N_p/N_s	Ratio of winding primary to secondary	Übersetzungsverhältnis Windungszahl prim/sec.
Ø d	Contact diameter of capsule devices	Kontaktdurchmesser bei Scheibenzellen
P_{AV}	Maximum permissible average power dissipation	Hochzulässige Dauerverlustleistung Mittelwert
$p_{coolant}$	pressure of coolant	Druckabfall Kühlflüssigkeit
P_D	Power dissipation of one component	Verlustleistung eines Bauelements
P_{Fan}	Power consumption of fan	Leistungsaufnahme des Lüfters
P_{FAV}	Mean forward power dissipation	Mittlere Durchlassverlustleistung
P_{FM}	Peak forward power dissipation	Spitzenwert der Durchlassverlustleistung
P_G	Peak gate power dissipation	Spitzenwert der Steuerverlustleistung
P_R	Reverse power dissipation	Sperrverlustleistung
P_{RAV}	Mean reverse power dissipation	Mittlere Sperrverlustleistung
P_{RRM}	Peak repetitive reverse power dissipatiom	Periodischer Spitzen-Sperrverlustleistung
P_{RSM}	Non-repetitive peak reverse power dissipation	Stoßspitzen-Sperrverlustleistung

CIP-Titelaufnahme der Deutschen Bibliothek

Nahke, Peter:
Unterwasserführer Malediven: Fische/Underwater Guide Maldives: Fish/
Peter Nahke und Peter Wirtz. – 2. Aufl. –
Stuttgart: Naglschmid, 1992
(Edition Freizeit und Wissen: Unterwasserführer Band 3)
ISBN 3-925342-59-1
NE: Wirtz, Peter

Bildnachweis	MTi-Press, Stuttgart u. a. (s. Seite 167)
Titelbild:	S. Braun
Foto Umschlagrückseite:	R. von Glasenapp
Gesamtgestaltung:	F. Naglschmid/MTi
Graphik:	S. Naglschmid/MTi
Engl. Übersetzung:	D. und S. Gaffan

Printed in Germany.

INHALT – CONTENTS

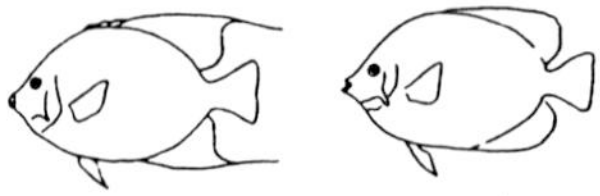

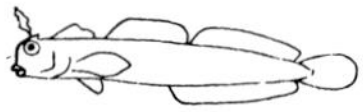

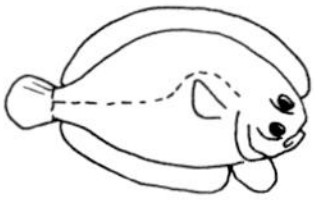

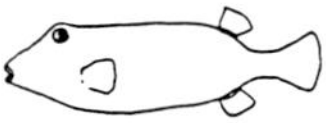

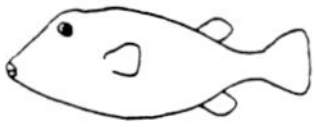

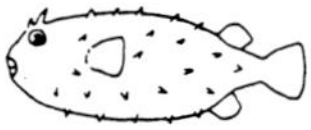

SCHEMA EINES KNOCHENFISCHES
SCHEME OF A BONY FISH

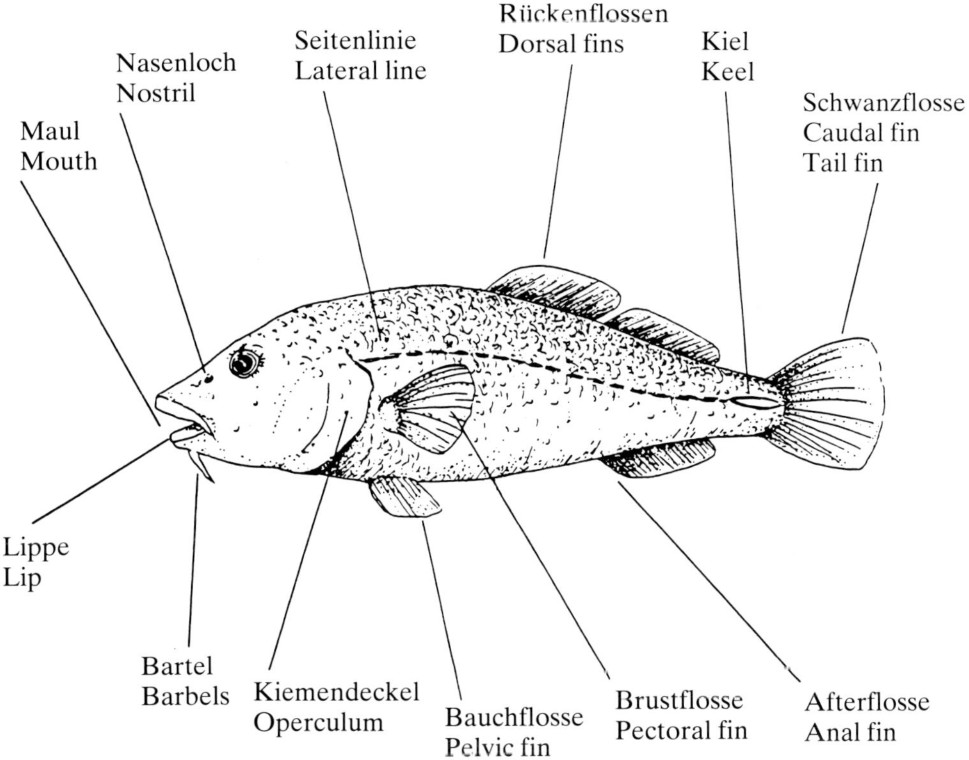

Ein Korallenriff kann man
nicht eigentlich beschreiben,
man muß es gesehen haben,
um es ganz zu würdigen.
Ernst Haeckel

Einleitung

Wenige Jahrzehnte ist es erst her, daß die Malediven als noch unberührtes Inselparadies einer breiten europäischen Bevölkerung vorgestellt wurden: Hans Hass' einzigartiger Film über die "Xarifa-Expedition 1957/1958", der auch in der fremdartigen Unterwasserlandschaft der maledivischen Korallenriffe gedreht wurde, lief wochenlang in den Kinos.
Damals war der Besuch der unzähligen kleinen Inseln noch ein richtiges Abenteuer. Das „Reich der 1000 Atolle" lag abseits der großen Schiffahrtswege, weit draußen im Indischen Ozean. Doch aus dem verträumten Inselstaat, der sich südlich des indischen Subkontinents über 800 Kilometer von Nord nach Süd ausdehnt und den Äquator kreuzt, wurde in wenigen Jahren ein beliebtes Urlaubsziel für viele sonnenhungrige Westeuropäer.
Heute bringen Großraumflugzeuge im zehnstündigen Nonstop-Flug die Malediven-Reisenden aus den europäischen Metropolen nach Hulule, der Flughafeninsel gegenüber der Hauptstadt Male. Doch vom Alltag der knapp 200 000 Einheimischen bekommt der Tourist kaum etwas zu sehen: Sofort nach der Ankunft wird er von der Flughafeninsel mit dem Transfer-Boot auf eine der vielen Hotelinseln übergesetzt.

Nicht nur für Taucher

Diese Inseln, meist so klein, daß sie in wenigen Minuten zu Fuß umrundet sind, locken mit feinstem Korallensand, leeren Stränden, großen, schattenspendenden Palmen, viel Sonne und einem professionell durchorganisierten Tauchbetrieb rund um die Uhr.
Tauchen ist mit Abstand das Freizeitangebot Nummer eins – und der Tauchbetrieb läßt auf den Malediven kaum Wünsche offen. Jede Insel hat ihre Basis, alle bieten auch Anfängerkurse an. Für die Geübten gehören Strömungs- und Nachttauchgänge zum täglichen Programm, die Unterwasserfotografen streifen stundenlang am Hausriff durch die Korallenlandschaft. Nur für die Tiefenfanatiker unter den Sporttauchern haben die Malediven rein gar nichts zu bieten: Tiefer als 30 m in die Unterwasserwelt der Korallenriffe vorzudringen, ist auf den Malediven verboten.
Die Malediven sind für ihren Fischreichtum berühmt. Bereits Maske und Schnorchel genügen, um einen ersten Eindruck von der Formenvielfalt und Farbenprächtigkeit der Tierwelt in den lichtdurchfluteten Wasserschichten der Rifflandschaft zu bekommen. Nur wenige Meter vor den Hotelbungalows be-

ginnt auf vielen Inseln das „Hausriff". Selbst in der nur knietiefen Lagune und über dem Riffdach, das bei Flut kaum einen Meter unter der Wasseroberfläche liegt, verschafft die Taucherbrille Zugang zu einer anderen, fantastischen, fremden Welt.

Viele der in diesem Buch aufgeführten Fische sind schnorchelnd von der Oberfläche aus zu beobachten, Muränen und Adlerrochen genauso wie Zackenbarsche, Schmetterlings-, Doktor- oder Anemonenfische. Die Zaubergärten, in die man eintaucht und durch die man sich im warmen tropischen Wasser stundenlang treiben lassen kann, sind eine (fast) reine Tierlandschaft, denn auch das Korallenriff selbst wurde von Tieren, den winzigen Korallenpolypen, gebaut.

Tiere und Pflanzen über Wasser

Abgesehen von der enormen Artenvielfalt des Korallenriffs haben die Inseln mitten im Ozean an Pflanzen und Tieren nur wenig zu bieten. Immer wieder sieht man vereinzelt Seevögel dicht über das Wasser streichen, Fischreiher ebenso wie Möwen und Seeschwalben. Bei nächtlichen Spaziergängen am Strand fallen die großen Flughunde auf, wenn sie auf ihrer Futtersuche von einer Palme zur anderen streichen. Den Tag verschlafen diese Säuger gut versteckt in den hohen Wipfeln der Bäume. Am Strand kann man Landeinsiedlerkrebse und die schnellen Reiterkrabben beobachten. Ungebetene aber nützliche Gäste der meisten Hotelzimmer sind die Geckos. Sie machen in unmittelbarer Nähe der Wand- und Deckenlampen Jagd auf Insekten.

Unter den Pflanzen sind es vor allem die hochwüchsigen, schlanken Kokospalmen, die das Bild der Koralleninseln prägen. Auch die Schraubenpalmen mit ihren auffallenden Luftwurzeln sind häufig. Diese Palmenart hat rote, handballgroße Früchte.

Klima

Wer auf die Malediven fliegt, hat keine Kleidersorgen. Egal ob im Dezember, Mai oder September, tagsüber benötigt man nicht mehr als seine Badekleidung. Auf die allerdings darf man auf den Hotelinseln beim Sonnenbaden und Schwimmen nicht verzichten: ganz ohne und oben ohne ist verboten. Neben Badeanzug, Badeschuhen, Bikini oder Badehose genügt leichte Baumwoll- oder Leinenkleidung, tagsüber als Schutz gegen die sengende Äquatorsonne, nach Einbruch der Dunkelheit zum Abendspaziergang.

Die Lufttemperatur, die tagsüber um 28 Grad Celsius liegt, fällt nachts nur um wenige Grad. Wie die Tag-/Nachttemperaturen sich kaum unterscheiden, so sind auch die Temperaturschwankungen im Laufe des Jahres gering. Ähnlich verhält es sich auch mit der relativen Luftfeuchtigkeit. Sie weicht jeweils nur wenige Prozent vom jährlichen Durchschnittswert von 79 Prozent ab. Egal, in welchem Monat man auf die Malediven fährt, man muß mit wenigen, meist kurzen Regenschauern rechnen. Am niedrigsten ist die Niederschlagsmenge in den Monaten Dezember bis April. In diesen Monaten weht der Nordost-Monsun über die Inseln. Doch auch, wenn der etwas regenreichere Südwest-Monsun in den Monaten Mai bis November das Wetter bestimmt, scheint meist die Sonne. Die Wassertemperaturen liegen das ganze Jahr über zwischen 27 und 29 Grad Celsius.

One cannot adequately describe
a coral reef
One has to see it
to appreciate it entirely.
Ernst Haeckel

Preface

It was only a few decades ago that the Maldives were first introduced to the European public at large as an untouched island paradise: Hans Hass' exceptional film about the "Xarifa Expedition 1957/1958", partly shot in the underwater wonderworld of the Maldivian coral reefs, ran for many weeks in the cinemas.
In those days a visit to the innumerable little islands was still a true adventure. The "Kingdom of the Thousand Atolls" lay far off the main sea routes south of the Indian subcontinent, way out in the Indian Ocean. However, this idyllic island state which extends for over 800 km.from north to south and crosses the equator, has within a few years become a favourite holiday spot for many sun-seeking Western Europeans.
Today travellers to the Maldives arrive in jumbo jets after ten-hour non-stop flights from the metropolises of Europe, landing at Hulule, the airport island opposite the capital Male.
The tourist sees hardly anything of the everyday life of the Maldives' 200 000 inhabitants. Directly after arrival he is transported from the airport island by transfer boat to one of the many hotel islands.

Not just for divers.
These islands, mostly so small that one can walk around them in a few minutes, have many attractions: sunshine, empty beaches with very fine coral sand, tall shady palm trees and professionally organised round-the- clock diving.
Diving is without doubt the most popular leisure activity – and on the Maldives the organisers seem to have thought of everything. Every island has its own base, each offering courses for beginners.

For the more experienced the daily programme includes current and nightdiving; underwater photographers rove for hours through the coral landscape of the home reef. Only the depth fanatics amongst the sport divers will find that the Maldives have nothing to offer, for diving below 30 metres in the underwater world of the coral reefs is not allowed. The Maldives are renowned for their abundance of fish. A mask and snorkel are quite sufficient to gain a first impression of the variety of shapes and the magnificent colours of the natural world within the translucent water layers of the reef. On many islands the "home reef" lies only a few yards away from the hotel bungalows. Even in the knee-deep water of the lagoon and on the reef flat, which at high tide is barely a metre under water, a

diving mask is all you need to enter a fascinatingly different and strange kingdom.
Many of the fish described in this book can be seen by snorkling on the water surface; morays and eagle rays as well as groupers, butterfly fish, surgeonfish or clownfish. The reef is a magic garden in which one can dive and float for hours in warm tropical waters; it is an (almost) complete living world, for the coral reef itself was and continues to be made by living organisms, tiny coral polyps.

Animal and plant life above water.
Apart from the tremendous variety of marine creatures living within the coral reef there is little plant or animal life actually upon the land of these islands in the middle of the Indian Ocean. Every now and again one sees sea birds – herons, gulls and terns – fling low over the water. When out for an evening walk along the beach one may notice large fling foxes flitting from one palm tree to another in search of food. These mammals spend the daylight hours asleep, well hidden in the high treetops. On the beach there are hermit crabs and fast-moving ghost crabs to be seen. Geckos are uninvited but not unwelcome guests in most hotel rooms; they hunt the insects which the wall and ceiling lights attract. The plant most characteristic of the coral islands is the tall, slender coconut palm. Another common species is the screw pine with its conspicuous aerial roots and handball-sized red fruit.

Climate
Clothes are no problem on the Maldives. Whether one goes there in December, May or September all one needs during the day is bathing gear. On the hotel islands that is a must, however, as topless or nude sunbathing and swimming is not allowed. Apart from a bathing costume, bathing shoes, bikini or swimming trunks light cotton or linen clothing is all that is needed as protection from the burning equatorial sun during the day and for an evening walk after sunset.
The daytime temperature averages around 28 degrees Centigrade (82 degrees Fahrenheit) and drops only a few degrees at night. The seasonal temperatures vary as little as the daily ones. The humidity remains more or less constantly around the annual average of 79%. At whatever season one visits the Maldives there are bound to be a few, usually short showers. It rains least between December and April when the northwest monsoon is blowing over the islands. However, even during the wetter southwest monsoon period from May to November the sun shines most of the time. The water temperature is between 27 and 29 degrees Centigrade (81 and 84 degrees Fahrenheit) all year round.

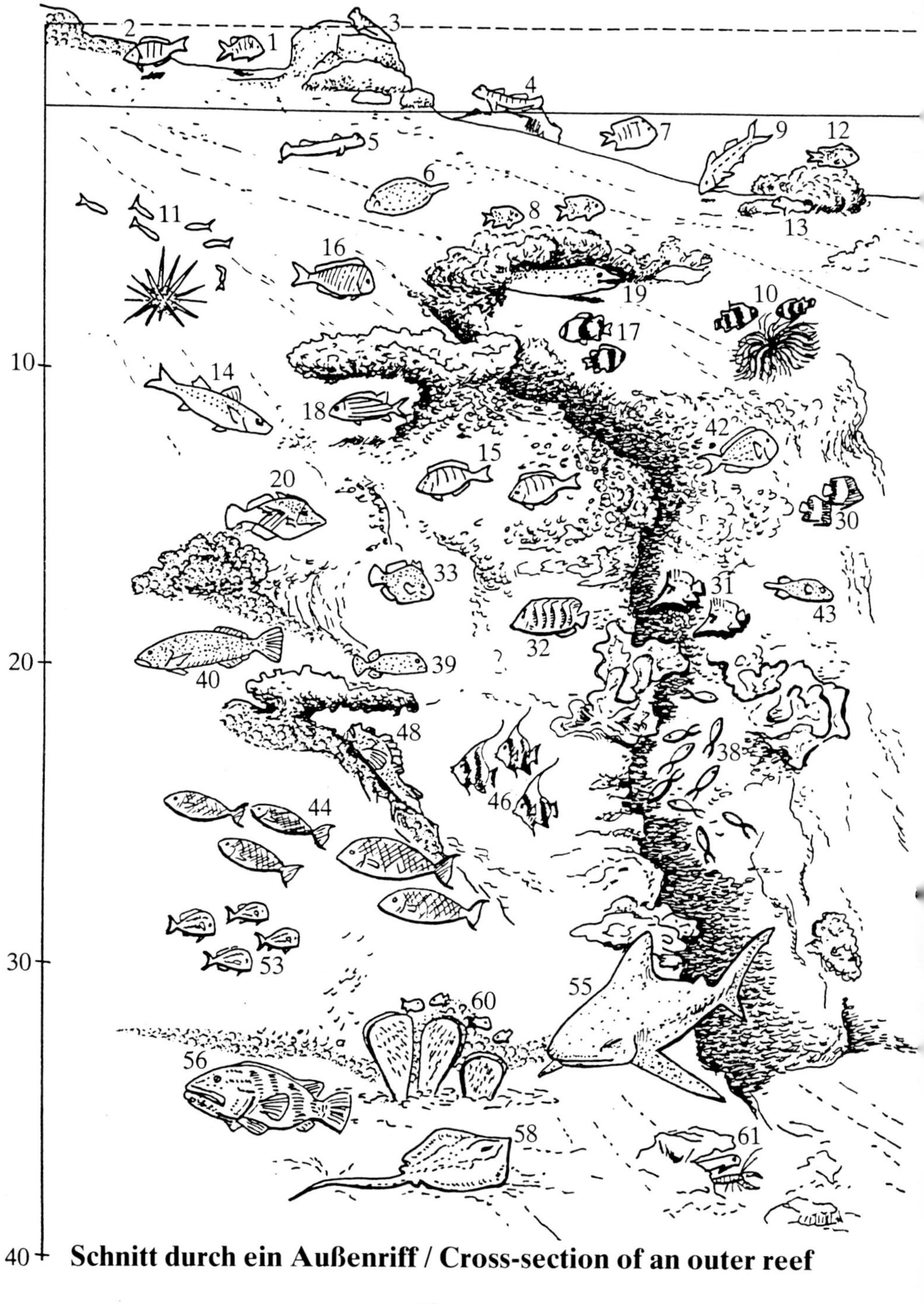

Schnitt durch ein Außenriff / Cross-section of an outer reef

21
23
22
28
24
26
36
27
25
29
37
35
34
47
41
54
45
49
52
51
50
62
59
57

1	Korallenbarsch	Sergeant fish
2	Doktorfisch	Surgeonfish
3	Blenniide	Blenny
4, 5	Blenniiden und Grundeln	Blennies and Gobies
6	Butt	Left-eye Flounder
7, 8	Korallenbarsch	Sergeant fish
9	Meerbarbe	Goatfish
10	Anemonenfisch	Clownfish
11	Kardinalfisch	Cardinal fish
12	Korallenbarsch	Sergeant fish
13	Blenniide	Blenny
14	Meeräsche	Mullet
15, 16	Doktorfisch	Surgeonfish
17	Riffbarsch	Damselfish
18	Soldatenfisch	Squirrelfish
19	Muräne	Moray eel
20	Drückerfisch	Triggerfish
21	Lippfisch	Wrasse
22	Barrakuda	Barracuda
23	Hornhecht	Needlefish
24	Halbschnabelhecht	Halfbeak
25	Teufelsrochen	Manta
26	Lippfisch	Wrasse
27	Putzerlippfisch	Cleaner wrasse
28	Doktorfisch	Unicornfish
29	Riffbarsch	Damselfish
30, 31	Schmetterlingsfisch	Butterflyfish
32	Kaiserfisch	Angelfish
33	Drückerfisch	Triggerfish
34	Schmetterlingsfisch	Butterflyfish
35	Papageifisch	Parrotfish
36	Drückerfisch	Triggerfish
37	Ährenfisch	Silverside
38	Fahnenbarsch	Anthias
39	Kofferfisch	Trunkfish
40	Zackenbarsch	Grouper
41	Wimpelfisch	Bannerfish
42	Doktorfisch	Surgeonfish
43	Kugelfisch	Puffer
44	Doktorfisch	Unicornfish
45	Füsilier	Fusilier
46	Halfterfisch	Moorish idol
47	Stachelmakrele	Jack
48	Skorpionsfisch	Scorpionfish
49	Schnapper	Snapper
50	Rotfeuerfisch	Turkeyfish
51	Kardinalfisch	Cardinal fish
52	Soldatenfisch	Squirrelfish
53	Meerbrasse	Bream
54, 55	Riffhai	Reef Shark
56	Zackenbarsch	Grouper
57	Ammenhai	Nurse Shark
58	Stachelrochen	Stingray
59	Kieferfisch	Jawfish
60	Riffbarsch	Damselfish
61	Partnergrundel	Goby
62	Röhrenaal	Garden eel

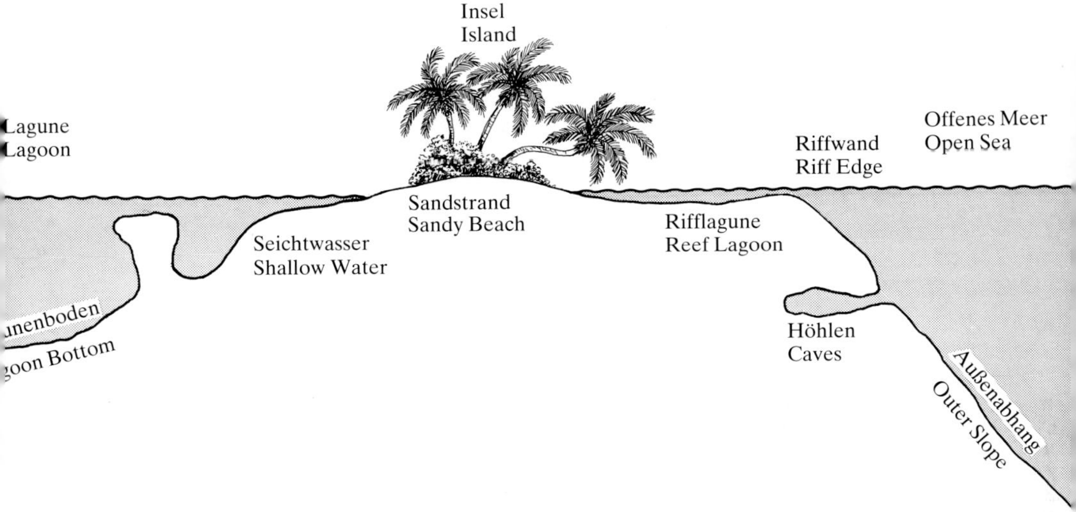

Schnitt durch ein Atoll · Cross-section of an atoll

In den verschiedenen Bereichen eines Atolls – den Außenriffen, den Innenriffen, den Lagunen usf. – herrschen, bedingt durch die unterschiedlich starken Wasserbewegungen, unterschiedliche Lebensbedingungen, was wiederum unterschiedliche Lebensgemeinschaften zur Folge hat.

The water movement in the different parts of an atoll – the outer reefs, inner reefs, lagoons etc. – varies in strength, thereby creating a variety of different habitats with their own distinctive communities.

Gebrauchsanleitung

Erläuterung des Piktogramms

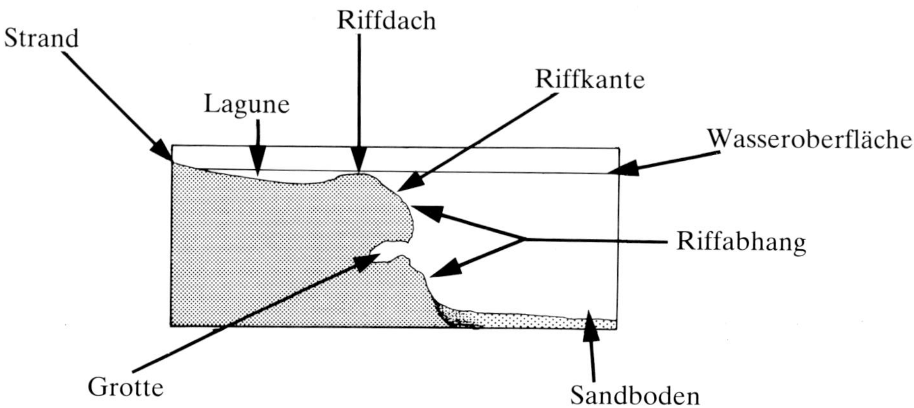

Im Piktogramm weisen ein oder mehrere kleine schwarze Pfeile auf den oder die bevorzugten Standorte der vorgestellten Fischart hin.

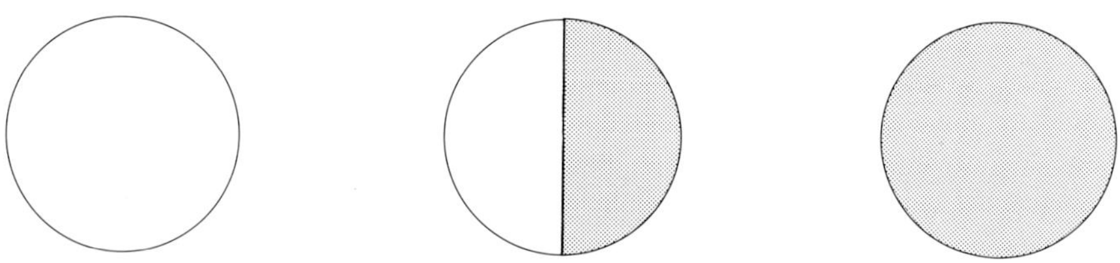

tag- dämmerungs- nachtaktiv

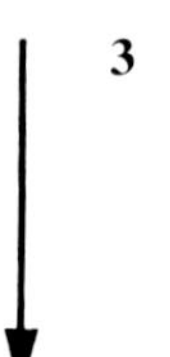

Ein – am oberen Ende und an der Spitze mit einer Meterangabe versehener – senkrechter Pfeil gibt an, in welchem Tiefenbereich die Fische sich bevorzugt aufhalten.
Eine an der Pfeilspitze in Klammern gesetzte (30) weist darauf hin, daß die beschriebene Fischart auch noch in größeren Tiefen als der für die Malediven zugelassenen maximalen Tauchtiefe von 30 Metern vorkommt.

How to use this book

Explanation of the diagram

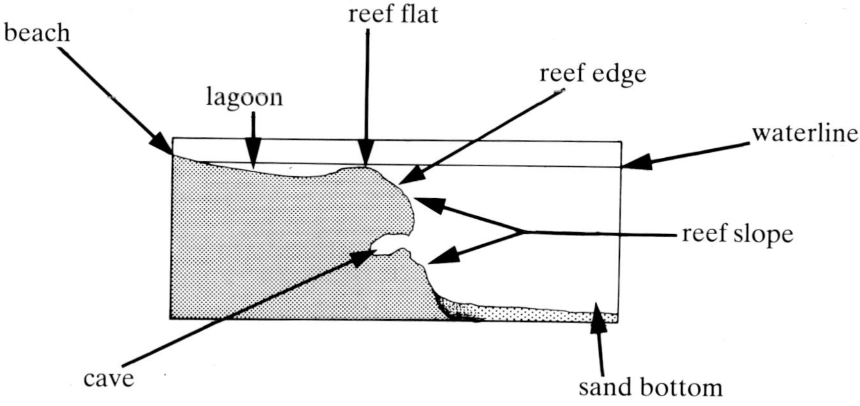

A single or several black arrows in the diagram indicate the preferred habitats of the species depicted.

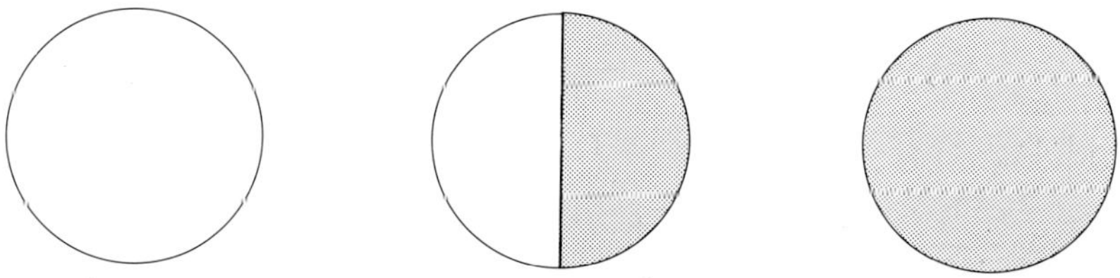

Activity: daytime twilight night-time

A vertical arrow with numbers at the top and at the point indicates the range of depth (in metres) within which the fish are normaly found. The figure (30) in brackets at the tip of the arrow indicates that this species can also be found below the maximum diving depth of 30 metres permitted in the Maldives.

MENSCHENHAIE · REQUIEM SHARKS
CARCHARHINIDAE

Haie sind an den Küsten der Malediven keine Seltenheit. Dabei sind es vor allem Grundhaie und riffgebundene Haie, denen man als Taucher immer wieder begegnet. Selbst beim Schnorcheln am Hausriff ist der Weißspitzen-Riffhai zu sehen. Die großen Grauen Riffhaie dagegen sind nur an den besonders exponiert gelegenen Tauchplätzen mit Sicherheit anzutreffen, wie beispielsweise am „Fish-Head" im Ari-Atoll.
Begegnungen mit den typischen Hochseehaien, mit Hammer-, Wal- oder Blauhaien, sind ganz große Ausnahmen.

Sharks are quite common around the coasts of the Maldives. The ones most commonly encountered by divers are bottom-living and reef dwelling sharks. The whitetip reef shark can even be sighted by snorklers along the home reef: The large grey reef shark however is only to be found with any certainty at particularly exposed diving spots such as Fish Head in the Ari Atoll. Encounters with ocean sharks, hammerhead, whale or blue sharks are a very rare occurrence.

Grauer Riffhai **Grey Reef Shark** **Carcharhinus amblyrhynchos**

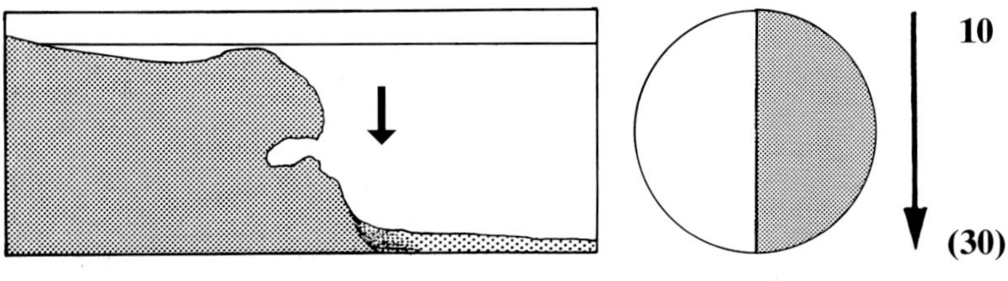

Diese bis zu 2,5 Meter langen Haie gehören zu den häufigsten im Indischen Ozean. Der Graue Riffhai ist lebendgebärend und bringt pro Wurf drei bis sechs Junge zur Welt. Die zur Familie der Menschenhaie zählenden eleganten Räuber machen vor allem in der kurzen Zeit der Dämmerung Jagd auf Fische.

These sharks grow up to 2.5 metres in length and are amongst the most common in the Indian Ocean. The grey reef shark is viviparous and gives birth to three to six young at a time. This elegant predator belongs to the family of requiem sharks, usually hunting its prey during the short hours of twilight.

Grauer Riffhai **Grey Reef Shark** **Carcharhinus amblyrhynchos ▶**

MENSCHENHAIE · REQUIEM SHARKS CARCHARHINIDAE

Weißspitzen-Riffhai **Whitetip Reef Shark** **Triaenodon obesus**

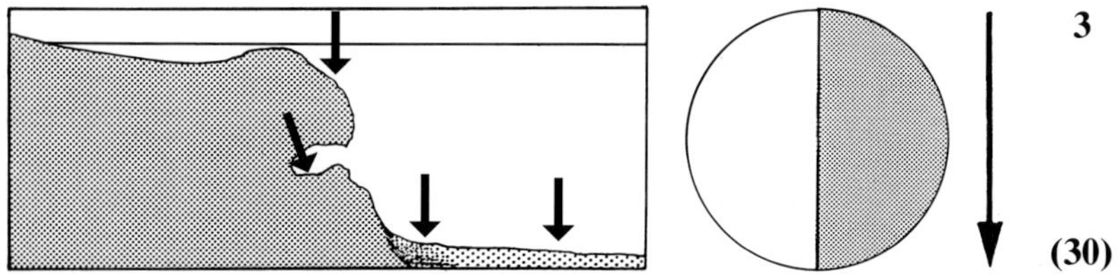

Tagsüber findet man den leicht an der weißen Spitze auf der ersten Rückenflosse zu erkennenden Hai träge auf dem Boden liegend oder gemächlich über den Sandgrund schwimmend. Am späten Nachmittag wird der bis zu eineinhalb Meter große Hai besonders aktiv, wenn er bei der Jagd mit kräftigen Schwanzschlägen über den Riffhang kreuzt.

This shark, easily identified by the whitetip of its first dorsal fin, reaches a length of up to one and a half metres. During the day it can be found lying indolently on the sea floor or gliding leisurely over the sandy bottom; in the late afternoon it becomes particularly active, cruising along the reef slope with powerful strokes of its tail in search of prey.

AMMENHAIE · CARPETSHARKS · ORECTOLOBIDAE

Gelbbrauner Ammenhai **Tawny Nurse Shark** **Nebrius concolor**

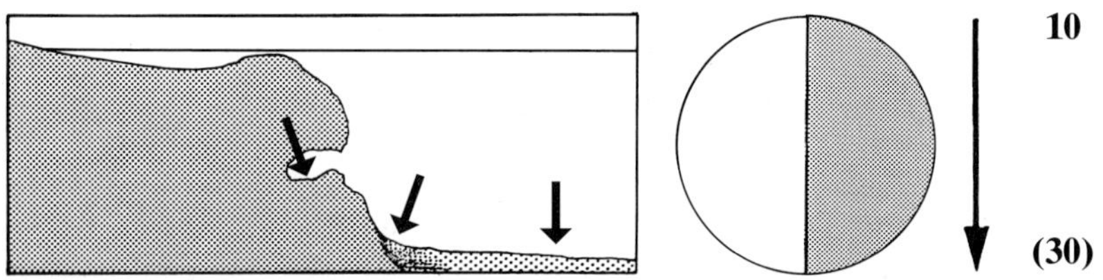

Die Ammenhaie sind Grundhaie, die an ihrem breiten, stumpfen Kopf mit den kleinen Augen leicht zu erkennen sind. Der Gelbbraune Ammenhai wird bis zu 3 Meter groß. Die Art ist im gesamten Indo-Pazifik weit verbreitet. Tagsüber findet man diese Haie unter dunklen Überhängen und in Höhlen. Die nachtaktiven Tiere fressen Fische, Langusten, Kraken.

Nurse sharks are bottom-living and easily recognisable by their broad blunt heads and small eyes. The tawny nurse shark reaches a length of three metres; the species is widely distributed throughout the Indo-Pacific Ocean. During the day these sharks are to be found under dark overhanging rocks and in caves. They are nocturnal predators, feeding on fish, crustaceans and molluscs.

Weißspitzen-Riffhai	Whitetip Reef Shark	Triaenodon obesus
Gelbbrauner Ammenhai	Tawny Nurse Shark	Nebrius concolor

ADLERROCHEN · EAGLE RAYS · MYLIOBATIDAE

Adlerrochen **Eagle Ray** **Aetobatus narinari**

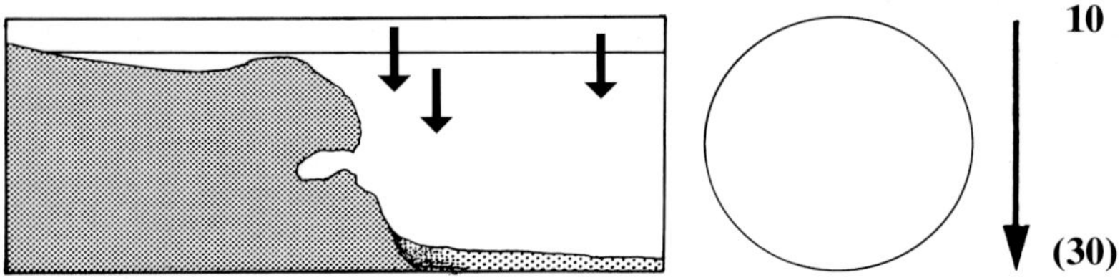

Die Adlerrochen sind durch ihre charakteristische Kopfform und ihre weißgepunktete Rückenseite kaum mit anderen Rochen zu verwechseln. Sie haben an der Schwanzbasis einen kleinen Stachel. Mit unnachahmlicher Eleganz ziehen die bis zu zwei Meter großen und 200 Kilogramm schweren Fische durch das Wasser, patrouillieren bevorzugt am Außenriffhang.

The eagle ray with its characteristically shaped head and white-spotted back can hardly be confused with other rays. At the base of its tail it has a small spine. Eagle rays grow up to two metres in size and can weigh as much as 200 kilos: they move with incomparable elegance through the water, often patrolling along the outer reef slope.

TEUFELSROCHEN · MANTAS · MOBULIDAE

Manta **Manta Ray** **Manta birostris**

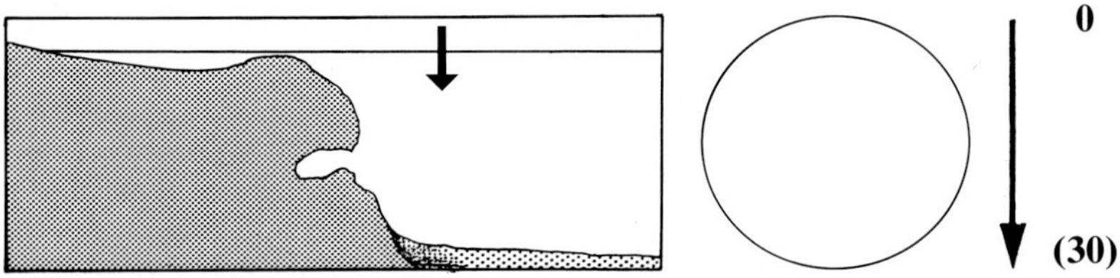

Mantas sind typische Hochseebewohner. Begegnungen mit ihnen sind sehr selten. Die Spannweite dieser Rochen kann bei alten Exemplaren sieben Meter erreichen! Die Teufelsrochen leiten mit ihren einrollbaren Kopflappen die nahrhafte Plankton„suppe“ in ihr weit aufgesperrtes Maul. Mit ihrem Kiemen-Reusenkorb filtern sie das eiweißreiche Zooplankton aus dem Wasser.

Mantas are typical ocean dwellers; however, encounters with them are very rare. Older specimens of these rays can reach a span of up to seven metres! They have foreward extensions of the pectoral fins which they can roll and unroll to scoop up nourishing plankton “soup”into their wide gaping mouths. They filter the zooplankton, rich in protein, out of the water with their gill rakers.

Adlerrochen	Eagle Ray	Aetobatus narinaris	23
Manta	Manta Ray	Manta birostris	

GEIGENROCHEN · GUITARFISH · RHINOBATIDAE

Großer Geigenrochen **Giant Guitarfish** **Rhynchobatus djiddensis**

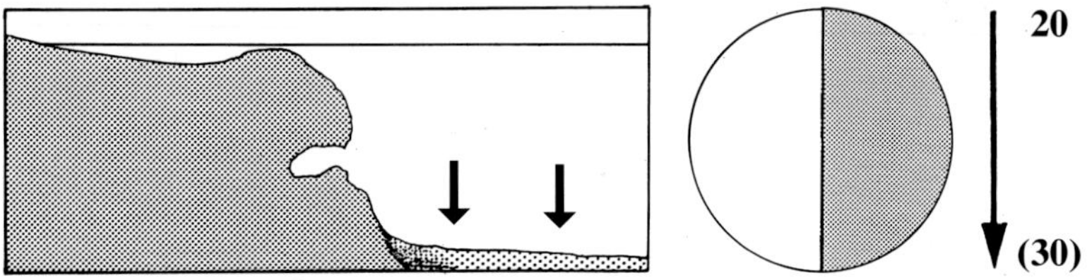

Man muß schon sehr viel Glück haben, um diesen im Indischen Ozean weit verbreiteten Rochen zu treffen. Die Sandflächen, die der Lebensraum dieser großen Rochen sind, liegen oft tiefer als die 30-Meter-Grenze, die von den Sporttauchern nicht überschritten werden darf.

Although they are widespread throughout the Indian Ocean one needs to be very fortunate indeed to come across one of these large rays. The sandy areas which provide their natural habitat are often deeper than the 30 metre limit for sport divers.

STACHELROCHEN · STINGRAYS · DASYATIDAE

Schwarzpunktrochen **Blackspotted Stingray** **Taeniura melanospilos**

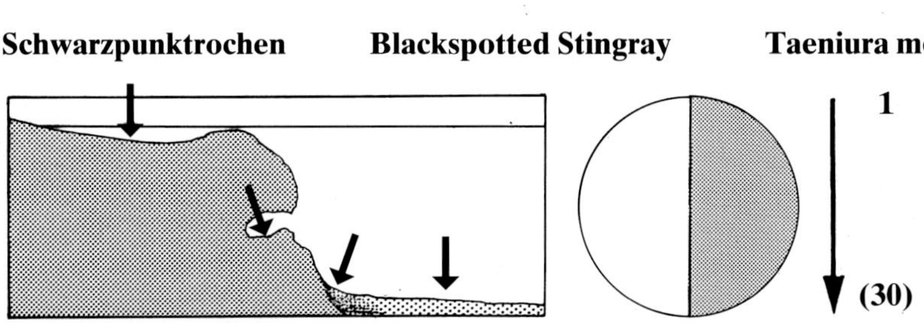

Die Stachelrochen setzen ihren Stachel gezielt zur Abwehr ein. Sie können einem vermeintlichen Angreifer schwere Verletzungen zufügen: tiefe Wunden, die nur schlecht heilen. Dabei kann der mit Widerhaken bewehrte Stachel mit kräftigem Schwanzschlag sowohl nach vorne über den Kopf als auch weit zur Seite geführt werden.

Stingrays use their spines in self-defence to ward off danger. With a whiplike movement of its tail the stingray can lash its barbed spine both forward over its head and sideways. It can inflict serious injuries to potential attackers, causing deep wounds which heal badly.

Großer Geigenrochen | Giant Guitarfish | Rhynchobatus djiddensis

Schwarzpunktrochen | Blackspotted Stingray | Taeniura melanospilos

EIDECHSENFISCHE · LIZARD FISH · SYNODONTIDAE

Schlanker Eidechsenfisch **Slender Lizard Fish** **Saurida gracilis**

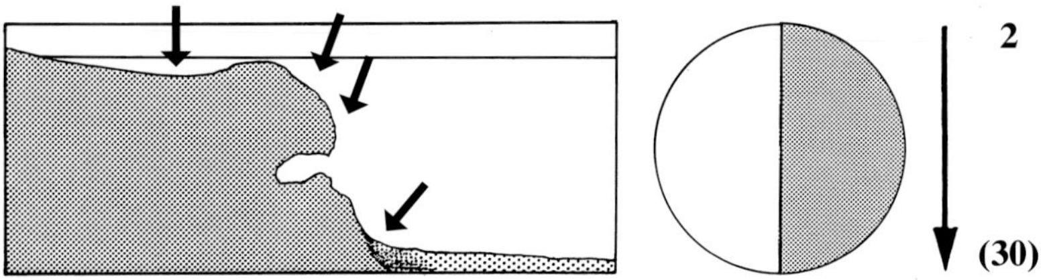

Diese Art ist im ganzen Indo-Pazifik weit verbreitet. Wie der Gemeine Eidechsenfisch liegt auch der Schlanke Eidechsenfisch auf dem Sandgrund oder den Korallenblöcken auf der Lauer, um nach ahnungslosen Beutefischen zu schnappen, die ihnen zu nahe gekommen sind. Der Schlanke Eidechsenfisch erreicht maximal 30 Zentimer Länge.

This species is prevalent throughout the entire Indo-Pacific Ocean. Like the common lizard fish the slender lizard fish lies on the sandy bottom or on coral rocks waiting to snap up any fish unwary enough to come too close. The slender lizard fish reaches a maximum length of 30 cm.

Gemeiner Eidechsenfisch **Common Lizard Fish** **Synodus variegatus**

Diese schlanken Räuber werden bis zu 25 Zentimeter groß. Sie sind im Indo-Pazifik weit verbreitet; man trifft sie im seichten Wasser und bis zu einer Tiefe von etwa 20 Metern. Bei der Wahl ihrer Beute machen sie, wie die meisten Raubfische, auch vor ihren eigenen Artgenossen nicht halt.

This slender predator grows up to 25 cm. It is widespread in the Indo-Pacific Ocean, living in shallow water and in depths down to 20 metres. Like most predatory fish it has no qualms about including its own kind amongst its choice of prey.

Schlanker Eidechsenfisch — Slender Lizard Fish — *Saurida gracilis*

Gemeiner Eidechsenfisch — Common Lizard Fish — *Synodus variegatus*

MURÄNEN · MORAYS · MURAENIDAE

Viele verschiedene Arten der Muränen leben im Riff. Ihre Bestimmung ist oft nicht einfach. Wichtige Bestimmungsmerkmale sind Zahl und Anordnung der spitzen Zähne. Muränen sind nachtaktive Räuber, die im Schutz der Dunkelheit Jagd auf Fische und Kraken machen. Dabei orientieren sie sich vor allem mit ihrem hochempfindlichen Geruchssinn. Tagsüber ziehen sich die Muränen in ihr Versteck zurück, aus dem nur ihr Kopf herausschaut. Oft sieht man die großen, auffällig gefärbten Putzergarnelen (Stenopus hispidus) die Haut der Muränen nach Ektoparasiten absuchen.
Vorsicht vor angefütterten Muränen: Immer wieder kommt es zu plötzlichen Angriffen mit schmerzhaften Bißverletzungen durch angefütterte Muränen. Im Gegensatz zur häufig gehörten Meinung ist der Biß der Muräne zwar ungiftig, aber die Wunden entzünden sich leicht und heilen schlecht.

Many different kinds of morays live on reefs; they are often quite difficult to identify. Their most important distinguishing feature is the position of their pointed teeth. Morays are nocturnal hunters that under cover of darkness pursue fish and molluscs, guided by their highly sensitive sense of smell. During daylight hours morays retire to their hiding places, from which only their heads protrude. One can often see large, gaudily coloured „cleaner shrimps" (Stenopus hispidus) searching the skin of morays for ectoparasites.
Beware of morays that are used to being hand-fed; they have repeatedly been known to launch sudden attacks, inflicting painful bite wounds. A moray's bite is not poisonous, as is often claimed, but the wounds become easily infected and heal badly.

Netzmuräne **Honeycomb Moray** **Gymnothorax favagineus**

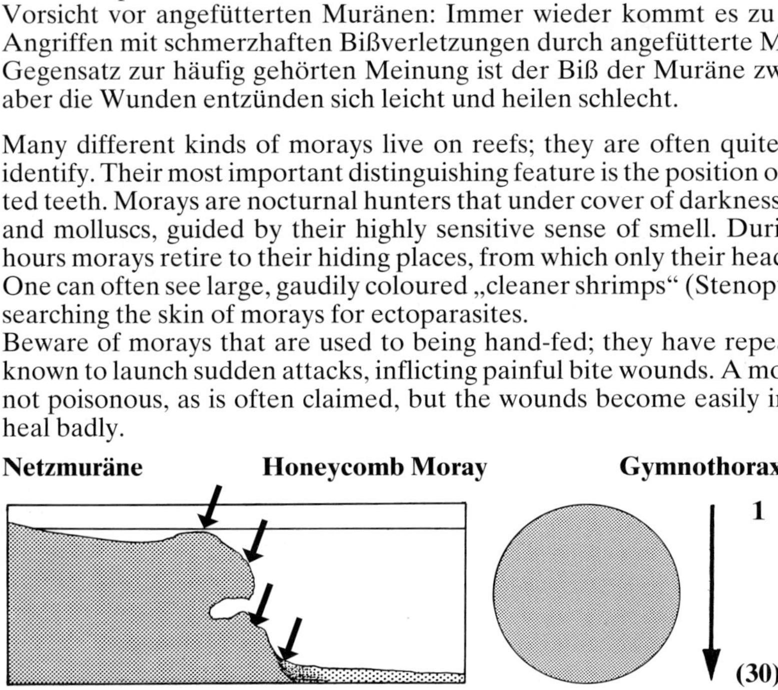

Netzmuräne Honeycomb Moray Gymnothorax favagineus ▶

MURÄNEN · MORAYS · MURAENIDAE

Leopardenmuräne	**Leopard Moray**	**Gymnothorax undulatus**
Riesenmuräne	**Giant Moray**	**Gymnothorax javanicus**

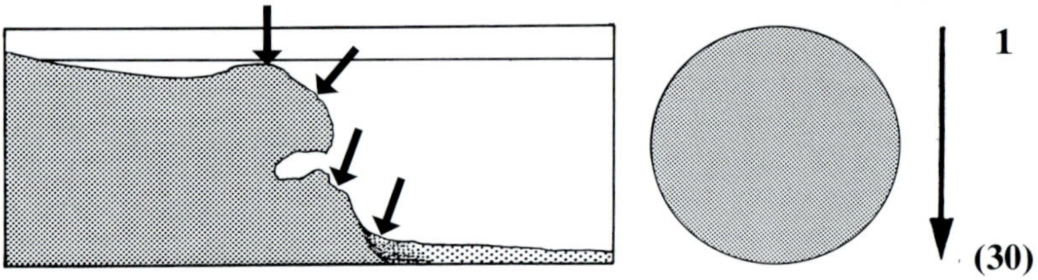

Bei Nachttauchgängen hat man die beste Chance, eine der vielen Muränen in ihrer ganzen Größe zu sehen, wenn man sie auf ihrem Streifzug durch das Riff überrascht. Die Riesenmuränen erreichen enorme Größen: angeblich werden sie bis über 3 Meter lang.

The best opportunity for seeing one of the many morays in full size is at night, when a diver may catch them unawares as they cruise through the reef. Giant morays reach enormous sizes; they are reported to grow to over three metres.

30

Leopardenmuräne Leopard Moray Gymnothorax undulatus

Riesenmuräne	Giant Moray	Gymnothorax javanicus	
Leopardenmuräne	Leopard Moray	Gymnothorax undulatus	

MEERAALE · CONGER EELS · CONGRIDAE

Röhrenaal **Garden Eel** **Xarifania hassi**

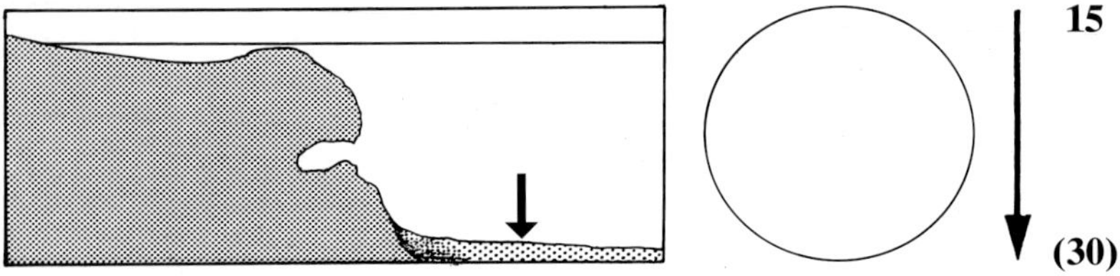

Unverwechselbar sind die Röhrenaale, die in großen Kolonien auf dem Sandgrund leben. Die auch als "Spargelaale" bekannten, nur bleistiftdicken Fische sind tagaktiv. Sie schnappen nach vorbeitreibendem Zooplankton, ohne dabei ihre senkrecht in den Boden gebauten Wohnröhren ganz zu verlassen.

Garden eels live in large colonies on the sandy bottom and are easy to identify. Also known as "asparagus eels", they are only as thick as a pencil. They are active during the day, snapping up zooplankton as it drifts by, without actually leaving the vertical holes they live in.

SCHLANGENAALE · SNAKE EELS · OPHICHTHIDAE

Krokodilsaal **Crocodile Snake Eel** **Brachysomophis crocodilinus**

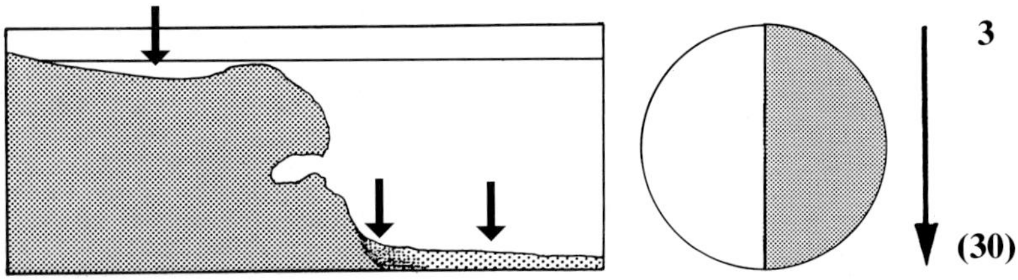

Krokodilsaale leben im Sand, in dem sie sich sehr schnell eingraben können. Die bis zu einem Meter langen Schlangenaale haben ein auffallendes, krokodilsähnliches Gebiß. Diese Art ist im gesamten Indo-Pazifik verbreitet.
Krokodilsaale werden nur selten von Schnorchlern und Tauchern entdeckt, obwohl sie auch im ganz flachen Wasser der Riff-Lagune leben.

Crocodile snake eels live in the sand into which they can dig themselves very quickly. Widespread throughout the Indo-Pacific Ocean, they grow to a metre in length and have conspicuous crocodile-like teeth.
Although their natural habitat is in the very shallow waters of the reef lagoon, snorklers and divers seldom come across them.

Röhrenaal	Garden Eel	Xarifania hassi	**33**
Krokodilsaal	Crocodile Snake Eel	Brachysomophis crocodilinus	

AALWELSE · EEL CATFISH · PLOTOSIDAE

Gestreifter Aalwels **Striped Eel Catfish** **Plotosus lineatus**

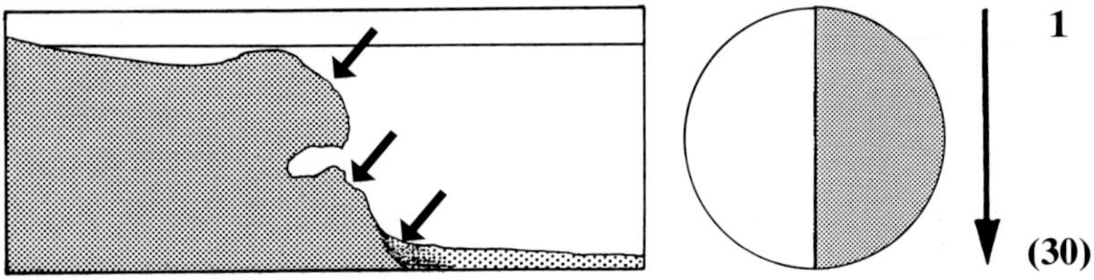

Die im dichten Schwarm lebenden Aalwelse sind giftig: Ihre kräftigen ersten Rückenflossen- und Brustflossenstrahlen sind gezähnt und mit Giftdrüsen verbunden. Verletzungen durch die bis zu 30 Zentimeter langen, an ihrer Färbung und ihren vier Bartelpaaren leicht zu erkennenden Aalwelse sind sehr schmerzhaft.

Eel catfish live in dense shoals and are venomous: the spines of their powerful first dorsal and pectoral fins are serrated and connected to poison glands. They can inflict very painful wounds. The eel catfish grows to a length of 30 cm and is easily recognisable by its colour and its four pairs of barbels.

ÄHRENFISCHE · SILVERSIDES · ATHERINIDAE

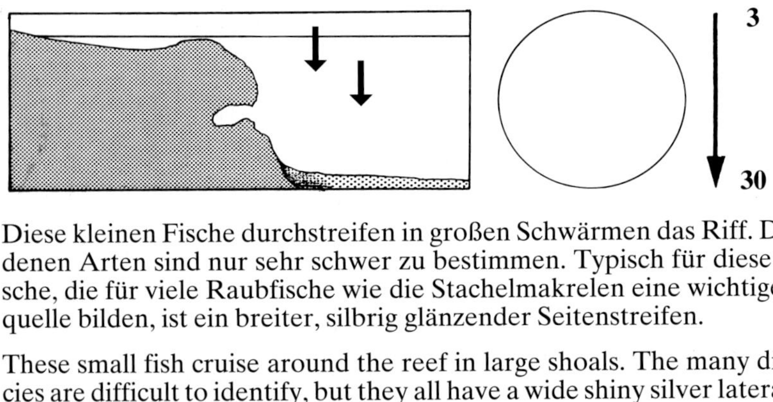

Diese kleinen Fische durchstreifen in großen Schwärmen das Riff. Die verschiedenen Arten sind nur sehr schwer zu bestimmen. Typisch für diese Schwarmfische, die für viele Raubfische wie die Stachelmakrelen eine wichtige Nahrungsquelle bilden, ist ein breiter, silbrig glänzender Seitenstreifen.

These small fish cruise around the reef in large shoals. The many different species are difficult to identify, but they all have a wide shiny silver lateral stripe. Silversides form an important basic diet for many predatory fish, such as jacks.

Gestreifter Aalwels | Striped Eel Catfish | Plotosus lineatus

Familie Ährenfische | Silversides | Atherinidae

SEENADELN · PIPEFISH · SYNGNATHIDAE

Seenadeln haben röhrenförmig ausgezogene Schnauzen mit einem kleinen Maul. Durch schnelles Einsaugen nehmen sie ihre Nahrung auf, meist winzige Krebse.

Pipefish have long tubelike snouts with small mouths with which they rapidly suck up tiny crustaceans.

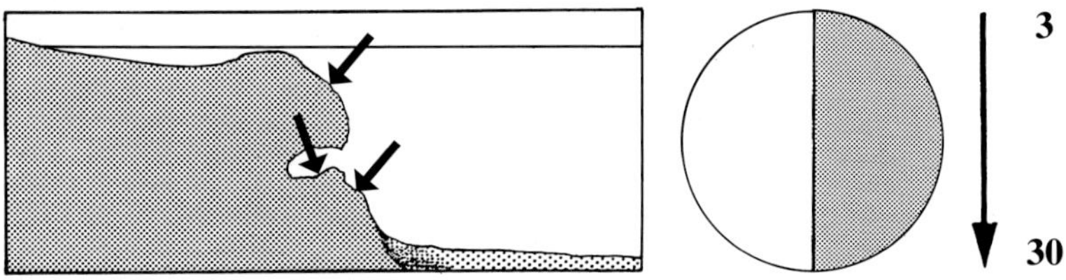

Geringelte Seenadel Multibar Pipefish Dunckerocampus multiannulatus

Die geringelte Seenadel wird bis zu 18 Zentimeter lang. Ihr Verbreitungsgebiet ist der westliche Indische Ozean einschließlich des Roten Meeres.

The multibar pipefish grows to a length of 18 cm and is to be found in the western Indian Ocean and in the Red Sea.

Blutflossen-Seenadel Red-finned Pipefish Corythoichthys haematopterus

Wie bei den Seenadeln üblich, übernimmt auch bei dieser Art das Männchen die Brutpflege: Bei der Paarung legt das Weibchen seine Eier in die Bruttasche des Männchens, in der sie befruchtet werden. Bei den Männchen ist ein Teil der Körperunterseite zur Bruttasche umgewandelt.

As with all pipefish the male of the species cares for the young. During mating the female lays its eggs into a pouch on the male's underside where they are fertilized and hatched. The male carries the young in this pouch until they are large enough to fend for themselves.

Geringelte Seenadel Multibar Pipefish Dunckerocampus multiannulatus

Blutflossen-Seenadel Red-finned Pipefish Corythoichthys haematopterus

TROMPETENFISCHE · TRUMPETFISH · AULOSTOMIDAE

Trompetenfisch **Trumpetfish** ***Aulostomus chinensis***

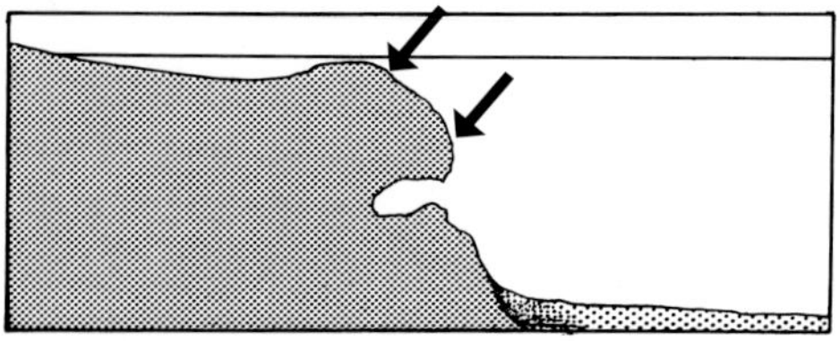

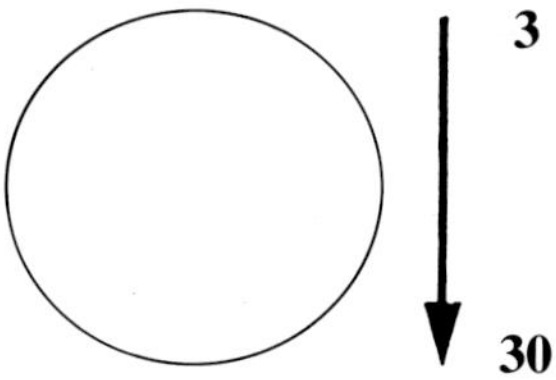

Der Trompetenfisch ist ein typischer Einzelgänger, der zwischen den Korallenformationen Krebsen und kleinen Fischen nachstellt. Er ist ein listiger Räuber, der sich gerne dicht über den Rücken größerer Fische legt, auf diesen „reitet" und aus dieser Position heraus nichtsahnende Beutetiere überrascht.

The trumpetfish is a solitary predator which hunts crustaceans and small fish amongst the coral formations. It is a cunning predator and often places itself immediately above larger fish, "riding" along on their backs. From this position it can catch its unsuspecting prey unawares.

FLÖTENFISCHE · CORNETFISH · FISTULARIIDAE

Flötenfisch **Cornetfish** ***Fistularia commersoni***

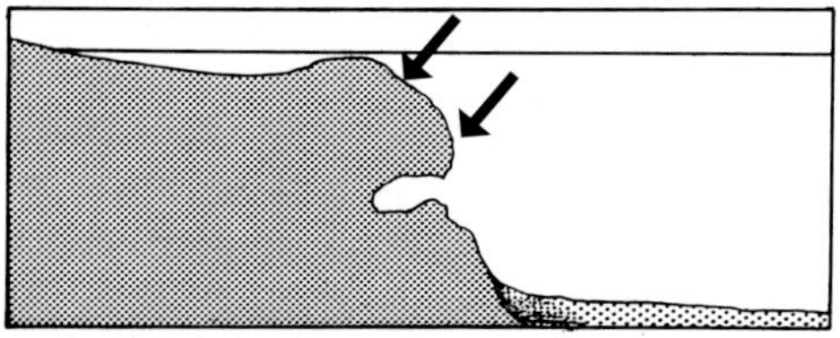

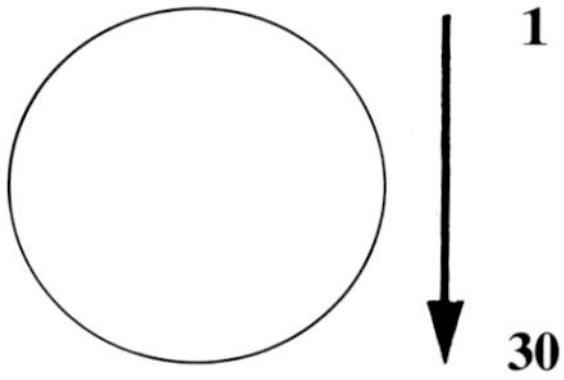

Von den Trompetenfischen sind die Flötenfische leicht durch ihren lang ausgezogenen Schwanzfaden zu unterscheiden. Oft sieht man Flötenfische in kleinen Gruppen dicht unter der Oberfläche in unmittelbarer Riffnähe schwimmen. Auch sie saugen ihre Beute, meist kleine Fische, nach dem „Pipettenprinzip" ein. Dabei zeigt sich ihre langgestreckte Schnauze erstaunlich dehnbar.

Cornetfish can easily be distinguished from trumpetfish by the long threadlike lash extending backwards from the tail. One often sees cornetfish swimming near the reef in small groups, just under the water surface. Their elongated snout is remarkable flexible; they use it to suck up their prey, usually small fish, as if with a pipette.

Trompetenfisch — Trumpetfish — Aulostomus chinensis

39

Flötenfisch — Cornetfish — Fistularia commersoni

SOLDATENFISCHE · SQUIRRELFISH · HOLOCENTRIDAE

Großdorn-Husar	**Giant Squirrelfish**	**Sargocentron spiniferum**
Oranger Soldatenfisch	**Orange Squirrelfish**	**Myripristis vittata**
Schwarzbindensoldatenfisch	**Brown Squirrelfish**	**Myripristis adusta**

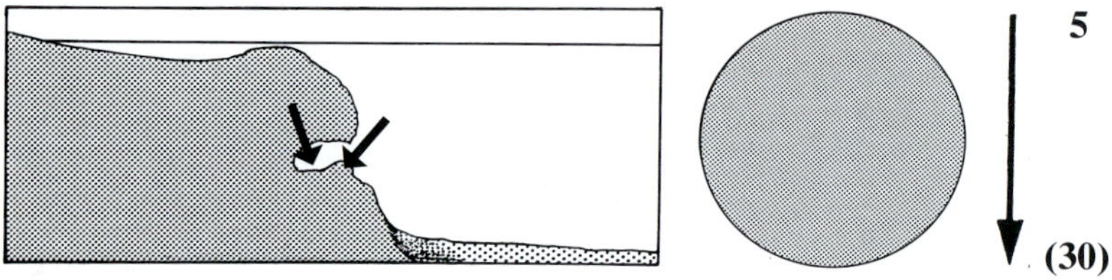

Der nicht zu verwechselnde Großdorn-Husar ist die größte Art aus der Familie der Soldatenfische. Wie der Großdorn-Husar halten sich auch der Orange Soldatenfisch und der Schwarzbindensoldatenfisch tagsüber im Halbdunkel der Riffüberhänge und -höhlen auf. Der Schwarzbindensoldatenfisch läßt sich auf dem Foto gerade von einem Putzerlippfisch (Labroides bicolor) putzen.

The giant squirrelfish is unmistakeable and is the largest species of the squirrelfish family. Like the giant squirrelfish the orange and the brown squirrelfish spend the daylight hours in the gloomy shadows of overhanging rocks and caves. The photograph shows a brown squirrelfish being cleaned by a cleaner wrasse (Labroides bicolor).

Großdorn-Husar Giant Squirrelfish Sargocentron spiniferum

Oranger Soldatenfisch	Orange Squirrelfish	Myripristis vittata
Schwarzbindensoldatenfisch	Brown Squirrelfish	Myripristis adusta

GROSSAUGENBARSCHE · BIGEYES · PRIACANTHIDAE

Großaugenbarsch **Bigeye** **Priacanthus hamrur**

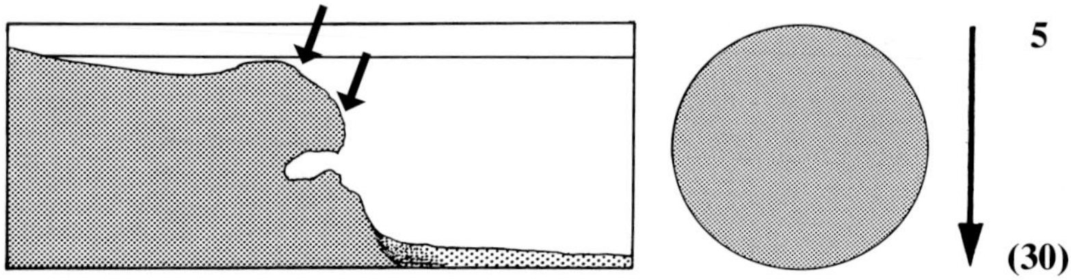

Die bis zu 45 Zentimeter langen Großaugenbarsche, die im gesamten Indo-Pazifik verbreitet sind und über das Rote Meer und den Suez-Kanal auch ins östliche Mittelmeer eingewandert sind, zeigen einen schnellen Farbwechsel von rot über rotgestreift zu rein silbrig. Das Foto zeigt einen Großaugenbarsch mit einem Putzerlippfisch (Labroides dimidiatus).

Bigeyes grow to a length of 45 cm and are widespread throughout the Indo-Pacific Ocean; they have also migrated through the Red Sea and via the Suez Canal into the eastern Mediterranean. Their colour changes rapidly from red to red stripes to pure silver. The photograph shows a bigeye with a cleaner wrasse (Labroides dimidiatus).

PILOTBARSCHE · SEA CHUBS · KYPHOSIDAE

Blaufisch **Subnose Chub** **Kyphosus cinerascens**

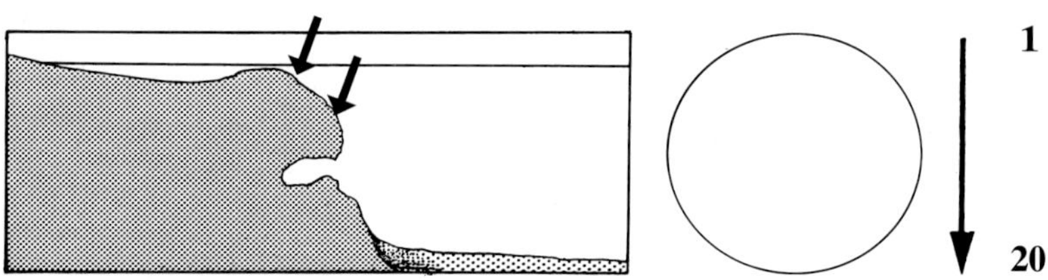

Der Blaufisch, der bis zu 45 Zentimeter lang wird, ist im Indo-Pazifik weit verbreitet. Die Pilotbarsche sind Allesfresser, die bevorzugt die Algenteppiche abweiden. Nicht selten trifft man sie in kleinen Gruppen, wenn sie auf Nahrungssuche durch das Riff ziehen.

Widespread throughout the Indo-Pacific Ocean, subnose chubs grow to a length of 45 cm; they are omnivorous and like to graze off carpets of algae. Quite often one comes across them in small groups swimming along the reef in search of food.

Großaugenbarsch	Bigeye	Priacanthus hamrur	43
Blaufisch	Subnose Chub	Kyphosus cinerascens	

MIRAKELBARSCHE · DEVIL BASSLETS · PLESIOPIDAE

Augenfleckmirakelbarsch **Comet Basslet** **Calloplesiops altivelis**

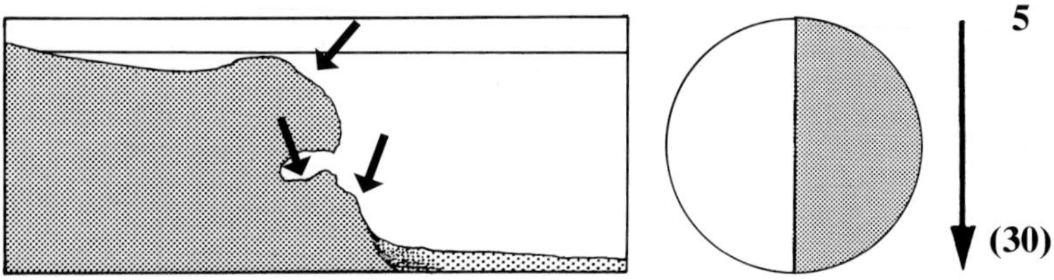

Die bis zu etwa 15 Zentimeter groß werdenden Mirakelbarsche haben auffallend lange Brustflossen. Wenn der Fisch erschreckt wird, stellt er sich schräg, mit dem Kopf nach unten. So ähnelt er, vor allem durch seinen auffälligen Augenfleck am Ende der Rückenflosse, dem Kopf einer Muräne!

The comet basslet grows to a size of about 15 cm and has conspicuously long pectoral fins. When the fish is alarmed it dips to an angle with its head down; standing in this position and especially displaying the "eye" marking on the end of the dorsal fin, it emulates the head of a moray.

SEIFENBARSCHE · SOAPFISH · GRAMMISTIDAE

Goldstreifenseifenbarsch **Goldstriped Soapfish** **Grammistes sexlineatus**

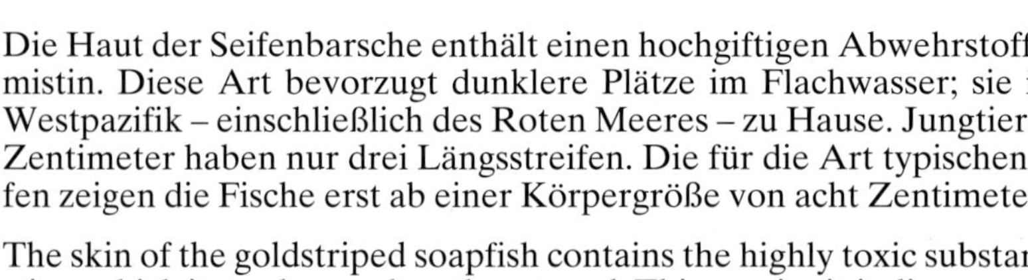

Die Haut der Seifenbarsche enthält einen hochgiftigen Abwehrstoff, das Grammistin. Diese Art bevorzugt dunklere Plätze im Flachwasser; sie ist im Indo-Westpazifik – einschließlich des Roten Meeres – zu Hause. Jungtiere bis zu fünf Zentimeter haben nur drei Längsstreifen. Die für die Art typischen sechs Streifen zeigen die Fische erst ab einer Körpergröße von acht Zentimetern.

The skin of the goldstriped soapfish contains the highly toxic substance grammistine, which it produces when threatened. This species is indigenous to the Indo-West Pacific Ocean and the Red Sea, where it has a preference for dark places in shallow water. Young fish up to a length of 5 cm have only three longitudinal stripes; the six stripes typical of the species only appear on fish sized 8 cm and more.

Augenfleckmirakelbarsch Comet Basslet Calloplesiops altivelis

45

Goldstreifenseifenbarsch Goldstriped Soapfish Grammistes sexlineatus

SKORPIONSFISCHE · SCORPIONFISH · SCORPAENIDAE

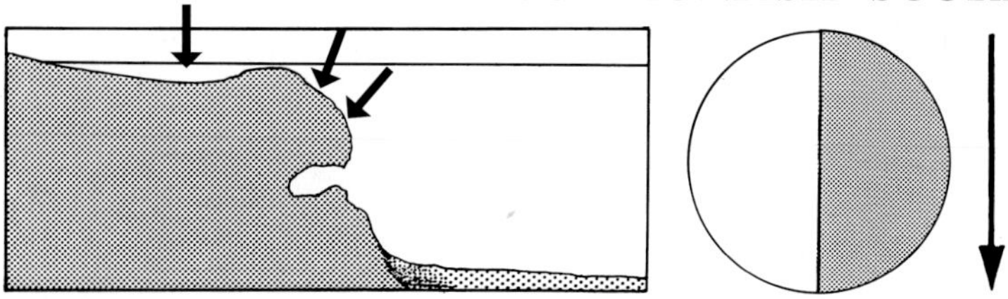

Steinfisch **Stonefish** **Synanceia verrucosa**

Ein extrem oberständiges Maul, besonders breite Brustflossen und eine charakteristische Grube hinter jedem Auge sind die eindeutigen Erkennungsmerkmale des Steinfisches. Er ist selbst in den flachsten Riffabschnitten nicht selten, wird aber dank seiner hervorragenden Tarnung kaum entdeckt. Der Steinfisch ist mit Abstand der gefährlichste Giftfisch. Sein Giftapparat befindet sich in den Strahlen der ersten Rückenflosse. Bei einem Unfall mit einem Steinfisch treten extrem starke Schmerzen an der sich sofort bläulich verfärbenden Stichstelle auf. Todesfälle nach Steinfisch-Verletzungen sind nicht selten.

The unmistakeable characteristic features of the stonefish are its extremely highly placed mouth, particularly wide pectoral fins and a distinctive hollow behind each eye. It is quite common even in the shallowest parts of the reef, but owing to its excellent camouflage it is seldom seen. The stonefish is definitely the most dangerous venomous fish: its poison is contained in the spines of the first dorsal fin. The sting of the stonefish is extremely painful and the wound turns blue immediately. Injuries caused by stonefish can be fatal.

Falscher Steinfisch **Devil Scorpionfish** **Scorpaenopsis diabolus**

Dieser Drachenkopf wird immer wieder mit dem wesentlich giftigeren Steinfisch verwechselt. Auch die Verletzungen durch den Falschen Steinfisch sind schmerzhaft.

This scorpionfish is often confused with the much more venomous stonefish. However, injuries caused by the devil scorpionfish can also be quite painful.

Steinfisch	Stonefish	*Synanceia verrucosa*
Falscher Steinfisch	Devil Scorpionfish	*Scorpaenopsis diabolus*

SKORPIONSFISCHE · SCORPIONFISH · SCORPAENIDAE

Strahlenfeuerfisch	**Clearfin Turkeyfish**	**Pterois radiata**
Langhornfeuerfisch	**Broadbarred Turkeyfish**	**Pterois antennata**
Rotfeuerfisch	**Turkeyfish**	**Pterois miles**

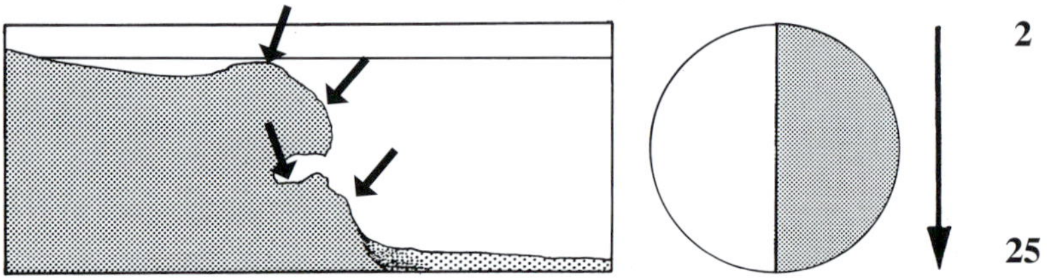

Vorsicht vor den vielen verschiedenen, prächtig gefärbten Feuerfischarten, die man im Riff antrifft: Fühlen sich die Fische bedroht, können sie einen vermeintlichen Angreifer, wie z. B. einen zu aufdringlichen Fotografen, gezielt mit den mit Giftdrüsen versehenen Rücken- und Brustflossenstrahlen stechen.

Beware of the many species of brilliantly coloured turkeyfish that one encounters on the reef: if the fish feels threatened (by an importunate photographer for example) it will sting its potential adversary, using the spines of the dorsal and pectoral fins which are equipped with poison glands.

Strahlenfeuerfisch Clearfin Turkeyfish Pterois radiata

Langhornfeuerfisch | Broadbarred Turkeyfish | Pteris antennata

Rotfeuerfisch | Turkeyfish | Pterois miles

SKORPIONSFISCHE · SCORPIONFISH · SCORPAENIDAE

Taumelfisch	**Paperfish**	**Taenianotus triacanthus**
Drachenkopf	**Scorpionfish**	**Scorpaenopsis sp.**
Bärtiger Drachenkopf	**Bearded Scorpionfish**	**Scorpaenopsis cirrhosa**

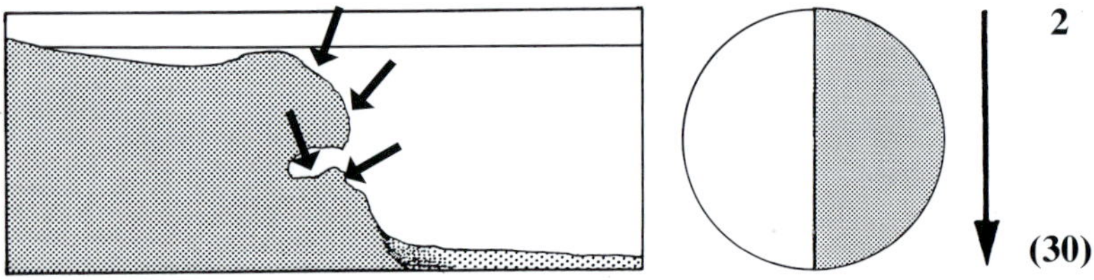

Der zu den Skorpionsfischen zählende Taumelfisch ist der einzige bekannte Fisch, der regelmäßig – etwa alle zwei Wochen – seine Fischhaut als Ganzes abstreift. Der Taumelfisch ist „ein Fisch, der aus der Haut fährt“!

The paperfish, a member of the scorpionfish family, is the only fish known to shed its skin in one piece regularly, about every fourteen days.

Taumelfisch Paperfish Taenianotus triacanthus

Drachenkopf | Scorpionfish | *Scorpaenopsis sp.*

Bärtiger Drachenkopf | Bearded Scorpionfish | *Scorpaenopsis cirrhosa*

ZACKENBARSCHE · GROUPERS · SERRANIDAE

Mondflossenzackenbarsch **Lunartail Grouper** **Variola louti**

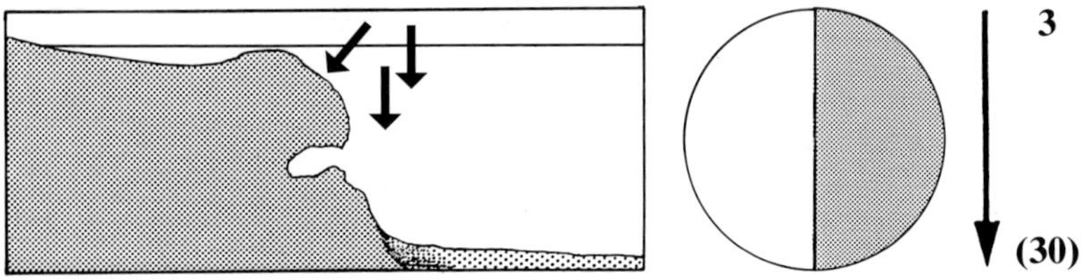

Das Verbreitungsgebiet des Mondflossenzackenbarsches ist das Rote Meer, der Indische Ozean und der westliche Pazifik. Ausgewachsene Fische dieser Art erreichen eine Größe von 80 Zentimetern. Bis in eine Tiefe von 100 Meter macht er Jagd auf alle möglichen Fische, die er noch schlucken kann.

The lunartail grouper is to be found in the Red Sea, the Indian Ocean and the western Pacific. A fully-grown fish of this species reaches a size of 80 cm; down to a depth of 100 metres it will hunt any fish that it is capable of swallowing.

Pantherbarsch **Black-saddled Grouper** **Plectropomus laevis**

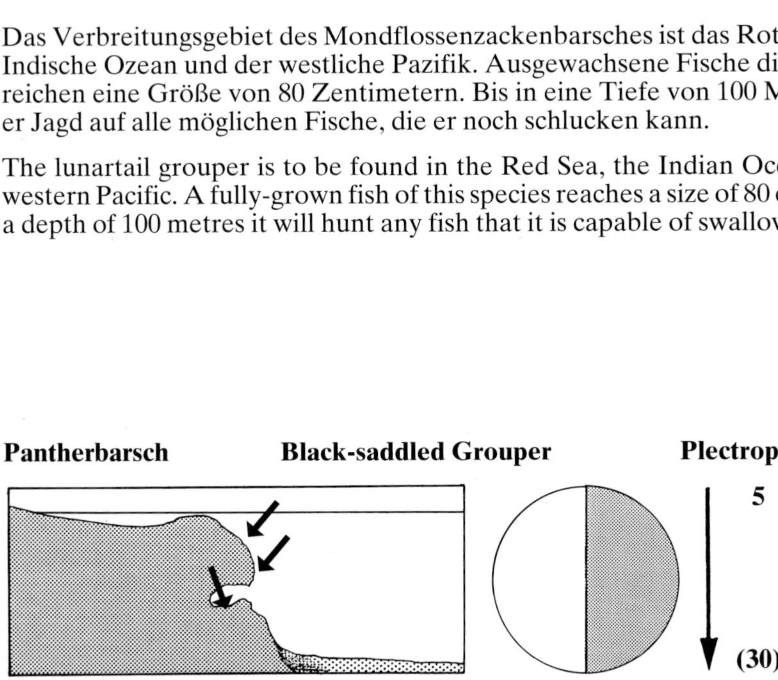

Die meisten der großen Zackenbarsche halten sich tagsüber versteckt. Wie viele andere „Zackis" wechselt auch der Pantherbarsch sein Geschlecht im Laufe seines Lebens: kleinere Tiere sind Weibchen, größere (ältere) sind Männchen.

Most large groupers stay hidden during the day. Like many other groupers the black-saddled grouper changes sex during the course of its life; the younger, smaller ones are female, the larger, older ones male.

Mondflossenzackenbarsch Lunartail Grouper *Variola louti*

Pantherbarsch Black-saddled Grouper *Plectropomus laevis*

ZACKENBARSCHE · GROUPERS · SERRANIDAE

Marmorierter Zackenbarsch **Brownmarbled Grouper** **Epinephelus fuscoguttatus**
Spitzkopf-Zackenbarsch **Slender Grouper** **Anyperodon leucogrammicus**
Rotmaulzackenbarsch **Redmouth-Grouper** **Aethaloperca rogaa**

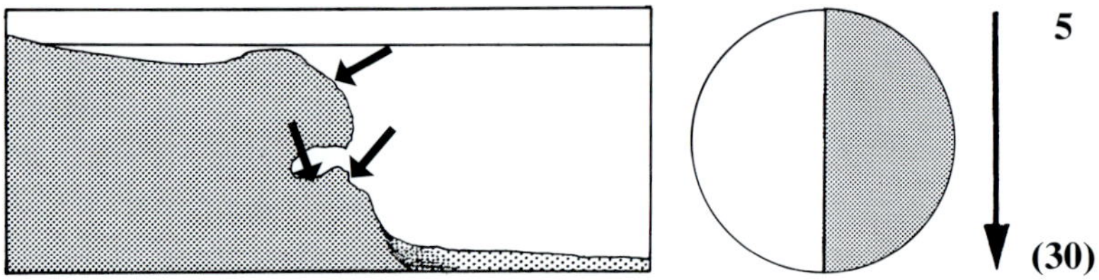

Drei Zackenbarsche aus drei verschiedenen Gattungen, die alle bevorzugt im tieferen Wasser, im Halbschatten großer Überhänge und in Höhlen leben. Während der Spitzkopfzackenbarsch gerade 50 Zentimeter erreicht, gehört der Marmorierte Zackenbarsch mit bis zu einem Meter Länge zu den größeren „Zakkis".

Three different species of groupers which all like to live in deeper water and the half-shade of overhanging rocks and in caves. The slender grouper only reaches a length of 50 cm, whereas the brownmarbled grouper, one of the larger kind, grows up to one metre in length.

Marmorierter Zackenbarsch Brownmarbled Grouper Epinephelus fuscoguttatus

Spitzkopf-Zackenbarsch | Slender Grouper | Anyperodon leucogrammicus

Rotmaulzackenbarsch | Redmouth-Grouper | Aethaloperca rogaa

ZACKENBARSCHE · GROUPERS · SERRANIDAE

Juwelenzackenbarsch **Coral Grouper** **Cephalopholis miniata**

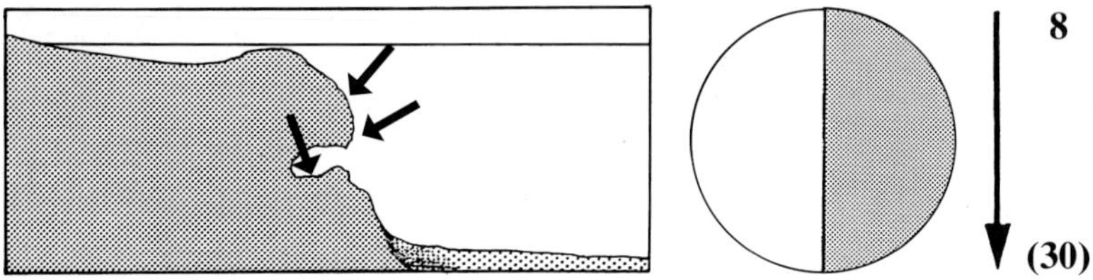

Der farbenprächtige Juwelenzackenbarsch, der im Indo-Pazifik weit verbreitet ist, lebt in Tiefen von mehr als fünf Metern. In diesen Tiefen ist seine im Scheinwerfer- und Blitzlicht so auffallende Rotfärbung eine ausgezeichnete Tarnfarbe. Der Juwelenzackenbarsch gehört mit einer Körpergröße von 40 Zentimetern zu den kleineren Zackenbarschen des Riffs.

The brilliantly coloured coral grouper is widespread in the Indo-Pacific Ocean and lives in waters deeper than 5 metres. In these depths its red colouring, so conspicuous in spotlight and flashlight, provides effective camouflage. The coral grouper is 40 cm in size and is one of the smaller groupers in the reef.

Pfauenzackenbarsch **Peacock Grouper** **Cephalopholis argus**

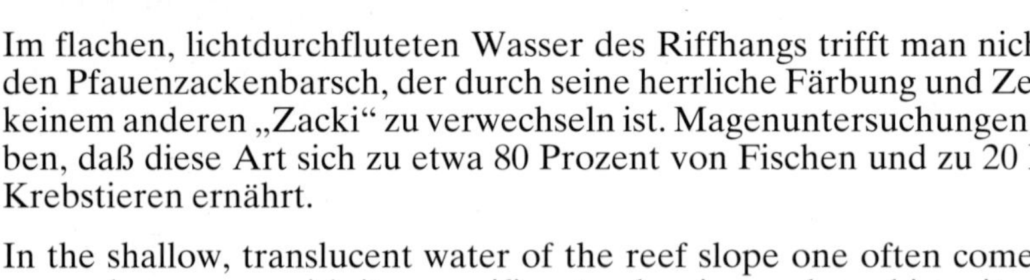

Im flachen, lichtdurchfluteten Wasser des Riffhangs trifft man nicht selten auf den Pfauenzackenbarsch, der durch seine herrliche Färbung und Zeichnung mit keinem anderen „Zacki" zu verwechseln ist. Magenuntersuchungen haben ergeben, daß diese Art sich zu etwa 80 Prozent von Fischen und zu 20 Prozent von Krebstieren ernährt.

In the shallow, translucent water of the reef slope one often comes across the peacock grouper; with its magnificent colouring and markings it stands out amongst the other groupers. Analyses of their stomach contents reveal that 80% of this species' diet consists of fish and 20% of crustaceans.

Juwelenzackenbarsch	Coral Grouper	Cephalopholis miniata
Pfauenzackenbarsch	Peacock Grouper	Cephalopholis argus

ZACKENBARSCHE · GROUPERS · SERRANIDAE

Kurzschnäuziger Fahnenbarsch	**Shortnose Anthias**	**Pseudanthias parvirostris**
Gelbrücken-Fahnenbarsch	**Yellowtail Anthias**	**Pseudanthias evansi**
Haremsfahnenbarsch	**Scalefin Anthias**	**Pseudanthias squamipinnis**

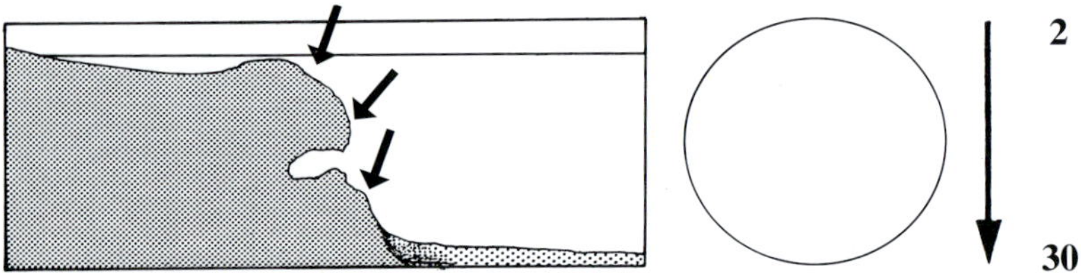

Zu der Familie der Zackenbarsche zählen die Fischkundler auch die kleinen, bunt gefärbten Fahnenbarsche.
Der Haremsfahnenbarsch lebt oft in großen Schwärmen im Flachwasserbereich des Korallenriffs. Das kleine Foto zeigt ein Männchen.

The small, brightly coloured anthias belong to the grouper family.
The scalefin anthias often lives in large shoals in the shallow waters of the coral reef. The inset shows a male.

Kurzschnäuziger Fahnenbarsch   Shortnose Anthias   Pseudanthias parvirostris

Gelbrücken-Fahnenbarsch Yellowtail Anthias *Pseudanthias evansi*

Haremsfahnenbarsch Scalefin Anthias *Pseudanthias squamipinnis*

BÜSCHELBARSCHE · HAWKFISH · CIRRHITIDAE

Forsters Büschelbarsch · **Blackside Hawkfish** · **Paracirrhites forsteri**
Feenbüschelbarsch · **Pixy Hawkfish** · **Cirrhitichthys oxycephalus**

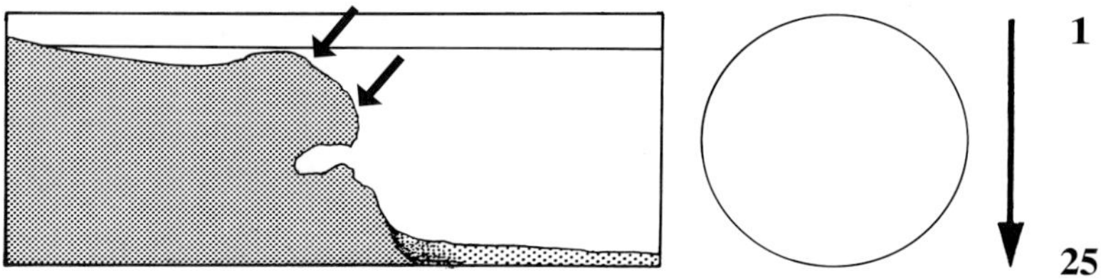

Büschelbarsche sind kleine, oft bunt gefärbte Raubfische. Der deutsche Name geht auf eine anatomische Besonderheit zurück, die bei den einzelnen Arten dieser Familie verschieden stark ausgeprägt ist: Die Fische haben kleine, büschelartige Fortsätze, die sogenannten „Cirri“, auf den Spitzen ihrer Rückenflossenstrahlen.
Büschelbarsche, auch Korallenwächter, Korallenklimmer oder Korallenbarsche genannt, sitzen vor allem auf Korallenblöcken und zwischen Korallenästen, „verankern“ sich dort mit ihren kräftigen Brustflossen und können so in der Strömung der Flachwasserzonen sicher ihren Platz halten. Hier lauern sie auf ihre Beute, ausgezeichnet getarnt durch ihre gestaltsauflösende Zeichnung. Es sind vor allem kleine Fische und Wirbellose, die sie fangen.

Hawkfish are small, often brightly coloured predatory fish. Their German name, “tufted bass”, refers to the tuftlike ends on the spinal tips of their dorsal fins, an anatomical feature which is more or less prominent depending on the individual species.
Hawkfish like to sit on and in between stems of coral; they “anchor” themselves using their powerful pectoral fins and are thus able to keep a steady position in the current of the shallow water. Here they lie in wait for prey, perfectly camouflaged by their patterning which seems to make their shape dissolve. They catch small fish and invertebrates.

Forsters Büschelbarsch	Blackside Hawkfish	Paracirrhites forsteri
Feenbüschelbarsch	Pixy Hawkfish	Cirrhitichthys oxycephalus

KARDINALBARSCHE · CARDINAL FISH · APOGONIDAE

Großzahn-Kardinalbarsch	**Largetooth Cardinal Fish**	**Cheilodipterus macrodon**
Goldstreifen-Kardinalbarsch	**Goldstriped Cardinal Fish**	**Apogon sp.**

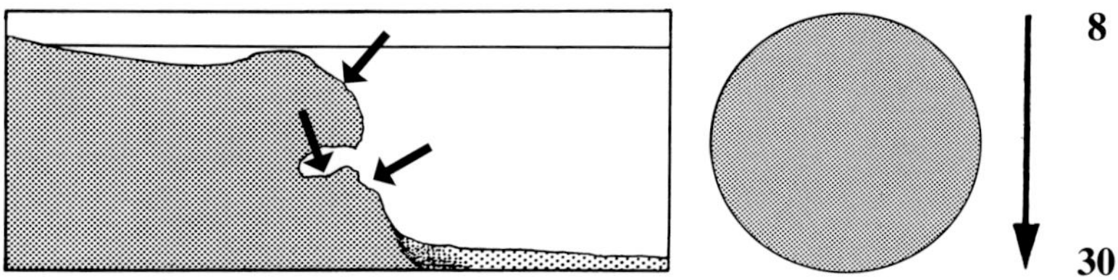

Die Kardinalbarsche sind kleine Fische mit zwei deutlich getrennten Rückenflossen; Maul und Augen sind für die Körpergröße auffallend groß. Die Kardinalbarsche sind typisch nachtaktive Fische. Tagsüber ziehen sie sich meist in das Halbdunkel großer Riffüberhänge, tiefer Spalten und Höhlen zurück. Kardinalbarsche sind Maulbrüter: Das Männchen nimmt die befruchteten Eier ins Maul. Manchmal haben sie das Maul so voll mit Eiern, daß sie es nicht mehr schließen können.
Der Großzahn-Kardinalbarsch mit seinen auffallend großen Zähnen wird bis zu 24 Zentimeter lang. Er kommt im gesamten Indo-Pazifik vor.
Typisch für den Goldstreifen-Kardinalbarsch sind die sechs goldgelben Längsstreifen auf jeder Körperseite. Die Fische werden sieben Zentimeter lang.

Cardinal fish are small fish with two clearly separated dorsal fins; their mouths and eyes are disproportionately large for their overall size. They are typical nocturnal fish and during the day usually retire into the dark shadows of large overhanging rocks, deep crevices and caves. Cardinal fish are mouthbreeders; the male carries the fertilised eggs in its mouth. Sometimes its mouth is so full of eggs that it cannot close it.
The largetooth cardinal fish is common throughout the entire Indo-Pacific Ocean, has conspicuously large teeth and grows to a size of 24 cm.
The gold-striped cardinal fish grows to a size of 7 cm and, as its name suggests, has six golden stripes running lengthways along each side of its body.

Großzahn-Kardinalbarsch Largetooth Cardinal Fish *Cheilodipterus macrodon*

Goldstreifen-Kardinalbarsch Goldstriped Cardinal Fish *Apogon* sp.

STACHELMAKRELEN · JACKS · CARANGIDAE

Goldene Stachelmakrele | **Golden Kingfish** | **Gnathanodon speciosus**
Blauflossenmakrele | **Bluefin Trevally** | **Caranx melampygus**
Kleingefleckter Pompano | **Smallspotted Pompano** | **Trachinotus bailloni**

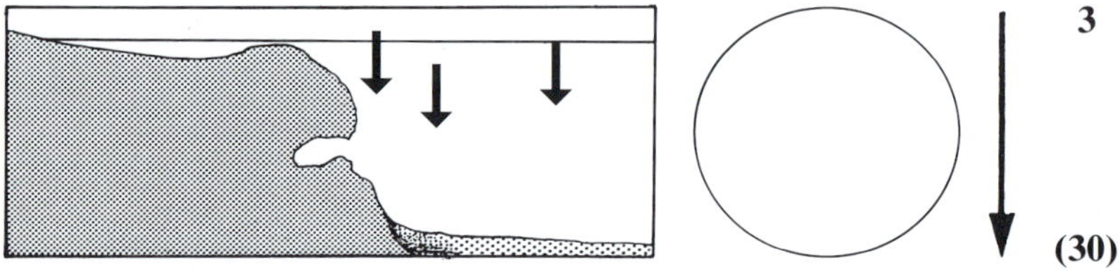

Die Stachelmakrelen sind elegante Raubfische des offenen Wassers, die auch im freien Wasser dicht über dem Riffhang jagen. In kleineren Gruppen folgen die meist silbrigen Fische den Schwarmfischen, denen sie bevorzugt nachstellen. Die Blauflossenmakrele wird bis zu einem Meter groß.

Jacks are elegant predatory fish from the open sea which also hunt in the water above the reef slope; they are usually silver in colour. Hunting in small groups they pursue shoal fish, their favourite prey. The bluefin trevally reaches a size of one metre.

Goldene Stachelmakrele Golden Kingfish Gnathanodon speciosus

Blauflossenmakrele | Bluefin Trevally | Caranx melampygus

Kleingefleckter Pompano | Smallspotted Pompano | Trachinotus bailloni

SCHNAPPER · SNAPPERS · LUTJANIDAE

Weltweit sind etwa 20 Gattungen mit über 250 Arten bekannt. Im Deutschen ist die Familienbezeichnung Schnapper nicht eindeutig; neben der hier behandelten Familie Lutjanidae wird auch die Familie Lethrinidae als Schnapper bezeichnet.
Die Schnapper (Familie Lutjanidae) leben in großen Schwärmen. Sie gehören zu den wichtigsten wirtschaftlich genutzten Fischen der tropischen und subtropischen Meere.
Alle Schnapper leben räuberisch; sie fressen vor allem Krebse und Fische. Während des Tages bilden manche Arten der Gattung Lutjanus riesige Schwärme, die wie eine zweite Wand am Riffhang stehen.

About 20 genera of snappers with over 250 species are known throughout the world. In German the family name "Schnapper" is used rather loosely to include not only the family Lutjanidae but also the family Lethrinidae. Snappers (Lutjanidae) live in large shoals and are of considerable importance for the fisheries in tropical and subtropical waters.
All snappers are predators, feeding on crustaceans and fish. During the day some species of the Lutjanus genus form huge shoals which drift along the reef slope like a wall of fish.

Buckelschnapper **Humpback Snapper** **Lutjanus gibbus**

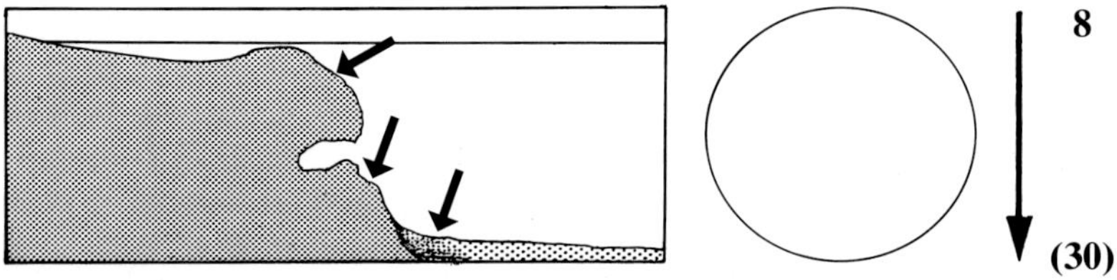

Das Foto zeigt einen Schwarm des besonders hochrückigen, gleichmäßig rotbraun gefärbten Buckelschnappers zusammen mit einigen Gestreiften Süßlippen. Die Buckelschnapper fressen Krabben und andere Krebstiere. Ausgewachsene Fische erreichen eine Körperlänge von 60 Zentimetern.

The photograph shows a shoal of this particularly high-backed snapper species, uniformly reddish-brown in colour, together with some Oriental Grunts. Humpback snappers feed on shrimps and other crustaceans; the fully-grown fish reaches a length of 60 cm.

Buckelschnapper Humpback Snapper Lutjanus gibbus ▶

SCHNAPPER · SNAPPERS · LUTJANIDAE

Schwarzweißschnapper **Black and White Snapper** **Macolor macularis**
Blaustreifenschnapper **Bluestripe Snapper** **Lutjanus kasmira**

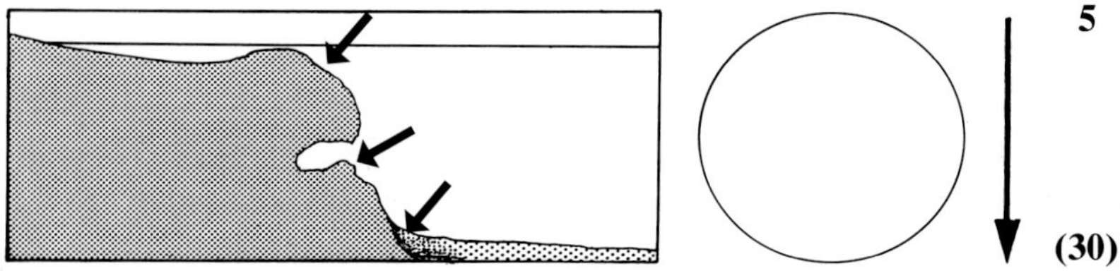

Der Blaustreifenschnapper gehört zu den kleinen Arten dieser Familie: Er wird nicht größer als 35 Zentimeter. Die Art ist im gesamten Indo-Pazifik einschließlich des Roten Meeres weit verbreitet. Blaustreifenschnapper leben in größeren Wassertiefen, oberhalb von 20 Metern werden sie kaum gesehen.
Mit über 60 Zentimeter Körperlänge werden die Schwarzweißschnapper fast doppelt so groß wie die Blaustreifenschnapper. Das Verbreitungsgebiet dieser Art, deren Jungtiere schwarzweiß gefleckt sind, erstreckt sich vom Roten Meer über die Ostküste Afrikas bis hinein in den zentralen Pazifik.

The bluestripe snapper is one of the smaller species of the snapper family: it grows no larger than 35 cm. Widely distributed throughout the entire Indo-Pacific Ocean including the Red Sea, bluestripe snappers inhabit deeper waters and are hardly ever seen above 20 metres.
The black-and-white snapper grows to over 60 cm in length, almost twice the size of the bluestripe snapper. Its young have black and white spots. This species can be found from the Red Sea and the east coast of Africa to the central Pacific.

Schwarzweißschnapper	Black and White Snapper	Macolor macularis
Blaustreifenschnapper	Bluestripe Snapper	Lutjanus kasmira

69

SCHNAPPER · SNAPPERS · LUTJANIDAE

Kupferschnapper **Twinspot Snapper** **Lutjanus bohar**

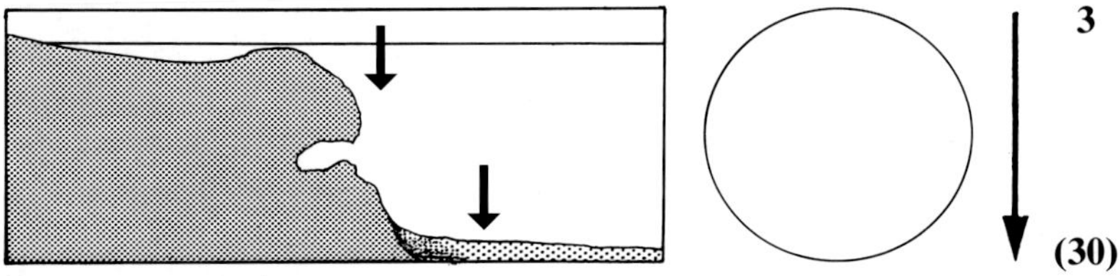

Dieser große Schnapper erreicht eine Körperlänge von einem Meter. Etwa 75 Prozent seiner Nahrung machen kleinere Fische aus. Junge Kupferschnapper ahmen Riffbarsche der Gattung Chromis nach, um so dichter an ihre Beute heranzukommen. Das Verbreitungsgebiet des Kupferschnappers erstreckt sich über den ganzen Indo-Pazifik einschließlich des Roten Meeres.

This large snapper is a native of the Indo-Pacific Ocean including the Red Sea. It reaches a size of one metre and about 75% of its diet consists of smaller fish. Young twinspot snappers imitate damselfish of the genus Chromis to enable them to get closer to their prey.

Einfleckschnapper **Onespot Snapper** **Lutjanus monostigma**

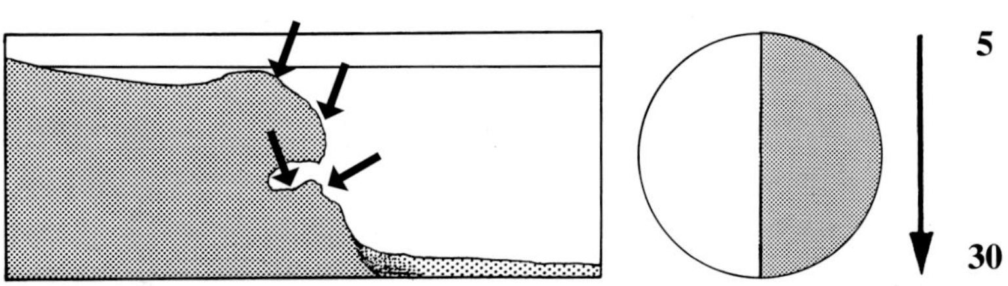

Der Einfleckschnapper, der eine Größe von 60 Zentimetern erreicht, macht vor allem Jagd auf Fische. Der schwarze Fleck auf der Höhe der Seitenlinie direkt über den Anfang der Analflosse, der den Fischen dieser Art den Namen gab, ist bei alten Tieren manchmal nicht mehr zu sehen.

The onespot snapper reaches a size of 60 cm and preys mainly upon fish. Its name derives from the black spot directly above the base of its anal fin on a level with the lateral stripe; on old fish however this is sometimes no longer visible.

Kupferschnapper	Twinspot Snapper	Lutjanus bohar	**71**
Einfleckschnapper	Onespot Snapper	Lutjanus monostigma	

SCHNAPPER · EMPERORS · LETHRINIDAE

Nicht zu verwechseln mit den Arten der Familie Lutjanidae sind die Lethrinidae, die im Deutschen ebenfalls als Schnapper – selten auch als „Straßenkehrer“ – bezeichnet werden.
The Lethrinidae are also known as ”snappers“ in German, but they are not to be confused with the species of the family Lutjanidae.

Schönflossen-Schnapper Orange spotted Emperor Lethrinus erythracanthus

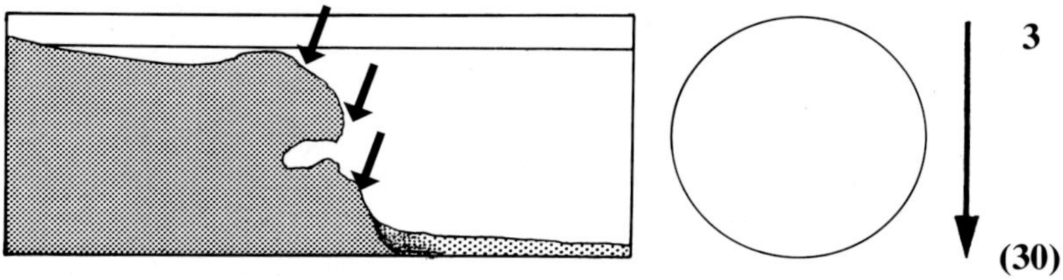

Wie allgemein für die Arten der Familie Lethrinidae typisch, hat auch der Schönflossen-Schnapper deutlich wulstige Lippen um das endständige Maul. Der bis zu 70 Zentimeter große Fisch ist im gesamten Indischen Ozean bis hinein in den Westpazifik verbreitet.
Like many other species of the family Lethrinidae the orange-spotted emperor has clearly delineated thick lips on its protruding mouth. It grows to a size of 70 cm and is widespread in the entire Indian Ocean as far as the western Pacific.

Gelblippen-Schnapper Yellowlip Emperor Lethrinus xanthochilus

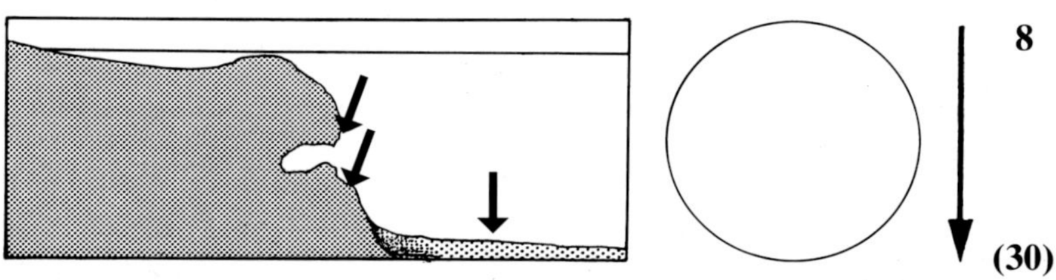

Nur wenige Fische des Riffs fressen Seegurken. Dazu zählen die Gelblippen-Schnapper, die auch Fische und Krebse jagen. Der Gelblippen-Schnapper wird bis zu 60 Zentimeter lang.

The yellowlip emperor is one of the few reef fish to eat sea cucumbers; it also preys upon fish and crustaceans. It reaches a size of 60 cm.

Schönflossen-Schnapper	Orange spotted Emperor	Lethrinus erythracanthus	73
Gelblippen-Schnapper	Yellowlip Emperor	Lethrinus xanthochilus	

SCHNAPPER · EMPERORS · LETHRINIDAE

Goldstreifen-Schnapper — Glowfish — Gnathodentex aurolineatus
Großaugenschnapper — Bigeye Emperor — Monotaxis grandoculis

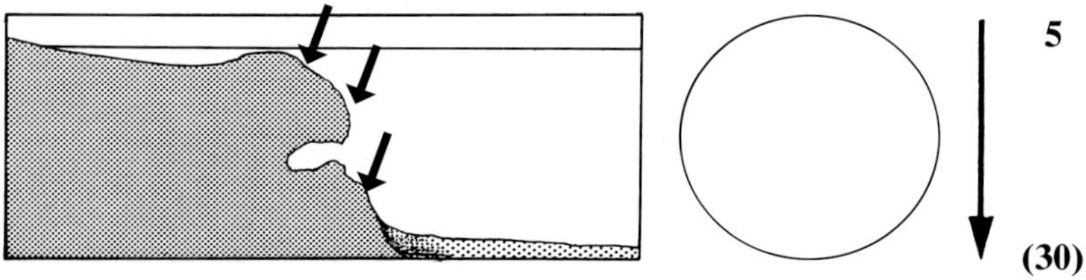

Goldstreifen-Schnapper — Glowfish — Gnathodentex aurolineatus

Ein großer gelber Fleck auf dem Rücken, direkt hinter der Rückenflosse, ist auch im Dunkel der Höhlen noch gut sichtbar, ein Fleck, der zu glühen scheint (englischer Name!). Diese Art ist im Indischen Ozean und im westlichen Pazifik weit verbreitet.

A large yellow spot on the fish's back directly behind the dorsal fin is clearly visible even in the darkness of the caves; it seems to glow, hence the English name. This species is widespread in the Indian Ocean and in the western Pacific.

Großaugenschnapper — Bigeye Emperor — Monotaxis grandoculis

Die Jungfische der Großaugenschnapper sind mit vier schwarzen Querstreifen gebändert, ihr Kopf ist wesentlich spitzer als bei den ausgewachsenen Fischen. Diese sind auf dem Rücken grünlich, an den Seiten silbrig gefärbt und können plötzlich als Körperzeichnung vier schwarze Querstreifen zeigen. Die Großaugenschnapper werden kaum länger als 50 Zentimeter. Sie fressen Muscheln, Schnecken, Krabben und auch Einsiedlerkrebse.

Young bigeye emperors have four black crossbands, their heads are much more pointed than those of adult fish. A fully-grown bigeye emperor has a greenish back and silver-coloured sides and can suddenly produce four black crossbands as markings. It grows no larger than 50 cm and feeds on shellfish, snails, crustaceans and hermit crabs.

Goldstreifen-Schnapper | Glowfish | Gnathodentex aurolineatus

Großaugenschnapper | Bigeye Emperor | Monotaxis grandoculis

FÜSILIERE · FUSILIERS · CAESIONIDAE

Goldrücken-Füsilier	**Yellow Fusilier**	**Caesio xanthonotus**
Gestreifter Füsilier	**Striped Fusilier**	**Pterocaesio variliniata**
Gebänderter Füsilier	**Dark-banded Fusilier**	**Pterocaesio tile**
Goldstreifen-Füsilier	**Goldstriped Fusilier**	**Pterocaesio diagramma**

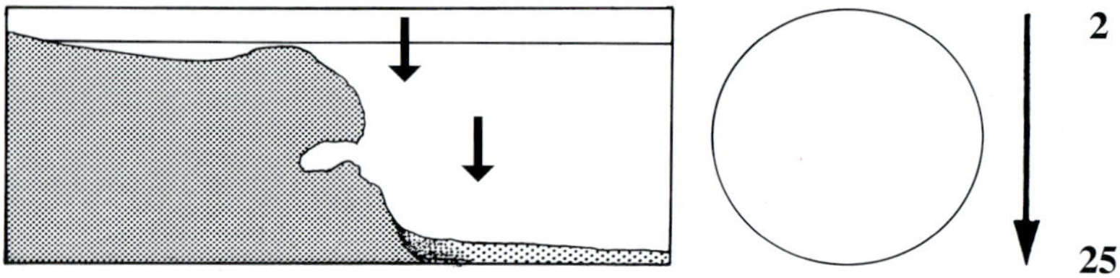

Die Füsiliere mit ihrem silbrig glänzenden, schlanken Körper und ihrer tief eingeschnittenen, symmetrischen Schwanzflosse sind Schwarmfische, die im freien Wasser über und vor dem Riff nach Zooplankton schnappen. Nachts dagegen suchen sie den Schutz der Riffe als Schlafplatz auf. Im Foto unten ist nur der vorderste Fisch ein Goldrücken-Füsilier, alle anderen sind Goldstreifen-Füsiliere.
Fusiliers are slender fish with gleaming silver bodies and deeply forked symmetrical caudal fins. They are shoal fish which snap up zooplankton in the open water above and in front of the reef. At night they seek sheltered places within the reef in which to sleep. In the photo below only the fish in the foreground is a yellow fusilier, all the others are goldstriped fusiliers.

Goldstreifen-Füsilier · Goldstriped Fusilier · Pterocaesio diagramma
Vorne: Goldrücken-Füsilier · In front: Yellow Fusilier · Caesio xanthonotus

Gestreifter Füsilier | Striped Fusilier | *Pterocaesio variliniata*

77

Gebänderter Füsilier | Dark banded Fusilier | *Pterocaesio tile*

SÜSSLIPPEN · GRUNTS · HAEMULIDAE

Gestreifte Süßlippe	**Oriental Grunt**	**Plectorhynchus orientalis**
Gepunktete Süßlippe	**Painted Grunt**	**Plectorhynchus chaetodonoides**

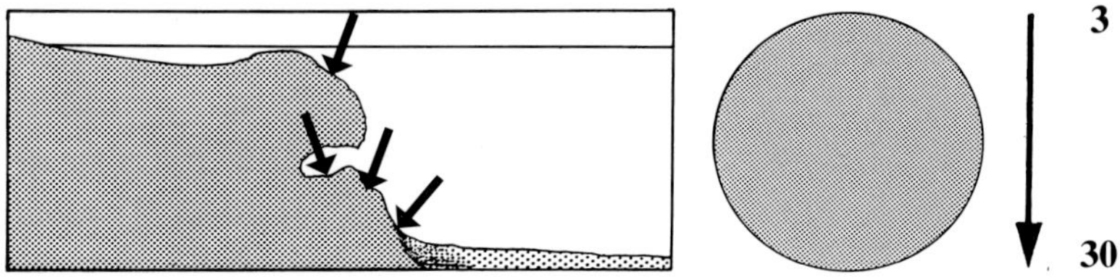

Die Süßlippen werden im Deutschen auch als Grunzer bezeichnet: Mit ihren Schlundzähnen geben sie deutlich hörbare Töne von sich, die von der gasgefüllten Schwimmblase verstärkt werden. Süßlippen sind nachtaktive Fische, die nach Einbruch der Dunkelheit auf Nahrungssuche gehen. Sie fressen vor allem bodenlebende Wirbellose.

Während die Gestreifte Süßlippe eine Größe von 50 Zentimetern erreicht, bringt es die Gefleckte auf 90 Zentimeter. Auf Seite 83 ist eine dritte Süßlippenart abgebildet: die Gelbgefleckte Süßlippe (Lemonfish, Plectorhynchus flavomaculatus).

Grunts actually do grunt; using their throat teeth they can produce clearly audible sounds which are amplified by their gas-filled air bladder. They are nocturnal and start searching for food at nightfall, feeding mainly upon bottom-living invertebrates.

The oriental grunt only grows to a size of 50 cm but the painted grunt reaches 90 cm in length. On page 83 a third grunt species is depicted, the Lemonfish, Plectorhynchus flavomaculatus.

Gestreifte Süßlippe | Oriental Grunt | Plectorhynchus orientalis

Gepunktete Süßlippe | Painted Grunt | Plectorhynchus chaetodonoides

FLEDERMAUSFISCHE · SPADEFISH · EPHIPPIDAE

Fledermausfisch **Batfish** **Platax teira**

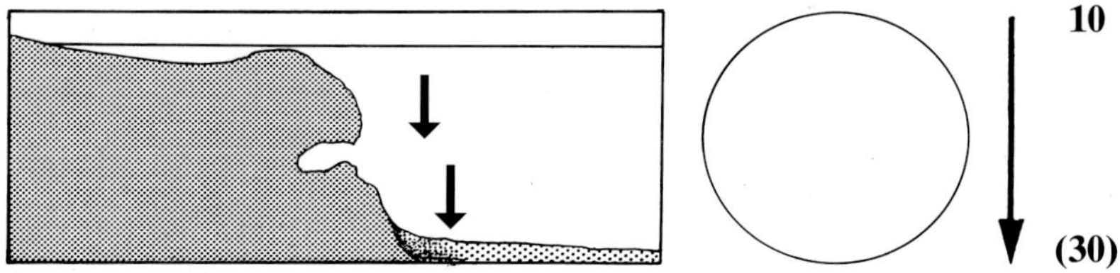

Die Fledermausfische sind dank ihrer auffälligen Körperform nicht zu verwechseln. Von den sieben Gattungen kommt nur die Gattung Platax an Riffen vor. Die Fledermausfische gehören zu den ganz wenigen Fischen, die Quallen fressen.

With their conspicuous shape batfish are really quite unmistakeable. Of the seven Ephippidae genera only the genus Platax occurs near reefs. Batfish are one of the very few fish species that eat jellyfish.

SCHEINSCHNAPPER · BUTTERFLY BREAMS NEMIPTERIDAE

Zweistreifenbrasse **Two-lined Monocle Bream** **Scolopsis bilineatus**

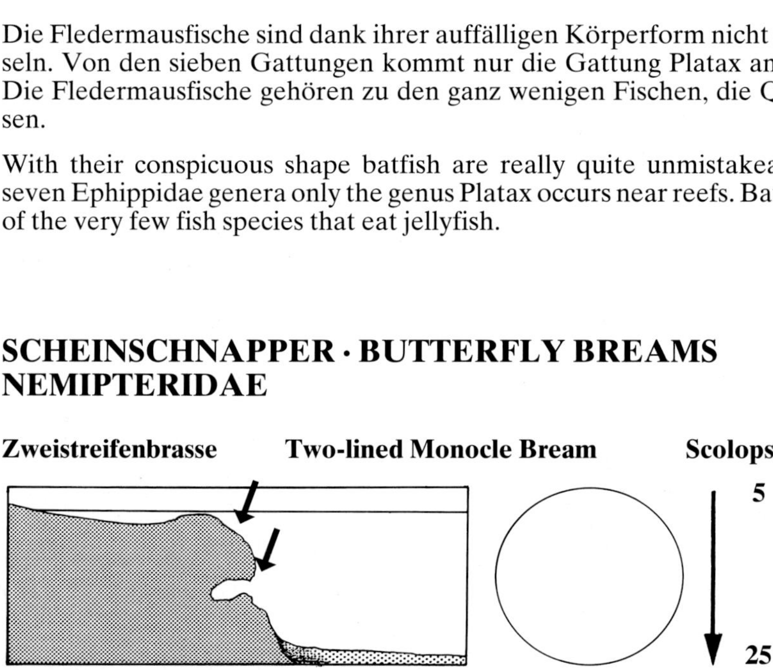

Die Scheinschnapper sind im flachen Wasser tropischer Riffe häufig. Sie fressen vor allem bodenlebende Wirbellose. Die Zweistreifenbrasse wird bis zu 20 Zentimeter lang.

Butterfly breams are quite common in the shallow waters of tropical reefs and feed mainly upon bottom-living invertebrates. The two-lined monocle bream grows to a size of 20 cm.

Fledermausfisch	Batfish	Platax teira
Zweistreifenbrasse	Two-lined Monocle Bream	Scolopsis bilineatus

81

GLASBARSCHE · SWEEPERS · PEMPHERIDIDAE

Schlanker Glasbarsch	**Slender Sweeper**	**Parapriacanthus sp.**
Dunkler Glasbarsch	**Dusky Sweeper**	**Pempheris adusta**

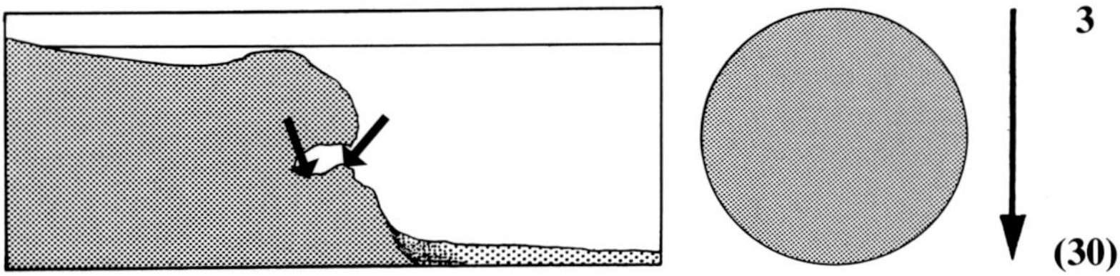

Die Glasbarsche sind eine kleine Familie, zu der nur die beiden Gattungen Parapriacanthus und Pempheris gehören. Sie haben auffallend große Augen. Tagsüber halten sich die Fische meist in dichten Schwärmen in Höhlen und tief in den dunklen Spalten des Riffs auf. Viel ist über die Biologie der Glasbarsche noch nicht bekannt. Die bisher vorliegenden Daten lassen vermuten, daß sie nachtaktiv sind und während der Dunkelheit Zooplankton fressen. Das Foto des Dunklen Glasbarsches zeigt diese Art zusammen mit einer Süßlippe, der Gelbgefleckten Süßlippe (Lemonfish, Plectorhynchus flavomaculatus).

Sweepers are a small family consisting only of the two genera Parapriacanthus and Pempheris. They have remarkably large eyes and spend the daylight hours in large shoals in caves and within the dark crevices of the reef. Not much is known about the biology of sweepers; the few facts available indicate that they are nocturnal fish which during the dark hours feed on zooplankton. The photo of the dusky sweeper shows it together with a grunt, a lemonfish (Plectorhynchus flavomaculatus).

Schlanker Glasbarsch	Slender Sweeper	Parapriacanthus sp.
Dunkler Glasbarsch	Dusky Sweeper	Pempheris adusta

SANDBARSCHE · SANDPERCHES · PINGUIPEDIDAE

Sandbarsch **Spotted Sandperch** **Parapercis hexophthalma**

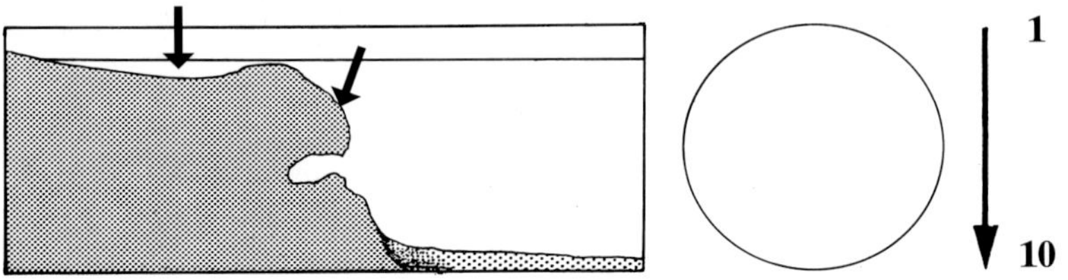

Auf den ersten Blick ähneln die Sandbarsche den Eidechsenfischen (Seite 26), mit denen sie aber nicht näher verwandt sind. Schon im ganz flachen Wasser trifft man auf sandigem Boden den Gefleckten Sandbarsch, der eine Länge von 23 Zentimetern erreicht. Im Gegensatz zum Weibchen hat das Männchen mehrere Querstreifen im Gesicht (kleines Foto).

At first glance sandperch seem similar to lizard fish (page 26), but they are not related at all. One comes across spotted sandperch in quite shallow water on sandy bottom; they reach a size of 23 cm. Males have several crossbands on the face, females have none (small photograph).

MEERBARBEN · GOATFISH · MULLIDAE

Gelbstreifen-Meerbarbe **Yellowstripe Goatfish** **Mulloides flavolineatus**

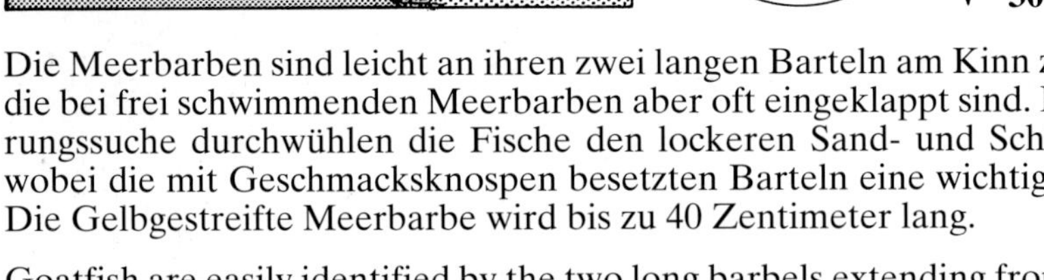

Die Meerbarben sind leicht an ihren zwei langen Barteln am Kinn zu erkennen, die bei frei schwimmenden Meerbarben aber oft eingeklappt sind. Bei der Nahrungssuche durchwühlen die Fische den lockeren Sand- und Schlammboden, wobei die mit Geschmacksknospen besetzten Barteln eine wichtige Hilfe sind. Die Gelbgestreifte Meerbarbe wird bis zu 40 Zentimeter lang.

Goatfish are easily identified by the two long barbels extending from their chins – although when swimming in open water they often have them tucked in. The barbels have tastebuds on them and are useful when the fish are grubbing amongst loose sand and mud searching for food. The yellowstripe goatfish grows to a size of 40 cm.

Sandbarsch	Spotted Sandperch	Parapercis hexophthalma
Gelbstreifen-Meerbarbe	Yellowstripe Goatfish	Mulloides flavolineatus

85

BARRAKUDAS · BARRACUDAS · SPHYRAENIDAE

Silberstrich-Barrakuda **Chevron Barracuda** **Sphyraena putnamiae**

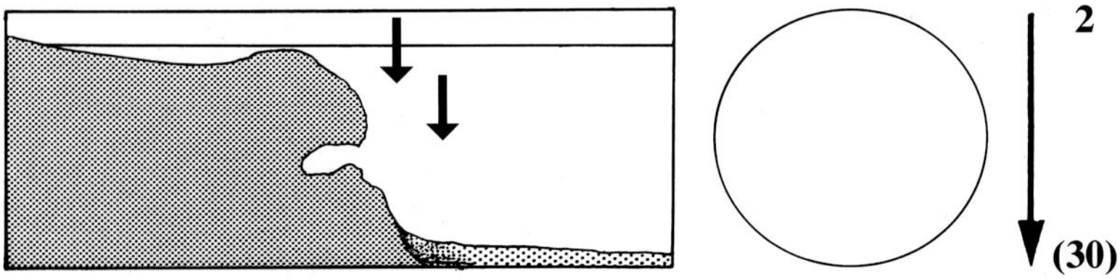

An den strömungsexponierten Riffkanten sieht man häufig Barrakudas – im Deutschen auch Pfeilhechte genannt – im freien Wasser stehen. Je nach Art schwimmen sie in Gruppen, kleinen Schwärmen oder jagen als Einzelgänger. Ihre Angriffsfreudigkeit Schnorchlern und Tauchern gegenüber wird meist stark übertrieben.

One often sees barracudas floating in the open water along reef edges exposed to the current. They swim in groups, in small shoals or on their own depending on the species. Reports of their attacking snorklers and divers tend to be greatly exaggerated.

KANINCHENFISCHE · RABBITFISH · SIGANIDAE

Tüpfel-Kaninchenfisch **Stellate Rabbitfish** **Siganus stellatus**

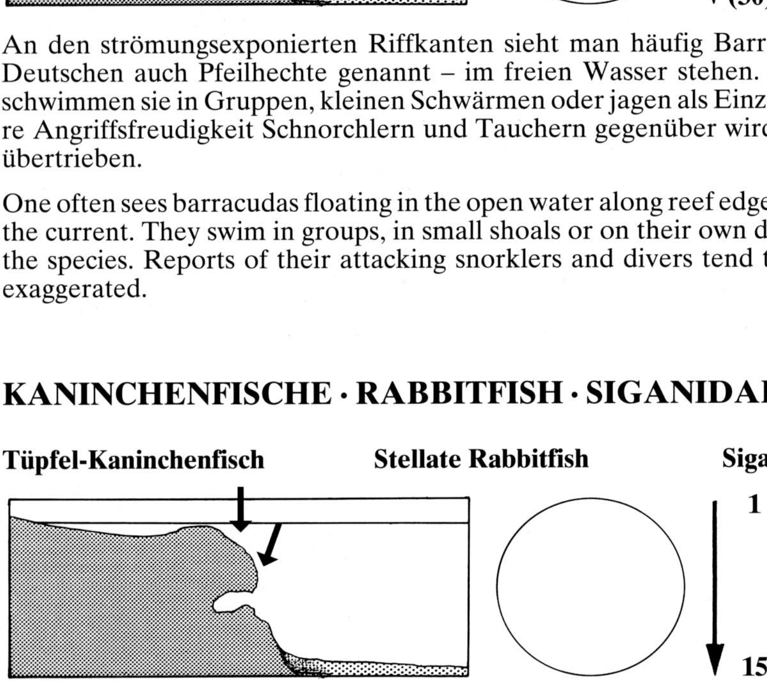

Diese Fische haben ihren Namen dem kaninchenähnlichen Maul zu verdanken. Mit ihren kleinen, scharfen Zähnen weiden sie die Algenteppiche im Riff ab. Der Tüpfel-Kaninchenfisch lebt meist paarweise. Tagsüber ist sein Körper mit kleinen, dunklen Punkten übersät. Nachts dagegen, wenn er schläft, kehrt sich diese Färbung um.

These fish have rabbit-like snouts, hence their name. Using their small sharp teeth they graze upon carpets of algae within the reef. Stellate rabbitfish usually live in pairs. During the day their bodies are speckled with small dark spots; at night however, when they are asleep, this colouring is reversed.

Silberstrich-Barrakuda	Chevron Barracuda	Sphyraena putnamiae
Tüpfel-Kaninchenfisch	Stellate Rabbitfish	Siganus stellatus

MEERÄSCHEN · MULLETS · MUGILIDAE

Fransenlippige Meeräsche **Fringelip Mullet** **Crenimugil crenilabis**

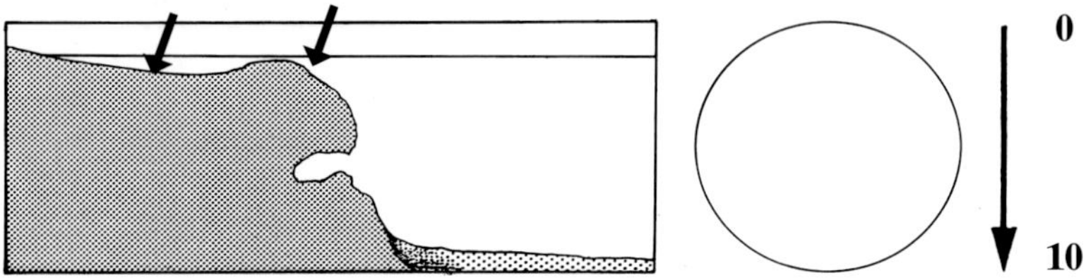

Die verschiedenen Arten dieser Familie sind typische Schwarmfische der Flachwasserzonen. Die schlanken, silbrig glänzenden Meeräschen fressen Algen und abgestorbenes organisches Material (Detritus), das sie vom Bodensediment aufnehmen. Crenimugil crenilabis ist im gesamten Indo-Pazifik verbreitet. Die Tiere werden maximal 50 Zentimeter lang.

The various species of this family are all typical shoal fish of the shallow water zones. The slim, silvery mullet feeds on algae and decomposed organic matter (detritus) that is to be found in the ground sediment. Crenimugil crenilabis is widespread throughout the entire Indo-Pacific Ocean and grows to 50 cm at the most.

SCHIFFSHALTER · REMORAS · ECHENEIDIDAE

Schiffshalter **Sharksucker** **Echeneis naucrates**

Schiffshalter heften sich mit ihrem Saugorgan, einer umgewandelten Rückenflosse, an großen Fischen, Schildkröten und Meeressäugern fest. Sie übernehmen eine Putzerfunktion für ihren Transporteur: Im Magen der Schiffshalter wurden die großen Ektoparasiten von Haien, Rochen und Walen gefunden. Das Foto zeigt einen Schiffshalter bei einem Adlerrochen (Seite 22). Typisch für die Schiffshalter – neun Arten sind bekannt – ist ein stark abgeflachter Kopf mit großem Maul und vorspringendem Unterkiefer. Die zweite Rückenflosse ist niedrig und steht der Afterflosse gegenüber. Die Schiffshalter sind ausdauernde und geschickte Schwimmer. Ihr Vorkommen beschränkt sich auf die wärmeren Meeresgebiete.

Remoras attach themselves to large fish, turtles and marine mammals with a sukking disc derived from a spinous dorsal fin. They act as cleaners for their hosts: large ectoparasites from sharks, rays and whales have been found in their stomachs. The photo shows a remora with an eagle ray (p. 22). There are nine known species of remoras; they all have flattened heads with large mouths and projecting lower jaws. The second dorsal fin is short and positioned opposite the anal fin. Remoras only occur in warmer seas and are strong skilled swimmers.

Fransenlippige Meeräsche — Fringelip Mullet — *Crenimugil crenilabis*

Schiffshalter — Sharksucker — *Echeneis naucrates*

RIFFBARSCHE · DAMSELFISH · POMACENTRIDAE

Malediven-Anemonenfisch **Black-footed Clown Fish** **Amphiprion nigripes**
Dreistreifen-Anemonenfisch **Clark's Anemonefish** **Amphiprion clarki**

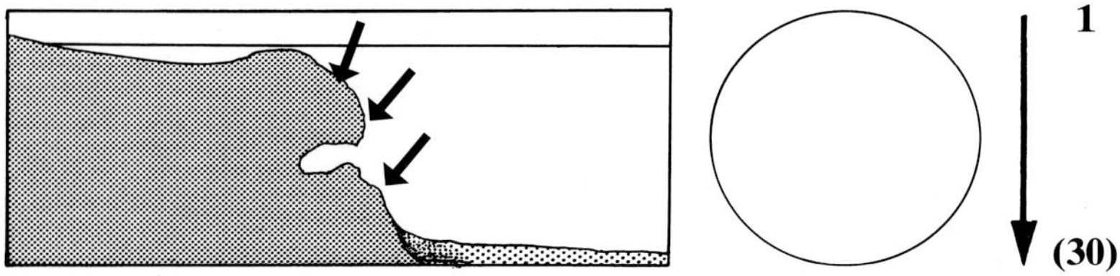

Die stark nesselnden Seeanemonen sind der Lebensraum der zu den Riffbarschen zählenden Anemonenfische (Clownfische). Alle Aktivitäten der kleinen, bunten Fische gehen von der Aktinie aus und erstrecken sich nur auf deren unmittelbare Umgebung. Hier suchen die Fische ihre Nahrung: Zooplankton, das sie aus dem freien Wasser schnappen. Bei Gefahr und nachts zum Schlafen ziehen sich die Fische vollständig in den Tentakel„wald" der Seeanemone zurück. Der Malediven-Anemonenfisch ist eine der wenigen Fischarten, die ausschließlich von den Malediven bekannt sind: Nur hier, nirgendwo sonst, gibt es diese Art. Sie ist leicht an ihren schwarzen Bauchflossen zu erkennen.
Im Gegensatz zum Malediven-Anemonenfisch ist der Dreistreifen-Anemonenfisch im gesamten Indo-Pazifik weit verbreitet. Die Eier (kleines Bild) werden in unmittelbarer Nähe der Fußscheibe der Anemone abgelegt und genießen so auch den Nesselschutz.

Anemone fish and clown fish belong to the damselfish family and live in close association with stinging sea anemones. All activities of these small brightly coloured fish are related to the Actinia and limited to the area where it grows. They search for zooplankton here which they snap up in the open water, withdrawing into the tentacle "forest" of the sea anemone when they feel threatened or at night to sleep.
The black-footed clown fish is one of the few species indigenous only to the Maldives – (it occurs nowhere else). It is easily recognisable by its black pelvic fins. Clark's anemonefish, on the other hand, is common to the entire Indo-Pacific Ocean. The eggs (inset) are deposited close to the pedal disc of the sea anemone and thus they are also protected by the Nematocysts.

Malediven-Anemonenfisch | Black-footed Clown Fish | Amphiprion nigripes

91

Dreistreifen-Anemonenfisch | Clark's Anemonefish | Amphiprion clarki

RIFFBARSCH · DAMSELFISH · POMACENTRIDAE

Grüner Riffbarsch **Bluegreen Damselfish** **Chromis viridis**
Schöner Riffbarsch **Beautiful Damselfish** **Pomacentrus caeruleus**

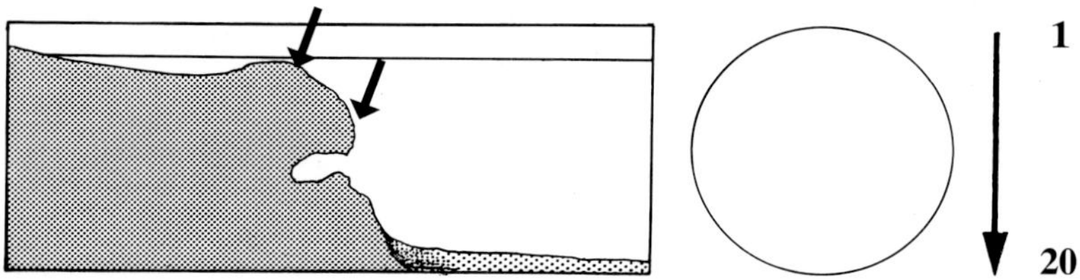

Die Riffbarsche bilden eine große, artenreiche Familie. Es sind kleine, oft auffällig gefärbte Fische. Die meisten Riffbarsche sind sehr standortstreu, sie verteidigen häufig vehement ihr Revier. Vor allem, wenn es darum geht, ihr Gelege zu bewachen, sind die Riffbarsche aggressiv: dann greifen die kleinen, Brutpflege treibenden Männchen selbst Taucher an!
Der Grüne Riffbarsch wird bis zu 10 Zentimeter lang. Diese Art ist im gesamten Indo-Pazifik im flachen Wasser der Korallenriffe recht häufig. Die Grünen Riffbarsche stehen oft in kleinen Schwärmen dicht über „ihrer" Koralle (meist sind es stark verzweigte Acropora-Arten). Zwischen den Korallenästen verschwinden sie blitzschnell, wenn Gefahr droht. Auf dem Foto wird der Grüne Riffbarsch gerade von einem Putzerlippfisch (Labroides bicolor, Seite 104) in der Jugendfärbung geputzt.

Damselfish are large family with numerous species. Small and often brightly coloured, most damselfish live in a restricted area and will defend their territory vehemently, becoming particularly aggressive when guarding eggs. The male of the species takes care of the young and will even attack divers!
Bluegreen damselfish grow to a size of 10 cm and are quite common in the shallows of the coral reefs of the Indo-Pacific Ocean. They are often seen in small shoals directly above their "home" coral, usually one of the many-branched Acropora species, into which they rapidly disappear whenever danger threatens. The photograph shows a bluegreen damselfish being cleaned by a cleaner wrasse in its juvenile colouring (Labroides bicolor, page 104).

Grüner Riffbarsch	Bluegreen Damselfish	Chromis viridis
Schöner Riffbarsch	Beautiful Damselfish	Pomacentrus caeruleus

LIPPFISCHE · WRASSES · LABRIDAE

In Körperform, -größe und -färbung sehr unterschiedliche Fischarten werden in der großen Familie der Lippfische zusammengefaßt. Zu ihnen zählen die gerade fingergroßen Putzerlippfische genauso wie der bis über zwei Meter lange Napoleonsfisch.
Häufig sind bei den verschiedenen Lippfischarten die Jungfische ganz anders gefärbt als die geschlechtsreifen Tiere. Auch sind die Männchen und Weibchen einer Art oft so unterschiedlich gefärbt, daß sie früher als zwei verschiedene Arten angesehen wurden.
Lippfische sind tagaktiv. Viele Arten graben sich bei Einbruch der Dunkelheit zum Schutz vor den nachtaktiven Raubfischen in den lockeren Sandboden ein.

The large family of wrasses consists of many species with very different shapes, sizes and colours. It ranges from the cleaner wrasse, about the size of a finger, to the humphead wrasse, a good two metres long.
The young fish of a species are frequently quite another colour from the mature fish. The differences in colour between adult males and females are such that they frequently were regarded as two separate species. Wrasses are active during the day. Many species bury themselves into loose sand on the sea floor when night falls to protect themselves from nocturnal predators.

Napoleonsfisch **Humphead Wrasse** **Cheilinus undulatus**

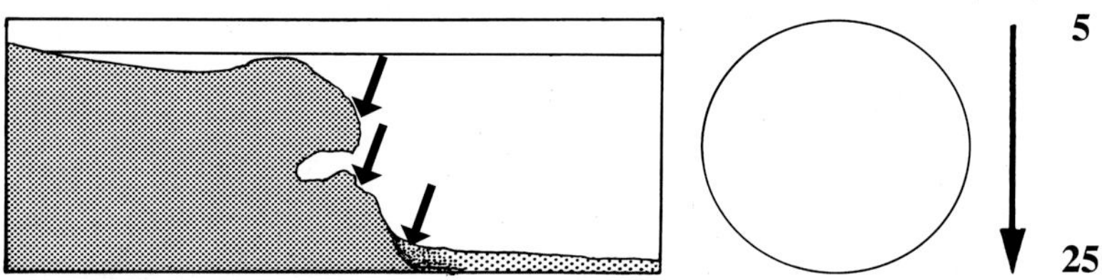

Der bisher größte exakt vermessene Napoleonsfisch wog 190,5 Kilogramm und war 229 Zentimeter lang. Napoleonsfische fressen Schnecken, Muscheln, Fische, Seegurken und Krebstiere. Das Foto zeigt den Napoleonsfisch in einer Gruppe von Haremsfahnenbarschen (Seite 58).

The largest humphead wrasse to be measured exactly weighed 190.5 kilos and was 229 cm long. Humphead wrasses feed on snails, shellfish, fish, sea cucumbers and crustaceans. The photograph shows a humphead wrasse with a group of scalefin anthias (page 58).

Napoleonsfisch Humphead Wrasse Cheilinus undulatus ▶

LIPPFISCHE · WRASSES · LABRIDAE

Rotbrust-Lippfisch	**Redbreasted Wrasse**	**Cheilinus fasciatus**
Stülpmaul-Lippfisch	**Slingjaw Wrasse**	**Epibulus insidiator**

Rotbrust-Lippfisch **Redbreasted Wrasse** **Cheilinus fasciatus**

Häufig sieht man die bis zu 35 Zentimeter langen Rotbrust-Lippfische gründelnde Meerbarben (Seite 84) begleiten. Sie stoßen blitzschnell zu, wenn die Meerbarben beim Durchwühlen des Sandbodens etwas Freßbares freilegen.

Redbreasted wrasses grow to a size of 35 cm. They are frequently to be seen accompanying goatfish grubbing for food, and will immediately dart for anything edible that the goatfish uncovers in the loose sandy bottom.

Stülpmaul-Lippfisch **Slingjaw Wrasse** **Epibulus insidiator**

Die Art zeichnet sich durch ihre erstaunliche Fähigkeit aus, das Maul um mehr als eine ganze Kopflänge vorzustülpen. Die Stülpmaul-Lippfische fressen kleine Fische, Krabben und Garnelen. Diese im Indo-Pazifik weit verbreiteten Lippfische werden bis zu 35 Zentimeter lang.

This species is quite common to the Indo-Pacific Ocean and reaches a length of 35 cm. The slingjaw wrasse's characteristic feature is its amazing ability to extend its mouth forwards by more than the length of its head. It feeds on small fish, shrimps and crustaceans.

Rotbrust-Lippfisch	Redbreasted Wrasse	Cheilinus fasciatus	97
Stülpmaul-Lippfisch	Slingjaw Wrasse	Epibulus insidiator	

LIPPFISCHE · WRASSES · LABRIDAE

Sattelstreifen-Junker **Six-barred Wrasse** ***Thalassoma hartwicki***

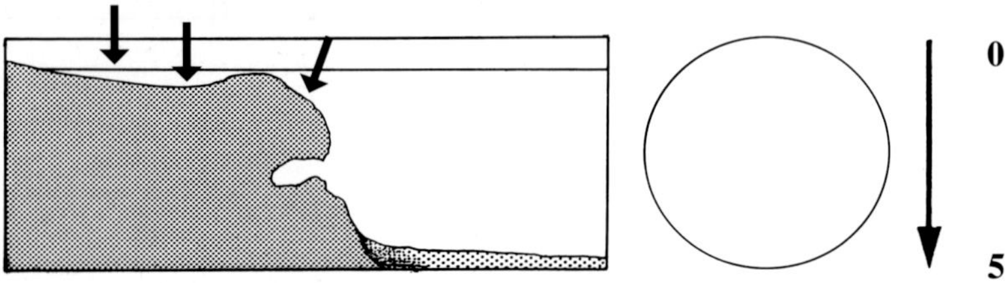

Schon im ganz flachen Wasser der maledivischen Korallenriffe trifft man häufig auf diese kleinen Lippfische. Der Sattelstreifen-Junker wird bis zu 18 Zentimeter groß. Diese Art ist im Indo-Pazifik weit verbreitet.

One quite frequently comes across this small wrasse in the very shallow waters of the Maldivian coral reefs. It grows to a size of 18 cm and is widely distributed throughout the Indo-Pacific Ocean.

Mondschwanz-Lippfisch **Moon Wrasse** ***Thalassoma lunare***

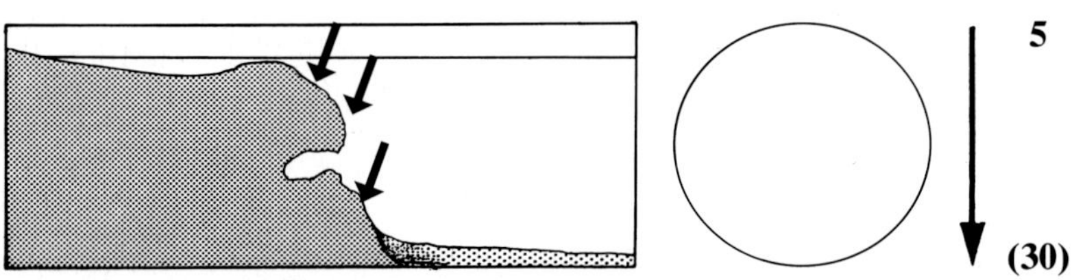

Bei der Umwandlung vom Weibchen zum Männchen ändert sich die Farbe von dezenten Grüntönen zu einem strahlenden Blau (kleines Foto). Geschlechtswechsel ist bei den Lippfischen weit verbreitet. Die Mondschwanz-Lippfische verhalten sich oft als Putzer. Auf dem Foto hat die Ohrmuschel eines der beiden Autoren es einem Weibchen besonders angetan!

It is quite common for wrasses to change sex: when the moon wrasse turns from a female to a male its colour changes too, from rather subdued green tones to bright blue (small photo). Moon wrasses often act as cleaners. In the photograph a female wrasse is particularly attracted to one of the authors' ears!

Sattelstreifen-Junker | Six-barred Wrasse | Thalassoma hartwicki

Mondschwanz-Lippfisch | Moon Wrasse | Thalassoma lunare

LIPPFISCHE · WRASSES · LABRIDAE

Anemonen Junker **Anemone Wrasse** **Thalassoma amblycephalus**
Gesprenkelter Meerjunker **Dappled Coris** **Coris variegatus**

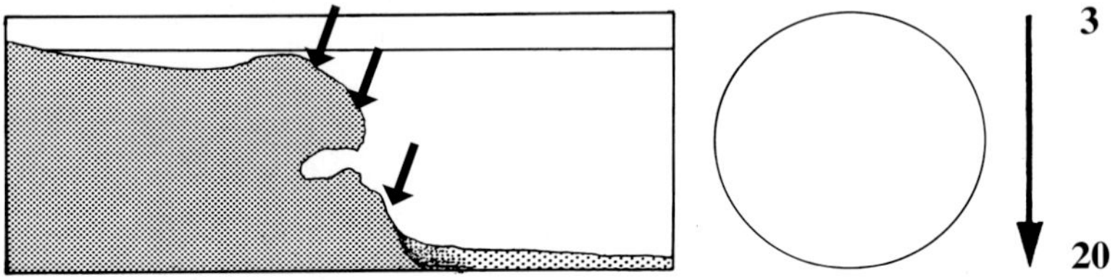

Anemonen Junker **Anemone Wrasse** **Thalassoma amblycephalus**

Nicht nur Riffbarsche wie die Anemonenfische (Seite 90), sondern auch einige wenige andere Fischarten haben es geschafft, zwischen den nesselnden Tentakeln von Seeanemonen zu überleben, die für andere Fische eine tödliche Gefahr sind. Das Foto zeigt die Jungfische des Anemonenjunkers.

The anemone wrasse is one of the few fish species other than the anemone fish (page 90) of the damselfish family that manage to survive amongst the stinging tentacles of the sea anemones, which for most fish are fatal. The photo shows the young fish of the Anemone Wrasse.

Gesprenkelter Meerjunker **Dappled Coris** **Coris variegatus**

Die kleinen, rot bis schwarzen Flecken auf den Körperseiten bilden von den Kiemen bis zur Schwanzflosse mehrere unregelmäßige Längsstreifen. Der Gesprenkelte Meerjunker wird bis zu 20 Zentimeter groß. Sein Verbreitungsgebiet reicht von der ostafrikanischen Küste bis zu den Marshall-Inseln im Pazifik.

This species grows to a size of 20 cm and is to be found from the East African coast to the Marshall Islands in the Pacific. The small red to black spots on the sides of the dappled Coris form several irregular lateral stripes, extending from the gills to the caudal fin.

Anemonen Junker | Anemone Wrasse | Thalassoma ambylcephalus

Gesprenkelter Meerjunker | Dappled Coris | Coris variegatus

LIPPFISCHE · WRASSES · LABRIDAE

Schermesserfisch **Rockmover Wrasse** **Novaculichthys taeniourus**
Schermesserfisch **Razorfish** **Xyrichthys sp.**
Achselfleck-Schweinsfisch **Axilspot Hogfish** **Bodianus axillaris**
Großzahn-Lippfisch **Vermiculate Wrasse** **Macropharyngodon bipartitus**

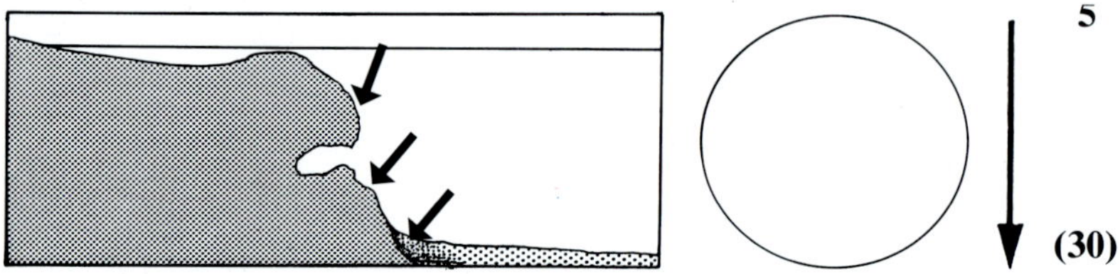

Die bis zu 13 Zentimeter langen Großzahn-Lippfische zeigen als Jungfische ein sehr auffallendes, buntes Farbkleid. Die schwarzweiß gepunktete Jugendform des Achselfleck-Schweinsfisches betätigt sich gelegentlich als Putzer. Junge Schermesserfische ahmen treibende Algenstücke nach.

Vermiculate wrasses grow to a size of 13 cm and as juveniles are strikingly and brightly coloured. The juvenile form of the axilspot hogfish has black and white spots and occasionally acts as a cleaner. Young rockmover wrasses emulate drifting algae.

102 Schermesserfisch Rockmover Wrasse Novaculichthys taeniourus (subadult)
Schermesserfisch Razorfish Xyrichthys sp. (kl. Foto/Inset)

Achselfleck-Schweinsfisch Axilspot Hogfish Bodianus axillaris

Großzahn-Lippfisch Vermiculate Wrasse Macropharyngodon bipartitus

LIPPFISCHE · WRASSES · LABRIDAE

Meerschwalbe	**Cleaner Wrasse**	**Labroides dimidiatus**
Großer Putzer	**Cleaner Wrasse**	**Labroides bicolor**

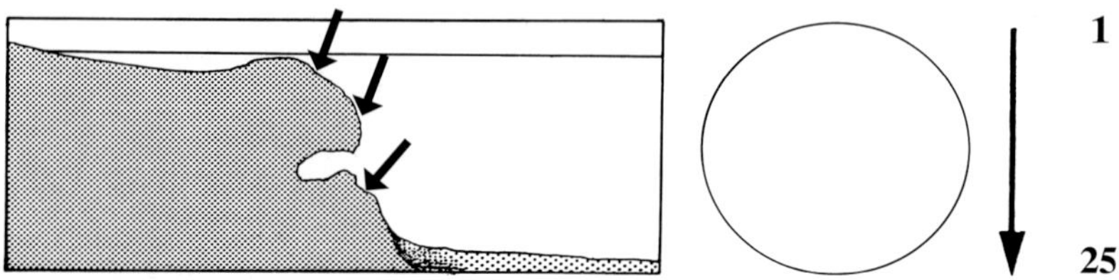

Meerschwalbe **Cleaner Wrasse** **Labroides dimidiatus**

Die kaum fingergroßen Meerschwalben haben sich ganz auf das Putzen anderer Fische spezialisiert. Die Putzerstationen werden von den vielen Fischen des Riffs, egal ob Raub- oder Friedfisch, regelmäßig besucht. Typisch für die Meerschwalben ist, daß sie als Pärchen einen „Kunden“ putzen, wie auf dem Foto einen Nashornfisch (Seite 132).

Barely finger-sized, the cleaner wrasse's speciality is cleaning other fish. Many different kinds of reef fish including predators visit the cleaning stations regularly. Cleaner wrasses often service a "client" in pairs, as with the spotted unicorn fish in the photo (page 132).

Großer Putzer **Cleaner Wrasse** **Labroides bicolor**

Die verschiedenen Arten der Putzerlippfische (Gattung Labroides) säubern nicht nur die Haut ihrer „Kunden“, sondern gehen auch ins Maul zur „Zahnpflege“ und tief in den Kiemenapparat – auch wenn es Raubfische sind, die sich putzen lassen, wie auf dem Foto die Muräne. Die Jungfische des Großen Putzers sind gelb-schwarz gestreift (Seite 92).

The various species of Labroides clean not only the skin of their "clients" but also enter their mouths to clean their teeth. They will go right down into fishes' throats, even those of predators, like the moray in the photo. Juvenile cleaner wrasses have yellow and black stripes (page 92).

Meerschwalbe | Cleaner Wrasse | Labroides dimidiatus

Großer Putzer | Cleaner Wrasse | Labroides bicolor

PAPAGEIENFISCHE · PARROT FISH · SCARIDAE

Die Papageienfische gehören zu den auffälligsten Fischen der Korallenriffe. Sie verdanken ihren Namen sowohl ihrer bunten Färbung als auch ihrem schnabelähnlichen Gebiß. Mit ihren kräftigen Kiefern schaben die Papageienfische Algenbewuchs von den Steinkorallen ab und hinterlassen dabei häufig deutliche Freßspuren im Korallenstein. Aufgenommenen Korallenkalk scheiden sie als feinkörnigen Sandstaub wieder aus und leisten so einen ganz entscheidenden Beitrag zur Stabilisierung der riesigen Korallenriffe. Bei Nachttauchgängen sieht man die Papageienfische häufig am Boden und zwischen den Korallenblökken schlafen. Einige Arten hüllen sich nachts zum Schutz gegen große Raubfische in eine durchsichtige Glocke aus Schleim ein. Die Schleimglocke wird von speziellen Drüsen unter dem Kiemendeckel gebildet.

Parrot fish are amongst the most conspicuous fish of the coral reef, taking their name from their bright colouring and parrot-like beaks. With their powerful jaws parrot fish scrape algae growths off stony coral, often leaving clearly visible marks behind on the coral. The coral that they ingest is later excreted as a fine sandy powder, thereby helping to stabilise the huge coral reefs. When diving at night one often sees parrotfish asleep on the bottom and in between blocks of coral. Some species cover themselves in a transparent coat of mucus as protection from large predators. This mucus coating is produced by special glands under the gill covers.

Schwarzer Papageienfisch **Swarthy Parrot Fish** **Scarus niger**

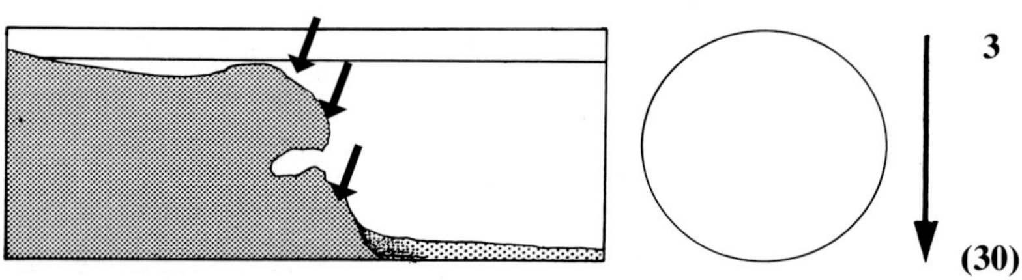

Diese Art ist im Indo-Pazifik einschließlich des Roten Meeres weit verbreitet. Die Schwarzen Papageienfische werden 40 Zentimeter lang.

This species is widely distributed throughout the Indo-Pacific Ocean and the Red Sea. Swarthy parrot fish grow to a size of 40 cm.

Schwarzer Papageienfisch Swarthy Parrot Fish Scarus niger ▶

PAPAGEIENFISCHE · PARROT FISH · SCARIDAE

Gebänderter Papageienfisch	Banded Parrot Fish	Scarus microrynchus
Blauband-Papageienfisch	Blue barred Parrot Fish	Scarus prasiognathos
Zweifarben-Papageienfisch	Bicolour Parrot Fish	Cetoscarus bicolor

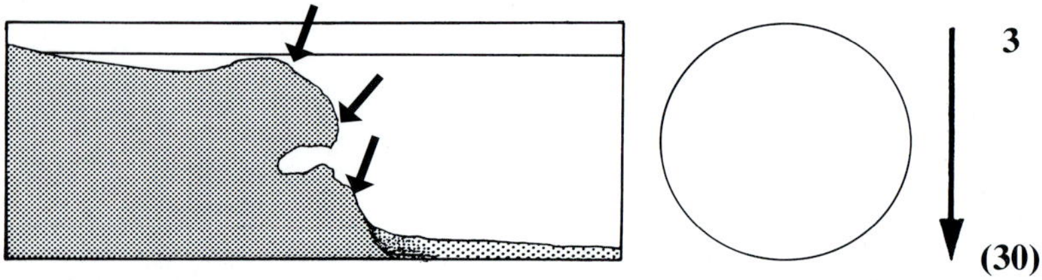

Die eng mit den Lippfischen verwandten Papageienfische sind nur sehr schwer zu bestimmen. Im Laufe ihrer Entwicklung ändern sie stark ihre Körperzeichnung und -färbung.
Blauband-Papageienfisch: das große Foto zeigt ein Männchen, das kleine ein Weibchen.
Zweifarben-Papageienfisch: das kleine Foto zeigt ein Jungtier.

Parrot fish are closely related to wrasses; the individual species are difficult to identify. As they mature their markings and colouring change.
Blue-barred parrot fish: the large photograph shows a male, the small one a female.
Bicolor parrot fish: the small photo shows a juvenile.

Gebänderter Papageienfisch   Banded Parrot Fish   Scarus microrynchus

Blauband-Papageienfisch — Blue barred Parrot Fish — Scarus prasiognathos

Zweifarben-Papageienfisch — Bicolour Parrot Fish — Cetoscarus bicolor

SCHMETTERLINGSFISCHE · BUTTERFLY FISH
CHAETODONTIDAE

Halsband-Falterfisch | **Collared Butterfly Fish** | **Chaetodon collare**
Gebänderter Falterfisch | **Meyer's Butterfly Fish** | **Chaetodon meyeri**

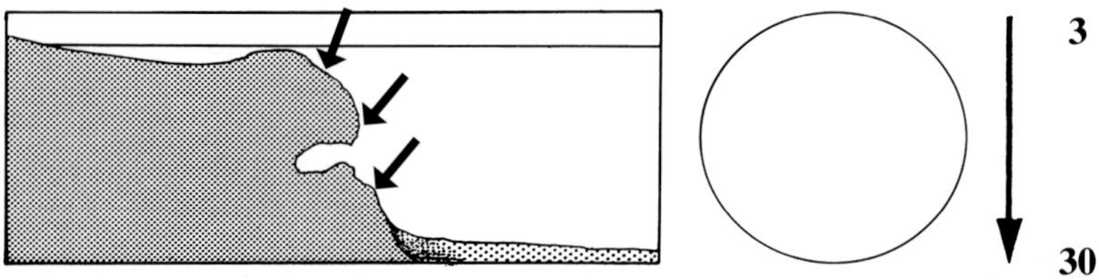

Die Schmetterlingsfische – auch Falterfische genannt – gehören zu den farbenprächtigsten Riffbewohnern. Die plakative Färbung dieser flachen, hochrückigen Fische hat mehrere wichtige Funktionen, wie die Verhaltensforscher herausgefunden haben. So ist sie auch für die richtige Partnerwahl wichtig: Im Korallenriff leben auf engstem Raum sehr viele nahe verwandte Arten zusammen. Fremdverpaarungen führen zu unfruchtbaren Nachkommen, einer biologischen Sackgasse. Andererseits signalisieren die Plakatfarben bei den territorialen Fischen den Artgenossen schon von weitem: „Dieser Riffabschnitt ist besetzt!" Um nicht ständig von den Erwachsenen attackiert zu werden, ist die Körperzeichnung und -färbung der juvenilen Falterfische oft deutlich anders als die der Alttiere. Früher wurden die jungen und die erwachsenen Fische einer Art häufig als zwei verschiedene Arten angesehen.

Butterfly fish are amongst the most brilliantly coloured reef dwellers. The signal colouring of these flat, high-backed fish serves several important purposes, as ethologists have discovered. For one thing it helps in choosing a compatible mate. Very many closely related species live in the coral reef at very close quarters. Mis-mating produces infertile young, a biological dead end for the fish concerned. Alternatively, the signal colours of territorial fish indicate to others of the same species from a good distance that "this part of the reef is already occupied!" To avoid constantly being attacked by mature fish juvenile butterfly fish often have distinctly different markings and colouring from their elders. Hence juvenile and mature fish of one species frequently used to be considered as two separate ones.

Halsband-Falterfisch	Collared Butterfly Fish	Chaetodon collare
Gebänderter Falterfisch	Meyer's Butterfly Fish	Chaetodon meyeri

SCHMETTERLINGSFISCHE · BUTTERFLY FISH CHAETODONTIDAE

Doppelsattel-Falterfisch | **Saddled Butterfly Fish** | **Chaetodon falcula**
Riesenfalterfisch | **Lined Butterfly Fish** | **Chaetodon lineolatus**

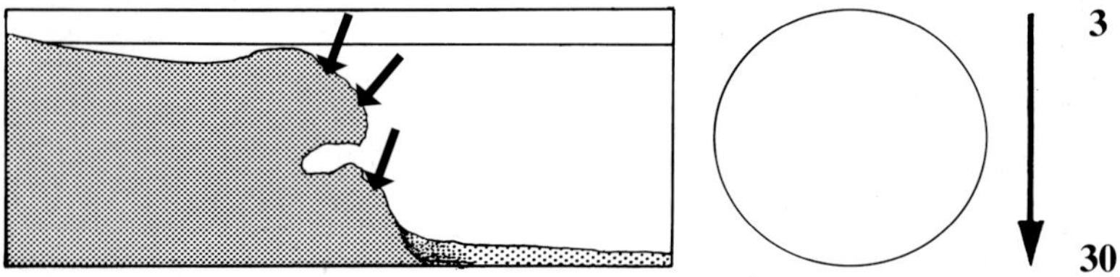

Häufig sieht man die Schmetterlingsfische paarweise durch das Korallenriff streifen. Die meisten Arten dieser Familie leben in Dauerehe. Haben sich erst einmal zwei Partner der gleichen Art gefunden, bleiben sie ein Leben lang zusammen. Neben der plakativen Färbung ist auch die Dauerehe eine Hilfe, Fehlpaarungen zu vermeiden. Die in Dauerehe lebenden Schmetterlingsfische betreiben alle keine Brutpflege.
Der Riesenfalterfisch erreicht mit 30 Zentimetern eine erstaunliche Körpergröße; die anderen Arten sind deutlich kleiner. Von dem Verhaltensforscher Hans W. Fricke, der mit Sporttauchgerät jahrelang die Tiere des Korallenriffs beobachtete, wissen wir, daß der Riesenfalterfisch überraschend große Riffabschnitte als Revier gegenüber Artgenossen verteidigt: Ein einziger Riesenfalterfisch verjagte in einem Gebiet von 500 Meter Länge jeden Artgenossen!

Butterfly fish can often be observed cruising in pairs along the coral reef. Most species of this family are monogamous; once a pair of the same species become mates they remain together for the rest of their lives. Like signal colouring monogamy is a way of avoiding mis-mating. The young of the monogamous butterfly fish are left to fend for themselves.
The lined butterfly fish grows to the amazing size of 30 cm; other species are much smaller. The ethologist Hans W. Fricke, who for many years using sport diving equipment has studied the behaviour of coral reef dwellers, reports that a lined butterfly fish will defend a surprisingly long stretch of reef against others of its own species, regarding it as its own particular territory. One individual lined butterfly fish chased off all other fish of its kind from an area 500 metres long!

Doppelsattelfalterfisch	Saddled Butterfly Fish	Chaetodon falcula
Riesenfalterfisch	Lined Butterfly Fish	Chaetodon lineolatus

SCHMETTERLINGSFISCHE · BUTTERFLY FISH
CHAETODONTIDAE

Mondsichel-Falterfisch	**Halfmoon Butterfly Fish**	**Chaetodon lunula**
Pfauenaugen-Falterfisch	**Bennett's Butterfly Fish**	**Chaetodon bennetti**

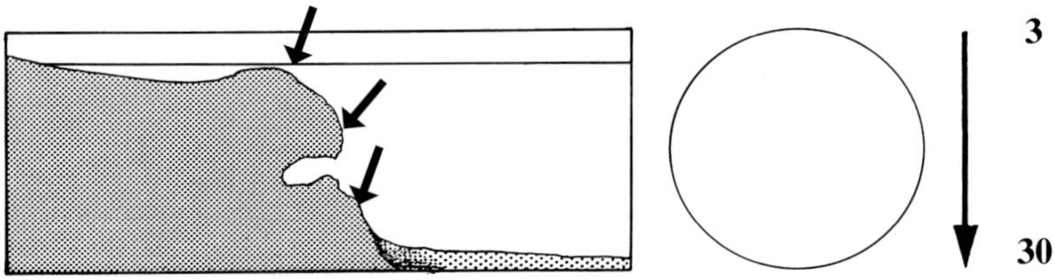

Neben „Schmetterlings-“ und „Falterfische“ haben die Chaetodontidae noch einen dritten, weniger gebräuchlichen Namen: „Borstenzähner“. Mit ihren vielen spitzen, borstenartigen Zähnen zupfen sie ihre Nahrung von der Korallenoberfläche. Sie sind meist Allesfresser, die den Algenbewuchs abweiden, kleine Krebse und Würmer ebenso fressen wie Korallenpolypen. Selbst die Tentakelspitzen der Seeanemonen haben es einigen Schmetterlingsfischen angetan. Vergreifen sie sich dabei aber an einer Seeanemone, die von Clownfischen (Seite 90) bewohnt wird, so kann man beobachten, wie die viel kleineren Clownfische ihre Anemone verteidigen und die Schmetterlingsfische mit vehementen Attacken in die Flucht treiben!

Butterfly fish have many sharp, bristle-like teeth with which they pluck food from the surface of the coral. They are usually omnivores, feeding on algae growths as well as small crustaceans, worms and coral polyps. Some butterfly fish will even approach the tentacle tips of sea anemones; however, should they trespass onto one that is inhabited by a clown fish (page 90), one can observe how the much smaller clown fish will defend “its” anemone and chase the butterfly fish away!

Mondsichel-Falterfisch	Halfmoon Butterfly Fish	Chaetodon lunula	**115**
Pfauenaugen-Falterfisch	Bennett's Butterfly Fish	Chaetodon bennetti	

SCHMETTERLINGSFISCHE · BUTTERFLY FISH CHAETODONTIDAE

Maskenwimpelfisch	**Bannerfish**	**Heniochus monoceros**
Eckiger Wimpelfisch	**Pennant Bannerfish**	**Heniochus diphreutes**
Breitbandwimpelfisch	**Broadbanded Bannerfish**	**Heniochus pleurotaenia**

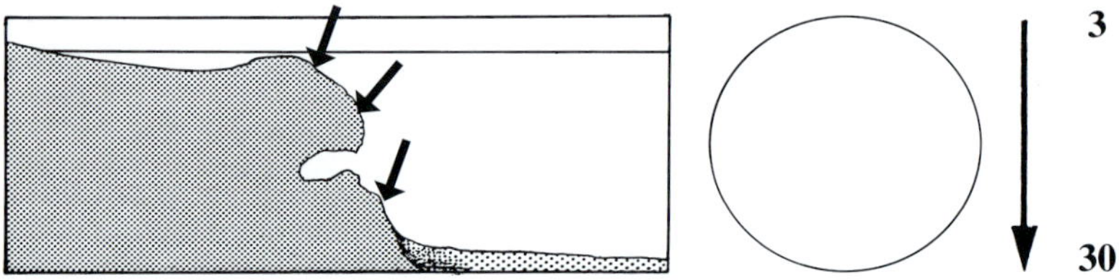

Der Eckige Wimpelfisch zieht in Schwärmen dicht über die Riffhänge. Er ernährt sich von Zooplankton. Diese Art hat ein riesiges Verbreitungsgebiet, das vom Roten Meer über die Malediven und Westaustralien bis nach Hawaii reicht.

Shoals of pennant bannerfish cruise along the top of the reef slopes feeding on zooplankton. This species is to be found throughout a vast area extending from the Red Sea to the Maldives, Western Australia and Hawaii.

116

Maskenwimpelfisch Bannerfish Heniochus monoceros

Eckiger Wimpelfisch Pennant Bannerfish *Heniochus diphreutes*

Breitbandwimpelfisch Broadbanded Bannerfish *Heniochus pleurotaenia*

SCHMETTERLINGSFISCHE · BUTTERFLY FISH
CHAETODONTIDAE

Röhrenmaul-Pinzettfisch **Long-nosed Butterfly Fish** **Forcipiger longirostris**
Gelber Pinzettfisch **Yellow Butterfly Fish** **Forcipiger flavissimus**

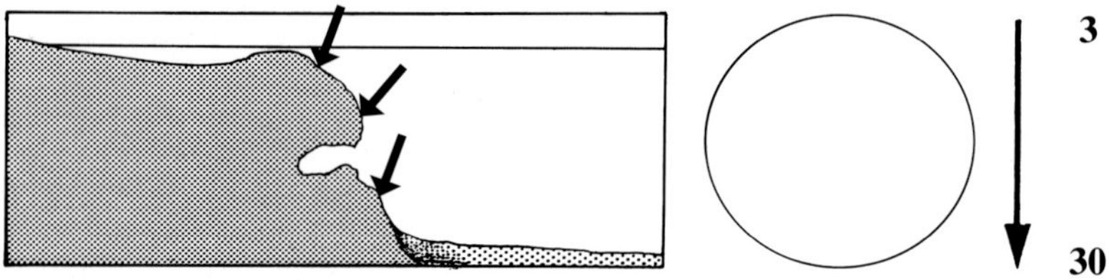

Diese beiden Arten sehen sich täuschend ähnlich: Man muß schon ganz genau hinsehen, um den Unterschied in der Länge der fein ausgezogenen Schnauzen zu erkennen. Mit ihren langen Schnauzen haben die Pinzettfische das Monopol für eine Nahrungsquelle, an die andere Arten nicht herankönnen: engste Spalten und die schmalen Zwischenräume zwischen den Ästen von Korallen.
Forcipiger flavissimus wird bis zu 16 Zentimter lang. Diese Art hat von allen Schmetterlingsfischen das größte Verbreitungsgebiet: Es reicht von der Ostküste Afrikas bis zur Westküste Amerikas.

These two species are almost identical: only by looking closely can one detect the difference between them, i. e. the lengths of their long, slender noses. With its elongated snout the long-nosed butterfly fish can get at food in the narrowest of cracks and crevices in between branches of coral that other species cannot reach.
Forcipiger flavissimus reaches a size of 16 cm. It is the most widespread of all the butterfly fish, living in an area reaching from the east coast of Africa to the west coast of America.

Röhrenmaul-Pinzettfisch Long-nosed Butterfly Fish Forcipiger longirostris

Gelber Pinzettfisch Yellow Butterfly Fish Forcipiger flavissimus

SCHMETTERLINGSFISCHE · BUTTERFLY FISH CHAETODONTIDAE

Schwarzpyramiden-Schmetterlingsfisch **Hemitaurichthys zoster**
Black Pyramid Butterfly Fish

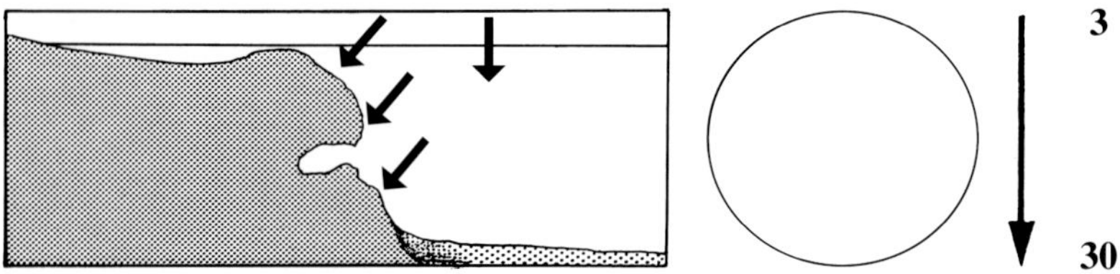

Der Schwarzpyramiden-Schmetterlingsfisch zieht in Gruppen durch die Korallenriffe. Dicht über den Riffhängen stehend, ernährt er sich von Zooplankton. Bei Gefahr sucht er im Korallenriff Zuflucht. Diese Art wird 18 Zentimeter groß und kommt nur im westlichen Indischen Ozean vor.

This fish swims in groups along the coral reef; it drifts over the slopes feeding on zooplankton. When it senses danger it seeks refuge within the reef. Black pyramid butterfly fish grow to a size of 18 cm and occur only in the western Indian Ocean.

HALFTERFISCHE · MOORISH IDOL · ZANCLIDAE

Halfterfisch **Moorish Idol** **Zanclus canescens**

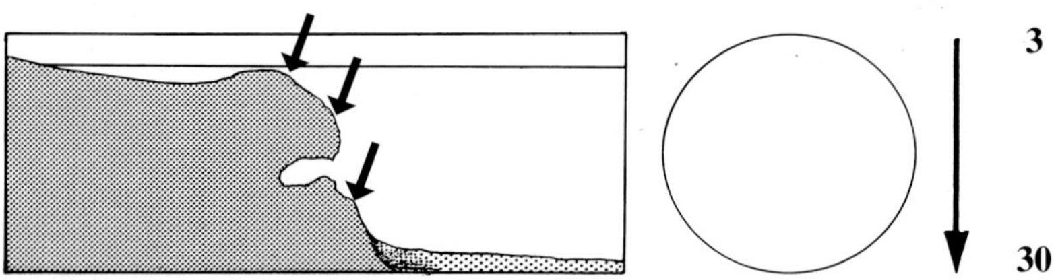

Wahrscheinlich ist der Halfterfisch eng mit den Doktorfischen verwandt. Er wird bis zu 22 Zentimeter lang. Diese Art hat ein riesiges Verbreitungsgebiet: von der Ostküste Afrikas bis zur amerikanischen Pazifikküste.

Widespread from the east coast of Africa to the American Pacific coast, the moorish idol is probably closely related to the surgeonfish and reaches a length of 22 cm.

Schwarzpyramiden-Schmetterlingsfisch	Black Pyramid Butterfly Fish	Hemitaurichthys zoster
Halfterfisch	Moorish Idol	Zanclus canescens

KAISERFISCHE · ANGELFISH · POMACANTHIDAE

Diademkaiserfisch	**Blue-Faced Angelfish**	**Pomacanthus xanthometopon**
Imperatorkaiserfisch	**Emperor Angelfish**	**Pomacanthus imperator**

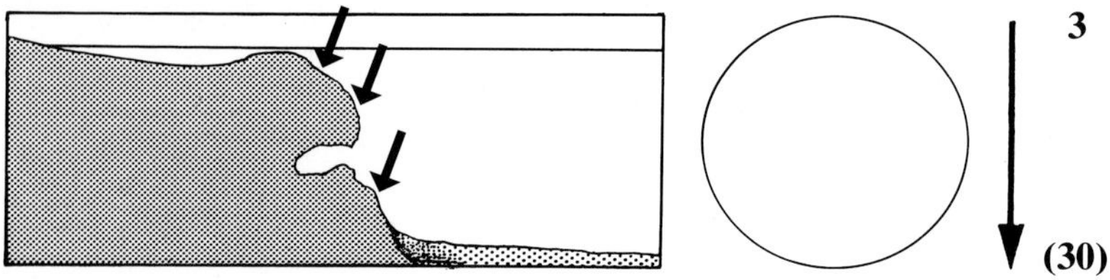

Früher wurden die Kaiserfische mit den Schmetterlingsfischen zusammen in eine Familie eingeordnet. Doch trotz einiger Ähnlichkeiten unterscheiden sich die Kaiser- und die Schmetterlingsfische im Körperbau so beträchtlich, daß beide heute eigenständige Familien bilden. Zu den Kaiserfischen zählen fast 80 Arten aus sieben Gattungen. Sie fressen Algen, Schwämme und verschiedene kleine Wirbellose.
Juvenile Kaiserfische der Gattung Pomacanthus unterscheiden sich in Körperzeichnung und -färbung markant von den adulten Fischen. Der Imperatorkaiserfisch wird bis zu 40 Zentimeter lang.

Angelfish and butterfly fish used to be classed as one family. However, in spite of some similarities the anatomical differences between angelfish and butterfly fish are so considerable that nowadays they form separate families. There are almost 80 different species of angelfish in seven genera; they feed on algae, sponges and various small invertebrates. Juvenile angelfish of the genus Pomacanthus have very different markings and colouring from adult fish. The emperor angelfish reaches a length of 40 cm.

Diademkaiserfisch	Blue-Faced Angelfish	Pomacanthus xanthometopon	123
Imperatorkaiserfisch	Emperor Angelfish	Pomacanthus imperator	

KAISERFISCHE · ANGELFISH · POMACANTHIDAE

Gelbschwanz-Kaiserfisch **Yellowtail Angelfish** **Apolemichthys xanthurus**
Pfauenkaiserfisch **Royal Angelfish** **Pygoplites diacanthus**

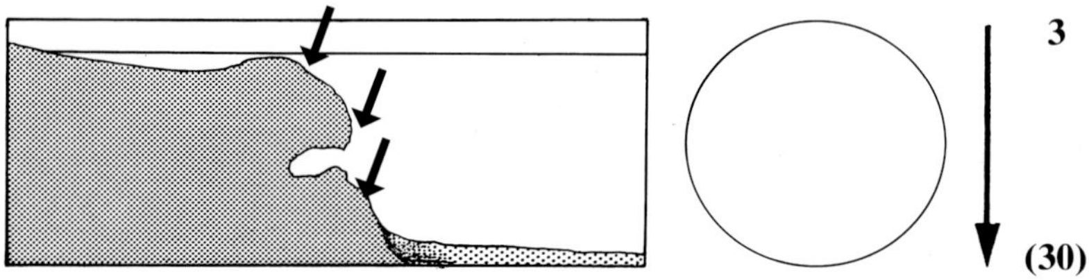

Typisch für die Kaiserfische sind der kurze, hohe Kopf und der hochrückige Körper. Ihr Verbreitungsgebiet ist auf die Warmwassergebiete der tropischen Meere beschränkt.
Der Pfauenkaiserfisch ist relativ selten. Die Tiere leben als Einzelgänger im Riff und verteidigen ein Territorium gegen Artgenossen. Das Verbreitungsgebiet des Pfauenkaiserfisches erstreckt sich vom Roten Meer und der Küste Ostafrikas bis weit in den westlichen Pazifik.

Angel fish are only to be found in the warm seas of the tropics. Short, steep heads and high-backed bodies are typical for the species.
Royal angel fish are quite rare. They live on their own and will defend their territory from other fish of the same species. They live throughout an area reaching from the Red Sea and the East African coast to the western Pacific.

Gelbschwanz-Kaiserfisch | Yellowtail Angelfish | Apolemichthys xanthurus

Pfauenkaiserfisch | Royal Angelfish | Pygoplites diacanthus

DOKTORFISCHE · SURGEONFISH · ACANTHURIDAE

Weißkehl-Doktorfisch **Blue Surgeonfish** **Acanthurus leucosternon**
Blaubinden-Doktorfisch **Blue-lined Surgeonfish** **Acanthuurs lineatus**

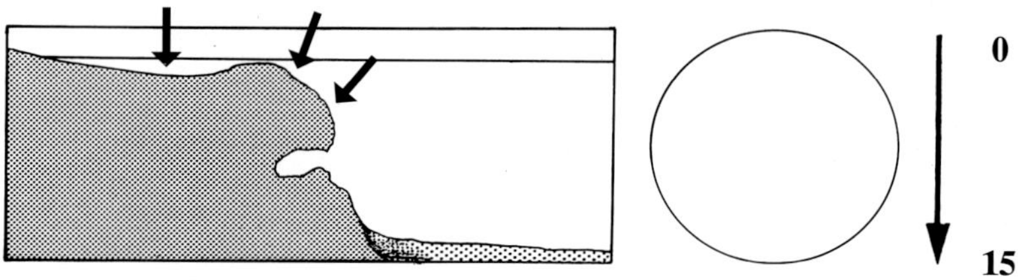

Doktorfische sind sehr wehrhafte Tiere. Sie verdanken ihren Namen scharfen „Skalpellen", die auf der Schwanzbasis liegen. Diese Waffe setzen die Doktorfische gezielt zu ihrer Verteidigung ein: Fühlen sie sich bedroht, so schlagen sie mit diesen Messern zu! Manche Arten haben nur ein Messer auf jeder Körperseite, andere Arten zwei.
Bei den Arten der Gattung Acanthurus ist das Skalpell mit einem Gelenk am Schwanzstiel befestigt und kann wie ein Klappmesser abgespreizt werden. Bei anderen Arten sind die Skalpelle in ausgeklappter Position fixiert.

Surgeonfish are highly combative and get their name from the sharp "scalpels" that lie at the base of their tails. The surgeonfish uses this weapon in self-defence; when it feels threatened it will strike out with these "knives". Some species have only one knife on each side, others have two. The species of the genus Acanthurus have the scalpel attached to the base of the tail by a joint, so that it can be pointed outwards like a penknife. Other species have their scalpels permanently fixed in an open position.

Weißkehl-Doktorfisch	Blue Surgeonfish	Acanthurus leucosternon	127
Blaubinden-Doktorfisch	Blue-lined Surgeonfish	Acanthurus lineatus	

DOKTORFISCHE · SURGEONFISH · ACANTHURIDAE

Streifen-Doktorfisch **Convict Surgeonfish** **Acanthurus triostegus**

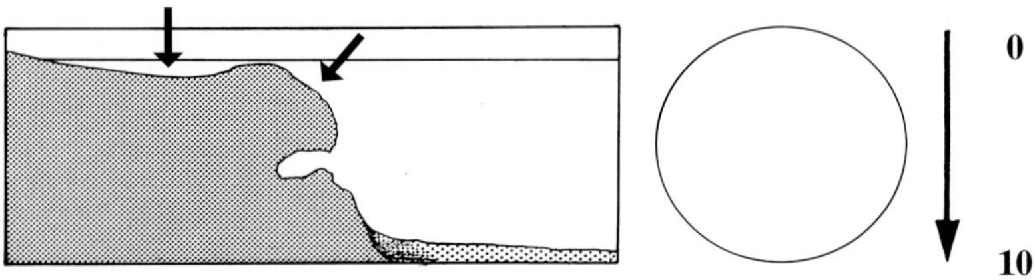

Streifen-Doktorfische ziehen manchmal in riesigen Schwärmen durch das Riff. Sie grasen den Algenteppich ab. Gegen eine solche Übermacht haben die kleinen Riffbarsche bei der Verteidigung der Algenflächen in ihrem Territorium keine Chance.

Convict surgeonfish sometimes cruise along the reef in huge shoals, grazing upon carpets of algae. Faced by such numbers the small damselfish have no chance of defending the algae within their territory.

Epauletten-Doktorfisch **Epaulette Surgeonfish** **Acanthurus nigricauda**

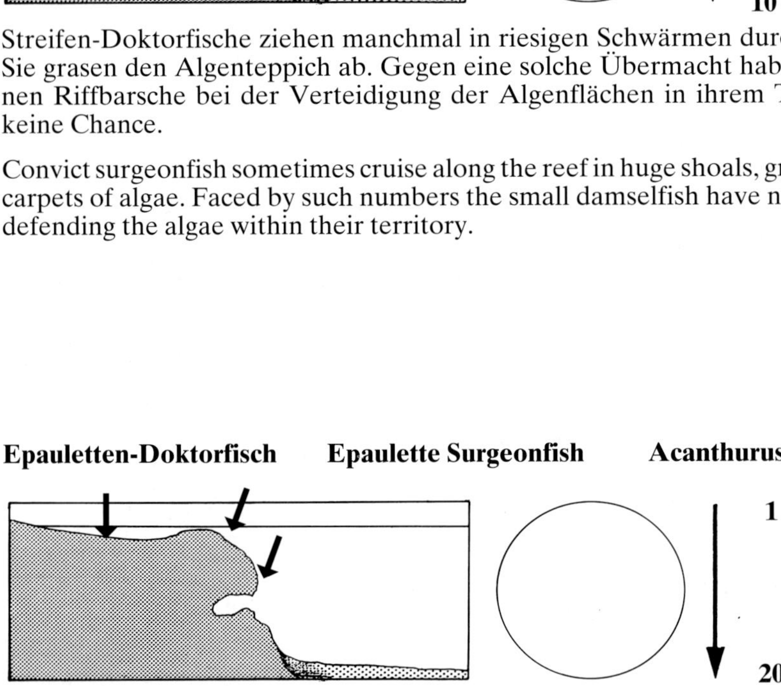

Der Epauletten-Doktorfisch wird bis zu 40 Zentimeter groß. Er hält sich gewöhnlich in den geschützten Riffabschnitten auf, in der Riff-Lagune oder in kleinen, flachen Buchten, an isoliert stehenden Korallenblöcken auf sandigem Grund. Er ist im Indo-Pazifik weit verbreitet, fehlt aber im Roten Meer.

Epaulette surgeonfish grow to a size of 40 cm and are usually to be found in sheltered parts of the reef, in the reef lagoon or in small shallow inlets around isolated blocks of coral on sandy bottom. They are widely distributed in the Indo-Pacific Ocean but not in the Red Sea.

Streifen-Doktorfisch | Convict Surgeonfish | *Acanthurus triostegus*

Epauletten-Doktorfisch | Epaulette Surgeonfish | *Acanthurus nigricauda*

DOKTORFISCHE · SURGEONFISH · ACANTHURIDAE

Tüpfeldoktorfisch **Spotted Surgeonfish** **Ctenochaetus strigosus**
Brauner Segelflossendoktor **Brown Sailfin Surgeonfish** **Zebrasoma veliferum**

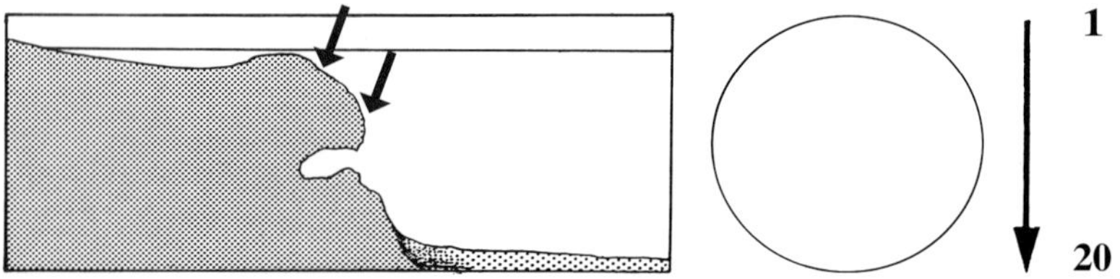

Der Tüpfeldoktorfisch wird maximal 18 Zentimeter groß. Eine nicht besonders häufige Art, die im Indo-Pazifik weit verbreitet ist. Der Braune Segelflossendoktor hat große Rücken- und Afterflossen. Stellt er diese auf, erreicht er eine imposante Körpergröße. Wie die anderen Arten der Familie sind auch die Tüpfel- und die Segelflossendoktorfische tagaktiv und suchen sich bei Einbruch der Dunkelheit in den Höhlen und Spalten des Korallenriffs einen möglichst sicheren Schlafplatz. Auch die Gattungen Ctenochaetus und Zebrasoma haben ausklappbare Skalpelle, wie auf Seite 126 beschrieben.

The spotted surgeonfish grows no larger than 18 cm; it is not a particularly common species, though widely distributed in the Indo-Pacific Ocean. The brown sailfin surgeonfish has large dorsal and anal fins; when it erects them it reaches an imposing size.
Like the other species of this family spotted and brown sailfin surgeonfish are active during the day, and at nightfall look for as safe a sleeping place as possible in the holes and crevices of the coral reef. Both the genera Ctenochaetus and Zebrasoma have moveable scalpels as described on page 126.

Tüpfeldoktorfisch Spotted Surgeonfish *Ctenochaetus strigosus*

Brauner Segelflossendoktor Brown Sailfin Surgeonfish *Zebrasoma veliferum*

DOKTORFISCHE · SURGEONFISH · ACANTHURIDAE

Nashornfisch	**Spotted Unicornfish**	**Naso brevirostris**
Maskendoktorfisch	**Vlaming's Unicornfish**	**Naso vlamingi**
Schlanker Doktorfisch	**Oneknife Unicornfish**	**Naso thynnoides**

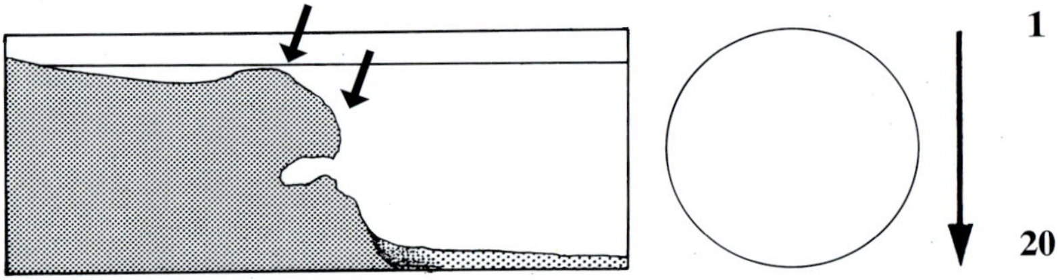

Das auffallende Horn über dem Maul des Nashornfisches wird mit zunehmendem Alter immer länger: Jungtiere und subadulte Fische haben nur kurze „Nasen". Der Maskendoktorfisch kann in Sekundenschnelle seine Körperfärbung stark verändern. Das große Bild zeigt ihn in Balzstimmung.

The prominent horn above the mouth of the spotted unicornfish grows larger with age; juvenile and subadult fish only have short "noses". Vlaming's unicornfish can change its colour radically within seconds: the large photo shows one in its mating display.

Nashornfisch Spotted Unicornfish Naso brevirostris

Maskendoktorfisch	Vlaming's Unicornfish	Naso vlamingi
Schlanker Doktorfisch	Oneknife Unicornfish	Naso thynnoides

BLENNIIDEN · BLENNIES · BLENNIIDAE

Den häßlichen deutschen Namen „Schleimfische“ haben die Blenniiden nicht verdient. Es sind kleine, bodenlebende Arten, die sich durch große Neugier auszeichnen. In Anpassung an das Bodenleben sind die Augen weit nach vorne oben gerückt und können unabhängig voneinander bewegt werden. Die Männchen (und bei vielen Arten auch die Weibchen) bewohnen Löcher im Riff. Bei Gefahr flüchten sie da hinein, schauen aber gleich wieder mit dem Kopf heraus. Die Männchen balzen vorbeikommende Weibchen an, indem sie den Kopf aus der Höhle strecken und dem Weibchen heftig zunicken. Die Eier werden vom Weibchen in die Höhle des Männchens gelegt und vom Männchen bewacht.

Blennies do not deserve the ugly German name of “slime fish”. They are small inquisitive bottom-dwelling fish. As an adaptation to life on the sea floor their eyes are placed well forward at the top of their heads and can be moved independently of each other. The males (and with many species the females as well) live in holes in the reef, darting into them when they feel threatened but looking out again immediately. The males’ mating display consists of their poking their heads out their holes and nodding at passing females. The female lays its eggs in the male’s cave for him to take care of.

Goldener Ecsenius	**Golden Ecsenius**	**Ecsenius midas**
Längsgestreifter Ecsenius	**Striped Ecsenius**	**Ecsenius lineatus**

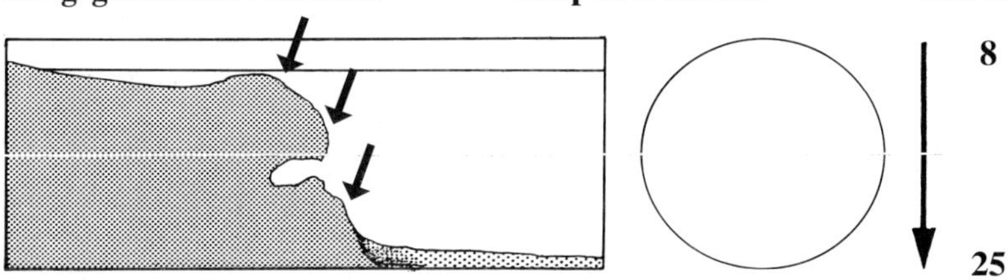

Ecsenius-Arten werden häufig als Aquarienfische gehalten. Die 46 Arten dieser Gattung leben alle an Korallenriffen im Indopazifik. Der Goldene Ecsenius schwimmt gerne in Gruppen von Fahnenbarschen (Seite 58).
Den Zwerg-Ecsenius (übernächste Seite) gibt es nur bei den Malediven; dort ist er die häufigste Blenniidenart im Korallenriff.

Ecsenius species are frequently kept as aquarium fish. The 46 species of this genus all live in coral reefs in the Indo-Pacific Ocean. The golden Ecsenius likes to swim with groups of Anthias (page 58).
The minute Ecsenius (page 136) is only to be found in the Maldives, where it is the most common blenny species in the coral reef.

Goldener Ecsenius | Golden Ecsenius | *Ecsenius midas*

Längsgestreifter Ecsenius | Striped Ecsenius | *Ecsenius lineatus*

BLENNIIDEN · BLENNIES · BLENNIIDAE

Zwerg-Ecsenius	**Minute Ecsenius**	**Ecsenius minutus**
Zweifarben Ecsenius	**Twocoloured Ecsenius**	**Ecsenius bicolor**
Flossenbeißer	**Twostriped Blenny**	**Plagiotremus rhinorhynchus**

Im Gegensatz zu den anderen vorgestellten Blenniiden, die Algen von den Korallen und Felsen raspeln, hat der Flossenbeißer eine ganz andere Ernährungsweise: Er stürzt sich auf andere Fische und stanzt ihnen ein kleines Stück aus einer Flosse oder aus der Haut!

Most of the blenny species introduced here scrape algae off corals and rocks. The two-striped blenny however has quite a different method of feeding: it darts at other fish and nips a small piece out of their fin or skin!

Zwerg-Ecsenius Minute Ecsenius Ecsenius minutus

Zweifarben-Ecsenius Twocoloured Ecsenius Ecsenius bicolor

Flossenbeißer Twostriped Blenny Plagiotremus rhinorhynchus

DREIFLOSSEN BLENNIIDEN · TRIPLEFIN BLENNIES TRIPTERYGIIDAE

Dreiflosser **Triplefin blenny** **Helcogramma sp.**

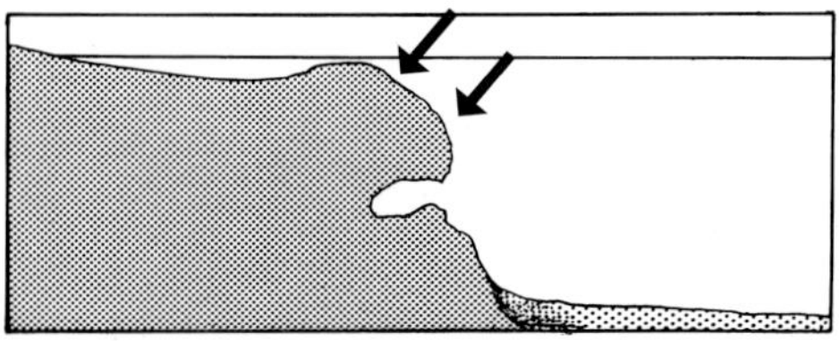

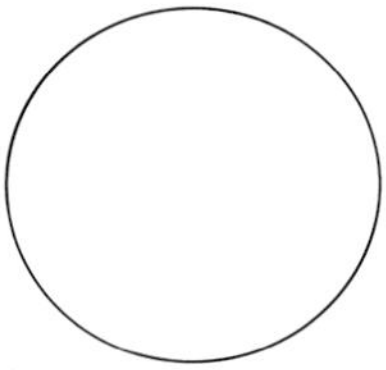

Wegen der bulligen Körperform könnte man diese nur 3 cm große Art leicht mit einer Grundel verwechseln, aber sie hat drei Rückenflossen. Im Gegensatz zu den Blenniiden, die schuppenlos sind, haben die Dreiflossen-Blenniiden winzige Schuppen. Es sind mehr als 30 Arten aus dem Indo-Pazifik bekannt, die – wie auch die abgebildete Art – noch gar nicht alle beschrieben worden sind (also noch keinen Namen haben). Man findet sie häufig auch schon im ganz flachen Wasser auf leicht überhängenden Flächen. Auch bei ihnen werden die Eier vom Weibchen in das Territorium des Männchens gelegt und vom Männchen bewacht.

With its rather compact body only 3 cm in size this species can easily be taken for a goby, but it has three dorsal fins. Triplefin blennies (Tripterygiidae) have tiny scales whereas blennies (Blenniidae) have none. In the Indo-Pacific Ocean over 30 species are known which, like the one depicted here, have not yet all been described and therefore have no specific name. They are frequently to be seen in very shallow water on slightly overhanging spots. The female of the species lays its eggs in the territory of the male, who looks after them.

Dreiflosser Triplefin blenny Helcogramma sp. ▶

GRUNDELN · GOBIES · GOBIIDAE

Schwarzschwanz-Grundel **Scissortail Goby** **Ptereleotris evides**

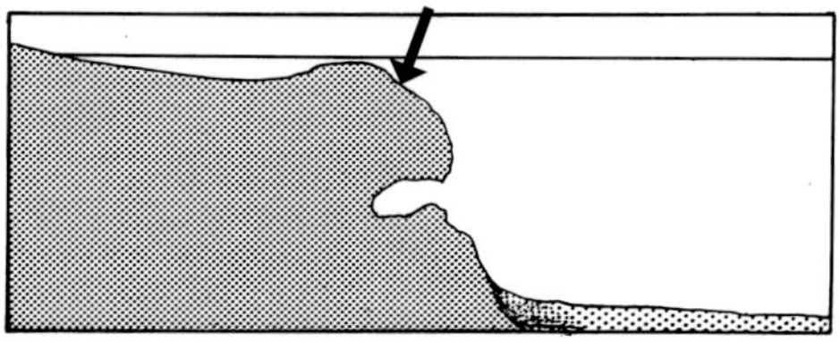

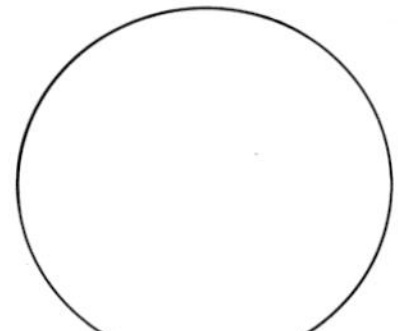

1

10

Die Grundeln der Gattung Ptereleotris werden auch als Torpedogrundeln bezeichnet. Mit ihrem schlanken, torpedoähnlichen Körper schwimmen sie im freien Wasser über dem Riffhang. Bei Gefahr flüchten sie blitzschnell in ihr Versteck, meist selbstgegrabene Höhlen im Boden. Die Schwarzschwanz-Torpedogrundel schwimmt fast immer paarweise.

Gobies of the genus Ptereleotris are also known as torpedo gobies. They have slender torpedo-shaped bodies and swim around in the open water above the reef slope. When in danger they make a dash for their hiding-places, usually holes which they have made for themselves on the bottom. Scissortail-torpedo gobies almost always swim in pairs.

Feuergrundel **Fire Goby** **Nemateleotris magnifica**

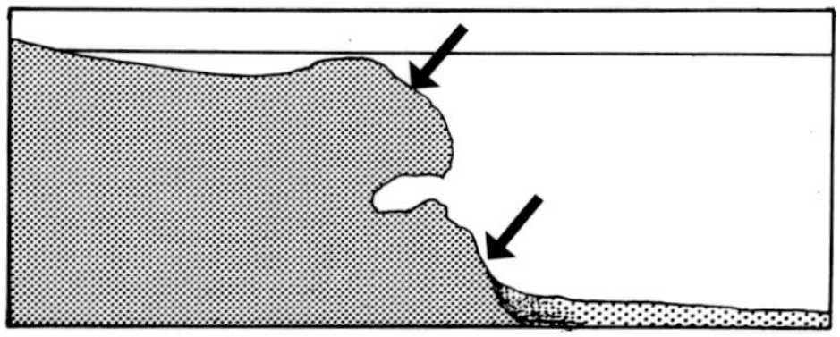

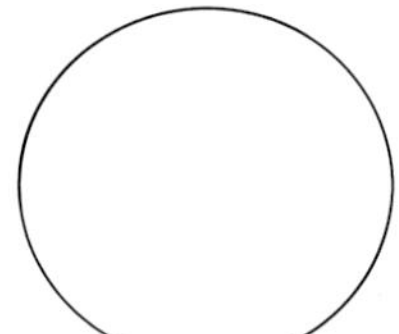

5

25

Diese herrlich gefärbten kleinen Grundeln sind auch bei den Malediven gar nicht selten. Auf dem sandigen Grund zwischen den großen Korallenformationen haben sie ihre Wohnröhren. Normalerweise stehen sie paarweise (Jungtiere auch in Gruppen) dicht über dem Boden. Bei der geringsten Gefahr flüchten sie sofort in ihr Versteck.

These wonderfully coloured little gobies are quite common around the Maldives. They live in holes in the sandy bottom between large coral formations. Normally they are to be found in pairs (Juvenile fish also in groups) floating just above the bottom; at the slightest hint of danger they dart immediately into their hiding-places.

Schwarzschwanz-Grundel | Scissortail Goby | Ptereleotris evides

Feuergrundel | Fire Goby | Nemateleotris magnifica

GRUNDELN · GOBIES · GOBIIDAE

Sechspunkt-Grundel | **Sixspot Goby** | ***Valenciennea sexguttata***
Steinitz' Partnergrundel | **Steinitz' Goby** | ***Amblyeleotris steinitzi***

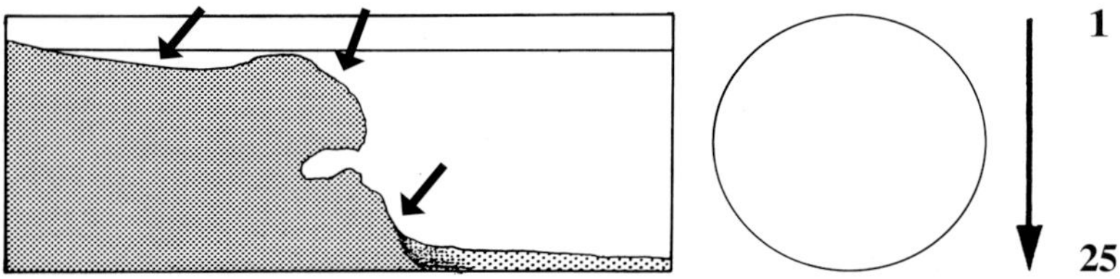

Beide auf dieser Seite gezeigten Grundelarten sind auf den Sandflächen zwischen den Korallenblöcken recht häufig, selbst im ganz flachen Wasser. Bei Gefahr ziehen sie sich sofort in ihre Wohnröhre im Sandgrund zurück. Verschiedene Grundel-Arten aus mehreren Gattungen leben in fester Partnerschaft mit kleinen, fast blinden Garnelen (Alpheidae). Während die Grundel direkt vor der gemeinsamen Wohnröhre ständig Wache hält, räumt der Krebs unermüdlich den lockeren Sand weg, der die enge Wohnröhre zu verstopfen droht. Dabei hält der Krebs mit einer seiner langen Antennen ständig Körperkontakt zu der Grundel. Diese signalisiert ihm durch ihre Körpersprache „Die Luft ist rein" oder „Gefahr im Verzug".

Both goby species depicted on this page are quite common on the sandy patches between blocks of coral, even in very shallow water. When in danger they retire immediately into their holes in the sandy bottom. Various goby species of several genera live in close partnership with small, almost blind crustaceans (Alpheidae). Whilst the goby stands guard immediately in front of their dwelling hole, the crab tirelessly clears away the loose sand which otherwise would block up the narrow hole. With its long antennae the crab stays in body contact with the goby, which relays back to it in body language an "all clear" or "warning".

Sechspunkt-Grundel	Sixspot Goby	Valenciennea sexguttata
Steinitz' Partnergrundel	Steinitz' Goby	Amblyeleotris steinitzi

FEILENFISCHE · FILEFISH · MONACANTHIDAE

Großer Feilenfisch **Broomtail Filefish** **Aluterus scriptus**
Gelbpunkt-Einstachler **Yellowspot Filefish** **Oxymonacanthus longirostris**

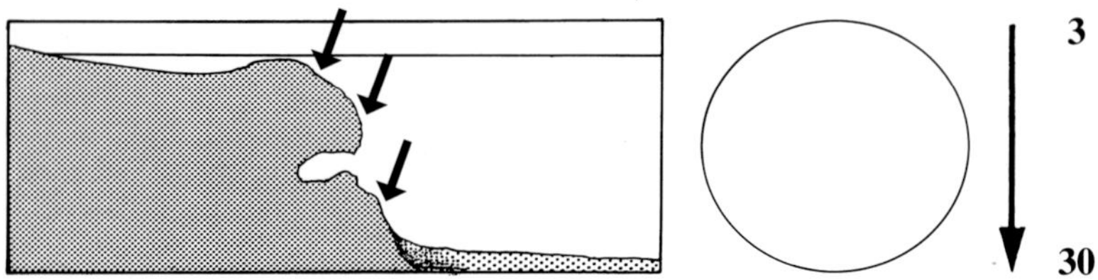

Feilenfische sind eng verwandt mit den Drückerfischen. Charakteristisch für die verschiedenen Arten dieser Familie ist der große erste Flossenstrahl der ersten Rückenflosse. Diesen können die Feilenfische willkürlich aufstellen und mit einem raffinierten Einrast-Mechanismus durch den zweiten, winzigen Flossenstrahl der ersten Rückenflosse in aufgestellter Position stabilisieren.
Der Große Feilenfisch erreicht eine Körperlänge von einem Meter. Er ist weltweit in tropischen und subtropischen Meeresgebieten verbreitet, sowohl im Atlantik als auch im Indo-Pazifik. Bei den Malediven nicht häufig. Der Gelbpunkt-Einstachler wird gerade 10 Zentimeter lang. Dieser im Korallengeäst gut getarnte „Winzling“ ernährt sich von Korallenpolypen.

Filefish are closely related to triggerfish. The characteristic feature of the various species of this family is the large front spine of the first dorsal fin. A filefish can erect its front spine at will and, using an ingenious locking mechanism, with the tiny second spine fix it in an upright position.
Broomtail filefish grow to a length of one metre and are widespread in tropical and subtropical waters, both in the Atlantic and in the Indo-Pacific Ocean. However, they are not very common in the Maldives. The yellowspot filefish only reaches a length of 10 cm. This “dwarf” is well camouflaged for life amongst coral branches and feeds on coral polyps.

Großer Feilenfisch	Broomtail Filefish	Aluterus scriptus
Gelbpunkt-Einstachler	Yellowspot Filefish	Oxymonacanthus longirostris

DRÜCKERFISCHE · TRIGGERFISH · BALISTIDAE

Riesendrücker	**Titan Trigger**	**Balistoides viridescens**
Leopardendrücker	**Clown Triggerfish**	**Balistoides conspicillum**

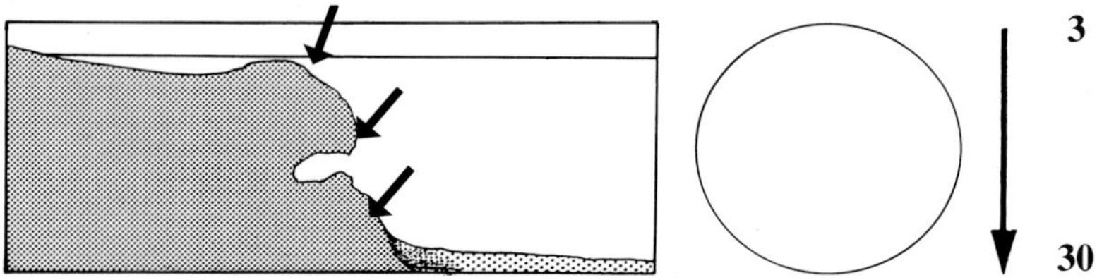

Die Riesendrücker gehören zu den wenigen Fischen des Korallenriffs, die Schnorchlern und Tauchern gefährlich werden können. Während der Fortpflanzungszeit, wenn die Riesendrücker im Korallenschutt große Laichgruben anlegen, sind sie besonders aggressiv und greifen selbst aus größerer Entfernung entschlossen jeden an, der ihr Gebiet kreuzt, sogar Schnorchler an der Oberfläche. Vor dem kräftigen Gebiß dieser großen Drückerfische sollte man sich in acht nehmen! Das Foto zeigt einWeibchen, das sein Gelege bewacht und durch Flossenfächeln die Eier ständig mit frischem Wasser versorgt: Brutpflege im Riff. Während der Riesendrücker bis zu 75 Zentimeter lang wird, erreicht der auffällig gefärbte Leopardendrücker eine Körpergröße von 50 Zentimetern.
Auch die Drückerfische können den ersten, besonders kräftigen Rückenflossenstrahl in senkrecht aufgeklappter Stellung fixieren (wie bei den Feilenfischen auf Seite 144 beschrieben). Das kleine Foto zeigt einen juvenilen Leopardendrücker.

The titan triggerfish is one of the few fish of the coral reef which can become dangerous to snorklers and divers. During the breeding period, when preparing a spawning ground amongst loose pieces of coral, the titan triggerfish is particularly aggressive and will attack, even from some distance, anyone who infringes upon its territory – including snorklers on the water surface. One should beware of the powerful bite of these large triggerfish! The photo shows a female guarding its eggs; with fan-like movements of its fins it keeps them continuously supplied with fresh water. Whereas the titan triggerfish reaches a length of 75 cm the brightly coloured clown triggerfish grows to a size of 50 cm.
Triggerfish can lock their particularly strong front dorsal fin spine in an upright position (as described with the filefish on page 144). The small picture shows a juvenile Clown Triggerfish.

Riesendrücker | Titan Trigger | *Balistoides viridescens*

Leopardendrücker | Clown Triggerfish | *Balistoides conspicillum*

DRÜCKERFISCHE · TRIGGERFISH · BALISTIDAE

Picasso-Drücker | **Picasso-Triggerfish** | **Rhinecanthus aculeatus**
Gelbschwanzdrücker | **Orange-striped Triggerfish** | **Balistapus undulatus**

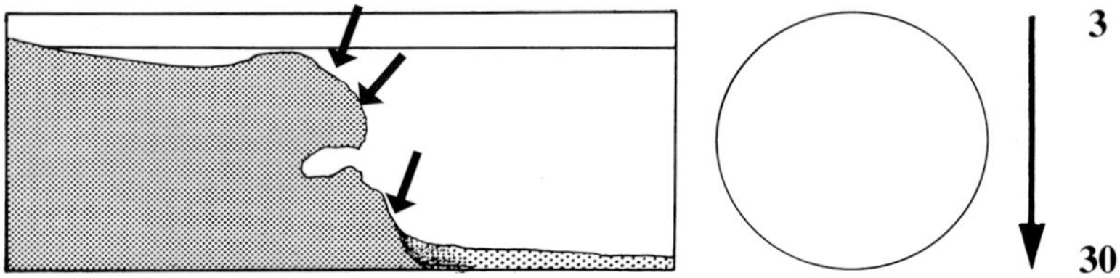

Der prächtig gefärbte Picasso-Drücker ist im Bereich der Malediven vor allem über Sandgrund anzutreffen. Die Tiere bewohnen paarweise Höhlen unter dem Korallenschutt. In dieses Versteck ziehen sie sich nachts und bei Gefahr auch tagsüber zurück.
Wie der Picasso-Drücker, so ernährt sich auch der Gelbschwanzdrücker von sehr unterschiedlicher Beute. In den Mägen gefangener Fische fand man zahlreiche kleine Korallenstücke, Grünalgen, kalkhaltige Rotalgen, Seescheiden, Krebse, Seeigel, Schwämme, Massen von Fischeiern, Borstenwürmer, Muscheln und Schnecken.

In the Malidives the magnificently coloured Picasso triggerfish is mainly to be found above the sandy bottom. The fish live in pairs in holes beneath loose coral waste. They withdraw into their refuge when they feel endangered and at night. Both Picasso triggerfish and orange-striped triggerfish have very varied sources of nourishment. The stomach contents of caught fish included numerous small pieces of coral, green algae, calcareous red algae, crabs, sea urchins, sponges, masses of fish spawn, sea squirts and bristle worms.

Picasso-Drücker | Picasso-Triggerfish | Rhinecanthus aculeatus

Gelbschwanzdrücker | Orange-striped Triggerfish | Balistapus undulatus

DRÜCKERFISCHE · TRIGGERFISH · BALISTIDAE

Indischer Drücker **Indian Triggerfish** **Melichthys indicus**

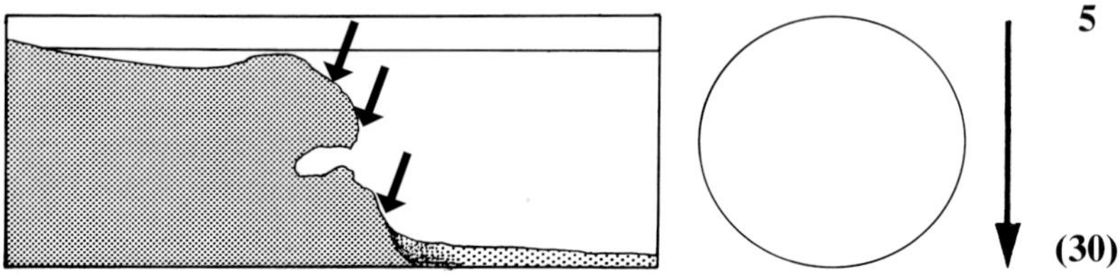

Dieser bis zu 25 Zentimeter lange Drückerfisch ist im ganzen tropischen Indischen Ozean weit verbreitet, vom Süden des Roten Meeres bis zum Westrand der Indo-Australischen Inselbrücke.

This species grows to a length of 25 cm and is widely distributed in the entire tropical Indian Ocean, from the southern part of the Red Sea to the western edge of the Indo-Australian island chain.

Rotzahn-Drücker **Redtooth Triggerfish** **Odonus niger**

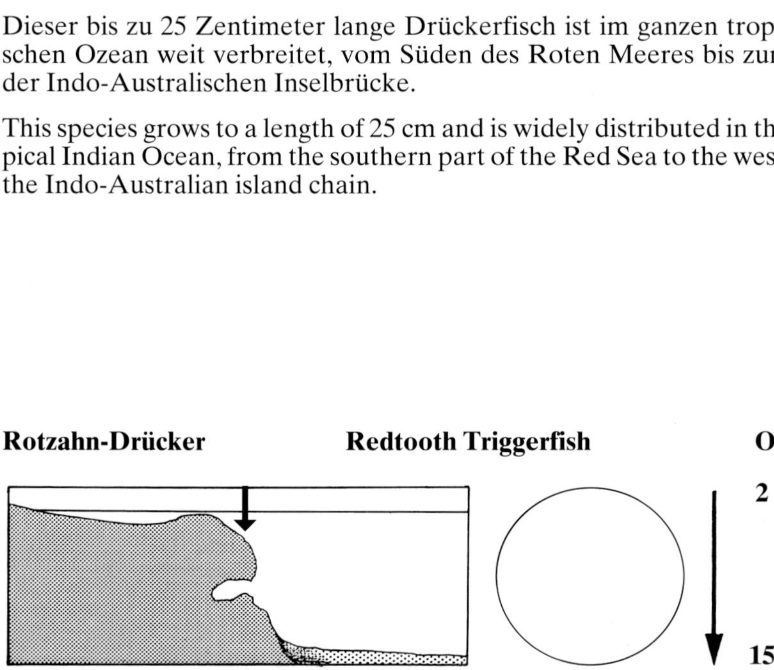

Der Rotzahn-Drücker gehört, wie die anderen Drücker auch, zu den tagaktiven Fischen. In großen Gruppen schwimmen sie dicht über dem Riffhang im freien Wasser und fressen hauptsächlich Zooplankton. Nachts findet man sie in engen Riffspalten, aus denen meist nur noch die Spitzen ihrer lang ausgezogenen Schwanzflossen herausschauen (großes Foto).

Like other triggerfish redtooth triggerfish are active during the day, swimming in large groups in the open water immediately above the reef slope and feeding mainly on zooplankton. At night they are to be found in narrow crevices in the reef, usually with only the tips of their elongated caudal fins showing (large photo).

Indischer Drücker | Indian Triggerfish | Melichthys indicus

Rotzahn-Drücker | Redtooth Triggerfish | Odonus niger

BUTTE · LEFT-EYE FLOUNDERS · BOTHIDAE

Leoparden-Butt **Leopard Flounder** **Bothus pantherinus**

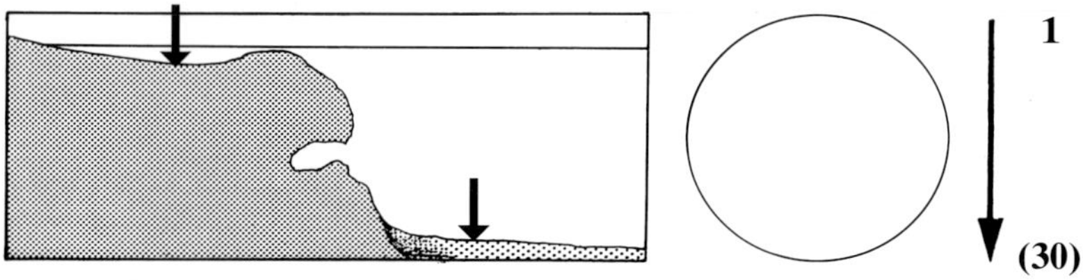

Die ausgezeichnet getarnten, bis 25 Zentimeter großen Butte sind auf sandigem Grund auch im ganz flachen Wasser häufig. Die auf der Oberseite liegende Brustflosse hat stark verlängerte Flossenstrahlen. Butte sind geschickte Räuber, die dicht über dem Sandboden kleine Fische jagen.

These well-camouflaged flounders are quite common on the sandy bottom even in very shallow water; they reach a size of 25 cm. The pectoral fin on the upper side of the body has very long rays. Flounders are skilled predators and hunt small fish above the sandy bottom.

KOFFERFISCHE · BOXFISH · OSTRACIIDAE

Weißgefleckter Kofferfisch **White-spotted Boxfish** **Ostracion meleagris**

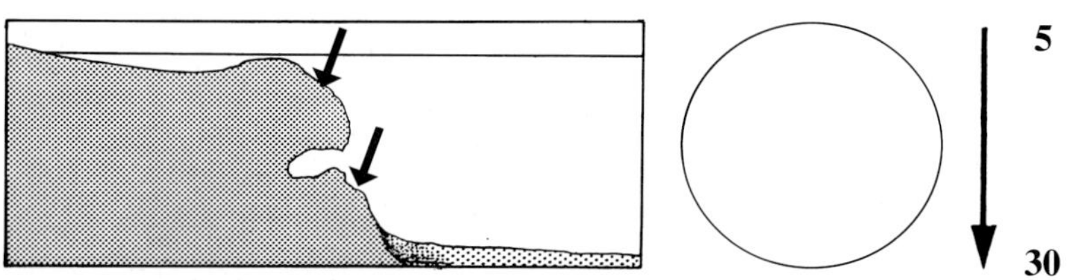

Die bis zu 25 Zentimeter großen Weißgefleckten Kofferfische haben ein riesiges Verbreitungsgebiet, das von der Ostküste Afrikas bis zur Westküste von Mexiko reicht. Auf Grund von Magenuntersuchungen ist anzunehmen, daß sich diese Art vor allem von Schwämmen ernährt.

The white-spotted boxfish grows to a size of 25 cm and is widely distributed throughout a vast area ranging from the east coast of Africa to the west coast of Mexico. Analyses of its stomach contents suggest that this species feeds mostly upon sponges.

Leoparden-Butt	Leopard Flounder	Bothus pantherinus	**153**
Weißgefleckter Kofferfisch	White-spotted Boxfish	Ostracion meleagris	

KOFFERFISCHE · BOXFISH · OSTRACIIDAE

Eckiger Kofferfisch **Cube Boxfish** **Ostracion cubicus**

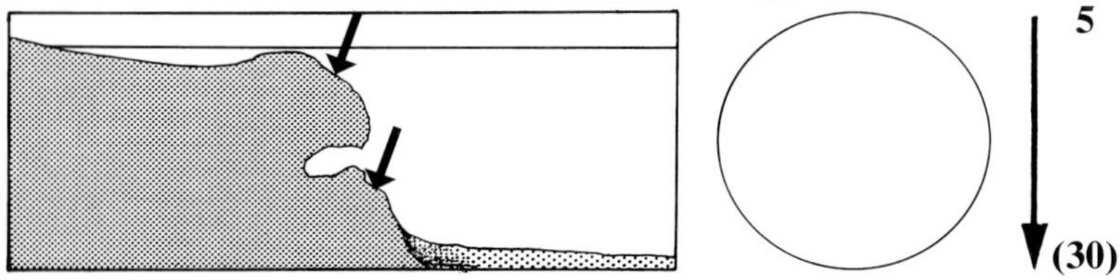

Die Jungtiere des Eckigen Kofferfisches sind leuchtend gelb gefärbt, wie das obere Foto zeigt. Ausgewachsen erreicht der Eckige Kofferfisch eine Körperlänge von 45 Zentimeter.
Diese Art ist ein typischer Allesfresser: im Magen wurden Schwammreste, Kalkalgen und kleine Wirbellose (vor allem Krebse) gefunden. Der Eckige Kofferfisch ist im ganzen Indo-Pazifik, einschließlich des Roten Meeres, weit verbreitet.

Young cube boxfish have a brilliant yellow colour, as shown in the upper photograph. When fully grown the cube boxfish reaches a length of 45 cm. It is a typical omnivore: its stomach include remains of sponges, calcareous algae and small invertebrates (mainly crabs).
The cube boxfish is widespread in the entire Indo-Pacific Ocean including the Red Sea.

Eckiger Kofferfisch Cube Boxfish Ostracion cubicus

KUGELFISCHE · PUFFERS · TETRAODONTIDAE

Spitzkopf-Kugelfisch	**Sharpnose Puffer**	**Canthigaster valentini**
Schwarzgetüpfelter Kugelfisch	**Blackspotted Puffer**	**Arothron stellatus**
Weißgetüpfelter Kugelfisch	**Guineafowl Puffer**	**Arothron meleagris**
Gepunkteter Kugelfisch	**Spotted Puffer**	**Arothron nigropunctatus**

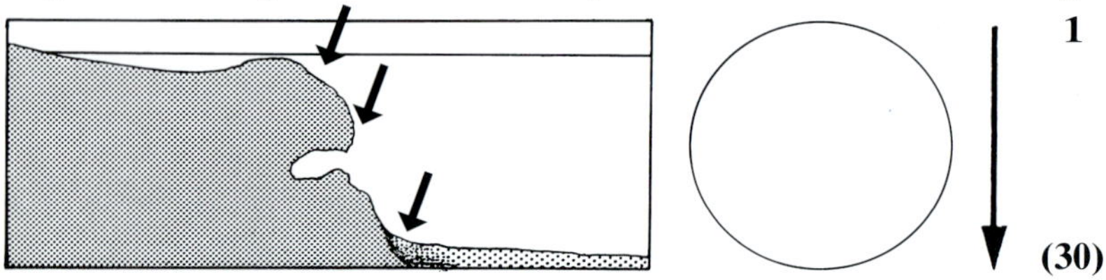

Kugelfische können ihren Körper vergrößern, wenn sie sich bedroht fühlen: sie schlucken Wasser, bis sie sich zu einer Kugel aufgepumpt haben. Die Kugelfische speichern in ihrer Leber und den Ovarien das Tetradotoxin, einen hochwirksamen Giftstoff.

Puffers, also known as swellfish, can enlarge themselves when they feel threatened. They swallow water and inflate themselves until they become spherical. Puffers store tetradotoxine, a very potent poison, in their livers and ovaries.

Spitzkopf-Kugelfisch Sharpnose Puffer Canthigaster valentini

Schwarzgetüpfelter Kugelfisch Blackspotted Puffer Arothron stellatus
Gepunkteter Kugelfisch (l.) Spotted Puffer (l.) Arothron nigropunctatus (l.)
Weißgetüpfelter Kugelfisch (r.) Guineafowl Puffer (r.) Arothron meleagris (r.)

IGELFISCHE · PORCUPINE FISH · DIODONTIDAE

Igelfisch	**Porcupine Fish**	**Diodon hystrix**
Igelfisch	**Porcupine Fish**	**Diodon sp.**

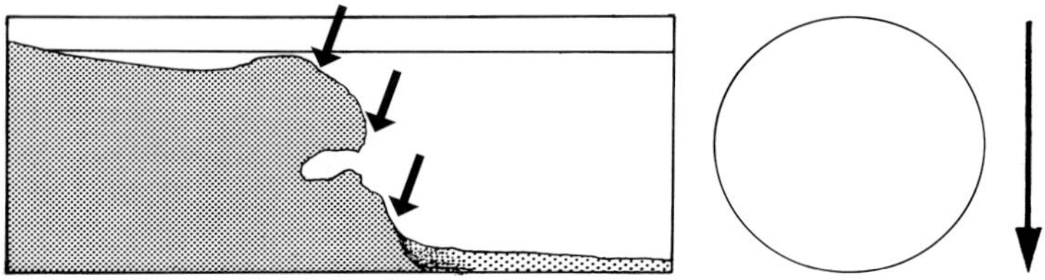

2

(30)

Die Igelfische bilden eine kleine Familie mit nur drei Gattungen. Sie leben ausschließlich in den Warmwassergebieten der tropischen Meere. Igelfische haben einen rundlichen Körper mit einem verhältnismäßig kleinen Kopf und engen Kiemenöffnungen. Mit den sehr kurzen, sich gegenüberliegenden Rücken- und Afterflossen und den Brustflossen schwimmen die äußerst wendigen Igelfische durch das Riff. Ihre feste Haut ist mit Stacheln übersät, die senkrecht von der Körperoberfläche abstehen, wenn der Igelfisch sich bei Gefahr aufpumpt. Ähnlich wie bei den nahe verwandten Kugelfischen ist auch bei den Igelfischen das Maul schnabelförmig und das Gebiß auf wenige kräftige Zähne reduziert.
Diodon hystrix wird bis zu 70 Zentimeter groß. Die Art ist weltweit verbreitet. Die Igelfische fressen Schnecken, Krabben, Einsiedlerkrebse und auch Seegurken.

Porcupine fish are a small family with only three genera; they live only in the warm waters of tropical seas. Porcupine fish have round bodies with relatively small heads and short gill slits. They have very short dorsal and anal fins placed opposite each other; using these and their pectoral fins they are able to swim with great agility around the reef. Their thick skin is covered with spines which project vertically out from the body when they feel threatened and inflate themselves. Like its close relative the puffer, the porcupine fish has beak-shaped jaws and a few very strong teeth.
Diodon hystrix grow to a size of 70 cm and is a widespread species. Porcupine fish eat snails, crustaceans, hermit crabs and sea cucumbers.

Igelfisch	Porcupine Fish	Diodon hystrix	**159**
Igelfisch	Porcupine Fish	Diodon sp.	

INDEX DEUTSCH

INDEX ENGLISH

INDEX LATEIN

BILDNACHWEIS · PHOTO CREDIT

(o = oben/above, u = unten/below, i = insert)

Sigi Braun: Titel, 19, 21 u, 23 o, u, 25 o, u, 39 o, 53 o, 57 o, 64 u, 67, 79 o, 81 o, 95, 117 o, 159 u. **Brylla/IKAN:** 157 u. **Helmut Corneli:** 27 u, 47 o, 49 o, 50 u, 53 u, 54 u, 69 u, 71 u, 79 u, 87 u, 117 u, 119 o, 123 o, 157 o, 159 o. **Debelius/IKAN:** 45 o, 58 u, 87 o, 93 u, 99 u-i, 103 o, u, 109 u-i, 111 u, 125 o, 127 u, 145 u, 155 o. **Helmut Göthel:** 149 o. **Kuiter/IKAN:** 102 u, 147 u-i. **Horst Moosleitner:** 29, 30 u, 35 o, 43 u, 49 u, 61 u, 73 u, 76 u, 83 u, 97 o, 99 o, 101 u, 109 u, 113 u, 115 u, 129 o, 147 u. **Paul W. Munzinger:** 111 o, 115 o, 121 u, 125 u, 133 u. **Peter Nahke:** 27 o, 31 u, 33 o, 37 u, 39 u, 39 u-i, 40 u, 41 o, 43 o, 51 o, u, 55 u, 61 o, 65 u, 73 o, 75 o, u, u-i, 85 o-i, u, u-i, 89 u, 91 o, 97 u, 102 u-i, 105 o, u, 113 o, 119 u, 127 o, 131 o, 132 u, 133 o, 137 u, 139, 141 o, u, 143 o, u, 145 o, 147 o, 149 u, 153 o, u, 155 u, 156 u. **Neuschwander/IKAN:** 63 o, 121 o, 131 u. **Reiserer/IKAN:** 21 o. **Voigtmann/IKAN:** 107, 108 u. **Peter Wirtz:** 31 o, 33 u, 35 u, 37 o, 41 u, 43 o-i, 45 u, 47 u, 48 u, 55 o, 57 u, 59 o, 59 u, u-i, 63 u, 65 o, 69 o, 71 o, 77 o, u, 81 u, 83 o, 85 o, 89 o, 91 u, 93 o, 99 u, 101 o, 103 o-i, u-i, 109 o, o-i, 116 u, 123 u, 129 u, 133 o-i, 135 o, u, 137 o, 151 o, u, u-i.

LITERATURVERZEICHNIS · BIBLIOGRAPHY

ALLEN, Gerald: Butterfly and angelfishes of the world, Mergus Verlag 1979. BIANCHI, Gabriella: Field guide to the commercial marine and brackish water species of Pakistan. Food and Agriculture Organization of the United Nations 1985. BIANCHI, Gabriella: Field guide to the commercial marine and brackish water species of Tanzania. Food and Agriculture Organization of the United Nations 1985. DEBELIUS, Helmut: Fischpartner Niederer Tiere/Colourful little reef fishes, Hobbing Verlag 1986. DEBELIUS, Helmut: Unterwasserführer Rotes Meer Fische/Underwaterguide Red Sea Fishes, Naglschmid Verlag 1987. EIBL-EIBESFELDT, Irenäus: Die Malediven. Piper Verlag 1985. FRICKE, Hans: Bericht aus dem Riff, Piper Verlag 1976. GRZIMEK, Bernhard + LA-

DIGES, Werner: Grzimeks Tierleben, Band 4 und 5. Kindler Verlag 1970. KLAUSEWITZ, Wolfgang: Litoralfische der Malediven, Senckenbergiana biol. 53-55, 1972-1974. RANDALL, John: Red Sea Reef Fishes, Immel Publishing 1983. SCHUHMACHER, Helmut: Korallenriffe, BLV 1976. SMITH, JOHN + SMITH, Margaret: The fishes of Seychelles. Dep. Ichthyol. Rhodes Univ. 1969. SMITH, Margaret + HEEMSTRA, Philipp: Smith's Sea Fishes of South Africa, Springer Verlag 1986. SPRINGER, Victor: The Indo-Pacific Blenniid Fish Genus Ecsenius. Smiths. Contr. Zoology 465, 1-134, 1988. THRESHER, Ronald: Reproduction in Reef Fishes. TFH Publications 1984.

DANKSAGUNG · ACKNOWLEDGEMENT

Für hilfreiche Kommentare danken wir Helmut Debelius. Profs. P. H. Castle (Wellington, Neuseeland), J. E. Randall (Honolulu, Hawaii) und K. Matsuura (Tokio, Japan) halfen uns bei der Bestimmung von Muränen, Papageienfischen und Kofferfischen.

WEITERE BÄNDE UNSERER REIHE UNTERWASSERFÜHRER - UNDERWATER GUIDES: